Lehrbuch der Software-Technik

Lehrbücher der Informatik

Herausgegeben von
Prof. Dr.-Ing. habil. Helmut Balzert

Helmut Balzert

Lehrbuch der Software-Technik

Software-Management
Software-Qualitätssicherung
Unternehmensmodellierung

mit CD-ROM

Spektrum Akademischer Verlag Heidelberg · Berlin

Autor:
Prof. Dr.-Ing. habil. Helmut Balzert
Lehrstuhl für Software-Technik
Ruhr-Universität Bochum
e-mail: hb@swt.ruhr-uni-bochum.de
http://www.swt.ruhr-uni-bochum.de

Die Deutsche Bibliothek – CIP-Einheitsaufnahme

Balzert, Helmut:
Lehrbuch der Software-Technik : Software-Management, Software-Qualitätssicherung, Unternehmensmodellierung / Helmut Balzert. – Heidelberg ; Berlin : Spektrum, Akad. Verl., 1998
(Lehrbücher der Informatik)
ISBN 3-8274-0065-1

Titelbild: Anna Solecka-Zach: »ohne Titel« (1995)

Lektorat: Dr. Georg W. Botz / Bianca Alton (Ass.)
Herstellung: Katrin Frohberg
Gesamtgestaltung: Gorbach Büro für Gestaltung und Realisierung, Buchendorf
Satz: Hagedornsatz, Viernheim
Druck und Verarbeitung: Druckhaus Beltz, Hemsbach

Vorwort

Die Software-Technik bildet heute einen Grundpfeiler der Informatik. Sie hat sich zu einem umfassenden Wissenschaftsgebiet entwikkelt. Um Ihnen, liebe Leserin, lieber Leser, ein optimales Erlernen dieses Gebietes zu ermöglichen, habe ich ein zweibändiges Lehr- und Lernbuch über die Software-Technik geschrieben. Es behandelt die Kerngebiete »Software-Entwicklung« (Band 1), »Software-Management« und »Software-Qualitätssicherung« (beide Band 2) sowie die Abhängigkeiten zwischen diesen Gebieten.

Jeder Band stellt einen Medienverbund aus klassischem Buch, elektronischem Buch, multimedialem *Computer Based Training* und Software-Werkzeugen dar.

Behandelte Gebiete

Der vorliegende Band 2 behandelt die Gebiete der Software-Technik, die dafür sorgen, daß die technische Software-Entwicklung erfolgreich durchgeführt werden kann:

- Software-Management (8 Lehreinheiten)
- Software-Qualitätssicherung (11 Lehreinheiten)
- Querschnitte und Ausblicke (4 Lehreinheiten)
- Unternehmensmodellierung (2 Lehreinheiten)

Methodisch-didaktische Elemente

Um das Lernen optimal zu unterstützen, werden folgende methodisch-didaktische Elemente benutzt:

- Dieser Band ist in 25 Lehreinheiten (für jeweils eine Vorlesungsdoppelstunde) gegliedert.
- Jede Lehreinheit ist unterteilt in Lernziele, Voraussetzungen, Inhaltsverzeichnis, Text, Glossar, Zusammenhänge, Literatur und Aufgaben.
- Zusätzlich sind die Themen nach fachlichen Gesichtspunkten in Kapitel gegliedert.
- Mehr als 250 Begriffe sind im Glossar definiert.
- Mehr als 400 Literaturangaben verweisen auf weiterführende Literatur.
- Zur Lernkontrolle stehen über 190 Aufgaben zur Verfügung, die in Muß- und Kann-Aufgaben gegliedert sind.
- Zu jeder Aufgabe gibt es eine Zeitangabe, die hilft, das eigene Zeitbudget zu planen. Zur Lösung aller Aufgaben werden rund 55 Stunden benötigt.
- Es wurde eine neue Typographie mit Marginalienspalte und Piktogrammen entwickelt.
- Als Schrift wurde Lucida ausgewählt, die für dieses Lehrbuch besonders gut geeignet ist.

- Das Buch ist durchgehend zweifarbig gestaltet.
- Zur Veranschaulichung enthält es mehr als 400 Grafiken und Tabellen.
- Wichtige Inhalte sind zum Nachschlagen in Boxen angeordnet.

Durch eine moderne Didaktik kann dieses Buch zur Vorlesungsbegleitung, zum Selbststudium und zum Nachschlagen verwendet werden. Verschiedene Themenschwerpunkte und Themendurchgänge sind möglich, z.B. Metriken in der Software-Technik.

Auf der beigefügten CD-ROM befinden sich:

- auf über 500 Seiten die vollständigen Lösungen zu den Aufgaben (als elektronisches Buch, ausdruckbar),
- das alphabetisch sortierte Gesamtglossar mit über 250 Begriffen (als elektronisches Buch, ausdruckbar),
- die Multimedia-Präsentationen »Einführung in die Software-Technik« und »Fit am Computer«,
- eine Demonstrationsversion des multimedialen Lehr- und Lernsystems Object-Lablight,
- die im Band 1 behandelten lauffähigen Fallstudien »Seminarorganisation«, »Teach-Roboter« und »HIWI-Verwaltung«, einschließlich der Lasten- und Pflichtenhefte,
- über 20 Software-Werkzeuge verschiedener CASE-Hersteller zu vielen im Buch behandelten Themen der Software-Technik (von Demonstrationsversionen bis zu Vollversionen).

Die Leser des Bandes 1 können den Rest des Vorworts überspringen

Im Band 1 dieses Buches sind in der ersten Lehreinheit der Aufbau und die Struktur dieses Lehrbuches ausführlich beschrieben. Im folgenden werden die wichtigsten Merkmale für diejenigen zusammengefaßt dargestellt, die Band 1 nicht besitzen. Zusätzlich befindet sich Lehreinheit 1 des Bandes 1 auf der beigefügten CD-ROM.

Lehreinheit 1 von Band 1 befindet sich auf beigefügter CD-ROM

Dieses Buch ist für folgende Zielgruppen geschrieben:

- Studenten der Informatik und Software-Technik an Universitäten, Fachhochschulen und Berufsakademien.
- Software-Ingenieure, Software-Manager und Software-Qualitätssicherer in der Praxis.

Vorkenntnisse

Vorausgesetzt werden Kenntnisse, wie sie normalerweise in einer Einführungsvorlesung zur Informatik vermittelt werden.

Beispiele, Fallstudien, Szenarien

blaue Schrift

Zur Vermittlung der Lerninhalte werden Beispiele, Fallstudien und Szenarien verwendet. Um dem Leser diese unmittelbar kenntlich zu machen, sind sie in blauer Schrift gesetzt.

roter Faden

Ein Lehrbuch darf nicht zu »trocken« geschrieben sein. Auf der anderen Seite darf es aber auch nicht aus lauter Anekdoten und Gags bestehen, so daß das Wesentliche und der »rote Faden« kaum noch sichtbar sind. Im Mittelpunkt dieses Buches steht der »rote Faden«, der durch viele Beispiele angereichert wird.

Kurzbiographien

Zusätzlich werden innovative Forscher und Praktiker durch Kurzbiographien mit Bild in der Marginalienspalte vorgestellt.

Unter der Lupe

Für den Leser, der in die Tiefe eindringen möchte, werden ab und zu noch Informationen angeboten, die mit dem Piktogramm »Unter der Lupe« gekennzeichnet sind.

Visualisierung

Da ein Bild oft mehr aussagt als 1000 Worte, wurden möglichst viele Sachverhalte veranschaulicht.

Begriffe, Glossar halbfett, blau

In diesem Lehrbuch wurde sorgfältig überlegt, welche Begriffe eingeführt und definiert werden. Ziel ist es, die Anzahl der Begriffe möglichst gering zu halten. Alle wichtigen Begriffe sind im Text halbfett und blau gesetzt. Die so markierten Begriffe sind am Ende einer Lehreinheit in einem Glossar alphabetisch angeordnet und definiert. Dabei wurde oft versucht, die Definition etwas anders abzufassen, als es im Text der Fall war, um dem Lernenden noch eine andere Sichtweise zu vermitteln. Alle Glossareinträge dieses Buches befinden sich alphabetisch sortiert zusätzlich auf der beiliegenden CD-ROM. Begriffe, die in sachlogisch vorangehenden Lehreinheiten behandelt wurden, werden nicht wiederholt, sondern müssen dort nachgelesen werden.

Zusammenhänge

Damit sich der Lernende eine Zusammenfassung der jeweiligen Lehreinheit ansehen kann, werden nach dem Glossar nochmals die Zusammenhänge verdeutlicht. Jeder definierte Begriff des Glossars taucht in den Zusammenhängen nochmals auf. Es wird auch hier versucht, eine etwas andere Perspektive darzustellen.

Aufgaben

Der Lernende kann nur durch das eigenständige Lösen von Aufgaben überprüfen, ob er die Lernziele erreicht hat. In diesem Buch wird versucht, alle Lernziele durch geeignete Aufgaben abzudecken. Um das selbständige Lernen zu unterstützen, müssen auch die Lösungen verfügbar sein.

Vor jeder Aufgabe wird das Lernziel zusammen mit der Zeit, die zur Lösung dieser Aufgabe benötigt werden sollte, angegeben. Das ermöglicht es dem Lernenden, seine Zeit einzuteilen. Außerdem zeigt ihm ein massives Überschreiten dieser Zeit an, daß er die Lehrinhalte nicht voll verstanden hat.

Viele der gemachten Zeitangaben wurden mit Studenten evaluiert. Es wurde die Zeit ausgewählt, in der etwa 80 Prozent aller Studenten die Aufgabe gelöst haben. Aufgaben, die unbedingt bearbeitet werden sollen (klausurrelevant), sind als Muß-Aufgaben gekennzeichnet. Weiterführende Aufgaben sind als Kann-Aufgaben markiert.

Lösungen auf CD-ROM

Um auf der einen Seite ausführliche Lösungen bereitstellen zu können, auf der anderen Seite aber ein schnelles Nachsehen etwas zu erschweren, sind die Lösungen zu den Aufgaben dieses Buches auf der beigefügten CD-ROM als elektronisches Buch enthalten.

Buchgestaltung

Durch eine gute Buchgestaltung und Buch-»Ergonomie« soll die Didaktik unterstützt werden. Aufbau und Struktur einer Lehreinheit sind in Abb. 1 dargestellt.

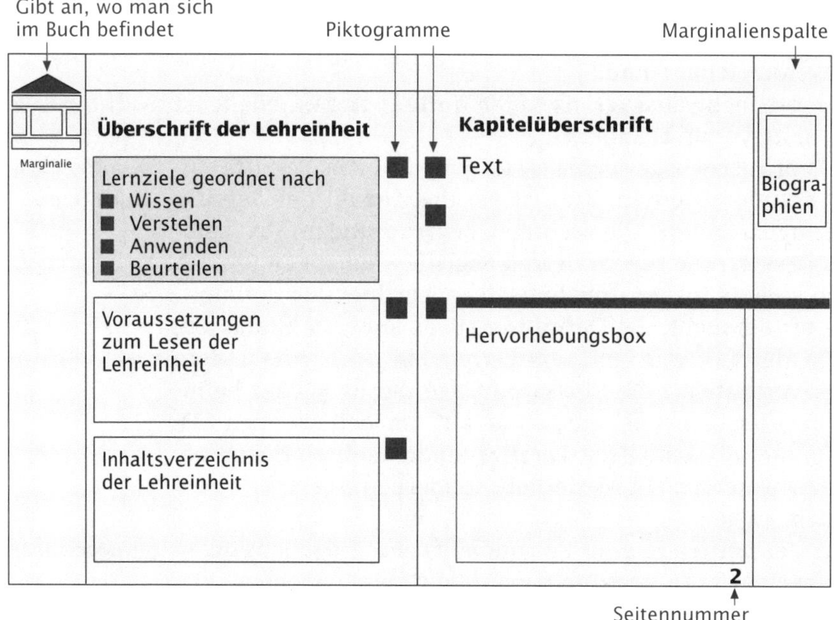

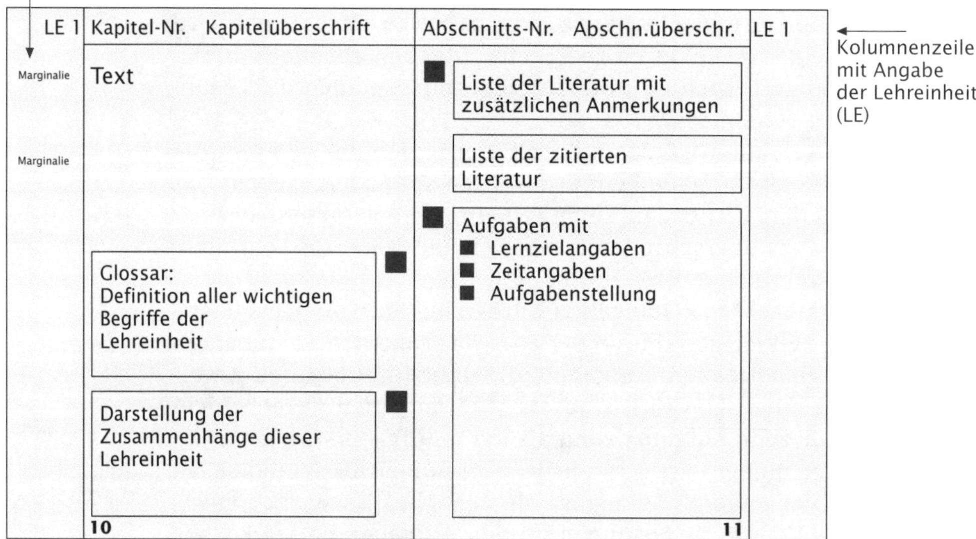

Abb. 1: Aufbau und Struktur einer Lehreinheit

Piktogramme

Zur visuellen Orientierung befinden sich auf der inneren Buchseite kleine Piktogramme mit folgenden Bedeutungen:

- Lernziele der Lehreinheit.
- Voraussetzungen, die erfüllt sein sollten, um die Lehreinheit erfolgreich durchzuarbeiten.
- Detaillierte Inhaltsangabe der Lehreinheit.
- Unter der Lupe: Detaillierte Darstellung eines Sachverhalts für den interessierten Leser.

- Zu dem beschriebenen Sachverhalt gibt es zusätzliche Informationen auf der dem Buch beigefügten CD-ROM.
- Glossar aller Begriffe der jeweiligen Lehreinheit.
- Zusammenhänge der in der jeweiligen Lehreinheit verwendeten und im Glossar definierten Begriffe.
- Liste der für die Lehreinheit wichtigen und der in der Lehreinheit zitierten Literatur.
- Aufgaben zur Lehreinheit.
- Verweise auf andere Teile des Buches.

weibliche Anrede vs. männliche Anrede

Um in einem Buch deutlich zu machen, daß Männer und Frauen gemeint sind, gibt es verschiedene Möglichkeiten für den Autor:

1 Man formuliert Bezeichnungen in der 3. Person Singular in ihrer männlichen Form. In jüngeren Veröffentlichungen verweist man in den Vorbemerkungen dann häufig darauf, daß das weibliche Geschlecht mitgemeint ist, auch wenn es nicht im Schriftbild erscheint.

2 Man redet beide Geschlechter direkt an, z.B. Leserinnen und Leser, man/frau.

3 Man kombiniert die beiden Geschlechter in einem Wort, z.B. StudentInnen.

4 Man wechselt das Geschlecht von Kapitel zu Kapitel.

Aus Gründen der Lesbarkeit und Lesegewohnheit habe ich mich für die 1. Variante entschieden. Die Variante 4 ist mir an und für sich sehr sympatisch, jedoch steigt der Aufwand für den Autor beträchtlich, da man beim Schreiben noch nicht die genaue Reihenfolge der Kapitel kennt.

Als Begleitunterlage und zum Selbststudium

Bücher können als Begleitunterlage oder zum Selbststudium ausgelegt sein. In diesem Buch versuche ich einen Mittelweg einzuschlagen. Ich selbst verwende das Buch als begleitende und ergänzende Unterlage zu meinen Vorlesungen. Viele Lernziele dieses Buches können aber auch im Selbststudium erreicht werden.

englische Begriffe vs. deutsche Begriffe

Ein Problem für ein Informatikbuch stellt die Verwendung englischer Begriffe dar. Da die Wissenschaftssprache der Software-Technik Englisch ist, gibt es für viele Begriffe – insbesondere in Spezialgebieten – keine oder noch keine geeigneten oder üblichen deutschen Fachbegriffe. Auf der anderen Seite gibt es jedoch für viele Bereiche der Software-Technik sowohl übliche als auch sinnvolle deutsche Bezeichnungen, z.B. Entwurf für *Design*.

Da mit einem Lehrbuch auch die Begriffswelt beeinflußt wird, bemühe ich mich in diesem Buch, sinnvolle und übliche deutsche Begriffe zu verwenden. Ist anhand des deutschen Begriffs nicht unmittelbar einsehbar oder allgemein bekannt, wie der englische Begriff lautet, dann wird in Klammern und *kursiv* der englische Begriff hinter dem deutschen Begriff aufgeführt. Dadurch wird auch das Lesen der englischsprachigen Literatur erleichtert.

englische Begriffe *kursiv* gesetzt

Gibt es noch keinen eingebürgerten deutschen Begriff, dann wird der englische Originalbegriff verwendet. Englische Bezeichnungen sind immer *kursiv* gesetzt, so daß sie sofort ins Auge fallen.

Fachliche Gliederung

Aufteilung in zwei Buchbände

Das »Lehrbuch der Software-Technik« ist in fünf Teile gegliedert. Die Struktur und den Zusammenhang zwischen den fünf Teilen zeigt die Abbildung auf der Innenseite des vorderen Buchdeckels. Jeder Buchteil besitzt eine unabhängige Kapitelgliederung. Der Teil I »Software-Entwicklung« befindet sich im Band 1, die anderen Teile im vorliegenden Band 2. Die Aufteilung auf zwei Buchbände wurde vorgenommen, um handliche Bücher zu erhalten.

Buchteile

Im Teil I wird die technische Software-Entwicklung behandelt. Sie wird durch die zwei Säulen Software-Management (Teil II) und Software-Qualitätssicherung (Teil III) eingerahmt.

Während die Aktivitäten der Software-Entwicklung zu einem Produkt führen, und jede Aktivität etwas dazu beiträgt, handelt es sich bei den Aktivitäten des Managements und der Qualitätssicherung um begleitende Aktivitäten, deren Ergebnisse aber selbst nicht Bestandteil des Endprodukts sind.

Im Teil IV dieses Buches werden Themen behandelt, bei denen es sich um Querschnittsthemen und Ausblicke handelt. Beispielsweise lassen sich Prinzipien nicht eindeutig einem der anderen Teile zuordnen.

Im Teil V werden unter dem Oberbegriff »Unternehmensmodellierung« Themen behandelt, die vor der eigentlichen Software-Technik kommen.

Basiswissen des Software-Ingenieurs

Meiner Meinung nach enthalten die beiden Bände dieses Lehrbuchs der Software-Technik das Basiswissen, das heute ein Software-Ingenieur für seine Tätigkeit beherrschen muß.

Verweissystematik

Die einzelnen Buchteile sind mit römischen Ziffern gekennzeichnet. Jeder Buchteil ist sachlogisch folgendermaßen gegliedert:

- Hauptkapitel 1
- Kapitel 1.1
- Abschnitte 1.1.1
- Unterabschnitte 1.1.1.1

Verweise innerhalb eines Buchteils bestehen nur aus der Kapitel- oder Abschnittsnumerierung. Wird auf einen anderen Buchteil verwiesen, dann steht vor der arabischen Kapitelbezeichnung noch die römische Nummer des jeweiligen Buchteils. Auf Querverweise wurde viel

Wert gelegt, da dadurch die Abhängigkeiten zwischen den Gebieten der Software-Technik deutlich werden.

Alle Abbildungen und Tabellen sind nach Hauptkapiteln oder Kapiteln numeriert, z.B. Abb. 1.1-3. Alle Beispiele sind innerhalb einer Lehreinheit numeriert.

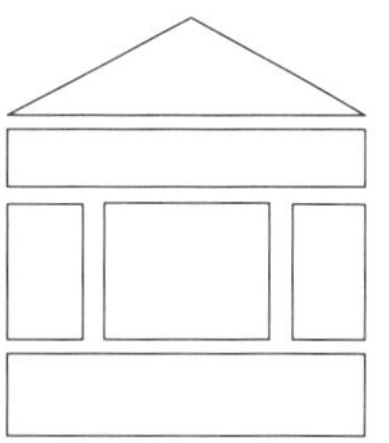

Neben der sachlogischen Kapitelgliederung ist das gesamte Buch in Lehreinheiten gegliedert. Die Nummer der jeweiligen Lehreinheit ist auf jeder Seite in der Kolumnenzeile aufgeführt. Die Abbildung auf der Innenseite des vorderen Buchdeckels ist in stilisierter Form als Piktogramm zu Beginn jeder Lehreinheit in der Marginalienspalte aufgeführt. In welchem Kapitel sich die Lehreinheit jeweils befindet, ist blau hervorgehoben, so daß dadurch die Orientierung unterstützt wird.

Lesen des Buches: sequentiell

Ziel der Buchgestaltung war es, Ihnen als Leser viele Möglichkeiten zu eröffnen, dieses Buch nutzbringend für ihre eigene Arbeit einzusetzen. Sie können dieses Buch sequentiell von vorne nach hinten lesen. Die Reihenfolge der Lehreinheiten ist so gewählt, daß die Voraussetzungen für eine Lehreinheit jeweils erfüllt sind, wenn man das Buch sequentiell liest.

nach Teildisziplinen

Eine andere Möglichkeit besteht darin, jeweils eine der Teildisziplinen Software-Entwicklung, Software-Management, Software-Qualitätssicherung oder Unternehmensmodellierung durchzuarbeiten. Auf Querbezüge und notwendige Voraussetzungen wird jeweils hingewiesen.

Ich selbst behandele das Thema Software-Entwicklung in einer 4+2-Vorlesung (4 Vorlesungs-, 2 Übungsstunden), das Thema Software-Management einschließlich einiger Querschnittsthemen in einer separaten 2+1-Vorlesung. Das Thema Software-Qualitätssicherung wird von einem Lehrbeauftragten in erweiterter Form ebenfalls in einer 2+1-Vorlesung vermittelt. Für das Thema Unternehmensmodellierung plane ich eine separate 2+1-Vorlesung.

themenbezogen

Außerdem kann das Buch themenbezogen gelesen werden. Möchte man sich in die objektorientierte Software-Entwicklung einarbeiten, dann kann man die dafür relevanten Lehreinheiten durcharbeiten. Will man sich auf die strukturierten Entwicklungsmethoden konzentrieren, dann kann man auch nur diese Einheiten lesen.

punktuell

Durch das Buchkonzept ist es natürlich auch möglich, punktuell einzelne Lehreinheiten durchzulesen, um eigenes Wissen zu erwerben, aufzufrischen und abzurunden.

zum Nachschlagen

Durch ein ausführliches Sach- und Personenregister, durch Glossare und Zusammenhänge sowie Hervorhebungsboxen kann dieses Buch auch gut zum Nachschlagen verwendet werden.

Das Konzipieren und Schreiben dieses Buches war aufwendig. Mit zwei größeren Unterbrechungen habe ich sechs Jahre dazu gebraucht.

Ich habe versucht, ein innovatives wissenschaftliches Lehrbuch der Software-Technik zu schreiben. Ob mir dies gelungen ist, müssen Sie als Leser selbst entscheiden.

Ein Buch soll aber nicht nur vom Inhalt her gut sein, sondern Form und Inhalt sollten übereinstimmen. Daher wurde auch versucht, die Form anspruchsvoll zu gestalten. Da ich ein Buch als »Gesamtkunstwerk« betrachte, ist auf der Buchtitelseite ein Bild der Malerin Anna Solecka-Zach abgedruckt. Sie setzt den Computer als Hilfsmittel ein, um ihre künstlerischen Vorstellungen umzusetzen.

Dieses Buch soll neue Maßstäbe setzen: Ich bin überzeugt, daß die Kombination verschiedener Medien und geeigneter didaktisch-methodischer Elemente sowie die Gestaltung dieses Lehr- und Lernbuches den Beginn einer neuen Generation von deutschsprachigen Informatik-Lehrbüchern bildet.

Ein so umfangreiches Werk ist ohne die Mithilfe von vielen Personen nicht realisierbar.

Danksagungen

An erster Stelle gebührt mein Dank meiner Frau Prof. Dr. Heide Balzert, die mir bei vielen Fragen mit Rat und Tat zur Seite stand.

Ein besonderer Dank gilt allen Kollegen, Mitarbeitern und Studenten, die das Skript zu diesem Buch durchgearbeitet haben und deren Anregungen und Hinweise dazu beigetragen haben, die jetzige Qualität des Buches zu erreichen. Mein Dank gilt insbesondere Prof. Dr. Werner Mellis, Lehrstuhl Wirtschaftsinformatik, Universität Köln, Prof. Dr. Ulrich Eisenecker, Fachbereich Informatik, Fachhochschule Heidelberg, Prof. Dr. Karl-Heinz Rau, Fachbereich Betriebsorganisation und Wirtschaftsinformatik, Fachhochschule Pforzheim und Dr.-Ing. Peter Liggesmeyer, Siemens AG, München. Für die Durchsicht des Abschnitts III 4.1 »Der ISO 9000-Ansatz« danke ich Joachim Friedrich, Leiter der Zertifizierungsstelle CETECOM in Essen. Für Hinweise zu den Kapiteln III 4.4 und III 6 bedanke ich mich bei Dr. Wieczorek, Rob Baltus und Herrn Bölter, Mitarbeiter der Firma SQS in Köln.

Meinen wissenschaftlichen Mitarbeitern Dipl.-Ing. Frank Hofmann, Dipl.-Ing. Volker Kruschinski, Dipl.-Ing. Christoph Niemann, Dipl.-Ing. Carsten Mielke und Dipl.-Ing. Christian Weidauer danke ich für die Ausarbeitung der Aufgaben und Lösungen, wobei Herr Niemann zusätzlich die CD-ROM zusammen mit cand.-ing. Sam Gold vorbereitet und fertiggestellt hat.

Die Texterfassung und -bearbeitung besorgte meine Sekretärin Anne Müller zusammen mit Julia Matrong, die Grafiken erstellten Thomas Niedermeier und Oliver Dewald. Danke!

Für die Buchgestaltung einschließlich Layout und Typographie konnte ich Rudolf Paulus Gorbach, München, gewinnen. Ihm danke ich ebenso wie dem Spektrum Akademischer Verlag, Heidelberg, für die hervorragende Zusammenarbeit. Als Lektor trug Dr. Georg W. Botz wesentlich zur sprachlichen Klarheit des Buches bei. Alle Probleme auf dem Weg vom Skript zum fertigen Buch löste die Herstellungsleiterin, Dipl.-Wirt.-Ing. (FH) Myriam Nothacker. Für seine unternehmerische Innovationsfreude gebührt mein besonderer Dank dem Verleger Dr. Michael Weller. Ebenso gilt mein Lob der Setzerei Hagedorn in Viernheim, die den anspruchsvollen Satz gemeistert hat.

Trotz der Unterstützung vieler Personen bei der Erstellung dieses Buches enthält ein so umfangreiches Werk sicher immer noch Fehler und Verbesserungsmöglichkeiten: *»nobody is perfect«*. Kritik und Anregungen sind daher jederzeit willkommen. Eine aktuelle Liste mit Korrekturen und Informationen zu diesem Buch und der beigefügten CD-ROM finden Sie unter

`http://www.swt.ruhr-uni-bochum.de/buchswt2.html`

6 Jahre Arbeit stecken in diesem Lehrbuch. Ihnen, liebe Leserin, lieber Leser, erlaubt es, das Gebiet der Software-Technik in wesentlich kürzerer Zeit zu erlernen. Ich wünsche Ihnen viel Spaß beim Lesen. Möge Ihnen dieses Buch – trotz der »trockenen« Materie – ein wenig von der Faszination und Vielfalt der Software-Technik vermitteln.

Ihr

Helmut Balzert

Inhalt

II Software-Management

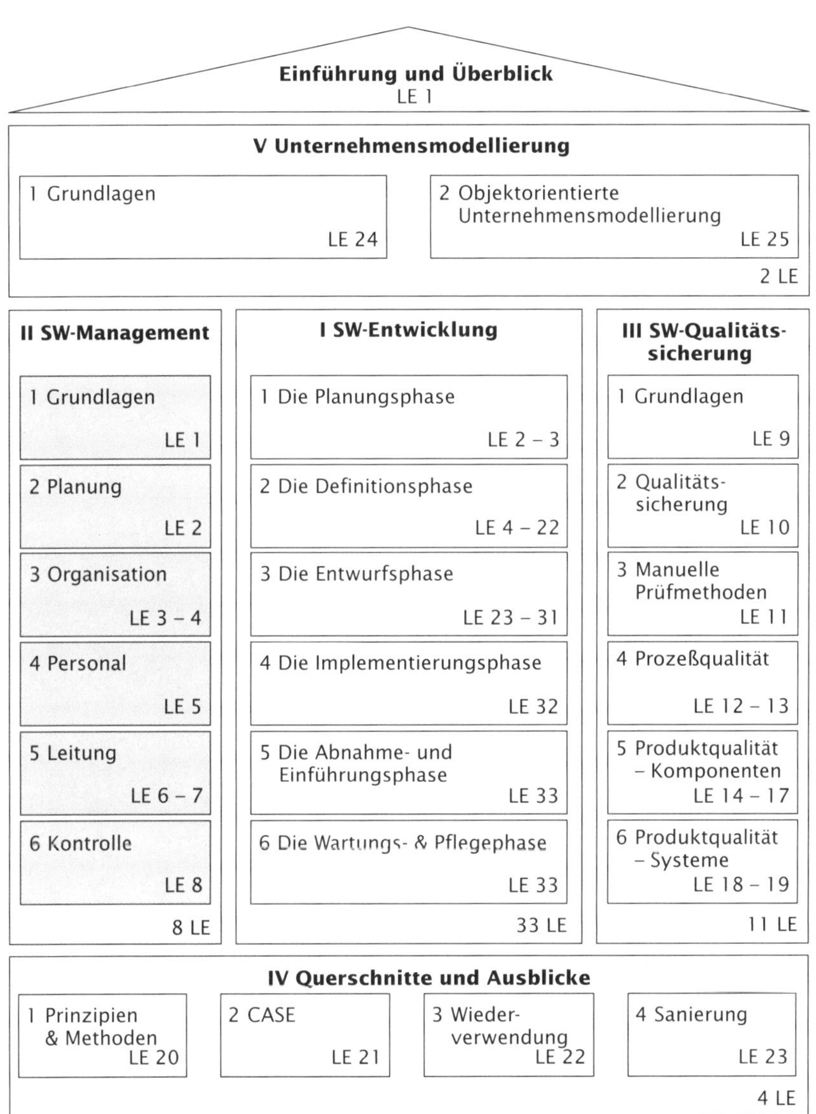

Legende: LE = Lehreinheit (für jeweils 1 Unterrichtsdoppelstunde)

1 Grundlagen

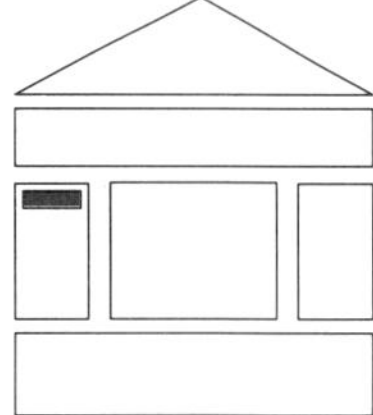

- Mögliche Software-Geschäftsstrategien und ihre Charakteristiken aufzählen können.
- Die fünf Managementfunktionen und die Hauptaktivitäten des Managements nennen können.
- Angeben können, welche Einflußfaktoren wie stark die Produktivität beeinflussen.
- Maßnahmen zur Produktivitätssteigerung aufzählen können.
- Die Unterschiede zwischen einer Software-Entwicklung und Produktentwicklungen in anderen Ingenieurbereichen erklären können.
- Definitionen für die Software-Produktivität und ihre Problematik aufzeigen können.
- Den Zusammenhang zwischen Produktivität und Qualität darstellen können.
- Für gegebene Szenarien notwendige Managementaktivitäten identifizieren können.
- Für gegebene Szenarien Produktivitätsverbesserungsmaßnahmen, geordnet nach Prioritäten, vorschlagen und begründen können.

Tom DeMarco
* 1940 in Hazleton, Pennsylvania, USA, Erfinder der Strukturierten Analyse (SA), Buch: *Structured Analysis and System Specification* 1978, bedeutende Beiträge zum Software-Management, Bücher: *Peopleware* 1987 (Coautor: T. Lister), *Controlling Software Projects* 1982; BS *Electrical Engineering* von der *Cornell University*, MS in Elektrotechnik von der *Columbia University*, heute: *Principal of The Atlantic Systems Guild, New York;* 1986: *Warnier Prize for Excellence in Information Science.*

1.1 Einführung

Eine erfolgreiche Software-Erstellung hängt wesentlich von der Güte des Software-Managements ab. Wesentliche Ziele des Software-Managements bestehen darin, die Produktivität zu erhöhen, eine definierte Qualität sicherzustellen und die Kosten zu senken.

Ziele: Produktivität, Qualität, Kosten

In /Grady 92, S. 22/ werden drei primäre Managementstrategien für Software-Unternehmen unterschieden:

1 Maximierung der Kundenzufriedenheit,
2 Minimierung des Aufwands und der Zeit der Software-Erstellung,
3 Minimierung von Fehlern.

3 Strategien

Die Hauptcharakteristika dieser Strategien zeigt Tab. 1.1-1.

Hauptcharakteristika	Max. Kundenzufriedenheit	Min. Aufwand & Zeit	Min. Fehler
Hauptgeschäfts-strategie	Marktanteile erlangen	Konkurrenz erfordert neue Produkte oder Kostenkontrolle	Halten oder Vergrößern des Marktanteils
Effizient ...	... beim ersten Markt-einstieg	... bei mehreren Konkurrenzprodukten, oder wenn man profitablere Produkte verkauft	... bei konkurrenzfähigen Eigenschaften und falls ein adäquater Marktanteil gehalten wird
Charakteristische Eigenschaften	Kommunikation mit dem Kunden, schnelle Reaktion	Fokus auf Auslieferungs-datum und Aufwand	Analyse und Entfernen von Fehlerursachen

Tab. 1.1-1: Charakteristika von Software-Geschäftsstrategien (in Anlehnung an /Grady 92, S. 24/)

Software-Management unterscheidet sich vom Management anderer Ingenieurbereiche aus folgenden Gründen:

Besonderheiten

- Das Produkt ist immateriell.
  Man sieht es nicht. Man kann es nicht berühren. Der Manager ist abhängig von der Dokumentation, um den Entwicklungsfortschritt zu überprüfen.
- Der Entwicklungsfortschritt ist objektiv nicht zu ermitteln.
  Es ist schwer festzustellen, ob ein Teilprodukt fertiggestellt ist oder nicht. Ein Software-Entwickler kann fast jederzeit behaupten, er sei mit einem Teilprodukt fertig, d.h. es existiert ein Dokument oder ein Quellprogramm. Um festzustellen, ob dieses Dokument oder Quellprogramm überhaupt verwendbar ist, ist eine genaue Untersuchung durch einen Experten erforderlich. Um die Qualität zu überprüfen, muß man fast denselben Aufwand betreiben wie bei der Entwicklung. Der Software-Manager ist also voll auf die Aussagen seiner Mitarbeiter angewiesen. Es fehlen in der Regel einfache und billige Kontrollmittel. Sogar gute Entwickler glauben oft, fertig zu sein und sind es nicht, da die Aufgabe nicht eindeutig definiert wurde.

Natürlich gibt es auch genug Entwickler, die den wahren Stand ihrer Arbeit verdecken, um Zeit zu gewinnen. Bei Großprojekten wird die Verschleierung des Projektzustandes oft von den Managern der mittleren Ebene geschickt fortgesetzt, so daß es noch schwieriger wird, den wahren Zustand zu ermitteln /Sneed 87, S. 203/.

- Eine Software-Entwicklung verläuft nicht-deterministisch.
  Neue Erkenntnisse während der Entwicklung haben Auswirkungen auf die bisherigen Ergebnisse. Deshalb ist ein bestimmtes Teilprodukt immer nur bedingt fertig. Diese entwicklungsinternen Zyklen müssen bei der Projektplanung mitberücksichtigt werden. Oft wird die Hälfte der Arbeit zur Überarbeitung bereits erstellter Teilprodukte benötigt /Sneed 87, S. 203f./.
- Es gibt noch kein klares Verständnis vom Entwicklungsprozeß.
  Andere Ingenieurdisziplinen haben eine lange Historie. Die Entwicklungsstufen dort sind verstanden und vorhersagbar.
- Große Software-Systeme tendieren dazu, einmalige Entwicklungen zu sein.
  Sie unterscheiden sich von früheren Entwicklungen. Gemachte Erfahrungen sind von begrenztem Wert, um vorherzusagen, wie das Management dieser Entwicklungsprozesse aussehen sollte.
- Unteilbarkeit der Arbeit.
  Um ein Software-Problem zu lösen, muß sich der Entwickler intensiv mit dem Problem beschäftigen. Dadurch wird die Übertragung von Aufgaben an einen anderen Mitarbeiter teuer, da der neue Mitarbeiter die Einarbeitungszeit des alten Mitarbeiters wiederholen muß.
  Aufgaben sind also nicht voll austauschbar. Nicht jeder Mitarbeiter kann die Aufgaben eines anderen übernehmen, denn dafür sind die Aufgaben oft viel zu spezialisiert. Fällt ein Experte aus, dann kann man ihn nur durch einen vergleichbaren Experten ersetzen. In Netzplänen wird jedoch oft von der vollen Austauschbarkeit der Mitarbeiter ausgegangen /Sneed 87, 204f./. Kapitel 2.5
- Die Software-Technik ist keine Naturwissenschaft.
  Als ein künstliches Produkt des menschlichen Erfindungsgeistes basiert Software nicht auf physikalischen Prinzipien und wird daher auch nicht durch diese begrenzt.
- Hoher Grad an Abstraktion, bei gleichzeitig niedrigem Grad an Normierung /Sneed 87, S. 205/.

Diese Unterschiede gegenüber Entwicklungen anderer Disziplinen sind für einen Außenstehenden nur schwer zu erkennen. Daher scheitern viele Manager aus anderen Branchen, wenn sie das Management von Software-Entwicklungen versuchen.

Viele Software-Manager sind von Managementideen geprägt, die aus typischen Produktionsprozessen stammen. Wegen der Besonderheiten einer Software-Entwicklung ist mehr Management als bei

Produktionsprozessen erforderlich, nicht weniger. Viele Software-Entwicklungen werden zu spät fertiggestellt, die Kosten und die Termine werden überschritten. Jede Entwicklung eines großen Software-Systems ist ein neues und technisch innovatives Projekt. Viele Ingenieurprojekte, die ebenfalls innovativ sind, z.B. neue Transportsysteme, neue Brücken, neue Tunnel, haben ebenfalls Zeit- und Kostenprobleme.

1.2 Aufgaben

Die drei grundlegenden Elemente, mit denen sich ein Manager befaßt, sind Ideen, Dinge und Menschen. Das Management dieser drei Elemente steht in direktem Zusammenhang mit konzeptionellem Denken (Planung ist ein wesentlicher Teil davon), Verwalten und Führen von Mitarbeitern. Eine Organisation benötigt dementsprechend den Planer, den Verwalter und den Leiter. Nicht jeder Manager ist gleichzeitig ein guter Führer von Mitarbeitern und umgekehrt.

Literaturhinweis: Diese Ausführungen orientieren sich an /Mackenzie 69/.

Management läßt sich folgendermaßen definieren:

Management umfaßt alle Aktivitäten und Aufgaben, die von einem oder mehreren Managern durchgeführt werden, um die Aktivitäten von Mitarbeitern zu planen und zu kontrollieren damit ein Ziel oder der Abschluß einer Aktivität erreicht wird, die durch die Mitarbeiter alleine nicht erreicht werden können.

In Kurzform:

Management sorgt dafür, daß Ziele durch Mitarbeiter erreicht werden.

Der Managementprozeß ist in Abb. 1.2-1 dargestellt.

Da die fünf universellen Managementfunktionen – Planung, Organisation, Personalauswahl, Leitung, Kontrolle – in der Regel sequentiell durchgeführt werden, sind sie aufeinanderfolgend und als Zyklus angeordnet. Zuerst wird das Ziel oder der Zweck eines Vorhabens festgelegt. Dazu ist Planung erforderlich. Anschließend ist der Weg festzulegen, wie die Arbeit in verwaltbare Einheiten aufgeteilt werden kann: eine Aufgabe der Organisation. Danach ist das qualifizierte Personal zur Erledigung der Aufgaben auszuwählen. Leitung ist anschließend erforderlich, um die Mitarbeiter zur Arbeit zu motivieren, damit die gewünschten Ziele erreicht werden. Kontrolle dient dazu, die Ergebnisse mit der Planung zu vergleichen und die Erwartungen an die Mitarbeiter mit ihren Leistungen in Beziehung zu setzen. Außerdem ist eine revidierte Planung der Arbeit vorzunehmen, um Korrekturen durchzuführen. Der Zyklus startet wieder von vorne.

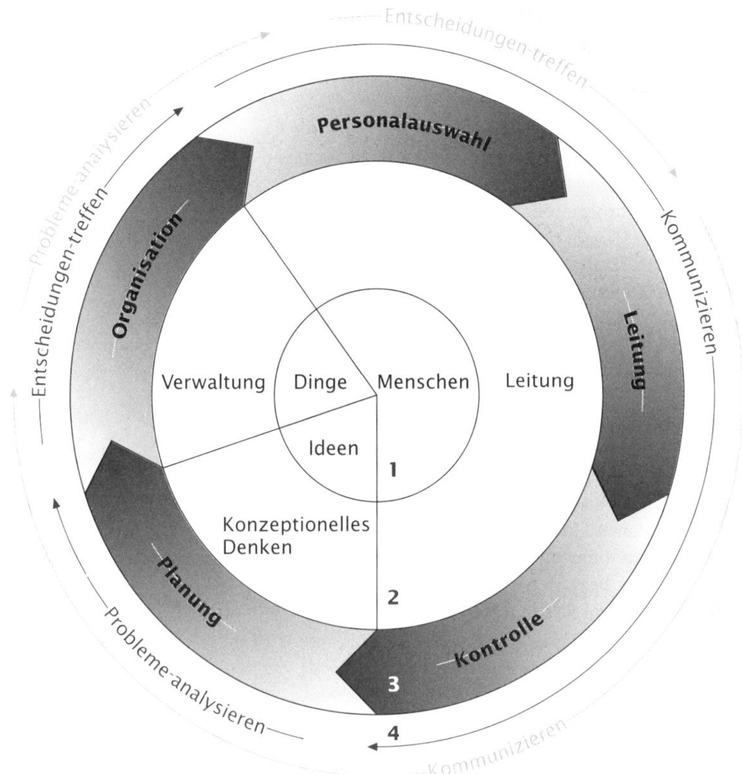

Legende: 1 Elemente
2 Aufgaben
3 Sequentielle Funktionen
4 Kontinuierliche Funktionen

Abb. 1.2-1: Der Management-Prozeß (abgeleitet von /Mackenzie 69/)

Drei Funktionen – Analysieren von Problemen, Treffen von Entscheidungen und Kommunizieren – sind kontinuierliche Funktionen, da sie während des gesamten Managementprozesses auftauchen und nicht nur in einer speziellen Sequenz. Entscheidungen müssen beispielsweise während der Planung, der Organisation, der Leitung und der Kontrolle getroffen werden. Eine Problemanalyse ist während aller sequentiellen Funktionen erforderlich.

In der Praxis mischen sich die verschiedenen Funktionen und Aktivitäten. Die fundamentalen Managementaktivitäten sind in Tab. 1.2-1 zusammengestellt.

Tab. 1.2-1: Die Hauptaktivitäten des Managements (in Anlehnung an /Thayer 90, S. 17/)

Planungsaktivitäten
- Ziele setzen
- Strategien und Taktiken entwickeln
- Termine festlegen
- Entscheidungen treffen
- Vorgehensweisen auswählen und Regeln festlegen
- Zukünftige Situationen vorhersehen
- Budgets vorbereiten

Organisationsaktivitäten
- Identifizieren und Gruppieren der zu erledigenden Aufgaben
- Auswahl und Etablierung organisatorischer Strukturen
- Festlegen von Verantwortungsbereichen und disziplinarischen Vollmachten
- Festlegen von Qualifikationsprofilen für Positionen

Personalaktivitäten
- Positionen besetzen
- Neues Personal einstellen und integrieren
- Aus- und Weiterbildung von Mitarbeitern
- Personalentwicklung planen
- Mitarbeiter beurteilen
- Mitarbeiter bezahlen
- Mitarbeiter versetzen oder entlassen

Leitungsaktivitäten
- Mitarbeiter führen und beaufsichtigen
- Kompetenzen delegieren
- Mitarbeiter motivieren
- Aktivitäten koordinieren
- Kommunikation unterstützen
- Konflikte lösen
- Innovationen einführen

Kontrollaktivitäten
- Prozeß- und Produktstandards entwickeln und festlegen
- Berichts- und Kontrollwesen etablieren
- Prozesse und Produkte vermessen
- Korrekturaktivitäten initiieren
- Loben und Tadeln

1.3 Produktivität

Ein zentrales Ziel des Software-Managements besteht darin, permanent die Produktivität der Software-Erstellung zu erhöhen. Produktivitätssteigerung kann verschiedenes bedeuten /Wallmüller 90, S. 57f./:

- Software-Produkte schneller, d.h. in kürzerer Kalenderzeit entwikkeln. Diese Art der Produktivitätssteigerung wird oft als Effizienzsteigerung bezeichnet.

- Software-Produkte so zu entwickeln, daß sie einen höheren *Return on Investment* liefern. Es soll weniger Geld ausgegeben werden, um Produkte mit gleichen Anforderungen zu entwickeln und zu pflegen.
- Software-Produkte mit besserer Qualität entwickeln.

Return on Investment = Verzinsung des eingesetzten Kapitals

Um Produktivitätssteigerungen feststellen zu können, muß die Produktivität gemessen werden. Dazu sind Produktivitätsmaße erforderlich.

Global läßt sich **Produktivität** folgendermaßen definieren.

Produktivität

$$\text{Produktivität} = \frac{\text{Leistung}}{\text{Aufwand}} \qquad \mathbf{1}$$

Es gibt unterschiedliche Ansätze, um Leistung und Aufwand zu definieren.

/Boehm 87, S. 44/ definiert Leistung durch die produzierten Ergebnisse im Entwicklungsprozeß:

$$\text{Produktivität} = \frac{\text{Produzierte Ergebnisse}}{\text{Eingesetzter Aufwand}} \qquad \mathbf{2}$$

/Sneed 87, S. 31/ definiert Leistung durch die Anzahl der Software-Elemente und Aufwand durch geleistete Mitarbeitertage:

$$\text{Produktivität} = \frac{\text{Anzahl Software-Elemente}}{\text{Geleistete Mitarbeitertage}} \qquad \mathbf{3}$$

Nach diesen Definitionen kann die Produktivität verbessert werden, wenn

- die Ergebnisse vermehrt,
- der Aufwand verringert oder
- die Ergebnisse vermehrt und der Aufwand verringert werden.

Die Definitionen 2 und 3 sind problematisch. Ein Problem besteht darin, geeignete Ergebnisse bzw. Elemente zu definieren, die quantifizierbar sind.

Software ist ein vielfältiges Produkt /Sneed 87, S. 31/. Es setzt sich zusammen aus Teilprodukten: Analysemodell, Architekturmodell, Programme. Zusätzlich gehören dazu: Benutzerhandbuch, Hilfesystem, Testdaten, *Review*-Ergebnisse usw. Daher stellt es eine grobe Vereinfachung dar, ein Software-Produkt auf ein Teilprodukt oder ein Element zu reduzieren. Dennoch geschieht dies heute in aller Regel. Das konventionelle Maß verwendet die Anzahl der Quellprogramm-Zeilen – *Lines of Code* (LOC). Ein Problem liegt darin, daß Quellprogrammzeilen nicht gleichwertig sind – weder innerhalb einer Programmiersprache noch zwischen Programmiersprachen. Empirische Untersuchungen haben ergeben, daß die Produktivität – gemessen in LOC/Aufwand – in Abhängigkeit vom Produkttyp, der Programmgröße und dem Prozentsatz der Programmänderungen signifikant variiert.

Trotz dieser Probleme verwendet beispielsweise die Firma HP das Maß NCSS *(non commented source statements)* als Teil ihres Produktivitätsmaßes mit folgender Definition /Grady, Caswell 87, S. 58/:

Kapitel 6.2

NCSS Anzahl Quellanweisungen einschließlich Compiler-Anweisungen, Datendeklarationen und ausführbaren Anweisungen, aber ohne Leerzeilen oder Zeilen, die vollständig aus Kommentaren bestehen.

Abb. 1.3-1 zeigt eine frühe Statistik von HP. Die Anzahl »Zeilen nichtkommentierter Quellanweisungen« (NCSS) werden durch die gesamte Projektzeit, gemessen in Ingenieurmonaten, geteilt. Jede Säule stellt die durchschnittliche Produktivität der Projekte, geschrieben in der angegebenen Sprache, dar. Die Säule »Wiederverwendet« bedeutet, daß mindestens 75 Prozent des Codes bereits existierte. »Verschiedene Sprachen« gibt an, daß keine Sprache mehr als 75 Prozent Codeanteil ausmacht. Es wird darauf hingewiesen, daß die gesammelten Daten nicht ausreichen, um statistisch signifikante Aussagen zu treffen. Auffällig ist der Produktivitätsunterschied zwischen Projekten, bei denen ein großer Anteil Software wiederverwendet wird gegenüber denjenigen, bei denen alles neu geschrieben wird.

Kapitel I 1.5 Ein anderes Maß für »Anzahl Software-Elemente« sind *Function Points*, die im Rahmen der *Function Point*-Methode für Aufwandsschätzungen ermittelt werden.

Im Gegensatz zur Definition und Messung von produzierten Ergebnissen bzw. Software-Elementen erscheint das Maß »Eingesetzter Aufwand« weniger problematisch.

Der Aufwand für die Software-Entwicklung setzt sich zusammen aus:

- Personalkosten,
- Kosten für Computerressourcen,
- Kosten für Hilfsmittel.

Den überragenden Kostenblock bilden dabei die Personalkosten, so daß es gerechtfertigt erscheint, wie in Definition 3, den Aufwand auf

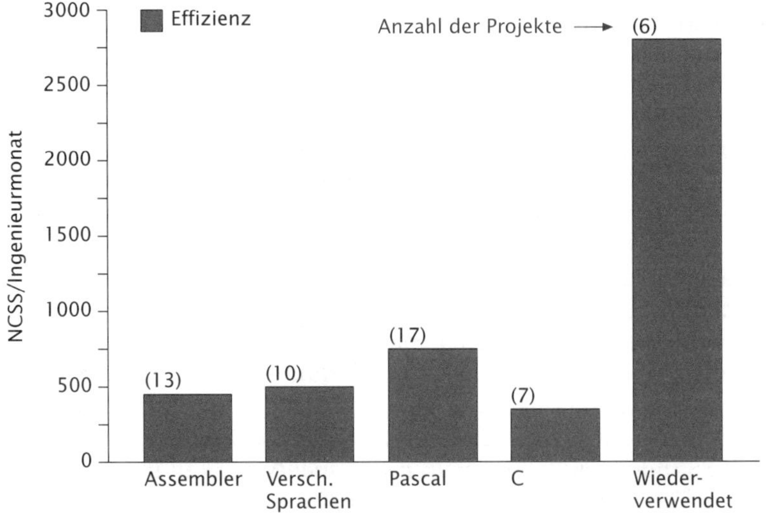

Abb. 1.3-1: Durchschnittliche NCSS/Ingenieurmonate pro Sprache /Grady, Caswell 87, S. 22/

die geleisteten Mitarbeitertage zu fokussieren. Aber auch diese Größe ist problematisch.

In /DeMarco, Lister 91, S. 73ff./ wird gezeigt, daß es sinnvoll ist, zwischen geistiger und körperlicher Anwesenheit zu unterscheiden. Was in Zeiterfassungsbögen eingetragen wird, ist die körperliche Anwesenheit. Für die Produktivität ausschlaggebend ist jedoch die geistige Anwesenheit. Als Metrik schlagen DeMarco und Lister /a.a.O. S. 77/ einen Umweltfaktor vor:

$$\text{Umweltfaktor} = \frac{\text{ungestörte Stunden}}{\text{Stunden körperlicher Anwesenheit}} \qquad 4$$

Erreicht der Umweltfaktor einen hohen Wert, dann erlaubt die Arbeitsumgebung den Mitarbeitern eine hohe Produktivität. 40 Prozent sind ein erreichbarer Wert. Aber selbst innerhalb einer Firma wurden Unterschiede zwischen 10 Prozent und 38 Prozent ermittelt.

Bei der Firma HP /Grady, Caswell 87, S. 251/ wird der Aufwand durch benötigte Ingenieurmonate quantifiziert, die folgendermaßen definiert sind: 40 – 50 Stunden pro Woche ohne Urlaub oder Krankheit.

Basili (zitiert nach /Grady, Caswell 87, S. 3/) ersetzt »produzierte Ergebnisse« durch »Produktwert«. Er betrachtet die Software-Produktion als einen Prozeß der Wertschöpfung. Das entstehende Produkt stellt einen Wert dar:

$$\text{Produktivität} = \frac{\text{Produktwert}}{\text{Kosten}} \qquad 5$$

Die Einflußfaktoren, die den Produktwert und die Kosten nach Basili bestimmen, zeigt Abb. 1.3-2. Entscheidend für den Produktwert ist der mögliche Nutzen für die Benutzer bzw. das Unternehmen. Als

Abb. 1.3-2: Produktivität und ihre Einflußfaktoren nach Basili

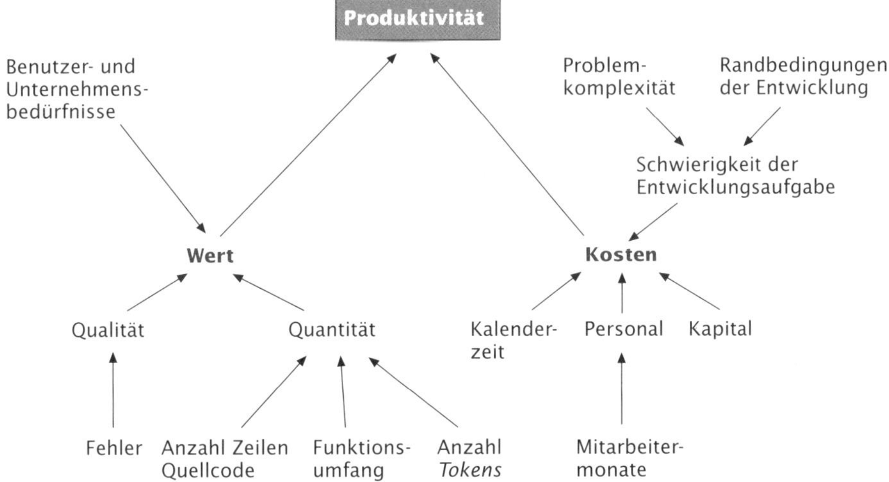

Problem erweist sich aber auch hier, wie man den Produktwert ermittelt bzw. frühzeitig schätzen kann.

Als beste Produktivitätsmetrik hat sich nach einer neuen europäischen Untersuchung /Maxwell, Wassenhove, Dutta 96/ folgende bewährt:

$$\text{Produktivität} = \frac{\text{Anzahl Zeilen Quellcode [LOC]}}{\text{Aufwand in Mitarbeitermonaten}} \quad \textbf{6}$$

Trotz aller hier aufgezeigten Schwächen ist jeder Quantifizierungsversuch der Software-Produktivität besser als gar keiner. Nur wenn die Produktivität quantifizierbar und meßbar ist, ist es auch möglich, das Erreichen eines Produktivitätsziels festzustellen.

1.4 Einflußfaktoren der Produktivität

Damit ein Software-Manager die Produktivität verbessern kann, muß er wissen, welche Faktoren die Produktivität am meisten beeinflussen. Da es bisher noch kein umfassendes Modell dieser Einflußfaktoren gibt, werden im folgenden bekannte Untersuchungen zusammengestellt. Die Einflußfaktoren werden in folgende Gruppen eingeteilt (Abb. 1.4-1):

- Produkteinflüsse,
- Prozeßeinflüsse,
- Mitarbeitereinflüsse,
- Managementeinflüsse.

Produkteinflüsse

Komplexität

Die **Produktkomplexität** beeinflußt wesentlich die Produktivität. /Boehm 87, S. 47/ gibt ein Verhältnis von 1:2,36 an. Ein komplexes Produkt benötigt also den 2,36-fachen Aufwand eines einfachen Produkts. Das Messen der Produktkomplexität ist schwierig. In /Boehm 81, S. 390f/ werden sechs Komplexitätskategorien eingeführt, um die Komplexität von Programmcode mit Hilfe einer Tabelle zu beurteilen.

Kapitel 6.2 Metriken

Weitere Ansätze zur Vermessung von Code sind die Metriken von McCabe und Halstead. Es gibt zur Zeit aber keine befriedigende Metrik, die es erlaubt, die Komplexität eines Software-Produkts in eine Zahl zu fassen.

Die Produktkomplexität ist vom Management nur bedingt zu beeinflussen. Wesentlich erscheint, daß für die Entwicklung die Methoden eingesetzt werden, die es erlauben, die jeweilige Komplexitätsausprägung geeignet zu modellieren.

Kapitel I 2.14

Beispielsweise können Aktionen, die von komplexen Bedingungen abhängen, am besten durch Entscheidungstabellen beschrieben wer-

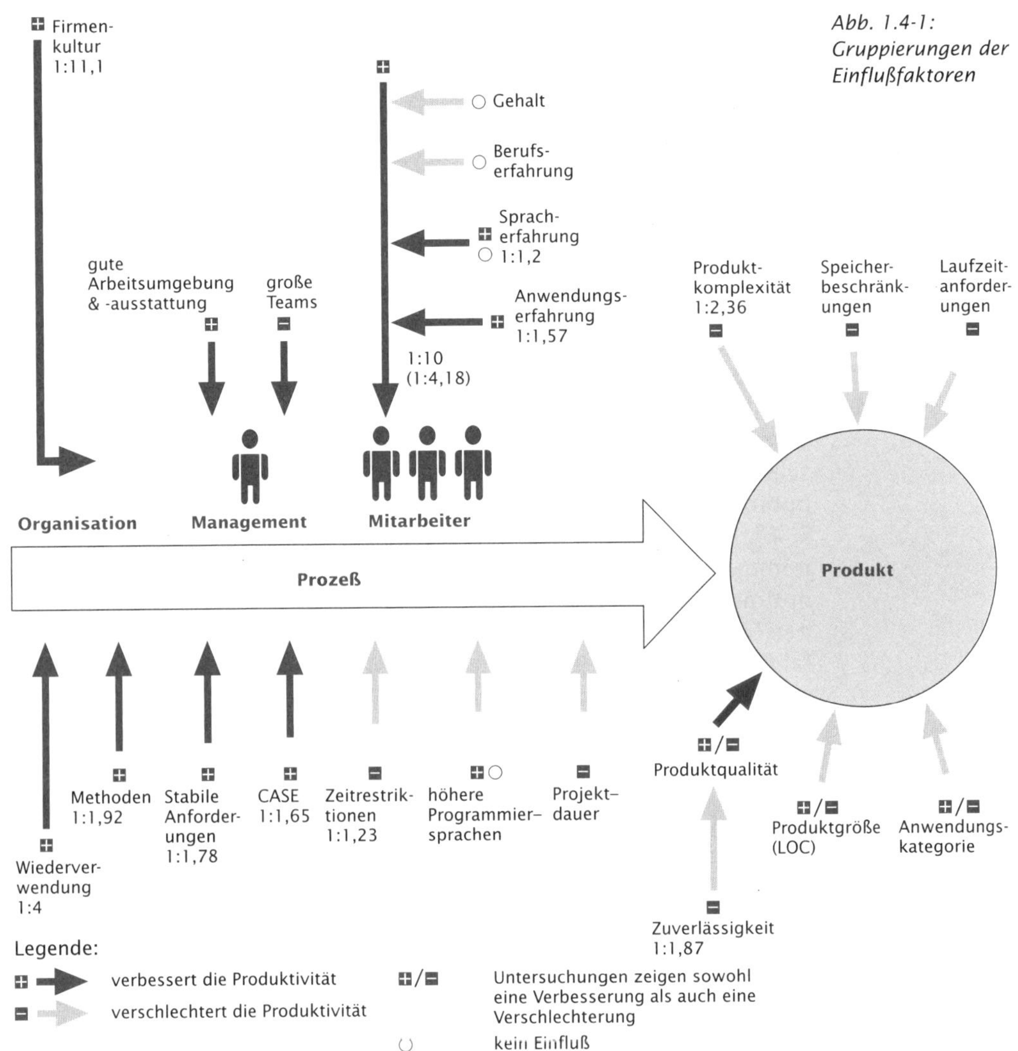

Abb. 1.4-1: Gruppierungen der Einflußfaktoren

den. Wird dagegen Pseudo-Code zur Beschreibung verwendet, dann wird die Beschreibung unübersichtlich.

Größe

Einen großen Einfluß auf die Entwicklungskosten hat die **Produktgröße,** gemessen in LOC /Boehm 87, S. 47/. In der Regel geht man davon aus, daß der Aufwand überproportional mit der Produktgröße zunimmt. /Maxwell, Wassenhove, Dutta 96/ haben jedoch festgestellt, daß die Produktivität mit zunehmendem Produktumfang steigt.

Qualität

Die geforderte **Produktqualität** hat ebenfalls einen Einfluß auf die Produktivität. Dieser Einfluß kann positiv oder negativ sein. Dieses Thema wird im nächsten Kapitel ausführlich behandelt. /Boehm 87, S. 47/ gibt ein Verhältnis von 1:1,87 in Bezug auf geforderte Zuverlässigkeit an. Ein zuverlässiges Programm benötigt den 1,87-fachen Aufwand eines nicht so zuverlässigen Programms. /Maxwell, Wassenhove, Dutta 96/ bestätigen eine sinkende Produktivität bei höheren Zuverlässigkeitsanforderungen.

Laufzeit

Speicherbedarf

Zunehmende **Laufzeitanforderungen** und zunehmende **Speicherbeschränkungen** führen nach /Maxwell, Wassenhove, Dutta 96/ zu sinkender Produktivität.

Anwendungskategorie

Zum Einfluß der **Anwendungskategorie** auf die Produktivität liegen unterschiedliche Erkenntnisse vor.

Prozeßeinflüsse

Eine Software-Entwicklung wird wesentlich durch die verwendeten **Methoden** und die sie unterstützenden Werkzeuge beeinflußt.

CASE

Zur Produktivitätssteigerung durch den Einsatz von CASE-Umgebungen und **CASE-Werkzeugen** gibt es in der Literatur sehr unterschiedliche Aussagen. Leider werden oft nur pauschale Angaben publiziert, ohne das Umfeld genauer zu spezifizieren. In /Boehm 87, S. 47/ wird ein Produktivitätsverhältnis von 1:1,65 zwischen einem minimalen und einem maximalen CASE-Einsatz angegeben. Durch optimalen CASE-Einsatz kann also eine Produktivitätssteigerung um den Faktor 1,65 erreicht werden. 1981 lag der maximale Steigerungsfaktor noch bei 1,49 /Boehm 81, S. 642/.

Eine differenzierte Betrachtung erfordert zunächst die Berücksichtigung der Zeit. In der Einführungsphase von CASE und im ersten Projekt sinkt in der Regel zunächst die Produktivität. Außerdem erscheint es sinnvoll, zwischen der Entwicklungs- und der Wartungsproduktivität zu unterscheiden. Abb. 1.4-2 zeigt diese Differenzierung und darüber hinaus den Einfluß auf die Qualität.

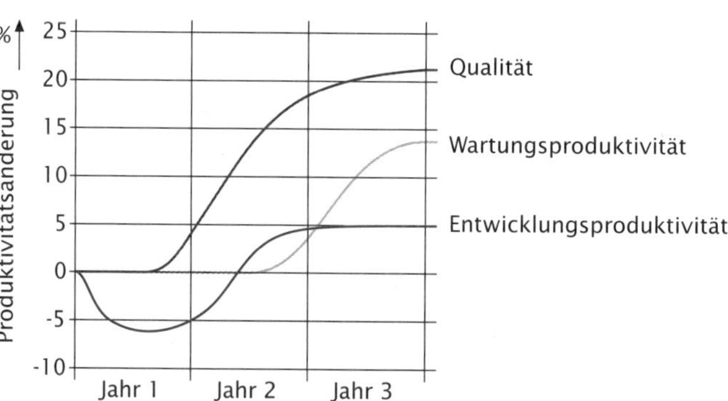

Abb. 1.4-2: Produktivitäts- und Qualitätsverlauf durch den Einsatz von CASE /Jones 92, S. 40/

Eine weitere Differenzierung muß den Umfang von CASE berücksichtigen. Es ist ein Unterschied, ob ein einzelnes CASE-Werkzeug oder eine umfangreiche CASE-Umgebung bestehend aus einer CASE-Plattform mit vielen Werkzeugen, eingeführt und eingesetzt wird.

Hauptkapitel IV 2

Abb. 1.4-3 zeigt das Ergebnis einer Produktivitätsschätzung unter Berücksichtigung des CASE-Umfangs.

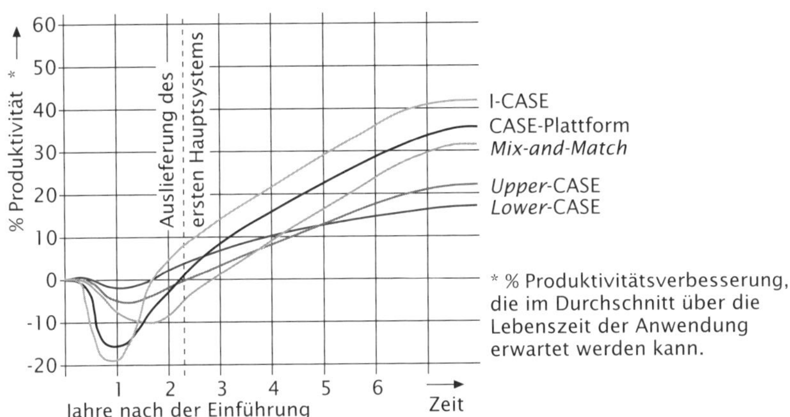

Abb. 1.4-3: Produktivitätsverlauf in Abhängigkeit vom CASE-Umfang /Gartner Group 90, S. 14/

Legende:

I-CASE:	*Integrated* CASE (Werkzeugketten, die die gesamte Entwicklung unterstützen)
CASE-Plattform:	Rahmensystem, das Basisdienstleistungen abdeckt und das Einbetten von Werkzeugen erlaubt
Mix-and-Match:	Einsatz verschiedener Werkzeuge in den einzelnen Phasen
Upper-CASE:	Werkzeuge für Planung, Definition und Entwurf
Lower-CASE:	Werkzeuge für Implementierung, Wartung und Pflege

Global kann festgestellt werden, daß komplexe CASE-Umgebungen zunächst zu einem größeren Produktivitätsverlust führen, nach der Einführungsphase aber größere Produktivitätssteigerungen ermöglichen. Das Phänomen der sinkenden Produktivität in der Einführungsphase von CASE-Produkten hängt wahrscheinlich damit zusammen, daß bei allen Produktivitätsangaben CASE- und Methodeneinführung zusammen betrachtet werden.

Der kritische Erfolgsfaktor ist nicht die CASE-Einführung, sondern die Methodeneinführung. Die Anwendung neuer Methoden erfordert von jedem Mitarbeiter eine Änderung seiner Denkgewohnheiten. Selbst nach einem guten Methodentraining wird der Mitarbeiter bei der Anwendung der neuen Methode auf seine erste »echte« Entwicklung Schwierigkeiten haben. Dies führt zu den angeführten Produktivitätseinbußen. Kritisch ist anzumerken, daß heute für das Methodentraining zu wenig Zeit und für die Werkzeugbedienung zuviel Zeit investiert wird.

Methoden

Für den Einsatz moderner **Software-Methoden** gibt /Boehm 87, S. 47/ ein Verhältnis von 1:1,92 an, d.h. durch moderne Methoden erzielt man einen Steigerungsfaktor von 1,92.

/Maxwell, Wassenhove, Dutta 96/ bestätigen, daß eine hohe Produktivität durch den intensiven Einsatz von Werkzeugen und modernen Methoden erreicht wird.

Stabile Anforderungen

Sind die Anforderungen an ein Produkt stabil, dann wirkt sich das auf die Produktivität im Verhältnis 1:1,78 aus /Boehm 87, S. 47/.

Wiederverwendung

Die Wiederverwendung von Software erlaubt große Produktivitäts- und Qualitätssteigerungen.

Bei HP wird unter wiederverwendeter Software folgendes verstanden: Software, die in ein Produkt eingebracht wird und vorher in einem anderen Produkt oder einem anderen Teil desselben Produkts einwandfrei arbeitete.

Die möglichen Produktivitätssteigerungen zeigt Abb. 1.4-4.

Abb. 1.4-4: HP-Produktivität in Abhängigkeit von Anwendungskategorien (137 Projekte insgesamt) /Grady 92, S. 43/

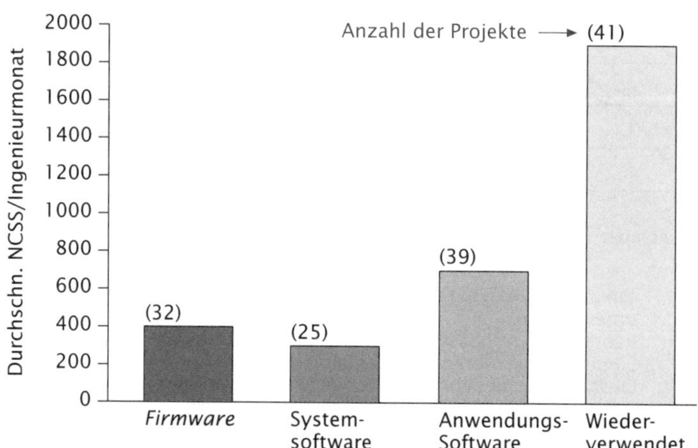

Die Säule »Wiederverwendet« enthält Projekte, bei denen der Anteil von wiederverwendetem Code mehr als 75 Prozent beträgt. Abb. 1.4-5 zeigt die entdeckte Fehlerquote vor der Produktfreigabe bezogen auf Anwendungskategorien.

Abb. 1.4-5: HP-Fehlerquote vor der Produktfreigabe in Abhängigkeit von Anwendungkategorien (77 Projekte insgesamt) /Grady, Caswell 87, S. 112/

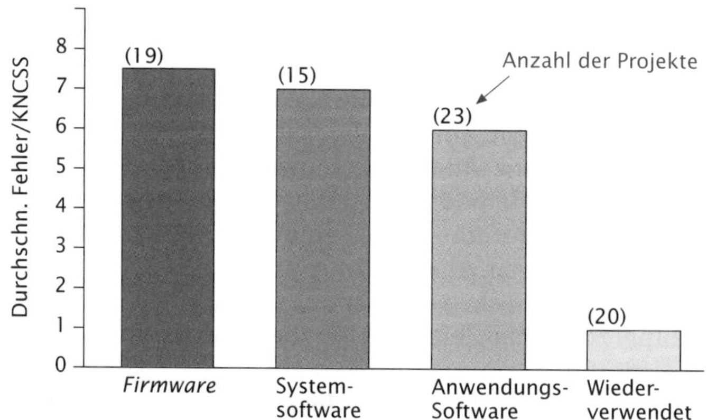

KNCSS = 1000 NCSS

Faustregel

Als Faustregel gibt /Grady 92, S. 14/ folgendes an:

- Projekte, die hauptsächlich aus wiederverwendeter Software bestehen, benötigen ungefähr 1/4 der Zeit und der Ressourcen, die eine Neuentwicklung benötigt.

Es gibt keinen Ersatz für Erfahrung. Besonders wichtig sind die Erfahrungen in der Definitionsphase. Wo immer möglich, sollten geprüfte Softwaremodelle und -komponenten wiederverwendet werden.

Alle anderen Teile, mit denen das Entwicklungsteam keine früheren Erfahrungen hat, sind am schwierigsten vorhersagbar und verursachen die größten Zeitprobleme.

Zeitrestriktionen

Zeitrestriktionen bzw. enge Termine wirken sich im Verhältnis 1:1,23 negativ auf die Produktivität aus. Je länger ein Projekt dauert, desto mehr sinkt die Produktivität /Maxwell, Wassenhove, Dutta 96/.

Abschnitt 5.5.10

Projektdauer

Mitarbeitereinflüsse

Verschiedene empirische Untersuchungen haben große Produktivitätsunterschiede zwischen Software-Ingenieuren nachgewiesen. Abb. 1.4-6 zeigt die Bandbreite der individuellen Leistungen.

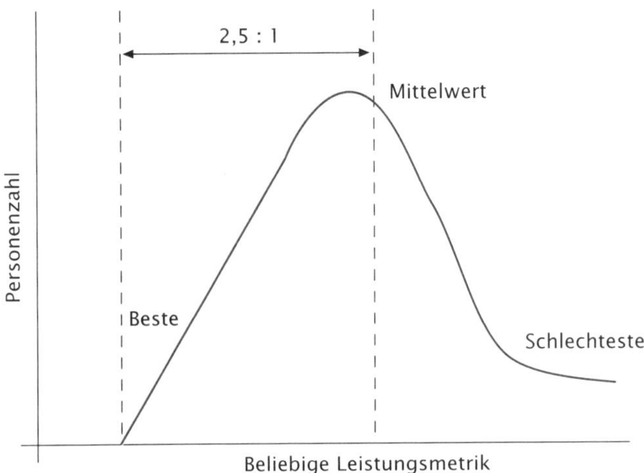

Abb. 1.4-6: Produktivitätsunterschiede zwischen einzelnen Mitarbeitern /DeMarco, Lister 87, S. 52/

Regeln

Aus diesen Daten leiten /DeMarco, Lister 87, S. 51f./ folgende drei Grundregeln ab:

- Die besten Mitarbeiter sind um einen Faktor 10 besser als die schlechtesten.
- Die besten Mitarbeiter sind 2,5 mal besser als der Durchschnitt.
- Die überdurchschnittlichen Mitarbeiter übertreffen die unterdurchschnittlichen Mitarbeiter im Verhältnis 2:1.

Diese Regeln gelten für fast jede beliebige Leistungsmetrik. Die bessere Mitarbeiterhälfte erledigt eine Arbeit in der Hälfte der Zeit, verglichen mit der schlechteren Mitarbeiterhälfte. Die fehleranfälligere Hälfte macht mehr als zwei Drittel der Fehler usw.

Abb. 1.4-7 bestätigt diese Regeln. Sie zeigt die Ergebnisse eines Programmierwettbewerbs. Aufgetragen ist die Verteilungsfunktion über die Zeit, die die Teilnehmer benötigten, um den ersten Meilenstein der Aufgabe (fehlerfreie Übersetzung, fertig zum Test) zu erreichen.

Die besten Leistungen lagen um den Faktor 2,1 über dem Durchschnitt. Die Hälfte über dem Mittelwert schlug die anderen im Verhältnis 1,9:1.

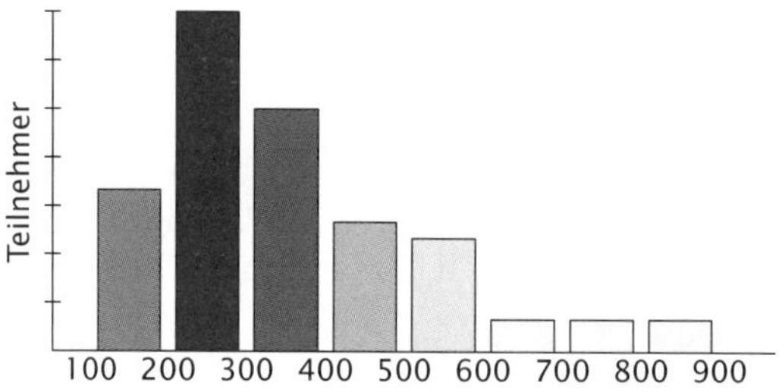

Abb. 1.4-7: Individuelle Leistungsunterschiede /DeMarco, Lister 87, S. 53/

In /Boehm 87, S. 47/ wird eine Produktivitätsspannbreite zwischen Mitarbeitern im Verhältnis 1:4,18 angegeben.

Es gibt unterschiedliche Meinungen darüber, welche Faktoren diese Produktivitätsunterschiede verursachen. In /DeMarco, Lister 87, S. 53f/ wird angegeben, welche Faktoren *wenig* oder *gar keine* Korrelation mit der Leistung zeigten:

- Programmiersprachen
  Es zeigte sich innerhalb der einzelnen Gruppen von höheren Programmiersprachen die gleiche Leistungsverteilung wie über alle Sprachen hinweg betrachtet.
- Berufserfahrung
  Zwischen den Jahren an Berufserfahrung und den erbrachten Leistungen gab es keine sichtbaren Zusammenhänge. Schlechter sind nur Mitarbeiter, die weniger als sechs Monate Erfahrung in der verwendeten Programmiersprache hatten.
- Anzahl der Fehler
  Die Programmierer, die keine Fehler in ihren Programmen hatten, benötigten, als Gruppe betrachtet, nicht mehr Zeit für ihre Ergebnisse als die anderen Programmierer.
- Gehalt
  Die Beziehung zwischen Gehältern und Leistung ist nur schwach ausgeprägt. Die Hälfte über dem Mittelwert verdient ungefähr 10 Prozent mehr als die Hälfte unter dem Mittelwert, war aber mindestens doppelt so gut.

Nach /Boehm 87, S. 47/ wirkt sich die Spracherfahrung und die Anwendungserfahrung auf die Produktivität aus:

- Ein Mitarbeiter mit Erfahrung in der verwendeten Programmiersprache ist im Verhältnis 1,2:1 produktiver als ein Mitarbeiter ohne die entsprechende Erfahrung.
- Ein Mitarbeiter mit Erfahrung auf dem Anwendungsgebiet ist im Verhältnis 1,57:1 produktiver als ein Mitarbeiter ohne entsprechende Anwendungserfahrungen.

Nach /Maxwell, Wassenhove, Dutta 96/ hat die Programmiersprachenerfahrung *keinen* signifikanten Einfluß auf die Produktivität.

Managementeinflüsse

Das Software-Management hat Einflüsse sowohl auf die Mitarbeiter als auch auf den Entwicklungsprozeß.

Einen oft unterschätzten Einfluß auf die Produktivität haben die **physische Arbeitsumgebung** und die **Arbeitsplatzausstattung.** /DeMarco, Lister 91/ haben in ihrem Buch die wesentlichen Faktoren dazu zusammengestellt.

Ein Mitarbeiter ist umso produktiver

- je ruhiger sein Arbeitsplatz ist,
- je weniger er gestört wird,
- je besser die Privatsphäre gewahrt ist,
- je größer der Arbeitsplatz ist.

Tab. 1.4-1 zeigt im Vergleich die Arbeitsplatzfaktoren des besten Viertels eines Programmierwettbewerbs und des schlechtesten Viertels.

Tab. 1.4-1: Der Arbeitsplatz der Besten und der Schlechtesten /DeMarco, Lister 91, S. 57/

Arbeitsplatzfaktoren	bestes Viertel der Teilnehmer	schlechtestes Viertel der Teilnehmer
1 Wieviel Arbeitsplatz steht Ihnen zur Verfügung?	$7 m^2$	$4.1 m^2$
2 Ist es annehmbar ruhig?	57% ja	29% ja
3 Ist Ihre Privatsphäre gewahrt?	62% ja	19% ja
4 Können Sie Ihr Telefon abstellen?	52% ja	10% ja
5 Können Sie Ihr Telefon umleiten?	76% ja	19% ja
6 Werden Sie oft von anderen Personen grundlos gestört?	38% ja	76% ja

Um produktive Ingenieurarbeit zu erledigen, wie Analyse, Entwurf, Programmierung, Schreiben von Handbüchern, muß man »in Fahrt« kommen. »In Fahrt sein« ist ein Zustand tiefer, fast meditativer Versunkenheit. Nur wenn man in Fahrt ist, geht die Arbeit wirklich voran. Man fühlt eine leichte Art von Euphorie und verliert das Zeitgefühl.

Bevor man diesen Zustand erreicht, benötigt man ca. 15 Minuten voller Konzentration. In diesem Zeitraum ist man besonders anfällig für Störungen und Unterbrechungen. In dieser Phase erledigt man noch keine Arbeit im eigentlichen Sinne. Ein Telefonanruf und die 15 Minuten Eintauchphase beginnen wieder von vorne.

Hieraus ergeben sich folgende Konsequenzen:

- Das Telefon eines Mitarbeiters muß für bestimmte Zeiträume abstellbar sein.
- Die Mitarbeiter sollten Einzelzimmer haben.

Untersuchungen bei IBM haben eine Produktivitätssteigerung von ungefähr 11 Prozent ergeben, bei TRW von 8 Prozent, wenn die Mitarbeiter Einzelzimmer besitzen /Boehm 87, S. 50/.

Zeitverteilung

Zwei häufige Mißverständnisse sind im Zusammenhang mit Einzelzimmern noch auszuräumen:

Einzelzimmer und Teamarbeit sind kein Widerspruch. Untersuchungen haben gezeigt, daß Mitarbeiter in 30 Prozent ihrer Zeit alleine arbeiten, in 50 Prozent der Zeit zu zweit und in 20 Prozent der Zeit in größeren Gruppen /DeMarco, Lister 91, S. 73/. Eine Untersuchung bei HP hat die Zeitverteilung zwischen verbalen Aktivitäten, ruhigen Aktivitäten und Nicht-Projekt-Aktivitäten ermittelt (Abb. 1.4-8).

Abb. 1.4-8: Zeitaufteilung eines Software-Ingenieurs /Grady, Caswell 87, S. 37/

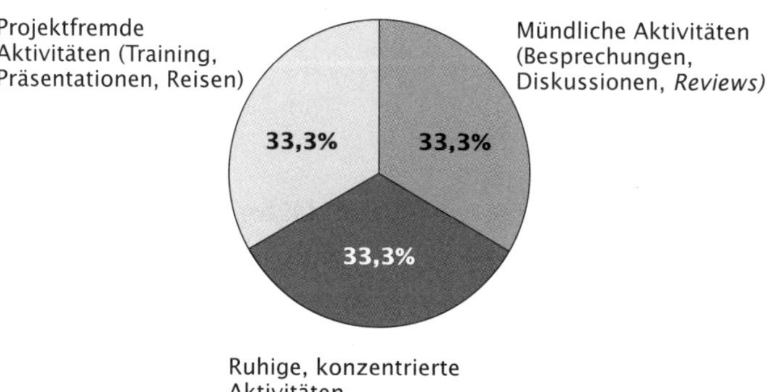

Für die rund 30 Prozent Einzelarbeit bzw. ruhige, konzentrierte Arbeit benötigen die Mitarbeiter Einzelzimmer, für die restliche Zeit Besprechungsräume.

Oft glaubt man in, Großraumbüros den Geräuschpegel durch Musik überspielen zu können. Die Wahrnehmung von Musik erfolgt in der rechten Gehirnhälfte, während die Abwicklung sequentieller Vorgänge in der linken Gehirnhälfte erfolgt. Kreative Erkenntnisse, geniale Ideen und Aha-Erlebnisse kommen aus der rechten Gehirnhälfte. Ist diese jedoch mit der Wahrnehmung von Musik beschäftigt, dann sind die Chancen für kreative Durchbrüche vertan /DeMarco, Lister 91, S. 91/.

Firmenkultur

Durch die Gestaltung der **Firmenkultur** beeinflußt das Management indirekt die Produktivität. /DeMarco, Lister 87, S. 55f./ haben bei Programmierwettbewerben zwischen Firmen festgestellt:

- Die beste Organisation, d.h. diejenige, die den besten Durchschnitt aller Teilnehmer zeigte, arbeitete 11,1 mal schneller als die schlechteste. Zusätzlich zu dem Arbeitstempo bestanden alle Teilnehmer der besten Organisationen auch den Abnahmetest mit ihren Produkten.

Bei den Programmierwettbewerben bildeten je zwei Programmierer aus einer Firma ein Team. Sie arbeiten aber nicht zusammen, sondern konkurrieren eher miteinander, aber auch gegen alle anderen Teams.

Die Leistungen der Teampartner lagen durchschnittlich nur um 21 Prozent auseinander. Dieses Ergebnis spricht dafür, daß das gleiche Umfeld und die gemeinsame Firmenkultur als Hintergrund ausschlaggebend sind.

Gute Software-Ingenieure »scharen« sich in bestimmten Firmen zusammen, die schlechten in anderen. Bei den schlechten Firmen stimmt offensichtlich etwas in deren Arbeitsumfeld oder in deren Firmenkultur nicht. Gute Software-Ingenieure werden von solchen Firmen nicht angezogen oder können auf Dauer nicht gehalten werden. Den wenigen guten Mitarbeitern, die dort noch arbeiten, macht es das Umfeld immer schwerer, gute Ergebnisse abzuliefern.

Die Firmenkultur beeinflußt auch wesentlich die Einführung von Innovationen. Je liberaler eine Firma ist, desto leichter lassen sich Innovationen einführen. Kapitel 5.6

Mit wachsender **Teamgröße** sinkt die Produktivität /Maxwell, Wassenhove, Dutta 96/. Kapitel 5.3 Teamgröße

1.5 Produktivität und Qualität

Produktivität und Qualität beeinflussen sich. Es gibt zwei konträre Meinungen über die Art der Abhängigkeit:

- Hohe Qualitätsanforderungen verringern die Produktivität.
- Hohe Qualitätsanforderungen verbessern die Produktivität.

Die häufig schlechte Qualität heutiger Software-Produkte läßt vermuten, daß die erste Meinung stimmt. Unbestritten ist, daß konstruktive und analytische Qualitätssicherungsmaßnahmen Kosten verursachen. Auf der anderen Seite führt eine bessere Produktqualität aber zur Einsparung von Wartungskosten (Abb. 1.5-1).

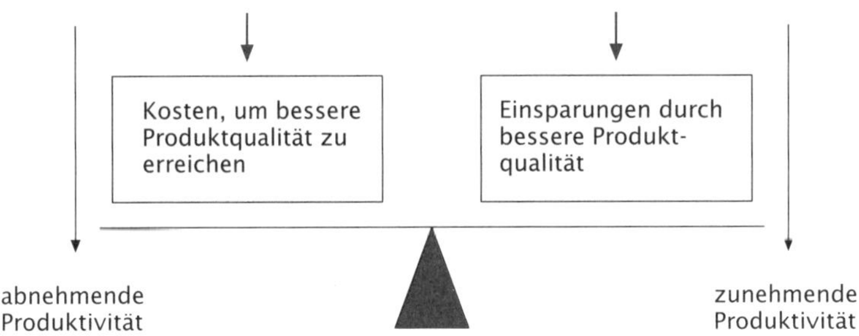

Abb. 1.5-1: Zusammenhang zwischen Produktivität und Qualität

Damit die Produktivität zunimmt, müssen die durch höhere Qualität bedingten Einsparungen größer sein als die zusätzlichen Kosten.

Das Einsparungspotential ist groß. Auch heute entfallen oft 2/3 aller Lebenszyklus-Kosten auf die Wartung und Pflege eines Software-Produkts und nur 1/3 auf die eigentliche Entwicklung. Eine HP-Kundenumfrage ergab einen Wartungsanteil von durchschnittlich 75 Prozent am Gesamtaufwand /Grady 92, S. 17/.

Wie Abb. 1.3-2 zeigt, beeinflußt die Qualität auch den Produktwert. Probleme bei den Einsparungen ergeben sich in zweifacher Hinsicht:

- Wie quantifiziert man Software-Qualität?
- Wer bezahlt die Wartung?

Die Software-Qualität kann man heute schlecht quantifizieren und messen. Als pragmatischer Ansatz werden die Wartungskosten ermittelt. Ist jedoch der Kunde bereit, hohe Wartungskosten zu bezahlen, dann hat der Software-Produzent kein Interesse daran, die Qualität zu verbessern. Oft verdient er mehr an der Wartung als am Verkauf des eigentlichen Produkts.

Ähnlich sieht die Situation aus, wenn innerhalb einer Firma die Budgets für Entwicklung und Wartung getrennt sind. Der Entwicklungsleiter ist dann nicht motiviert, gute Qualität zu produzieren, da dies Kosten verursacht, er aber an den Einsparungen nicht partizipiert.

Auf der Kostenseite haben empirische Untersuchungen gezeigt, daß eine frühzeitige Fehlerentdeckung und -behebung die kostengünstigste ist. /Boehm 81, S. 40/ hat mehrere Untersuchungen in einer Grafik zusammengefaßt (Abb. 1.5-2).

Abb. 1.5-2: Kostenverlauf der Fehlerbehebung

Die Grafik zeigt die relativen Kosten, um Fehler zu korrigieren oder Software-Änderungen vorzunehmen, als Funktion der Phase, in der die Korrekturen oder Änderungen vorgenommen werden. Kostet

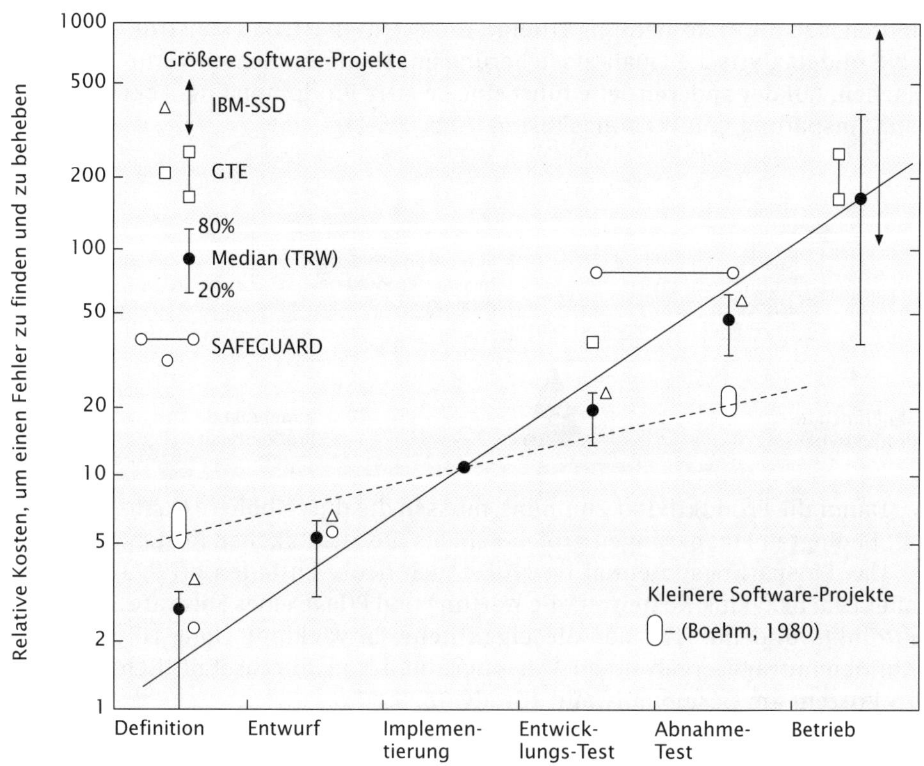

z.B. die Korrektur eines Anforderungsfehlers in der Definitionsphase 20,- DM, dann kostet die Behebung desselben Fehlers in der Betriebsphase 2.000,- DM, d.h. das Hundertfache. Jede Investition in die konstruktive und analytische Qualitätssicherung der frühen Entwicklungsphasen spart bis zum Hunderfachen an Kosten in der Wartungsphase.

1.6 Maßnahmen zur Produktivitätssteigerung

Die Möglichkeiten zur Produktivitätsverbesserung faßt /Boehm 87, S. 49/ in sechs Kategorien zusammen. In Anlehnung an seine Vorschläge zeigt Abb. 1.6-1 mögliche Maßnahmen zur Steigerung der Produktivität.

Abb. 1.6-1: Maßnahmen zur Verbesserung der Produktivität

- Verbesserung der Produktivität
  - Leistung der Mitarbeiter erhöhen
    - Qualifiziertes Personal einstellen
    - Optimale Arbeitsumgebung schaffen
    - Personal optimal führen und fördern
  - Arbeitsschritte effizienter machen
    - CASE-Umgebungen einsetzen
    - Arbeitsplatzrechnerausstattung optimieren
    - Bürokommunikation nutzen
  - Arbeitsschritte eliminieren
    - Generatoren einsetzen
    - QS automatisieren
  - Überarbeitungsschritte eliminieren
    - Software inkrementell entwickeln
    - Methoden in den frühen Phasen einsetzen
    - Modelle animieren und simulieren
    - Prototypen verwenden
  - Einfachere Produkte entwickeln
    - Kosten/Nutzenanalyse vornehmen
    - Software inkrementell entwickeln
    - Prototypen verwenden
  - Komponenten wiederverwenden
    - Komponentenbibliotheken anlegen
    - Software objektorientiert entwickeln
    - Wiederverwendung belohnen

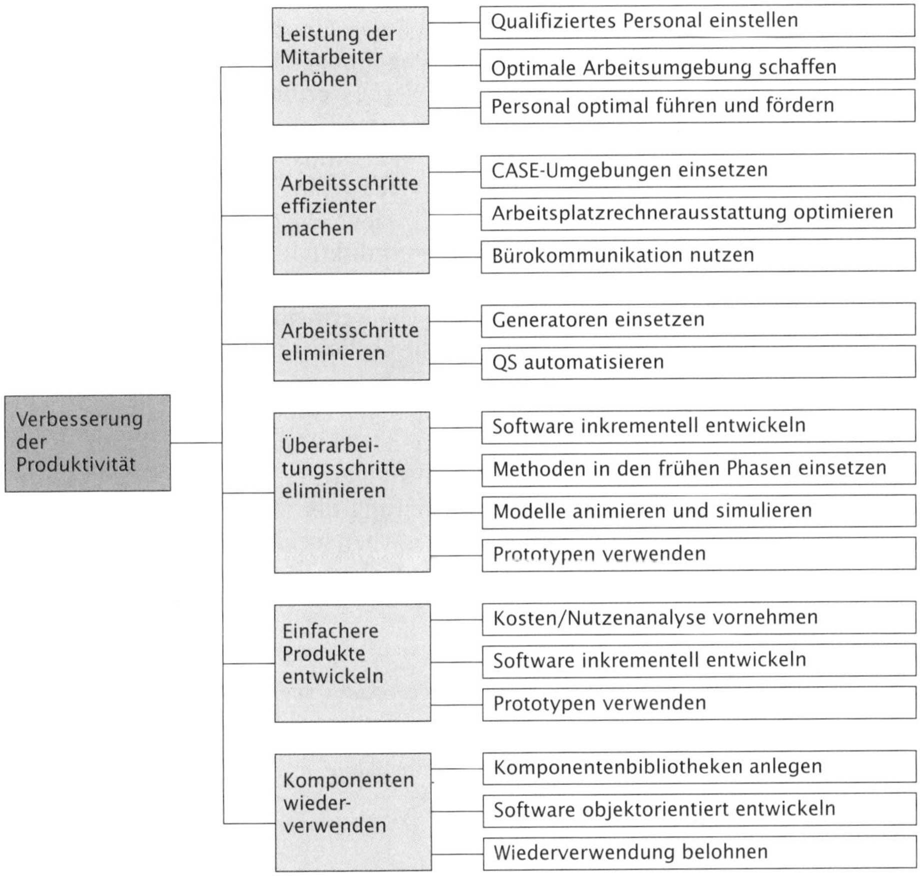

Produktivität Quotient aus produzierten Ergebnissen und eingesetzten Ressourcen. Anstatt der produzierten Ergebnisse kann auch der Produktwert, d.h. der Wert, den das Produkt für den Benutzer hat, verwendet werden.

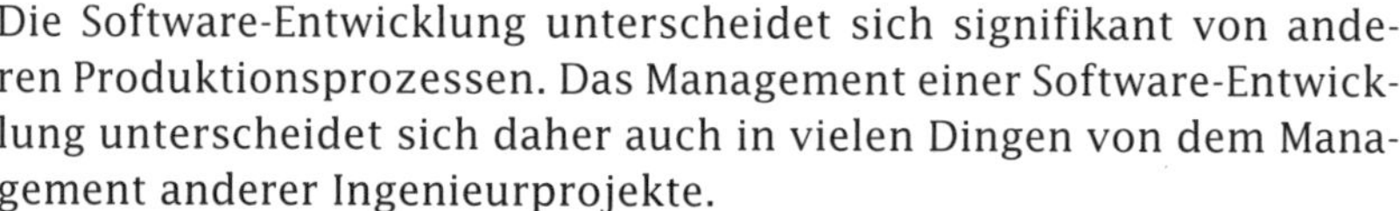

Die Software-Entwicklung unterscheidet sich signifikant von anderen Produktionsprozessen. Das Management einer Software-Entwicklung unterscheidet sich daher auch in vielen Dingen von dem Management anderer Ingenieurprojekte.

Die klassischen Managementaufgaben – Planung, Organisation, Personal, Leitung, Kontrolle – sind in angepaßter Form auch bei einer Software-Entwicklung auszuüben.

Ein Problem beim Software-Management ist die Definition der Produktivität. Die Faktoren, die die Produktivität beeinflussen, sind erst teilweise bekannt. Diese Einflüsse lassen sich den Kategorien Produkteinflüsse, Prozeßeinflüsse, Mitarbeitereinflüsse und Managementeinflüsse zuordnen.

Am stärksten wird die Produktivität von der Qualifikation der Mitarbeiter, der Firmenkultur und dem Grad der Wiederverwendung von Software-Komponenten beeinflußt.

Der Produktivitätsgewinn durch den Einsatz von CASE-Umgebungen wird oft überschätzt. CASE-Umgebungen bewirken vor allem eine Qualitätsverbesserung und eine Verbesserung der Wartungsproduktivität.

Unterschätzt werden dagegen die Einflüsse, die die physische Arbeitsumgebung, die Arbeitsausstattung und die Firmenkultur auf die Produktivität haben. Ein Einzelzimmer für jeden Mitarbeiter und ein abstellbares Telefon steigern die Produktivität.

Die gleichzeitige Steigerung der Produktivität und der Qualität wird oft als Widerspruch angesehen. Die Vermeidung von Fehlern – vor allem in den frühen Phasen – durch konstruktive und analytische Qualitätssicherungsmaßnahmen führt zu massiven Einsparungen in der Wartungsphase. Verbesserungen der Qualität führen daher in der Regel auch zu einer Verbesserung der Produktivität.

Maßnahmen zur Produktivitätssteigerung erfordern Verbesserungen in folgenden Kategorien: Leistung der Mitarbeiter erhöhen, Arbeitsschritte effizienter machen, Arbeitsschritte eleminieren, Überarbeitungsschritte eleminieren, einfachere Produkte entwickeln, Komponenten wiederverwenden.

/Boehm 81/
Boehm B.W., *Software-Engineering Economics*, Englewood Cliffs: Prentice Hall 1981, 767 Seiten
Es wird das Modell COCOMO zur Aufwandsschätzung detailliert beschrieben. Mitenthalten ist die Analyse von Einflußfaktoren auf die Produktivität.

/De Marco, Lister 87/
De Marco T., Lister T., *Peopleware*, New York: Dorset House Publishing Co. 1987, 188 Seiten
Die Autoren beschreiben die menschlichen Einflußfaktoren bei der Software-Entwicklung. Ein Muß für jeden Software-Manager!

/DeMarco, Lister 91/
DeMarco T., Lister T., *Wien wartet auf Dich! Der Faktor Mensch im DV-Management*, München: Carl Hanser Verlag 1991, 216 Seiten (Orginalausgabe /De Marco, Lister 87/)

/Grady 92/
Grady R.B., *Practical Software Metrics for Project Management and Process Improvement*, Englewood Cliffs: Prentice Hall 1992, 270 Seiten
Der Autor hat bei der Firma HP an der Einführung von Metriken mitgewirkt. Er berichtet über Erfahrungen. In dem Buch sind viele Metriken angegeben, die helfen, den Software-Prozeß zu verstehen. Viele Hinweise und Faustregeln für Software-Manager. Sehr zu empfehlen.

/Grady, Caswell 87/
Grady R.B., Caswell D.L., *Software Metrics: Establishing a Company-Wide Program*, Englewood Cliffs: Prentice Hall 1987, 288 Seiten
Ausführliche Darstellung, wie bei HP ein Metrik-Programm unternehmensweit eingeführt wurde.

/Sneed 87/
Sneed H.M., *Software-Management*, Köln: Verlagsgesellschaft Rudolf Müller GmbH 1987, 301 Seiten
Behandelt die Themen Grundlagen, Wirtschaftlichkeit, Produktivität, Qualität, Systemplanung, Systemdefinition, Projektkalkulation, Projektplanung & -steuerung sowie Systemverwaltung.

/Wallmüller 90/
Wallmüller E., *Software-Qualitätssicherung in der Praxis*, München: Carl Hanser Verlag 1990, 306 Seiten
Ausführliche Behandlung der konstruktiven und analytischen Qualitätssicherung.

Zitierte Literatur

/Boehm 87/
Boehm B.W., *Improving Software Productivity*, in: IEEE Computer, Sept. 1987, p. 43–57

/Gartner Group 90/
Gartner Group, *The Software Engineering Strategies Scenario*, Gartner Group Stanford CA USA 1990

/Jones 92/
Jones C., *CASE's missing elements*, in: IEEE Spectrum, June 1992, p. 38–41

/Mackenzie 69/
Mackenzie R.A., *The management process in 3-D*, in: Harward Business Review, Nov.-Dec 1969, Nachdruck in /Thayer 90/, S. 11–14.

/Maxwell, Wassenhove, Dutta 96/
Maxwell K. D., Wassenhove L. V., Dutta S., *Software Development Productivity of European Space, Military, and Industrial Applications*, in: IEEE Transactions on Software Engineering, Oct. 1996, pp. 706–718

/Thayer 90/
Thayer R.H., *Tutorial Software Engineering Project Management*, IEEE Computer Society Press, Los Alamitos CA., 1990

Muß-Aufgabe
8 Minuten

1 *Lernziel: Mögliche Software-Geschäftsstrategien und ihre Charakteristiken aufzählen können.*
Benennen Sie die drei wesentlichen Managementstrategien. Welche Auswirkungen haben diese auf den Software-Entwicklungsprozeß?

Muß-Aufgabe
25 Minuten

2 *Lernziele: Die fünf Managementfunktionen und die Hauptaktivitäten des Managements nennen können. Für gegebene Szenarien notwendige Managementaktivitäten identifizieren können.*

Ordnen Sie die folgenden Aufgaben den fünf Hauptmanagementfunktionen zu, und benennen Sie die notwendige Managementaktivität.

a Ein neuer Mitarbeiter soll eingestellt werden.
b Ihr Team hat mit großem Einsatzwillen einen wichtigen Termin bei einer Produktentwicklung halten können. Sie bedanken sich und loben den Einsatz.
c Für die Weiterentwicklung des von Ihnen betreuten Produktes gibt es zwei Alternativen. Sie wählen eine aus.
d Sie beginnen ein neues Projekt.
e Ihr Team ist an einem kritischen Punkt in einer Software-Entwicklung angekommen. Sie laden alle Mitarbeiter zum Essen ein und diskutieren das weitere Vorgehen.
f Sie legen fest, wie weit Ihr Produkt bis zum nächsten Quartalsbeginn entwickelt sein muß.
g Sie schlagen eine Gehaltsverbesserung für einen Mitarbeiter vor.
h Sie führen Wochenprotokolle ein, in denen der Produktfortschritt festgehalten wird.
i Sie beschließen den Einsatz eines neuen CASE-Systems für die nächste Software-Entwicklung.
k Sie gewähren ihren Mitarbeitern eine Fortbildung.
l Für ein neues Projekt bestimmen Sie einen Projektleiter und einen Qualitätssicherungsbeauftragten.

Muß-Aufgabe
10 Minuten

3 *Lernziel: Angeben können, welche Einflußfaktoren wie stark die Produktivität beeinflussen.*

In Ihrem Projekt ändern sich die Randbedingungen. Geben Sie anhand der aufgeführten Vergleichszahlen und empirischen Werte an, welche der folgenden Änderungen die Produktivität am meisten und welche sie am wenigsten beeinflussen:

a Das Produkt, das Sie entwickeln, ist nicht mehr komplex, sondern es ist als einfach einzustufen.
b Sie haben CASE-Werkzeuge über einen längeren Zeitraum eingeführt.
c Ihr Team besteht nicht aus durchschnittlichen, sondern aus den besten Mitarbeitern der Firma.
d Das Großraumbüro wurde abgeschafft, und alle Ihre Mitarbeiter haben Einzelzimmer.

Muß-Aufgabe
5 Minuten

4 *Lernziel: Die Unterschiede zwischen einer Software-Entwicklung und Produktentwicklungen in anderen Ingenieurbereichen erklären können.*

Welchen Unterschied gibt es bei der Software-Produktion im Gegensatz zu einer beliebigen Hardware-Produktion bezüglich der Kontrollierbarkeit des Projektfortschritts?

Muß-Aufgabe
5 Minuten

5 *Lernziel: Definitionen für die Software-Produktivität und ihre Problematik aufzeigen können.*

Eine höhere Produktivität kann u.a. durch:

- höhere Qualität,
- verringerten Aufwand,
- und vermehrte Ergebnisse,

erreicht werden. Sind alle Ziele gleichzeitig erreichbar?

Weitere Aufgaben befinden sich auf der beiliegenden CD-ROM. 

2 Planung

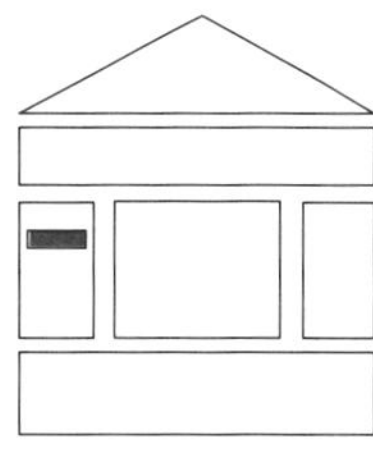

- Angeben können, welche Anforderungen Meilensteine erfüllen müssen. — wissen
- Zweck und Darstellungsform von Gantt-Diagrammen angeben können.
- Die verschiedenen Möglichkeiten der Netzplanstrukturierung aufzählen können.
- Den Zusammenhang zwischen Prozeß-Architektur, Prozeß-Modell und Projektplan erklären können. — verstehen
- Das methodische Vorgehen beim Aufstellen eines Projektplans erläutern können.
- Die verschiedenen Abhängigkeitsarten zwischen Vorgängen aufzeigen können.
- Netzpläne und Gantt-Diagramme mit ihren Eigenschaften erklären und vergleichen können.
- Prozesse und Prozeß-Modelle in der angegebenen ETXM-Notation spezifizieren können. — anwenden
- Einen MPM-Netzplan aufstellen, eine Vorwärts- und Rückwärtsrechnung durchführen sowie kritische Pfade ermitteln können.
- Termin- und kapazitätstreue Bedarfsoptimierungen von Ressourcen vornehmen können.
- Einfache Kostenplanungen durchführen können.
- Das verwendete Projektplanungssystem einsetzen können.
- Für kleinere Projekte eine vollständige Projektplanung computerunterstützt vornehmen können.

i

2.1 Einführung

Planung **Planung** ist die Vorbereitung zukünftigen Handelns. Sie legt vorausschauend fest, auf welchen Wegen, mit welchen Schritten, in welcher zeitlichen und sachlogischen Abfolge, unter welchen Rahmenbedingungen und mit welchen Kosten und Terminen ein Ziel erreicht werden soll:

»Planung ist Entscheiden im voraus, was zu tun ist, wie es zu tun ist, wann es zu tun ist und wer es zu tun hat« (in Anlehnung an /Koontz, O'Donnell 72/).

Planung ist keine einmalige Angelegenheit, sondern sie muß sich dynamisch und flexibel anpassen, wenn sich die Umgebung oder die Entwicklung ändert.

Jede erfolgreiche Software-Entwicklung beginnt mit einem guten Plan. Zukünftige Unsicherheiten und Änderungen, sowohl innerhalb der Entwicklungsumgebung als auch von externer Quelle, erfordern eine sorgfältige Planung, um die Risiken zu reduzieren.

Bei der Planung von Software-Entwicklungen sind drei Abstraktionsebenen zu unterscheiden:

Prozeß-Architektur
- Es muß überlegt werden, wie der Ablauf von Software-Entwicklungen spezifiziert werden soll, welche Standard-Prozeßelemente es gibt und wie ihr Zusammenwirken beschrieben werden soll. Solche Überlegungen führen zu einer **Prozeß-Architektur.**

Prozeß-Modell
- Es muß für eine Firma einmal das generelle Vorgehen beim Entwickeln eines Software-Produkts festgelegt werden.

Das Ergebnis einer solchen Planung können ein **Prozeß-Modell** – auch Vorgehensmodell genannt – oder mehrere Prozeß-Modelle sein, die einen Rahmen oder ein Muster für das Vorgehen vorgeben.

Kapitel 3.3 Solche Prozeß-Modelle werden im allgemeinen von einer Software-Prozeß-Gruppe im Rahmen einer Prozeß-Architektur erstellt und in bestimmten Intervallen überprüft und überarbeitet.

Projektplan
- Für jede konkrete Software-Entwicklung wird ein **Projektplan** erstellt. Er wird vom Projektleiter aufgestellt und orientiert sich an einem oder mehreren Prozeß-Modellen (Inkarnationen eines Prozeß-Modells).

2.2 Aufbau von Prozeß-Architekturen und Prozeß-Modellen

Prozeß-Architektur Eine **Prozeß-Architektur** legt den allgemeinen Rahmen für die Spezifikation von Software-Entwicklungsprozessen fest.

Prozeß Sie besteht aus einer Standardmenge von fundamentalen Prozeßschritten. Regeln bestimmen, wie Prozesse beschrieben und in Beziehung gesetzt werden. Ein **Prozeß** beschreibt Aktivitäten, Methoden und Verfahren, die zur Entwicklung und Überprüfung von Software benötigt werden.

Das Grundelement einer Prozeß-Architektur ist das Prozeß-Einheitselement, wie es Abb. 2.2-1 zeigt. Die hier verwendete Notation zur Beschreibung von Prozessen nennt man ETXM-Spezifikation *(Entry, Task, Exit, Measurement)* /Humphrey 89, S. 257ff./.

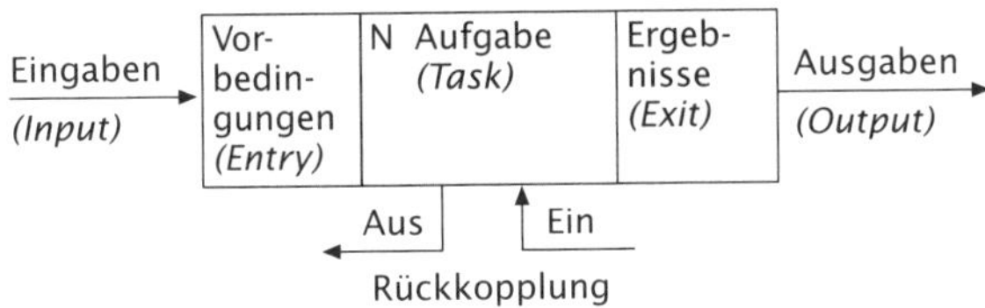

Abb. 2.2-1: Spezifikation des Prozeß-Einheitselements

Spezifikationen:

Vorbedingungen: Die Bedingungen, die vor Aufgabenbeginn erfüllt sein müssen.
Ergebnisse: Die Resultate, die erzeugt werden und wie sie aussehen.
Rückkopplung:
Ein: Jede Rückkopplung von einer anderen Aufgabe.
Aus: Jede Rückkopplung zu anderen Aufgaben.
Aufgabe: Was ist zu tun, durch wen, wie und wann, einschließlich entsprechender Standards, Verfahren und Verantwortlichkeiten.
Maße: *(measurements)* Die geforderten Aufgabenmaße (Aktivitäten, Ressourcen, Zeit), Ausgaben (Anzahl, Größe, Qualität) und Rückkopplungen (Anzahl, Größe, Qualität).

Prozeß-Modelle

Durch das geeignete Zusammenschalten von Standard-Prozeßelementen entstehen **Prozeß-Modelle**. Ein Prozeß-Modell stellt eine spezifische Ausprägung einer Software-Prozeß-Architektur dar. Es legt das methodische Vorgehen für die Entwicklung eines Software-Produkts fest. In Abhängigkeit von den zu entwickelnden Produktklassen kann es auch mehrere Prozeß-Modelle geben. Prozeß-Modelle können auf unterschiedlichen Abstraktionsebenen definiert werden.

Ein Prozeß-Modell kann als ein Metaplan angesehen werden, aus dem später konkrete Projektpläne abgeleitet werden.

Beispiel

Die Spezifikation des Definitionsprozesses zeigt Abb. 2.2-2.

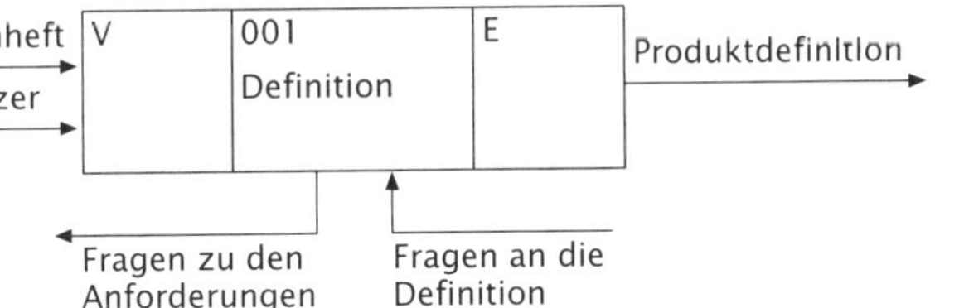

Abb. 2.2-2: Spezifikation des Definitionsprozesses

Spezifikationen:

Vorbedingungen: Abgenommenes Lastenheft.
Ergebnisse: Abgenommene Produktdefinition.
Rückkopplung:
Ein: Fragen an die Definition.
Aus: Fragen zu den Anforderungen.
Aufgabe: Auf der Grundlage des vorgegebenen Lastenheftes verfeinern die Systemanalytiker die Anforderungen und erstellen eine Produktdefinition.
Maße: Maße der Aufgabe (Zeit, Termin), des Produkts (Umfang der Produktdefinition) und der Rückkopplung (Anzahl der Fragen).

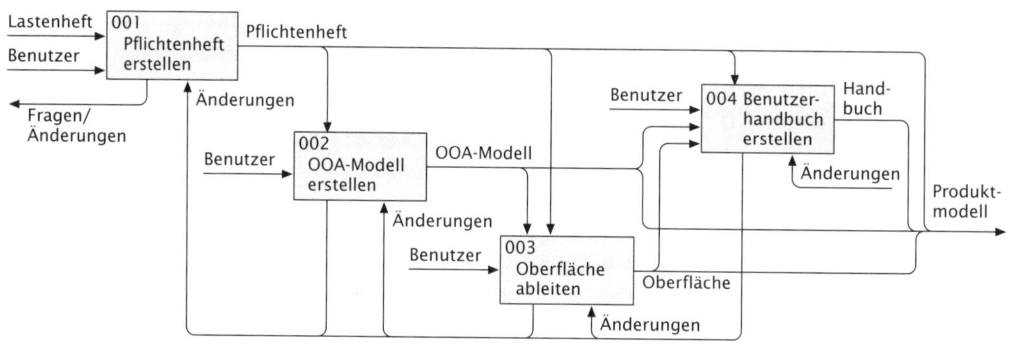

Vorgang	001	002	003	004
Vorbedingungen	Abgenommenes Lastenheft	Pflichtenheft	Pflichtenheft OOA-Modell	Pflichtenheft, OOA-Modell, Oberfläche
Ergebnisse	Pflichtenheft	OOA-Modell	Oberfläche	Benutzerhandbuch
Rückkopplung Ein	Änderungen vom OOA-Modell, der Oberfläche und vom Handbuch	Änderungen durch Oberfläche, Handbuch, Benutzer	Änderungen durch Benutzerhandbuch	Änderungen durch Benutzer
Rückkopplung Aus	Fragen an den Benutzer, Änderungen des Lastenhefts	Änderungen am Pflichtenheft	Änderungen am OOA-Modell, am Pflichtenheft	Änderungen am OOA-Modell, Oberfläche, Pflichtenheft
Aufgabe	Unter Verwendung des standardisierten Gliederungsschemas Pflichtenheft erstellen	OOA-Modell mit dem OO-Werkzeug erstellen	Aus dem OOA-Modell anhand bekannter Heuristiken eine Oberfläche ableiten, ein GUI-Werkzeug einsetzen	Nach didaktisch-methodischen Gesichtspunkten ein Handbuch erstellen
Maße	Umfang des Pflichtenheftes, Ausprägung der Qualitätsziele	Anzahl der Klassen, Anzahl der Verbindungen zwischen den Klassen, Anzahl Attribute und Operationen	Anzahl der Fenster, Interaktionselemente, Menüs	Umfang

Abb. 2.2-3: Verfeinerung des Definitionsprozesses

Abb. 2.2-3 zeigt eine detaillierte Betrachtung des Definitionsprozesses.

Prozeß-Modelle beschreiben die Ablauforganisation einer Software-Entwicklung. Welche verschiedenen Prozeß-Modelle man in der Software-Technik unterscheidet, wird im Kapitel Organisation behandelt.

Kapitel 3.3

Um die Qualität des Entwicklungsprozesses sicherzustellen, ist es sinnvoll und notwendig, jede Prozeßaktivität um eine Inspektionsaktivität zu ergänzen (Abb. 2.2-4).

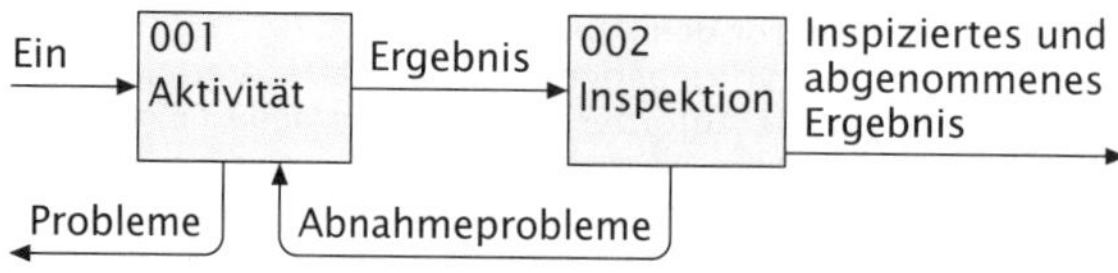

Abb. 2.2-4: Ergänzung jeder Prozeßaktivität um eine Inspektionsaktivität

Die abschließende Inspektionsaktion betrachtet die Inspektionsergebnisse und entscheidet, ob das Produkt an die nächste Entwicklungsphase weitergegeben, dem Prozeß »Aktivität« zur Fehlerbehebung zurückgegeben oder zur Vorgängerphase zurückgegeben wird.

2.3 Aufbau von Projektplänen

Ein **Projektplan** verfeinert, konkretisiert und ergänzt ein ausgewähltes Prozeß-Modell.

Projektplan

Jeder Prozeß in einem Prozeß-Modell wird zunächst projekt- und fachspezifisch verfeinert.

Dazu werden die in jedem Prozeß zu erledigenden Aufgaben in Vorgänge untergliedert. Ein **Vorgang** ist dabei eine in sich abgeschlossene identifizierbare Aktivität, die innerhalb einer angemessenen Zeitdauer durchgeführt werden kann. Für jeden Vorgang sind festzulegen:

Vorgang

- Name des Vorgangs (wenn neu).
- Erforderliche Zeitdauer zur Erledigung des Vorgangs.
- Zuordnung von Personal und Betriebsmitteln, die die Arbeit durchführen.
- Kosten und Einnahmen, die mit dem Vorgang zusammenhängen.

Um die Zeitdauer pro Vorgang angeben zu können, ist vorher eine Aufwandsschätzung des Gesamtprojekts durchzuführen. Der Aufwand ist dann auf die Vorgänge zu verteilen. Anschließend ist zu überlegen, mit wieviel Personal und mit wieviel Betriebsmitteln die Arbeit erledigt werden soll. Daraus ergeben sich sowohl die Zeitdauer des Vorgangs als auch die Zuordnung des Personals und der Betriebsmittel. Um zu einer Kostenkalkulation zu gelangen, müssen Kosten und Erlöse den Vorgängen zugeordnet werden.

Mehrere Vorgänge, die einen globalen Arbeitsabschnitt darstellen, werden oft zu einer **Phase** zusammengefaßt.

Phase

Um eine Projektüberwachung zu ermöglichen, müssen Meilensteine festgelegt werden. **Meilensteine** kennzeichnen den Beginn und das Ende eines Projekts, den Abschluß jeder Phase und meist auch den Abschluß einer Gruppe von Vorgängen innerhalb einer Phase. Da ein Meilenstein eine Markierung und keine Aktivität ist, beansprucht er keine Zeit im Projektplan.

Meilensteine

Meilensteine geben dem Projektleiter klare und eindeutige Anhaltspunkte für die Bewertung des Projektfortschritts. Sie motivieren das Projektteam, diese Teilziele in der festgelegten Zeit zu erreichen, und zeigen, daß ein bestimmter Teil der Arbeit abgeschlossen wurde.

Um zu einer wirksamen Kontrolle des Entwicklungsfortschrittes zu gelangen, müssen Meilensteine folgende drei Anforderungen erfüllen:

Anforderungen an Meilensteine

1 Überprüfbarkeit
Mit dem Erreichen eines Meilensteins ist ein Teilprodukt fertiggestellt, d.h. jeweils ein Vorgang oder eine Reihe von Vorgängen resultiert in einem fertiggestellten oder weiterverarbeitbaren Teilprodukt. Da Aussagen wie »Das Programm ist zu 90 Prozent fertig codiert und zu 50 Prozent getestet« oder »Noch 8 Tage bis zur Fertigstellung« nicht überprüfbar sind, können darauf keine Meilensteine aufgebaut werden.

Beispiele

Beispiele für überprüfbare Meilensteine sind:
- Es sind zehn Testfälle aus der Spezifikation des Moduls A abgeleitet.
- Es sind drei Klassen einschließlich Attributen und Operationen entsprechend der OOA-Methode X definiert.
- Das Datumsprüfprogramm ist implementiert und besitzt eine Zweigüberdeckung von 90 Prozent.

2 Kurzfristigkeit
Vorgänge, die mit einem Meilenstein abschließen, müssen in ein bis vier Wochen erledigt werden können. Nur dadurch können Verzögerungen rechtzeitig erkannt werden. Diese Anforderung führt dazu, daß viele Meilensteine zu definieren sind.

3 Gleichverteilung
Meilensteine müssen kontinuierlich und gleichverteilt aufeinander folgen, damit jederzeit definierte Aussagen über den Entwicklungsstatus möglich sind. Ein Zweijahresprojekt in 24 Meilensteine zu untergliedern, wovon sechs im ersten Jahr und 18 im zweiten Jahr liegen, bietet kein geeignetes Planungs- und Kontrollraster. Eine Gleichverteilung dagegen bedeutet z.B., daß jeden Monat ein Meilenstein vorhanden ist.

Netzplan

Sowohl zwischen Vorgängen als auch zwischen Meilensteinen (Ereignissen) bestehen fachliche, terminliche und personelle Abhängigkeiten. Daher ordnet man sie grafisch in einem **Netzplan** an, um die Abhängigkeiten sichtbar zu machen.

Es werden im wesentlichen drei verschiedene Netzplanarten unterschieden, die in Abb. 2.3-1 vergleichend gegenübergestellt sind.

Aus dem Netzplan können verschiedene Auswertungen abgeleitet werden.

- Ein **vorgangsbezogenes** bzw. **aufgabenbezogenes Balkendiagramm** zeigt auf der Vertikalen die einzelnen Vorgänge und auf dem zugehörigen Balken die ausführenden Personen bzw. Stellen.
- Ein **personalbezogenes Balkendiagramm** zeigt alle Mitarbeiter auf der Vertikalen, so daß man sofort sieht, welche Vorgänge ein Mitarbeiter durchführt.

Gantt-Diagramme

Solche Balkendiagramme bezeichnet man auch als **Gantt-Diagramme.**

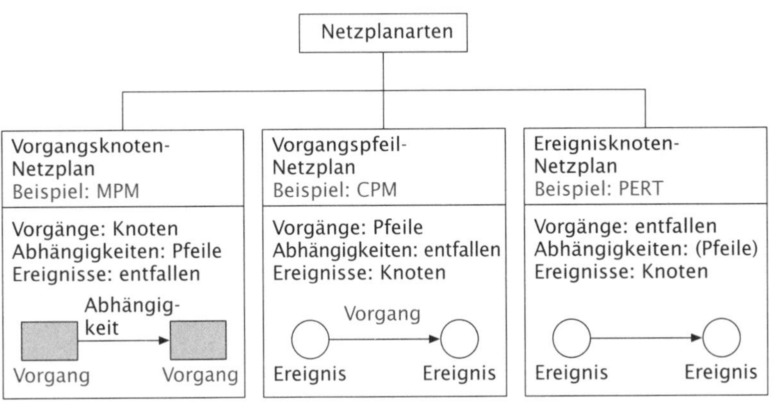

Abb. 2.3-1: Netzplanarten im Vergleich

Bei kleinen, übersichtlichen Projekten verzichtet man oft auf Netzpläne und stellt nur Balkendiagramme auf.

Zusätzlich zu diesen Darstellungsarten werden je nach Situation und Bedarf weitere Grafiken und Tabellen benutzt, um eine Projektplanung unter bestimmten Blickwinkeln zu betrachten.

Werkzeuge

Für die Projektplanung werden Planungssysteme verwendet, die es gestatten, die verschiedenen Grafiken und Tabellen zu erstellen und zu analysieren. Die Beispiele in den folgenden Abschnitten wurden mit dem Planungssystem *Microsoft Project* erstellt /MS Project 94/.

2.4 Zeitplanung mit MPM-Netzplänen

MPM-Netzplan

Die jüngste und in Europa am meisten verbreitete Netzplanart ist der Vorgangsknoten-Netzplan. MPM *(Metra Potential Method)* ist der bekannteste Vertreter des Vorgangsknoten-Netzplans.

Vorgang

Meilenstein

Bei MPM-Netzplänen werden die Vorgänge als Rechtecke dargestellt. Die Verbindungspfeile symbolisieren die Abhängigkeiten zwischen den Vorgängen.

Explizite Ereignisse werden nicht modelliert. Meilenstein-Ereignisse werden daher als eigene Vorgänge mit einer Null-Dauer dargestellt (in der Grafik durch einen zusätzlichen grauen Rahmen verdeutlicht).

Zeiten

Zu jedem Vorgang müssen Attribute festgelegt werden:

Die **Vorgangsdauer** ist die Arbeitszeit, die ein Vorgang insgesamt erfordert; z.B. benötigt der Vorgang »Pflichtenheft erstellen« 20 Tage.

Die **Arbeitsdauer** ist die Zeit, die eine Ressource für einen Vorgang aufwendet. Bearbeiten zwei Mitarbeiter parallel den Vorgang »Pflichtenheft erstellen«, dann beträgt die Arbeitsdauer pro Mitarbeiter 10 Tage. Arbeiten zwei Mitarbeiter 50 Prozent ihrer Zeit parallel an der Aufgabe »Pflichtenheft erstellen«, dann beträgt die Arbeitsdauer 20 Tage. Vorgangsdauer und Arbeitsdauer sind identisch, wenn nicht mehrere Personen oder ein Teilzeit-Mitarbeiter an dem Vorgang arbeiten. Die längste Dauer bestimmt den Zeitplan. Eine Dauer kann in Minuten, Stunden, Tagen, Wochen oder Monaten gemessen werden. Die verwendete Zeiteinheit ist die Projektzeiteinheit.

Der **Gesamtzeitraum** eines Vorgangs ist die Kalenderzeit, die für den Vorgang benötigt wird, einschließlich der arbeitsfreien Zeit.

Termine

Für jeden Vorgang und für jeden Meilenstein gibt es vier verschiedene Termintypen:

Geplante Termine legen fest, wann ein Vorgang beginnen und enden muß. Jeder Vorgang muß innerhalb einer bestimmten Zeitspanne ausgeführt werden (Abb. 2.4-1).

Abb. 2.4-1: Geplante und späte Termine

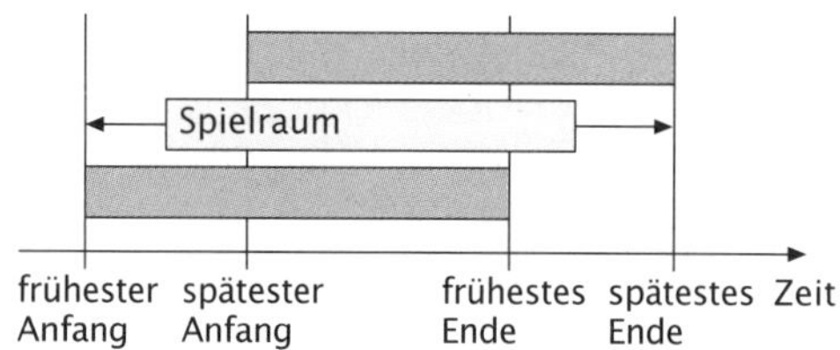

Ein Vorgang kann zwischen dem frühesten und dem spätesten Anfang beginnen. Dementsprechend endet der Vorgang zwischen dem frühesten und dem spätesten Ende. Der Spielraum gibt an, inwieweit der Vorgang zwischen dem frühesten und spätesten Anfang bzw. Ende verschoben werden kann.

Tatsächliche Termine zeigen den errechneten oder tatsächlichen Start- oder Endtermin eines Vorgangs.

Späte Termine geben den spätesten Zeitpunkt an, an dem ein Vorgang beginnen darf, ohne das Projektende zu verzögern.

Ein Vorgang kann auf bestimmte Termine festgelegt werden. Ein fester Anfangs- oder ein fester Endtermin beschränken den Zeitplan auf genau diese Termine.

Vorgegebene Termine sind Termine, die ursprünglich für Vorgänge geplant waren. Sie werden als Standard für den Vergleich mit neu geplanten Vorgängen oder ähnlichen Vorgängen in anderen Projekten verwendet.

Abhängigkeiten, Vorgangsbeziehungen

Abhängigkeiten bzw. Vorgangsbeziehungen legen die Reihenfolge von Vorgängen fest. Der Vorgang, von dem der aktuelle Vorgang in der sachlogischen Abfolge abhängig ist, ist sein Vorgänger. Der abhängige Vorgang heißt Nachfolger (Abb. 2.4-2).

Abb. 2.4-2: Abhängigkeitslinien

Es lassen sich vier Vorgangsbeziehungen unterscheiden:

- Normalfolge: **Ende-Anfang** (EA),
- Anfangsfolge: **Anfang-Anfang** (AA),
- Endfolge: **Ende-Ende** (EE) und
- Sprungfolge: **Anfang-Ende** (AE).

Zusätzlich können zusammengehörende Vorgänge **überlappt** oder **verzögert** werden, d.h. es kann ein positiver oder negativer **Zeitabstand**, auch Wartezeit genannt, angegeben werden.

Normalfolge: EA

Bei der Beziehungsart Ende-Anfang kann ein Vorgang anfangen, sobald sein Vorgänger endet. Soll ein Vorgang anfangen, bevor sein Vorgänger beendet ist, dann wird ein negativer Zeitabstand angegeben. Durch einen positiven Zeitabstand kann der Anfang des Nachfolgers verzögert werden. Ein Zeitabstand kann in Zeiteinheiten oder als Prozentsatz der Dauer des Vorgängervorgangs ausgedrückt werden (Abb. 2.4-3).

a Netzplandarstellung

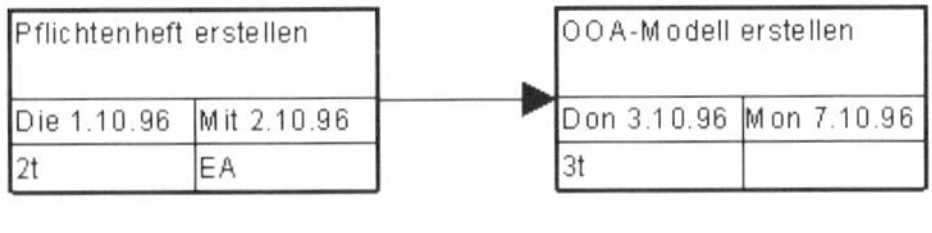

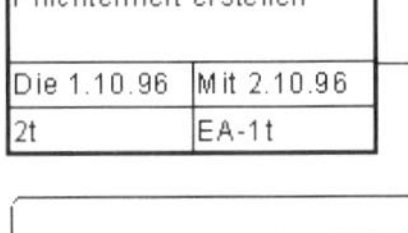

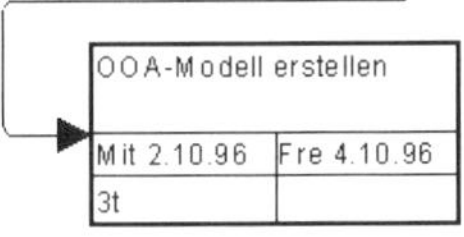

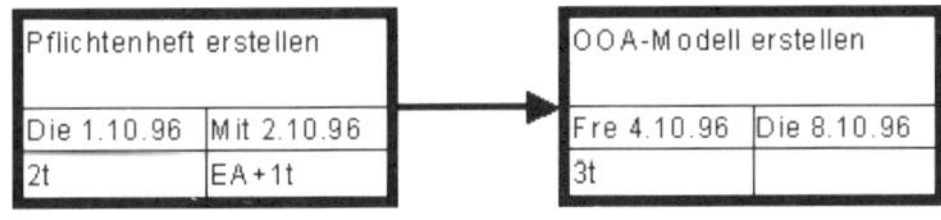

Legende:

Name	
Frühester Anfang	Frühestes Ende
Dauer	Notizen

Im Feld Notizen ist die Vorgangsbeziehung angegeben.
EE+1t bedeutet eine EE-Beziehung mit 1Tag Verzögerung

Abb. 2.4-3: Beispiele für verschiedene EA-Beziehungen und ihre Darstellung

b Gantt-Diagrammdarstellung

Nr.	Vorgangsname	Dauer	Anfang	Ende	Vorgänger	30. Sep '96 D M D F S S M D
1	Pflichtenheft erstellen	2t	Die 1.10.96	Mit 2.10.96		
2	OOA-Modell erstellen	3t	Don 3.10.96	Mon 7.10.96	1	
3	Pflichtenheft erstellen	2t	Die 1.10.96	Mit 2.10.96		
4	OOA-Modell erstellen	3t	Mit 2.10.96	Fre 4.10.96	3EA-1t	
5	Pflichtenheft erstellen	2t	Die 1.10.96	Mit 2.10.96		
6	OOA-Modell erstellen	3t	Fre 4.10.96	Die 8.10.96	5EA+1t	

Anfangsfolge: AA

Bei einer Anfangsfolge fängt ein Vorgang an, sobald sein Vorgänger anfängt, d.h. die Vorgänge beginnen gleichzeitig. Zeitabstände können ebenfalls angegeben werden (Abb. 2.4-4).

a Netzplandarstellung

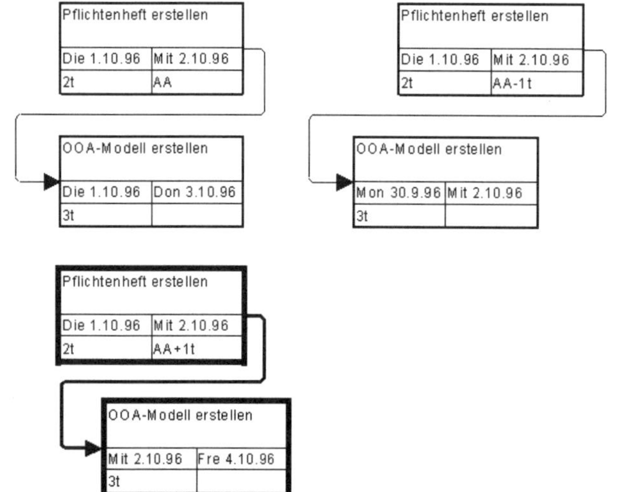

Legende:

Name	
Frühester Anfang	Frühestes Ende
Dauer	Notizen

Im Feld Notizen ist die Vorgangsbeziehung angegeben.
AA-1t bedeutet eine AA-Beziehung mit 1Tag Verzögerung

b Gantt-Diagrammdarstellung

Nr.	Vorgangsname	Dauer	Anfang	Ende	Vorgänger	30. Sep '96 M D M D F S S
1	Pflichtenheft erstellen	2t	Die 1.10.96	Mit 2.10.96		
2	OOA-Modell erstellen	3t	Die 1.10.96	Don 3.10.96	1AA	
3	Pflichtenheft erstellen	2t	Die 1.10.96	Mit 2.10.96		
4	OOA-Modell erstellen	3t	Mon 30.9.96	Mit 2.10.96	3AA-1t	
5	Pflichtenheft erstellen	2t	Die 1.10.96	Mit 2.10.96		
6	OOA-Modell erstellen	3t	Mit 2.10.96	Fre 4.10.96	5AA+1t	

Abb. 2.4-4: Beispiele für verschiedene AA-Beziehungen und ihre Darstellung

Bei der Beziehungsart Ende-Ende endet ein Vorgang, sobald sein Vorgänger endet. Überlappungen und Verzögerungen können angegeben werden (Abb. 2.4-5).

Endfolge: EE

a Netzplandarstellung

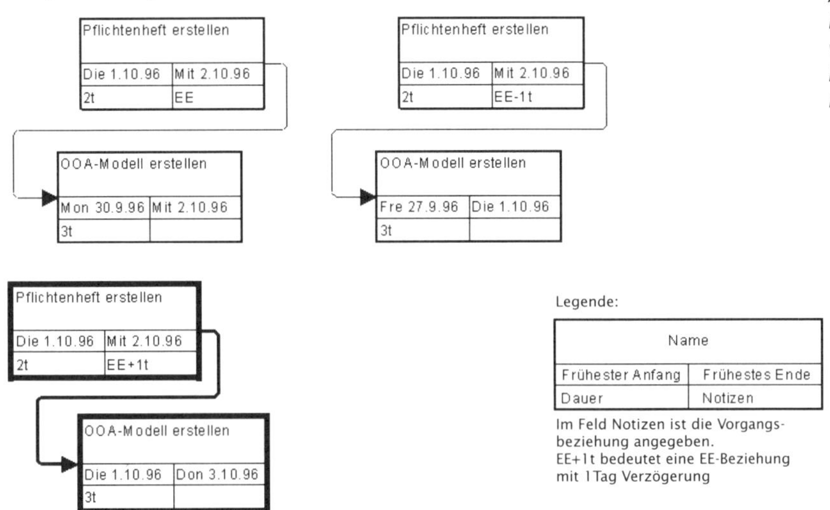

Abb. 2.4-5: Beispiele für verschiedene EE-Beziehungen und ihre Darstellung

b Gantt-Diagrammdarstellung

Nr.	Vorgangsname	Dauer	Anfang	Ende	Vorgän
1	Pflichtenheft erstellen	2t	Die 1.10.96	Mit 2.10.96	
2	OOA-Modell erstellen	3t	Mon 30.9.96	Mit 2.10.96	1EE
3	Pflichtenheft erstellen	2t	Die 1.10.96	Mit 2.10.96	
4	OOA-Modell erstellen	3t	Fre 27.9.96	Die 1.10.96	3EE-1t
5	Pflichtenheft erstellen	2t	Die 1.10.96	Mit 2.10.96	
6	OOA-Modell erstellen	3t	Die 1.10.96	Don 3.10.96	5EE+1t

'96 | 30. Sep '96
F S S | M D M D F S S

Sprungfolge: AE

Bei einer Sprungfolge kann ein Vorgang enden, sobald sein Vorgänger anfängt (Abb. 2.4-6).

Abb. 2.4-6: Beispiele für verschiedene AE-Beziehungen und ihre Darstellung

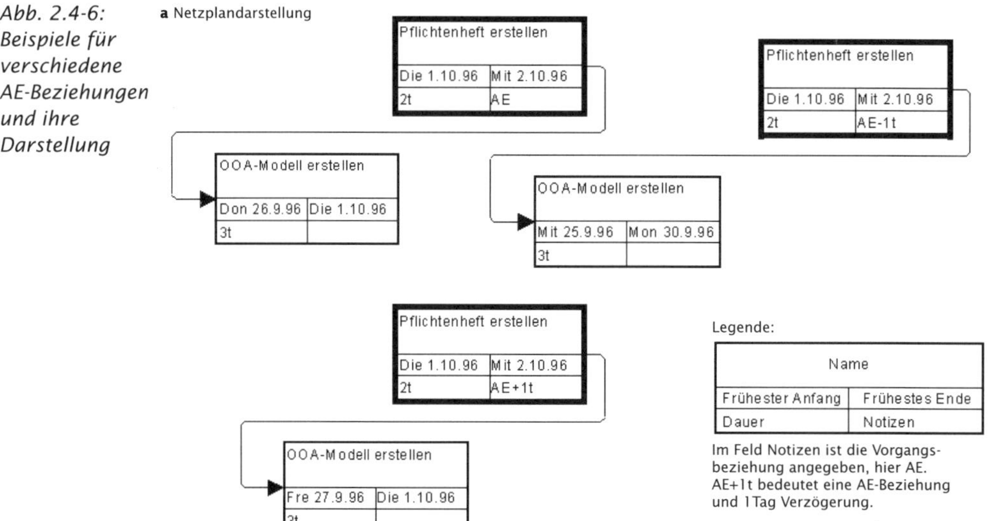

b Gantt-Diagrammdarstellung

Nr.	Vorgangsname	Dauer	Anfang	Ende	Vorgänge
1	Pflichtenheft erstellen	2t	Die 1.10.96	Mit 2.10.96	
2	OOA-Modell erstellen	3t	Don 26.9.96	Die 1.10.96	1AE
3	Pflichtenheft erstellen	2t	Die 1.10.96	Mit 2.10.96	
4	OOA-Modell erstellen	3t	Mit 25.9.96	Mon 30.9.96	3AE-1t
5	Pflichtenheft erstellen	2t	Die 1.10.96	Mit 2.10.96	
6	OOA-Modell erstellen	3t	Fre 27.9.96	Die 1.10.96	5AE+1t

23. Sep '96: M D F S S — 30. Sep '96: M D M D F

Abb. 2.4-7 zeigt nochmals die Beispiele im Zusammenhang.

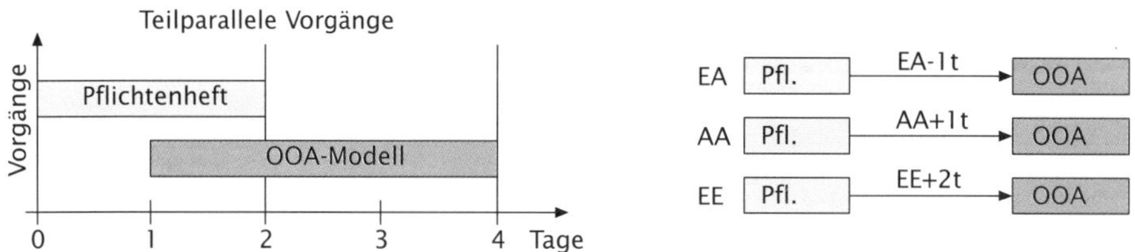

Abb. 2.4-7: Beziehungsarten im Vergleich dargestellt an einem Beispiel

Pufferzeit

Eine **Pufferzeit** ist die Differenz zwischen dem frühesten und spätesten Anfangstermin eines Vorgangs. Die Vorgangsdauer kann also um die Pufferzeit überschritten werden, ohne den Projektablauf zu verzögern. Je größer die Pufferzeit ist, desto geringer ist die Wahrscheinlichkeit, daß sich ein Vorgang verzögert. Wird der späteste Endtermin nicht überschritten, dann verzögert sich der nachfolgende Vorgang nicht.

Es lassen sich zwei Pufferzeiten unterscheiden:

- Die **freie Pufferzeit** gibt die Zeitspanne an, um die sich ein Vorgang verzögern kann, ohne einen anderen Vorgang zu verzögern.
- Die **gesamte Pufferzeit** gibt die Zeitspanne an, um die ein Vorgang verzögert werden kann, ohne den Endtermin des Projekts zu beeinflussen.

Einschränkungen

Pufferzeiten entstehen dann, wenn es für den Anfang oder das Ende von Vorgängen Vorgangseinschränkungen gibt.

Folgende Einschränkungen werden oft vorgenommen:

- So früh wie möglich.
  Der Vorgang fängt so früh wie möglich an unter Berücksichtigung der sonstigen Einschränkungen und Beziehungsarten.
- So spät wie möglich.
  Der Vorgang fängt so spät wie möglich an.
- Ende nicht früher als.
  Der Vorgang endet am oder nach dem gegebenen Termin.
- Anfang nicht früher als.
  Der Vorgang fängt am oder nach dem gegebenen Termin an.
- Ende nicht später als.
  Der Vorgang endet am oder vor dem gegebenen Termin.
- Anfang nicht später als.
  Der Vorgang fängt am oder vor dem gegebenen Termin an.
- Muß enden am.
  Der Vorgang endet an einem bestimmten Termin.
- Muß anfangen am.
  Der Vorgang beginnt an einem bestimmten Termin.

Die beiden ersten Einschränkungen werden am häufigsten verwendet.

Wenn eine Einschränkung mit einer Vorgangsbeziehung im Konflikt steht, dann erhält bei vielen Planungssystemen die Einschränkung den Vorrang.

Kritischer Vorgang

Besitzt ein Vorgang keine Pufferzeit, dann handelt es sich um einen **kritischen Vorgang.**

Kritischer Pfad

Bilden mehrere kritische Vorgänge eine Folge, dann liegt ein **kritischer Pfad** vor. Er zeigt, welche Vorgänge sorgfältig überwacht werden müssen, damit das Projekt termingerecht abgeschlossen werden kann.

Wird ein kritischer Vorgang auf dem kritischen Pfad nicht an seinem spätesten Endtermin abgeschlossen, dann verzögert sich der Beginn aller Nachfolger. Ist die verlorene Zeit nicht durch schnellere Erledigung eines Nachfolgers aufzuholen, dann verzögert sich das Projektende um die Zeitspanne, um die der kritische Vorgang sein spätestes Ende überschritten hat.

Kritische Vorgänge und kritische Pfade werden im Netzplan hervorgehoben, z.B. durch eine farbige Darstellung.

Beispiel Abb. 2.4-8 zeigt ein vereinfachtes Beispiel für die Erstellung eines Produktmodells.
Am Anfang und Ende befindet sich jeweils ein Meilenstein. Als frühester Starttermin wurde der 3.2.97 vorgegeben. Pro Vorgang wurde die geschätzte Dauer in Tagen angegeben. Zwischen den Vorgängen

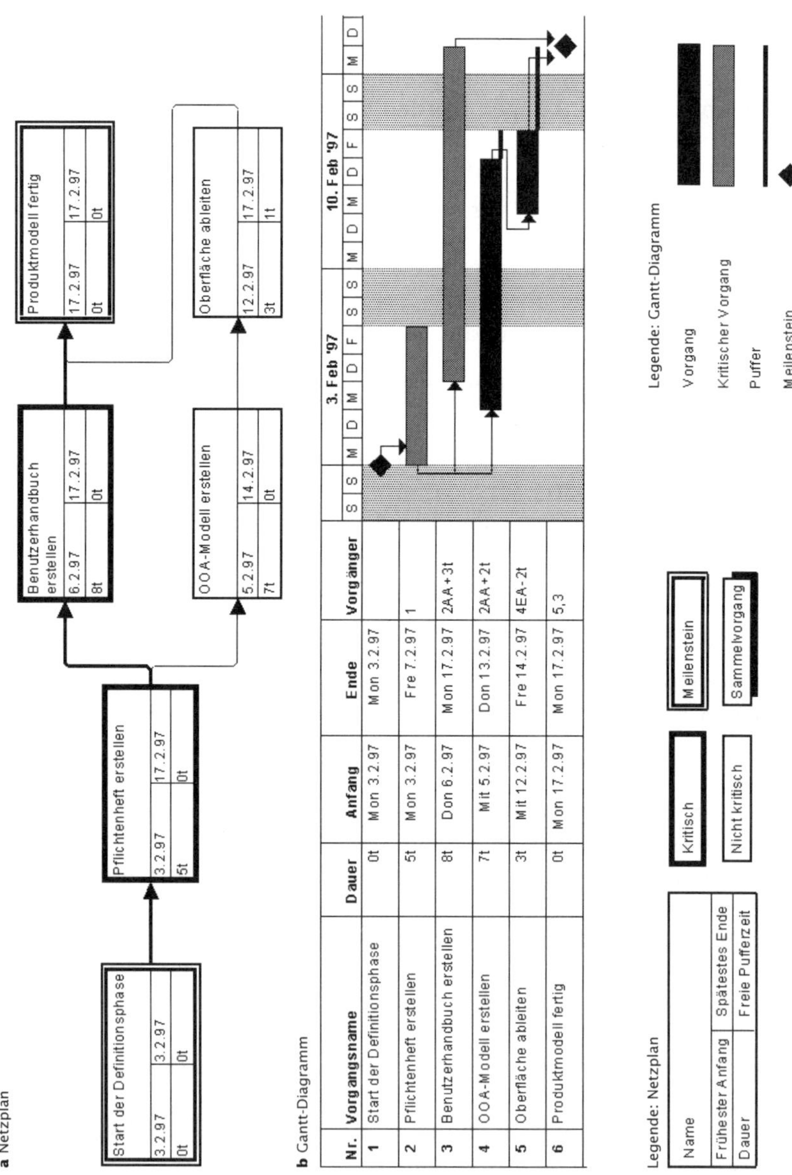

Abb. 2.4-8: Netzplan und vorgangsbezogenes Gantt-Diagramm mit kritischem Pfad

gibt es Anfang-Anfang- und Ende-Anfang-Abhängigkeiten. Als Beschränkung wurde für alle Vorgänge »so früh wie möglich« gewählt. Für die Vorgänge »OOA-Modell erstellen« und »Oberfläche ableiten« ergibt sich eine gesamte Pufferzeit von jeweils einem Tag, alle anderen Vorgänge sind kritische Vorgänge. Der Vorgang »Oberfläche ableiten« hat eine freie Pufferzeit von einem Tag.

Aus einem Netzplan kann automatisch ein vorgangsbezogenes Gantt-Diagramm abgeleitet werden, das auch Vorgangsplan genannt wird. Umgekehrt kann aus dem Gantt-Diagramm ein Netzplan hergeleitet werden.

Termindurchrechnung

Die Termindurchrechnung eines Netzplans führt zu einer zeitlichen Anordnung der Vorgänge unter Berücksichtigung der gegenseitigen Abhängigkeiten.

Vorwärtsrechnung

Zum Bestimmen der frühesten Termine dient die **Vorwärtsrechnung**. Es wird vom Anfangszeitpunkt des Startvorgangs ausgegangen. Durch Addition mit dessen Dauer erhält man das früheste Ende für diesen Vorgang. Dieses bestimmt gleichzeitig – unter Berücksichtigung entsprechender Zeitabstände – die frühesten Anfangszeitpunkte für die Nachfolger-Vorgänge des Startvorgangs. Addiert man dazu die jeweiligen Vorgangsdauern, dann ergeben sich die zugehörigen frühesten Endzeitpunkte dieser Nachfolger-Vorgänge. Die analoge Durchrechnung der weiteren Vorgänge führt zu einem frühesten Endzeitpunkt für den Zielvorgang.

Rückwärtsrechnung

In einem zweiten Rechnungsgang, der **Rückwärtsrechnung,** werden die spätesten Zeitpunkte bzw. Termine bestimmt. Es ist von dem spätesten Endzeitpunkt des Zielvorgangs auszugehen. Dieser kann entweder als fester Termin oder durch die Projektdauer vorgegeben sein. Ist beides nicht der Fall, dann wird der durch die Vorwärtsrechnung ermittelte früheste Endzeitpunkt gewählt und mit dem spätesten Endzeitpunkt gleichgesetzt. Durch Subtraktion der Dauer des Zielvorgangs vom Endzeitpunkt ergibt sich der späteste Anfangszeitpunkt dieses Vorgangs. Dieser bestimmt gleichzeitig – unter Berücksichtigung eventueller Zeitabstände – die spätesten Endzeitpunkte seiner Vorgänger. Die Rechnung wird analog weitergeführt, bis der späteste Anfangszeitpunkt des Startvorgangs bestimmt ist.

Nach Abschluß der Vorwärts- und Rückwärtsrechnung liegen für jeden Vorgang folgende Termine fest:
- Frühester Anfang,
- Spätester Anfang,
- Frühestes Ende,
- Spätestes Ende.

Ein Netzplan ist zeitkonsistent, wenn keine negativen Puffer auftreten. Negative Puffer entstehen allein durch die Vorgabe von festen Terminen. Fehlen feste Termine, dann ergibt sich immer ein zeitkonsistenter Netzplan.

Netzplanstrukturierung

Ein Gesamtnetzplan für ein umfangreiches Projekt kann schnell unübersichtlich werden. Daher gibt es mehrere Möglichkeiten, Netzpläne zu strukturieren.

Bei der Netzplanunterteilung werden nach bestimmten Gliederungskriterien aus dem Gesamtnetzplan Teilnetzpläne gebildet. Bei einer organisationsorientierten Unterteilung erhält jede Organisationseinheit nur die von ihr zu bearbeitenden Vorgänge ausgewiesen. Eine projektorientierte Gliederung ist notwendig, wenn in einem Entwicklungsbereich mehrere Projekte durchgeführt werden. Beide Unterteilungsarten sind notwendig, um eine Multiprojektplanung vorzunehmen.

Bei der Netzplanverdichtung wird eine hierarchische Netzplanstruktur aufgebaut. Nach oben hin erfolgt eine Verdichtung der Netzplaninformationen. Bei einer Vorgangsreduktion werden abgeschlossene Vorgänge zu Sammelvorgängen zusammengefaßt, wenn die Detailliertheit abgeschlossener Vorgänge nicht mehr von Bedeutung ist. Zukünftige Vorgänge sind noch nicht detailliert.

Ein Meilenstein-Netzplan liegt vor, wenn er nur die Meilenstein-»Vorgänge« enthält. Diese Information ist für das Management oft ausreichend. Ein Meilenstein-Netzplan kann auch hierarchisch aufgebaut sein.

Für ähnlich verlaufende Entwicklungsabschnitte können Standardnetzpläne, auch Projektvorlagen genannt, erstellt werden, die dann jeweils projektspezifisch adaptiert werden. Die Zusammenfassung mehrerer solcher Pläne ergibt einen Rahmennetzplan.

Beispiel

Der Netzplan der Abb. 2.4-8 wurde verdichtet und in einen übergeordneten Netzplan integriert (Abb. 2.4-9). Der Vorgang »Definition« ist ein Sammelvorgang, gekennzeichnet durch ein schattiertes Rechteck. Die Vorgangsinformationen werden aus dem detaillierten Netzplan in den Sammelvorgang übernommen.

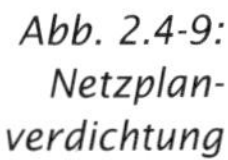

Abb. 2.4-9: Netzplanverdichtung

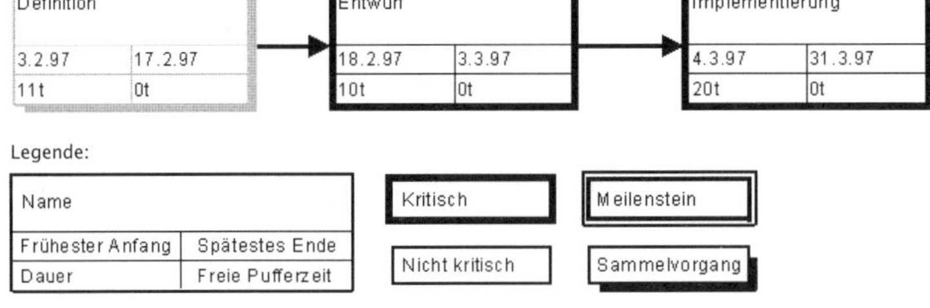

2.5 Einsatzmittelplanung

Zur Durchführung der Vorgänge werden Einsatzmittel benötigt. Aufgabe der Einsatzmittelplanung ist es, den Bedarf an Einsatzmitteln vorherzusagen und durch Aufzeigen von Engpässen und Leerläufen eine Einsatzoptimierung zu erreichen.

Einsatzmittel sind
- Personal,
- Betriebsmittel (Maschinen, Materialien) und
- Geldmittel.

Personal- und Betriebsmittel werden oft unter dem Oberbegriff **Ressourcen** zusammengefaßt. Ressourcen

Bei einer Multiprojektplanung müssen die Einsatzmittel auf mehrere Projekte im Zeitablauf optimal aufgeteilt werden. Projektspezifische Über- und Unterdeckungen von Einsatzmitteln können so ausgeglichen werden.

Eine Projektdurchführung kann daran scheitern, daß die notwendigen Einsatzmittel nicht zeitgerecht vorhanden sind. Vorgänge, die zeitlich nicht kritisch sind, können durch Fehlen eines bestimmten Einsatzmittels kapazitätskritisch werden. Neben einem zeitkritischen Pfad kann es also auch einen kapazitätskritischen Pfad geben.

Aufgabe der Einsatzmittelplanung ist es daher, die Einsatzmittel auslastungsoptimal auf die einzelnen Vorgänge und Projekte zu verteilen.

Einsatzplanung des Personals

Bei der Personalplanung sind folgende Gesichtspunkte zu berücksichtigen: Personaleinsatz
- Qualifikation des Personals,
- verfügbare Personalkapazität,
- zeitliche Verfügbarkeit,
- örtliche Verfügbarkeit,
- organisatorische Zuordnung.

Bei der Einsatzplanung ist insbesondere die Qualifikation und die zeitliche Verfügbarkeit zu berücksichtigen. Aber auch die Teamzugehörigkeit *(»Never Change A Winning Team«)* und die Identifikation mit der zu erledigenden Aufgabe spielen eine wichtige Rolle. Bei der Personalplanung sollten auch ungewöhnliche Wege gegangen werden, z.B. »Lassen Sie eine behinderte Person zusätzlich in einem neuen Team mitarbeiten, und die Erfolgschancen für gute Zusammenarbeit sind größer« /De Marco, Lister 91, S. 181/. Kapitel 5.3

Ziel der Personaleinsatzplanung ist ein optimaler Personaleinsatz über die gesamte Projektlaufzeit hinweg. Es sollen möglichst keine Überlastungen und keine zu geringen Auslastungen einzelner Mitarbeitergruppen auftreten.

Ausgangsbasis für die Optimierung sind die Terminanforderungen.

termintreu

Eine **termintreue Einsatzplanung** liegt vor, wenn die Termine vom Auftraggeber festliegen und ermittelt werden muß, welche Personalkapazität in welcher zeitlichen Belegung erforderlich ist.

kapazitätstreu

Eine **kapazitätstreue Einsatzplanung** liegt vor, wenn das zur Verfügung stehende Personal auf der Auftragnehmerseite feststeht und ermittelt werden muß, welches der früheste Fertigstellungstermin bei optimalem Personaleinsatz ist.

Die Personaleinsatzplanung erfolgt in den Schritten:

1 Ermitteln des Personalvorrats,
2 Errechnen des Personalbedarfs,
3 Vergleich von Bedarf und Vorrat,
4 Optimierung der Auslastung.

1 Personalvorrat ermitteln

Ist es notwendig, die Qualifikation zu berücksichtigen, dann teilt man das zur Verfügung stehende Personal in Gruppen gleicher Qualifikation ein. Anschließend ordnet man diese Gruppen unter Berücksichtigung der geographischen und organisatorischen Randbedingungen den einzelnen Vorgängen zu. Abb. 2.5-1 zeigt eine mögliche Zuordnungsmatrix.

Abb. 2.5-1: Personalzuordnung nach Qualifikationen

Personalvorrat	5	1	2	Eingeplantes Personal
Qualifikation / Projektvorgänge	Systemanalytiker	Softwareergonom	Handbuchautoren	
Pflichtenheft erstellen	3			3
OOA-Modell erstellen	3			3
Oberfläche ableiten		1		1
Benutzerhandbuch erstellen			1	1

Brutto-Zeitvorrat

Bei einer zeitgerechten Vorratsbetrachtung wird festgestellt, welche Personalkapazität je Zeiteinheit überhaupt verfügbar ist. Die zusätzliche Berücksichtigung der Qualifikation schränkt den Planungsspielraum weiter ein.

Der Brutto-Zeitvorrat je Zeiteinheit ergibt sich durch Berücksichtigung von

- Neueinstellungen,
- Kündigungen,
- Verrentungen,
- Versetzungen,
- Teilzeitarbeit und
- Arbeitszeitverkürzungen.

Netto-Zeitvorrat

Der Netto-Zeitvorrat ergibt sich aus dem Brutto-Zeitvorrat abzüglich der Fehl- und Ausfallzeiten wie Krankheit und Urlaub.

Oft werden die Fehl- und Ausfallzeiten als pauschaler Wert von der theoretischen Gesamtarbeitszeit abgezogen. Bei dieser Abzugsrechnung können entweder die Arbeitsmonate pro Jahr (Brutto-Rechnung) oder die Arbeitsstunden pro Monat (Netto-Rechnung) reduziert werden.

Setzt man im Durchschnitt sechs Wochen Urlaub sowie zwei Wochen Fehl- und Ausfallzeiten an, dann bleiben im Durchschnitt zehn Monate Arbeitszeit im Jahr übrig.

Brutto-Rechnung

Die durchschnittliche produktive Jahresarbeitszeit berechnet man wie folgt (Annahmen: 37-Stundenwoche, 1 Woche = 5 Arbeitstage, 1 Monat = 20,8 Arbeitstage):

MT = Mitarbeitertag
MM = Mitarbeitermonat
MJ = Mitarbeiterjahr

37 Stunden/Woche = 7,4 Stunden/Tag = 1 MT_{brutto}

154 Stunden/Monat = 1 MM_{brutto}

Bei 10 MM_{brutto} im Jahr erhält man eine Brutto-Jahresarbeitszeit von

1.539 Stunden/Jahr = 1 MJ_{brutto}

Netto-Rechnung

Bei der Netto-Rechnung bleibt der Bezug auf 12 Monate im Jahr erhalten. Die Abzüge reduzieren hierbei die durchschnittlichen Arbeitsstunden pro Monat bzw. Tag.
Also erhält man bei 12 MM pro Jahr

1.539 Stunden/Jahr = 128 Stunden/Monat = 1 MM_{netto}

und entsprechend

6,1 Stunden/Tag = 1 MT_{netto}

Der Zusammenhang zwischen der Brutto- und Netto-Rechnung ergibt sich durch den Produktivanteil:

$$\text{Produktivanteil} = \frac{\text{Netto-Stundenanzahl je Zeiteinheit}}{\text{Brutto-Stundenanzahl je Zeiteinheit}} \times 100\ [\%]$$

Für das Beispiel ergibt sich ein Produktivanteil von 83%.

2 Bedarfsberechnung

Die für einen bestimmten Vorgang benötigte Personalkapazität steht in einem direkten Verhältnis zu der Dauer, die für diesen Vorgang eingeplant wird (Abb. 2.5-2).

Rein rechnerisch ist z.B. ein Arbeitsvolumen von 15 MT von drei Mitarbeitern in fünf Tagen oder von zwei Mitarbeitern in 7,5 Tagen

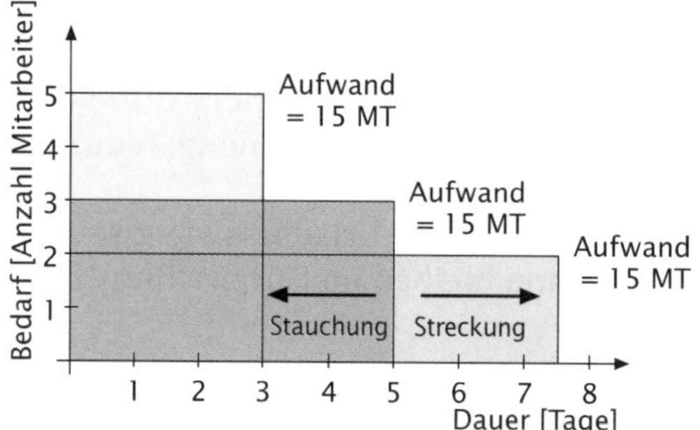

Abb. 2.5-2: Äquivalenz des Bedarfs

(Streckung) oder von fünf Mitarbeitern in drei Tagen (Stauchung) zu bewältigen.

Abschnitt 3.2.4

Eine Streckung oder Stauchung kann nicht beliebig groß gemacht werden, da es vom Aufwand her eine optimale Personalstärke für ein Team gibt.

Der Personalbedarf für einen Vorgang ergibt sich also auf der Basis des geschätzten Gesamtaufwands aus der geplanten Dauer wie folgt:

$$\text{Bedarf} = \frac{\text{Aufwand}}{\text{Dauer}}$$

mit:
Bedarf in Anzahl Mitarbeiter (MA)
Aufwand in Mitarbeiter-Tagen (MT)
oder Mitarbeiter-Monaten (MM)
Dauer in Tagen (T) oder Monaten (M)

Unter Berücksichtigung der Brutto- und Netto-Berechnungen ergeben sich folgende Formeln:
Bedarf in MA (nach Brutto-Rechnung) =

$$= \frac{\text{Aufwand in Brutto-MM}}{\text{Dauer in M}} \times \frac{1}{\text{Produktivanteil}}$$

Bedarf in MA (nach Netto-Rechnung) =

$$= \frac{\text{Aufwand in Netto-MM}}{\text{Dauer in M}}$$

Beispiel

Für die Erstellung eines ersten Produktmodells wird ein Gesamtaufwand von 47 Mitarbeiter-Tagen à 8 Stunden geschätzt (376 Mitarbeiter-Stunden). Für die Erstellung des Produktmodells stehen 11 Arbeitstage zur Verfügung (1 Monat = 20,8 Tage).

Brutto-Rechnung:

$$\text{Aufwand in Brutto-MT} = \frac{376 \text{ M Stunden}}{153 \text{ Stunden/Monat}} = 2{,}4 \text{ Brutto-MM}$$

$$\text{Bedarf an MA} = \frac{2{,}4 \text{ Brutto-MM}}{0{,}53 \text{ M}} \text{ x } \frac{1}{0{,}83} = 5{,}5 \text{ MA}$$

Netto-Rechnung:

$$\text{Aufwand in Netto-MT} = \frac{376 \text{ M Stunden}}{127 \text{ Stunden/Monat}} = 2{,}9 \text{ Netto-MM}$$

$$\text{Bedarf an MA} = \frac{2{,}9 \text{ Netto-MM}}{0{,}53 \text{ M}} = 5{,}5 \text{ MA}$$

3 Vergleich Bedarf – Vorrat

Der ermittelte Bedarf kann dem Vorrat nach projektorientierten, qualifikationsorientierten und organisationsorientierten Gesichtspunkten gegenübergestellt werden (Abb. 2.5-3).

4 Optimierung

Ziel der Personaleinsatzplanung ist die Optimierung der ermittelten Personalauslastung. Dabei wird versucht, nichtkritische Vorgänge aus Überlastbereichen in Bereiche mit geringer Auslastung zu verlegen. Um dies zu tun, werden Kalender benötigt.

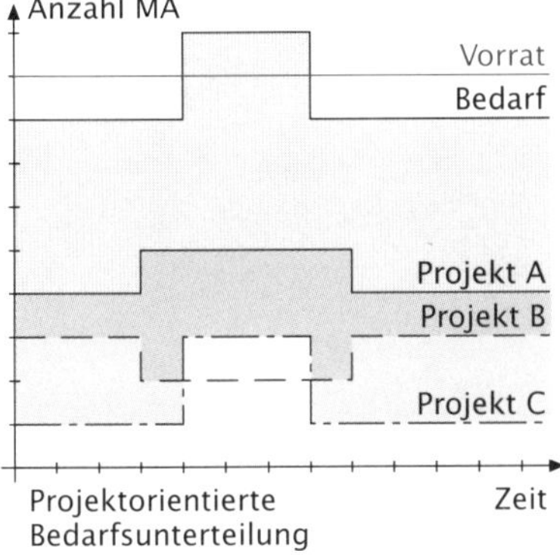

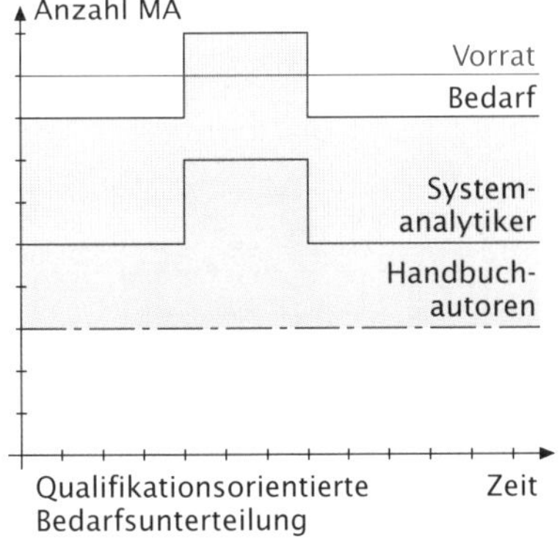

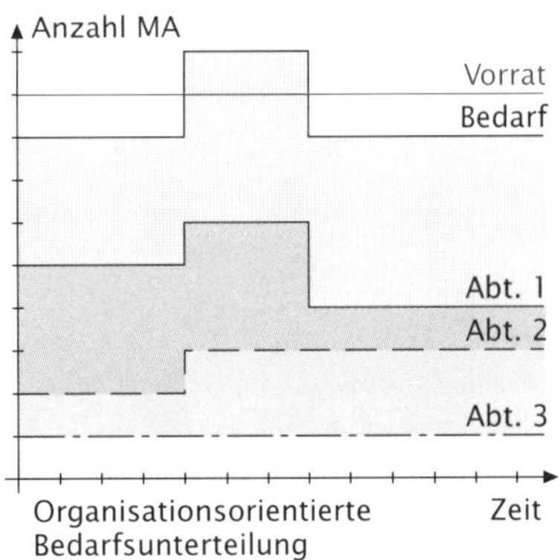

Abb. 2.5-3: Kapazitätsauslastungsübersicht nach unterschiedlichen Kriterien

Kalender

Kalender legen die verfügbare Arbeitszeit (Stunden, Wochentage, Termine und Jahre) für einen Vorgang oder eine Ressource fest. Jedes Projekt verfügt über einen primären Kalender, den sogenannten Projektkalender, der im ganzen Projekt verwendet wird.

Für Ressourcen oder Vorgänge sollten eigene Kalender definiert werden, wenn sich die Zeiten vom Projektkalender unterscheiden. Ein Ressourcenkalender kann z.B. die Urlaubszeiten der Mitarbeiter enthalten.

Bedarfsoptimierung

Bei der **termintreuen Bedarfsoptimierung** versucht man, die einzelnen Vorgänge innerhalb ihrer jeweiligen Zeitpuffer so zu verschieben, daß eine möglichst gleichmäßige Auslastung erreicht wird.

Nivellieren

Bei der **kapazitätstreuen Bedarfsoptimierung** erfolgt ein weiteres Nivellieren, z.B. auf die Anzahl der verfügbaren Mitarbeiter. Meist werden dabei die Termine so verändert, daß sich auch der Endtermin verschiebt. Ziel bei der kapazitätstreuen Bedarfsoptimierung ist eine Terminfestlegung, so daß zu keiner Zeit der Bedarf den Vorrat an Ressourcen übersteigt. Gleichzeitig wird eine möglichst kurze Projektdauer angestrebt.

Abb. 2.5-4 zeigt ein Beispiel für die verschiedenen Auslastungsoptimierungen.

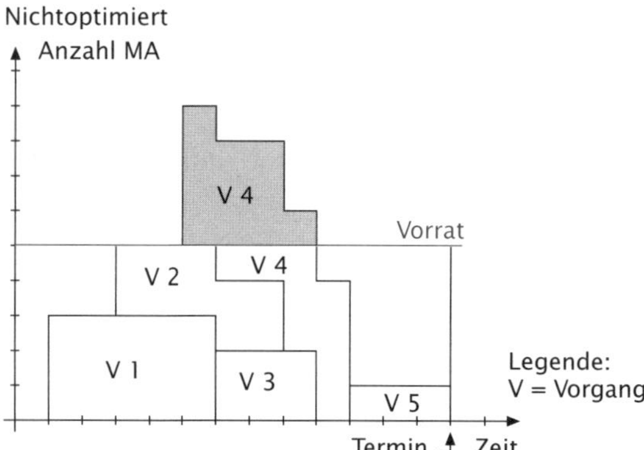

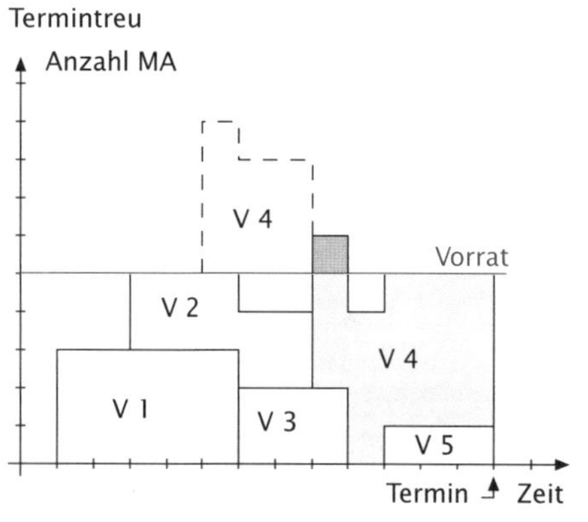

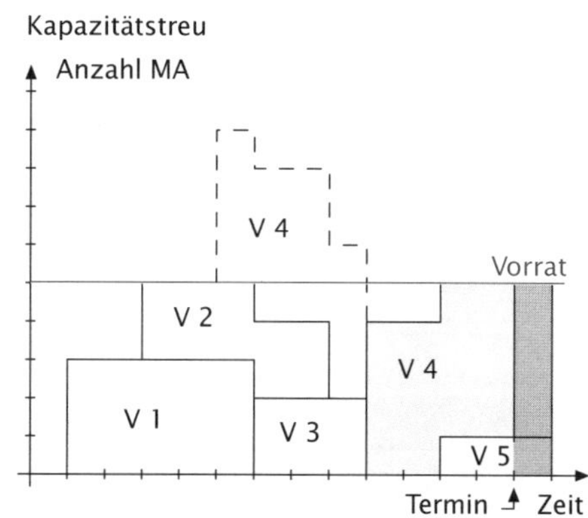

Abb. 2.5-4: Termin- und kapazitätstreue Auslastungsoptimierung

Die verfügbaren Personalkapazitäten sind in einer Ressourcenliste aufgeführt (Abb. 2.5-5).

Beispiel

Nr.	Ressourcenname	Kürzel	Gruppe	Max. Einh.	Basiskalender
1	Handbuchautor A	HA	Handbuchautc	1	Standard
2	Handbuchautor B	HB	Handbuchautc	1	Standard
3	Software-Ergonom A	SEA	Ergonom	1	Standard
4	**Systemanalytiker A**	**SA**	**Analytiker**	**1**	**Standard**
5	**Systemanalytiker B**	**SB**	**Analytiker**	**1**	**Standard**
6	**Systemanalytiker C**	**SC**	**Analytiker**	**1**	**Standard**
7	Systemanalytiker D	SD	Analytiker	1	Standard
8	Systemanalytiker E	SE	Analytiker	1	Standard

Abb. 2.5-5: Auszug aus einer Ressourcenliste

Diese Ressourcen wurden den Vorgängen aus dem Netzplan der Abb. 2.4-8 zugeordnet (siehe Abb. 2.5-6).

Nr.	Vorgangsname	Dauer	Zuordnung (3. Feb '97 – 17. Feb '97)
1	**Definition**	**11t**	
2	Start der Definitionsphase	0t	3.2.
3	Pflichtenheft erstellen	5t	Systemanalytiker A,Systemanalytiker B,Systemanalytik
4	Benutzerhandbuch erstellen	8t	Handbuchautor A
5	OOA-Modell erstellen	7t	Systemanalytiker A,Systemanaly
6	Oberfläche ableiten	3t	Software-Ergonom A
7	Produktmodell fertig	0t	17.2.

Abb. 2.5-6: Auszug aus einer Zuordnungstabelle

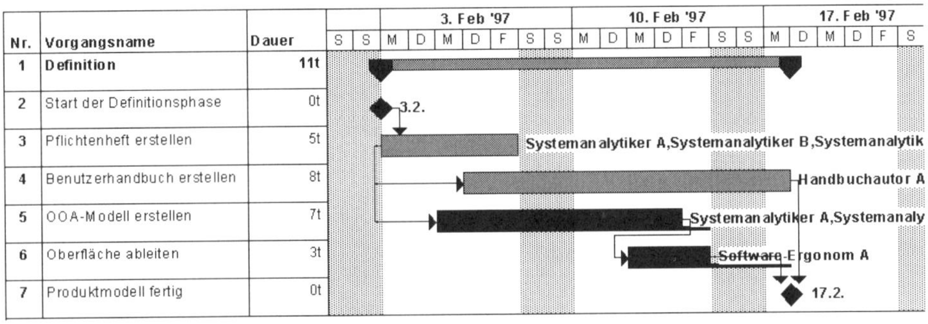

Für das Pflichtenheft wurde ein Aufwand von 15 MT, für das OOA-Modell von 21 MT, für die Oberfläche 3 MT und für das Benutzerhandbuch von 8 MT geschätzt.

Eine Analyse der Ressourcenauslastung zeigt, daß die Systemanalytiker A, B und C vom 3.2 bis zum 9.2. mit 100 Prozent Überlast arbeiten (Abb. 2.5-7). Der Grund liegt darin, daß die Pflichtenheft- und OOA-Erstellung mit zwei Tagen Verzug parallel durchgeführt werden.

Abb. 2.5-7: Ressourcenhistogramm

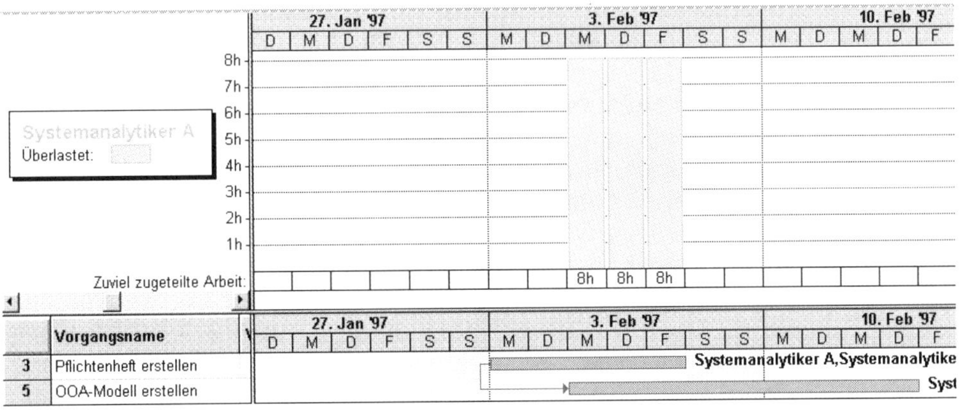

Um zu einer kapazitätstreuen Auslastung zu gelangen, gibt es zwei Möglichkeiten. Bei der ersten Möglichkeit (Abb. 2.5-8) wird der Start des Vorgangs »OOA-Modell erstellen« um fünf Tage nach hinten verschoben. Dadurch ändern sich die kritischen Vorgänge und der kritische Pfad. Außerdem verschiebt sich der Endtermin um drei Tage nach hinten. Die Systemanalytiker A, B und C sind jetzt zu jeweils 100 Prozent ausgelastet.
Die zweite Möglichkeit besteht darin, für die Überlappungszeit der Vorgänge drei weitere Systemanalytiker einzusetzen, oder ein bis zwei weitere Systemanalytiker, bei gleichzeitig verringerter Überlast der bisherigen Systemanalytiker, hinzuzuziehen.

Einsatzplanung der Betriebsmittel
Entsprechend ihrer »Beständigkeit« unterscheidet man »nicht verzehrbare« Betriebsmittel wie Software-Entwicklungsarbeitsplätze, Transportmittel, Räumlichkeiten und Lagerflächen und »verzehrbare« Betriebsmittel, die verbraucht werden und nach der Nutzung nicht mehr zur Verfügung stehen, wie Datenträger und Büromaterial. Es hängt vom jeweiligen Entwicklungstyp ab, welche Betriebsmittel in einem Projekt relevant sind.

Allerdings sollte eine Betriebsmitteleinsatzplanung nur dann vorgenommen werden, wenn Engpässe bei relevanten Betriebsmitteln eintreten können. Sonst sollte man auf eine entsprechende Einsatzplanung verzichten, da sie eine zusätzliche Arbeitsbelastung mit sich bringt.

Die Methoden für die Betriebsmitteleinsatzplanung entsprechen weitgehend denen für die Personaleinsatzplanung. Man unterscheidet bei der Betriebsmitteleinsatzplanung jedoch drei Vorgehensweisen.

vorrats-eingeschränkt

Bei der **vorratseingeschränkten Einsatzplanung** ist ein festgelegter, nicht vergrößerbarer Vorrat eines Betriebsmittels vorhanden. Dieser Vorrat muß in einer zeitlichen Folge auf mehrere Nutzer möglichst fair aufgeteilt werden. Eine Aufteilung erfolgt am besten über abwechselnde Nutzungsschichten. Die Verteilung erfolgt durch einen Schichtplan. Beispielsweise werden begrenzt verfügbare Spezialrechner auf eine Früh- und eine Spätschicht aufgeteilt.

bedarfsbezogen

Bei einer **bedarfsbezogenen Einsatzplanung** wird zunächst von einem unbegrenzten Vorrat ausgegangen. Zuerst wird festgestellt, welcher Bedarf zu welchen Zeiten besteht. Auf Wunsch kann dann eine termintreue oder kapazitätstreue Durchrechnung der Bedarfsmengen erfolgen, wobei die kapazitätstreue Durchrechnung von dem Einhalten einer obersten Vorratsmenge ausgeht.

frei

Bei der **freien Einsatzplanung** besteht keine Gefahr von Engpässen. Daher trägt jeder Nutzer die gewünschte Belegung in einem Belegungsplan ein.

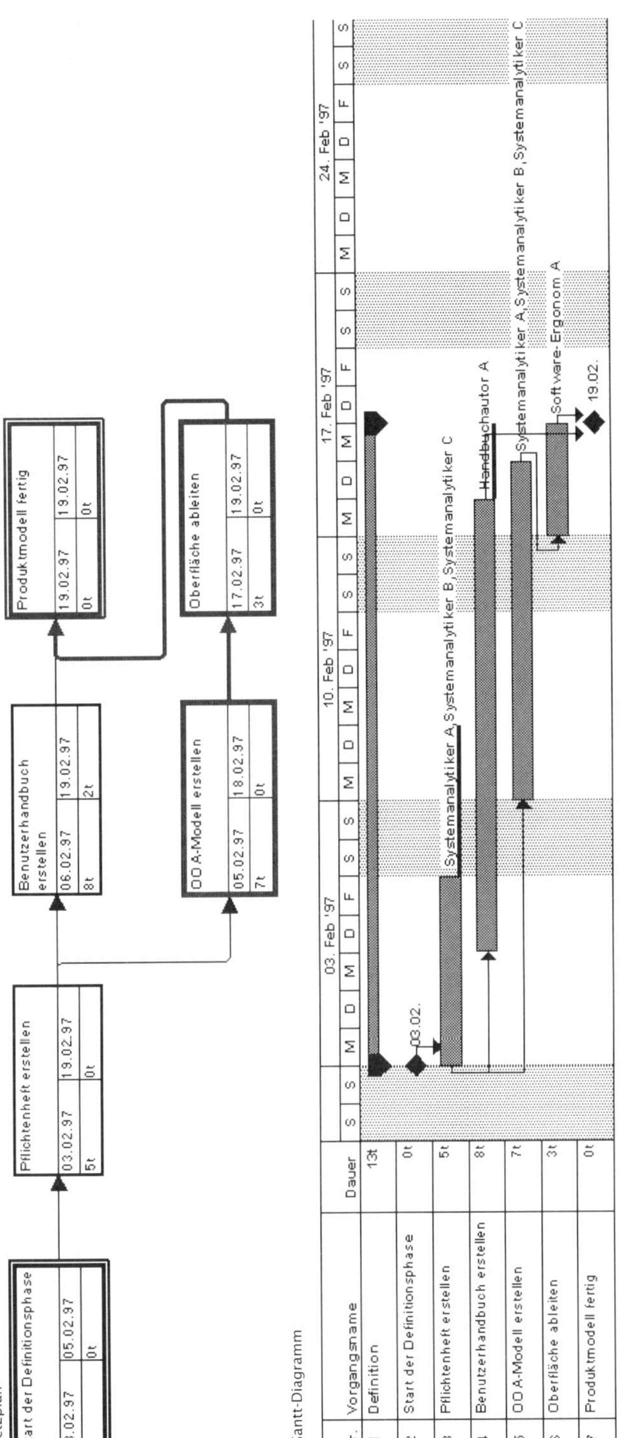

Abb. 2.5-8: Kapazitätstreue Auslastungsoptimierung (Variante 1)

Ressourcenplan

Während der Vorgangsplan ein vorgangsbezogenes Gantt-Diagramm ist, stellt der Ressourcenplan eine ressourcenbezogene Tabelle dar. In der Regel wird ein Ressourcenplan dazu benutzt, die Zuordnung der Vorgänge zu den Mitarbeitern aufzuzeigen.

Beispiel

Abb. 2.5-9 zeigt den mitarbeiterbezogenen Ressourcenplan (Ausschnitt) für den Netzplan nach der kapazitätstreuen Auslastungsoptimierung (siehe Abb. 2.5-8).

Abb. 2.5-9: Personenbezogener Ressourcenplan

	1.2.	2.2.	3.2.	4.2.	5.2.	6.2.	7.2.
Handbuchautor A						8h	8h
Benutzerhandbuch erstellen						8h	8h
Handbuchautor B							
Software-Ergonom A							
Oberfläche ableiten							
Systemanalytiker A			8h	8h	8h	8h	8h
OOA-Modell erstellen							
Pflichtenheft erstellen			8h	8h	8h	8h	8h
Systemanalytiker B			8h	8h	8h	8h	8h
OOA-Modell erstellen							
Pflichtenheft erstellen			8h	8h	8h	8h	8h
Systemanalytiker C			8h	8h	8h	8h	8h
OOA-Modell erstellen							
Pflichtenheft erstellen			8h	8h	8h	8h	8h
Systemanalytiker D							
Systemanalytiker E							

Bedarfs-aufsummierung

Liegt ein konsistenter Netzplan vor, dann können die einzelnen Bedarfsmengen der Vorgänge im Rahmen einer Einsatzmittelberechnung zeitgerecht addiert werden.

Bezogen auf die Vorgangsdauer fällt die Menge der Einsatzmittel entweder an

- zu Beginn des Vorgangs (z.B. Materialien, Geräte) oder
- am Ende des Vorgangs (z.B. Rechnungen) oder
- verteilt über die Vorgangsdauer (z.B. Personal).

Außerdem kann noch zwischen dem frühesten und spätesten Beginn bzw. zwischen frühestem und spätestem Ende des Bedarfsanfalls unterschieden werden. Damit ergeben sich sechs Einplanungsmöglichkeiten des Bedarfs eines Einsatzmittels.

Einsatzplanung bei Multiprojekten

Teilen sich mehrere Projekte ein bestimmtes Einsatzmittel (z.B. den Software-Ergonomen A) oder einen beschränkten Vorrat eines bestimmten Einsatzmittels (z.B. fünf OOA-Werkzeuglizenzen), dann ist eine Multiprojekt- bzw. Mehrprojektplanung nötig.

Die Einsatzplanungen der Projekte sind nicht mehr unabhängig voneinander möglich. Es ist eine Planabstimmung der vorhandenen Ressourcen mit Prioritätsvergabe erforderlich.

Beim abgestimmten Einplanen können unterschiedliche Aspekte wichtig sein, z.B.:

- Bestimmte Mitarbeiter sollen zeitparallel in mehreren Projekten mitarbeiten.
- Eine feste Mitarbeiteranzahl steht als Summe für mehrere Projekte zur Verfügung und soll fachgerecht aufgeteilt werden.
- Ein vorgegebenes Budget soll auf die einzelnen Projekte aufgeteilt werden.
- Eine beschränkte Menge eines bestimmten Betriebsmittels soll fair auf mehrere Projekte aufgeteilt werden.

2.6 Kostenplanung

Der letzte wesentliche Abschnitt einer Projektplanung ist die Kostenplanung. Sie stützt sich auf Daten aus der technischen und der kaufmännischen Planung. Die technische Planung hat primär das technische Entwicklungsziel im Auge, während die kaufmännische Planung die Gesamtheit eines Entwicklungsbereiches betrachtet.

Mit einer projektumfassenden Vorkalkulation sollen möglichst in einer Vollkostenrechnung alle direkten und indirekten Kosten für ein Projekt erfaßt werden.

In der Regel werden in die Stundenverrechnungssätze bereits ein Teil oder alle Gemeinkosten eingearbeitet.

Gemeinkosten sind indirekte Kosten, die nicht direkt einem Projekt zugeordnet werden können, z.B. Mietkosten für das Bürogebäude, Löhne und Gehälter für das Verwaltungspersonal usw. Diese Kosten werden entsprechend einem Gemeinkostenschlüssel auf die einzelnen Projekte oder Stundensätze der Projektmitarbeiter umgelegt. Auch künftige Kostensteigerungen durch Inflation und Gehaltserhöhungen sind in der Kostenplanung zu berücksichtigen.

Gemeinkosten

Die Kostenplanung ergibt sich aus der Aufwandsplanung auf der fachlichen Ebene der Projekte. Aus ihr entstehen die für das jeweilige Projekt erforderlichen Kosten, d.h. die geforderten Geldmittel.

In den meisten Projekten sind mit Vorgängen und Ressourcen Kosten und Erlöse verbunden.

Fixe Kosten sind einmalige, mit einem Vorgang zusammenhängende Kosten, z.B. »OOA-Werkzeug kaufen«.

Fixe Erlöse sind einmalige, mit einem Vorgang zusammenhängende Erlöse, z.B. »10% der Vertragssumme bei Fertigstellung der 1. Version des Pflichtenheftes«.

Geplante Kosten und Erlöse fallen am frühesten Start des entsprechenden Vorgangs an.

Ressourcenkosten sind laufende, mit einer Ressource zusammenhängende Kosten, z.B. der Stundensatz eines Mitarbeiters. Diese Kosten summieren sich über den Zeitraum, den die Ressource für die Arbeit an einem Vorgang aufbringt.

Ressourcenkosten

Vorgangskosten und -erlöse sind die Summe aller festen Kosten und festen Erlöse plus die Ressourcenkosten für jeden Vorgang im Projekt.

Beispiel Abb. 2.6-1 zeigt den Stunden- und Überstundensatz pro Ressource (eingerechnet sind die Gemeinkosten).

Nr.	Ressourcenname	Gruppe	Max. Einh.	Höchstwert	Standardsatz	Überstd.-satz
1	Handbuchautor A	Handbuchautoren	1	1	100.00 DM/h	120.00 DM/h
2	Handbuchautor B	Handbuchautoren	1	0	80.00 DM/h	96.00 DM/h
3	Software-Ergonom A	Ergonomen	1	1	150.00 DM/h	180.00 DM/h
4	Systemanalytiker A	Analytiker	1	1	200.00 DM/h	240.00 DM/h
5	Systemanalytiker B	Analytiker	1	1	180.00 DM/h	216.00 DM/h
6	Systemanalytiker C	Analytiker	1	1	180.00 DM/h	216.00 DM/h
7	Systemanalytiker D	Analytiker	1	0	200.00 DM/h	220.00 DM/h
8	Systemanalytiker E	Analytiker	1	0	180.00 DM/h	216.00 DM/h

Abb. 2.6-1: Ressourcentabelle mit Ressourcenkosten

In einer vorgangsbezogenen Kostentabelle (Abb. 2.6-2) können den Vorgängen die Vorgangskosten zugeordnet werden. Es wird angenommen, daß der Vorgang »OOA-Modell« 3.000,- DM fixe Kosten für den Kauf eines OOA-Werkzeuges verursacht. Außerdem werden für die erste Version des Pflichtenheftes 10.000,- DM fixe Erlöse zu Beginn des »OOA-Modells« geplant. Der Vorgang »Oberfäche« erfordert 5.000,- DM fixe Kosten für die Beschaffung eines UIMS *(User Interface Management System).* Die Gesamtkosten sind die Summe aller fixen Kosten und die Ressourcenkosten.

Abb. 2.6-2: Vorgangsbezogene Kostentabelle

Nr.	Vorgangsname	Feste Kosten	Gesamtkosten
1	**Definition**	**0.00 DM**	**66,760.00 DM**
2	Start der Definitionsph.	0.00 DM	0.00 DM
3	Pflichtenheft erstellen	(10,000.00 DM)	12,400.00 DM
4	Benutzerhandbuch	0.00 DM	6,400.00 DM
5	OOA-Modell erstellen	8,000.00 DM	39,360.00 DM
6	Oberfläche ableiten	5,000.00 DM	8,600.00 DM
7	Produktmodell fertig	0.00 DM	0.00 DM

Legende: ( ) Erlöse

Einige Projekt-Planungssysteme erlauben die Ausgabe einer zeit- *cash-flow* bezogenen Kostentabelle. Sie zeigt den *cash-flow* eines Projektes. *Cash-flow* ist der Kassenzufluß, d.h. der Überschuß der einem Unternehmen nach Abzug aller Kosten verbleibt. Er dient zur Beurteilung der finanziellen Situation eines Unternehmens.

Unter Budgetierung versteht man die zweckgebundene Zuweisung von Etats oder Ressourcen für einen definierten Zeitraum. Budgets (Kostenrahmen) entstehen im Rahmen der Wirtschaftsplanung eines Unternehmens. Sie sind das Resultat der Aufteilung der Mittel des Wirtschaftsplans auf die Teilbereiche des Unternehmens. Das Budget besteht im allgemeinen aus vorgegebenen Finanzmitteln oder Ressourcen-Etatzahlen für das laufende oder das nächste Geschäftsjahr.

Während die Projektkosten *bottom-up* ermittelt werden, werden die Budgets *top-down* von der Geschäftsleitung festgelegt.

Der Abgleich zwischen beantragten Projektkosten und bereitgestellten Budgets ist Aufgabe des Managements auf den verschiedenen Ebenen.

2.7 Methodik der Projektplanung

Ausgangspunkt für eine Projektplanung ist die Auswahl eines Prozeß-Modells, an dem sich die Projektdurchführung orientieren soll. Das Prozeß-Modell gibt Vorgaben für Projektphasen, Vorgänge und Abhängigkeiten zwischen Vorgängen.

Prozeßmodell auswählen

Ein Projektplan muß wesentlich detaillierter und konkreter als ein Prozeß-Modell sein. Insbesondere können in Abhängigkeit vom zu entwickelnden Software-Produkt zusätzliche Vorgänge und Meilensteine definiert werden.

Projektplan ableiten

Meilensteine festlegen

Im Prozeß-Modell ist der Vorgang »OOA-Modell erstellen« aufgeführt. Bei der Projektplanung für das Projekt »Seminarorganisation« werden die Themenbereiche »Kundenverwaltung« und »Seminarverwaltung« identifiziert, die als unterschiedliche, parallel durchführbare Vorgänge geplant werden.

Beispiel

Anhang I A, Abschnitt I 2.18.6

Da für jeden Vorgang eine Vorgangsdauer festgelegt werden muß, ist eine Aufwandsschätzung des Gesamtprojektes erforderlich. Dafür eignen sich Schätzverfahren, die insbesondere von den Anforderungen an das Produkt ausgehen. Eine geeignete Methode dafür ist die *Function Point*-Methode. Zusätzlich sollten in einer empirischen Datenbasis noch Daten über vergangene Projekte vorliegen sowie Informationen, wie sich der Aufwand normalerweise auf einzelne Phasen und Vorgänge eines Prozeßmodells aufteilt.

Aufwandsschätzung durchführen

Kapitel I 1.5

Ausgehend vom Aufwand pro Vorgang sind erste Überlegungen anzustellen, mit welcher Personalkapazität der Aufwand bewältigt werden soll.

Bedarfs überlegungen

Ausgehend von diesen Überlegungen werden die Vorgangsdauern für das Projekt ermittelt.

Dauer = Aufwand/Bedarf

Danach kann eine erste Netzplandurchrechnung erfolgen. Die kritischen Vorgänge und Pfade werden ermittelt.

Netzplan durchrechnen

Es ist zu prüfen, ob eine Terminbeschleunigung durch Planen paralleler Vorgänge oder überlagernder Vorgänge möglich ist. Stehen zwei Vorgänge in einem Projekt nicht miteinander in Beziehung, dann läßt sich Zeit sparen, indem die Arbeit an ihnen gleichzeitig durchgeführt wird.

Terminbeschleunigung

Außerdem läßt sich Zeit sparen, wenn zwei Vorgänge auf dem kritischen Pfad überlagert werden. Dies ist dann möglich, wenn ein Vorgang vom Start (nicht notwendigerweise vom Ende) des vorhergehenden Vorgangs abhängt. Für solche Vorgänge kann eine Anfangs/Anfangs-Verzögerung angegeben werden.

Da feste, vorgegebene Termine berechnete Termine ersetzen, sollten so wenig Termine wie möglich fest vorgegeben werden. Nur dann kann der bestmögliche Zeitplan berechnet werden.

Risikominimierung

Um das Risiko der Projektplanung zu reduzieren, sollten Zeitreserven für unerwartete Zwischenfälle eingeplant werden. Wenn aufgrund von Erfahrungen bekannt ist, welche Vorgänge unter Umständen mehr Zeit erfordern, dann sollten einige »Polster« eingeplant werden. Bei den risikoreichen Vorgängen eines Projektes sollten Pufferzeiten vorgesehen werden.

vorgangsbezogenes Gantt-Diagramm ausgeben

Die zeitliche Anordnung der Vorgänge kann durch ein vorgangsbezogenes Gantt-Diagramm dargestellt werden.

Ressourcen schätzen und zuordnen

Nachdem eine erste Terminplanung vorliegt, müssen für jeden Vorgang die benötigten Ressourcen (Personal und Betriebsmittel) geschätzt und zugeordnet werden.

Zunächst ist der Personal- und Betriebsmittelvorrat zu ermitteln. Der Bedarf ist wie folgt zu ermitteln:

Bedarf = Aufwand/Dauer

Vorrat und Bedarf sind insbesondere bezüglich Qualifikation und Zeitverfügbarkeit zu vergleichen.

Separate Kalender anlegen

Wenn die Arbeitszeiten von Mitarbeitern von der üblichen Arbeitszeit für Vorgänge im Projekt abweichen, dann sind für diese Mitarbeiter separate Kalender anzulegen. Ist z.B. ein Teilzeit-Mitarbeiter einem Vollzeitvorgang zugeordnet, dann erfordert die Arbeit an dem Vorgang mehr Zeit.

Ressourcenauslastung überprüfen

Sind die Ressourcen den Vorgängen zugeordnet, dann ist die Arbeitsauslastung für jede Ressource im Projekt zu überprüfen.

Bedarfsoptimierung vornehmen

Sind einige Ressourcen überlastet, d.h. zu vielen Vorgängen zugeordnet, dann muß versucht werden, eine termintreue oder kapazitätstreue Bedarfsoptimierung vorzunehmen.

Kosten zuordnen

Um eine Kostenplanung vornehmen zu können, sind den Ressourcen Kosten zuzuordnen. Bei den einzelnen Vorgängen können außerdem fixe Kosten und fixe Erlöse angegeben werden. Mit diesen Angaben können die Projektkosten dann kumuliert werden.

Anfang-Anfang-Beziehung (AA) Abhängigkeitsart zwischen zwei →Vorgängen (Anfangsfolge). Der Nachfolger beginnt, wenn der Vorgänger beginnt. Bei Angabe eines Zeitabstands entsprechend zeitlich versetzt.

Anfang-Ende-Beziehung (AE) Abhängigkeitsart zwischen zwei →Vorgängen (Sprungfolge). Ein Vorgang kann enden, sobald sein Vorgänger anfängt.

Arbeitsdauer Zeit, die eine →Ressource für die Arbeit an einem →Vorgang aufbringt.

Ende-Anfang-Beziehung (EA) Normale Abhängigkeitsbeziehung zwischen zwei →Vorgängen (Normalfolge). Das Ende des Vorgängers bestimmt den Beginn des Nachfolgers. Zwischen dem Ende des Vorgängers und dem Beginn des abhängigen Nachfolgers kann ein positiver oder negativer Zeitabstand eingefügt werden.

Ende-Ende-Beziehung (EE) Abhängigkeitsart zwischen zwei →Vorgängen (Endfolge). Der Nachfolger kann vor oder nach dem Ende seines Vorgängers beendet sein. Ein positiver oder ein negativer Zeitabstand kann angegeben werden.

Gantt-Diagramm Balkendiagramm, das die Zuordnung von →Vorgängen zu Personen oder die Zuordnung von Personen zu Vorgängen zeigt. Vorgänge bzw. Personen werden entlang einer Zeitachse dargestellt.

Gemeinkosten Indirekte Kosten, die nicht direkt einem Projekt zugeordnet werden können und daher auf alle Projekte umgelegt werden.

Geplante Termine Frühester Anfangstermin und frühester Endtermin für jeden Vorgang. Ausgehend von dem frühesten Anfang des ersten Vorgangs werden die geplanten Termine in einer → Vorwärtsrechnung berechnet.

Gesamtzeitraum Gesamte Kalenderzeit, d.h. Dauer (→Arbeitsdauer, →Vorgangsdauer) plus arbeitsfreie Zeit, zwischen Beginn und Ende der Arbeit an einem Vorgang.

Kapazitätstreue Bedarfsoptimierung Festlegung der Termine, so daß zu keiner Zeit der Bedarf den Vorrat an → Ressourcen übersteigt. Meistens verschiebt sich dadurch auch der Endtermin (→Termintreue Bedarfsoptimierung).

Kritischer Pfad Folge →kritischer Vorgänge, die den kürzesten Zeitraum für die Projektdurchführung darstellt.

Kritischer Vorgang →Vorgang, dessen Verzögerung die spätesten Endtermine abhängiger Vorgänge verschieben würde, oder ein Vorgang, dessen →Pufferzeit kleiner oder gleich einer vorgegebenen Toleranz ist (z.B. Null).

Meilenstein Markiert einen Zeitpunkt, zu dem ein Arbeitsergebnis fertiggestellt sein soll. Meilensteine sollen überprüfbar, kurzfristig und gleichverteilt sein. Oft wird der Projektbeginn ebenfalls durch einen Meilenstein markiert.

MPM-Netzplan Vorgangsknoten-Netzplan (→Netzplan), bei dem Rechtecke die →Vorgänge und Verbindungspfeile die Abhängigkeiten zwischen den Vorgängen symbolisieren.

Netzplan Stellt alle →Vorgänge und → Meilensteine grafisch dar und zeigt die Reihenfolge, in der sie bearbeitet werden müssen (→MPM-Netzplan).

Phase Gruppe zusammenhängender → Vorgänge, die einen globalen Arbeitsabschnitt darstellen. In der Software-Technik ein festgelegter globaler Arbeitsabschnitt innerhalb einer Software-Entwicklung.

Planung Systematisches, zukunftsbezogenes Durchdenken und Festlegen von Zielen sowie der Wege und Mittel zur Erreichung der Ziele.

Projektplan Festlegung von →Vorgängen und Meilensteinen einschließlich ihrer zeitlichen Zusammenhänge (→ Netzplan), Zuordnung von →Ressourcen und →Kosten sowie termintreue oder kapazitätstreue Durchrechnung der Planung.

Prozeß-Architektur Rahmen für die Spezifikation und Interaktion von Prozessen.

Prozeß-Modell Allgemeiner Entwicklungsplan, der das generelle Vorgehen beim Entwickeln eines Software-Produkts festlegt. Die Spezifikation erfolgt im Rahmen einer →Prozeß-Architektur.

Prozeß Menge von Methoden, Verfahren und Werkzeugen, die zur Entwicklung eines Software-Produktes benötigt werden.

Pufferzeit Zeit, um die sich ein → Vorgang verzögern kann, ohne den Endtermin des Projekts zu beeinflussen. Bei geplanten Terminen ist die Pufferzeit die Differenz zwischen dem spätesten und dem frühesten Anfang eines Vorgangs.

Ressource Alle für die Durchführung eines →Vorgangs erforderlichen Einsatzmittel wie Personal oder Betriebsmittel (Maschinen, Materialien).

Rückwärtsrechnung Berechnung der →späten Termine, beginnend beim letzten →Vorgang und endend beim ersten (→Vorwärtsrechnung).

Späte Termine Spätester Anfangstermin und spätester Endtermin für jeden Vorgang. Hat ein Projekt einen festen Endtermin, dann werden die späten Termine durch eine Rückwärtsrechnung berechnet.

Tatsächliche Termine Tatsächlicher Anfangstermin und tatsächliches Ende für jeden Vorgang.

Termintreue Bedarfsoptimierung Verschiebung einzelner →Vorgänge innerhalb ihrer Zeitpuffer, so daß eine möglichst gleichmäßige Auslastung der →Ressourcen erreicht wird (→kapazitätstreue Bedarfsoptimierung).

Vorgang Identifizierbare Aktivität, die innerhalb einer angemessenen Zeitdauer durchgeführt werden kann. Mehrere →Vorgänge werden zu Phasen zusammengefaßt.

Vorgangsdauer Arbeitszeit, die für die Fertigstellung eines →Vorgangs erforderlich ist.

Vorwärtsrechnung Berechnung der frühen Termine, beginnend beim ersten → Vorgang und endend beim letzten (→ Rückwärtsrechnung).

Das Software-Management legt im Rahmen seiner Kompetenzen und unter Berücksichtigung von einzuhaltenden Vorgaben Ziele sowie Wege und Mittel zur Erreichung der Ziele fest. Diese Aufgabe bezeichnet man als Planung. Die grundsätzlichen Vorgehensweisen werden in Form von Prozeß-Modellen beschrieben, wobei eine Prozeß-Architektur den allgemeinen Beschreibungsrahmen von Prozessen und ihren Interdependenzen angibt. Aus Prozeß-Modellen werden konkrete Projektpläne abgeleitet, meistens in Form von Netzplänen. Weit verbreitet sind MPM-Netzpläne. Sie zeigen den zeitlichen Zusammenhang von Vorgängen und Meilensteinen. Mehrere Vorgänge können zu Phasen zusammengefaßt werden.

Zu jedem Vorgang kann die Arbeitsdauer, die Vorgangsdauer und der Gesamtzeitraum angegeben werden. Geplante Termine werden durch eine Vorwärtsrechnung, späte Termine durch eine Rückwärtsrechnung berechnet. Tatsächliche Termine geben den tatsächlichen Anfangs- und Endetermin eines Vorgangs an.

Zwischen zwei Vorgängen kann eine Ende-Anfang-Beziehung (EA), eine Anfang-Anfang-Beziehung (AA), eine Ende-Ende-Beziehung (EE) oder eine Anfang-Ende-Beziehung (AE) bestehen.

Eine Termindurchrechnung des Netzplans ermittelt kritische Vorgänge und kritische Pfade. Kritische Vorgänge besitzen keine Pufferzeit. Aus einem Netzplan kann ein vorgangsbezogenes Gantt-Diagramm abgeleitet werden.

Um Personal und Betriebsmittel planen zu können, werden den Vorgängen Ressourcen zugeordnet. Anschließend kann eine termin- oder kapazitätstreue Bedarfsoptimierung vorgenommen werden. Der zeitliche Personaleinsatz kann durch ein personenbezogenes Gantt-Diagramm dargestellt werden. Die Kostenplanung erfordert die Zuordnung von Kosten zu den Ressourcen. In den Ressourcenkosten werden meist auch die Gemeinkosten mit berücksichtigt.

Abb. 2.7-1 zeigt zusammenfassend nochmals die wichtigsten Planungsaktivitäten.

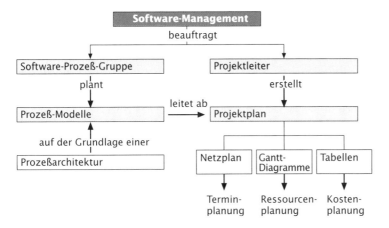

Abb. 2.7-1: Planungsaktivitäten im Überblick

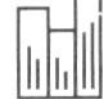

/Burghardt 88/
Burghardt M., *Projektmanagement*, Berlin: Siemens AG, 1988, 511 Seiten
Leitfaden für die Planung, Überwachung und Steuerung von Entwicklungsprojekten. Es wird sowohl auf das Projektmanagement elektrotechnischer Produkte als auch von Software-Produkten eingegangen. Ausführliches, übersichtliches Buch, das viele gute Grafiken enthält.

/Humphrey 89/
Humphrey W.S., *Managing the Software Process*. Reading, Massachusetts: Addison-Wesley Publishing Company, 1989, 494 Seiten
Standardwerk für das Software-Management. Beschreibt die fünf Reifestufen einer Software-Entwicklung und der dazugehörigen Techniken. Dieses Buch war der Ausgangspunkt für das *Capability Maturity Model* (CMM) des SEI *(Software Engineering Institute)*.

Zitierte Literatur

/Koontz, O'Donnell 72/
Koontz H., O'Donnell C., *Principles of Management: An Analysis of Mangerial Functions*, 5th ed., New York: McGraw-Hill Book Company, 1972

/MS Project 94/
Microsoft Project, Benutzerhandbuch, Microsoft Corporation, 1994

/DeMarco, Lister 91/
DeMarco T., Lister T., *Wien wartet auf Dich! Der Faktor Mensch im DV-Management*, München: Carl Hanser Verlag, 1991

1 *Lernziel: Angeben können, welche Anforderungen Meilensteine erfüllen müssen.* Muß-Aufgabe *10 Minuten*
a Erklären Sie den Unterschied zwischen Vorgängen und Meilensteinen.
b Wozu dienen Meilensteine und welche Anforderungen müssen sie erfüllen.

2 *Lernziel: Zweck und Darstellungsform von Gantt-Diagrammen angeben können.* Muß-Aufgabe *5 Minuten*
Welche Arten von Gantt-Diagrammen unterscheidet man und welche Auswertungen ermöglichen sie?

3 *Lernziel: Die verschiedenen Möglichkeiten der Netzplanstrukturierung aufzählen können.* Muß-Aufgabe *10 Minuten*
a Welche Netzplanarten gibt es und durch welche Eigenschaften sind diese unterscheidbar?
b Welche Netzplanart wird in dem Produkt *Microsoft Project* eingesetzt?

Muß-Aufgabe
10 Minuten

4 *Lernziel: Den Zusammenhang zwischen Prozeß-Architektur, Prozeß-Modell und Projektplan erklären können.*

a Wie sind Prozeß-Architektur, Prozeß-Modell und Projektplan definiert?

b Skizzieren Sie die Zusammenhänge zwischen den drei Begriffen.

Muß-Aufgabe
30 Minuten

5 *Lernziel: Prozesse und Prozeß-Modelle in der angegebenen ETXM-Notation spezifizieren können.*

Beschreiben Sie den Implementierungsprozeß mit den Prozessen »Codierung«, »Testfallerstellung anhand von Äquivalenzklassen«, »Funktionstest«, »Testfallerstellung anhand nicht durchlaufender Zweige« und »Strukturtest«. Überlegen Sie, welche Prozesse parallelisierbar sind!

Geben Sie eine grafische Darstellung sowie eine tabellarische Darstellung analog der Abb. 2.2-3 an.

Muß-Aufgabe
5 Minuten

6 *Lernziel: Die verschiedenen Abhängigkeitsarten zwischen Vorgängen aufzeigen können.*

Beschreiben Sie folgende Vorgangskonstellation als Normalfolge, Anfangsfolge, Endfolge und Sprungfolge in einem MPM-Netzplan:

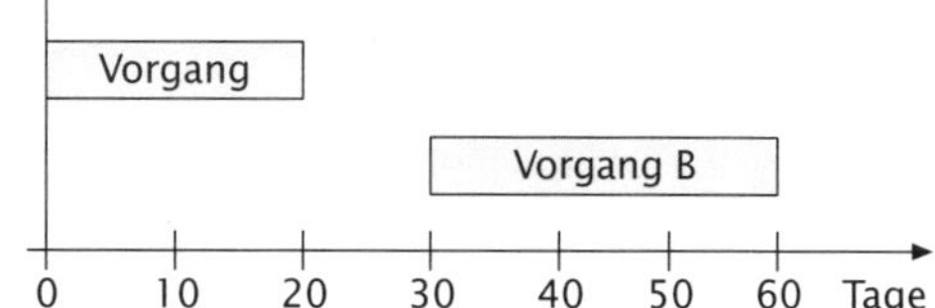

Muß-Aufgabe
60 Minuten

7 *Lernziele: Einen MPM-Netzplan aufstellen, eine Vorwärts- und Rückwärtsrechnung durchführen sowie kritische Pfade ermitteln können. Termin- und kapazitätstreue Bedarfsoptimierungen von Ressourcen vornehmen können. Einfache Kostenplanungen durchführen können.*

Gegeben seien folgende Vorgänge:

/1/ Vorgang 1, Aufwand 3 MT, fester Anfang am 21.10.96

/2/ Vorgang 2, Aufwand 20 MT

/3/ Vorgang 3, Aufwand 15 MT

/4/ Vorgang 4, Aufwand 5 MT, festes Ende am 13.12.96

Zwischen den Vorgängen existieren folgende Abhängigkeiten:

/2/ kann sofort nach Ende von /1/ beginnen

/3/ kann erst 5 Tage nach Ende von /1/ beginnen

/4/ kann erst beginnen, wenn /3/ beendet ist

/4/ kann frühestens 5 Tage vor dem Ende von /2/ beginnen

a Gehen Sie zunächst davon aus, daß jedem Vorgang ein anderer Mitarbeiter zugeordnet ist. Berechnen Sie zu jedem Vorgang die frühen und die späten Termine und geben Sie die Pufferzeiten an. Hat der resultierende Netzplan einen kritischen Pfad?

b Gehen Sie nun davon aus, daß das gesamte Projekt von einem einzigen Mitarbeiter durchgeführt wird. Kann man in diesem Fall eine termin- und kapazitätstreue Bedarfsoptimierung vornehmen? Wenn nicht, welche Möglichkeiten hat man, um das Projekt dennoch durchzuführen?

c Der Mitarbeiter hat einen Überstundensatz von 1000 DM pro Werkttag und 1500 DM an Sonn- und Feiertagen. Eine Verzögerung des Endtermins kostet 1000 DM Konventionalstrafe pro Tag.
Welches ist für den Auftragnehmer die kostengünstigste Lösung?

Weitere Aufgaben befinden sich auf der beiliegenden CD-ROM. 

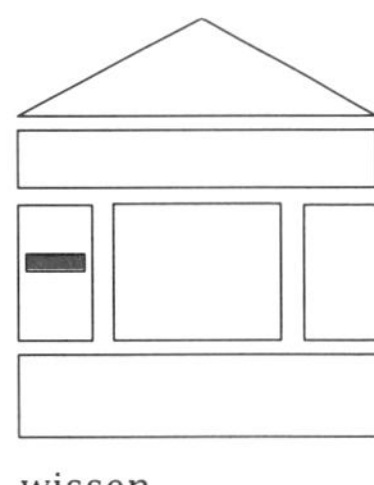

3 Organisation

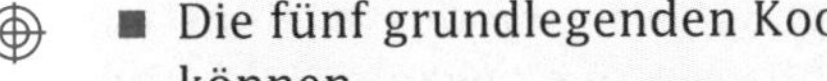

wissen

- Die fünf grundlegenden Koordinationsmechanismen aufzählen können.
- Die fünf Teile einer Organisation einschließlich ihrer Aufgaben nennen können.
- Aufbau- und Ablauforganisation unterscheiden können.
- Gruppierungsalternativen nennen können.
- Kriterien, die die Größe einer Einheit bestimmen, angeben können.

verstehen

- Erklären können, wie die Aufgabenspezialisierung, die Verhaltensformalisierung sowie die Ausbildung und Indoktrination die Gestaltung von Positionen beeinflussen.
- Die Dimensionen der Aufgabenspezialisierung kennen und erläutern können.
- Gruppierungskriterien nennen und beschreiben können.
- Gruppierung nach Märkten und nach Funktionen unterscheiden können.
- Die Kontaktinstrumente Projektleiter und Matrixstrukturen darstellen können.
- Die situativen Faktoren aufzählen und beschreiben können.
- Einsatzgebiete, Charakteristika sowie Vor- und Nachteile von Projektstrukturen und Profibürokratien darstellen können.

anwenden

- Die Methodik zur Organisationsgestaltung auf Fallbeispiele anwenden können.
- Die Auswirkung des Kommunikationsaufwands auf die Produktivität und Zeitdauer berechnen können.
- Ausgehend von vorgegebenen Charakteristika Vorschläge für Organisationsstrukturen erstellen können.

3.1 Einführung

Ziel des Software-Managements ist es, Software-Produkte entwickeln zu lassen. Da aus Termingründen ein Software-Produkt durch mehrere Mitarbeiter erstellt werden muß, sind zwei grundlegende Aufgaben zu erledigen:

Ablauforganisation

1 Der Arbeitsablauf zur Erstellung der Software-Produkte ist festzulegen bzw. aus verschiedenen Modellen auszuwählen, d.h. die **Ablauforganisation** bzw. das **Prozeß-Modell** ist zu definieren. Aus dem Arbeitsablauf ergeben sich die zu erledigenden Einzelaufgaben und ihre Interdependenzen.

Prozeßmodell

Aufbauorganisation

2 Einzelaufgaben müssen im Rahmen der gesamten Entwicklung koordiniert werden. Dazu ist es notwendig, eine geeignete **Aufbauorganisation** festzulegen.

Das Software-Management muß also zwei organisatorische Aufgaben erledigen:

- Für einen mittelfristigen Zeitraum ist eine geeignete Aufbauorganisation zu identifizieren und zu etablieren. Verbunden mit dieser Struktur sind organisatorische Positionen, Verantwortungsbereiche und disziplinarische Vollmachten sowie Qualifikationsprofile für die einzelnen Positionen. Die Aufbauorganisation ist in regelmäßigen Abständen darauf hin zu überprüfen, ob sie für das betreffende Unternehmen noch adäquat ist.
- Eine Aufbauorganisation kann temporäre Elemente enthalten. Diese müssen z.B. beim Start einer neuen Produktentwicklung kurzfristig entschieden und festgelegt werden. Ebenso muß für jede Software-Entwicklung ein jeweils geeignetes Prozeß-Modell ausgewählt werden.

Die folgenden zwei Abschnitte behandeln diese Aufgaben. Im nächsten Abschnitt werden die Grundlagen der Organisationsgestaltung dargestellt. Anschließend werden die für die Software-Entwicklung wichtigsten Prozeß-Modelle mit ihren Vor- und Nachteilen beschrieben.

3.2 Grundlagen der Organisationsgestaltung

Literaturhinweis: /Mintzberg 92/

/Mintzberg 92/ hat in seinem Buch fünf Koordinationsmechanismen, neun Gestaltungsparameter und vier situative Faktoren isoliert, die die Gestaltung einer Organisation beeinflussen. In Abhängigkeit von der Ausprägung dieser Einflußfaktoren ergeben sich fünf Organisationskonfigurationen, zwischen denen es zusätzlich noch Mischformen gibt (Abb. 3.2-1).

Im folgenden werden die Erkenntnisse von Mintzberg in komprimierter Form skizziert und auf die Software-Entwicklung übertragen. Es werden im wesentlichen die Einflußfaktoren und die Orga-

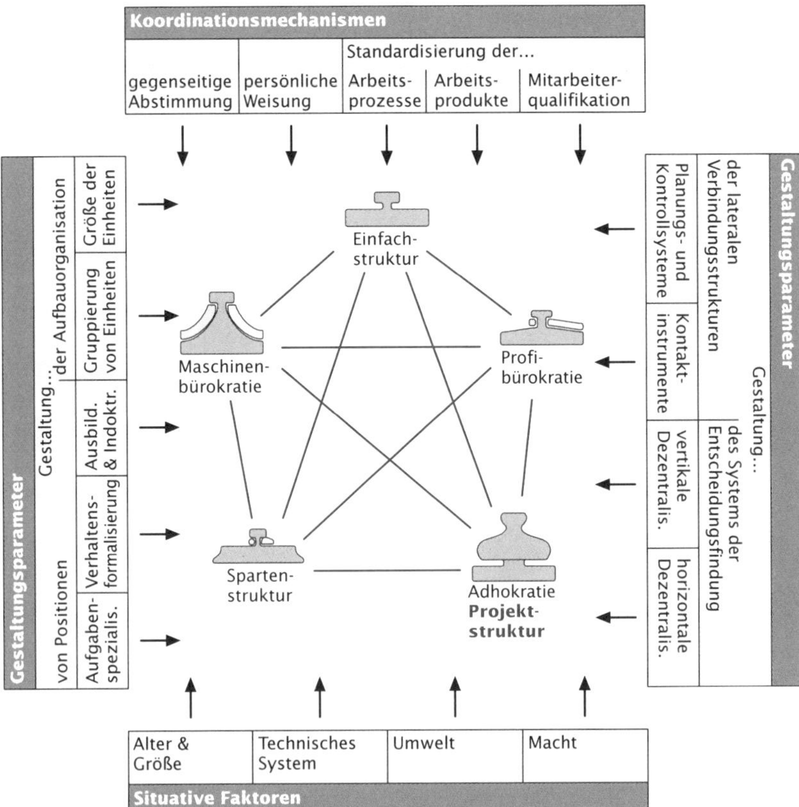

Hinweis: Die verwendete Symbolik ist in Abb. 3.2-5 erklärt.

Abb. 3.2-1: Einflußfaktoren der Organisationsgestaltung in Anlehnung an /Mintzberg 92/

nisationskonfigurationen behandelt, die für die Software-Entwicklung entscheidend sind. Einige Einflußfaktoren werden auch erst in dem folgenden Kapitel erläutert.

3.2.1 Koordinationsmechanismen

Arbeitsabläufe lassen sich auf fünf verschiedene Arten koordinieren:

- durch gegenseitige Abstimmung,
- durch persönliche Weisung,
- durch Standardisierung der Arbeitsprozesse,
- durch Standardisierung der Arbeitsprodukte und
- durch Standardisierung der bei den Mitarbeitern vorauszusetzenden Qualifikationen.

Diese Koordinationsmechanismen umfassen gleichzeitig auch Kontroll- und Kommunikationsaspekte.

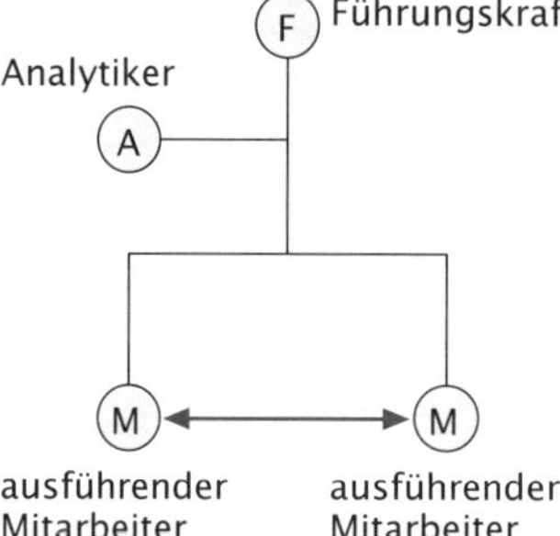

Abb. 3.2-2: Gegenseitige Abstimmung /Mintzberg 92, S. 20/

Bei der gegenseitigen Abstimmung erfolgt die Koordinierung der Arbeitsabläufe durch informelle Kommunikation (Abb. 3.2-2). Die Arbeitskontrolle liegt bei den Mitarbeitern selbst.

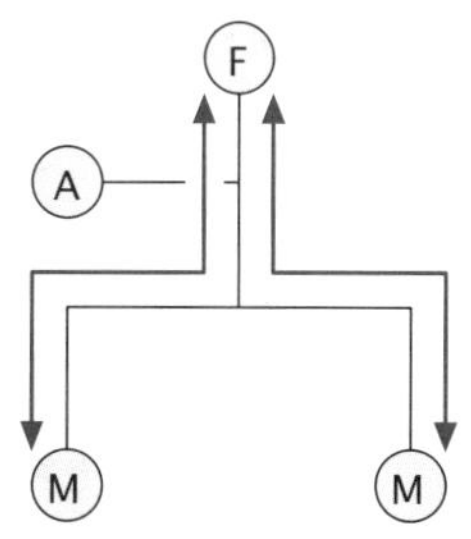

Abb. 3.2-3: Persönliche Weisung /Mintzberg 92, S. 20/

Bei der persönlichen Weisung erteilt ein Mitarbeiter Anweisungen an andere Mitarbeiter und kontrolliert ihre Arbeit (Abb. 3.2-3).

Arbeit läßt sich auch durch Standardisierung koordinieren (Abb. 3.2-4). Arbeitsprozesse, Arbeitsprodukte und Mitarbeiterqualifikationen lassen sich so gestalten, daß zuvor vereinbarte Standards erfüllt werden.

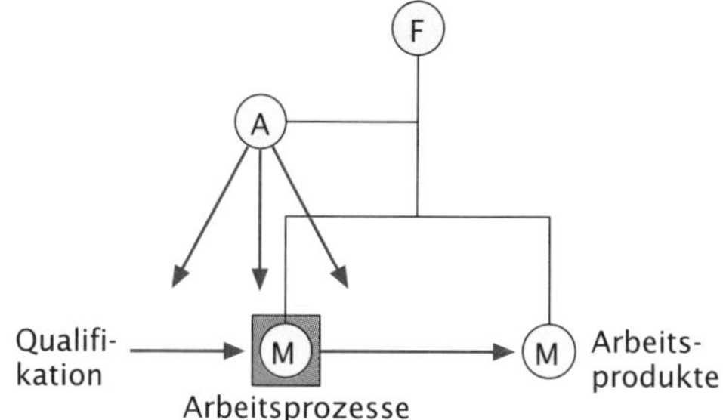

Abb. 3.2-4: Standardisierung /Mintzberg 92, S. 20/

Arbeitsprozeß

Ein Arbeitsprozeß ist standardisiert, wenn die einzelnen Arbeitsgänge festgelegt oder vorausgeplant sind. Eine solche Standardisierung kann z.B. durch einen Planungsanalytiker vorgegeben werden.

Beispiel Hauptkapitel III 5

Für jedes Modul ist ein Funktionstest durchzuführen. Dazu sind aus den Eingabeparametern entsprechend der Äquivalenzklassenanalyse Testfälle abzuleiten. Zu jedem Testfall ist ein Sollergebnis zu ermitteln usw. Anschließend ist ein Zweigüberdeckungstest vorzunehmen.

Arbeitsprodukt

Ein Arbeitsprodukt ist standardisiert, wenn die Ergebnisse der Arbeit, z.B. der Funktionsumfang oder die Qualität, festgelegt sind.

Von einem Software-Produkt erwartet man, daß die im Pflichtenheft festgelegten Qualitätsziele eingehalten werden, z.B. gute Funktionalität, normale Zuverlässigkeit und sehr gute Benutzbarkeit. Beispiel

Kapitel III 1.2

QS-Standards

Qualifikation

Qualifikationen und Kenntnisse sind standardisiert, wenn die Ausbildung, die für die Ausführung bestimmter Arbeiten vorausgesetzt wird, festgelegt ist.

In der Regel hat der Mitarbeiter einer Software-Abteilung eine Ausbildung absolviert. Die Ausbildungsinstitutionen haben Einfluß auf die Arbeitsweise der künftigen Mitarbeiter.

Beispiel

Mitarbeiter, die objektorientiertes Programmieren in ihrer Ausbildung erlernt haben, schreiben objektorientierte Programme. Ein Mitarbeiter der Qualitätssicherung weiß daher, welche Art Programme er zu erwarten hat.

Durch die Standardisierung der Qualifikationen wird also auf indirektem Weg eine Kontrolle und Koordination des Arbeitsablaufs erreicht. In den meisten Organisationen werden diese fünf Koordinierungsmechanismen kombiniert eingesetzt. Ein gewisses Maß an persönlicher Weisung und gegenseitiger Abstimmung ist immer erforderlich.

3.2.2 Die fünf Teile einer Organisation

Um Organisationsabläufe zu kanalisieren und die Wechselbeziehungen der verschiedenen Teile untereinander festzulegen, werden Organisationen strukturiert. Prinzipiell läßt sich eine Organisation in fünf Teile gliedern (Abb. 3.2-5).

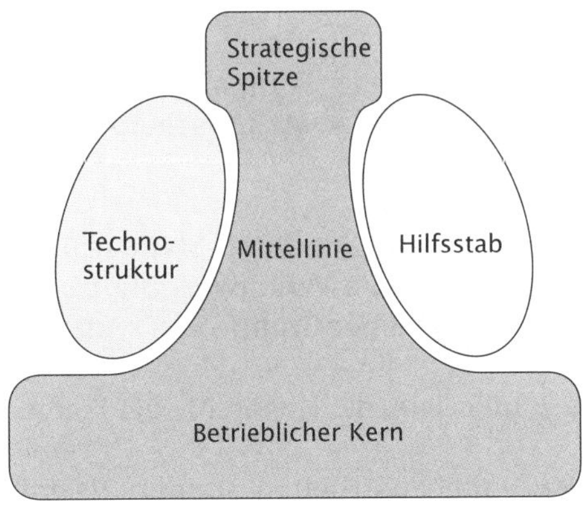

Abb. 3.2-5: Die fünf Teile einer Organisation /Mintzberg 92, S. 28/

betrieblicher Kern

Im **betrieblichen Kern** einer Organisation befinden sich die ausführenden Mitarbeiter, deren Arbeit direkt mit der Erstellung von Produkten und der Bereitstellung von Dienstleistungen verbunden ist.

strategische Spitze

Die **strategische Spitze** ist dafür verantwortlich, daß die Organisation ihren Auftrag effektiv erfüllt. Außerdem sind die Wünsche derjenigen, die Kontrolle oder sonstigen Einfluß auf die Organisation ausüben (Eigentümer, Gewerkschaften u.a.), zu beachten. Sie hat drei Aufgabenbereiche. Durch persönliche Weisung werden Ressourcen verteilt, Aufträge vergeben, Entscheidungen genehmigt, Konflikte gelöst, Strukturpläne erstellt, Personal eingestellt, Arbeitsleistungen kontrolliert sowie Mitarbeiter motiviert und belohnt. Diesen Aufgabenbereich teilt sich die strategische Spitze mit der Mittellinie.

Der zweite Aufgabenbereich umfaßt die Vertretung der Organisation »nach außen«, d.h. die Aufrechterhaltung ihrer Beziehungen zur Umwelt.

Die strategische Planung der Organisation ist der dritte Aufgabenbereich.

Die Arbeit der strategischen Spitze ist durch einen geringen Wiederholungs- und Standardisierungsanteil, durch große Entscheidungsfreiheiten und relativ lange Entscheidungszyklen charakterisiert. Die Koordinierung erfolgt durch gegenseitige Abstimmung.

Top-Management

Die Führungskräfte der strategischen Spitze werden oft als Top-Management bezeichnet.

Mittellinie

Über eine formale Autoritätskette von Führungskräften (Managern) der **Mittellinie** ist die strategische Spitze mit dem betrieblichen Kern verbunden. Die meisten dieser Ketten verlaufen linear von oben nach unten, d.h. die Auftragserteilung läuft direkt von oben nach unten. Die Führungskräfte der Mittellinie erledigen eine Reihe von Aufgaben im Rahmen der persönlichen Weisung oberhalb und unterhalb der eigenen Position. Abwärts fließen Entscheidungen über die Ressourcen für die eigenen Organisationseinheiten, über die auszuarbeitenden Vorschriften und Pläne sowie über Arbeiten, für deren Durchführung die Einheiten zuständig sind. Rückmeldungen aus den eigenen Einheiten werden oft in komprimierter Form nach oben weitergeleitet, ebenso Veränderungsvorschläge sowie Entscheidungen, die einer Genehmigung bedürfen.

In komplexen Organisationen versucht man, durch Standardisierung die Arbeitsabläufe zu koordinieren. Die Verantwortung für einen Teil dieser Standardisierung liegt bei einer Gruppe von »Analytikern«.

Technostruktur

Sie bilden die **Technostruktur** außerhalb der Hierarchie der Linienführungskräfte.

Analytiker erledigen keine betrieblichen Arbeiten, sondern gestalten, planen und verändern den betrieblichen Arbeitsablauf. Oft bilden sie auch die betroffenen Mitarbeiter aus. Es gibt Analytiker, die für die Innovation sorgen, d.h. für die ständige Anpassung der Organisation an Veränderungen in der Umwelt.

In der Software-Technik bezeichnet man diese Analytiker oft als Methodenberater.

Methodenberater

Planungsanalytiker befassen sich mit der Planung und Kontrolle, d.h. der Stabilisierung und Standardisierung der Arbeitsvorgänge. Es lassen sich drei Arten von Planungsanalytikern unterscheiden:

Prozeßgruppe

- Arbeitsstudienanalytiker standardisieren Arbeitsprozesse. In der Software-Technik überträgt man diese Aufgabe meist einer Software-Prozeßgruppe.
- Planungs- und Kontrollanalytiker standardisieren Arbeitsprodukte, z.B. Ingenieure in der Qualitätskontrolle.
- Personalanalytiker einschließlich der Ausbilder und der für die Einstellung von Mitarbeitern zuständigen Führungskräfte standardisieren die Qualifikationen der Mitarbeiter.

Hilfsstab

Der **Hilfsstab** unterstützt mit seinen Diensten die Organisation außerhalb des betrieblichen Arbeitsablaufs. Dazu zählen Einheiten wie Poststelle, Telefonzentrale, Kantine, Rechtsabteilung, Öffentlichkeitsarbeit.

mittleres Management

Als »mittleres Management« oder »mittlere Ebene« werden oft die Führungskräfte bezeichnet, die weder zur strategischen Spitze noch zum betrieblichen Kern gehören.

Linie

Der Begriff »Linie« beschreibt die Hierarchie der Führungskräfte von der strategischen Spitze bis zum betrieblichen Kern. Linienpositionen sind in der Regel mit formalen Entscheidungsbefugnissen ausgestattet.

Stab

Der Begriff »Stab« bezieht sich auf die Technostruktur und den Hilfsstab. Im Gegensatz zu Linienpositionen sind Stabspositionen im allgemeinen nicht mit formalen Entscheidungsbefugnissen versehen. Es handelt sich um Leitungshilfsstellen mit Unterstützungscharakter.

3.2.3 Gestaltung von Positionen

Es lassen sich vier Gruppen von Gestaltungsparametern unterscheiden, die die Arbeitsteilung und Aufgabenkoordinierung beeinflussen:

- Gestaltung von Positionen,
- Gestaltung der Rahmenstruktur,
- Gestaltung der lateralen Verbindungsstrukturen,
- Gestaltung des Systems der Entscheidungsfindung.

Auf alle vier Gruppen wird im folgenden kurz eingegangen, allerdings schwerpunktmäßig auf diejenigen, die für das Software-Management von besonderer Bedeutung sind.

In diesem Abschnitt wird auf die Gestaltung von Positionen eingegangen. Die Positionsgestaltung hängt von der Aufgabenspezialisierung, der Verhaltensformalisierung bei der Ausführung der Arbeiten sowie der dazu erforderlichen Ausbildung und Indoktrination ab.

Aufgabenspezialisierung

Arbeitsbereiche lassen sich horizontal und vertikal spezialisieren (Abb. 3.2-6).

Abb. 3.2-6: Dimensionen der Aufgabenspezialisierung

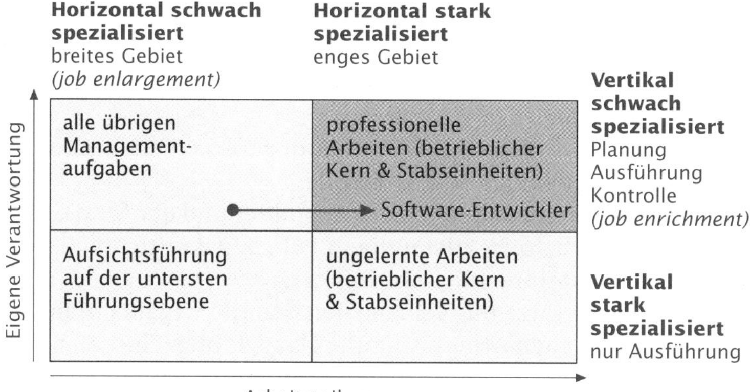

Aufgabenspezialisierung

Eine Position mit einem breiten Aufgabengebiet, d.h. einer Vielzahl von Tätigkeiten, ist horizontal gering spezialisiert, während ein enges Aufgabengebiet horizontal stark spezialisiert ist. Eine **Aufgabenspezialisierung** in horizontaler Richtung ist die vorrangige Form der Arbeitsteilung.

Ein Mitarbeiter, der eine Arbeit ausführt, aber nicht plant und kontrolliert, führt eine vertikal spezialisierte Tätigkeit durch. Ist ein Mitarbeiter dagegen für alle Aspekte seiner Arbeit selbst verantwortlich (Planung, Ausführung, Kontrolle), dann ist seine Arbeit vertikal erweitert bzw. gering spezialisiert.

Eine horizontale Aufgabenspezialisierung hat repetitive Arbeitsgänge zur Folge und erleichert damit die Standardisierung. Arbeitsprodukte lassen sich gleichförmiger und effizienter produzieren. Für bestimmte Aufgaben können jeweils geeignete Mitarbeiter eingesetzt werden.

Aufgabenspezialisierung führt zu Kommunikations- und Koordinationsproblemen. Eine hohe horizontale Aufgabenspezialisierung kann auch zu Auslastungsproblemen führen. Die Größe des Betriebes ist dabei ein entscheidender Faktor. Ein hoher Arbeitsanfall begünstigt eine horizontale Spezialisierung.

Arbeitsaufgaben können zu umfassend, aber auch zu eng angelegt sein. Die Beurteilung hängt von der jeweiligen Aufgabe und vom Grad der bisherigen Spezialisierung ab.

professionell

Komplexe Aufgaben, die horizontal, aber nicht vertikal spezialisiert sind, werden als **professionell** bezeichnet. Die Aufgaben der Analytiker in der Technostruktur sind professionelle Aufgaben. Managementaufgaben weisen in der Regel die geringste Aufgabenspezialisierung in der gesamten Organisation auf.

Software-Technik Hauptkapitel 4

In der Software-Technik ist die Arbeit oft horizontal und vertikal erweitert. Notwendig ist aber eine verstärkte horizontale Spezialisierung, um die Aufgaben professionell zu erledigen. Der dazu notwendige Weg ist in Abb. 3.2-6 durch einen Pfeil angedeutet.

Formalisierung von Verhaltensweisen

Die Entscheidungsfreiheit der Mitarbeiter kann durch Verhaltensvorschriften eingeschränkt werden.

bürokratisch vs. organisch

Je stärker das Verhalten vorbestimmt oder voraussagbar und somit standardisiert ist, desto **bürokratischer** ist eine Struktur. Im Gegensatz dazu ist eine Struktur **organisch**, wenn es in ihr keine Standardisierung gibt. Je stabiler und repetitiver die Arbeit ist, desto stärker ist sie »programmiert« und desto bürokratischer ist der betreffende Teil der Organisation.

Organisationen mit starker Neigung zu bürokratischen oder organischen Strukturen errichten zur Durchführung spezieller Aufgaben oft unabhängige Arbeitskonstellationen mit entgegengesetzter Struktur. Eine bürokratische Firma bildet beispielsweise ein Team für Neuentwicklungen, das administrativ, finanziell, räumlich und manchmal sogar juristisch von der übrigen Organisation getrennt ist, um innovativ sein zu können.

Ausbildung und Indoktrination

Durch Ausbildung werden Qualifikationen und Kenntnisse für eine Position vermittelt. Durch Indoktrination werden organisatorische Normen erworben. Beide Verfahren bewirken, daß die Mitarbeiter standardisierte Verhaltensmuster »verinnerlichen«.

professionell

Eine Arbeit, die komplex und nicht rationalisiert, aber zum Teil formal erfaßt und spezifiziert ist, wird als **professionell** bezeichnet. In einigen Organisationen erfordert ein großer Teil der Arbeit im betrieblichen Kern komplexe Qualifikationen und detaillierte Kenntnisse, z.B. in der Software-Entwicklung. Auch in der Technostruktur wird überwiegend professionell gearbeitet.

Ausbildung ist daher bei allen professionellen Arbeitsbereichen der Gestaltungsparameter, der eine Koordination durch Standardisierung von Qualifikationen ermöglicht.

Professionelle Mitarbeiter müssen lange Ausbildungszeiten durchlaufen, bevor sie ihre Positionen überhaupt einnehmen können. Eine solche Ausbildung erfolgt oft an einer Hochschule außerhalb der Organisation. Damit geht die Verantwortung von der Technostruktur auf Ausbildungsinstitutionen und Berufsverbände über. Durch Indoktrination erreicht eine Organisation die formale Sozialisierung ihrer Mitarbeiter zum eigenen Nutzen, z.B. durch innerbetriebliche Ausbildungsprogramme.

Verhaltensformalisierung und Ausbildung sind austauschbar. Bei professionellen Arbeiten sind die Arbeitsaufgaben komplex. Sie lassen sich nicht oder nur schlecht vertikal spezialisieren oder von der Technostruktur der Organisation formalisieren.

Experten

Die Mitarbeiter sind Experten auf wohldefinierten Gebieten und damit horizontal spezialisiert. Die Koordination erfolgt vielfach durch die Standardisierung von Qualifikationen in umfassenden Ausbildungsprogrammen.

Software-Technik

Die Software-Technik-Ausbildung ist insgesamt noch zu wenig standardisiert.

Software-Organisation

Für eine Software-Organisation läßt sich folgendes feststellen:

- Im betrieblichen Kern und in der Technostruktur sind professionelle Arbeiten durchzuführen (horizontal spezialisiert, vertikal erweitert). Den einzelnen Positionen sind daher spezialisierte Arbeitsaufgaben zuzuordnen, die in eigener Verantwortung durchzuführen sind.
- Für jede Position sind die notwendigen Qualifikationen und Kenntnisse zu definieren.
  Die Koordination erfolgt zum Teil durch die Standardisierung von Qualifikationen.
- Sind in einer vorhandenen Organisation die Aufgaben nicht ausreichend horizontal spezialisiert, dann ist eine horizontale Spezialisierung vorzunehmen.

Beispiel

Für ein Software-Haus werden in der technischen Software-Entwicklung folgende Positionen festgelegt:
Systemanalytiker, Konstrukteur (Entwurf und Implementierung) (betrieblicher Kern), Methodenberater, Prozeßplaner (Technostruktur), Software-Ergonom (Hilfsstab).

3.2.4 Gestaltung der Aufbauorganisation

Sind Positionen für eine Organisation beschrieben, dann muß überlegt werden, wie die Positionen zu verschiedenen Einheiten zusammengefaßt werden sollen und wie groß diese Einheiten sein sollen.

Organigramm

Ein **Organigramm** stellt das Ergebnis des Gruppierungsvorgangs als Organisationshierarchie dar. Es vermittelt also ein Bild von der Arbeitsteilung und veranschaulicht den Koordinationsmechanismus der persönlichen Weisung (Abb. 3.2-7).

Methodik

Methodisch bietet sich ein kombiniertes *top-down* und *bottom-up*-Verfahren zur Organisationsgestaltung an:

1 Sämtliche Aufgaben werden zusammengestellt, die unter Beachtung der übergeordneten organisatorischen Voraussetzungen anfallen, z.B. Ziele und Strategien der Organisation.
Die spezifischen Aufgaben werden aus den generellen Erfordernissen abgeleitet.

2 Die einzelnen Aufgaben werden je nach Grad der gewünschten Spezialisierung unterschiedlichen Positionen zugeordnet. Es wird fest-

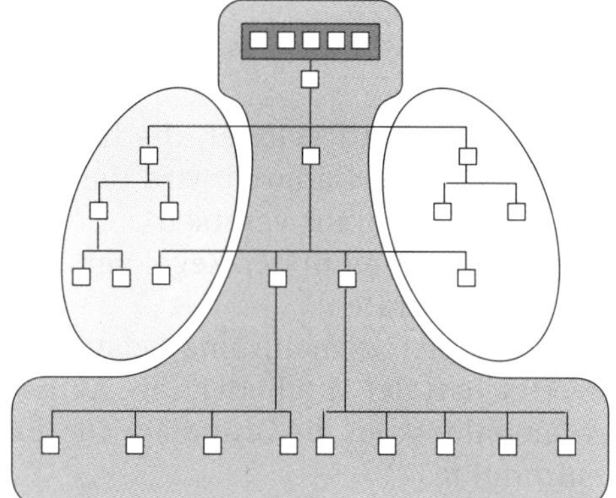

Abb. 3.2-7: Aufbau eines Organigramms

gelegt, wieweit diese formalisiert werden sollen und welche Ausbildung und Indoktrination erforderlich ist.

3 Es wird festgelegt, wie viele Positionen in den Einheiten auf unterster Ebene zusammengefaßt werden sollen. Dann wird entschieden, welche und wie viele Einheiten jeweils in den nächsthöheren Einheiten gruppiert werden, bis die vollständige Hierarchie vorliegt (Aufbauorganisation).

4 Die Aufbauorganisation wird ausgebaut, und es werden Entscheidungsbefugnisse zugeordnet.

Beispiel 1a

Ein Software-Haus entwickelt Standardsoftware für ausgewählte Branchen.

1 **Zusammenstellung sämtlicher Aufgaben**
- **a** Beobachtung und Analyse des Marktes
- **b** Entwicklung der Branchensoftware
- **c** Vertrieb der Software
- **d** Führung des Unternehmens

2 **Zuordnung zu Positionen**
- **a** Marketingspezialist: Beobachtung und Analyse des Marktes (betrieblicher Kern)
- **b** Anwendungsspezialist, Systemanalytiker, Konstrukteur: Entwicklung der Branchensoftware (betrieblicher Kern)
- **c** Vertriebsbeauftragter: Vertrieb der Software (betrieblicher Kern)
- **d** Manager: Führung der Firma (Mittellinie und strategische Spitze)
- **e** Methodenberater, Prozeßplaner, Qualitätssicherer (Technostruktur)
- **f** Software-Ergonom, Buchhaltung (Hilfsstab)

Gruppierung in Einheiten

Durch die Gruppierung von Positionen und Einheiten werden Arbeitsbereiche in einer Organisation koordiniert.

Auswirkungen von Gruppierungen

Gruppierungen haben folgende Auswirkungen:

1 Für alle Gruppenmitglieder wird ein gemeinsames Weisungssystem geschaffen.
Jede Einheit wird durch eine Führungskraft geleitet, die für alle Aktivitäten der Einheit verantwortlich ist. Dadurch wird die persönliche Weisung in der Organisationsstruktur verankert.

2 Innerhalb einer Gruppe werden Ressourcen in der Regel gemeinsam genutzt (Budget, Einrichtungen, Geräte).

3 Innerhalb einer Gruppe entwickeln sich gemeinsame Leistungsmaßstäbe. Dies fördert die Bereitschaft der Mitglieder, ihre Aktivitäten zu koordinieren. Außerdem bildet dies die Grundlage für die Standardisierung der Arbeitsprodukte.

4 Gruppierungen fördern die gegenseitige Abstimmung. Die Nutzung gemeinsamer Einrichtungen führt zu konkreten Begegnungen. Dadurch werden informelle Kontakte gefördert und damit auch die Koordination von Aktivitäten durch gegenseitige Abstimmung.

Gruppierungen fördern also eine starke Koordination innerhalb *einer* Einheit. Zwischen *verschiedenen* Einheiten kann es aber zu Koordinationsproblemen kommen.

Gruppierungsalternativen

Folgende Gruppierungsalternativen gibt es:

Qualifikationen

1 Gruppierung nach Kenntnissen und Qualifikationen
Beispielsweise werden alle Diplom-Informatiker in einer Einheit zusammengefaßt.

Arbeitsprozeß, Funktion

2 Gruppierung nach Arbeitsprozeß und -funktion
Einheiten lassen sich nach dem jeweiligen Arbeitsprozeß bzw. nach den Aktivitäten der Mitarbeiter einteilen. Oft ist das technische System ausschlaggebend für die Gruppierung nach Arbeitsprozessen. Arbeitsbereiche können auch nach ihren grundlegenden Funktionen in der Organisation gruppiert werden. Am häufigsten erfolgt eine Gruppierung nach Geschäftsfunktionen: Marketing, Entwicklung, Vertrieb, Buchhaltung, Forschung. Dabei sind einige Gruppen Linieneinheiten und andere Stabseinheiten. Die Gruppierung in Linien- und Stabseinheiten ist ein weiteres Beispiel für Gruppierungen nach Arbeitsfunktionen.

Zeit

3 Gruppierung nach Zeit
Gruppen können auch danach eingeteilt werden, wann eine Arbeit verrichtet wird, z.B. in verschiedenen Schichten.

Produkt

4 Gruppierung nach Arbeitsprodukten
Die Einheiten werden nach den jeweils erstellten Produkten oder Dienstleistungen gebildet.

Beispiel

Das Software-Haus gliedert seine Einheiten nach den drei Branchen, für die es Software entwickelt.

Kunden

5 Gruppierung nach Kunden

Beispiel

Ein Software-Haus, das Software für zwei Automobilkonzerne erstellt, kann seine Einheiten an diesen Kunden ausrichten.

Orte

6 Gruppierung nach Orten

Diese Gruppierungsalternativen lassen sich zu zwei Gruppen zusammenfassen:

- Gruppierung nach Märkten bzw. Objekten (Produkt, Kunde, Ort)
- Gruppierung nach Funktionen bzw. Verrichtungen (Qualifikationen, Arbeitsprozeß, Funktion).

Die erste Gruppierung orientiert sich an den organisatorischen Sachzielen, die zweite an den organisatorischen Maßnahmen.

Gruppierungskriterien

Es gibt vier Kriterien, die helfen, eine geeignete Gruppierung auszuwählen:

Arbeitsablauf

1 Interdependenzen im Hinblick auf die Arbeitsabläufe
Betriebliche Aufgaben sollten so gruppiert werden, daß sie den Interdependenzen des natürlichen Arbeitsablaufs entsprechen. Dadurch werden Arbeitsbereiche geschaffen, die arbeitspsychologisch als vollständige Aufgabe anzusehen sind.

Beispiel

Geht man davon aus, daß sich die Software-Entwicklung auf die Tätigkeiten Definition, Entwurf und Implementierung reduzieren läßt, dann sind die Gruppierungen Definition und Konstruktion (mit Entwurf und Implementierung) sinnvoll, die Gruppierungen Definition und Implementierung sowie die Gruppe Entwurf nicht sinnvoll.

Interdependenzen zwischen Arbeitsabläufen

Es lassen sich drei Arten von Interdependenzen unterscheiden (Abb. 3.2-8). Werden nur Ressourcen gemeinsam benutzt, dann liegt ein gepoolter Arbeitsablauf vor. Schließt sich eine Aufgabe an die nächste an, dann ist der Arbeitsablauf sequentiell. Verläuft die Arbeit zwischen den verschiedenen Aufgaben hin und her, dann ist der Arbeitsablauf reziprok.

a Gepoolter Arbeitsablauf

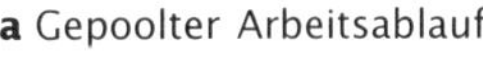

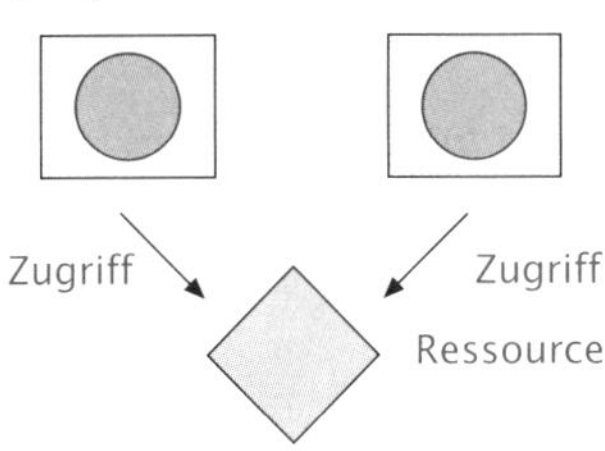

b Sequentieller Arbeitsablauf

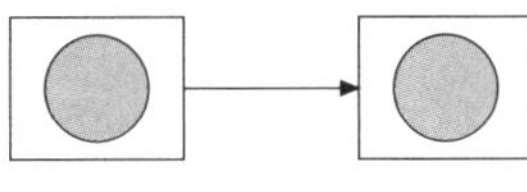

c Reziproker Arbeitsablauf

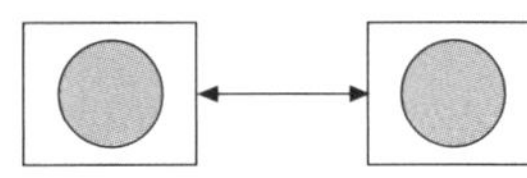

Legende:

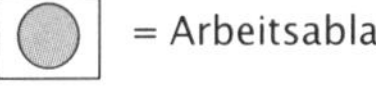

Abb. 3.2-8: Interdependenzen zwischen Arbeitsabläufen

Gruppen auf der untersten Ebene sollten so gebildet werden, daß die wichtigsten reziproken Interdependenzen berücksichtigt sind. Gruppen auf den höheren Ebenen erfassen die noch verbliebenen sequentiellen Interdependenzen. Die letzte Gruppierung berücksichtigt eventuell verbliebene gepoolte Interdependenzen.

Beispiel

Bestehen zwischen Entwurf und Implementierung reziproke Interdependenzen, dann werden diese Aktivitäten zu einer Gruppe Konstruktion zusammengefaßt. Besteht zwischen der Definition und der Konstruktion eine sequentielle Interdependenz, dann werden auf der nächsten Ebene beide Gruppen zu der Einheit Software-Entwicklung zusammengefaßt (Abb. 3.2-9).

Abb. 3.2-9: Aufbauorganisation unter Berücksichtigung von Arbeitsablauf-Interdependenzen

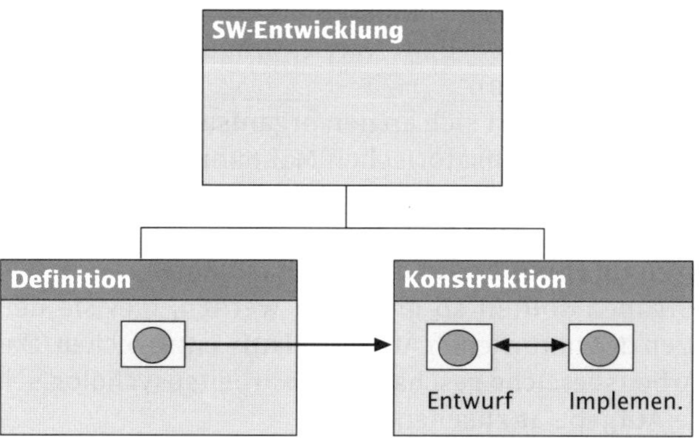

Arbeitsprozesse

2 Interdependenzen im Hinblick auf Arbeitsprozesse
Es kann sinnvoll sein, Positionen so zu gruppieren, daß Interaktionen bezüglich der Arbeitsprozesse auch auf Kosten der Koordination des Arbeitsablaufs gefördert werden. Werden Spezialisten gleicher Fachrichtung in einer Gruppe zusammengefaßt, dann lernen sie voneinander und können bei ihrer spezialisierten Tätigkeit noch größere Fähigkeiten entwickeln. Nachteilig kann aber sein, daß sie dabei die Kommunikationsfähigkeit zu Personen außerhalb ihrer Fachrichtung verlieren.

Beispiel

Vom Arbeitsablauf her sollten Software-Ergonomen der Gruppe Systemanalyse zugeordnet werden. Vom Arbeitsprozeß her kann es aber auch sinnvoll sein, alle Software-Ergonomen in einer Gruppe zusammenzufassen.

Interdependenzen im Zusammenhang mit der Spezialisierung können also eine Gruppierung nach Funktionen nahelegen.

optimale Arbeitsbereiche

3 Interdependenzen im Hinblick auf wirtschaftlich optimale Arbeitsbereiche
Gruppen werden so eingeteilt, daß sie groß genug sind, um effizient arbeiten zu können.

soziale Beziehungen

4 Interdependenzen im Hinblick auf soziale Arbeitsbeziehungen
Mitarbeiter möchten am liebsten so gruppiert werden, daß sie auch »miteinander auskommen«.

Diese vier Kriterien sind bei der Gruppierung nach Funktionen bzw. Märkten zu beachten.

Funktionen

Eine **Gruppierung nach Funktionen** berücksichtigt die Interdependenzen im Hinblick auf Arbeitsprozesse und wirtschaftlich optimale Arbeitsbereiche unter Vernachlässigung der Interdependenzen beim Arbeitsablauf. Die Spezialisierung wird gefördert, z.B. durch Einrichtung von Aufstiegsmöglichkeiten für Spezialisten innerhalb des eigenen Bereichs, durch Zuordnung von Vorgesetzten aus demselben Fachgebiet. Durch die Spezialisierung nimmt aber das Interesse an den organisatorischen Gesamtleistungen ab. Die Mitarbeiter sind nicht an den umfassenderen Zielsetzungen der Organisation ausgerichtet. Außerdem läßt sich die Leistung in einer funktionalen Struktur nicht ohne weiteres messen. Der funktionalen Struktur fehlt ein eingebauter Mechanismus zur Koordinierung des Arbeitsablaufs. Die gegenseitige Abstimmung unter den verschiedenen Spezialisten und die persönliche Weisung durch die jeweiligen Führungskräfte werden behindert. Die funktionale Struktur ist unvollständig. Es werden zusätzliche Koordinationsinstrumente benötigt. Funktionale Strukturen neigen zu größerem Bürokratismus. In den höheren Hierarchien werden mehr Führungskräfte benötigt, um die funktional übergreifenden Abläufe und Entscheidungen zu koordinieren.

Markt

Eine **Gruppierung nach Märkten** bildet Einheiten, die alle wichtigen sequentiellen und reziproken Interdependenzen umfaßt, so daß nur noch die gepoolten Interdependenzen übrigbleiben. Jede Einheit bezieht ihre Ressourcen und vielleicht auch bestimmte Hilfsdienste aus der gemeinsamen Struktur. Sie führt alle anfallenden Funktionen für eine bestimmte Kategorie von Produkten, Dienstleistungen, Kunden oder Orten aus. Sie tendiert daher dazu, sich mit diesen »Märkten« zu identifizieren. Ihre Leistung ist entsprechend einfach zu beurteilen. Da gegenseitige Abstimmung und persönliche Weisung innerhalb einer Einheit zu leisten sind, ist die Organisation in aller Regel weniger bürokratisch.

Wenn es jedoch überwiegend darum geht, verschiedene Spezialbereiche übergreifend zu koordinieren, dann ist eine Spezialisierung von Arbeitsprozessen nur in geringem Umfang möglich.

Eine marktorientierte Struktur ist im allgemeinen weniger geeignet, spezialisierte oder repetitive Aufgaben effizient durchzuführen. Sie kann jedoch eine größere Anzahl von Aufgaben bewältigen und sich auch leichter auf neue Aufgaben einstellen. Flexibilität ergibt sich dadurch, daß nach Märkten gruppierte Einheiten relativ unabhängig voneinander sind. Neue Einheiten können leicht hinzugefügt, alte weggenommen werden.

Das Selbstbewußtsein der Mitarbeiter kann abnehmen, teilweise dadurch bedingt, daß ihre Arbeit von Bereichsleitern und nicht mehr von fachlich kompetenten Vorgesetzten beurteilt wird. Eine marktorientierte Struktur steht im Widerspruch zu einer umfassenderen Spezialisierung. Dies kann zu einem Rückgang in der Qualität der spezialisierten Arbeitsgänge führen.

Die marktorientierte Struktur verbraucht mehr Ressourcen. Es muß ein doppelter Aufwand an Personal und Ausstattung betrieben werden, da sonst die Vorteile der Spezialisierung verlorengehen. Aufgrund der geringeren funktionalen Spezialisierung können die wirtschaftlichen Vorteile, die mit größenmäßig optimalen Arbeitsbereichen verbunden sind, nicht genutzt werden.

Empfehlungen

Es lassen sich folgende Empfehlungen ableiten:

- Eine marktorientierte Struktur empfiehlt sich, wenn die mit dem Arbeitsablauf verbundenen Interdependenzen von entscheidender Bedeutung sind und sich durch Standardisierung nicht gut erfassen lassen.
- Eine funktionsorientierte Struktur empfiehlt sich, wenn die Interdependenzen beim Arbeitsablauf sich durch Standardisierung leicht auffangen lassen und wirtschaftlich optimale Arbeitsbereiche im Vordergrund stehen.

Beispiel 1b

3 Gruppierung von Positionen

Eine funktionsorientierte und eine marktorientierte Struktur für das Software-Haus zeigen die Abb. 3.2-10 und 3.2-11.

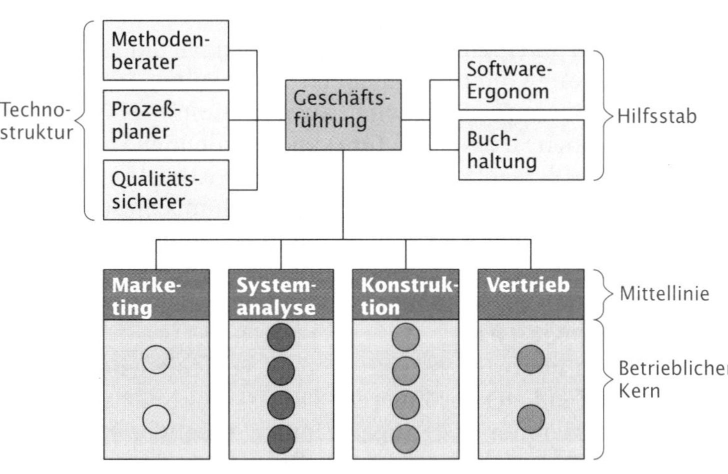

Abb. 3.2-10: Gruppierung des Software-Hauses nach Funktionen

Eine Gruppierung nach Funktionen ist die häufigste Gruppierungsform im betrieblichen Kern. In großen Organisationen ist eine Gruppierung nach Märkten auf den höheren Führungslinien häufig anzutreffen.

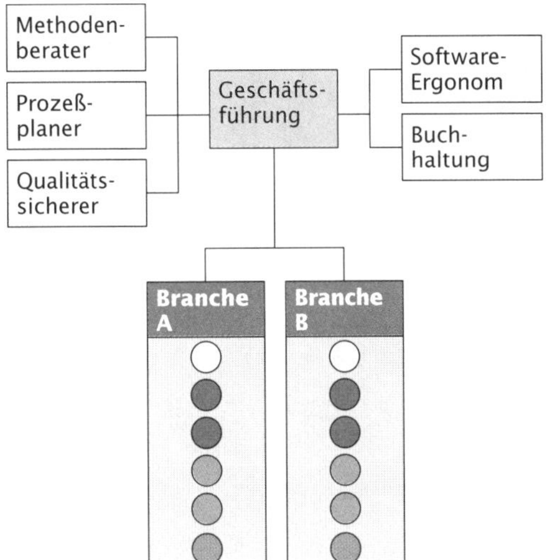

Abb. 3.2-11: Gruppierung des Software-Hauses nach Märkten

Größe der Einheiten

Eine Arbeitseinheit kann umso größer sein, je umfassender die Koordinierung durch Standardisierung im Vergleich zur persönlichen Weisung erfolgt. Je besser die Mitarbeiter ausgebildet sind, desto weniger müssen sie angeleitet und kontrolliert werden und desto größer können somit ihre Arbeitseinheiten sein. groß

Eine Arbeitseinheit muß umso kleiner sein, je stärker die gegenseitige Abstimmung zur Koordination interdependenter Aufgaben erforderlich ist. klein

Zur Lösung komplexer, miteinander verflochtener Arbeitsaufgaben müssen die Mitarbeiter unmittelbar miteinander sprechen. Daher muß die Arbeitseinheit klein genug sein, um zweckmäßige, häufige und informelle Interaktionen der Mitglieder untereinander zu fördern. Gruppen mit mehr als zehn Mitgliedern begünstigen die Cliquenbildung und zerfallen leicht in kleinere Gruppen.

Diese Aussage steht scheinbar im Widerspruch zu der Aussage, daß Professionalismus (d.h. Standardisierung von Qualifikationen) die Bildung großer Einheiten zuläßt. Der Widerspruch löst sich, wenn man beachtet, daß professionelle Arbeit immer komplex, aber nicht immer interdependent ist.

Es gibt zwei Arten von professioneller Arbeit: Die eigenständigen, nach außen hin abgegrenzten Aufgaben, die ganz andere Strukturformen verlangen als die interdependenten Aufgaben.

Kommunikationsaufwand

Wird ein Produkt von einer Arbeitseinheit erstellt, die ohne gegenseitige Kommunikation auskommt, dann nimmt der Zeitbedarf t für eine Entwicklung mit der Anzahl n der eingesetzten Mitarbeiter entsprechend ab (Abb. 3.2-12):

$$t \sim \frac{1}{n} \quad \mathbf{1}$$

Abb. 3.2-12: Einfluß des Kommunikationsaufwands auf den Gesamtaufwand

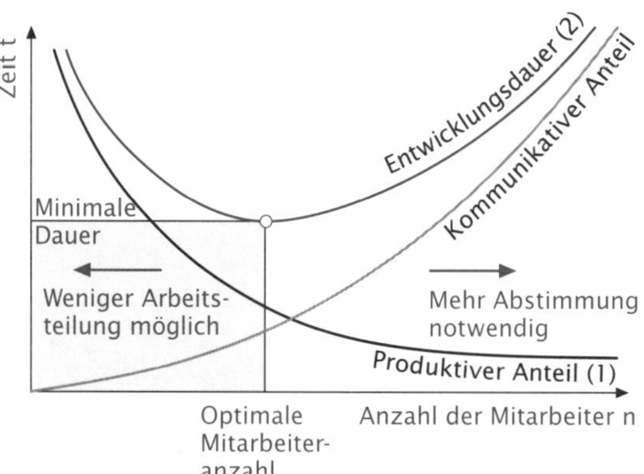

Berücksichtigt man bei der Arbeitseinheit den Kommunikationsaufwand k pro Kommunikationspfad für die gegenseitige Kommunikation der Mitglieder, dann verläuft die Entwicklungszeit proportional der folgenden Formel:

$$t \sim \frac{1}{n} + k\binom{n}{2} = \frac{1}{n} + k\,\frac{n(n-1)}{2} \approx \frac{1}{n} + k\,\frac{n^2}{2} \quad \mathbf{2}$$

$\binom{n}{2} = n \cdot (n-1)/2$ = Anzahl der Kommunikationspfade

Abb. 3.2-12 zeigt einen grafischen Vergleich der Formeln 1 und 2. Abb. 3.2-13 verdeutlicht die Anzahl der Kommunikationspaare.

Abb. 3.2-13: Anzahl der Kommunikationspaare

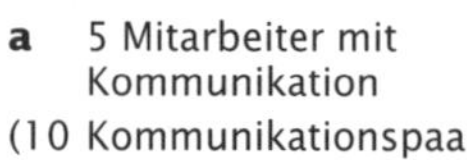

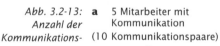

a 5 Mitarbeiter mit Kommunikation (10 Kommunikationspaare)

b 9 Mitarbeiter mit Kommunikation (36 Kommunikationspaare)

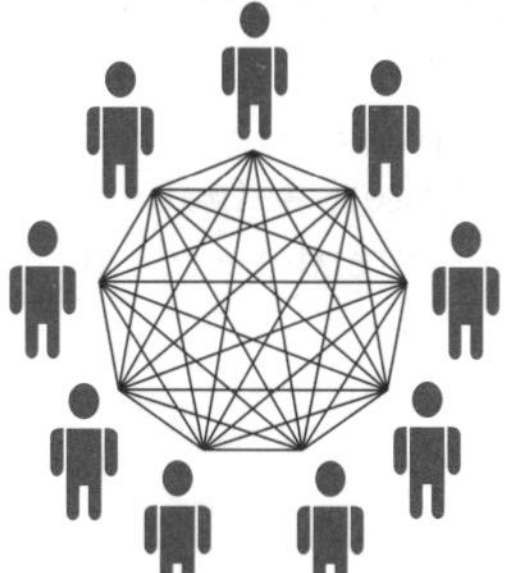

Der Kommunikationsaufwand darf also nicht unterschätzt werden. Bei anspruchsvollen Entwicklungen mit starker gegenseitiger Abhängigkeit der Arbeitsaufgaben dürfte die optimale Mitarbeiterzahl verhältnismäßig niedrig sein (etwa 3 bis 7 Mitarbeiter).

Umgekehrt muß bei sehr kleinen Gruppengrößen wegen des Produktivitätsrückgangs aufgrund der geringen Arbeitsteilung mit längeren Entwicklungszeiten gerechnet werden.

Mit dem Kommunikationsaufwand hängt auch das Brooks'sche Gesetz /Brooks 75, S. 25/ zusammen:

»Adding manpower to a late software project makes it later.«

Brooks'sches Gesetz

Prof. Dr. Frederick P. Brooks, Jr.
*1931 in Durham, USA, Wegbereiter des Software-Managements, Buch *»The Mythical Man-Month«* 1975; Promotion an der Harvard-Universität 1956 (angewandte Mathematik), langjähriger Mitarbeiter der Firma IBM, heute: Professor für Informatik an der *University North Carolina*

Ein in Terminverzug geratenes Projekt kann durch zusätzliche – zu spät eingesetzte –Mitarbeiter nicht »termintreuer« gemacht werden. Im Gegenteil, es kann dadurch noch mehr in Verzug gebracht werden. Zusätzliche Mitarbeiter müssen von den vorhandenen geschult und eingearbeitet werden. Es muß eine weitere Aufgabenteilung und eine erneute Abstimmung vorgenommen werden. Dadurch sinkt zunächst die Produktivität der »alten« Mitarbeiter. Die »neuen« Mitarbeiter benötigen mehr Betreuung, erschweren die Kommunikation und sind nicht mit der laufenden Entwicklung vertraut.

Die »optimale« Mitarbeiteranzahl sollte also rechtzeitig zur Verfügung stehen, da eine verspätete Mitarbeiteraufstockung fast immer zu Terminverzögerungen führt.

Steile Strukturen (mit kleinen Einheiten pro Ebene und somit vielen Ebenen) unterstützen das Sicherheitsbedürfnis der Mitarbeiter (eine Führungskraft ist stets in der Nähe), schränken aber auf der anderen Seite Selbständigkeit und Selbstverwirklichung ein. Sie können den vertikalen Informationsfluß nach oben behindern.

Flache Strukturen (mit großen Einheiten und somit wenigen Ebenen) können bei der Entscheidungsfindung ein höheres Maß an Diskussion und Konsultation erfordern. Führungskräfte der unteren Ebenen fühlen sich in flachen Strukturen oft wohler, da sie einen größeren Freiraum haben.

Zusammenfassend läßt sich folgendes sagen:

Größere Einheiten sollten gebildet werden, wenn

1 alle drei Formen der Standardisierung vorliegen,
2 die auszuführenden Aufgaben in einer Einheit ähnlich geartet sind,
3 die Mitarbeiter selbständig sein und sich selbst verwirklichen wollen,
4 die Informationsvermittlung von unten nach oben optimal funktionieren soll.

Kleinere Einheiten sollten gebildet werden, wenn

1 eine straffe persönliche Weisung notwendig ist,
2 komplexe, interdependente Aufgaben eine gegenseitige Abstimmung erfordern,

3 die Führungskraft einer Einheit neben der Kontrollfunktion viele andere Aufgaben wahrzunehmen hat,

4 die Mitglieder der Einheit häufige Beratung beim Vorgesetzten suchen.

Bezug zur Software-Entwicklung

Reflektiert man diese Kriterien auf die Software-Entwicklung, dann treffen für größere Einheiten die Punkte **2** bis **4** zu. Für kleinere Einheiten spricht vor allem **2**.

Um in der Software-Entwicklung zu größeren Einheiten zu kommen, ist es also vor allem erforderlich, durch geeignete Software-Methoden die Interdependenz zwischen Aufgaben drastisch zu reduzieren, so daß eigenständige Aufgaben entstehen.

Bezogen auf die einzelnen Organisationsteile lassen sich bezüglich der Größe der Einheiten folgende Aussagen machen:

- Die größten Einheiten findet man im betrieblichen Kern, da dort die Koordination vorwiegend durch Standardisierung der Arbeitsprozesse erfolgt.
- Nur wenige funktionsorientierte Einheiten lassen sich in einer übergeordneten Einheit zusammenfassen. Das Gegenteil ist bei marktorientierten Einheiten der Fall.
- Die gesamte Führungshierarchie wird zur Spitze hin immer steiler, da auf den oberen Rängen mehr gegenseitige Abstimmung erforderlich ist.
- Bei umfangreicher Technostruktur und vielen Hilfsstabseinheiten sind in der Mittellinie kleine Einheiten zu bilden.
- Bei professionellen Stabseinheiten sind ebenfalls kleine Gruppen zu bilden.

3.2.5 Projektleiter und Matrixstrukturen

lateral: seitlich, seitwärts

Eine Aufbauorganisation muß um laterale – im Gegensatz zu streng vertikalen – Verbindungsstrukturen ergänzt werden.

Hauptkapitel 6

Bei Planungs- und Kontrollsystemen handelt es sich um Verbindungsstrukturen, die eine Standardisierung der Arbeitsprodukte ermöglichen. Auf diese Systeme wird in Hauptkapitel 6 eingegangen.

Kontakt-instrumente

Um eine reibungslose gegenseitige Abstimmung sicherzustellen, werden Kontaktinstrumente eingesetzt: Kontaktpositionen, Arbeitskreise, permanente Ausschüsse, Projektleiter, Matrixstrukturen.

Kontaktposition

Erfordert die Koordinierung der Arbeitsabläufe in zwei Einheiten viel Kommunikation, dann kann eine Kontaktposition eingerichtet werden. Über diese läuft dann die direkte Kommunikation unter Umgehung der vertikalen Kanäle.

Beispiel

In der Fachabteilung, die Aufträge an die interne Software-Abteilung vergibt, wird eine Kontaktposition »Software-Beauftragter« eingerichtet.

Zur Durchführung einer bestimmten Aufgabe kann ein Arbeitskreis gebildet werden, der sich anschließend wieder auflöst.

Arbeitskreis

Sind regelmäßige Sitzungen zur Diskussion gemeinsamer Probleme erforderlich, dann ist ein permanenter Ausschuß einzurichten, dem Vertreter aus verschiedenen Einheiten angehören.

permanenter Ausschuß

Projektleiter

Ist ein höheres Maß an Koordination durch gegenseitige Abstimmung nötig, dann kann ein **Projektleiter** als Kontaktposition mit formaler Autorität eingerichtet werden.

Projektleiter

Eine zunächst unbeteiligte Führungskraft wird der bestehenden Einheitenstruktur vorangestellt und übernimmt einen Teil der Machtbefugnisse, die zuvor von den verschiedenen Einheiten wahrgenommen wurden.

Der Projektleiter erhält für einige Aspekte der Entscheidungsprozesse der betroffenen Einheiten formale Machtbefugnisse, meist bezogen auf fachliche Entscheidungen. Er hat aber niemals die formale Autorität über die Mitarbeiter dieser Einheiten, d.h. keine disziplinarischen Vollmachten.

Der Projektleiter benötigt vielmehr Entscheidungsautorität, Überzeugungskraft und Verhandlungsgeschick, um das Verhalten der zu koordinierenden Mitarbeiter zu steuern.

Oft werden marktorientierte Projektleiter funktionsorientierten Strukturen vorangestellt, um die Koordinierung von Arbeitsabläufen sicherzustellen.

marktorientierte Projektleiter

Abb. 3.2-14 zeigt die funktionsorientierte Strukturierung des Software-Hauses ergänzt um zwei Projektleiterpositionen.

Beispiel 1c

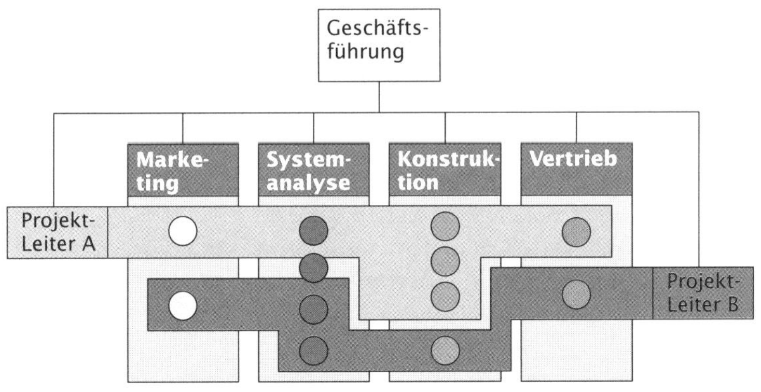

Abb. 3.2-14: Funktionsorientierte Struktur ergänzt um marktorientierte Projektleiter

Es können aber auch funktionsorientierte Projektleiter marktorientierten Strukturen vorangestellt werden, um die Spezialisierung zu fördern.

funktionsorientierte Projektleiter

Beispiel

Eine für die Qualität der Software verantwortliche Führungskraft wird einer formal auf Projektbasis organisierten Software-Abteilung vorgeschaltet.

Ein Projektleiter hat das Problem, Einfluß auf Mitarbeiter zu nehmen, über die er keine formale Autorität hat.

Matrixstrukturen

Funktionsorientierte Strukturen führen zu Problemen bei den Arbeitsabläufen, marktorientierte Strukturen verhindern Kontakte unter den Spezialisten.

Matrixstruktur

Eine **Matrixstruktur** behält beide grundlegenden Gruppierungsalternativen (marktorientiert und funktionsorientiert) bei. Es entsteht eine doppelte Autoritätsstruktur. Das Prinzip der Alleinverantwortung bzw. der einheitlichen Auftragsvergabe wird aufgegeben.

Es gibt zwei Arten von Matrixstrukturen:

permanent

Bei einer **permanenten Matrixstruktur** bleiben die Interdependenzen und damit auch die Einheiten und die zugehörigen Mitarbeiter mehr oder weniger stabil.

alternierend, projektorientiert

Bei einer alternierenden, **projektorientierten Matrixstruktur** wechseln die Interdependenzen, die marktorientierten Einheiten und die zugehörigen Mitarbeiter häufig. Diese Struktur wird für Projektarbeiten eingesetzt, bei denen die Arbeitsprodukte häufig wechseln.

Projektteams

In solchen Fällen richtet die Organisation eine Reihe von **Projektteams**, d.h. marktorientierte Einheiten auf Zeit, ein, die sich aus Mitgliedern der funktionsorientierten Abteilungen zusammensetzen.

Merkmal der Teams ist, daß ihre Leiter hauptamtliche Führungskräfte (der marktorientierten Einheiten) sind, die formale Autorität (in gemeinsamer Verantwortung mit den Führungskräften der funktionsorientierten Einheiten) über die Mitglieder ihres Teams ausüben. Dies unterscheidet sie von den Leitern der Arbeitskreise und den Projektleitern.

Beispiel 1d

Arbeitet das Software-Haus dauernd an zwei Branchenpaketen, dann bietet sich eine permanente Matrixstruktur an.
Werden für die zwei Branchen jeweils neue Produkte zu unterschiedlichen Zeiten entwickelt, dann bietet sich eine projektorientierte Matrixstruktur an (Abb. 3.2-15).

Hinweis: Der Begriff Organisation wird in zweierlei Form verwendet: Organisation als Institution (Man ist eine Organisation) und Organisation als Struktur (Man hat eine Organisation). In der Regel wird die jeweilige Form aus dem Kontext klar.

Die Matrixorganisation scheint die effektivste für die Entwicklung neuer Aktivitäten und für die Koordinierung komplexer und multipler Interdependenzen zu sein. Sie ist aber nicht für Organisationen geeignet, in denen Sicherheit und Stabilität geboten ist. Insbesondere erweist es sich als problematisch, das empfindliche Gleichgewicht zwischen den Machtbefugnissen der verschiedenartigen Führungskräfte aufrechtzuerhalten. Außerdem wird mehr Zeit für Sitzungen

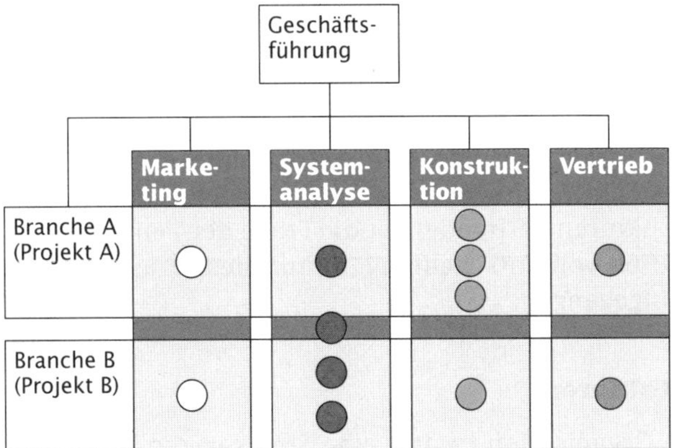

Abb. 3.2-15: Permanente oder projektorientierte Matrixstruktur

benötigt, und es sind mehr Führungskräfte erforderlich. Dadurch steigen die administrativen Kosten.

Abb. 3.2-16 zeigt ein Kontinuum mit einer rein funktionalen Struktur an einem Ende und einer marktorientierten Struktur am anderen Ende.

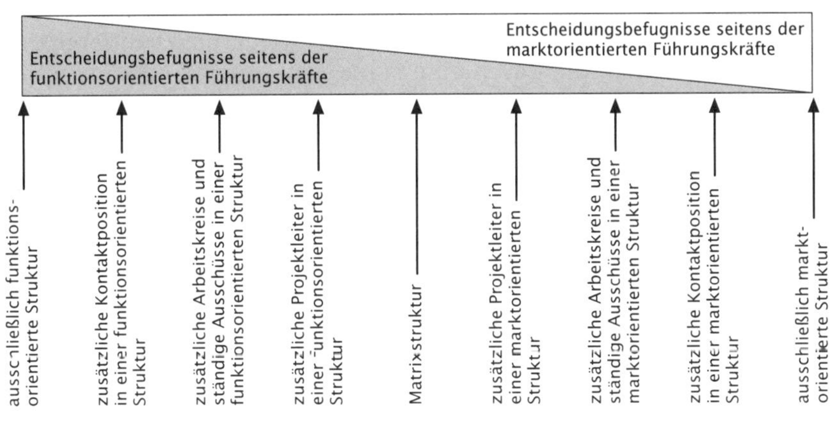

Abb. 3.2-16: Ein Kontinuum von Kontaktinstrumenten /Mintzberg 92, S. 128/

Kontaktinstrumente werden am häufigsten in funktionsorientierten Organisationen eingesetzt, um eine zusätzliche Ausrichtung auf die jeweiligen Marktbereiche zu erreichen. Die Einführung von Projektleitern bzw. einer Matrixstruktur führt zu einer starken Erhöhung der Anzahl von Führungskräften. Kontaktinstrumente werden in erster Linie in organischen Strukturen benötigt. Sie kommen im allgemeinen dort zum Einsatz, wo die Arbeit zugleich horizontal spezialisiert, komplex und in hohem Maße interdependent ist.

Es lassen sich zwei Kategorien von professionellen Organisationen unterscheiden:

In der einen Organisation erledigen die Spezialisten ihre Arbeit selbständig als Individuum (z.B. als Berater), während in der anderen Gruppenarbeit geleistet wird. In dieser zweiten Kategorie sind Kontaktinstrumente die wichtigsten Gestaltungsparameter.

Entscheidungsparameter

Neben dem vertikalen und lateralen Aufbau einer Organisation müssen noch die Entscheidungsstrukturen festgelegt werden. Mit Entscheidungsstrukturen verbunden ist die Frage der Zentralisation und Dezentralisation von Entscheidungen. Auf diese Frage wird im Hauptkapitel 5 eingegangen.

Hauptkapitel 5

3.2.6 Situative Faktoren

Eine erfolgreiche Organisation besitzt eine Struktur, die konsistent mit den äußeren Bedingungen ist, welche die Organisation beeinflussen.

Alter

Das Verhalten einer Organisation wird immer formalisierter, je älter sie ist. Mit zunehmendem Alter wiederholen sich die Aktivitäten, bei sonst gleichbleibenden Bedingungen. Dadurch wird die Arbeit leichter formalisierbar und besser planbar.

Größe

Dies gilt auch für größere Organisationen, in denen sich in kürzerer Zeit die Abläufe wiederholen. Je größer eine Organisation wird, desto formalisierter wird auch ihr Verhalten. Ebenso werden die Arbeitsaufgaben spezialisierter. Das führt wiederum zu differenzierteren Einheiten, die durch eine stark strukturierte Administration verwaltet werden müssen. Die größere Spezialisierung führt außerdem zu größeren Organisationseinheiten.

Technisches System

Das verwendete technische System in einer Organisation hat wesentlichen Einfluß auf die Organisationsstruktur. Als technisches System werden alle Verfahren, Methoden und Werkzeuge bezeichnet, die im betrieblichen Kern eingesetzt werden, um anhand der Qualifikationen und Kenntnisse der Mitarbeiter Produkte und Leistungen zu erzeugen.

Es lassen sich drei grundlegende Produktionssysteme unterscheiden:

- Einzelfertigung (vor allem Kundenaufträge),
- Massenfertigung (von vielen Standardprodukten),
- Prozeßfertigung (ununterbrochener oder kontinuierlicher Strom z.B. flüssiger Substanzen).

Einzelfertigung

Bei der Einzelfertigung werden Einzelstücke, Prototypen und große Ausrüstungen in mehreren Produktionsstufen gefertigt. Die Arbeitsprodukte werden ad hoc und ohne Standardisierung erstellt. Die Arbeit kann daher auch nicht standardisiert oder formalisiert werden. Die Betriebe sind organisch strukturiert. Die Führungskräfte der untersten Ebene arbeiten eng mit den Mitarbeitern der betrieblichen Basis – meist in kleinen Arbeitsgruppen – zusammen. Dadurch ergeben sich auf dieser Führungsebene kleine Leitungsspannen, d.h. ein

Vorgesetzter führt nur wenige Mitarbeiter. Die Einzelfertigung ist dem Handwerk vergleichbar, wo sich die Struktur nach den Qualifikationen der Arbeitskräfte im betrieblichen Kern richtet.

Massenfertigung

In Firmen mit Massenfertigung sind die technischen Systeme standardisiert. Dies führt zu einer Verhaltensformalisierung und zu einer Bürokratie. Die im betrieblichen Kern durchzuführenden Arbeiten sind Routinetätigkeiten und weisen einen hohen Grad an Formalisierung auf. Die Technostruktur ist ausgebaut, um die Arbeit zu formalisieren.

Prozeßfertigung

Firmen, die auf die kontinuierliche Produktion von Flüssigsubstanzen oder ähnlichem, z.B. Granulat, Pulver, spezialisiert sind, verfügen über ein weitgehend vollautomatisches technisches System. Beispielsweise läßt sich eine Ölraffinerie mit nur sechs Mitarbeitern betreiben, und auch diese dienen nur zur Überwachung. Alle Regeln, Vorschriften und Standards gelten nur für Maschinen, nicht mehr für Mitarbeiter. Es werden viele technische Spezialisten benötigt, die das technische System gestalten und für einen reibungslosen Ablauf sorgen. Der betriebliche Kern besteht aus hochqualifizierten, indirekten Arbeitskräften wie Wartungsexperten.

Bezug zur Software-Technik

Alle drei Produktionssysteme beschreiben die heutige Software-Entwicklung nicht ausreichend. Die Software-Entwicklung beinhaltet Elemente der verschiedenen Produktionssyteme. Am besten läßt sich die Software-Entwicklung als standardisierte Einzelfertigung mit anspruchsvollen, komplexen, teilweise formalisierten Routinetätigkeiten bezeichnen, die in definierten Produktionsstufen erstellt wird. Teilbereiche sind automatisiert.

Umwelt

Die Faktoren Stabilität, Komplexität und Marktdiversität haben von der Umwelt her den stärksten Einfluß auf eine Organisation.

Stabilität

Ist eine Organisation mit unvorhersagbarer Kundennachfrage, schnell wachsenden Techniken (Fachwissen), häufigen Produktwechseln oder hoher Arbeitskräftefluktuation konfrontiert, also einer dynamischen Umwelt, dann benötigt sie eine organische Struktur. Dynamische Bedingungen haben einen größeren Einfluß auf eine Organisation als statische Bedingungen. Deshalb gilt die Umkehrung nicht.

Komplexität

Die Wissensbasis, d.h. die Techniken, die eine Organisation zur Erledigung ihrer Arbeit benötigt, kann einfach oder komplex sein. Um Software zu erstellen, ist es erforderlich, komplexe Software-Techniken zu beherrschen.

Hauptkapitel 5

Je komplexer die Techniken einer Organisation sind, desto dezentralisierter ist die Struktur, d.h. umso dezentralisierter werden Entscheidungen getroffen.

Die Faktoren Stabilität und Komplexität führen zu vier Organisationstypen (Abb. 3.2-17).

In der Software-Technik ist in der Regel von einer komplexen Umwelt auszugehen.

Abb. 3.2-17: Die Auswirkungen der Stabilität und Komplexität auf eine Organisationsstruktur /Mintzberg 92, S. 196/

	Stabile Umwelt	**Dynamische Umwelt**
Komplexe Umwelt (komplexe Technologie)	dezentralisiert bürokratisch (Standardisierung von Qualifikationen) Beispiele: Universitäten, Krankenhäuser	dezentralisiert organisch (gegenseitige Abstimmung)
Einfache Umwelt (einfache Technologie)	zentralisiert bürokratisch (Standardisierung von Arbeitsprozessen)	zentralisiert organisch (persönliche Weisung)

komplex, stabil

Eine komplexe, stabile Umwelt führt zu bürokratischen, aber dezentralisierten Strukturen. Die Koordination erfolgt durch die Qualifikationen der Mitarbeiter. Da die organisatorischen Arbeitsabläufe vorhersagbar sind, kann standardisiert werden. Die Machtbefugnisse werden an die Mitarbeiter im betrieblichen Kern abgegeben, die sich auf ihre komplexe, aber routinemäßige Arbeit verstehen. Typische Beispiele hierfür sind Universitäten und Krankenhäuser.

komplex, dynamisch

Eine komplexe, dynamische Umwelt erfordert eine schnelle Reaktion auf nicht vorhersehbare Veränderungen. Entscheidungsbefugnisse werden auf Führungskräfte und Spezialisten verteilt (dezentralisiert), die den erforderlichen Sachverstand haben. Als Koordinationsmechanismus wird im wesentlichen die gegenseitige Abstimmung eingesetzt.

Marktdiversität

Die in Abb. 3.2-17 dargestellten Organisationstypen sind tendenziell funktional strukturiert, wenn die Märkte integriert sind. Hingegen sind sie marktorientiert gegliedert, wenn die Märkte diversifiziert sind, d.h. Produkte, Dienstleistungen oder Kunden vielfältig sind.

Macht

Neben den bisher aufgeführten Bestimmungsfaktoren beeinflußt die Macht der sozialen Normen die Organisationsgestaltung. Je größer die von außen auf eine Organisation ausgeübte Kontrolle ist, desto zentralisierter und formalisierter ist ihre Struktur. Machtbedürfnisse von Organisationsmitgliedern führen zu stärker zentralisierten Strukturen.

3.2.7 Die Projektstruktur

Die Koordinationsmechanismen, die Gestaltungsparameter und die situativen Faktoren führen zu fünf relativ stabilen Konfigurationen von Organisationsstrukturen:

- Einfachstruktur,
- Maschinenbürokratie,
- Spartenstruktur,
- Projektstruktur,
- Profibürokratie.

Bei diesen Konfigurationen sind die Gestaltungsparameter konsistent und die Konfiguration ist kompatibel mit ihren situativen Faktoren. Zwischen den Konfigurationen gibt es außerdem noch Übergänge (Abb. 3.2-1).

Für das Software-Management sind besonders die Projektstruktur und die Profibürokratie relevant, die im folgenden näher betrachtet werden.

Projektstruktur

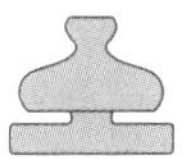

Eine **Projektstruktur** entwickelt mit Projektteams, die aus professionellen Mitarbeitern verschiedener Disziplinen bestehen, anspruchsvolle Innovationen. Sie läßt sich folgendermaßen charakterisieren:

- Ausgeprägte organische Struktur mit geringer Verhaltensformalisierung.
- Hohe horizontale Aufgabenspezialisierung auf der Grundlage formaler Ausbildung.
- Auf der einen Seite Tendenz zur verwaltungsinternen Gruppierung der Mitarbeiter in funktionale Einheiten, auf der anderen Seite Einsatz der Mitarbeiter in marktorientierten Projektteams (projektorientierte Matrixstruktur).
- Verwendung von Kontaktinstrumenten zur Förderung der gegenseitigen Abstimmung.

Projektmanager

Projektteams werden von einem **Projektmanager** geleitet. Die meisten Projektmanager sind keine klassischen Führungskräfte, die durch persönliche Weisung Aufträge erteilen. Vielmehr widmen sie sich der Kontaktpflege und Verhandlungsführung. Dadurch erfolgt eine laterale Koordination unter den verschiedenen Teams und zwischen diesen Teams und den funktionalen Einheiten. Viele dieser Manager sind selbst Experten, die im Team mitarbeiten. Die Teams sind Arbeitskreise, die am Projektende aufgelöst werden. Die Entscheidungsbefugnisse sind auf Führungskräfte und Nichtführungskräfte aller Hierarchieebenen verteilt.

Administrative und betriebliche Aufgaben gehen ineinander über. Planung und Entwurf einer Arbeit sind kaum von der Durchführung zu trennen. Es werden für beide Aspekte dieselben spezialisierten Qualifikationen benötigt. Mittlere Ebenen sind daher u.U. nicht mehr vom betrieblichen Kern zu unterscheiden.

Die Mitarbeiter für die Projektteams rekrutieren sich aus dem Hilfsstab, den Linienführungskräften und aus dem betrieblichen Kern. Die verschiedenen Organisationsteile sind daher in der Mitte zu einer amorphen Masse verschmolzen.

keine Standardisierung

Da keine Koordination durch Standardisierung erfolgt, besteht kein Bedarf für eine Technostruktur, die regulierende Systeme entwickelt.

Eine Projektstruktur lebt von Projekt zu Projekt. Ohne Projekte überlebt sie nicht. Da jedes Projekt anders ist, weiß man im voraus nicht, welche Problemstellungen als nächste zu lösen sind. Aufgabe der strategischen Spitze ist es, für einen stetigen und ausgeglichenen Auftragseingang zu sorgen. Nur dann ist eine ausgeglichene Arbeitsauslastung sicherzustellen. Die Führungskräfte benötigen viel Zeit für die Überprüfung der Projekte, da innovative Arbeiten schwer zu kontrollieren sind.

dynamisch komplexe Umwelt

Die Projektstruktur ist die einzige, die mit einer dynamischen und komplexen Umwelt zurechtkommt.

Beispiele

Forschungsorientierte Organisationen, forschungsabhängige *High-Tech*-Industrien, Unternehmen mit einem häufigen Produktwechsel und innovative Beratungsfirmen neigen zu einer Projektstruktur. Ihre Arbeit ist komplex, nicht vorhersagbar und oft wettbewerbsintensiv. Häufig ist jeder Kundenauftrag ein neues Projekt. Ein Produkt wird in Einzelfertigung hergestellt.

Alter

Mit zunehmendem Alter tendiert eine Projektstruktur zur Bürokratisierung.

Probleme

Trotz aller Vorteile ist eine Projektstruktur nicht für alle Organisationen geeignet. Sie erfordert, daß der Experte seine individuellen Ziele den Erfordernissen des Teams unterordnet. Konflikt und Aggressivität gehören zur Projektstruktur. Sie müssen durch die Führungskräfte in Produktivität umgesetzt werden.

Eine Projektstruktur ist *nicht* effizient. Für einmalige Projekte ist sie ideal, aber nicht für die Abwicklung gewöhnlicher Vorgänge. Die Ineffizienz entsteht vor allem durch den hohen Kommunikationsanteil und die ungleichmäßige Arbeitsauslastung.

Bezug zur Software-Entwicklung

Obwohl viele Software-Produkte heute im Rahmen einer Projektstruktur entwickelt werden, treffen einige Faktoren, die eine Projektstruktur ausmachen, in den meisten Fällen bei einer Software-Entwicklung *nicht* zu:

- In der Regel werden keine anspruchsvollen Innovationen entwikkelt.
- Die Produkte lassen sich bestimmten Anwendungsklassen zuordnen.
- Viele Software-Häuser entwickeln nicht im Kundenauftrag, sondern für den anonymen Markt.
- Die Umwelt ist nicht immer dynamisch, sondern kann oft als weitgehend stabil angesehen werden.
- Die Arbeit ist komplex, aber meistens vorhersehbar.
- Der Arbeitsprozeß ist zumindest in einem gewissen Rahmen standardisiert.

3.2.8 Die Profibürokratie

Eine **Profibürokratie** erledigt mit professionellen Mitarbeitern im betrieblichen Kern komplexe Arbeiten, um Standardprodukte zu erstellen oder Standarddienstleistungen anzubieten. Sie läßt sich folgendermaßen charakterisieren:

- Die Koordination erfolgt durch Standardisierung der Qualifikationen.
- Der betriebliche Kern ist der wichtigste Organisationsteil. Die Ausführung der Arbeiten erfolgt durch professionelle Mitarbeiter, die entsprechend ausgebildet sind.
- Jeder Mitarbeiter erledigt seine Arbeit weitgehend allein und in eigener Verantwortung.
- Die Arbeitsaufgaben sind horizontal spezialisiert, aber vertikal erweitert.
- Sie besteht in einer komplexen, aber stabilen Umwelt. Die technischen Systeme sind nicht regulativ und nicht kompliziert.
- Die Struktur ist funktions- und marktorientiert (Matrixstruktur). Beispiele für Profibürokratien sind Universitäten, Krankenhäuser, Schulen, Handwerksbetriebe, Unternehmensberatungsfirmen, Anwaltbüros.

Die Komplexität der Arbeiten hat zur Folge, daß bei ihrer Anwendung immer noch erhebliche Ermessensfreiheit besteht. Zwei Experten setzen ihre Qualifikationen nie in exakt derselben Weise in die Praxis um. Es bleiben immer noch viele Entscheidungen zu treffen.

Die Organisationsstruktur ist im wesentlichen bürokratisch. Die Koordination wird durch bestimmte Ausführungsstandards erzielt. Die Arbeitsprozesse und die Produkte sind so komplex, daß sie sich nicht oder nur eingeschränkt standardisieren lassen. Die Mitarbeiter haben in ihrer Ausbildung eine Reihe von Standardverfahren erlernt. Jeder Kundenauftrag wird in eine Kategorie eingeordnet. Entsprechend der Kategorie werden ein oder mehrere Standardverfahren ausgewählt und damit das Produkt erstellt bzw. die Dienstleistung erbracht.

Eine Profibürokratie ist immer dann sinnvoll,

- wenn der betriebliche Kern überwiegend aus hochqualifizierten, professionellen Mitarbeitern besteht, die schwer zu erlernende, aber gut zu definierende Verfahren anwenden,
- wenn die Umwelt so komplex ist, daß schwierige Verfahren erforderlich sind, die nur in umfassenden, formalen Ausbildungsgängen zu erlernen sind,
- wenn die Umwelt so stabil ist, daß die von den Mitarbeitern zu erwartenden Qualifikationen gut zu definieren und folglich auch zu standardisieren sind.

Die Mitarbeiter arbeiten weitgehend unabhängig voneinander. Es gibt keine in hohem Maße regulativen, komplizierten oder gar automatisierten technischen Systeme. Die Mitarbeiter betreuen Kunden unmittelbar und persönlich.

Die Wissensbasis der Organisation ist kompliziert, aber das technische System, d.h. die zur Anwendung dieser Wissensbasis eingesetzten Instrumente, ist unkompliziert.

Die Profibürokratie ist gut geeignet für die Produktion ihrer Standardprodukte, aber schlecht geeignet, sich auf die Produktion neuer Produkte umzustellen.

Bezug zur Software-Entwicklung

Eine ganze Reihe von Charakteristika beschreiben die heutige Software-Situation korrekt:

- Erhebliche Ermessensfreiheit bei der Ausführung der Arbeiten.
- Nur ansatzweise Standardisierung der Arbeitsprozesse.
- Noch keine Standardisierung der Arbeitsprodukte.
- Standardverfahren zur Lösung wohldefinierter Probleme.
- Kategorisierung der Probleme und Auswahl von Standardverfahren (kommerzielle, technische, Echtzeit-Anwendungen).

Folgende Charakteristika treffen *nicht* zu:

- Die Ausbildung ist noch nicht standardisiert. Daher reicht die Standardisierung der Qualifikationen zur Koordinierung nicht aus.
- Mitarbeiter können nicht allein und autonom arbeiten, um das Produkt oder die Dienstleistung zu erbringen. Gegenseitige Abstimmung ist nötig.
- Es wird ein kompliziertes, z.T. automatisiertes technisches System eingesetzt (CASE-Umgebungen).

3.2.9 Mischstrukturen

Weder die Projektstruktur noch die Profibürokratie berücksichtigen vollständig die Charakteristika einer Software-Entwicklung.

In Tab. 3.2-1 sind die verschiedenen Charakteristika gegenübergestellt. Wie man sieht, sind viele Charakteristika sowohl einer Software-Entwicklung und einer Projektstruktur als auch einer Software-Entwicklung und einer Profibürokratie identisch.

Auch eine Projektstruktur und eine Profibürokratie stimmen in vielen Charakteristiken überein. Zwischen einer Projektstruktur und einer Profibürokratie gibt es Übergänge und Mischstrukturen. Eine Projektstruktur wandelt sich oft in eine Profibürokratie, die sich darauf konzentriert, erfolgreiche Projekte zu wiederholen und dadurch zu einem Standardrepertoire gelangt. Manchmal tendiert sie sogar zur Maschinenbürokratie, um ein einziges Projekt oder eine spezielle Erfindung zu verwalten. Eine Profibürokratie kann Organisationselemente der Projektstruktur übernehmen, um Dynamik und Experimentierfreude zu erhöhen.

Mischt man eine Projektstruktur und eine Profibürokratie, dann deckt man bereits die meisten Charakteristika ab. Zusätzlich ist bei einer Software-Entwicklung aber noch folgendes zu berücksichtigen:

Kapitel 3.3

- Die Arbeitsprozesse werden zumindest teilweise standardisiert. 
- Es gibt eine Technostruktur, die für die Innovation, den Arbeitsprozeß und die Qualität zuständig ist.
- Das technische System ist teilweise regulativ, kompliziert und teilweise automatisiert (CASE-Umgebungen).

Charakteristika	**Software-Entwicklung**	Projektstruktur	Profibürokratie
Vorrangiger Koordinationsmechanismus	gegenseitige Abstimmung & Standardisierung der - Qualifikationen und - Arbeitsprozesse	gegenseitige Abstimmung	Standardisierung der Qualifikationen
Wichtigster Organisationsteil	betrieblicher Kern und Hilfsstab sowie Technostruktur	betrieblicher Kern und Hilfsstab	betrieblicher Kern
Gestaltungsparameter:			
Aufgabenspezialisierung	horizontale Spezialisierung, vertikale Erweiterung		
Ausbildung		viel Ausbildung	
Verhaltensformalisierung	beschränkte Formalisierung organisch & bürokratisch	kaum Formalisierung organisch	kaum Formalisierung bürokratisch
Gruppierung	funktional und marktorientiert		
Größe der Einheiten	eher klein	überall klein	groß unten, sonst klein
Kontaktinstrumente		überall & viel	in der Administration
Funktionen:			
Strategische Spitze		externe Kontakte, Konfliktlösung, gleichmäßige Arbeitsauslastung, Projektüberprüfung	externe Kontakte, Konfliktlösung
Betrieblicher Kern	qualifizierte, grob standardisierte Arbeit im Team mit innovativen, repetitiven und routinehaften Aspekten	qualifizierte, innovative Arbeit, multidisziplinäre Arbeit im Team	qualifizierte, standardisierte Arbeit, viel individuelle Autonomie, weitgehend Einzelarbeit
Mittellinie		umfassend, Trennung vom Stab verwirklicht; Beteiligung an Projektarbeit	kontrolliert durch professionelle Mitarbeiter, viel gegenseitige Abstimmung
Technostruktur	Methodenberater, Prozeßplaner, Qualitätsplaner	klein und mitten in der Projektarbeit verwischt	kaum
Hilfsstab	z.B. Software-Ergonom	ausgebaut, aber in Projektarbeit verwischt	ausgebaut zur Unterstützung der professionellen Mitarbeiter

Tab. 3.2-1a: Charakteristika verschiedener Strukturen im Vergleich
(Die Charakteristika der Software-Entwicklung sind blau hervorgehoben.)

Charakteristika	**Software-Entwicklung**	Projektstruktur	Profibürokratie
Situative Faktoren:			
Technisches System	regulativ, kompliziert, teilweise automatisiert (standardisierte Einzelfertigung)	nicht regulativ, unkompliziert (individuelle Einzelfertigung)	nicht regulativ, unkompliziert (standardisierte Einzelfertigung)
Umwelt	komplex und semi-stabil bzw. semi-dynamisch	komplex und dynamisch	komplex und stabil
Macht	Kontrolle durch Technostruktur, Experten und externe Kontrolle	Kontrolle durch Experten	Kontrolle durch professionellen betrieblichen Kern
Beispiele		forschungsorientierte Organisationen, forschungsabhängige *High-Tech*-Industrien, Einzelfertigungsbetrieb	Universitäten, Krankenhäuser, Schulsysteme, Handwerksbetriebe, Beratungsunternehmen, Anwaltsbüros

Tab. 3.2-1b: Charakteristika verschiedener Strukturen im Vergleich
(Die Charakteristika der Software-Entwicklung sind blau hervorgehoben.)

Eine »optimale« Organisationsstruktur für eine Software-Entwicklung kann daher folgendermaßen aussehen:

- horizontal spezialisierte, vertikal erweiterte Aufgaben,
- definierte Prozeßmodelle mit Zuordnung der durchzuführenden Aufgaben,
- Computerunterstützung der Prozeß-Modelle,
- projektorientierte Matrixstruktur mit relativ kleinen Einheiten,
- ausgebaute Technostruktur sowie Hilfsstab als Kompetenzzentrum für spezielle Aufgaben.

Eine effektive Strukturierung liegt dann vor, wenn es gelingt, die Gestaltungsparameter und situativen Faktoren konsistent zu kombinieren.

3.2.10 Kooperation Fachabteilung – Systemanalyse

Besitzt ein Unternehmen eine eigene Software-Abteilung, dann muß bei der Gestaltung der Organisation auf eine klare Aufgabenteilung und Aufgabenabgrenzung zwischen den Fachabteilungen und der Systemanalyse geachtet werden. Die Praxis zeigt, daß oft eine »Verwischung« der Verantwortlichkeiten vorliegt. Oft übernimmt die Systemanalyse Aufgaben der Fachabteilung, z.B. Festlegung von Nummernkreisen, Voreinstellungen usw. Umgekehrt erstellt in einigen Fällen die Fachabteilung sogar ein formales Analysemodell. Dazu werden teilweise Mitarbeiter aus der Software-Abteilung in die Fachabteilung »abgeworben«.

Um zu einer reibungslosen und erfolgreichen Zusammenarbeit zu gelangen, sollte sich jede Abteilung auf ihre Stärken konzentrieren. Die Fachabteilung muß folgende Aufgaben erledigen:

Aufgaben Fachabteilung

- Aufstellung der fachlichen Anforderungen an ein zu entwickelndes Software-Produkt.
- Festlegung des Funktions-, Daten-, Leistungs- und Qualitätsumfangs des Produkts.
- Angabe, welche Arbeitsabläufe mit dem Produkt ausgeführt werden.
- Festlegung der Standardvoreinstellungen.
- Aufstellung der Wünsche und Anforderungen an die Benutzungsoberfläche.
- Vorgabe von Prioritäten.
- Erstellung des Benutzerhandbuches in Zusammenarbeit mit der Systemanalyse.
- Überprüfung der von der Systemanalyse erstellten Modelle und Benutzungsoberflächen des Produkts.

Die Systemanalyse ist für folgende Aufgaben zuständig:

Aufgaben der Systemanalyse

- Erstellung einer Produkt-Definition (Pflichtenheft, Produktmodell, Konzept Benutzungsoberfläche).
- Verständliche, übersichtliche Präsentation des Produkt-Modells.
- Bereitstellung von Prototypen zum Ausprobieren der Konzepte.
- Darstellung der Auswirkungen der Anforderungen auf die Benutzungsoberfläche.
- In kurzfristigen Abständen (ca. halbjährlich) liefern einsatzfähiger Teilsysteme.

Da ein Systemanalytiker Profi auf seinem Gebiet ist und tagtäglich Produkt-Modelle erstellt, sollte er in der Regel auch die Projektleitung einer Software-Entwicklung übernehmen. Er weiß besser als ein Mitarbeiter aus der Fachabteilung, welche Fragen gestellt werden müssen, um ein Produkt-Modell zu erhalten. Daher kann er zielgerichteter vorgehen. Der oder die Mitarbeiter der Fachabteilung, die im Projektteam mitarbeiten, tragen natürlich die fachliche Verantwortung für ihre Anforderungen.

Damit die Mitarbeiter der Fachabteilung ihre Aufgaben im Rahmen einer Systemanalyse erfüllen können, sollten sie in den Konzepten, die die Systemanalyse für die Modellierung der Anforderungen verwendet, ausgebildet werden. Jedoch sollte sich diese Ausbildung nur auf das Lesen und Verstehen der Modelle beziehen, nicht auf die Erstellung der Modelle. Der Ausbildungsaufwand steht dafür im Verhältnis 20:80 (Lesen und Verstehen : Erstellen). Oft ist es auch angebracht, nur ein oder zwei Mitarbeiter der Fachabteilung entsprechend zu qualifizieren und sie als Software-Koordinatoren innerhalb der Fachabteilung heranzuziehen.

Ablauforganisation Raum-zeitliche Strukturierung von aufgabenbezogenen Arbeitsvorgängen; Abstimmung der Aktivitäten beinhaltet die Festlegung von Inhalten, Reihenfolge, Zeitdauer und kalendarischen Zeitpunkten der Teilaufgaben. Die räumliche Komponente spezifiziert die Teilaufgaben hinsichtlich Arbeitsbereich, -weg und -ort (→Aufbauorganisation).

Aufbauorganisation Bildung und Koordination aufgabenteiliger funktionsfähiger Organisationseinheiten. (→Ablauforganisation); bezieht sich auf die Aufgaben-, die Rollen-, die hierarchische und die kommunikative Dimension der Organisationsstruktur.

Aufgabenspezialisierung Arbeitsteilung erreicht man durch eine Spezialisierung in horizontaler Richtung, d.h. das Arbeitsgebiet wird eingeengt. Eine vertikale Spezialisierung reduziert die Arbeit auf ihre Durchführung, während eine vertikale Erweiterung auch die Planung und Kontrolle umfaßt (→professionelle Arbeit).

betrieblicher Kern Teil einer Organisation, in der die ausführenden Mitarbeiter Produkte und Dienstleistungen erstellen.

bürokratische Struktur Verhalten der Mitarbeiter durch Vorschriften und Regeln stark festgelegt (standardisiert). (→organische Struktur)

Gruppierung nach Funktionen Zusammenfassung von organisatorischen Einheiten nach den Kriterien Funktion, Arbeitsprozeß oder Qualifikation (→ Gruppierung nach Märkten).

Gruppierung nach Märkten Zusammenfassung von organisatorischen Einheiten nach den Kriterien Produkt, Kunde oder Ort (→Gruppierung nach Funktionen).

Hilfsstab Teil einer Organisation, in der Dienste verrichtet werden, die die Organisation außerhalb des betrieblichen Arbeitsablaufs unterstützen.

Matrixstruktur Kombiniert die →Gruppierung nach Funktionen und die → Gruppierung nach Märkten. Das Prinzip der Alleinverantwortung wird aufgegeben.

Mittellinie Teil einer Organisation, in der Führungskräfte (Manager) durch persönliche Weisung für Koordination in großen Organisationen sorgen. Die Mittellinie verbindet die →strategische Spitze mit dem →betrieblichen Kern.

Organigramm Gibt in grafischer Form an, welche Positionen es in der Organisation gibt, wie diese in verschiedenen Einheiten gruppiert sind und wie die formale Autoritätshierarchie angeordnet ist.

organische Struktur Hohe Entscheidungsfreiheit der Mitarbeiter, keine oder geringe Verhaltenseinschränkungen durch Vorschriften oder Regeln (→bürokratische Struktur).

permanente Matrixstruktur Dauerhafte Einrichtung einer →Matrixstruktur.

professionelle Arbeit Komplexe Aufgaben, die horizontal spezialisiert, vertikal erweitert (→Aufgabenspezialisierung), nicht rationalisiert, aber zum Teil formal erfaßt und spezifiziert sind. Professionelle Arbeit kann eigenständig und nach außen abgegrenzt oder interdependent sein.

Profibürokratie Professionelle Mitarbeiter arbeiten weitgehend allein, um Standardprodukte zu erstellen oder Standarddienstleistungen anzubieten. Zur Erstellung wird auf Verfahren zurückgegriffen, die aus einem Repertoire von Standardverfahren ausgewählt werden.

Projektleiter Führungskraft, die einer bestehenden Einheitenstruktur vorangestellt wird, um die gegenseitige Abstimmung sicherzustellen. Er besitzt formale Autorität für bestimmte Entscheidungen, aber keine disziplinarischen Vollmachten gegenüber den Mitarbeitern der betreffenden Einheiten.

Projektmanager Leitet ein →Projektteam; besitzt formale Autorität (zusammen mit den Führungskräften der funktionsorientierten Einheiten) über die Mitglieder des Teams (→Projektstruktur).

projektorientierte Matrixstruktur Jeweils neu formierte →Matrixstruktur zur Durchführung von projektorientierten Aufgaben; zeitlich befristet.

Projektstruktur Linienführungskräfte, Stabsexperten und betriebliche Mitarbeiter arbeiten in ständig wechselnder Zusammensetzung in ad hoc-→Projektteams zusammen, um Innovationen und Problemlösungen im Kundenauftrag zu entwickeln.

Projektteam Marktorientierte Einheiten auf Zeit (→Projektmanager, →projektorientierte Matrixstruktur).
Prozeß-Modell →Ablauforganisation.
strategische Spitze Teil einer Organisation, in der Spitzenführungskräfte (Top-Management) mit globalen Aufgabenbereichen die Gesamtverantwortung für die Organisation tragen.
Technostruktur Teil einer Organisation, in der Analytiker die Arbeit anderer effektiver gestalten.

Eine Organisationsstruktur besteht aus einer Aufbauorganisation und einer Ablauforganisation (Prozeß-Modell). Die Aufbauorganisation zeigt, wie die fünf Teile einer Organisation ausgeprägt sind: strategische Spitze, Mittellinie, betrieblicher Kern, Technostruktur und Hilfsstab. Die grafische Darstellung dieser Struktur erfolgt durch ein Organigramm.

Die Aufteilung der durchzuführenden Arbeiten und ihre Zuordnung zu Positionen hängt wesentlich von der Aufgabenspezialisierung ab. Komplexe, eng begrenzte Aufgaben, die eigenverantwortlich ausgeführt werden, machen eine professionelle Arbeit aus. Ist das Verhalten der Mitarbeiter durch Vorschriften und Regeln stark festgelegt, dann liegt eine bürokratische Struktur, sonst eine organische Struktur vor.

Organisatorische Positionen können nach zwei Prinzipien zu Einheiten gruppiert werden:

Gruppierung nach Funktionen und Gruppierung nach Märkten. Eine Matrixstruktur kombiniert beide Gruppierungsalternativen, wobei das Prinzip der Alleinverantwortung aufgegeben wird.

Man unterscheidet eine permanente Matrixstruktur und eine projektorientierte Matrixstruktur. Projektleiter koordinieren Einheiten in einer Matrixstruktur, Projektmanager leiten ein Projektteam in einer projektorientierten Matrixstruktur.

Eine Projektstruktur und eine Profibürokratie sind stabile organisatorische Konfigurationen, die viele Charakteristika einer Software-Entwicklung berücksichtigen und daher in erster Annäherung geeignete Modelle für die Aufbauorganisation einer Software-Abteilung sind. In beiden Fällen sind jedoch Anpassungen an das technische System der Software-Entwicklung erforderlich.

Wichtig für eine kooperative Zusammenarbeit zwischen Fachabteilung und Systemanalyse ist eine klare Aufgabenteilung und genaue Festlegung der jeweiligen Verantwortlichkeiten.

/Mintzberg 92/
Mintzberg H., *Die Mintzberg-Struktur: Organisationen effektiver gestalten*, Landsberg: Verlag Moderne Industrie 1992, 413 Seiten. Amerikanische Originalausgabe bei Prentice Hall 1983
Ausgezeichnetes, systematisch aufgebautes Buch, das die Gestaltungsparameter einer Organisation und ihre Wechselwirkungen ausführlich beschreibt. Es enthält jedoch keine Bezüge zur Software-Technik.

/Brooks 75/
Brooks F.P., *The Mythical Man-Month*, Reading: Addison-Wesley 1975, 195 Seiten
Eines der ersten Bücher, das sich mit Fragen des Software-Managements befaßte.

Muß-Aufgabe *30 Minuten*

1 *Lernziel: Die Auswirkung des Kommunikationsaufwands auf die Produktivität und Zeitdauer berechnen können.*
Ein Softwaresystem im Umfang von 80.000 LOC *(lines of code)* soll in drei Jahren realisiert werden. Die Programmierleistung eines Mitarbeiters beträgt im Jahr durchschnittlich 6.000 LOC. Wegen der stark interdependenten Aufgaben muß jedes Teammitglied mit jedem anderen Teammitglied kommunizieren.
Lösen Sie bitte folgende Teilaufgaben:

a Modifizieren Sie die Formeln **1** und **2** in Abschnitt 3.2.4 so, daß LOC_{gesamt} den Gesamtumfang des Softwareprojekts darstellt und LOC/Jahr die Einzelproduktivität eines Mitarbeiters.

b Stellen Sie eine Tabelle mit folgenden Spalten auf:
- Kommunikationsaufwand pro Kommunikationspfad p in Prozent
- Anzahl der Mitarbeiter
- Gesamter Kommunikationsaufwand
- Verbleibende Produktivität

Legen Sie die oben angegebenen Produktivitätszahlen zugrunde und variieren Sie den Kommunikationsaufwand von 1 Prozent bis zu 10 Prozent in 1 Prozent-Schritten.

c Wieviele Mitarbeiter können durch Reduktion der Kommunikation eingespart werden?

d Ermitteln Sie die minimale Zeit t_0 und Mitarbeiterzahl n_0 in Abhängigkeit vom Kommunikationsaufwand p. Erstellen Sie dazu eine Tabelle, die t_0 in Jahren, n_0, p, p_{gesamt} und die Produktivität (jeweils in Prozent) darstellt.

Kann-Aufgabe *15 Minuten*

2 *Lernziel: Die Auswirkung des Kommunikationsaufwands auf die Produktivität und Zeitdauer bei interdependenten Aufgaben berechnen können.*
Überlegen Sie sich den Zusammenhang zwischen der Mitarbeiteranzahl und dem erforderlichen Entwicklungsaufwand. Auch hier gibt es eine optimale Mitarbeiteranzahl. Zeigen Sie, daß die optimale Mitarbeiteranzahl, bezogen auf den Aufwand, immer kleiner ist als die optimale Mitarbeiteranzahl bezogen auf die Zeit.

Muß-Aufgabe *10 Minuten*

3 *Lernziel: Ausgehend von vorgegebenen Charakteristika Vorschläge für Organisationsstrukturen erstellen können.*
Ein Software-Haus erstellt Software fast ausschließlich für zwei Großkunden, die dem Software-Haus jeweils die einzusetzenden Methoden und CASE-Systeme vorschreiben. Die Methoden und CASE-Systeme der Großkunden sind unterschiedlich. Welche Organisationsform wählen Sie, wenn Sie sicherstellen wollen, daß die Spezialisten ihr Wissen regelmäßig austauschen?

Muß-Aufgabe *10 Minuten*

4 *Lernziel: Gruppierung nach Märkten und nach Funktionen unterscheiden können.*
Zählen Sie die Vor- und Nachteile einer Gruppierung nach Funktionen im Vergleich zu einer Gruppierung nach Märkten auf.

Muß-Aufgabe *5 Minuten*

5 *Lernziel: Die fünf grundlegenden Koordinationsmechanismen aufzählen können.*
Auf welche Weise lassen sich Arbeitsabläufe koordinieren?

Muß-Aufgabe *10 Minuten*

6 *Lernziel: Die fünf Teile einer Organisation einschließlich ihrer Aufgaben nennen können.*
Beschreiben Sie die Strukturen, die im allgemeinen zum Aufbau betrieblicher Organisationen verwendet werden.

Weitere Aufgaben befinden sich auf der beiliegenden CD-ROM. 

3 Organisation – Prozeß-Modelle

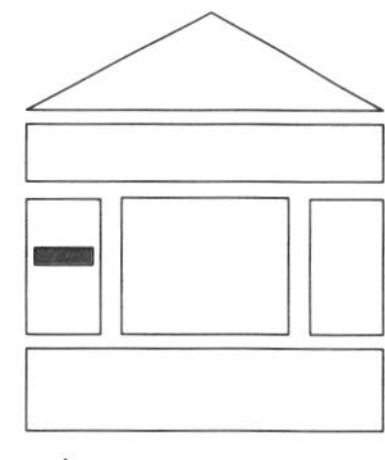

- Aufzählen können, welche Aspekte ein Prozeß-Modell festlegen soll. — wissen
- Die acht beschriebenen Prozeß-Modelle erklären und ihre Unterschiede darstellen können. — verstehen
- Beschreiben können, was man unter einer Rolle versteht und Beispiele dafür angeben können.
- Die Begriffe Validation und Verifikation im V-Modell erläutern können.
- Die verschiedenen Arten von Prototypen kennen und ihre Unterschiede aufzeigen können.
- Den Unterschied zwischen einem horizontalen und einem vertikalen Prototypen schildern können.
- Für vorgegebene Szenarien den Ablauf entsprechend einem Prozeß-Modell in der vorgestellten genormten Weise darstellen können. — anwenden
- Für vorgegebene Szenarien ein Prozeß-Modell oder eine Kombination von Prozeß-Modellen vorschlagen und begründen können. — beurteilen

3.3 Prozeß-Modelle

Jede Software-Erstellung soll in einem festgelegten organisatorischen Rahmen erfolgen.

Ein Prozeß-Modell beschreibt jeweils einen solchen Rahmen. Ein definiertes Prozeß-Modell soll folgendes festlegen:

Prozeß-Modell

- Reihenfolge des Arbeitsablaufs (Entwicklungsstufen, Phasenkonzepte),
- Jeweils durchzuführende Aktivitäten,
- Definition der Teilprodukte einschließlich Layout und Inhalt,
- Fertigstellungskriterien (Wann ist ein Teilprodukt fertiggestellt?),
- Notwendige Mitarbeiterqualifikationen,
- Verantwortlichkeiten und Kompetenzen,
- Anzuwendende Standards, Richtlinien, Methoden und Werkzeuge.

code & fix

Das Grundmodell, das in den Anfangstagen der Software-Entwicklung verwendet wurde, enthält zwei Schritte /Boehm 88/:

1 Schreibe ein Programm.
2 Finde und behebe die Fehler in dem Programm.

Die Nachteile dieses Modells sind:

a Nach der Behebung von Fehlern wurde das Programm so umstrukturiert, daß weitere Fehlerbehebungen immer teurer wurden. Dies führte zu der Erkenntnis, daß eine Entwurfsphase vor der Programmierung benötigt wird.
b Selbst gut entworfene Software wurde vom Endbenutzer oft nicht akzeptiert. Dies führte zu der Erkenntnis, daß eine Definitionsphase vor dem Entwurf benötigt wird.
c Fehler waren schwierig zu finden, da Tests schlecht vorbereitet und Änderungen unzureichend durchgeführt wurden. Dies führte zu einer separaten Testphase.

Ausgehend von diesem Grundmodell entstanden im Laufe der Zeit folgende Modelle, die im weiteren genauer betrachtet werden:

- Das Wasserfall-Modell
- Das V-Modell
- Das Prototypen-Modell
- Das evolutionäre/inkrementelle Modell
- Das objektorientierte Modell
- Das nebenläufige Modell
- Das Spiralmodell

Notation

Aktivität

Produkt

Um die Modelle besser vergleichen zu können, werden – neben den Orginaldarstellungen – alle Modelle zusätzlich in einer einheitlichen Notation dargestellt. Aktivitäten werden durch ein Rechteck dargestellt, Ergebnisse einer Aktivität durch ein Oval beschrieben. Pfeile geben an, welche Aktivitäten zu welchen Ergebnissen bzw. Produkten führen bzw. welche Produkte in welche Aktivitäten eingehen.

Die horizontale Ausdehnung von Rechteck und Oval symbolisiert die Aktivitäts- bzw. Produktbreite. Umfaßt eine Definitionsaktivität die volle Produktfunktionalität und -leistung, dann ist das Rechteck breit dargestellt. Wird nur ein Teilprodukt definiert, dann ist das Symbol schmal gezeichnet.

Um eine Vorstellung von den Auswirkungen der Prozeß-Modelle zu erhalten, wird als Beispiel die Entwicklung der Seminarorganisation gewählt.

Hauptkapitel I 2 und 3 sowie Anhang I A

3.3.1 Das Wasserfall-Modell

Das Wasserfall-Modell ist eine Weiterentwicklung des »*stagewise models*« /Benington 56/. Dieses Modell legt fest, daß Software in sukzessiven Stufen entwickelt wird. Das in /Royce 70/ vorgeschlagene Wasserfall-Modell erweitert das »*stagewise model*« um Rückkopplungsschleifen zwischen den Stufen. Die Rückkopplungen werden gleichzeitig auf angrenzende Stufen begrenzt, um teure Überarbeitungen über mehrere Stufen hinweg zu vermeiden (Abb. 3.3-1).

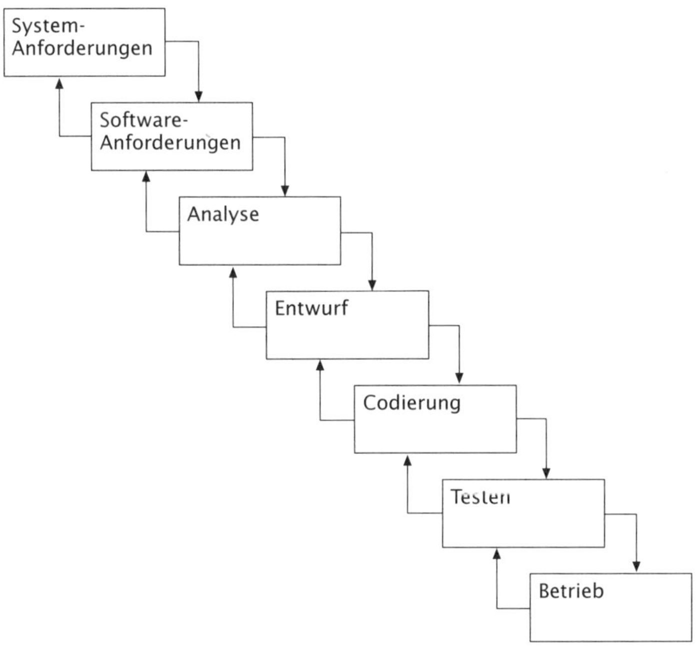

Abb. 3.3-1: Wasserfall-Modell mit den ursprünglich vorgesehenen Phasen /Royce 70/

Dieses Modell wurde in /Boehm 81/ **Wasserfall-Modell** genannt, weil die Ergebnisse einer Phase wie bei einem Wasserfall in die nächste Phase fallen. Abb. 3.3-2 zeigt das Wasserfall-Modell in der oben beschriebenen Vergleichsnotation, beschränkt auf die Phasen Definition, Entwurf und Implementierung.

Wasserfall-Modell

Das Wasserfall-Modell besitzt folgende Charakteristika:

- Jede Aktivität ist in der richtigen Reihenfolge und in der vollen Breite vollständig durchzuführen.

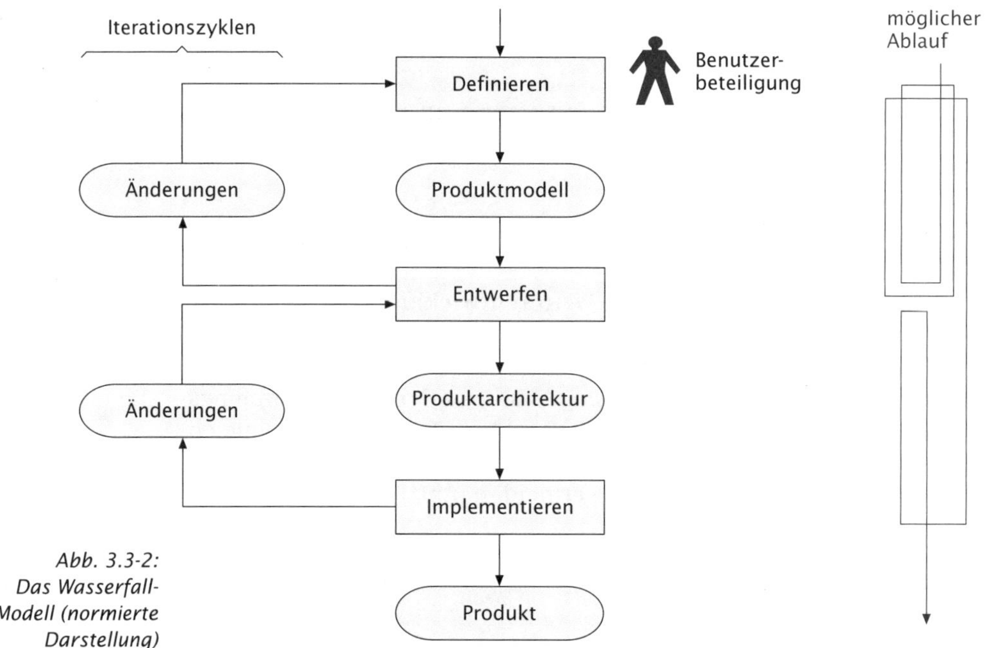

Abb. 3.3-2: Das Wasserfall-Modell (normierte Darstellung)

- Am Ende jeder Aktivität steht ein fertiggestelltes Dokument, d.h. das Wasserfall-Modell ist ein dokumenten-getriebenes Modell.
- Der Entwicklungsablauf ist sequentiell, d.h. jede Aktivität muß beendet sein, bevor die nächste anfängt.
- Es orientiert sich am *top-down*-Vorgehen.
- Es ist einfach, verständlich und benötigt nur wenig Managementaufwand. Kapitel IV 1.2 
- Eine Benutzerbeteiligung ist nur in der Definitionsphase vorgesehen, anschließend erfolgen der Entwurf und die Implementierung ohne Beteiligung des Benutzers bzw. Auftraggebers.

Beispiel

Das Produkt »Seminarorganisation« wird im Wasserfall-Modell folgendermaßen erstellt:

1 Unter Einbeziehung des Auftraggebers/Benutzers wird eine Produktdefinition für alle Anforderungen des Auftraggebers ermittelt. Nach der Abnahme des Produktmodells durch den Auftraggeber ist die Definitionsphase abgeschlossen.

2 In der Entwurfsphase wird ausgehend vom Produktmodell eine Produktarchitektur für das gesamte Produkt entwickelt. Stellt sich heraus, daß einige Anforderungen des Produktmodells nicht realisierbar sind, dann wird ein Änderungsdokument erstellt. Man kehrt in die Definitionsphase zurück und arbeitet die Änderungen unter Beteiligung des Auftraggebers in das Produktmodell ein. Anschließend beginnt wieder die Entwurfsphase. Als Ergebnis der Entwurfsphase wird die Produktarchitektur an die Implementierungsphase übergeben.

3 Die Produktarchitektur wird implementiert. Es entsteht das fertige Produkt.

Die aufgeführten Charakteristika haben dem Wasserfall-Modell zu einer weiten Verbreitung verholfen. Es ist die Basis für die meisten Auftragsstandards in Behörden und der Industrie.

Das Wasserfall-Modell besitzt jedoch auch einige Nachteile: Nachteile

- Nicht immer ist es sinnvoll, alle Entwicklungsschritte in der vollen Breite und vollständig durchzuführen.
- Nicht immer ist es sinnvoll, alle Entwicklungsschritte sequentiell durchzuführen.
- Es besteht die Gefahr, daß die Dokumentation wichtiger wird als das eigentliche System.
- Die Risikofaktoren werden u.U. zu wenig berücksichtigt, da immer der einmal festgelegte Entwickungsablauf durchgeführt wird.

Trotz dieser Nachteile hat das Wasserfall-Modell wesentlich zu einem disziplinierten, sichtbaren und kontrollierbaren Prozeßablauf beigetragen.

3.3.2 Das V-Modell

Das V-Modell ist eine Erweiterung des Wasserfall-Modells. Es integriert die Qualitätssicherung in das Wasserfall-Modell /Boehm 81, 84/. Die Verifikation und Validation der Teilprodukte sind Bestandteile des V-Modells.

Unter **Verifikation** wird die Überprüfung der Übereinstimmung zwischen einem Software-Produkt und seiner Spezifikation verstanden. Verifikation

Unter **Validation** wird die Eignung bzw. der Wert eines Produktes bezogen auf seinen Einsatzzweck verstanden. Validation

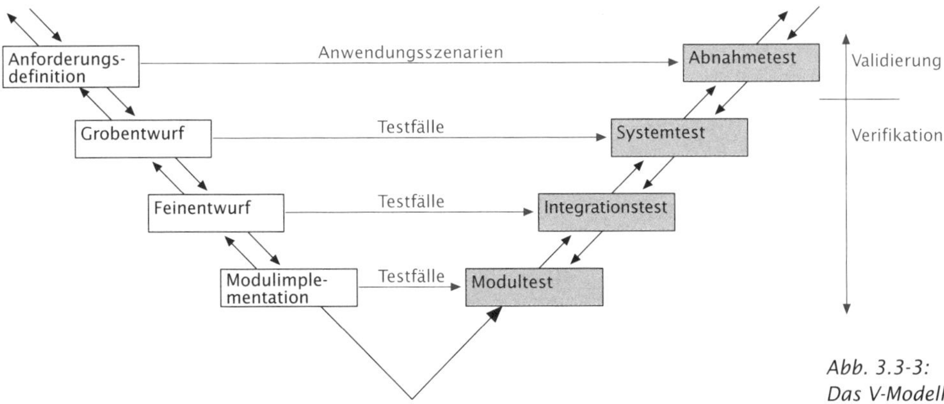

Abb. 3.3-3: Das V-Modell

Umgangssprachlich bedeuten beide Begriffe folgendes:
Verifikation: »Wird ein korrektes Produkt entwickelt?«
Validation: »Wird das richtige Produkt entwickelt?«
Berücksichtigt man die Verifikation und die Validation, dann läßt sich dieses Prozeß-Modell in Form eines V darstellen (Abb. 3.3-3). Die normierte Darstellung des V-Modells zeigt Abb. 3.3-4.

Abb. 3.3-4: Das V-Modell (normierte Darstellung)

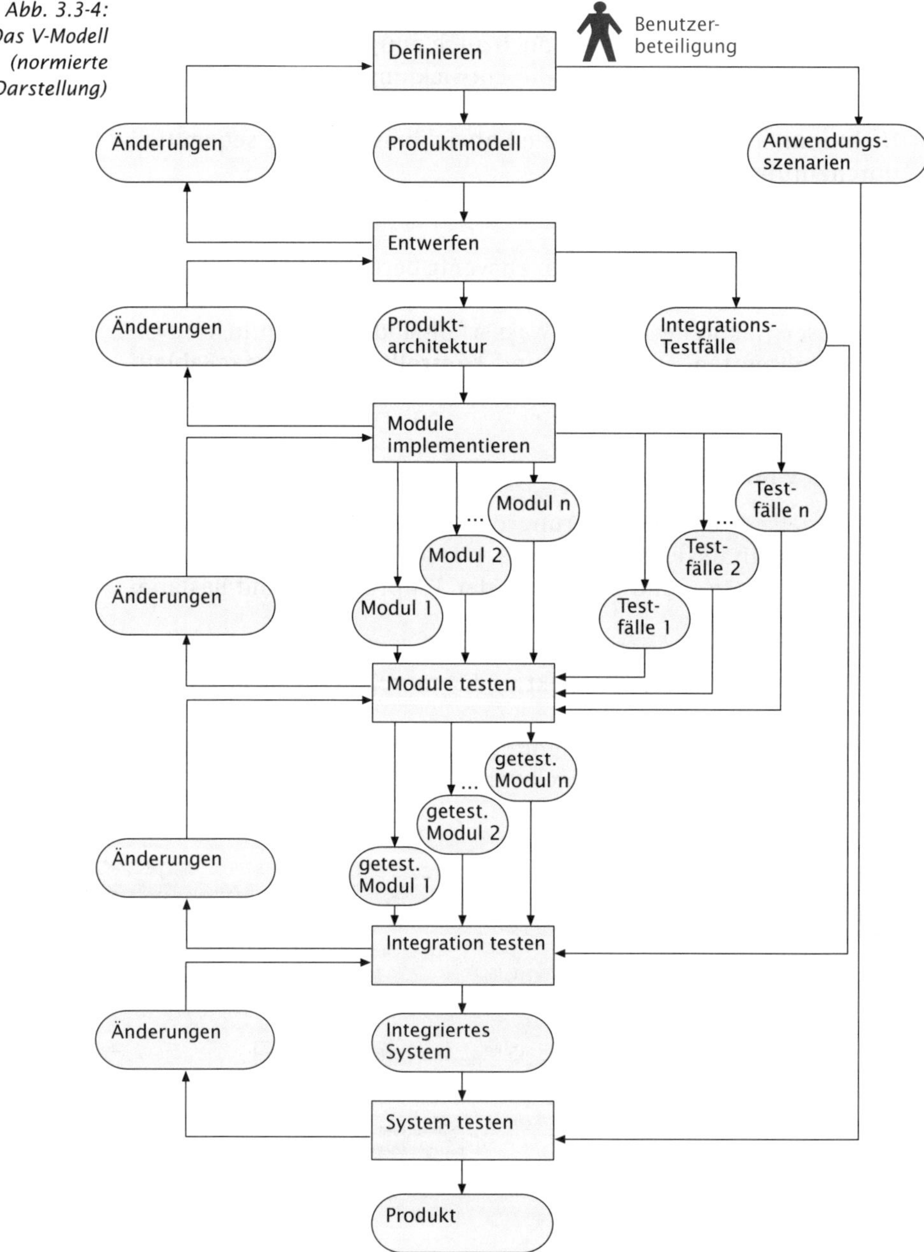

Ausgehend von diesem V-Modell wurde ein Vorgehensmodell zunächst für die Bundeswehr und anschließend für Behörden entwickelt. Es wurde vom Bundesinnenminister im Bundesanzeiger veröffentlicht /KBSt 92/ (siehe auch /Bröhl, Dröschel 93/) und dient der Standardisierung der Software-Bearbeitung im Bereich der Bundesverwaltung. Auch in der Industrie wird dieser Standard inzwischen angewandt. Die folgenden Ausführungen beziehen sich auf die weiterentwickelte Fassung von 1997, die auch die Entwicklung von Hardware umfaßt (/Versteegen 96/, /V-Modell 97/).

Im folgenden bezieht sich der Begriff V-Modell auf das Vorgehensmodell für IT-Systeme des Bundes.

Dieses **V-Modell** (Vorgehensmodell) legt die Aktivitäten und Produkte des Entwicklungs- und Pflegeprozesses fest. Außerdem werden die Produktzustände und die logischen Abhängigkeiten zwischen Aktivitäten und Produkten dargestellt. Aktivitäten und Produkte werden auf verschiedenen Abstraktionsebenen beschrieben.

Die Dokumentation zum V-Modell befindet sich auf der CD-ROM

V-Modell

Das V-Modell ist in vier Submodelle gegliedert:

Submodelle

- Systemerstellung (SE),
- Qualitätssicherung (QS),
- Konfigurationsmanagement (KM) und
- Projektmanagement (PM).

Da das V-Modell ursprünglich für eingebettete Systeme entwickelt wurde, wird Software immer als Bestandteil eines informationstechnischen Systems (IT-System) angesehen.

Ein System ist eine Funktionseinheit der obersten Ebene. Jedes System kann – muß aber nicht – in Segmente unterteilt werden. Es gibt IT-Segmente, die IT-Anteile enthalten, und Nicht-IT-Segmente. IT-Segmente werden weiter untergliedert in Software-Einheiten (SW-Einheiten) und Hardware-Einheiten (HW-Einheiten).

System

Segment

IT = Informationstechnik

SW-Einheiten bestehen aus SW-Komponenten, die wiederum aus SW-Komponenten niederer Ordnung und letztlich aus SW-Modulen und/oder Datenbanken zusammengesetzt sind. Diese hierarchisch gegliederte Erzeugnisstruktur zeigt Abb. 3.3-5.

SW-Komponenten

Die Grundelemente des V-Modells sind die Aktivitäten und Produkte, die während des IT-Systementwicklungsprozesses durchgeführt bzw. bearbeitet werden. Eine Aktivität ist eine Tätigkeit, die bezogen auf ihr Ergebnis und ihre Durchführung genau beschrieben werden kann. Sie wird durch ein Rechteck dargestellt. Aktivitäten können aus Teilaktivitäten bestehen, die zu definierten Zwischenergebnissen führen. Auf der obersten Darstellungsebene spricht man von Hauptaktivitäten. Ein Produkt ist das Ergebnis einer Aktivität bzw. der Bearbeitungsgegenstand einer Aktivität. Produkte werden durch Ovale dargestellt. Sie können in Teilprodukte zerlegt werden.

Aktivität

Produkt

Ziel einer Aktivität kann es sein,

- ein Produkt zu erstellen,
- den Zustand eines Produkts zu ändern oder
- den Inhalt eines Produkts zu ändern.

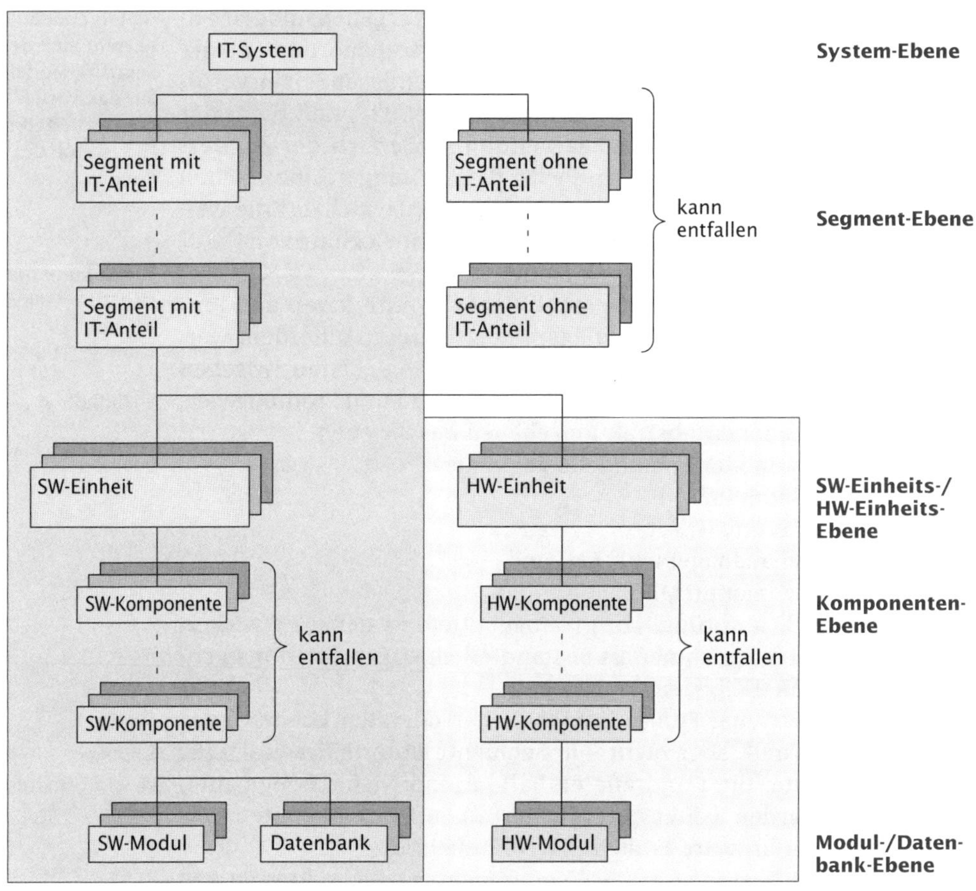

Abb. 3.3-5: Erzeugnisstruktur des V-Modells /V-Modell 97, S. 2-2/

Eine Aktivitätenbeschreibung ist eine Arbeitsanleitung, der bei der Ausführung der Aktivität zu folgen ist. Eine Produktbeschreibung legt die Inhalte des Produkts fest. Sie erfolgt nach einem festen Muster, dem Produkt-Muster.

Produkt-Muster

Zustände

Gewisse Produkte durchlaufen im Entwicklungsprozeß verschiedene Zustände. Ein Zustandswechsel wird durch eine Aktivität ausgelöst. Abb. 3.3-6 zeigt den Zustandsautomaten für Produkte.

- geplant — Im Zustand »geplant« ist das Produkt in der Planung vorgesehen.
- in Bearbeitung — Im Zustand »in Bearbeitung« befindet sich das Produkt im privaten Entwicklungsbereich des Entwicklers oder unter seiner Kontrolle in der Produktbibliothek.
- vorgelegt — Im Zustand »vorgelegt« ist das Produkt aus Erstellersicht fertig und wird in die Konfigurationsverwaltung übernommen. Es wird einer Qualitätsüberprüfung unterzogen. (Abschnitt 6.3.4)

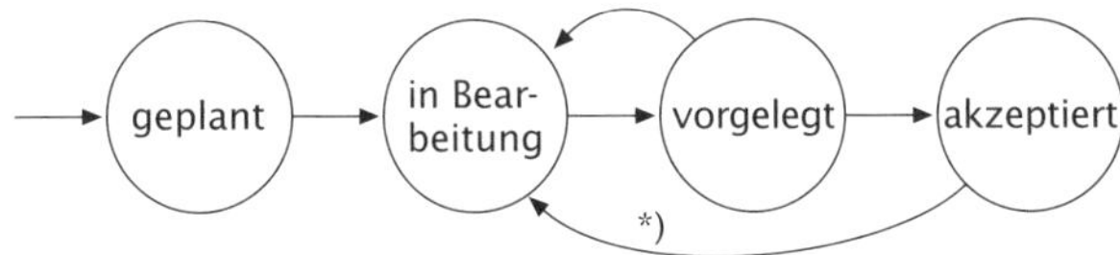

*) Dieser Übergang wird durch das Konfigurationsmanagement verursacht und führt zu einer neuen Produkt-Version

Abb. 3.3-6: Zulässige Zustandsübergänge von Produkten /V-Modell 97, S. 2-6/

Bei Ablehnung geht es in den Zustand »in Bearbeitung« zurück, sonst geht es in den Zustand »akzeptiert« über. Vom Zustand »vorgelegt« ab führen Modifikationen zu einer Fortschreibung der Versionsangabe.

- Im Zustand »akzeptiert« wurde das Produkt von der Qualitätssicherung überprüft und freigegeben. Es darf nur innerhalb einer neuen Version geändert werden.

akzeptiert

Abb. 3.3-7 zeigt das Submodell »Systemerstellung« im Funktionsüberblick. Abb. 3.3-8 zeigt alle Produkte des V-Modells und ihre Einordnung in die hierarchische Erzeugnisstruktur (siehe Abb. 3.3-5).

Zu jedem Produkt gibt es ein inhaltliches Gliederungsschema (Produktmuster). Die Anwenderforderungen werden entsprechend dem Produktmuster der Abb. 3.3-9 beschrieben.

Das prinzipielle Zusammenwirken der vier Submodelle zeigt Abb. 3.3-10.

Rollen beschreiben die notwendigen Erfahrungen, Kenntnisse und Fähigkeiten, um Aktivitäten durchzuführen. In jedem Submodell gibt es

Rollen

- einen Manager, der die Rahmenbedingungen für die Aktivitäten des Submodells festlegt und die oberste Entscheidungsinstanz ist,
- einen Verantwortlichen, der die Aufgaben des Submodells plant, steuert und kontrolliert,
- einen bzw. mehrere Durchführende, die die geplanten Aufgaben der Submodelle bearbeiten.

Tab. 3.3-1 zeigt die Rollen im V-Modell. Die Zuordnung von Rollen zu Aktivitäten für das SE-Submodell zeigt Tab. 3.3-2. Zu jeder Rolle gibt es ein Anforderungsprofil.

Als Beispiele für die Verfeinerung der Hauptaktivitäten SE 1 und SE 2 sind die Abb. 3.3-11 und die Abb. 3.3-12 angegeben.

Als Beispiel für eine weitere Verfeinerung wird die Aktivität SE 1.1 »Ist-Aufnahme/-Analyse« näher betrachtet. Diese Aktivität ist folgendermaßen abzuwickeln:

»Der Schwerpunkt der Ist-Aufnahme/-Analyse liegt auf der fachlichen, anwenderorientierten Seite. Im Rahmen dieser Aktivität sind Informationen über den Ist-Zustand zu beschaffen, zu analysieren und zu dokumentieren.

Hier kann eine Organisationsanalyse durchgeführt werden. Im Rahmen einer Organisationsanalyse sind folgende Aspekte zu berücksichtigen:

- Organisationsanalyse vorbereiten (Zielsetzung/Leistungen der fachlichen Aufgaben ermitteln, Analysetiefe festlegen, entsprechend Unterlagen für Workshops oder Fragebögen für Interviews vorbereiten),
- Geschäftsprozesse aufnehmen (Haupt- und Teilgeschäftsprozesse abgrenzen, Schnittstellen zwischen Prozessen festlegen, Geschäftsprozesse in einem Ist-Modell abbilden),

Abb. 3.3-7: Funktionsüberblick Submodell SE (Systemerstellung) /V-Modell 97, S. 4-50 (vereinfacht)/

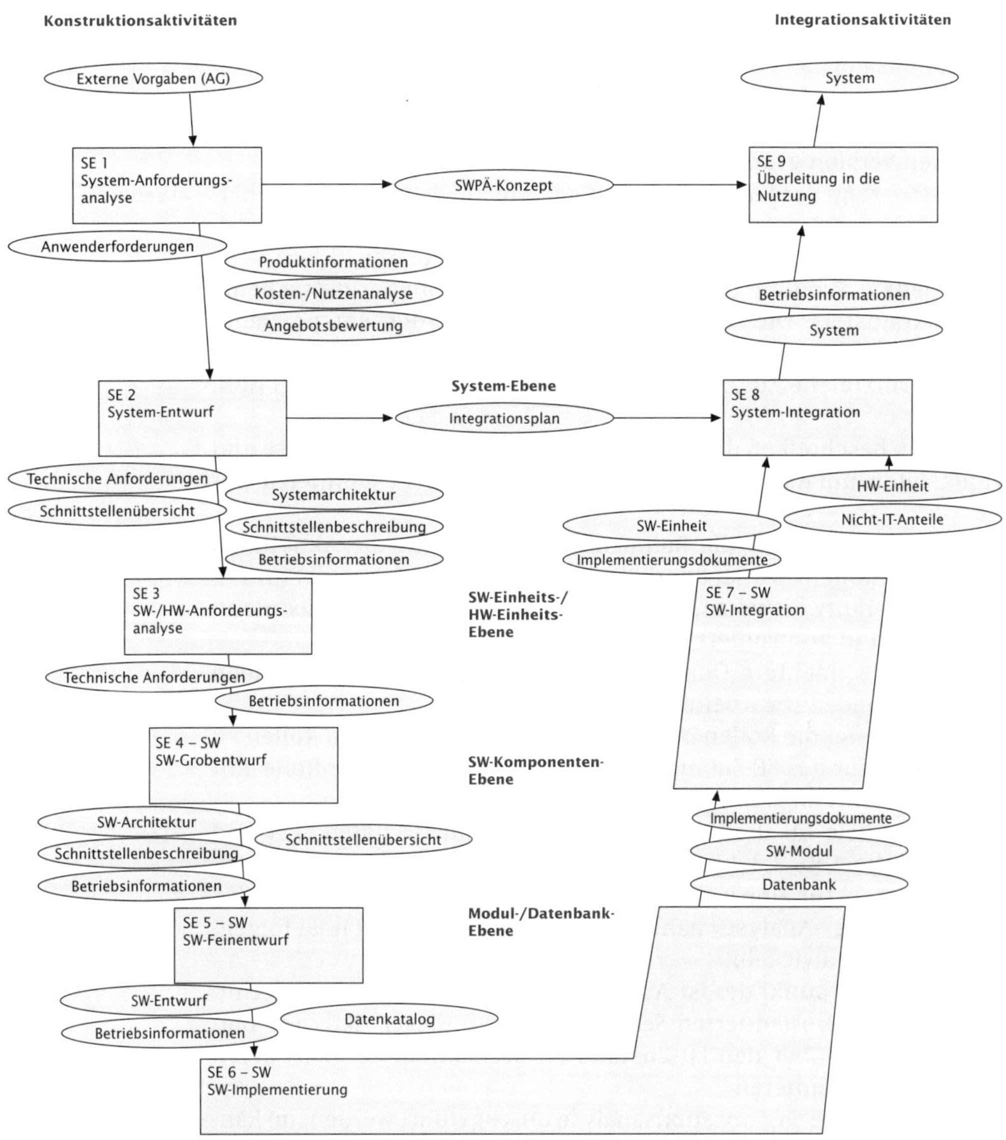

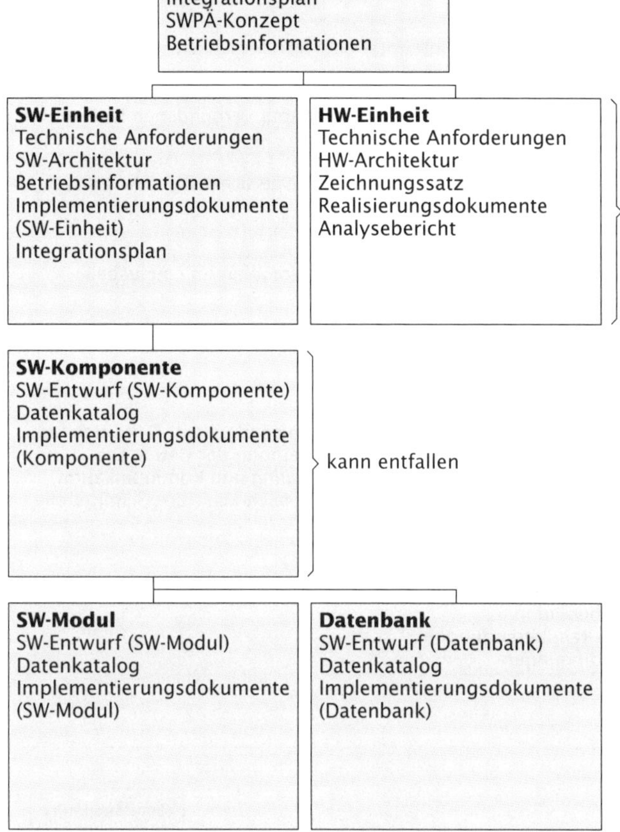

Legende: SWPÄ = Software-Pflege und -Änderung

Abb. 3.3-8: Produkte des Submodells Systemerstellung (Produktbaum) (in Anlehnung an /V-Modell 97, S. 2-10/)

Zitat

- Geschäftsprozesse analysieren (Ist-Modell durch Einbeziehung der Prozeßbetroffenen und des Prozeßverantwortlichen evaluieren, Schwachstellen z.B. Redundanzen, Liegezeiten und deren Ursachen ermitteln. Bei sehr komplexen Geschäftsprozessen kann eine Simulation des Ist-Modells zur Evaluation sinnvoll sein.).
- Analyseergebnisse auswerten (Vorschläge für Verbesserungen sammeln und priorisieren, u.a. Möglichkeiten für IT-Unterstützung ermitteln).

Die Analyseergebnisse dienen als Ausgangspunkt für die Definition von Anforderungen an eine künftige Aufbau- und Ablauforganisation beim Nutzer und als Basis für eine nachfolgende Geschäftsprozeßmodellierung sowie deren Umsetzung in die Praxis. Eine Organisationsanalyse sollte vor allem dann in Betracht gezogen werden, wenn

Abb. 3.3-9: Produktmuster »Anwenderforderungen«

1 **Allgemeines**
Vorspann für alle Dokumente (Deckblatt, Kurzbeschreibung, Verzeichnisse, Änderungsübersicht).

2 **Ist-Aufnahme und Ist-Analyse**
Nur relevant, wenn ein System dieser Art existiert und durch ein neues ersetzt werden soll.

3 **IT-Sicherheitsziel**
Anforderungen an Verfügbarkeit, Integrität oder Vertraulichkeit von bestimmten Funktionen oder Informationen.

4 **Bedrohungs- und Risikoanalyse**
Relevante Bedrohungen für das System und die damit verbundenen Risiken und zu erwartenden Schäden sind zu ermitteln.

5 **IT-Sicherheit**
Maßnahmen in der Umgebung des Systems (z.B. Zutrittssicherung) oder im System selbst (z.B. Paßwortschutz, Protokollierung).

6 **Fachliche Anforderungen**

6.1 Grobe Systembeschreibung
Beschreibung des Gesamthorizonts (Gesamtfunktionalität im Endausbau, quantitative Abschätzungen)

6.2 Organisatorische Einbettung

6.3 Nutzung

6.4 Kritikalität des Systems

6.5 Externe Schnittstellen

6.6 Beschreibung der Funktionalität
Fachliche Strukturierung der Funktionalität aus Anwendersicht; Definition von Geschäftsprozessen, gegebenenfalls auch Beschreibung der Daten. Die Funktionalität wird in Bereiche gegliedert, z.B. *Mailing* und Kommunikation, Daten- und Dokumentenhaltung, IT-Sicherheit, Mensch-Maschine-Schnittstelle, Bürofunktionen.

6.7 Qualitätsanforderungen
Basis ist die ISO 9126.

7 **Randbedingungen**

7.1 Technische Randbedingungen

7.2 Organisatorische Randbedingungen

7.3 Sonstige Randbedingungen

Quelle: /V-Modell 97, S. 8-3ff/

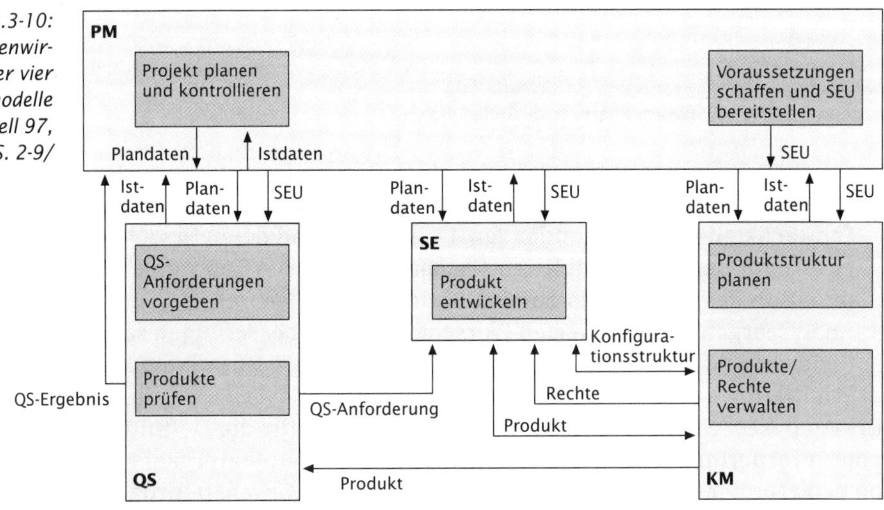

Abb. 3.3-10: Zusammenwirken der vier Submodelle /V-Modell 97, S. 2-9/

Legende: SEU = Software-Entwicklungs-Umgebung

	Manager	Verantwortliche	Durchführende
Submodell PM	Projektmanager	Projektleiter Rechtsverantwortlicher Controller	Projektadministrator
Submodell SE	Projektmanager IT-Beauftragter Anwender	Projektleiter	Systemanalytiker Systemdesigner SW-Entwickler HW-Entwickler Technischer Autor SEU-Betreuer Datenadministrator IT-Sicherheitsbeauftragter Datenschutzbeauftragter Systembetreuer
Submodell QS	Q-Manager	QS-Verantwortlicher	Prüfer
Submodell KM	KM-Manager	KM-Verantwortlicher	KM-Administrator

Legende: IT = Informations-Technik, Q = Qualität, KM = Konfigurationsmanagement, QS = Qualitätssicherung, SEU = Software-Entwicklungs-Umgebung, PM = Projektmanagement

Tab. 3.3-1: Rollen im V-Modell /V-Modell 97, S. R-2/

die Erledigung fachlicher Aufgaben ohne eine wirksame IT-Unterstützung nicht oder nicht mehr gewährleistet werden kann. Dabei sind die möglichen Wechselwirkungen zwischen Organisationsentwicklung und Realisierung der zugehörigen IT-Unterstützung unbedingt zu beachten, da eine optimale Gestaltung der Aufbau- und Ablauforganisation beim Nutzer gleichzeitig einen Haupteinflußfaktor für die IT-Unterstützung darstellt (z.B. notwendige Ausstattung von Arbeitsplätzen mit Rechnerleistung, Peripherie, Software, Vernetzungs- und Kommunikationseinrichtungen) und umgekehrt technologische Neuerungen auf dem Gebiet der IT die Möglichkeiten zur Organisationsgestaltung unmittelbar beeinflussen können (z.B. beim Einsatz von Vorgangssteuerungs- und Archivierungssystemen)./V-Modell 97, S. 4-4/.

Das V-Modell erhebt den Anspruch auf Allgemeingültigkeit, d.h. es soll für unterschiedliche Produktentwicklungen einsetzbar sein. Eine Anpassung an eine konkrete Entwicklung geschieht durch das »Maßschneidern« *(Tailoring)* der Produkte und Aktivitäten.

Tailoring

Dieses »Maßschneidern« geschieht in zwei Stufen:

- Ausschreibungsrelevantes *Tailoring*
  Vor Entwicklungsbeginn werden die sinnvollen Aktivitäten und Produkte festgelegt. Dies kann durch Streichungen geschehen oder durch Wahl eines Vorhabentyps, für den die Streichungen bereits vorgenommen wurden (standardisiertes *Vortailoring).*
- Technisches *Tailoring*
  Im Entwicklungsverlauf werden situationsabhängig Aktivitäten und Produktinhalte beim Beginn jeder Hauptaktivität festgelegt. Es wird entschieden, ob eine Aktivität oder ein Produkt im konkreten Fall sinnvoll ist oder entfallen kann.

Tab. 3.3-2a: Aktivitäten/ Rollen-Matrix für das Subsystem SE /V-Modell 97, S. R-14/

Aktivität	**Rolle**	Systemanalytiker	Systemdesigner	SW-Entwickler	HW-Entwickler	Technischer Autor	Systembetreuer	SEU-Betreuer	Datenadministrator	Datenschutzbeauftragter	IT-Sicherheitsbeauftragter	IT-Beauftragter	Anwender	Projektleiter
SE 1.1	Ist-Aufnahme/-Analyse durchführen	v	b										m	
SE 1.2	Anwendungssystem beschreiben	v											m	
SE 1.3	Kritikalität und Anforderungen an die Qualität definieren	v											m	
SE 1.4	Randbedingungen definieren	v											m	
SE 1.5	System fachlich strukturieren	v				m	m		m	b	m	m	m	
SE 1.6	Bedrohung und Risiko analysieren										v			
SE 1.7	Forderungscontrolling durchführen	m	m										v	m
SE 1.8	Software-Pflege und Änderungs-Konzept erstellen		v										m	m
SE 2.1	System technisch entwerfen		v			m						m		m
SE 2.2	Wirksamkeitsanalyse durchführen										v			
SE 2.3	Realisierbarkeit untersuchen	m	v								m	m		m
SE 2.4	Anwenderforderungen zuordnen		v											
SE 2.5	Schnittstelle beschreiben		v											
SE 2.6	System-Integration spezifizieren		v			m								
SE 3.1	Allgemeine Anforderungen an die SW-/HW-Einheit definieren		v											
SE 3.2	Anforderungen an die externen Schnittstellen der SW-/HW-Einheit präzisieren		v											
SE 3.3	Anforderungen an die Funktionalität definieren		v											
SE 3.4	Anforderungen an die Qualität der SW-/HW-Einheit definieren		v											
SE 3.5	Anforderungen an Entwicklungs- und SWPÄ-Umgebung definieren		v			m		m						
SE 4.1-SW	SW-Architektur entwerfen			v		m								
SE 4.2-SW	SW-interne und externe Schnittstellen entwerfen			v										
SE 4.3-SW	SW-Integration spezifizieren			v		m								
SE 5.1-SW	SW-Komponente/-Modul/Datenbank beschreiben			v		m								
SE 5.2-SW	Betriebsmittel- und Zeitbedarf analysieren			v										
SE 6.1-SW	SW-Module codieren			v										
SE 6.2-SW	Datenbank realisieren			v										
SE 6.3-SW	Selbstprüfung des SW-Moduls/ der Datenbank durchführen			v										
SE 7.1-SW	Zur SW-Komponente integrieren			v										
SE 7.2-SW	Selbstprüfung der SW-Komponente durchführen			v										
SE 7.3-SW	Zur SW-Einheit integrieren			v										
SE 7.4-SW	Selbstprüfung der SW-Einheit durchführen			v										

Legende: v = verantwortlich m = mitwirkend b = beratend

Ziel des *Tailoring* ist es, eine übermäßige Papierflut sowie sinnlose Dokumente zu vermeiden, auf der anderen Seite aber zu verhindern, daß wichtige Dokumente fehlen.

Aktivität \ Rolle	Systemanalytiker	Systemdesigner	SW-Entwickler	HW-Entwickler	Technischer Autor	Systembetreuer	SEU-Betreuer	Datenadministrator	Datenschutzbeauftragter	IT-Sicherheitsbeauftragter	IT-Beauftragter	Anwender	Projektleiter
SE 4.1-HW Lösungsvorschläge erarbeiten und bewerten				v									
SE 4.2-HW Grobentwurf einer HW-Einheit erarbeiten				v	m								
SE 4.3-HW HW-interne Schnittstellen spezifizieren				v									
SE 4.4-HW HW-Integration spezifizieren				v	m								
SE 5.1-HW Detailentwürfe für HW-Komponenten/ HW-Module erstellen				v	m								
SE 5.2-HW Zeichnungssatz erstellen				v									
SE 5.3-HW Analysen und Nachweise durchführen				v									
SE 6.1-HW HW-Komponente/HW-Modul anfertigen				v									
SE 6.2-HW Selbstprüfung durchführen				v									
SE 7.1-HW Zur HW-Teilstruktur integrieren				v									
SE 7.2-HW HW-Teilstrukturen-Selbstprüfung durchführen				v									
SE 7.3-HW Zur HW-Einheit integrieren				v									
SE 7.4-HW HW-Einheiten-Selbstprüfung				v									
SE 8.1 Zum System integrieren	b	v	m	m									
SE 8.2 Selbstprüfung des Systems durchführen		v	m	m									
SE 8.3 Produkt bereitstellen		v	m	m	m	m							
SE 9.1 Beitrag zur Einführungsunterstützung leisten					m	v						m	
SE 9.2 System installieren						v	m						
SE 9.3 In Betrieb nehmen						v						m	

Legende: v = verantwortlich m = mitwirkend b = beratend

Tab. 3.3-2b: Aktivitäten/ Rollen-Matrix für das Subsystem SE /V-Modell 97, S. R-14/

Beispiel

Um ein Gefühl für die Anzahl der Aktivitäten und Teilprodukte bei der Anwendung des V-Modells zu bekommen, wird ein Beispiel durchgeführt.

IT = Informationstechnik

Für »kleine administrative IT-Vorhaben« gibt es ein standardisiertes *Vortailoring*. Ein solches Vorhaben besitzt folgende Charakteristika:

- Das Projekt wird meist von einem oder zwei Mitarbeitern durchgeführt.
- Der Aufwand ist kleiner oder gleich einem halben Mitarbeiterjahr.
- Die Komplexität sowohl der Funktionen als auch der Daten ist gering.
- Die Wartbarkeitsanforderungen sind gering, d.h. es sind nur minimale Änderungen zu erwarten.
- Beispiele: Statistikprogramme, Geschäftsgrafik, dBase-Anwendungen mit Auswertungen.

Folgende Produkte müssen für ein solches Vorhaben erstellt werden (in Klammern sind die zugehörigen Aktivitäten angegeben, siehe auch Tab. 3.3-2):

- Anwenderforderungen (1.1, 1.2, 1.4, 1.5, 1.6)
- Systemarchitektur (2.1)

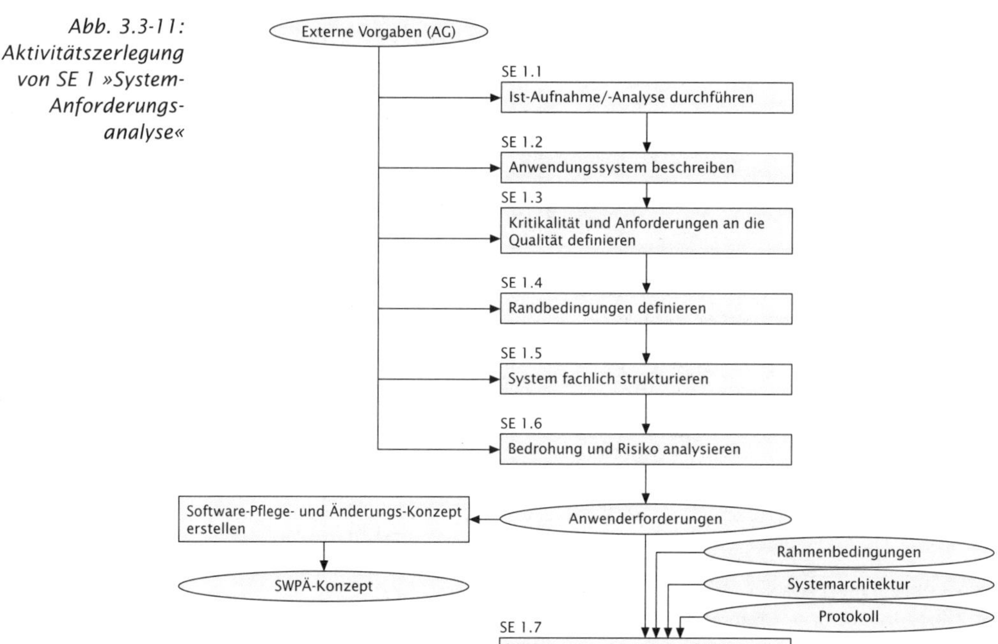

Abb. 3.3-11: Aktivitätszerlegung von SE 1 »System-Anforderungsanalyse«

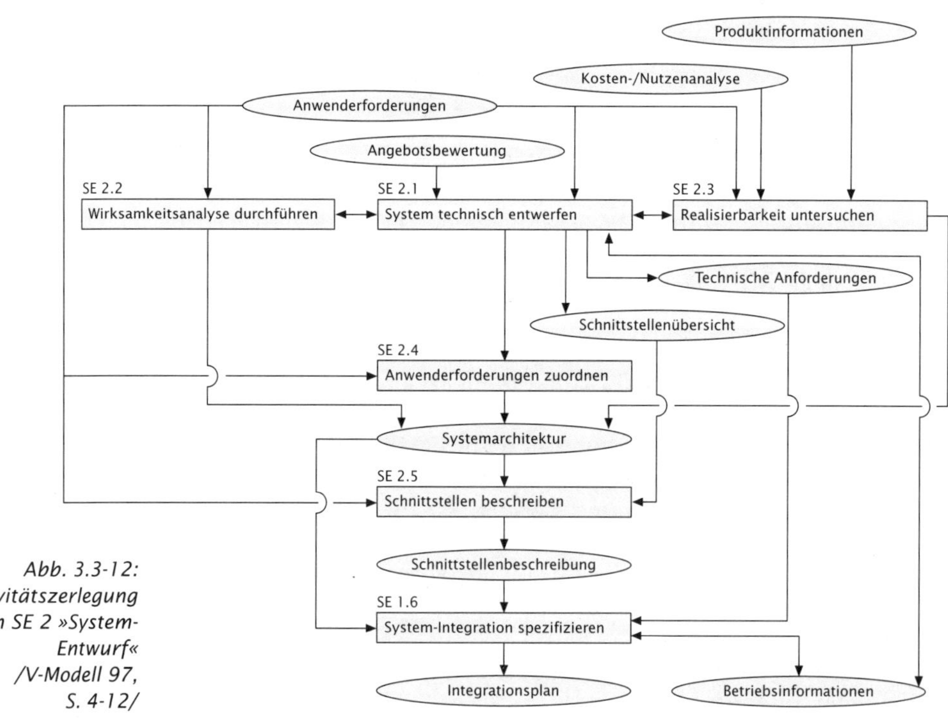

Abb. 3.3-12: Aktivitätszerlegung von SE 2 »System-Entwurf« /V-Modell 97, S. 4-12/

- Technische Anforderungen (2.1, 3.1, 3.3, 3.4)
- Schnittstellenübersicht (2.1, 4.1)
- Betriebsinformationen (2.1, 4.1, 8.3)
- SW-Modul (6.1)
- SW-Einheit (7.3)
- Segment (8.1)
- System (8.1, 9.2, 9.3)

Von 17 im V-Modell festgelegten Teilprodukten müssen für dieses kleine Vorhaben bereits 11 Teilprodukte erstellt werden. Von 37 Aktivitäten sind 18 durchzuführen.

Bewertung

Das in /V-Modell97/ beschriebene V-Modell besitzt folgende Vorteile: Vorteile

- ⊞ Integrierte, detaillierte Darstellung von Systemerstellung, Qualitätssicherung, Konfigurationsmanagement und Projektmanagement.
- ⊞ Generisches Vorgehensmodell mit definierten Möglichkeiten zum Maßschneidern auf projektspezifische Anforderungen.
- ⊞ Ermöglicht eine standardisierte Abwicklung von Systemerstellungs-Projekten.
- ⊞ Gut geeignet für große Projekte, insbesondere für eingebettete Systeme.

Folgende Nachteile besitzt das V-Modell: Nachteile

- ⊟ Die Vorgehenskonzepte, die für große eingebettete Systeme sinnvoll sind, werden unkritisch auf andere Anwendungstypen übertragen.
- ⊟ Für kleine und mittlere Softwareentwicklungen (wenn es sich um keine eingebetteten Systeme handelt) führt das V-Modell zu einer unnötigen Produktvielfalt und zu einer Software-Bürokratie (siehe Beispiel).
- ⊟ Ohne geeignete CASE-Unterstützung ist das V-Modell nicht handhabbar.
- ⊟ Die 25 definierten Rollen im V-Modell sind – außer für Großprojekte – für den Durchschnitt der Software-Entwicklungen unrealistisch.
- ⊟ Es fehlen in der Dokumentation vollständige Beispiele.
- ⊟ Gefahr, daß bestimmte Software-Methoden festgeschrieben werden, da das V-Modell nicht methodenneutral ist (Trennung in Funktions- und Datensicht).
- ⊟ Unnötige Verwendung englischer Begriffe wie *Tailoring, Baseline, Prototyping.*
- ⊟ Verwendung unüblicher deutscher Begriffe, z.B. Forderungen anstelle von Anforderungen.

3.3.3 Das Prototypen-Modell

Erfahrungsgemäß treten bei einer Software-Entwicklung eine Reihe von Problemen auf, die mit den traditionellen Prozeß-Modellen – wie Wasserfallmodell und V-Modell – nicht gelöst werden können:

Probleme

- Der Auftraggeber und der Endbenutzer sind oft nicht in der Lage, ihre Anforderungen an ein neues System explizit und/oder vollständig zu formulieren. Traditionelle Prozeß-Modelle verlangen jedoch zu Beginn der Entwicklung – in der Definitionsphase – eine vollständige Spezifizierung der Anforderungen.
- Während der Entwicklung ist oft eine wechselseitige Koordination zwischen Entwicklern und Anwendern erforderlich, wobei jede Gruppe kontinuierlich von der anderen lernt. Traditionelle Prozeß-Modelle beenden diese Kooperation, wenn die Anforderungen fertiggestellt sind.
- Software-Entwicklungsabteilungen ziehen sich nach der Definitionsphase vom Auftraggeber zurück und präsentieren erst nach der Fertigstellung das Ergebnis dem Auftraggeber. Diese Organisationsstruktur wird durch traditionelle Prozeß-Modelle unterstützt.
- Für manche Anforderungen gibt es unterschiedliche Lösungsmöglichkeiten. Diese Lösungsmöglichkeiten müssen experimentell erprobt und mit dem Auftraggeber diskutiert werden, bevor eine Entscheidung für eine Lösung getroffen werden kann.
- Die Realisierbarkeit mancher Anforderungen läßt sich manchmal theoretisch nicht garantieren, z.B. bei Echtzeitanforderungen. Es ist daher erforderlich, diese speziellen Anforderungen vor Abschluß der Definitionsphase zu realisieren.
- In der Akquisitionsphase muß der Auftraggeber von der prinzipiellen Durchführbarkeit einer Idee oder der Handhabung überzeugt werden. Traditionelle Modelle bieten für diese Aufgabe keine Lösungsmöglichkeiten.

Diese Probleme können durch das Prototypen-Modell gelöst werden – zumindest teilweise.

Software-Prototyp vs. Prototyp

Ein Software-Prototyp unterscheidet sich von einem Prototyp in anderen Ingenieurdisziplinen in folgenden Punkten:

- Ein Software-Prototyp ist *nicht* das erste Muster einer großen Serie von Produkten, wie es z.B. bei der Massenproduktion in der Automobilindustrie der Fall ist. Die Vervielfältigung eines Software-Produktes ist kein Ingenieurproblem.
- Das Wesen eines Software-Prototyps unterscheidet sich z.B. von einem Windkanal- oder einem Architekturmodell. Ein Software-Prototyp zeigt ausgewählte Eigenschaften des Zielproduktes im praktischen Einsatz. Er ist nicht nur eine Simulation des Zielproduktes.

Es gibt jedoch Ähnlichkeiten in der Anwendung der Prototypen: Anwendung

- Prototypen werden verwendet, um relevante Anforderungen oder Entwicklungsprobleme zu klären.
- Prototypen dienen als Diskussionsbasis und helfen bei Entscheidungen.
- Prototypen werden für experimentelle Zwecke verwendet und um praktische Erfahrungen zu sammeln.

Das **Prototypen-Modell** unterstützt auf systematische Weise die frühzeitige Erstellung ablauffähiger Modelle (Prototypen) des zukünftigen Produkts, um die Umsetzung von Anforderungen und Entwürfen in Software zu demonstrieren und mit ihnen zu experimentieren. Eine solche Vorgehensweise wird als ***prototyping*** bezeichnet. Prototypen-Modell *prototyping*

Nach /Kieback et al. 92/ und /Budde et al. 92/ lassen sich vier Arten von Prototypen unterscheiden: Arten

Ein **Demonstrationsprototyp** dient zur Auftragsakquisition. Er soll dem potentiellen Auftraggeber einen ersten Eindruck davon vermitteln, wie ein Produkt für das vorgesehene Anwendungsgebiet im Prinzip aussehen kann. Der Prototyp ist von einem tatsächlichen Produkt noch weit genug entfernt, so daß die Begrenzungen des Prototyps sichtbar werden. Demonstrationsprototyp

In der Regel werden solche Prototypen schnell aufgebaut *(rapid prototyping)*, unter Vernachlässigung softwaretechnischer Standards. Sie werden nach der Erfüllung ihrer Aufgaben »weggeworfen«.

Ein **Prototyp im engeren Sinne** wird parallel zur Modellierung des Anwendungsbereichs erstellt, um spezifische Aspekte der Benutzungsschnittstelle oder Teile der Funktionalität zu veranschaulichen. Er trägt dazu bei, den Anwendungsbereich zu analysieren. Ein solcher Prototyp ist ein provisorisches, ablauffähiges Software-System. Prototyp i.e.S.

Ein **Labormuster** dient dazu, konstruktionsbezogene Fragen und Alternativen zu beantworten. Es demonstriert die technische Umsetzbarkeit des Produktmodells. Endbenutzer nehmen an der Evaluation eines Labormusters im allgemeinen nicht teil. Die modellierten Aspekte beziehen sich meistens auf die Architektur oder die Funktionalität und sollten technisch mit dem späteren Produkt vergleichbar sein. Labormuster

Ein **Pilotsystem** ist ein Prototyp, der nicht nur zur experimentellen Erprobung oder zur Veranschaulichung dient, sondern selbst der Kern des Produkts ist. Die Unterscheidung zwischen dem Prototyp und dem Produkt verschwindet. Ist ein gewisser Reifegrad erreicht, dann ist der Prototyp praktisch in Form eines Pilotsystems realisiert und wird in Zyklen weiterentwickelt. Pilotsystem

Die Weiterentwicklungsstufen sollten sich exklusiv an den Benutzerprioritäten orientieren. Technisch gesehen benötigt ein Pilotsystem einen wesentlich sorgfältigeren Entwurf als die anderen Prototyp-Arten. Schließlich ist das Pilotsystem für die Benutzung in der Einsatzumgebung entworfen und nicht nur unter Laborbedingungen.

Selbst wenn der Einsatz auf eine einzelne Abteilung oder einen individuellen Arbeitsplatz beschränkt ist, so ist es doch unumgänglich, daß das System leicht zu bedienen und zuverlässig ist. Außerdem ist eine minimale Benutzerdokumentation erforderlich. Ein Pilotsystem hilft die organisatorische Integration des Produkts vorzubereiten, indem es dem Benutzer einen Vorgeschmack auf das System gibt.

Ein fertiges Software-Produkt besteht aus verschiedenen Komponenten bzw. Ebenen, von der Benutzungsschnittstelle bis zur systemnahen Ebene. Unter diesem Blickwinkel lassen sich horizontale und vertikale Prototypen unterscheiden /Floyd 84/ (Abb. 3.3-13).

Abb. 3.3-13: Horizontaler und vertikaler Prototyp

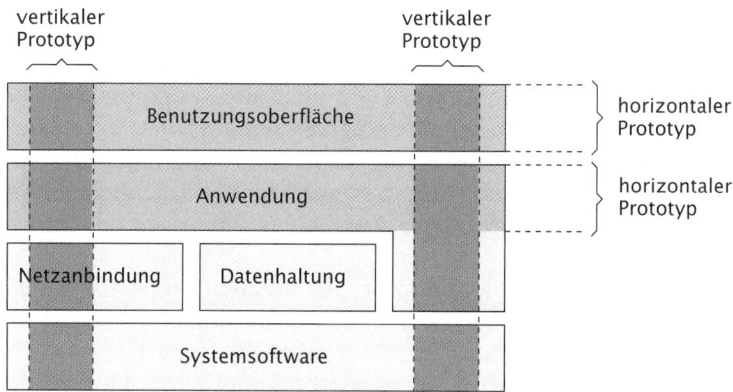

horizontal

Ein **horizontaler Prototyp** realisiert nur spezifische Ebenen des Systems, z.B. die Benutzungsschnittstelle oder funktionale Kernebenen wie Datenbanktransaktionen. Die betreffende Ebene wird möglichst vollständig realisiert. Bei der Benutzungsschnittstelle bedeutet dies, daß die gesamte Oberfläche zu sehen ist, aber die dahinterliegende Funktionalität fehlt.

vertikal

Ein **vertikaler Prototyp** implementiert ausgewählte Teile des Zielsystems vollständig durch alle Ebenen hindurch. Ist beispielsweise unklar, ob eine Echtzeitanforderung zu realisieren ist, dann wird die betreffende Echtzeitfunktion von der Bedienungsoberfläche bis zur systemnahen Ebene realisiert. Diese Technik ist dort geeignet, wo die Funktionalitäts- und Implementierungsoptionen noch offen sind. Dies ist in der Regel der Fall, wenn Pilotsysteme gebaut werden.

Zwischen einem Prototyp und den fertigen Software-Systemen kann es verschiedene Beziehungen geben:

- Prototypen dienen nur zur Klärung von Problemen.
  Prototypen werden entwickelt, um neue Erkenntnisse zu gewinnen, um Probleme zu klären und um Ideen zu überprüfen. Ziel ist es nicht, ein marktfähiges Software-System zu entwickeln. Daher ist die Beziehung zwischen Prototyp und fertigem Software-System

nicht festgelegt. Solche Prototypen werden oft in Universitäten und Forschungsinstitutionen erstellt.

- Ein Prototyp ist Teil der Produktdefinition.
  Das Software-Produkt wird auf der Basis des akzeptierten Prototyps entwickelt. Der Prototyp dient dazu, das Produkt zu definieren. Er ist *nicht* Teil des Produktes selbst, sondern wird anschließend »weggeworfen«. Diese Prototypen werden so schnell wie möglich entwickelt, unter Vernachlässigung von Qualitätsanforderungen. Die technische Implementierung für den Prototyp und das Produkt können unterschiedlich sein. Ein Prototyp kann in LISP auf einer *Workstation*, das Produkt in C++ auf einem PC realisiert werden. Das Software-Produkt wird grundsätzlich neu aufgebaut, um geforderte Entwicklungs- und Qualitätsstandards zu erfüllen.
- Prototypen werden inkrementell weiterentwickelt, um ein marktfähiges Produkt zu erhalten.
  Durch den Einsatz moderner Software-Techniken ist ein gradueller Übergang vom Prototyp zum fertigen Produkt möglich.
  Beispielsweise kann durch den Einsatz von UIMS *(user interface management system)* eine Benutzungsoberfläche interaktiv erstellt und animiert werden. Ist der Auftraggeber mit der Oberfläche einverstanden, dann wird eine Schnittstelle zur Anwendung hin generiert. Die erstellte Oberfläche wird Teil des Endprodukts. Hauptkapitel I 3
  Wesentlich ist, daß bei diesen Prototypen von vornherein auf die Einhaltung von geforderten Entwicklungs- und Qualitätsstandards geachtet wird.

Wegen der verschiedenen Prototyp-Arten ist es wichtig, bei einer Software-Entwicklung jeweils anzugeben, von welchem Prototyp man spricht. Abb. 3.3-14 veranschaulicht das Prototypen-Modell.

Beispiele

Um einen Auftraggeber von einer computergestützten Seminar- und Kundenverwaltung zu überzeugen, kann ein **Demonstrationsprototyp** gezeigt werden, der es ermöglicht, ungeplante Anfragen an das System zu stellen wie:
»Mit welchen zehn Firmen wurden im letzten Jahr die meisten Umsätze erzielt?«, »Welche Seminarveranstaltungen erzielten den größten Umsatz im letzten halben Jahr?«
Ein solcher Prototyp kann mit einer relationalen Datenbank mit einer grafischen Oberfläche auf einem PC schnell erstellt werden.
Ein **Prototyp im engeren Sinne** kann die gesamte Benutzungsoberfläche der Seminarorganisation zeigen (horizontaler Prototyp). Ein solcher Prototyp kann mit einem UIMS erstellt und animiert werden. Alternativen können ebenfalls dargestellt werden. Wird eine Alternative akzeptiert, dann kann die Oberfläche in das Endprodukt integriert werden.

Soll geklärt werden, ob für die Datenhaltung – neben einer relationalen Datenbank – auch eine objektorientierte Datenbank bzgl. Modellierung und Leistung in Frage kommt, dann werden zwei **Labormuster** entwickelt und miteinander verglichen.
Sind die Anforderungen an die Kundenverwaltung innerhalb der Seminarorganisation bereits konsolidiert, z.B. durch einen Prototyp der Benutzungsoberfläche und ein Labormuster der Datenbankalternativen, dann kann ein **Pilotsystem** erstellt werden. Dies wird bei zwei Benutzern, die die Kunden verwalten, eingesetzt und schrittweise entsprechend den Benutzerwünschen erweitert.

Abb. 3.3-14: Das Prototypen-Modell (normierte Darstellung)

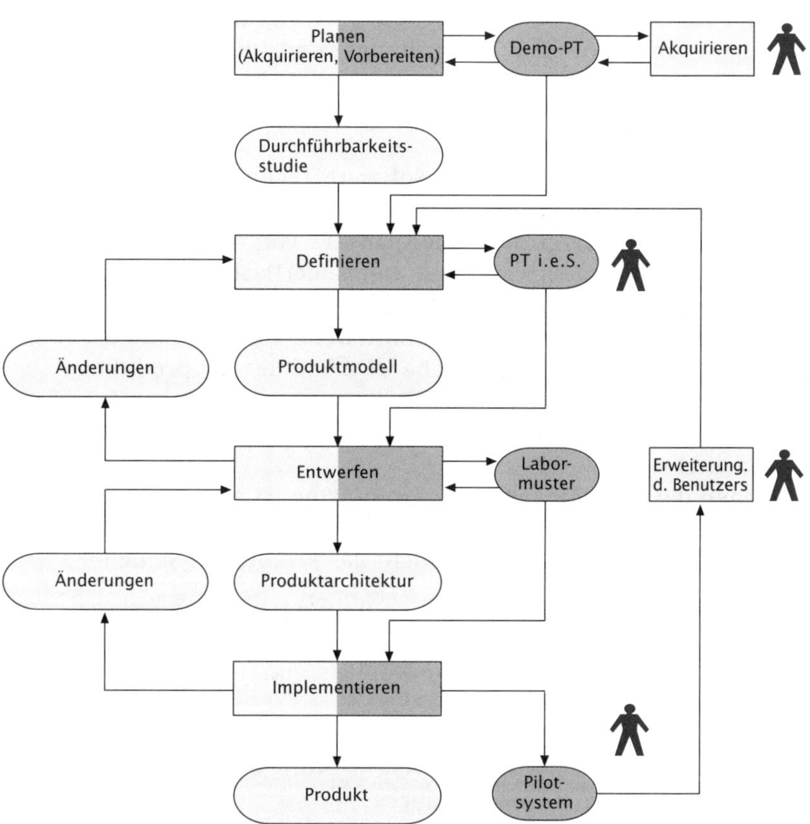

Legende: PT = Prototyp
Erläuterungen:
Die dunkelblauen Grafikteile kennzeichnen das Prototypen-Modell.
Die Gesamtgrafik zeigt eine Ergänzung der traditionellen Modelle um Prototypen.
Jeder Prototyp selbst muß definiert, entworfen und implementiert werden (hier nicht dargestellt).
Der dunkelblaue Teil der Aktivitäten und Produkte zeigt, daß Prototypen immer nur Ausschnitte oder Teilaspekte behandeln.

Bewertung

Vorteile

Das Prototypen-Modell besitzt folgende Vorteile:

- ⊞ Reduzierung des Entwicklungsrisikos durch frühzeitigen Einsatz von Prototypen.
- ⊞ Prototypen können sinnvoll in andere Prozeß-Modelle integriert werden.
- ⊞ Prototypen können heute durch geeignete Werkzeuge schnell erstellt werden.
- ⊞ *Prototyping* verbessert die Planung von Software-Entwicklungen.
- ⊞ Labormuster fördern die Kreativität für Lösungsalternativen.
- ⊞ Starke Rückkopplung mit dem Endbenutzer und dem Auftraggeber.
- ⊞ Auch für die Entwicklung von Expertensystemen geeignet /Weitzel, Kerschberg 89/.

Nachteile

Dem stehen folgende Nachteile gegenüber:

- ⊟ Höherer Entwicklungsaufwand, da Prototypen im allgemeinen zusätzlich erstellt werden.
- ⊟ Gefahr, daß ein »Wegwerf«-Prototyp aus Termingründen doch Teil des Endprodukts wird.
- ⊟ Verträge für die Software-Erstellung berücksichtigen noch nicht das Prototypen-Modell.
- ⊟ Prototypen werden oft als Ersatz für die fehlende Dokumentation angesehen.
- ⊟ Die Beschränkungen und Grenzen von Prototypen sind oft nicht bekannt.

Damit das Prototypen-Modell erfolgreich eingesetzt werden kann, sind nach /Kieback et al. 92/ folgende Voraussetzungen zu schaffen:

- Es muß ausreichendes Wissen über das Anwendungsgebiet vorhanden sein.
- Allein auf der Basis vorgegebener schriftlicher Dokumente kann kein Prototyp erstellt werden. Die Entwickler müssen Zugang zu den Benutzern haben.
- Die Endbenutzer müssen am *Prototyping*-Prozeß beteiligt werden.
- Die Benutzerbeteiligung ersetzt nicht die kreativen Ideen und Lösungsvorstellungen der Entwickler.
- Alle an der Entwicklung beteiligten Personengruppen müssen in direktem Kontakt stehen.
- Prototypen müssen im richtigen Umfang dokumentiert werden.
- Die Vorgehensweise hängt von der untersuchten Fragestellung ab.
- Geeignete Werkzeuge müssen verfügbar sein.

Das Motto des Prototypen-Modells lautet: »*Redo until Right*«.

3.3.4 Das evolutionäre/inkrementelle Modell

Sowohl beim Wasserfallmodell als auch beim V-Modell ist es das Ziel, ein vollständiges Software-Produkt zu entwickeln, das den definierten Anforderungen entspricht. Es wird bei diesen Modellen – zumindest implizit – davon ausgegangen, daß in der Definitionsphase alle Anforderungen des Auftraggebers ermittelt werden. Unklare Anforderungen können durch Prototypen noch geklärt werden. Anschließend wird das Produkt in der vollen Breite entwickelt. Es werden ein vollständiger Entwurf und eine vollständige Implementierung durchgeführt. Erst dann steht dem Auftraggeber das Produkt zur Verfügung.

Diese Entwicklung in voller Breite führt dazu, daß die Entwicklungsdauer oft mehrere Jahre beträgt und der Auftraggeber entsprechend lange auf sein Produkt warten muß. Neben diesem Nachteil hat sich in der Praxis herausgestellt, daß der Auftraggeber seine Produktanforderungen oft nicht vollständig formulieren kann. Manche Wünsche ergeben sich auch erst beim Produkteinsatz. Ähnlich ist die Situation, wenn ein Produkt für den anonymen Markt entwickelt werden soll. Diese Probleme bzw. Nachteile haben zu dem Modell der evolutionären Entwicklung geführt.

evolutionär

Ausgangspunkt bei dem **evolutionären Modell** sind die Kern- oder Mußanforderungen des Auftraggebers. Diese Anforderungen definieren einen Produktkern. Nur dieser Produktkern wird anschließend entworfen und implementiert. Das Kernsystem, auch Nullversion genannt, wird an den Auftraggeber ausgeliefert.

Der Auftraggeber sammelt Erfahrungen mit dieser Nullversion und ermittelt daraus seine Produktanforderungen für eine erweiterte Version. Die Nullversion wird anschließend um die neuen Anforderungen ergänzt. Die neue Produktversion wird eingesetzt; anhand der gewonnenen Erfahrungen werden neue Anforderungen aufgestellt.

Eine solche evolutionäre Entwicklung besitzt folgende Charakteristika (siehe auch /Boehm 88, S. 122/):

- Das Software-Produkt wird allmählich und stufenweise entwickelt, gesteuert durch die Erfahrungen, die der Auftraggeber und die Benutzer mit dem Produkt machen.
- Pflegeaktivitäten werden ebenfalls als Erstellung einer neuen Version betrachtet.
- Gut geeignet, wenn der Auftraggeber seine Anforderungen noch nicht vollständig überblickt: *»I can't tell you what I want, but I'll know it when I see it«*.
- Die Entwicklung ist code-getrieben, d.h. man konzentriert sich jeweils auf lauffähige Teilprodukte.

versioning

Die evolutionäre Entwicklung wird auch als Versionen-Entwicklung *(versioning)* bezeichnet. Oft wird auch die Entwicklung eines Pilotsystems mit der evolutionären Entwicklung gleichgesetzt. Teilweise spricht man auch von evolutionärem *prototyping* (siehe auch /Budde et al. 92/). Abb. 3.3-15 zeigt die Vorgehensweise beim evolutionären Modell.

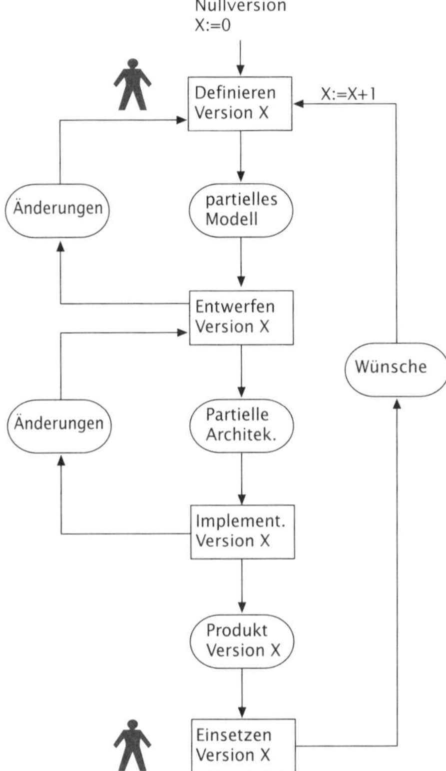

Abb. 3.3-15: Das evolutionäre Modell (normierte Darstellung)

Beispiel

Der Auftraggeber benötigt für seine Seminarorganisation kurzfristig eine Kundenverwaltung. Da er den Bereich der Dozenten- und Seminarverwaltung noch nicht überblickt, wird dieser Verwaltungsteil zurückgestellt.
Nach Einführung der Kundenverwaltung wird in der nächsten Version die Kundenverwaltung um eine Seminarverwaltung ergänzt. Anschließend erfolgt noch eine Erweiterung um eine Dozentenverwaltung.

Bewertung

Vorteile

Das evolutionäre Modell hat folgende Vorteile:

- Der Auftraggeber erhält in kürzeren Zeitabständen einsatzfähige Produkte, z.B. im Halbjahresrhythmus.
- Es kann mit dem Prototypen-Modell kombiniert werden, insbesondere ist eine Pilotsystem-Entwicklung ähnlich wie eine evolutionäre Entwicklung.

- Der frühzeitige Einsatz einer eingeschränkten Produktversion erlaubt es, die Auswirkungen des Produkteinsatzes auf die Arbeitsabläufe zu studieren und diese Erfahrungen in die nächste Version einzubringen.
- Ein Produkt wird in einer Anzahl kleiner Arbeitsschritte überschaubarer Größe erstellt. Dadurch ist es möglich, die Richtung der Entwicklung Schritt für Schritt zu korrigieren oder neu zu definieren.
- Die Entwicklung ist nicht nur auf einen einzigen Endabgabetermin ausgerichtet – der meist mehrere Jahre in der Zukunft liegt – sondern es gibt einsatzfähige Zwischenergebnisse.

Nachteile

Dem stehen folgende Nachteile gegenüber:

- Es besteht die Gefahr, daß in den nachfolgenden Versionen die komplette Systemarchitektur überarbeitet werden muß, weil bei der Nullversion Kernanforderungen übersehen wurden.
- Es besteht die Gefahr, daß die Nullversion nicht flexibel genug ist, um sich an ungeplante Evolutionspfade anzupassen.

inkrementell

Diese gravierenden Nachteile werden bei dem **inkrementellen Modell** vermieden. Bei der inkrementellen Entwicklung werden die Anforderungen an das zu entwickelnde Produkt möglichst vollständig erfaßt und modelliert. Analog zur evolutionären Entwicklung wird dann jedoch nur ein Teil der Anforderungen entworfen und implementiert. Der Auftraggeber erhält in kurzer Zeit ein einsatzfähiges System. Anschließend wird die nächste Ausbaustufe realisiert, wobei Erfahrungen des Auftraggebers mit der laufenden Version berücksichtigt werden.

Da bei der inkrementellen Entwicklung bereits ein vollständiges Analysemodell entwickelt wurde, ist sichergestellt, daß die inkrementellen Erweiterungen zu dem bisherigen System passen, z.B. sind die Schnittstellen bekannt. Diese Sicherheit ist bei der evolutionären Entwicklung nicht vorhanden.

Beispiel

Für die Seminarorganisation wird ein vollständiges Produktmodell mit den zwei Subsystemen Kundenverwaltung und Seminarverwaltung erstellt.
Der Auftraggeber entscheidet, daß er die Kundenverwaltung zuerst benötigt. Daher wird zunächst dieses Subsystem realisiert. Anschließend erfolgt in der nächsten Version die Erweiterung um das Subsystem Seminarverwaltung. Zusätzlich werden einige Attribute und Operationen der Kundenverwaltung ergänzt, die sich aus dem Einsatz der Kundenverwaltung ergeben haben.

Die hier vorgenommene Unterscheidung zwischen evolutionärem und inkrementellen Modell ist in der Literatur so nicht zu finden. Abb. 3.3-16 veranschaulicht das inkrementelle Modell.

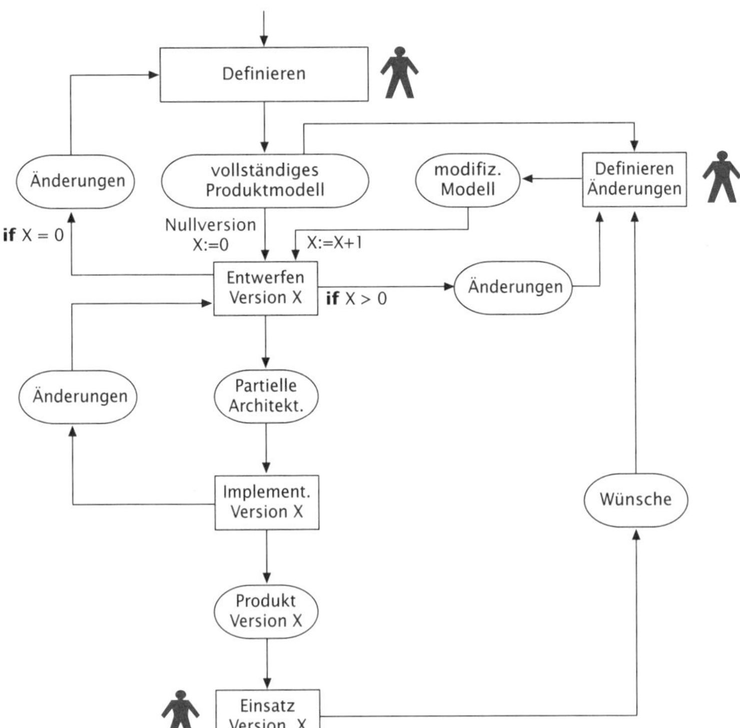

Abb. 3.3-16: Das inkrementelle Modell (normierte Darstellung)

3.3.5 Das objektorientierte Modell

Ein wesentlicher Vorteil einer objektorientierten Software-Entwicklung besteht darin, daß die Wiederverwendung von Klassen und Klassenhierarchien durch Komposition, Vererbung und Polymorphie unterstützt werden. Die Wiederverwendung kann auf verschiedenen Ebenen erfolgen. Es können

Ebenen

- OOA-Modelle (Subsysteme, Klassen, Klassenhierarchien),
- technische Entwürfe (OOD-Modelle) und
- implementierte Klassen und Klassenbibliotheken wiederverwendet werden.

Neben den Ebenen der Wiederverwendung können auch die Wiederverwendungsgebiete unterschieden werden:

Gebiete

- Es können anwendungs- bzw. branchenspezifische Klassen und Subsysteme wiederverwendet werden, z.B. Finanzanalysen.
- Es können Klassen wiederverwendet werden, die die Anbindung einer Anwendung an die Umgebung ermöglichen, z.B. Oberflächenklassen für die Benutzungsschnittstelle, Protokollklassen für die Netzwerkkommunikation, Klassen für die Datenhaltungsansteuerung.

- Es können Klassen wiederverwendet werden, die eine Anbindung an die Systemsoftware ermöglichen, z.B. Basisklassen.

Außerdem kann nach der Herkunft der Klassen unterschieden werden:

Herkunft

- Eigene Klassen aus früheren Entwicklungen.
- Auf dem Markt eingekaufte Klassenbibliotheken und OOA-Konzepte.

Beide können in einem Wiederverwendbarkeitsarchiv abgelegt werden. Abb. 3.3-17 zeigt die Wiederverwendbarkeitsklassifikation in Form eines Quaders.

Für das **objektorientierte Modell** ist es wesentlich, wann neue wiederverwendbare Klassen und Subsysteme in das eigene Wiederverwendbarkeitsarchiv eingeordnet werden.

Zeitpunkte

Es lassen sich folgende Zeitpunkte unterscheiden:

- Bereits während der laufenden Entwicklung.
- Erst am Ende einer abgeschlossenen Entwicklung.
- Erst nachdem ein Team nachträglich abgeschlossene Entwicklungen analysiert und wiederverwendbare Komponenten identifiziert, überarbeitet sowie verallgemeinert hat.

Diese vielfältigen Aspekte der Wiederverwendbarkeit müssen bei dem Prozeß-Modell einer objektorientierten Entwicklung berücksichtigt werden.

Kapitel IV 1.2

Während alle bisher behandelten Modelle *top-down* orientiert waren, kommt durch die Berücksichtigung der Wiederverwendbarkeit ein starker *bottom-up*-Aspekt in die Vorgehensweise. 

Abb. 3.3-17: Quader der Wiederverwendbarkeitsklassifikation

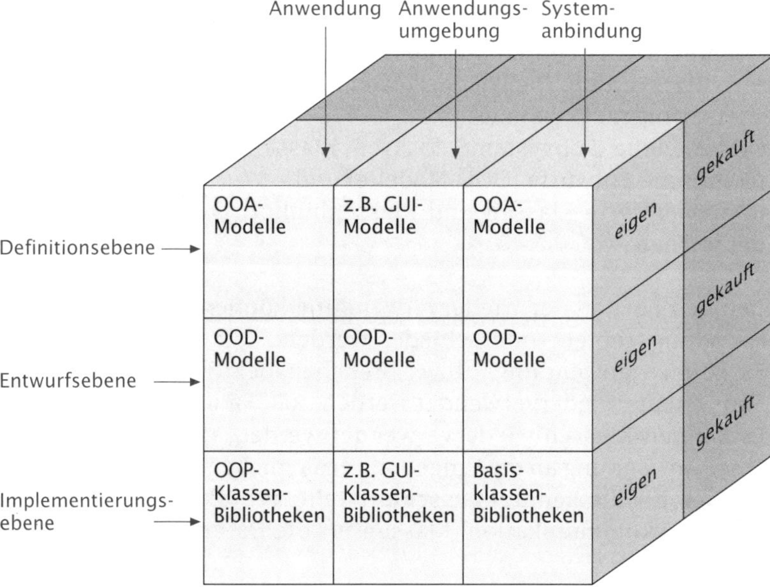

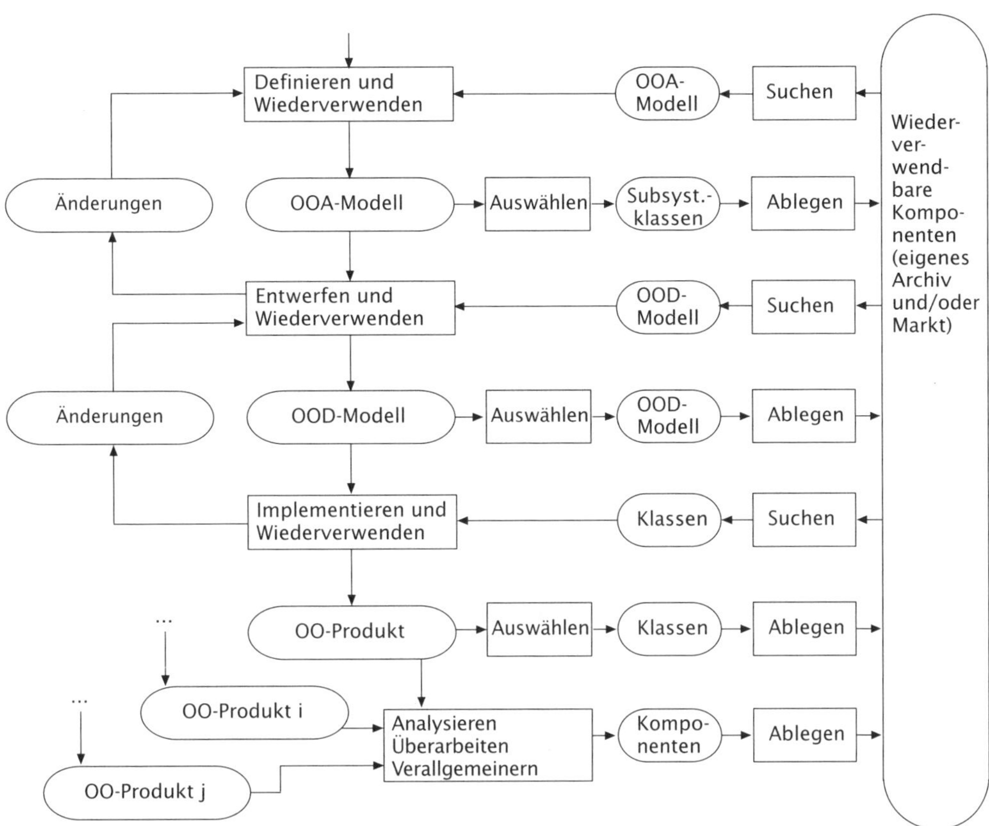

Abb. 3.3-18: Das objekt-orientierte Modell (normierte Darstellung)

Bei jeder Aktivität muß überlegt werden, ob Komponenten wiederverwendet werden können. In Abhängigkeit von den vorhandenen oder im Markt verfügbaren Komponenten wird die weitere Entwicklungsrichtung beeinflußt. Abb. 3.3-18 veranschaulicht dieses Prozeß-Modell.

Beispiel

Der Auftraggeber erzählt, daß er eine Kunden- und eine Seminarverwaltung für seine Firma Teachware benötigt. Nach dem ersten Aufstellen eines OOA-Modells wird geprüft, ob es geeignete wiederverwendbare OOA-Modelle gibt. Es wird festgestellt, daß es sowohl im Markt ein Kundenverwaltungs-Subsystem gibt als auch in dem eigenen Archiv eine Kundenverwaltung im Rahmen eines Personalverwaltungssystems. Da das Subsystem des Personalverwaltungssystems es auch noch ermöglicht, die Dozenten und Mitarbeiter der Firma Teachware zu verwalten, wird dieses Subsystem wiederverwendet. Obwohl einige Leistungen dieses Subsystems nur mit niedriger Priorität benötigt werden, wird entschieden, diese von Anfang an mitzubenutzen.
Da dieses Subsystem jedoch über keine Firmenverwaltung verfügt, muß es noch um eine entsprechende Klasse und Assoziation erwei-

tert werden. Da außerdem die Seminarverwaltung fehlt, wird ein weiteres Subsystem hinzugefügt. Für die Benutzungsoberfläche wird eine GUI-Bibliothek verwendet, für die Ansteuerung einer relationalen Datenbank ebenfalls eine entsprechende Klassenbibliothek.

Das objektorientierte Modell läßt sich folgendermaßen charakterisieren:

- Tendenziell wird in voller Breite entwickelt, da der Wiederverwendungsgesichtspunkt einen Blick »über den Tellerrand« erfordert.
- Der Fokus verschiebt sich weg von der Eigenentwicklung und hin zur Wiederverwendung.
- Gut kombinierbar mit dem evolutionären und inkrementellen Modell sowie dem Prototypen-Modell, da Erweiterungen und Änderungen mit der objektorientierten Technik gut durchführbar sind.

Bewertung

Vorteile

Dieses Modell besitzt folgende Vorteile:

- Verbesserung der Produktivität und Qualität.
- Konzentration auf die eigenen Stärken, Rest zukaufen, d.h. weitgehende Nutzung von Halbfabrikaten.

Nachteile

Dem stehen folgende Nachteile gegenüber:

- Nur voll nutzbar, wenn objektorientierte Methoden eingesetzt werden, d.h. gebunden an die objektorientierte Technik.
- Geeignete Infrastruktur (Wiederverwendungsarchiv) muß vorhanden sein.
- Firmenkultur der Wiederverwendung muß aufgebaut sein (Wiederverwendung sowie Erstellung wiederverwendbarer Komponenten muß belohnt werden).
- Technische Probleme müssen überwunden werden (z.B. Inkompatibilitäten von Klassenbibliotheken).

Hauptkapitel IV 3

In der Literatur wird dieses Modell erst allmählich behandelt. /Henderson-Sellers, Edwards 90, 93/ beschreiben ein Fontänen-Modell *(fountain model)*, /Pittman 93/ stellt ein detailliertes Aktivitätenmodell vor, in /Davis 94/ wird gezeigt, wie der Wiederverwendbarkeitsgedanke in ein Unternehmen eingeführt werden kann. /Marty 94/ beschreibt eine Organisationsstruktur für die objektorientierte Software-Entwicklung, /Lausecker 93/ die Integration der Wiederverwendung in den Software-Entwicklungsprozeß.

3.3.6 Das nebenläufige Modell

Entscheidend für den Erfolg einer Software-Entwicklung ist oft die termingerechte Fertigstellung *(time-to-market)*. Ein Ansatz, um dies zu erreichen, ist die evolutionäre/inkrementelle Vorgehensweise mit dem Ziel, in kurzer Zeit zunächst nur ein minimales Kernsystem zu erstellen.

Einen anderen Ansatz stellt das **nebenläufige Prozeß-Modell** dar *(concurrent engineering, simultaneous engineering, parallel engineering)* (/Eiff 91/, /Spectrum 91/). Dieses Modell stammt aus der Fertigungsindustrie, bei der es früher eine starke Trennung zwischen der Entwicklung eines Produktes und der Fertigung eines Produktes gab. Erst nach der Entwicklung eines Prototyps erfolgte eine Überprüfung auf Fertigungstauglichkeit, Qualität und Wartbarkeit. Das führte oft zu einer Überarbeitung des Produktes mit entsprechenden Zeitverzögerungen.

nebenläufiges Modell

Bei der nebenläufigen Entwicklung sind alle betroffenen Entwicklungsabteilungen einschliefllich Fertigung, Marketing und Vertrieb in einem Team vereint. Dadurch sollen von vornherein alle relevanten Gesichtspunkte berücksichtigt werden, um teure und langwierige Überarbeitungen zu sparen. Außerdem soll soviel wie möglich parallel ablaufen.

Die Parallelisierung birgt aber auch Risiken. Wenn bereits aufgrund erster Entwürfe eines Entwicklers Werkzeuge für die Teilefertigung konstruiert und gebaut werden, dann führen spätere konstruktive Änderungen an diesem Teil zur Verschrottung dieser Werkzeuge. Nebenläufiges Entwickeln erfordert daher ein ständiges Abwägen, inwieweit es vertretbar erscheint, finanzielle Risiken durch vorzeitige Parallelisierung von Arbeitsfolgen einzugehen.

Überträgt man dieses Konzept auf die Software-Entwicklung, dann bedeutet dies, möglichst viele Aktivitäten zu parallelisieren oder stark zu überlappen (Abb. 3.3-19).

Beispiel

In der Definitionsphase werden nach dem Erstellen des Pflichtenheftes parallel das OOA-Modell, die Benutzungsoberfläche und das Benutzerhandbuch entwickelt.
Ist ein Teil des OOA-Modells erstellt, beginnt bereits der Entwurf. Ausgehend vom ersten Entwurf wird bereits mit der Implementierung begonnen.

Das nebenläufige Modell besitzt folgende Charakteristika:

- Durch organisatorische und technische Maßnahmen wird versucht, die einzelnen Aktivitäten im Rahmen des prinzipiell sequentiell angelegten Entwicklungsprozesses zu parallelisieren.
- Das auf Problemlösung gerichtete Zusammenarbeiten der betreffenden Personengruppen wird gefördert.
- Zeitverzögerungen werden reduziert durch
  - die teilweise Parallelisierung vorwiegend sequentiell organisierter Arbeiten.
  - die Minimierung des Ausprobierens *(trial and error)* und Begrenzung des Improvisierens (Motto: *»right the first time«* im Gegensatz zum Prototypen-Modell: *»redo until right«).*
  - die Reduktion der Wartezeiten zwischen arbeitsorganisatorisch verbundenen Aktivitäten.

Abb. 3.3-19: Das nebenläufige Modell (normierte Darstellung)

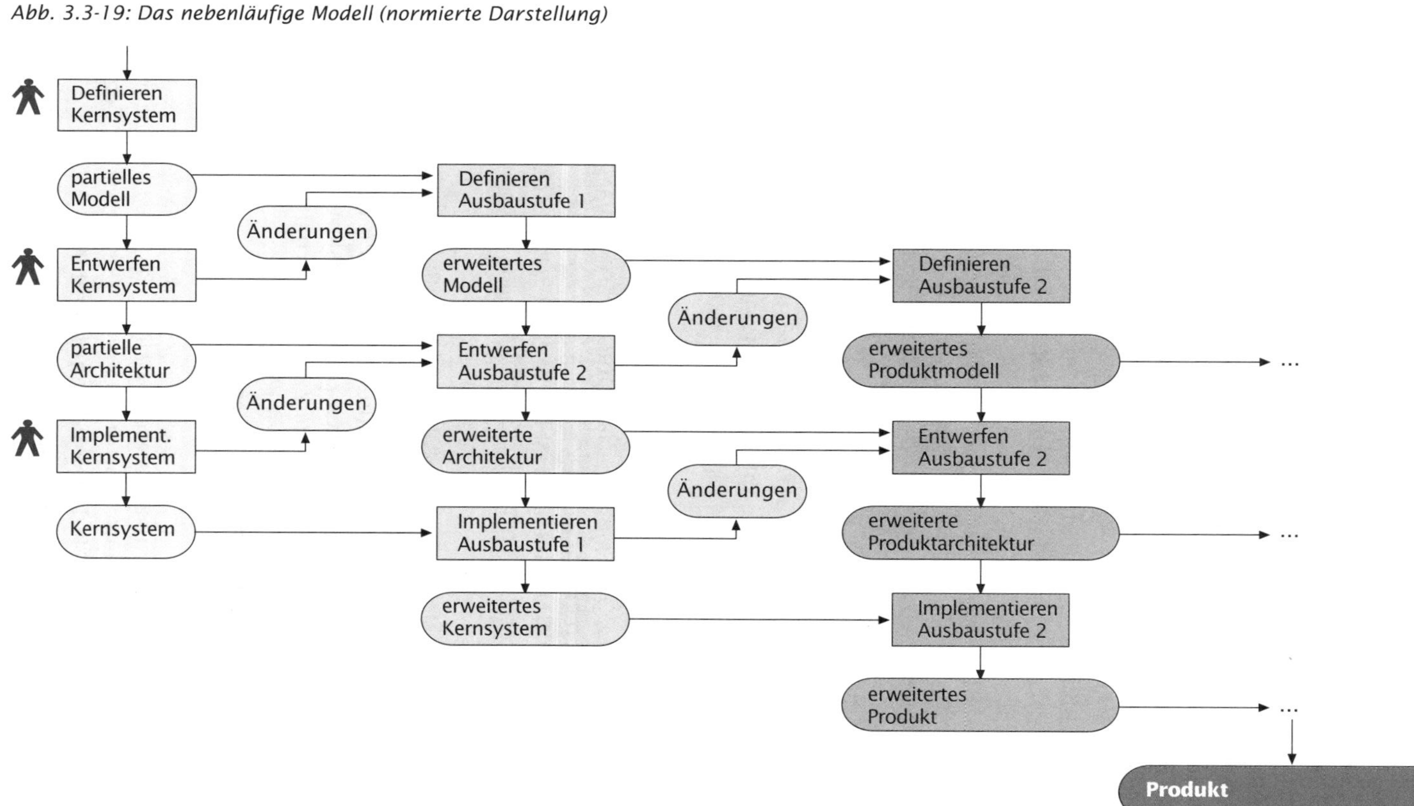

- Alle Erfahrungen der betroffenen Personengruppen werden frühzeitig zusammengebracht.
- Im Gegensatz zum evolutionären/inkrementellen Modell ist es hier von vornherein das Ziel, das vollständige Produkt auszuliefern.

Bewertung

Folgende Vorteile kennzeichnen das nebenläufige Modell: Vorteile

- ⊞ Durch Beteiligung aller betroffenen Personengruppen frühes Erkennen und Eliminieren von Problemen.
- ⊞ Optimale Zeitausnutzung.

Als Nachteile ergeben sich: Nachteile

- ⊟ Es ist fraglich, ob es wegen der speziellen Charakteristika der Software möglich ist, das Ziel *»right the first time«* zu erreichen.
- ⊟ Risiko, daß die grundlegenden und kritischen Entscheidungen zu spät getroffen werden und dadurch Iterationen nötig werden.
- ⊟ Hoher Planungs- und Personalaufwand, um Fehler zu vermeiden bzw. Probleme frühzeitig zu antizipieren.

In der Software-Technik-Literatur wird dieses Modell noch nicht diskutiert.

3.3.7 Das Spiralmodell

Bei dem von /Boehm 86,88/ beschriebenen **Spiralmodell** handelt es sich um ein Metamodell. Abschnitt IV 1.1.1

Für jedes Teilprodukt und für jede Verfeinerungsebene sind vier zyklische Schritte zu durchlaufen.

Schritt 1:

- Identifikation der Ziele des Teilprodukts, das erstellt werden soll (Leistung, Funktionalität, Anpaßbarkeit usw.).
- Alternative Möglichkeiten, um das Teilprodukt zu realisieren (Entwurf A, Entwurf B, Wiederverwendung, Kauf usw.).
- Randbedingungen, die bei den verschiedenen Alternativen zu beachten sind (Kosten, Zeit, Schnittstellen usw.).

Schritt 2:

- Evaluierung der Alternativen unter Berücksichtigung der Ziele und Randbedingungen.
- Zeigt die Evaluierung, daß es Risiken gibt, dann ist eine kosteneffektive Strategie zu entwickeln, um die Risiken zu überwinden. Dies kann z.B. durch Prototypen, Simulationen, Benutzerbefragungen usw. geschehen.

Schritt 3:

- In Abhängigkeit von den verbleibenden Risiken wird das Prozeß-Modell für diesen Schritt festgelegt, z.B. evolutionäres Modell, Prototypen-Modell oder Wasserfall-Modell.
- Es kann auch eine Kombination verschiedener Modelle vorgenommen werden, wenn dadurch das Risiko minimiert wird.

Schritt 4:

- Planung des nächsten Zyklus einschließlich der benötigten Ressourcen. Dies beinhaltet auch eine mögliche Aufteilung eines Produktes in Komponenten, die dann unabhängig weiterentwickelt werden.
- Überprüfung *(review)* der Schritte 1 bis 3 einschließlich der Planung für den nächsten Zyklus durch die betroffenen Personengruppen oder Organisationen.
- Einverständnis *(commitment)* über den nächsten Zyklus herstellen.

Abb. 3.3-20: Das Spiralmodell /Boehm 88, S. 123/

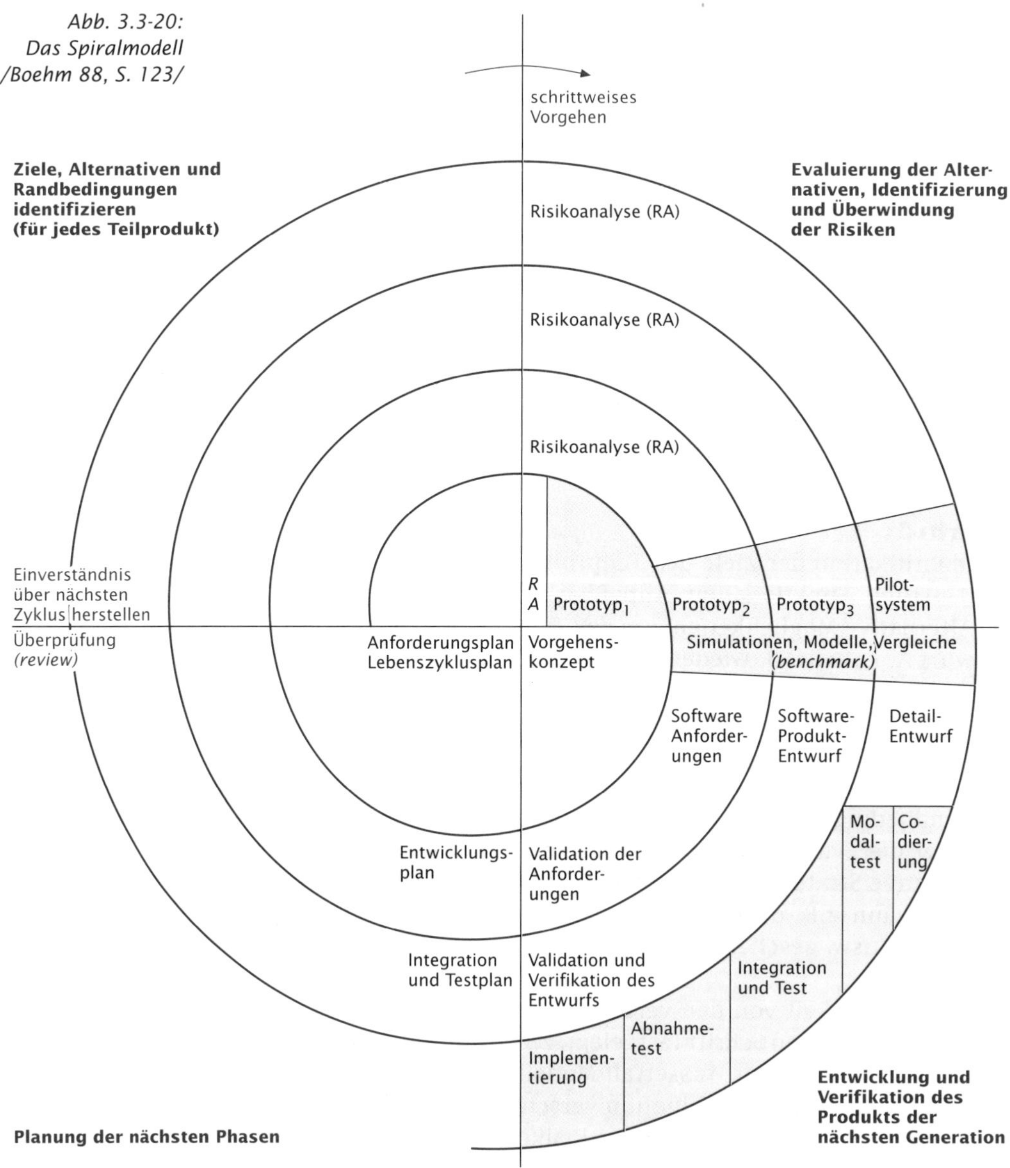

Das mehrfache Durchlaufen dieser Schritte wird als Spirale dargestellt (Abb. 3.3-20).

Die Fläche der Spirale repräsentiert die akkumulierten Kosten, die bei der bisherigen Entwicklung angefallen sind. Der Winkel der Spirale zeigt den Entwicklungsfortschritt des jeweiligen Zyklus an. Abb. 3.3-21 zeigt das Spiralmodell in der normierten Darstellung.
Folgende Merkmale charakterisieren das Spiralmodell:

- Risikogetriebenes Modell, bei dem oberstes Ziel die Minimierung des Risikos ist.
- Jede Spirale stellt einen iterativen Zyklus durch dieselben Schritte dar.
- Die Ziele für jeden Zyklus werden aus den Ergebnissen des letzten Zyklus abgeleitet.
- Separate Spiralzyklen können für verschiedene Software-Komponenten durchgeführt werden.
- Keine Trennung in Entwicklung und Wartung.

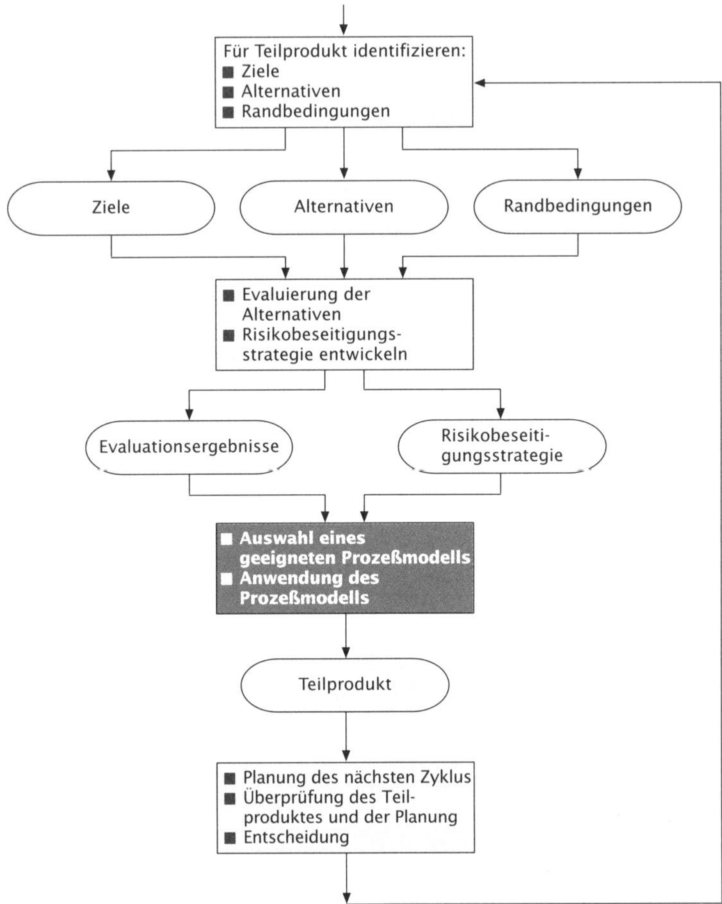

Abb. 3.3-21: Das Spiralmodell (normierte Darstellung)

- Ziel: Beginne im Kleinen, halte die Spirale so eng wie möglich und erreiche so die Entwicklungsziele mit minimalen Kosten.
- Bei der Zielbestimmung werden auch Qualitätsziele aufgeführt.
- Für jede Aktivität und jeden Ressourcenverbrauch wird gefragt »Wieviel ist genug?«. Dadurch wird ein *»Overengineering«* vermieden.

Beispiel

In tabellarischer Form werden die zwei ersten Zyklen für die Fallstudie Seminarorganisation angegeben (Tab. 3.3-3 und Tab. 3.3-4).

Tab. 3.3-3: 1. Zyklus des Spiralmodells (Beispiel)

Ziele	Verwaltung von Seminaren, Kunden, Firmen und Dozenten
Alternativen	**a** Kaufen **b** Kaufen und Anpassen **c** Individuell entwickeln
Randbedingungen	■ Kunden müssen in einem 1/2 Jahr verwaltet werden können. ■ Preis muß unter DM 50.000,- liegen. ■ Schnittstelle zur vorhandenen Buchhaltung muß ansteuerbar sein.
Evaluierung der Alternativen (Risiken)	**a** kein geeignetes Produkt im Markt, Anforderungen nur zum Teil erfüllt. **b** kein geeignetes Produkt im Markt, nicht genügend anpaßbar. **c** Kosten- und Zeitrahmen werden gesprengt.
Strategie zur Risikobeseitigung	■ Pflichtenheft erstellen **a** + **b** Marktanalyse und Testinstallation **c** Aufwandsschätzung
Auswahl Prozeßmodell	Nebenläufiges Modell
Anwendung des Modells	Aktivitäten parallel durchführen
Ergebnisse	**a** kein geeignetes Produkt im Markt. **b** Datenbankprodukte erfordern eine zu hohe Anpassung. **c** Aufwandsschätzung: 6 Mitarbeitermonate, Kosten und Zeitrahmen erscheinen einhaltbar.
Planung nächster Zyklus	Detaillierte Überprüfung der Alternative »Neues Produkt entwickeln«
Überprüfung	Die Ergebnisse **a**, **b**, **c** sowie die Planung werden überprüft.
Entscheidung	Durchführung der Planung für die nächste Phase.

Bewertung

Vorteile

Folgende Vorteile sprechen für das Spiralmodell:

- ⊞ In periodischen Intervallen Überprüfung und u.U. erneute Festlegung des Prozeßablaufs in Abhängigkeit von den Risiken.
- ⊞ Ein Prozeß-Modell wird nicht für die gesamte Entwicklung festgelegt.
- ⊞ Integration anderer Prozeß-Modelle als Spezialfälle.
- ⊞ Fehler und ungeeignete Alternativen werden frühzeitig eliminiert.

Tab. 3.3-4: 2. Zyklus des Spiralmodells (Beispiel)

Ziele	Überprüfung der Alternative »Neues Produkt entwickeln«
Alternativen	**a** Eigenentwicklung **b** Auftrag an Software-Haus
Rand-bedingungen	■ Zeit und Kosten einhalten. ■ Schnittstelle zur Buchhaltung sicherstellen. ■ Wartung und Weiterentwicklung sicherstellen.
Evaluierung der Alternativen (Risiken)	**a** + **b** Zeit und Kosten werden nicht eingehalten. **b** Wartung und Weiterentwicklung nicht sichergestellt. **b** Anforderungen werden nicht eingehalten.
Strategie zur Risiko-beseitigung	**a** + **b** OOA-Modell erstellen, erneute Aufwandsschätzung, Wiederverwendbarkeitspotential prüfen, Angebote einholen. **b** Vertragliche Absicherung der Wartung und Weiterentwicklung (Übergabe des Quellcodes, Abnahme Systementwurf und Quellprogramm). **b** Oberflächenprototyp mit UIMS erstellen und Benutzerevaluation durchführen.
Auswahl Prozeßmodell	Nebenläufiges Modell und Prototypenmodell.
Anwendung des Modells	Zuerst OOA-Modell erstellen, dann alle anderen Aktivitäten nebenläufig, Oberfläche als Prototyp i.e.S.
Ergebnisse	OOA-Modell; Schätzung bestätigt Zeit-und Kostenrahmen; Wiederverwendung einer Kundenverwaltung möglich (im eigenen Hause vorhanden); Oberflächenprototyp nach mehreren Änderungen evaluiert, Angebote liegen im Zeit- und Kostenrahmen, Vertragsgestaltung macht Probleme.
Planung nächster Zyklus	Wegen Wiederverwendbarkeit Entwicklung im eigenen Hause.
Überprüfung	Ergebnisse und Planung überprüfen.
Entscheidung	Eigenentwicklung durchführen.

⊞ Flexibles Modell.
⊞ Eine Entwicklung kann wesentlich leichter umdirigiert werden, wenn die bisherigen Erkenntnisse dies erfordern.
⊞ Unterstützt die Wiederverwendung von Software durch die Betrachtung von Alternativen.

Dem stehen folgende Nachteile gegenüber: Nachteile

⊟ Hoher Managementaufwand, da oft neue Entscheidungen über den weiteren Prozeßablauf getroffen werden müssen.
⊟ Für kleine und mittlere Projekte weniger gut geeignet.
⊟ Wissen über das Identifizieren und Managen von Risiken noch nicht weit genug verbreitet.

Demonstrationsprototyp Soll einen ersten Eindruck von einem möglichen Produkt vermitteln; noch weit vom realen Produkt entfernt, im allgemeinen ein Wegwerf-Prototyp (→Prototypen-Modell).

Evolutionäres Modell Stufenweise Entwicklung eines Produktes; ausgehend von einem eingeschränkten Produktmodell wird zunächst ein Kernsystem (Nullversion) erstellt. Die Weiterentwicklung erfolgt anhand der gemachten Erfahrungen mit dem bisher entwickelten System (→inkrementelles Modell).

Horizontaler Prototyp Realisiert möglichst vollständig eine Systemebene, z.B. die Benutzungsoberfläche (→Prototyp im engeren Sinne) (→vertikaler Prototyp).

Inkrementelles Modell Stufenweise Entwicklung eines Produktes; ausgehend von einem vollständigen Produktmodell wird zunächst ein Kernsystem (Nullversion) entwickelt. Anhand des Produktmodells und der gemachten Erfahrungen mit dem bisher entwickelten System erfolgt die Weiterentwicklung (→ evolutionäres Modell).

Labormuster Provisorisches Software-System, das während des Produktentwurfs erstellt wird, um konstruktionsbezogene Fragen zu klären (→Prototypen-Modell).

Nebenläufiges Modell Durch organisatorische und technische Maßnahmen wird versucht, die einzelnen Entwicklungsaktivitäten zu parallelisieren, wobei alle betroffenen Personengruppen in einem Team zusammenarbeiten *(concurrent engineering, simultaneous engineering, parallel engineering).*

Objektorientiertes Modell Bei jeder Aktivität der objektorientierten Software-Entwicklung wird geprüft, ob und in welchem Umfang bereits vorhandene oder auf dem Markt verfügbare Software-Komponenten wiederverwendet werden können.

Pilotsystem Software-System, das nach und nach zum Kernsystem des zu entwickelnden Produkts wird (→Prototypen-Modell).

Prototypen-Modell Frühzeitige Erstellung ablauffähiger Modelle (Prototypen) des zukünftigen Produkts zur Überprüfung von Ideen oder zum Experimentieren.

Prototyp im engeren Sinne (i.e.S.) Provisorisches Software-System, das während der Produktdefinition erstellt wird, um Anforderungsfragen zu klären oder Anforderungen zu veranschaulichen (→Prototypen-Modell).

prototyping →Prototypen-Modell.

Rolle Beschreibt die notwendigen Erfahrungen, Kenntnisse und Fähigkeiten, über die ein Mitarbeiter verfügen muß, um eine bestimmte Aktivität durchzuführen.

Spiralmodell Eine Softwareentwicklung durchläuft mehrmals einen aus vier Schritten bestehenden Zyklus mit dem Ziel, frühzeitig Risiken zu erkennen und zu vermeiden. Pro Zyklus kann dann ein Prozeß-Modell oder eine Kombination von Prozeß-Modellen zur Erstellung eines Teilprodukts oder einer Ebene eines Teilprodukts festgelegt werden.

Vertikaler Prototyp Realisiert ausgewählte Teile des Zielsystems vollständig über alle Ebenen hinweg z.B. eine Echtzeitfunktion (→Labormuster), (→horizontaler Prototyp).

V-Modell Ein um die Aktivitäten Verifikation und Validation erweitertes → Wasserfall-Modell, ursprünglich für eingebettete, militärische Entwicklungen vorgesehen. Inzwischen gibt es in Deutschland eine Weiterentwicklung, die auch andere Anwendungsklassen abdeckt (Vorgehensmodell der Bundeswehr und Bundesbehörden).

Wasserfall-Modell Sequentielle, stufenweise und dokumentenorientierte Entwicklung eines Produkts, wobei jede Aktivität in der vollen Produktbreite durchgeführt wird und abgeschlossen sein muß, bevor die nächste Aktivität beginnt.

Prozeß-Modelle legen fest, in welcher Abfolge und wie welche Aktivitäten der Software-Entwicklung durchgeführt werden sollen.

Das Wasserfall-Modell und das V-Modell sind klassische Prozeß-Modelle. In das V-Modell integriert sind die Validation und Verifikation. Außerdem werden Rollen explizit Aktivitäten zugewiesen. Das Prototypen-Modell *(prototyping)* erlaubt es, Demonstrationsprototypen, Prototypen im engeren Sinne, Labormuster und Pilotsysteme zu erstellen, in Abhängigkeit von der Zielsetzung. Horizontale und vertikale Prototypen ermöglichen es, spezielle Bereiche des zu entwickelnden Software-Produkts als Muster zu entwickeln. Im Gegensatz zum Wasserfall- und V-Modell werden bei einem Pilotsystem sowie beim evolutionären und inkrementellen Modell zunächst nur gut verstandene Teile des Software-Produkts entwickelt und anschließend

Tab. 3.3-5: Überblick über Prozeß-Modelle

Prozeß-Modell	Primäres Ziel	Antreibendes Moment	Benutzerbeteiligung *)	Charakteristika
Wasserfall-Modell	minimaler Management-aufwand	Dokumente	gering	sequentiell, volle Breite
V-Modell	maximale Qualität *(safe-to-market)*	Dokumente	gering	sequentiell, volle Breite, Validation, Verifikation
Prototypen-Modell	Risiko-minimierung	Code	hoch	nur Teilsysteme (horizontal oder vertikal)
Evolutionäres Modell	minimale Entwicklungs-zeit *(fast-to-market)*	Code	mittel	sofort: nur Kernsystem
Inkremen-telles Modell	minimale Entw.-zeit *(fast-to-market)*, Risikomini-mierung	Code	mittel	volle Definition, dann zunächst nur Kernsystem
Objekt-orientiertes Modell	Zeit- und Kostenmini-mierung durch Wieder-verwendung	Wiederver-wendbare Komponenten	?	volle Breite in Abhängigkeit von wiederver-wendbaren Komponenten
Neben-läufiges Modell	minimale Entwicklungs-zeit *(fast-to-market)*	Zeit	hoch	volle Breite, nebenläufig
Spiralmodell	Risiko-minimierung	Risiko	mittel	Entscheidung pro Zyklus über weiteres Vorgehen

*) Marketing, Vertrieb, Auftraggeber, Endbenutzer

schrittweise ausgebaut. Das objektorientierte Modell stellt die Wiederverwendung von Software-Komponenten in der Vordergrund, das nebenläufige Modell versucht einen hohen Parallelisierungsgrad zu erreichen. Bei dem Spiralmodell handelt es sich um eine Art »Metamodell«. Jedes Teilprodukt durchläuft mehrfach einen Zyklus aus vier Schritten, wobei in jedem Zyklus in Abhängigkeit von den Risiken geeignete Prozeß-Modelle für die Realisierung des jeweiligen Teilprodukts ausgewählt und eingesetzt werden.

Die einzelnen Prozeß-Modelle können meistens sinnvoll miteinander kombiniert werden, in Abhängigkeit von der gegebenen Entwicklungssituation. Tab. 3.3-5 zeigt einen zusammenfassenden Überblick über die Prozeß-Modelle.

Literatur

/Bröhl, Dröschel 93/
Bröhl A.-P., Dröschel W. (Hrsg.), *Das V-Modell*, München. Oldenbourg Verlag 1993, 174 Seiten plus Anhang.
Beschreibt das für die Bundeswehr und die Bundesbehörden entwickelte V-Modell. Der umfangreiche Anhang enthält die im Bundesanzeiger veröffentlichte Dokumentation des V-Modells.

/Kieback et al. 92/
Kieback A., Lichter H., Schneider-Hufschmidt M., Züllighoven H., *Prototyping in industriellen Software-Produkten*, in: Informatik-Spektrum (1992) 15: 65–77.
Überblicksartikel über die Prototypen-Entwicklung einschließlich industriellen Erfahrungsberichten.

Zitierte Literatur

/Benington 56/
Benington H.D., *Production of Large Computer Programs*, in: Proc. ONR Symposium on Advanced Programming Methods for Digital Computers, June 1956, pp. 15–27.

/Boehm 76/
Boehm B.W., *Software Engineering*, in: IEEE Transactions on Computers, Dec. 1976, pp. 1226–1241.

/Boehm 81/
Boehm B.W., *Software Engineering Economics*, Englewood Cliffs: Prentice Hall 1981.

/Boehm 84/
Boehm B.W., *Verifying and Validating Software Requirements and Design Specifications*, in: IEEE Software, Jan. 1984, pp. 75–88.

/Boehm 86/
Boehm B., *A Spiral Model of Software Development and Enhancement*, in: ACM SIGSOFT, Aug. 1986, pp. 14–24.

/Boehm 88/
Boehm B.W., *A Spiral Model of Software Development and Enhancement*, in: IEEE Computer, May 1988, pp. 61–72.

/Budde et al. 84/
Budde R., Kuhlenkamp K., Mathiessen L., Züllighoven H. (eds.), *Approaches to Prototyping*, Berlin: Springer-Verlag 1984.

/Budde et al. 92/
Budde R., Kantz K., Kuhlenkamp K., Züllighoven H., *Prototyping - An Approach to Evolutionary System Development*, Berlin: Springer-Verlag, 1992.

/Davis 94/
Davis T., *Adopting a policy of reuse*, in: IEEE Spectrum, June 1994, p. 44–48.

/Eiff 91/
Eiff W., *Prozesse optimieren – Nutzen erschließen*, in: IBM Nachrichten 41 (1991), S. 23–27.
/Floyd 84/
Floyd C., *A Systematic Look At Prototyping*, in: /Budde et al. 84/, S. 1–18.
/Henderson-Sellers, Edwards 90/
Henderson-Sellers B., Edwards J.M., *The Object-Oriented Systems Life Cycle*, in: Communications of the ACM, Sept. 1990, p. 143–159.
/Henderson-Sellers, Edwards 93/
Henderson-Sellers B., Edwards J.M., *The O-O-O methodology for the object-oriented life cycle*, in: ACM SIGSOFT, Oct. 1993, p. 54–60.
/KBSt 92/
Koordinierungs- und Beratungsstelle der Bundesregierung für Informationstechnik in der Bundesverwaltung, *Vorgehensmodell*, Band 27/1, August 1992, Bundesanzeiger (ebenfalls enthalten in /Bröhl, Dröschel 93/).
/Lausecker 93/
Lausecker H., *Ein strategisches Programm zur Erreichung der Wiederverwendbarkeit in einem großen Unternehmen*, in: Konferenzunterlagen, I.I.R.-Konferenz Re-Use, 8.-9. Sept. 1993, München.
/Marty 94/
Marty R., *Anwendungsbericht der Schweizerischen Bankgesellschaft: Organisation und Management bei der Einführung von Objektorientierung*, in: Konferenzunterlagen, I.I.R.-Konferenz Objektorientierung, 13-15.6.94 Zürich.
/Pittman 93/
Pittman M., *Lessons Learned in Managing Object-Oriented Development*, in: IEEE Software, Jan. 1993, p. 43–53.
/Royce 70/
Royce W.W., *Managing the development of large software systems*, in: IEEE WESCON, Aug. 1970, pp. 1-9 (Nachdruck in: Proceedings of the 9th International Conference of Software Engineering, 1987, Monterey, CA., pp. 328–338).
/Spectrum 91/
Special Report: *Concurrent Engineering*, in: IEEE Spectrum July 1991, pp. 22–37.
/Versteegen 96/
Versteegen G., *V-gefertigt – Das fortgeschriebene Vorgehensmodell*, in: iX 9/1996, S. 140–147.
/V-Modell 97/
Entwicklungsstandard für IT-Systeme des Bundes, Vorgehensmodell, Teil 1: Regelungsteil, Teil 3: Handbuchsammlung, Allgemeiner Umdruck Nr. 250/1, Juni 1997, BWB IT I5, Koblenz.
/Weitzel, Kerschberg 89/
Weitzel J.R., Kerschberg L., *Developing Knowledge-Based Systems: Reorganizing the System Development Life Cycle*, in: Communications of the ACM April 1989, pp. 452–488.

1 *Lernziel: Den Unterschied zwischen einem horizontalen und einem vertikalen Prototyp schildern können.* Muß-Aufgabe *10 Minuten*

Im Rahmen einer Software-Entwicklung wird für eine große Anwendung zunächst die gesamte *Client/Server*-Verteilung erstellt. Alle anderen Aspekte des Systems interessieren zunächst nicht.

a Handelt es sich in diesem Fall um einen horizontalen oder einen vertikalen Prototypen?

b Wie könnte der Entwicklungsauftrag aussehen, wenn die in **a** nicht gefundene Variante eines Prototyps entwickelt werden soll?

Muß-Aufgabe *20 Minuten*

2 *Lernziele: Die verschiedenen Arten von Prototypen kennen und ihre Unterschiede aufzeigen können. Die acht beschriebenen Prozeß-Modelle erklären und ihre Unterschiede darstellen können.*

a Beim Prototypen-Modell steht zunächst die Entwicklung von Prototypen im Vordergrund. Welche vier verschiedenen Arten von Prototypen kennen Sie? Welche Eigenschaften haben diese Prototypen?

b Welche Mängel der klassischen Prozeß-Modelle führten zum Prototypen-Modell?

Muß-Aufgabe *5 Minuten*

3 *Lernziel: Aufzählen können, welche Aspekte ein Prozeß-Modell festlegen soll.*
Welche der folgenden Aspekte werden durch ein Prozeß-Modell festgelegt und welche nicht?

- Beginn des Projekts
- Reihenfolge des Arbeitsablaufs
- Arbeitszeiten
- Jeweils durchzuführende Aktivitäten
- Definition der Teilprodukte
- Fertigstellungszeitpunkt
- Fertigstellungskriterien
- Mitarbeiterqualifikationen
- Mitarbeiterauswahl
- Verantwortlichkeiten
- Verwaltung
- Methoden, Werkzeuge
- Richtlinien, Standards
- Programmiersprache

Kann-Aufgabe *5 Minuten*

4 *Lernziel: Die acht beschriebenen Prozeß-Modelle erklären und ihre Unterschiede darstellen können.*
Beschreiben Sie den Unterschied zwischen dem evolutionären und dem inkrementellen Modell.

Muß-Aufgabe *10 Minuten*

5 *Lernziele: Die Begriffe Validation und Verifikation im V-Modell erklären können. Die acht beschriebenen Prozeß-Modelle beschreiben und ihre Unterschiede darstellen können.*
Arbeitet man nach dem V-Modell, dann stellt man sich häufig zwei Fragen: »Wird das Produkt richtig entwickelt?« und »Wird das richtige Produkt entwikkelt?«

a Mit welchen Begriffen beschreibt das V-Modell die beiden Fragen?

b In welchem Submodell werden diese Fragen besonders berücksichtigt?

c Auf welchem Prozeß-Modell basiert das V-Modell? Wie sehen die wichtigsten Erweiterungen aus?

Muß-Aufgabe *15 Minuten*

6 *Lernziel: Für vorgegebene Szenarien den Ablauf entsprechend einem Prozeß-Modell in der vorgestellten genormten Weise darstellen können.*
Im folgenden ist der Ablauf einer Software-Entwicklung beschrieben. Versuchen Sie, den Ablauf zu beschreiben, wenn Sie **a** das Wasserfall-Modell und **b** das Prototypen-Modell zugrunde legen.
Bei dem zu entwickelnden System handelt es sich um eine Roboter-Animation. Die Entwicklung begann mit der Erstellung eines objektorientierten Analysemodells. Dort war zunächst geplant, einen physikalischen Roboter grundsätzlich parallel zu der Animation zu betreiben. Während der Entwicklung der Hardware-Ansteuerung stellte sich jedoch heraus, daß die Ansteuerung nicht für beliebige Betriebssystemversionen funktioniert. Um sich dort eine gewisse Unabhängigkeit zu erhalten, wurde die Produktdefinition so geändert, daß auch ein Betrieb ohne einen physikalischen Roboter möglich ist (Simulation).
Damit konnte die Entwicklung der Benutzungsoberfläche und der Hardware-Ansteuerung – nach Festlegung entsprechender Schnittstellen – getrennt werden. Die Schnittstelle wurde während der Entwicklung einmal geändert, weil sich herausstellte, daß für die Benutzungsoberfläche zusätzliche Informationen notwendig waren.

Weitere Aufgaben befinden sich auf der beiliegenden CD-ROM. 

4 Personal

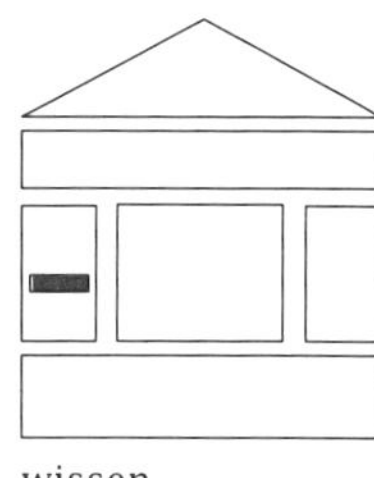

- Angeben können, welche Qualifikationen für die beschriebenen Rollen erforderlich sind.
- Wissen, wie die Kosten der deutschen Software-Produktion im Verhältnis zu anderen Ländern aussehen.
- Personalaufgaben und zugehörige Aktivitäten nennen können.
- Die Bedeutung von Personalfragen anhand von Beispielen aufzählen können.

wissen

- Allgemeine Qualifikationen für Mitarbeiter in der Software-Technik benennen und begründen können.
- Die horizontale und vertikale Spezialisierung sowie ihre Unterschiede und Vor- und Nachteile erklären können.
- Die Unterschiede zwischen einer Führungs- und einer Fachlaufbahn erklären können.
- Aufgaben und Probleme bei der Weiterbildung nennen und begründen können.
- Aufgaben und Probleme bei der Personalentwicklung nennen und begründen können.

verstehen

4.1 Grundlagen

Die Autoren DeMarco und Lister berichten in ihrem Buch /DeMarco, Lister 91, S. 4/, daß ca. fünfzehn Prozent aller untersuchten Projekte in der Software-Entwicklung fehlgeschlagen sind. Sie wurden abgebrochen, zurückgestellt oder haben Ergebnisse geliefert, die nicht gebraucht wurden. Bei größeren Projekten, mit mehr als 25 Personenjahren, wurden 25 Prozent nicht fertiggestellt. Eine Analyse der Ursachen ergab, daß die überwältigende Mehrheit der Projekte *nicht* aufgrund von technischen Problemen gescheitert ist. Die Hauptursache waren personenbezogene Probleme. Dies veranlaßt DeMarco und Lister zu folgender These:

»Die größten Probleme bei unserer Arbeit sind keine technologischen Probleme, sondern soziologische Probleme« /a.a.O., S. 5/.

Bedeutung von Personalfragen

Software-Manager konzentrieren sich in der Regel nicht auf diesen Themenbereich. Personalfragen haben oft die niedrigste Priorität. Ein Teil dieses Phänomens läßt sich dadurch erklären, daß die meisten zuerst gelernt haben, wie die Arbeit gemacht wird und nicht, wie sie organisiert wird.

Erfolgreiche Software-Entwicklungen lassen sich auf gute menschliche Zusammenarbeit zurückführen; Fehler ergeben sich oft aus schlechter menschlicher Kooperation. Dennoch befassen sich die meisten Manager mehr mit der technischen Seite der Software-Entwicklung. Dies liegt sicher auch daran, daß menschliche Beziehungen kompliziert und ihre Auswirkungen oft nicht deutlich zu beobachten sind.

Abschnitt 1.4

Verschiedene empirische Untersuchungen haben gezeigt, daß der Produktivitätsunterschied zwischen dem besten und dem schlechtesten Mitarbeiter einer Firma den Faktor 10 erreichen kann. Aus der Managementsicht lohnt es sich also, gutes Personal einzustellen. Damit Mitarbeiter produktiv eingesetzt werden können, müssen sie über

- allgemeine Qualifikationen verfügen, die eine Tätigkeit im Bereich der Software-Technik generell erfordert, und über
- spezielle Qualifikationen verfügen, die für ihre Tätigkeit innerhalb der Software-Technik erforderlich sind.

In den nächsten Abschnitten wird auf beide Qualifikationen näher eingegangen. Außerdem wird gezeigt, wie eine Führungs- und eine Fachlaufbahn aussehen können.

4.1.1 Allgemeine Qualifikationen

Ein Software-Mitarbeiter benötigt eine Reihe von allgemeinen Qualifikationen, die ihn dazu befähigen Software zu erstellen:

- Fähigkeit zum Abstrahieren
  Abstraktionsvermögen ist eine der Grundfähigkeiten, die in der

Software-Technik benötigt werden. Nur mit Hilfe der Abstraktion können komplexe Systeme bewältigt werden.

- Sprachliche und schriftliche Kommunikationsfähigkeit
  Da Software-Erstellung in Teams erfolgt, ist eine gute sprachliche Ausdrucksweise und Präsentation wichtig. Eine gute Schriftform ist für die Software-Dokumentation erforderlich.

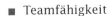

- Teamfähigkeit Abschnitt 5.3
  Um produktiv zur Teamleistung beitragen zu können, muß ein Mitarbeiter Teamgeist besitzen und konstruktiv und kooperativ seine Beiträge zum Teamergebnis liefern.
- Wille zum lebenslangen Lernen
  Das Wissen in der Software-Technik verdoppelt sich etwa alle vier Jahre. Um auf dem Stand der Technik zu bleiben, ist daher ein permanenter Lernprozeß erforderlich.
- Intellektuelle Flexibilität und Mobilität
  Nicht nur die Software-Technik selbst entwickelt sich ständig weiter. Auch das gesamte Umfeld der Software-Technik ändert sich permanent. Daher sind flexibles Denken und Anpassungsfähigkeit an neue Situationen gefordert.
- Kreativität
  Da die Software-Technik noch kein breites Erfahrungspotential besitzt, ist hohe Kreativität gefordert, um neue Lösungen zu finden.
- Hohe Belastbarkeit
  Da die meisten Software-Entwicklungen unter Termin- und Kostendruck stehen sowie mit knappen Personalressourcen durchgeführt werden, muß ein Mitarbeiter »streßverträglich« sein.
  »Für 83% aller befragten EDV-Fachkräfte hat sich das Arbeitspensum in den letzten Jahren erhöht... 85% aller befragten EDV-Fachkräfte leisten Mehrarbeit/Überstunden.
  Etwa ein Drittel der Befragten leistet sie regelmäßig. 21% leisten mehr als fünf Überstunden pro Woche.
  Von 45% werden Überstunden sogar ohne Ausgleich in Form von Freizeit oder Bezahlung geleistet.« /Office Management 89, S. 27/
- Englisch lesen und sprechen
  Die Software-Branche wird stark von den USA dominiert. Daher sind Publikationen, Handbücher und Produkte im Original meist in Englisch abgefaßt. Selbst deutsche Firmen erstellen ihre Produkte und Dokumente oft zuerst in Englisch, um die internationalen Märkte bedienen zu können. Viele Produkte und Dokumente gibt es nur in Englisch. Auch die bevorzugte Kommunikationssprache in der Software-Technik ist Englisch.
  /Naisbitt 90, S. 180/ weist noch auf einen anderen Gesichtspunkt hin:
  »Mehr als 80 Prozent aller Informationen in den über 100 Millionen Computern, die es auf der Welt gibt, sind auf Englisch gespeichert.«

- Schreibmaschine schreiben
  Eingaben in ein Computersystem erfolgen heute noch überwiegend über die Tastatur. Da ein Software-Entwickler diese Eingaben nicht von einer Hilfskraft abgenommen bekommt, ist das professionelle Schreibmaschineschreiben blind im Zehnfingersystem eine notwendige Fähigkeit.

Eine Stellenauswertung der Zeitungen Computerwoche, FAZ, SZ und Die Welt im 1. Quartal 1989 hat die in Abb. 4.1-1 aufgeführten fachübergreifenden Qualifikationen ergeben (/Maisberger 89, S. 20/, Quelle: Control Data Institut).

Abb. 4.1-1: Gewünschte fachübergreifende Qualifikationen

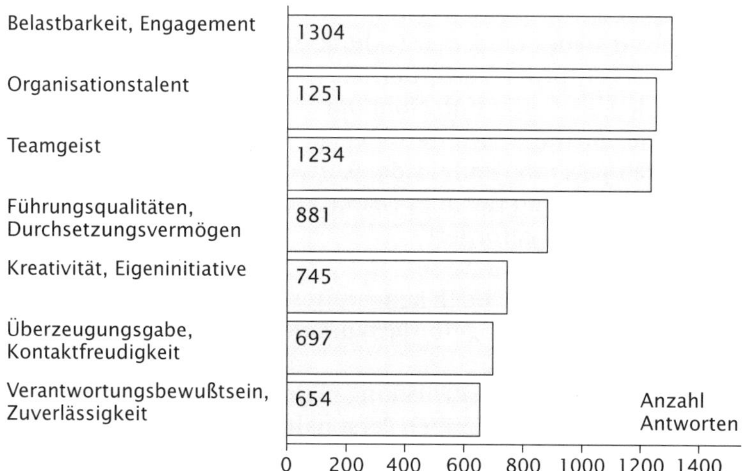

4.1.2 Spezialisierung

In der Software-Entwicklung überwiegt heute noch der Generalist, der von der Analyse bis zur Programmierung an einem Software-Produkt mitarbeitet. In /Weber 92, S. 78f/ wird das Problem der Spezialisierung anschaulich mit anderen Branchen verglichen:

Zitat

»Es ist jedoch hinlänglich akzeptiert, daß die Softwaresysteme, die wir konstruieren, von einer überragenden Größe und Komplexität sind und insoweit durchaus vergleichbar sind mit anderen großtechnischen Systemen wie Flugzeugen, Staudämmen, kompletten Fabrikanlagen etc.

Schon ein flüchtiger Blick auf andere technische Großsysteme erlaubt die Feststellung, daß sie nur in Arbeitsteilung erstellt werden können und daß diese Arbeitsteilung im wesentlichen darin begründet ist, daß die Vielzahl der bei der Entwicklung dieser Systeme zu lösenden Probleme die Problemlösungskompetenz einer Berufsgruppe bei weitem übersteigt. So ist zum Beispiel bei der Konstruktion eines Wasserkraftwerkes, zur Konstruktion des dazu notwendigen Staudamms und zur Konstruktion des gesamten Kraftwerkes der Einsatz von Spezialisten mit etwa 200 verschiedenen beruflichen Spezialisierungen notwendig. Es sind für den Bau einer solchen Gesamtanlage und für deren Betrieb auch etwa 200 in ihrer Art sehr verschiedene Softwaresysteme nötig.

Dies ist einerseits ein Zeichen dafür, daß Software für nahezu jede der zum Einsatz kommenden Technologien Verwendung findet. Es ist aber auch ein Zeichen dafür, daß die insgesamt erzeugte Software 200 verschiedenen beruflichen Spezialisierungen zuzuordnen ist. Es kann selbstverständlich nicht davon ausgegangen werden, daß Software-Entwickler dazu qualifiziert sind, Software für etwa 200 verschiedene Ingenieuranwendungen in gleicher Weise gut produzieren zu können. Vielmehr erfordert eine solche komplexe Software-Aufgabe eine Spezialisierung der Softwareentwickler. Zufriedenstellende Ergebnisse in der Softwareentwicklung können nur erreicht werden, wenn die Spezialisierung der Softwareentwickler den Erwerb der notwendigen Anwendungsfachkompetenz einschließt.«

Eine Spezialisierung kann in der Software-Technik vertikal und horizontal erfolgen.

Beispiel

Ein Beispiel zeigt Abb. 4.1-2. Bei der vertikalen Spezialisierung ist ein Datenspezialist zuständig für die *Entity-Relationship*-Modellierung, anschließend für die Umsetzung dieses Modells in ein relationales Datenbankmodell und letztendlich für die Programmierung des DB-Modells in SQL. Parallel dazu kümmert sich ein Funktionsspezialist um die Modellierung, den Entwurf und die Implementierung der Funktionen.

	Daten	Funktionen
Definition	**ER-Modell**	**SA-Modell**
Entwurf	**relationale DB-Modelle**	**Prozeduren/ Funktionen**
Implementierung	**SQL-Programmierung**	**C-Programmierung**

horizontale Spezialisierung

vertikale Spezialisierung

Abb. 4.1-2: Horizontale vs. vertikale Spezialisierung

Bei der horizontalen Spezialisierung modelliert ein Systemanalytiker die Anforderungen, ein Software-Entwerfer konzipiert die Systemarchitektur und ein Programmierer implementiert das System.

Bewertung

Vorteil

Die **vertikale Spezialisierung** ist heute vorherrschend. Sie besitzt den Vorteil, daß es bei ihr weniger Spezialisierungsgebiete gibt als bei der horizontalen Spezialisierung.

Nachteile

Dem stehen folgende Nachteile gegenüber:

- Nicht bei jeder Software-Methode einsetzbar, z.B. bei der objektorientierten Software-Entwicklung.

- Verlangt vom Spezialisten sehr unterschiedliche Qualifikationen.
- Jede Tätigkeit wird nur selten durchgeführt, eine Analyse z.B. nur alle zwei Jahre.
- Gefahr, daß auf der jeweiligen Ebene die Produktteile nicht zusammenpassen.

Vorteile

Die **horizontale Spezialisierung** besitzt folgende Vorteile:

- Volle Nutzung der Qualifikationen.
- Wiederholung der gleichen Tätigkeiten in kurzen Abständen, z.B. jedes halbe Jahr eine neue Systemanalyse.
- Höhere Chancen für die Wiederverwendung vorhandener Komponenten, da besserer Überblick wegen Wiederholung der Tätigkeiten in kurzen Abständen.
- Chance, ständig den »Stand der Technik« auf dem Spezialisierungsgebiet zu halten.

Nachteile

Dem stehen folgende Nachteile gegenüber:

- Gefahr, daß zwischen den jeweiligen Ebenen das Produkt nicht zusammenpaßt.
- Mehr Spezialisierungsgebiete als bei der vertikalen Spezialisierung.

Probleme

Jede **Spezialisierung** bringt folgende Probleme mit sich:

- Für das Management wird es schwieriger, eine gleichmäßige Auslastung über längere Zeiträume zu planen.
- Die Einsatzmöglichkeiten für einzelne Mitarbeiter sind eingeschränkter.

Wegen der notwendigen fachlichen Qualifikationen und der hohen Innovationsgeschwindigkeit ist eine Spezialisierung in der Software-Technik aber unvermeidlich. Die Vielzahl der Vorteile spricht für eine horizontale Spezialisierung. Die Nachteile müssen durch das Software-Management vermieden werden.

Abschnitt 3.3.2

In der Software-Technik wird der Begriff **Rolle** verwendet, um die Erfahrungen, Kenntnisse und Fähigkeiten zu beschreiben, die nötig sind, um einzelne Aufgaben zu erledigen.

Für wichtige Rollen werden im folgenden die notwendigen Qualifikationen beschrieben:

Systemanalytiker *(Requirements Engineer)*

- Abstraktes Denken (Vom Konkreten zum Abstrakten)
- Hohe Kommunikationsbereitschaft
- Hineindenken in andere Begriffs- und Vorstellungswelten
- Fachwissen aus den Anwendungsgebieten
- Flexibilität

Software-Entwerfer / Software-Architekt

- Abstraktes Denken (Vom fachlich Abstrakten zum software-technisch Konkreten)
- Konzeptionelles Denken (nicht im Detail versinken)

Implementierer / Programmierer / Algorithmenkonstrukteur
- Mathematisches Denkvermögen (Verifikation, Aufwand)
- Abstraktionsvermögen
- Kreativität
- Präzision

Qualitätssicherer
- Geduld
- Hartnäckigkeit
- Mathematisches Denkvermögen

Software-Ergonom
- Interdisziplinäres Wissen aus kognitiver Psychologie, Arbeitswissenschaft und Software-Technik
- Fähigkeit zu konzeptioneller, experimenteller und evaluatorischer Tätigkeit
- Hohe Kommunikationsbereitschaft

Anwendungsspezialist
- Breites Modellierungswissen über das Anwendungsgebiet
- Hohe Kommunikationsbereitschaft
- Abstraktes Denken (Vom Konkreten zum Abstrakten)
- Fähigkeit, das Anwendungsgebiet aufgabengerecht zu strukturieren
- Kenntnis vorhandener Software-Systeme für das Anwendungsgebiet
- Automatisierungsmöglichkeiten des Anwendungsgebiets einschätzen können unter Berücksichtigung von wirtschaftlichen und ergonomischen Gesichtspunkten
- Ganzheitliches Denken, z.B. in Geschäftsprozessen

Software-Manager
- Kooperativer und mitarbeiterorientierter Führungsstil
- Fähigkeit zum strategischen Denken
- Mitarbeiter zum selbständigen und eigenverantwortlichen Handeln anleiten
- Kenntnisse in Problemlösung und Konfliktmanagement
- Initiieren und Fördern von Innovationen
- Fachübergreifendes Denken
- Entwickler und Förderer seiner Mitarbeiter
- Fähigkeit und Bereitschaft zum Delegieren
- Kreativität

In seinem Buch »Nieten in Nadelstreifen« beschreibt Günter Ogger die neuen Manager folgendermaßen /Ogger 92, S. 24ff./:

»Für die künftigen Bosse ist deshalb ein Lebenslauf, der sich durch eine Reihe abwechslungsreicher Tätigkeiten und frühzeitiger Übernahme von Verantwortung auszeichnet, wahrscheinlich hilfreicher als das bisher so hoch bewertete Streben nach guten Noten und Examina. Zitat

Ein Betriebswirt zum Beispiel, der nach dem Studium eine Weile in Australien jobbt, in Hongkong eine Einkaufsorganisation für deutsche Einzelhändler gründet und schließlich in Leipzig einen Gebrauchtwagenhandel aufmacht, taugt als Chef einer »business unit« wahrscheinlich mehr als der Klassenprimus, der als Trainee bei Daimler-Benz anfängt und sich in der Finanzabteilung Schritt für Schritt vorarbeitet, ohne jemals ein Auto verkauft zu haben (...)

Manager-Eigenschaften

Der Manager der Zukunft ist ein Mann mit drei hervorstechenden Eigenschaften: Er hat eine Witterung für profitable Geschäfte, kann strategisch denken und mit Menschen umgehen. Fachwissen, das sich ohnehin schnell überholt, eignet er sich bei Bedarf an; er legt keinen Wert auf Status- und Abgrenzungssymbole, sondern er überzeugt durch Aufrichtigkeit und Kompetenz (...)

Erheblich an Bedeutung gewinnt demnach auch die Auswahl und Entwicklung des Personals sowie die Fähigkeit zur Verhandlungsführung und Konfliktlösung. Die Topleute des 21. Jahrhunderts werden weniger am Schreibtisch sitzen als ihre Kollegen von heute, dafür aber viel mehr mit ihren Mitarbeitern, Kunden und Partnern kommunizieren. Sie brauchen, darin waren sich die Befragten einig, vor allem eine klare Vorstellung von der Zukunft ihrer Firma, und die müssen sie nach drinnen wie draußen vermitteln können.

Deshalb müssen Spitzenmanager in Zukunft vor allem enthusiastisch sein – das fordern 92 Prozent aller Befragten. Sie sollen inspirieren (91 Prozent), Mut machen (89 Prozent), aufgeschlossen und kreativ (88 Prozent) und ein Beispiel an ethischem Verhalten geben (88 Prozent). Interessant auch, daß konservatives Verhalten künftig weniger wichtig sein wird als heute, und daß differenzierte, auch widersprüchliche Charaktere mehr gefragt sein werden. Der ideale Boß des Jahres 2000 ist demnach ein Kosmopolit von hervorragender Allgemeinbildung mit einem Verständnis für unterschiedliche Kulturen, er ist ein erstklassiger Teamarbeiter, aber in seinem Denken unabhängig (...)

Die uralten Tugenden der Betriebswirtschaft, nämlich Sparsamkeit, Einfachheit und Rentabilität sind jetzt wieder gefragt.«

Abschnitt 3.3.2

Projektmanagement-Rollen

Im V-Modell werden 25 verschiedene Rollen vorgeschlagen (Tab. 3.3-1) /V-Modell 97, S. R-2/. Die Projektmanagement-Rollen werden dort folgendermaßen charakterisiert:

Projektmanager (Manager)

Aufgaben

- Festlegung der Rahmenbedingungen für die Projektorganisation
- Initialisierung und Koordination des Projekts, gegebenenfalls Koordination mehrerer Projekte
- Initialisierung und Mitgestaltung der Vergabe
- Kontrolle und Einhaltung der vertraglichen Abmachungen
- Kommunikation mit dem Auftragnehmer
- Beauftragung der Kosten-Nutzenanalyse und ihre Bewertung

- Problem- und Konfliktlösung bei der Projektplanung, bei der Projektabwicklung und beim Projektabschluß
- Kooperation mit dem Qualitätssicherungs- und Konfigurationsmanagement-Manager
- Mitarbeit bei Durchführungsentscheidungen und Umsetzung der getroffenen Entscheidungen

Geforderte Kenntnisse und Fähigkeiten
- Kenntnisse auf betriebswirtschaftlichem Gebiet, aber auch technisches Verständnis
- Erfahrung in der Projektorganisation
- Kenntnis über Anwendung und Einsatzgebiet des Systems
- Führungsqualitäten
- Fähigkeit zu Organisation und Delegation
- Fähigkeit zu positiver Sichtweise

Projektleiter (Verantwortlicher)
Aufgaben
- Planung, Steuerung und Kontrolle des Projekts
- Erstellung des Projekthandbuchs und -plans (Aufwand, Termine und Einsatzmittel) basierend auf den Projektzielen und den organisatorischen Rahmenbedingungen
- Vorbereitung und Durchführung von Ausschreibungen
- Überwachung der Vertragserfüllung
- Durchführung von Kosten-Nutzenanalyse
- Vorbereitung und Begleitung von Durchführungsentscheidungen
- Erkennen möglicher Risiken im Projekt und Einleitung geeigneter Maßnahmen
- Beauftragung der Projektmitarbeiter
- Berichterstattung gegenüber dem Projektmanager und gegebenenfalls weiteren Lenkungsgremien

Geforderte Kenntnisse und Fähigkeiten
- Erfahrung in der Projektabwicklung
- Verständnis von betriebswirtschaftlichen Zusammenhängen
- Kenntnis über Anwendung und Einsatzgebiete des Systems
- Kenntnis über die Entwicklungsumgebung
- Kenntnis über Methoden und Werkzeuge
- Durchsetzungsvermögen und Akzeptanz bei den Projektmitarbeitern
- Fähigkeit zur Führung, Motivation und Moderation
- Fähigkeit zu Organisation und Kommunikation

Rechtsverantwortlicher (Verantwortlicher)
Aufgaben
- Betreuung des Projektmanagers und Projektleiters in juristischen Angelegenheiten

- Mitwirkung bei der Vergabe von Aufträgen
- Führung von Vertragsverhandlungen bis hin zum Vertragsabschluß
- Überwachung der Vertragserfüllung

Geforderte Kenntnisse und Fähigkeiten
- Juristische Kenntnis in der Vergabe und Haftung
- Verhandlungsgeschick

Projektadministrator (Durchführender)
Aufgaben
- Unterstützung des Projektleiters
- Koordination und Verwaltung von Arbeitsaufträgen
- Erstellung und Verwaltung von Berichtsdokumenten

Geforderte Kenntnisse und Fähigkeiten
- Kenntnis und Erfahrung in Methoden und Werkzeugen des Projektmanagements
- Fähigkeit zu Organisation und Kommunikation

4.1.3 Führungs- und Fachlaufbahn

Um Mitarbeiter über lange Zeit hin zu motivieren, muß man ihnen Perspektiven und Aufstiegschancen eröffnen. Da nicht alle Mitarbeiter Manager werden können und wollen, ist es wichtig, daß neben

Abb. 4.1-3: Qualifikationen der Fa. IKOSS

Qualif.-Gruppe	Führungslaufbahn			Funktionen	Fachlaufbahn		
	Technik	Vertrieb	Kaufm.		Technik	Vertrieb	Kaufm.
I	GF GL	GF GL	GF GL	Geschäftsführer Geschäftsleiter Senior Chefberater	SCB	---	---
II	BL AL	BL AL	BL AL	Bereichsleiter/Abteilungs-leiter Technik, Vertriebsleiter, Kfm. Leiter, Personalleiter, Chefberater, Senior-Vertriebs-beauftragter, Chefcontroller	CB SPL SB	SVB	CR/CC
III				Systemanalytiker, Projektleiter, Vertriebsbeauftragter, Referent, Seniorcontroller, Assistent in I	SI SS PL SA	VB	R/SC ASS I
IV	Keine definierten Funktionen			Systemprogrammierer, Anwendungsprogrammierer, Vertriebsbeauftragter, Sachbearbeiter, Controller, Assistent in II	ST SP AOP		SB/C ASS II
V				Programmierer, Juniorcontroller, Juniorsachbearbeiter, Vertriebsassistent, Assistent in III	P	VA Berufs-ein-stiegs-funktion	JC JSB ASS III

einer Führungslaufbahn auch eine Fachlaufbahn in einer Firma vorhanden ist.

Führungslaufbahn

Fachlaufbahn

Während es die **Führungslaufbahn** dem Mitarbeiter ermöglicht, zunehmend Personalverantwortung zu übernehmen, erlaubt es die **Fachlaufbahn**, zunehmend größere fachliche Verantwortung zu übernehmen.

Beispiel

Ein Beispiel für eine Aufteilung in Führungs- und Fachlaufbahn zeigt die Abb. 4.1-3 der Firma IKOSS /IKOSS 94/. Abb. 4.1-4 stellt die Aufstiegsmöglichkeiten in der Fachlaufbahn Technik und Vertrieb dar, einschließlich möglicher Übergänge zwischen Technik und Vertrieb /IKOSS 94/.

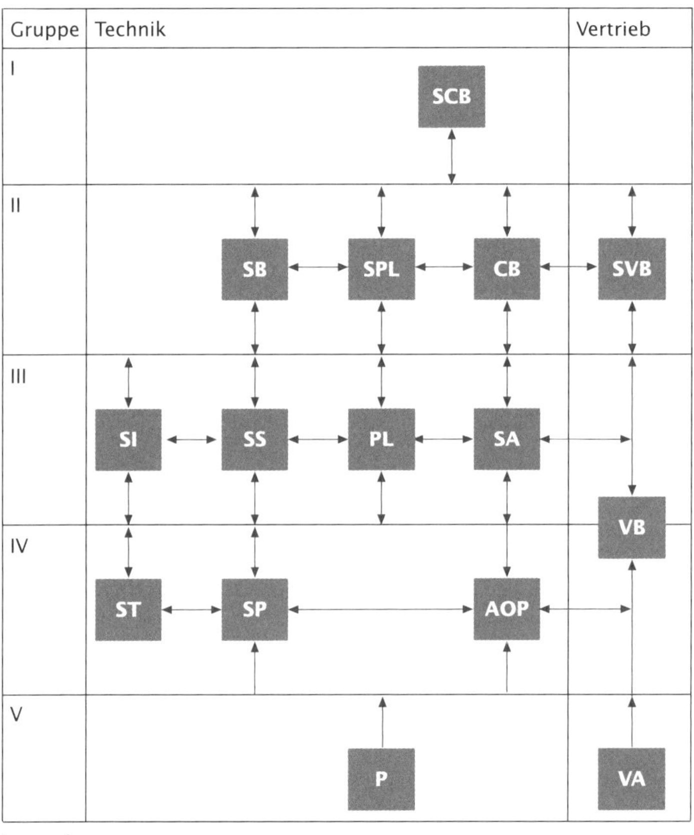

Abb. 4.1-4: Qualifikationsschema für die Fachlaufbahn Technik und Vertrieb der Fa. IKOSS

Legende:

Qualifikationsprofil	**Schwerpunktmäßiger Einsatz als...**	**Qualifikationsprofil**	**Schwerpunktmäßiger Einsatz als...**
P:	Programmierer	PL:	Projektleiter (Junior-PL)
ST:	Systemtechniker	SA:	Systemanalytiker
SP:	Systemprogrammierer	VB:	Vertriebsbeauftragter
AOP:	Anwendungs-/Organisationsprogrammierer	SB:	Systemberater
		SPL:	Senior-Projektleiter
SI:	Systemingenieur	CB:	Chefberater
VA:	Vertriebsassistent	SVB:	Senior-Vertriebsbeauftragter
SS:	Systemspezialist	SCB:	Senior-Chefberater

Die Tab. 4.1-1 zeigt, welche Qualifikationsmerkmale in welcher Qualifizierungsgruppe in welcher Ausprägung vorhanden sein sollen. Dieser Tabelle ist der für ein Mitarbeitergespräch erforderliche Maßstab für die Bewertung der derzeitigen Soll-Qualifikation zu entnehmen /IKOSS 94/.

Tab. 4.1-1: Qualifikationsprofile der Fachlaufbahn Technik bei der Fa. IKOSS

V	IV			III				II			I	Gruppe
P	ST	AOP	SP	SI	SA	PL	SS	SB	SPL	CB	SCB	Qualifikationsmerkmale
1	2	2	2	3	3	4	3	4	4	5	5	**1** Methodik
2	2	2	2	3	3	3	4	5	4	5	5	**2** Analytisches Vorgehen
1	2	2	3	3	3	3	4	5	4	4	4	**3** Abstraktionsvermögen
1	2	2	2	3	4	4	4	5	5	5	5	**4** Gesamthafte Betrachtungsweise
2	3	3	3	3	4	4	4	4	4	4	4	**5** Dokumentation
1	2	2	2	3	3	3	3	3	5	4	4	**6** Planungsfähigkeit
1	2	1	1	2	3	3	3	3	5	4	4	**7** Organisationsfähigkeit
1	1	2	1	2	3	4	4	5	4	5	5	**8** Moderationsfähigkeit
1	1	2	1	2	3	4	4	5	4	5	5	**9** Präsentationsfähigkeit
1	1	1	1	3	4	2	1	3	3	4	5	**10** Marktkenntisse
1	1	2	2	2	3	4	3	5	4	5	5	**11** Kenntnisse über Themen, Ziele und Inhalte der IKOSS-Aktivitäten
1	2	1	1	2	3	2	2	3	3	4	4	**12** Fremdsprachen
3	3	3	3	3	3	4	3	4	4	4	5	**13** Integrationsfähigkeit
3	3	3	3	4	4	4	4	4	5	5	5	**14** Loyalität und Integrität
1	2	2	2	3	4	5	4	5	5	5	5	**15** Persönliches Auftreten
1	2	1	2	3	3	4	2	4	5	5	5	**16** Eigeninitiative und Begeisterungsfähigkeit
2	2	2	2	3	3	3	3	3	4	4	4	**17** Flexibilität
3	3	3	3	3	3	4	3	4	4	4	5	**18** Engagement und Fleiß
2	2	2	2	3	3	3	3	3	4	4	4	**19** Belastbarkeit
3	3	3	3	4	4	4	3	4	4	4	5	**20** Qualitätsbewußtsein
2	3	3	3	4	4	4	3	4	4	4	4	**21** Termintreue
1	3	3	3	3	3	4	3	4	4	4	4	**22** Kostenbewußtsein
1	2	3	3	3	4	3	4	5	3	5	5	**23** Kreativität
1	1	1	1	2	3	4	3	4	4	4	5	**24** Unternehmerisches Denken
3	3	3	3	3	4	4	4	4	4	4	4	**25** Weiterbildungsbereitschaft
2	2	3	3	3	3	4	3	5	4	5	5	**26** Kontaktfähigkeit
2	2	2	2	3	3	3	2	3	4	4	4	**27** Einfühlungsvermögen
1	2	3	3	3	4	4	4	4	5	5	5	**28** Problembewußtsein
1	1	2	2	2	3	4	3	4	4	4	4	**29** Konfliktfähigkeit
1	2	1	1	3	4	3	2	4	4	4	5	**30** Überzeugungsfähigkeit
1	2	1	1	3	3	3	2	4	4	4	5	**31** Durchsetzungsvermögen
1	1	1	1	2	3	3	3	5	4	5	5	**32** Erfolgsorientiertes Verhandeln
3	3	3	3	3	3	4	2	3	4	3	3	**33** Teamfähigkeit
1	1	1	1	3	2	3	1	3	4	3	4	**34** Führungsfähigkeit

Legende:
Wichtigkeit der Qualifikationsmerkmale von »sehr bedeutend« (5) bis »weniger bedeutend« (1)

4.2 Aufgaben und Aktivitäten

Personalaufgaben beinhalten alle Aktivitäten, die mit dem Besetzen und dem Besetzt halten von Stellen zu tun haben, die durch eine Organisationsstruktur gegeben oder entstanden sind.

Dazu gehört die Auswahl von Bewerbern für die verfügbaren Stellen und die Aus- und Weiterbildung sowohl der neuen Mitarbeiter als auch der Stelleninhaber, damit sie ihre Aufgaben effektiv ausüben können. Die Mitarbeiterbeurteilung, -bezahlung und -entwicklung gehören ebenso zu den Personalaufgaben wie das Versetzen und Entlassen von Mitarbeitern. Das primäre Ziel besteht darin, die definierten Rollen mit Mitarbeitern zu besetzen, die fähig und motiviert sind, diese Rollen auszufüllen.

Im folgenden werden Aufgaben und Aktivitäten näher betrachtet, die softwarespezifische Eigenarten aufweisen.

4.2.1 Stellen besetzen

Ein Software-Manager ist für die Auswahl und Einstellung qualifizierter Mitarbeiter verantwortlich. Bei der Auswahl muß er sich von den Qualifikationen und den Erfahrungen der potentiellen Mitarbeiter überzeugen.

Neben der Überprüfung, ob die Qualifikationen mit dem geforderten Qualifikationsprofil der zu besetzenden Position übereinstimmen, sollten folgende Faktoren bei der Besetzung einer Stelle beachtet werden /Thayer 87, S. 35/:

Faktoren

- Ausbildung
  Hat der Bewerber die notwendige Ausbildung für die Stelle? Hat er die geeignete Ausbildung für seine zukünftigen Aufgaben in dem Unternehmen?
- Erfahrung
  Hat der Bewerber ausreichende Erfahrungen? Sind sie von der richtigen Art und von der notwendigen Vielfalt?
- Training
  Ist der Bewerber in den Programmiersprachen und den Methoden, die eingesetzt werden, ausreichend trainiert? Kennt er die benutzte Hardware und System-Software sowie den Anwendungsbereich des zu entwickelnden Software-Systems?
- Motivation
  Ist der Bewerber für die Stelle, die Arbeit im Projekt und die Arbeit für das Unternehmen motiviert?
- Engagement
  Zeigt der Bewerber Engagement und Loyalität zum Projekt, zum Unternehmen und zu den getroffenen Entscheidungen?

- Selbständigkeit
  Ist der Bewerber ein »*self-starter*« mit dem Willen, ein Projekt bis zum Ende – ohne übermäßige Personalführung – durchzustehen?
- Gruppenaffinität
  Paßt der Bewerber in die vorhandene Mannschaft? Gibt es potentielle Konflikte, die gelöst werden müssen?
- Intelligenz
  Besitzt der Bewerber die Fähigkeit zum Lernen, zur Übernahme schwieriger Aufgaben und zur Anpassung an wechselnde Umgebungen?
- Persönlichkeit
  Ist der Bewerber eine reife und ausgeglichene Persönlichkeit mit richtiger Einschätzung von sich selbst und der Umwelt?

Schwächen auf einigen dieser Gebiete können durch Stärken auf anderen Gebieten ausgeglichen werden. Ausbildungsschwächen können z.B. durch umfangreiche Erfahrung, spezielle Weiterbildungen oder durch Engagement für die Tätigkeit kompensiert werden. Gravierende Schwächen sollten zu einer Ablehnung führen.

Qualifizierte Mitarbeiter können durch Neueinstellungen aber auch durch Versetzungen innerhalb des Unternehmens gewonnen werden.

Einführung von Innovationen Kap. 5.5

Neben den oben aufgeführten Faktoren ist zusätzlich noch darauf zu achten, daß innovative Mitarbeiter eingestellt werden, da dadurch die Einführung von Innovationen erleichtert wird. Es ist darauf zu achten, Problemlöser zu gewinnen und keine Problemmacher oder »Bedenkenträger«. Das Problem ist, im Bewerbungsgespräch herauszufinden, in welche Kategorie ein Bewerber gehört.

Generell gilt die Leitlinie: Lieber weniger gute Mitarbeiter, als viele durchschnittliche Mitarbeiter.

Um das Risiko von Fehleinstellungen von Berufsanfängern zu vermeiden, sollte ein frühzeitiger Kontakt zu potentiellen zukünftigen Mitarbeitern hergestellt werden.

Gewinnung von Berufsanfängern

Dies kann durch folgende Maßnahmen erreicht werden:

- Aktiven Kontakt zu Universitäten und Fachhochschulen herstellen oder halten.
- Durchführung von Studien- und Diplomarbeiten im eigenen Unternehmen.
- Anbieten von Praktikanten- und Werkstudentenplätzen.
- Anbieten von Werksbesichtigungen.
- Aushang neuer Stellen am schwarzen Brett von Universitäten und Fachhochschulen.

Hat der Student seine Studien- oder Diplomarbeit im eigenen Unternehmen durchgeführt, dann kennt sowohl der Software-Manager den Studenten als auch der Student das Unternehmen. Dadurch wird für beide Seiten das Risiko minimiert, eine falsche Entscheidung zu treffen. Bewirbt sich dagegen ein potentieller Mitarbeiter auf eine Stellenausschreibung, dann erfolgt das »Kennenlernen« in einem mehrstündigen Bewerbungsgespräch. Das Risiko für Fehleinschätzungen ist dabei viel größer.

Generell ist es erforderlich, eine mittelfristige Personalplanung vorzunehmen, um gezielt und ohne Termindruck geeignete Mitarbeiter für zukünftige Aufgaben zu finden.

Arbeitskonditionen

Um gute Mitarbeiter zu gewinnen und zu halten, ist es notwendig, attraktive Konditionen in der richtigen Kombination zu bieten:

- Interessante Arbeitsaufgaben entsprechend der Qualifikationen, Eignungen und Neigungen
- Flexible Arbeitszeiten (Gleitzeit)
- Gehalt (auch nicht-finanzielle Anreize)
- Arbeitsumgebung (Einzelzimmer)
- Arbeitsausstattung (CASE)
- Weiterbildungsangebot
- Teamarbeit
- Betriebsklima
- Unternehmenskultur

Teambildung Abschnitt 5.3

Aufgabe eines Software-Managers ist es nicht nur, geeignete Personen auszuwählen, er muß insbesondere darauf achten, daß ein gutes Team entsteht.

4.2.2 Integration neuer Mitarbeiter

Neue Mitarbeiter müssen in die Organisation integriert werden. Sie müssen mit den Entwicklungsrichtlinien, -methoden und -werkzeugen vertraut gemacht werden.

Der Manager ist für die Einführung neuer Mitarbeiter ins Unternehmen und die Vorstellung des Unternehmens gegenüber dem Mitarbeiter verantwortlich. Große Unternehmen haben oft ein mehrtägiges Einführungsprogramm für neue Mitarbeiter.

Orientierungsprogramme umfassen die wichtigsten Aspekte eines Unternehmens einschließlich ihrer Geschichte, ihrer Produkte und Dienstleistungen, ihrer Unternehmenskultur, ihrer Organisation und ihrer Leistungen für die Mitarbeiter usw.

4.2.3 Weiterbildung und Training von Mitarbeitern

»›Auf keiner Gehaltsliste eines europäischen, amerikanischen oder japanischen Unternehmens ist heute noch Platz für Mitarbeiter, die sich nicht dem lebenslangen Lernen verpflichten‹, behauptet der amerikanische Unternehmensberater Tom Peters. ›Lernen muß als normaler Bestandteil des Berufslebens akzeptiert werden‹« /Schwertfeger 93, S. 6/.

Diese Aussage gilt ganz besonders für die Software-Technik. Durch die hohe Innovationsgeschwindigkeit, die zu einer Verdoppelung des

Wissens alle vier Jahre führt, ist eine ständige Weiterbildung erforderlich.

Abschnitt 1.3

Da die Qualifikation der Mitarbeiter stark die Produktivität beeinflußt, kann sich mangelnde Qualifikation schnell zum Engpaßfaktor eines Unternehmens entwickeln. Das Halten und Steigern der Mitarbeiterqualifikation wird immer stärker zur Existenzfrage. Da Deutschland niemals mit den Arbeitslöhnen der Entwicklungsländer konkurrieren kann, lassen sich entscheidende Produktivitätssteigerungen nur durch Wissen und hochgradige Automation erreichen.

Abb. 4.2-1 zeigt die Kosten für die Software-Produktion in verschiedenen Ländern im Vergleich zu Deutschland.

Abb. 4.2-1: Kosten für die Software-Produktion /Weber 92, S. 64/

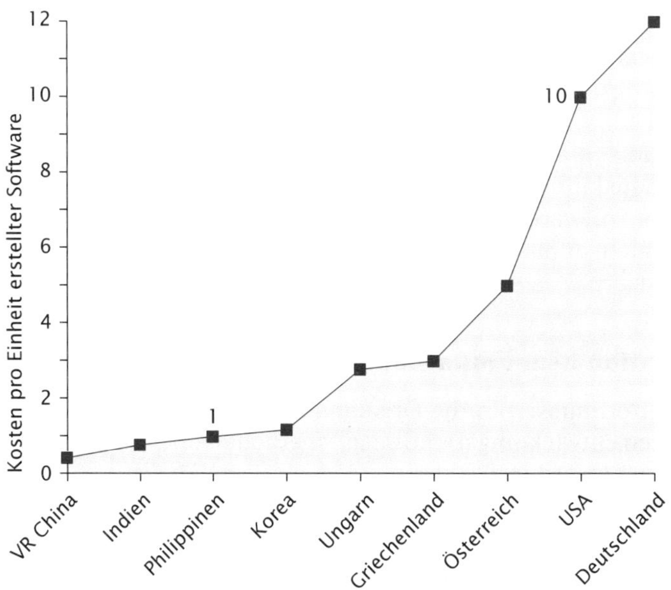

Die durchschnittlichen Weiterbildungstage nach Mitarbeitergruppen zeigt Abb. 4.2-2.

Abb. 4.2-2: Durchschnittliche Weiterbildungstage nach Mitarbeitergruppen /Maisberger 93, S. 15/

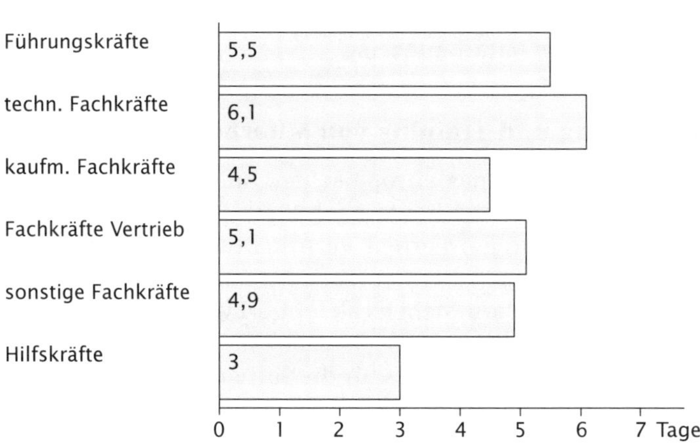

Für den Bereich der Software-Technik sind sechs Tage Weiterbildung im Jahr zu wenig. Nach meiner Erfahrung benötigen Mitarbeiter in der Software-Technik pro Jahr zwei bis drei Wochen Vollzeit-Training, um den Stand der Technik auf dem jeweiligen Arbeitsgebiet zu halten. Werden neue Methoden und Werkzeuge eingeführt, dann ist dafür zusätzliche Zeit nötig.

Heute wird in der Software-Technik zu wenig Zeit für die Weiterbildung aufgewendet. Außerdem erfolgt eine Trainingsmaßnahme oft ad hoc. Meist werden nur unumgängliche Produktschulungen vorgenommen, z.B. die Bedienung von neuen Compilern oder CASE-Systemen. Die Ausbildung in Methoden und Konzepten unterbleibt häufig oder kommt zu kurz. Defizite

Die Bedeutung der Schulung spiegelt sich auch in der ISO 9000, Teil 3: »Qualitätsmanagement- und Qualitätssicherungsnormen.« Kapitel III 3.1

Dort heißt es zum Thema Schulung:

»Der Lieferant sollte Verfahren zur Ermittlung des Schulungsbedarfs einführen und aufrechterhalten und für die Schulung aller Mitarbeiter sorgen, die mit qualitätsrelevanten Tätigkeiten betraut sind. Personal, welches eine ihm speziell zugeordnete Aufgabe ausführt, muß auf der Basis einer angemessenen Ausbildung, Schulung und/oder Erfahrung entsprechend den gestellten Forderungen qualifiziert sein.

Die zu vermittelnden Themen sollten unter Berücksichtigung der verwendeten spezifischen Werkzeuge, Techniken, Methoden und Rechnerhilfsmittel für die Entwicklung und das Management des Softwareprodukts festgelegt werden. Es kann auch erforderlich sein, die Schulung von Fertigkeiten und Vermittlung von Kenntnissen auf dem betreffenden speziellen Softwaregebiet einzuschließen. Zweckentsprechende Aufzeichnungen über die Schulung und Erfahrung sollten aufbewahrt werden.« /ISO 9000, Teil 3, 92, S. 30f./.

Um ein Qualitätsmanagementsystem zertifiziert zu bekommen, werden zum Schulungsbereich folgende Fragen gestellt /DGQ 93, S. 135f./:

ISO 9000-Zertifizierung

- Sind Zuständigkeiten und Verfahren für die Personalschulung schriftlich festgelegt und wird eine angemessene Fortbildung durchgeführt? (Gibt es ein differenziertes Schulungsprogramm?)
- Wie und durch wen wird der Schulungsbedarf aufgabenbezogen ermittelt und gibt es darüber schriftliche Unterlagen?
- Welches Programm für die durchzuführenden Schulungen und Qualifikationen gibt es?
- Welche Aufzeichnungen über durchgeführte Schulungen und Qualifikationen gibt es?
- Wird durch ein Verfahren sichergestellt, daß Personen mit besonderen Aufgaben durch angemessene Ausbildung, Schulung und/oder Erfahrung, soweit zutreffend, für die Aufgaben qualifiziert sind?

- Gibt es für Mitarbeiter mit qualitätsbezogenen Tätigkeiten schriftlich festgelegte Forderungen an:
  a die Ausbildung?
  b die praktische Erfahrung (Training)?
  c die formellen Qualifikationen für Qualitätsmanagement-Tätigkeiten
- Sind die Unternehmensleitung und alle Führungskräfte in das Qualitätsmanagement-Fortbildungsprogramm mit einbezogen?
- Wie erfolgt nachweislich eine arbeitsplatzbezogene Unterweisung durch Vorgesetzte in qualitätsbezogene Aufgaben?
- Welche Maßnahmen zur Motivation und Förderung des Qualitätsbewußtseins gibt es?
- Wie erfolgt nachweislich eine qualitätsbezogene Unterweisung des Personals bei Einführung neuer Verfahren?
- Gibt es qualitätsbezogene Einweisungs- und Unterweisungsprogramme für Mitarbeiter bei Neueinstellung oder Umbesetzung und bei Einführung neuer oder geänderter Verfahren oder Abläufe?

Problembereiche

Generell kann ein Software-Manager nicht davon ausgehen, daß alle Mitarbeiter selbst etwas für ihre Weiterbildung tun:

»Die Statistik über das Lesen ist besonders enttäuschend: Der durchschnittliche Software-Entwickler besitzt kein einziges Buch zu dem Thema seiner Arbeit und hat nicht einmal eines gelesen.« /DeMarco, Lister 91, S. 14/.

Managementausbildung von Berufsanfängern

Ein spezielles, oft nicht beachtetes Problem ist die Managementqualifikation von Berufsanfängern. Berufsanfänger übernehmen oft bereits nach kurzer Zeit Projektleiteraufgaben oder werden Gruppenleiter. Von der Universität oder der Fachhochschule sind sie auf solche Aufgaben nicht vorbereitet. Umgekehrt beginnt in vielen Unternehmen die Managementausbildung erst, wenn man Abteilungsleiter ist. Ziel muß es aber sein, die Mitarbeiter frühzeitig auf diese Aufgaben durch Schulung vorzubereiten.

Fachliche Qualifikationen der Manager

Umgekehrt hat sich gezeigt, daß Software-Manager immer weniger fachliche Weiterbildung betreiben, je höher sie in der Hierarchie aufsteigen. Ziel eines Software-Managers kann es nicht sein, im Detail genauso viel zu wissen wie seine Mitarbeiter. Er muß sich vielmehr auf die strategischen Gesichtspunkte konzentrieren, er muß wissen, welche Herausforderungen auf ihn zukommen und wie sie nach rechtzeitigem Erkennen bewältigt werden können.

Häufig fehlt Software-Managern aber dieses strategische, fachliche Wissen, so daß sie in ihrem Urteil auf Berater angewiesen sind.

Empfehlungen

Für die Weiterbildung und das Training seiner Mitarbeiter sollte ein Software-Manager folgendes tun:

- Weiterbildung als Investition in die Gegenwartsicherung des Unternehmens ansehen.
- Mittelfristiges Weiterbildungskonzept erarbeiten und durchführen.

- Mitarbeiter in der Software-Technik pro Jahr zwei bis drei Wochen weiterbilden.
- Moderne Lerntechniken, wie *Computer Based Training* (CBT), einsetzen, um das individuelle Lernen sowie das Lernen am Arbeitsplatz zu ermöglichen.
- Berufsanfänger rechtzeitig auf Managementaufgaben vorbereiten.
- Software-Manager auf geeignete fachliche Seminare schicken.
- Mitarbeiter mit verschiedenen Schwerpunktgebieten einstellen.
- Attraktive Fachlaufbahn bieten.
- Nicht darauf vertrauen, daß Mitarbeiter sich selbst weiterbilden.
- Eigeninitiative bei der Weiterbildung unterstützen.
- Weiterbildung als Teil der Personalentwicklung betrachten.

4.2.4 Personalentwicklung

Ziel der Personalentwicklung ist es, für die Durchführung der aktuellen und der zukünftigen Entwicklungsaufgaben in ausreichender Qualität und Quantität Personal zu wirtschaftlichen Kosten zur Verfügung zu stellen. In der Software-Technik gibt es für die Personalentwicklung zwei besondere Problembereiche, denen besondere Aufmerksamkeit zu widmen ist:

- Fluktuation von Mitarbeitern und
- Qualifikationsprobleme bei *nicht* fortbildungsfähigen Mitarbeitern.

Fluktuation

Die Software-Technik-Branche hat – zumindest in Hochkonjunkturzeiten – mit einer hohen Fluktuation zu kämpfen. In den USA bleiben Mitarbeiter von großen Software-Projekten im Durchschnitt 12 bis 30 Monate im Entwicklungsteam. Da große Software-Projekte oft länger als drei Jahre dauern, muß ein solches Projekt ein oder mehrere komplette Personalwechsel überleben /Scacchi 89, S. 62/. Folgende Lösungsmöglichkeiten bieten sich für dieses Problem an:

- Gute personenunabhängige Dokumentation (standardisiert, abgenommen, computergestützt).
- Unabhängige Qualitätssicherung.
- Attraktive Arbeitsbedingungen.
- Realistische Erwartungen bei der Personalplanung. Ein Berufsanfänger verläßt in der Regel nach zwei bis drei Jahren seinen ersten Arbeitgeber.
- Gute Personalförderung einschließlich Führungs- und Fachlaufbahnmöglichkeiten.
- Mittelfristige Personalplanung.

nicht fortbildungsfähige Mitarbeiter

Durch die hohe Innovationsgeschwindigkeit in der Software-Technik gibt es Qualifikationsprobleme bei nicht fortbildungsfähigen Mitarbeitern.

Manche Mitarbeiter kommen aus fachfremden Berufen und wurden dann zum Assembler-Programmierer umgeschult. Es erfolgte dann oft eine Weiterqualifikation zum COBOL-Programmierer. Der Versuch

einer weiteren Ausbildung in Richtung Datenbanken, moderne Sprachen und Methoden führte meistens zu einer Überforderung.
Das führt zu zwei Managementproblemen:
- Diese Mitarbeiter können keine Systeme mehr entsprechend dem Stand der Technik entwickeln.
- Es treten Akzeptanzprobleme auf, wenn neue, hochqualifizierte Mitarbeiter in ein solches Team, u.U. sogar mit Leitungsfunktion, integriert werden sollen.

Ist es bereits soweit gekommen, dann hat die Personalentwicklung in der Vergangenheit versagt und die Software-Entwicklung in eine Sackgasse geführt. Für diese Sackgasse gibt es zwei Lösungsalternativen:

1 Die alten Sprachen und Methoden werden beibehalten. Man ist sich darüber im klaren, daß ein Produktivitäts- und Qualitätsverlust eintritt und neue Mitarbeiter abgeschreckt werden.

2 Nicht fortbildungsfähige Mitarbeiter pflegen die vorhandene Software oder werden für andere Aufgaben eingesetzt. Neue Mitarbeiter entwickeln neue Systeme entsprechend dem Stand der Technik.

Die zweite Alternative kann nur dann sozialverträglich umgesetzt werden, wenn dem Management rechtzeitig das Problem bekannt ist und frühzeitig gegengesteuert werden kann.

Fachlaufbahn Aufstiegshierarchie für Fachkräfte bzw. Experten, meist beginnend ab Abteilungsreferent. Mit jeder Position innerhalb der Fachlaufbahn ist fachliche Verantwortung verbunden, im Umfang abhängig von der Höhe der Hierarchie. Im Gegensatz zur →Führungslaufbahn ist mit der Fachlaufbahn keine Personalverantwortung verknüpft. Oft entspricht jeder Position in der Führungslaufbahn eine Position in der Fachlaufbahn.

Führungslaufbahn Aufstiegshierarchie für Führungskräfte bzw. Manager, meist beginnend ab Gruppen- oder Abteilungsleiter. Mit jeder Position innerhalb der Führungslaufbahn sind Personalverantwortung einschließlich disziplinarischer Befugnisse verbunden, im Umfang abhängig von der Höhe der Hierarchie (→ Fachlaufbahn).

Die Qualifikation, die Motivation und das Engagement der Mitarbeiter haben den entscheidenden Einfluß auf die Produktivität einer Software-Entwicklung. Jeder Software-Manager muß daher das Ziel haben, gute Mitarbeiter einzustellen, sie in die vorhandene Organisationsstruktur zu integrieren, sie entsprechend den Erfordernissen weiterzubilden und zu trainieren, sie zu fördern und zu entwickeln.

Bei der Auswahl von Mitarbeitern ist darauf zu achten, daß sie über die allgemeinen Qualifikationen verfügen, die für eine Tätigkeit in der Software-Technik erforderlich sind. Je nach vorgesehenem Einsatzgebiet sollten sie auch über die notwendigen speziellen Qualifikationen verfügen. Da nicht alle Mitarbeiter Führungskräfte mit Personalverantwortung sein können bzw. wollen, ist es für die Motivation der Mitarbeiter wichtig, neben einer Führungslaufbahn auch eine attraktive Fachlaufbahn mit Aufstiegsmöglichkeiten anzubieten. Im Personalbereich muß ein Software-Manager auf folgende kritische Gebiete besonders achten:

- Horizontale Spezialisierung anstreben
- Fachlaufbahn etablieren
- Innovative Problemlöser einstellen
- Weniger, aber gute Mitarbeiter auswählen, statt viele mittlere
- Attraktive Arbeitskonditionen bieten
- Frühzeitigen Kontakt zu potentiellen zukünftigen Mitarbeitern herstellen (Studien- und Diplomarbeiten)
- Mittelfristige Personalplanung vornehmen
- Neue Mitarbeiter integrieren
- Für permanente und ausreichende Weiterbildung sorgen
- Berufsanfänger rechtzeitig auf Managementaufgaben vorbereiten
- Manager auch weiterhin fachlich qualifizieren
- Förder- und Entwicklungsplan für jeden Mitarbeiter zusammen mit dem Mitarbeiter aufstellen
- Personalfluktuationen antizipieren
- Qualifikationsprobleme von Mitarbeitern rechtzeitig erkennen und durch geeignete Maßnahmen mittelfristig sozialverträglich lösen.

/DeMarco, Lister 91/
DeMarco T., Lister T., *Wien wartet auf Dich! Der Faktor Mensch im DV-Management*, München: Carl Hanser Verlag 1991, 216 Seiten, Originalausgabe: *Peopleware*, New York: Dorset House Publishing Co. 1987, 188 Seiten
Die Autoren beschreiben die menschlichen Einflußfaktoren auf die Software-Entwicklung. Ein Muß für jeden Software-Manager!

Zitierte Literatur

/DGQ 93/
Deutsche Gesellschaft für Qualität (Hrsg.), *Audits zur Zertifizierung von Qualitätsmanagementsystemen*, Berlin: Beuth-Verlag, 1993

/IKOSS 94/
IKOSS, Aachen, persönliche Mitteilung

/ISO 9000, Teil 3, 92/
Qualitätsmanagement- und Qualitätssicherungsnormen, Leitfaden für die Anwendung von ISO 9001 auf die Entwicklung, Lieferung und Wartung von Software, Beuth-Verlag, Berlin, Juni 1992

/Maisberger 89/
Maisberger P., *Computeranwender gefragt wie nie zuvor*, in: Office Management, 11/1989, S. 20

/Maisberger 93/
Maisberger P., *Das lernende Unternehmen*, in: Digital Magazin, München, Nr. 3, Okt. 1993, S. 14–15

/Naisbitt 90/
Naisbitt J., *Megatrends 2000*, Düsseldorf: Econ-Verlag, 1990

/Office Management 89/
Office Management, 11/1989

/Ogger 92/
Ogger G., *Nieten in Nadelstreifen*, München: Droemersche Verlagsanstalt, 1992

/Scacchi 89/
Scacchi W., *The USC System Factory Project*, in: ACM SIGSOFT, Jan. 1989, p. 61ff.

/Schwertfeger 93/
Schwertfeger B., *Mittelpunkt Mensch,* in: Digital Magazin, München, Nr. 3, Okt. 1993, S. 6–8
/Thayer 87/
Thayer R.H., *Software-Engineering Project Management – A Top-Down View,* in: Software Engineering Project Management, Los Alamitos: IEEE Computer Society Press 1990, pp. 15–53
/V-Modell 97/
Entwicklungsstandard für IT-Systeme des Bundes, Vorgehensmodell, Teil 3: Handbuchsammlung, Allgemeiner Umdruck Nr. 250/1, Juni 1997, BWB IT I5, Koblenz
/Weber 92/
Weber H., *Die Software-Krise und ihre Macher,* Berlin: Springer-Verlag 1992

Muß-Aufgabe
15 Minuten

1 *Lernziel: Angeben können, welche Qualifikationen für die beschriebenen Rollen erforderlich sind.*
In Ihrem Unternehmen sind folgende Positionen neu zu besetzen: Systemanalytiker, Software-Entwerfer, Programmierer, Qualitätssicherer und Software-Ergonom. Sie haben fünf qualifizierte Kandidaten. Durch Personalgespräche können Sie die Personen folgendermaßen charakterisieren:

a Der erste Kandidat hat ein hohes Abstraktionsvermögen. Aufgrund seines Mathematikstudiums ist er gewohnt, exakte Ergebnisse zu liefern. Weiterhin ist er ein sehr einfallsreicher Mensch.

b Die Stärken des zweiten Kandidaten liegen im Umgang mit anderen Menschen. Neben seiner Ausbildung in der Software-Technik hat er sich mit Arbeitsabläufen und der Mensch-Maschine-Kommunikation beschäftigt.

c Dieser Kandidat ist dafür bekannt, daß er versucht, den Dingen auf den Grund zu gehen. Dafür nimmt er sich Zeit und gibt nicht auf, bevor er eine Lösung gefunden hat.

d Die Person kommt ursprünglich aus dem Anwendungsgebiet, für das sie Software entwickelt. Sie hatte kein Problem, sich in anderen Bereichen schnell zurechtzufinden und deren Terminologie zu erlernen. Neben der Fähigkeit zu abstrahieren, ist das befragende Gespräch mit anderen Menschen eine weitere Stärke.

e Die Fähigkeit, die Übersicht zu behalten und global zu denken, sind die Pluspunkte des letzten Kandidaten. Er ist ferner in der Lage, allgemeine Situationen in konkrete umzuformen.

Besetzen Sie die Positionen!

Muß-Aufgabe
5 Minuten

2 *Lernziel: Wissen, wie die Kosten der deutschen Software-Produktion im Verhältnis zu anderen Ländern aussehen.*
Die Erstellung eines speziellen Programms kostete in Griechenland umgerechnet 25 000 DM. Mit welchen Kosten ist für die Erstellung des gleichen Programms in Österreich, China, Deutschland und den USA zu rechnen?

Muß-Aufgabe
5 Minuten

3 *Lernziel: Die Bedeutung von Personalfragen anhand von Beispielen aufzählen können.*
Zwei Teams entwickeln je ein Programm. Ein Projekt-Team war in der Lage, in kürzerer Zeit ein besseres Produkt zu liefern. Nennen Sie zwei Gründe in der Personalplanung, an denen das schlechte Abschneiden des einen Teams gelegen haben könnte.

Weitere Aufgaben befinden sich auf der beiliegenden CD-ROM. 

5 Leitung

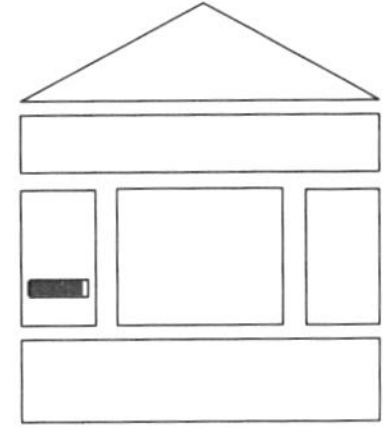

wissen

- Angeben können, über welche Eigenschaften ein Software-Manager verfügen soll und welchen Herausforderungen er sich stellen muß.
- Die Charakteristika von Teams aufzählen, ihre Stärken und Schwächen nennen sowie angeben können, wodurch die Teambildung gefördert bzw. verhindert wird.
- Eigenschaften teamorientierter Manager und teamfähiger Mitarbeiter aufführen können.
- Wissen, was man unter Kreativität, Kreativitätstechniken, Metaplan-Technik, Pinnwand und Flip-Chart versteht.
- Leitungsaktivitäten eines Software-Managers aufzählen und erläutern können.
- Führung, Führungsstil und *Management-by-...* erklären und die beschriebenen *Management-by*-Methoden erläutern können.
- Die Kreativitätstechniken *Brainstorming* und *Brainwriting* erläutern können.
- Kreativitätstechniken klassifizieren können.
- Die sechs Schritte des Risikomanagements angeben und erläutern sowie zugeordnete Techniken aufzählen können.
- Die *Top ten*-Risiken einer Software-Entwicklung und zugeordnete Risikomanagement-Techniken nennen und erläutern können.
- Für vorgegebene Szenarios geeignete Leitungsaktivitäten eines Software-Managers identifizieren, begründen und anwenden können.
- Risikomanagement anhand von Beispielen durchführen können.

Prof. Dr. Barry Boehm
Pionier auf dem Gebiet des Software-Managements, Erfinder des COCOMO-Kostenschätzmodells und des Spiralmodells, grundlegende Arbeiten zur Software-Produktivität und zum Risikomanagement; Promotion in Mathematik, Universität von Kalifornien, Los Angeles, von 1973–1989 bei TRW, von 1989–1992 beim US-Verteidigungsministerium, heute: TRW *Professor of Software Engineering, University of Southern California; Fellow of the IEEE.*

5.1 Grundlagen

Mitarbeiter anzuleiten und zu führen ist eine der anspruchsvollsten und zeitlich aufwendigsten Aufgaben eines Managers. Neben der formalen Autorität trägt die natürliche Autorität eines Managers wesentlich dazu bei, seine Mitarbeiter so zu motivieren, daß sie ihr Bestes geben, um die angestrebten Ziele zu erreichen.

Aktivitäten

Zu den Leitungsaktivitäten gehören neben der Führung und Beaufsichtigung von Mitarbeitern auch das Delegieren von Kompetenzen, das Koordinieren von Aktivitäten, das Unterstützen der Kommunikation, das Lösen von Konflikten und die Einführung von Innovationen.

Kapitel 5.5

Zur Personalführung gibt es eine umfangreiche Managementliteratur und eine Vielzahl von Managementphilosophien, auf die hier nicht eingegangen wird (siehe z.B. /Raidt 85/, /Kolb 95/). In den folgenden Abschnitten wird sich weitgehend auf software-spezifische Fragestellungen konzentriert.

qualifiziertes Personal

Eine Besonderheit des Software-Managements besteht darin, hochqualifiziertes Personal zu führen.

Teambildung

Dieses Personal muß in einem oder mehreren Teams konstruktiv und kreativ zusammenarbeiten. Die Zusammenstellung geeigneter Teams stellt daher einen wichtigen Erfolgsfaktor dar.

Kreativität

Da selbst bei routinemäßig ablaufenden Software-Enwicklungen neue Ideen und Lösungsmöglichkeiten erforderlich sind, spielen Kreativitätstechniken, ihre Vermittlung und Anwendung eine große Rolle.

Risiko-Management

Jeder Software-Manager hat seine »Lieblingsthemen«, die er mit seinen Mitarbeitern besonders gern bis ins letzte Detail diskutiert. In diese Themen steckt er einen großen Teil seiner Management-Aktivitäten, obwohl diese Themen für den Entwicklungserfolg meist nicht ausschlaggebend sind. Er übersieht dabei oft die wirklich riskanten Gebiete. Um dies zu vermeiden, gibt es das Risiko-Management, dessen Ziel es ist, dem Manager Risiken systematisch bewußt zu machen.

Software-Manager

Personalführung kann nicht nur darin bestehen, alles so fortzuführen, wie es bisher war. Ein Software-Manager muß in hohem Maße strategisch denken und die Fähigkeit besitzen, Visionen zu entwikkeln. Jeder Software-Manager muß in der Lage sein, seine eigene Arbeit so zu organisieren, daß er sich genügend Zeit und Freiraum nimmt, um die technischen Trends zu analysieren und in Strategien für die eigene Firma umzusetzen.

Ein Manager wird dafür bezahlt, daß er Chancen nutzt und Risiken vermeidet. Chancen kann man aber nur nutzen, wenn man bereit ist, die damit verbundenen Risiken einzugehen.

Meiner Erfahrung nach nutzt gerade das deutsche mittlere Management zu wenig seinen Spielraum, um Chancen wahrzunehmen.

Anders ausgedrückt: Das Mittelmanagement ist oft risikoscheu und versucht, Entscheidungen an die nächsthöhere Managementebene zurückzudelegieren. Das ist der Tod jeder Innovation.

Beispiel

Kunden reklamieren die schlechte Software-Qualität eines Software-Hauses. Der Leiter der Software-Entwicklung erhält von der Geschäftsleitung den Auftrag, eine Qualitätssicherung zu etablieren. Obwohl dem Leiter der Software-Entwicklung hundert Mitarbeiter unterstehen, sagt er der Geschäftsleitung, er könne nur dann eine Qualitätssicherung aufbauen, wenn er fünf neue Stellen genehmigt bekomme. Solange dies nicht der Fall sei, trage die Geschäftsleitung die Verantwortung für die mangelhafte Qualität (Rückdelegation von Verantwortung).

Ein Software-Manager darf in einer so innovativen Branche wie der Software-Technik auf neue Herausforderungen nicht nur reagieren, sondern er muß selbst rechtzeitig agieren.

fachliche Herausforderungen

Folgende fachliche Herausforderungen stellen sich heute für einen Software-Manager:

- Umstieg auf die objektorientierte Software-Entwicklung,
- Umstellung auf *Client-Server*-Architekturen,
- Wiederverwendung technisch und organisatorisch ermöglichen,
- Metriken einführen, auswerten und zur Prozeßsteuerung verwenden,
- CASE-Umgebungen einführen bzw. auf dem neuesten Stand halten.

Mangement-Herausforderungen

Folgende Management-Herausforderungen stellen sich heute:

- ISO 9000-Zertifizierung erreichen,
- Kontinuierliche Prozeß- und Qualitätsverbesserung anstreben,
- Liberale, innovationsfreundliche Firmenkultur entwickeln,
- Innovationen initiieren und fördern,
- Mit flachen Hierarchien auskommen,
- Kundenorientiertes Denken und Handeln bewirken.

Den meisten dieser Herausforderungen sind in diesem Buch eigene Kapitel gewidmet.

Um heute im Markt Erfolg zu haben, ist eine kundenorientierte Sicht erforderlich. Abb. 5.1-1 zeigt die Leitbilder von drei System-Häusern.

5.2 Hochqualifizierte Mitarbeiter führen

Ein besonderes Kennzeichen der Software-Entwicklung ist es, daß die Mitarbeiter in der Regel hoch qualifiziert sind und oft über einen Hochschulabschluß verfügen. Diese Besonderheit muß sich auf den Führungsstil auswirken.

***Abb. 5.1-1:* Kundenorientierte Leitbilder von drei System-Häusern**

Firma IKOSS

Unser Kunde

- Unser Kunde ist die wichtigste Person für unser Unternehmen, gleich, ob er uns schreibt oder mit uns spricht.
- Unser Kunde findet leichter einen neuen Auftragnehmer als wir einen neuen Kunden.
- Unser Kunde stört uns nicht bei der Arbeit, er gibt sie uns.
- Unser Kunde stellt uns Aufgaben. Unser Ziel ist es, sie gewinnbringend für ihn und für uns zu lösen.
- Unser Kunde möchte von uns beraten werden. Wir messen weder unseren Intellekt noch streiten wir mit ihm. Niemand hat je einen Streit mit einem Kunden gewonnen.
- Unser Kunde ist kein Außenstehender, sondern der Mittelpunkt unserer Arbeit. Wir tun ihm keinen Gefallen, indem wir ihn bedienen, sondern er uns einen, wenn er uns Gelegenheit dazu gibt.

Firma Schleupen

- Unsere Kunden erleben unsere kompetenten Mitarbeiter als zuverlässige und zielorientierte Partner.
- Unser Handeln gegenüber Kunden und Mitarbeitern ist durch Fairness bestimmt.
- Unser Handeln konzentrieren wir auf Kunden in unseren Zielmärkten.
- Wir geben Impulse, verändern Märkte und setzen Standards.
- Unsere Lösungen orientieren sich an den Anforderungen unserer Kunden.
- Die Anforderungen unserer Kunden nach einer umfassenden Unterstützung ihrer organisatorischen Abläufe erfüllen wir durch ein Angebot von der Analyse bis zum Service.
- Die kontinuierliche Qualität unserer Arbeit messen wir an unseren langjährigen Kundenbeziehungen.
- Engagierten und kreativen Mitarbeitern bieten wir einen zukunftssicheren Arbeitsplatz mit Herausforderung und Kompetenz.

Firma Hauni

- Unser wichtigstes Ziel, die Zufriedenheit unserer Kunden, wollen wir durch Produkte und Dienstleistungen von höchstem Nutzen erreichen.
- Wir wollen im Markt für Tabaktechnologie das führende Unternehmen und Schrittmacher des technischen Fortschritts sein.
- Nur mit motivierten Mitarbeiterinnen und Mitarbeitern erreichen wir unseren Unternehmenserfolg. Dafür wollen wir das erforderliche Umfeld schaffen und ihnen in allen Funktionen die Auswirkungen ihrer Tätigkeit auf die Kundenzufriedenheit sichtbar machen.
- Wir wollen die Zukunft unseres Unternehmens langfristig sichern. Die dazu erforderliche unternehmerische und finanzielle Unabhängigkeit muß durch nachhaltige Erträge gewährleistet werden.
- Von unseren Lieferanten, zu denen wir faire und vertrauensvolle Beziehungen pflegen, erwarten wir erstklassige Produkte und Dienstleistungen.
- Wir sind Bestandteil einer freien sozialen Marktwirtschaft in einem ökologischen System und fühlen uns der Gesellschaft und der Umwelt gegenüber verpflichtet.

Führung

Führungsstil

*Mangement-by-*Methoden

Unter **Führung** versteht man die Einwirkung auf Mitarbeiter, so daß vorgegebene Ziele erreicht werden. Wie die Form dieser Einwirkung aussieht, wird durch den **Führungsstil** festgelegt. Im Laufe der letzten 30 bis 40 Jahre bildeten sich verschiedene Führungsstile bzw. Führungsphilosophien heraus. Man bezeichnet sie als ***Management-by***-Methoden. Eine Auswahl dieser Methoden, die für hochqualifizierte Mitarbeiter geeignet sind, wird im folgenden kurz skizziert.

Management by Objectives (MbO)

Literatur: /Raidt 85/

Ziele

Führung durch Zielsetzung erfordert zuerst eine Festlegung der Unternehmensziele. Aus diesen werden dann die Ziele der einzelnen Bereiche und Abteilungen abgeleitet. Führungskräfte geben ihren Mitarbeitern in regelmäßigen Abständen, z.B. jährlich, operationale Ziele vor oder vereinbaren sie mit ihnen. Alle Entscheidungen, die zur Erreichung des Ziels nötig sind, liegen in der Verantwortung des jeweiligen Mitarbeiters. Die Beurteilung der Mitarbeiterleistung erfolgt am Periodenende durch Vergleich der abgesprochenen Ziele mit den tatsächlich erreichten Zielen.

Führung durch Zielsetzung ist von folgenden Voraussetzungen abhängig:

- Mitarbeitern wird ein bestimmter Aufgabenbereich delegiert.
- Aufgaben und Kompetenzen jeder Stelle sind in Stellenbeschreibungen festgelegt.
- Mitarbeitern wird erläutert, wie ihre Ziele in übergeordnete Ziele eingebettet sind, was von der nächsten Periode erwartet wird und welche Unterstützung die Führungskraft bereitstellt.
- Festlegung, woran bzw. wie die Leistung gemessen wird.

Führung durch Zielsetzung ist einer der am meisten verbreiteten Führungsstile.

Management by Results

Ergebnisse

Dezentrale Führungsorganisation, bei der die Ergebnisse vorgegeben, gemessen und kontrolliert werden. Die delegierten Führungsaufgaben werden über die Ergebnisse kontrolliert. Folgende Grundsätze sind zu beachten:

- Die Abteilungen konzentrieren sich auf wenige, möglichst quantitative Entscheidungsmaximen.
- Die Ziele sollen motivieren.
- Die Führungskräfte werden auf allen Hierarchieebenen ausreichend über die von ihnen erwarteten Verhaltensweisen informiert.

Management by Delegation

Delegation

Aufgaben und die entsprechenden Befugnisse werden soweit wie möglich an die Mitarbeiter und auf untere Hierarchieebenen übertragen. Mit der Delegation sind immer geeignete Kontrollen verbunden. Voraussetzungen sind klare Aufgabendefinitionen und Kompetenzabgrenzungen.

Management by Participation

Partizipation

Führungsstil mit starker Betonung der Mitarbeiterbeteiligung an den sie betreffenden Zielentscheidungen. Es wird davon ausgegangen, daß die Identifikation der Mitarbeiter mit den Unternehmenszielen – und damit ihre Leistung – wächst, je stärker sie an der Formulierung dieser Ziele mitwirken.

Management by Alternatives

Alternativen

Für jedes wichtige Problem sind Alternativlösungen zu entwickeln. Erst nach der Bewertung der Alternativen wird eine Entscheidung gefällt.

Diese Methode wird durch das Spiral-Modell formalisiert.

Abschnitt 3.3.7

Ausnahmen

Management by Exception

Normal- und Routinefälle werden von der mittleren und unteren Führungsebene völlig selbständig bearbeitet und entschieden. Vorgesetzte werden nur dann zu Entscheidungen hinzugezogen, wenn Ausnahmefälle vorliegen. Dieser Führungsstil erfordert folgende Voraussetzungen:

- Klare Definition der übertragenen Aufgaben.
- Umfassende Richtlinien für die Entscheidungen der einzelnen Stellen.
- Übertragung von Vollmacht und Verantwortung.

Das Management kann sich bei diesem Führungsstil auf die kritischen Entwicklungen konzentrieren.

Abschnitt 5.5

In der Software-Technik wird dieser Führungsstil durch das Risikomanagement unterstützt. 

Motivation

Management by Motivation

Die Aufgabe des Managers besteht darin, die Bedürfnisse, Interessen, Einstellungen und persönlichen Ziele der Mitarbeiter zu erkennen und sie mit den Unternehmenszielen und betrieblichen Erfordernissen zu verbinden, so daß die Mitarbeiter Spaß an der Arbeit haben.

Wie sich überdurchschnittlich erfolgreiche Führungskräfte verhalten, zeigt Abb. 5.2-1.

Abb. 5.2-1: Wie Spitzenmanager führen

Die 19 spezifischen Verhaltensweisen überdurchschnittlich erfolgreicher Führungskräfte.

Ziele und Aufgaben definieren	Beraten und unterstützen	Leistungen beurteilen	Organisationsentwicklung
1 Der erfolgreiche Manager entwickelt herausfordernde und erreichbare Ziele für seine Mitarbeiter.	**6** Äußert mehr Anerkennung als negative Kritik.	**12** Belohnt und fördert Mitarbeiter im Hinblick auf Innovations- und Risikofreudigkeit.	**16** Entwickelt Strategien und Ziele für die Organisation (Hauptabteilung, Abteilung).
2 Legt klare, spezifische Hauptaufgaben und Fähigkeiten für Mitarbeiterpositionen oder Stellen fest.	**7** Bietet Mitarbeitern Hilfestellung und Unterstützung an.	**13** Bespricht regelmäßig mit Mitarbeitern ihren Leistungsfortschritt und Zielerreichungsgrad.	**17** Führt Meetings so durch, daß Zusammenarbeit gefördert wird.
3 Erklärt Aufgaben und Projekte verständlich und gründlich.	**8** Vermittelt hohe persönliche Erwartungen auf informelle Art und Weise.	**14** Verstärkt ausgezeichnete Leistungen seiner Mitarbeiter durch finanzielle und nichtfinanzielle Anreize.	**18** Ermutigt Mitarbeiter, Aufgaben und Projekte, die sie für wichtig halten, zu entwickeln und zu übernehmen.
4 Bestimmt meßbare, beziehungsweise überprüfbare Kriterien für erforderliche Leistungen.	**9** Legt Wert auf positive zwischenmenschliche Beziehungen zu seinen Mitarbeitern.	**15** Bezieht das Gesamtbeurteilungssystem (Belohnung, Beförderung, Anerkennung) nur auf das tatsächliche Leistungsverhalten, nicht auf andere Faktoren (z.B. Dienstalter).	**19** Zeigt persönliches Engagement in der Verfolgung übergeordneter strategischer Ziele.
5 Klärt Probleme und ihre Ursachen vollständig ab, so daß Mitarbeiter sie korrigieren können.	**10** Gibt Mitarbeitern die Möglichkeit, ihre Fehler selbst herauszufinden und zu korrigieren, anstatt Probleme für sie zu lösen.		
	11 Bezieht Mitarbeiter in Zielfindungs- und Entscheidungsprozesse ein.		

Quelle: /Derschka, S.10/

Drang zur Tat
Aufgaben werden zügig angepackt, ohne lange Analysen. Es wird ständig experimentiert, auch auf die Gefahr hin, Fehler zu machen.

Dicht am Kunden
Ehrgeiz, dem Kunden gute Qualität, guten Service und Verläßlichkeit zu bieten; permanenter Kundenkontakt.

Eigenständigkeit und Unternehmertum
Es gibt – unabhängig von der Unternehmensgröße – kleine operative Einheiten, die überschaubar sind und unternehmerisch agieren. Viel Entscheidungsfreiheit und Wettbewerb auf unteren Hierarchieebenen.

Produktivität durch Mitarbeiter
Den Fähigkeiten der Mitarbeiter wird vertraut. Sie werden an der Verbesserung von Arbeitsabläufen und Produkten beteiligt. Dadurch wird ihre Motivation erhöht, und aus durchschnittlichen Mitarbeitern werden gute Mitarbeiter.

Von Werten geleitet
Alle Aktivitäten werden von Unternehmenswerten wie Qualität, Zuverlässigkeit, Kundenpflege durchdrungen. Sie bestimmen die Unternehmensstrategien.

»Schuster bleib bei deinen Leisten«
Nur dort, wo eigenes Know-how erfolgreich eingesetzt werden kann, erfolgen geschäftliche Aktivitäten und Firmenkäufe.

Einfache Organisationsstrukturen, kleine Stäbe
Organisationsstrukturen werden nicht perfektioniert, Stäbe sind mager ausgestattet. Das Berichtswesen konzentriert sich auf das Notwendigste. Es findet eine breite, informelle Kommunikation statt.

Führung zugleich locker und fest
Ausgewogene Mischung zentraler und dezentraler Strukturen. Viele Freiräume für Initiative und eigene Lösungswege, wenn sie im Rahmen der klar definierten Firmenziele und der strikt beachteten Firmenwerte zu Ergebnissen führen.

Quellen: /Peters, Waterman 82/, /Rüßmann 83/

Abb. 5.2-2: Mit acht Merkmalen zum Unternehmenserfolg

Ziel vieler Unternehmen ist es, einen einheitlichen Führungsstil im gesamten Unternehmen zu praktizieren. Es entsteht dann eine Firmenkultur.

Peters und Waterman haben 43 als exzellent eingestufte Unternehmen in den USA untersucht und acht Merkmale isoliert, die exzellente Firmen von durchschnittlichen unterscheiden /Peters, Waterman 82/ (Abb. 5.2-2). Diese acht Merkmale sind bei den herausragenden Firmen weitgehend komplett anzutreffen, während andere Firmen nur einige davon aufzuweisen haben – wenn überhaupt. Die Merkmale betreffen vor allem Zielsetzung, Selbstverständnis, Struktur, innere Dynamik und Firmenkultur eines Unternehmens.

Neu ist an diesen Merkmalen nichts. Es scheint aber so, daß nur die ausgezeichneten Firmen konsequent diese Merkmale befolgen. Besonders auffällig war die starke wert- und mitarbeiter-orientierte Firmenkultur.

Das Merkmal »Drang zur Tat« setzt eine offene Kommunikation voraus. Gespräche finden auf allen Ebenen und zwischen allen Ebenen statt. Höhere Linienmanager gehen häufig in die Frontbereiche, erleben mit, was geschieht, wo Probleme entstehen und vermitteln den Mitarbeitern nebenbei die Unternehmensziele *(Management by walking around).*

Bürokratische Tendenzen werden oft durch einfache Regeln bekämpft. In manchen Firmen darf keine innerbetriebliche Mitteilung länger als eine DIN A4-Seite sein.

Die Innovationskraft vieler Unternehmen entsteht durch ihre Kundennähe. Viele Anregungen für Produktverbesserungen kommen von Kunden.

5.3 Teams bilden und führen

Eine Software-Entwicklung kann nicht durch einen einzelnen Mitarbeiter durchgeführt werden, da er zuviel Zeit benötigen würde, um ein Software-System fertigzustellen. Daher muß eine Gruppe von Mitarbeitern gemeinsam an einer Aufgabe arbeiten.

Team

Ein Team stellt die ausgeprägteste Form der Gruppenarbeit dar. In einem **Team** arbeiten Mitarbeiter unterschiedlicher Qualifikationen miteinander, um eine gemeinsame Aufgabe zu erledigen.

Charakteristika der Teamarbeit

Teamarbeit ist durch folgende Charakteristika gekennzeichnet:

- Regelmäßige und kontinuierliche Kommunikation untereinander.
- Von Fall zu Fall gegenseitige Abstimmung.
- Gleichberechtigte Mitbestimmung aller Teammitglieder bei der Diskussion von Methoden, Inhalten und Zielen der Arbeit und ihrer Durchführung.
- Alle Teammitglieder sind gleichrangig und agieren auch gleichrangig.
- Verschiedene Teammitglieder übernehmen zeitweise die Führungsrolle, jeweils auf dem Gebiet, auf dem sie ihre Stärken haben.

Die Struktur eines Teams ist ein Netzwerk und keine Hierarchie. Manager sind normalerweise nicht Teil des Teams, das sie leiten.

***Abb. 5.3-1:* Teams – ihre Stärken und ihre Schwächen**

- Hoher Problemlösungsgrad bei schwierigen Problemen.
- Verschiedene Standpunkte und Meinungen kommen zur Sprache.
- Das unterschiedliche *»know-how«* der Teammitglieder wird genutzt.
- Viele Dinge lassen sich im Team besser erledigen als alleine.
- Für manche Aufgaben sind Teams immer besser als ein einzelner.
- Die Gefahr, in eine Sackgasse zu geraten, ist geringer als bei Einzelarbeit.
- Teams sorgen dafür, daß alle an einem Strang ziehen.
- Hohe Arbeitszufriedenheit.
- Hohe Risikobereitschaft.
- Gegenseitige Anregung und Verstärkung.
- Vielfältige Informationen werden in relativ kurzer Zeit vermittelt.
- Zwischenmenschliche Bedürfnisse werden in hohem Maße befriedigt.

- Hoher Zeit- und Kommunikationsaufwand.
- Hoher Konformitäts- und Normierungsdruck.
- Informationsfülle erfordert lange Diskussionen und zögert Entscheidungsfindungen hinaus.
- Konkurrenzdenken und individuelle Profilierung können Leistung verringern.
- Es laufen gruppendynamische Prozesse ab, die nur schwer zu kontrollieren und zu beeinflussen sind.
- Gruppendruck kann Teammitglieder zu leistungsabträglichem Verhalten veranlassen.

Quellen: /DeMarco, Lister 91, S.141ff./, /Mantei 81/, /Berkel 84/, eigene Erfahrungen

Teams haben Stärken, aber auch Schwächen (Abb. 5.3-1). Um die Schwächen zu vermeiden, sollte meiner Erfahrung nach die Teamgröße in der Software-Technik bei drei oder vier Mitgliedern liegen.

Teamgröße 3 – 4

Besonders bewährt hat sich Teamarbeit zu Beginn der Systemanalyse und des Software-Entwurfs, da zu diesem Zeitpunkt wichtige Entscheidungen fallen.

Einsatzgebiete

Für den Software-Manager stellt sich die Frage, welche Faktoren die Teambildung fördern bzw. verhindern (Abb. 5.3-2).

- Team auf gemeinsames Ziel ausrichten.
- Team zu Erfolgen verhelfen.
- Elitegefühl stärken.
- Qualität zum Kult machen.
- Vielfalt ins Team bringen.
- Strategische Richtlinien vorgeben, keine taktischen.
- *Never change a winning team.*

- Kontrolle statt Vertrauen und Autonomie.
- Bürokratie.
- Räumliche Trennung statt räumlicher Nähe.
- Gleichzeitige Mitarbeit in mehreren Teams, statt nur in einem.
- Scheintermine statt Vertrauen.

Q.: /DeMarco, Lister 91, S.141ff./

Abb. 5.3-2: Förderung/ Verhinderung der Teambildung

Teams brauchen ein gemeinsames Ziel, damit sie motiviert arbeiten. Firmenziele sind viel zu abstrakt. Daher ist es wichtig, konkrete Ziele vorzugeben, die vom Team akzeptiert werden.

gemeinsames Ziel

Teams benötigen, insbesondere in der Anfangsphase, gemeinsame Erfolge und Anerkennung. Sie müssen darin bestätigt werden, daß sie auf dem richtigen Weg sind. Als Manager sollte man daher die zu erledigende Arbeit so aufteilen, daß genügend oft Erfolgserlebnisse möglich sind.

Erfolge

Um mit sich selbst zufrieden zu sein, brauchen Mitarbeiter das Gefühl, einzigartig zu sein. Irgendwann fängt ein Team an, sich als etwas Besonderes anzusehen. Alle verspüren dasselbe Elitegefühl, man hebt sich von allen anderen ab. Egal, worin sich die Einzigartigkeit ausdrückt, sie bildet die Grundlage für die Identität des Teams.

Elite-Team

Jedes Team braucht eine Herausforderung: »Nur das Beste ist gut genug für uns«. Bekommt ein Team die Aufgabe, nur ein mittelmäßiges Produkt zu entwickeln, weil die Zeit oder das Geld fehlt, dann hat das Team keinen Anreiz, eine herausragende Leistung zu erbringen. Jeder schämt sich, an einem »Schundprodukt« mitzuarbeiten.

Qualitätskult

Es ist aber auch darauf zu achten, daß kein *»Overengineering«* betrieben wird oder Funktionen »vergoldet« werden, nur weil es dem Team Spaß macht.

Kapitel 5.5, Tab. 5.5-1

Auf der anderen Seite wird es immer wichtiger, Qualitätsbewußtsein bei jedem Mitarbeiter zu etablieren. Daher ist das Teammotto »Nur die beste Qualität ist gut genug für uns« mit besten Kräften vom Management her zu fördern.

Kapitel III 4.2

Vielfalt

Die Erfolgschancen für eine gute Zusammenarbeit im Team werden größer, wenn das Team vielfältig zusammengesetzt ist, z.B. aus Mitarbeitern und Mitarbeiterinnen, aus Endbenutzern und Entwicklern usw.

Strategie vorgeben

Der Manager sollte sich darauf beschränken, Strategien vorzugeben. Er sollte sich aber nicht in die Taktik des Teams einmischen, wie es gedenkt, die Strategie zu erfüllen.

Erfolgreiche Teams erhalten

Ein harmonisches, erfolgreiches Team sollte die Chance bekommen, auch das nächste Projekt gemeinsam zu bearbeiten, wenn es dies wünscht. Das neue Projekt startet dann bereits mit einem großen Motivationsvorsprung.

Kontrolle statt Vertrauen

Ein gut kooperierendes Team kann nicht entstehen, wenn der Manager dem Team kein Vertrauen entgegenbringt, wenn jede Entscheidung durch ihn abgesegnet werden muß, wenn er sich in technische Fragen einmischt. Teams müssen autonom arbeiten können. Dies schließt ein, Fehler zu machen und z.B. einen anderen Weg einzuschlagen als den, den der Manager gewählt hätte.

Bürokratie

Abschnitt 3.3.2

In manchen Prozeßmodellen versucht man das Risiko einer Entwicklung dadurch zu reduzieren, daß man eine Vielzahl von Dokumenten von den Software-Entwicklern fordert (siehe z.B. das V-Modell). Diese Software-Bürokratie führt dazu, daß die Entwickler meinen, wenn sie nur alle Formulare vollständig ausfüllen, dann würden sie ein gutes System erhalten. Es soll hier nicht gegen die Dokumentation argumentiert werden, sie ist im richtigen Umfang erforderlich. Beim Einsatz von CASE-Umgebungen entsteht ein großer Teil der Dokumentation sowieso automatisch. Aber: Software-Bürokratie behindert die Teamarbeit. Wichtig ist es, das Team auf ein Ziel einzuschwören. An dieses Ziel muß es glauben, und es muß spüren, daß das Management daran glaubt.

Räumliche Trennung

Sind die Teammitglieder räumlich entfernt untergebracht, dann entfallen zwanglose Gespräche, man sieht sich selten, es kann sich kein Zusammengehörigkeitsgefühl entwickeln.

Teams sollten daher räumlich nahe untergebracht sein, was nicht gleichbedeutend mit einem Raum sein muß (siehe dazu auch den Faktor Einzelzimmer im Kapitel 1.4). Sie sollten einen gemeinsamen Besprechungsraum und eine gemeinsame Teeküche haben oder die Möglichkeit haben, sich in virtuellen Räumen zu treffen.

Mitarbeit in mehreren Teams

Muß ein Mitarbeiter gleichzeitig in mehreren Teams mitarbeiten, dann ist dies für die Teambildung und die Effizienz schlecht. Er muß zu allen Teams seine Kontakte aufrecht erhalten. Folglich muß er ständig umdenken. Eingeschworene Teams entstehen nur, wenn ihre Mitglieder den größten Teil ihrer Zeit darin verbringen.

Scheintermine

Werden vom Manager Termine vorgegeben, die absolut nicht einzuhalten sind, dann sind sie unglaubwürdig. Das Team engagiert sich nicht, da solche Termine nur als Druck »von oben« betrachtet werden, die die Vertrauensbasis zerstören.

Damit Teams erfolgreich sein können, müssen sie gut geführt werden. Dazu benötigt man teamorientierte Manager. Auf der anderen Seite benötigt man teamfähige Mitarbeiter. Die Eigenschaften dieser Manager und Mitarbeiter sind in Abb. 5.3-3 zusammengestellt.

teamorientierte Manager

teamfähige Mitarbeiter

Eigenschaften...

...teamorientierter Manager
- Kompetenz bei Mitarbeitern anerkennen.
- Gewisses Maß an Freiheit und Verantwortung für bestimmte Aufgaben an Mitarbeiter übertragen.
- Vertrauensvorschuß gewähren.
- Teams sich selbst bilden lassen oder Mitspracherecht bei der Zusammensetzung einräumen.
- Administrative und organisatorische Hürden für das Team aus dem Weg räumen.
- Teams zeitweise völlig autonom arbeiten lassen.
- Teams zeitweise in Isolation »verbannen« (Hotel, abgelegenes Büro, Ferienhaus).

...teamfähiger Mitarbeiter
- Positive Einstellung zur Teamarbeit.
- Kritik- und Konflikttoleranz.
- Gegenseitige Anerkennung und Respektierung der fachlichen Qualifikation und persönlichen Integrität.
- Partnerschaftliches Verhalten.
- Fähigkeit, widersprüchliche und voneinander abweichende Informationen zu verarbeiten.
- Bereitschaft, sich voll im Team zu engagieren.
- Mit sich selbst zufrieden sein.

Q.: /DeMarco, Lister 91, S. 141ff./, /Berkel 84/, eigene Erfahr.

Abb. 5.3-3: Eigenschaften teamorientierter Manager und teamfähiger Mitarbeiter

Ein eingeschworenes Team erkennt man an folgenden Merkmalen:
- Niedrige Fluktuationsrate.
- Ausgeprägtes Identifikationsbewußtsein.
- Freude an der Arbeit.
- Bewußtsein einer Elitemannschaft.

5.4 Kreativität fördern

Viele Aktivitäten in der Software-Entwicklung erfordern ein hohes Maß an Kreativität, z.B. das Modellieren des Fachkonzepts, das Entwerfen einer geeigneten Systemarchitektur, das Finden eines neuen Algorithmus. Gerade Software-Ingenieure denken oft zu rational, zu sehr in eingefahrenen Denkschablonen. Kreativitätstechniken helfen, neue Lösungswege, neue Ideen zu finden.

Kreativität

Unter **Kreativität** versteht man die Fähigkeit, Wissens- und Erfahrungselemente aus verschiedenen Bereichen unter Überwindung verfestigter Strukturen und Denkmuster zu neuen Problemlösungsansätzen bzw. zu neuen Ideen zu verschmelzen.

Originelle Ideen zeichnen sich vielfach dadurch aus, daß sie Prinzipien oder Erfahrungen aus Bereichen nutzen, die vom bearbeiteten Problemfeld weit entfernt liegen.

Kreative Menschen wenden – offenbar unbewußt – bestimmte Prinzipien an, um zu neuen Ideen zu kommen. Diese heuristischen Prinzipien, wie Assoziieren, Abstrahieren, Strukturen aus anderen Bereichen übertragen, Kombinieren, Variieren usw., helfen, eine Brücke vom Problem zu problemfremden Wissenselementen zu schlagen. Durch Anwendung dieser Prinzipien können festgefügte Denkstrukturen überwunden werden.

Kreativitätstechniken

Kreativitätstechniken wenden diese heuristischen Prinzipien in formalisierter Form an.

Die Prinzipien »Assoziieren« und »Strukturen übertragen« fördern das intuitive Hervorbringen von Ideen, während die Prinzipien »Variieren«, »Kombinieren« und »Abstrahieren« eher in systematisch-analytischer Weise zu neuen Ansätzen hinführen.

Gruppe

Die meisten Kreativitätstechniken nutzen die Gruppe, da mehrere Personen mehr Wissen und Erfahrungen in den Ideengenerierungsprozeß einbringen als ein einzelner. Voraussetzung ist, daß eine offene Kommunikation in der Gruppe stattfindet, damit das unterschiedliche Wissen auch ausgetauscht wird. Dies ist nur in einer kleinen Gruppe mit maximal fünf bis sieben Teilnehmern möglich. Gegen größere Gruppen spricht außerdem, daß der Wissenszuwachs mit zunehmender Größe abnimmt.

Klassifizierung

Kreativitätstechniken lassen sich nach zwei Einflußfaktoren klassifizieren (Abb. 5.4-1).

Abb. 5.4-1: Klassifizierung der Kreativitätstechniken

Vorgehensprinzip zur Kreativitätsförderung	**Ideenauslösendes Prinzip** **Assoziation /Abwandlung**	 **Konfrontation**
Verstärkung der Intuition	**Methoden der intuitiven Assoziation** *Brainstorming*-Methoden ■ Klassisches *Brainstorming* ■ Schwachstellen-*Brainstorming* ■ Parallel-*Brainstorming* *Brainwriting*-Methoden ■ Kartenumlauftechnik ■ Methode 635 ■ Ringtauschtechnik ■ *Brainwriting*-Pool ■ Galerie-Methode ■ Ideen-Delphi ■ Ideen-Notizbuch-Austausch	**Methoden der intuitiven Konfrontation** ■ Reizwortanalyse ■ Exkursionssynetik ■ Bildmappen-*Brainwriting* ■ Visuelle Konfrontation in der Gruppe ■ Semantische Intuition
Systematisches analytisches Vorgehen	**Methoden der systematischen Abwandlung** ■ Morphologisches Tableau ■ Sequentielle Morphologie ■ Modifizierende Morphologie *(Attribute Listing)* ■ Progressive Abstraktion	**Methoden der systematischen Konfrontation** ■ Morphologische Matrix ■ TILMAG ■ Systematische Reizobjektermittlung

Quelle: /Geschka 85/

Legende: Die blau geschriebenen Techniken sind in Abb.5.4-2 näher beschrieben

Das Finden von Ideen kann durch Förderung der Intuition oder durch systematisch-analytisches Vorgehen unterstützt werden.

Die Ideen werden durch Abwandlung vorliegender Lösungsansätze – eine Idee entwickelt sich aus der anderen, insbesondere in Form von Assoziationsketten – oder aus der Konfrontation mit problemfremden Wahrnehmungen generiert.

Diese Klassifizierung führt zu vier Methodengruppen, in die sich die bekannten Kreativitätstechniken einordnen lassen.
In Abb. 5.4-2 werden zwei dieser Techniken näher dargestellt,

- das klassische *Brainstorming* und
- die Kartenumlauftechnik.

Mit beiden Techniken habe ich in der Praxis gute Erfahrungen gemacht.

Abb. 5.4-2: Ausgewählte Kreativitätstechniken

Klassisches *Brainstorming*

Funktionsweise:	Spezielle Form einer verbalen Gruppensitzung.
Vier Regeln:	**1** Freies und ungehemmtes Aussprechen von Gedanken; auch sinnlos erscheinende und phantastische Einfälle sind erwünscht, da sie andere Teilnehmer inspirieren können. Alle Vorschläge an Pinnwand oder *Flipchart* schreiben.
	2 Die gemachten Vorschläge sind als Anregungen aufzunehmen und assoziativ weiterzuentwicklen. Voraussetzung: Zuhören und innerlich offen sein.
	3 Kritik und Bewertung ist während der Sitzung verboten. Keine Killerphrasen wie »Das haben wir noch nie gemacht«, »Das hat noch keiner geschafft«.
	4 Quantität geht vor Qualität. Vernunft und Logik sind nicht gefragt.
Voraussetzungen:	Erfahrener Moderator, disziplinierte Teilnehmer, vier bis sieben Teilnehmer, nicht länger als 30 Minuten.
Problemklassen:	Suchprobleme (viele Lösungsmöglichkeiten) und genau definierte Probleme.
Vorteile:	Mimik, Gestik und Rhetorik führen zu spontanen Dialogen. Mehrere Teilnehmer können sich an den Diskussionen beteiligen. Der Funke kann von Teilnehmer zu Teilnehmer »überspringen«.
Nachteil:	Rhetorisch begabte Teilnehmer können die Gruppe dominieren.

***Brainwriting:* Kartenumlauftechnik**

Funktionsweise:	Spezielle Form einer nichtverbalen Gruppensitzung.
Vier Regeln:	**1** Jeder Teilnehmer erhält Karten (z.B. Metaplankarten) und einen Filzstift. Jede Idee schreibt er auf eine Karte.
	2 Jeder Teilnehmer legt seine beschriebenen Karten links von sich ab, griffbereit für seinen Nachbarn.
	3 Gehen die eigenen Ideen aus, sichtet man den rechts von sich entstandenen Kartenstapel seines Nachbarn und läßt sich dadurch anregen.
	4 Weiterentwickelte Ideen werden auf neue Karten geschrieben und alle Karten, einschließlich der durchgegangenen Karten des Nachbarn, werden links abgelegt.
Voraussetzungen:	Vier bis sieben Teilnehmer, nicht länger als 30 Minuten.
Problemklassen:	Suchprobleme und genau definierte Probleme, bei denen mehr Nachdenken erforderlich ist.
Vorteile:	Nach Ende des *Brainwriting* kann schnell eine Strukturierung und Bewertung der Ideen vorgenommen werden. Karten werden thematisch gebündelt, mit Überschriften versehen und auf eine Pinnwand geheftet. Rhetorik spielt keine Rolle.
Nachteil:	Spontaneität geht etwas verloren.

Quellen: /Geschka 85/, eigene Erfahrungen

intuitive Assoziation

Beide Techniken unterstützen die intuitive Assoziation. Das Ziel besteht darin, die Intuition in der Gruppe zu verstärken. Die Teilnehmer werden dazu angeregt, die Ideen der anderen aufzugreifen und assoziativ weiterzuentwickeln. Das kann sowohl verbal *(Brainstorming)* als auch schriftlich *(Brainwriting)* erfolgen.

Brainstorming

Brainstorming ist die bekannteste und am häufigsten angewandte Methode. Sie will die negativen Erscheinungen von Konferenzen wie destruktive Kritik, Rivalität der Teilnehmer, Verzettelung in Nebensächlichkeiten vermeiden.

Brainwriting

Brainwriting basiert ebenfalls auf dem Prinzip der wechselseitigen Assoziation. Die mündliche Kommunikation wird jedoch durch den Austausch schriftlicher Notizen ersetzt. Dadurch können rhetorisch begabte Teilnehmer eine Gruppe nicht dominieren. Außerdem gibt sie jedem Teilnehmer mehr Zeit zum Nachdenken und Ausgestalten.

Beide Methoden eignen sich gut, um Suchprobleme zu lösen. Bei Suchproblemen wird nach bestimmten Kriterien eine Auswahl getroffen.

intuitive Konfrontationen

Die Methoden der intuitiven Konfrontation versuchen den natürlichen kreativen Prozeß nachzuahmen. Originelle Ideen entstehen oft als Reaktion auf die Wahrnehmung völlig problemfremder Ereignisse, Gegenstände, Vorgänge und Gedanken ganz plötzlich – als Eingebung, als »Geistesblitz«.

Beispiel

Der Erfinder des Kugelschreibers ging in einem Park spazieren. Auf einem feuchten Rasen spielten Kinder Ball. Als der Ball über einen Kiesweg rollte, hinterließ er eine nasse Spur. Das brachte den Erfinder Biro auf das Wirkungsprinzip des Kugelschreibers.

Den Problemlösern legt man bei der intuitiven Konfrontation problemfremde Objekte vor. Die Auseinandersetzung mit diesen Objekten und ihren Bau- und Wirkungsprinzipien führt zu neuen Lösungsansätzen.

Werden durch die intuitive Assoziation keine neuen Impulse mehr erzielt, dann sollte man die intuitive Konfrontation einsetzen. Sie ist besonders für Gestaltungs- und Konstellationsprobleme geeignet. Bei diesen Problemen sind unter Beachtung von Randbedingungen komplexe Lösungsansätze zu finden.

Ist eine Kreativitätssitzung abgeschlossen, dann sind anschließend die Ideen zu sichten, zu ordnen, zu gruppieren, zu bewerten und zu gewichten.

Im Interesse jeden Software-Managers muß es liegen, die Problemlösungsfähigkeit seiner Mitarbeiter zu steigern. Über gezielte Kreativitätsförderung sollen neue Ideen und Lösungen angeregt werden. Es gilt die ablehnende Haltung aufgrund einer überwiegend nüchternen Berufsmentalität, insbesondere von Ingenieuren, zu überwinden.

Das gemeinsame Nachdenken über problematische Einzelfragen ist heute eher die Ausnahme. Daher sollten die Teams zum kooperativen Problemlösen unter Einsatz von Kreativitätstechniken angeregt werden.

Führung zu Kreativität heißt /Schlicksupp 85, S. 96/:

Kreativität fördern

- Freiräume für Experimente gewähren,
- Initiativen anerkennen,
- Ungewöhnliches positiv diskutieren,
- Erfolgsziele eindeutig definieren, aber die Wege zu den Erfolgen weitgehend offenlassen.

Als wichtigstes Arbeitsmittel für Gruppen- und Teambesprechungen hat sich die Metaplan-Technik durchgesetzt.

Metaplan-Technik

Bei der **Metaplan-Technik** werden Pinnwände, *Flip-Charts*, verschiedenartig geformte, farbige Karten (Rechtecke, Ovale, Kreise, Wolken), Stecknadeln, Klebepunkte und Filzstifte eingesetzt, um Ideen zu visualisieren, zu strukturieren, zu gewichten usw. (Abb. 5.4-3).

Eine **Pinnwand** ist eine Tafel, auf die mit Stecknadeln Karten geheftet werden können. Oft wird an die Tafel zunächst Packpapier geheftet. Darauf werden dann Karten gesteckt. Strukturierungen, Verbindungen usw. können dann durch Filzstifte auf dem Packpapier markiert und gezeichnet werden. Durch Wahl verschiedenartiger Karten können Ideen geeignet visualisiert werden.

Klebepunkte können dazu verwendet werden, um Gewichtungen durch die Teilnehmer vornehmen zu lassen. Beispielsweise erhält jeder fünf Punkte und kann diese beliebig auf zehn Ideen verteilen.

Ein ***Flip-Chart*** ist ein großer Papierblock, der auf einem Gestell befestigt ist. Seine Blätter können nach oben umgeschlagen werden. Auf *Flip-Chart*-Blätter kann man Problemlösungen skizzieren, die Blät-

Abb. 5.4-3: Metaplan-Technik

ter anschließend vom Block abreißen und mit Kreppstreifen an die Wand heften. Verschiedene Lösungen kann man dann im Team gut diskutieren.

Die Metaplan-Technik sollte zur Grundausstattung jedes Besprechungsraums gehören. Inzwischen gibt es auch Software zur Sitzungsunterstützung, z.B. durch *Groupware*.

5.5 Risiken managen

Untersuchungen haben gezeigt, daß die Überarbeitung *(rework)* von fehlerhafter Software sehr kostenintensiv ist. Abb. 5.5-1 zeigt, daß ungefähr 80 Prozent aller Überarbeitungskosten benötigt werden, um 20 Prozent der Fehler zu beseitigen.

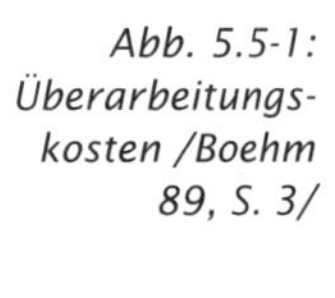

Abb. 5.5-1: Überarbeitungskosten /Boehm 89, S. 3/

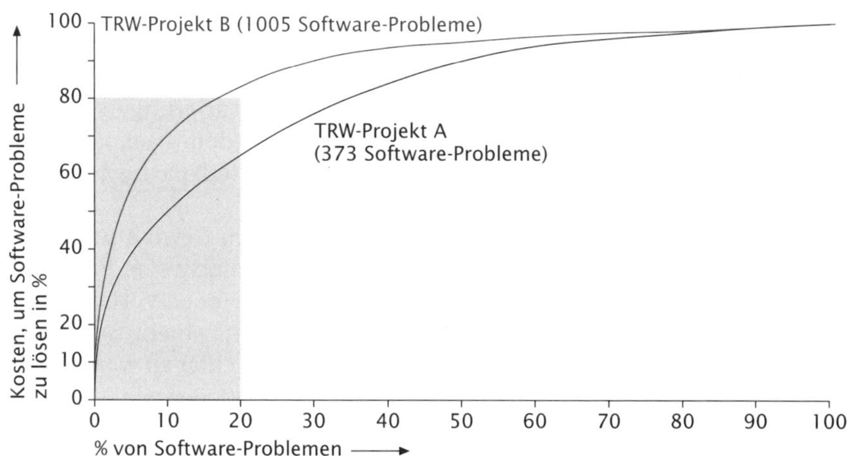

Bei diesen 20 Prozent der Probleme handelt es sich um die risikoreichen Probleme. Ziel des Software-Managements muß es sein, diese risikoreichen 20%-Probleme zu identifizieren und zu beseitigen, solange ihre Überarbeitungskosten noch relativ gering sind.

Leider ist es so, daß viele Software-Manager nicht erkennen, wo die Risiken in ihrem Projekt liegen. Sie stecken ihre Energie daher oft in Probleme, die für den Erfolg nicht ausschlaggebend sind.

Erfolgreiche Software-Manager sind gute Risiko-Manager. Sie verfügen über die Fähigkeit, Risiken aufzudecken. Ihre Prioritäten und Aktionen lenken sie entsprechend den Risiken.

Risikomanagement

Ziel des Software-**Risikomanagements** ist es, die Wechselbeziehungen zwischen Risiken und Erfolg zu formalisieren und in anwendbare Prinzipien und Praktiken umzusetzen.

Aufgabe des Risikomanagements ist es, Risiken zu identifizieren, anzusprechen und zu beseitigen, bevor sie zu einer Gefahr für einen erfolgreichen Software-Einsatz werden oder die Hauptquelle für Überarbeitungen darstellen.

Risiko

Ein **Risiko** beschreibt die Möglichkeit, daß eine Aktivität einen körperlichen oder materiellen Verlust oder Schaden zur Folge hat. Von Risiko spricht man nur dann, wenn die Folgen ungewiß sind.

Anders ausgedrückt: Ein Risiko ist ein potentielles Problem. Ein Problem ist ein Risiko, das eingetreten ist.

Vorgehensweise

Risikomanagement besteht aus sechs Schritten (Abb. 5.5-2). Jedem Schritt können mehrere Techniken zugeordnet werden, die helfen, die jeweiligen Aufgaben durchzuführen. Einige dieser Techniken werden im folgenden näher betrachtet. Als Beispiel zur Veranschauli-

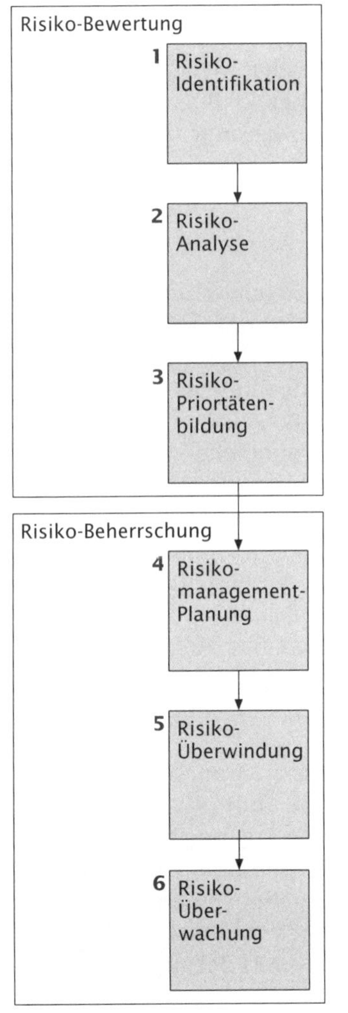

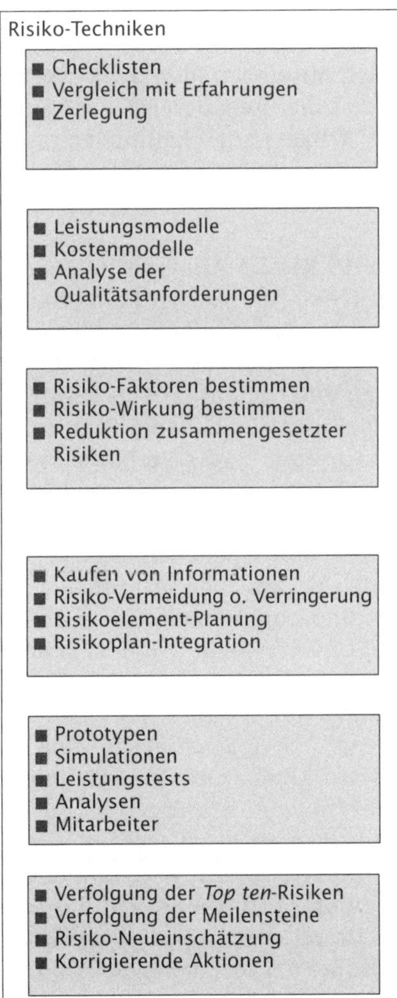

Abb. 5.5-2: Die sechs Schritte des Risikomanagements (/Boehm 91, S. 34/, modifiziert)

chung wird eine Software betrachtet, die ein Satelliten-Experiment steuern soll. Dieses Beispiel ist von /Boehm 91/ übernommen. Ein anderes Beispiel (Kernkraftwerks-Software) enthält /Boehm 89/. Anhand einer Software für ein Telekommunikationsprotokoll zeigt /Fairley 94/ das Risikomanagement.

1. Schritt: Risiko-Identifikation

Das Ergebnis einer Risiko-Identifikation ist eine Liste der projektspezifischen Risikoelemente, die den Projekterfolg gefährden. Projektspezifische Risiken sind Risiken, die nicht allgemein auf alle Projekte zutreffen, wie z.B. das Risiko, ein fehlerhaftes Produkt zu erstellen.

Checklisten

Bei der Risikoidentifikation kann man sich an Checklisten orientieren, um die projektspezifischen Risiken zu finden. Eine solche Checkliste zeigt Tab. 5.5-1. Sie enthält die zehn wichtigsten Quellen für Risiken in Software-Projekten. Jedem Risiko sind Techniken zugeordnet, mit denen man die Risiken vermeidet oder überwindet.

Um zu einer genaueren Einschätzung eines Risikos zu gelangen, können Risiko-Wahrscheinlichkeits-Tabellen herangezogen werden. Tab. 5.5-2 zeigt eine solche Tabelle. Sie hilft, die Wahrscheinlichkeit einzuschätzen, daß ein Projekt seinen Kostenrahmen überschreitet.

2. Schritt: Risiko-Analyse

Bei der Risiko-Analyse wird die Schadenswahrscheinlichkeit und das Schadensausmaß für jedes identifizierte Risikoelement geschätzt. Außerdem werden zusammengesetzte Risiken abgeschätzt.

Um zu einer quantitativen Bewertung eines Risikos zu gelangen, berechnet man einen Risiko-Faktor. Der Risiko-Faktor ergibt sich aus dem erwarteten Verlust, d.h. der Höhe der möglichen Verluste oder Schäden (Schadensausmaß), multipliziert mit den Wahrscheinlichkeiten ihres Eintretens (Schadenswahrscheinlichkeiten):

Risiko-Faktor

Risiko-Faktor = Schadenswahrscheinlichkeit x Schadensausmaß

Ein Risiko ist also um so größer, je höher die Eintrittswahrscheinlichkeit und das Ausmaß des potentiellen Schadens sind. Bezogen auf die Software-Technik läßt sich der Risiko-Faktor folgendermaßen definieren:

Risiko-Faktor = Wahrscheinlichkeit (unbefriedigendes Ergebnis) x Schadensausmaß

Der Risiko-Faktor wird also bestimmt durch die Wahrscheinlichkeit, ein unbefriedigendes Ergebnis zu erhalten multipliziert mit dem Schadensausmaß, das dieses unbefriedigende Ergebnis zur Folge hat.

Ein unbefriedigendes Ergebnis liegt vor, wenn die Hauptbeteiligten an einem Software-Projekt durch das Ergebnis einen Schaden erleiden. Ein unbefriedigendes Ergebnis ist mehrdimensional:

- Für Kunden und Entwickler sind Kosten- und Terminüberschreitungen unbefriedigend.

Tab. 5.5-1: Die Top ten-Risiken einer Software-Entwicklung

Risikoelement	Risikomanagement-Techniken
1 Personelle Defizite	■ Hochtalentierte Mitarbeiter einstellen ■ Teams zusammenstellen
2 Unrealistische Termin- und Kostenvorgaben	■ Detaillierte Kosten- und Zeitschätzung mit mehreren Methoden ■ Produkt an Kostenvorgaben orientieren ■ Inkrementelle Entwicklung ■ Wiederverwendung von Software ■ Anforderungen streichen
3 Entwicklung von falschen Funktionen und Eigenschaften	■ Benutzerbeteiligung ■ Prototypen ■ Frühzeitiges Benutzerhandbuch
4 Entwicklung der falschen Benutzungsschnittstelle	■ Prototypen ■ Aufgabenanalyse ■ Benutzerbeteiligung
5 Vergolden (über das Ziel hinausschießen)	■ Anforderungen streichen ■ Prototypen ■ Kosten/Nutzen-Analyse ■ Entwicklung an den Kosten orientieren
6 Kontinuierliche Anforderungsänderungen	■ Hohe Änderungsschwelle ■ Inkrementelle Entwicklung (Änderungen auf spätere Erweiterungen verschieben)
7 Defizite bei extern gelieferten Komponenten	■ Leistungstest ■ Inspektionen ■ Kompatibilitätsanalyse
8 Defizite bei extern erledigten Aufträgen	■ Prototypen ■ Frühzeitige Überprüfung ■ Verträge auf Erfolgsbasis
9 Defizite in der Echtzeitleistung	■ Simulation ■ Prototypen ■ Leistungstest ■ Instrumentierung ■ Modellierung ■ Tuning
10 Überfordern der Software-Technik	■ Technische Analyse ■ Kosten/Nutzen-Analyse ■ Prototypen

Quelle: /Boehm 91, S.35/. Diese Liste basiert auf einer Umfrage bei mehreren erfahrenen Projektleitern.

- Für Benutzer sind Produkte mit der falschen Funktionalität, mit Defiziten der Benutzungsoberfläche, der Leistung oder Zuverlässigkeit unbefriedigend.
- Für Wartungsingenieure ist schlechte Qualität unbefriedigend.

Beispiel

Tab. 5.5-3 zeigt die Risikofaktoren für die Software zur Steuerung eines Satellitenexperiments. Die linke Spalte listet die Risikoelemente auf, beschrieben als mögliche unbefriedigende Ergebnisse. Die zweite Spalte gibt an, wie hoch die Eintrittswahrscheinlichkeit für das jeweilige Ergebnis geschätzt wird (Skala 0 bis 10; 0 gleich »nicht vorhanden«, 10 gleich »hoch«). Spalte 3 führt das Schadensausmaß auf, das ein solches Ergebnis zur Folge hätte. Die rechte Spalte zeigt den Risiko-Faktor.

Kostenverursacher	Wahrscheinlichkeit		
	Unwahrscheinlich(0–0,3)	Wahrscheinlich(0,4–0,6)	Häufig(0,7–1)
Anforderungen			
Umfang	Gering, einfach oder leicht zerlegbar	Mittlere Komplexität, zerlegbar	Umfangreich, sehr komplex oder nicht zerlegbar
Hardwarebedingte Beschränkungen	Geringe oder keine	Einige	Signifikante
Anwendung	Keine Echtzeit, geringe Systemabhängigkeit	Eingebettet, einige Systemabhängigkeit	Echtzeit, eingebettet, starke Systemabhängigkeit
Technologie	Reif, vorhanden, eigene Erfahrungen	Vorhanden, einige eigene Erfahrungen	Neu oder neue Anwendung, wenig Erfahrung
Anforderungs-änderungen	Keine oder sehr gering	Gering	Hoch
Personal			
Verfügbarkeit	Vorhanden, geringe Fluktuation zu erwarten	Verfügbar, etwas Fluktuation zu erwarten	Nicht verfügbar, hohe Fluktuation zu erwarten
Mischung der Software-Disziplinen	Gute Mischung	Einige Disziplinen unterrepräsentiert	Einige Disziplinen nicht vorhanden
Erfahrungen	Hoch	Mittel	Gering
Personalführung	Sehr gut	Gut	Schwach
Wiederverwendbare Software			
Verfügbarkeit	Kompatibel	Fraglich	Inkompatibel
Modifikationen	Gering oder keine Änderung	Einige Änderungen	Extensive Änderungen
Sprache	Kompatibel	Teilweise kompatibel	Inkompatibel
Lizenzrechte	Kompatibel mit Wartungs- und Wettbewerbsanforderungen	Teilweise kompatibel	Inkompatibel mit Wartungskonzept
Zertifizierung	Verifizierte Leistung, Anwendungskompatibel	Einige anwendungskomp. Testdaten verfügbar	Nicht zertifiziert, wenig Testdaten verfügbar
Werkzeuge und Umgebung			
Einrichtungen	Geringe oder keine Modifikation	Einige Modifikationen, vorhanden	Größere Modifikationen, nicht vorhanden
Verfügbarkeit	Vorhanden	Bedingt kompatibel	Nicht vorhanden
Lizenzrechte	Kompatibel	Partiell kompatibel	Inkompatibel
Konfigurations-management	Volle Kontrolle	Etwas Kontrolle	Keine Kontrolle
	Auswirkungen		
	Ausreichende finanzielle Ressourcen	Defizite bei finanziellen Ressourcen, mögliche Überziehung	Signifikante finanz. Defizite, Kostenüberschreitungen wahrscheinlich

Quelle: /Boehm 91, S.38/. Diese Checkliste ist eine von mehreren, die in einem Handbuch der US-Luftwaffe über Risikoverminderung enthalten sind.

Tab. 5.5-2: Quantifizierung der Wahrscheinlichkeit von Kostenüberschreitungen

Tab. 5.5-3: Risikofaktoren bei der Software für ein Satellitenexperiment

Unbefriedigendes Ergebnis	Wahrscheinlichkeit für unbef. Ergebnis	Schäden verursacht durch unbefr. Ergebnis	Risikofaktor
A Ein Software-Fehler tötet das Experiment	3-5	10	30-50
B Ein Software-Fehler verursacht den Verlust von Schlüsseldaten	3-5	8	24-40
C Fehlertolerante Eigenschaften führen zu einer nicht annehmbaren Leistung	4-8	7	28-56
D Überwachung der Software ergibt, daß unsichere Bedingungen als sicher gemeldet werden	5	9	45
E Überwachung der Software ergibt, daß sichere Bedingungen als unsicher gemeldet werden	5	3	15
F Verzögerungen bei der Hardwarelieferung verursachen Zeitüberschreitungen	6	4	24
G Software-Fehler bei der Datenreduktion verursachen zusätzl. Arbeit	8	1	8
H Schlechte Benutzungsoberfläche führt zu ineffizienter Bedienung	6	5	30
I Prozessorspeicher nicht ausreichend	1	7	7
J Datenbankmanagement-Software verliert hergeleitete Daten	2	?	4

Legende: 0 = nicht vorhanden, 10 = hoch, Risikofaktor = Spalte 2 * Spalte 3

Quelle: /Boehm 91, S.37/

3. Schritt: Risiko-Prioritätenbildung

Um zu verhindern, daß man vor lauter identifizierten und analysierten Risikoelementen die wirklich relevanten Risiken nicht übersieht, müssen die Risiken nach Prioritäten geordnet werden.

Eine Möglichkeit dazu besteht in der Berechnung der Risiko-Faktoren. Oft konzentriert man sich auf die Eintretenswahrscheinlichkeit oder das Schadensausmaß. Wie Tab. 5.5-3 zeigt, gibt jedoch der Risiko-Faktor die höchsten Risiken an. Die Tabelle zeigt aber auch, daß es oft sehr schwierig ist, Eintrittswahrscheinlichkeiten genau genug zu schätzen (z.B. A, B, C). Checklisten wie Tab. 5.5-2 können helfen, diese Wahrscheinlichkeiten zu schätzen. Eine vollständige Risiko-Analyse würde Prototypen, Leistungsmessungen und Simulationen erfordern, die aber teuer und zeitaufwendig sind.

4. Schritt: Risikomanagement-Planung

Nachdem die Hauptrisikoelemente und ihre relativen Prioritäten bestimmt sind, müssen Risikokontroll-Aktivitäten etabliert werden, um die Risikoelemente unter Kontrolle zu bringen. Der erste Schritt dazu besteht darin, Risikomanagement-Pläne zu entwickeln, die die notwendigen Aktivitäten festlegen.

Eine Hilfe dazu ist Tab. 5.5-1, die erfolgreiche Risikomanagement-Techniken für die wichtigsten Risikoelemente angibt. Der nächste Schritt besteht darin, für jedes Risikoelement einen Risikomanagement-Plan zu entwickeln.

Beispiel Ein hohes Risiko bei dem Satellitenexperiment besteht darin, daß fehlertolerante Eigenschaften zu einer nicht annehmbaren Leistung führen (Tab. 5.5-3, C).
In Tab. 5.5-1 wird bei Defiziten in der Echtzeitleistung als eine Technik die Erstellung von Prototypen vorgeschlagen.
Eine Risikomanagement-Planung kann nun darin bestehen, den Plan für die Erstellung eines Prototyps aufzustellen. Ziel des Prototyps soll es sein, die Abhängigkeit der Leistung von den fehlertoleranten Eigenschaften aufzuzeigen. Der Plan sollte folgende Fragen beantworten: Warum, Was, Wann, Wer, Wo, Wie und Wieviel.

Der letzte Planungsschritt besteht darin, die Risikomanagement-Pläne in den übergeordneten Projektplan zu integrieren.

5. Schritt: Risiko-Überwindung

Nach Abschluß der Risikomanagement-Planung werden die dort festgelegten Aktivitäten ausgeführt. Beispielsweise wird ein Prototyp erstellt, oder es werden Anforderungen gelockert.

6. Schritt: Risiko-Überwachung

Die Fortschritte bei der Risiko-Minimierung werden überwacht. Bei Abweichungen werden korrigierende Aktionen vorgenommen.

Eine bewährte Technik zur Risiko-Überwachung stellt die Verfolgung der *Top ten*-Risiken dar. Sie ermöglicht es dem Manager, sich effektiv auf die hohen Risiken und die kritischen Erfolgsfaktoren zu konzentrieren. Es wird vermieden, daß der Manager mit Details überschwemmt wird, die nur geringe Risiken beinhalten.
Die Verfolgung der *Top ten*-Risiken beinhaltet folgende Schritte:

a Die Risikoelemente in eine Rangfolge bringen.
b Festlegung regelmäßiger Überprüfungstermine durch das höhere Management.

c Jede Sitzung beginnt mit einem Bericht über den Fortschritt bei den *Top ten*-Risikoelementen. Die Übersicht sollte die Rangordnung jedes Risikoelements angeben, den Rang bei der letzten Sitzung und wie oft das Element schon auf der *Top ten*-Liste stand. Außerdem sollte angegeben werden, wie sich das Risikoelement seit der letzten Sitzung entwickelt hat.

d Die Sitzung soll sich darauf konzentrieren, die Risikoelemente zu beseitigen.

Beispiel

Tab. 5.5-4 zeigt, wie sich die *Top ten*-Liste bei dem Satellitenexperiment im dritten Monat entwickelt hat. Die Tabelle zeigt, daß im dritten Monat ein Personalproblem am kritischsten ist. Eine Diskussion kann zu folgenden Alternativen führen:

- Die nicht verfügbare Schlüsselperson verfügbar machen.
- Projektpersonal umstellen.
- Neue Mitarbeiter innerhalb oder außerhalb der Organisation suchen.

Risikoelement	**Monatsrang**			**Fortschritt bei der Risikoüberwindung**
	Dieser Monat	Letzter Monat	Anzahl Monate	
Ersetzen des Entwicklers für die Sensorkontrollsoftware	1	4	2	Gewünschter Ersatzkandidat nicht verfügbar
Auslieferung der Zielhardware verzögert	2	5	2	Verzögerungen beim Beschaffungsverfahren
Datenformat für die Sensoren undefiniert	3	3	3	Aktionen des Software- u. Sensorteams nötig; fällig nächsten Monat
Personal für die Qualitätssicherung	4	2	3	Schlüsselperson verpflichtet, Fehlertoleranzprüfer benötigt
Fehlertoleranz gefährdet Leistung	5	1	3	Fehlertoleranzprototyp war erfolgreich
Datenbusänderungen berücksichtigen	6	—	1	Treffen der Datenbusentwerfer terminiert
Schnittstellendefinitionen für die Testumgebung	7	8	3	Einige Verzögerung bei den Aktionen; Treffen terminiert
Unsicherheiten in der Benutzungsoberfläche	8	6	3	Prototyp erfolgreich
Betriebskonzept erstellen	—	7	3	erledigt
Unsicherheiten in der wiederverwendeten Überwachungssoftware	—	9	3	geforderte Entwurfsänderungen erfolgreich durchgeführt

Quelle: /Boehm 91, S.39/

Tab. 5.5-4: Projektbezogene Top ten-Risikoelementliste für das Satellitenexperiment

In Abhängigkeit von den gewählten Optionen sollten entsprechende Aktionen festgelegt werden.
In der Tabelle sieht man außerdem, daß einige Risikoelemente sich hin zu niedrigerer Priorität bewegen oder aus der Liste verschwinden, während andere höhere Prioritäten erhalten oder in die Liste aufgenommen werden.
Diejenigen, die in der Liste nach unten gehen, müssen noch überwacht werden, benötigen aber keine speziellen Managementaktionen mehr. Aufsteigende oder neue Risikoelemente benötigen höhere Managementaufmerksamkeit, um sie möglichst schnell zu lösen.

Abschnitt 3.3.7 Die volle Integration von Risikomanagement erfordert ein risikogetriebenes Prozeßmodell wie das Spiralmodell. Ein guter Weg, um Risikomanagement einzuführen, ist ein *Top ten*-Risiko-Verfolgungsprozeß.

Brainstorming →Kreativitätstechnik, um durch Sammeln und wechselseitiges Assoziieren von spontanen, verbal vorgetragenen Einfällen von Mitarbeitern in einer Gruppensitzung die beste Lösung eines Problems zu finden.
Brainwriting →Kreativitätstechnik, um durch Sammeln und Assoziieren von spontanen, schriftlich formulierten Einfällen von Mitarbeitern in einer Gruppensitzung die beste Lösung eines Problems zu finden.
Flip-Chart Auf einem Gestell befestigter, großer Papierblock, dessen Blätter nach oben umgeschlagen werden können (→Metaplan-Technik).
Führung Einwirkung auf Mitarbeiter, so daß vorgegebene Ziele erreicht werden.
Führungsstil Art und Weise, wie sich Manager gegenüber Mitarbeitern verhalten; hängt gegebenenfalls von einer besonderen Führungsphilosophie ab (→ *Management by* ...).
Kreativität Neue Ideen und Lösungen durch schöpferische Übertragung von Wissen und Erfahrungen aus anderen Bereichen finden, wobei traditionelle Denkmuster überwunden werden.
Kreativitätstechniken Formalisierte Anwendung der heuristischen Prinzipien Assoziation, Strukturtransformation, Abstraktion, Kombination, Variation zur Erzeugung von →Kreativität.
Management-by-... Managementmethoden bzw. Führungsphilosophien. Sie sind meistens durch Zielvorgaben für alle Stellen im Unternehmen, mehr oder weniger kooperativen Führungsstil und Delegation von Verantwortung gekennzeichnet. Das jeweils im Vordergrund stehende Konzept wird als Schlagwort hinter *Management-by-...* angegeben, wie *Management by Objectives, Management by Results* usw.
Metaplan-Technik Ideen werden durch Einsatz von →Pinnwänden, →Flip-Charts, Karten, Stecknadeln, Klebepunkten und Filzstiften visualisiert, strukturiert und gewichtet.
Pinnwand Tafel, auf die mit Stecknadeln Karten und Papier geheftet werden können (→Metaplan-Technik).
Risiko Möglichkeit eines körperlichen oder materiellen Schadens oder Verlustes durch eine Aktivität.
Risikomanagement →Führungsstil, bei dem sich der Manager auf die Risiko-Bewertung und die Risiko-Beherrschung konzentriert (→Risiko).
Team Zusammenarbeit verschiedener, qualifizierter Mitarbeiter in einer Gruppe, um eine gemeinsame Aufgabe zu erledigen.

Zu den wichtigsten, schwierigsten und zeitintensivsten Aufgaben eines Managers gehört die Führung von Mitarbeitern. Der Führungsstil eines Software-Managers muß berücksichtigen, daß er in der Regel hochqualifiziertes Personal anzuleiten und zu motivieren hat. Verschiedene *Management-by*-Methoden wurden entwickelt, um bestimmte Führungsphilosophien umzusetzen.

Weitverbreitet ist die Führung durch Zielsetzungsvereinbarung *(Management by Objectives)*. Der Führungsstil *Management by Exception* wird in der Software-Technik durch das Risikomanagement unterstützt, mit dem Ziel, Risiken frühzeitig zu identifizieren und gezielt zu beseitigen oder zu reduzieren.

Zur Aufgabenbearbeitung haben sich in der Software-Technik kleine Teams (3 bis 4 Mitarbeiter) bewährt. Damit Teams erfolgreich sind, müssen sie richtig zusammengesetzt werden. Der Software-Manager muß die Teambildung fördern, die Mitarbeiter müssen teamfähig sein.

Schöpferische neue Ideen werden in einer Software-Entwicklung häufig benötigt. Kreativität kann durch Kreativitätstechniken geeignet unterstützt werden.

Brainstorming und *Brainwriting* sind bewährte Kreativitätstechniken, die sich auch in der Software-Technik bewährt haben.

Zur Visualisierung, Strukturierung und Bewertung von Ideen sind bei der Metaplan-Technik Pinnwand und *Flip-Chart* unentbehrliche Hilfsmittel.

Personalführung in der Software-Technik bedeutet aber nicht nur, den »Betrieb aufrecht zu erhalten«, sondern verlangt vom Software-Manager, seine Mitarbeiter auf die kommenden fachlichen Herausforderungen vorzubereiten und »einzuschwören«. Nur innovationsfreudige, kreative, teamorientierte und risikobewußte Manager können analoge Eigenschaften von ihren Mitarbeitern erwarten.

/Boehm 89/

Boehm B.W., *Software Risk Management*, Washington: IEEE Computer Society Press 1989, 496 Seiten
Sammelband, der Beiträge verschiedener Autoren zum Thema Risikomanagement enthält. Es werden alle wichtigen Aspekte des Risikomanagements behandelt.

/Boehm 91/

Boehm B.W., *Software Risk Management: Principles and Practices*, in: IEEE Software, Jan. 1991, pp. 32–41
Guter einführender Artikel über Risikomanagement

/DeMarco, Lister 91/

DeMarco T., Lister, T., *Wien wartet auf Dich! Der Faktor Mensch im DV-Management*, München: Carl Hanser Verlag 1991, 216 Seiten, Originalausgabe: *Peopleware*, New York: Dorset House Publishing Co. 1987, 188 Seiten
Die Autoren beschreiben die menschlichen Einflußfaktoren auf die Software-Entwicklung. Ein Muß für jeden Software-Manager!

Zitierte Literatur

/Berkel 84/
Berkel K., *Stichwort Gruppenarbeit*, in: Management Wissen 9/84, S. 29f

/Beyer 85/
Beyer, *Retten Sie sich vor dem Feuer!*, in: Management Wissen 11/85, S. 87

/Boehm 89/
Boehm B.W., *Software Risk Management*, in: ESEC (European Software Engineering Conference) 1989, S. 1–19

/Derschka/
Derschka P., *Wie Spitzenmanager führen*, in: Management Wissen, S. 10

/Fairley 94/
Fairley R., *Risk Management for Software Projects*, in: IEEE Software, May 1984, S. 57–67

/Geschka 85/
Geschka H., *Auch Kreativität kann man lernen*, in: Blick durch die Wirtschaft, 8.7.85

/Hauni 96/
Hauni, Hamburg, persönliche Mitteilung

/IKOSS 94/
IKOSS, Aachen, persönliche Mitteilung

/Kolb 95/
Kolb M., *Personalmanagement*, Berlin: Verlag A. Spitz 1995

/Mantei 81/
Mantei M., *The Effect of Programming, Team Structures on Programming Tasks*, in: Communications of the ACM, March 1981, S. 106–113

/Peters, Waterman 82/
Peters T.J., Waterman R.H., *In Search of Excellence. Lessons from America's Best-Run-Companies*, New York: Harper & Row 1982, 360 Seiten, deutsche Ausgabe: *Auf der Suche nach Spitzenleistungen*, Landsberg: Verlag Moderne Industrie, 1983

/Raidt 85/
Raidt F., *Die Konstruktion der Wirklichkeit*, in: Management Wissen 2/85, S. 72–82

/Rüßmann 83/
Rüßmann K.H., *Acht Regeln für Erfolg*, in: manager magazin 4/83, S. 144–155

/Schleupen 96/
Schleupen Computersysteme GmbH, Ettlingen 1996, persönliche Mitteilung

/Schlicksupp 85/
Schlicksupp H., *Jedem macht es Spaß zu denken*, in: Management Wissen 11/85, S. 92–96

Muß-Aufgabe
10 Minuten

1 *Lernziel: Die Charakteristika von Teams aufzählen, ihre Stärken und Schwächen nennen sowie angeben können, wodurch die Teambildung gefördert bzw. verhindert wird.* /

Ein Team soll ein Projekt bearbeiten. Das Management beschließt folgende Maßnahmen für die Zusammenarbeit:

a Das Projekt wird in kleine Teile mit definierten Ergebnissen gegliedert.
b Jedes Teilergebnis wird genau kontrolliert und bewertet.
c Der Ablauf des Projekts wird durch das Management bestimmt.
d Alle Mitarbeiter des Projekts bekommen Büros auf einem Flur.
e Tagesberichte über den Projektfortschritt werden eingeführt.
f Die Vorgabe für das Team ist, das beste Produkt im Markt zu entwickeln, auch wenn dies etwas länger dauern sollte.
g Ist das Team erfolgreich, werden die Mitarbeiter auf andere Projekte verteilt, um diese zu fördern.

h Einige Topleute, die in anderen Projekten zur Zeit gute Arbeit liefern, werden in das Projektteam eingebaut. Sie sollen 30 Prozent ihrer Arbeitszeit in dem neuen Projekt mitarbeiten.

Welche Maßnahmen fördern und welche verhindern die Bildung eines guten Teams?

2 *Lernziel: Angeben können, über welche Eigenschaften ein Software-Manager verfügen soll und welchen Herausforderungen er sich stellen muß.*
Ein Software-Manager hat beschlossen, für sein Team die Objektorientierung einzuführen. Sein kurzfristiges Ziel ist, Software objektorientiert zu entwickeln. Sein langfristiges Ziel ist, die Entwicklung durch CASE, Generatorsysteme und Wiederverwendung zu optimieren. Welche Eigenschaften eines Software-Managers sind an diesem Beispiel erkennbar?

Muß-Aufgabe
5 Minuten

3 *Lernziele: Wissen, was man unter Kreativität, Kreativitätstechniken, Metaplan-Technik, Pinnwand und Flip-Chart versteht. Die Kreativitätstechniken Brainstorming und Brainwriting erläutern können. Kreativitätstechniken klassifizieren können.*
Sie erhalten den Auftrag, ein *Brainstorming* für Ihr Team zu organisieren. Für einen Teil der Mitarbeiter ist dies das erste *Brainstorming*. Schildern Sie Ihre Aktivitäten. Erklären Sie alle Maßnahmen und klassifizieren Sie die Kreativitätstechnik *Brainstorming*.

Muß-Aufgabe
15 Minuten

4 *Lernziel: Führung, Führungsstil und Management-by-... erklären und die beschriebenen Management-by-Methoden erläutern können.*
Sie sind Manager eines Teams. Beschreiben Sie das Zusammenspiel mit Ihrem Team, wenn Sie den Führungsstil

a *Management by Objectives (MbO)*
b *Management by Results*
c *Management by Delegation*
d *Management by Participation*
e *Management by Alternatives*
f *Management by Exception*
g *Management by Motivation*

verwenden.

Muß-Aufgabe
20 Minuten

5 *Lernziele: Für vorgegebene Szenarios geeignete Leitungsaktivitäten eines Software-Managers identifizieren, begründen und anwenden können. Leitungsaktivitäten eines Software-Managers aufzählen und erläutern können.*
Benennen Sie die jeweilige Leitungsaktivität des Software-Managers für folgende Aktivitäten:

a Der Manager führt eine neue CASE-Umgebung ein, mit der langfristig die Produktivität gesteigert werden soll.
b Das Zusammenspiel des Analyse- und des Entwurfs-Teams wird geplant.
c Der Arbeitsfortschritt einzelner Mitarbeiter wird überprüft.
d Ein Mitarbeiter des Teams wird als Projektleiter ausgewählt.
e *Reviews* über den Projektverlauf werden angesetzt.
f Der Manager wählt aus zwei möglichen Alternativen der Realisierung eine aus.

Muß-Aufgabe
10 Minuten

6 *Lernziel: Die Top ten-Risiken einer Software-Entwicklung und zugeordnete Risikomanagment-Techniken nennen und erläutern können.*
Welche der *Top ten*-Risiken einer Software-Entwicklung können Sie durch die Entwicklung eines Prototypen ausschließen? Begründen Sie Ihre Entscheidung.

Muß-Aufgabe
10 Minuten

Muß-Aufgabe
20 Minuten

7 *Lernziele: Die sechs Schritte des Risikomanagements angeben und erläutern sowie zugeordnete Techniken aufzählen können. Risikomanagement anhand von Beispielen durchführen können.*
Während der Entstehung eines Lehrbuches soll ein Student ein Fallbeispiel des Buches implementieren. Der Student erledigt diese Arbeit als Studienarbeit, also neben seinen normalen Vorlesungen. Zur Entwicklung der Software soll er eine neue Datenbank und eine neue Klassen-Bibliothek für die Oberfläche einsetzen. Das fertige Programm soll dem Buch auf einem Datenträger beigefügt werden. Führen Sie ein Risikomanagement anhand der vorgegebenen sechs Schritte durch.

Muß-Aufgabe
10 Minuten

8 *Lernziel: Eigenschaften teamorientierter Manager und teamfähiger Mitarbeiter aufführen können.*
Welche der folgenden Maßnahmen zeichnen einen *teamorientierten* Manager aus, welche nicht?

a Der Manager bestimmt die Arbeitsabläufe eines Teams, weil diese bei anderen Teams, die er betreut hat, zum Erfolg führten.
b Das Team soll erweitert werden. Der Manager stellt dem Team drei Kandidaten vor. Das Team soll beurteilen, ob diese zu ihm passen.
c Der Manager vertraut auf den fachlichen Rat seiner Mitarbeiter.
d Um den Projektfortschritt zu überwachen, werden jede Woche *Reviews* angesetzt.

Kann-Aufgabe
30 Minuten

9 *Lernziel: Wissen, was man unter Kreativität, Kreativitätstechniken, Metaplan-Technik, Pinnwand und Flip-Chart versteht.*
Der Psychologe Beyer /Beyer 85/ veröffentlichte folgende anspruchsvolle Kreativitätsaufgabe mit dem Titel »Retten Sie sich vor dem Feuer!«, die im folgenden im Original wiedergegeben wird:

> »Bitte schauen Sie sich einmal die Zeichnung an! Stellen Sie sich einmal vor, Sie befinden sich auf dieser Insel, die 100 Kilometer lang und 50 Kilometer breit ist. Hoch oben im Norden ist ein Feuer ausgebrochen, das mit einer Geschwindigkeit von etwa 40 Kilometern pro Stunde in Richtung Süden auf Sie zu treibt. Sie befinden sich etwa in der Mitte der Insel, die Entfernung zum Ufer beträgt etwa 25 Kilometer, das Feuer selbst ist etwa 20 Kilometer von Ihnen entfernt. Demnach wird Sie das Feuer in etwa 30 Minuten erreicht haben. Da das Gelände darüber hinaus auch noch zerklüftet und unwegsam ist, können Sie es niemals schaffen, innerhalb von 30 Minuten bis zum rettenden Wasser zu kommen. Außerdem macht Ihnen ja auch schon der Qualm zu schaffen, der bereits sichtbar auf Sie zutreibt. Der Boden besteht aus sehr trockenem Sand, bewachsen ist er mit sehr gut brennbarem, ausgedörrten Gras.
> So wie das Ganze im Moment aussieht, ist es eine ausweglose Situation. Und nun meine Frage an Sie: Wie schaffen Sie es, daß Sie dem Feuer entkommen, daß Ihnen also kein ›Haar gekrümmt wird‹?
> Um Ihnen die Sache nicht allzu schwer zu machen, haben Sie noch folgende Gegenstände bei sich: eine Schaufel, einen Kochtopf, einen Eimer, ein Feuerzeug, ein Radiogerät, ein Boot, ein Gewehr und ganz in Ihrer Nähe einen Brunnen, in dem es frisches Süßwasser gibt.
> Bitte versuchen Sie nun, eine passable Lösung zu finden. Hier gibt es sicher mehrere Lösungen, aber eine Lösung gilt als optimal.
> Im übrigen können Sie folgende Lösung bereits ausklammern: Sie können nicht dem Feuer entgegenlaufen, und darauf hoffen, am Feuer vorbeizukommen, dafür ist die Feuerwand zu breit.
> Sie haben nun maximal 30 Minuten Zeit für eine optimale Lösung, dann hat Sie das Feuer erreicht. Ich wünsche Ihnen viel Erfolg.«

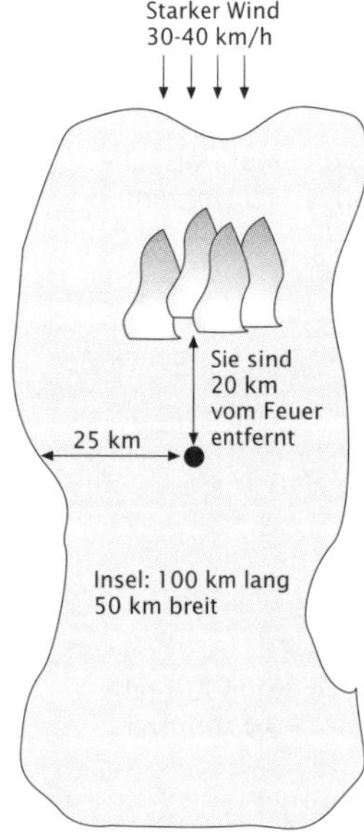

5 Leitung – Innovationen einführen

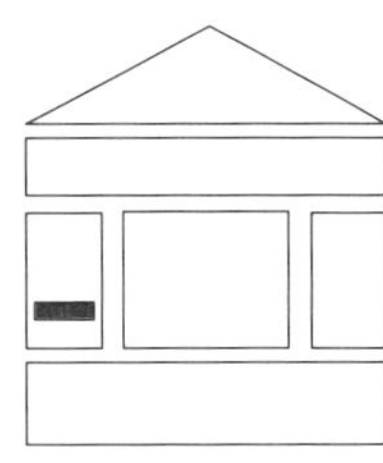

- Die bestimmenden Faktoren des Technologie-Transfers kennen und an Beispielen erläutern können.
- Die fünf Charakteristika einer Innovation aufzählen und ihre Auswirkungen auf den Diffusionsprozeß erklären können. verstehen
- Die Personenkategorien, bezogen auf eine Innovationseinführung, nennen und charakterisieren sowie die S-Kurve erläutern können.
- Die Charakteristika des sozialen Systems aufzählen und ihre Auswirkungen auf den Innovationsprozeß beschreiben können.
- Den Kommunikationsprozeß charakterisieren und seinen Einfluß auf den Innovationsprozeß darstellen können.
- Darlegen können, welche Personengruppen auf welche Weise eine CASE-Einführung erleichtern können.
- Die Eigenschaften eines Methodenberaters skizzieren können.
- Relevante Gesichtspunkte einer Migrationsstrategie beschreiben können.
- Die Eigenschaften von Lernkurven erklären und auf Problemstellungen der Software-Technik anwenden können. anwenden
- Anhand von vorgegebenen Szenarien prüfen können, inwieweit eine Innovation anhand der fünf Charakteristika leicht oder schwer einzuführen ist. beurteilen
- Für vorgegebene Szenarien eine Innovationseinführung planen und begründen können.
- Beurteilen können, ob ein Software-Entwicklungsprojekt für die Einführung einer Innovation geeignet ist.

5.6 Einführung von Innovationen

Eines der größten Probleme der Software-Technik – vielleicht sogar das größte Problem – ist der Technologie-Transfer. Die Forschung auf dem Gebiet der Software-Technik hat in den letzten 25 Jahren eine ungeheuere Menge an Erkenntnissen gewonnen. In der täglichen Praxis der Software-Entwicklung werden jedoch oft nur wenige dieser Erkenntnisse angewandt. Lange Technologie-Transferzeiten von 15 bis 20 Jahren verzögern den technischen Fortschritt erheblich.

Lesehinweis: /Redwine, Riddle 85/

Technologie-Transfer-Probleme gibt es auch auf anderen Gebieten. Die Software-Technik zeichnet sich jedoch dadurch aus, daß sie eine hohe Innovationsgeschwindigkeit besitzt.

Eine permanente Aufgabe des Software-Managers besteht daher darin, Innovationen zu initiieren und einzuführen. Beispiele für notwendige Innovationseinführungen im Bereich der Software-Technik sind (wenn noch nicht erfolgt):

- Hauptkapitel IV 2 — Einführung von CASE,
- Hauptkapitel I 2 bis 4 — Einführung der objektorientierten Software-Entwicklung,
- Kapitel II 3.3 — Einführung eines definierten Entwicklungsprozesses,
- Kapitel 6.2 — Einführung von Metriken.

Ironischerweise ist die »Mechanisierung der Mechanisierer« /Bouldin 89, S. 1/, d.h. in diesem Fall der Software-Entwickler, oft schwieriger als die Einführung von Systemen (die die »Mechanisierer« entwickelt haben) bei Endbenutzern, von denen selbstverständlich die Bereitschaft zu Änderungen erwartet und vorausgesetzt wird.

Im folgenden werden die wesentlichen Faktoren beschrieben, die den Technologie-Transfer beeinflussen.

Vorgehensweise

Die oben aufgeführten Beispiele für Innovationseinführungen in der Software-Technik sind in den übergeordneten Rahmen »Technologie-Transfer« einzuordnen. Es werden im folgenden daher jeweils die Erkenntnisse der Technologie-Transfer-Forschung sowie anderer Forschungsgebiete dargestellt. Ihre Relevanz für die Software-Technik wird am Beispiel einer CASE-Einführung aufgezeigt.

Lesehinweis: E.M. Rogers

Die grundlegenden Arbeiten zum Technologie-Transfer stammen von E.M. Rogers /Rogers 83/. Seine Erkenntnisse gewann er ursprünglich aus Untersuchungen über die Verbreitung von Innovationen im landwirtschaftlichen Bereich. Die Ergebnisse wurden dann durch empirische Studien in anderen Bereichen evaluiert. Es wurden Faktoren isoliert, die die Ausbreitung *(diffusion)* einer Innovation in einer Zielgruppe bestimmen.

Diffusion

Unter **Diffusion** versteht man in diesem Zusammenhang den Prozeß des Transfers von Technologie von denen, die sie entwickelt haben, zu denen, die sie einsetzen.

Innovation

Eine **Innovation** ist eine Idee, ein Verfahren oder ein Objekt, das für die Personengruppe neu ist, die das Ziel der Einführung ist.

Vorgehensweise

Im folgenden wird zunächst ein möglicher Lebenszyklus für Innovationseinführungen behandelt. Unabhängig von einem Lebenszyklus werden dann bestimmende Faktoren des Technologie-Transfers behandelt. Diese Faktoren sind in Abb. 5.6-1 im Überblick dargestellt.

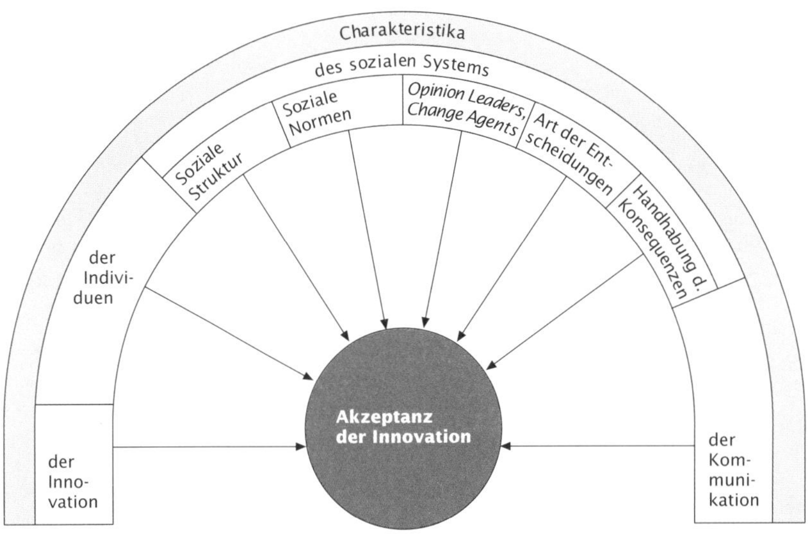

Abb. 5.6-1: Bestimmende Faktoren des Technologie-Transfers

5.6.1 Der Lebenszyklus von Innovationseinführungen

Ähnlich wie es einen Lebenszyklus für die Entwicklung von Software gibt, so gibt es auch einen Lebenszyklus für die Einführung von Innovationen bzw. für die Einführung von Veränderungen (Abb. 5.6-2). Ähnliche Lebenszyklen beschreiben auch /Raghavan, Chand 89, S. 84/ und /Spinas, Troy, Ulich 83, S. 88 f./.

Aus psychologischer Sicht kann die Dynamik von Veränderungsprozessen durch ein Drei-Schritte-Modell beschrieben werden /Spinas, Troy, Ulich 83, S. 89 f./ (Abb. 5.6-3).

Soziale Zustände können als ein Gleichgewicht zwischen treibenden und hemmenden Kräften um das Gleichgewichtsniveau herum angesehen werden. Veränderungen erfordern die Auflösung des bestehenden Gleichgewichts und die Überführung in ein neues Gleichgewicht.

»Auftauen« bedeutet, daß das Gleichgewicht zugunsten der treibenden Kräfte ins Wanken gebracht wird. Dies kann durch Verstärkung der treibenden Kräfte oder durch Schwächung der hemmenden Kräfte geschehen. Das bestehende Gleichgewicht kann jedoch von den Mitgliedern eines sozialen Systems beharrlich verteidigt werden, was sich dann als Widerstand bemerkbar macht.

In dem Veränderungsschritt werden die Kräfte auf das geplante Ziel hin gesteuert. Die Erwartungen der Betroffenen spielen dabei

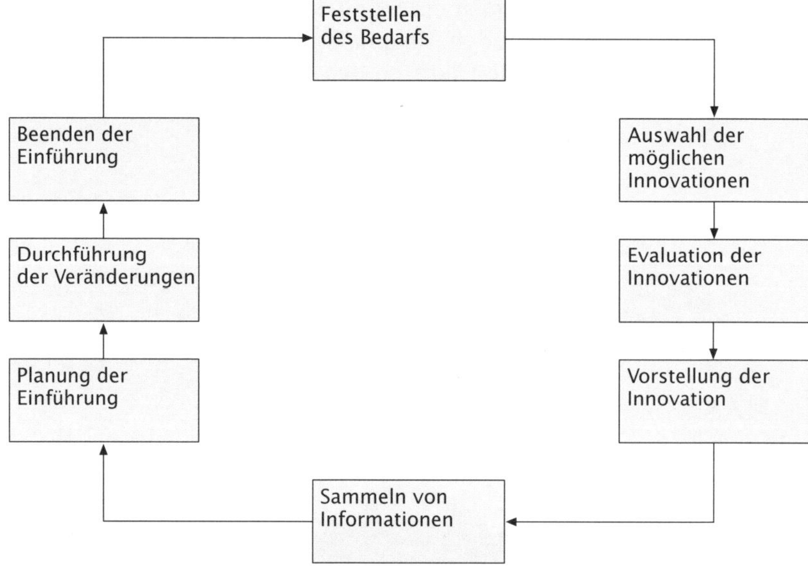

Abb. 5.6-2: Lebenszyklus von Innovationseinführungen

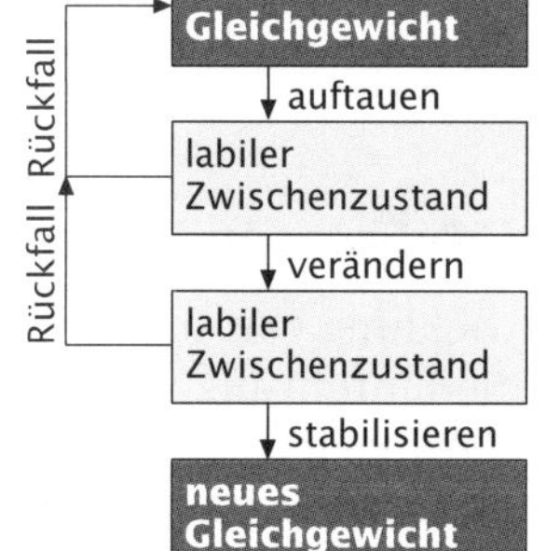

Abb. 5.6-3: Drei-Schritte-Modell der Dynamik von Veränderungsprozessen

eine große Rolle. Wichtig ist, daß sich die aufgebaute Erwartungshaltung im Rahmen des technisch und organisatorisch Möglichen bewegt. Sind die Erwartungshaltungen zu euphorisch, dann können die Veränderungsprozesse eine nicht mehr steuerbare Eigendynamik entwickeln.

Bewährt hat sich eine Unterteilung des Veränderungsprozesses in überschaubare Teilschritte, die Erfolgserlebnisse vermitteln und die Vorteile der Innovation sichtbar machen. Außerdem können überzogene und unrealistische Erwartungen laufend korrigiert werden.

Diese Art des Veränderungsprozesses erlaubt den Mitarbeitern einen stetigen Gewöhnungs- und Lernprozeß. Dies ist einer schlagartigen Umstellung vorzuziehen.

Der Stabilisierungsschritt sichert die Veränderung durch ihre Institutionalisierung und Integration in die Organisation. Solange der neue Zustand als Ausnahmesituation betrachtet wird, besteht die Gefahr des Rückfalls in die Ausgangssituation.

5.6.2 Charakteristika einer Innovation

Fünf Charakteristika einer Innovation beeinflussen direkt die Verbreitungsrate der Innovation /Rogers 83/:

1 **Relativer Vorteil** der Innovation gegenüber vorhandenen Alternativen
Je größer der relative Vorteil einer Innovation durch die Zielgruppe wahrgenommen wird, desto schneller vollzieht sich die Verbreitung der Innovation. Der relative Vorteil kann in ökonomischen Kriterien gemessen werden, aber soziale Faktoren wie Prestige, Bequemlichkeit und Zufriedenheit sind oft ebenfalls wichtige Komponenten.

relativer Vorteil

2 **Kompatibilität** mit gegenwärtigen Verfahren
Die Kompatibilität gibt an, wie eine Innovation wahrgenommen wird im Vergleich zu vorhandenen Werten, Erfahrungen und den Bedürfnissen der Zielgruppe. Erfordert ein neues Produkt eine signifikante Änderung des Verhaltens, der Einstellung oder des Glaubens, dann verliert es an Kompatibilität.
Die Einführung einer inkompatiblen Innovation kann die Einführung eines neuen Wertesystems erfordern.

Kompatibilität

3 **Einfachheit** der Innovation
Die Einfachheit gibt an, wie leicht die Innovation für die Zielgruppe zu erlernen und zu benutzen ist. Neue Ideen, die leicht zu verstehen sind, werden schneller angenommen, als Innovationen, die neues Wissen und neue Fertigkeiten erfordern.

Einfachheit

4 Möglichkeit zum **Ausprobieren**
Das Ausprobieren einer Innovation ermöglicht der Zielgruppe anhand von kleinen Problemen zu überprüfen, wie gut die Innovation zu erlernen, zu verstehen und anzuwenden ist. Die Unsicherheit über die Nützlichkeit nimmt ab und die Wahrscheinlichkeit einer schnellen Übernahme nimmt zu. Wesentlich ist außerdem, daß die Innovation einen inkrementellen Einsatz beginnend bei kleinen Problemen und hinführend zu großen Problemen erlaubt.

Ausprobieren

5 **Sichtbarkeit** der Ergebnisse
Die Sichtbarkeit gibt an, wie sichtbar die Ergebnisse der Innovation gegenüber anderen Personengruppen sind. Je leichter es ist, die Ergebnisse der Innovation zu erkennen, desto schneller vollzieht sich die Übernahme der Innovation.

Sichtbarkeit

Prüft man anhand dieser Charakteristika CASE-Umgebungen, dann läßt sich folgendes feststellen:

Anwendung auf CASE

zu 1 Relativer Vorteil

Wie stark der relative Vorteil in der Zielgruppe wahrgenommen wird, hängt wesentlich von der bisherigen Arbeitsweise ab. Zur Beurteilung des relativen Vorteils ist insbesondere die Situation der einzelnen Mitarbeiter zu betrachten. Deren Beurteilung kann völlig anders aussehen als eine Beurteilung aus Unternehmenssicht.

Beispiel Hat ein Systemanalytiker bisher nur verbale Pflichtenhefte erstellt, dann stellt sich für ihn die Situation folgendermaßen dar:
Die verbalen Pflichtenhefte hat er handschriftlich erstellt. Eine Sekretärin hat sie dann mit einem Textsystem erfaßt. Wurden im Entwurf oder in der Implementierung Unklarheiten im Pflichtenheft entdeckt, dann konnte der Systemanalytiker auf eine fehlerhafte Interpretation seines Textes verweisen, d.h. er war für seine fachliche Arbeit nur schwer verantwortlich zu machen.
Durch die Einführung der objektorientierten Software-Entwicklung verbunden mit einem entsprechenden CASE-System verschlechtert sich für den Systemanalytiker die Situation:
Zusätzlich zu verbalen Pflichtenheften muß er nun auch noch OOA-Modelle erstellen und beides mit dem CASE-System erfassen und verwalten. Neben dem Umgang mit CASE-Systemen muß er noch eine neue Methode erlernen. Außerdem sind Fehler jetzt leichter nachzuweisen, da OOA-Modelle formale Spezifikationen sind, deren Eindeutigkeit und Konsistenz besser zu überprüfen sind als verbale Beschreibungen.
Aus der subjektiven Sicht eines »konservativen« Systemanalytikers bringt die CASE-Einführung nur Nachteile mit sich und auf jeden Fall zusätzliche Arbeit.

Beispiel Ein Systemanalytiker, der bisher bereits verbale Pflichtenhefte und OOA-Modelle – allerdings ohne CASE-Werkzeuge – erstellt hat, sieht eine CASE-Einführung völlig anders. Bisher hat er seine OOA-Modelle mühselig mit einem Zeichenwerkzeug erstellt. Ein OO-CASE-Werkzeug erleichtert ihm wesentlich die Erstellungs-, Verwaltungs- und Überprüfungsarbeit seiner OOA-Modelle.

Beispiel Aus Unternehmenssicht verbessert eine CASE-Umgebung vor allem die Qualität und die Wartungsproduktivität durch die einheitliche, rechnergestützte Dokumentation. Das Software-Management muß die Mitarbeiter davon überzeugen, daß diese Ziele auch in ihrem eigenen Interesse liegen, weil dadurch die Wettbewerbsfähigkeit und die Arbeitsplätze gesichert werden.

zu 2 Kompatibilität

In der Regel ist die CASE-Einführung mit der Anwendung neuer Methoden verknüpft. Sind diese Methoden für die Zielgruppe neu und wurden bisher keine oder wenige Methoden eingesetzt, dann ist eine Verhaltensänderung eines jeden Einzelnen bezogen auf die Entwicklung von Software erforderlich. Die Kompatibilität von CASE mit der bisherigen Arbeitsweise ist in den meisten Fällen dann nicht gegeben.

zu 3 Einfachheit

Wird nicht nur ein einzelnes CASE-Werkzeug, sondern eine umfangreiche CASE-Umgebung eingeführt, dann handelt es sich um keine einfache, sondern eine komplexe Innovation, die neues Wissen und neue Fertigkeiten erfordert.

zu 4 Ausprobieren

Inwieweit sich eine CASE-Umgebung mit kleinen Anwendungen ausprobieren läßt, hängt wesentlich vom CASE-Hersteller ab. Durch geeignete Voreinstellungen des Systems, durch mitgelieferte Fallbeispiele und Szenarien kann er einen inkrementellen Einsatz wesentlich fördern.

Voraussetzung auf der anderen Seite ist natürlich, daß die Zielgruppe die durch die CASE-Umgebung unterstützten Methoden beherrscht.

zu 5 Sichtbarkeit

Kapitel IV 2.1

Da viele CASE-Werkzeuge insbesondere grafische Methoden unterstützen, sind die Ergebnisse anschaulich sichtbar. Führt das CASE-Werkzeug außerdem umfangreiche Qualitätsüberprüfungen durch und meldet Fehler in verständlicher Form, dann sind diese Vorteile gut erkennbar. Ein Problem ist jedoch die Sichtbarkeit der Wirtschaftlichkeit bezüglich des Verhältnisses von Kosten und Nutzen. Hier ist ein Nachweis der Wirtschaftlichkeit schwierig zu führen.

Die folgende Tabelle zeigt die gewonnenen Erkenntnisse nochmals im Zusammenhang:

Charakteristika	Anwendung auf CASE	Kommentar
1 Relativer Vorteil	von – bis +	Hängt stark
2 Kompatibilität	–	von der
3 Einfachheit	–	Zielgruppe ab.
4 Ausprobieren	von – bis +	Hängt vom Produkt ab.
5 Sichtbarkeit	+	Hängt vom Produkt und den Methoden ab.

Im Normalfall sind die ersten drei Charakteristika als negativ zu bewerten, im Optimalfall sind das erste und die beiden letzten Charakteristika als positiv anzusehen. Aufgrund dieser CASE-Charakteristika läßt sich für den Normalfall voraussagen, daß eine CASE-Einführung nicht die idealen Voraussetzungen mit sich bringt, um schnell eingeführt zu werden und sich in der Zielgruppe zu verbreiten. Daher muß eine CASE-Einführung sehr sorgfältig geplant und durchgeführt werden.

Empfehlungen

Vor einem Fehlschluß muß jedoch gewarnt werden. Um die Probleme einer CASE-Einführung zu umgehen, könnte man zu der Erkenntnis gelangen, nur einfache Werkzeuge auszuwählen, die kompatibel mit den bisherigen Vorgehensweisen der Entwickler sind. Eine solche Sichtweise verhindert jedoch Innovationen, »zementiert« bisherige Vorgehensweisen und verhindert eine Produktivitäts- und Qualitätsverbesserung.

Anwendung auf OO

Prüft man anhand der oben aufgeführten Charakteristika die Einführung der objektorientierten Software-Entwicklung, dann gelangt man zu folgenden Ergebnissen:

zu 1 Relativer Vorteil

Eine objektorientierte Software-Entwicklung besitzt gegenüber einer strukturierten Software-Entwicklung im wesentlichen folgende eindeutige relative Vorteile: Einheitliche Kernkonzepte in allen Entwicklungsphasen, kein Strukturbruch zwischen Definition und Entwurf, leichte Erweiterbarkeit und Änderbarkeit, Unterstützung der Wiederverwendbarkeit, leichtere Modellierung der realen Welt.

zu 2 Kompatibilität

Eine objektorientierte Entwicklung ist *nicht* kompatibel mit einer strukturierten Entwicklung. Wurde in der Definitionsphase aber bereits das *Entity Relationship*-Modell verwendet, dann erleichtert dies den Übergang zur objektorientierten Analyse, da die objektorientierte Analyse als ein Teilkonzept das *Entity Relationship*-Modell enthält.

zu 3 Einfachheit

Abschnitt IV 1.1.1

Im Vergleich zur strukturierten Software-Entwicklung erfordert die Objektorientierung ein höheres Abstraktionsvermögen. Vom Umfang der Konzepte her sind beide Methoden ungefähr vergleichbar. 

zu 4 Ausprobieren

Viele Vorteile der Objektorientierung können bereits an kleinen Beispielen gezeigt werden.

zu 5 Sichtbarkeit

Da OOA- und OOD-Modelle grafisch dargestellt werden, können objektorientierte Software-Entwicklungen gut sichtbar gemacht werden.

Zusammengefaßt ergibt sich folgende Bewertung:

Charakteristika	**Anwendung auf OO**	**Kommentar**
1 Relativer Vorteil	+	Hängt stark
2 Kompatibilität	–	von den bisherigen
3 Einfachheit	von – bis +	Methoden ab.
4 Ausprobieren	+	
5 Sichtbarkeit	+	

Im Vergleich zu einer CASE-Einführung ist die Einführung der Objektorientierung leichter, da die Charakteristika der Objektorientierung insgesamt für eine schnelle Verbreitung sprechen.

5.6.3 Charakteristika der Zielgruppe

Untersuchungen /Rogers 83/ haben gezeigt, daß die Mitglieder einer Zielgruppe in unterschiedlichem Maße bereit sind, eine Innovation anzunehmen. Es lassen sich fünf verschiedene Personenkategorien unterscheiden:

- Innovatoren,
- Frühe Anwender,
- Frühe Majorität,
- Späte Majorität,
- Nachzügler.

Den prozentualen Anteil jeder Personenkategorie in der Zielgruppe zeigt Abb. 5.6-4 unten.

Diese Kategorien spiegeln auch die zeitliche Reihenfolge wider, in der Innovationen benutzt werden. Daher dehnt sich die Verbreitung einer Innovation auch über die Zeit.

Die Verbreitung einer Innovation in einer Zielgruppe folgt einer **S-Kurve**, wie sie Abb. 5.6-4 oben zeigt.

Literaturhinweis: Die S-Kurve wird ausführlich behandelt in /Asthana 95/.

Die Anzahl der Innovatoren und frühen Anwender ist klein. Daher ist die Anzahl der Mitarbeiter, die eine Innovation übernehmen, am Anfang klein. Jeder Verbreitungsprozeß einer Innovation beginnt daher langsam, beschleunigt sich und verlangsamt sich anschließend wieder, da dann die Anzahl der Nichtanwender immer kleiner wird.

Empfehlungen

Am Anfang einer Innovationseinführung ist es daher empfehlenswert, sich auf die Teilmenge der Innovatoren und frühen Anwender zu konzentrieren. Ihre Erfahrungen mit der Innovation können dann benutzt werden, um die Verbreitungsgeschwindigkeit bei der restlichen Zielgruppe zu beschleunigen.

»Schneeball-system«

Es spricht daher einiges dafür, die Einführung zunächst in einer »Pilotgruppe« oder »Pilotabteilung« zu beginnen und erst später auf die gesamte Organisation auszudehnen. Die »Pilotgruppe« sollte die Charakteristika von Innovatoren und frühen Anwendern aufweisen.

5.6.4 Charakteristika des sozialen Systems

Das soziale System ist die Umgebung, in der der Einführungsprozeß stattfindet. Fünf verschiedene Aspekte beeinflussen den Einführungsprozeß:

- Soziale Struktur,
- Soziale Normen,
- Rollen der Meinungsbildner und Innovationsförderer,
- Art der Innovationsentscheidungen,
- Konsequenzen der Innovationseinführung.

Soziale Struktur

Die **soziale Struktur** gibt an, wie die Mitglieder eines sozialen Systems miteinander kommunizieren. *Formale Strukturen* geben ei-

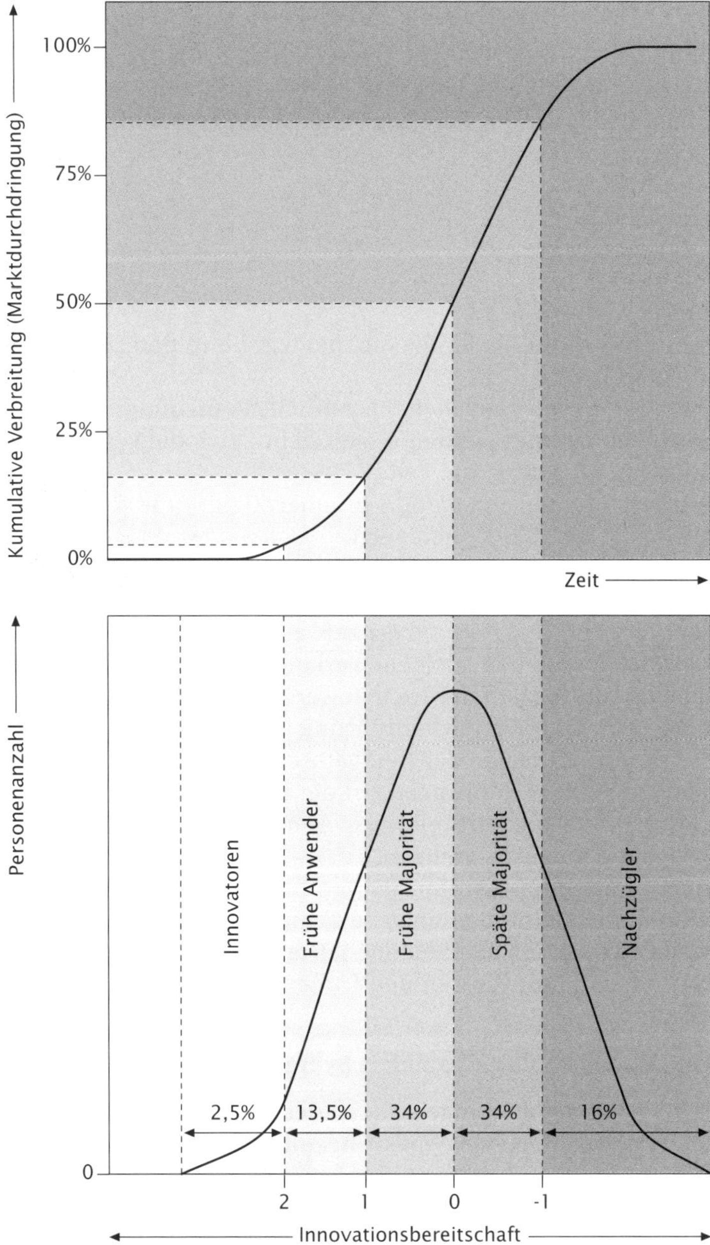

Abb. 5.6-4: Prozentualer Anteil von Personenkategorien bezogen auf ihre Innovationsbereitschaft /Rogers 83/, /Asthana 95/ (unten), Verbreitungsgeschwindigkeit einer Innovation in der Zielgruppe (S-Kurve) /Asthana 95, S 53/ (oben)

nem System Ordnung und Stabilität und reduzieren die Unsicherheiten des menschlichen Verhaltens in einem solchen System. *Informale Strukturen* wie Freundschaften, Freizeit-Aktivitäten usw. entstehen wegen der sozialen Bedürfnisse der Mitglieder. Die soziale Struktur kann die Verbreitung einer Innovation fördern oder behindern. Die Bereitschaft einer Person, Innovationen zu übernehmen, hängt neben individuellen Eigenschaften auch von der Natur des sozialen Systems ab. In einem konservativen Umfeld wird die Begeisterung früher Anwender gedämpft, während in einem liberalen Umfeld zögernde Anwender aufnahmebereiter für Innovationen sind. Eine Firma, deren wirtschaftlicher Erfolg von der ständigen Innovation im Software-Bereich abhängt, muß ein liberales Umfeld schaffen, um die Innovationsbereitschaft zu fördern.

Empfehlung: Liberales Umfeld schaffen

Soziale Normen

Soziale Normen sind etablierte Verhaltensmuster für die Mitglieder eines sozialen Systems. Sie definieren einen Bereich tolerierten Verhaltens und dienen als eine Richtlinie für die Mitglieder. Starre soziale Normen können eine ernsthafte Barriere für die Verbreitung von Innovationen sein. Sind sie vorhanden, dann sollten sie abgebaut werden.

Empfehlung: Starre Normen abbauen

opinion leaders
change agents

Meinungsbildner *(opinion leaders)* und **Innovationsförderer** *(change agents)* sind Schlüsselpersonen in jedem sozialen System. Meinungsbildner sind normalerweise technische Leiter mit umfangreicher Erfahrung, die eine hohe Glaubwürdigkeit besitzen. Sie haben daher einen großen Einfluß auf das Verhalten und die Einstellung von anderen Personen. Innovationsförderer sind formal autorisiert und bevollmächtigt, Änderungen in einem sozialen System vorzunehmen. Anders als Meinungsbildner müssen sie keine technischen Leiter sein.

Meinungsbildner und Innovationsförderer spielen eine kritische Rolle bei der Einführung von Innovationen. Ihre Einstellung zu einer Innovation bestimmt zum großen Teil das Ergebnis des Einführungsprozesses. Unterstützen sie eine Innovation, dann kann dies ein effektiver Katalysator für eine schnelle Einführung und Anwendung sein. Kritisieren sie die Innovation, dann kann dies die Verbreitung behindern.

Innovationsförderer müssen folgende Gesichtspunkte beachten:

- Nicht nur die technischen Aspekte einer Innovation betrachten, sondern insbesondere die sozialen Aspekte beachten.
- Sich nicht einseitig an eigenen Interessen und Vorstellungen orientieren.
- Das Fachwissen der Betroffenen, deren Kenntnisse und Fähigkeiten aus der täglichen praktischen Arbeit nicht unterschätzen.
- Den eigenen Informationsvorsprung durch das eigene Verhalten nicht demonstrativ unterstreichen.

Empfehlung: Methodenberater

Abschnitt 5.6.7

Um Innovationen zu fördern, ist die Stelle eines Innovationsförderers einzurichten und kompetent zu besetzen. In der Software-Technik wird ein solcher Mitarbeiter oft **Methodenberater** genannt. Der Methodenberater ist vom Management zu unterstützen und mit entsprechenden Kompetenzen auszustatten.

Art der Innovationsentscheidung

Die Akzeptanz einer Innovation hängt wesentlich von der Art und Weise ab, wie die **Innovationsentscheidung** getroffen wird.

Die Entscheidung kann durch ein *Individuum*, z.B. den Innovationsförderer, getroffen werden, unabhängig von den anderen Mitgliedern des sozialen Systems. Trifft eine *Gruppe* gemeinsam und freiwillig die Entscheidung, eine Innovation einzuführen, dann beschleunigt dies wesentlich die Einführung und Anwendung.

Entscheidungen durch *Autoritäten* erfolgen normalerweise durch einige Schlüsselpersonen, die die Macht, den Status oder das technische Wissen besitzen. Ist die Entscheidung gefallen, dann ist sie bindend für die Mitglieder des sozialen Systems.

Auf welche Art und Weise eine Innovationsentscheidung gefällt wird, hat viele Implikationen für den Verbreitungsprozeß.

Eine Gruppenentscheidung kann länger dauern als eine individuelle Entscheidung. Ist die Entscheidung aber gefallen, dann erfolgt die Verbreitung schnell, da die Entscheidung auf einem Konsens beruht. Entscheidungen durch Autoritäten können die Verbreitung beschleunigen oder verlangsamen in Abhängigkeit davon, wie die Einstellung der Mitglieder zu den Autoritäten ist.

Empfehlungen

Innovationsentscheidungen sollten idealerweise durch Konsensbildung in den jeweiligen Gruppen getroffen werden. Die Initiative kann vom Methodenberater oder vom Management kommen. Meinungsbildner sollten identifiziert und in Innovationsentscheidungen eingebunden werden.

Mitwirkung der Betroffenen

Ist das Idealmodell nicht zu verwirklichen, weil die Zielgruppe z.B. zu groß ist, dann sollte durch eine geeignete Organisationsform dafür gesorgt werden, daß die Betroffenen am Auswahl- und Einführungsprozeß mitwirken können.

frühzeitige und fortlaufende Information

Wichtig ist eine frühzeitige und fortlaufende Information der Zielgruppe über die Gründe der Innovation sowie über die ökonomischen, technischen und sozialen Zusammenhänge und Folgen. Dadurch können Ungewißheiten und Unsicherheiten reduziert sowie Spekulationen und Gerüchtebildungen weitgehend vermieden werden.

Weiterbildung

Befürchtungen der Betroffenen, den zukünftigen Anforderungen mit den bisherigen Kenntnissen und Fertigkeiten nicht mehr gewachsen zu sein, kann durch frühzeitige Weiterbildungsmaßnahmen begegnet werden.

Methodentraining

Im Rahmen einer CASE-Einführung ist es dabei besonders wichtig, daß die zugrundeliegenden Methoden vor der CASE-Einführung geschult und trainiert werden.

Eine Möglichkeit, Ängste abzubauen, besteht auch darin, einen Übungsarbeitsplatz einzurichten, zu dem die betroffenen Mitarbeiter freien Zugang haben. So können sie sich mit dem neuen System »spielerisch« vertraut machen.

Übungsarbeitsplatz

Information und Weiterbildung befähigen die Betroffenen zur Mitwirkung an der Veränderung. Gewarnt werden muß jedoch vor einer Pseudopartizipation, die meist schnell durchschaut wird und zu zusätzlichen Widerständen führen kann.

Bezogen auf CASE-Umgebungen muß jedoch darauf geachtet werden, daß nur ein Produkt firmenweit eingeführt wird.

nur eine CASE-Umgebung

Konsequenzen der Einführung

Die Einführung und Anwendung einer Innovation kann zu folgenden **Konsequenzen** führen:

- wünschenswert oder nicht wünschenswert,
- direkt oder indirekt,
- vorhersehbar oder nicht vorhersehbar.

Diejenige Innovation wird in einem sozialen System akzeptiert, die direkte, wünschenswerte und vorhersehbare Konsequenzen bewirkt. Hat eine Innovation viele ungewünschte Konsequenzen, dann wird sie abgelehnt, selbst wenn sie zunächst akzeptiert wurde.

Die Konsequenzen können allerdings für die verschiedenen Mitglieder unterschiedlich sein. Was für die einen erwünscht ist, kann für die anderen unerwünscht sein. Dies kann zu Konflikten führen. Erfahrungsgemäß bezieht sich Widerstand gegen eine Innovation nicht auf die technischen, sondern auf die damit verbundenen sozialen Veränderungen. Hierzu zählen Veränderungen bezüglich Autonomie, Arbeitsinhalt, Status, Qualifikationsanforderungen usw.

Die Konsequenzen einer Innovationseinführung sollten offen und transparent dargestellt und diskutiert werden. Durch Partizipation können die Betroffenen die Konsequenzen mit beeinflussen.

5.6.5 Charakteristika des Kommunikationsprozesses

Kommunikation

Die Einführung einer Innovation erfordert die Vermittlung von Informationen über die Innovation. Die zu vermittelnden Informationen lassen sich unterteilen in harte und weiche Informationen.

Harte Informationen

Harte Informationen beschreiben die Details einer Innovation, welche Konzepte realisiert sind, wie die Innovation arbeitet und wie sie benutzt werden sollte.

Weiche Informationen

Weiche Informationen machen Aussagen über Kosten und Nutzen der Innovation und beschreiben die potentiellen Effekte, Implikationen und Risiken. Diese Informationen sind wichtig für Auswahl- und Einführungsentscheidungen.

Realistische Erwartungshaltung

Wichtig ist, daß sowohl die harten als auch die weichen Informationen eine **realistische Erwartungshaltung** erzeugen. Dies wird unterstützt durch die Angabe der Ziele, die mit dem Produkt erreicht und *nicht* erreicht werden können.

Beispiel

Bezogen auf CASE führen folgende globale Feststellungen zu einer realistischen Erwartungshaltung:

- Ein guter Software-Ingenieur kann mit CASE seine Produktivität und Qualität wesentlich steigern.
- Ein schlechter Software-Ingenieur kann mit CASE in noch kürzerer Zeit noch mehr schlechte Software erstellen.
- Eine CASE-Einführung erfordert eine langandauernde Anstrengung.
- Am Anfang ist nicht mit Produktivitätssteigerungen, sondern mit Produktivitätseinbußen zu rechnen.

Richtige Verpackung

Die Einführung einer Innovation wird erleichtert, wenn die Innovation richtig »verpackt« ist. Das bedeutet, daß Trainingsmaterial, realistische Fallstudien, empirische Erkenntnisse usw. zur Innovation dazugehören oder während des Einführungsprozesses erstellt werden müssen.

Kommunikationskanäle

Die Informationsvermittlung über eine Innovation kann über *Massenmedien* oder *zwischenmenschliche Kommunikation* erfolgen.

Massenmedien

Massenmedien sind schnell und effizient, wenn es darum geht, auf eine Innovation aufmerksam zu machen.

Zwischenmenschliche Kommunikation

Zwischenmenschliche Kommunikation ist effektiver, wenn es darum geht, Personen zur Einführung neuer Ideen zu bewegen.

Eine erfolgreiche Verbreitung einer Innovation erfordert ein passendes Gleichgewicht zwischen den Kanälen Massenmedien und zwischenmenschliche Kommunikation. Das geeignete Gleichgewicht hängt von den Charakteristika der Innovation und den sozialen und kulturellen Aspekten der Zielgruppe ab.

Gleichartigkeit der Zielgruppe

Die Kommunikation wird außerdem durch die Gleichartigkeit der Zielgruppe beeinflußt. Haben die Mitglieder der Zielgruppe gleiche Auffassungen, gleichartige Ausbildungen und einen ähnlichen sozialen Status, dann ist die Kommunikation effektiver.

Empfehlungen

Für eine **CASE-Einführung** ergeben sich daraus folgende Empfehlungen:

Aufgaben des Herstellers

- Der Hersteller oder Anbieter eines CASE-Produktes sollte nicht nur harte, sondern auch weiche Informationen zur Verfügung stellen. Außerdem sollte er in Massenmedien (Artikel in Fachzeitschriften und Büchern, Anzeigen) auf sein Produkt aufmerksam machen.

Aufgaben innerhalb der Firma

- Innerhalb einer Firma sollte durch zwischenmenschliche Kommunikation das Produkt diskutiert werden. Als Zielgruppe sollte eine Gruppe ausgewählt werden, deren Mitglieder gleiche Auffassungen, gleichartige Ausbildungen und einen ähnlichen sozialen Status haben.

5.6.6 Regeln zur Erleichterung einer CASE-Einführung

Verschiedene Personengruppen können dazu beitragen, daß eine CASE-Einführung von optimalen Voraussetzungen ausgehen kann.

CASE-Hersteller CASE-Anbieter

Der **CASE-Hersteller** oder **CASE-Anbieter** kann folgendes tun:
- Bereitstellung von harten und weichen Informationen.
- Aufbau realistischer Erwartungen ermöglichen.
- Umfassende Unterstützung des Produktes durch gut verständliches Trainingsmaterial, realistische Fallstudien, didaktisch gut gestaltete Benutzerhandbücher, in das Produkt integrierte Tutorials und Hilfesysteme.
- Erhöhung des Bekanntheitsgrades des Produktes durch Artikel und Anzeigen in Fachzeitschriften und Büchern.
- Unterstützung von Standardmethoden, dadurch Erhöhung der Kompatibilität.
- Inkrementellen CASE-Einsatz, beginnend bei kleinen Anwendungen, ermöglichen.
- Durch grafische Darstellungen der Ergebnisse und verständliche textuelle Ausgaben die Ergebnisse des CASE-Einsatzes sichtbar machen.
- Evaluations- und Probeinstallationen ermöglichen.

Forschung

Die Software-Technik-**Forschung** kann folgendes beitragen:
- Anpassung der Erkenntnisse der Technologie-Transfer-Forschung an die Software-Technik-Charakteristika.
- Aktive Rolle als Meinungsbildner spielen.
- Durch empirische Studien zu realistischen Erwartungshaltungen beitragen.
- Ausbildung von Methodenberatern.

Management

Das **Management** einer Firma kann folgende Beiträge leisten:
- Schaffen einer innovationsfreundlichen Firmenkultur (liberales Umfeld, keine starren Normen).
- Stelle eines Methodenberaters schaffen und kompetent besetzen.
- Innovationsimpulse geben und Methodenberater fördern und unterstützen.
- Notwendige Ressourcen zur Verfügung stellen (Zeit und Mittel für die Weiterbildung der Mitarbeiter, Mittel für CASE-Umgebung und Entwicklungsmaschinen).
- Innovationsfreudige Mitarbeiter einstellen.

Methodenberater

Der **Methodenberater** hat den meisten Einfluß auf die Akzeptanz einer Innovation. Er kann eine CASE-Einführung folgendermaßen erleichtern:
- Frühzeitige und fortlaufende Information der betroffenen Mitarbeiter. (Information)
- Den Mitarbeitern Mitwirkungsmöglichkeiten einräumen. (Partizipation)
- Eine frühzeitige und umfassende Weiterbildung durchführen. (Weiterbildung)

Einführung
- Schrittweise Einführung der neuen Methoden und der CASE-Umgebung, so daß Teilerfolge sichtbar werden.
- Einbinden von Meinungsführern.
- Versuchen, eine kollektive Akzeptanz der Innovationsentscheidung zu erhalten.
- Verstehen der sozialen Strukturen und Normen der Zielgruppe.
- Auswahl einer geeigneten Gruppe zur Durchführung des ersten Projektes.
- Beachten der unterschiedlichen Neigungen, Innovationen anzuwenden (S-Kurve).
- Bei der Auswahl der Methoden und Produkte darauf achten, daß der technologische »Sprung« für die Zielgruppe nicht zu groß ist.
- Entwicklung von Strategien, um die Probleme der Inkompatibilität zu bewältigen und den Übergang zu erleichtern.
- Auswahl einer geeigneten Kommunikationsstrategie.
- Realistische Ziele definieren und Konsequenzen offen und transparent darstellen.

Mitarbeiter

Die **betroffenen Mitarbeiter** können ebenfalls dazu beitragen, eine CASE-Einführung zu erleichtern, in dem sie
- konstruktiv bei der Auswahl und Einführung mitwirken.
- Erfahrungen und Verbesserungsvorschläge einbringen.
- keine unrealistischen Anforderungen stellen wie »alle unsere Wünsche müssen von der CASE-Umgebung zu 100 Prozent erfüllt werden«.
- Weiterbildung als Chance begreifen, die eigene Qualifikation und damit auch den eigenen »Marktwert« zu verbessern.

5.6.7 Eigenschaften eines Methodenberaters

Ein Methodenberater spielt eine zentrale Rolle bei der Einführung von Innovationen. Daher ist es entscheidend, den richtigen Mitarbeiter für diese Position zu gewinnen. Um seine Aufgaben optimal erfüllen zu können, sollte ein Methodenberater über folgende Eigenschaften verfügen:

- Er sollte umfangreiches Wissen über die Methoden der Software-Technik, ihre gegenseitigen Abhängigkeiten und ihre Trends besitzen.
- Wünschenswert sind Erfahrungen in der Methodenberatung.
- Er muß in der Lage sein, neue Methoden daraufhin zu beurteilen, ob der technische »Sprung« vom derzeitigen Technologieniveau zu den neuen Methoden vertretbar und erfolgsversprechend ist. Ziel eines Methodenberaters darf es nicht sein, von der einen wissenschaftlichen Tagung zur anderen zu fahren, die neuesten wissenschaftlichen Ideen »aufzuschnappen« und dabei seine Zielgruppe völlig aus den Augen zu verlieren.

- Er sollte einen Überblick über marktgängige CASE-Produkte haben und die sich abzeichnenden Trends kennen.
- Er muß praktische Erfahrungen in der Software-Entwicklung besitzen und selbst eine Anzahl von CASE-Werkzeugen bereits angewendet haben.
- Er muß fachliche Kenntnisse über das Anwendungsgebiet besitzen, für das Software entwickelt wird.
- Er benötigt großes psychologisches Einfühlungsvermögen, insbesondere um sich in die Rolle der Betroffenen versetzen zu können.
- Er muß sich durchsetzen können, sowohl gegenüber Vorgesetzten als auch gegenüber destruktiven Mitarbeitern.
- Er muß sich durch »echte« Mitarbeit in Projekten qualifizieren. Dadurch wird eine Isolierung von der Zielgruppe vermieden. Nur so werden seine Aussagen respektiert und ernstgenommen.
  Ist der Arbeitsaufwand für einen Methodenberater zu groß, dann ist es besser, zwei Methodenberater einzusetzen, die beide in Projekten mitarbeiten, als einen Methodenberater zu haben, der nur noch Technologie-Transfer betreibt.
- Er praktiziert eine »Politik der offenen Tür«, d.h. wenn Mitarbeiter Probleme haben, dann können sie den Methodenberater kurzfristig ansprechen.
- Er besitzt die Charaktereigenschaften, die man Innovatoren und frühen Anwendern zuordnet.

Da der Methodenberater »kritisch« für den Technologie-Transfer ist, dürfen die Aufgaben des Methodenberaters keine »Feigenblattfunktion« haben. Die Stelle eines Methodenberaters muß daher von den Kompetenzen und dem Gehalt so ausgestattet sein, daß qualifizierte Mitarbeiter dafür gewonnen werden können.

5.6.8 Eigenschaften des ersten Projekts

Die Auswahl des richtigen ersten Projekts spielt für den Erfolg einer Innovation eine entscheidende Rolle. Folgende Eigenschaften sollte das »erste« Projekt besitzen:

- Es muß sich um ein »echtes« Projekt handeln. Projekte mit Fallstudiencharakter werden nicht ernstgenommen. *(Echtes Projekt)*
- Es muß ein »normales« Projekt sein. Besonders riskante oder komplexe Projekte sind erst dann anzugehen, wenn ausreichende Erfahrungen über die Stärken und Schwächen der neuen Methode oder des neuen CASE-Produkts vorliegen. *(Normales Projekt)*
- Das Projekt sollte die Vorteile der neuen Technik sichtbar machen. Werden beispielsweise Methoden und Werkzeuge neu eingesetzt, die die Definitionsphase eines Projekts unterstützen, dann sollte das Projekt hier auch seine Schwerpunkte haben und nicht z.B. in der Algorithmik. *(Vorteile sichtbar machen)*

Bekanntes Problemfeld

- Das Projekt muß aus einem bekannten Anwendungsgebiet sein. Die Mitarbeiter müssen Erfahrungen auf dem Problemfeld haben. Es ist z.B. nicht sinnvoll, Mitarbeiter, die bisher nur kommerzielle Software-Systeme entwickelt haben, mit dem neuen CASE-Produkt ein Echtzeit-System entwickeln zu lassen.

Mittlerer Projektumfang

- Das Projekt soll einen mittleren Projektumfang besitzen. Erfolge bei kleinen Projekten werden oft nicht ernstgenommen. Große Projekte besitzen eine hohe Eigenkomplexität und es müssen viele Mitarbeiter gleichzeitig betreut werden.

Neues Projekt

- Es muß ein »neues« Projekt sein, d.h. das Projekt hat noch nicht begonnen. Es darf nicht die Situation eintreten, daß ein bereits laufendes Projekt in Schwierigkeiten gerät und die neue Methode oder das neue CASE-Produkt das Projekt jetzt »retten« soll.

Kein extremer Termindruck

- Der Termindruck darf nicht zu groß sein. Gerade die erste Anwendung einer neuen Technologie erfordert zusätzliche Zeit, da Verhaltensänderungen erforderlich sind und jeder Schritt bewußt vollzogen werden muß.

Positiv eingestellte, qualifizierte, »normale« Mitarbeiter

- Es sind qualifizierte Mitarbeiter auszuwählen, die der neuen Technologie gegenüber positiv eingestellt sind. Dies gilt besonders für den Projektleiter. Das Team darf aber nicht nur aus »Stars« zusammengesetzt sein, sonst sind die Erfolge des ersten Projekts bei späteren Projekten nicht wiederholbar.

Training vor Projektbeginn

- Das Projektteam ist unmittelbar vor der Anwendung der neuen Methoden bzw. CASE-Werkzeuge zu trainieren. Ein *on-the-job*-Training während des Projekts ist zu vermeiden, da es den Projektfortschritt behindert.

Mentor gewinnen

- Es sollte ein Mentor aus dem oberen Management für das erste Projekt gewonnen werden *(organizational champion)*. Dadurch erhält das Projekt die notwendige Aufmerksamkeit und die Chancen für einen Erfolg werden erhöht.

Metriken ermitteln

- Das Projekt sollte während des Projektablaufs durch Metriken »vermessen« werden, so daß laufend aktuelle, nachvollziehbare Informationen vorliegen. Das Problem besteht oft darin, daß keine vergleichbaren Metriken aus anderen Projekten vorliegen.

Besitzt ein in Betracht gezogenes Projekt mehrere der beschriebenen Eigenschaften nicht, dann sollte der Methodenberater das Projekt als ungeeignet für den Ersteinsatz der neuen Technologie ablehnen. Kompromisse in dieser Frage erhöhen u.U. drastisch das Risiko des Technologie-Transfers.

Literaturhinweise

In /Yourdon 86/ werden die Eigenschaften eines Pilotprojektes für die Einführung neuer Methoden angegeben. /Fischer 88/ behandelt die Fragestellung für CASE-Produkte.

5.6.9 Beispiel einer Migrationsstrategie

In der Regel müssen in der Software-Technik nicht nur Innovationen eingeführt werden, sondern es muß auch überlegt werden, wie die bisherige Software-Entwicklung auf die Innovation umgestellt werden soll.

Migration

Solche Umstellungen bezeichnet man in der Software-Technik als **Migration**. Das Wort stammt aus dem Lateinischen (migratio) und bedeutet »(Aus)wanderung« oder »Übersiedlung«, im übertragenen Sinne »Transportieren«. Bei jeder Migration ist stets zu fragen /Stahlknecht 93, S. 310/,

- *Was* umgestellt wird,
- *Wozu* umgestellt wird und
- *Wie* umgestellt wird.

Beispiel: strukturiert ≠ objektorientiert

Als Beispiel für eine Migration wird im folgenden die Umstellung von einer strukturierten Software-Entwicklung auf eine objektorientierte Software-Entwicklung betrachtet (Was). Die Umstellung erfolgt, um die Vorteile der Objektorientierung nutzen zu können (Wozu).

Für das »Wie« gibt es zwei Alternativen:

1 Alles auf einmal?
Die Objektorientierung wird in den Phasen Definition, Entwurf und Implementierung gleichzeitig eingeführt.

2 Schritt für Schritt?
Es wird zunächst nur in einer Phase die Objektorientierung eingeführt. Nach der Etablierung in dieser Phase erfolgt die Einführung in einer weiteren Phase. Bei der schrittweisen Migration stellt sich die Frage, in welcher Phase am besten mit der Objektorientierung begonnen wird. In der Praxis findet man zwei Alternativen:

a Objektorientierung zunächst in der Definitionsphase einführen, d.h. mit der objektorientierten Analyse (OOA) beginnen.

b Objektorientierung zunächst in der Implementierungsphase einführen, d.h. zunächst eine objektorientierte Programmiersprache (OOP) einführen.

Vor- und Nachteile

Die erste Alternative »Alles auf einmal« birgt ein hohes Risiko, vermeidet aber jeden Zusatzaufwand.

Die zweite Alternative »Schritt für Schritt« ist weniger risikoreich, erfordert aber einen Zusatzaufwand, z.B. zusätzliche Transformationen in eine klassische Programmiersprache.

Empfehlungen bei schrittweiser Umstellung

Erfolgt eine schrittweise Umstellung, dann sollte

- zuerst die Definitionsphase auf Objektorientierung umgestellt werden,
- dann die Entwurfsphase und
- zuletzt die Implementierungsphase.

Nicht zu empfehlen ist die Reihenfolge:

Zuerst Implementierung, dann Entwurf und zuletzt Definition.

Wird zuerst auf eine objektorientierte Programmiersprache umgestellt, dann wird versucht, in der Implementierungsphase Klassen zu identifizieren und diese direkt in der Notation der verwendeten Programmiersprache zu beschreiben. Dabei besteht die große Gefahr, daß fachbezogene, technische und programmiersprachenspezifische Aspekte »wild« gemischt werden. Viele Firmen, die diese Migrationsstrategie gewählt haben, sind daran gescheitert. Die Ursache, eine solche Migrationsstrategie zu wählen, liegt oft darin, daß es in diesen Firmen bisher keine »saubere« Definitions- und Entwurfsphase gibt, abgesehen von einem mehr oder weniger guten verbalen Pflichtenheft.

Abb. 5.6-5: Beispiel für eine Migrationsstrategie

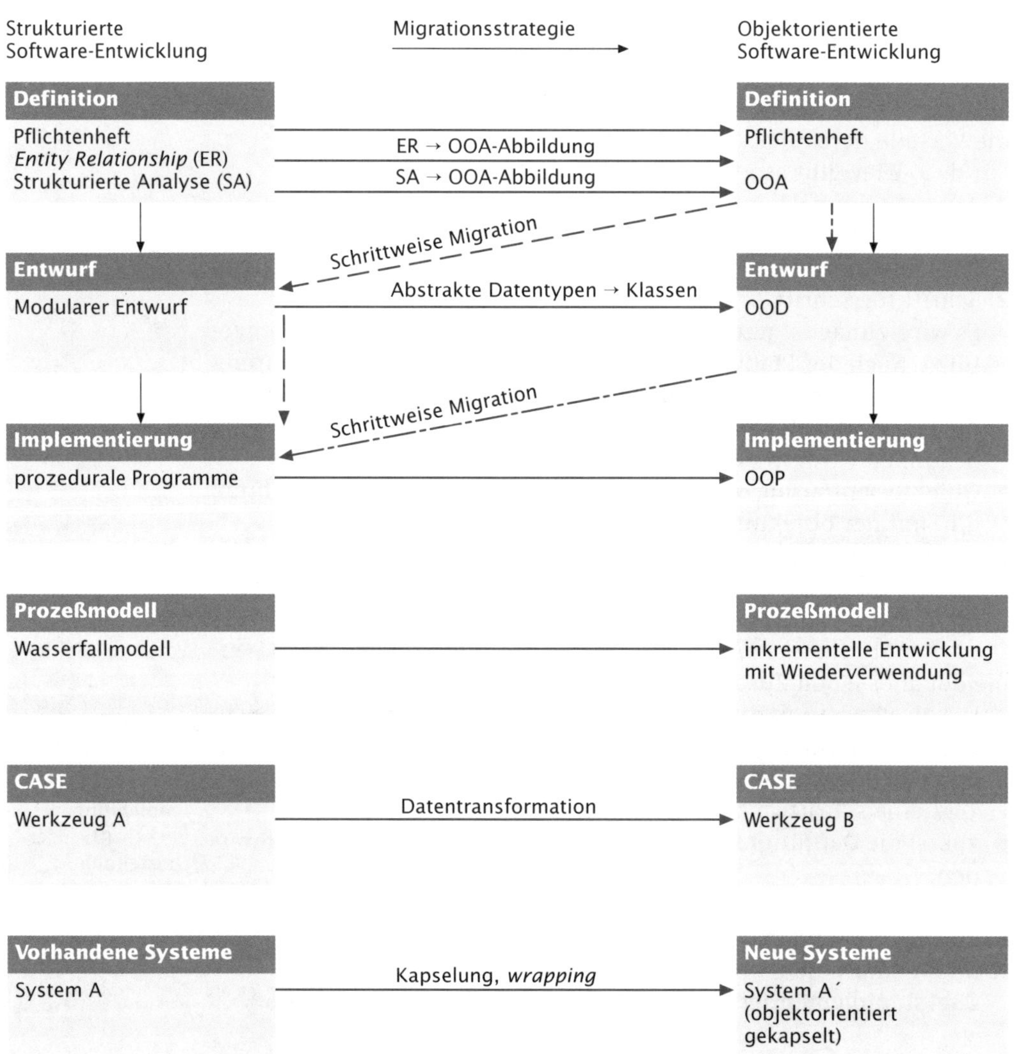

Ist die grundlegende Migrationsstrategie festgelegt, dann ist detailliert festzulegen, wie phasenweise eine Umstellung erfolgen soll und wie bereits vorhandene Systeme in die neue Welt überführt werden sollen.

Die detaillierte Migration hängt natürlich stark von der bisherigen Ausgangssituation ab. Abb. 5.6-5 zeigt für eine gegebene Ausgangssituation mögliche Migrationen. Natürlich wird man keine bereits begonnene Entwicklung umstellen (siehe Abschnitt 5.6.8).

Die Abbildung bekannter Konzepte und Methoden auf die neuen Konzepte und Methoden ist jedoch für das Training wichtig, um ein »Lernen durch Analogien« zu erleichtern /Manns, Nelson 96/. Außerdem ist sie für Sanierungs-Projekte wichtig.

Hauptkapitel IV 4

Liegt als Unternehmensmodell beispielsweise ein *Entity Relationship*-Modell vor, dann kann ein solches Modell systematisch in ein OOA-Modell transformiert werden (Abb. 5.6-6).

Ein SA-Modell kann mit dem in Abschnitt I 3.9.7 beschriebenen Verfahren zumindest ansatzweise in ein OOA-Modell transformiert werden. Die Datenflußdiagramme können für die Klassenbildung ausgeweitet werden. Die *Data Dictionary*-Einträge können für die Attributspezifikation, die Minispecs für die Spezifikation der Operationen verwendet werden.

Abschnitt I 3.9.7

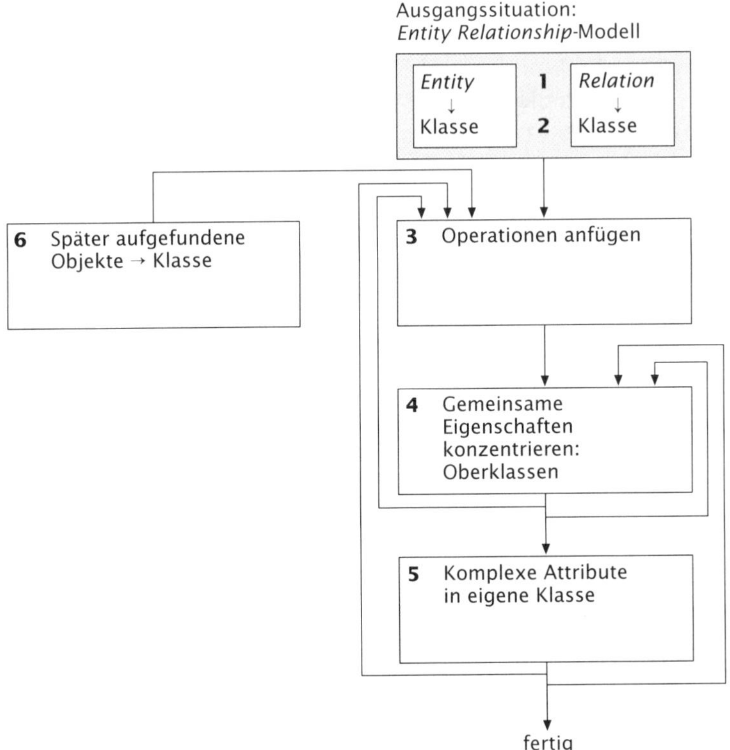

Abb. 5.6-6: Migration eines ER-Modells in ein OOA-Modell (in Anlehnung an /Offerbein 93/).

OOP ≠ prozedurale Sprache

Wählt man eine schrittweise Migration, dann gibt es in der Literatur, z.B. in /Coad, Yourdon 91/, /Coad, Nicola 93/, genügend Vorschläge, um beispielsweise einen objektorientierten Entwurf in eine prozedurale Programmiersprache zu transformieren.

Prozeßmodell

Zu prüfen ist, ob das bisher verwendete Prozeß- bzw. Vorgehensmodell noch adäquat ist. Zumindest ist das vorhandene Modell um das Suchen und Ablegen wiederverwendbarer Komponenten zu ergänzen.

Abschnitt I 3.3.5

Eine bereits vorhandene CASE-Umgebung muß entweder um Werkzeuge für die Objektorientierung ergänzt werden (wenn dies der Hersteller anbietet) oder es muß eine neue CASE-Umgebung beschafft werden. In diesem Fall sollte es eine Importmöglichkeit für Daten aus der vorhandenen CASE-Umgebung geben, damit bei Sanierungsprojekten auf die »alten« Daten zugegriffen werden kann.

CASE Hauptkapitel IV 2

Kapselung, *wrapping*

In der Regel werden laufende Anwendungen, die noch nicht »sanierungsreif« sind, mit den neu entwickelten Anwendungen kooperieren müssen. Eine Möglichkeit besteht darin, die vorhandene Anwendung »objektorientiert« zu verpacken *(wrapping)* oder zu verkapseln, so daß sie sich nach außen hin objektorientiert verhält, z.B. durch die Bereitstellung von Operationen.

Abschnitt IV 4.3.1

Literaturhinweise

In der Literatur gibt es zu verschiedenen Migrationsfragestellungen Vorschläge und Hinweise:

- Einführung der Objektorientierung (allgemein): /OOPSLA 91/, /Lee 94/, /Lindner 95/, /Callaghan 96/, /Swanstrom 95/
- Übergang auf objektorientierte Programmiersprachen: /Pinso 94/, /Pflüger, Roth, Schmidt 93/
- Übergang auf objektorientierte Datenbanken: /Dittrich 93/
- Kapselung von vorhandenen Systemen: /Deubler, Koestler 94/

5.6.10 Die Lernkurve

Bei allen Innovationseinführungen ist die Lernkurve zu beachten. Um neue Fähigkeiten zu erlernen, benötigt man Zeit. Im Laufe der Zeit beherrscht man diese Fähigkeiten immer besser, und die Tätigkeiten, die man mit diesen Fähigkeiten ausführt, werden schneller und besser erledigt. Die Lernkurve zeigt, wie sich diese zunehmende »Routine« bei der Anwendung neu erlernter Fähigkeiten auf die Produktivität oder andere Eigenschaften niederschlägt (Abb. 5.6-7).

Die Abbildung zeigt, daß die Projektkosten des ersten »neuen« Projekts relativ gesehen höher sind als die der weiteren Projekte. Das erste Projekt mit neuer Technologie ist sogar teurer als Projekte, die mit der alten Technologie durchgeführt wurden. Dieser Effekt wird von den Anwendern einer Innovation normalerweise nicht erwartet und daher auch nicht berücksichtigt.

Lernkurven wurden 1925 in der Luftfahrtindustrie endeckt. T.P. Wright beobachtete, daß die Kosten, um ein Flugzeug zu bauen, mit

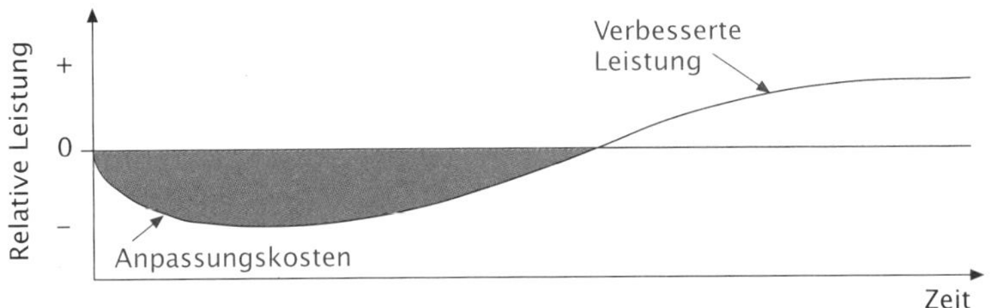

Abb. 5.6-7: Leistung über die Zeit mit Lerneffekt /Kemerer 92, S. 24/

der Anzahl der gebauten Flugzeuge abnehmen. Die Kostenabnahme entsprach einem bestimmten Muster. Wright stellte ebenfalls fest, daß dieses Muster mit jeder neuen Produktionsserie von vorne begann. Entsprechende Lernkurven wurden später auch in der Fertigungsindustrie, im Bergbau und im Konstruktionswesen festgestellt. Seit den 90er Jahren beobachtet man Lernkurven auch in der Software-Technik, siehe z.B. /Kemerer 92/.

Lernkurve

Eine **Lernkurve** gibt an, wie die durchschnittlichen Stückkosten einer Produktion in Abhängigkeit von der kumulativen Anzahl der produzierten Einheiten sinken (Abb. 5.6-8).

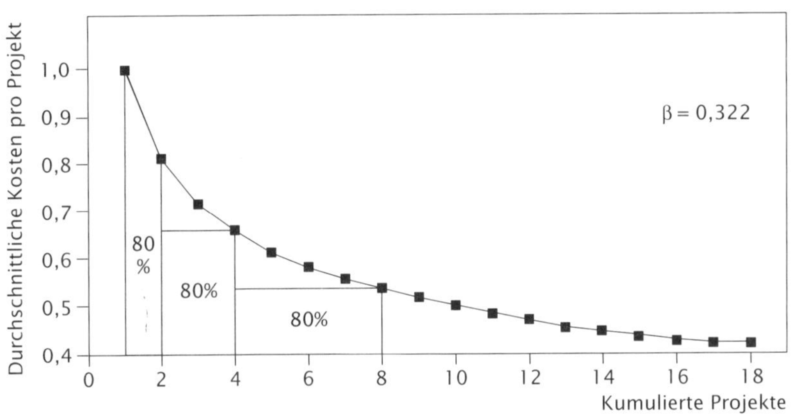

Abb. 5.6-8: Eine traditionelle 80 Prozent-Lernkurve /Kemerer 92, S. 26/

Das Gefälle der Kurve wird durch die Lernrate bestimmt. Sie beschreibt, wie die Stückkosten sinken, wenn sich jeweils die kumulierte Anzahl der produzierten Einheiten verdoppelt. Eine 80 Prozent-Lernrate bedeutet, daß zu jedem Zeitpunkt, in dem sich die kumulierten Einheiten verdoppelt haben, die Stückkosten auf 80 Prozent sinken. Wenn das 100ste Stück 1 DM kostet, dann kostet das 200ste Stück 0,80 DM und das 400ste Stück 0,64 DM.

Die früheste industrielle Lernkurve ist die Wright-Kurve bzw. die kumulierte Durchschnittskurve, dargestellt durch:

$$y = \alpha X^{-\beta} + \varepsilon \, , \beta > 0$$

wobei y die durchschnittlichen Kosten, α die Kosten der ersten Einheit, X die Anzahl aller Einheiten und β die Lernrate bezeichnet. β kann folgendermaßen bestimmt werden:

$$\ln y = \ln \alpha - \beta \ln X.$$

β wird oft in Prozent ausgedrückt: $\beta = \ln(\%)/\ln 2$

Typische Prozentraten, die in der Praxis beobachtet werden, liegen zwischen 70 und 95 Prozent. Je kleiner die Lernrate ist, desto schneller verläuft der Lernprozeß und desto schneller sinken die Stückkosten.

Lernkurven beschreiben nicht nur das individuelle Lernen, sondern auch das Lernverhalten von Teams und Organisationen. Verschiedene Faktoren beeinflussen die Lernkurve. Dazu gehören:

- Arbeitseffizienz in der Produktion und im Management,
- verbesserte Methoden und Technologien,
- Produktverbesserungen durch Reduktion oder Elimination von kostenträchtigen Merkmalen und
- Produktionsstandardisierung durch Reduktion von Änderungen.

Alle diese Faktoren treffen auch auf die Software-Entwicklung zu.

Lernkurven können auch dazu verwendet werden, Kosten zu schätzen (Abb. 5.6-9).

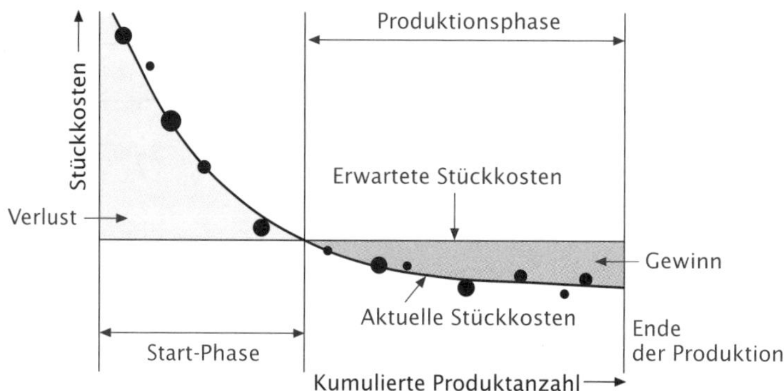

Abb. 5.6-9: Lernkurve zur Kostenbestimmung (in Anlehnung an /Raccoon 96, S. 78/)

Folgerungen

Aus Lernkurven lassen sich folgende Schlußfolgerungen ziehen (siehe auch /Raccoon 96/):

- Bei der Einführung von Innovationen ist davon auszugehen, daß die ersten Projekte teurer sind als die bisherigen Projekte (ohne Innovationen).
- Mit jedem zusätzlichen Projekt mit der eingeführten Innovation sinken die Kosten durch den Lerneffekt der Mitarbeiter.
- Mitarbeiter sind am Ende eines Projektes am produktivsten, daher sollten sie es nicht vor Projektende verlassen.
- Für kurze Projekte sind Mitarbeiter mit Erfahrungen auf dem entsprechenden Gebiet am geeignetsten, da nicht genug Zeit bleibt, um Erfahrungen zu sammeln.
- Für lange Projekte sind Mitarbeiter, die am schnellsten lernen, am geeignetsten, da sie ihre gelernten Fähigkeiten in dem Projekt noch genügend einsetzen können.

Innovation Die planvolle, zielgerichtete Erneuerung und auch Neugestaltung von Teilbereichen, Funktionselementen oder Verhaltensweisen im Rahmen eines bereits bestehenden Funktionszusammenhangs (soziale oder wirtschaftliche Organisation) mit dem Ziel, entweder bereits bestehende Verfahrensweisen zu optimieren oder neu auftretenden und veränderten Funktionsanforderungen besser zu entsprechen (Brockhaus 89).

Lernkurve Graduelle Verbesserung (Produktivität, Qualität, Unfallhäufigkeit) einer Aufgabenausführung (Fertigung, Entwicklung) über die Zeit hinweg. Auch für Software-Projekte empirisch nachgewiesen.

Migration Jede Art von Umstellung in der Software-Technik, meist im Zusammenhang mit der Einführung von → Innovationen.

Eine zentrale Aufgabe des Software-Managements besteht darin, Innovationen der Software-Technik in der eigenen Software-Entwicklung einzuführen. Verbunden mit einer Innovationseinführung sollte immer eine Migrationsstrategie sein. Zu berücksichtigen ist außerdem die Lernkurve. Zur Erleichterung von Innovationseinführungen sollten die bestimmenden Faktoren der Innovation selbst, der Individuen, des sozialen Systems und der Kommunikation so beeinflußt werden, daß der Transfer-Prozeß von günstigen Voraussetzungen ausgehen kann.

Faktoren einer Innovationseinführung

Der Erfolg einer Innovationseinführung hängt neben den oben genannten Faktoren natürlich vom Grad der Innovation bezogen auf das jetzige Technologieniveau ab (Abb. 5.6-10). Werden überhaupt noch keine modernen Prinzipien, Methoden und Werkzeuge angewandt, und soll ein akzeptables Technologieniveau erreicht werden, dann erfordert dies natürlich umfassendere Maßnahmen als die singuläre Einführung einer neuen Methode oder eines einzelnen CASE-Werkzeuges.

Systemeinführung

Soll z.B. eine moderne CASE-Umgebung einschließlich der damit verbundenen Methoden eingeführt werden, dann handelt es sich um eine **Systemeinführung** und keine Produkteinführung. Unter System

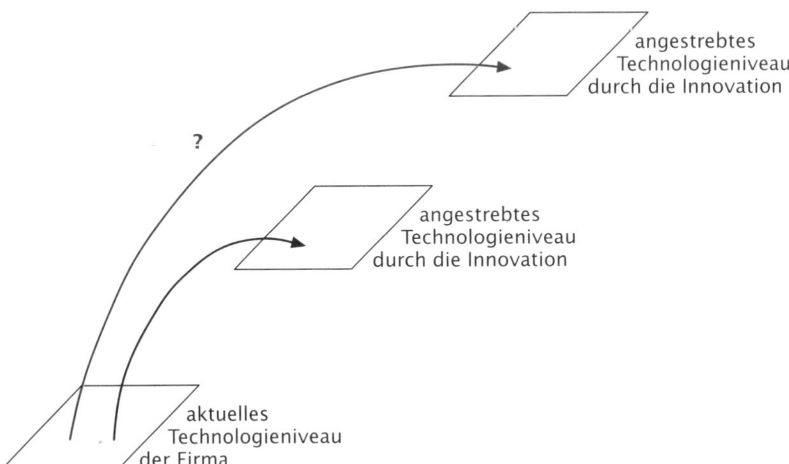

Abb. 5.6-10: Technologiesprung oder evolutionäre Weiterentwicklung

ist in diesem Zusammenhang die Kombination von Methoden, Produkten, Infrastruktur, Training und Support zu verstehen. Analog handelte es sich bei der Einführung des Jumbo-Jet durch eine Fluggesellschaft um eine Systemeinführung.

unternehmensstrategische Entscheidung

Da eine Systemeinführung ein Unternehmen auf fünf bis zehn Jahre bindet, ist eine solche Entscheidung eine **unternehmensstrategische Entscheidung** für software-orientierte Unternehmen. Daher ist eine solche Entscheidung auch auf der entsprechenden Managementebene zu treffen.

Vor einer Fehlentwicklung muß jedoch gewarnt werden. Drückt sich das Management vor einer solchen Entscheidung oder übersieht den notwendigen technologischen Wandel, dann kann das dazu führen, daß auf der Projektebene singuläre und unterschiedliche Insellösungen entstehen, die nicht kompatibel und zukunftsorientiert sind.

Diese »kleinen« Lösungen sind zwar leichter einzuführen und zeigen auch punktuelle Erfolge. Der entstehende ungeplante »Wildwuchs« kostet im Endeffekt jedoch mehr und ist kaum noch auf eine einheitliche Linie zu bringen.

Abb. 5.6-11: Typischer Entscheidungsprozeß zur Einführung von Innovationen (in Anlehnung an /Raghavan, Chand 89, S. 84/)

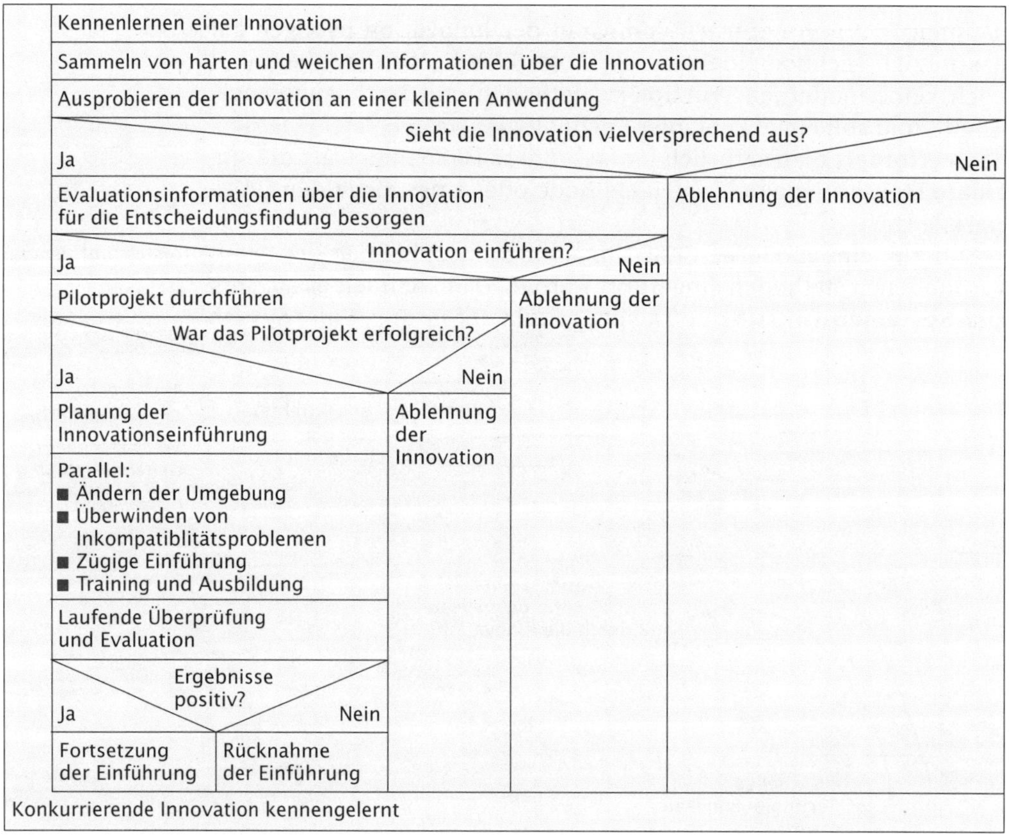

Kennenlernen einer Innovation
Sammeln von harten und weichen Informationen über die Innovation
Ausprobieren der Innovation an einer kleinen Anwendung
Sieht die Innovation vielversprechend aus?
Ja
Evaluationsinformationen über die Innovation für die Entscheidungsfindung besorgen
Innovation einführen?
Ja
Pilotprojekt durchführen
War das Pilotprojekt erfolgreich?
Ja
Planung der Innovationseinführung
Parallel:
- Ändern der Umgebung
- Überwinden von Inkompatiblitätsproblemen
- Zügige Einführung
- Training und Ausbildung

Laufende Überprüfung und Evaluation
Ergebnisse positiv?
Ja
Fortsetzung der Einführung
Nein
Rücknahme der Einführung
Nein
Ablehnung der Innovation
Nein
Ablehnung der Innovation
Nein
Ablehnung der Innovation
Konkurrierende Innovation kennengelernt

Folgende Größen sind die kritischen Erfolgsfaktoren:

- Das verantwortliche Management muß die Innovation wollen, unterstützen und sogar initiieren.
- Die Durchführung und Betreuung obliegt einem hauptamtlichen Methodenberater.
- Die betroffenen Mitarbeiter werden informiert, trainiert und können mitwirken.
- Die Ziele und Erwartungshaltungen sind realistisch und können schrittweise erreicht werden.
- Im Vordergrund stehen Prinzipien und Methoden, erst dann kommen Werkzeuge.

Sind ein oder zwei dieser Faktoren nicht erfüllt, dann ist die Wahrscheinlichkeit des Scheiterns sehr hoch. Einen typischen Entscheidungsprozeß zur Einführung von Innovationen zeigt Abb. 5.6-11.

/Bouldin 89/
Bouldin B. M., *Agents of Change – Managing the Introduction of Automated Tools,* Englewood Cliffs: Prentice Hall, 1989, 198 Seiten
Die Autorin beschreibt aus der Sicht eines Innovationseinführers die notwendigen Vorgehensschritte und gibt praktische Ratschläge, was zu berücksichtigen und zu beachten ist. Nicht speziell auf CASE, sondern allgemein auf Software-Produkte bezogen.

/Fisher 88/
Fisher A. S., CASE – *Using Software Development Tools,* New York: John Wiley & Sons, 1988, pp. 220–236
Beschreibt auf den angegebenen Seiten die Einführung von CASE in einem Unternehmen.

/Humphrey 90/
Humphrey W. S., *Managing the Software Process,* Reading: Addison-Wesley 1990
Beschreibt in umfassender Weise verschiedene Technologie-Niveaus einer Firma bezogen auf die Software-Technik. Standardwerk, das den Reifegrad eines Unternehmens nach den SEI-Reifestufen beschreibt (SEI = *Software Engineering Institute).* Enthält auch Aussagen zum Transferprozeß.

/Pressman 88/
Pressman R. S., *Making Software Engineering Happen – A Guide for Instituting the Technology,* Englewood Cliffs: Prentice Hall 1988, 258 Seiten
Beschreibt in umfassender Weise die Einführung moderner Software-Technik in ein Unternehmen.

/Rogers 83/
Rogers E. M., *Diffusion of Innovations,* Third Edition, New York: Free Press, 1983
Erstes Standardwerk über den Technologie-Transfer. Die erste Auflage erschien 1962. Beschreibt einen weitgehend allgemeingültigen Rahmen für die Einführung von Innovationen. Dieser Rahmen wurde durch Anwendung auf vielfältige Gebiete empirisch abgesichert und bestätigt. Das Gebiet Software-Technik wird nicht behandelt.

/Schnaars 89/
Schnaars S. P., *Megamistakes – Forecasting and the Myth of Rapid Technological Change,* New York: The Free Press 1989
Kritische Hinterfragung von Vorhersagen. Spannend zu lesen!

/Spinas, Troy, Ulich 83/
Spinas P., Troy N., Ulich E., *Leitfaden zur Einführung und Gestaltung von Arbeit mit Bildschirmsystemen,* München: CW-Publikationen, 1983, 116 Seiten

Dieser Leitfaden enthält ein Kapitel »Psychologische Aspekte der Planung und Einführung von Veränderungen« sowie eine Checkliste, die technisch organisatorische Veränderungen in einem Unternehmen generell behandelt. Viele dieser Gesichtspunkte sind auch für die Einführung von CASE relevant. Das Kapitel einschließlich der Checkliste besteht aus 11 Seiten und ist allgemeinverständlich geschrieben.

/Yourdon 86/

Yourdon E., *Managing the Structured Techniques – Strategies for Software Development in the 1990's,* Englewood Cliffs: Yourdon Press 1986, Third Edition, pp. 191–194

Beschreibt in einem Kapitel, wie ein Pilotprojekt ausgewählt werden soll.

Zitierte Literatur

/Asthana 95/
Asthana P., *Jumping the Technology S-Curve,* in: IEEE Spectrum, June 1995, pp. 49–54

/Callaghan 96/
Callaghan A., *Choosing Expert Help to Cross the Paradigm Gap,* in: Object Expert, Jan.-Febr. 1996, pp. 57–59

/Coad, Nicola 93/
Coad P., Nicola J., *Object-orientedProgramming,* Englewood Cliffs: Prentice Hall 1993

/Coad, Yourdon 91/
Coad P.,Yourdon E.,*Object-oriented Design,* Englewood Cliffs: Yourdon Press, 1991

/Deubler, Koestler 94/
Deubler H.-H., Koestler M., *Introducing Object Orientation into Large and Complex Systems,* in: IEEE Transactions on Software Engineering, Nov. 1994, pp. 840–848

/Dittrich 93/
Dittrich K. R., *Migration von konventionellen zu objektorientierten Datenbanken: soll man, muß man – oder nicht?,* in: Wirtschaftsinformatik, 35 (1993) 4, S. 346–352

/Kemerer 92/
Kemerer C. F., *How the Learning Curve Affects CASE Tool Adaption,* in: IEEE Software, May 1992, pp. 23–28

/Lee 94/
Lee W., *How to Adapt OO Development Methods in a Software Development Organisation – A Case Study,* in: Addendum to the Proceedings, OOPSLA 94, pp. 19–24

/Lindner 95/
Lindner U., *Für's erste stehen die beiden Paradigmen nebeneinander,* in: Computerwoche 3, 20.1.1995, S. 43–44

/Manns, Nelson 96/
Mann M. L., Nelson H. J., *Retraining procedure-oriented developers: An issue of skill transfer,* in: JOOP, Nov.-Dec. 1996, pp. 6–10

/Offerbein 93/
Offerbein T., *Erreichen von Wiederverwendbarkeit und Erweiterbarkeit von Klassenbibliotheken am Beispiel eines Leitstandes,* in: Konferenzunterlagen I.I.R. ReUse-Konferenz, 8.-9. Sept. 1993, München

/OOPSLA 91/
Managing the Transition to Object-Oriented Technology, in: Addendum to the Proceedings, Ponal, OOPSLA 91, Phoenix, Arizona, pp. 55–62

/Pflüger, Roth, Schmidt 93/
Pflüger C., Roth H., Schmidt K. P., *Umstellung alter COBOL-Programme in objektorientierte Systeme,* in: Wirtschaftsinformatik, 35 (1993) 4, S. 353–359

/Pinson 94/
Pinson L. J., *Moving from COBOL to C and C++: OOP's biggest challenge,* in: JOOP, Oct. 1994, pp. 54–56

/Raccoon 96/
Raccoon L. B. S., *A Learning Curve Primer for Software Engineers*, in: Software Engineering Notes, Vol. 21, No 1, Jan. 1996, pp. 77–86
/Raghavan, Chand 89/
Raghavan S. A., Chand D. R., *Diffusing Software Engineering Methods*, in: IEEE Software, July 1989, S. 81–90
/Redwine, Riddle 86/
Redwine S. T., Riddle W. E., *Software Technology Maturation*, in: Proceedings »International Conference On Software Engineering«, 1986, S. 189–200
/Stahlknecht 93/
Stahlknecht P., *Migration – und kein Ende*, in: Wirtschaftsinformatik, 35 (1993) 4, S. 309–310
/Swanstrom 95/
Swanstrom E., *Beyond methodology transfer: O-O mentoring meets project management*, in: JOOP, March-April 95, pp. 57–59

1 *Lernziel: Die Personenkategorien, bezogen auf eine Innovationseinführung, nennen und charakterisieren sowie die S-Kurve erläutern können.*
Versuchen Sie die charakterlichen Eigenschaften der Personenkategorien bei einer Innovationseinführung zu beschreiben.

Muß-Aufgabe
10 Minuten

2 *Lernziel: Darlegen können, welche Personengruppen auf welche Weise eine CASE-Einführung erleichtern können.*
Sie stellen CASE-Werkzeuge her. Was müssen Sie tun, um die Einführung Ihrer CASE-Werkzeuge in fremden Unternehmen zu erleichtern?

Muß-Aufgabe
10 Minuten

3 *Lernziel: Darlegen können, welche Personengruppen auf welche Weise eine CASE-Einführung erleichtern können.*
Sie haben eine neue Test-Methode entwickelt. Was müssen Sie tun, um die Einführung zu erleichtern?

Kann-Aufgabe
10 Minuten

4 *Lernziel: Die Eigenschaften von Lernkurven erklären und auf Problemstellungen der Software-Technik anwenden können.*
Steht das Brooks'sche Gesetz *»Adding manpower to a late software project makes it later«* (Abschnitt 3.2.4) im Einklang mit der Lernkurve? Begründen Sie Ihre Meinung!

Muß-Aufgabe
10 Minuten

5 *Lernziele: Anhand von vorgegebenen Szenarien prüfen können, inwieweit eine Innovation anhand der fünf Charakteristika leicht oder schwer einzuführen ist. Für vorgegebene Szenarien eine Innovationseinführung planen und begründen können.*
In einem großen Unternehmen soll ein Netzwerk mit Novell-*Servern* und Windows 3.1-*Clients* auf eine Kombination mit Windows NT-*Servern* und Windows NT-*Workstations* umgestellt werden. Die neuen Betriebssysteme sind aus Fachzeitschriften hinlänglich bekannt. Sie erlauben den Mitarbeitern die Verwendung von neuen Anwendungen, allerdings ist das Erlernen einer neuen Benutzungsoberfläche erforderlich. Einige Mitarbeiter kennen die neue Benutzungsoberfläche und Teile der neuen Anwendungen bereits von ihrem privaten PC. Die Umstellung auf der *Client*-Seite kann in mehreren Schritten erfolgen, da Windows NT-*Server* auch mit dem alten *Client*-Betriebssystem zusammenarbeiten kann.
a Beurteilen Sie anhand der fünf Charakteristika einer Innovation den Schwierigkeitsgrad der Innovation.
b Beschreiben Sie, auf welche Weise Sie das neue Betriebssystem einführen würden.

Muß-Aufgabe
30 Minuten

Muß-Aufgabe *10 Minuten*

6 *Lernziel: Die Eigenschaften eines Methodenberaters skizzieren können.*
Ein Unternehmen will die Stelle eines Methodenberaters schaffen. Dazu gibt die Firma folgende Stellenanzeige auf:
»Junges, dynamisches Unternehmen aus dem Bereich Software-Entwicklung sucht einen Software-Ingenieur für die Stelle eines Methodenberaters. Sie sollen im Unternehmen CASE einführen und dazu eine geeignete Methode und ein Werkzeug auswählen sowie die Mitarbeiter schulen.
Sie sollten bereits über Erfahrungen in diesem Bereich verfügen und ein umfangreiches Wissen über die Methoden der Software-Technik verfügen. Wir erwarten von Ihnen gute Englischkenntnisse, die Bereitschaft zum Lernen und eine gute Urteilsfähigkeit. Bei Interesse schicken Sie bitte Ihre vollständigen Bewerbungsunterlagen an ... «.
Auf welche Fähigkeiten sollte das Unternehmen zusätzlich noch Wert legen?

Muß-Aufgabe *20 Minuten*

7 *Lernziel: Beurteilen können, ob ein Software-Entwicklungsprojekt für die Einführung einer Innovation geeignet ist.*
Im folgenden wird Ihnen ein Software-Entwicklungsprojekt vorgestellt. Die Firma, die dieses Projekt durchführt, arbeitet bislang mit einer objektorientierten Definitionsphase und führt in erster Linie Projekte im kaufmännisch/administrativen Umfeld durch. Im Rahmen dieses Projekts will man auch den Entwurf und die Implementierung durchführen. Halten Sie das für sinnvoll? Begründen Sie Ihre Meinung und nennen Sie weitere Randbedingungen, die für einen erfolgreichen Projektabschluß erforderlich sind. Es handelt sich um folgendes Projekt:
Es soll ein System zur Verwaltung von Lehrveranstaltungen an einer Universität entwickelt werden. Das System umfaßt die Planung der Raumbelegung, verwaltet Dozenten und soll über das campusweite Informationssystem abrufbar sein. Die ausführende Firma rechnet mit einem Umfang von 5 Mitarbeiterjahren. Üblicherweise wickelt das Unternehmen Aufträge mit einem Umfang von 2 bis 10 Mitarbeiterjahren ab. Für dieses Projekt sind 8 Mitarbeiter vorgesehen, die 10 Monate Zeit haben. Zwei der für das Projekt vorgesehenen Mitarbeiter haben bis vor kurzem für eine andere Firma gearbeitet und Erfahrungen in objektorientierter Programmierung gesammelt.

Muß-Aufgabe *5 Minuten*

8 *Lernziel: Die bestimmenden Faktoren des Technologie-Transfers kennen und an Beispielen erläutern können.*
Nennen Sie grob die Faktoren, die die Ausbreitung einer Innovation in einer Zielgruppe bestimmen. Betrachten Sie dabei auch den Einfluß des Managements und der betroffenen Mitarbeiter.

Muß-Aufgabe *10 Minuten*

9 *Lernziele: Die Charakteristika des sozialen Systems aufzählen und ihre Auswirkungen auf den Innovationsprozeß beschreiben können. Den Kommunikationsprozeß charakterisieren und seinen Einfluß auf den Innovationsprozeß darstellen können.*

a Wie beeinflussen das soziale System eines Unternehmens und der Kommunikationsprozeß die Einführung von Innovationen?

b Was kann man tun, um das soziale System innovationsfreundlicher zu gestalten?

Weitere Aufgaben befinden sich auf der beiliegenden CD-ROM. 

6 Kontrolle

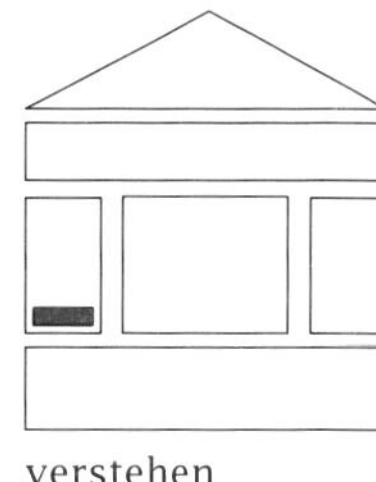

- Die Konzepte Konfiguration, Version und Variante erklären können.
- Ziele, Aufgaben, Werkzeuge und Dokumente des Konfigurationsmanagements nennen und erläutern können.
- Ziele, Aufgaben und Probleme der Kontrolle schildern können.
- Ziele, Aufgaben und Probleme der Software-Meßtechnik beschreiben können.
- Metriken klassifizieren sowie Gütekriterien angeben und Beispiele nennen können.

verstehen

- Anhand von Beispielen Konfigurationen beschreiben und Versionszählungen durchführen können.
- Anhand von Szenarien Konfigurations- und Änderungsmanagement unter Berücksichtigung der verschiedenen Zustandsübergänge exemplarisch durchführen können.
- Gegebene Metriken klassifizieren und auf Gütekriterien hin überprüfen können.
- Das verwendete Projektplanungssystem für die Projektkontrolle einsetzen können.
- Das *Checkin/Checkout*-Modell auf Beispiele anwenden können.

anwenden

i

Auf der beigefügten CD-ROM befinden sich mehrere Werkzeuge zum Konfigurationsmanagement.

6.1 Grundlagen

Kontrolle

Zur **Kontrolle** einer Software-Entwicklung gehören alle Managementaktivitäten, die sicherstellen, daß die laufenden Tätigkeiten mit dem Plan übereinstimmen.

Literatur: /Thayer 90, S. 43 ff/

Pläne legen Produktanforderungen, Zeit und Kosten fest. Für die Ausführung werden außerdem Prozeßmodelle, Richtlinien, Methoden und Werkzeuge vorgegeben, die im folgenden zusammengefaßt als Standards bezeichnet werden.

Die Ausführung wird gegen den Plan und die Standards gemessen. Treten Abweichungen auf, dann werden sie aufgezeigt. Aktionen werden gestartet, um Abweichungen zu korrigieren, damit Plan und Standards eingehalten werden können. Der grundlegende Kontrollprozeß (Abb. 6.1-1) beinhaltet

- das Einrichten von Plänen und Standards,
- das Messen der Ausführung gegen diese Pläne und Standards sowie
- die Korrektur der Abweichungen.

Kontrolle ist ein Rückkopplungssystem, das Informationen darüber bereitstellt, wie gut die Entwicklung, bezogen auf das Produkt und den Prozeß, voranschreitet.

Der Kontrollprozeß muß in das jeweilige Prozeßmodell und in die organisatorische Struktur integriert werden. Es muß beispielsweise festgelegt werden, wer für das Messen des Entwicklungsfortschritts verantwortlich ist. Wer unternimmt Aktionen, wenn Probleme berichtet werden?

Anforderungen an Kontroll-Methoden & -Werkzeuge

Methoden und Werkzeuge zur Kontrolle müssen *objektiv, anpaßbar* und *ökonomisch* sein. Abweichungen vom Plan und den Standards müssen ohne Rücksicht auf die betroffenen Mitarbeiter und Stellen aufgezeigt werden. Methoden und Werkzeuge müssen auf die

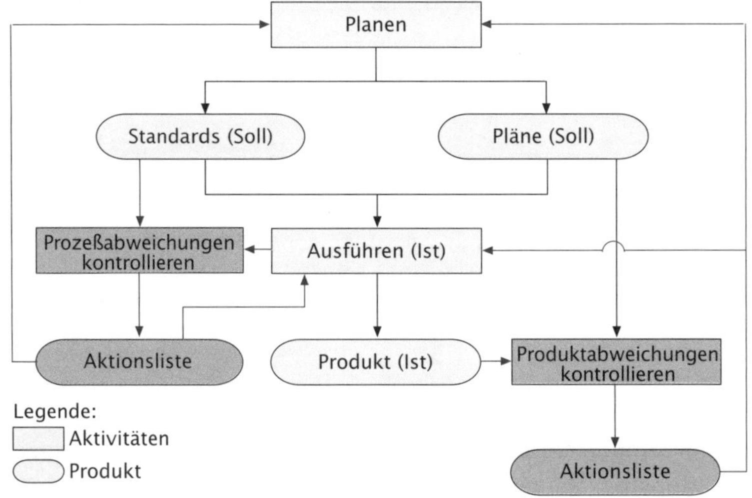

Abb. 6.1-1: Der prinzipielle Kontrollprozeß

firmenspezifischen Umgebungen zuschneidbar sein und sich den wechselnden Situationen anpassen können. Die Kosten der Kontrolle dürfen die Vorteile, die die Kontrolle bringt, nicht übersteigen.

Kontrolle muß zu korrigierenden Aktionen führen, entweder um den Prozeß zu den Standards und das Produkt zum Plan zurückzubringen, die Standards und den Plan zu ändern oder den Prozeß zu beenden.

Probleme

Mit der Kontrolle sind folgende Probleme verbunden:

- Viele Kontrollmethoden nehmen die bisher benötigte Zeit und die bisher verbrauchten Kosten als Maßstab für den Entwicklungsfortschritt. Die Beziehung zwischen Zeit, Kosten und Entwicklungsfortschritt ist im besten Fall grob, im schlechtesten Fall völlig unzutreffend.
- Standards für Entwicklungsaktivitäten sind entweder nicht vorhanden oder nicht schriftlich fixiert. Wenn sie vorhanden sind, dann wird ihre Durchsetzung oft nicht erzwungen. Firmenstandards werden zugunsten von lokalen ad hoc-Lösungen, die oft ungeeignet sind, umgangen.
- Eine Software-Meßtechnik, die Software-Maße (Metriken) über den Entwicklungsprozeß und das Produkt bereitstellt, ist noch nicht voll entwickelt.

Kapitel 6.2
Aufgaben

Um eine Entwicklung zu kontrollieren, sind vom Software-Management folgende Aufgaben durchzuführen:

1 Standards entwickeln und festlegen,
2 Kontroll- und Berichtssystem etablieren,
3 Prozesse und Produkte vermessen,
4 Korrigierende Aktionen initiieren,
5 Loben und Tadeln.

1 Standards entwickeln und festlegen

Standards

Sowohl für die Software-Entwicklung als auch für das Software-Produkt müssen Standards festgelegt werden. Standards können für eine gesamte Firma oder für jeweils ein Projekt verbindlich vorgeschrieben werden. Sie können selbst entwickelt werden oder von Organisationen oder anderen Firmen übernommen werden (z.B. das V-Modell). Folgende Teilaktivitäten sind durchzuführen:

- Entwickeln von Quantitäts- und Qualitätsstandards, Hauptkapitel III 1
- Festlegen des Prozeßmodells, Kapitel 3.3
- Festlegen von Qualitätssicherungsmethoden, Hauptkapitel III 2
- Entwickeln von Produktivitäts-, Qualitäts- und Prozeßmetriken. Kapitel 6.2

Das Etablieren von Standards stellt für das Software-Management eine Gratwanderung dar. Viele Software-Ingenieure sind noch der Meinung, daß jede Einschränkung ihrer Arbeitsweise ihre Kreativität negativ beeinflußt. Auf der anderen Seite muß man sich darüber im klaren sein, daß viele Mitarbeiter an einer Entwicklung arbeiten und daß das Produkt von verschiedenen Personengruppen »in die Hand« genommen wird. Das Software-Management muß also auf der einen Seite Software-Bürokratie vermeiden und auf der anderen Seite »ungezügelten« Individualismus begrenzen.

Vorteile

Standards sollten immer daraufhin überprüft werden, ob sie folgende Vorteile bringen:

- Einarbeitungs- und Umschulungskosten sinken.
- Die Kommunikation zwischen Teammitarbeitern wird verbessert.
- Der Personalaustausch zwischen Projekten wird erleichtert.
- Erfahrungen können besser weitergegeben werden.
- Die besten Erfahrungen erfolgreicher Projekte können einheitlich angewandt werden.
- Wartung und Pflege werden vereinfacht.
- Standards können kontrolliert werden.

Kontroll- und Berichtssystem

2 Kontroll- und Berichtssystem etablieren

Kontroll- und Berichtssysteme müssen ausgesucht oder entwickelt werden, um den Entwicklungsprozeß zu überwachen und jederzeit den Entwicklungsstatus bestimmen zu können. Für Entwicklungsberichte ist der Typ, die Häufigkeit, der Ersteller und der Empfänger festzulegen. Die Art und der Umfang des verwendeten Kontroll- und Berichtssystems hängen von folgenden Parametern ab:

- Verwendeter Führungsstil *(Management-by...)*, Kapitel 5.2
- Verwendete Aufbau- und Ablauforganisation (Prozeßmodelle), Hauptkapitel 3
- Umfang der Entwicklung (Zeit, Anzahl, Mitarbeiter),
- Eingesetzte CASE-Umgebung. Hauptkapitel IV 2

Tab. 6.1-1 listet einige typische Kontroll- und Berichtssysteme bzw. entsprechende Methoden auf. Berichte dienen dazu, dem Management Statusinformationen zur Verfügung zu stellen. Tab. 6.1-2 zeigt

Tab. 6.1-1: Kontroll- und Berichtssysteme

Methode	Definition oder Erläuterung
Kontrolle des Prozesses	
■ Budgetüberprüfungen	Vergleich des geschätzten Budgets mit den aktuellen Ausgaben, um Übereinstimmung oder Abweichung vom Plan festzustellen.
■ Meilensteinüberprüfungen	Überprüfung des Prozesses und des Produkts an den Meilensteinen, die in der Planung vorgesehen sind.
■ Verfolgung der *Top ten*-Risiken	Risiko-Überwachung durch Konzentration auf die jeweiligen 10 kritischen Risiken (siehe Abschnitt 5.5).
■ Qualitätssicherung	Geplante und systematische Überprüfung des Prozesses auf Einhaltung der vorgegebenen Prozeßstandards (siehe Kapitel 3.3).
Kontrolle des Produkts	
■ Konfigurationsmanagement	Methode zur Kontrolle eines Software-Status (siehe Kapitel 6.3).
■ Qualitätssicherung	Geplante und systematische Überprüfung des Produkts auf Einhaltung der vorgegebenen Qualitätsziele (siehe Hauptkapitel III 2)

Berichtstyp	Definition oder Erläuterung
■ Budgetbericht	Vergleicht das Budget mit den Ausgaben und hilft neue Budgetschätzungen vorzunehmen.
■ Terminübersicht	Vergleicht den Terminstatus mit den fertiggestellten Meilensteinen.
■ Mitarbeiterstunden/ Aktivitäten-Bericht	Zeigt die Anzahl der Stunden, die benötigt wurden, um eine Aktivität durchzuführen.
■ Mitarbeitertage/ Aufgaben-Bericht	Zeigt die Anzahl der Tage, die für eine Aufgabe benötigt wurden.
■ Meilensteinfälligkeitsbericht	Gibt einen Status über die erreichten und überfälligen Meilensteine einschließlich der Gründe für die nicht erreichten Meilensteine.
■ Projektfortschrittsbericht	Ein nichtformalisierter Bericht über den Projektfortschritt oder eine Liste der erledigten Aktivitäten.
■ Aktivitätenbericht	Periodenbezogener Bericht, der angibt, welche Aktivitäten in der Periode erledigt wurden.
■ Trenddiagramm	Zeigt Trends in bestimmten Gebieten auf, wie Budgettrends, gefundene Fehler, Krankenstand usw. Trenddiagramme dienen dazu, die Zukunft vorherzusagen.
■ Änderungsbericht	Zeigt Ausnahmen vom Plan und signifikante positive und negative Veränderungen. Normalerweise zeigt er einen Entwicklungsrückstand an.
■ *Top ten*-Risikoelementliste	Periodischer Bericht, der pro Periode die 10 Risikoelemente mit den größten Risiken angibt (siehe Abschnitt 5.5).

Quellen: /Thayer 90, S.48/, /Boehm 91, S.39/

Tab. 6.1-2: Berichtstypen

Beispiele für solche Berichte, die von Kontrollsystemen generiert werden können. Sie bieten die Möglichkeit, Überschreitungen vorgegebener Grenzen festzustellen. Außerdem erlauben sie es dem Manager, zukünftige Entwicklungen vorherzusagen. Der Software-Manager ist dafür verantwortlich, daß Projektdaten erfaßt werden, damit genauere Vorhersagetechniken entwickelt werden können.

Auf das Konfigurationsmanagement wird im Abschnitt 6.3 ausführlich eingegangen.

Strichliste

Zur Aufwandsermittlung pro Phase kann eine einfache Strichliste verwendet werden (Abb. 6.1-2), die ökonomisch ausgefüllt werden kann. Die Auswertung trägt wesentlich dazu bei, Aufwandsschätzungen für neue Projekte genauer vorzunehmen. Jeder Mitarbeiter markiert in der Strichliste durch einen Strich pro Stunde, welche Aktivität er in welcher Phase durchgeführt hat.

Hauptkapitel I 1

Hat man eine Projektplanung mit Hilfe eines Planungssystems vorgenommen, dann kann dieses Planungssystem auch für die Projektkontrolle verwendet werden.

Abschnitt 6.2

Terminpläne können detailliert überwacht werden:
- Anfangs- und Endtermine sowie die Dauer von Vorgängen,
- Prozentsatz, zu dem Vorgänge bereits abgeschlossen sind,
- Kosten des Projekts, einzelner Vorgänge und Ressourcen,
- Arbeitsstunden, die von jeder Ressource ausgeführt wurden.

Abb. 6.1-2: Strichliste zur Erfassung des Aufwandes je Phase

Projektstatistik		Monat/Jahr:	
Projekt:		Mitarbeiter:	
Phase	Phasenplanung	Phasenrealisierung	Phasenüberprüfung
Planung			
Definition			
Entwurf			
Implementierung			
Abnahme & Einführung			
Wartung & Pflege			
Projektleitung			
Schulung, Einarbeitung			
Dienstreisen, Tagungen,			

Messen

3 Prozesse und Produkte vermessen

Aufgabe des Software-Managements ist es, geeignete Meß- und Überprüfungsverfahren zu entwickeln oder auszuwählen und einzuführen. Auf das Thema der Software-Metriken wird im nächsten Abschnitt ausführlich eingegangen.

Kapitel 6.2

Für die Qualitätsüberprüfung sowohl des Prozesses als auch des Produktes ist die Qualitätssicherung zuständig.

Hauptkapitel III 2

Sind entsprechende Meßverfahren etabliert, dann muß das Software-Management sicherstellen, daß die Messungen konsequent durchgeführt werden.

Korrigieren

4 Korrigierende Aktionen initiieren

Gibt es Abweichungen vom Plan oder von den Standards, dann muß der Software-Manager korrigierende Aktionen einleiten.

Beispielsweise kann der Plan oder ein Standard geändert werden, oder es werden Überstunden angeordnet, oder es werden andere Maßnahmen solange ergriffen, bis sich das Team wieder im Plan und im Standard befindet. Als letzte Maßnahme können noch die Anforderungen an das Produkt geändert werden, indem z.B. ein geringerer Funktionsumfang ausgeliefert wird.

Plan- und Standardänderungen können zu zusätzlichen Budgetanforderungen, zusätzlichen Mitarbeitern oder leistungsstärkeren Arbeitsplatzrechnern führen.

Hauptkapitel I 1

Manchmal ist es möglich, einen Teil des Plans einzuhalten, wenn die Zeit für die Einhaltung eines anderen Plans vergrößert wird. Dadurch erhöhen sich die benötigten Ressourcen. Manchmal ist es auch möglich, die geplanten Kosten einzuhalten, wenn der Endtermin nach hinten verschoben wird. Eine Änderung der Anforderungen kann bedeuten, daß die Software zunächst ohne vollständige Dokumentation ausgeliefert wird oder daß nicht alle Funktionen realisiert werden.

5 Loben und Tadeln

Lob & Tadel

Mitarbeiter, die den Plan und die Standards einhalten, sollten vom Manager gelobt werden, die anderen sollten getadelt werden. Lob sollte sich insbesondere durch nichtmonetäre Belohnungen ausdrükken, z.B. einen zusätzlichen freien Tag, eine Kongreßreise in die USA u.ä.

Die Aufgaben **1** und **2** sind in der Regel einmal für die gesamte Software-Entwicklung durchzuführen. Nur bei außergewöhnlichen oder besonders umfangreichen Projekten erscheint eine projektspezifische Festlegung sinnvoll. Die Aufgaben **3** bis **5** sind permanent für jede Software-Entwicklung durchzuführen.

DeMarco schreibt in seinem Buch *»Controlling Software Projects«* /DeMarco 82/: *»You can't control what you can't measure«*. Daher kommt einer Software-Meßtechnik eine große Bedeutung zu. Dieser Aspekt wird im nächsten Kapitel ausführlich behandelt.

Ein Software-Produkt ist kein monolithischer Block, sondern es besteht aus vielen verschiedenen Elementen, die z.T. unterschiedlichen Änderungszyklen unterworfen sind. Außerdem erhalten Kunden oft verschiedene Varianten eines Produktes. Um diese Vielfalt in den Griff zu bekommen, benötigt man ein Konfigurationsmanagement. Es wird in Kapitel 6.3 behandelt.

6.2 Metriken definieren, einführen und anwenden

Metrik

Eine Software-**Metrik** definiert, wie eine Kenngröße eines Software-Produkts oder eines Software-Prozesses gemessen wird.

Einige typische Kenngrößen eines Software-Prozesses und eines Software-Produktes zeigt Abb. 6.2-1. In der Literatur wird eine Vielzahl von Metriken beschrieben. Auf produktbezogene Metriken wird in den Hauptkapiteln III 5 und 6 eingegangen. Eine mathematische Definition der Begriffe Software-Metrik und Software-Maß wird in /Schmidt 84, S. 41f/ angegeben (siehe auch /Fenton 94/).

Ziele *»You can't control what you can't measure«*

Software-Metriken werden ermittelt, um dem Software- und Qualitätsmanagement quantitative Angaben über den Software-Entwicklungsprozeß und das Software-Produkt zur Verfügung zu stellen. Diese

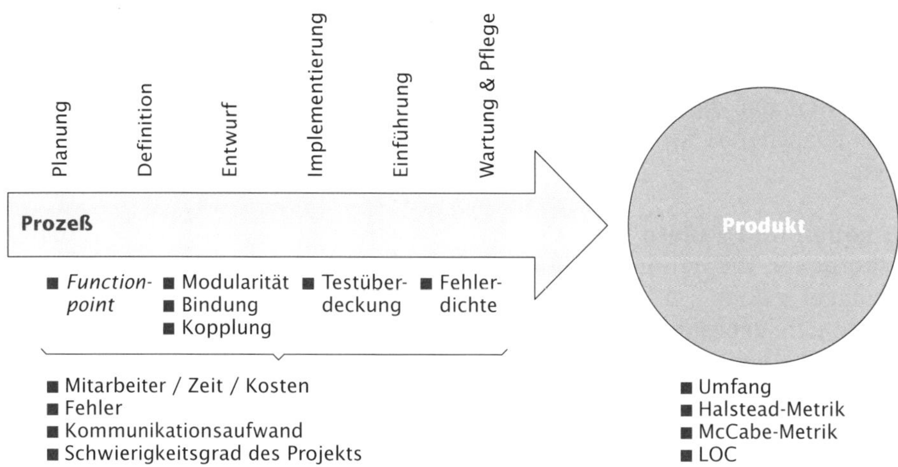

Abb. 6.2-1: Typische Kenngrößen von Software-Prozessen und Software-Produkten

Angaben sollen dazu beitragen, die Qualität und Produktivität des Erstellungsprozesses sowie die Qualität des Produktes zu kontrollieren. Außerdem sollen Vorhersagen und Planungen erleichtert bzw. verbessert werden.

Eine Vorgehensweise für das Messen wird in /Wallmüller 90, S. 28/ angegeben:

Meßtechnik

1 Definition der Meßziele,
2 Ableitung der Meßaufgaben aus den Meßzielen,
3 Bestimmung der Meßobjekte,
4 Festlegen der Meßgröße und Meßeinheit,
5 Zuordnung der Meßmethoden und Meßwerkzeuge zu den Meßobjekten und Meßgrößen,
6 Ermittlung der Meßwerte,
7 Interpretation der Meßwerte.

Beispiel 1

Als Beispiel für das Messen wird das Ermitteln von nichtkommentierten Quellanweisungen betrachtet.

Meßziel: Bestimmung der Anzahl der nichtkommentierten Quellanweisungen NCSS *(non-commented source statements).*

Meßaufgabe: Zählen der Anzahl der nichtkommentierten Quellanweisungen eines Programms.

Meßobjekt: Auswahl eines zu vermessenden Programms.

Kenngröße: Anzahl Quellanweisungen einschließlich Compiler-Anweisungen, Datendeklarationen, ausführbaren Anweisungen, aber ohne Leerzeilen oder Zeilen, die vollständig aus Kommentaren bestehen. Jede Codezeile wird einmal gezählt. Jede enthaltene Datei wird einmal gezählt.

Meßeinheit: KNCSS (1000 NCSS).
Meßmethoden/
Meßwerkzeuge: Automatischer Zeilenzähler.
Interpretation: Repräsentiert den Umfang der produzierten Software.
Die Software-Metrik Umfang *(size)* ist bei der Firma HP /Grady, Caswell 87, S. 58/ so definiert.

Gütekriterien

Um von einem Software-Maß sprechen zu können, muß eine Software-Metrik bestimmte Gütekriterien erfüllen (Tab. 6.2-1).

Tab. 6.2-1: Gütekriterien für Software-Metriken

1 **Objektivität** (Intersubjektivität)
Ein Maß ist objektiv, wenn keine subjektiven Einflüße des Messenden auf die Messung möglich sind.

2 **Zuverlässigkeit** (Meßgenauigkeit)
Bei der Wiederholung der Messung unter denselben Meßbedingungen werden dieselben Meßergebnisse erzielt, d.h. das Maß ist stabil und präzise (zuverlässig).

3 **Validität** (Gültigkeit, Meßtauglichkeit)
Die Meßergebnisse erlauben einen eindeutigen und unmittelbaren Rückschluß auf die Ausprägung der Kenngröße.

4 **Normierung**
Es gibt eine Skala, auf der die Meßergebnisse eindeutig abgebildet werden. Gibt es eine Vergleichbarkeitsskala, dann ist ein Maß normiert.

5 **Vergleichbarkeit**
Kann ein Maß mit anderen Maßen in eine Relation gesetzt werden, dann heißt es vergleichbar.

6 **Ökonomie**
Die Messung muß mit geringen Kosten durchgeführt werden können. Die Ökonomie hängt vom Automatisierungsgrad, der Anzahl der Meßgrößen und der Anzahl der Berechnungsschritte ab.

7 **Nützlichkeit**
Werden mit einer Messung praktische Bedürfnisse erfüllt, dann ist ein Maß nützlich.

Quellen: /Itzfeld 83/,/Itzfeld, Schmidt, Timm 84/; ähnliche und zusätzliche Kriterien sind in /Humphrey 89, S.308/, /Kearney et al. 86, S.1046 ff/ und /Baumann, Richter 92, S.625/ aufgeführt.

Das am schwierigsten nachzuweisende Kriterium ist die Validität, d.h. der Nachweis, daß das Maß tatsächlich das mißt, was es vorgibt zu messen. Maße ohne Validitätsaussagen sind für objektive Bewertungen unbrauchbar. Je nach Verwendungszweck werden an die Erfüllung der Gütekriterien unterschiedlich hohe Anforderungen gestellt. Für Ursache-Wirkungs-Analysen muß beispielsweise die Validität höher sein als für Zeitvergleiche. Für Ergiebigkeits-Analysen, z.B. zur Ermittlung von Produktivitätsfortschritten, werden sehr zuverlässige Metriken benötigt.

Skalen

Ist eine Funktion von der realen Welt in eine formale numerische Welt vorhanden, dann gibt es auch eine Skala. Cromls, Raiffa und Thral (siehe /Zuse 85/) unterscheiden eine Hierarchie von aufeinander aufbauenden Skalen (Abb. 6.2-2). Die Skalen unterscheiden sich durch die zulässigen Transformationen, die auf ihnen durchgeführt werden können.

Abb. 6.2-2:* *Skalenhierarchie

Nominalskala
Wird für qualitative Maße verwendet.

Operationen:	Gleichheit oder Ungleichheit der Merkmalsausprägungen. Eindeutige Zugehörigkeit eines Objekts zu einer Klasse.
Beispiel:	Matrikelnummern bei Studentenausweisen.

Ordinalskala

Operationen:	Jede monoton steigende Funktion als Transformation erlaubt. Größer-, Kleiner- oder Gleichrelationen sind möglich. Median, Rang und Rangkorrelationskoeffizient können berechnet werden.
Beispiele:	Schulnoten, Windstärken, Hubraumklassen von Autos.

Intervallskala

Operationen:	Jede positiv lineare Funktion als Transformation zulässig. Rangordnung und Differenzen bleiben bei Transformationen invariant. Arithmetisches Mittel und Standardabweichung können berechnet werden.
Beispiel:	Temperaturskala.

Rationalskala

Operationen:	Jede Ähnlichkeitsfunktion ($f' = u \cdot f$, u reell, $u \geq 0$) als Transformation erlaubt. Es dürfen willkürliche Einheiten verwendet werden. Absoluter oder natürlicher Nullpunkt kann vorhanden sein. Quotienten können gebildet, Mittelwert und Varianz ausgerechnet werden.
Beispiele:	Preise, Längen, Zeit, Volumen.

Absolutskala

Operationen:	Jede Identitätsfunktion ($f' = f$) als Transformation zulässig. Da nur Identitätstransformationen erlaubt sind, bleibt alles invariant.
Beispiele:	Häufigkeiten, Wahrscheinlichkeiten.

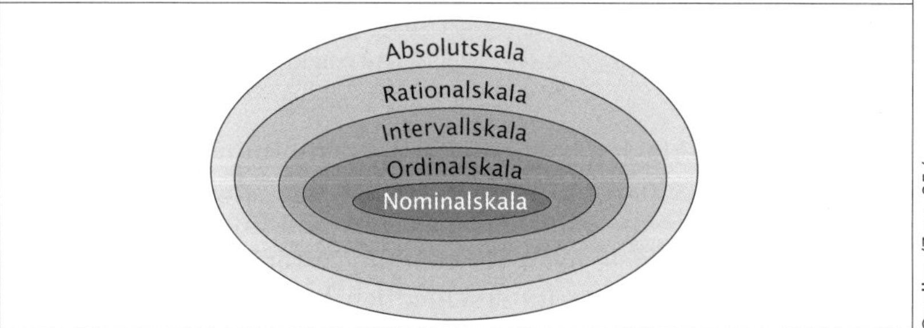

Quelle: /Zuse 85/

Klassifikation

Metriken lassen sich klassifizieren (Tab. 6.2-2).

Ziel der Datensammlung und -analyse ist es, eine zunehmende Anzahl von objektiven, absoluten, expliziten und dynamischen Metriken zur Kontrolle und Verbesserung der Entwicklung einzusetzen. Im Laufe der Zeit sollte die Vorhersagegenauigkeit, basierend auf diesen Metriken, graduell zunehmen bis sie sich nahe an der aktuellen Erfahrung befindet.

Die Einführung von Metriken sollte mit einer begrenzten Anzahl von expliziten, globalen Metriken beginnen.

Literaturhinweis

Wie jede Innovationseinführung erfordert auch die Einführung von Metriken viel psychologisches »Fingerspitzengefühl«.

Tab. 6.2-2: Klassifikation von Metriken

Objektiv/Subjektiv
Objektive Metriken sind leicht quantifizierbar und meßbar, z.B. Programmumfang, verbrauchte Zeit für eine Phase, Fehleranzahl usw.
Subjektive Metriken erfordern eine menschliche Einschätzung. Ein Beispiel für eine solche Metrik ist die Kundenzufriedenheit. Daten für subjektive Metriken werden oft durch Interviews oder statistische Erhebungen ermittelt. Daten können Antwortklassen zugeordnet werden, z.B. ausgezeichnet, gut, befriedigend, schlecht. Diese Klassen sollten durch Referenzpunkte auf einer Skala definiert werden. Referenzpunkte können aus leichtverständlichen Beispielen der Attribute bestehen.

Absolut/Relativ
Absolute Metriken sind invariant gegenüber der Hinzufügung neuer Elemente. Der Programmumfang eines Programms ist beispielsweise absolut und unabhängig vom Umfang anderer Programme. **Relative Metriken** ändern sich, z.B. der Durchschnitt oder die Steigung einer Kurve. Objektive Metriken sind oft absolut, während subjektive Metriken dazu tendieren, relativ zu sein.

Explizit/Abgeleitet (Primär/Sekundär) (Intern/Extern) (Basis/Berechnet)
Explizite Metriken, auch Basis-Metriken genannt, werden direkt ermittelt, während **abgeleitete Metriken**, auch berechnete Metriken genannt, von anderen expliziten oder abgeleiteten Metriken berechnet werden.
Ein Beispiel einer expliziten Metrik sind die entdeckten Fehler in einem Programm. Eine daraus abgeleitete Metrik ist die Anzahl der Fehler dividiert durch die Anzahl von tausend Quellzeilen.
Explizite Metriken bilden oft die Basis für erweiterte zusätzliche Metriken. Die Anzahl der Änderungswünsche der Kunden kann erweitert werden zu folgenden Metriken: Änderungswünsche bezogen auf Änderungsklassen und Änderungswünsche bezogen auf eine Zeitperiode.

Dynamisch/Statisch
Dynamische Metriken besitzen eine Zeitdimension, z.B. gefundene Fehler pro Monat. Die Werte dieser Metriken ändern sich in Abhängigkeit davon, wann die Messung im Lebenszyklus durchgeführt wurde. **Statische Metriken** bleiben invariant, z.B. die Anzahl der gefundenen Fehler während der gesamten Entwicklungszeit.

Vorhersagend/Erklärend
Vorhersagende Metriken können im voraus ermittelt oder generiert werden, während **erklärende Metriken** hinterher ermittelt werden.

Prozeßorientiert/Produktorientiert
Eine **prozeßorientierte Metrik** ist ein Attribut des Entwicklungs- und Pflegeprozesses, z.B. die Kosten der Entwicklung, oder der Entwicklungsumgebung, z.B. die durchschnittliche Programmiererfahrung der Mitarbeiter in Jahren.
Eine **produktorientierte Metrik** wird am Produkt gemessen. Sie sagt nichts darüber aus, wie das Produkt entstanden ist und warum das Produkt gerade in diesem aktuellen Zustand ist. Beispiele für Produktmetriken sind: Umfang des Produkts, Struktur- und Datenstrukturkomplexität.

Global/Speziell
Globale Metriken sind vor allem für Software-Manager von Interesse. Sie sind Indikatoren auf einem hohen Abstraktionsniveau und umfassen meist mehrere Phasen des Entwicklungsprozesses. Sie erlauben Einsichten in den Entwicklungsstatus, dargestellt durch Umfang, Produkt- und Prozeßqualität.
Spezielle Metriken sind Indikatoren für jeweils eine spezielle Phase im Entwicklungsprozeß.

Quellen: /Humphrey 89, S.308f/, /Möller, Paulisch 93, S.57ff/

In /Grady, Caswell 87/ werden die Metrik-Auswahl und der Einführungsprozeß ausführlich beschrieben.

Kapitel 5.5

Beispiel HP

Die Firma Hewlett-Packard hat schrittweise Metriken im gesamten Konzern eingeführt /Grady, Caswell 87/. Ursprünglich wurden sechs Metriken erhoben:

- Mitarbeiter/Zeit/Kosten *(people/time/cost),*
- Umfang *(size),*
- Fehler *(defects),*
- Kommunikation *(communications),*
- Schwierigkeit *(difficulty),*
- Wartung *(maintainance).*

Erfahrungen

Die Erfahrungen haben gezeigt, daß das Erfassungsformular für die Wartungsmetriken niemals komplett ausgefüllt wurde. Ein Grund dafür wird darin gesehen, daß die Verfolgung von Wartungsaktivitäten nicht mit derselben Begeisterung durchgeführt wird, wie das bei Entwicklungsaktivitäten der Fall ist. Außerdem ist es ohne ein hochentwickeltes Werkzeug nicht möglich, die hinzugefügten, geänderten und entfernten Zeilen zurückzuverfolgen.

Das ursprünglich vorgesehene Formular zur Erfassung der Projektkommunikation wurde im *Release 2* gestrichen, da es nur von wenigen Mitarbeitern ausgefüllt worden war.

Die Metrik »Schwierigkeit« soll etwas darüber aussagen, wie komplex die zu erstellende Software ist und wie stark die Randbedingungen des Projekts sind. Zur Ermittlung dieser Metrik wird ein

Tab. 6.2-3: HP-Erfassungsformular für die Metrik Mitarbeiter/Zeit/Kosten (Release 3)

Mitarbeiter/Zeit/Kosten

Projektname: Release-Nr. :

Aktivitäten	Lohnkostenaufwand in Ingenieurmonaten	Kalendermonate
Definition		
Entwurf		
Implementierung		
Test		
Summen		

% Überstunden (oder Minderarbeit) = ______________ %

Gebrauchsanleitung

- Am Ende jeder Aktivität ist die entsprechende Zeile auszufüllen.
- Minderarbeit durch ein Minuszeichen kennzeichnen.
- Mit der Produktfreigabe ist das ausgefüllte Formular an die Metrikgruppe zu senden.

Definitionen

- Lohnkostenaufwand in Ingenieurmonaten
  Summe der Kalenderlohnkostenmonate, die jedem Projektingenieur zugeordnet wurden, einschl. der Mitarbeiter, die Tests durchführen. Längere Urlaube und Abwesenheiten werden nicht berücksichtigt. Zeiten, die Projektmanager für Managementaufgaben benötigt haben, werden nicht eingetragen.
- Überstunden/Minderarbeit
  Ingenieurzeit, die über/unter der 40 Stunden-Ingenieurwoche im Durchschnitt des Projekts lag. %-Über-/Unterzeit kann als Normalisierungsfaktor für den Lohnkostenmonat verwendet werden.
- Kalendermonate
  Die vergangene Zeit in Kalendermonaten zwischen speziellen Projekt-Kontrollpunkten.

Quelle: /Grady, Caswell 87, S.53f/, übersetzt und modifiziert.

13seitiger Fragebogen ausgefüllt. Es wird nach der Stabilität der Anforderungen, der Erfahrung der Mitarbeiter, der Vertrautheit mit dem Typ der Software und der Entwicklungsumgebung, dem Zugriff auf die benötigte Hardware und vielen anderen, allgemeinen Projektspezifika gefragt.
In *Release 3* wurden die Formulare, die ausgefüllt werden müssen (4 Seiten), und die Formulare, die optional sind, in zwei getrennte Pakete aufgeteilt.
Zwingend ausgefüllt werden müssen ein allgemeines Projekt-/Produktformular sowie die Formulare für die Metriken Mitarbeiter/Zeit/Kosten, Umfang und Fehler. Die Erfassungsformulare und Definitionen für diese drei Metriken sind in den Tabellen 6.2-3 bis 6.2-5 in übersetzter Form aufgeführt. Sie zeigen, wie man auf pragmatische Art Metriken formulieren und einführen kann.
Beispiele für Auswertungen dieser Metriken zeigen die Abb. 1.3-1, 1.4-4 und 1.4.5 im Hauptkapitel 1.

Hauptkapitel 1

Zur Problematik von Metriken

Die grundsätzliche Problematik von Metriken liegt darin begründet, daß man das, was einen interessiert und man eigentlich messen möchte, nicht direkt messen kann. Beispielsweise will man die Qualität eines Produktes wissen.

Tab. 6.2-4: HP-Erfassungsformular für die Metrik Fehler (Release 3)

Fehler vor der Auslieferung *(pre-release defects)*

Projektname: Release-Nr. :

Aktivitäten	Fehler eingebracht (optional)	Fehler gefunden	Fehlerbehebung abgeschlossen
Definition			
Entwurf			
Implementierung			
Test			
Summen			

Gebrauchsanleitung

- Am Ende jeder Aktivität sind die gefundenen Fehler und abgeschlossenen Fehlerbehebungen einzutragen. Die eingebrachten Fehler sind zu aktualisieren.
- Wurden Fehler während einer Aktivität nicht gezählt, dann ist nichts einzutragen; keine Null eintragen.
- Mit der Produktfreigabe ist das ausgefüllte Formular an die Metrikgruppe zu senden.

Definitionen

- Fehler:
  Ein Fehler ist eine Abweichung von der Produktspezifikation oder ein Fehler in der Spezifikation, wenn der Fehler nicht entdeckt und korrigiert wurde.
  Konnte der Fehler nicht entdeckt werden oder wurde er entdeckt aber nicht behoben, dann handelt es sich um eine Erweiterung und nicht um einen Fehler.
  Fehler schließen typographische oder grammatikalische Fehler in der Dokumentation *nicht* ein.
- Fehler eingebracht:
  Anzahl der Fehler, die dem Ergebnis einer Aktivität zugeordnet und nicht vor der letzten Aktivität gefunden werden konnten.
- Fehler gefunden:
  Anzahl der Fehler, die in einer Aktivität gefunden wurden.
- Fehlerbehebung abgeschlossen:
  Anzahl der Fehler, die in einer Aktivität korrigiert wurden.

Quelle: /Grady, Caswell 87, S.55f/, übersetzt und modifiziert.

Tab. 6.2-5: HP-Erfassungsformular für die Metrik Umfang (Release 3)

Ausgelieferter Umfang		
Projektname:		Release-Nr. :
Sprache A:		Sprache B:
Zeilenzähler-Werkzeug (oder andere Technik):		
	Sprache A:	Sprache B:
NCSS		
Kommentarzeilen		
Leerzeilen		
% wiederverwendeter Code		
# Prozeduren		
Bytes Objektcode		
# Zeilen Ingenieurdokumentation		
# Abbildungen in der Ingenieurdokumentation		

Gebrauchsanleitung

- Benutzen Sie einen automatischen Zeilenzähler. Ist kein Werkzeug verfügbar, dann schätzen Sie NCSS, Kommentarzeilen und Leerzeilen (Zuverlässigkeitsgrad der Schätzung = ______________%).
- Senden Sie das ausgefüllte Formular an die Metrik-Gruppe.

Definitionen

- Ausgelieferter Umfang
  Die Codezeilen, die zum Produkt gehören, das an den Kunden ausgeliefert wird.
- NCSS
  siehe Anfang dieses Buchabschnitts, Beispiel 1.
- Kommentarzeilen
  Zeilen die nur Kommentar enthalten. Eine kommentierte ausführbare Zeile wird als ausführbarer Code gezählt, nicht als Kommentar. Leerzeilen werden nicht als Kommentarzeilen gezählt.
- Ingenieurdokumentation
  Dokumentation, die nicht im Quellcode oder in der Endbenutzerdokumentation enthalten ist.
  Wenn die Zeilen geschätzt werden, dann ist von 54 Zeichen pro Zeile auszugehen.
- Wiederverwerteter Code
  Code, der in dieses Produkt eingegliedert wurde, und der vorher in einem anderen Produkt oder einem anderen Teil dieses Produktes einwandfrei arbeitete.

Quelle: /Grady, Caswell 87, S.57f./, übersetzt und modifiziert.

Literatur: /Baumann, Richter 92/

Um dieses Problem zu lösen, stützt man sich auf Hypothesen. In einer Formel faßt man die quantitative Beziehung zwischen meßbaren und interessierenden Größen zusammen. Da jedoch der Software-Entwicklungsprozeß noch nicht vollständig verstanden ist, fehlt quantitativen Aussagen eine sichere Basis.

Software-Metriken sind daher mit der notwendigen Vorsicht und Skepsis zu betrachten. Sie liefern bestenfalls relative Aussagen und weisen in der Regel auf Anomalien hin, die sowohl positiv als auch negativ sein können.

Beispiel

Mit Hilfe der *Function Point*-Methode versucht man den Aufwand einer Software-Entwicklung (abhängige Variable) in Abhängigkeit von Art und Umfang der Produktanforderungen sowie vom Schwierigkeitsgrad des Produkts (unabhängige Variablen) zu ermitteln: $y = f(x_1, \ldots x_n)$.

Kapitel I 1.5

Aufwand = f (Art, Umfang, Schwierigkeitsgrad)

Der grundsätzliche Zusammenhang zwischen den Kenngrößen Art,

Umfang und Schwierigkeitsgrad und dem Aufwand wurde vom Erfinder der *Function Point*-Methode postuliert. Die konkrete Formel wurde dann mittels statistischer Analyse ermittelt. Im Fall der *Function Point*-Methode werden Art und Umfang aus den verbalen Produktanforderungen ermittelt und der Schwierigkeitsgrad anhand eines Kriterienrasters geschätzt (Abb. 6.2-3).

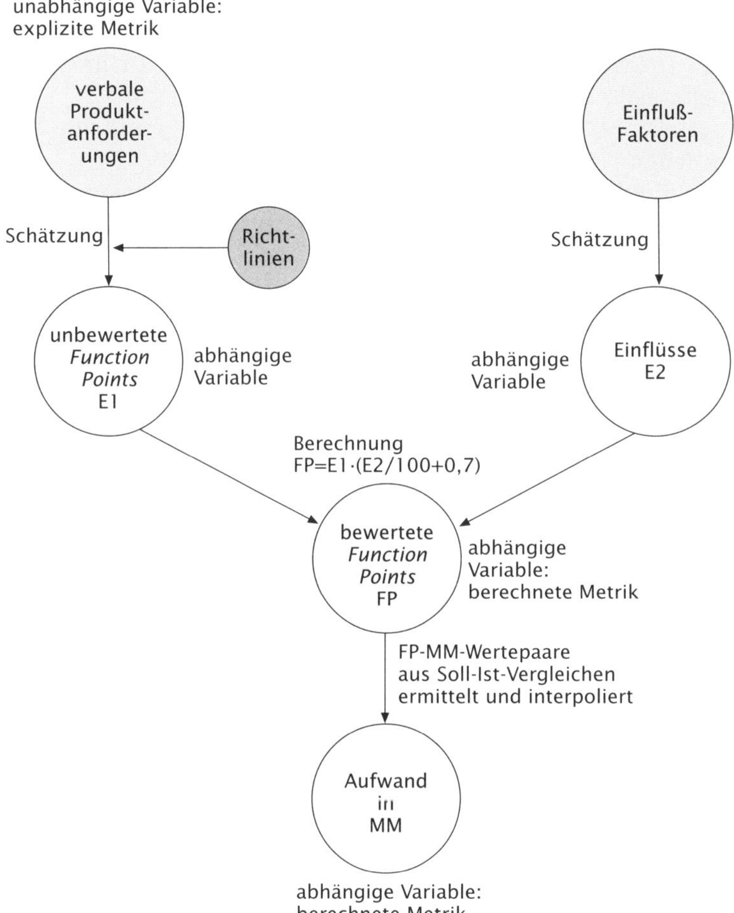

Abb. 6.2-3: Ableitung der Mitarbeitermonate (MM) bei der Function Point-Methode

Das Beispiel zeigt deutlich, daß die Aussagekraft einer Software-Metrik von der Güte des zugrundeliegenden Modells und der entsprechenden Formel abhängig ist. Eine Metrik ist nur dann valide, wenn die Beziehungen zwischen den direkt gemessenen Größen und den gesuchten Kenngrößen gut verstanden sind.

6.3 Konfigurationsmanagement etablieren

Zur Historie: Das Konfigurationsmanagement (KM) wurde ursprünglich von der amerikanischen Raumfahrtindustrie in den fünfziger Jahren eingeführt. Raumfahrzeuge unterlagen damals während ihrer Entwicklung zahlreichen undokumentierten Änderungen. Außerdem wurden die Raumfahrzeuge im Test normalerweise zerstört. Nach einem erfolgreichen Test waren die Hersteller nicht in der Lage, eine Serienfertigung aufzubauen oder auch nur einen Nachbau durchzuführen. Die Pläne waren veraltet und der Prototyp mit allen Änderungen vernichtet. KM wurde erfunden, um diesen Informationsverlust zu verhindern.

Bei jeder Software-Entwicklung stellen sich – in mehr oder weniger großem Umfang – folgende Probleme ein:

- Häufige Änderungen an Software-Elementen verursachen ein Chaos. Bereits korrigierte Fehler tauchen wieder auf. Es ist unklar, warum und von wem welche Änderungen durchgeführt wurden.
  Software-Konfigurationsmanagement kann diese Probleme durch Aufzeichnung der Historie reduzieren. Alle Änderungen einschließlich des Grunds, des Zeitpunktes und der Verantwortlichen werden festgehalten.
- Es ist unklar, ob ein Fehler bereits behoben wurde oder nicht. Was in der neuen Freigabe geändert wurde, ist unbekannt.
  Software-Konfigurationsmangement verknüpft Änderungswünsche und vorgenommene Änderungen und überwacht den Änderungsprozeß.
- Es ist schwierig, das System so zu konfigurieren, daß alle Fehlermeldungen bis vor zwei Wochen berücksichtigt sind. Die letzten Verbesserungen waren fehlerhaft, sie müssen aus der Konfiguration entfernt werden.
  Software-Konfigurationsmangement erlaubt eine automatische Versions- und Konfigurationsselektion und hilft bei der Zusammenstellung von konsistenten Konfigurationen mit gewünschten Eigenschaften.
- Man ist unsicher, ob alles neu übersetzt wurde und ob die Kunden die neueste Freigabe haben.
  Software-Konfigurationsmangement sorgt dafür, daß kein Arbeitsschritt bei der Vor- oder Nachbearbeitung von Software-Elementen mit Werkzeugen vergessen wird.

Diese Problembereiche zeigen deutlich die Notwendigkeit eines Software-Konfigurationsmanagements. Im folgenden werden zunächst Konfigurationen, Versionen und Varianten betrachtet, bevor auf das Konfigurations- und Änderungsmanagement eingegangen wird.

6.3.1 Konfigurationen

Ein Software-Produkt ist kein einheitliches Gebilde, sondern besteht aus einer Vielzahl unterschiedlicher Software-Elemente, z.B. Pflichtenheft, Produktmodell, Entwurfsdokumentation, Modul 1 bis n, Testfälle 1 bis n, Benutzerhandbuch, Projektpläne usw. Damit man weiß, welche Software-Elemente zu einem Software-Produkt gehören, beschreibt man die Zusammengehörigkeit durch eine Konfiguration.

Konfiguration

Eine **Software-Konfiguration** ist eine benannte und formal freigegebene Menge von Software-Elementen, mit den jeweils gültigen Versionsangaben, die zu einem bestimmten Zeitpunkt im Produktlebenszyklus in ihrer Wirkungsweise und ihren Schnittstellen aufeinander abgestimmt sind und gemeinsam eine vorgesehene Aufgabe erfüllen sollen.

Ein **Software-Element** ist jeder identifizierbare und maschinenlesbare Bestandteil des entstehenden Produkts oder der entstehenden Produktlinie. Element

Jedes Software-Element muß einen eindeutigen Bezeichner besitzen, der kein zweites Mal vergeben werden darf. Jede Änderung erzeugt ein neues Element mit einem neuen Bezeichner.

Software-Elemente lassen sich nach ihrer Entstehungsart klassifizieren:

- Quellelement: Entstehungsart
  Software-Element, das durch manuelle Eingaben erzeugt wird, z.B. unter Zuhilfenahme eines Editors.
- Abgeleitetes Element:
  Software-Element, das vollautomatisch durch ein Programm erzeugt wird, z.B. Objektcode.

Quellelemente erfordern menschliche Arbeitskraft und sind bei Verlust oft nicht exakt reproduzierbar. Sie dürfen daher nur unter eingeschränkten Bedingungen gelöscht werden. Abgeleitete Elemente können dagegen bei Platzproblemen gelöscht werden, wenn ihre Ausgangselemente und ihre Erzeugerprogramme noch vorhanden sind.

Software-Elemente lassen sich außerdem nach ihrer Struktur klassifizieren:

- Atom: Struktur
  Software-Element, das für eine Software-Konfiguration eine unteilbare Einheit bildet. Ein Atom enthält keine Unterheiten, die unabhängig voneinander variieren.
- Konfigurationen:
  Software-Element, das aus mehreren anderen Software-Elementen zusammengesetzt ist, die unabhängig voneinander variieren können.

In einem **Konfigurations-Identifikationsdokument** (KID) wird für eine Konfiguration aufgeführt, welche Software-Elemente zu ihr gehören. Ein solches Dokument wird auch als **Konfigurationshierarchie** oder **Elementstrukturplan** bezeichnet. Ähnlich wie bei einer Stückliste im Hardwarebereich werden alle Elemente aufgelistet, die zu einem Produkt gehören. ID

In der Regel werden auch solche Software-Elemente aufgeführt, die als Hilfsmittel und Werkzeuge zur Erstellung verwendet wurden, aber nicht an den Auftraggeber bzw. Käufer ausgeliefert werden. Beispielsweise muß vermerkt werden, welche Compilerversionen zum Übersetzen der Quellprogramme verwendet wurden. Diese Compilerversionen müssen außerdem archiviert werden. einschließlich Werkzeuge

Beispiel 1a
Anhang I A

Ein Konfigurations-Identifikationsdokument für die ausgelieferte Konfiguration des Produkts Seminarorganisation kann folgendermaßen aussehen (auf die Versionszählung wird anschließend näher eingegangen):

KID Seminarorganisation
Typ der Konfiguration: Produktkonfiguration
Versionsnummer der Konfiguration: V 1.0
Zustand der Konfiguration: akzeptiert
Datum der letzten Konfigurationsänderung: 3/5/97
Produktbestandteile:
a Pflichtenheft SemOrgV3.7 (Datei: SemOrg/Def/PfV37)
b OOA-Modell SemOrgV2.5 (Datei: SemOrg/Def/OOAV25)
c Benutzungsoberfläche SemOrgV1.7 (Datei: SemOrg/Def/GUIV17)
d Benutzerhandbuch SemOrgV2.4 (Datei: SemOrg/Def/BHV24)
e OOD-Modell SemOrgV1.3 (Datei: SemOrg/Ent/OODV13)
f Klasse Kunde SemOrgV1.8 (Datei: SemOrg/Imp/KundeV18.cpp)
(Datei: SemOrg/Imp/KundeV18.ob)
g Klasse Buchung SemOrgV.2.1 ...
...
n Ausführbares Programm SemOrgV3.1
(Datei: SemOrg/Imp/SemV31.exe)
o Testfälle SemOrgV5.2 (Datei: SemOrg/Imp/TestV52.txt)
p Projektplan SemOrgV3.2 (Datei: SemOrg/Pro/PlanV32)
Werkzeugbestandteile:
I Textsystem Word V7.0 (für die Produkte a, d und o)
(Datei: SemOrg/Tools/WordV70/...)
II OO-Case-Tool OTool V2.3 (für die Produkte b und e)
(Datei: SemOrg/Tools/OToolV23/...)
III GUI-Tool GUI-Builder V1.7 (für das Produkt c)
(Datei: SemOrg/Tools/GUIBV17/...)
IV C++-Compiler V3.2 (für die Produkte f bis m)
(Datei: SemOrg/Tools/CPPV32/...)
V Projektplaner Project V2.5 (für Produkt p)
(Datei: SemOrg/Tools/ProV25/...)
Ausgelieferte Teile:
An den Kunden werden die Teile d und n ausgeliefert.

Nach der Auslieferung wird ein Produkt gewartet und gepflegt. Jede Änderung, die sich daraus ergibt, führt zu einer neuen Konfiguration, die in einem neuen Konfigurations-Identifikationsdokument festgehalten wird. Ist beispielsweise eine neue Konfiguration fehlerhaft, dann kann man sich auf die vorherige Konfiguration zurückziehen.

Um solche Möglichkeiten auch während des Software-Entwicklungsprozesses zu haben, werden definierte und freigegebene Zwischenergebnisse ebenfalls zu Konfigurationen zusammengefaßt und entsprechend dokumentiert. Solche Konfigurationen bezeichnet man im Englischen als *baselines* (Grundlinie, Standlinie), im folgenden wird der Begriff Referenzkonfiguration dafür verwendet.

Referenzkonfiguration

Eine **Referenzkonfiguration *(baseline)*** ist ein zu einem bestimmten Zeitpunkt im Entwicklungsprozeß ausgewähltes, gesichertes und freigegebenes Zwischenergebnis. Abb. 6.3-1 veranschaulicht dieses Konzept.

Abb. 6.3-1: Konfigurationstypen und Referenzkonfigurationen

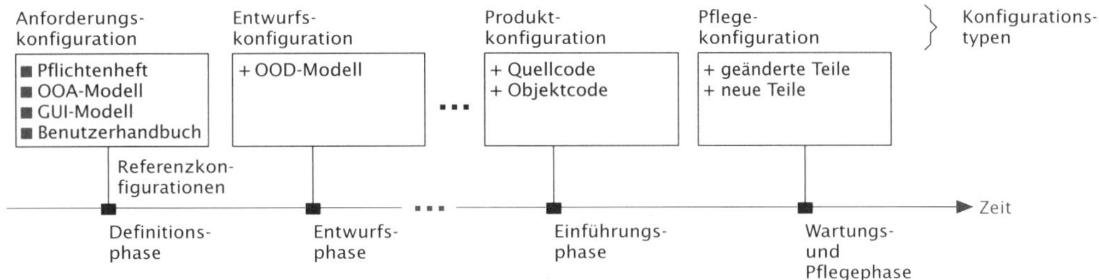

Beispiel 1b

Die Anforderungskonfiguration für das Produkt Seminarorganisation kann folgendermaßen aussehen:

KID Seminarorganisation

Typ der Konfiguration: Anforderungskonfiguration
Versionsnummer der Konfiguration: V1.0
Zustand der Konfiguration: akzeptiert
Datum der letzten Konfigurationsänderung: 10/1/97
Produktbestandteile:

a Pflichtenheft SemOrgV2.3 (Datei: SemOrg/Def/PfV23)
b OOA-Modell SemOrgV2.1 (Datei: SemOrg/Def/OOAV21)
c Benutzungsoberfläche SemOrgV1.2 (Datei: SemOrg/Def/GUIV12)
d Benutzerhandbuch SemOrgV1.3 (Datei: SemOrg/Def/BHV13)
e Projektplan SemOrgV1.7 (Datei: SemOrg/Pro/PlanV17)

Werkzeugbestandteile:

I Textsystem Word V7.0 (für die Produkte a und d)
(Datei: SemOrg/Tools/WordV70/...)
II OO-Case-Tool OTool V2.3 (für das Produkt b)
(Datei: SemOrg/Tools/OToolV23/...)
III GUI-Tool GUI-Builder V1.7 (für das Produkt c)
(Datei: SemOrg/Tools/GUIBV17/...)
IV Projektplaner Project V2.5 (für Produkt p)
(Datei: SemOrg/Tools/ProV25/...)

Neben der Anzahl der Software-Elemente unterscheiden sich die Konfigurationen in Beispiel 1a und 1b im wesentlichen durch die Versionsnummer. Versionsnummern spielen daher eine wichtige Rolle bei der Konfigurationsverwaltung. Es ist erforderlich, ein Verfahren für die Vergabe von Versionsnummern zu definieren.

6.3.2 Versionen und ihre Verwaltung

Version

Eine **Version** kennzeichnet die Ausprägung eines Software-Elements zu einem bestimmten Zeitpunkt. Unter Versionen werden zeitlich nacheinander liegende Ausprägungen eines Software-Elements verstanden. Eine Version wird in der Regel durch eine Nummer beschrieben.

Die Versionsnummer besteht im allgemeinen aus zwei Teilen:

Release = Freigabe

Level = Niveau

- der *Release*-Nummer und
- der *Level*-Nummer.

Die ***Release***-Nummer (im allgemeinen einstellig) steht, getrennt durch einen Punkt, vor der *Level*-Nummer (ein- bis zweistellig), z.B. 1.1, 2.15. Ein neues Software-Element erhält die Versionsnummer 1.0. Bei jeder kleineren, formalen oder inhaltlichen Änderung an dem Software-Element wird die *Level*-Nummer um 1 erhöht. Bei jeder größeren oder gravierenden Änderung an dem Software-Element wird die *Release*-Nummer um 1 erhöht und gleichzeitig die *Level*-Nummer auf 0 gesetzt (Abb. 6.3-2).

Beispiel 2a

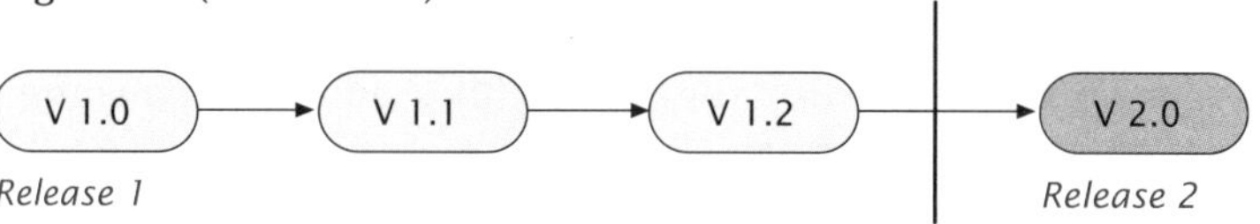

Abb. 6.3-2: Versionszählung

Checkin/ Checkout-Modell

Das verbreitetste Modell zur Versionsverwaltung ist das ***Checkin/ Checkout*-Modell**. Software-Elemente werden in diesem Modell in Archiven gesammelt.

Eine *Checkout*- oder Ausbuche-Operation holt eine Kopie eines Software-Elements aus dem Archiv und reserviert es für den Ausbucher. Die Kopie darf geändert werden.

Wird versucht, das reservierte Element nochmals auszubuchen, dann gibt es entweder eine Fehlermeldung oder es wird ein paralleler Entwicklungsast abgespalten (siehe nächsten Abschnitt). Dieser Reservierungsmechanismus sorgt aber dafür, daß sich Änderungen nicht gegenseitig überschreiben und keine unbeabsichtigte Parallelentwicklung stattfindet.

Nach der Überarbeitung befördert die *Checkin*- oder Einbuche-Operation das neue Software-Element in das Archiv und löscht die Reservierung. Zusätzlich erledigt diese Operation die Geschichtsschreibung: Sie vermerkt den Autor des Elements, den Einbuchungszeitpunkt, einen Logbucheintrag, der die Änderung zusammenfaßt, sowie weitere Informationen. Ein eingebuchtes Element ist »eingefroren«, d.h. es kann nicht mehr geändert werden. Jede Überarbeitung erfordert einen *Checkin/Checkout*-Zyklus und erzeugt ein neues Element.

Für unterschiedliche Elemente können im Archiv gleichzeitig mehrere Reservierungen bestehen. Ein Lesezugriff wird durch die Reservierung nicht verhindert.

Das *Checkin/Checkout*-Modell wird meist durch die Deltatechnik realisiert. Anstelle kompletter Kopien werden nur die Unterschiede (Deltas) von zeitlich aufeinanderfolgenden Elementen gespeichert. Der Benutzer merkt von der Deltatechnik nichts.

Realisierung

6.3.3 Varianten

Verschiedene Versionen eines Software-Elements führen zu einem sequentiellen Versions-Stamm. Für die Praxis reichen solche Versions-Stämme aber nicht aus. Durch Varianten werden zusätzliche Anforderungen abgedeckt. Der Variantenbegriff ist heute nicht einheitlich definiert /Mahler 94/.

Varianten können

Varianten

1 zeitgleich nebeneinander liegende Ausprägungen von Software-Elementen sein (V-Modell),
2 verwendet werden, um parallele Entwicklungslinien darzustellen,
Abschnitt 3.3.2
3 unterschiedliche, d.h. variante, Implementierungen derselben Schnittstelle sein, d.h. die Funktionalität bleibt gleich,
4 sich durch bedingte Übersetzungen *(conditional compilation)* unterscheiden,
5 auf unterschiedliche Hardware- und/oder Systemsoftware-Konstellationen zugeschnitten sein,
6 ab einem bestimmten Abstraktionsniveau *nicht* mehr unterschieden werden.

Ein Produkt befindet sich in zwei Versionen bei Kunden (V1.0 und V1.1). Die Entwicklung arbeitet an Version 1.2. Der Kunde mit der Version 1.0 findet einen gravierenden Fehler. Da er aufgrund seiner Hardwarevoraussetzungen nicht auf Version 1.1 wechseln kann, wird der Fehler behoben und es entsteht die Variante V1.0.1.0. (Abb. 6.3-3). Da sich diese Variante weiterhin gut verkauft, wird beschlossen, sie funktionell zu erweitern und als *Light*-Produkt zu verkaufen (V1.0.1.1).

Beispiel 2b

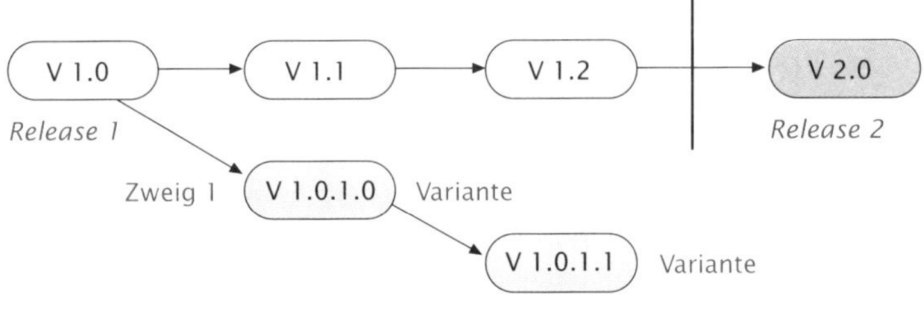

Abb. 6.3-3: Version mit einem Zweig

Varianten, die aus Verzweigungen von Versionen bestehen, kann man folgendermaßen aufbauen:

Variantennummer = release.level.branch.sequence

Beispiel 2c Der Kunde mit der Variante V1.0.1.0 benötigt eine spezielle Funktion; er erhält die Variante V1.0.2.0 und nach einer Fehlerbehebung die Variante V1.0.2.1 (Abb. 6.3-4). Die Version 2.0 erweist sich als so fehlerhaft, daß die Version 2.1 aus der stabilen Version 1.1 abgeleitet wird.

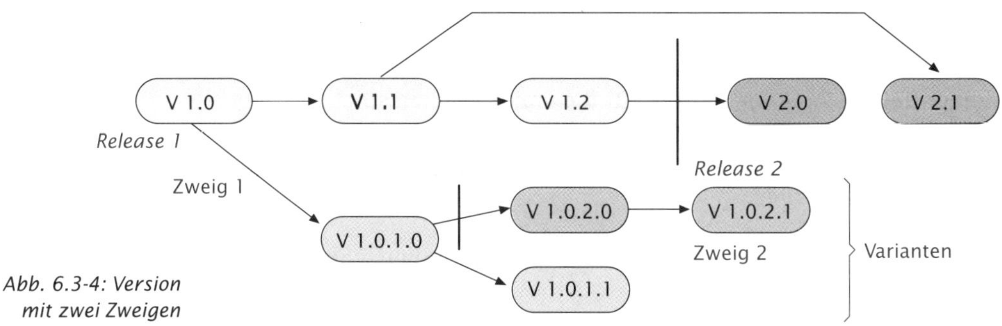

Abb. 6.3-4: Version mit zwei Zweigen

Dieses Beispiel zeigt, daß man nicht nur ein Schema für die Versionssicherung benötigt, sondern u.U. auch die Vorgängerversionsnummer angeben muß, wenn man von der sequentiellen Folge abweicht.

Oft ist es notwendig, ein Software-Element auf unterschiedliche Hardware- und Systemsoftwarekonstellationen zuzuschneiden.

Beispiel Soll ein Software-Werkzeug auf den Computerplattformen Intel und SUN für die Betriebssysteme Windows und Solaris entwickelt werden, dann sind folgende Varianten sinnvoll: Variante a (Intel, Windows), Variante b (Intel, Solaris), Variante c (SUN, Solaris).

Identifikation Damit eine Software-Konfiguration gebildet werden kann, muß ein Software-Element eindeutig identifizierbar sein. Es ist daher notwendig, ein Numerierungsschema für Software-Elemente einzuführen. Ein Numerierungsschema muß folgendes festlegen:

- Struktur bzw. Aufbau des Identifikators,
- Informationen, die der Identifikator enthalten soll,
- Verfahren, wie sich der Identifikator bei Änderungen des Elements (z.B. neue Version, neue Variante) verhält.

Identifikator Als Identifikator kann beispielsweise ein hierarchisches Namensschema verwendet werden, das mit der Versions- und Variantenkennung kombiniert ist. Der Identifikator kann auch durch das verwendete Konfigurationsmanagement-Werkzeug bestimmt werden.

Beispiel SemOrg/Def/PfV23a.doc
SemOrg/Ent/OODV13a
SemOrg/Imp/KundeV18c.cpp
Der erste Teil des Identifikators gibt an, daß es sich um das Dokument Pflichtenheft in der Version 2.3 in der Variante a handelt. Das

Pflichtenheft gehört zur Definition des Produktes Seminarorganisation.
Dieser Identifikator gibt gleichzeitig die formale Beziehung zu anderen Elementen an (Abb. 6.3-5).

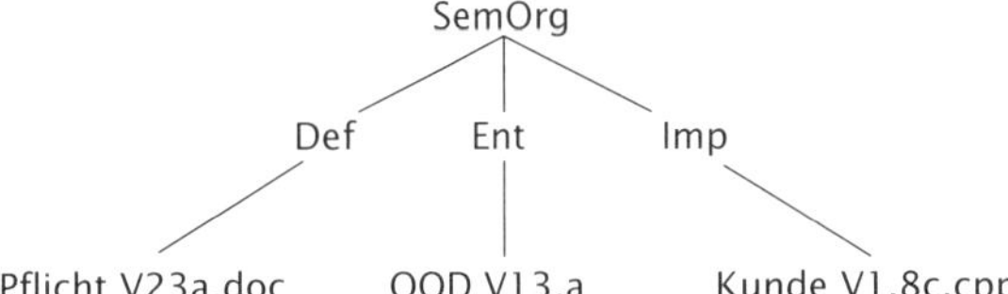

Abb. 6.3-5: Dokumentationshierarchie

Die Blätter der Hierarchie können identisch sein mit den entsprechenden Dateinamen.

Konfigurationen erfüllen also folgende Zwecke:
- Sie legen fest, welche Entwicklungsergebnisse (Software-Elemente) zu welchen Produkten oder Teilprodukten gehören.
- Sie bringen Ordnung in die Vielfalt der Entwicklungs-, Wartungs- und Pflegeergebnisse.
- Sie bilden Bezugspunkte für definierte Entwicklungs-, Wartungs- und Pflegeschritte, da sie die Ergebnisse vorangegangener Schritte festhalten und damit eine wohldefinierte Basis darstellen.
- Sie frieren Zwischenergebnisse eines Produktes über seine gesamte Lebensdauer ein und erleichtern dadurch die Wartbarkeit und Wiederverwendbarkeit des Produktes.
- Sie ermöglichen eine Analyse des Entwicklungsprozesses und des Produktes.

Konfigurationen und Varianten können analog wie Versionen mit dem *Checkin/Checkout*-Modell verwaltet werden. Realisierung

6.3.4 Konfigurations- und Änderungsmanagement

Änderungen

Wird ein Software-Element, das zu einer Konfiguration gehört, geändert, dann ändert sich auch die gesamte Konfiguration. Daher müssen diese Änderungen einen formalen Änderungsprozeß durchlaufen, der in eine neue Konfiguration mündet. Die Informationen über die Konfigurationen müssen in einer geeigneten Datenbasis verwaltet werden.

Beispiel 1c

Die Abb. 6.3-6 zeigt, daß Änderungen am Benutzerhandbuch zu einer neuen Konfiguration führen. Alle zu einer Konfiguration gehörenden Software-Elemente befinden sich im Zustand »akzeptiert« (Abb. 6.3-7):
Werden Änderungen an einem akzeptierten Software-Element vorgenommen, dann wird der Zustand des Software-Elements von »akzeptiert« in den Zustand »in Bearbeitung« zurückversetzt. Die Versions-

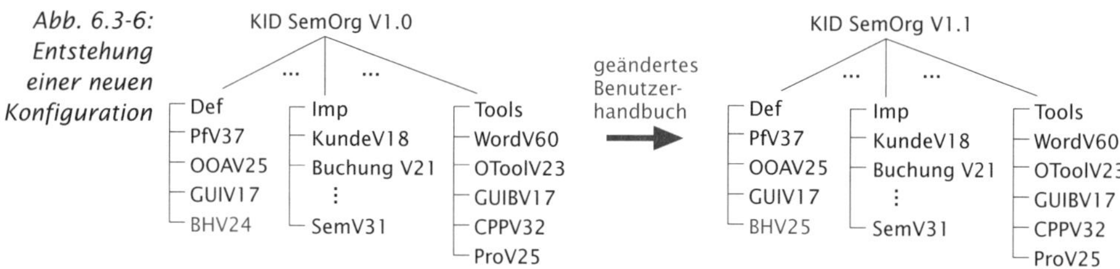

Abb. 6.3-6: Entstehung einer neuen Konfiguration

nummer wird um Eins erhöht, bei gravierenden Änderungen wird die *Release*-Nummer erhöht (Abb. 6.3-7).

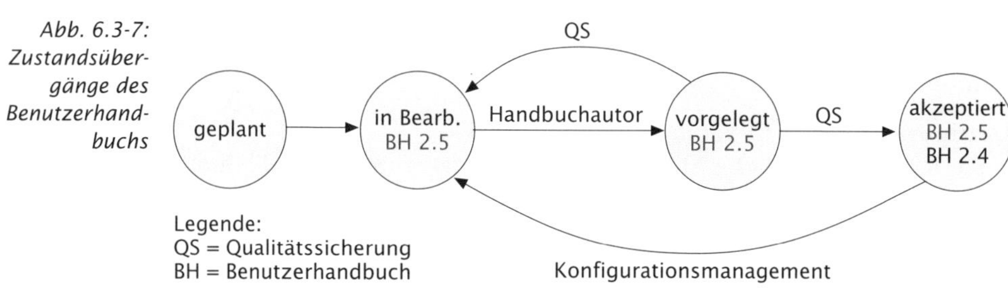

Abb. 6.3-7: Zustandsübergänge des Benutzerhandbuchs

Damit das Benutzerhandbuch wieder in eine neue Konfiguration eingebracht werden kann, muß es nach der Bearbeitung durch den Handbuchautor der Qualitätssicherung vorgelegt werden. Gibt die Qualitätssicherung das geänderte Handbuch frei, dann erhält die neue Handbuchversion V2.5 den Zustand »akzeptiert«. Damit kann dieses Software-Element in eine neue Konfiguration eingebettet werden.
Einen ähnlichen Zyklus durchläuft die neue Konfiguration. Das Konfigurations-Identifikationsdokument »KID SemOrg V1.0« wird in den Bearbeitungszustand versetzt und die Versionsnummer wird erhöht. Physikalisch wird eine Kopie von dem alten Dokument erstellt und mit der neuen Versionsnummer versehen. Der Bearbeiter der neuen Konfiguration wartet, bis das neue Benutzerhandbuch akzeptiert ist, ändert dann das Konfigurations-Identifikationsdokument und legt es der Qualitätssicherung vor. Nach Freigabe durch diese liegt die neue akzeptierte Konfiguration SemOrg V1.1 vor.

Das Beispiel 1 c zeigt, daß eine Vielzahl von Schritten erforderlich ist, um eine Konfiguration fortzuschreiben. Diese Aktivitäten werden vom Konfigurationsmanagement durchgeführt.

Konfigurations-management

Das **Software-Konfigurationsmanagement** (SKM) unterstützt die Identifikation, Initialisierung und effiziente Verwaltung von Software-Konfigurationen durch geeignete Methoden, Werkzeuge und Hilfsmittel, um durch kontrollierte Änderungen die Entwicklung und Pflege eines Software-Produkts zu erleichtern und transparent zu machen.

Die Ziele des Software-Konfigurationsmanagements sind: Ziele

- Sicherstellung der Sichtbarkeit, Verfolgbarkeit und Kontrollierbarkeit eines Produkts und seiner Teile im Lebenszyklus.
- Überwachung der Konfigurationen während des Lebenszyklus, so daß die Zusammenhänge und Unterschiede zwischen früheren Konfigurationen und den aktuellen Konfigurationen jederzeit erkennbar sind.
- Sicherstellung, daß jederzeit auf vorangegangene Versionen zurückgegriffen werden kann, damit Änderungen nachvollziehbar und überprüfbar sind.

Um die Ziele zu erreichen, müssen durch das Konfigurationsmanagement folgende Aufgaben erledigt werden (hier dargestellt in Anlehnung an das V-Modell /V-Modell 97, S. 6-1ff/, siehe dazu auch /Bersoff 84/): Aufgaben

1 Planung des Konfigurationsmanagements
Der organisatorische und verfahrenstechnische Rahmen des Konfigurationsmanagements wird in einem Konfigurationsmanagement-Plan festgelegt. Außerdem ist eine Produktbibliothek mit zugehörigen Werkzeugen bereitzustellen. In der Produktbibliothek werden alle Produkte, soweit sinnvoll und möglich, zusammengefaßt und verwaltet. Sie ist Teil der CASE-Umgebung.  Hauptkapitel IV 2

2 Produkt- und Konfigurationsverwaltung
Es werden alle Software-Elemente einer Konfiguration in der Produktbibliothek archiviert und katalogisiert, so daß die Software-Elemente weder absichtlich noch unabsichtlich zerstört werden können. Alle Software-Elemente sind eindeutig identifizierbar.

3 Änderungsmanagement (Konfigurationssteuerung)

a Erfassung und Verwaltung eingehender Fehlermeldungen, Problemmeldungen und Verbesserungsvorschläge in Form von Änderungsanträgen/Problemmeldungen.

b Entscheidung über die Bearbeitung von Änderungsanträgen/Problemmeldungen (Ablehnung/Annahme; Auswahl eines Lösungsvorschlags) unter Berücksichtigung der technischen und zeitlichen Auswirkungen auf den Entwicklungsverlauf und Veranlassung der Bearbeitung.

c Abschluß der Änderung und Information aller Betroffenen.
Eine Änderung hat abhängig vom Entwicklungsfortschritt und von getroffenen Entscheidungen einen definierten Status (Abb. 6.3-8).

4 Konfigurationsmanagement-Dienste

a Daten verwalten mit dem Ziel eines zentralen bzw. unternehmensweiten Datenkatalogs und konsistenter, vereinheitlichter Datendefinition.

b SW-/HW-Produkte katalogisieren, um die Wiederverwendbarkeit der Produkte zu ermöglichen.

c Schnittstellen koordinieren, damit sie kompatibel bleiben.

d Ergebnisse sichern (Datensicherung).

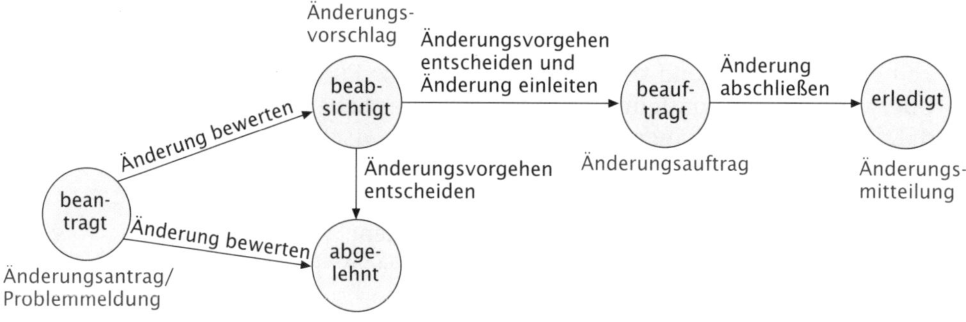

Abb. 6.3-8: Mögliche Zustände einer Änderung und zugehörige Formulare

e Konfigurationsmanagement-Dokumentation führen, damit Detailunterlagen und Übersichten erstellt werden können.

f *Release*-Management durchführen, damit eine umfassende, nachvollziehbare Dokumentation über den gesamten Projektverlauf vorhanden ist.

g Projekthistorie führen, damit eine umfassende, nachvollziehbare Dokumentation über den gesamten Projektverlauf vorhanden ist.

Beispiel 1d

Der Änderungsantrag für das Benutzerhandbuch V2.4 kann beispielsweise vom Auftraggeber kommen. Ein im Konfigurationsmanagement-Plan festgelegtes Gremium – oft *Change Control Board* (CCB) genannt – prüft den Änderungsantrag. Die beantragte Änderung wird bewertet, und es wird ein Änderungsvorschlag erstellt. Wird der Änderungsvorschlag angenommen, dann wird anschließend über das Änderungsvorgehen entschieden und ein Änderungsauftrag erteilt. Im Falle des Benutzerhandbuches steht im Änderungsvorschlag, welche Kapitel überarbeitet werden müssen. Der Änderungsauftrag geht an den Handbuchautor mit den Vorgaben, welche Änderungen in welcher Form durchzuführen sind. Liegt das überarbeitete Benutzerhandbuch vor, dann wird eine Änderungsmitteilung an alle betroffenen Personenkreise verschickt.

Damit geht das Benutzerhandbuch in den Zustand »vorgelegt« über (Abb. 6.3-7), wird von der Qualitätssicherung überprüft und ist anschließend »akzeptiert« oder wird wieder in den Zustand »in Bearbeitung« versetzt.

Die Werkzeuge, die die Konfigurationen verwalten, müssen in der Lage sein, folgende typische Anfragen zu beantworten /Sommerville 89, S. 555/:

- Welcher Kunde hat eine spezielle Version des Produktes erhalten?
- Welche Hardware- und Systemsoftware-Konfiguration wird für eine geplante Produktversion benötigt?
- Wie viele Versionen des Produkts wurden wann erzeugt?
- Welche Versionen des Produkts sind betroffen, wenn eine spezielle Komponente geändert wird?

- Wieviele Änderungsanträge oder Problemmeldungen sind für eine spezielle Version noch unerledigt?
- Wieviele Fehlermeldungen liegen für eine spezielle Version vor?

Einen Funktionsüberblick über das Submodell Konfigurationsmanagement des V-Modells zeigt die Abb. 6.3-9.

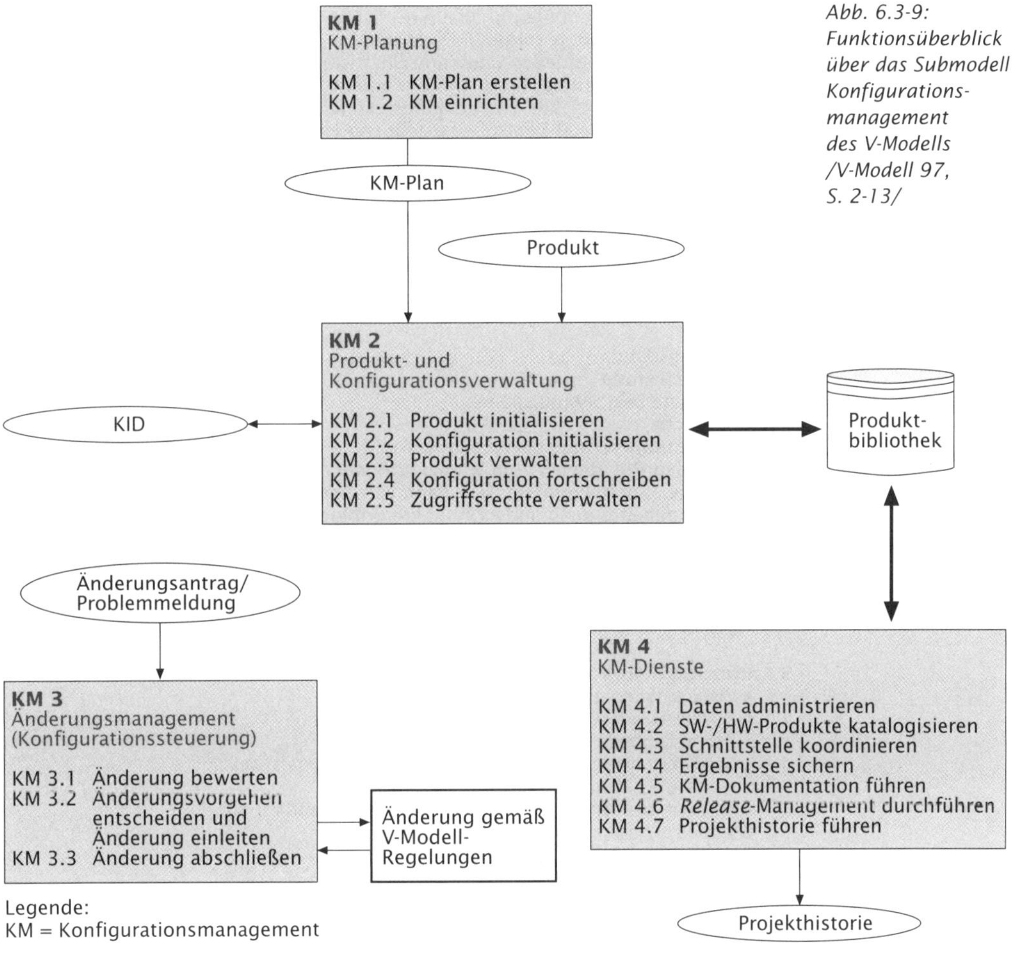

KM 1
KM-Planung

KM 1.1 KM-Plan erstellen
KM 1.2 KM einrichten

KM-Plan

Produkt

KM 2
Produkt- und Konfigurationsverwaltung

KM 2.1 Produkt initialisieren
KM 2.2 Konfiguration initialisieren
KM 2.3 Produkt verwalten
KM 2.4 Konfiguration fortschreiben
KM 2.5 Zugriffsrechte verwalten

KID

Produkt-bibliothek

Änderungsantrag/
Problemmeldung

KM 3
Änderungsmanagement (Konfigurationssteuerung)

KM 3.1 Änderung bewerten
KM 3.2 Änderungsvorgehen entscheiden und Änderung einleiten
KM 3.3 Änderung abschließen

Änderung gemäß V-Modell-Regelungen

KM 4
KM-Dienste

KM 4.1 Daten administrieren
KM 4.2 SW-/HW-Produkte katalogisieren
KM 4.3 Schnittstelle koordinieren
KM 4.4 Ergebnisse sichern
KM 4.5 KM-Dokumentation führen
KM 4.6 *Release*-Management durchführen
KM 4.7 Projekthistorie führen

Projekthistorie

Legende:
KM = Konfigurationsmanagement

Abb. 6.3-9: Funktionsüberblick über das Submodell Konfigurationsmanagement des V-Modells /V-Modell 97, S. 2-13/

Abschnitt 3.3.2

KM-Produkte

Zur Durchführung des Konfigurationsmanagements (KM) werden verschiedene Produkte benötigt (hier dargestellt in Anlehnung an das V-Modell /V-Modell 97, S. 8-45ff/):

KM-Plan

Der **Konfigurationsmanagement-Plan** legt alle organisatorischen und verfahrenstechnischen Details des Konfigurationsmanagements fest. Aufbau und Inhalte eines KM-Plans zeigt Abb. 6.3-10.

***Abb. 6.3-10:* Aufbau und Inhalte eines Konfigurations-management-Plans**

2 Einführung des Konfigurationsmanagements (KM)

2.1 Produktbibliothek

Hier ist die Produktbibliothek mit ihrer Systematik der Produkt-, Nutzer-, Rechte- und Relationsverwaltung zu beschreiben, bzw. auf geeignete Dokumente oder Handbücher zu verweisen.

2.2 Projektspezifische Festlegungen

Dieser Gliederungspunkt legt fest,

- welche Produkte unter KM-Kontrolle gestellt werden,
- anhand welcher Kriterien die Konfigurationseinheiten gebildet werden,
- welche Zustände Produkte durchlaufen,
- welche Produktattribute mitgeführt werden,
- wie Zugriffsrechte vergeben und kontrolliert werden,
- wie Produkte von Unterauftragnehmern unter KM-Kontrolle gestellt werden,
- welche sonstigen Objekte (Entwicklungsrechner, Werkzeuge, Prüfumgebung usw.) unter KM-Kontrolle gestellt werden,
- wie KM-Instanzen (z.B. *Change Control Board)* eingeführt und besetzt werden,
- welche Hilfsmittel (z.B. KM-Werkzeuge, Formblätter) bereitgestellt werden.

Zu Produktattribute:

Es wird festgeschrieben, welche Produktattribute geführt werden, welchen Initialwert sie besitzen und wie mögliche Wertfolgen der Attribute aussehen können. Beispiele für Produktattribute sind:

- Zustand
- Eigentümer
- Bearbeiter
- Entstehungsdatum
- Änderungshistorie
- Vorgegebene Bearbeitungsdauer
- Zugriffsrecht
- Klassifizierung (Vertraulichkeitsvermerke)
- Schlüsselbegriffe (dienen zum Wiederauffinden)
- Zugehörige andere Produkte (Hier kann eine Verkettung aller zu einem Modul/ einer Komponente gehörenden Produkte erfolgen)
- Versionsattribute (Ist das gegenwärtige Produkt eine Version eines Vorgängers, so werden die Versionsattribute eingetragen. Jede Änderung an dem Produkt, die mit einer Zustandsänderung verknüpft ist, bedeutet automatisch eine Änderung der Versionsbezeichnung (normalerweise Versionserhöhung)).

2.3 Konventionen zur Identifikation

3 Änderungsmanagement

3.1 Änderungsprozedur

3.1.1 Verfahren im Änderungswesen

3.1.2 Änderungsaufträge

3.1.3 Schnittstellen zum Auftraggeber und zu anderen Stellen

3.1.4 Änderungskontrolle und Statusanzeige

3.2 Formulare des Änderunsgwesens und deren Handhabung

3.3 Versionskontrolle

3.4 Dokumente des Konfigurationsmanagements

4 Sicherung und Archivierung

Quelle: /V-Modell 97, S.8-45 ff/, gekürzt und leicht modifiziert.

KID

In **Konfigurations-Identifikationsdokumenten** werden die einzelnen Konfigurationen beschrieben. Es werden folgende Informationen angegeben:

- Version/Nummer der Konfiguration
- Projektbezeichnung
- KM-Verantwortlicher
- Zustand der Konfiguration
- Datum der letzten Konfigurationsänderung

Die einzelnen Software-Elemente der Konfiguration werden dann mit einer eindeutigen Kennung und ihrer Version aufgelistet.

Die Relationen zwischen den einzelnen Software-Elementen (interne Bezüge innerhalb der Konfiguration) sind ebenfalls zu dokumentieren. Um Generierungen automatisieren zu können, müssen hier redundante und kopierte Produktteile, Schnittstellen und die hierarchischen Beziehungen zwischen den Bausteinen festgehalten werden.

Änderungsformulare

Für das Änderungsmanagement werden folgende **Änderungsformulare** benötigt:

Änderungsantrag/Problemmeldung
Enthält den schriftlich formulierten Wunsch eines Projektmitglieds, des Auftraggebers oder Anwenders nach Durchführung einer Änderung.

Änderungsvorschlag
Beinhaltet die technische und wirtschaftliche Bewertung des Änderungsantrags/der Problemmeldung und zeigt die verschiedenen Möglichkeiten zur Durchführung der gewünschten Pflege/Änderung auf.

Änderungsauftrag
Enthält eine Verfeinerung des ausgewählten Lösungswegs aus dem Änderungsvorschlag. Der Auftrag ergibt sich aus einem Genehmigungsverfahren. Der Änderungsauftrag hat Anforderungscharakter und legt die durchzuführende Änderung im Detail fest.

Änderungsmitteilung
Beschreibt die aufgrund eines Änderungsantrags/einer Problemmeldung durchgeführten Änderungen.

Änderungsstatusliste
In dieser Liste werden alle eingehenden Änderungsanträge/Problemmeldungen eingetragen. Aufgabe der Liste ist es, einen Überblick über die Anzahl, die Art und den Bearbeitungszustand von Änderungsanträgen/Problemmeldungen zu erhalten, den Status aller Änderungen sichtbar zu machen und die Verfolgung aller Änderungsaufträge sicherzustellen.

baseline →Referenzkonfiguration

Konfigurations-Identifikationsdokument (KID) Beschreibt, welche →Software-Elemente zu einer →Software-Konfiguration gehören. Der Begriff stammt aus dem V-Modell. Ein Konfigurations-Identifikationsdokument unterliegt der Versionszählung (→Version).

Kontrolle Alle Managementaktivitäten, die dazu beitragen, daß Vorgaben für eine Software-Entwicklung (Plan, Standards) mit den laufenden Aktivitäten übereinstimmen. Bei Abweichungen sind Aktivitäten zu initiieren, damit Soll und Ist wieder in Übereinstimmung kommen.

Metrik Sie soll in kompakter Form über technisch oder wirtschaftlich interessierende Sachverhalte informieren und meßbare Eigenschaften dieser Sachverhalte in Ziffern ausdrücken.

Referenzkonfiguration Ein zu einem bestimmten Zeitpunkt im Entwicklungsprozeß ausgewähltes und freigegebenes Zwischenergebnis, das zu einer →Software-Konfiguration zusammengefaßt wird, damit man sich im weiteren Entwicklungsprozeß darauf beziehen kann. Im Englischen *baseline* genannt.

Release Größere Änderungen an einer →Version führen zu einem neuen *Release*-Stand (Freigabe-Stand) eines → Software-Elements.
Software-Element Atomarer Bestandteil einer Software-Konfiguration oder selbst eine Software-Konfiguration. Ein Software-Element kann ein Dokument, ein Programm oder ein Werkzeug sein. Jedes Software-Element unterliegt der Versionszählung (→Version), ist identifizierbar und maschinenlesbar.
Software-Konfiguration Legt fest, welche →Software-Elemente zu einem bestimmten Zeitpunkt im Produktlebenszyklus gemeinsam ein Produkt oder ein Zwischenergebnis (→Referenzkonfiguration) darstellen. (→Konfigurations-Identifikationsdokument, →Software-Konfigurationsmanagement).
Software-Konfigurationsmanagement Einrichtung, Verwaltung und Überwachung von →Software-Konfigurationen, so daß Zusammenhänge und Unterschiede zwischen den verschiedenen Konfigurationen erkennbar sind und daß auf vorangegangene Konfigurationen jederzeit zugegriffen werden kann.
Variante Zeitgleich nebeneinander liegende Ausführungsstände von →Software-Elementen oder unterschiedlichen Implementierungen derselben Schnittstelle, d.h. gleiche Funktionalität (siehe auch →Version).
Version Ausführungsstand eines →Software-Elements zu einem bestimmten Zeitpunkt. Versionen sind zeitlich nacheinander liegende Ausprägungen eines Software-Elements. Er wird in der Regel durch eine Nummer angegeben. Das →Software-Konfigurationsmanagment muß eine Konvention zur Versionszählung und Versionsbezeichnung festlegen (→*Release*).

Die notwendige Ergänzung zu jeder Planung ist die Kontrolle. Die Aufgabe der Kontrolle besteht darin, Abweichungen von Plänen und Standards festzustellen und durch die Veranlassung korrigierender Maßnahmen Soll und Ist wieder in Einklang zu bringen.

Um Prozeß- und Produktabweichungen feststellen zu können, ist es erforderlich, sowohl den Prozeß als auch das Produkt zu vermessen. Dazu ist es erforderlich, für relevante Eigenschaften Software-Metriken zu definieren, sowie während der Entwicklung diese Metriken zu erfassen und zum Zwecke der Kontrolle und Prognose auszuwerten.

Um die Kontrolle des Produktes sowohl während der Entwicklung als auch in der Wartung und Pflege sicherzustellen, ist ein Software-Konfigurationsmanagement erforderlich. Alle Software-Elemente werden einer Versionszählung unterworfen. Änderungen an Software-Elementen ergeben eine neue Version. Größere Änderungen führen zu einem neuen *Release* Varianten kennzeichnen oft parallel vorliegende Ausprägungen von Software-Elementen.

In einem Konfigurations-Identifikationsdokument werden alle Software-Elemente, die zu einer Software-Konfiguration gehören, aufgelistet. Software-Konfigurationen, die Zwischenergebnisse darstellen, werden als Referenzkonfiguration *(baseline)* bezeichnet.

/Conte, Dunsmore, Shan 86/
Conte S.D., Dunsmore H.E., Shan V.Y., *Software Engineering Metrics and Models*, Menlo Park: Benjamin/Cummings Publishing Company 1986, 396 Seiten
Umfangreiche Darstellung einer Software-Meßtechnik mit ausführlicher Beschreibung vieler Metriken.

/DeMarco 82/
DeMarco T., *Controlling Software Projects*, Englewood Cliffs: Yourdon Press 1982, 284 Seiten
Ausführliche Behandlung des Kontrollaspekts von Software-Entwicklungen. Software-Metriken, Kostenmodelle und Software-Qualität werden ebenfalls dargestellt.

/Grady, Caswell 87/
Grady R.B., Caswell D.L., *Software Metrics: Etablishing a Company-Wide Program*, Englewood Cliffs: Prentice Hall 1987, 288 Seiten
Ausgezeichnetes Buch, das die Definition und Einführung von Metriken bei der Firma Hewlett-Packard behandelt. Gute Hilfestellung, um ein eigenes Metrikprogramm zu realisieren.

/Grady 92/
Grady R.B., *Practical Software Metrics for Project Management and Process Improvement*, Englewood Cliffs: Prentice Hall 1992, 270 Seiten
Ausgezeichnetes Buch, das das umfangreiche Metrik-Programm bei der Firma Hewlett-Packard beschreibt. Es wird dargestellt, wie man ein eigenes Metrik-Programm organisiert oder ein vorhandenes verbessert. Viele Grafiken geben Ergebnisse von HP-Projekten wieder. Das Buch enthält 400 Literaturhinweise.

/Möller, Paulisch 93/
Möller K.H., Paulisch D.J., *Software-Metriken in der Praxis*, München: Oldenburg Verlag 1993, 262 Seiten
Enthält Hinweise für die Einführung eines Metrikprogramms, gibt Beispielmetriken an und berichtet über Erfahrungen bei verschiedenen Firmen.

/Tichy 94/
Tichy W. F., (ed.), *Configuration Management*, Chichester: John Wiley & Sons 1994
Behandelt den aktuellen Stand des Konfigurationsmanagements.

/Tichy 95/
Tichy W. F., *Software-Konfigurationsmanagement: Wie, wann, was, warum?* In: Proceedings Softwaretechnik 95, Braunschweig 1995, S. 17–23
Guter Übersichtsartikel zum Konfigurationsmanagement mit Hinweisen auf den Stand der Forschung.

Zitierte Literatur

/Baumann, Richter 92/
Baumann P., Richter L., *Wie groß ist die Aussagekraft heutiger Software-Metriken?*, in: Wirtschaftsinformatik, Dez. 1992, S. 624–631.

/Bersoff 84/
Bersoff E.H., *Elements of Software Configuration Management*, in: IEEE Transactions on Software Engineering, Jan. 1984, S. 79–87

/Boehm 91/
Boehm B.W., *Software Risk Management: Principles and Practices*, in: IEEE Software, Jan. 1991, pp. 32–41

/Humphrey 89/
Humphrey W.S., *Managing the Software Process*, Reading: Addison-Wesley 1989, 494 Seiten.

/Femick 90/
Femick S., *Implementing Management Metrics: An Army Program*, in: IEEE Software, March 1990, S. 65–72

/Fenton 94/
Fenton N., *Software Measurement: A Necessary Scientific Basis*, in: IEEE Transactions on Software Engineering, March 1994, S. 199–206

/Itzfeld 83/
Itzfeld W., *Methodische Anforderungen an Software-Kennzahlen*, in: Angewandte Informatik, 2/83, S. 55–61.

/Itzfeld, Schmidt, Timm 84/
Itzfeld W., Schmidt M., Timm M., *Spezifikation von Verfahren zur Validierung von Software-Qualitätsmaßen*, in: Angewandte Informatik, 1/1984, S. 12–21.

/KBSt 92/
Koordinierungs- und Beratungsstelle der Bundesregierung für Informationstechnik in der Bundesverwaltung, *Vorgehensmodell*, Band 27/1, August 1992, Bundesanzeiger.

/Kearney et al. 84/
Kearney J.K., Sedlmeyer R.L., Thompson W.B., Gray M.A., Adler M.A., *Software Complexity Measurement*, in: Communications of the ACM, Nov. 86, S. 1044–1050

/Mahler 94/
Mahler, A., *Variants: Keeping things together and telling them apart*, in: Configuration Managment, Chichester: John Wiley & Sons 1994, pp. 73–97

/MS Project 94/
Microsoft Project, Benutzerhandbuch, Microsoft Corporation 1994

/Pfleeger 93/
Pfleeger S.L., *Lessons Learned in Building a Corporate Metrics Program*, in: IEEE Software, May 1993, S. 67–74

/Schmidt 84/
Schmidt M., *Software-Metrik*, in: Informatik-Spektrum, Das aktuelle Schlagwort, 7/1984, S. 41–42.

/Sommerville 89/
Sommerville I., *Software-Engineering* - 3rd ed., Wokingham: Addison-Wesley, 1989

/Thayer 90/
Thayer R.H., *Tutorial Software Engineering Project Management*, Los Alamitos: IEEE Computer Society Press 1990.

/V-Modell 97/
Entwicklungsstandard für IT-Systeme des Bundes, Vorgehensmodell, Teil 1: Regelungsteil, Allgemeiner Umdruck Nr. 250/1, Juni 1997, BWB IT V I5, Koblenz

/Wallmüller 90/
Wallmüller E., *Software-Qualitätssicherung in der Praxis*, München: Carl Hanser Verlag 1990

/Zuse 85/
Zuse H., *Meßtheoretische Analyse von statischen Softwarekomplexitätsmaßen*, TU Berlin, Dissertation 1985.

Muß-Aufgabe *10 Minuten*

1 *Lernziel: Ziele, Aufgaben und Probleme der Kontrolle schildern können.* /

a Welche Aufgaben müssen bei der Kontrolle einer Software-Entwicklung durchgeführt werden.

b Ordnen Sie jeder Aufgabe die bearbeitende(n) Person(en) zu. Gehen Sie von den Rollen »Manager« und »Entwickler« aus und begründen Sie Ihre Lösung.

Muß-Aufgabe *45 Minuten*

2 *Lernziel: Gegebene Metriken klassifizieren und auf Gütekriterien hin überprüfen können.*

a Geben Sie eine sinnvolle Definition für die Software-Metrik »Umfang Objektcode« an.

b Klassifizieren Sie die in **a** definierte Metrik anhand von Tab. 6.2-2.
c Überprüfen Sie die Metrik anhand der Gütekriterien für die Software-Metriken.

3 *Lernziele: Die Konzepte Konfiguration, Version und Variante erklären können. Anhand von Beispielen Konfigurationen beschreiben und Versionszählungen durchführen können.*

Muß-Aufgabe
35 Minuten

a Welche Eigenschaften hat ein Software-Element und wie lassen sich Software-Elemente klassifizieren.
b Erklären Sie den Zusammenhang zwischen einer Software-Konfiguration, einem Software-Element und einem Konfigurations-Identifikationsdokument (KID).
c Optional, nur wenn die objektorientierte Analyse bekannt ist:
Entwerfen Sie ein Metamodell, das es ermöglicht, Konfigurations-Identifikationsdokumente computergestützt zu verwalten. Verwenden Sie dazu die in **a** und **b** identifizierten Komponenten und deren Eigenschaften.

4 *Lernziel: Das verwendete Projektplanungssystem für die Projektkontrolle einsetzen können.*

Muß-Aufgabe
60 Minuten

Die Grundlage zu den weiteren Aufgabenstellungen ist das in Kapitel 2.5 eingeführte Beispiel der Projektplanung der Definitionsphase einer Anwendung. Übernehmen Sie die in Abb. 2.5-5, 2.5-8 und 2.6-1 aufgeführten Daten in das von Ihnen verwendete Planungssystem. Für /MS Project 94/ finden Sie die geplanten Daten in der Datei »LE8A4.MPP« auf der beiliegenden CD.
a Bei der Projektkontrolle hat sich herausgestellt, daß
- der Vorgang »Pflichtenheft erstellen« mit einer Verzögerung von einem Tag begonnen hat,
- der Vorgang »Pflichtenheft erstellen« zu 100 % abgeschlossen ist und
- der Vorgang »Benutzerhandbuch erstellen« zu 50 % abgeschlossen ist.

Übernehmen Sie die aktuellen Projektdaten in die Projektplanung und prüfen Sie das erhaltene Ergebnis anhand der in Abb. 6.1-3 dargestellten Daten.
b Der weitere Verlauf des Projekts wird wie geplant durchgeführt.
Nehmen Sie die Ist-Daten in das Planungssystem auf und erstellen Sie eine Projektübersicht.
c Um wieviele Tage verzögert sich die Durchführung des geplanten Projekts insgesamt?

5 *Lernziele: Das Checkin/Checkout-Modell auf Beispiele anwenden können. Anhand von Szenarien Konfigurations- und Änderungsmanagement unter Berücksichtigung der verschiedenen Zusammenhänge exemplarisch durchführen können.*

Muß-Aufgabe
45 Minuten

a Installieren Sie eines der auf der CD enthaltenen Werkzeuge zur Versionsverwaltung. Erstellen sie ein Archiv für zwei Beispieldokumente. Buchen Sie dort die zunächst leeren Dateien »ex1.txt« und »ex2.txt« ein.
b Ändern Sie jetzt die ersten Versionen der Dateien, indem sie einen beliebigen Text hinzufügen. Welche Arbeitsschritte sind dazu notwendig?
c Wiederholen Sie die in b getätigten Arbeitsschritte mehrmals. Wie reagiert die Versionsverwaltung, wenn Sie versuchen eine Datei zweimal hintereinander auszubuchen?
d Buchen Sie die erste Version der Datei »ex2.txt« aus.
e Worauf müssen Sie achten, wenn Sie eine Programmiersprache benutzen, die deklarative Anteile von ihren Implementationen trennt.

6 *Lernziel: Die Konzepte Konfiguration, Version und Variante erklären können.*
Erklären Sie den Zusammenhang zwischen einer Konfiguration, einer Version und einer Variante.

Muß-Aufgabe
5 Minuten

Muß-Aufgabe *5 Minuten*

7 *Lernziel: Anhand von Beispielen Konfigurationen beschreiben und Versionszählungen durchführen können.*

Das Produkt *RobotPlot* liegt aktuell in der *Version 3.2* vor.

a Aus welchen Teilen setzt sich die Versionsnummer zusammen?

b Seit der letzten Version wurden nur geringe Änderungen vorgenommen. Wie lautete die Versionsnummer des Vorgängers?

c In der nächsten Version wird der Funktionsumfang des Produkts *RobotPlot* erheblich erhöht. Welche Versionsnummer sollte das Produkt dann tragen?

d Für einen Kunden müssen spezifische Anpassungen an die Version 3.2 gemacht werden. Wie behandelt man diesen Fall im Konfigurationsmanagement?

III Software – Qualitätssicherung

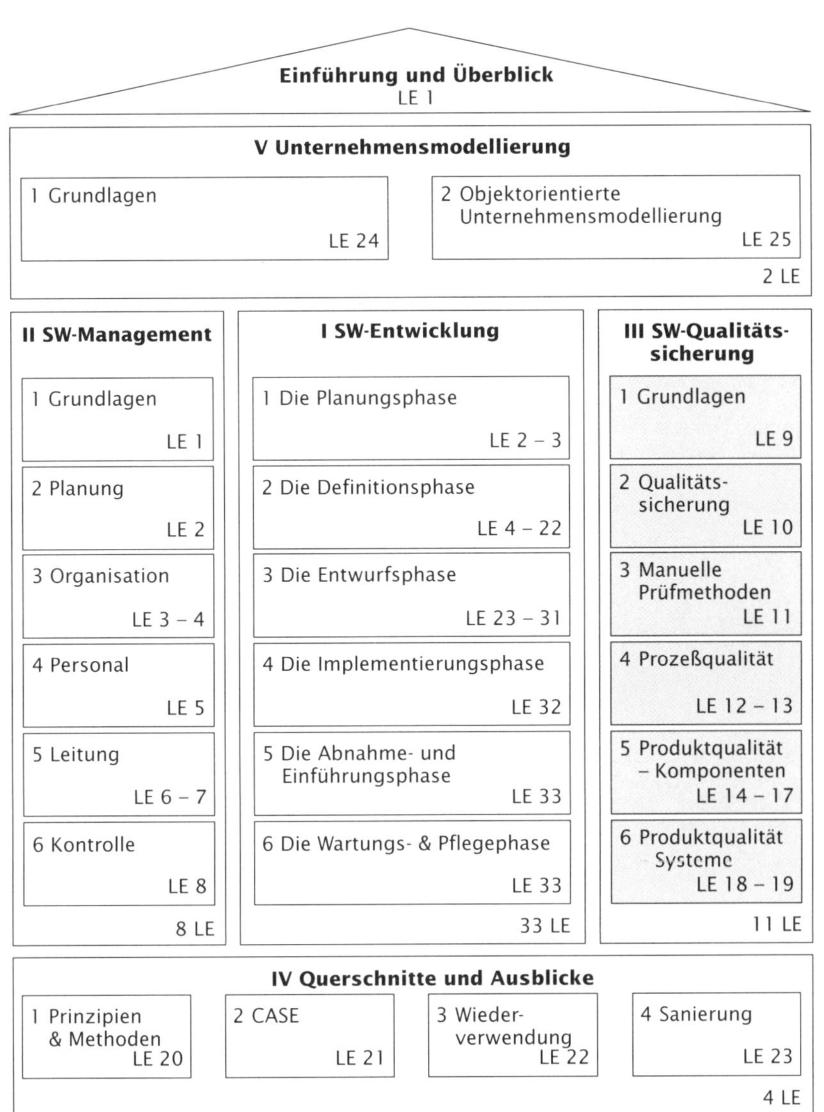

Legende: LE = Lehreinheit (für jeweils 1 Unterrichtsdoppelstunde)

1 Grundlagen

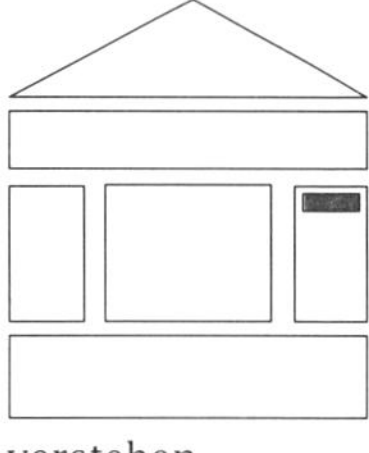

- Die eingeführten Qualitätsbegriffe definieren und einordnen können.
- Den Aufbau und die Unterschiede von Qualitätsmodellen beschreiben und behandelte Modelle angeben können.
- FCM-Modelle von Vorgehensmodellen unterscheiden und ihre Charakteristika aufführen können.
- Erklären können, welche Aufgaben eine Qualitätszielbestimmung hat.
- Für Fallstudien und Beispiele eine Qualitätszielbestimmung anhand des ISO 9126-Qualitätsmodells vornehmen können.

verstehen

anwenden

i

Prof. Dr. Victor Basili Wegweisende Arbeiten auf dem Gebiet der Software-Qualitätssicherung (GQM-Ansatz); Promotion in Informatik, Universität Texas, heute: Professor in Informatik, *University of Maryland*, IEEE und ACM *Fellow*.

»Ein paar falsche Zahlen oder Zeilen, und schon wird ein Flughafen blockiert, ein Telephonnetz stillgelegt, eine Rakete gesprengt – was ist das wohl? Richtig, Software. Im Fall der Europa-Rakete Ariane V lösten Programmierfehler am 4. Juni ein Feuerwerk in der Karibik aus, das 800 Millionen Mark kostete. Die Fehler werden in dem wohltuend selbstkritischen Untersuchungsbericht der European Space Agency (Esa) beschrieben, der am Dienstag dieser Woche veröffentlicht wurde. Fazit: Überlebenswichtige Software wurde unvorsichtig entworfen und mangelhaft getestet. „Das ist klassisch", heißt es bei Nestroy. Seit Anbeginn gilt der Rechner als Inbegriff des Exakten. Zu Recht. Nur eben, daß er exakt das ausführt, was irrende Menschen ihm vorschreiben. Experten beklagen seit langem, daß gerade Entwurf und Tests von Computerprogrammen lückenhaft bleiben. Denn immer wieder unterschätzen Programmierer die Vielfalt der Fehlerquellen. Wer riskante Software schreibt, ist mithin gewarnt. Und nicht berechtigt, Millionenbeträge und ganze Forschungsprogramme aufs Spiel zu setzen. Die Irrtümer waren vermeidbar. Also gibt es Schuldige. Sie müssen dafür geradestehen.« Quelle: DIE ZEIT, 26.7.1996

1.1 Einführung und Überblick

In vielen Lebensbereichen ist unsere Gesellschaft auf das fehlerfreie Funktionieren von Software-Systemen angewiesen. Flugzeuge und medizinische Geräte werden durch Software-Systeme gesteuert, ebenso Kraftwerke und chemische Anlagen.

Ziel jeder industriellen Software-Entwicklung muß es daher sein, ein möglichst fehlerfreies Software-Produkt zu erstellen. »Fehlerfreiheit« ist jedoch nur ein Qualitätsaspekt eines Software-Produkts.

Über den Qualitätsbegriff gibt es unterschiedliche Auffassungen. Es lassen sich fünf verschiedene Ansätze unterscheiden (Tab. 1.1-1). Diese Ansätze spiegeln verschiedene betriebliche Sichten auf das Produkt wider (in Klammern aufgeführt):

- Der transzendente Ansatz,
- Der produktbezogene Ansatz (Entwicklung),
- Der benutzerbezogene Ansatz (Marketing/Vertrieb),

Tab. 1.1-1: Was ist Qualität? Fünf verschiedene Ansätze

transzendent = übernatürlich

Der transzendente Ansatz
Qualität ist universell erkennbar, absolut, einzigartig und vollkommen. Qualität steht für kompromißlos hohe Standards und Ansprüche an die Funktionsweise eines Produkts. Die Anhänger dieses Ansatzes gehen davon aus, daß Qualität nicht exakt definiert oder gemessen werden kann. Qualität läßt sich nur durch Erfahrung bewerten. Dieser Ansatz ist für die Praxis ungeeignet.

Der produktbezogene Ansatz
Qualität ist eine meßbare, genau spezifizierte Größe, die das Produkt beschreibt und durch die man Qualitätsunterschiede aufzeigen kann. Subjektive Beobachtungen und Wahrnehmungen werden nicht berücksichtigt. Anhand der gemessenen Qualität kann eine Rangordnung von verschiedenen Produkten der gleichen Kategorie aufgestellt werden. Dieser Ansatz bezieht sich nur auf das Endprodukt, nicht auf den Kunden. Das kann zu einer mangelnden Berücksichtigung der Kundeninteressen führen.

Der benutzerbezogene Ansatz
Qualität wird durch den Produktbenutzer festgelegt. Der Benutzer entscheidet, ob es sich um ein Qualitätsprodukt handelt oder nicht *(fitness for use)*. Verschiedene Benutzer haben unterschiedliche Wünsche und Bedürfnisse. Die Produkte, die diese Bedürfnisse am besten befriedigen, werden als qualitativ hochwertig angesehen.
Da der Benutzer oft nur vage Qualitätsvorstellungen hat, ist es für den Hersteller im voraus schwierig, die Bedürfnisse des Benutzers zu erkennen und zu bestimmen. Das meistverkaufte Produkt ist oft nicht das Produkt, das eine optimale Bedürfnisbefriedigung bietet.

Der prozeßbezogene Ansatz
Qualität entsteht durch die richtige Erstellung des Produkts. Der Erstellungsprozeß wird spezifiziert und kontrolliert, um Ausschuß- und Nacharbeitungskosten zu reduzieren *(right the first time)* und um ihn permanent an sich wandelnde Kundenbedürfnisse zu adaptieren.

Der Kosten/Nutzen-bezogene Ansatz
Qualität ist eine Funktion von Kosten und Nutzen. Ein Qualitätsprodukt ist ein Erzeugnis, das einen bestimmten Nutzen zu einem akzeptablen Preis erbringt.

Quellen: /Garvin 84, 88/

- Der prozeßbezogene Ansatz (Fertigung),
- Der Kosten/Nutzen-bezogene Ansatz (Finanzen).

In DIN 55350, Teil 11 erfolgt eine Definition entsprechend dem produkt- und prozeßbezogenem Ansatz:

Qualität

»**Qualität** ist die Gesamtheit von Eigenschaften und Merkmalen eines Produkts oder einer Tätigkeit, die sich auf deren Eignung zur Erfüllung gegebener Erfordernisse bezieht«.

Auf die Produktqualität von Software beziehen sich folgende Definitionen:

SW-Qualität

Software-Qualität ist die Gesamtheit der Merkmale und Merkmalswerte eines Software-Produkts, die sich auf dessen Eignung beziehen, festgelegte oder vorausgesetzte Erfordernisse zu erfüllen (nach /DIN ISO 9126/).

»Als **Qualität** eines Gegenstandes bezeichnen wir die Gesamtheit seiner charakteristischen Eigenschaften« /Hesse et al. 84, S. 204/.

Eine **Qualitäts-Eigenschaft** ist eine Eigenschaft, die zur Unterscheidung von Produkten, Bausteinen oder Herstellungsprozessen in qualitativer (subjektiver) oder quantitativer (meßbarer) Hinsicht herangezogen werden kann /Hesse et al. 84, S. 208/.

1.2 Qualitätsmodelle

Allgemeine Definitionen von Software-Qualität sind für die praktische Anwendung nicht ausreichend. Daher beschreibt man die Software-Qualität durch ein Qualitätsmodell.

Q-Modell

Mit Hilfe eines **Qualitätsmodells** wird der allgemeine Qualitätsbegriff durch Ableiten von Unterbegriffen operationalisiert (Abb. 1.2-1).

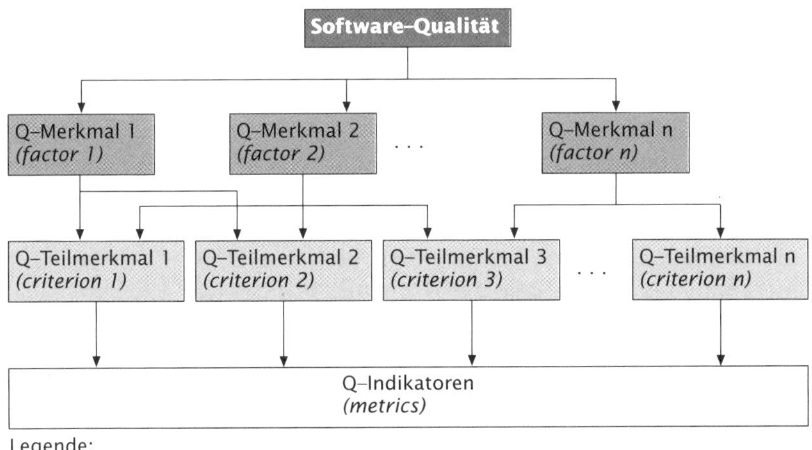

Abb. 1.2-1: Aufbau von FCM-Qualitätsmodellen (factor-criteria-metrics-models)

Q-Merkmale
Q-Teilmerkmale

Die Software-Qualität wird allgemein oder bezogen auf einzelne Entwicklungen durch **Qualitätsmerkmale** beschrieben. Im englischen Sprachraum verwendet man anstelle des Begriffs »Merkmal« den Begriff *»factor«*. Qualitätsmerkmale werden in einem weiteren Schritt in Teilmerkmale bzw. Kriterien verfeinert. Diese Kriterien werden definiert. Sie spiegeln oft softwareorientierte Charakteristika wider, während die Qualitätsmerkmale eher einer benutzerorientierten Sichtweise entsprechen.

Q-Indikator

Die einzelnen Teilmerkmale werden durch **Qualitätsindikatoren** bzw. **Metriken** meß- und bewertbar gemacht.

Indikatoren sind ausgewiesene Eigenschaften eines Software-Produkts, die zu den Qualitätsmerkmalen in Beziehung gesetzt werden können. Beispiele für Indikatoren sind Pfadlänge, modularer Aufbau, Programmstruktur und Kommentar /DIN ISO 9126, S. 2/.

Quantifizierbare Indikatoren können mit Hilfe von Qualitätsmaßen quantitativ gemessen werden. Das Ergebnis, d.h. der Meßwert, wird auf eine Skala abgebildet.

Maß

Ein **Software-Qualitätsmaß** ist eine quantitative Skala und eine Methode, mit der der Wert bestimmt werden kann, den ein Indikator für ein bestimmtes Software-Produkt aufweist /DIN ISO 9126, S.3/.

FCM -Modell

Ein so aufgebautes Modell bezeichnet man auch als **FCM-Modell** *(factor-criteria-metrics-model).*

Baum, Netz

Da mehrere Qualitätsmerkmale oft gemeinsame Teilmerkmale besitzen, kann ein FCM-Modell einen Baum oder ein Netz bilden.

≥ 3 Ebenen

Teilmerkmale können selbst eine Hierarchie bilden, so daß ein FCM-Modell auch mehr als drei Ebenen enthalten kann.

FCM-Modelle können für die Prozeßqualität und die Produktqualität aufgestellt werden.

Beispiel ISO 9126 (1991)

In /DIN ISO 9126, S. 3ff./ werden folgende sechs Qualitätsmerkmale für Software-Produkte definiert (Tab. 1.2-1):

- Funktionalität,
- Zuverlässigkeit,
- Benutzbarkeit,
- Effizienz,
- Änderbarkeit,
- Übertragbarkeit.

Diese Merkmale können auf jede Art von Software angewandt werden. Sie überschneiden sich minimal. Die Norm enthält keine Teilmerkmale und Metriken. Ein Vorschlag zur Definition von Teilmerkmalen ist im Anhang der Norm aufgeführt (Tab. 1.2-1).

Tab. 1.2-1a: Software-Qualitätsmerkmale nach DIN ISO 9126

Funktionalität
Vorhandensein von Funktionen mit festgelegten Eigenschaften. Diese Funktionen erfüllen die definierten Anforderungen.

- Richtigkeit
  Liefern der richtigen oder vereinbarten Ergebnisse oder Wirkungen, z.B. die benötigte Genauigkeit von berechneten Werten.
- Angemessenheit
  Eignung der Funktionen für spezifizierte Aufgaben, z.B. aufgabenorientierte Zusammensetzung von Funktionen aus Teilfunktionen.
- Interoperabilität
  Fähigkeit, mit vorgegebenen Systemen zusammenzuwirken.
- Ordnungsmäßigkeit
  Erfüllung von anwendungsspezifischen Normen, Vereinbarungen, gesetzlichen Bestimmungen und ähnlichen Vorschriften.
- Sicherheit
  Fähigkeit, unberechtigten Zugriff, sowohl versehentlich als auch vorsätzlich, auf Programme und Daten zu verhindern.

Zuverlässigkeit
Fähigkeit der Software, ihr Leistungsniveau unter festgelegten Bedingungen über einen festgelegten Zeitraum zu bewahren.

- Reife
  Geringe Versagenshäufigkeit durch Fehlzustände.
- Fehlertoleranz
  Fähigkeit, ein spezifiziertes Leistungsniveau bei Software-Fehlern oder Nicht-Einhaltung ihrer spezifizierten Schnittstelle zu bewahren.
- Wiederherstellbarkeit
  Fähigkeit, bei einem Versagen das Leistungsniveau wiederherzustellen und die direkt betroffenen Daten wiederzugewinnen. Zu berücksichtigen sind die dafür benötigte Zeit und der benötigte Aufwand.

Benutzbarkeit
Aufwand, der zur Benutzung erforderlich ist, und individuelle Beurteilung der Benutzung durch eine festgelegte oder vorausgesetzte Benutzergruppe.

- Verständlichkeit
  Aufwand für den Benutzer, das Konzept und die Anwendung zu verstehen.
- Erlernbarkeit
  Aufwand für den Benutzer, die Anwendung zu erlernen (z.B. Bedienung, Ein-, Ausgabe).
- Bedienbarkeit
  Aufwand für den Benutzer, die Anwendung zu bedienen.

Effizienz
Verhältnis zwischen dem Leistungsniveau der Software und dem Umfang der eingesetzten Betriebsmittel unter festgelegten Bedingungen.

- Zeitverhalten
  Antwort- und Verarbeitungszeiten sowie Durchsatz bei der Funktionsausführung.
- Verbrauchsverhalten
  Anzahl und Dauer der benötigten Betriebsmittel für die Erfüllung der Funktionen.

Tab. 1.2-1b: Software-Qualitätsmerkmale nach DIN ISO 9126

Änderbarkeit
Aufwand, der zur Durchführung vorgegebener Änderungen notwendig ist. Änderungen können Korrekturen, Verbesserungen oder Anpassungen an Änderungen der Umgebung, der Anforderungen und der funktionalen Spezifikationen einschließen.

- Analysierbarkeit
  Aufwand, um Mängel oder Ursachen von Versagen zu diagnostizieren oder um änderungsbedürftige Teile zu bestimmen.
- Modifizierbarkeit
  Aufwand zur Ausführung von Verbesserungen, zur Fehlerbeseitigung oder Anpassung an Umgebungsänderungen.
- Stabilität
  Wahrscheinlichkeit des Auftretens unerwarteter Wirkungen von Änderungen.
- Prüfbarkeit
  Aufwand, der zur Prüfung der geänderten Software notwendig ist.

Übertragbarkeit
Eignung der Software, von einer Umgebung in eine andere übertragen zu werden. Umgebung kann organisatorische Umgebung, Hardware- oder Software-Umgebung einschließen.

- Anpaßbarkeit
  Möglichkeiten, die Software an verschiedene, festgelegte Umgebungen anzupassen, wenn nur Schritte unternommen oder Mittel eingesetzt werden, die für diesen Zweck für die betrachtete Software vorgesehen sind.
- Installierbarkeit
  Aufwand, der zum Installieren der Software in einer festgelegten Umgebung notwendig ist.
- Konformität
  Grad, in dem die Software Normen oder Vereinbarungen zur Übertragbarkeit erfüllt.
- Austauschbarkeit
  Möglichkeit, diese Software anstelle einer spezifizierten anderen in der Umgebung jener Software zu verwenden, sowie der dafür notwendige Aufwand.

Beispiel FURPS (1985)

Die Firma Hewlett-Packard hat 1985 ein Qualitätsmodell FURPS entwickelt, um die Qualität der eigenen Produkte zu verbessern /Grady, Caswell 87, S. 159 ff./ (Abb. 1.2-2).
FURPS ist ein Acronym für

- ***F**unctionality*,
- ***U**sability*,
- ***R**eliability*,
- ***P**erformance* und
- ***S**upportability*.

Dem Modell merkt man die Herkunft an. Die Firma Hewlett-Packard hat als Systemhaus ein Modell entwickelt, um die Wünsche seiner Kunden besser zu berücksichtigen. Der Kunde soll Software erhalten, die die gewünschte Funktionalität besitzt, vom Benutzer leicht zu bedienen ist, zuverlässig und schnell abläuft und aus der Sicht des Kunden eine gute Unterstützung bietet.

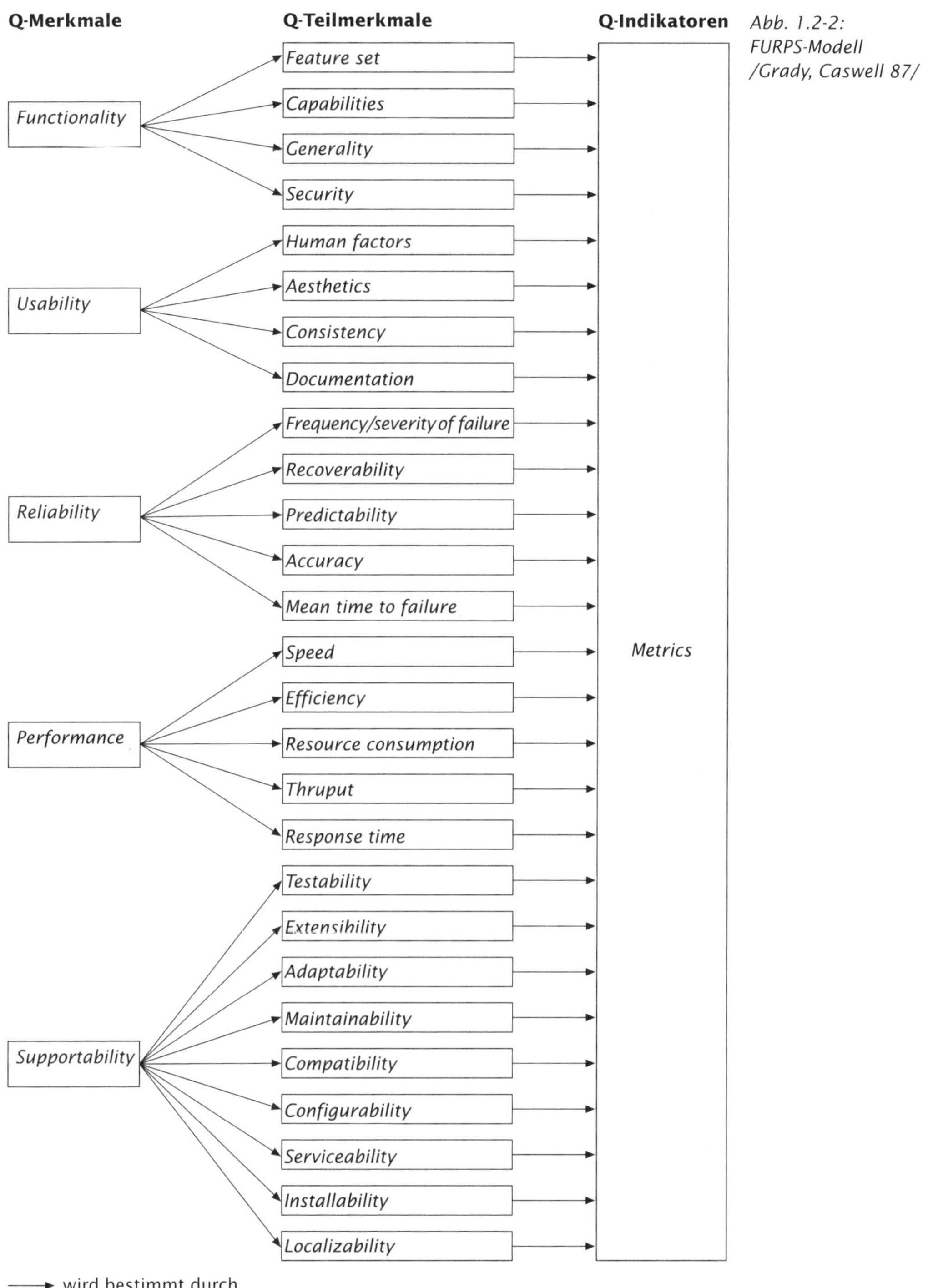
Q-Merkmale
Q-Teilmerkmale
Q-Indikatoren
Functionality
Feature set
Capabilities
Generality
Security
Usability
Human factors
Aesthetics
Consistency
Documentation
Reliability
Frequency/severity of failure
Recoverability
Predictability
Accuracy
Mean time to failure
Performance
Speed
Efficiency
Resource consumption
Thruput
Response time
Supportability
Testability
Extensibility
Adaptability
Maintainability
Compatibility
Configurability
Serviceability
Installability
Localizability
Metrics
wird bestimmt durch

Abb. 1.2-2: FURPS-Modell /Grady, Caswell 87/

Kapitel II 6.2

Das FURPS-Modell enthält auch Indikatoren. Im wesentlichen wurden jedoch nur Fehlerdaten und Kosten erfaßt und ausgewertet.
Hewlett-Packard ist es nach eigenen Angaben gelungen, durch die Anwendung dieses Modells die Anzahl der Fehler pro 1000 Zeilen Quellcode wesentlich zu senken und gleichzeitig die Entwicklungskosten zu reduzieren.

Beispiel McCall (1977)

Eines der ältesten Software-Qualitätsmodelle wurde 1977 von /McCall, Richards, Walters 77/ veröffentlicht. Dieses Modell ordnet die Qualitätsmerkmale verschiedenen *»product activities«* zu:

Unterschiedliche Q-Sichten

- *Product operation* (wichtig für Benutzer)
  - *Usability*
  - *Integrity*
  - *Efficiency*
  - *Correctness*
  - *Reliability*
- *Product revision* (wichtig für Entwickler)
  - *Maintainability*
  - *Testability*
  - *Flexibility*
- *Product transition* (wichtig für Anwender und Entwickler)
  - *Reuseability*
  - *Portability*
  - *Interoperability*

Diese Aktivitäten umfassen jeweils unterschiedliche Betrachtungsweisen, d.h. verschiedene Personenkreise haben unterschiedliche Qualitätssichten. McCall, Richards und Walters ordnen außerdem einzelnen Anwendungsklassen Qualitätsmerkmale zu (Tab. 1.2-2).

Tab. 1.2-2: Anwendungsklassen und Q-Merkmale

Anwendungklasse	**Qualitätsmerkmale**
Menschliches Leben ist betroffen	*Reliability, Correctness, Testability*
Sehr hohe Entwicklungskosten	*Reliability, Flexibility*
Lange Einsatzdauer	*Maintainability, Portability, Flexibility*
Echtzeit-Anwendungen	*Efficiency*
Eingebettete Anwendungen	*Efficiency, Reliability*
Untereinander verbundene Anwendungen	*Interoperability*

Die Qualitätsmerkmale sind auf 25 Teilmerkmale abgebildet. Es entsteht eine Netzstruktur. Zu jedem Teilmerkmal ist außerdem ein Indikator definiert. Angaben zur Validierung fehlen allerdings.
Das Modell ist insgesamt gut durchdacht und kann als Basis für ein eigenes unternehmensspezifisches Modell verwendet werden. Zu beachten ist jedoch, daß es bereits sehr alt ist und neuere Erkenntnisse daher in diesem Modell nicht berücksichtigt sind.

Weitere FCM-Modelle

Neben den bisher aufgeführten Modellen sind noch folgende Modelle erwähnenswert:

- Modell von Boehm /Boehm et al. 78/
  Untergliederung der Gesamtnutzung eines Produkts in die Unterpunkte Anwendernutzung, Portabilität und Wartbarkeit. Es werden Merkmale, Teilmerkmale und Indikatoren angegeben. Das Modell entstand durch Untersuchung von Fortran-Programmen.
- Das DGQ-Modell /DGQ 86/
  Die Arbeitsgruppe »Software-Qualität« der Deutschen Gesellschaft für Qualität e.V. (DGQ) entwickelte ein Qualitätsmodell für Programme und ein Qualitätsmodell für Dokumente. Jedes Merkmal ist systematisch nach dem gleichen Schema beschrieben. Die Unterscheidung zwischen Programmen und Dokumenten ist gelungen. Die Auswahl der Qualitätsmerkmale ist jedoch inkonsistent.

FCM-Modelle, die die Prozeßqualität beschreiben, sind mir nicht bekannt. In der Literatur werden jedoch einzelne Qualitätsmerkmale genannt, z.B. in /Rombach, Basili 87, S. 147f./:

Q-Merkmale für Prozesse

- Produktivität (Terminplan, Personaleinsatz, Computernutzung usw.),
- Qualität des Entwurfs-Prozesses,
- Qualität der Inspektionen und *Reviews*,
- Qualität des Systemtests,
- Qualität des Abnahmetests,
- Qualität des Komponententests,
- Rechtzeitige Bereitstellung ausreichender Ressourcen /Wallmüller 90, S. 15/.

Mir erscheinen folgende Merkmale für die Prozeßqualität relevant:

- Planbarkeit des Prozesses,
- Transparenz des Prozesses,
- Kontrollierbarkeit des Prozesses.

Vorgehensmodelle

Neben den FCM-Modellen gibt es Vorgehensmodelle. Das sind Modelle, deren Anwendung zu einem entwicklungs- oder unternehmensspezifischen Qualitätsmodell führt.

GQM-Ansatz

Der *Goal-Question-Metric*-Ansatz **(GQM-Ansatz)** von Basili und Rombach /Rombach, Basili 87/ gibt eine systematische Vorgehensweise zur Erstellung eines entwicklungsspezifischen Qualitätsmodells an.

Vorgehensweise

Die Vorgehensweise umfaßt folgende sechs Schritte:

1 *Definiere die Auswertungsziele* für alle entwicklungsspezifischen Qualitätsmerkmale, deren Erfüllung nachzuweisen ist.

2 *Leite alle Fragestellungen ab*, die zu einer Quantifizierung dieser Auswertungsziele beitragen können.

3 *Leite alle Maße ab*, die Informationen zur Beantwortung der Fragestellungen beitragen können.

4 *Entwerfe einen Mechanismus*, der die möglichst genaue Erfassung (Messung) der Meßwerte bezüglich aller in **3** definierten Maße erlaubt.

5 *Validiere die Meßwerte* bezüglich aller primitiven Maße.
6 *Interpretiere die Meßergebnisse* zum Zwecke der Gesamtbewertung der entwicklungsspezifischen Qualitätsziele.

Ein konkretes Auswertungsziel zusammen mit allen zugehörigen Fragestellungen und Maßen ergibt ein Bewertungsmodell (Abb. 1.2-3).

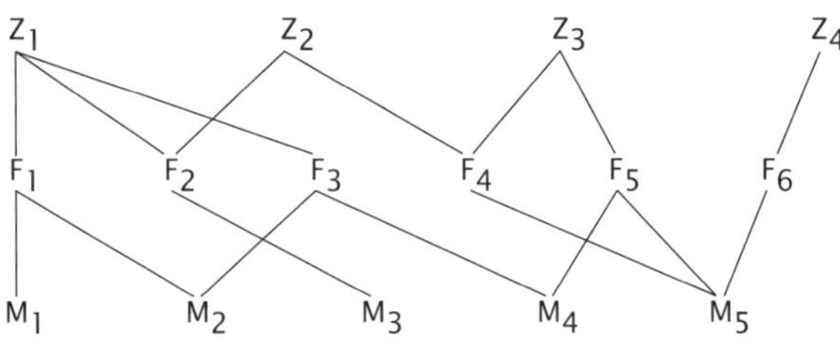

Abb. 1.2-3: Beispiel für ein Software-Bewertungsmodell

Mehrere Fragestellungen können zur Bearbeitung eines Ziels beitragen. Umgekehrt kann eine Fragestellung zur Bearbeitung mehrerer Ziele beitragen (F_2 und F_4 tragen zur Bearbeitung von Z1 und Z2 bzw. Z2 und Z3 bei). Ähnlich sehen die Beziehungen zwischen Fragestellungen und Maßen aus.

Die Anwendung der angegebenen Vorgehensweise führt zu einer *(top-down)* Ableitung der speziell für ein gegebenes Auswertungsziel geeigneten Maße (Schritte 1 bis 3) und ermöglicht eine *(bottom-up)* Interpretation der Maße im Kontext des übergeordneten Auswertungsziels. Neben objektiven Maßen können auch subjektive Maße verwendet werden.

Anstelle von komplexen Maßen werden eine Menge einfacher Maße verwendet, da die Kombination einfacher Maße zu komplexen Maßen nach dem gegenwärtigen Wissensstand noch nicht valide genug vorgenommen werden kann.

Zur Unterstützung der Schritte 1 bis 3 wurden Muster bzw. Schablonen zur Definition von Zielen sowie zur gezielten Formulierung von Fragestellungen entwickelt (Tab. 1.2-3). Die Tab. 1.2-4 zeigt am Beispiel »Erfüllung von Terminplänen« die Anwendung dieser Schablonen. Jede der abgeleiteten Fragestellungen definiert implizit ein oder mehrere Maße.

Besonders schwierig ist die Interpretation von Meßergebnissen. Bezogen auf das Beispiel »Erfüllung von Terminplänen« (Tab. 1.2-4) deuten fehlende Terminpläne sowohl für die gesamte Entwicklung als auch für einzelne Phasen und Aktivitäten auf schlechtes Software-Management hin. Bei Abweichungen von den Soll-Terminen müssen Konsequenzen sowohl für die laufende Entwicklung als auch zur generellen Korrektur des Software-Prozesses oder der Vorhersagemethode für nachfolgende Entwicklungen gezogen werden.

G Schablone zur Formulierung von Auswertungszielen (3 Aspekte)

- Zweck der Studie
  {Charakterisiere, Bewerte, Sage vorher, Erkläre, Motiviere}
  {den Prozeß, das Produkt, das Modell, das Maß}
  zum Zwecke des
  {Verstehens, Managens, Entwickelns, Erlernens, Verbesserns, Kontrollierens}.
- Blickwinkel der Studie
  Untersuche {die Kosten, die Effektivität, die Fehlerfreiheit, die Fehler, die Änderungen, die Zuverlässigkeit}
  aus dem Blickwinkel {des Entwicklers, des Managers, der SW-QS, des Auftraggebers, der Firmenleitung}.
- Umgebung der Studie
  Die Umgebung wird charakterisiert durch Aspekte des Prozesses, das Personal, die Anwendung, Methoden, Werkzeuge und weitere Einflußfaktoren.

Q1 Auswertungsfragen zur quantitativen Charakterisierung von Prozessen (5 Kategorien von Fragen)

- Qualität der Durchführung
  Wie gut erfolgte die Durchführung des Prozesses?
- Anwendungsbereich
  Das Objekt des Prozesses sowie die Kenntnis des Personals bzgl. dieses Objekts wird beurteilt.
- Aufwand der Durchführung
  Der Aufwand zur Durchführung des Prozesses sowie einzelner Teilaktivitäten wird charakterisiert.
- Ergebnis der Durchführung
  Das Ergebnis des Prozesses sowie die Qualität dieses Ergebnisses wird beurteilt.
- Rückkopplung von der Durchführung
  Die Probleme bei der Durchführung des Prozesses werden beschrieben, um sie zu verringern oder zu verhindern.

Q2 Auswertungsfragen zur quantitativen Charakterisierung von Produkten
(4 Kategorien zur allgemeinen Definition des Produkts sowie je eine Kategorie von Fragen zur Bewertung des Produkts bezüglich jedes Qualitätsmerkmals)

- Definition des Produkts
  - Physische Eigenschaften, z.B. Umfang, Komplexität, Programmiersprache
  - Kosten, z.B. Zeitaufwand, Entwicklungsphasen, Aktivitäten
  - Änderungen, z.B. Fehlerursachen, Fehler, Fehlverhalten
  - Umfeld, z.B. zu erwartendes Benutzerprofil
- Bewertung des Produkts
  Die Auswertung geschieht relativ zu einem bestimmten Qualitätsmerkmal, z.B. Zuverlässigkeit, Korrektheit, Zufriedenheit der Benutzer usw.

Quelle: /Rombach, Basili 87, S. 151/

Tab. 1.2-3: Schablonen zur Formulierung von Zielen und Fragen im GQM-Ansatz

{ } = Unvollständige Liste von Platzhaltern. Nicht jede mögliche Kombination von Platzhaltern ist sinnvoll!

Bewertung

Die GQM-Vorgehensweise bietet eine gute Möglichkeit bei der Festlegung der Bedingungen, unter denen das erzeugte Modell gelten soll. Die Unterscheidung in eine produkt- und prozeßorientierte Sicht ist gut gelungen. Die Schablonen erleichtern die Zieldefinition. Komplette Schablonen, damit eine Firma für die eigene Umgebung ein Qualitätsmodell erstellen kann, fehlen jedoch. Für die Verfeinerung der Qualitätsperspektiven fehlt eine geeignete Unterstützung. Jedoch können hier FCM-Ansätze integriert werden.

***Tab. 1.2-4:* Bewertungsmodell »Erfüllung von Terminplänen«**

G Auswertungsziel
- Zweck der Studie
  Charakterisiere und bewerte den Terminplan zum Zwecke des Kontrollierens
- Blickwinkel der Studie
  Überprüfe die Einhaltung vorgegebener Termine aus dem Blickwinkel des Software-Managements
- Umgebung der Studie
  Beschreibe die Faktoren der Entwicklungsumgebung

Q1 Abgeleitete Fragestellungen
- Qualität der Durchführung:

1 Wurde Start- und Fertigstellungstermine sowohl für die gesamte Produktentwicklung als auch für einzelne Phasen und Tätigkeiten festgelegt? [subjektiv]
2 Welche Termine wurden festgelegt? [Maximum, Minimum für jeden Termin]
3 Wurden die für die gesamte Produktentwicklung, jede Phase und Tätigkeit sowie jedes Dokument benötigten personellen und maschinellen Ressourcen geschätzt? [subjektiv]
4 Wie wurden die Ressourcen abgeschätzt? [Maximum für jede Ressource]
5 Sind die Meilensteine zur Überprüfung von Terminen und des Verbrauchs von Ressourcen so engmaschig, daß Fehlentwicklungen frühzeitig korrigiert werden können? [subjektiv]
6 Sind die Meilensteine so präzise definiert, daß ihre Einhaltung wirklich beurteilt werden kann? [subjektiv]

- Anwendungsbereich:

7 Sind die Auswirkungen der Anforderungen, Methoden, Werkzeuge, Verfügbarkeit von Computern sowie der Qualität des Personals auf den zeitlichen Projektablauf und den Ressourceneinsatz verstanden? [subjektiv]
8 Welche Auswirkungen hat eine Änderung (der Anforderungen, der eingesetzten Methoden und Werkzeuge, der Computer-Verfügbarkeit und des Personals) auf den Terminplan sowie den Verbrauch von Ressourcen? [Liste der Auswirkungen für jeden Teil der Anforderungen, jede Methode, jedes Werkzeug etc.]
9 Wie wirkt sich eine Veränderung eines Termins oder der Menge von Ressourcen, die für eine bestimmte Phase oder Tätigkeit eingesetzt werden, auf den übrigen Terminplan aus? [Für jeden Meilenstein, der nicht erfüllt werden kann, füllt der verantwortliche Manager einen Antrag zur Anpassung des Terminplans aus, einschließlich einer Begründung für die beantragte Anpassung]

- Aufwand der Durchführung:

10 Wieviel kostet die Sammlung von Daten, um Terminplan und Ressourcenverbrauch überwachen zu können? [Zeit in Stunden oder DM]

- Ergebnis der Durchführung:

11 Inwieweit weichen aktuelle Termine und Verbrauch von Ressourcen von vorgegebenen Größen ab? [Abweichung von Terminen in Stunden, Abweichung vom Ressourcenverbrauch in DM]
12 Wie hat sich jede einzelne Abweichung auf den nachfolgenden zeitmäßigen Verlauf und auf den Verbrauch von Ressourcen ausgewirkt? [Liste der Auswirkungen für jede Abweichung]

- Rückkopplung von der Durchführung:

13 Für jede Abweichung des tatsächlichen Projektverlaufs vom geplanten bezüglich Terminplan und Verbrauch von Ressourcen: Warum trat eine Abweichung auf? Inwieweit erweitert oder verändert dies unser Verständnis der konkreten Anforderungen oder der Auswirkungen verschiedener Methoden und Werkzeuge? [subjektiv]

Quelle: /Rombach, Basili 87, S. 156 f./

Erfahrungen

Die Anwendung des GQM-Ansatzes in der industriellen Praxis bei Daimler-Benz /Häge, Znotka 94/ hat gezeigt, daß es schwierig ist, aus einem Auswertungsziel direkt Fragestellungen abzuleiten. Um den Abstand zwischen Ziel und den abgeleiteten Fragen möglichst klein und transparent zu halten, wurde bei Daimler-Benz das Auswertungsziel zunächst in einen Qualitätsbaum zerlegt. An den Blättern dieses Baumes sind die Ziele dann so detailliert formuliert, daß die Ableitung der Fragen wesentlich einfacher ist (Abb. 1.2-4).

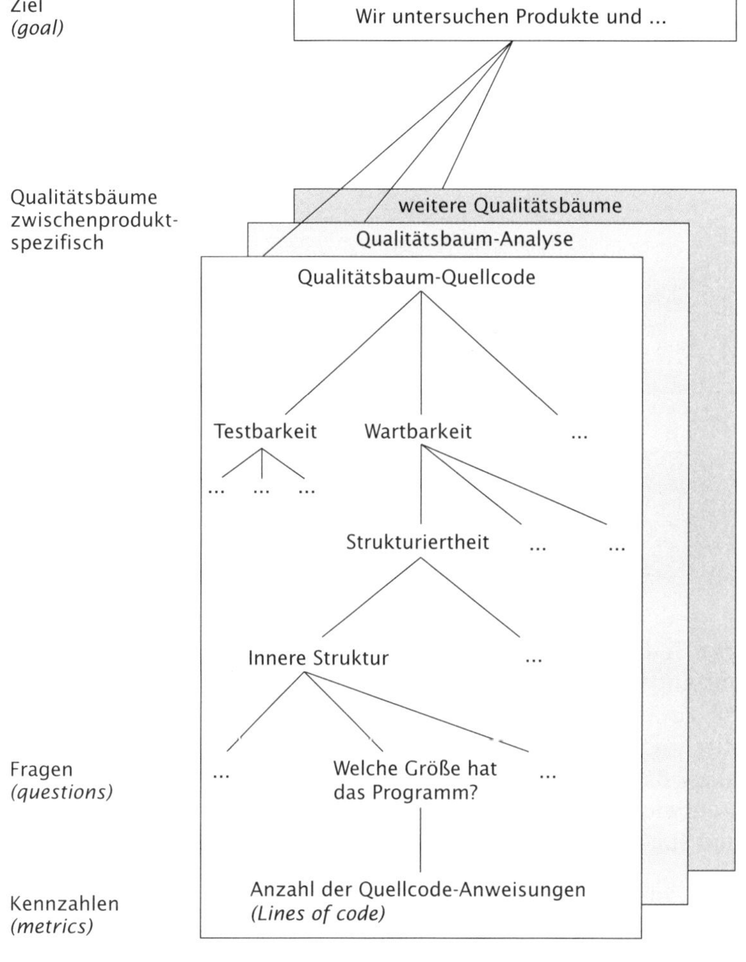

Abb. 1.2-4: Erweitertes GQM-Bewertungsmodell

Wichtig ist außerdem, daß die Qualitätsbäume zwischenproduktspezifisch sind, d.h. zu einem Ziel gibt es mehrere zwischenspezifische Qualitätsbäume.

Beispiel

Anhand des Qualitätsziels »Wartbarkeit« wird dieser erweiterte Ansatz dargestellt (in Anlehnung an /Häge, Znotka 94/). Abb. 1.2-5 zeigt den Qualitätsbaum zur Wartbarkeit.

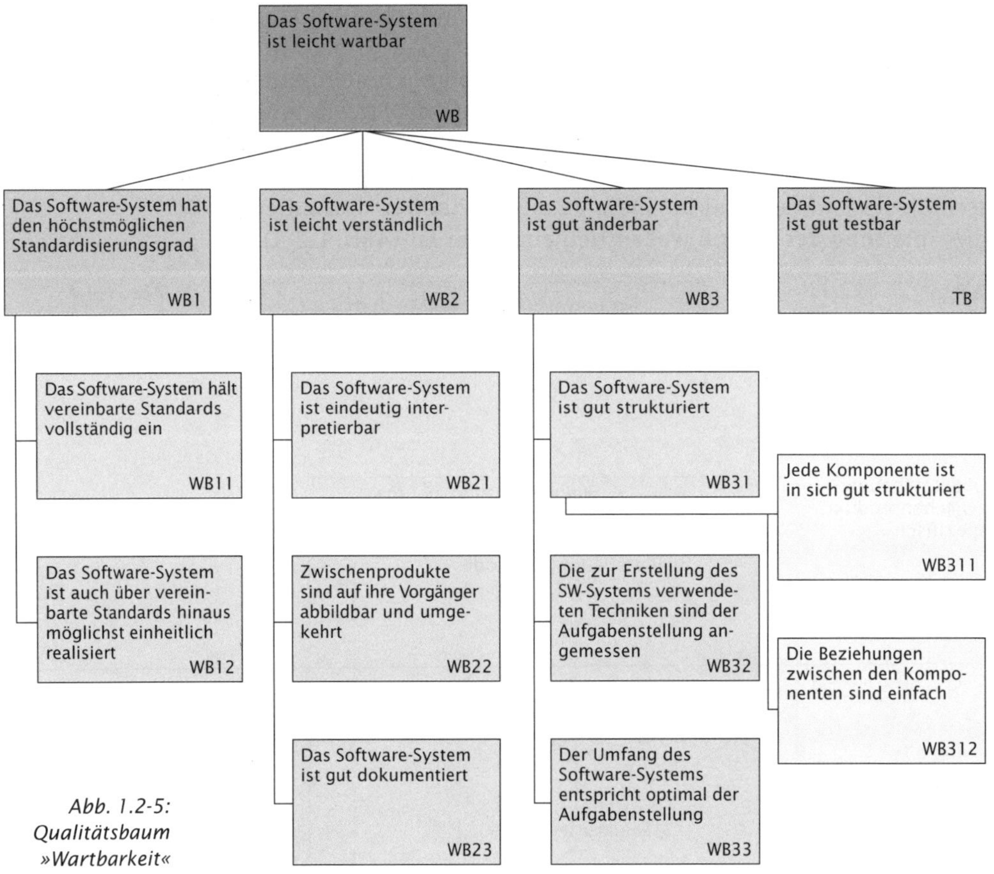

Abb. 1.2-5: Qualitätsbaum »Wartbarkeit«

Bei den Teilzielen WB2, WB3 und TB spiegelt sich der Ablauf eines Software-Änderungsprozesses wider: Zuerst müssen die Änderung und das zu ändernde Objekt verstanden werden, bevor die Änderung durchgeführt und das geänderte Objekt getestet werden kann.

Zu allen Blättern der Qualitätsbäume wurden Fragen und Kennzahlen entwickelt. Für jede Frage wurden die dazugehörigen Informationen für jedes Zwischenprodukt in einem Datenblatt beschrieben.

Kapitel I 2.19

Abb. 1.2-6 zeigt ein solches Datenblatt für das Zwischenprodukt »funktionale Spezifikation (FS)«, worunter in diesem Beispiel ein SA-Modell verstanden wird.

Abb. 1.2-7 zeigt ein Datenblatt, das die Strukturierung eines DFD bewertet.

Im Rahmen eines Software-Entwicklungsprojekts bei Daimler-Benz wurden ca. 300 Datenblätter für 14 Zwischenprodukte erstellt.

Weiteres Vorgehensmodell

Ein weiteres Vorgehensmodell, das zu einem entwicklungsspezifischen Qualitätsmodell führt, wird in /Gilb 88/ beschrieben.

Zwischenprodukt	funktionale Spezifikation	**Qualitätsmerkmal**	Wartbarkeit
Ziel-Id	WB11FS		
Ziel	Die funktionale Spezifikation hält vereinbarte Standards vollständig ein.		
Frage-Id	FS1		
Frage	Existiert für jeden Prozeß entweder eine Minispezifikation oder eine Verfeinerung in einem DFD?		
Erläuterung/ Bemerkung/ Abgrenzung	B: aus: Richtlinie für die Systementwicklung mit ADW. B: Bei Einordnung in den Qualitätsbaum außerhalb der Standards würde diese Frage an folgende Stelle gehören: System ist gut strukturiert.		
Maß/ Bewertung	0, wenn alle Prozesse entweder durch eine Minispec beschrieben sind oder in einem DFD verfeinert sind. 1 sonst. oder Anzahl der Prozesse ohne Minispec und ohne Verfeinerung / alle Prozesse		
Meßverfahren	*Review* aller Prozesse der DFD. ADW: *Decomposition Diagrammer* erzeugt eine hierarchische Übersicht der Prozesse. Dabei sind alle Elementarprozesse mit S und alle anderen anderen Prozesse mit einem P gekennzeichnet. An den Blättern dieses Diagramms dürfen nur Prozesse mit einem S zu finden sein.		
Aspekte des Maßes	Bedeutung des Maßes: 0 Durchgängigkeit: 0,5 Erhebungsaufwand (manuell/Werkzeug): 0,5/0		
Regeln/ Handlungsanweisungen/ Bemerkungen	H: Beschreibe alle beanstandeten Prozesse mittels Minispec oder verfeinere sie in einem DFD. B: ADW: Elementarprozesse können durch Anlegen einer Minispezifikation definiert werden oder durch explizite Angabe im Datenflußdiagramm (ohne Erzeugen einer Minispec). Im ersten Fall existiert eine Minispec zwangsläufig, im zweiten Fall kann es jedoch vorkommen, daß keine Minispec existiert.		

Abb. 1.2-6: Beispiel für ein Datenblatt

Legende:
DFD = Datenflußdiagramm im Sinne von SA
ADW = CASE-Werkzeug
Bedeutung des Maßes: Je näher der Wert an 0 liegt, desto besser ist der Qualitätsaspekt ausgeprägt.

1.3 Qualitätszielbestimmung

Nicht an jedes Software-Produkt und nicht an jeden Software-Entwicklungsprozeß werden dieselben Qualitätsanforderungen gestellt.

Beispiel

McCall ordnet beispielsweise verschiedenen Anwendungsklassen unterschiedliche Qualitätsmerkmale zu (Tab. 1.2-2).

Q-Stufen

Wird ein Qualitätsmodell benutzt, das sich auf Indikatoren bzw. Kennzahlen abstützt, dann sind Qualitätsstufen zu definieren, und es ist festzulegen, welche Qualitätsstufen erreicht werden sollen (Abb. 1.3-1).

Abb. 1.2-7: Beispiel für ein Datenblatt

Zwischen-produkt	funktionale Spezifikation	**Qualitätsmerkmal**	Wartbarkeit
Ziel-Id	WB 311 FS		
Ziel	Die funktionale Spezifikation ist in sich gut strukturiert.		
Frage-Id	FS15		
Frage	Sind alle DFD in sich gut strukturiert?		
Erläuterung/ Bemerkung/ Abgrenzung	B: Eine Beantwortung dieser Frage setzt eine detaillierte Betrachtung der Struktur der DFD voraus.		
Maß/ Bewertung	für jedes DFD: # der Prozesse (Funktionen) # der Datenflüsse durchschnittliches und maximales Gewicht der Datenflüsse (Gewicht eines Datenflussses ist die Anzahl seiner Felder) # der Datenspeicher # der Datenflüsse/# der Prozesse (= durchschnittliche # der Datenflüsse aller Prozesse) max. # der Datenflüsse eines Prozesses Für alle DFD: $\sum_{\text{über alle DFD}}$ # der Prozesse max. # der Prozesse für alle DFD durchschnittliche # der Prozesse durchschnittliches und maximales Gewicht der Datenflüsse (Gewicht eines Datenflusses ist bestimmt durch die # der Felder)		
Meßverfahren	Zählen aller Prozesse, Datenflüsse und Datenspeicher eines jeden DFD. Jeder Datenfluß zwischen zwei Objekten wird gezählt.		
Aspekte des Maßes	Bedeutung des Maßes: 0 Durchgängigkeit: 0,5 Erhebungsaufwand (manuell/Werkzeug): 1/0		

Legende: # = Anzahl

Abb. 1.3-1: Festlegen von Qualitätsstufen /DIN ISO 9126, S.9/

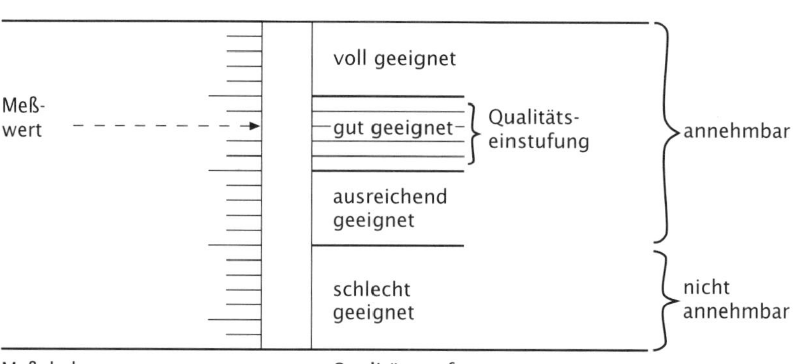

Eine **Qualitätsstufe** ist ein Wertebereich auf einer Skala, mit deren Hilfe Software entsprechend den festgelegten Qualitätsanforderungen klassifiziert werden kann /DIN ISO 9126, S.2/.

Beispiel

Ein Beispiel für Qualitätsstufen von relativen Maßen ist in /Häge, Znotka 94, S. 51 f./ angegeben. Es werden zwei Produktqualitätsstufen unterschieden: normale Qualität und gute Qualität. Die normale Qualität soll sehr leicht zu erreichen sein, die gute Qualität soll einen merkbaren Zusatzaufwand erfordern.

Tab. 1.3-1 zeigt ein Beispiel für eine Vorgabe von Relativmaßen.

Tab. 1.3-1: Quantifizierung von Qualität

	normale Produktqualität	gute Produktqualität
Standards	0,1	0
alle anderen Qualitätsmaße	0,2	0,1

Der Zielwertebereich bei Maßen, die sich auf die Einhaltung von Standards beziehen, liegt bei normaler Produktqualität zwischen einschließlich 0 und einschließlich 0,1. Von zehn betrachteten Objekten darf also höchstens ein Objekt den Standard nicht erfüllen.

Geltungsbereich

Der Geltungsbereich von Qualitätszielen kann sich erstrecken auf:
- eine software-produzierende Einheit,
- jeweils ein Software-Produkt,
- auf Teilprodukte eines Software-Produkts,
- auf den gesamten Software-Erstellungsprozeß,
- auf Teile des Software-Erstellungsprozesses.

Erstellt eine software-produzierende Einheit, z.B. ein Software-Haus, für ein bestimmtes Marktsegment ähnliche Produkte, dann kann es ausreichend sein, einmal eine Qualitätszielbestimmung für die Produkte und den Entwicklungsprozeß vorzunehmen und in regelmäßigen Abständen zu überprüfen.

In der Regel ist eine Qualitätszielbestimmung pro Produkt erforderlich, insbesondere wenn es sich um Individualsoftware handelt. Mit dem Auftraggeber ist dann zu diskutieren, auf welche Qualitätsmerkmale er Wert legt und welche Qualitätsstufen zu erfüllen sind. In Sonderfällen kann es auch nötig sein, pro Teilprodukt und pro Teil des Software-Erstellungsprozesses eine Qualitätszielbestimmung vorzunehmen.

Zeitpunkt

Die Qualitätszielbestimmung ist auf jeden Fall vor Entwicklungsbeginn durchzuführen. Das Ergebnis ist z.B. im Pflichtenheft zu dokumentieren. Nur so ist sichergestellt, daß sowohl der Auftraggeber als auch die Entwickler eine definierte Qualitätsbasis besitzen. Dadurch werden von vornherein Mißverständnisse vermieden.

Ergeben sich im Laufe des Entwicklungsprozesses neue Erkenntnisse, die die Qualität betreffen, dann ist die Qualitätszielbestimmung zu wiederholen. Eine frühe Qualitätszielbestimmung ist auch deshalb erforderlich, weil sich die gewünschte Qualität sowohl auf die Kosten als auch auf die Termine auswirkt.

Q-Anforderungen

Die Qualitätszielbestimmung führt zu Qualitätszielen, aus denen sich Qualitätsanforderungen ergeben. **Qualitätsanforderungen** legen fest, welche Qualitätsmerkmale im konkreten Fall als relevant erachtet werden und in welcher Qualitätsstufe sie erreicht werden sollen.

Auswirkungen

Die Qualitätsanforderungen haben Auswirkungen auf den Software-Entwicklungsprozeß.

Beziehen sich die Qualitätsanforderungen auf ein Software-Produkt, dann sind aus den Anforderungen Methoden, Werkzeuge, Richtlinien und Checklisten für den Entwicklungsprozeß abzuleiten. Dadurch werden die Entwickler in die Lage versetzt, die Qualitätsanforderungen einzuhalten. Durch eine entwicklungsbegleitende Qualitätsüberprüfung sind die Anforderungen sicherzustellen.

Produktzertifikat
Kapitel 6.7

Die Produktabnahme erfolgt gegen die Produkt-Qualitätsanforderungen. Sind alle Anforderungen erfüllt, dann kann ein entsprechendes Produktzertifikat vergeben werden.

System-Zertifikat
Abschnitt 4.1.2

Beziehen sich die Qualitätsanforderungen auf den Software-Entwicklungsprozeß selbst, dann führen diese Anforderungen zu Änderungen des Entwicklungsprozesses. Nach Durchführung der Änderungen kann ein Prozeß- oder Systemzertifikat erteilt werden.

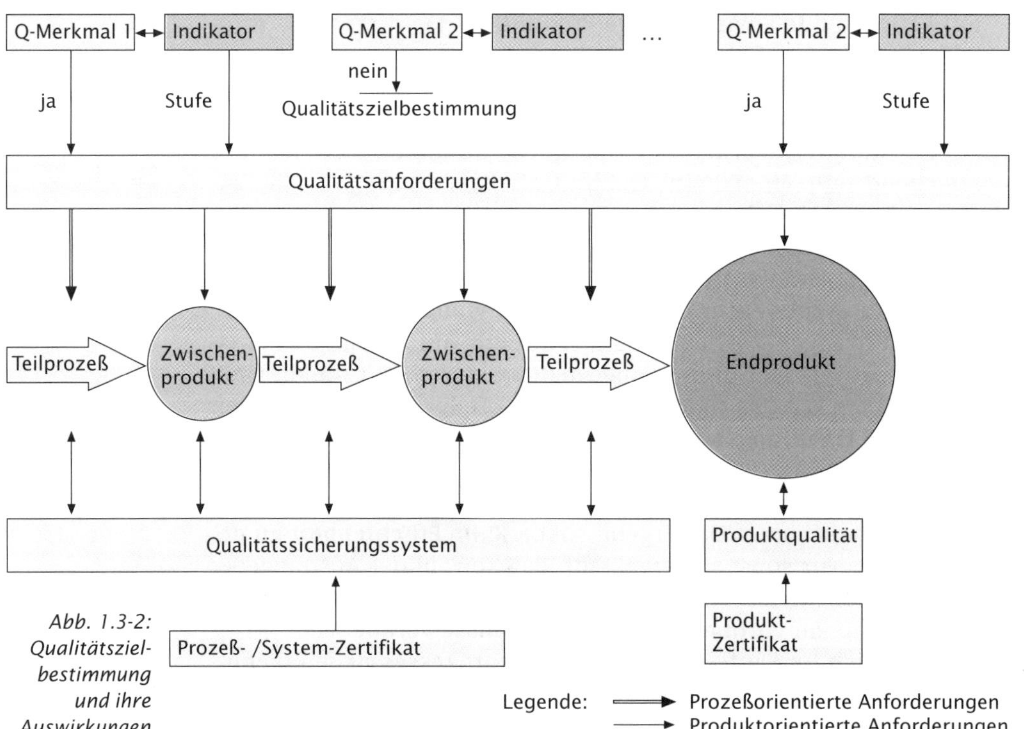

Abb. 1.3-2: Qualitätszielbestimmung und ihre Auswirkungen

Abb. 1.3-2 zeigt die Qualitätszielbestimmung und ihre Auswirkungen. Kapitel 2

Die Qualitätsziele dienen sowohl zur Vorgabe als auch zur Überprüfung bzw. Evaluation des Produkts bzw. des Entwicklungsprozesses.

Für die in diesem Buch behandelten Fallstudien wird das ISO 9126-Qualitätsmodell (Tab. 1.2-1) zugrundegelegt. Es werden drei Qualitätsstufen unterschieden:

- sehr gute Produktqualität
- gute Produktqualität
- normale Produktqualität

In der Planungsphase wird eine Qualitätszielbestimmung auf der Ebene der Qualitätsmerkmale vorgenommen, in der Definitionsphase erfolgt eine Verfeinerung auf der Ebene der Teilmerkmale.

Hauptkapitel I 1, I 2

Für die Fallstudie Seminarorganisation wird im Lastenheft die in Tab. 1.3-2 angegebene Qualitätszielbestimmung vorgenommen.

Beispiel Anhang A, Band 1

Produktqualität	sehr gut	gut	normal	nicht relevant
Funktionalität		✔		
Zuverlässigkeit			✔	
Benutzbarkeit		✔		
Effizienz			✔	
Änderbarkeit			✔	
Übertragbarkeit			✔	

Tab. 1.3-2: Q-Zielbestimmung für Seminarorganisation

factor →Qualitätsmerkmal

FCM-Modell *factor-criteria-metrics*-Modell, →Qualitätsmodell, das sich aus →Qualitätsmerkmalen *(factors)*, Teilmerkmalen *(criteria)* und →Qualitätsindikatoren *(metrics)* zusammensetzt.

GQM-Ansatz *goal-question-metric*-Ansatz, systematische Vorgehensweise zur Erstellung eines entwicklungsspezifischen →Qualitätsmodells.

Metrik →Software-Qualitätsmaß

Qualität Die Gesamtheit der Merkmale und Merkmalswerte eines Produkts oder einer Dienstleistung, die sich auf deren Eignung beziehen, festgelegte oder vorausgesetzte Erfordernisse zu erfüllen (ISO 8402: 1986).

Qualitätsanforderungen legen fest, welche →Qualitätsmerkmale im konkreten Fall als relevant erachtet werden und in welcher →Qualitätsstufe sie erreicht werden sollen.

Qualitätsindikator Ausgewiesene Eigenschaft eines Software-Produkts, die zu den →Qualitätsmerkmalen in Beziehung gesetzt werden können, z.B. Pfadlänge, modularer Aufbau, Programmstruktur, Kommentare (DIN ISO 9126: 1991).

Qualitätsmerkmal Satz von Eigenschaften eines Software-Produkts, anhand dessen seine Qualität beschrieben und beurteilt wird. Ein Software-Qualitätsmerkmal kann über mehrere Stufen in Teilmerkmale verfeinert werden (DIN ISO 9126: 1991).

Qualitätsmodell Spezifiziert →Qualität durch Verfeinerung in →Qualitätsmerkmale und Teilmerkmale, denen dann →Qualitäts-Indikatoren zugeordnet werden.

Qualitätsstufe Wertebereich auf einer Skala, mit deren Hilfe Software entsprechend den festgelegten →Qualitätsanforderungen klassifiziert werden kann (DIN ISO 9126: 1991).

Software-Qualität Die Gesamtheit der Merkmale und Merkmalswerte eines Software-Produkts, die sich auf dessen Eignung beziehen, festgelegte oder vorausgesetzte Erfordernisse zu erfüllen (DIN ISO 9126: 1991).

Software-Qualitätsmaß Quantitative Skala und Methode, mit der der Wert bestimmt werden kann, den ein →Qualitätsindikator für ein bestimmtes Software-Produkt aufweist (DIN ISO 9126: 1991).

Jedes Produkt und jede Dienstleistung soll eine definierte Qualität besitzen. Software-Qualität kann durch Qualitätsmodelle spezifiziert werden. Tab. 1.3-3 gibt einen Überblick über die behandelten Qualitätsmodelle. Bei den meisten Modellen handelt es sich um FCM-Modelle. Bei ihnen wird die Software-Qualität durch Qualitätsmerkmale *(factors)* und Teilmerkmale *(criteria)* definiert. Die Teilmerkmale können zu Qualitätsindikatoren bzw. Metriken *(metrics)* in Beziehung gesetzt werden. Ein Software-Qualitätsmaß gibt an, wie der Wert für einen Qualitätsindikator bestimmt werden kann.

Neben FCM-Modellen gibt es noch Vorgehensmodelle, die angeben, wie unternehmens- oder entwicklungsspezifische Qualitätsmodelle

Tab. 1.3-3: Übersicht über die behandelten Qualitätsmodelle

	FCM – Modelle					GQM – Modelle		
Name des Modells	ISO 9126 (1991)	FURPS (1985)	McCall (1977)	Boehm (1978)	DGQ (1986)	GQM (1987)	Daimler-Benz (1994)	Gilb (1988)
Objekte des Modells	SW-Systeme	Produkte	Programme	Fortran-Programme	Programme & Dokumente	Produkte & Prozesse	Produkte & Prozesse	SW-Systeme
Art des Modells	FCM-Baum	FCM-Baum	FCM-Netz	FCM-Netz	FCM-Baum	Vorgehensweise	erweitertes GQM	Vorgehensweise
Sichtweise	nicht angegeben	Kunde	Entwickler	Entwickler	nicht angegeben	jede Sicht möglich	jede Sicht möglich	Projektbeteiligte
Definition der Merkmale	vollständig	vollständig	vollständig	vollständig	vollständig	nein	Beispiele	Beispiele
Angaben ü. Auswahl d. Merkmale	ja	ja	ja	ja	nein	—	ja	—
Definition von Teilmerkmalen	ja	ja	ja	ja	ja	—	ja	Beispiele
Angabe von Indikatoren	nein	wenige	ja	ja	Beispiele	Beispiele	Beispiele	Beispiele
Angaben zur Validierung	keine	veröffentlichte Ergebnisse	keine	keine	keine	keine	keine	keine
Verbreitung in der Literatur	keine	häufig	sehr häufig	sehr häufig	häufig in Deutschland	häufig	keine	selten
Verbreitung in der Praxis	unbekannt	HP, TOK	unbekannt	unbekannt	unbekannt	SEL Alcatel Austria	Systemhaus Debis	unbekannt

erstellt werden. Bekannt ist der GQM-Ansatz *(goal-question-metric).* Da nicht für jedes Software-Produkt und jeden Software-Entwicklungs-Prozeß dieselbe Qualität erforderlich ist, müssen im Rahmen einer Qualitätszielbestimmung die Qualitätsanforderungen und die zu erreichende Qualitätsstufe festgelegt werden.

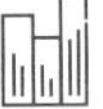

Zitierte Literatur

/Boehm et al. 78/
Boehm B.W., Brown J.R., Kaspar H., Lipow M., MacLeod G.J., Merrit M.J., *Characteristics of Software Quality,* Amsterdam: North-Holland 1978

/DGQ 86/
DGQ/NTG: *Software-Qualitätssicherung,* DGQ-NTG-Schrift Nr. 12-51, Berlin: VDE-Verlag 1986

/DIN ISO 9126/
Informationstechnik – Beurteilen von Softwareprodukten, Qualitätsmerkmale und Leitfaden zu deren Verwendung, 30.9.91

/Garvin 84/
Garvin D.A., *What does Product Quality Really Mean?,* in: Sloan Management Review, Fall 1984, pp. 25–43

/Garvin 88/
Garvin D.A., *Managing Quality: The Strategic and Competitive Edge,* New York: The Free Press 1988

/Gilb 88/
Gilb T., *Principles of Software Engineering Management,* Wokingham: Addison-Wesley 1988

/Grady, Caswell 87/
Grady R.B., Caswell D.L., *Software Metrics: Etablishing a Company-Wide Program,* Englewood Cliffs: Prentice Hall 1987

/Häge, Znotka 94/
Häge M., Znotka J., *Software-Qualitätsmodell für große Informationssysteme – Abschlußbericht,* Technischer Bericht F3-94-001, Ulm: Daimler-Benz, Forschung und Technik 1994

/Hesse et al. 84/
Hesse W., Keutgen H., Luft A.L., Rombach H.D., *Ein Begriffssystem für die Softwaretechnik,* in: Informatik-Spektrum, 7/1984, S. 200–213

/McCall, Richards, Walters 77/
McCall J.A., Richards P.K., Walters G.F., *Factors in Software Quality,* Rome Air Development Center 1977

/Rombach, Basili 87/
Rombach H.D., Basili V.R., *Quantitative Software-Qualitätssicherung,* in: Informatik-Spektrum 10/1987, S. 145–158

/Wallmüller 90/
Wallmüller E., *Software-Qualitätssicherung in der Praxis,* München: Hanser-Verlag 1990

Muß-Aufgabe
10 Minuten

1 *Lernziel: Die eingeführten Qualitätsbegriffe definieren und einordnen können.* Ordnen Sie die folgenden Zitate dem entsprechenden Ansatz zum Qualitätsbegriff zu und begründen Sie Ihre Wahl.

a Ein mittelständischer Unternehmer zu dem Ergebnis eines Qualitätsvergleiches: »Das erste Programm ist um 13 Prozent besser als das zweite.«

b Ein Mitarbeiter aus der Beschaffung rät seinem Kollegen: »Kaufen Sie besser das Programm von ProfiSoft. Es hat mehr Funktionen und ist preiswerter.«

c Ein Qualitätssicherer nach einem harten Arbeitstag: »Geschafft! Die Implementierung enthält die im Pflichtenheft vorgegebenen Operationen mit der entsprechenden Funktionalität.«

d Zwei erfahrene Programmierer: »Das Problem ist mit diesem Programm optimal gelöst. Wir haben noch nichts besseres gesehen.«

e Ein Kunde beschwert sich über die von ihm verwendete Textverarbeitung: »Bei der Veränderung des Schrifttyps treten ständig Fehler auf, und die Schriftart läßt sich gar nicht variieren.«

Muß-Aufgabe *15 Minuten*

2 *Lernziel: Den Aufbau und die Unterschiede von Qualitätsmodellen beschreiben und behandelte Modelle angeben können.*
Erläutern Sie, wie die Software-Qualität durch das FCM-Modell und den GQM-Ansatz spezifiziert wird. Nennen Sie Beispiele für das jeweilige Modell.

Kann-Aufgabe *10 Minuten*

3 *Lernziel: Den Aufbau und die Unterschiede von Qualitätsmodellen beschreiben und behandelte Modelle angeben können.*
Ordnen Sie die folgenden Begriffe in einem Diagramm hierarchisch an:

- Unternehmensspezifisches Qualitätsmodell
- Modell nach ISO 9126
- FCM-Modell
- GQM-Ansatz
- Qualitätsmodell
- Entwicklungsspezifisches Qualitätsmodell
- Vorgehensmodell
- Modell nach McCall

Muß-Aufgabe *10 Minuten*

4 *Lernziel: Erklären können, welche Aufgaben eine Qualitätszielbestimmung hat.*
Erläutern Sie anhand des Beispiels zur Seminarorganisation (Tab. 1.3-2), wozu eine Qualitätszielbestimmung dient.

Muß-Aufgabe *10 Minuten*

5 *Lernziel: Für Fallstudien und Beispiele eine Qualitätszielbestimmung anhand des ISO 9126-Qualitätsmodells vornehmen können.*
Bestimmen Sie die Qualitätsanforderungen für das nachfolgende Beispiel eines Klausurenverwaltungsprogramms anhand des ISO 9126-Qualitätsmodells.

Lastenheft Klausurenverwaltung V1.0

1 Zielbestimmung

Ein Lehrstuhl soll durch das Produkt in die Lage versetzt werden, seine Klausuren computergestützt zu verwalten.

2 Produkteinsatz

Das Produkt dient zur Verwaltung und Ergebnisauswertung von Klausuren. Ferner sollen statistische Anfragen beantwortet werden können. Zielgruppe des Produkts sind die Mitarbeiter des Lehrstuhls.

3 Produktfunktionen

/LF 10/ Ersterfassung, Änderung und Löschung einer Klausur.
/LF 20/ Ersterfassung, Änderung und Löschung der angemeldeten Studenten und ihrer erreichten Punkte.
/LF 30/ Ersterfassung, Änderung und Löschung der Punktebereiche für einzelne Noten.
/LF 40/ Zuordnung der Noten gemäß der Punktebereiche.
/LF 50/ Ausdruck einer Ergebnisübersicht.
/LF 60/ Ausdruck von Formularen (Anwesenheitskontrolle, Punkteeintrag).
/LF 70/ Berechnung statistischer Werte.

4 Produktdaten

/LD 10/ Von den Studenten sind die Matrikelnummer, die erreichte Punktzahl und die Note zu speichern.
/LD 20/ Es sind die relevanten Daten zu der Klausur zu speichern.
/LD 30/ Es sind die Punktebereiche für die einzelnen Noten zu speichern.

5 Produktleistungen

/LL 10/ Es müssen maximal 200 Klausuren mit je maximal 800 Studenten verwaltet werden können.

2 Qualitätssicherung

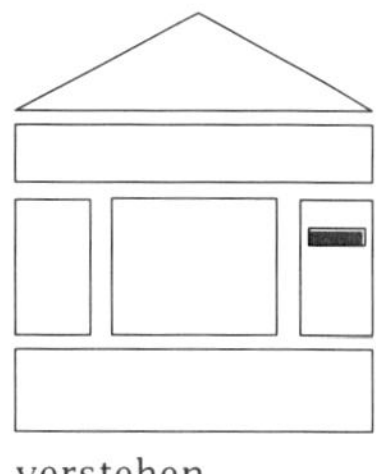
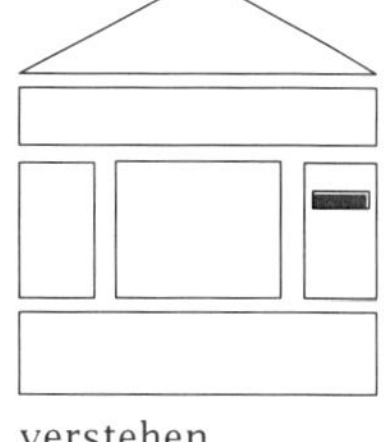

- Anhand von Beispielen konstruktive und analytische QM-Maßnahmen aufzählen und erklären können (einschließlich ihrer Wechselwirkungen). — verstehen
- Die Hauptaufgaben und Produkte des QM im allgemeinen und am Beispiel des V-Modells im speziellen nennen und beschreiben können.
- Die Prinzipien der Software-Qualitätssicherung aufzählen, erklären und begründen können. — beurteilen

☑

- Das Kapitel 1 »Grundlagen« sollte bekannt sein.

i

2.1 Qualitätsmanagement und Qualitätssicherung

Es genügt nicht, Qualitätsanforderungen aufzustellen. Genauso wichtig ist es sicherzustellen, daß diese Qualitätsanforderungen auch erreicht werden.

Q-Management

Qualitätsmanagement (QM) umfaßt »alle Tätigkeiten der Gesamtführungsaufgabe, welche die Qualitätspolitik, Ziele und Verantwortungen festlegen sowie diese durch Mittel wie Qualitätsplanung, Qualitätslenkung, Qualitätssicherung und Qualitätsverbesserung im Rahmen des Qualitätsmanagementsystems verwirklichen« (DIN EN ISO 8402).

Q-Sicherung

Unter dem Oberbegriff Qualitätsmanagement umfaßt die **Qualitätssicherung** (QS) »alle geplanten und systematischen Tätigkeiten, die innerhalb des Qualitätsmanagementsystems verwirklicht sind, und die wie erforderlich dargelegt werden, um angemessenes Vertrauen zu schaffen, daß eine Einheit die Qualitätsforderung erfüllen wird« (DIN EN ISO 8402).

Hinweis: In vielen Normen steht noch der Begriff Qualitätssicherung anstelle von Qualitätsmanagement.

In früheren Normen wurde als Oberbegriff nicht Qualitätsmanagement, sondern Qualitätssicherung verwendet. Unter Qualitätssicherung versteht man heute das, was früher als »Darlegung der Qualitätssicherung« bezeichnet wurde. Darunter fallen die Tätigkeiten, mit denen man Vertrauen in die Qualität eines Produktes schaffen will (beim Hersteller selbst und/oder beim Kunden). In der Software-Entwicklung sind dies vor allem analytische Maßnahmen (siehe unten).

Q-Lenkung

Zur **Qualitätslenkung** gehören dagegen die »Arbeitstechniken und Tätigkeiten, die zur Erfüllung der Qualitätsforderungen angewendet werden« (DIN EN ISO 8402), also in erster Linie konstruktive Maßnahmen (siehe unten).

QM vs. QS

Im folgenden werden unter Qualitätsmanagement mehr die managementbezogenen Aktivitäten und unter Qualitätssicherung mehr die technikorientierten Aktivitäten verstanden.

Vergleich: traditionelle Ingenieurdisziplinen

In allen Ingenieurdisziplinen ist das Qualitätsmanagement eine wesentliche Komponente des Produkterstellungsprozesses. Bei der Planung und Installation eines Produktionsprozesses ist die Erfüllung festgelegter Qualitätsanforderungen unter organisatorischen Rahmenbedingungen wie Kosten, verfügbares Personal usw. zu gewährleisten. Dies geschieht durch die stichprobenartige Überprüfung der Produkte. Der installierte Produktionsprozeß wird dabei wiederholt ausgeführt. Bei der Serienproduktion von Autos wird in Wirklichkeit nicht das einzelne Produkt, sondern die Einhaltung des Produktionsprozesses überprüft.

Software-Spezifika

Diese Form des Qualitätsmanagements kann nicht direkt auf individuelle Entwicklungsprozesse übertragen werden. Software wird heute noch individuell erstellt. Das Qualitätsmanagement erfolgt aber oft so, als handele es sich von Entwicklung zu Entwicklung um die wiederholte Anwendung desselben, gut verstandenen Entwicklungsprozesses. Es wird also davon ausgegangen, daß eine Produktion vorliegt, d.h. ein Produktionsprozeß, der unverändert ständig wiederholt wird. Das Qualitätsmanagement von Software unterscheidet sich wegen seiner spezifischen Charakteristika daher von dem Qualitätsmanagement traditioneller Produktionsprozesse.

Man unterscheidet ein produktorientiertes und ein prozeßorientiertes Qualitätsmanagement.

produkt-orientiertes QM

Produktorientiertes Qualitätsmanagement bedeutet, Software-Produkte und Zwischenergebnisse auf vorher festgelegte Qualitätsmerkmale zu überprüfen. Bei Anwendungs-Software gehören Gütebedingungen und Prüfbestimmungen dazu. Diese können Gegenstand einer Zertifizierung sein, d.h. einer Bestätigung durch anerkannte (akkreditierte) Stellen, daß bestimmte Normen eingehalten wurden.

Kapitel 6.7

prozeß-orientiertes QM

Prozeßorientiertes Qualitätsmanagement bezieht sich auf den Erstellungsprozeß der Software. Dazu gehören Methoden, Werkzeuge, Richtlinien und Standards. Alle Mitarbeiter müssen ein Qualitätsbewußtsein entwickeln, das den Produktionsprozeß hin zu einer optimalen Qualität verändert. Das Qualitätsoptimum für alle Zeiten wird es nicht geben. Geht man stattdessen von einem dynamischen Qualitätsoptimum aus, dann dient der Qualitätsprozeß der permanenten Adaptierung.

QS-Maßnahmen

Das Qualitätsmanagement kann durch konstruktive und analytische Maßnahmen erreicht werden.

Konstruktiv

Konstruktive Qualitätsmanagementmaßnahmen sind Methoden, Sprachen, Werkzeuge, Richtlinien, Standards und Checklisten, die dafür sorgen, daß das entstehende Produkt bzw. der Erstellungsprozeß à priori bestimmte Eigenschaften besitzt.

Beispiele

Produktorientierte Maßnahmen:

- Ein fest vorgegebenes Gliederungsschema für ein Pflichtenheft sorgt dafür, daß alle Punkte behandelt und beschrieben werden (Richtlinie).
- Der Einsatz der Strukturierten Analyse SA führt automatisch zu guter Lokalität, da alle relevanten Informationen zu einem Gesichtspunkt sich auf einem DIN-A4-Blatt befinden (Methode). Kapitel I 2.19
- Beim Einsatz einer Programmiersprache mit statischer Typprüfung, wie z.B. C++, können Typfehler während der Laufzeit nicht auftreten (Sprache).
- Eine Programmiersprache, die keine *goto*-Konstrukte, sondern nur strukturierte Kontrollanweisungen besitzt, erzwingt automatisch lineare Programme (Sprache).
- Ein Programmierer, der alle importierten Größen von seinem Programm auf Richtigkeit überprüfen läßt, stellt sicher, daß Programm-

fehler wegen falscher Eingabedaten vermieden werden (defensives Programmieren) (Richtlinie).

- Die objektorientierte Software-Entwicklung stellt sicher, daß es keinen »Strukturbruch« zwischen der Definition, dem Entwurf und der Implementierung gibt (Methode).

Hauptkapitel IV 3

- Die objektorientierte Software-Entwicklung unterstützt durch die Polymorphie die Wiederverwendbarkeit und durch die Vererbung die Wiederverwendung (Methode).

Prozeßorientierte Maßnahmen:

- Eine Festlegung, welche Teilprodukte mit welchem Inhalt und welchem Layout während einer Software-Entwicklung wann und von wem erstellt werden müssen, standardisiert den Entwicklungsprozeß (Richtlinie).

Kapitel II 6.3

- Der Einsatz eines Konfigurationsmanagementsystems erlaubt es jederzeit, die Software-Elemente, die zu einer Konfiguration gehören, zu identifizieren (Richtlinie, Werkzeug).
- Die Festlegung von zulässigen Zustandsübergängen von (Teil-)Produkten (geplant, in Bearbeitung, vorgelegt, akzeptiert) gibt einen Überblick über den aktuellen Fertigungsstand einer Entwicklung (Richtlinie, Werkzeug).

Kapitel II 3.3

- Die Festlegung eines Vorgehensmodells für die Software-Entwicklung sorgt für Transparenz und Planbarkeit (Richtlinie, Werkzeug).

Abb. 2.1-1 zeigt eine Gliederung der konstruktiven Maßnahmen.

Analytisch

Im Gegensatz zu konstruktiven Maßnahmen handelt es sich bei **analytischen Qualitätsmanagementmaßnahmen** um diagnostische Maßnahmen, d.h. sie bringen in das Produkt oder den Entwicklungsprozeß keine Qualität per se. Durch analytische Maßnahmen wird das existierende Qualitätsniveau gemessen. Ausmaß und Ort der Defekte können identifiziert werden. Das Ziel ist also die Prüfung und Bewertung der Qualität der Prüfobjekte.

Analytische Maßnahmen kann man nach verschiedenen Gesichtspunkten gliedern:

- Bezug der Prüfung (Produkt- oder Prozeßprüfung),
- Automatisierungsgrad der Prüfung (manuell oder/und Einsatz von Software-Werkzeugen),

Abb. 2.1-1: Maßnahmen zum konstruktiven Qualitätsmanagement

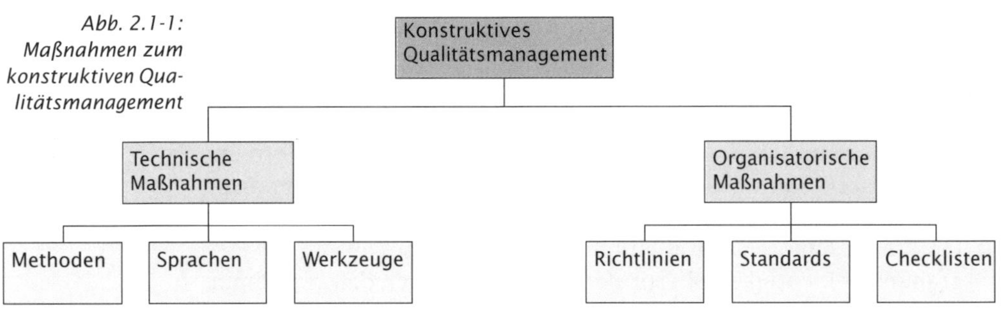

- Nachvollziehbarkeit der Prüfung (Selbstprüfung oder Nachweisführung),
- Einsatzbereich der Prüfung (Definitions-, Entwurfs- Implementierungs-, Abnahme-, Wartungs- & Pflege-Phase).

Abb. 2.1-2 zeigt Maßnahmen zum analytischen Qualitätsmanagement.

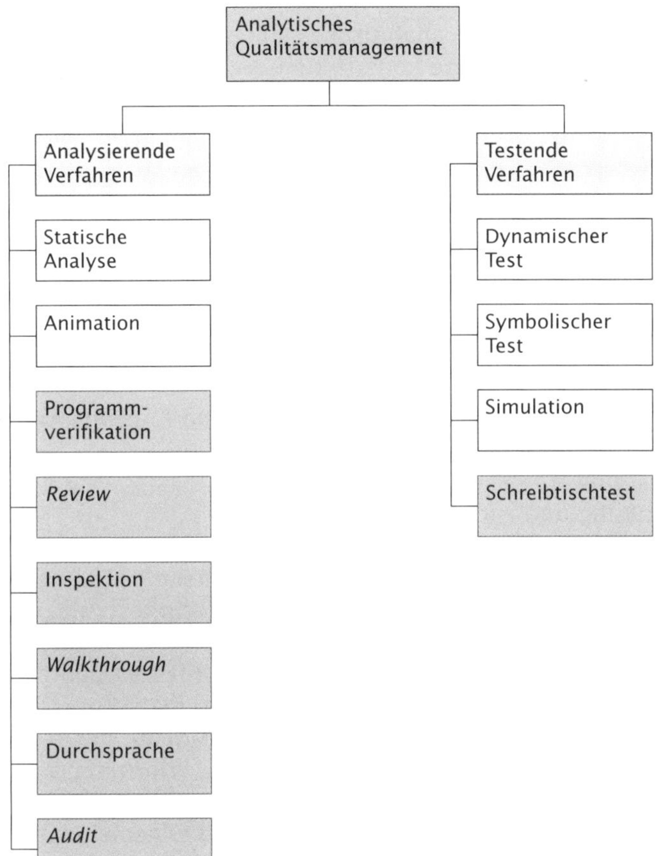

Abb. 2.1-2: Maßnahmen zum analytischen Qualitäts-management

Analysierende Verfahren sammeln gezielt Informationen über den Prüfling mit analytischen Mitteln, d.h. unter Verzicht auf die dynamische Ausführung des Prüflings mit konkreten Eingaben.

Analysierend
Hauptkapitel 3, 5 und 6

Testende Verfahren führen den Prüfling mit Eingaben aus.

Testend

Konstruktive und analytische Maßnahmen sind voneinander abhängig. Fehlende oder geringe konstruktive Maßnahmen erfordern in der Regel viele und aufwendige analytische Maßnahmen. Generell gilt, daß eine vorausschauende, konstruktive Qualitätslenkung viele analytische Maßnahmen erspart.

Wechselwirkungen

Beispiel

Werden Produkte und Teilprodukte vor dem Eintrag in ein Produktarchiv nach verschiedenen Gesichtspunkten klassifiziert (konstruktive Maßnahme), dann wird die Wiederverwendbarkeit wesentlich erleichtert. Fehlt eine solche Klassifizierung, dann müssen die abgelegten Produkte durch Werkzeuge aufwendig analysiert werden, um eine Wiederverwendung zu ermöglichen.

Es kann aber auch sein, daß analytische Maßnahmen erst möglich werden, wenn vorher geeignete konstruktive Maßnahmen ergriffen wurden.

Beispiel

Eine geeignete Modularisierung (konstruktive Maßnahme) ist die Voraussetzung für einen umfassenden Modultest. Nur dann kann z.B. das minimale Testkriterium »Jeder Zweig eines Programms soll mindestens einmal durchlaufen werden« erfüllt werden. Mit einem fertiggestellten Gesamtprodukt ist ein solcher Test nicht mehr vollständig durchführbar.

Generelles Ziel muß es sein, durch konstruktive Maßnahmen den analytischen Aufwand zu reduzieren.

Aktivitäten

Zur Durchführung des Qualitätsmanagements sind folgende Aktivitäten erforderlich:

- Qualitätsplanung,
- Qualitätslenkung und -sicherung,
- Qualitätsprüfung.

Q-Planung

Aufgabe der **Qualitätsplanung** ist es, die Qualitätsanforderungen an den Prozeß und das Produkt in überprüfbarer Form festzulegen. Dies beinhaltet die Auswahl oder die Aufstellung eines Qualitätsmodells und die Festlegung von Soll-Qualitätsstufen für die Qualitätsindikatoren. Beispielsweise kann das Qualitätsmerkmal »Zuverlässigkeit« über den Indikator »Anzahl der Fehler pro Monat« sowie die Sollstufe 0,01 meßbar definiert sein. Wichtig ist es, Prioritäten zwischen gegenläufigen Anforderungen festzulegen.

Ausgehend von den Qualitätsanforderungen sind allgemeine und produktspezifische Qualitätslenkungs- und -sicherungsmaßnahmen abzuleiten. Dazu gehört auch die durchgehende Instrumentierung des Entwicklungsprozesses mit Meßpunkten zur Vorhersage der definierten Qualitätsziele sowie die Auswahl geeigneter Methoden und Werkzeuge zur Erfassung der Meßwerte.

Für das obige Beispiel muß die »Anzahl der Fehler während der Nutzung« sowie die »Zeit der Nutzung« gemessen werden, um den Ist-Zuverlässigkeitswert zu ermitteln. Außerdem kann es sinnvoll sein, die »Anzahl der Fehler pro Systemtest« oder die »Komplexität der Systemstruktur« als Indikatoren zur frühen Vorhersage der erwarteten Zuverlässigkeit zu verwenden.

Die Qualitätsplanung muß mit dem Auftraggeber abgesprochen werden.

Q-Lenkung

Die **Qualitätslenkung und -sicherung** setzt die Qualitätsplanung um, steuert, überwacht und korrigiert den Entwicklungsprozeß mit dem Ziel, die vorgegebenen Anforderungen zu erfüllen. Die analytischen Maßnahmen werden im Rahmen der Qualitätsprüfung durchgeführt, die konstruktiven Maßnahmen überprüft. Die Überwachung der Qualitätsprüfung nach Plan ist Teil der Qualitätslenkung. Die Auswertung der Ergebnisse basiert auf einem Vergleich der Soll- und Istwerte. Werden vorgegebene Anforderungen nicht erfüllt, dann müssen korrektive Maßnahmen ergriffen werden. Die Aufgaben der Qualitätslenkung sind eng mit den Software-Managementaufgaben verknüpft.

Q-Prüfung

Hauptkapitel 3 bis 6

Die **Qualitätsprüfung** führt die im Rahmen der Qualitätsplanung festgelegten Maßnahmen zur Erfassung von Qualitäts-Istwerten durch und überwacht, ob die konstruktiven Maßnahmen umgesetzt wurden. Typische Aktivitäten sind die Erfassung von Meßdaten über Meßwerkzeuge (z.B. zur Erfassung der Komplexität eines Systems) oder Formblätter / Interviews (zur Erfassung von Fehler- oder Aufwandsdaten), Tests (zur Erfassung dynamischer Produktmerkmale) oder Inspektionen, *Reviews* oder *Walkthroughs* (zur Erfassung statischer Produktmerkmale) oder *Audits* (zur Erfassung der Prozeßmerkmale).

Eine weitere Art von Qualitätsprüfungen sind Mängel- und Fehleranalysen, die auf Mängelkatalogen und Problemberichten beruhen. Sie geben Antworten auf folgende Fragen:

- In welcher Phase kommen welche Fehlertypen am häufigsten vor?
- Wie viele noch nicht behobene Fehler existieren noch im Produkt?

Sie sind die Basis für weitere Verbesserungen des Entwicklungsprozesses.

Q-Sicherungsplan

Die Ergebnisse der Qualitätsplanung werden in einem **Qualitätssicherungsplan** dokumentiert. Ein solcher Plan soll folgende Fragen beantworten /Rombach 93, S. 270/:

- *Was* muß gesichert werden?
  Identifizierung der relevanten Qualitätsmerkmale, ihre relative Bedeutung und ihre Quantifizierung in Form von Metriken.
- *Wann* muß gesichert werden?
  Festlegung der Zeitpunkte für die den gesamten Entwicklungsprozeß begleitende Datenerfassung.
- *Wie* muß gesichert werden?
  Auswahl der zur Datenerfassung und Qualitätsprüfung geeigneten Techniken und Methoden (z.B. Meßwerkzeuge, Testen, *Reviews*, *Walkthroughs*, Inspektionen).
- *Von wem* muß gesichert werden?
  Festlegung von Verantwortlichkeiten für die Qualitätsprüfung und -lenkung.

Abschnitt II 3.3.2 Der IEEE-Standard 730/84 legt ein Gliederungsschema für Qualitätssicherungspläne fest. In Tab. 2.3-3 (siehe Kapitel 2.3) ist das Gliederungsschema für den QS-Plan im V-Modell angegeben.

Anhand eines QS-Plans wird auch das Qualitätsmanagement kontrolliert.

2.2 Prinzipien der Software-Qualitätssicherung

Für die Qualitätssicherung sollten folgende Grundsätze befolgt werden:

- Prinzip der produkt- und prozeßabhängigen Qualitätszielbestimmung
- Prinzip der quantitativen Qualitätssicherung
- Prinzip der maximalen konstruktiven Qualitätssicherung
- Prinzip der frühzeitigen Fehlerentdeckung und -behebung
- Prinzip der entwicklungsbegleitenden, integrierten Qualitätssicherung
- Prinzip der unabhängigen Qualitätssicherung

Diese Prinzipien werden im folgenden näher beschrieben.

Prinzip der produkt- und prozeßabhängigen Qualitätszielbestimmung

Jedes Software-Produkt soll nach seiner Fertigstellung eine bestimmte Qualität besitzen.

Praxis

Oft wird diese Qualität aber weder explizit noch implizit festgelegt. Eine Befragung von 33 Organisationen hat ergeben, daß nur knapp über 50 Prozent der Betriebe Qualitätsmerkmale festlegen /Spillner, Liggesmeyer 94, S. 370/. Die anderen verzichten auf eine explizite Definition. Nur wenige planen für die Zukunft deren Festlegung. Unternehmen, die Qualitätsmerkmale verwenden, legen in erster Linie Robustheit, Verständlichkeit, Wartbarkeit und Laufzeiteffizienz fest, in zweiter Linie Korrektheit, Vollständigkeit und Benutzungsfreundlichkeit.

Ziel

Da die gewünschte Qualität sowohl die Kosten und Termine als auch die konstruktiven und analytischen QM-Maßnahmen wesentlich beeinflußt, ist eine explizite und transparente Qualitätszielbestimmung *vor* Entwicklungsbeginn sowohl für den Auftraggeber als auch für den Lieferanten äußerst hilfreich.

Auftraggeber

Nur so ist klargestellt, welche Qualität der Auftraggeber benötigt und für sein Geld erhält. Dadurch werden auch pauschale Forderungen des Auftraggebers nach der »besten Qualität« verhindert. Der Software-Lieferant sollte außerdem in der Lage sein, anzugeben, wie sich die Kosten und Termine in Abhängigkeit von der gewünschten Qualitätsstufe verändern.

Die in der Qualitätszielbestimmung festgelegten Qualitätsanforderungen werden vom Auftraggeber für den Abnahmetest verwendet, d.h. das fertige Produkt wird gegen die Qualitätsanforderungen geprüft.

Für den Software-Lieferanten ergeben sich aus den Qualitätsanforderungen die Maßnahmen für den Entwicklungsprozeß und die Qualitätsprüfung. Die Entwickler wissen, was von ihnen bzw. dem Produkt erwartet wird und können geeignete Methoden und Werkzeuge einsetzen. Ohne festgelegte Qualitätsanforderungen »tappen« die Entwickler im Dunkeln herum und wissen nicht, auf welche Qualitätsmerkmale sie sich konzentrieren sollen. Lieferant

Die produkt- und prozeßabhängige Qualitätszielbestimmung vor Entwicklungsbeginn bringt daher sowohl für den Auftraggeber als auch den Lieferanten die notwendige Planungs- und Kalkulationssicherheit. Vorteil

Prinzip der quantitativen Qualitätssicherung

»Ingenieurmäßige Qualitätssicherung ist undenkbar ohne die Quantifizierung von Soll- und Istwerten« /Rombach 93, S. 270/. Die Quantifizierung im Bereich der Software-Qualitätssicherung stößt auf folgende Schwierigkeiten /a.a.O./:

- Metriken sind ziel- und kontextabhängig.
- Die Anzahl der Variationsparameter ist um ein Vielfaches höher als bei traditionellen Produktionsprozessen.
- Kreativer Charakter vieler Aspekte der Software-Entwicklung.
- Unkontrollierte Variabilität von Entwicklungsprozessen.

Trotz dieser Schwierigkeiten wurden in den letzten zehn Jahren wesentliche Fortschritte im Bereich Messen erzielt. Heute ist folgendes anerkannt:

Vorteile

- Messen ist geeignet
  - zum besseren Verständnis unterschiedlicher Qualitätsmerkmale durch die Erstellung deskriptiver Modelle,
  - zur besseren Planung und Sicherung von Qualitätsmerkmalen durch die Entwicklung präskriptiver Modelle,
  - zur Verbesserung von Entwicklungsansätzen durch die experimentelle Erprobung alternativer Methoden.
- Praktisch einsetzbare Methoden und Werkzeuge zur Planung und Durchführung der Datenerfassung sowie zur statistischen Auswertung und Präsentation von Meßdaten sind vorhanden.
- Es gibt *keinen* allgemeingültigen Satz von Metriken unabhängig von Ziel und Kontext.

Auch wenn es heute noch schwierig ist, Software-Qualität zu messen, muß doch der Anfang dazu konsequent gemacht werden.

Prinzip der maximalen konstruktiven Qualitätssicherung

»Vorbeugen ist besser als heilen« oder »Fehler, die nicht gemacht werden können, brauchen auch nicht behoben werden«. Dieses Ziel verfolgt das Prinzip der maximalen konstruktiven Qualitätssicherung. Durch vorausblickende konstruktive Maßnahmen sollen analytische Qualitätsmanagementmaßnahmen reduziert werden. In vielen Fällen werden durch konstruktive Maßnahmen analytische Maßnahmen erst möglich.

Beispiele

a Eine vollständige Zweigüberdeckung (siehe Abschnitt 5.4.1) ist ökonomisch nur dann sinnvoll zu erreichen, wenn der Codeumfang klein und die Verzweigungslogik nicht zu komplex ist. Ähnliche Voraussetzungen gelten auch für das symbolische Testen (siehe Kapitel 5.9).

b Die mangelnde konstruktive Qualitätssicherung in FORTRAN führte zu schwerwiegenden Fehlern. Das FORTRAN-Programm

```
DO 3 I = 1.3
...
3 CONTINUE
```

im Flugbahnrechner der ersten amerikanischen Venussonde Mariner 1 enthielt einen der teuersten Tippfehler. Das Verwechseln von ',' mit '.' führte zu einer Wertzuweisung an die Variable DO3I (Leerzeichen überliest der Compiler), so daß am 22. Juli 1962 die Raumsonde nach 290 Sekunden gesprengt werden mußte, da die Flugbahn falsch berechnet worden war. Dieser Fehler verursachte Kosten in Höhe von 18,5 Millionen Dollar /Myers 76/.

c Die explizite Vereinbarung aller Variablen in einem Programm mit zugehöriger Typfestlegung ermöglicht erst folgende analytische Überprüfungen:
- Sind alle verwendeten Variablen vereinbart?
- Werden alle Variablen typgerecht angewandt?

Vorteile

Die Anwendung dieses Prinzips bringt folgende Vorteile:

- ⊞ Direkte Verbesserung der Produktqualität,
- ⊞ Reduktion analytischer Maßnahmen,
- ⊞ Ermöglicht analytische Maßnahmen,
- ⊞ Vermeidung von Fehlern.

Prinzip der frühzeitigen Fehlerentdeckung und -behebung

In der Praxis fängt man oft erst nach der Programmierung an, ein Produkt auf die festgelegten Qualitätsanforderungen hin zu überprüfen. Stellt man jedoch nach der Programmierung fest, daß das Produkt von den Anforderungen abweicht, dann muß nicht nur das Programm, sondern auch der Entwurf geändert werden. Noch aufwendiger werden Modifikationen, wenn Fehler erst im Betrieb des fertiggestellten und freigegebenen Produktes festgestellt wurden.

Ein **Fehler** ist

Fehler

- jede Abweichung von den Anforderungen des Auftraggebers,
- jede Inkonsistenz in den Anforderungen.

Ein Fehler ist demnach nicht nur eine Abweichung vom geforderten funktionalen Umfang, sondern auch von den gewählten Qualitätsanforderungen.

Eine verzögerte Fehlerentdeckung führt zu einem exponentiellen Kostenanstieg (Abb. 2.2-1). Daher ist es ökonomisch sinnvoll, Qualitätsmanagementmaßnahmen – sowohl konstruktive als auch analytische – verstärkt am Beginn einer Software-Entwicklung einzusetzen.

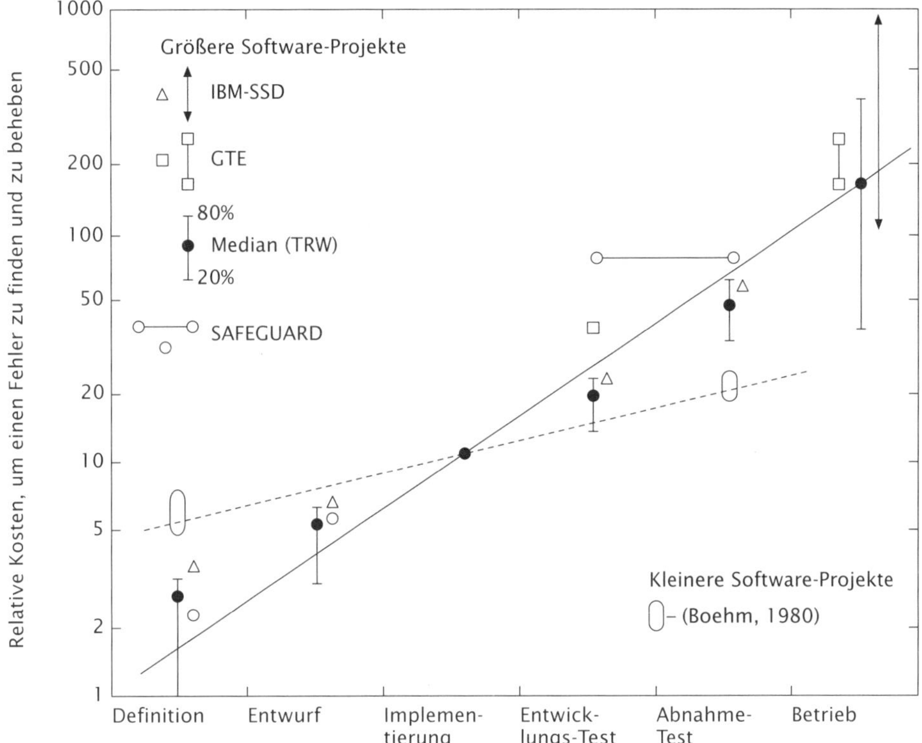

Abb. 2.2-1: Kosten einer verzögerten Fehlerentdeckung /Boehm 76/

Das Ziel muß also darauf gerichtet sein, Fehler zum frühestmöglichen Zeitpunkt zu erkennen und zu beheben, da mit zunehmender Verweilzeit eines Fehlers im Produkt seine Behebungskosten drastisch steigen.

Abb. 2.2-2 zeigt, daß Fehler und Mängel in den nachfolgenden Entwicklungsphasen zu einem Summationseffekt führen.

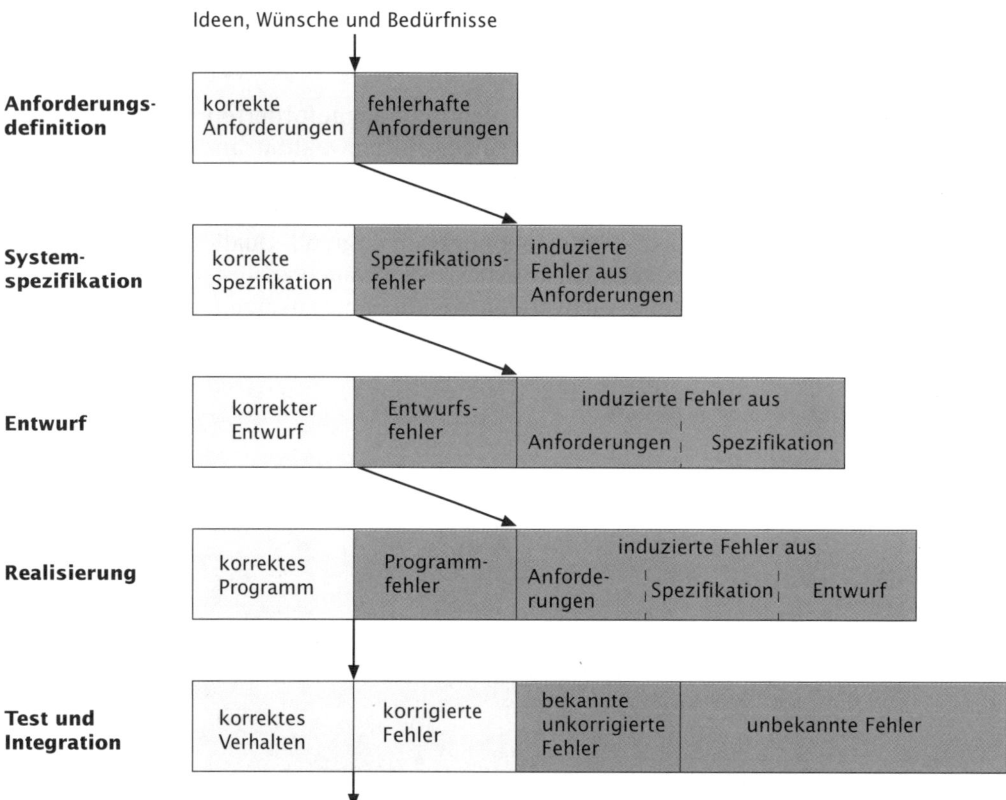

Abb. 2.2-2: Summationseffekt von Fehlern und Mängeln /Mizumo 83/

Abb. 2.2-3 zeigt, in welchen Entwicklungsphasen Fehler in ein Produkt eingebracht und in welchen Phasen diese Fehler wieder entfernt werden. Besonders kritisch ist, daß 55 Prozent der Entwurfsfehler in der Definitionsphase gemacht werden, aber davon nur 5 Prozent am Ende der Phase gefunden und behoben werden. 35 Prozent dieser Fehler werden erst beim Abnahmetest oder in der Betriebsphase gefunden. Nach Abb. 2.2-1 ist dies jedoch die teuerste Form der Fehlerbeseitigung. Die Kosten liegen um das 100fache höher als bei der Beseitigung in der Definitionsphase.

Vorteile

Die Anwendung des Prinzips der frühzeitigen Fehlerentdeckung bringt folgende Vorteile mit sich:

- Fehler in späteren Phasen werden vermieden.
- Kosten werden reduziert.
- Mit höherer Wahrscheinlichkeit werden Fehler richtig korrigiert.
- Die Fehlerfortpflanzung wird reduziert.

Das primäre Ziel muß darin bestehen, Fehler erst gar nicht zu machen, z.B. durch Einsatz konstruktiver Maßnahmen. Das sekundäre Ziel besteht darin, Fehler, die dennoch gemacht wurden, so früh wie möglich zu entdecken und zu beseitigen.

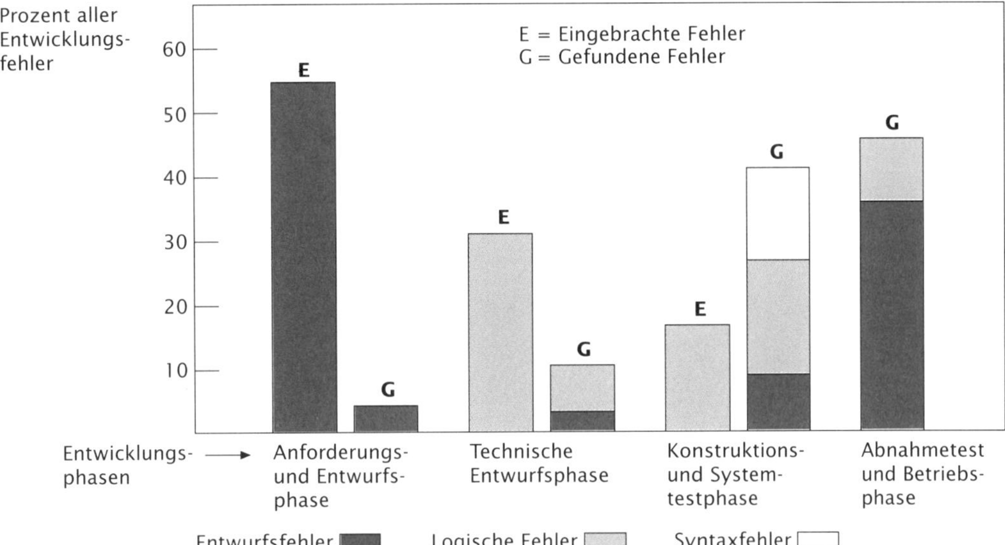

Fehlerbeseitigungskosten (abgeleitet von Alberts 1985)
(Zitiert nach: IEEE Software, Jan. 1985, S. 83)

Abb. 2.2-3: Einbringen und Entfernen von Fehlern

Generell gilt: »Je früher ein Fehler entdeckt wird, desto kostengünstiger kann er behoben werden«. Daraus ergibt sich die Forderung: »Viel Aufmerksamkeit den frühen Phasen der Software-Entwicklung widmen«.

Prinzip der entwicklungsbegleitenden, integrierten Qualitätssicherung

In konventionellen Vorgehensmodellen setzte das analytische Qualitätsmanagement im allgemeinen erst am Ende des Entwicklungsprozesses ein (Modul-, Integrations- und Systemtest).

Um das Prinzip der frühzeitigen Fehlerentdeckung zu realisieren und um zu einem systematischen, vorgeplanten Qualitätsmanagement zu gelangen, ist eine Qualitätssicherung erforderlich, die die Software-Entwicklung begleitet und in den Entwicklungsprozeß integriert ist (Abb. 2.2-4).

Vorteile

Die Anwendung dieses Prinzips bringt folgende Vorteile:

- Einbettung der Qualitätssicherung in das organisatorische Ablaufmodell der Software-Entwicklung.
- Die Qualitätssicherung findet jeweils zu dem Zeitpunkt statt, zu dem sie im Entwicklungsprozeß angebracht ist.
- Qualitätssicherung wird – wie in industriellen Fertigungsorganisationen – nicht als Fremdkörper empfunden, sondern gehört per se zur Software-Erstellung dazu.

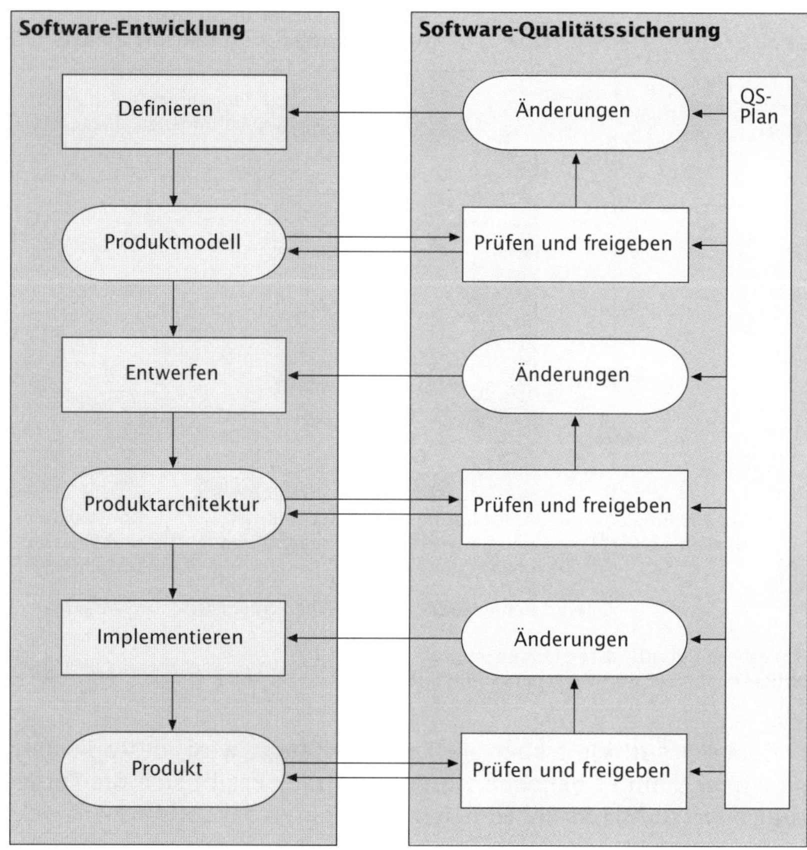

Abb. 2.2-4: Entwicklungsbegleitende, integrierte QS

- Ein Teilprodukt steht der nächsten Phase erst dann zur Verfügung, wenn eine bestimmte Qualität sichergestellt ist.
- Das Qualitätsniveau ist zu jedem Zeitpunkt sichtbar.
- Realistische Beurteilung des Entwicklungsfortschritts ist möglich.

Prinzip der unabhängigen Qualitätssicherung

»...testing is a ***destructive*** *process, even a sadistic process,...«* /Myers 79, S. 5/.

Übertragen auf den Bereich der Qualitätssicherung bedeutet dies, daß derjenige, der ein Produkt definiert, entwirft und implementiert, am schlechtesten dazu geeignet ist, durch Anwendung analytischer Qualitätsmanagementmaßnahmen die Ergebnisse seiner Tätigkeit destruktiv zu betrachten.

Für ein Entwicklungsteam hat dies zur Folge, daß das analytische Qualitätsmanagement für das Teilprodukt X nicht vom Entwickler des Teilprodukts X selbst vorgenommen werden sollte.

Auf der anderen Seite muß aber sichergestellt sein, daß ein Entwickler eigene Aufgaben nicht an die Qualitätssicherung abschiebt. Im konkreten Fall könnte dies sonst dazu führen, daß ein Programmierer ein Programm erstellt und, ohne es zu testen, an die Qualitätssicherung gibt, in der Hoffnung, diese werde seine Fehler schon finden.

Organisatorisch gibt es zwei Alternativen:

- Die Qualitätssicherung ist organisatorisch unabhängig von der Entwicklung.
- Die Qualitätssicherung ist Teil der Entwicklung.

Beide Alternativen haben Vor- und Nachteile.

Unabhängig von Entwicklung

Ist die Qualitätssicherung unabhängig, dann hat dies folgende Vorteile:

Vorteile

- ⊞ Die Entwicklung kann keinen »Druck« auf die Qualitätssicherung ausüben.
- ⊞ Die Neutralität bleibt gewahrt.
- ⊞ Es ist eine klare Budgetaufteilung möglich.
- ⊞ Es wird die Bedeutung der Qualitätssicherung betont (kein »Anhängsel« der Entwicklung); führt zu einem Wir-Gefühl der Qualitätssicherung.

Nachteilig sind folgende Punkte:

Nachteile

- ⊟ Gefahr der Isolierung der Qualitätssicherung von der Entwicklung.
- ⊟ Eine gleichmäßige Personalauslastung ist u.U. schwierig sicherzustellen.

Teil der Entwicklung

Ist die Qualitätssicherung organisatorisch Teil der Entwicklung, dann hat dies folgende Vorteile:

Vorteile

- ⊞ Personal kann flexibler eingesetzt werden.
- ⊞ Die Qualitätssicherung steht nicht »abseits«, sondern bekommt alles mit.
- ⊞ Eine gemeinsame Teamarbeit ist leichter möglich.
- ⊞ Eine vertrauensvollere Zusammenarbeit ist möglich.

Nachteilig sind folgende Punkte:

Nachteile

- ⊟ Das Entwicklungs-Management kann »Druck« auf die Qualitätssicherung ausüben.
- ⊟ Budgetmittel können zugunsten der Entwicklung umverteilt werden.

Personal-Alternativen

Für die Personalausstattung der Qualitätssicherung gibt es drei Möglichkeiten:

- Personal wird für die Qualitätssicherung eingestellt und arbeitet nur in der Qualitätssicherung.
- Jeder Mitarbeiter rotiert in festgelegten Abständen zwischen der Qualitätssicherung und der Entwicklung.
- Jeder Mitarbeiter arbeitet sowohl an einer Entwicklung als auch an der Qualitätssicherung einer oder mehrerer anderer Entwicklungen mit.

nur in QS tätig

Sind Mitarbeiter nur in der Qualitätssicherung tätig, dann bringt dies folgende Vorteile mit sich:

Vorteile

- ⊞ Mitarbeiter mit einer entsprechenden Neigung und Ausbildung können eingestellt werden.
- ⊞ Ein hoher Spezialisierungsgrad ist möglich.

Es bestehen folgende Gefahren:

Nachteile

- ⊟ Die Mitarbeiter entfernen sich von den Anwendungsproblemen.
- ⊟ Die Mitarbeiter haben keine Erfahrung mit der Entwicklung von Software.

Rotation

Das Rotationsprinzip hat folgende Vorteile:

Vorteile

- ⊞ Jeder Mitarbeiter sieht auch die Probleme der anderen Seite.
- ⊞ Es ist ein systematischer Wissenstransfer sichergestellt.
- ⊞ Es wird vermieden, daß die Qualitätssicherung unter Umständen ein »schlechtes« Image erhält. Motto: Alle, die nicht gut entwickeln können, gehen bzw. kommen in die Qualitätssicherung.

Dem stehen folgende Nachteile gegenüber:

Nachteile

- ⊟ Mitarbeiter müssen auch Tätigkeiten durchführen, zu denen sie keine »Lust« haben.
- ⊟ Mitarbeiter sind unter Umständen überfordert, beide Tätigkeiten wegen der verschiedenen Spezialkenntnisse professionell durchzuführen.

QS & Entwicklung parallel

In der Praxis ist häufig das dritte Modell üblich. Beispielsweise arbeitet ein Mitarbeiter zu 80 Prozent an einer Software-Entwicklung mit. 20 Prozent seiner Zeit verwendet er dazu, die Qualität anderer Entwicklungen zu überprüfen.

Folgende Vorteile hat dieser Ansatz:

Vorteile

- ⊞ Flexibler Personaleinsatz möglich.
- ⊞ Kein *Overhead* für die Qualitätssicherung.

Nachteilig sind:

Nachteile

- ⊟ Die Vermischung von Entwicklungsarbeit und Qualitätssicherung kann dazu führen, daß keine Arbeit mehr richtig gemacht wird.
- ⊟ Es ist ein dauernder Wechsel zwischen unterschiedlichen Tätigkeiten nötig.

QS zuständig für Überprüfung

Betrachtet man die Verantwortung der Entwicklung vs. die Verantwortung der Qualitätssicherung, dann lassen sich zwei Alternativen unterscheiden:

- Die Entwicklung erstellt die Produkte. Die Qualitätssicherung ist für die Überprüfung zuständig. Fehler werden der Entwicklung gemeldet und von ihr behoben.

Beispielsweise bringt ein Programmierer sein Programm durch den Compilerlauf. Das Finden von Fehlern ist Aufgabe der Qualitätssicherung.

Bei dieser Alternative kann sich der Entwickler auf die konstruktiven Aspekte konzentrieren.

Allerdings sinkt die Sorgfalt der Entwickler. Motto: Laß die anderen meine Fehler finden.

- Die Entwicklung ist für einen definierten Qualitätszustand ihrer Produkte selbst zuständig. Erst wenn dieser Grad erreicht ist, übernimmt die Qualitätssicherung die weitere Überprüfung.

Entwicklung für definierte Qualität zuständig

Beispielsweise muß der Programmierer eine Zweigüberdeckung von 80 Prozent nachweisen. Oder die von einem Werkzeugsystem z.B. zur Unterstützung der Methode SA erstellten Analyseberichte weisen keinen Fehler aus.
Die Vorteile dieser Alternative sind:

Vorteile

- ⊞ Klar definierte, transparente Verantwortlichkeiten.
- ⊞ Der Entwickler muß sein eigenes Produkt überprüfen.
- ⊞ Die Eigenverantwortlichkeit der Entwickler wird gefördert.

Nachteil

Nachteilig ist, daß für diese Alternative meßbare Qualitätsstufen definiert sein müssen.

quantitative QS

Wird das Prinzip der quantitativen Qualitätssicherung befolgt, dann kann das Personal der Qualitätssicherung mehr und mehr von Aktivitäten der Qualitätsprüfung entlastet werden, da Maße die Überprüfung der ordnungsgemäßen Durchführung der QS-Maßnahmen erleichtern. Es sind in der Qualitätssicherung jedoch Mitarbeiter nötig, die Meßergebnisse richtig interpretieren können. Dazu sind Erfahrungen im Umgang mit Maßen und Gefühl für die Interpretationsmöglichkeiten von Meßergebnissen erforderlich.

In der Qualitätssicherung sind folgende zusätzliche Aktivitäten erforderlich:
- Sammlung von Daten (Maßen),
- Validierung dieser Daten,
- Einrichtung einer quantitativ orientierten Entwicklungsdatenbank.

Welche der oben aufgeführten Alternativen am besten sind, hängt stark von der jeweiligen Firmensituation und insbesondere von der Größe der Entwicklungsabteilung ab.

Ziel

Anzustreben ist eine unabhängige, eigenständige organisatorische Einheit »Qualitätssicherung«. Dabei ist noch offen, ob sie Teil der Entwicklung oder disziplinarisch eigenständig ist. Eine kritische Mitarbeiteranzahl muß erreicht werden, d.h. der Personalanteil der Qualitätssicherung muß größer als 15 Prozent der Entwicklungskapazität sein.
Eine unabhängige Qualitätssicherung bringt folgende Vorteile mit sich:

Vorteile

- ⊞ Objektive, unabhängige Qualitätssicherung.
- ⊞ Das Wissen, daß das eigene Produkt noch von der Qualitätssicherung überprüft wird, hat eine heilsame Wirkung auf die Entwicklung und verbessert die Qualität.
- ⊞ Qualitätsvergleiche über mehrere Produkte hinweg sind möglich.

2.3 Beispiel: Qualitätssicherung im V-Modell

Die Dokumentation des V-Modells 97 befindet sich auf der CD-ROM

Zur Durchführung des Qualitätsmanagements setzt man ein Qualitätsmanagementsystem ein.

QS-System

Ein **Qualitätsmanagementsystem** (QS-System) besteht aus der Organisationsstruktur, den Verfahren, Prozessen und Mitteln, die für die Verwirklichung des Qualitätsmanagements bzw. der Qualitätssicherung erforderlich sind /EN ISO 9004-1: 1994/. Üblich ist auch der Begriff **Qualitätssicherungssystem**.

Als Beispiel, wie ein solches QS-System aussehen kann, wird im folgenden das V-Modell betrachtet.

V-Modell, Abschnitt: II 3.3.2

Bei dem V-Modell handelt es sich um ein Vorgehensmodell, das zunächst für die Bundeswehr und anschließend für Behörden entwickelt wurde. Es gliedert sich in vier Submodelle:

- System-Erstellung (SE),
- Qualitätssicherung (QS),
- Konfigurationsmanagement (KM) und
- Projektmanagement (PM).

Auf das Teilmodell Qualitätssicherung wird im folgenden näher eingegangen. Das Zusammenspiel der vier Teilmodelle zeigt Abb. 2.3-1.

Die Arbeitsteilung zwischen Software-Erstellung und Qualitätssicherung zeigt Abb. 2.3-2.

Konstruktive Qualitätsmanagementmaßnahmen werden im Submodell QS festgelegt, die Anwendung der konstruktiven Maßnahmen erfolgt im Submodell SE. Analytische Maßnahmen prüfen und bewerten die Qualität der Prüfgegenstände. Sie werden im Submodell QS sowohl festgelegt als auch selber durchgeführt. Analytische Maßnahmen betreffen die Produkte und Aktivitäten aller Submodelle.

Abb. 2.3-1: Zusammenwirken der vier Submodelle /V-Modell 97, S. 2-9/

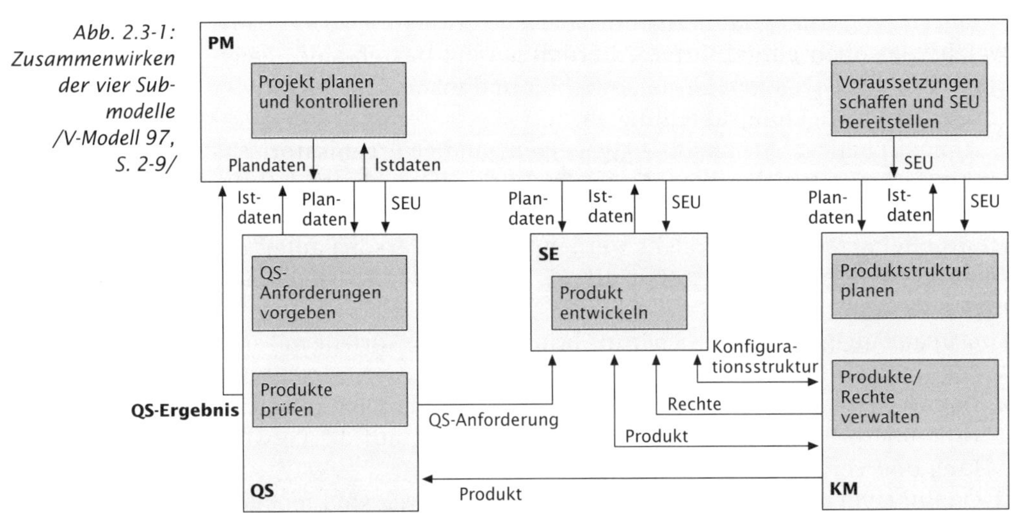

Legende: SEU = Software-Entwicklungsumgebung

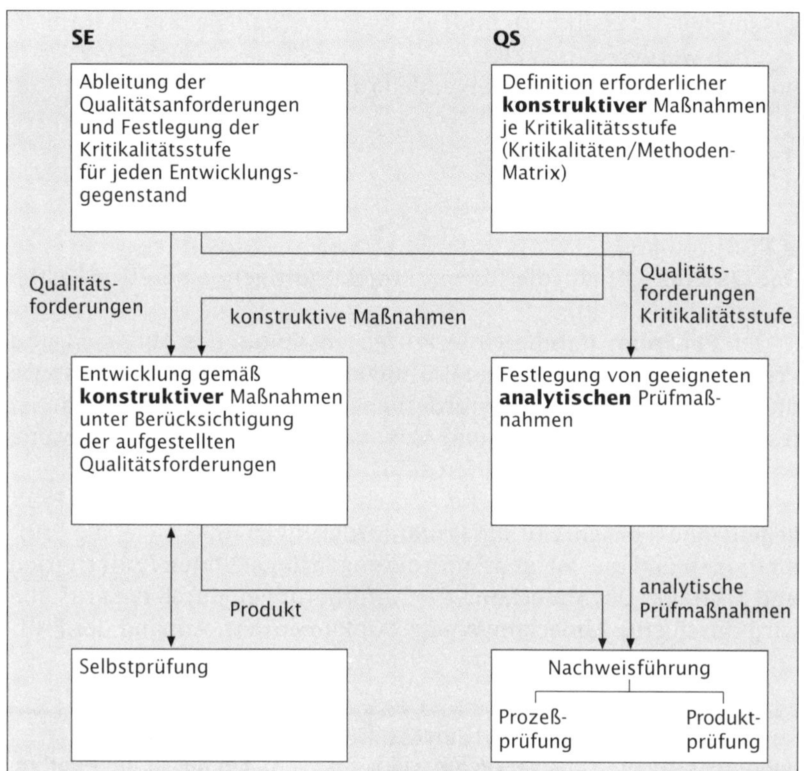

Abb. 2.3-2: Arbeitsteilung zwischen SE und QS /V-Modell 97, S. 5-2/

Kritikalität

Im V-Modell gibt die Kritikalität an, welche Bedeutung dem Fehlverhalten einer physikalischen oder logischen Einheit zugemessen wird. Tab. 2.3-1 zeigt Kritikalitätsstufen und die Art des Fehlverhaltens für verschiedene Anwendungsklassen.

Die Festlegung der Kritikalität soll vom Einsatzzweck abhängig gemacht werden. Sie soll, ebenso wie die Festlegung der Anzahl der Stufen, immer projektspezifisch durch eine Abschätzung der direkten und indirekten Auswirkungen eines möglichen Fehlverhaltens erfolgen. Aus einer festgelegten Kritikalitätsstufe leiten sich zusätzliche Qualitätsanforderungen ab, die den jeweiligen Funktionen und ihren Importschnittstellen zuzuordnen sind.

Aktivitäten

Im Submodell QS sind folgende Hauptaktivitäten durchzuführen:

- Planungsaktivitäten,
- Prüfaktivitäten und
- Lenkungsaktivitäten.

Die Planungsaktivitäten dienen dazu, sowohl allgemeine als auch produktspezifische QS-Maßnahmen festzulegen. Die Prüfaktivitäten kontrollieren erstellte Produkte und durchgeführte Aktivitäten.

In den Lenkungsaktivitäten wird das Projektmanagement informiert, wenn sich Probleme abzeichnen. Auftretende Fehler werden gesammelt, klassifiziert und analysiert. Mögliche Korrekturmaßnahmen werden aufgezeigt.

Produkte

Im Submodell QS werden folgende Produkte erstellt:

- QS-Plan,
- Prüfplan,
- Prüfspezifikation,
- Prüfprozedur,
- Prüfprotokoll.

QS-Plan

Der **QS-Plan** enthält die für ein Projekt gültigen generellen Festlegungen (Tab. 2.3-2).

Prüfplan

Der **Prüfplan** definiert die Prüfgegenstände, die Aufgaben und Verantwortlichkeiten bei den Prüfungen, die zeitliche Planung sowie die für die Durchführung erforderlichen Ressourcen. Im Prüfplan ist festgelegt, welche Produkte und Aktivitäten in welchem Zustand wann, von wem und womit zu prüfen sind.

Prüfspezifikation

Die **Prüfspezifikation** (Tab. 2.3-3) – sie existiert für jeden Prüfgegenstand – beschreibt die Prüfanforderungen und -ziele, die Prüfmethoden und die von den Anforderungen abgeleiteten Prüfkriterien und Prüffälle. Die Abdeckung der Anforderungen durch die Prüffälle wird durch eine Abdeckungsmatrix dokumentiert. Anhand der Prüf-

Tab. 2.3-1: Kritikalitätsklassen /KBSt 92, S. 1-6-1 f./

Kritikalität		**Art des Fehlverhaltens ...**	
	... bei administrativen Informationssystemen	**... bei technischen Systemen**	**... bei Realzeitanwendungen (z.B. Flugsicherung)**
hoch	Fehlverhalten macht sensitive Daten für unberechtigte Personen zugänglich oder verhindert administrative Vorgänge (z.B. Gehaltsauszahlung, Mittelzuweisung) oder führt zu Fehlentscheidungen infolge fehlerhafter Daten	Fehlverhalten kann zum *Verlust von Menschenleben* führen	Fehlverhalten, das zu fehlerhaften Positionsangaben der Flugobjekte am Kontrollschirm führen kann
mittel		Fehlverhalten kann die *Gesundheit von Menschen gefährden* oder zur *Zerstörung von Sachgütern* führen	
niedrig	Fehlverhalten verhindert Zugang zu Informationen, die regelmäßig benötigt werden	Fehlverhalten kann zur *Beschädigung von Sachgütern* führen, ohne jedoch Menschen zu gefährden	Fehlverhalten, das zum Ausfall von Plandaten und damit zu Abflugverzögerungen führen kann
keine	Fehlverhalten beeinträchtigt die zugesicherten Eigenschaften nicht wesentlich	Fehlverhalten gefährdet weder die Gesundheit von Menschen noch Sachgüter	alle übrigen Arten von Fehlverhalten

2	**Qualitätsziele und Risiken im Projekt**
2.1	Qualitätsziele für Produkte und Prozesse
2.2	Qualitätsrisiken
2.3	Maßnahmen aufgrund der Qualitätsziele und -risiken
3	**QS-Maßnahmen gemäß Kritikalität und IT-Sicherheit**
3.1	Verwendete Richtlinien oder Normen
3.2	Einstufungsbedingte QS-Maßnahmen
4	**Entwicklungsbegleitende Qualitätssicherung**
4.1	Zu prüfende Produkte
4.2	Zu prüfende Aktivitäten
5	**Spezifische Kontrollmaßnahmen**
5.1	Eingangskontrolle von Fertigprodukten
5.2	Kontrolle von Unterauftragnehmern
5.3	Ausgangskontrolle der Software-Bausteine
5.4	Änderungskontrolle
5.5	Kontrolle von Bearbeitungskompetenzen
5.6	Kontrolle des Konfigurationsmanagements

Tab. 2.3-2: Inhalte eines QS-Plans im V-Modell /V-Modell 97, S. 8-31 ff./

spezifikation kann entschieden werden, ob die Prüfung erfolgreich war oder nicht.

Prüfprozedur

Die **Prüfprozedur** – sie existiert für jeden Prüfgegenstand – ist eine Arbeitsanleitung. Sie enthält genaue Anweisungen für jede einzelne Prüfung und je Prüfgegenstand. Die einzelnen Schritte der Prüfung sind definiert. Außerdem sind die zu erwartenden Prüfergebnisse sowie die Vorschriften zur Prüfungsvor- und -nachbereitung festzulegen.

Prüfprotokoll

Das **Prüfprotokoll** – es existiert für jeden Prüfgegenstand und je Prüfung – enthält die vom Prüfer verfaßten Aufzeichnungen über den Verlauf der Prüfung, vor allem die Gegenüberstellung von erwartetem und erzieltem Ergebnis.

2	**Anforderungen**
2.1	Einstufung der Funktionseinheit hinsichtlich Kritikalität und IT-Sicherheit
2.2	Prüfanforderungen
3	**Methoden der Prüfung**
4	**Prüfkriterien**
4.1	Abdeckungsgrad
4.2	Checklisten
4.3	Endekriterien
5	**Prüffälle**
5.1	Prüffallbeschreibung
5.2	Abdeckungsmatrix
5.2.1	Architektur-Elemente und Schnittstellen
5.2.2	Fachliche und technische Anforderungen

Tab. 2.3-3: Inhalte einer Prüfspezifikation im V-Modell /V-Modell 97, S. 8-35 ff./

Einen Überblick über das Submodell Qualitätssicherung sowie die einzelnen Aktivitäten zeigt Abb. 2.3-3.

Abb. 2.3-3: Funktionsüberblick Submodell QS /V-Modell 97, S. 5-18/

Projekthandbuch
Projektplan
Produkte, die die Qualitätsforderungen einhalten
Prüfplan

QS 1
QS-Initialisierung
QS 1.1 QS-Plan erstellen
QS 1.2 Prüfplan erstellen

QS-Plan
Prüfplan

QS 2
Prüfungsvorbereitung
QS 2.1 Prüfmethoden und -kriterien festlegen
QS 2.2 Prüfumgebung definieren
QS 2.3 Prüffälle festlegen
QS 2.4 Prüfprozedur erstellen

Prüfspezifikationen
Prüfprozedur
Prüfgegenstand
Vorgängerprodukte
Prüfgegenstand

QS 3
Prozeßprüfung von Aktivitäten

QS 4
Produktprüfung
QS 4.1 Prüfbarkeit feststellen
QS 4.2 Produkt inhaltlich prüfen

Prüfprotokoll
Prüfprotokoll

QS 5
QS-Berichtswesen

Berichtsdokumente

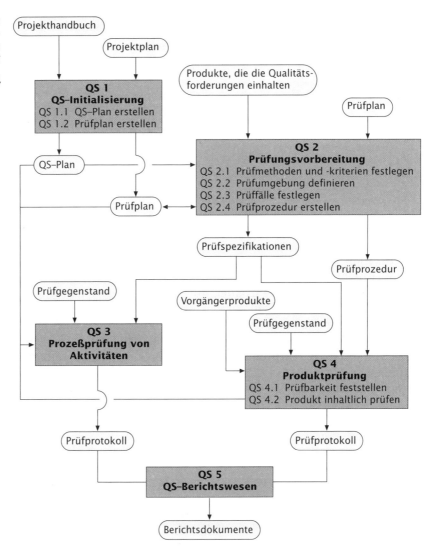

Analytische QM-Maßnahmen Messen das existierende Qualitätsniveau und identifizieren Ausmaß und Ort der Defekte.

Konstruktive QM-Maßnahmen Sorgen dafür, daß das entstehende Produkt bzw. der Erstellungsprozeß à priori bestimmte Eigenschaften besitzt.

Qualitätslenkung Steuert, überwacht und korrigiert den Entwicklungsprozeß mit dem Ziel, die vorgegebenen Qualitätsanforderungen zu erfüllen (→konstruktive QM-Maßnahmen).

Qualitätsmanagement (QM) Alle Tätigkeiten, um die Qualität von Prozessen und Produkten im Rahmen eines →Qualitätsmanagementsystems sicherzustellen unter Einsatz von →Qualitätsplanung, →Qualitätslenkung, →Qualitätssicherung und →Qualitätsprüfung.

Qualitätsmanagementsystem(QM-System) Aufbau- und Ablauforganisation, Zuständigkeiten, Methoden und Mittel zur Durchführung des →Qualitätsmanagements.

Qualitätsplanung Festlegung von Qualitätsanforderungen in überprüfbarer Form für ein Produkt oder einen Entwicklungsprozeß.

Qualitätsprüfung Erfaßt Qualitäts-Istwerte entsprechend der →Qualitätsplanung und prüft, ob die →konstruktiven QM-Maßnahmen umgesetzt wurden.

Qualitätssicherung (QS) Alle Tätigkeiten innerhalb des →Qualitätsmanagements, die dazu dienen, den Nachweis zu erbringen, daß die Qualitätsanforderungen erfüllt sind (→analytische QM-Maßnahmen).

Qualitätssicherungsplan Dokument, das die Ergebnisse der →Qualitätsplanung enthält.

Qualitätssicherungssystem →Qualitätsmanagementsystem.

Um die Qualitätsanforderungen an ein Software-Produkt oder einen Software-Entwicklungsprozeß zu erfüllen, ist ein Qualitätsmanagement (QM) erforderlich. Die Qualitätsanforderungen können durch

- konstruktive QM-Maßnahmen und durch
- analytische QM-Maßnahmen

erreicht werden.

Diese Maßnahmen können sich auf Produkte und/oder Prozesse beziehen. Das Qualitätsmanagement erfordert folgende Aktivitäten:

- Qualitätsplanung,
- Qualitätslenkung und Qualitätssicherung (QS),
- Qualitätsprüfung.

Das Ergebnis der Qualitätsplanung ist ein Qualitätssicherungsplan. Den Rahmen für alle qualitätssichernden Maßnahmen und Strategien bilden Qualitätsmanagementsysteme (QM-Systeme), oft auch Qualitätssicherungssysteme genannt.

V-Modell

Als Beispiel für einen solchen Rahmen wurde das Submodell QS des V-Modells vorgestellt. Es zeigt detailliert, welche Aktivitäten und Produkte für die Qualitätssicherung notwendig sind und wie die Wechselwirkungen mit der Software-Entwicklung aussehen.

Prinzipien

Folgende Prinzipien sollten bei jeder Software-Qualitätssicherung befolgt werden:

- Produkt- und prozeßabhängige Qualitätszielbestimmung,
- Quantitative QS,
- Maximale konstruktive QS,
- Frühzeitige Fehlerentdeckung und -behebung,
- Entwicklungsbegleitende, integrierte QS,
- Unabhängige QS.

/Boehm 76/
Boehm B.W., *Software-Engineering,* in: IEEE Transactions on Computers, Vol. C-25, Dec. 1976, S. 1226–1241

/Bröhl, Dröschel 93/
Bröhl A.-P., Dröschel W. (Hrsg.), *Das V-Modell,* München: Oldenbourg Verlag 1993

/Hesse et al. 94b/
Hesse W., Barkow G., Braun H., Kitthaus H.-B., Scheschonk G., *Terminologie der Softwaretechnik - Ein Begriffssystem für die Analyse und Modellierung von Anwendungssystemen, Teil 2: Tätigkeits- und ergebnisbezogene Elemente,* in: Informatik-Spektrum (1994) 17: 96–105

/KBSt 92/
Koordinierungs- und Beratungsstelle der Bundesregierung für Informationstechnik in der Bundesverwaltung, *Vorgehensmodell,* Band 27/1, August 1992, Bundesanzeiger (ebenfalls enthalten in /Bröhl, Dröschel 93/)

/Mizumo 83/
Mizumo Y., *Software Quality Improvement,* in: IEEE Computer, March 1983, S. 66–72

/Myers 76/
Myers G.J., *Software Realibility,* New York: John Wiley & Sons 1976

/Myers 79/
Myers G.J., *The Art of Software Testing,* New York: John Wiley & Sons 1979

/Rombach 93/
Rombach H.D., *Software-Qualität und -Qualitätssicherung,* in: Informatik-Spektrum 1993, S. 267–272

/Spillner, Liggesmeyer 94/
Spillner A., Liggesmeyer P., *Software-Qualitätssicherung in der Praxis,* in: Informatik-Spektrum 1994, S. 368–372

/V-Modell 97/
Entwicklungsstandard für IT-Systeme des Bundes, Vorgehensmodell, Teil 1 Regelungsteil, Allgemeiner Umdruck Nr. 250/1, BWB IT I5, Koblenz, Juni 1997

Muß-Aufgabe
15 Minuten

1 *Lernziel: Anhand von Beispielen konstruktive und analytische QM-Maßnahmen aufzählen und erklären können (einschließlich ihrer Wechselwirkungen).*
Erklären Sie, was unter konstruktiven und analytischen QM-Maßnahmen verstanden wird und wie sie zusammenhängen. Ordnen Sie anschließend die nachfolgend angegebenen Maßnahmen und Tätigkeiten in die Kategorien »konstruktive« und »analytische QM-Maßnahmen« sowie ihre Unterkategorien ein.

a Die grafischen Benutzungsoberflächen einer Anwendung werden mit einer speziellen Software erstellt.
b Es werden nacheinander der größte und der kleinste zulässige Wert in ein Eingabefeld geschrieben.
c Die Software wird objektorientiert entwickelt, um die Wiederverwendbarkeit zu verbessern.
d Anhand des Quellcodes wird die Korrektheit eines Algorithmus bewiesen.
e Jede Operation wird im Quelltext mit der Angabe ihrer Aufgabe kommentiert.
f Es wird ein Vorgehensmodell für den Software-Entwicklungsprozeß festgelegt.

Muß-Aufgabe
15 Minuten

2 *Lernziel: Die Hauptaufgaben und Produkte des QM im allgemeinen und am Beispiel des V-Modells im speziellen nennen und beschreiben können.*

a Formulieren Sie kurz die Hauptaufgaben des Software-Qualitätsmanagements.
b Nennen und erläutern Sie die Produkte, die im Submodell QS des V-Modells erstellt werden.

Muß-Aufgabe
20 Minuten

3 *Lernziel: Die Prinzipien der Software-Qualitätssicherung aufzählen, erklären und begründen können.*
Warum sollen die sechs Prinzipien der Software-Qualitätssicherung befolgt werden? Nennen und erklären Sie hierzu die einzelnen Prinzipien.

3 Manuelle Prüfmethoden

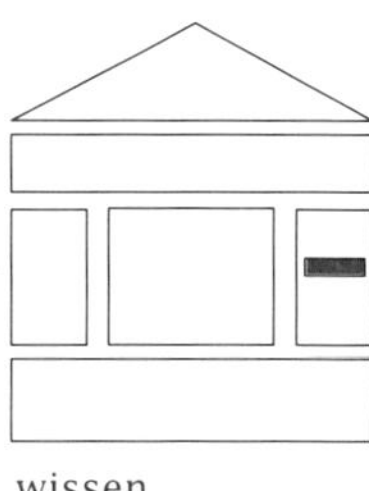
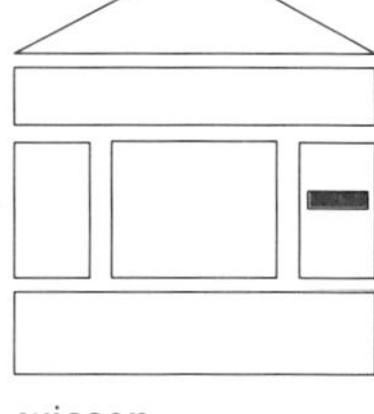

- Voraussetzungen, gemeinsame Eigenschaften, Vor- und Nachteile manueller Prüfmethoden nennen können. wissen
- Die Prüfmethoden Stellungnahme, *Round-Robin-Review* und *Peer-Review* kennen.
- Angaben zu Aufwand, Nutzen und empirischen Ergebnissen von manuellen Prüfmethoden machen können.
- Die Charakteristika und den Ablauf einer Inspektion darstellen können. verstehen
- Die Charakteristika und den Ablauf eines *Review* darstellen können.
- Die Charakteristika und den Ablauf eines *Walkthrough* darstellen können.
- Die Unterschiede zwischen Inspektion, *Review* und *Walkthrough* erklären können.
- Eine Inspektion durchführen können. anwenden

☑

- Das Kapitel 1 »Grundlagen« sollte bekannt sein.
- Das Kapitel 2 »Qualitätssicherung« sollte bekannt sein.

i

3.1 Manuelle Prüfmethoden

Die Produktqualität kann durch konstruktive und analytische Maßnahmen sichergestellt werden. Analytische Prüfmethoden sind diagnostische Verfahren, die das existierende Qualitätsniveau eines Produkts oder Teilprodukts ermitteln.

Automatisierte Prüfungen

Syntax-, Konsistenz- und Vollständigkeitsprüfungen können heute durch entsprechende Software-Werkzeuge zu einem großen Teil automatisiert durchgeführt werden.

Manuelle Prüfungen

Semantische Überprüfungen müssen in der Regel jedoch manuell vorgenommen werden, da Semantik nur schwer formalisierbar ist. Dazu gehört auch die Überprüfung vieler Qualitätsmerkmale wie z.B. Verständlichkeit, Aussagefähigkeit von Bezeichnern und Kommentaren.

Breiter Einsatzbereich

In den folgenden Abschnitten werden manuelle Prüfmethoden vorgestellt, die für einen breiten Einsatzbereich geeignet sind (Definitions-, Entwurfs-, Implementierungs-, Abnahme-, Wartungs- & Pflegephase). Prüfmethoden, die auf einen bestimmten Einsatzbereich beschränkt oder spezialisiert sind, z. B. auf die Implementierungsphase, werden in den Hauptkapiteln 5 und 6 behandelt.
Es lassen sich folgende, wesentliche manuelle Prüfmethoden unterscheiden:

- Inspektionen,
- *Reviews,*
- *Walkthroughs.*

Kapitel 4.1, 4.3, 4.4

Die ausschließlich prozeßbezogenen Prüfmethoden *Audit* und *Assessment* werden in den Kapiteln 4.1 sowie 4.3 und 4.4 behandelt.

Abgrenzung

Die Abgrenzung zwischen den verschiedenen Prüfmethoden ist in der Literatur nicht einheitlich. Oft werden unterschiedliche Abgrenzungskriterien benutzt. Der Begriff »*Review*« wird manchmal auch als Oberbegriff für alle anderen manuellen Prüfmethoden benutzt.

In diesem Buch werden die betrachteten Prüfmethoden als gleichrangig angesehen. Alle Methoden haben gemeinsame Charakteristika, aber auch gravierende Unterschiede.

Gemeinsame Eigenschaften

Die betrachteten manuellen Prüfmethoden besitzen folgende Gemeinsamkeiten:

- Produkte und Teilprodukte werden manuell analysiert, geprüft und begutachtet.
- Ziel ist es, Fehler, Defekte, Inkonsistenzen und Unvollständigkeiten zu finden.
- Die Überprüfung erfolgt in einer Gruppensitzung durch ein kleines Team mit definierten Rollen.

Voraussetzungen

Manuelle Prüfungen gehen von folgenden Voraussetzungen aus:

- Der notwendige Aufwand und die benötigte Zeit müssen fest eingeplant sein.

- Jedes Mitglied des Prüfteams muß in der Prüfmethode geschult sein.
- Die Prüfergebnisse dürfen nicht zur Beurteilung von Mitarbeitern benutzt werden.
- Die Prüfmethode muß schriftlich festgelegt und deren Einhaltung überprüft werden.
- Prüfungen haben hohe Priorität, d.h. sie sind nach der Prüfbeantragung kurzfristig durchzuführen.
- Vorgesetzte und Zuhörer sollen an den Prüfungen *nicht* teilnehmen.

Bewertung

Der Einsatz manueller Prüfungen bringt folgende Vorteile: Vorteile

- ⊞ Oft die einzige Möglichkeit, Semantik zu überprüfen.
- ⊞ Manuelle Überprüfungen sind ein effizientes Mittel zur Qualitätssicherung.
- ⊞ Notwendige Ergänzung werkzeuggestützter Überprüfungen.
- ⊞ Die Verantwortung für die Qualität der geprüften Produkte wird vom ganzen Team getragen.
- ⊞ Da die Überprüfungen in einer Gruppensitzung durchgeführt werden, wird die Wissensbasis der Teilnehmer verbreitert.
- ⊞ Jedes Mitglied des Prüfteams lernt die Arbeitsmethoden seiner Kollegen kennen.
- ⊞ Die Autoren bemühen sich um eine verständliche Ausdrucksweise, da mehrere Personen das Produkt begutachten.
- ⊞ Unterschiedliche Produkte desselben Autors werden von Prüfung zu Prüfung besser, d.h. enthalten weniger Fehler.

Den Vorteilen stehen folgende Nachteile gegenüber: Nachteile

- ⊟ In der Regel aufwendig (bis zu 20 Prozent der Erstellungskosten des zu prüfenden Produkts).
- ⊟ Autoren geraten u.U. in eine psychologisch schwierige Situation (»sitzen auf der Anklagebank«, »müssen sich verteidigen«).

Unterschiede

Die Hauptunterschiede zwischen den Prüfmethoden sind in Tab. 3.1-1 gegenübergestellt. Inspektionen sind »strengere« *Reviews*, *Walkthroughs* sind »abgeschwächte« *Reviews*.

»*Reviews*« werden oft auch als »Technische *Reviews*« bezeichnet, im Gegensatz zu »Management-*Reviews*«. Technische *Reviews* beziehen sich auf Produkte und Teilprodukte, während sich Management-*Reviews* auf Projektpläne beziehen. Im folgenden wird nur von *Reviews* im Sinne von technischen *Reviews* gesprochen.

Inspektion »formales *Review*«	***Review***	***Walkthrough*** »abgeschwächtes *Review*«
Ziele		
■ schwere Defekte im Prüfobjekt identifizieren ■ Entwicklungsprozeß verbessern ■ Inspektionsprozeß verbessern ■ Metriken ermitteln	■ Stärken & Schwächen des Prüfobjekts identifizieren ■ (Entwicklungsprozeß verbessern)	■ Defekte und Probleme des Prüfobjekts identifizieren ■ Ausbildung von Benutzern und Mitarbeitern
Teilnehmer		
■ Moderator ■ Autor ■ Gutachter ■ Protokollführer ■ (Vorleser)	■ Moderator ■ Autor ■ Gutachter ■ Protokollführer	■ Autor (=Moderator) ■ Gutachter
Durchführung		
■ Eingangsprüfung ■ Planung ■ (Einführungssitzung) ■ indiv. Vorbereitung & Prüfung ■ Gruppensitzung ■ Überarbeitung ■ Nachprüfung ■ Freigabe	■ (Eingangsprüfung) ■ Planung ■ (Einführungssitzung) ■ indiv. Vorbereitung & Prüfung ■ Gruppensitzung ■ Überarbeitung ■ Nachprüfung	■ (indiv. Vorbereitung & Prüfung) ■ Gruppensitzung
Referenzunterlagen		
■ Ursprungsprodukt ■ Erstellungsregeln ■ Checklisten ■ Inspektionsregeln ■ Inspektionsplan	■ Ursprungsprodukt ■ Erstellungsregeln ■ Fragenkataloge	
Charakteristika		
■ ausgebildeter Moderator	■ ausgebildeter Moderator	
■ Prüfobjekt wird vom Vorleser Absatz für Absatz vorgetragen		■ Prüfobjekt wird vom Autor ablauforientiert vorgetragen
■ Moderator gibt Freigabe	■ Prüfteam gibt Empfehlung an Manager	■ Autor entscheidet
Legende: ( ) = optional		

Tab. 3.1-1: Hauptunterschiede zwischen manuellen Prüfmethoden

3.1.1 Inspektion

Die Prüfmethode **Inspektion** ist folgendermaßen definiert:

»A formal evaluation technique in which **software requirements, design**, or **code** are examined in detail by a person or group other than the author to detect **faults**, violations of development standards, and other problems.« /ANSI/IEEE Std. 729-1983/

Die Inspektionsmethode wurde von M. E. Fagan bei IBM entwickelt. Er übertrug statistische Qualitätsmethoden, die in der industriellen Hardwareentwicklung benutzt wurden, auf seine Softwareprojekte, die er von 1972 bis 1974 durchführte. 1976 berichtete er über seine Erfahrungen in dem Artikel /Fagan 76/ (siehe auch/Fagan 86/)

Die Ziele der Software-Inspektion sind:

»to detect and identify software elements defects. This is a rigorous, formal peer examination that does the following:

1 Verifies that the software element(s) satisfy its specifications.
2 Verifies that the software element(s) conform to applicable standards.
3 Identifies deviation from standards and specifications.
4 Collects software engineering data (for example, defect and effort data).
5 Does not examine alternatives or stylistic issues.«
/ANSI/IEEE Std. 1028-1988/

Es gibt in der Literatur z.T. abweichende Auffassungen über Inspektionen. Die folgenden Ausführungen orientieren sich an /Gilb, Graham 93/. Die Hauptcharakteristika der Inspektionsmethode sind in Tab. 3.1-2 zusammengestellt. Den Ablauf einer Inspektion veranschaulicht Abb. 3.1-1.

Inspektionen werden normalerweise vorgenommen, um Teilprodukte, die in einer Entwicklungsaktivität entstanden sind, für die nächste Entwicklungsaktivität freizugeben. Zusätzlich soll die Inspektion eine Rückkopplung zum Entwicklungsprozeß vornehmen.

Am Anfang einer Inspektion wird davon ausgegangen, daß das Prüfobjekt mit verschiedenen Defekten »infiziert« ist. Bei der Inspektion wird das Produkt sozusagen durch ein »Mikroskop« betrachtet, um die Defekte zu entdecken. Entdeckte Defekte werden durch Überarbeitung des Prüfobjekts beseitigt. Ergeben sich durch die Überarbeitungen Änderungen an Vorgängerprodukten, dann müssen Änderungsanträge für diese Produkte gestellt werden.

Inspektion beantragen

Eine Inspektion wird durch die Anforderung eines Autors ausgelöst, sein Produkt oder Teilprodukt zu überprüfen.

Moderator auswählen

Nach der Inspektionsanforderung wird ein Moderator ausgewählt, der für die Organisation und Durchführung verantwortlich ist. Der Moderator soll nicht der Linienvorgesetzte des Mitarbeiters sein, dessen Produkt geprüft wird. Er muß für diese Tätigkeit ausgebildet sein.

Eingangskriterien prüfen

Die erste Aufgabe des Moderators besteht darin zu prüfen, ob die Eingangskriterien für eine Inspektion erfüllt sind. Stellt der Moderator mit einem kurzen Blick auf das Prüfobjekt eine große Anzahl kleinerer Fehler oder sogar gravierende Defekte fest, dann wird das Prüfobjekt an den Autor zurückgegeben. Es lohnt sich nicht, die Zeit ei-

Tab. 3.1-2: Inspektionen und ihre Charakteristika

Definition
Manuelle, formalisierte Prüfmethode, um schwere Defekte in schriftlichen Dokumenten anhand von Referenzunterlagen zu identifizieren und durch den Autor beheben zu lassen.

Ziel der Prüfung
Identifikation von Defekten im Prüfobjekt unter Berücksichtigung des Ursprungsprodukts, aus dem das Prüfobjekt entsprechend den Entwicklungsregeln erstellt wurde. Die Verbesserung der Entwicklungsregeln und des Entwicklungsprozesses ist ebenfalls Ziel der Prüfung.

Objekte der Prüfung
Produkte und Teilprodukte (Dokumente) einschließlich des Prozesses ihrer Erstellung (Erstellungsregeln).

Referenzunterlagen für die Prüfung (Bezugsobjekte).
Ursprungsprodukt, aus dem das Prüfobjekt entsteht; Erstellungsregeln für das Prüfobjekt, Checklisten für die Erstellung.

Beschreibungsform der Prüf- und Bezugsobjekte
Prüfobjekte: informal (z.B. Pflichtenheft), semiformal (z.B. Pseudocode) und formal (z.B. OOA-Modell, Quellcode).
Bezugsobjekte: informal (z.B. methodische Regeln, Checklisten), semiformal (z.B. Pseudocode) und formal (z.B. OOA-Modell).

Ergebnisse
Formalisiertes Inspektionsprotokoll und Fehlerklassifizierung (schwer, leicht), Fragen an den Autor und Prozeßverbesserungsvorschläge; Inspektionsmetriken, überarbeitetes Prüfobjekt.

Vorgehensweise
Menschliche Begutachtung.

Ablauf der Prüfung
Statische Prüfung, d.h. in der Reihenfolge der Aufschreibung des Prüfobjekts.

Vollständigkeit der Prüfung
Stichprobenartig.

Teilnehmer
Moderator, Autor, (Vorleser), Protokollführer, Inspektoren; insgesamt 3-7 Teilnehmer (wenn 3: Moderator/Protokollführer, Inspektor, Autor).

Durchführung
Eingangsprüfung, Inspektionsplanung, optionale Einführungssitzung (Vorstellung von Prüfobjekt und Umfeld), individuelle Vorbereitung und Prüfung (jeder Inspektor prüft das Prüfobjekt nach den ihm zugeteilten Aspekten), Inspektionssitzung (jeder Inspektor nennt seine Prüfergebnisse, gemeinsam werden weitere Defekte identifiziert), Autor überarbeitet Prüfobjekt, Moderator nimmt eine Nachprüfung vor und gibt das Prüfobjekt anhand definierter Kriterien frei oder weist es zurück.

Aufwand
Individuelle Vorbereitung: ca. 1 Seite/Stunde pro Inspektor.
Inspektionssitzung: max. 2 Stunden (ca. 1 Seite/Stunde).

Nutzen
Individuelle Prüfung: 80% der Gesamtdefekte identifiziert.
Inspektionssitzung: 20% der Gesamtdefekte identifiziert.

Quelle: /Gilb, Graham 93/

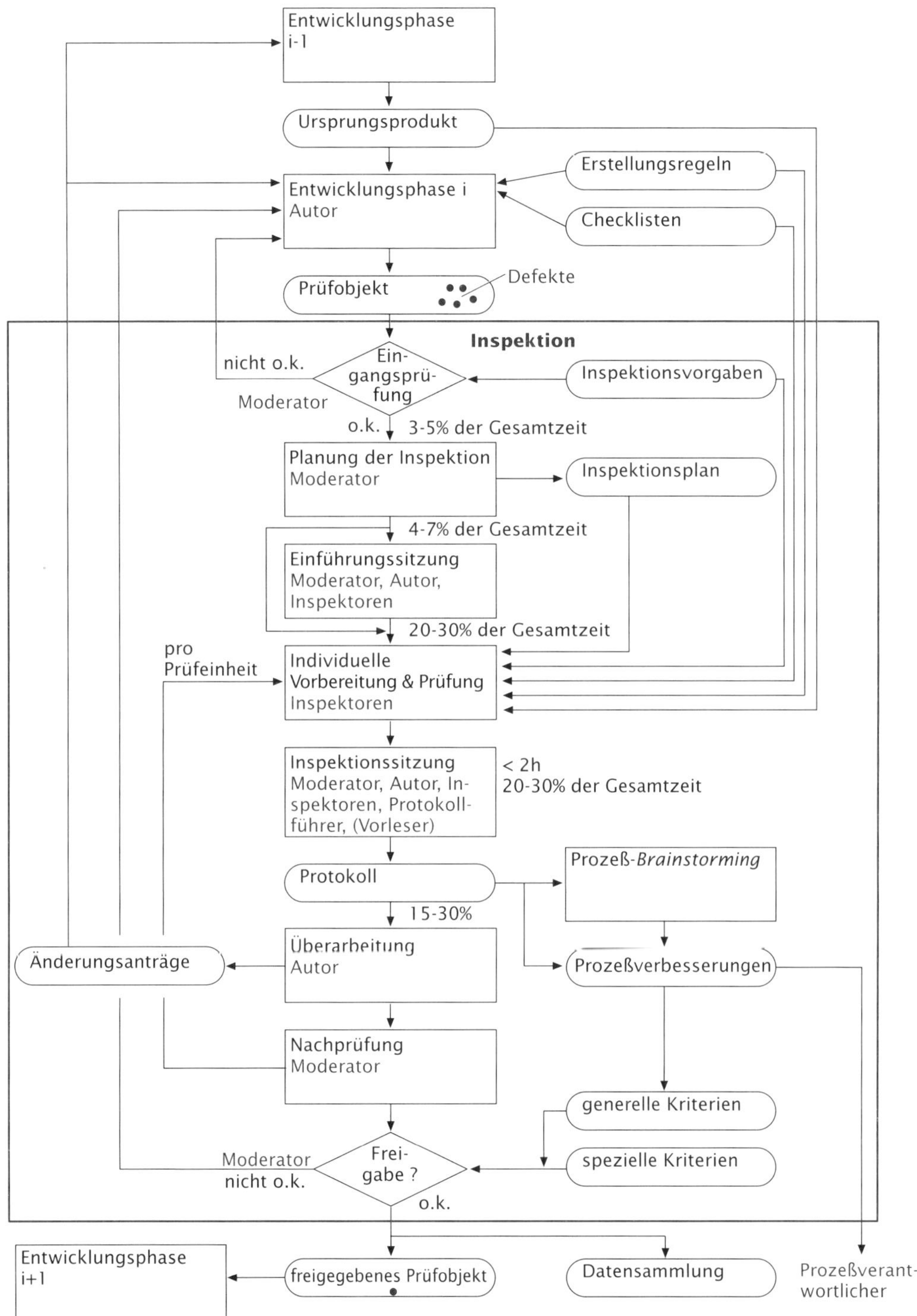

Abb. 3.1-1: Ablauf einer Inspektion

nes Inspektionsteams zu vergeuden, wenn der Autor zunächst die offensichtlichen Defekte effektiver selbst beseitigen kann.

Planung

Erfüllt das Prüfobjekt die Eingangskriterien, dann plant der Moderator den Inspektionsprozeß:

- Festlegung und Einladung des Inspektionsteams.
- Festlegung und Zuordnung von Rollen an jeden Inspektor. Eine Rolle ist verknüpft mit der Prüfung spezieller Aspekte.
- Festlegung aller notwendigen Referenzunterlagen für die Inspektion (Ursprungsprodukt, Erstellungsregeln, Checklisten).
- Aufteilung des Prüfobjekts in »handhabbare« Einheiten, wenn es für eine Inspektionssitzung zu umfangreich ist. Eine Inspektionssitzung soll nicht länger als zwei Stunden dauern.
- Festlegung von Terminen.

Jeder Inspektor erhält eine Rolle zugewiesen, die seinen speziellen Interessen und Talenten entspricht.

Beispiele für Rollen sind:

- Benutzer: Konzentration auf die Benutzersicht.
- System: Konzentration auf die Implikationen für das gesamte System (Hardware, Dokumentation, Verkauf, Auslieferungszeit).
- Finanzen: Konzentration auf die Kostenimplikationen, die Schätzungen, Termine.
- Qualität: Konzentration auf alle Aspekte von Qualitätsmerkmalen.
- Service: Konzentration auf Wartung und Installation.

Beispiel
Kapitel I 2.18

Für die Überprüfung eines OOA-Modells können folgende Rollen vergeben werden:

- Basismodell: Konzentration auf die fachgerechte Identifikation der Klassen einschließlich Überprüfung der Attribute und Operationen.
- Statisches Modell: Konzentration auf Vererbungen, Assoziationen, Aggregationen und Subsysteme.
- Dynamisches Modell: Konzentration auf Botschaften, Interaktionen, Objekt-Lebenszyklen und Spezifikationen.

Unterlagen

Jeder Inspektionsteilnehmer erhält folgende Unterlagen:

- Prüfobjekt, z. B. OOA-Modell.
- Ursprungsprodukt, auf dessen Basis das Prüfobjekt erstellt wurde, z. B. Pflichtenheft.
- Erstellungsregeln, anhand derer der Entwickler das Prüfobjekt auf der Basis des Ursprungsprodukts entwickelt hat, z. B. Methode zur Erstellung eines OOA-Modells.
- Checklisten, die die Erstellungsregeln konkretisieren, z. B. Checklisten zum Überprüfen eines OOA-Modells bzw. spezielle Checklisten pro Rolle.
- Inspektionsregeln, die angeben, wie die Inspektion abläuft.
- Inspektionsplan.

Einführungssitzung

Nach der Planung der Inspektion kann optional eine Einführungssitzung *(kick off-meeting)* durchgeführt werden. Das Ziel einer solchen Veranstaltung besteht darin, dem Inspektionsteam notwendige Informationen zu vermitteln und die zu erledigende Aufgabe zu erläutern.

Individuelle Vorbereitung & Prüfung

Jedes Mitglied des Inspektionsteams bereitet sich individuell auf die Inspektionssitzung vor. Folgende Punkte sind zu beachten:

- Die Vorbereitung muß bis zur Inspektionssitzung abgeschlossen sein.
- Das Prüfobjekt ist auf die speziellen Defekte hin zu untersuchen, die sich aus der zugewiesenen Rolle ergeben.
- Die Überprüfung ist entsprechend den Inspektionsregeln durchzuführen.
- Gefundene Defekte sind zu notieren.
- Die empfohlene Arbeitsgeschwindigkeit ist zu beachten (ungefähr eine Seite pro Stunde).

Prüf-geschwindigkeit: 1 Seite/Stunde

Umfangreiche Prüfobjekte sollten niemals auf einmal geprüft werden. Damit ein Prüfer die relevanten Defekte findet, benötigt er ungefähr eine Stunde pro Seite. Daher müssen umfangreiche Dokumente in Abschnitte von ungefähr einer bis vier Seiten aufgeteilt werden. Diese Seitenanzahl bezieht sich auf kritische Seiten, nicht auf ergänzende Kommentare oder ähnliches. Eine »handhabbare« Einheit entspricht dem Umfang, den ein Team in einer Inspektionssitzung durchgehen kann. Die Arbeitsgeschwindigkeit in einer solchen Sitzung beträgt ungefähr eine Seite pro Stunde, wenn man ungefähr 15-20 Prozent zusätzliche Fehler gegenüber den individuellen Überprüfungen finden will. Zwischen der Überprüfung mehrerer Abschnitte sollten jeweils Pausen in der Größenordnung von Stunden liegen.

Nur Ausschnitts-überprüfung

Eine Alternative zur vollständigen Überprüfung eines Dokuments besteht darin, nur einen Teil zu inspizieren. Eine solche Überprüfung kann dazu benutzt werden, die Fehlerdichte pro Seite der ungeprüften Seiten zu schätzen.

Die Ausschnittsüberprüfung kann dazu führen, das gesamte Dokument freizugeben. Die Überprüfung kann dem Autor genügend Fehlerbeispiele geben, die es ihm erlauben, systematisch die Defekte in den nicht überprüften Seiten zu beheben.

Eine Ausschnittsüberprüfung kann keine spezifischen Defekte in den nicht überprüften Seiten identifizieren, aber Fehler, die auf einer Seite zu finden sind, wiederholen sich oft auf vielen anderen Seiten des Dokuments.

leichte & schwere Defekte

Bei der Überprüfung sollten schwere und leichte Defekte unterschieden werden. Ein schwerer Defekt verursacht mit großer Wahrscheinlichkeit hohe Behebungskosten, wenn er nicht sofort beseitigt wird.

Die Identifikation und Behebung von schweren Fehlern ist ein Hauptgrund für Inspektionen in frühen Entwicklungsphasen.

Wichtig ist, sich auf gravierende Defekte zu konzentrieren. Sonst besteht die Gefahr, daß zuviel Zeit für ökonomisch unwichtige Defekte verbraucht wird. Geringfügige Fehler sind dennoch zu vermerken, denn es kostet nicht mehr, diese Fehler früh zu beseitigen.

auf schwere Defekte konzentrieren

In der Praxis fällt es oft schwer, sich auf die wichtigen Defekte zu konzentrieren. Durch folgende Maßnahmen kann die Aufmerksamkeit auf schwerwiegende Fehler gelenkt werden:

- Jeden Inspektor bitten, nur festgelegte Aspekte zu prüfen. Dafür Checklisten bereitstellen, die nur diese Aspekte berücksichtigen.
- In der Einführungssitzung darauf hinweisen, daß primär schwere Defekte zu suchen sind.
- Checklisten auf eine physikalische Seite begrenzen. Dadurch bleibt nur Platz für wichtige Fragen übrig.
- In den Checklisten alle Fragen durch M (major, schwer) und m (minor, leicht) kennzeichnen.
- Bei der Inspektionssitzung ist von jedem Prüfer anzugeben, ob es sich um einen schweren oder leichten Defekt handelt.

1 Seite/h

Die optimale Prüfgeschwindigkeit bei der individuellen Inspektion liegt bei ungefähr einer vollen Seite (± $^1/_2$ Seite) pro Stunde. Anhand aller relevanten Unterlagen ist das Prüfobjekt gründlich zu inspizieren. Die individuelle Prüfgeschwindigkeit kann dabei im Verhältnis 1:10 variieren.

Die Leistung eines Inspektors ist umso größer, je mehr Defekte er identifiziert, die kein anderes Mitglied des Inspektionsteams findet.

Potentielle Defekte sind von den Inspektoren in dem Prüfobjekt zu markieren.

individuelle Prüfung effektiv!

Ohne individuelle Vorbereitung und Prüfung findet man in der Inspektionssitzung nur ungefähr 10 Prozent der Defekte, die sonst bei einer konsequenten Anwendung der Inspektion gefunden werden. Die individuelle Überprüfung verbraucht ungefähr 20 bis 30 Prozent der gesamten Inspektionszeit.

Inspektionssitzung

Nach den individuellen Vorbereitungen und Prüfungen folgt eine gemeinsame Inspektionssitzung *(logging meeting)*. Mit ihr werden drei Ziele verfolgt:

- Protokollieren aller potentiellen Defekte, die während der individuellen Überprüfungen identifiziert wurden.
- Identifizieren zusätzlicher Defekte während der Inspektionssitzung.
- Protokollieren von anderen Verbesserungsvorschlägen und Fragen an den Autor.

Kapitel II 5.4

Die Inspektionssitzung soll wie eine *Brainstorming*-Sitzung ablaufen. Die Identifikation von Defekten ersetzt die »Ideen« beim *Brainstorming*. Die Hauptaktivität besteht darin, Defekte dem Protokollführer laut zu melden. Parallel dazu findet eine »stille« kontinuierliche Überprüfungsaktivität durch alle Teilnehmer statt, um weitere Defekte zu finden.

Die Sitzung soll pünktlich beginnen und nicht länger als zwei Stunden dauern, da die Teilnehmer sonst ermüden. Die Sitzung benötigt etwa 20 bis 30 Prozent der Gesamtzeit, die für den Inspektionsprozeß insgesamt aufzuwenden ist.

Die Inspektionssitzung beginnt damit, daß von jedem Inspektor anonym folgende Daten protokolliert werden: Benötigte Zeit, Anzahl gravierender Defekte, Anzahl geprüfter Seiten.

Vorleser

In der Literatur wird von einigen Autoren empfohlen, daß ein Vorleser das Prüfobjekt abschnittsweise vorliest /Fagan 76, S. 193/, /Frühauf, Ludewig, Sandmayr 95, S. 95/, /Humphrey 89, S. 175/.

keine Diskussion

In der Sitzung ist eine Diskussion und Kommentierung *nicht* erlaubt. Es geht nur um das Identifizieren und Protokollieren potentieller Defekte. Insbesondere wird nicht diskutiert, ob es sich wirklich um einen Defekt handelt und wie er zu beheben ist.

Der Protokollführer selbst soll kein Inspektor sein. Es hat sich bewährt, das Protokoll während der Sitzung direkt mit einem Computer zu erfassen.

Wichtig ist, daß der Autor die protokollierten Defekte versteht, da er anschließend das Protokoll lesen und die notwendigen Aktionen ausführen muß.

optimale Inspektionsgeschwindigkeit

Um während der Inspektionssitzung zusätzliche Defekte zu identifizieren, muß eine optimale Inspektionsgeschwindigkeit gefunden werden. Eine Grenze wird durch die Schreibgeschwindigkeit des Protokollführers vorgegeben. Die Defekte sollten in einer gleichmäßigen und zügigen Geschwindigkeit berichtet und protokolliert werden. Die optimale Geschwindigkeit (Seiten/Sitzungsstunde) ist erreicht, wenn ungefähr 20 Prozent der Gesamtdefekte in der Inspektionssitzung gefunden werden, d.h. Defekte, die bei den individuellen Prüfungen nicht gefunden wurden. Für die Arbeitsgeschwindigkeit sollte ein Ziel gesetzt werden, z.B. wenigstens ein Defekt alle 30 Sekunden.

Protokoll

Das wichtigste Ergebnis der Inspektionssitzung ist das Inspektionsprotokoll. Es sollte folgende Punkte enthalten:

- Inspektionsdatum
- Name des Moderators
- Prüfobjekt
- Referenzunterlagen
- Defekte mit folgenden Angaben:
  - Kurzbeschreibung des Defekts
  - Ort des Defekts
  - Bezug zu Regeln oder Checklisten
  - leichter oder schwerer Fehler
  - in der Sitzung identifiziert oder bei der Vorbereitung

- □ Verbesserungsvorschläge (Defekte, die sich auf Regeln, Checklisten, Prozesse beziehen)
- □ Fragen an den Autor

Dokumente sollten eine Zeilennummer besitzen, um eine genaue Referenzierung zu ermöglichen. Das Protokoll enthält keine Information darüber, wer den Defekt gemeldet hat!

Ein Beispiel für ein Protokoll zeigt Abb. 3.1-2.

Abb. 3.1-2: Beispiel eines Inspektionsprotokolls Verweise: OOA-Modell: I 2.18.6 (Abb. 2.18-39) Pflichtenheft: Anhang IA OOA-Methode: I 2.18.6 (Tab. 2.18-2) Checklisten: I 2.18.6

Inspektionsprotokoll vom 20.2.1997
Moderator: Herr Schulz
Prüfobjekt: Klassen-Diagramm Seminarorganisation V1.1
Referenzunterlagen:
Ursprungsprodukt: Pflichtenheft Seminarorganisation V.2.2
Erstellungsregeln: OOA-Methode
Checklisten: Klassen, Attribute, Operationen, Assoziationen, Aggregationen, Kardinalitäten, Muster, Vererbung, Subsysteme

M 1. Klasse Mitarbeiter benötigt Operation Paßwort ändern
← Pflichtenheft /B50/, /B60/
NM 2. Bei einer Firmenbuchung können keine Teilnehmerurkunden erstellt werden
← Pflichtenheft /F200/
I 3. Ersterfassung-am-Attribut im Pflichtenheft ergänzen
? 4. Warum ist Firma nicht Unterklasse von Person?
? 5. Ist ein Seminarleiter auch immer ein Referent?
M 6. Es fehlt eine Assoziation zwischen Firma und Firmenbuchung, die angibt, wenn eine Firma in Zahlungsverzug ist
← Pflichtenheft /F55/
m 7. Für eine Firma sollte entweder ein Kurzname oder eine Nummer als Schlüssel verwendet werden, nicht beides
← Checkliste Attribute 5.

Legende:
m = leichter Defekt
M = schwerer Defekt
? = Frage an den Autor
Nm = Neuer leichter Defekt (in Inspektionssitzung identifiziert)
NM = Neuer schwerer Defekt (in Inspektionssitzung identifiziert)
I = Verbesserungsvorschlag *(Improvement)*
← = Bezug zum Ursprungsprodukt, zu Erstellungsregeln und Checklisten

Prozeß-Brainstorming Nach der Inspektionssitzung kann optional noch eine Prozeß-*Brainstorming*-Sitzung durchgeführt werden, um Defektursachen zu analysieren und um den Erstellungsprozeß so schnell wie möglich zu verbessern.

Überarbeitung Anhand des Inspektionsprotokolls führt der Autor folgende Aktivitäten aus:

- Überarbeitung des Prüfobjekts *(Rework, Edit).*
- Entscheidung, ob ein leichter oder schwerer Defekt vorliegt (Änderung, wenn die bisherige Einstufung falsch war).
- Änderungsanträge für Referenzprodukte stellen.

- Metriken über »Benötigte Überarbeitungsstunden« und »Anzahl der schweren Defekte« an den Moderator melden.
- Im Inspektionsprotokoll vermerken, welche Aktionen pro Protokolleintrag unternommen wurden.

Nachüberprüfung *(follow-up)*

Hat der Autor seine Überarbeitung abgeschlossen, dann prüft der Moderator die Sorgfalt und Vollständigkeit der Überarbeitung, aber nicht die Korrektheit.

Freigabe

Die erfolgreiche Nachüberprüfung ist die Voraussetzung für die formale Freigabe des Prüfobjekts. Bevor es freigegeben werden kann, muß sichergestellt sein, daß es die geforderte Qualität besitzt. Der Moderator prüft, ob alle Freigabekriterien erfüllt sind. Die meisten Kriterien sind auf alle Prüfobjekte anwendbar (generische Kriterien). Spezielle Kriterien können für spezielle Inspektionen und spezielle Typen von Prüfobjekten festgelegt werden. Eine Liste generischer Freigabekriterien zeigt Tab. 3.1-3.

1 Alle Überarbeitungen sind vollständig und sorgfältig durchgeführt, d.h. der Moderator hat dies bei der Nachüberprüfung festgestellt.
2 Alle notwendigen Änderungsanträge wurden gestellt.
3 Die Datensammlung ist vollständig und in der Datenbank erfaßt (siehe unten).
4 Es gibt nicht mehr als 0,25 schwere Restdefekte pro Seite (2 bis 3 für Anfänger), berechnet auf der Basis der Entfernungseffektivität (zwischen 30% und 88%) und der Defekteinfügungsrate (1 von 6 Defekten falsch korrigiert).
5 Die individuelle Prüfgeschwindigkeit (Seiten pro Stunde) und die Prüfgeschwindigkeit der Inspektionssitzung haben die bekannte optimale Prüfgeschwindigkeit um nicht mehr als 20% im Durchschnitt überschritten (sonst werden zuviele Defekte übersehen).
6 Weder der Autor noch der Moderator haben ein Veto gegen die Freigabe eingelegt. Sie können dies tun, wenn sie subjektiv glauben, daß das freigegebene Prüfobjekt eine »Gefahr« für den Prüfobjekt-Nutzer ist.

Quelle: /Gilb, Graham 93, S. 202/

Tab. 3.1-3: Beispiel für generische Freigabekriterien

Die formalen Freigabekriterien sollen sicherstellen, daß das Software-Management eine zuverlässige Aussage darüber erhält, daß das Prüfobjekt an die nächste Phase weitergegeben werden kann. Die Freigabekriterien können mit einem Fischnetz verglichen werden. Durch sie wird entschieden, wie klein ein Fisch sein muß, um durch die Maschen des Netzes zu schlüpfen.

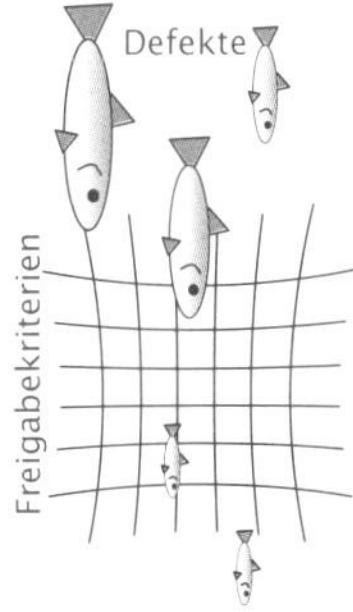

Eine der wichtigsten Überprüfungen besteht darin festzustellen, ob das Prüfobjekt die geforderte Qualitätsstufe erreicht hat. Dies wird durch die maximale Anzahl der schweren Defekte ausgedrückt, die schätzungsweise auf jeder Seite unerkannt zurückbleiben.

Faustregeln

- Die Anzahl der nicht entdeckten Defekte ist ungefähr gleich der Anzahl der entdeckten Defekte pro Seite.
- Eine von sechs Korrekturen wird fehlerhaft ausgeführt oder sie verursacht einen neuen Defekt.

Beispiel Werden 60 Defekte auf 10 Seiten gefunden, dann bleiben nach der Überarbeitung sechs Defekte pro Seite übrig, d.h. werden nicht gefunden. Von den 60 korrigierten Defekten werden 10 fehlerhaft beseitigt. Von den insgesamt 120 Defekten werden also 50 korrigiert,

Abb. 3.1-3: Formular zur Erfassung von Inspektionsdaten

Zusammenfassung der Inspektionsdaten
Datum: 1.3.97 Nummer der Inspektion: OOA15 Moderator: Schulz
Prüfobjekt: OOA-Modell Seminarorganisation V1.1 Anzahl Seiten: 15
Datum der Inspektionsanforderung: 4.2.97 Datum der Eingangsprüfung: 6.2.97
(1) Planungszeit: 1,2 h (2) Aufwand für die Eingangsprüfung: 0,3 h
(3) Aufwand für die Einführungssitzung: 1,0 h (10 min * 6 Teilnehmer)

Individuelle Prüfergebnisse (berichtet am Anfang der Inspektionssitzung)

Inspektor	Prüfzeit (a) h	Anzahl gepr. Seiten (b)	schwere Defekte	leichte Defekte	Verbesserungen	Fragen	Prüfgeschw. (b)/(a)
1	3,6	4	16	25	3	8	1,11
2	1,9	4	7	23	0	2	2,11
3	2,8	3,5	20	14	5	0	1,25
4	4,2	5	9	44	1	12	1,19
5	2,4	2,6	15	21	1	19	1,08
6							
Summe	14,9(4)		67	127	10	41	

Durchschnittliche Prüfgeschwindigkeit: 1,35 Seiten/h

Inspektionssitzung (Prüfeinheit = 4 Seiten)
Anzahl Teilnehmer: 6 Dauer: 1,72 h (5) Arbeitsstunden insgesamt: 10,3 h

Schwere Defekte protokolliert	Leichte Defekte protokolliert	Verbesserungsvorschläge	Fragen a.d. Autor	Neue Defekte i.d. Sitzung entdeckt
27	30	8	22	3

Erfassungsgeschwindigkeit: 0,84 (Protokolleinträge/Minute) (87/103,2)
(11) Bisheriger Gesamtzeitaufwand: 27,7 h (1)+(2)+(3)+(4)+(5)
Anzahl geprüfter Seiten pro Stunde: 2,33 (Seiten/Dauer)

Überarbeitung, Nachüberprüfung und Freigabe
Anzahl schwerer Defekte: 29 Anzahl leichter Defekte: 54
Anzahl Änderungsanträge: 3
(6) Überarbeitungszeit: 16,6 h (7) Nachüberprüfungszeit: 1,5 h
(8) Freigabezeit: 0,6 h Freigabedatum: 1.3.96
(9) Überprüfungszeit: 4,6 h (1)+(2)+(3)+(7)+(8)
(10) Defektentfernungszeit: 46,4 h (11)+(6)+(7)+(8)
Geschätzte Restdefekte (schwere Defekte) / Seite: 6,04
(Annahme: 60% Effektivität, 1 von 6 Defekten fehlerhaft korrigiert = 16,6%)
(29 schwere Defekte/4 Seiten = 7,25 Defekte korrigiert/Seite)
(60% Effektivität: 7,25 ≙ 60%, 40% Restfehler = 4,83 Fehler/Seite)
(16,6% fehlerhaft korrigiert: 7,25 * 0,166 = 1,21 Defekte pro Seite)
Geschätzte Effektivität (% gefundene schwere Defekte/Seite): 60 %
(Annahme oder Empirie)
Effizienz (schwere Defekte/Arbeitszeit (9)+(10)) = 0,57 schwere Defekte/Stunde (29/51)
Wahrscheinliche Einsparung von Entwicklungszeit durch die Inspektion: 139,2 h
(basierend auf 8 oder 6,4 Stunden/schwerem Defekt)
(46,4 Stunden (10) für 29 Defekte = 1,6 Stunden pro schwerem Defekt
Annahme: Wenn ein Defekt später gefunden wird, dann werden 6,4 Stunden pro schwerem Defekt benötigt, das ergibt 29 * 6,4 = 185,6 Stunden,
Eingesparte Zeit = 185,6 Stunden – 46,6 Stunden = 139,2 Stunden)

60 werden nicht entdeckt und 10 werden falsch korrigiert. Die Inspektionseffektivität beträgt also 42 Prozent.

keine Freigabe

Erhält ein Prüfobjekt wegen zu vieler geschätzter Fehler keine Freigabe, dann gibt es folgende Alternativen:

- Der Autor muß das Prüfobjekt grundlegend, d.h. über die protokollierten Punkte hinaus, überarbeiten. Anschließend erfolgt eine erneute Inspektion.
- Das Prüfobjekt wird »weggeworfen«. Es wird ein neues erstellt. Diese Alternative ist oft kosteneffektiver als vermutet.
- Die Inspektion wird nach der Überarbeitung wiederholt.

Restdefektrate dokumentieren

Für den späteren Nutzer eines freigegebenen Produkts ist es hilfreich, wenn die geschätzte Restdefektrate dokumentiert ist, z. B. geschätzte schwere Restdefekte pro Seite = 2,5 (maximal).

Datensammlung

Neben dem freigegebenen oder zurückgewiesenen Prüfobjekt ist die Datensammlung mit den Inspektionsmetriken ein weiteres Ergebnis einer Inspektion. Abb. 3.1-3 zeigt ein Formular zur Erfassung von Inspektionsdaten. Es wird begleitend zur Inspektion durch den Moderator ausgefüllt.

Bezug zu CMM (Kapitel 4.3)

In /Humphrey 89, S. 171 ff./ werden Software-Inspektionen der Prozeßreifestufe 3 (definierter Prozeß) zugeordnet.

Empirische Ergebnisse

Es gibt zahlreiche Veröffentlichungen, die über empirische Ergebnisse von Software-Inspektionen berichten /Gilb, Graham 93/, /Humphrey 89, S. 184 ff./, /Grady, van Slack 94/, /Bisant, Lyle 89/. Im folgenden werden einige Ergebnisse aus /Grady 92/ zitiert.

Faustregeln

Als Faustregeln werden dort angegeben:

- 50 bis 75 Prozent aller Entwurfsfehler können durch Inspektionen gefunden werden.
- Code-Inspektionen sind ein sehr kosteneffektiver Weg, um Defekte aufzudecken.

Einen Quervergleich der Effektivität verschiedener Prüfmethoden für Programme zeigt Abb. 3.1-4.

Jeder Balken zeigt die Anzahl der Defekte (in Prozent), die ein Team mit der entsprechenden Prüfmethode gefunden hat. Da verschiedene Teams unterschiedliche Methoden für dasselbe Programm verwendet haben, wurden einige Defekte durch mehr als eine Methode gefunden. Durch den Einsatz unterschiedlicher Methoden wurden mehr als 20 Defekte entdeckt, die vorher niemals gefunden wurden. Bei den statischen Überprüfungen ist die Code-Inspektion am effektivsten.

Eine Kosten/Nutzen-Analyse von Entwurfsinspektionen zeigt Tab. 3.1-4. Die Tabelle zeigt die Ergebnisse für die erste Anwendung einer Entwurfsinspektion mit einem Team aus sechs Personen.

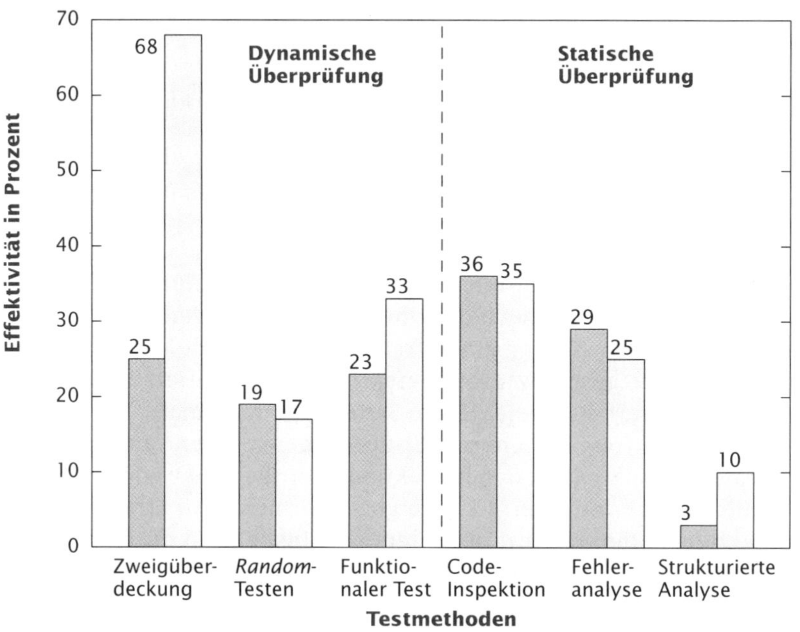

Abb. 3.1-4: Effektivität von Prüfmethoden für Programme /Grady 92, S. 60/

Hauptkapitel 5

	Kosten	Nutzen
Training	48 Ingenieurstunden (6 Ingenieure à 8 Stunden)	
Einführungskosten	96 Ingenieurstunden 0,5 Monat (6 Ingenieure à 16 Stunden)	
Zeitersparnis gegenüber späterer Defektentdeckung		1759 Ingenieurstunden (55 % Effektivität)
Eingesparte Entwicklungszeit		1,8 Monate

Tab. 3.1-4: Kosten/Nutzen-Analyse von Entwurfsinspektionen /Grady 92, S. 133 f./

Der *»Return on Investment«* ergibt sich aus dem Verhältnis der ersparten Ingenieurstunden dividiert durch die Kosten (1759/(48 + 96) = 12,2). Dieser Wert ist wesentlich besser als für viele andere Investitionen.

Zusätzlich kommen noch folgende Vorteile hinzu:

- Kürzere Entwicklungszeit.
- Geringes Risiko.
- Investition zahlt sich schnell aus.
- Die Trainings- und Einführungskosten fallen pro Team nur einmal an.

Die Effektivität von Inspektionen, bezogen auf den Zeitpunkt der Inspektion, zeigt Abb. 3.1-5. Wie die Abbildung zeigt, sind frühe In-

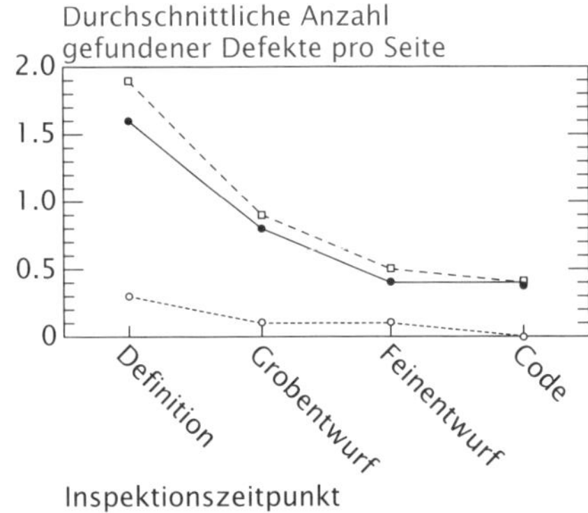

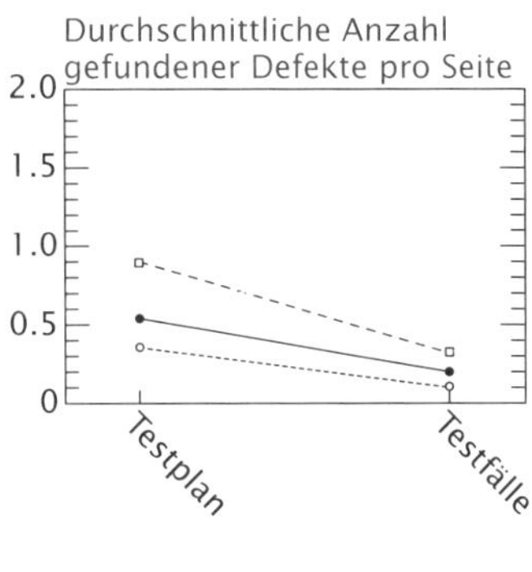

Legende: schwere Defekte, leichte Defekte, alle Defekte

Testplan = Testplandokument
Testfälle = dokumentierte Testfälle

Abb. 3.1-5: Inspektionseffektivität bezogen auf den Inspektionszeitpunkt /Grady 92, S. 161/

spektionen wichtiger als spätere. In dem Maße, wie die Prozesse verbessert werden, können spätere Inspektionen entfallen.

Tab. 3.1-5 zeigt, welche Werte für die Teamgröße, die Vorbereitungs- und die Inspektionszeit realistisch sind.

	Durchschnitt für eine HP-Division	Optimum für eine HP-Division	IBM
Teamgröße	5,6 Ingenieure	4-5 Ingenieure	4-6 Ingenieure
Verhältnis Vorbereitungszeit zu Inspektionszeit	1,4	> 1,75	1,25
Inspektionsgeschwindigkeit			
– Entwurf	630 LOT +/h	300-400 LOT/h	250 LOT/h
– Code	360 LOC */h	200-300 LOC/h	150 LOC/h

+ LOT = Anzahl Zeilen Text
* Es gab ungefähr 3 Kommentarzeilen auf jeweils 10 Quellzeilen.

Tab. 3.1-5: Vergleich empfohlener Inspektionswerte /Grady 92, S. 162/

Über die Einführung von Software-Inspektionen in ein Unternehmen berichten besonders /Gilb, Graham 93/, /Grady, van Slack 94/, /Grady 92/. In /Barnard, Price 94/ werden Metriken beschrieben, die helfen, Inspektionen zu planen, zu überwachen und zu verbesssern.

3.1.2 *Review*

Review = Überprüfung

Ein ***Review*** ist ein mehr oder weniger formalisierter Prozeß zur Überprüfung von schriftlichen Dokumenten durch Gutachter, um Stärken und Schwächen des Dokuments festzustellen.

Gegenüber einer Inspektion ist ein *Review* weniger, gegenüber einem *Walkthrough* aber stärker formalisiert. In Tab. 3.1-6 sind die wichtigsten Charakteristika von *Reviews* dargestellt, Abb. 3.1-6 zeigt den Ablauf eines *Reviews*.

Planung Der Manager, der das Prüfobjekt in Auftrag gibt, plant gleichzeitig das *Review* und bestimmt bereits den Moderator. Dadurch ist von

Tab. 3.1-6: Reviews und ihre Charakteristika

Definition
Manuelle, semiformale Prüfmethode, um Stärken und Schwächen eines schriftlichen Dokuments anhand von Referenzunterlagen zu identifizieren und durch den Autor beheben zu lassen.
Ziel der Prüfung
Feststellung von Mängeln, Fehlern, Inkonsistenzen, Unvollständigkeiten, Verstößen gegen Vorgaben, Richtlinien, Standards, Pläne; formale Planung und Strukturierung der Bewertungsprozesse und formale Abnahme des Prüfobjekts.
Objekte der Prüfung
Jeder in sich abgeschlossene, für Menschen lesbare Teil von Software, z.B. ein einzelnes Dokument, ein Quellcode-Modul, ein OOA-Modell.
Referenzunterlagen für die Prüfung (Bezugsobjekte)
Vorgaben für die Erstellung des Prüfobjekts; relevante Richtlinien und Standards; Fragenkataloge mit Listen von Fragen, die im *Review* beantwortet werden sollen.
Beschreibungsform der Prüf- und Bezugsobjekte
Prüfobjekte: informal (z.B. Pflichtenheft), semiformal (z.B. Pseudocode) und formal (z.B. OOA-Modell, Quellcode);
Bezugsobjekte: informal (z.B. Richtlinien), semiformal (z.B. Pseudocode) und formal (z.B. OOA-Modell).
Ergebnisse
Review-Protokolle, Empfehlung über Freigabe an den Manager, überarbeitetes Prüfobjekt.
Vorgehensweise
Menschliche Begutachtung
Ablauf der Prüfung
Statische Prüfung, d.h. in der Reihenfolge der Aufschreibung des Prüfobjekts.
Vollständigkeit der Prüfung
Stichprobenartig
Teilnehmer
Review-Team bestehend aus 4–7 Personen: Moderator, Autor, Protokollführer, 2–5 Gutachter.
Durchführung
Eingangsprüfung, optionale Einführungssitzung (Vorstellung von Prüfobjekt und Umfeld), individuelle Vorbereitung (jeder Gutachter prüft das Prüfobjekt nach den ihm zugeteilten Aspekten), *Review*-Sitzung (Bewertung durch die Gutachter, max. 2 Stunden Dauer, keine Probleme lösen oder beheben; Autor ist passiv), Überarbeitung des Prüfobjekts (durch den Autor); bei gravierenden Mängeln erneute *Review*-Sitzung.
Aufwand
15–20% des Erstellungsaufwands des Prüfobjekts
Nutzen
60–70% der Fehler in einem Dokument werden gefunden. Reduktion der Fehlerkosten in der Entwicklung von 75% und mehr. Nettoeinsparungen für die Entwicklung ca. 20%, für die Wartung ca. 30%.

Quellen: /Frühauf, Ludewig, Sandmayr 95/, /Wallmüller 90/

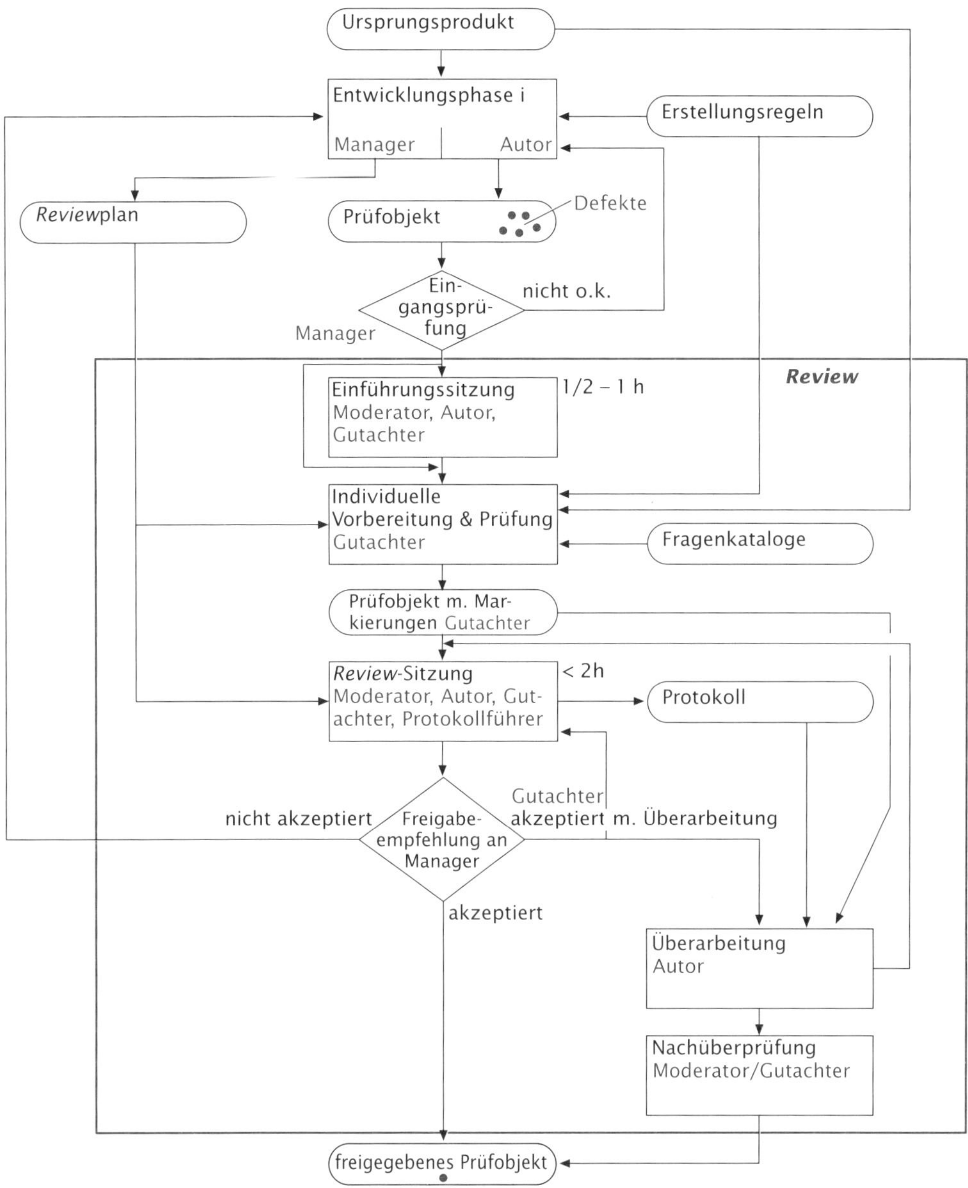

Abb. 3.1-6: Ablauf eines Reviews (in Anlehnung an /Frühauf, Ludewig, Sandmayr 95/)

vornherein sichergestellt, daß der notwendige *Review*-Aufwand berücksichtigt wird. Zusammen mit dem Moderator legt der Manager die Aspekte fest, nach denen das Prüfobjekt später begutachtet werden soll. Für jeden Aspekt wird mindestens ein kompetenter Gutachter benötigt.

Eingangsprüfung

Hat der Autor das Prüfobjekt erstellt und beantragt ein *Review*, dann prüft der Manager, u.U. zusammen mit dem Moderator, ob das Prüfobjekt für ein *Review* »reif« ist.

Einführungssitzung

Nach erfolgreicher Eingangsprüfung verteilt der Moderator das Prüfobjekt und die Referenzunterlagen an die Gutachter. Dies kann auch im Rahmen einer optionalen Einführungssitzung erfolgen, um das Prüfobjekt und seine Umgebung vorzustellen.

Individuelle Vorbereitung & Prüfung

Jeder Gutachter prüft anhand der Unterlagen individuell das Prüfobjekt und bereitet sich auf die *Review*-Sitzung vor. Dabei konzentriert sich jeder Gutachter auf die ihm zugewiesenen Aspekte. Untersuchungen haben gezeigt, daß viele Defekte allein deswegen gefunden werden, weil die Gutachter das Prüfobjekt unter festgelegtem Blickwinkel betrachten.

Alle Defekte und Mängel, auf die ein Gutachter stößt, werden aufgeschrieben. Geringe Defekte werden im Prüfobjekt direkt notiert, schwere Defekte werden separat notiert und in der *Review*-Sitzung vorgetragen.

Review-Sitzung

Der Moderator leitet die *Review*-Sitzung. Jeder Gutachter berichtet am Anfang, wieviel Zeit er für die Vorbereitung benötigt und welchen Gesamteindruck er vom Prüfobjekt hat. Dann wird das Prüfobjekt seiten- oder kapitelweise durchgegangen. Jeder Gutachter berichtet über seine Erkenntnisse. Diese werden protokolliert, auf ihre Gültigkeit hin geprüft und gewichtet (z.B. kritischer Fehler, Hauptfehler, Nebenfehler, ohne Fehler). Aufgabe des Moderators ist es, darüber einen Konsens herbeizuführen.

Der Autor ist passiv, jedoch sollte er Mißverständnisse aufklären und gezielte Fragen beantworten. Am Ende der Sitzung erhält er die verteilten und nun markierten Kopien des Prüfobjekts.

Aufgrund der Erkenntnisse wird eine Empfehlung an den Manager ausgesprochen, die lauten kann:

- akzeptieren,
- akzeptieren mit Überarbeitung,
- nicht akzeptieren.

Wird eine Überarbeitung empfohlen, dann kann das *Review*-Team eine erneute *Review*-Sitzung verlangen oder die Nachüberprüfung an den Moderator oder einen Gutachter delegieren. Mängel in Referenzunterlagen werden gesondert dokumentiert. Aufgabe des Managers ist es, sich um die Behebung dieser Mängel zu kümmern.

»dritte Stunde«

In der *Review*-Sitzung dürfen keine Lösungen diskutiert werden. Damit jedoch gute Lösungsideen nicht verlorengehen, kann an die *Review*-Sitzung eine formlose »dritte Stunde« angehängt werden.

Überarbeitung

Der Manager entscheidet anhand des *Review*-Protokolls, ob das Prüfobjekt überarbeitet oder freigegeben werden soll. Entscheidet er sich für die Überarbeitung, dann muß er den Umfang festlegen und die notwendigen Ressourcen zur Verfügung stellen.

Der Autor überarbeitet gegebenenfalls das Prüfobjekt anhand des *Review*-Protokolls und der markierten Unterlagen.

Aufwand und Nutzen

Aufwand

Tab. 3.1-7 zeigt den Aufwand für ein *Review*. Der maximale Umfang ergibt sich aus der maximalen Dauer einer *Review*-Sitzung von zwei Stunden. Umfangreichere Dokumente müssen in mehreren *Reviews* überprüft werden.

	Dokumente		Code	
Maximaler Umfang für *Review*	50	Seiten	20	Seiten
Zahl der Gutachter	5	(+ Moderator + Autor)	3	(+ Moderator + Autor)
Review-Vorbereitung relativ	10	Seiten/Std.	5	Seiten/Std.
Aufwand *Review*-Vorbereitung	25	Stunden	12	Stunden
Aufwand *Review*-Sitzung absolut	14	Stunden	10	Stunden
Summe *Review*-Aufwand	5	Personentage	3	Personentage
Erstellungsaufwand relativ	2	Seiten/Tag	1	Seite/Tag
Erstellungsaufwand absolut	25	Personentage	20	Personentage
Review zu Erstellungsaufwand		20%		15%

Tab. 3.1-7: Aufwand für Reviews /Frühauf, Ludewig, Sandmayr 95, S. 113/

Durch ein konsequent durchgeführtes *Review* können 60 bis 70 Prozent der Fehler in einem Dokument gefunden werden. Bezogen auf die gesamte Entwicklung werden Einsparungen von 14 bis 25 Prozent genannt, wobei der Mehraufwand für *Reviews* bereits enthalten ist. Die Nettoverbesserung liegt also in der Größenordnung von 20 Prozent für die Entwicklung. Für die Wartung werden Werte von über 30 Prozent berichtet /Frühauf, Ludewig, Sandmayr 95, S. 113 f./

3.1.3 *Walkthrough*

Walkthrough = Durchgehen

Ein ***Walkthrough*** – oft auch *Structured Walkthrough* genannt – ist eine abgeschwächte Form eines *Reviews:*

»walk-through. A review process in which a designer or programmer leads one or more other members of the development team through a segment of design or code that he or she has written, while the other members ask questions and make comments about technique, style, possible errors, violation of development standards, and other problems.« /ANSI/IEEE Std. 729-1983/

Die Hauptcharakteristika eines *Walkthrough* sind in Tab. 3.1-8 zusammengestellt. Den Ablauf eines *Walkthrough* zeigt Abb. 3.1-7.

Walkthrough-Sitzung ohne Vorbereitung

Im einfachsten Fall besteht ein *Walkthrough* aus einer *Walkthrough*-Sitzung. Der Autor leitet als Moderator die Sitzung. Zu Beginn der Sitzung erhalten die Gutachter das Prüfobjekt.

Präsentation

Der Autor stellt das Prüfobjekt Schritt für Schritt vor. Handelt es sich um ein Programm, dann werden typische Anwendungsfälle ablauforientiert durchgegangen. Die Gutachter stellen spontane Fragen und versuchen so, mögliche Probleme zu identifizieren. Die Probleme werden protokolliert.

Tab. 3.1-8: Walkthrough und seine Charakteristika

Definition
Manuelle, informale Prüfmethode, um Fehler, Defekte, Unklarheiten und Probleme in schriftlichen Dokumenten zu identifizieren. Der Autor präsentiert das Dokument in einer Sitzung den Gutachtern. Abgeschwächte Form eines *Reviews*.

Ziel der Prüfung
Identifikation von Fehlern, Defekten, Unklarheiten und Problemen. Ausbildung von Benutzern und Mitarbeitern. Die Überarbeitung des Prüfobjekts ist *nicht* Ziel der Prüfung.

Objekte der Prüfung
Produkte & Teilprodukte (Dokumente)

Referenzunterlagen für die Prüfung (Bezugsobjekte)
Keine Verwendung von Prüfkriterien

Beschreibungsform der Prüf- und Bezugsobjekte
Prüfobjekte: informal (z.B. Pflichtenheft), semiformal (z.B. Pseudocode) und formal (z.B. OOA-Modell, Quellcode).

Ergebnisse
Walkthrough-Protokoll

Vorgehensweise
Menschliche Begutachtung

Ablauf der Prüfung
Dynamische Prüfung, d. h. in der Reihenfolge der Ausführung der Prüfobjekte.

Vollständigkeit der Prüfung
Stichprobenartig

Teilnehmer
Autor (gleichzeitig Moderator), Gutachter

Durchführung
Vorbereitung (optional), Gruppensitzung (Autor präsentiert Prüfobjekt Schritt für Schritt, Gutachter stellen vorbereitete oder spontane Fragen, Autor antwortet).

Aufwand
Geringer Aufwand (Sitzungszeit, u. U. Vorbereitungszeit)

Nutzen
Gering, verglichen mit Inspektionen und *Reviews*, aber höher als bei fehlender Überprüfung.

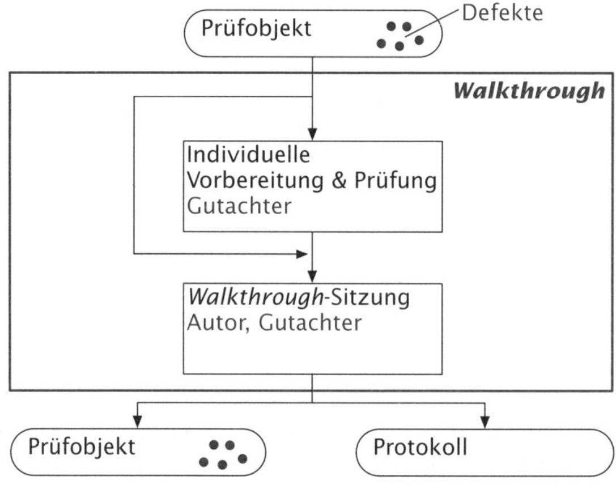

Abb. 3.1-7: Ablauf eines Walkthrough

Eine *Walkthrough*-Variante besteht darin, vor der Sitzung eine individuelle Vorbereitung durchzuführen. Dazu erhalten die Gutachter das Prüfobjekt einige Zeit vor der *Walkthrough*-Sitzung und können Fragen vorbereiten. mit Vorbereitung

Durch die Präsentation des Prüfobjekts durch den Autor wird die fehlende oder geringe Vorbereitung durch die Gutachter etwas kompensiert.

Bewertung

Ein *Walkthrough* besitzt folgende Vorteile: Vorteile

- ⊞ Geringer Aufwand.
- ⊞ Auch für kleine Entwicklungsteams geeignet (bis zu fünf Mitarbeiter).
- ⊞ Sinnvoll für »unkritische« Dokumente.
- ⊞ Durch Einbeziehung von Endbenutzern als Gutachter können Unvollständigkeiten und Mißverständnisse aufgedeckt werden.
- ⊞ Gut geeignet, um das Wissen über ein Dokument auf eine breite Basis zu stellen.

Dem stehen folgende Nachteile gegenüber: Nachteile

- ⊟ Es werden wenig Defekte identifiziert.
- ⊟ Der Autor kann die *Walkthrough*-Sitzung dominieren und die Gutachter »blenden«.
- ⊟ Eine Überarbeitung des Prüfobjekts liegt in dem Ermessen des Autors. Sie wird nicht nachgeprüft.

3.1.4 Weitere Prüfmethoden

Neben den Prüfmethoden Inspektion, *Review* und *Walkthrough* gibt es noch einige weitere Varianten.

Bei der **Stellungnahme** bittet der Autor ein oder mehrere Kollegen um Kommentare zu einem Prüfobjekt. Der Autor gibt den Kollegen Kopien des Prüfobjekts und erhält diese dann mit mehr oder weniger ausführlichen Kommentaren zurück. Diese Prüfmethode ist einfach, benötigt keine Ausbildung, keine Planung und kann kurzfristig durchgeführt werden. Stellungnahme

Da der Aufwand nicht eingeplant ist, werden die Stellungnahmen zwischen die normalen Tätigkeiten geschoben. Das führt dazu, daß die Durchsicht oft lange dauert und der Autor die Anmerkungen erst erhält, wenn er bereits an anderen Aufgaben arbeitet.

Beim *Round Robin Review* ist es nicht das Ziel, Defekte zu finden, sondern Argumente für die Güte des Prüflings zu sammeln. Jeder Gutachter versucht in der *Review*-Sitzung, die anderen davon zu überzeugen, daß die Qualität des Prüfobjekts akzeptabel ist. Kann ein Gutachter seine Kollegen nicht überzeugen, dann ist ein Problem identifiziert. *Round Robin Review*

Peer Review

Beim *Peer Review* werden die Gutachter in einem Raum »eingeschlossen«, untersuchen ein oder mehrere Prüfobjekte und liefern Gutachten dazu. Das *Review*-Team bestimmt selbst die Aufgabenteilung und Vorgehensweise. Ein Moderator leitet das Team und organisiert die Arbeit.

Inspektion Manuelle Prüfmethode mit definiertem Ablauf, die nach der individuellen Vorbereitung der Gutachter in einer Teamsitzung schwere Defekte in einem schriftlichen Prüfobjekt identifiziert sowie Verbesserungen für den Entwicklungs- und Inspektionsprozeß vorschlägt.

Review Manuelle Prüfmethode mit mehr oder weniger festgelegtem Ablauf, die nach einer individuellen Vorbereitung der Gutachter in einer Teamsitzung Stärken und Schwächen eines schriftlichen Prüfobjekts identifiziert.

Walkthrough Manuelle, informale Prüfmethode, die in einer Teamsitzung Defekte und Probleme eines schriftlichen Prüfobjekts identifiziert.

Manuelle Prüfmethoden dienen dazu, Produkteigenschaften zu überprüfen, die durch automatische Werkzeuge nicht oder nur unzureichend festgestellt werden können. Dazu gehören insbesondere semantische Aspekte eines Produkts. Die Effektivität einer Prüfmethode hängt vor allem von folgenden Punkten ab:

- (pro Gutachter ein oder mehrere Aspekte) Das Prüfobjekt wird von mehreren Gutachtern beurteilt, wobei jeder Gutachter sich auf einen oder mehrere Aspekte konzentriert.
- (individuelle Prüfung) Jeder Gutachter prüft das Produkt bzw. Teilprodukt individuell anhand von Referenzdokumenten und notiert seine Erkenntnisse.
- (gemeinsame Sitzung) In einer gemeinsamen Sitzung aller Gutachter zusammen mit dem Autor und einem Moderator, der die Sitzung leitet, werden gefundene und neu entdeckte Defekte des Prüfobjekts protokolliert. Lösungen werden nicht diskutiert.
- (Planung der Ressourcen) Der Prüfaufwand einschließlich der benötigten individuellen Prüfzeiten sowie die Zeit für die gemeinsame Sitzung sind geplant.

Diese Punkte werden von den Prüfmethoden Inspektion und *Review* erfüllt. Gegenüber einem *Review* ist der Inspektionsprozeß genauer definiert, insbesondere bezüglich der Referenzunterlagen, der Verbesserung des Entwicklungs- und Inspektionsprozesses sowie der Ermittlung und Auswertung von Metriken.

Beim *Walkthrough* gibt es oft nur eine gemeinsame Sitzung mit Gutachtern, die vom Autor geleitet wird. Daher ist das Verhältnis Aufwand zu Nutzen wesentlich schlechter als bei den beiden anderen Prüfmethoden.

Für Inspektionen und *Reviews* liegen folgende empirische Erkenntnisse vor:

- (Aufwand) Der Prüfaufwand liegt zwischen 15 und 20 Prozent des Erstellungsaufwands für das entsprechende Produkt bzw. Teilprodukt.

- Der Nettonutzen, d.h. unter Berücksichtigung des Prüfaufwands, liegt bei ca. 20 Prozent Einsparung in der Entwicklung und 30 Prozent in der Wartung. Nutzen
- 60 bis 70 Prozent der Fehler können in einem Dokument gefunden werden.

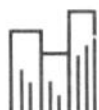

/Frühauf, Ludwig, Sandmayr 95/
Frühauf K., Ludewig J., Sandmayr H., *Software-Prüfung – Eine Anleitung zum Test und zur Inspektion*, Stuttgart: Teubner-Verlag, 2. Auflage 1995
Lesenswertes, leicht verständliches Buch, das die Schwerpunkte *Reviews* und Testen behandelt.

/Gilb, Graham 93/
Gilb T., Graham B., *Software Inspection*, Wokingham, England: Addison-Wesley 1993, 471 Seiten.
Ausführliche Behandlung der Inspektion mit zahlreichen Checklisten. Die Einführung von Inspektionen in ein Unternehmen wird allgemein und anhand von Erfahrungsberichten gezeigt. Ein Kapitel befaßt sich mit den Kosten und dem Nutzen von Inspektionen. Das Buch ist sehr zu empfehlen.

/Humphrey 89/
Humphrey W. S., *Managing the Software Process*, Reading: Addison-Wesley, 1989, 494 Seiten.
Enthält ein Kapitel über Software-Inspektionen (19 Seiten) einschließlich eines Quervergleichs von Prüfmethoden.

Zitierte Literatur

/ANSI/IEEE Std. 729-1983/
IEEE Standard Glossary of Software Engineering Terminology, IEEE 1983

/ANSI/IEEE Std. 1028-1988/
IEEE Standard for Software Reviews and Audits, IEEE 1988

/Barnard, Price 94/
Barnard J., Price A., *Managing Code Inspection Information*, in: IEEE Software, March 1994, pp. 59-69

/Bisant, Lyle 89/
Bisant D. B., Lyle J. R., *A Two-Person Inspection Method to Improve Programming Productivity*, in: IEEE Transactions on Software Engineering, Oct. 1989, pp. 1294–1304

/Fagen 76/
Fagan M. E., *Design and code inspections to reduce error in program development*, in: IBM Systems Journal, No. 3, 1976, pp. 182–211

/Fagan 86/
Fagan M.E., *Advances in Software Inspections*, in: IEEE Transactions of Software Engineering, July 1986, S. 744–751

/Grady 92/
Grady R. B., *Practical Software Metrics for Project Management and Process Improvement*, Englewood Cliffs: Prentice Hall, 1992

/Grady, van Slack 94/
Grady R. B., van Slack T., *Key Lessons in Achieving Widespread Inspection Use*, in: IEEE Software, July 1994, pp. 46–57

/Russell 91/
Russell G. W., *Experience with Inspection in Ultralarge-Scale Developments*, in: IEEE Software, Jan. 1991, pp. 25–31

/Wallmüller 90/
Wallmüller E., *Software-Qualitätssicherung in der Praxis*, München: Hanser-Verlag 1990

III Aufgaben

Muß-Aufgabe
10 Minuten

1 *Lernziel: Voraussetzungen, gemeinsame Eigenschaften, Vor- und Nachteile manueller Prüfmethoden nennen können.*
Eine Firma möchte manuelle Prüfmethoden einführen. Was spricht dafür? Welche Voraussetzungen müssen geschaffen werden?

Muß-Aufgabe
5 Minuten

2 *Lernziel: Die Prüfmethoden Stellungnahme, Round-Robin-Review und Peer-Review kennen.*
Erklären Sie den prinzipiellen Ablauf der manuellen Prüfmethoden *Stellungnahme, Round-Robin-Review* und *Peer-Review.*

Muß-Aufgabe
5 Minuten

3 *Lernziel: Angaben zu Aufwand, Nutzen und empirischen Ergebnissen von manuellen Prüfmethoden machen können.*
Beschreiben Sie die Kosten/Nutzen-Relation der Prüfmethoden *Inspektion* und *Review.*

Muß-Aufgabe
60 Minuten

4 *Lernziel: Die Charakteristika und den Ablauf einer Inspektion, eines Review und eines Walkthrough darstellen können.*
Eine manuelle Prüfung soll bei der Analyse der Seminarorganisation durchgeführt werden. Das Prüfobjekt ist das OOA-Modell (vgl. LE 13, Band 1).
Sie sollen den Ablauf, den Personaleinsatz und die Aufgaben aller beteiligten Personen planen. Besetzen Sie hypothetisch die Rollen aller beteiligten Personen und erstellen Sie einen verbalen Ablaufplan aus dem hervorgeht *wer wann welche* Aufgaben erfüllen muß.
Führen Sie diese Planung für eine Inspektion, ein *Review* und ein *Walkthrough* durch! Gehen Sie von optimalen Voraussetzungen (Schulung, usw.) Ihres Projektteams aus.

Muß-Aufgabe
10 Minuten

5 *Lernziel: Die Unterschiede zwischen Inspektion, Review und Walkthrough erklären können.*
Erläutern Sie die wesentlichen Unterschiede der *Inspektion* zum *Review* und zum *Walkthrough.*

Muß-Aufgabe
120 Minuten

6 *Lernziel: Eine Inspektion durchführen können.*
Gegeben ist das Pflichtenheft der HIWI-Verwaltung (vgl. LE 4, Aufg. 6, Band 1) und das daraus entstandenes OOA-Modell (vgl. LE 13, Aufg. 1, Band 1).
Sie sollen eine Inspektion durchführen mit dem OOA-Modell als Prüfobjekt und dem Pflichtenheft als Ursprungsprodukt. Als Erstellungsregeln sollen die Checklisten zum OOA-Modell (vgl. LE 13, Band 1) verwendet werden.
Versetzen Sie sich in die Rollen eines Inspektors und prüfen Sie das Objekt!
Erstellen Sie ein hypothetisches Inspektionsprotokoll.
Wenn Sie mehrere Personen zu Verfügung haben, können die Rollen verteilt werden und das ganze Szenario kann durchgespielt werden.

4 Verbesserung der Prozeßqualität – ISO 9000 und TQM

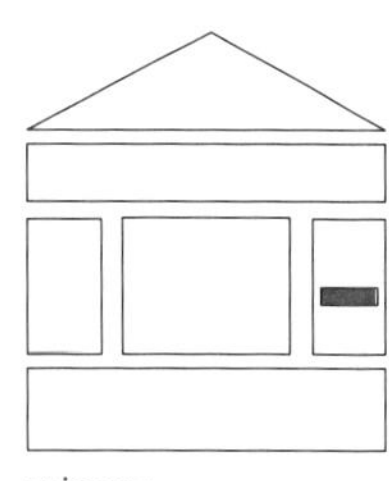

- Wichtige Dokumente und Tätigkeiten von ISO 9000-3 nennen können.
- Aufbau und Struktur des ISO 9000-Normenwerks kennen und erläutern können.
- Darstellen können, wie man ein ISO 9000-Zertifikat erhält.
- Vor- und Nachteile von ISO 9000-3 vergleichend gegenüberstellen können.
- Philosophie, Prinzipien und unterstützende Konzepte von TQM erläutern können.
- Die Unterschiede von TQM bezogen auf eine traditionelle Software-Entwicklung und Qualitätssicherung darstellen können.
- TQM und ISO 9000 vergleichen können.
- Den Aufbau der QFD-Matrix »Haus der Qualität« kennen und erläutern können.
- Das Pareto-Prinzip erklären und eine Pareto-Analyse durchführen können.
- Ursache-Wirkungs-Diagramme erstellen können.

wissen
verstehen

anwenden

- Das Kapitel 1»Grundlagen« sollte bekannt sein.
- Die Kenntnis des Kapitels 2 »Qualitätssicherung« erleichtert das Verständnis.

i

4 Verbesserung der Prozeßqualität

In der Vergangenheit konzentrierte man sich auf die konstruktive Verbesserung von Software-Produkten, auf die Erstellung von Qualitätsmodellen für Software-Produkte und auf Messungen an Zwischenprodukten und am Endprodukt.

Qualität des Erstellungsprozesses

Die Erfahrungen haben jedoch gezeigt, daß die Qualität eines Produkts wesentlich von der Qualität des Erstellungsprozesses beeinflußt wird. Daher gibt es zur Zeit verschiedene Ansätze, um die Prozeßqualität zu verbessern:

- ISO 9000-Ansatz,
- TQM-Ansatz *(Total Quality Management)*,
- CMM-Ansatz *(Capability Maturity Model)*,
- SPICE-Ansatz,
- *Business Engineering.*

Jeder Ansatz hat unterschiedliche Schwerpunkte. Die meisten Ansätze sind evolutionär, d.h. sie wollen die Prozeßqualität schrittweise verbessern.

Der *Business Engineering*-Ansatz ist dagegen revolutionär. Er will Prozesse generell verändern. Dieser Ansatz wird zur Zeit eingesetzt, um Geschäftsprozesse in Unternehmen neu zu gestalten. Ob er auch für die Verbesserung der Prozeßqualität von Software-Erstellungsprozessen geeignet ist, ist noch offen.

Hauptkapitel V 1

4.1 Der ISO 9000-Ansatz

Im Herbst 1985 erschien von der ISO *(International Organisation for Standardization)* die Normenserie ISO 9000 bis 9004, um Qualitätsmanagementsysteme international zu vereinheitlichen. Diese Normen wurden im Mai 1987 als DIN-Normen und im Dezember 1987 vom CEN *(Comité Européen de Normalisation)* ohne Änderungen übernommen.

Klassische Fertigungsbetriebe beziehen Zulieferteile für ihre Produkte von Lieferanten. Da diese Zulieferteile wesentlich die Qualität des Endproduktes beeinflussen, muß sichergestellt werden, daß die Lieferanten qualitativ hochwertige Teilprodukte liefern. Der Auftraggeber prüft daher nicht nur die Produktqualität der gelieferten Teilprodukte, sondern auch die Qualität des Herstellungsprozesses des Lieferanten.

Das **ISO 9000**-Normenwerk legt für das Auftraggeber-Lieferanten-Verhältnis einen allgemeinen, übergeordneten, organisatorischen Rahmen zur Qualitätssicherung von materiellen und immateriellen Produkten fest. Es besteht aus vier Teilen (Abb. 4.1-1):

- ISO 9000-1: Allgemeine Einführung und Überblick über den Zusammenhang der Normen dieser Serie. Leitfaden zur Auswahl und Anwendung dieser Normen in bezug auf das Qualitätsmanagement, die Elemente dieses Qualitätsmanagementsystems und der Qualitätssicherungsnachweisstufe.
ISO 9000-3: Richtlinie, die angibt, wie ISO 9001 für die Entwicklung, Lieferung und Wartung von Software anzuwenden ist.

- ISO 9001: Beschreibt Modelle zur Darlegung der Qualitätssicherung in Design/Entwicklung, Produktion, Montage und Kundendienst.
- ISO 9002: Definiert Modelle zur Darlegung der Qualitätssicherung in Produktion und Montage.
- ISO 9003: Beschränkt sich auf die Darlegung der Qualitätssicherung in der Endprüfung.
- ISO 9004: Erläutert die von der Norm definierten QS-Elemente.

Es gibt zwei verschiedene Anwendungssituationen der ISO 9000:

- Darlegung der Qualitätssicherung gegenüber Dritten und
- Verbesserung bzw. Aufbau eines Qualitätsmanagementsystems.

Die ISO 9004 gibt Hinweise für die zweite Situation und ist daher »eigentlich« wichtiger und enthält auch weitergehende Qualitätssicherungselemente.

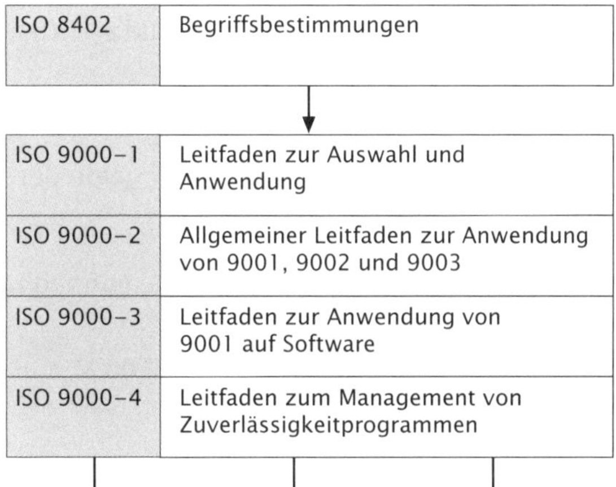

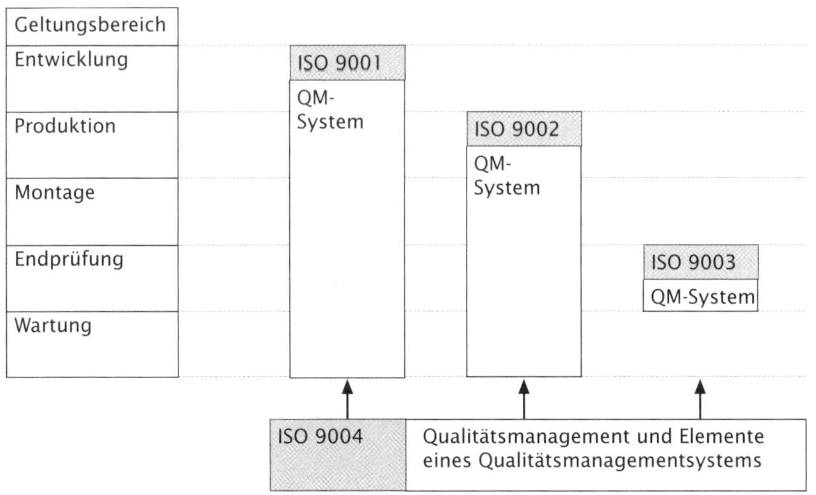

Abb. 4.1-1: Struktur des ISO 9000-Normenwerks

ISO 9000-3 für Software

Die ISO 9000-3 von 1991 liegt seit 1996 als Entwurf in einer überarbeiteten Fassung vor /ISO/DIS 9000-3/. Die folgenden Ausführungen stützen sich auf die gültige Fassung von 1991.

Für die Darlegung der Software-Qualitätssicherung ist ISO 9001 die relevante Norm. Da dieses Regelwerk aber für Software-Entwicklungen schwer zu interpretieren und umzusetzen ist, wurde der Leitfaden ISO 9000-3 entwickelt (nicht zu verwechseln mit ISO 9003), der die Anwendung von ISO 9001 erleichtern soll. Er verwendet weitgehend die im Software-Bereich übliche Terminologie.

Im Anhang von ISO 9000-3 gibt es einen Querverweis zu ISO 9001. Die korrespondierenden Abschnitte werden dort gegenübergestellt. Ist ein Qualitätsmanagementsystem vollständig nach ISO 9000-3 realisiert, dann erfüllt es automatisch die Anforderungen nach ISO 9001.

Software-Unternehmen, die ein Qualitätsmanagementsystem entsprechend diesem Normenwerk besitzen, können sich ein ISO 9001-Zertifikat verleihen lassen. Es handelt sich um ein **Systemzertifikat**, das die Qualität der eingesetzten Verfahren und somit die Qualitätsfähigkeit des Unternehmens insgesamt bescheinigt. Bestimmte Anforderungen an die Güte oder Sicherheit eines Produktes werden nicht verlangt. Dafür gibt es Produktzertifikate.

Kapitel 6.7

4.1.1 Aufbau und Inhalt von ISO 9000-3

Aufbau

ISO 9000-3 ist in drei Hauptkapitel gegliedert:
- Rahmen,
- Lebenszyklustätigkeiten,
- Unterstützende Tätigkeiten (phasenunabhängig).

Inhalt

Inhaltlich behandelt die Norm
- die Entwicklung,
- die Lieferung und
- die Wartung von Software.

Zeit

Zeitlich betrachtet, lassen sich die notwendigen Maßnahmen gliedern in
- einmal durchzuführende und periodisch zu überprüfende Maßnahmen und
- pro Software-Entwicklung bzw. pro Projekt durchzuführende Maßnahmen.

einmal durchzuführende Maßnahmen

Zu den einmal durchzuführenden Maßnahmen gehören:
- Maßnahmen der Geschäftsführung (oberste Leitung).
  - Die Geschäftsführung verpflichtet sich zu einer Qualitätspolitik (festgelegt und dokumentiert).
  - Ein Beauftragter der Geschäftsführung überwacht die ständige Einhaltung der Norm.
  - Das eingeführte Qualitätsmanagementsystem wird in geeigneten Intervallen durch die Geschäftsführung überprüft *(review).*
- Maßnahmen der Mitarbeiter der Qualitätssicherung.
  - Verantwortlichkeiten und Befugnisse aller Mitarbeiter in der Qualitätssicherung sind festzulegen.

- □ Mittel und Mitarbeiter sind für die Bewertung der Phasenergebnisse (Verifizierung) bereitzustellen. Diese Mitarbeiter sind unabhängig von den Entwicklern, die die Ergebnisse erstellt haben.
- □ Ein Qualitätsmanagementsystem ist einzurichten, aufrechtzuerhalten und zu dokumentieren.
- □ Das Qualitätsmanagementsystem ist in den gesamten Lebenszyklus zu integrieren.

In der Norm wird kein spezielles Vorgehensmodell vorgeschrieben. Es wird jedoch von folgenden Voraussetzungen ausgegangen:

Vorgehensmodell

Kapitel II 3.3

- Die Software-Entwicklung findet in Phasen statt.
- Die Vorgaben für jede Phase sind festgelegt.
- Die geforderten Ergebnisse jeder Phase sind festgelegt.
- Die in jeder Phase durchzuführenden Verifizierungsverfahren sind festgelegt.

Folgende Dokumente sind in ISO 9000-3 mit ihren Inhalten aufgeführt (Tab. 4.1-1):

Dokumente

- Vertrag Auftraggeber – Lieferant (Qualitätsrelevante Vertragspunkte),
- Spezifikation,
- Entwicklungsplan,
- Qualitätssicherungsplan,
- Testplan,
- Wartungsplan,
- Konfigurationsmanagementplan.

Abb. 4.1-2 zeigt das in der Norm zumindest implizit vorhandene Vorgehensmodell. Daraus sind auch die pro Software-Entwicklung durchzuführenden Aktivitäten zu entnehmen. Als phasenunabhängige, unterstützende Tätigkeiten werden gefordert:

Unterstützende Tätigkeiten

Kapitel II 6.3

- Konfigurationsmanagement:
- □ Identifikation und Rückverfolgbarkeit der Konfiguration,
- □ Lenkung von Änderungen,
- □ Konfigurations-Statusbericht.
- Lenkung der Dokumente.
- Qualitätsaufzeichnungen.
- Messungen und Verbesserungen:
- □ am Produkt,
- □ des Prozesses.
- Festlegung von Regeln, Praktiken und Übereinkommen, um ein Qualitätssicherungssystem wirksam einzusetzen.
- Nutzung von Werkzeugen und Techniken, um den Qualitätssicherungs-Leitfaden umzusetzen.
- Unterauftragsmanagement:
- □ Beurteilung von Unterlieferanten,
- □ Validierung von beschafften Produkten.

Tab. 4.1-1a: Dokumente und ihre Inhalte in ISO 9000-3

Vertrag Auftraggeber – Lieferant (Qualitätsrelevante Vertragspunkte)

- Annahmekriterien.
- Behandlung von Änderungen der Auftraggeberforderungen während der Entwicklung.
- Behandlung von Problemen, die nach der Annahme entdeckt werden, einschließlich qualitätsbezogener Ansprüche und Auftraggeberbeschwerden.
- Tätigkeiten, die vom Auftraggeber erbracht werden, insbesondere die Rolle des Auftraggebers bei der Festlegung der Forderungen, bei der Installation und bei der Annahme.
- Vom Auftraggeber beizustellende Einrichtungen, Werkzeuge und Software-Elemente.
- Anzuwendende Normen und Verfahren.
- Forderungen an die Vervielfältigung.

Spezifikation

- Vollständiger und eindeutiger Satz von funktionalen Forderungen.
- Leistung.
- Ausfallsicherheit.
- Zuverlässigkeit.
- Datensicherheit.
- Persönlichkeitsschutz.
- Schnittstellen zu anderen Software- und Hardwareprodukten.

Entwicklungsplan

- Festlegung des Projekts einschließlich seiner Ziele und Verweise auf mit diesem Projekt in Beziehung stehende Projekte des Auftraggebers oder des Lieferanten.
- Planung der Projektmittel einschließlich der Teamstruktur, Verantwortlichkeiten, Heranziehung von Unterlieferanten und zu verwendender materieller Hilfsmittel.
- Entwicklungsphasen:
- □ Welche Phasen?
- □ Welche Vorgaben sind für jede Phase gefordert?
- □ Welche Ergebnisse sind von jeder Phase gefordert?
- □ Welche Verifizierungsverfahren sind in jeder Phase durchzuführen?
- □ Festlegung, daß potentielle Probleme zu analysieren sind.
- Management:
- □ Termine für Entwicklung, Implementierung und dazugehörige Lieferungen.
- □ Fortschrittsüberwachung.
- □ Organisatorische Verantwortungen, Mittel und Arbeitszuteilungen.
- □ Organisatorische und technische Schnittstellen zwischen verschiedenen Gruppen.
- Entwicklungsmethoden und Werkzeuge:
- □ Regeln, Praktiken und Übereinkommen für die Entwicklung.
- □ Werkzeuge und Techniken für die Entwicklung.
- □ Konfigurationsmanagement.
- Projektplan:
- □ Festlegung aller durchzuführenden Aufgaben.
- □ Festlegung der für jede der Aufgaben nötigen Mittel und die benötigte Zeit.
- □ Festlegung der Wechselbeziehungen zwischen den Aufgaben.
- Identifikation verwendeter Pläne, wie z.B. Qualitätssicherungsplan, Konfigurationsmanagementplan, Integrationsplan, Testplan.

Tab. 4.1-1b: Dokumente und ihre Inhalte in ISO 9000-3

Qualitätssicherungsplan
- Qualitätsziele, wo immer möglich, ausgedrückt in meßbaren Größen.
- Festgelegte Kriterien für die Vorgaben und Ergebnisse jeder Entwicklungsphase.
- Festlegung der Arten von auszuführenden Test-, Verifizierungs- und Validierungsmaßnahmen.
- Detaillierte Planung von auszuführenden Test-, Verifizierungs- und Validierungsmaßnahmen einschließlich Terminen, Mitteln und Genehmigungsinstanzen.
- Besondere Verantwortungen für Qualitätssicherungsmaßnahmen, wie z.B. *Reviews* und Tests, Konfigurationsmanagement und Änderungswesen, Fehlermeldungswesen und Korrekturmaßnahmen.

Testplan
- Pläne für Software-Elemente, Integration, Systemtest und Annahmeprüfung.
- Testfälle, Testdaten und erwartete Ergebnisse.
- Arten der durchzuführenden Tests, z.B. Funktionstest, Test unter Grenzbedingungen, Leistungstests, Brauchbarkeitstests.
- Testumgebung, Werkzeuge und Test-Software.
- Kriterien für die Vollständigkeit des Tests.
- Anwenderdokumentation.
- Erforderliches Personal und damit verbundene Schulungserfordernisse.

Wartungsplan
- Umfang der Wartung.
- Identifikation des Ausgangszustand des Produktes.
- Unterstützende Organisation(en).
- Wartungstätigkeiten.
- Wartungsaufzeichnungen und -berichte.

Konfigurationsmanagementplan
- Organisationen, die am Konfigurationsmanagement beteiligt sind, sowie die ihnen zugewiesenen Verantwortlichkeiten.
- Auszuführende Konfigurationsmanagement-Tätigkeiten.
- Zu verwendende Konfigurationsmanagement-Werkzeuge, -Technologien und -Methoden.
- Stadium, in dem Elemente der Konfigurationslenkung unterworfen werden sollen.

- Einführung und Verwendung beigestellter Software-Produkte.
- Schulung:
  - ☐ Verfahren zur Ermittlung des Schulungsbedarfs einführen und aufrechterhalten,
  - ☐ Schulung aller Mitarbeiter, die qualitätsrelevante Tätigkeiten durchführen.

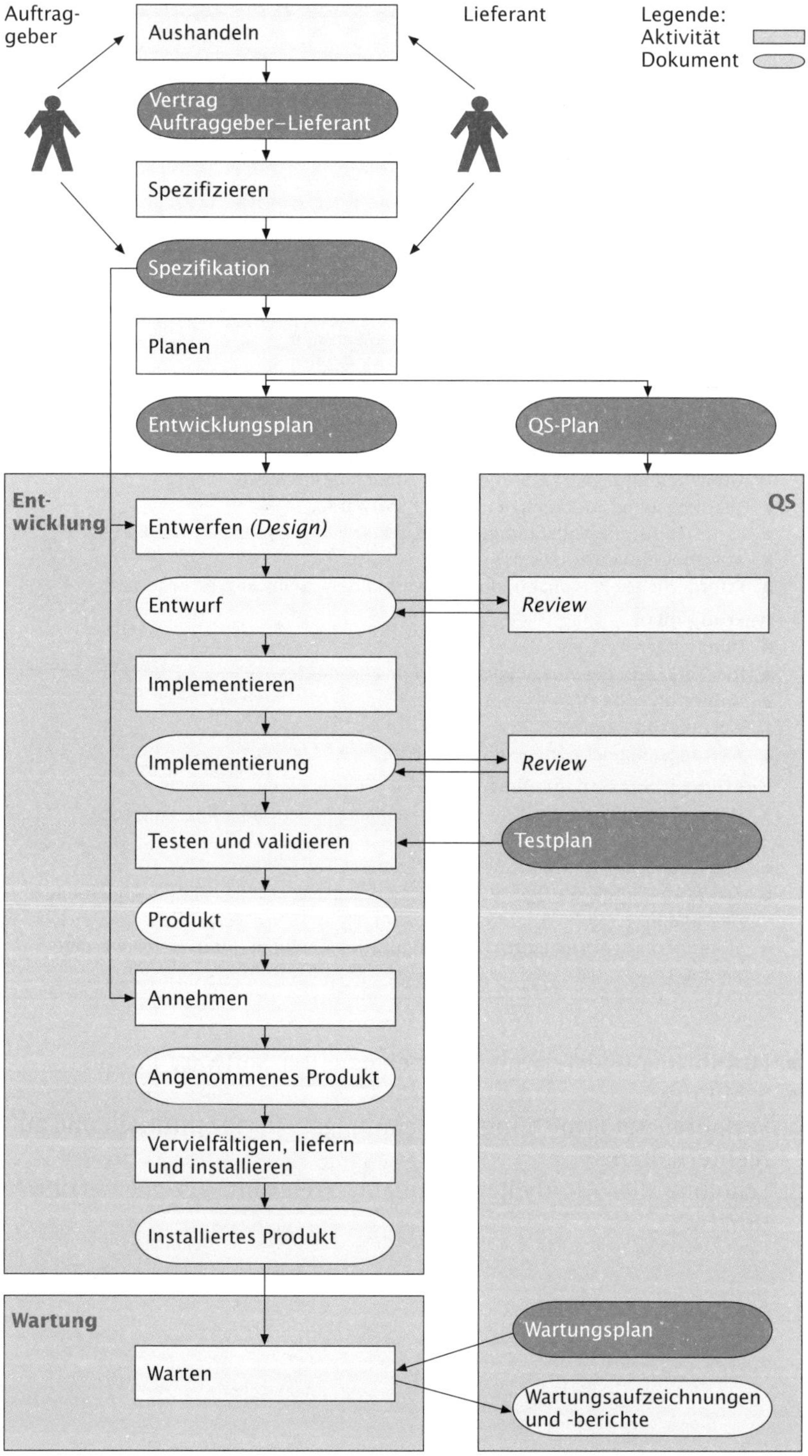

Abb. 4.1-2: Aktivitäten und Dokumente in ISO 9000-3

Auftraggeber

Lieferant

Legende:
Aktivität
Dokument

Aushandeln

Vertrag Auftraggeber–Lieferant

Spezifizieren

Spezifikation

Planen

Entwicklungsplan

QS-Plan

Entwicklung

Entwerfen *(Design)*

Entwurf

Implementieren

Implementierung

Testen und validieren

Produkt

Annehmen

Angenommenes Produkt

Vervielfältigen, liefern und installieren

Installiertes Produkt

QS

Review

Review

Testplan

Wartung

Warten

Wartungsplan

Wartungsaufzeichnungen und -berichte

4.1.2 Zertifizierung

Zertifizierung

Ein Unternehmen oder Teile eines Unternehmens können ein ISO 9000-Systemzertifikat erhalten. Dazu muß eine unabhängige Zertifizierungsstelle *(third party)* eine positive Aussage über das ordnungsgemäße Funktionieren eines unternehmensbezogenen Qualitätsmanagementsystems machen.

Qualitäts*audit*: Systematische, unabhängige Untersuchung, um festzustellen, ob die qualitätsbezogenen Tätigkeiten und die damit zusammenhängenden Ergebnisse den geplanten Anordnungen entsprechen und ob diese Anordnungen wirkungsvoll verwirklicht und geeignet sind, die Ziele zu erreichen /ISO 8402, 4.9/.

Dies erfolgt durch ein ***Audit***, bei dem überprüft wird, ob das Qualitätsmanagementsystem die Forderungen nach ISO 9000 erfüllt. Alle betroffenen Bereiche eines Unternehmens werden systematisch daraufhin beurteilt, ob die notwendigen Qualitätsmanagementmaßnahmen festgelegt sind, ob sie wirksam sind und ob sie nachweislich durchgeführt werden. Das ISO 9000-Zertifikat bestätigt die Qualitätsfähigkeit eines Unternehmens oder Unternehmensbereiches. Wie man ein solches Zertifikat erhält, zeigt Abb. 4.1-3.

Ein Zertifikat ist drei Jahre gültig, wenn jährlich Überwachungs*audits* erfolgreich durchgeführt werden. Nach drei Jahren ist ein Wiederholungs*audit* erforderlich, damit das Zertifikat für weitere drei Jahre gültig ist. Einen Ausschnitt aus dem Interview-Fragebogen für *Audits* zeigt Tab. 4.1-2.

4.1.3 Vor- und Nachteile

Zusammenfassend läßt sich der ISO 9000-Ansatz folgendermaßen charakterisieren:

- Stellt allgemeingültige Anforderungen an die Aufbau- und Ablauforganisation eines Unternehmens, um Prozeßqualität zu erreichen.
- Definiert wichtige Dokumente und ihre Inhalte.
- Fordert die Regelung von Zuständigkeiten, Verantwortungsbereichen und Befugnissen.
- Orientiert sich am Auftraggeber–Lieferanten-Verhältnis.
- Fordert die organisatorische Unabhängigkeit der Qualitätssicherung.
- Integriert das Qualitätssicherungssystem in die gesamte Organisation.
- Verpflichtet die Geschäftsführung zur Qualität.
- Ziel ist die Einführung von reproduzierbaren Entwicklungsprozessen, die Vergleiche über längere Zeiträume zulassen.
- Die Zertifizierung ist für jedes Unternehmen eine typische Innovationseinführung.

Kapitel II 5.6

- Zertifiziert werden nur die betrieblichen Abläufe, nicht die fertigen Produkte.
- Wesentliche Forderungen an eine Organisation sind:
  - Prüfbarkeit,
  - Nachvollziehbarkeit,
  - Personenunabhängigkeit.

Abb. 4.1-3: Wie erhält man ein ISO 9000-Zertifikat?

Wer erteilt das Zertifikat?
Eine Zertifizierungsstelle, die die Kriterien von DIN EN 45 012 erfüllt, kann aufgrund eines positiven *Audit*ergebnisses das Zertifikat erteilen. Die Qualifikationskriterien für Qualitätsauditoren sind in ISO 10011-2:1991 festgelegt.

Wie läuft eine Zertifizierung ab?
Die *Audit*durchführung ist in ISO 10011-1:1990 beschrieben.
Sie läuft in vier Phasen ab:

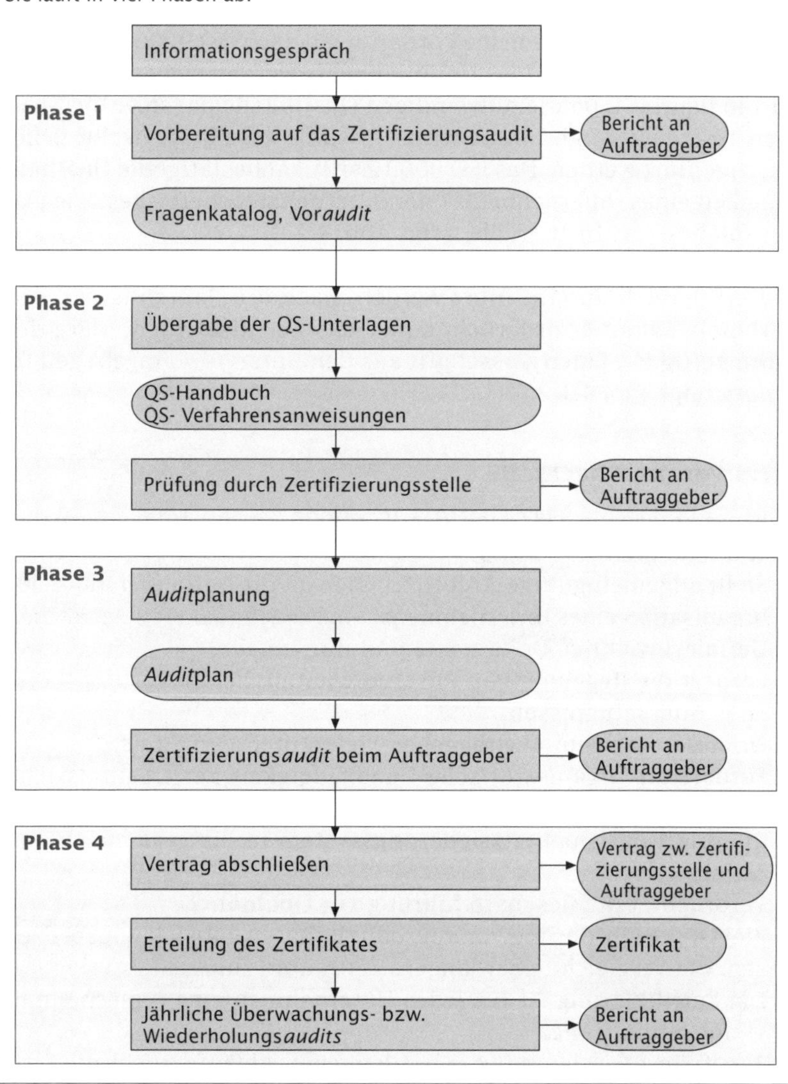

Nom.		4.2 Qualitätssicherungssystem Interview-Fragebogen	Beschreibung (z.B. im QSH) Referenz	F	Anwendung (Tatsächlich beobachtet) Bemerkungen/Referenzen	F
01		Ist das Qualitätsmanagementsystem hinreichend schriftlich festgelegt und verständlich dargestellt? ■ QM-Handbuch und ■ Liste der ergänzenden QM-Dokumente (Art, Titel, Thema und aktueller Stand)				
	01	Werden alle nach der Bezugsnorm geforderten QM-Elemente in der Dokumentation des bestehenden QM-Systems angemessen berücksichtigt? (QM-Handbuch und weiterführende Unterlagen)				
	02	Umfaßt das QM-System alle Bereiche, Ebenen und Mitarbeiter der Organisation oder wird es durch einen festgelegten Geltungsbereich abgegrenzt?				
	03	Besteht eine Verbindlichkeitserklärung für das QM-Handbuch? **a** Wurde sie von der obersten Leitung der Organisation unterschrieben? **b** Ist sie für alle Mitarbeiter im Geltungsbereich verbindlich?				
	04	Durch welches Änderungssystem wird die Aktualität der QM-Dokumente sichergestellt (QMH, QMV's usw.)				
	05	Ist ein Verteiler für das QMH festgelegt?				
	06	Wo sind die verwendeten Abkürzungen und Kurzzeichen erläutert?				
	07	Sind, wenn erforderlich, Querverweise auf Bezugsunterlagen oder ergänzende Regelwerke vorhanden?				
02		Sind dokumentierte Verfahren und Anweisungen zum Qualitätsmanagement in Übereinstimmung mit der Bezugsnorm festgelegt und werden sie beachtet?				
	01	Unterliegen diese schriftlichen Festlegungen den Regeln entsprechend QM-Element »Lenkung der Dokumente«? (Erstellen, Prüfen, Kennzeichnen, Freigeben, Auflisten, Verteilen dieser Dokumente)				
	02	Durch welche schriftlichen Anweisungen wurden die Zuständigkeiten und Abläufe der einzelnen Funktionsbereiche festgelegt?				
	03	Werden, wenn erforderlich, Arbeitsanweisungen mit detaillierten Angaben für die Durchführung einzelner Tätigkeiten/Prozesse erstellt?				
	04	Wie wirkt das Qualitätswesen an der Erstellung dieser Verfahrens-/Arbeitsanweisungen mit?				
	05	Wie werden die Mitarbeiter über die sie betreffenden Regelungen informiert oder geschult?				
	06	Wie wird durch entsprechende Planung (z. B. Qualitätsplanung) sichergestellt, daß für neue Verfahren rechtzeitig dokumentierte Regelungen erstellt werden?				

Legende für Feststellung (Spalten F): nz = nicht zutreffend 1= erfüllt 2 = teilweise erfüllt/noch akzeptabel 3 = teilweise erfüllt/nicht akzeptabel 4 = nicht erfüllt

Quelle: /DGQ 93, S. 59 f./

Tab. 4.1-2: Ausschnitt aus dem Audit-Protokoll zu ISO 9001

Bewertung

Vorteile

Der ISO 9000-Ansatz besitzt folgende Vorteile:

- Lenkt die Aufmerksamkeit der Geschäftsführung auf die Probleme der Qualitätssicherung.
- Durch eine externe Zertifizierung und Wiederholungs*audits* alle drei Jahre entsteht der Zwang, ein Qualitätsmanagementsystem »am Leben zu erhalten«.
- Es werden Anforderungen festgelegt, die auf verschiedene Art und Weise umgesetzt werden können (Festlegung des »Was« im Qualitätsmanagement-Handbuch, des »Wie« in Verfahrensbeschreibungen, Phasenmodellen usw.).
- Erleichtert die Akquisition von Aufträgen, da viele Auftraggeber das ISO 9000-Zertifikat von ihren Lieferanten fordern.
- Eignet sich gut für die Werbung (»Blauer Engel« des Qualitätsmanagements).
- Reduziert das Produkthaftungsrisiko, da durch das Zertifikat nachgewiesen wurde, daß das Unternehmen ein Qualitätsmanagementsystem besitzt. Aufgrund der detaillierten Protokollierungspflicht lassen sich eventuelle Fehler noch nach Jahren bis zum Urheber zurückverfolgen.
- Verstärkung des innerbetrieblichen Qualitätsbewußtseins der Mitarbeiter.

Produkthaftung Verpflichtung zum Ersatz eines durch ein fehlerhaftes Produkt entstandenen Schadens. Seit 1990 im Produkthaftungsgesetz geregelt.

Der ISO-9000-Ansatz besitzt folgende Nachteile:

Nachteile

- Unsystematischer Aufbau; Mischung von Tätigkeiten und Dokumenten.
- Keine saubere Trennung zwischen fachlichen Aufgaben, Managementaufgaben und Qualitätssicherungsaufgaben, auch innerhalb der Dokumente.
- Gefahr der »Software-Bürokratie« durch Vielzahl von Dokumenten.
- Gefahr der mangelnden Flexibilität (festgelegte Abläufe sind nicht flexibel an individuelle Entwicklungserfordernisse anpaßbar).
- Es stellt sich die Frage, ob die Qualifikation der Auditoren für die Beurteilung von Software-Entwicklungsprozessen ausreichend ist (Es genügt ein mittlerer Bildungsabschluß sowie eine spezielle Schulung mit Abschlußprüfung).
- Ohne weitgehende Unterstützung durch CASE-Werkzeuge führt die Einhaltung der ISO 9001 zu einem teuren, bürokratischen Aufwand.
- Damit auch kleine Software-Häuser sich das ISO-Zertifikat »leisten können«, müssen standardisierte, computerunterstützte Verfahrensabläufe und Dokumente »von der Stange« kaufbar und einsetzbar sein.
- Die deutsche Fassung ist schlecht übersetzt und dadurch schwer verständlich.

- Übernahme englischer Begriffe, obwohl deutsche Begriffe verfügbar und eingeführt sind (z.B. *Design* anstelle von Entwurf, *Audit* anstelle von Prozeßüberprüfung).

4.2 Der TQM-Ansatz

Totales Qualitätsmanagement, abgekürzt **TQM** *(Total Quality Management)* ist folgendermaßen definiert:

»Auf der Mitwirkung aller ihrer Mitglieder basierende Führungsmethode einer Organisation, die Qualität in den Mittelpunkt stellt und durch Zufriedenheit der Kunden auf langfristigen Geschäftserfolg sowie auf Nutzen für die Mitglieder der Organisation und für die Gesellschaft zielt« /ISO 8402/.

Der TQM-Ansatz kommt aus Japan und wurde dort in den letzten 30 Jahren entwickelt. Dabei wurden Ideen der amerikanischen Autoren /Crosby 79/, /Deming 86/, /Feigenbaum 86/ und /Juran 88/ mit japanischen Auffassungen /Ishikawa 85/, /Iwai 92/ und insbesondere der japanischen Kultur, Gesellschaft und Geschichte miteinander verschmolzen.

Beim TQM-Ansatz handelt es sich um ein umfassendes *(**Total** Quality Management)* Konzept, das das gesamte Unternehmen mit allen seinen Mitarbeitern ausnahmslos in die Qualitätsverbesserung einbezieht. Die Interessen der Kunden, der Mitarbeiter, des Unternehmens und der Lieferanten werden integriert.

Qualität aus der Sicht des Kunden ist das zentrale Ziel: Der Kunde entscheidet über die Qualität *(Total **Quality** Management)*. Außerdem wird mit TQM die Erwartung verbunden, daß geänderte Verhaltensweisen zu höherer Mitarbeiterzufriedenheit, zu gesteigerter Produktivität, zu reduzierten Kosten und zu kürzeren Entwicklungszeiten führen.

Ein solches Konzept entsteht nicht von alleine. Es muß aktiv gestaltet, eingeführt, aufrecht erhalten und »gelebt« werden. Dies ist eine Aufgabe des Managements *(Total Quality **Management**)*.

Abb. 4.2-1 veranschaulicht den TQM-Ansatz. Die Besonderheiten des TQM-Ansatzes werden deutlich, wenn man ihn mit der traditionellen Software-Entwicklung vergleicht (Tab. 4.2-1).

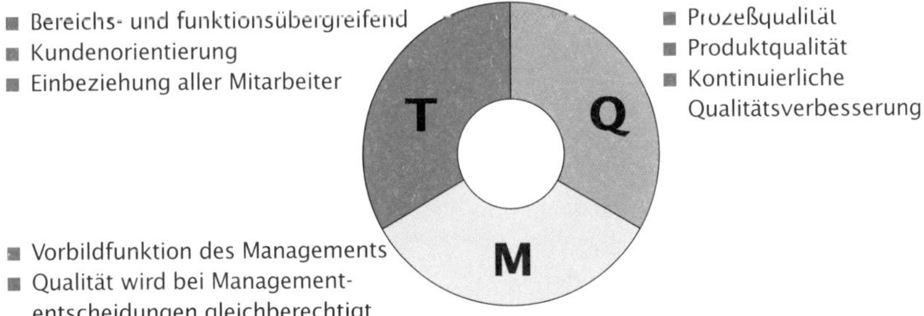

Abb. 4.2-1: Die Basis des TQM-Ansatzes

Software-Entwicklungen sind oft technikgetrieben, d.h. es wird oft das entwickelt, was machbar ist und nicht das, was vom Kunden gewünscht wird. Beim TQM-Ansatz stehen die Bedürfnisse des Kunden

Tab. 4.2-1: Traditionelle Software-Entwicklung vs. TQM /Mellis, Herzwurm, Stelzer 95, S. 12/

Traditionelle Software-Entwicklung	*Total Quality Management*
■ Technikorientierte Produktentwicklung	■ Kundenorientierte Produktentwicklung
■ Produktorientierte Qualitätssicherung	■ Prozeßorientiertes Qualitätsmanagement
■ Qualität als zusätzliche Produkteigenschaft	■ Qualität als zentrale Produkteigenschaft
■ Qualität als Aufgabe einzelner Mitarbeiter	■ Qualität als Aufgabe aller Mitarbeiter
■ Kunden sind externe Einkäufer	■ Internes Kunden-Lieferanten-Verhältnis
■ Radikale, revolutionäre Veränderungen	■ Inkrementelle, evolutionäre Verbesserungen
■ Veränderungen sind stabil	■ Veränderungen müssen stabilisiert werden
■ Personenabhängiges Erfahrungswissen als Entscheidungsgrundlage	■ Nachprüfbare Fakten als Entscheidungsgrundlage

im Mittelpunkt. Konzentriert man sich nur auf die Qualitätssicherung, dann zeigt Tab. 4.2-2 einen entsprechenden Quervergleich.

4.2.1 Prinzipien des TQM

Bei dem TQM-Ansatz handelt es sich um keinen fest umrissenen, scharf abgegrenzten Ansatz. Dennoch lassen sich einige Prinzipien angeben, die typisch für den TQM-Ansatz sind (in Anlehnung an /Mellis, Herzwurm, Stelzer 95/):

Primat der Qualität

- Prinzip des Primats der Qualität *(Quality first)*
  Alle Prozesse einer Organisation müssen Qualitätsprozesse sein. Anforderungen, die an diese Prozesse gestellt werden, müssen

Tab 4.2-2: Traditionelle QS vs. TQM /Liggesmeyer 95/

	Traditionelle Qualitätssicherung	TQM
Ziele	■ Bessere Produkte ■ Geringere Kosten	■ Besseres Unternehmen ■ Kundenzufriedenheit ■ Flexibilität
Orientierung	■ Produkt	■ Markt ■ Prozeß
Organisation	■ Starke Position der Qualitätssicherung	■ Alle Tätigkeiten sind auf Qualität fokussiert
Qualitätsverantwortung	■ Qualitätsbeauftragter	■ Linienmanagement ■ Jeder Mitarbeiter
Methode	■ Messungen ■ Kontrollen ■ Fehlererfassung und Fehlerauswertung	■ Institutionalisiertes Programm zur Fehlerreduktion ■ Prozeßüberwachung und Prozeßoptimierung ■ Optimierung im eigenen Tätigkeitsbereich

100%ig erfüllt werden. Jeder an einem Prozeß beteiligte Mitarbeiter soll seine Arbeit sofort *beim ersten Mal* und *jedes Mal* erneut wieder *richtig tun.* Qualitätsverbesserungen werden durch Verbesserungen der Entwicklungsprozesse erreicht. Verschwendung und Nacharbeiten sollen vermieden werden.

Stellt beispielsweise ein Programmierer fest, daß der Entwurf spätere Änderungen verhindert, dann sollte er die Entwicklung stoppen können. Erst nach Behebung des Mangels im Entwurf wird die Arbeit fortgesetzt.

Beispiel

In der Praxis hat heute der störungsfreie Ablauf der Entwicklung Vorrang vor grundlegenden Verbesserungsvorschlägen. Dadurch werden Fehler mitgeschleppt, die dann später aufwendige Nacharbeiten erfordern. Fehler werden eher an den Symptomen als an den Ursachen bekämpft.

Alle Mitarbeiter zuständig

- Prinzip der Zuständigkeit aller Mitarbeiter
  Qualität wird nicht als Aufgabe einer Qualitätssicherungsabteilung verstanden, sondern alle an der Erstellung und Vermarktung eines Produkts beteiligten Mitarbeiter müssen zur Qualität des Endprodukts beitragen. Jede Führungskraft muß es ihren Mitarbeitern ermöglichen, in ihrer Arbeit keine oder wenigstens weniger Fehler zu machen. Alle Prozesse eines Unternehmens müssen unter Qualitätsgesichtspunkten »gemanaget« werden. Da alle Mitarbeiter einen Beitrag zur angestrebten Qualität des Endprodukts leisten, reduziert sich der Aufwand für die Fehlerbehebung. Jeder Mitarbeiter versteht Qualität als einen integralen Bestandteil seiner Arbeit. Eine unabhängige Qualitätssicherungsabteilung zur Gewährleistung der Produktqualität ist überflüssig.

Ständige Verbesserung »Kaizen«

- Prinzip der ständigen Verbesserung (Kaizen)
  »Ständige Verbesserung« heißt auf japanisch »Kaizen«. Unter diesem Begriff versteht man ein Managementprinzip, das darauf ausgelegt ist, in kleinen, aber kontinuierlichen Schritten und nicht in großen Innovationsschüben Verbesserungen umzusetzen. Das Motto lautet: »Jeder Tag bringt eine konkrete Verbesserung im Unternehmen«. Der Führungsstil von Kaizen ist weniger auf kurzfristige Ergebnisse, auf Leistung, auf Kontrolle ausgerichtet, sondern setzt auf langfristige Perspektiven und Verhaltensänderungen. Insbesondere wird das soziale System eines Unternehmens mit seinen gewachsenen Strukturen berücksichtigt.
  Diese Strukturen sollen für das Qualitätsmanagement nutzbar gemacht und nicht mutwillig mißachtet werden. Dazu gehört die Einbeziehung der Betroffenen, Team-Arbeit, ständiges Lernen und kontinuierliche Verbesserung sowie ein offenes Klima.

Kundenorientierung

- Prinzip der Kundenorientierung
  Primäres Ziel ist die Erfüllung der Kundenanforderungen. Der Kundennutzen und die Kundenzufriedenheit stehen im Mittelpunkt.

Die Software-Entwickler müssen verstehen, welche Aufgaben der Kunde mit der Software erfüllen will. Die Entwicklung muß daher eng mit dem Marketing und dem Kundendienst zusammenarbeiten. Bei der Entwicklung von Individualsoftware muß der Kunde bei der Erkennung und Formulierung seiner Bedürfnisse unterstützt werden. Die Entwicklung von Standardsoftware setzt intensive Marktstudien voraus, um die Bedürfnisprofile der Hauptzielgruppe zu ermitteln.

internes Kunden-Lieferanten-Verhältnis

- Prinzip des internen Kunden-Lieferanten-Verhältnisses
  Kundenorientierung gilt nicht nur für externe Kunden. Jeder Mitarbeiter, der für andere Mitarbeiter eine Leistung erbringt, ist ein Lieferant. Solche Leistungen sollen wie externe Lieferungen formell abgenommen und übergeben werden. Dies hilft allen Mitarbeitern, ihren eigenen Beitrag zum Gesamterfolg des Unternehmens zu bewerten. Der Erfolg seines Teams wird gemessen an der Zufriedenheit seiner internen und/oder externen Kunden. Alle am Entwicklungsprozeß beteiligten Teams werden auf den Erfolg der jeweils nächsten Teams in der Wertschöpfungskette verpflichtet. Daraus ergibt sich eine Verteilung und Lokalisierung der Qualitätsverantwortung. Jedes Team und jeder Mitarbeiter ist für die Qualität seines Teil- oder Zwischenprodukts selbst verantwortlich.

Prozeß-orientierung

- Prinzip der Prozeßorientierung
  Fehler werden primär als Defizite des Entwicklungsprozesses angesehen. Fehlerursachen werden ermittelt und behoben. Software-Erstellung wird als ein reproduzierbarer und verbesserungsfähiger Prozeß angesehen. Qualität entsteht nicht mehr zufällig, sondern ist das Ergebnis eines geplanten Prozesses. Fehlervermeidung kommt vor Fehlerbehebung. Die Produktprüfung dient im wesentlichen dazu, die Prozeßqualität zu überwachen.

Ein Beispiel, wie sich der TQM-Ansatz in einem deutschen Unternehmen widerspiegelt, zeigt Tab. 4.2-3.

4.2.2 Konzepte des TQM

Maßnahmen

Wichtige Maßnahmen zur Realisierung des TQM-Ansatzes sind:

- Klar formulierte Qualitätspolitik, getragen durch die Geschäftsführung, kombiniert mit nachvollziehbaren Qualitätszielen, die allen Mitarbeitern bekannt sind und befolgt werden.
- Festlegung und Bekanntgabe der Kompetenzen, Befugnisse und Verantwortungen zur Durchführung und Durchsetzung der Qualitätspolitik und der Qualitätsziele.
- Einführung eines Qualitätsmanagementsystems. Ein Unternehmen muß seine Prozesse kennen, diese ausreichend dokumentiert haben und ständig an neue Erfordernisse anpassen. Das Qualitätssicherungssystem dient zur ständigen Verbesserung aller Prozesse.

Tab. 4.2-3: Beispiel für TQM bei der Firma Bosch

12 Leitsätze zur Qualität

1 Wir wollen zufriedene Kunden. Deshalb ist hohe Qualität unserer Erzeugnisse und unserer Dienstleistungen eines der obersten Unternehmensziele.
Dies gilt auch für Leistungen, die unter unserem Namen im Handel und im Kundendienst erbracht werden.

2 Den Maßstab für unsere Qualität setzt der Kunde. Das Urteil des Kunden über unsere Erzeugnisse und Dienstleistungen ist ausschlaggebend.

3 Als Qualitätsziel gilt immer »Null Fehler« oder »100% richtig«.

4 Unsere Kunden beurteilen nicht nur die Qualität unserer Erzeugnisse, sondern auch unserer Dienstleistungen. Lieferungen müssen pünktlich erfolgen.

5 Anfragen, Angebote, Muster, Reklamationen usw. sind gründlich und zügig zu bearbeiten. Zugesagte Termine müssen unbedingt eingehalten werden.

6 Jeder Mitarbeiter des Unternehmens trägt an seinem Platz zur Verwirklichung unserer Qualitätsziele bei. Es ist deshalb Aufgabe eines jeden Mitarbeiters, vom Auszubildenden bis zum Geschäftsführer, einwandfreie Arbeit zu leisten. Wer ein Qualitätsrisiko erkennt und dies im Rahmen seiner Befugnisse nicht abstellen kann, ist verpflichtet, seinen Vorgesetzten unverzüglich zu unterrichten.

7 Jede Arbeit sollte schon von Anfang an richtig ausgeführt werden. Das verbessert nicht nur die Qualität, sondern senkt auch unsere Kosten. Qualität erhöht die Wirtschaftlichkeit.

8 Nicht nur die Fehler selbst, sondern die Ursachen von Fehlern müssen beseitigt werden. Fehlervermeidung hat Vorrang vor Fehlerbeseitigung.

9 Die Qualität unserer Erzeugnisse hängt auch von der Qualität der Zukaufteile ab. Fordern Sie deshalb von unseren Zulieferern höchste Qualität und unterstützen Sie diese bei der Verfolgung der gemeinsamen Qualitätsziele.

10 Trotz größter Sorgfalt können dennoch gelegentlich Fehler auftreten. Deshalb wurden zahlreiche erprobte Verfahren eingeführt, um Fehler rechtzeitig entdecken zu können. Diese Methoden müssen mit größter Konsequenz angewendet werden.

11 Das Erreichen unserer Qualitätsziele ist eine wichtige Führungsaufgabe.
Bei der Leistungsbeurteilung der Mitarbeiter erhält die Qualität der Arbeit besonderes Gewicht.

12 Unsere Qualitätsrichtlinien sind bindend. Zusätzliche Forderungen unserer Kunden müssen beachtet werden.

Quelle: Bosch heute Informationen, Stuttgart, Juli 1993, S. 27

- Konsequente Schulung aller Mitarbeiter in Sachen Qualität und Qualitätsmanagement.

Konzepte

Typische Konzepte des TQM, die dazu beitragen, die oben aufgeführten Prinzipien zu erreichen, sind:

- **Qualitätszirkel** und
- ***Quality Function Deployment* (QFD).**

Beide Konzepte werden im folgenden näher betrachtet.

4.2.2.1 Qualitätszirkel

Ziel

Qualitätszirkel sind ein Konzept, das dazu beiträgt, die Prinzipien
- Primat der Qualität,
- Zuständigkeit aller Mitarbeiter und
- Ständige Verbesserung

zu erreichen.

Qualitätszirkel

Zu einem **Qualitätszirkel** treffen sich regelmäßig wenige Mitarbeiter mit dem Ziel, die in ihrem Arbeitsbereich auftretenden Qualitätsprobleme zu lösen bzw. aktiv Verbesserungen einzuführen.

Üblicherweise wird wöchentlich eine Sitzung von ca. einer Stunde Dauer innerhalb der Arbeitszeit durchgeführt. Nach entsprechender Genehmigung werden Verbesserungen in der Regel durch das Team selbst eingeführt. Auch die Erfolgskontrolle erfolgt durch das Team. Wichtig für den Erfolg von Qualitätszirkeln ist die Unterstützung und Einbeziehung der Geschäftsführung. Die typische Arbeitsweise von Qualitätszirkeln zeigt Tab. 4.2-4. Als Hilfsmittel zur Problemerkennung, Problemanalyse und Problemlösung haben sich für Qualitätszirkel u.a. folgende Methoden bewährt:

Methoden

Kapitel II 5.4

- *Brainstorming*
- Pareto-Analyse und
- Ursache-Wirkungs-Diagramme *(Fishbone Chart,* Ishikawa-Diagramm)

Tab. 4.2-4: Typische Arbeitsweise von Qualitätszirkeln

- ■ Problemidentifikation, Problemauswahl:
- □ Auswahl zu untersuchender Probleme.
- □ Einsatz von Kreativitätstechniken (z.B. *Brainstorming)* zur Problemidentifikation.
- □ Priorisierung der Probleme (z.B. mittels Pareto-Analyse).
- ■ Problembearbeitung:
- □ Genehmigung durch Entscheidungsstelle.
- □ Abstimmung mit anderen Qualitätszirkeln.
- □ Trennung von Hauptursachen und Nebenursachen (z.B. mit Ursache-Wirkungs-Diagrammen).
- □ Ziele festlegen.
- □ Lösungen suchen (z.B. mit *Brainstorming).*
- □ Alternativen bewerten und Lösung auswählen.
- ■ Ergebnispräsentation:
- □ Lösung dem Entscheiderkreis präsentieren und Umsetzung vorbereiten.
- ■ Einführung und Erfolgskontrolle:
- □ Lösung einführen.
- □ Dokumentation von Problem, Lösungsweg und Ergebnis.
- □ Erfolgskontrolle (möglichst quantitativ).
- □ Generalisierung (Übertragung auf andere Organisationsteile).

Quelle: /Liggesmeyer 95/

80:20-Regel

First things First

Das Pareto-Prinzip

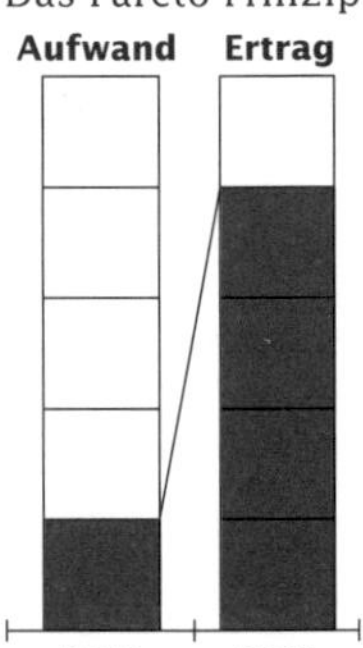

Pareto-Analyse

Das **Pareto-Prinzip** – auch als 80:20-Regel bekannt – besagt im allgemeinen folgendes:

- 80 Prozent des Aufwandes werden benötigt, um 20 Prozent der Probleme zu lösen.

Oder anders ausgedrückt:

- 80 Prozent der Probleme können mit 20 Prozent des Aufwandes gelöst werden.

Bezogen auf die Qualitätssicherung bedeutet dies:

- 20 Prozent der Fehlerursachen erzeugen 80 Prozent der Fehler und der Kosten.

- 80 Prozent der Fehler können mit 20 Prozent des Gesamtaufwands behoben werden.

Um eine **Pareto-Analyse** durchzuführen, werden Teilmengen nach fallender Größe von links nach rechts geordnet in einem Histogramm dargestellt. Zusätzlich kann eine Summenkurve der Balkenhöhen aufgetragen werden. Anhand dieser Darstellung kann eine Prioritätenbildung erfolgen, um z.B. Verbesserungen durchzuführen.

Analyse

Abb. 4.2-2 zeigt eine Paretoanalyse von Software-Fehlern. Die Abbildung zeigt, in welcher Fehlerkategorie die meisten Fehler auftreten. Die Fehlerkategorien wurden nach ihrer Auftretenshäufigkeit von links nach rechts geordnet dargestellt. Jeder Balken repräsentiert eine andere Fehlerkategorie. Die Kategorien waren in drei Hauptgruppen unterteilt:
A: Benutzungsschnittstelle, B: Programmierfehler, C: Systemumgebung. Über ein Drittel aller Fehler sind den Fehlerkategorien A7, A2 und A1 zuzuordnen. Durch Konzentration der Prozeßverbesserungen auf die Benutzungsschnittstelle (z.B. Prototypen, die durch Kundenrepräsentanten überprüft wurden) war die betreffende Organisationseinheit in der Fa. Hewlett-Packard in der Lage, signifikante Qualitätsverbesserungen zu erzielen.

Beispiel

Das Pareto-Prinzip ist nach dem italienischen Volkswirtschaftler Wilfredo Pareto (1848–1923) benannt, der es in dieser Form wahrscheinlich nie angegeben hat. Die heute bekannte Formulierung stammt vermutlich von /Jaran, Gryna, Bingham 74/.

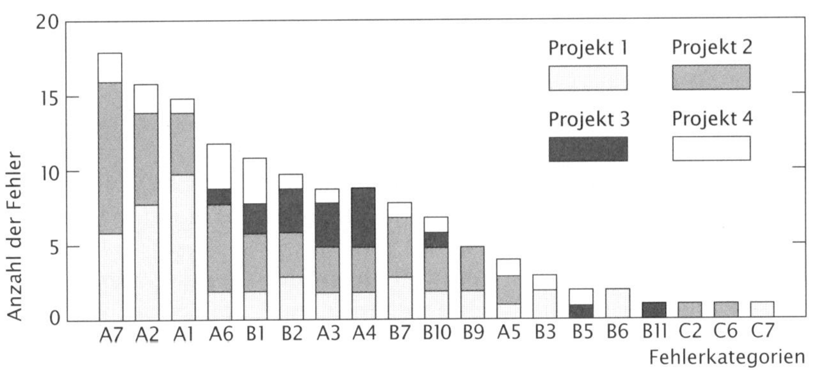

Abb. 4.2-2: Pareto-Analyse von Software-Fehlern der Firma HP /Grady, Caswell 87, S. 125/

Tab. 4.2-5 zeigt eine Methode, um eine Pareto-Analyse durchzuführen.

Ursache-Wirkungs-Diagramm

Ursache-Wirkungs-Diagramme – auch **Ishikawa-Diagramm**, **Gräten-Diagramm *(Fishbone Chart)*** und Gabelbein-Diagramm *(Wishbone Chart)* genannt – wurden von Ishikawa zur Verwendung in Qualitätszirkeln erfunden. Es handelt sich um eine Diagrammdarstellung von Ursache-Wirkungs-Zusammenhängen. Zu einem Problem (Wirkung) werden die Hauptursachen identifiziert, die weiter in Nebenursachen usw. verfeinert werden.

Ursache-Wirkungs-Diagramm

Tab. 4.2-5: Methode zur Durchführung einer Pareto-Analyse

Ziel
Datenwerte in einer Rangfolge anordnen.

Voraussetzungen
Die Daten gehören alle zur selben allgemeinen Klasse. Beispielsweise soll eine Liste der Hauptfehlerkategorien nicht mit detaillierten Daten über Syntaxfehler kombiniert werden.

Eingaben
Eine Liste der Datenelemente und ihrer relevanten Parameter.

Schritte

1. Auswahl des Parameters, der als Sortierkriterium benutzt wird, z. B. die Anzahl der Fehler pro Fehlerkategorie.
2. Zählen der Anzahl der Elemente in jeder Kategorie.
3. Berechnung der Prozentwerte, die jede Kategorie bezogen auf die Gesamtanzahl repräsentiert.
4. Absteigende Sortierung der Kategorien entsprechend ihrer prozentualen Auftretenshäufigkeit.
5. Darstellung der sortierten Daten als Histogramm.

Interpretation

- Hängt vom Typ der dargestellten Daten ab.
- Generell sollten die am weitesten links stehenden Elemente im Diagramm die höchste Aufmerksamkeit erhalten.

Quelle: /Humphrey 95, S. 564/

Beispiel

Abb. 4.2-3 zeigt eine Ursachenanalyse für das Problem instabiler Software-Anforderungen.

Die Erstellung eines solchen Diagramms erfolgt in drei Schritten:

1 Das Problem (Wirkung) wird definiert und am Kopf der »Fischgräte« angetragen.
2 An den »Seitengräten« werden die Hauptursachen aufgeführt. Oft orientiert man sich dabei an den **6 M: M**ensch, **M**aschine, **M**ethode, **M**aterial, **M**ilieu, **M**essung.
3 Nebenursachen an die Verzweigungen der »Seitengräten« antragen. Die Identifikation kann mit Hilfe eines *Brainstorming* erfolgen. Hilfreich ist dabei die Orientierung an den **6 W**: **W**as, **W**arum, **W**ie, **W**er, **W**ann, **W**o.

Anhand des erstellten Diagramms wird versucht, die tatsächlichen Ursachen zu identifizieren. Anschließend werden Lösungsalternativen entwickelt, die optimale Lösung ausgewählt und eingeführt.

4.2.2.2 *Quality Function Deployment* (QFD)

Ziel

Das **QFD**-Konzept (zu deutsch etwa: Entfaltung der Qualitätsfunktion) trägt dazu bei, die Prinzipien

- Kundenorientierung,
- internes Kunden-Lieferanten-Verhältnis und
- Prozeßorientierung

zu verwirklichen.

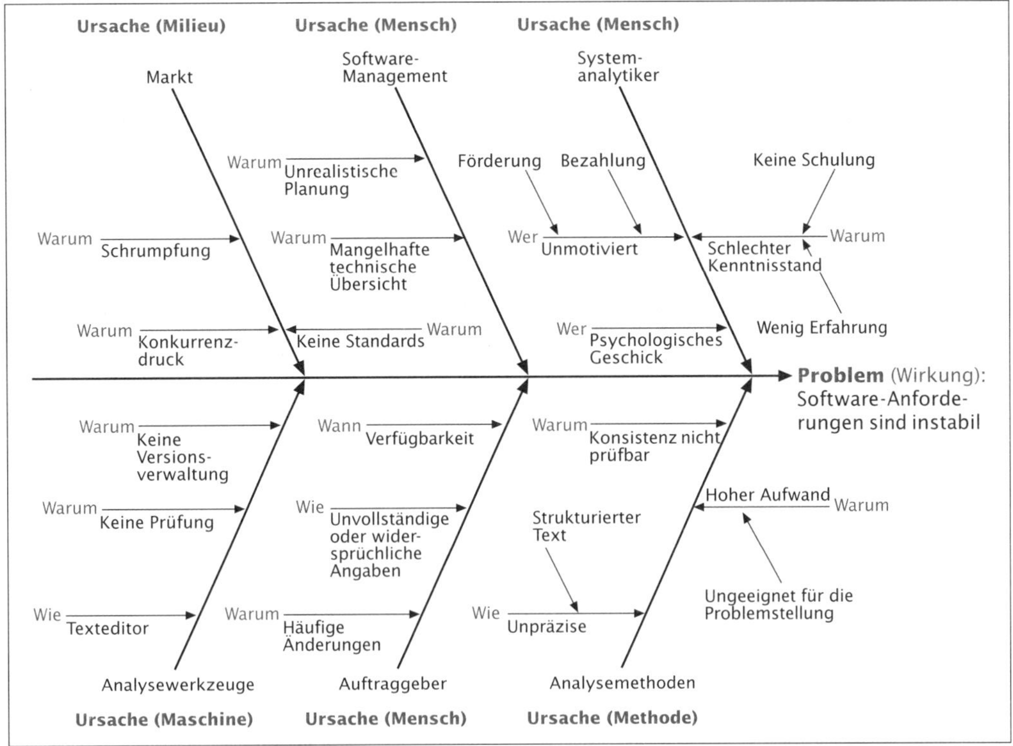

Abb. 4.2-3: Beispiel eines Ursache-Wirkungs-Diagramms /Liggesmeyer 95/

Ausgehend von den Kundenwünschen *(voices of the customers)* werden mit Hilfe von Matrizen systematisch Produkteigenschaften abgeleitet, die dann zu einer Komponenten-, Prozeß- und Produktionsplanung führen (Abb. 4.2-4).

Die erste Matrix wird als »Haus der Qualität« bezeichnet. Die in Abb. 4.2-4 dargestellten Phasen sind für Produktplanungen von Hardware gut geeignet, müssen jedoch für Software-Entwicklungen modifiziert werden (siehe unten). Aufbau und Erstellung der QFD-Matrix »Haus der Qualität« zeigt Abb. 4.2-5.

Beispiel 1

Abb. 4.2-6 zeigt die QFD-Matrix »Haus der Qualität« für die Planung eines CASE-Werkzeugs.

Die technischen Merkmale sind in diesem Beispiel operationalisierte Qualitätsmerkmale. Sie müssen vom Hersteller aus den Kundenanforderungen abgeleitet werden. Den Qualitätsmerkmalen sind Zielgrößen zugeordnet. Diese sind als Durchschnittswerte zu verstehen und stellen gleichzeitig Entwicklungsziele dar. Der Schwierigkeitsgrad gibt an, wie schwierig die Zielgrößen zu erfüllen sind (1 = leicht bis 3 = schwierig).
In der Matrix selbst ist die Bedeutung der einzelnen Qualitätsmerkmale für die Umsetzung der Kundenanforderungen eingetragen (9 =

Abb. 4.2-4: Die vier Phasen des QFD-Konzepts /Zultner 94, S. 3/

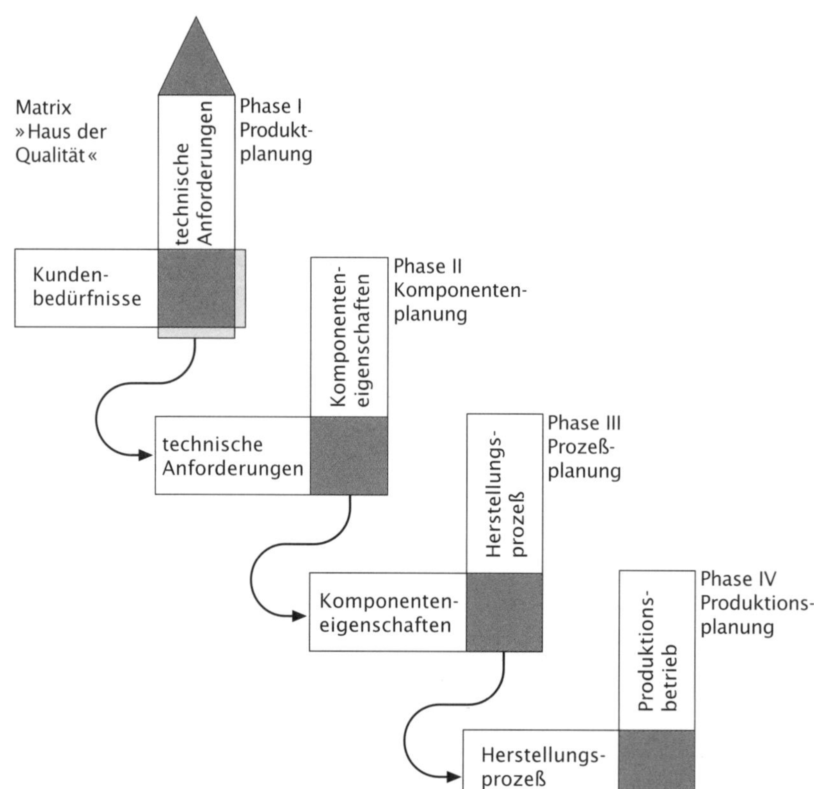

QFD wurde von Yoji Akao in Japan entwickelt und zunächst von Toyota bei der Autoherstellung eingesetzt. Obwohl die Fertigungsindustrie immer noch das größte Einsatzgebiet von QFD ist, wird dieses Konzept seit 1982 zunehmend auch in der Software-Technik verwendet.

stark, 3 = mittel, 1 = schwach). Beispielsweise hängt die schnelle Erlernbarkeit stark von der Lernzeit erfahrener und unerfahrener Benutzer ab, aber nur mittelmäßig von der Anzahl der Schritte für eine typische Aufgabe.
Eine vergleichende Beurteilung von Konkurrenzprodukten durch den Kunden auf der Basis der Kundenanforderungen ist auf der rechten Seite der Matrix eingetragen.

Beispiel 2 In /Grady 92, S. 33f./ wird eine vereinfachte QFD-Matrix verwendet, um die Weiterentwicklung eines Software-Produkts zu beurteilen. Abb. 4.2-7 zeigt eine QFD-Matrix, die sich auf die Weiterentwicklung eines Aufwandsverfolgungs- und Berichtssystems bezieht. Aus einem stapelorientierten Produkt soll ein verteiltes und interaktives Produkt werden.
Auf der linken Matrixseite sind die Kundenanforderungen aufgeführt, gegliedert nach dem FURPS-Qualitätsmodell. Oberhalb der Matrix sind die Eigenschaften des vorhandenen Produkts und die Eigenschaften des neuen Produkts angegeben. Die Kundengewichte zeigen, welche Anforderungen besonders wichtig sind. Über die Matrix ergeben sich die Eigenschaften, auf die sich die Entwicklung konzentrieren soll.

Kapitel 1.2

Ziel des *Quality Function Deployments* (QFD)
Umsetzung der Kundenanforderungen in technische Merkmale unter Berücksichtigung wichtiger Faktoren für den Entwicklungsprozeß

Haus der Qualität (QFD-Matrix)

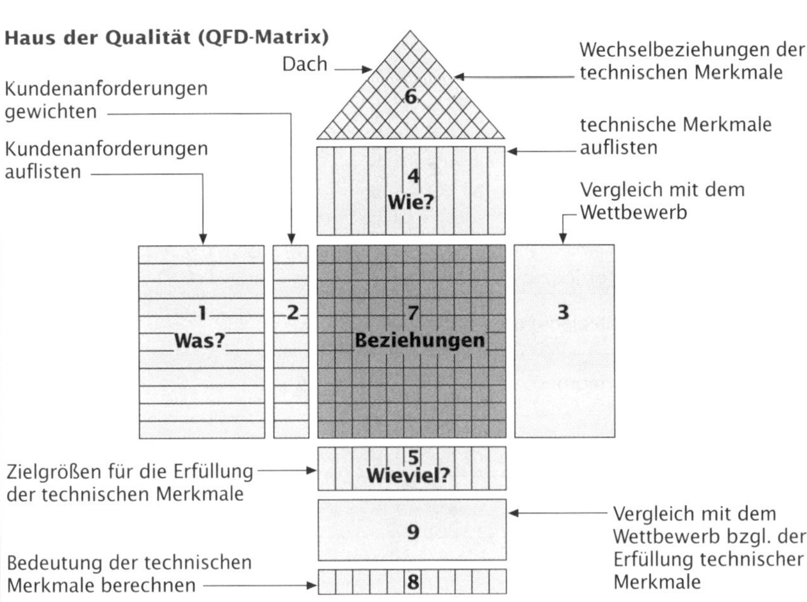

Abb. 4.2-5: Die QFD-Matrix »Haus der Qualität«

Vorgehensweise
In folgenden Schritten wird diese QFD-Matrix erstellt:

1 Kundenanforderungen auflisten.
2 Kundenanforderungen im paarweisen Vergleich gewichten.
Diese Prioritätenbildung dient dazu, sich auf das Wesentliche bei der Produktentwicklung zu konzentrieren (Pareto-Prinzip).
3 Wettbewerbsvergleich vornehmen, um Ziele für die Positionierung am Markt vorzugeben.
4 Ermittlung der technischen Merkmale zur Realisierung der Kundenanforderungen.
5 Zielgröße für die technischen Merkmale liefern, Richtwerte für ihre Erfüllung.
6 Abhängigkeiten zwischen technischen Merkmalen ermitteln (+/–).
7 Beziehungen in die Matrix eintragen:
- Angeben, welche Kundenanforderungen durch welche technischen Merkmale realisiert werden.
- An den Kreuzungspunkten werden Beziehungssymbole oder numerische Werte eingetragen.
- Überprüfen, ob eine Kundenanforderung vergessen wurde (Reihe hat kein Symbol erhalten).
- Überprüfung, ob ein technisches Merkmal vorhanden ist, das keine Beziehung zur Kundenanforderung hat (Spalte ist leer).

8 Lokale Priorität eines Merkmals ergibt sich aus dem Produkt des Gewichts einer Kundenanforderung und dem Faktor der Beziehung. Die Summe dieser Prioritäten ergibt die Bewertung der technischen Merkmale.
Eine hohe Bewertung erhalten die Merkmale, die mit hoch gewichteten Anforderungen oder mit sehr vielen Anforderungen in Beziehung stehen.
9 Ein Wettbewerbsvergleich zu den technischen Merkmalen liefert vergleichende Analysen bzgl. des Handlungsspielraumes.

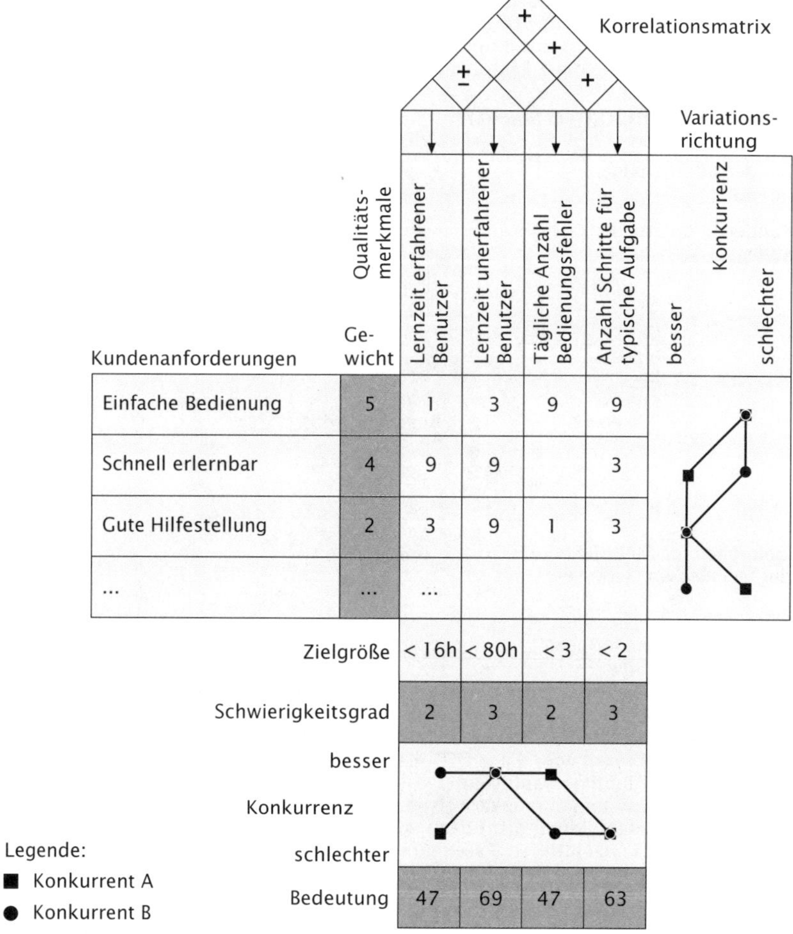

Abb. 4.2-6: QFD-Matrix für die Planung eines CASE-Werkzeugs /Herzwurm, Mellis, Stelzer 94/

Die dritte Anforderung lautet: *»Track by phase & project component«*. Das vorhandene System bekommt den Rang zwei von möglichen vier Rängen. Diese Anforderung steht in einer engen Beziehung zu *»Data collection sheets«*. Eine der neuen vorgeschlagenen Eigenschaften lautet *»Phase information«*. Dieser Zusatz würde den Wert dieser Reihe auf den Maximalwert 4 anheben. Alle Kundengewichte addiert ergeben den Wert 50. Das alte System erhält nur zwölf Punkte. Das verbesserte System dagegen 44 Punkte. Die geringe Punktzahl von zwölf für das alte System zeigt, daß es die Anforderungen nur äußerst unzureichend erfüllt. Die Benutzer waren damit so unzufrieden, daß sie es als Basis für ein neues System ablehnten. Es wurde weggeworfen.

Wie analoge QFD-Matrizen für die weitere Software-Entwicklung eingesetzt werden können, zeigt Abb. 4.2-8. Vor der Matrix »Haus der Qualität« können noch weitere Matrizen benutzt werden, um z.B.

Abb. 4.2-7: Vereinfachte QFD-Matrix /Grady 92, S. 34/

	Produkteigenschaften / »Stimme« des Kunden	Kundengewicht	Vorhandene Eigenschaften					Neue Eigenschaften							Momentanes System	Verbessertes System
			Data collection sheets	*Collection sheet processing*	*Data correction processing*	*Validation routine*	*Monthly summary reports*	*On-line interface*	*Phase information*	*Component update routine*	*Help screens*	*Configurable expected data*	*Local data entry*	*Installation software*		
F	*Graphical output*	3						■							0	3
F	*Tabular output*	5					■								2	4
F	*Track by phase & project component*	4	●						■						2	4
U	*Components easy to change*	4			▲					■					1	3
U	*Data & graphs online*	5						■							0	5
U	*Minimal eng. effort to report data*	5	■												4	4
U	*Learning time <1/2 hour*	5	▲				▲				■				3	4
R	*Online data changes by project manager*	4													0	4
R	*Data deviations automaticly flagged*	3										■			0	2
P	*Data/graphs available Mon. for previous week*	5											■		0	5
P	*Access to system <10 sec.*	4						■							N/A	4
S	*Installation by project manager <30 min.*	3												■	N/A	2
	Summe	50													12	44

F = *Functionality*
U = *Usability*
R = *Realiability*
P = *Performance*
S = *Supportability*

■ Sehr enge Beziehung
● Enge Beziehung
▲ Schwache Beziehung

die Anforderungen unterschiedlicher Kundengruppen zu Kundenanforderungen zu aggregieren (siehe hierzu auch /Zultner 91/). In Abhängigkeit von den verwendeten Software-Methoden können die technischen Merkmale auf Daten, Funktionen und Abläufe abgebildet werden, die wiederum in die Systemumgebung eingepaßt werden.

Bewertung

Der Einsatz des QFD-Konzepts für die Software-Entwicklung bringt folgende Vorteile mit sich:

Vorteile

- Entwicklung erfolgt auf der Basis der Kundenanforderungen.
- Übersicht über kritische Punkte und Zielkonflikte bei der Entwicklung.

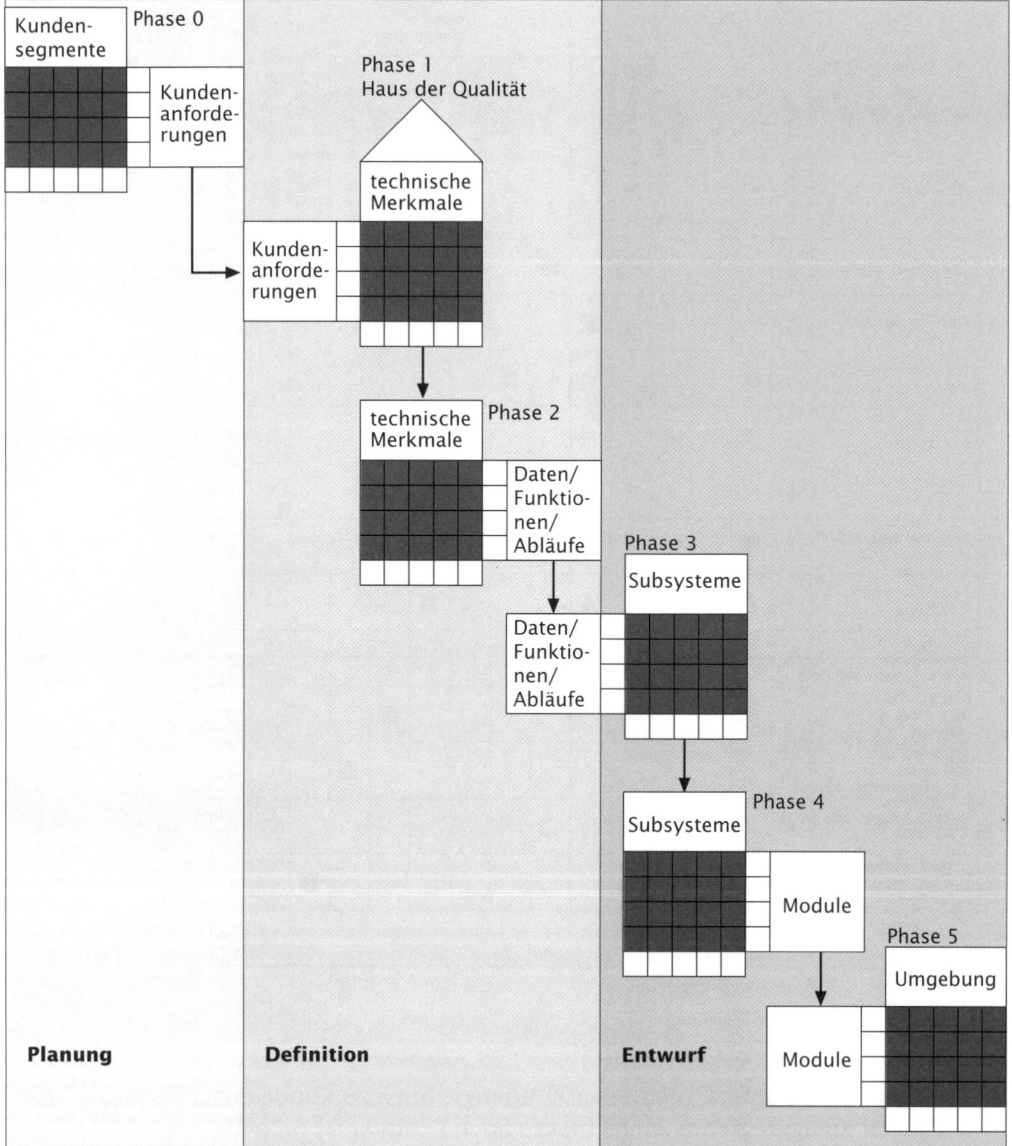

Abb. 4.2-8: Entwicklungs-begleitende QFD-Matrizen

- Bereitstellung rationaler und transparenter Entscheidungsgrundlagen.
- Entwicklung klarer Vorgaben für die Software-Prozeßgestaltung.
- Verfolgung der Umsetzung von Kundenanforderungen über alle Entwicklungsphasen bis hin zur Implementierung.
- Aus den Kundenanforderungen werden Zielgrößen für die Entwicklung und Qualitätssicherung abgeleitet.

Damit das QFD-Konzept erfolgreich eingesetzt werden kann, müssen eine Reihe von Voraussetzungen erfüllt sein. Hierzu gehören insbesondere die Veränderung der Unternehmenskultur hin zu mehr Kundenorientierung (TQM) und das Vorhandensein geeigneter Meßdaten (Kundenbedürfnisse, Kundenzufriedenheit, quantifizierte Qualitätsmerkmale und Zielgrößen). Mangelnde abteilungsübergreifende Zusammenarbeit führte in Europa oft zu Mißerfolgen von QFD.

4.2.3 Vor- und Nachteile

Der TQM-Ansatz läßt sich zusammenfassend folgendermaßen charakterisieren:

- Umfassender Ansatz, bei dem das gesamte Unternehmen auf Qualität ausgerichtet wird.
- Qualität wird ebenfalls umfassend gesehen. Neben guten, zuverlässigen und funktionalen Produkten sind es vor allem Beratung und Service sowie die Einhaltung von Gesetzen, Umweltauflagen und Sicherheitsbestimmungen, die heute Qualität ausmachen. Im Mittelpunkt steht natürlich die vom Kunden definierte Qualität.
- Ausgewiesenes Ziel ist es, dem Kunden ein besserer Partner zu sein, bessere Produkte, Dienst- und Serviceleistungen anzubieten.
- Ein Unternehmen wird als sozio-technisches System angesehen, bestehend aus einem sozialen und einem technischen Subsystem.
- Ganzheitliches Denken und Handeln ist eine unabdingbare Forderung an das Qualitätsmanagement.
- Keine einheitliche, verbindliche Festlegung, was zu TQM gehört. Es handelt sich mehr um eine allgemeine Philosophie, die von jedem Unternehmen unterschiedlich interpretiert und ausgefüllt werden kann.

Der TQM-Ansatz und der ISO 9000-Ansatz lassen sich entsprechend Tab. 4.2-6 vergleichen.

Vergleich TQM vs. ISO 9000

Eine Reihe von TQM-Prinzipien finden sich auch in ISO 9000-3 wieder. In ISO 9000 wird jedoch nur der technische Aspekt eines sozio-technischen Systems betrachtet.

Während TQM die Zusammenarbeit der Mitarbeiter betont (*Teamwork*, Qualitätszirkel, *Brainstorming*, QFD usw.), konzentriert sich ISO 9000 auf die Schnittstellen als mögliche Konfliktstellen. Die ISO 9000 will das Verhältnis Auftraggeber – Lieferant auf eine solide Grundlage stellen, TQM will Qualität im umfassenden Sinne erzielen, wobei der Kunde im Mittelpunkt steht.

Bedingt durch diese unterschiedlichen Zielsetzungen kann der ISO 9000-Ansatz nur ein Baustein des TQM-Ansatzes sein. Die Zertifizierung eines Unternehmens nach ISO 9000 ist als ein geeigneter Einstieg in das Qualitätsmanagement anzusehen.

TQM	ISO 9000-3
■ Primat der Qualität.	■ Geschäftsführung ist für Qualität verantwortlich. ■ Kein ganzheitliches Qualitätskonzept gefordert (ISO 9004).
■ Alle Mitarbeiter zuständig.	■ Verantwortlichkeiten und Befugnisse aller Mitarbeiter in der Qualitätssicherung sind festzulegen.
□ Einbeziehung aller Managementebenen.	■ Qualitätssicherungssystem ist integraler Bestandteil der Organisation.
□ Einbeziehung aller betrieblichen Funktionen.	□ Qualitätssicherung ist eigenständig und organisatorisch unabhängig.
□ Alle Mitarbeiter sind für die Qualitätssicherung verantwortlich.	
□ Soziales System berücksichtigen.	□ Rein technisch orientiert.
■ Ständige Verbesserung.	■ Im wesentlichen statisch. ■ Beschreibung von Mindestanforderungen. ■ Produkt- und Prozeßmessungen zur Verbesserung.
■ Kundenorientierung.	■ Auftraggeber-Lieferanten-Verhältnis, keine Endkundenorientierung. ■ Zielsetzung sind Projekte, weniger Produkte.
■ Internes Kunden-Lieferanten-Verhältnis.	■ Definierte Abnahme von Zwischenprodukten.
■ Prozeßorientierung.	■ Prozeßorientierung.

Tab. 4.2-6: Vergleich TQM vs. ISO 9000-3

Bewertung

Der TQM-Ansatz besitzt folgende Vorteile:

- ⊞ Integrierter Ansatz, der technische und soziale Komponenten gleichrangig berücksichtigt.
- ⊞ Fokussierung auf Kundenanforderungen.
- ⊞ Qualitätsverbesserung ist Unternehmensziel.

Nachteile

Dem stehen folgende Nachteile gegenüber:

- ⊟ Nicht so konkret faßbar, wie z.B. ISO 9000.
- ⊟ Schwierig einzuführen, da die Unternehmenskultur geändert werden muß.
- ⊟ Stark produktionsorientiert, daher nicht ohne geeignete Anpassungen auf Software-Entwicklungen übertragbar.
- ⊟ Unter dem Qualitätsbegriff wird alles subsumiert einschließlich klassischer Managementaufgaben.

Audit Überprüfung, mit der festgestellt wird, ob das Vorgehen in der Praxis den schriftlichen Festlegungen entspricht.
Fishbone Chart →Ursache-Wirkungs-Diagramm.
Gräten-Diagramm →Ursache-Wirkungs-Diagramm.
Ishikawa-Diagramm →Ursache-Wirkungs-Diagramm.
ISO 9000 Normenwerk, das einen allgemeinen, übergeordneten, organisatorischen Rahmen zur Qualitätssicherung von materiellen und immatriellen Produkten bezogen auf das Auftraggeber-Lieferanten-Verhältnis festlegt.

Pareto-Analyse Datenwerte werden nach fallender Größe von links nach rechts geordnet als Histogramm dargestellt, erleichtert die Prioritätenbildung (→Pareto-Prinzip).
Pareto-Prinzip Auf die wichtigsten Dinge soll man sich zuerst konzentrieren *(First things First).* Auch als 80:20-Regel bekannt. Viele Erfahrungen sprechen dafür, daß 80 Prozent des Aufwandes benötigt werden, um 20 Prozent der Probleme zu lösen oder umgekehrt: 80 Prozent der Probleme können mit 20 Prozent des Aufwands behoben werden.
QFD Mit Hilfe spezieller Matrizen werden Kundenanforderungen auf Produkt- und Qualitätsanforderungen abgebildet (Matrix »Haus der Qualität«), die dann wiederum systematisch in die Software-Entwicklung einfließen.
Qualitätszirkel Mitarbeiter eines Arbeitsbereichs treffen sich regelmäßig, z.B. wöchentlich eine Stunde, um zu diskutieren, wie die Qualität in ihrem Verantwortungsbereich verbessert werden kann.
Quality Function Deployment →QFD
Total Quality Management →TQM
Totales Qualitätsmanagement →TQM
TQM Ganzheitliche, umfassende aber nicht klar abgegrenzte Unternehmensphilosophie, die das Ziel hat, die Prinzipien Primat der Qualität, Zuständigkeit aller Mitarbeiter, Ständige Verbesserung, Kundenorientierung, internes Kunden-Lieferanten-Verhältnis und Prozeßorientierung umzusetzen.
Ursache-Wirkungs-Diagramm Diagrammdarstellung von Ursache-Wirkungs-Zusammenhängen. Zu einem Problem (Wirkung) werden die Hauptursachen und Nebenursachen in Form von Fischgräten grafisch angeordnet, daher auch Gräten-Diagramm bzw. nach seinem Erfinder Ishikawa-Diagramm genannt.

Der Software-Entwicklungsprozeß beeinflußt wesentlich die Produktivität und die Qualität der erstellten Produkte.

Im ISO 9000-Normenwerk werden allgemeingültige, branchenneutrale Minimalanforderungen an ein Qualitätsmanagementsystem (QM-System) aufgestellt. ISO 9000

Ein QM-System soll

- vollständig,
- dokumentiert,
- bekannt,
- überprüfbar,
- evolutionär und
- eingehalten sein.

Beim Aufbau eines QM-Systems sind die betriebsinternen Prozesse zu erfassen und zu dokumentieren. Qualitätsrelevante Dokumente werden gesichtet. Die Zuständigkeiten und Verantwortlichkeiten in der Aufbauorganisation werden erfaßt. Anschließend erfolgt eine kritische Wertung des Istzustandes bezogen auf die Anforderungen der Qualitätssicherung. Meistens ist eine Anpassung der Ablauforganisation und eindeutige Festlegung von Zuständigkeiten und Befugnissen nötig. Die Qualitätsphilosophie des Unternehmens, die Dokumente und die Aktivitäten werden in einem Qualitätssicherungs-Handbuch dokumentiert. Nach der Einführung des QM-Systems erfolgt eine Funktions- und Wirksamkeitskontrolle zunächst durch ein internes *Audit*, dann durch ein externes *Audit*.

Einen umfassenden, ganzheitlichen, aber nicht scharf abgegrenzten oder definierten Ansatz stellt das Totale Qualitätsmanagement (TQM, *Total Quality Management)* dar.

TQM

Dem TQM-Ansatz liegen folgende Prinzipien zugrunde:

- Primat der Qualität *(Quality First).*
- Alle Mitarbeiter für Qualität zuständig.
- Ständige Verbesserung (Kaizen).
- Kundenorientierung.
- Internes Kunden-Lieferanten-Verhältnis.
- Prozeßorientierung.

Die ersten drei Prinzipien werden durch Qualitätszirkel unterstützt. Zur Problemerkennung, Problemanalyse und Problemlösung haben sich in Qualitätszirkeln folgende Methoden bewährt:

Kapitel II 5.4

- □ *Brainstorming.*
- □ Pareto-Analyse zur Umsetzung des Pareto-Prinzips *(First things First).*
- □ Ursache-Wirkungs-Diagramme (Ishikawa-Diagramme, Gräten-Diagrammm, *Fishbone Chart).*

Mit Hilfe des QFD-Konzepts *(Quality Function Deployment)* werden die letzten drei Prinzipien unterstützt.

Analog wie das ISO 9000-Normenwerk stammt die TQM-Philosophie aus der Industrieproduktion. Beide Ansätze sind daher nicht für Software entwickelt worden. Daher sind für die Software-Entwicklung geeignete Anpassungen vorzunehmen. Im ISO 9000-Normenwerk gibt es dafür die Richtlinie 9000-3.

/Mellis, Herzwurm, Stelzer 96/
Mellis W., Herzwurm G., Stelzer D., *TQM der Softwareentwicklung,* Braunschweig: Vieweg-Verlag 1996, 300 S.
Ausführliche Behandlung des TQM, des Prozeßmanagements (ISO 9000, CMM, Bootstrap, Spice), der Kundenorientierung und des *Change Managements.* Sehr zu empfehlen.

/Herzwurm, Schockert, Mellis 97/
Herzwurm G., Schockert S., Mellis W., *Qualitätssoftware durch Kundenorientierung,* Braunschweig: Vieweg-Verlag 1997, 270 S.
Ausführliche Behandlung von QFD einschließlich einem Vorgehensmodell. Sehr zu empfehlen.

Zitierte Literatur

/Crosby 79/
Crosby P.B., *Quality is free*, New York 1979 (deutsch: *Qualität ist machbar*, Hamburg 1986)

/Deming 86/
Deming W.E., *Out of the Crisis*, Cambridge, Mass. 1986

/DGQ 93/
Audits zur Zertifizierung von Qualitätsmanagementsystemen – Regeln und DQS-Auditfragenkatalog, Deutsche Gesellschaft für Qualität e.V., Berlin, Köln: Beuth-Verlag 1993 (DGQ-DQS-Schrift 12, 64)

/Feigenbaum 86/
Feigenbaum A.V., *Total Quality Control*, New York 1986

/Grady 92/
Grady R.B., *Practical Software Metrics for Project Management and Process Improvement*, Englewood Cliffs: Prentice Hall 1992
/Grady, Caswell 87/
Grady R.B., Caswell D.L., *Software Metrics: Establishing a Company-Wide Program*, Englewood Cliffs: Prentice-Hall 1987
/Herzwurm, Mellis, Stelzer 94/
Herzwurm G., Mellis W., Stelzer D., *Verwendung von Quality Function Deployment (QFD) für die kundenorientierte Gestaltung von CASE-Tools*, Lehrstuhl für Wirtschaftsinformatik, Universität Köln 1994
/Humphrey 95/
Humphrey W.S., *A Discipline For Software Engineering*, Reading: Addison-Wesley 1995
/Imai 92/
Imai M., *Kaizen*, München 1992
/Ishikawa 85/
Ishikawa K., *What is Total Quality Control?* Englewood Cliffs 1985
/Juran 88/
Juran J.A., *Quality Control Handbook*, New York 1988
/Juran, Gruyna, Bingham 74/
Juran J., Gryna F., Bingham R., *Quality Control Handbook*, 3rd ed., New York: McGraw Hill 1974
/Liggesmeyer 95/
Liggesmeyer P., *Vorlesungsskript Software-Qualitätssicherung*, Ruhr-Universität Bochum SS 1995
/Mellis, Herzwurm, Stelzer 95/
Mellis W., Herzwurm G., Stelzer D., *Total Quality Management ist der Motor für umfassende Verbesserungen*, in: Computer Zeitung Nr. 20, 18. Mai 1995, S.12
/Zultner 91/
Zultner R.E., *Before the House – The Voices of the Customers in QFD*, in: 3rd Symposium on QFD, Novi, Michigan June 1991, pp. 451–464
/Zultner 94/
Zultner R.E., *Software Quality Function Deployment – The First Five Years – Lessons Learned*, Proceedings of the Annual Quality Congress, May 1994

Normen

/ISO 10011-1: 1990/
Leitfaden für das Audit von Qualitätssicherungssystemen – Auditdurchführung
/ISO 10011-2: 1991/
Leitfaden für das Audit von Qualitätssicherungssystemen Qualifikationskriterien für Qualitätsauditoren
/ISO 10011-3: 1991/
Leitfaden für das Audit von Qualitätssicherungssystemen – Management von Auditprogrammen
/ISO 8402/
Qualitätsmanagement und Qualitätssicherung – Begriffe 1991
/ISO 9000-1: 1994/
Normen zum Qualitätsmanagement und zur Qualitätssicherung / QM – Darlegung – Leitfaden zur Auswahl und Anwendung
/ISO 9000-3: 1991/
Normen zum Qualitätsmanagement und zur Qualitätssicherung – Leitfaden für die Anwendung von ISO 9001 auf die Entwicklung, Lieferung und Wartung von Software
/ISO 9001: 1994/
Qualitätsmanagementsysteme – Modell zur Qualitätssicherung / QM – Darlegung in Design, Entwicklung, Produktion, Montage und Wartung

/ISO/DIS 9000-3/
Quality management and quality assurance standards – Part 3, Revision of the first edition (ISO 9000-3: 1991), ISO 1996

Muß-Aufgabe
10 Minuten

1 *Lernziel: Aufbau und Struktur des ISO 9000-Normenwerks kennen und erläutern können.*
a Wozu dient das ISO-9000 Normenwerk?
b Aus welchen Teilen besteht das ISO-9000 Normenwerk? Beschreiben Sie kurz die Inhalte der verschiedenen Teile.

Muß-Aufgabe
15 Minuten

2 *Lernziel: Wichtige Dokumente und Tätigkeiten von ISO 9000-3 nennen können.*
a Wozu dient die Norm ISO 9000-3?
b Welche Inhalte behandelt die Norm ISO 9000-3?
c Listen Sie die in ISO 9000-3 behandelten Dokumente auf.
d Listen Sie die in ISO 9000-3 behandelten Tätigkeiten auf.

Muß-Aufgabe
5 Minuten

3 *Lernziel: Darstellen können, wie man ein ISO 9000-Zertifikat erhält.*
a Wer kann ein ISO 9000-Zertifikat ausstellen?
b Was versteht man im Zusammenhang mit der Zertifizierung unter einem *Audit*?
c Wie lange ist ein erteiltes Zertifikat gültig?

Muß-Aufgabe
10 Minuten

4 *Lernziel: Vor- und Nachteile von ISO 9000-3 vergleichend gegenüberstellen können.*
Führen Sie die Vor- und Nachteile der ISO 9000-3 auf.

Muß-Aufgabe
3 Minuten

5 *Lernziel: Die Unterschiede von TQM bezogen auf eine traditionelle Software-Entwicklung und Qualitätssicherung darstellen können.*
Ordnen sie folgende Aussagen entweder der traditionellen Software-Entwicklung oder dem *Total Quality Management* (TQM) zu:
a Technikorientierte Produktentwicklung
b Inkrementelle, evolutionäre Verbesserungen
c Veränderungen sind stabil
d Kundenorientierte Produktentwicklung
e Radikale, revolutionäre Veränderungen
f Prozeßorientiertes Qualitätsmanagement
g Qualität als zusätzliche Produkteigenschaft
h Qualität als Aufgabe aller Mitarbeiter
i Internes Kunden-Lieferanten-Verhältnis
j Veränderungen müssen stabilisiert werden
k Produktorientierte Qualitätssicherung
l Personenabhängiges Erfahrungswissen als Entscheidungsgrundlage
m Kunden sind externe Einkäufer
n Qualität als Aufgabe einzelner Mitarbeiter
o Nachprüfbare Fakten als Entscheidungsgrundlage
p Qualität als zentrale Produkteigenschaft

Muß-Aufgabe
5 Minuten

6 *Lernziel: Philosophie, Prinzipien und unterstützende Konzepte von TQM erläutern können.*
a Charakterisieren Sie kurz den TQM-Ansatz.
b Zählen Sie die Prinzipien des TQM auf!
c Mit welchen Konzepten lassen sich diese Prinzipien verwirklichen?

7 *Lernziel: TQM und ISO 9000 vergleichen können.* Muß-Aufgabe *3 Minuten*

Welche Aussagen treffen für die ISO 9000 Norm und welche für TQM zu?

a Primat der Qualität
b Produkt- und Prozeßmessungen zur Verbesserung
c Internes Kunden-Lieferanten-Verhältnis
d Kein ganzheitliches Qualitätskonzept gefordert
e Alle Mitarbeiter zuständig
f Qualitätssicherungssystem ist integraler Bestandteil der Organisation.
g Ständige Verbesserung
h Zielsetzung sind Projekte, weniger Produkte
i Kundenorientierung
j Auftraggeber-Lieferanten-Verhältnis
k Definierte Abnahme von Zwischenprodukten
l Geschäftsführung ist für Qualität verantverantwortlich
m Prozeßorientierung
n Verantwortlichkeiten und Befugnisse aller Mitarbeiter in der Qualitätssicherung sind festzulegen

8 *Lernziel: Das Pareto-Prinzip erklären und eine Pareto-Analyse durchführen können.* Muß-Aufgabe *20 Minuten*

Ein Leiterplattenhersteller merkt, daß bei der von ihm produzierten Platine XYZ der Anteil an Ausschuß auf ein unerträgliches Maß gestiegen ist. Die Platine wird aus 15 zugekauften Halbleitern zusammengesetzt. Bei der Qualitätskontrolle stellt der Hersteller für jedes einzelne Bauelement folgende Ausschußquoten fest:

Bauelement	Ausschußquote	Bauelement	Ausschußquote
A	0,1%	I	0,2%
B	1,55%	J	0,3%
C	0,3%	K	1,0%
D	0,15%	L	0,01%
E	0,05%	M	0,09%
F	0,15%	N	0,03%
G	1,2%	0	0,35%
H	0,2%		

Führen Sie eine Pareto-Analyse durch. Zu welchem Ergebnis kommen Sie?

9 *Lernziel: Ursache-Wirkungs-Diagramme erstellen können.* Muß-Aufgabe *30 Minuten*

Der Kopiergerätehersteller Copyking stellt gerade das Handbuch für sein neuestes Kopiergerät fertig. Das letzte Kapitel soll mögliche Funktionsstörungen des Geräts behandeln. Um diese möglichen Funktionsstörungen oder Bedienungsfehler herauszufinden, setzen sich die Produktmanager zu einem *brainstorming* zusammen. Ziel ist es, die potentiellen Ursachen für Fehler oder schlechte Kopien zu sammeln. Folgende Aussagen der Produktmanager werden in einem Sitzungsprotokoll festgehalten:

- Das Netzkabel steckt nicht im Gerät.
- Das Netzkabel steckt nicht in der Steckdose.
- Das Papierfach ist leer.
- Es ist nur noch wenig oder kein Toner mehr vorhanden.
- Das Original ist falsch positioniert.
- Das Papier ist nicht zum Kopieren geeignet.
- Das Netzteil im Gerät ist defekt.
- Das falsche Papierformat wurde eingestellt.
- Die Anzahl der Kopien stimmt nicht.

- Das Netzkabel ist gebrochen.
- Die Steckdose ist nicht am Stromnetz.
- Der Deckel des Kopiertisches ist nicht zugeklappt.
- Die Zoomeinstellung ist falsch.
- Die Helligkeit ist zu hoch oder zu niedrig eingestellt.
- Belichtungseinheit/Lampe ist defekt.
- Kopierwalze ist defekt.
- Kopierwalze ist verschmutzt.
- Papiereinzug ist defekt.
- Original ist ungeeignet (zu wenig Kontraste).

a Welche Methode eignet sich zur Strukturierung der oben festgehaltenen Aussagen?
b Wenden Sie diese Methode auf das gegebene Fallbeispiel an!
c Wie können die Ergebnisse aus **b** konkret in die Erstellung des Benutzungshandbuches eingebracht werden?

Muß-Aufgabe
10 Minuten

10 *Lernziel: Den Aufbau der QFD-Matrix »Haus der Qualität« kennen und erläutern können.*
Tragen Sie die richtigen Bezeichnungen an die entsprechende Stelle in der Skizze »Haus der Qualität« ein. Gehen Sie dabei in der richtigen Reihenfolge vor!
a Vergleich mit dem Wettbewerb
b Zielgrößen für die Erfüllung der technischen Merkmale
c Kundenanforderungen auflisten
d Wechselbeziehungen der technischen Merkmale
e technische Merkmale auflisten
f Kundenanforderungen gewichten
g Vergleich mit dem Wettbewerb bzgl. der Erfüllung technischer Merkmale
h Bedeutung der technischen Merkmale berechnen
i Beziehungen in die Matrix eintragen

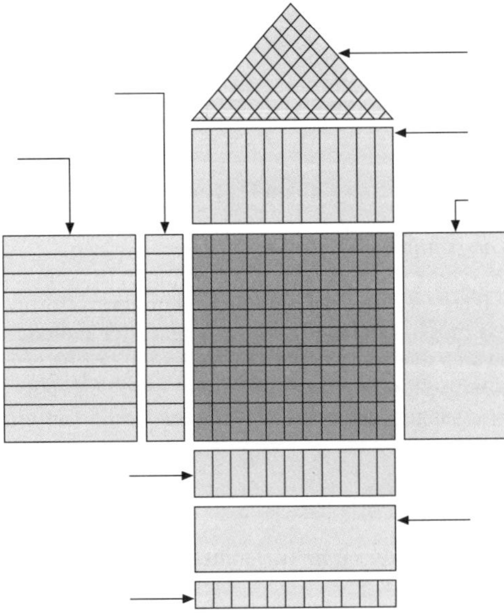

4 Verbesserung der Prozeßqualität – CMM und SPICE

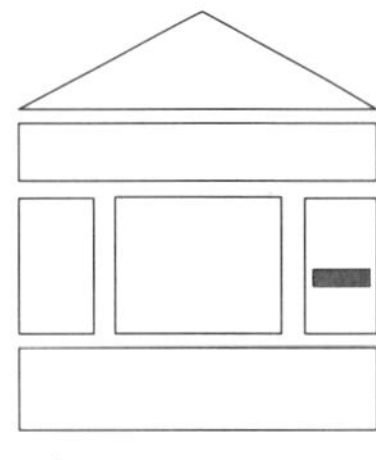

wissen

- Angeben können, was *Assessments* sind und wie sie durchgeführt werden.
- Über den Aufwand und den Nutzen des CMM-Ansatzes berichten können.
- Aufbau und Struktur sowie Vor- und Nachteile des CMM-Ansatzes kennen und erläutern können.

verstehen

- Die Reifegradstufen des CMM-Ansatzes und des SPICE-Ansatzes mit ihren Prozeßcharakteristika erklären können.
- Aufbau und Struktur des SPICE-Ansatzes darstellen können.
- Die Forderungen des *Business Engineering* an Geschäftsprozesse schildern können.
- Die behandelten Ansätze ISO 9000, TQM, CMM, SPICE und *Business Engineering* vergleichend darstellen können.

- Das Kapitel 1 »Grundlagen« sollte bekannt sein.
- Die Kenntnis der Kapitel 2, 4.1 und 4.2 erleichtert das Verständnis.

Watts S. Humphrey
*1927 in Battle Creek, USA, Initiator des Software-Prozeß-Programms am SEI *(Software Engineering Institute)*, aus dem das CMM entstand; Autor der Bücher »*Managing the Software Process*« (1989) und »*A Discipline for Software Engineering*« (1995); Studium der Physik, von 1959 bis 1986 bei IBM, seit 1986 Direktor des Prozeß-Programms am SEI; IEEE und SEI *Fellow*.

i

4.3 Der CMM-Ansatz

1987 entwickelte das *Software Engineering Institute* (SEI) der *Carnegie Mellon University* im Auftrag des amerikanischen Verteidigungsministeriums einen Fragebogen, mit dessen Hilfe die Leistungsfähigkeit von Software-Lieferanten bewertet werden sollte. Der Fragebogen wurde zu einem Referenzmodell ausgebaut, das als Vergleichsnormal für Software-Lieferanten dienen soll.

CMM

Dieses Referenzmodell erhielt den Namen ***Capability Maturity Model* (CMM)**. Die Version 1.0 wurde 1991 veröffentlicht, die verbesserte Version 1.1 im Jahr 1993. Für 1997 ist eine überarbeitete Version 2.0 angekündigt. Das Bewertungsverfahren mit Hilfe eines Fragebogens wird als ***Assessment*** bezeichnet.

Assessment = Festsetzung, Veranlagung, Bewertung

4.3.1 Die fünf Reifegradstufen

Inhaltlich bezieht sich das CMM auf die Qualität des Software-Entwicklungsprozesses eines Unternehmens oder eines Bereiches innerhalb eines Unternehmens.

fünf Stufen

Es werden fünf unterschiedliche Qualitätsstufen von Software-Entwicklungsprozessen unterschieden (Abb. 4.3-1). Jede Qualitätsstufe beschreibt einen bestimmten Reifegrad *(maturity)* eines Entwicklungsprozesses. Die Stufen bauen aufeinander auf. Eine Stufe setzt voraus, daß die Anforderungen an die Prozesse, die die anderen Stufen erfordern, erfüllt sind.

Beispiele für die Prozeß-Reifegrade, bildlich dargestellt, zeigt Abb. 4.3-2. Ein Prozeß auf der Stufe 1 kann nicht dargestellt werden, da er nur informell vorhanden ist. Abb. 4.3-2a zeigt einen Prozeß auf der Stufe 2. Der Prozeß ist schwierig zu verstehen, aber es gibt definierte und strukturierte Anforderungen an den Prozeß. Ein Prozeß auf Stufe 3 (Abb. 4.3-2b) ist klarer definiert. Individuelle Prozeßaktivitäten sind sichtbar. Auf der Stufe 4 gibt es eine zentrale Steuerung, die die Prozeßmaße als Rückkopplung erhält. Software-Entwickler benutzen die rückgekoppelten Informationen, die oft in einer Projektdatenbank gespeichert werden, um an kritischen Entwicklungsstellen über das weitere Vorgehen zu entscheiden (Abb. 4.3-2c). Auf der Stufe 5 (Abb. 4.3-2d) werden Prozeßmaße und Rückkopplungsinformationen benutzt, um den Prozeß dynamisch in Abhängigkeit vom Entwicklungsfortschritt zu ändern. Software-Entwickler können auf Prozeßcharakteristika und -aktivitäten (wie Prototypen und wiederverwendbare Komponenten) zugreifen und die Produktcharakteristika überwachen. Wenn die Prozeßmaße eine Prozeßänderung nahelegen, dann kann der Prozeß geändert werden, ohne ernsthafte Auswirkungen auf die Kosten und den Terminplan. Zeigen die Maße beispielsweise eine schlechte Analysequalität, weil der Systemanalytiker die Anforderun-

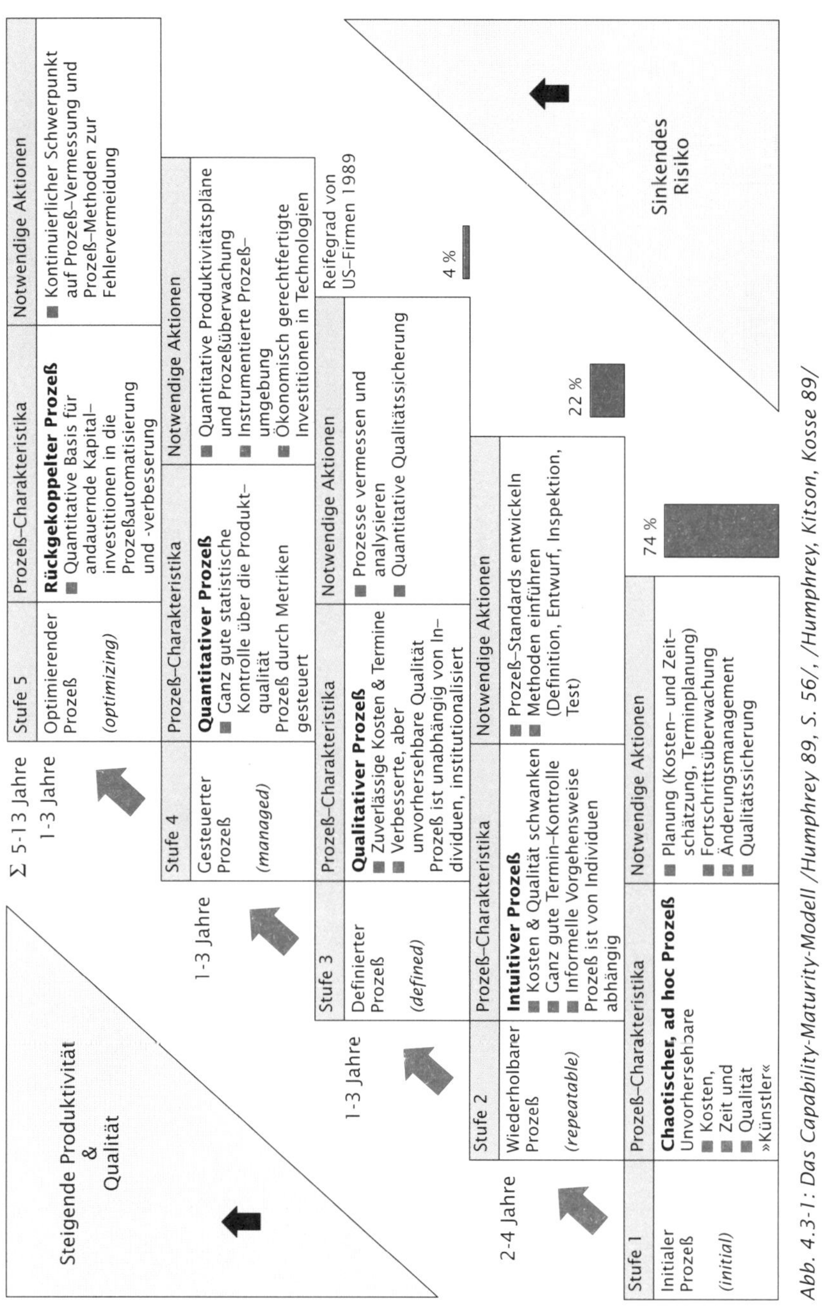

Abb. 4.3-1: Das Capability-Maturity-Modell /Humphrey 89, S. 56/, /Humphrey, Kitson, Kosse 89/

gen nicht versteht, dann kann vom Wasserfall-Modell zum Prototypen-Modell gewechselt werden, um diese Probleme zu beseitigen.

Abb. 4.3-3 veranschaulicht, was für einen Software-Manager vom Prozeß auf den verschiedenen Reifegradstufen sichtbar ist. Jede

Kapitel III 4.3

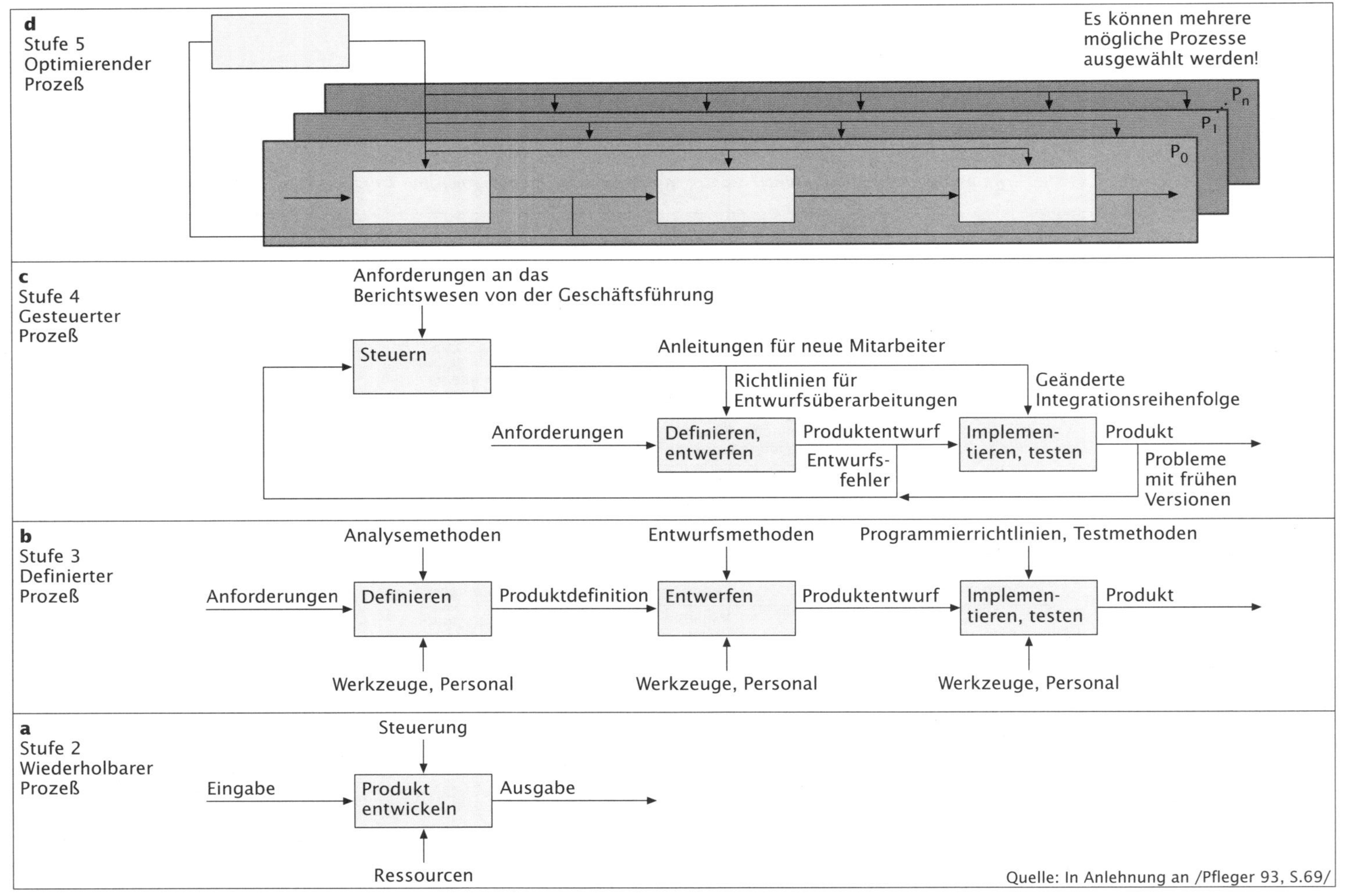

Abb. 4.3-2: Beispiele für die Reifegrade von Prozessen

Reifegradstufe verbessert die Sichtbarkeit auf den Software-Prozeß und damit auch die Steuerbarkeit und Kontrolle.

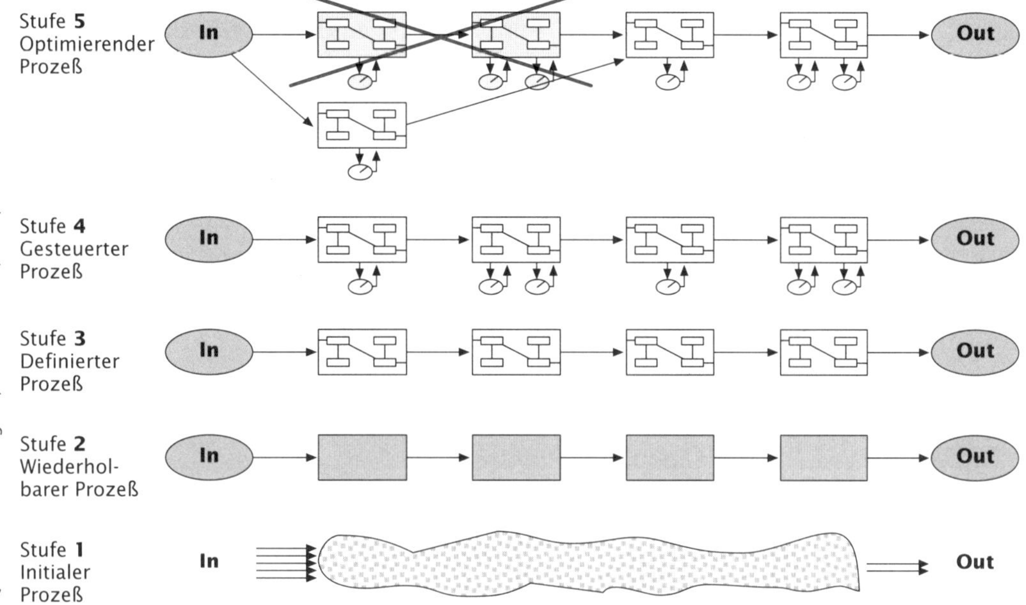

Abb. 4.3-3: Sichtbarkeit der Prozesse aus der Sicht des Software-Managements

Folgende Erwartungen sind mit den Reifegraden verbunden:

- Je höher der Reifegrad eines Prozesses ist, desto größer sind die erwarteten Verbesserungen bezüglich des Erreichens von Zielen (Zeit, Kosten usw.). Abb. 4.3-4 zeigt, mit welcher Wahrscheinlichkeit Ziele erreicht werden.
- höhere Termintreue

  Je höher der Reifegrad ist, desto geringer wird der Unterschied zwischen den geplanten Ergebnissen und den Ist-Ergebnissen. Organisationen, die sich auf der Stufe 1 befinden, verfehlen ihre ursprünglich geplanten Termine in einem großen Rahmen. Abb. 4.3-4 (Stufe 1) zeigt dies durch die große Fläche, die unter der Kurve rechts der Ziellinie liegt. Reifere Organisationen sollten die geplanten Termine mit besserer Genauigkeit einhalten.
- geringere Schwankungsbreite

  Je höher der Reifegrad ist, desto geringer ist die Schwankungsbreite der aktuellen Ergebnisse um die Soll-Ergebnisse herum. In Organisationen der Stufe 1 sind die Auslieferungstermine für Projekte gleichen Umfangs unvorhersehbar und variieren stark. Ähnliche Projekte werden in reiferen Organisationen innerhalb eines engeren Zeitbereichs fertiggestellt. In Abb. 4.3-4 (Stufe 2) zeigt sich das darin, daß die Fläche unter der Kurve sich auf die Ziellinie konzentriert.

- Je reifer eine Organisation wird, desto stärker sinken die Kosten, die Entwicklungszeit wird kürzer, und Produktivität und Qualität steigen. In der Stufe 1 kann die Entwicklungszeit durch viele notwendige Nacharbeiten sehr lang sein. In reiferen Organisationen steigt die Prozeßeffizienz, und es reduzieren sich die Nacharbeiten. Dadurch verkürzt sich die Entwicklungszeit. Dies zeigt sich in Abb. 4.3-4 (Stufe 3) durch eine horizontale Verschiebung der Ziellinie nach links.

Abb. 4.3-4: Auswirkungen der CMM-Ebenen...

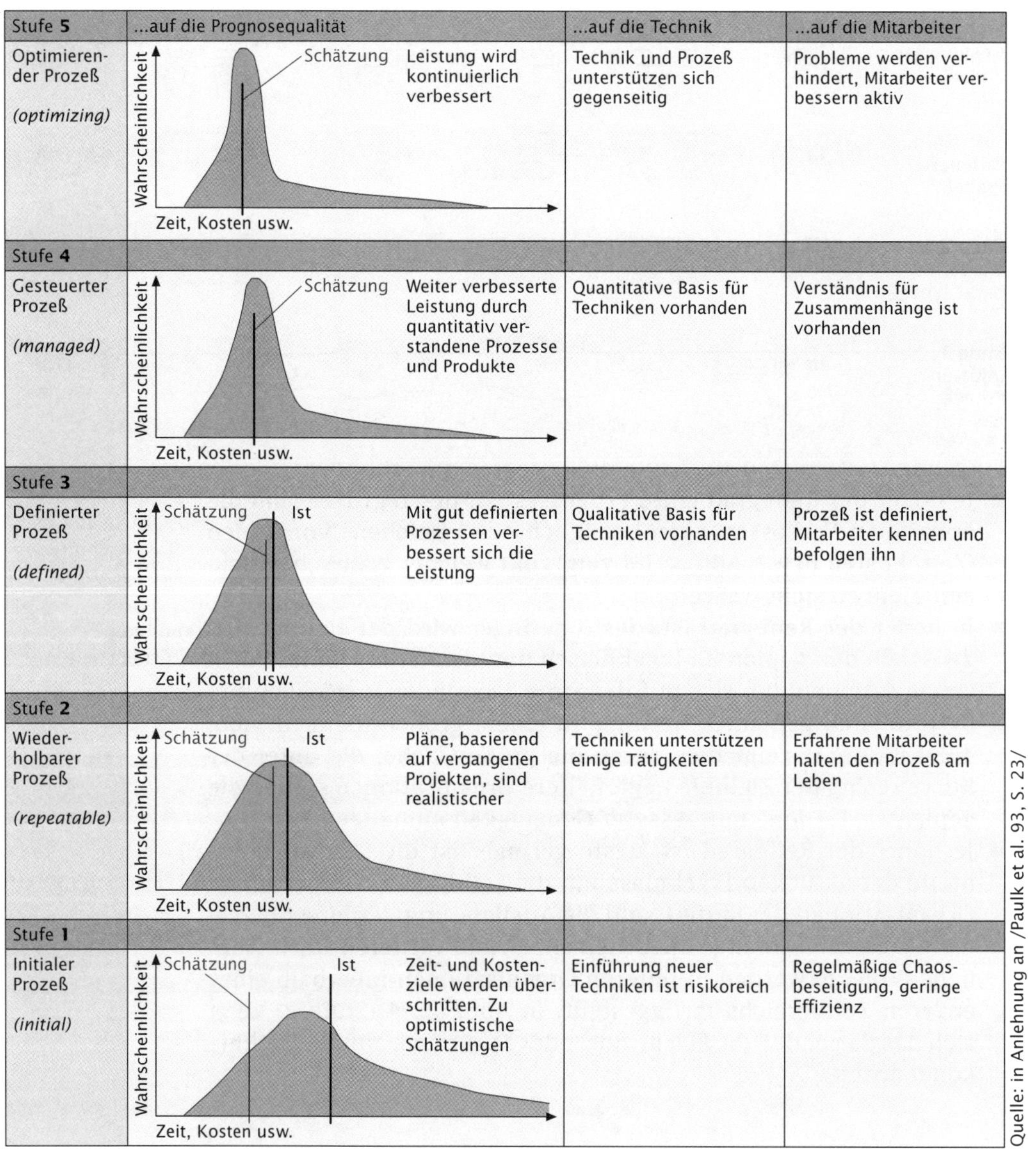

Stufe	...auf die Prognosequalität	...auf die Technik	...auf die Mitarbeiter
Stufe 5			
Optimierender Prozeß *(optimizing)*	Wahrscheinlichkeit; Schätzung; Zeit, Kosten usw. — Leistung wird kontinuierlich verbessert	Technik und Prozeß unterstützen sich gegenseitig	Probleme werden verhindert, Mitarbeiter verbessern aktiv
Stufe 4			
Gesteuerter Prozeß *(managed)*	Wahrscheinlichkeit; Schätzung; Zeit, Kosten usw. — Weiter verbesserte Leistung durch quantitativ verstandene Prozesse und Produkte	Quantitative Basis für Techniken vorhanden	Verständnis für Zusammenhänge ist vorhanden
Stufe 3			
Definierter Prozeß *(defined)*	Wahrscheinlichkeit; Schätzung; Ist; Zeit, Kosten usw. — Mit gut definierten Prozessen verbessert sich die Leistung	Qualitative Basis für Techniken vorhanden	Prozeß ist definiert, Mitarbeiter kennen und befolgen ihn
Stufe 2			
Wiederholbarer Prozeß *(repeatable)*	Wahrscheinlichkeit; Schätzung; Ist; Zeit, Kosten usw. — Pläne, basierend auf vergangenen Projekten, sind realistischer	Techniken unterstützen einige Tätigkeiten	Erfahrene Mitarbeiter halten den Prozeß am Leben
Stufe 1			
Initialer Prozeß *(initial)*	Wahrscheinlichkeit; Schätzung; Ist; Zeit, Kosten usw. — Zeit- und Kostenziele werden überschritten. Zu optimistische Schätzungen	Einführung neuer Techniken ist risikoreich	Regelmäßige Chaosbeseitigung, geringe Effizienz

Quelle: in Anlehnung an /Paulk et al. 93, S. 23/

- Verbesserte Vorhersagen basieren auf der Annahme, daß die Verminderung von Störungen, oft in Form von Nacharbeiten, die Vorhersagbarkeit verbessert. Noch nie dagewesene Systeme komplizieren das Bild, da neue Techniken und Anwendungen die Prozeßfähigkeit durch zunehmende Variabilität senken.

Dennoch helfen die Management- und Entwicklungsmethoden der reiferen Organisationen, Probleme in neuen, noch nicht dagewesenen Systemen früher zu identifizieren, als dies in weniger reifen Organisationen möglich wäre.

In einigen Fällen bedeutet dies, daß in einem reifen Prozeß fehlgeschlagene Projekte so früh identifiziert werden, daß die verlorenen Investitionen minimal sind.

4.3.2 Die Hauptkriterien

Um den Reifegrad einer Entwicklungsorganisation feststellen zu können, wurden Hauptkriterien *(key process areas)* pro Reifestufe aufgestellt, die erfüllt sein müssen (Tab. 4.3-1). Jedem Hauptkriterium sind Aspekte *(key practices)* zugeordnet, die angeben, was zu tun ist, um das jeweilige Hauptkriterium zu erfüllen. Sie geben aber nicht an, wie dies zu tun ist. Tab. 4.3-2 zeigt das Hauptkriterium »Qualitätssicherung« der Stufe 2 und seine Verfeinerung.

Fragebogen

Es gibt einen Fragebogen, der alle 18 Hauptkriterien abdeckt. Er bezieht sich auf die Ziele der Hauptkriterien, aber nicht auf alle Aspekte der Hauptkriterien. Pro Hauptkriterium gibt es zwischen sechs und acht Fragen. Jede Frage kann mit »Ja«, »Nein«, »nicht anwendbar« und »Ich weiß nicht« beantwortet werden.

Beispiel

Die Fragen zu dem Hauptkriterium »Qualitätssicherung« (Stufe 2) lauten /Zubrow et al. 94, S. 14 ff./:

1 Sind QS-Maßnahmen geplant?
2 Stellt die QS objektiv sicher, daß die Software-Produkte und -Aktivitäten den festgelegten Standards, Verfahren und Anforderungen entsprechen?
3 Werden die Ergebnisse der QS-Überprüfungen *(reviews, audits)* den betroffenen Gruppen und Personen zur Verfügung gestellt (d.h. denjenigen, die die Arbeit ausführen und denjenigen, die für die Arbeit verantwortlich sind)?
4 Werden Abweichungen, die nicht innerhalb des Projekts gelöst werden, an das höhere Management berichtet (z.B. Abweichungen von festgelegten Standards)?
5 Folgt das Projekt einer schriftlich festgelegten QS-Politik?
6 Sind ausreichende Ressourcen vorhanden, um QS-Aktivitäten durchzuführen (z.B. Geld und ein verantwortlicher Manager, der bei Abweichungen aktiv wird)?

■ **Hauptkriterien eines Prozesses**	□ **Erläuterungen**
Stufe 5: Optimierender Prozeß *(optimizing)*	
Ziel: Einführung einer kontinuierlichen und meßbaren Prozeßverbesserung	
■ Fehlervermeidung	□ Identifizieren von Fehlerursachen und Fehlervermeidung durch Änderung des definierten Prozesses.
■ Innovationsmanagement	□ Identifizieren von neuen, nützlichen Techniken sowie deren geordnete Einführung.
■ Prozeßverbesserungsmanagement	□ Kontinuierliche Verbesserung der Prozesse mit folgenden Zielen: Qualitätsverbesserung, Produktivitätssteigerung, Entwicklungszeitverkürzung.
Stufe 4: Gesteuerter Prozeß *(managed)*	
Ziel: Quantitatives Verstehen der Prozesse und der Arbeitsprodukte	
■ Quantitatives Prozeßmanagement	□ Prozeßdurchführung quantitativ steuern und überwachen.
■ Quantitatives Qualitätsmanagement	□ Quantitatives Verständnis der Produktqualität entwickeln, um spezifische Qualitätsziele zu erreichen.
Stufe 3: Definierter Prozeß *(defined)*	
Ziel: Einführung einer projektübergreifenden Infrastruktur für Entwicklung und Management	
■ Konzentration auf Prozeßorganisation	□ Gruppe einrichten, die für die Verbesserung des Software-Prozesses verantwortlich ist.
■ Definieren von Prozessen	□ Entwickeln und Pflegen einer brauchbaren Menge von Prozeßwerten, um die Prozesse zwischen Projekten zu verbessern.
■ Aufstellen eines Trainingsprogramms	□ Für das Training der Mitarbeiter ist eine organisatorische Einheit verantwortlich.
■ Integration von Software-Entwicklung Management	□ Entwicklungs- und Management- und aktivitäten sind in einem zusammenhängenden, definierten Prozeß integriert. Standardprozesse können auf Projekte zugeschnitten werden *(tailored)*.
■ Software-Produkt-*Engineering*	□ Konsistente Durchführung eines gut definierten Prozesses, der alle technischen Aktivitäten integriert, um korrekte, konsistente Produkte effektiv und effizient zu produzieren.
■ Koordination aller beteiligten Gruppen	□ Koordinationsmechanismen einführen, damit das Projektteam an den Ergebnissen anderer Gruppen partizipiert, um die Kundenwünsche besser zu erfüllen.
■ Frühzeitige Fehlerbehebung	□ Frühe und effiziente Fehlerbeseitigung aus Arbeitsprodukten z.B. durch *peer reviews*.
Stufe 2: Wiederholbarer Prozeß *(repeatable)*	
Ziel: Einführung einer grundlegenden Projektsteuerung und -überwachung	
■ Anforderungsmanagement	□ Gemeinsames Verständnis zwischen Kunde und Projektteam über die Anforderungen herstellen.
■ Projektplanung	□ Projektpläne einführen.
■ Projektverfolgung und -überwachung	□ Transparenter Entwicklungsfortschritt, um frühzeitig Korrekturmaßnahmen einzuleiten.
■ Unterauftragsmanagement	□ Qualifizierte Unterlieferanten auswählen und effektiv steuern und überwachen.
■ Qualitätssicherung	□ Transparenter Prozeß und transparente Produkte.
■ Konfigurationsmanagement	□ Integrität der Produkte während ihrer Lebenszyklen sicherstellen.
Stufe 1: Initialer Prozeß *(initial)*	
entfällt	

Quelle: /Paulk et al. 93, S. 25/

Tab. 4.3-1: Hauptkriterien für das Erreichen einer Reifestufe

Tab. 4.3-2: Beispiel für die Verfeinerung eines Hauptkriteriums

Qualitätssicherung, Hauptkriterium der Stufe 2

Ziele

1 Die Übereinstimmung des Software-Produkts und des Software-Prozesses mit festgelegten Standards, Verfahren und Produktanforderungen wird von einer unabhängigen Instanz bestätigt.
2 Gibt es Übereinstimmungsprobleme, dann ist das Management darüber informiert.
3 Das höhere Management entscheidet Streitfragen.

Managementvoraussetzungen *(commitment to perform)*

1 Die Organisation richtet sich nach einer schriftlichen Verfahrensweise zur Einführung der Software-Qualitätssicherung.

Technische Voraussetzungen *(ability to perform)*

1 Es stehen ausreichende Ressourcen und ein ausreichendes Budget zur Verfügung, um die QS-Aktivitäten durchzuführen.
2 Die QS-Mitarbeiter sind geeignet geschult.
3 Alle an der Software-Entwicklung beteiligten Personen werden über die Rolle, den Verantwortungsbereich und die Befugnisse der QS-Gruppe informiert.

Aktivitäten *(activities performed)*

1 Ein QS-Plan ist entsprechend einem definierten Verfahren pro Projekt zu erstellen.
2 Die QS-Aktivitäten werden in Übereinstimmung mit dem QS-Plan durchgeführt.
3 Die QS-Gruppe ist an der Vorbereitung, der Überprüfung und der Genehmigung der Projektpläne, Prozeßspezifikationen, Standards und Verfahren beteiligt.
4 Die QS-Gruppe prüft die Entwicklungsaktivitäten, um die Übereinstimmung mit dem Prozeß sicherzustellen.
5 Die QS-Gruppe prüft repräsentative Teile des Software-Produkts um sicherzustellen, daß sie mit den festgelegten Prozeßanforderungen übereinstimmen.
6 Die QS-Gruppe erstattet regelmäßig der Entwicklung und dem Management Bericht über die Prüfergebnisse.
7 Festgestellte Abweichungen von den Entwicklungsaktivitäten werden dokumentiert und entsprechend dem festgelegten Verfahren abgehandelt.
8 Die QS-Gruppe führt regelmäßige Überprüfungen ihrer Aktivitäten und Ergebnisse zusammen mit dem QS-Personal des Kunden durch.

Überwachung der Aktivitäten *(monitoring implementation)*

1 Messungen werden durchgeführt, um die Kosten und den Zeitaufwand der QS-Aktivitäten zu bestimmen.

Überprüfung der Aktivitäten *(verifying implementation)*

1 Die QS-Aktivitäten werden regelmäßig vom höheren Management überprüft.
2 Die QS-Aktivitäten werden regelmäßig vom Projektleiter überprüft.
3 Die Aktivitäten der QS-Gruppe werden durch Manager überwacht, die nicht zum Software-Projekt gehören.

Quelle: /Weber et al. 91, S. L2-61 ff./

7 Werden Messungen dazu benutzt, Kosten und Zeitaufwand der durchgeführten QS-Aktivitäten zu bestimmen (z.B. fertiggestellte Arbeit, Aufwand und Kosten verglichen mit dem Plan)?

8 Werden die QS-Aktivitäten regelmäßig vom höheren Management überprüft?

4.3.3 Durchführung von Prozeßverbesserungen

Die Vorgehensweise, um Prozeßverbesserungen zu erreichen, zeigt Abb. 4.3-5. Ausgangspunkt für eine Prozeßverbesserung ist die Durchführung eines *Assessments* mit dem Ziel, den gegenwärtigen Zustand zu bewerten. Tab. 4.3-3 zeigt, wie ein *Assessment* durchgeführt wird.

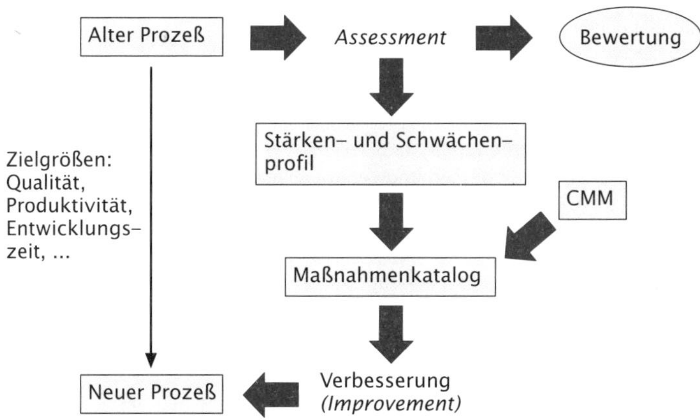

Abb. 4.3-5: Methode zur Prozeßverbesserung /Liggesmeyer 95/

Tab. 4.3-3: Durchführung von Assessments

Vorbereitung
- Betroffene über CMM, *Assessments* und ihre Rolle informieren.
- Mitarbeiter aus den betreffenden Organisationseinheiten unter Umständen schulen.
- Atmosphäre des Vertrauens schaffen.

Durchführung
- Unterschiedliche Personengruppen befragen (Management, Entwicklung, Qualitätssicherung).
- Es sind sowohl die dokumentierte Prozeßdefinition (Soll-Situation) als auch ihre Umsetzung in die Praxis (Ist-Situation) zu bewerten.
- Es sind offene Interviews zu führen, d.h. es werden offene Fragen gestellt. Beispiel: »Wie wird bei Ihnen die Qualität und Eignung der Testfälle festgestellt?« statt »Werden Testfälle formalen *Reviews* unterzogen?«
- Eine Bewertung der Fragen aufgrund der Schilderung vornehmen, unter Umständen Zusatzfragen stellen. Das alleinige Beantworten der Fragen führt zu unzuverlässigen, unvollständigen Ergebnissen.
- Wesentliche Aussagen mitschreiben als wichtige Information für das Stärken- und Schwächenprofil und als Basis für Verbesserungsvorschläge.
- Die Bewertungen der Fragen sind mit den Befragten unmittelbar anschließend zu diskutieren, um Mißverständnisse zu vermeiden.
  Beispiel: »Ich habe die Frage „Werden Testfälle formalen *Reviews* unterzogen?" mit Nein bewertet, weil ... Habe ich Sie da richtig verstanden?«

Nachbereitung
- Aufzeigen der Soll-Situation (dokumentierte Prozeßdefinition), der Ist-Situation (Umsetzung in die Praxis) und des Verbesserungspotentials.
- Detailliertes Stärken- und Schwächenprofil nach Themenkomplexen (z.B. Entwicklungsphasen) ermitteln.

Quelle: /Liggesmeyer 95/

Anhand des ermittelten Stärken- und Schwächenprofils ist ein detaillierter Maßnahmenkatalog sowie ein Einführungsplan zu erarbeiten. Ein Prozeßverbesserungs-Team sollte eingerichtet werden, das die Umsetzung der Maßnahmen koordiniert. Die Maßnahmen sollten in Teams mit Fach- und Anwendungswissen überarbeitet werden (z.B. Testexperte gemeinsam mit Testern).

4.3.4 Aufwand und Nutzen

Über den Aufwand und den Nutzen von Prozeßverbesserungen gibt es in der Literatur eine Reihe von Angaben.

Beispiel 1

Bei der Firma Hughes Aircraft /Humphrey, Synder, Willis 91/ wurde 1987 die Software-Entwicklung in die Stufe 2 eingeordnet. Es wurden drei Jahre benötigt, um die Prozeßqualität auf die Stufe 3 anzuheben. Die Kosten für die *Assessments* betrugen 45.000 $, die Kosten für zwei Jahre Prozeßverbesserung 400.000 $. Die dadurch verursachte jährliche Einsparung durch die bessere Prozeßqualität wird mit ca. 2 Mio. $ angegeben.

Beispiel 2

Das *Software Systems Laboratory* der Firma Raytheon /Dion 93/ führte Anfang 1988 ein eigenes *Assessment* durch. Das Ergebnis zeigte, daß sich dieses Labor, das aus 400 Mitarbeitern bestand, auf der Reifestufe 1 befand. Es wurde daher ein Prozeßverbesserungsprogramm gestartet. Über fünf Jahre hinweg wurden pro Jahr ungefähr eine Million $ in die Prozeßverbesserung investiert. Diese Investitionen führten dazu, daß Ende 1991 die Stufe 3 erreicht wurde. Eine Analyse der Kosten über 15 Projekte hinweg zeigte, daß die größten Einsparungen durch die Reduzierung von Nacharbeiten erzielt wurde (Abb. 4.3-6).
Es lassen sich drei Kostenarten unterscheiden:
- Analysekosten, um ein Produkt auf Fehler zu prüfen,
- Nachbearbeitungskosten, um Fehler zu beheben,
- Vorbeugungskosten, um zu verhindern, daß Fehler entstehen.

Insgesamt wurden bis 1992 15,8 Millionen $ Nachbearbeitungskosten eingespart. Die Analysekosten erhöhten sich um ungefähr fünf Prozent. Dieser Anstieg wurde z.B. durch strengere Entwurfs- und Code-Inspektionen verursacht (formale Inspektionen statt informale *Reviews*). Die Nachbearbeitungskosten lagen beim Start des Prozeßverbesserungsprogramms bei ca. 41 Prozent der gesamten Projektkosten. Diese Kosten wurden auf ungefähr $^1/_4$ des ursprünglichen Wertes reduziert (von 41 Prozent auf 11 Prozent).

return on investment

1990 haben in sechs Projekten 58 Prozent der Mitarbeiter gearbeitet. Geht man davon aus, daß die Vorteile der Investitionen von 1 Million $ ebenfalls zu 58 Prozent den Projekten zugute gekommen sind, dann wurden durch reduzierte Nacharbeiten in diesen Projekten 4,48 Millionen $ eingespart. Durch eine Investition von 0,58 Millionen $ er-

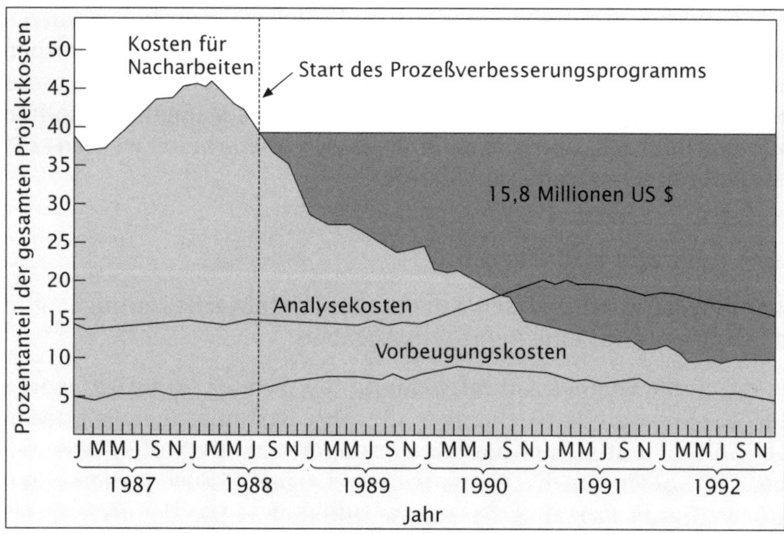

Abb. 4.3-6: Kostenverläufe bei der Firma Raytheon /Dion 93, S. 32/

hielt man eine Ersparnis von 4,48 Millionen $. Das *Return on Investment* beträgt also 7,7 bzw. 770 Prozent.

Die Produktivität wurde in ausgelieferten Quellcode-Anweisungen pro Mitarbeitermonat gemessen. Bei den Software-Produkten handelte es

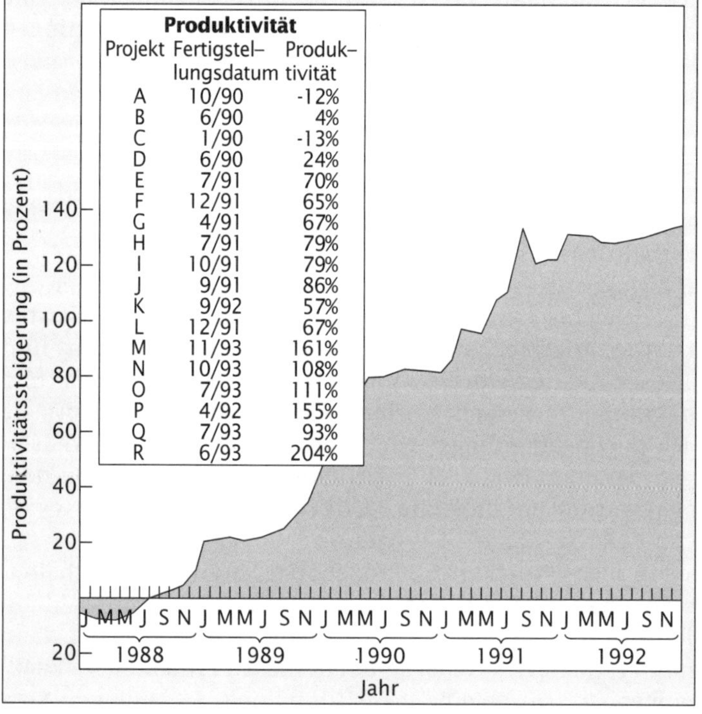

Produktivität

Projekt	Fertigstellungsdatum	Produktivität
A	10/90	-12%
B	6/90	4%
C	1/90	-13%
D	6/90	24%
E	7/91	70%
F	12/91	65%
G	4/91	67%
H	7/91	79%
I	10/91	79%
J	9/91	86%
K	9/92	57%
L	12/91	67%
M	11/93	161%
N	10/93	108%
O	7/93	111%
P	4/92	155%
Q	7/93	93%
R	6/93	204%

Abb. 4.3-7: Produktivitätssteigerung bei der Firma Raytheon /Dion 93, S. 34/

sich um eingebettete Echtzeitanwendungen im Umfang zwischen 70.000 und 300.000 Quellcodeanweisungen.
Über 15 Projekte hinweg ergab sich von 1988 bis 1990 ein substantieller Produktivitätszuwachs (Abb. 4.3-7). Der durchschnittliche Produktivitätszuwachs lag bei 130 Prozent. Anders ausgedrückt: Die Produktivität stieg um den Faktor 2,3 in ungefähr $4\frac{1}{2}$ Jahren.
Vor der Prozeßverbesserungsinitiative lagen die meisten Projekte hinter dem Zeitplan und über dem Budget. In vielen Fällen wurden Experten zu Projekten versetzt, die kritisch wurden. Es wurde immer versucht, das »Feuer zu bekämpfen«. Heute sind die meisten Projekte im Zeitplan oder früher fertig und unter Budget.

Die Einstufung amerikanischer Firmen in das Reifegrad-Modell zeigt Abb. 4.3-8. Beispiel 3

Amerikanische SW–Firmen Reifegrad des Unternehmens [1]	1989	1991 Ein Standort [2]	1991 Ein Projekt [2]
Stufe 5 Optimierender Prozeß	0%	0%	2%
Stufe 4 Gesteuerter Prozeß	0%	0%	0%
Stufe 3 Definierter Prozeß	3%	7%	5%
Stufe 2 Wiederholbarer Prozeß	22%	12%	5%
Stufe 1 Initialer Prozeß	74%	81%	88%

IBM: *Space Shuttle* SW

[1] Quelle: /Humphrey, Kitson, Tim 89/
[2] Quelle: Yourdon, »*Decline and the Fall of the American Programmer*«, S.86, SEI Assessments

Abb. 4.3.8: Reifegrad amerikanischer Firmen

Eine Untersuchung von 13 Organisationen, die sich auf unterschiedlichen Reifestufen befinden, hat substantielle Produktivitätssteigerungen, frühe Fehlerentdeckung, kurze Entwicklungszeiten und gute Qualität identifiziert (Abb. 4.3-9). Beispiel 4

4.3.5 Vergleiche CMM vs. ISO 9000 vs. TQM

Vergleicht man den CMM-Ansatz mit ISO 9000, dann stellen sich zwei Fragen: CMM vs. ISO 9000

1 Wenn meine Organisation die Stufe 3 in CMM erreicht hat, sind dann auch alle Anforderungen von ISO 9000 erfüllt?
2 Wenn meine Organisation nach ISO 9000 zertifiziert ist, was hat CMM zusätzlich anzubieten?

Tab. 4.3-4 zeigt zunächst die unterschiedlichen Ausgangspositionen dieser Ansätze.

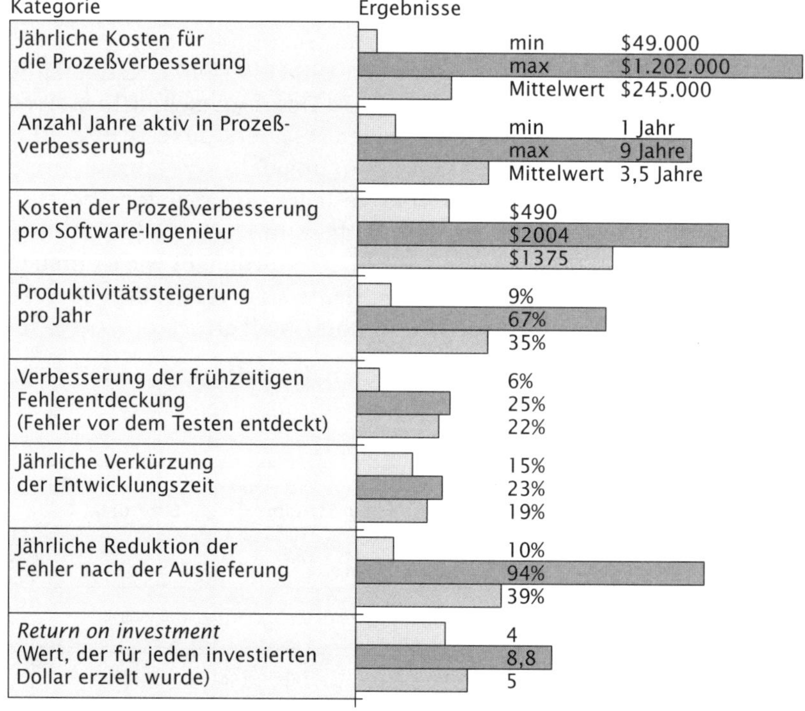

Abb. 4.3-9: Ergebnisse von Prozeßverbesserungsmaßnahmen in 13 Organisationen /Herbsleb et al. 94, S. 15/

	CMM-*Assessments*	DIN ISO 9001
Gegenstand	Zur Zeit für reine Software-Entwicklungsprozesse vorgesehen	Vielzahl industrieller Organisationen, Produkte und Abläufe
Ziel	Detaillierte Ziel- und Prioritätenvorgaben zur Verbesserung des Prozesses	Nachweis der Qualifikation zur Erzeugung qualitätsgerechter Resultate
Status	Nützliches Hilfsmittel zur Problemanalyse und Prozeßverbesserung	Fester Industriestandard
Forderungen	Hierarchie von Forderungen in Abhängigkeit der Stufen	Minimalanforderungen (ausnahmslos zu erfüllen)
Basis	Flexibles *Capability Maturity Model*	Starrer Normentext
Ergebnis	Ist-Stand, Stärken- und Schwächen-Profil	Anerkanntes Zertifikat
Kosten vs. Nutzen	Einsparungen durch Prozeßverbesserung vs. Kosten für die *Assessments* und die Verbesserungsaktivitäten	Nutzen ist durch das erteilte Zertifikat begründet

Tab. 4.3-4: Vergleich CMM vs. ISO 9000 /Liggesmeyer 95/

Inhaltlich betrachtet gibt es zwischen beiden Ansätzen sowohl Überschneidungen als auch Differenzen, die sich im wesentlichen aus der Zielsetzung und dem Gegenstand der Betrachtung ergeben. Tab. 4.3-5 zeigt die Übereinstimmungen und Differenzen.

CMM enthält	**ISO 9001 enthält**
■ Einführung von statistischen Methoden ■ Definition von Standards ■ Einführung von Techniken **Beide Ansätze enthalten** ■ Unabhängige Audits der Entwicklungsaktivitäten ■ Korrigierende Aktionen ■ Mitarbeitertraining ■ Detaillierte Definition des Prozeß- und Lebenszyklus	■ Abnahmekriterien für jede Phase des Entwurfs und der Entwicklung (4.4.4) ■ Lenkung der Dokumente und Daten (4.5) ■ Lenkung von Qualitätsaufzeichnungen (4.16) ■ Festlegung von Verantwortungsbereichen (4.1.2.1) und kompetentes Personal (4.18) ■ Handhabung, Lagerung, Verpackung, Konservierung und Versand (4.15), Wartung (4.19) ■ Kriterien für die Beurteilung von Unterauftragnehmern (4.6.2), zugekauften Produkten (4.6.4) und beigestellten Produkten des Kunden (4.7)

Tab. 4.3-5: Übereinstimmung und Differenzen von CMM und ISO 9001 /Bamford, Deibler 93, S. 70/

Die obigen Fragen lassen sich jetzt folgendermaßen beantworten:

1 Ist die CMM-Stufe 3 erreicht, dann ist wahrscheinlich noch einiges zu tun, um ISO 9001 zu erfüllen, da einige Bereiche durch CMM nicht abgedeckt werden.

2 Ist ISO 9001 erfüllt, dann gibt CMM – wegen seiner Konzentration auf die Software-Technik – zusätzliche Hilfestellung insbesondere auf den Gebieten der Technik, der Prozeßdefinition und der Metriken.

Zusammengefaßt läßt sich feststellen, daß der Schwerpunkt der ISO 9001-Zertifizierung der Nachweis eines Qualitätsmanagementsystems entsprechend der Norm ist. Der CMM-Ansatz konzentriert sich demgegenüber auf die Qualitäts- und Produktivitätssteigerung des gesamten Software-Entwicklungsprozesses.

ISO 9000 und CMM sind keine Alternativen, sondern ergänzen sich. Aufgrund der unterschiedlichen Schwerpunkte gibt es keine »Umrechnungsformel« zwischen ISO 9000-Zertifizierung und den CMM-Ebenen.

CMM vs. TQM

Der TQM-Ansatz ist umfassender als der CMM-Ansatz. Abb. 4.3-10 zeigt einen qualitativen Vergleich beider Ansätze. Wie man sieht, bezieht sich der CMM-Ansatz ausschließlich auf technische Aspekte eines sozio-technischen Systems. Die CMM-Schwerpunkte liegen auf dem Qualitätssicherungssystem und den Metriken. Unterrepräsentiert sind die Bereiche Primat der Qualität, Kundenorientierung und Trainingskonzepte.

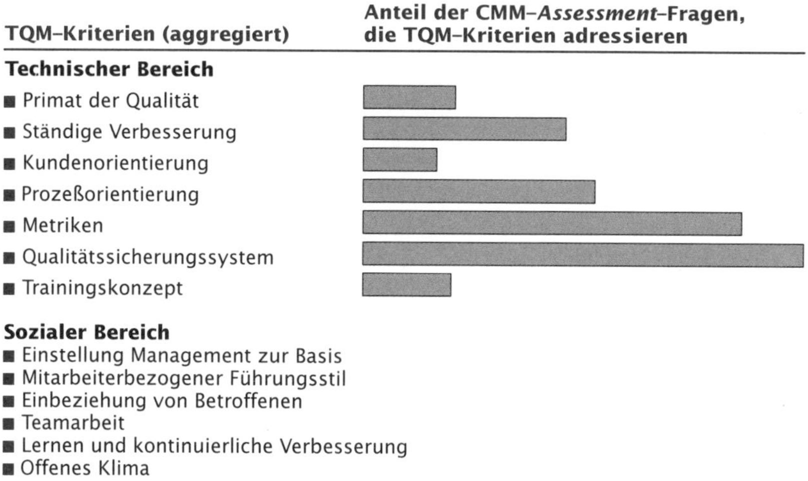

TQM-Kriterien (aggregiert)	Anteil der CMM-*Assessment*-Fragen, die TQM-Kriterien adressieren
Technischer Bereich	
■ Primat der Qualität	
■ Ständige Verbesserung	
■ Kundenorientierung	
■ Prozeßorientierung	
■ Metriken	
■ Qualitätssicherungssystem	
■ Trainingskonzept	
Sozialer Bereich	
■ Einstellung Management zur Basis	
■ Mitarbeiterbezogener Führungsstil	
■ Einbeziehung von Betroffenen	
■ Teamarbeit	
■ Lernen und kontinuierliche Verbesserung	
■ Offenes Klima	

Abb. 4.3-10: Vergleich CMM vs. TQM (in Anlehnung an /Bernet 93/)

4.3.6 Vor- und Nachteile

Vorteile

Der CMM-Ansatz einschließlich der *Assessments* besitzt folgende Vorteile:

- ⊞ Bietet eine systematische Möglichkeit zur Verbesserung der Prozeßqualität.
- ⊞ Bei sorgfältiger Anwendung der *Assessments* werden die Schwächen des Entwicklungsprozesses identifiziert, deren Behebung besonders wirksam ist.
- ⊞ Empirische Untersuchungen zeigen, daß der Nutzen wesentlich größer ist als die Kosten.
- ⊞ Viele Firmen haben sich auf Techniken und Werkzeuge konzentriert und den Entwicklungsprozeß vernachlässigt. Daher gibt es bei Entwicklungsprozessen ein großes Verbesserungspotential.
- ⊞ Erlaubt die Evaluierung des gegenwärtigen Prozeßzustandes einer Organisation und damit auch einen Vergleich mit anderen Organisationen.

Nachteile

Nachteilig sind folgende Punkte:

- ⊟ Es gibt keinen garantierten Zusammenhang zwischen einem hohen Reifegrad und erfolgreicher Software-Produktion.
- ⊟ Stark technikbezogen, wenig personalbezogen (Mitarbeiterkultur).
- ⊟ Für die Stufen 4 und 5 gibt es nur wenige gesicherte Erkenntnisse.
- ⊟ Der Zusammenhang zwischen dem Fragenkatalog und dem CMM ist nicht immer sichtbar.
- ⊟ Wichtige Kerngebiete fehlen, z. B. Risikomanagement.
- ⊟ Um eine hohe Stufe zu erreichen, müssen alle Forderungen der niedrigeren Stufen erfüllt sein.
- ⊟ Für technische Anwendungsbereiche, z.B. Systementwicklungen, Anlagenprojektierung, nicht optimal geeignet.

- Fragen können nur mit Ja oder Nein beantwortet werden; es gibt keine Abstufungen.

Die für 1997 angekündigte Version 2.0 des CMM soll einige dieser Nachteile beheben. Zur Version 1.1 wird es voraussichtlich folgende Änderungen geben /Mellis, Herzwurm, Stelzer 96, S. 100 f./: CMM V2.0

- Die Hauptkriterien *(key process areas)* werden *nicht* einer Reifegradstufe zugeordnet, sondern werden sich über mehrere Stufen erstrecken.
- Die Beschreibungen und Empfehlungen für die Stufen 4 und 5 werden detaillierter und verbessert, da inzwischen mehr Erfahrungen von Unternehmen vorliegen, die diese Stufen erreicht haben.
- Die Ermittlung von Kundenanforderungen wird in das CMM aufgenommen. Ebenso werden die Befähigung der Mitarbeiter und die Unterstützung des Wandels der Unternehmenskultur ein stärkeres Gewicht bekommen.
- Die Harmonisierung des CMM mit ISO 9000 wird zu Erweiterungen führen, z.B. zu einer stärkeren Betonung der Schnittstelle zwischen Kunden und Lieferanten.
- Einige Hauptkriterien, z.B. Testen von Software, werden aufgewertet.

4.4 Der SPICE-Ansatz

Unter dem Dach der ISO wird seit 1993 **SPICE** *(**S**oftware **P**rocess **I**mprovement and **C**apability **De**termination)* entwickelt. Ziel von SPICE ist es, einen umfassenden, ordnenden Rahmen zur Bewertung und Verbesserung von Software-Prozessen zur Verfügung zu stellen. Vorhandene Ansätze wie ISO 9000 und CMM sollen integriert und – soweit sinnvoll – vereinheitlicht werden. SPICE lehnt sich vom Inhalt, von der Struktur und von den Bezeichnungen einzelner Aspekte an das CMM an.

Mit der Verabschiedung von SPICE als ISO-Norm 15504 ist 1998 zu rechnen. Die folgenden Ausführungen beziehen sich auf die im November 1996 veröffentlichten Unterlagen /ISO 15504: 96/. ISO 15504

4.4.1 Die Struktur von SPICE

Im Mittelpunkt von SPICE stehen Prozeß-*Assessments* (Abb. 4.4-1). Sie dienen sowohl zur Reifegradbestimmung der Prozesse als auch zum Aufzeigen von Prozeßverbesserungen durch geeignete Modifikationen der Prozesse.

SPICE kann zur Bewertung der eigenen Software-Entwicklung und zur Bewertung anderer Unternehmen, z.B. im Rahmen einer Lieferantenauswahl, verwendet werden. Der Schwerpunkt liegt jedoch auf der Selbstbewertung *(Self-Assessment)* und nicht auf der Zertifizierung. Selbstbewertung

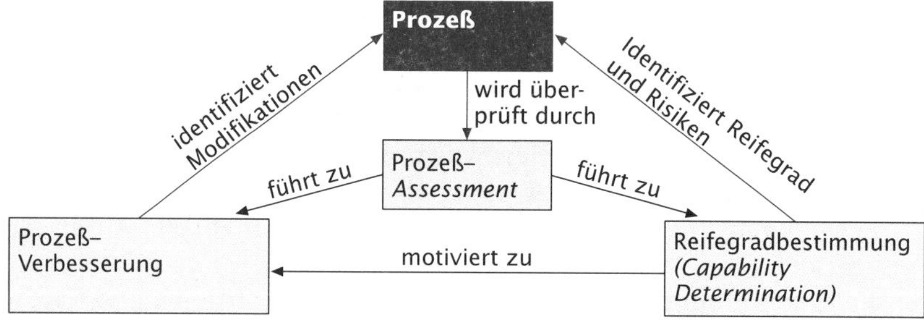

Abb. 4.4-1: Die Struktur von SPICE

Prozeß-*Assessments* werden anhand des SPICE-Referenzmodells durchgeführt (Abb. 4.4-2).
Das Referenz- und *Assessment*-Modell besteht aus zwei Dimensionen:

- Die Prozeß-Dimension dient zur Kennzeichnung der Vollständigkeit von Prozessen.
- Die Reifegrad-Dimension dient zur Kennzeichnung der Leistungsfähigkeit von Prozessen.

Zur Bewertung von Prozessen dienen Durchführungsindikatoren in Form von grundlegenden Aktivitäten *(base practices)* und Arbeitsprodukten *(work products)* mit ihren Charakteristika. Zur Bewertung von Prozeß-Attributen dienen Management-Aktivitäten *(management practices)* sowie Ressourcen- und Infrastrukturcharakteristika.

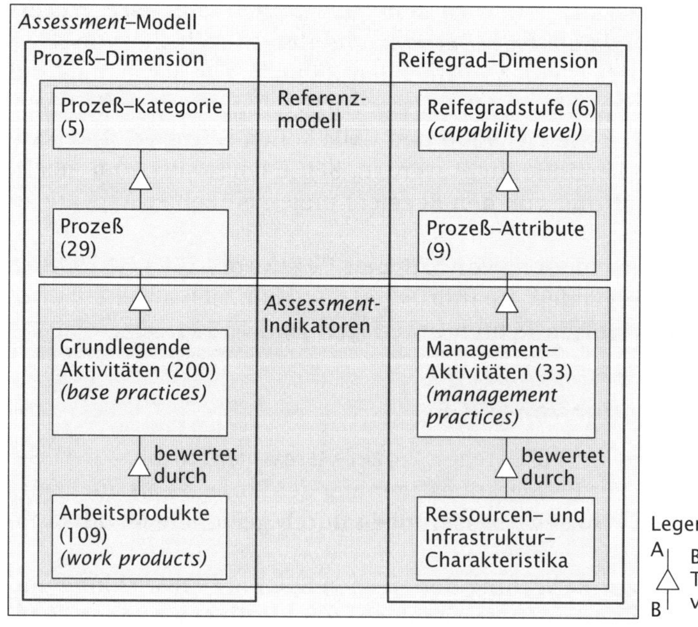

Abb. 4.4-2: Das SPICE-Referenz- und Assessment-Modell

4.4.2 Die Prozeß-Dimension

Prozeß-Dimension
5 Prozeß-Kategorien

In der Prozeß-Dimension wird jeder Prozeß einer von fünf Kategorien zugeordnet. Folgende Kategorien werden unterschieden:

- Die Kunden-Lieferanten-Prozeßkategorie *(Customer-Supplier process category)* beschreibt Prozesse, die unmittelbar den Kunden betreffen, wie Software-Akquisition, Kundenbetreuung, Software-Lieferung, Software-Einsatz, Kundendienst.
- Die Entwicklungsprozeß-Kategorie *(Engineering process category)* umfaßt Prozesse, die dazu dienen, ein Software-Produkt zu definieren, zu entwerfen, zu implementieren und zu warten.
- Die Kategorie »Unterstützende Prozesse« *(Support process category)* beschreibt Prozesse, die andere Prozesse in einem Projekt unterstützen, z.B. Dokumentation, Konfigurationsmanagement, Qualitätssicherung.
- Die Managementprozeß-Kategorie beschreibt Prozesse, die notwendig sind, um Software-Projekte zu planen, zu steuern und zu kontrollieren, z.B. Projektmanagement, Qualitätsmanagement, Risikomanagement, Lieferantenmanagement.
- Die Organisationsprozeß-Kategorie erfaßt Prozesse, die es ermöglichen, Unternehmensziele zu definieren und durch Bereitstellung von Ressourcen zu erreichen, z.B. Prozeßdefinition, -verbesserung, Personalmanagement, Bereitstellung einer CASE-Umgebung.

29 Prozesse
200 Aktivitäten *(base practices)*

Insgesamt sind 29 Prozesse definiert, die jeweils einer Prozeßkategorie zugeordnet sind. Jeder Prozeß selbst wird durch grundlegende Aktivitäten beschrieben, die die Aufgaben definieren, um das Prozeßziel zu erreichen. Insgesamt sind 200 Aktivitäten definiert.

Produkte *(work products)*

Außerdem werden Ein- und Ausgabeprodukte mit ihren Charakteristika beschrieben, die jedem Prozeß zugeordnet sind.

Beispiel
Kapitel 6.2

Der Prozeß »Integriere und teste Software« gehört in die Entwicklungsprozeß-Kategorie. Aufgabe des Prozesses ist es, Software-Einheiten mit anderer produzierter Software zu integrieren, um die Software-Anforderungen zu erfüllen. Dieser Prozeß wird schrittweise durch Einzelne oder Teams durchgeführt.
Der Prozeß wird durch folgende sieben Aktivitäten beschrieben:

- Ermittle eine Regressionsteststrategie:
  Lege eine Strategie für das erneute Testen von Aggregaten fest, wenn eine Änderung in einer gegebenen Software-Einheit durchgeführt wird.
- Bilde Aggregate von Software-Einheiten:
  Identifiziere Aggregate von Software-Einheiten und bilde eine Sequenz oder partielle Ordnung, um sie zu testen.
- Entwickle Tests für die Aggregate:
  Beschreibe die Tests, die mit den Aggregaten durchgeführt werden, und lege die zu prüfenden Software-Anforderungen, Eingabedaten und Abnahmekriterien fest.

- Teste die Software-Aggregate:
  Teste jedes Software-Aggregat gegen die Abnahmekriterien und dokumentiere die Ergebnisse.
- Integriere die Software-Aggregate:
  Integriere die aggregierten Software-Komponenten, um ein vollständiges System zu bilden.
- Entwickle Tests für die Software:
  Beschreibe die Tests, die mit der integrierten Software ausgeführt werden sollen, und lege die zu prüfenden Software-Anforderungen, Eingabedaten und Abnahmekriterien fest. Die Tests sollen die Übereinstimmung mit den Software-Anforderungen demonstrieren und die interne Struktur der Software überdecken.
- Teste die integrierte Software:
  Teste die integrierte Software gegen die Abnahmekriterien und dokumentiere die Ergebnisse.

Dem Prozeß sind folgende Arbeitsprodukte zugeordnet:

Eingabeprodukte	Ausgabeprodukte
Systemanforderungen	Regressionstest-Strategie
Software-Anforderungen	*Traceability*-Aufzeichnung
Wartungsanforderungen	Integrationsteststrategie/-plan
Änderungskontrolle	Integrationstestskript
Software-Entwurf (Architekturentwurf)	Software-Testplan
	Software-Testskript
Software-Entwurf (Implementierungsentwurf)	Testfälle
	Testergebnisse
Systementwurf/-architektur	Integrierte Software
Software-Einheiten (Code)	
Release-Strategie/-Plan	

4.4.3 Die Reifegrad-Dimension

Reifegrad-Dimension

Reifegradstufen

Die Leistungsfähigkeit von Prozessen wird durch Prozeß-Attribute ausgedrückt, die zu Reifegradstufen gruppiert sind. SPICE unterscheidet sechs Reifegradstufen (Abb. 4.4-3). Im Unterschied zum CMM werden mit den Reifegraden nicht Unternehmen oder Projekte beurteilt, sondern Prozesse.

Die Reifegradstufen können benutzt werden, um die Vollständigkeit und Leistungsfähigkeit der Prozesse eines Unternehmens zu bewerten. Die Beschreibungen des jeweils nächsthöheren Reifegrads geben Hinweise für Prozeßverbesserungen.

Prozeß-Attribute

Die Leistungsfähigkeit der in der Prozeß-Dimension beschriebenen 29 Prozesse wird durch neun Prozeß-Attribute beurteilt. Ein Prozeß-Attribut repräsentiert eine meßbare Charakteristik jedes Prozesses. Anhand einer vierstufigen Skala wird jedes Prozeß-Attribut bewertet: vollständig erfüllt, weitgehend erfüllt, teilweise erfüllt, nicht erfüllt. Jedes Prozeß-Attribut ist einer Reifegradstufe zugeordnet (Abb. 4.4-3).

Management-Aktivitäten

Zur Überprüfung, inwieweit die Prozeß-Attribute durch einen Prozeß erfüllt werden, sind jedem Prozeß-Attribut Management-Aktivitäten zugeordnet.

Beispiel

Der Reifegradstufe 1 ist das Prozeß-Attribut PA 1.1 »Prozeß-Durchführung« zugeordnet. Das Prozeß-Attribut ist folgendermaßen definiert:

Prozeß-Attribut

Grad, in dem bei der Ausführung des Prozesses Aktivitäten durchgeführt werden, so daß festgelegte Eingabeprodukte verwendet werden, um festgelegte Ausgabeprodukte zu erzeugen, die dazu geeignet sind, den Zweck des Prozesses zu erfüllen.

Folgende Management-Aktivität ist diesem Attribut zugeordnet:

Management-Aktivität

Sicherstellen, daß die grundlegenden Aktvitäten ausgeführt werden, um den Zweck des Prozesses zu erfüllen.

Die Leistungscharakteristika für diese Management-Aktivität lauten:

- Die Prozeß-Verantwortlichen können zeigen, daß die grundlegenden Aktivitäten für den Prozeß durchgeführt werden (selbst wenn der Prozeß nicht dokumentiert ist), um den Prozeßzweck zu erreichen.
- In jeder überprüften organisatorischen Einheit spricht vieles dafür, daß die grundlegenden Aktivitäten auch wirklich durchgeführt werden.
- Muster für die Eingabe- und Ausgabeprodukte, die für den betreffenden Prozeß festgelegt sind, existieren und besitzen die geforderten Charakteristika.
- Es gibt einen Verteilungsmechanismus für die dem Prozeß zugeordneten Arbeitsprodukte.
- Die Ressourcen, die für die Ausführung des Prozesses benötigt werden, stehen zur Verfügung.
- Die erstellten Arbeitsprodukte erfüllen den Prozeßzweck.

4.4.4 Vor- und Nachteile

Der SPICE-Ansatz besitzt folgende Vorteile:

Vorteile

- ⊞ Prozeß-*Assessments* dienen sowohl zur Reifegradbestimmung des Prozesses als auch dazu, Prozeßverbesserungen aufzuzeigen. Sie erlauben relativ genaue Einblicke in die Prozesse.
- ⊞ Prozeß-*Assessments* können auch zu Prozeß-Profilen führen, die einen schnellen Überblick über Stärken und Schwächen einzelner Prozesse ermöglichen.
- ⊞ Orientierung an bereits existierenden Ansätzen, z.B. CMM und ISO 9000.
- ⊞ Zusätzliche Reifegradstufe 1, die besonders für kleine Organisationen sinnvoll ist. Dieser Reifegrad entspricht der Durchführung

Abb. 4.4-3: Die SPICE-Reifegradstufen

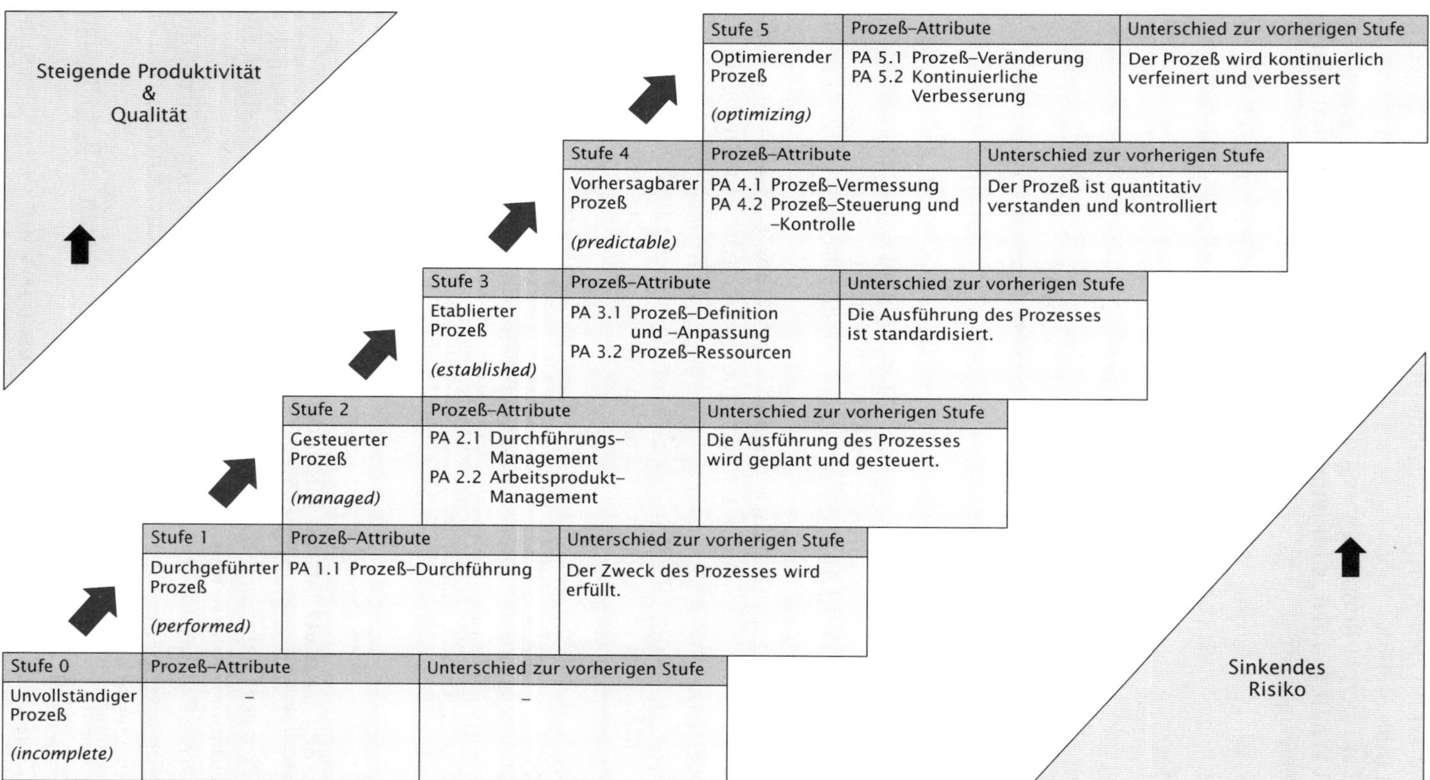

bestimmter Tätigkeiten, ohne daß diese einem klaren Management unterliegen.

- ⊞ Genereller Rahmen für die Bewertung und Verbesserung von Software-Prozessen, unabhängig von speziellen Methoden, Konzepten und Werkzeugen.
- ⊞ Kundenorientierung wird im Gegensatz zum CMM explizit berücksichtigt.
- ⊞ Die einzelnen Prozesse können sich auf einer unterschiedlichen Reifegradstufe befinden.
- ⊞ Umfangreiches, durchdachtes Referenz- und *Assessment*-Modell.

Nachteilig sind folgende Punkte:

Nachteile

- ⊟ Außer einigen Feldstudien liegen bisher noch keine Anwendungserfahrungen aus der Unternehmenspraxis vor.
- ⊟ Die für die Reifegradstufen 4 und 5 festgelegten Prozesse und Prozeß-Attribute sind weder theoretisch fundiert noch empirisch abgesichert.
- ⊟ Ein weiterer Ansatz zur Verbesserung der Prozeßqualität; dadurch wird die Auswahl eines Ansatzes weiter erschwert.

4.5 *Business Engineering*

Business Engineering

Die bisher betrachteten Ansätze zur Verbesserung der Prozeßqualität waren evolutionär. Unter den Begriffen ***Business Engineering***, ***Business (Process) Reengineering*** und *Business Improvement* ist in den letzten Jahren eine Forschungsrichtung entstanden, die das Ziel verfolgt, Unternehmen und ihre Geschäftsprozesse ingenieurmäßig zu gestalten /Jacobson, Ericsson, Jacobson 94/. Dieses Thema wird im Buchteil V ausführlich behandelt.

Hauptkapitel V 1

In /Hammer, Champy 93/ wird gefordert, daß Geschäftsprozesse in Unternehmen grundlegend neu überdacht und gestaltet werden müssen, um gravierende Verbesserungen und nicht nur marginale Verbesserungen zu erzielen. Die geforderten revolutionären Veränderungen werden damit begründet, daß die heutige Informations- und Kommunikationstechnik in der Lage ist, benötigte Informationen zu jeder Zeit im gewünschten Umfang am geforderten Arbeitsplatz zur Verfügung zu stellen. Da die meisten Unternehmen diese technischen Möglichkeiten noch nicht nutzen oder nur auf die veralteten Prozeßabläufe »aufpfropfen«, sind radikale Änderungen erforderlich. Es stellt sich nun die Frage, ob diese Analyse auch auf die Prozesse der Software-Entwicklung zutrifft.

Forderungen an Geschäftsprozesse

Im folgenden werden die Forderungen an Geschäftsprozesse aus /Hammer, Champy 93, S. 71 ff./ dargestellt und zu Software-Entwicklungsprozessen in Bezug gesetzt:

- Mehrere Positionen werden zusammengefaßt.

Geschäftsprozesse werden oft segmentiert und durch verschiedene Personen oder Gruppen bearbeitet. Wird ein Geschäftsprozeß an einem einzigen integrierten Arbeitsplatz bearbeitet – oder bei komplexen Prozessen an wenigen Arbeitsplätzen – dann entfallen Übernahmeprozeduren. Daraus resultierende Fehler und Nacharbeiten nehmen ab, und die Verwaltungsgemeinkosten sinken.

Abschnitt II 4.1.2 In der Software-Entwicklung ist diese Forderung meistens erfüllt.  Ein Mitarbeiter arbeitet in einem Projekt oft von der Systemanalyse bis zur Produktabnahme. Gerade diese Situation führt in der Software-Entwicklung aber zu Problemen, da das benötigte Spezialwissen heute so hoch ist, daß kein Mitarbeiter mehr alle Aufgaben in einer Software-Entwicklung optimal bearbeiten kann.

- Mitarbeiter fällen Entscheidungen.
  Entscheidungen werden vertikal komprimiert, d.h. Mitarbeiter treffen selbständig Entscheidungen, wo sie früher Vorgesetzte fragen mußten.
  Durch das hohe Qualifikationsniveau von Software-Ingenieuren dürfte diese Forderung in der Software-Entwicklung schon immer weitgehend erfüllt gewesen sein.
- Die einzelnen Prozeßschritte werden in eine natürliche Reihenfolge gebracht.
  Prozeßschritte sind zu »entlinearisieren«. Die Reihenfolge der Prozeßschritte orientiert sich an der Frage »Was muß auf einen bestimmten Schritt folgen?« Dadurch können viele Arbeitsschritte gleichzeitig erledigt werden.
  Kapitel II 3.3 Die verschiedenen Vorgehensmodelle in der Software-Technik zeigen – in Abhängigkeit von Zielen und Randbedingungen – geeignete Reihenfolgen. Das nebenläufige Vorgehensmodell versucht, möglichst viele Arbeiten parallel zu erledigen. 
- Es gibt mehrere Prozeßvarianten.
  Es werden mehrere Varianten des gleichen Geschäftsprozesses benötigt, die jeweils auf die Anforderungen unterschiedlicher Märkte, Situationen und Informationen zugeschnitten sind. Beispielsweise ist eine Bestellung unter 100 DM anders zu behandeln als über 10.000 DM. Das bedeutet das Ende der Standardisierung.
  Abschnitt II 3.3.7 Das Spiralmodell ist ein Metamodell, das die Auswahl geeigneter  Vorgehensmodelle in Abhängigkeit von der jeweiligen Entwick-
  Kapitel 4.3 lungssituation unterstützt. Die Reifegradstufe 5 »optimierender Prozeß« im CMM-Ansatz strebt ebenfalls Prozeßvarianten an.
- Die Arbeit wird dort erledigt, wo es am sinnvollsten ist.
  Arbeit wird über organisatorische Grenzen hinweg neu verteilt, um die Prozeßleistung insgesamt zu verbessern. Ein Prozeß kann ganz oder teilweise auf den Prozeßkunden verlagert werden, um Übergabeprozeduren zu eliminieren und Gemeinkosten zu senken. Beispielsweise werden Beschaffungen unter 500 DM von jeder Organisationseinheit selbst durchgeführt, ohne die Beschaffungsstelle einzuschalten. Manchmal ist es außerdem effizienter, wenn der

Lieferant seinem Kunden den Prozeß ganz oder teilweise abnimmt. Diese Forderung widerspricht teilweise dem Prinzip der unabhängigen Qualitätssicherung. Produktqualität wird am sinnvollsten dort geprüft, wo das Produkt erstellt wird.

- Weniger Überwachungs- und Kontrollbedarf.
  Unternehmensprozesse werden nur in dem Maße kontrolliert, in dem dies wirtschaftlich sinnvoll ist. An die Stelle einer starren Überprüfung aller durchgeführten Arbeiten treten oftmals pauschale oder nachträgliche Kontrollen.
  In der Software-Entwicklung ist teilweise ein umgekehrter Trend auszumachen. Vorgangsmodelle wie das V-Modell sowie der ISO-9000-Ansatz fordern eine starre Einzelfallprüfung unabhängig von der Relevanz eines Teilprodukts.

Abschnitt II 3.3.2, Kapitel 4.1

- Abstimmungsarbeiten reduzieren sich auf ein Minimum.
  Das Abgleichen etwaiger Unstimmigkeiten wird auf ein Mindestmaß gesenkt. Dies ist wegen der verringerten Anzahl externer Kontaktpunkte im Unternehmensprozeß möglich.
  In der Software-Entwicklung ist bezogen auf den Kunden eher ein gegenläufiger Trend festzustellen. Der Kunde soll immer stärker in die Entwicklungsarbeit einbezogen werden (z.B. durch Prototypen), so daß die Kontaktpunkte zum Kunden zunehmen.
  Auf der anderen Seite werden durch durchgängige Entwicklungsmethoden und prozeßumfassende CASE-Werkzeuge Unstimmigkeiten, z.B. in Dokumenten, von vornherein vermieden. Dies gilt auch in Bezug auf Lieferanten, wenn sie dieselben Methoden und Werkzeuge verwenden.
- Ein *Casemanager* als einzige Anlaufstelle.
  Der *»Casemanager«* dient als Puffer zwischen einem komplexen Geschäftsprozeß und dem Kunden. Er verhält sich gegenüber dem Kunden so, als wäre er für die Durchführung des gesamten Prozesses verantwortlich, selbst wenn dies in Wirklichkeit nicht der Fall ist.
  Da Software-Entwicklungen oft in Form von Projekten abgewickelt werden, ist der Projektleiter der primäre Ansprechpartner des Kunden. Durch den Trend, den Kunden möglichst stark in die Entwicklung zu involvieren, ist die Forderung einer einzigen Anlaufstelle aber nicht durchzuhalten.
- Eine Mischung aus Zentralisierung und Dezentralisierung.
  Die Informations- und Kommunikationstechnik erlaubt es Unternehmen so zu arbeiten, als seien ihre individuellen Geschäftseinheiten völlig autonom. Auf der anderen Seite können die Unternehmen weiterhin die Vorteile nutzen, die eine Zentralisierung hat, z.B. Zugriff auf eine Unternehmensbank.
  Umfangreiche Software-Entwicklungen nutzen oft bereits die Möglichkeiten der Dezentralisierung, gekoppelt mit den Vorteilen der Zentralisierung.

Hammer und Champy stellen fest, daß nicht jeder neu gestaltete Unternehmensprozeß alle aufgeführten Forderungen erfüllt, da einige Forderungen sich gegenseitig ausschließen.

Für die Gestaltung von Software-Prozessen können diese Forderungen Anregungen geben. Es ist jedoch in jedem Fall sorgfältig zu überprüfen, ob diese Forderungen die Charakteristika einer Software-Entwicklung geeignet berücksichtigen.

Assessment Bewertungs- bzw. Einstufungsverfahren, das anhand eines Fragebogens den Reifegrad eines Prozesses ermittelt (→CMM, →SPICE)
Business (Process) Reengineering → *Business Engineering*
Business Engineering Unternehmen und ihre Geschäftsprozesse werden in Abhängigkeit von ihren Zielen und Aufgaben ingenieurmäßig gestaltet, wobei alle Möglichkeiten der Informations- und Kommunikationstechnik genutzt werden.
Capability Maturity Model →CMM
CMM Referenzmodell, das Software-Entwicklungs-Prozesse in fünf Reifegradstufen einordnet. Zu jeder Stufe gibt es Hauptkriterien, die wiederum in verschiedene Aspekte untergliedert sind. Die Hauptkriterien geben an, welche Eigenschaften Prozesse besitzen müssen, um den Anforderungen einer bestimmten Stufe zu genügen. Die Einordnung wird durch →*Assessments* vorgenommen.
SPICE Zweidimensionales Referenzmodell zur Bewertung (→*Assessments)* und Verbesserung von Software-Prozessen, als ISO-Norm 15504 vorgesehen. Vergleichbar mit →CMM.

Die Qualität von Software-Produkten hängt ganz wesentlich von der Qualität des Erstellungsprozesses ab. Es gibt verschiedene Ansätze, um den Erstellungsprozeß zu verbessern.
Zwei Ansätze stammen originär aus der Software-Technik:
- CMM-Ansatz *(Capability Maturity Model)*
- SPICE-Ansatz

Beiden Ansätzen liegt ein Referenzmodell für Prozeßqualität zugrunde. Der Ist-Zustand wird durch *Assessments* ermittelt, aus denen dann Verbesserungsstrategien abgeleitet werden.
Zwei Ansätze haben das Ziel, die Industrieproduktion zu verbessern:
- ISO 9000-Ansatz
- TQM-Ansatz *(Total Quality Management)*

Ein Ansatz verfolgt das Ziel, Unternehmen ingenieurmäßig zu gestalten, wobei der Qualitätsgesichtspunkt nicht im Vordergrund steht:
- *Business Engineering*

Die Hauptunterschiede zwischen qualitativ guten und schlechten Prozessen ist in Tab. 4.5-1 dargestellt. Abb. 4.5-1 zeigt, wie sich die verschiedenen Ansätze ordnen lassen.

Das *Business Engineering* bzw. *Business (Process) Reengineering* verfolgt zumindest im ersten Schritt eine revolutionäre Umgestaltung, während alle anderen Ansätze evolutionär orientiert sind.

Tab. 4.5-1: Prozesse und ihre Qualität

Niedrige Prozeßqualität	Hohe Prozeßqualität
Improvisierter, ad hoc-Prozeß	Professionell durchgeführter Prozeß
Reaktion bei Problemen	Vermeiden von Problemen
Kosten- und Terminpläne werden im allgemeinen nicht eingehalten	Bessere Planung durch geeignete Prozeßverfahren
Qualitäts- und Funktionsreduktion bei Terminproblemen	Probleme werden frühzeitig erkannt und behoben
QS-Aktivitäten werden bei Terminproblemen nicht durchgeführt	Der Prozeß wird kontinuierlich verbessert

Das ist aber kein Widerspruch. Ist der Ist-Zustand eines Prozesses so schlecht, daß damit die Ziele evolutionär nicht erreicht werden können, dann bleibt nur eine revolutionäre Neugestaltung. Neugestaltete Prozesse wiederum müssen evolutionär der sich ändernden Umwelt angepaßt werden, bis wieder eine vollständige Neugestaltung notwendig ist.

Alle betrachteten Ansätze konzentrieren sich mit unterschiedlichen Schwerpunkten auf die Verbesserung von Prozessen. Jedes Unternehmen muß sich entscheiden, welche Ziele in welcher Priorität angestrebt werden sollen und danach den geeigneten Ansatz auswählen.

Abb. 4.5-1: Ansätze zur Verbesserung der Prozeßqualität und ihre Ziele

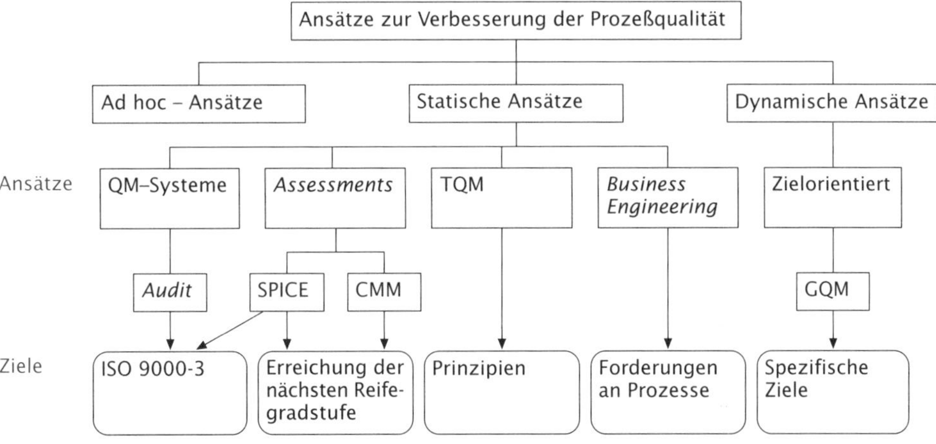

/Bamford, Deibler 93/
Banford R. C., Deibler II W. J., *Comparing, contrasting ISO 9001 and the SEI capability maturity model*, in: Computer, Oct. 1993, pp. 68–70

/Bernet 93/
Bernet W., *Meilensteine zu TQM: Assessments und ISO 9000*, Vortragsunterlagen zu einem Vortrag an der Ruhr-Universität Bochum, 16.11.1993

/CZ 94/
Computerzeitung, *Methodenpaket analysiert Stärken und Schwächen*, in: Computer Zeitung 7/7/1994

/Dion 93/
Dion R., *Process Improvement and the Corporate Balance Sheet*, in: IEEE Software, July 1993, pp. 28–35

/Hammer, Champy 93/
Hammer M., Champy J., *Reengineering the Corporation*, New York: Harper Collins 1993; deutsch: *Business Reengineering – Die Radikalkur für das Unternehmen*, Frankfurt: Campus-Verlag, 3. Auflage 1994

/Herbsleb et al. 94/
Herbsleb J., Carleton A., Rosan J., Siegel J., Zubrow D., *Benefits of CMM-Bases Software Process Improvement: Initial Results*, CMM/SEI-94-TR-13, August 1994

/Humphrey 89/
Humphrey W. S., *Managing the Software Process*, Reading: Addison-Wesley Publishing Company 1989

/Humphrey, Kitson, Kosse 89/
Humphrey W. S., Kitson D. H., Kasse, *The State of Software Engineering Practice: A Preliminary Report*, CMM/SEI-89-TR-1, Technical Report 1989

/Humphrey, Kitson, Tim 89/
Humphrey W. S., Kitson D. H., Tim C., *The State of Software Engineering Practice: A Preliminary Report*, SEI-89-TR-001

/Humphrey, Synder, Willis 91/
Humphrey W. S., Synder T. R., Willis R. R., *Software Process Improvement at Hughes Aircraft*, in: IEEE Software, July 1991, pp. 11–23

/ISO 15504: 96/
ISO/IEC 15504: Information Technology – Software Process Assessment Part 1–9, ISO/IEC JTC1/SC7 N1603, Nov. 1996

/Jacobson, Ericsson, Jacobson 94/
Jacobson I., Ericsson M., Jacobson A., *The Object Advantage – Business Process Reengineering with Object Technology*, Wokingham: Addison-Wesley 1994

/Liggesmeyer 95/
Liggesmeyer P., *Skript zur Vorlesung Software-Qualitätssicherung*, Universität Bochum, 1995

/Mellis, Herzwurm, Stelzer 96/
Mellis W., Herzwurm G., Stelzer D., *TQM der Softwareentwicklung*, Braunschweig, Vieweg-Verlag 1996

/Paulk et al. 93/
Paulk M. C., Curtis B., Chrissis M. B., Weber C. V., *Capability Maturity Model, Version 1.1*, in: IEEE Software, July 1993, pp. 18–27

/Paulk et al. 95/
Paulk M.C., Weber C.V., Curtis B., Chrissis M.B., *The Capability Maturity Model: Guidelines for Improving the Software Process*, Reading: Addison-Wesley 1995

/Pfleger 93/
Pfleger S. L., *Lessons Learned in Building a Corporate Metrics Program*, in: IEEE Software, May 1993, pp. 67–74

/Weber et al. 91/
Weber C. U., Paulk M. C., Wise C. J., Withey J. U., *Key Practices of the Capability Maturity Model*, CMU/SEI-91-TR-25, August 1991

/Zubrow et al. 94/
Zubrow D., Hayes W., Siegel J., Goldenson D., *Maturity Questionnaire*, CMM/SEI-94-SR-7, June 1994

1 *Lernziel: Angeben können, was Assessments sind und wie sie durchgeführt werden.* Muß-Aufgabe *25 Minuten*

Um die Leistungsfähigkeit Ihres Unternehmens im Rahmen des CMM-Ansatzes bewerten zu können, soll Ihr Unternehmen einem *Assessment* unterzogen werden.

a Was bedeutet der Begriff *Assessment* wörtlich übersetzt?

b Erläutern Sie in einem Satz, wie eine *Assessment*-Bewertung im Rahmen des CMM-Ansatzes vor sich geht.

c Bewerten Sie jede der folgenden Aussagen dahingehend, ob sie zur Durchführung eines *Assessments* benötigt werden, und wenn ja, in welcher Phase sie zum Einsatz kommen. Korrigieren Sie nichtzutreffende Aussagen wenn möglich dahingehend, daß sie in ein *Assessment* passen.

- Befragung unterschiedlicher Personengruppen wie Manager, Qualitätssicherung, Entwicklung.
- Interviews mit betroffenen Personen, bei denen offene Fragen gestellt werden.
- Bewertung der Fragen auf einem Blatt. Die Bewertung der Fragen wird den Befragten erst einige Zeit nach dem Interview mitgeteilt.
- Atmosphäre des Vertrauens schaffen.
- Detailliertes Stärken- und Schwächenprofil nach Themenkomplexen ermitteln.
- Das alleinige Beantworten von Fragen führt zu zuverlässigen und vollständigen Ergebnissen.
- Ermittlung und Bewertung der Soll- und Ist-Situation.
- Aufzeigung der Soll- und Ist-Situation bei gleichzeitiger Kenntlichmachung des Verbesserungspotentials.
- Eventuelles Schulen von Mitarbeitern der betreffenden Organisationseinheit.

2 *Lernziel: Über den Aufwand und den Nutzen des CMM-Ansatzes berichten können.* Muß-Aufgabe *15 Minuten*

Da Ihnen keine detaillierten Studien über den Aufwand und Nutzen von Prozeßverbesserungen vorliegen, kennen Sie nur einige Beispiele. Versuchen Sie so gut wie möglich die folgenden Fragen anhand der Ihnen bekannten Beispiele zu beantworten.

a In welcher Größenordnung schätzen Sie die Kosten für *Assessments* ein (mittleres Unternehmen)?
- Einige 1.000 $
- Einige 10.000 $
- Einige 100.000 $

b Wie lange dauert schätzungsweise eine Prozeßverbesserungsprogramm, um eine Reifestufe höher zu gelangen?
- Einige Monate
- Einige Wochen
- Einige Jahre

c Wie hoch schätzen Sie die notwendigen Kosten für effektive Prozeßverbesserung pro Jahr (mittleres Unternehmen)?
- Einige 10.000 $
- Einige 100.000 $
- Mehrere Millionen $

d Bei einer Analyse der Projektkosten lassen sich im wesentlichen drei Kostenarten unterscheiden. Nennen Sie diese drei Kostenarten, und geben Sie jeweils an, ob nach einer Prozeßverbesserung die jeweiligen Kosten stark / schwach steigen / sinken, oder ob sie in etwa gleich bleiben.

e Welche Auswirkungen hat eine Prozeßverbesserungsinitiative in der Regel auf den Zeitplan der Projekte?

Muß-Aufgabe *30 Minuten*

3 *Lernziel: Aufbau und Struktur sowie Vor- und Nachteile des CMM-Ansatzes kennen und erläutern können.*

a Beschreiben Sie möglichst kurz, welche Ziele der CMM-Ansatz auf welche Weise verfolgt.

b Was muß geschehen, nachdem eine Stärken- und Schwächenprofil ermittelt wurde?

c Beantworten Sie die folgenden Fragen, und bewerten Sie, ob der jeweilige Punkt ein Vor- oder ein Nachteil des CMM-Ansatzes ist:

- Überwiegen beim CMM-Ansatz der Nutzen oder die Kosten?
- Besteht ein größeres Entwicklungspotential bei Techniken und Werkzeugen oder bei Entwicklungsprozessen?
- Berücksichtigt der CMM-Ansatz die Mitarbeiterkultur in ausreichendem Maße?
- Berücksichtigt der CMM-Ansatz das Risikomanagement in ausreichendem Maße?
- Ist der CMM-Ansatz für technische Anwendungsbereiche geeignet?
- In welchen Abstufungen können Fragen innerhalb des Fragenkatalogs beantwortet werden?
- Welche Schwächen des Entwicklungsprozesses können bei sorgfältiger Anwendung der *Assessments* identifiziert werden?
- Ist ein organisationsübergreifender Vergleich möglich?

Muß-Aufgabe *25 Minuten*

4 *Lernziel: Die Reifegradstufen des CMM-Ansatzes und des SPICE-Ansatzes mit ihren Prozeßcharakteristika erklären können.*

a Ihr Unternehmen befindet sich auf Reifegradstufe 2 des CMM. Wie bezeichnen Sie Ihren Prozeß? Werden Projektpläne aufgestellt? Wie handhaben Sie Ihr Unterauftragsmanagement?

b Ein Prozeß in Ihrem Unternehmen befindet sich auf Reifegradstufe 2 des SPICE-Modells. Wie bezeichnen Sie diesen Prozeß? Ist dieser Prozeß standardisiert? Wie geht die Ausführung dieses Prozesses vor sich?

c Ihr Unternehmen möchte die Reifegradstufe 3 des CMM erreichen. Welchen Typ von Prozeß müssen Sie einführen? Welches Verfahren setzen Sie zur Fehlerbehebung ein? Wie trainieren Sie Mitarbeiter? Wer ist für die Verbesserung des Software-Prozesses verantwortlich?

d Bei der Überprüfung möglicher Zulieferer stoßen Sie auf einen Zulieferer, dessen Prozeß Sie nicht identifizieren können. Auf welcher Reifegradstufe des CMM würden Sie diesen Zulieferer einordnen? Wie benennen Sie seinen Prozeß? Dürfen Sie Ihn als Zulieferer verwenden, wenn die Produkte in Ihrem eigenen Prozeß der Reifegradstufe 3 des CMM verwendet werden sollen?

e Auf welcher Reifegradstufe des SPICE-Modells würden Sie den unter **d** beschriebenen Zulieferer (bzw. den von ihm angewandten Prozeß) einordnen? Was kennzeichnet diesen Prozeß?

f Wie benennen Sie die Prozesse der Reifegradstufen 4 und 5 des CMM? Wie lauten die Ziele der jeweiligen Prozesse?

g Wie benennen Sie die Prozesse der Reifegradstufen 4 und 5 des SPICE-Modells? Beschreiben Sie kurz diese Prozesse.

Weitere Aufgaben befinden sich auf der beigefügten CD-ROM.

5 Produktqualität – Komponenten (Testende Verfahren 1)

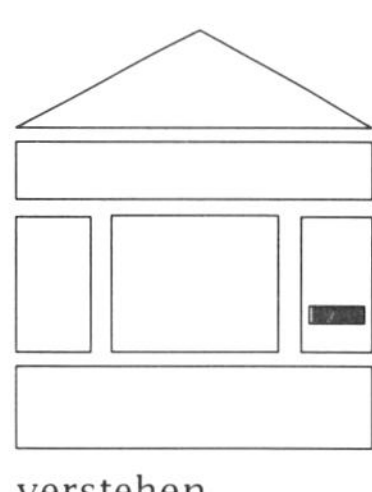

- Kriterien aufzählen können, die die Auswahl von analytischen Maßnahmen beeinflussen.
- Die definierten Begriffe und ihre Zusammenhänge erklären können.
- Die Klassifikation analytischer Maßnahmen erläutern können.
- Die Zusammenhänge zwischen kontrollflußorientierten Testverfahren aufzeigen können.
- Die behandelten Testverfahren erklären können.
- Ein Quellprogramm in einen Kontrollflußgraphen mit der gewünschten Ausprägung umwandeln können.
- Aus einem Quellprogramm Testfälle so ableiten können, daß ein vorgegebenes Testkriterium erfüllt wird.
- Für ein zu testendes Programm das passende Testverfahren auswählen können.
- Ein Quellprogramm instrumentieren können.
- Ein Quellprogramm mit Testfällen ausführen können.

verstehen

anwenden

i

Hinweis

Ein Teil der Ausführungen zum Hauptkapitel 5 stützt sich auf die Forschungsarbeiten, die von /Liggesmeyer 90, 93/ an meinem Lehrstuhl durchgeführt wurden. Außerdem werden Teile des Buches /Balzert, Balzert, Liggesmeyer 93/ verwendet.

Auf der beigefügten CD-ROM befinden sich ausgewählte Testwerkzeuge, die einen Teil der beschriebenen Verfahren unterstützen.

5.1 Einführung und Überblick

Ein Software-Produkt besteht aus Systemkomponenten und Beziehungen der Systemkomponenten untereinander. Die Produktqualität eines Software-Produkts wird also bestimmt von

- der Produktqualität jeder Systemkomponente und
- der Produktqualität der Beziehungen zwischen den Systemkomponenten.

Konstruktion

Bei der Konstruktion der Systemkomponenten muß ausgehend von den gewünschten Qualitätsmerkmalen für die Systemkomponenten überlegt werden, welche konstruktiven Maßnahmen in der Entwicklung erforderlich sind, um die gewünschten Eigenschaften der Systemkomponenten zu erhalten.

Analyse

Bei der Analyse der fertig erstellten Systemkomponenten müssen die Eigenschaften der Systemkomponenten ermittelt und mit Hilfe analytischer Maßnahmen überprüft werden, ob die Eigenschaften den geforderten Qualitätsmerkmalen entsprechen (Abb. 5.1-1).

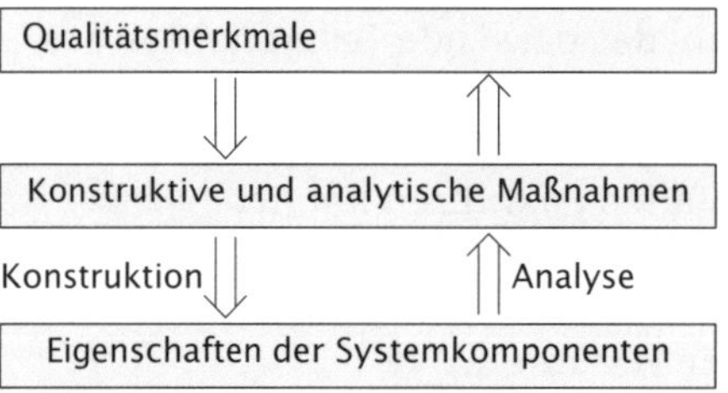

Abb. 5.1-1: Produktqualität durch konstruktive und analytische Maßnahmen

Buchteil I

Die konstruktiven Maßnahmen werden ausführlich im Buchteil I »Software-Entwicklung« behandelt. In diesem Hauptkapitel werden die analytischen Maßnahmen betrachtet.

Abschnitt 1.1, Tab. 1.2-1

Verwendet man die Software-Qualitätsmerkmale nach DIN ISO 9126, dann beziehen sich die meisten analytischen Maßnahmen auf die Qualitätsmerkmale

- Funktionalität und
- Zuverlässigkeit.

Einige wenige berücksichtigen auch die

- Änderbarkeit.

Diese Qualitätsmerkmale sind für die gezielte Auswahl geeigneter analytischer Maßnahmen natürlich zu grob. Die analytische Qualitätssicherung stützt sich daher im allgemeinen auf den Begriff Fehler ab.

Fehler

Als **Fehler** wird jede Abweichung der tatsächlichen Ausprägung eines Qualitätsmerkmals von der vorgesehenen Soll-Ausprägung, jede Inkonsistenz zwischen der Spezifikation und der Implementierung und jedes strukturelle Merkmal des Programmtextes, das ein fehlerhaftes Verhalten des Programms verursacht, bezeichnet /Liggesmeyer 93, S. 335/.

Diese Fehlerdefinition deckt das Teilmerkmal **Richtigkeit** des Qualitätsmerkmals **Funktionalität** und die Teilmerkmale **Reife** und **Fehlertoleranz** des Qualitätsmerkmals **Zuverlässigkeit** ab (DIN ISO 9126).

Konstruktives Ziel muß es aber sein, fehlerfreie Software-Komponenten zu entwickeln; analytisches Ziel muß es sein, die Fehlerfreiheit einer Software-Komponente nachzuweisen bzw. vorhandene Fehler zu finden.

In Abhängigkeit von den verwendeten Entwicklungskonzepten können Systemkomponenten

Arten von Komponenten

- funktionale Module,
- Datenobjekt-Module,
- Datentyp-Module oder
- Klassen

sein. Die Art der zu überprüfenden Systemkomponente beeinflußt natürlich die Auswahl der geeigneten analytischen Maßnahmen. Außerdem bestimmen die Eigenschaften der jeweiligen Systemkomponenten die Wahl der analytischen Maßnahmen. Diese Eigenschaften können teilweise durch Metriken ermittelt werden.

Eigenschaften von Komponenten

Beispiel

Besitzt eine Systemkomponente komplexe, ineinander geschachtelte Kontrollstrukturen, dann sind andere analytische Methoden notwendig, als wenn die Systemkomponente komplexe Datenstrukturen, aber nur einfache Kontrollstrukturen hat.

Jede Systemkomponente läßt sich gliedern in

- die Spezifikation und
- die Implementierung.

Die analytischen Maßnahmen lassen sich auch danach gliedern, ob sie Spezifikation und Implementierung oder nur eines von beiden benötigen. Abb. 5.1-2 verdeutlicht nochmals, welche Kriterien die Auswahl von analytischen Maßnahmen beeinflussen.

Problem

Ein generelles Problem besteht darin, daß die Zusammenhänge zwischen Qualitätsmerkmalen, Komponenteneigenschaften und analytischen Maßnahmen noch nicht ausreichend bekannt sind.

Begriffe

Im Testbereich gibt es eine Reihe von Begriffen, die in der Literatur und in diesem Buchteil immer wieder auftauchen. Sie werden daher an dieser Stelle erläutert.

Die Software-Komponente bzw. das Programm, das getestet werden soll, wird als **Prüfling, Testling** oder **Testobjekt** bezeichnet. Prüfling ist dabei der allgemeine Begriff, während Testling die dynamische Ausführung eines Programms impliziert. Beim dynamischen Test geschieht die Überprüfung des Testobjekts dadurch, daß es mit Testfällen ausgeführt wird.

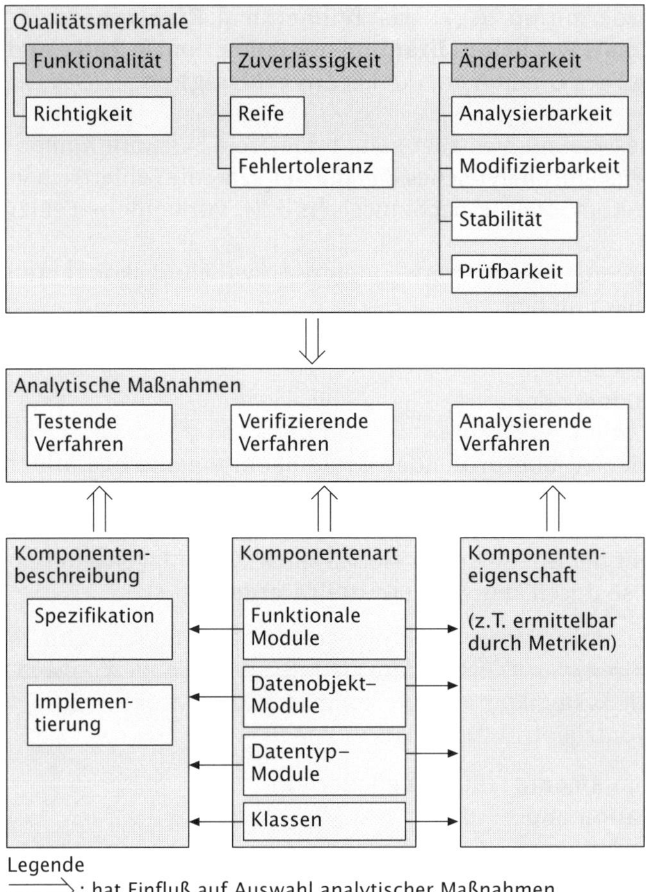

Abb. 5.1-2: Zur Auswahl analytischer Maßnahmen

Ein **Testfall** besteht aus einem Satz von Testdaten, der die vollständige Ausführung eines zu testenden Programms bewirkt. Ein **Testdatum** ist ein Eingabewert, der einen Eingabeparameter oder eine Eingabevariable des Testobjekts mit einem Datum im Rahmen eines Testfalls versorgt.

Handelt es sich bei dem Prüfling um eine Prozedur oder Funktion, dann kann sie nicht direkt getestet werden. Vielmehr muß der Tester um die Prozedur oder Funktion einen Testrahmen programmieren, der ein interaktives Aufrufen ermöglicht. Einen solchen Testrahmen nennt man **Testtreiber**. Testtreiber können durch sogenannte Testrahmengeneratoren auch automatisch erzeugt werden. Ruft der Testling selbst andere Prozeduren oder Funktionen auf, dann müssen diese beim Testen zur Verfügung stehen.

Führt man einen Testling mit einem Testfall aus, dann erhält man in der Regel Ausgabedaten als Ergebnis der eingegebenen Testdaten. Entspricht das Ergebnis aber nicht den spezifizierten Erwartungen dann kann der Tester nicht nachvollziehen, welche Anweisungen des Testlings mit dem Testfall durchgeführt wurden, um den Fehler zu lokalisieren.

Um mitprotokollieren zu können, welche Teile des Prüflings bei der Ausführung eines Testfalls durchlaufen wurden, kann man den Prüfling instrumentieren. Bei der **Instrumentierung** wird der Quellcode des Testlings durch ein Testwerkzeug analysiert. In den Quellcode werden Zähler eingefügt. Dann wird der instrumentierte Prüfling übersetzt. Wird nun der Prüfling mit einem Testfall ausgeführt, dann werden alle Zähler, die durchlaufen werden, entsprechend der Anzahl der Ausführungen erhöht. Das Testwerkzeug wertet nach dem Testlauf die Zählerstände aus und zeigt in einem Protokoll die durchlaufenen Anweisungen an.

Für einen Tester stellt sich beim Testen die Frage, wann er den Prüfling ausreichend getestet hat, d.h. wann kann er mit dem Testen aufhören. Der **Überdeckungsgrad** ist ein Maß für den Grad der Vollständigkeit eines Tests bezogen auf ein bestimmtes Testverfahren.

Hat man einen Prüfling z.B. mit 50 Testfällen getestet und möchte später Änderungen am Testling vornehmen, dann wäre es sehr zeitaufwendig, alle 50 Testfälle nochmals neu einzugeben. Ein Testwerkzeug sollte daher einen **Regressionstest** ermöglichen. Das Testwerkzeug speichert alle durchgeführten Testfälle und erlaubt die automatische Wiederholung aller bereits durchgeführten Tests nach Änderungen des Prüflings verbunden mit einem Soll/Ist-Ergebnisvergleich.

5.2 Klassifikation analytischer Verfahren

Analytische Qualitätssicherungsverfahren lassen sich nach verschiedenen Kriterien klassifizieren. In Abhängigkeit von der Zielsetzung lassen sich drei Klassen unterscheiden /Liggesmeyer 90, S. 26 f./:

- Testende Verfahren
  - Dynamische Testverfahren
  - Statische Testverfahren
- Verifizierende Verfahren
  - Verifikation
  - Symbolische Ausführung
- Analysierende Verfahren
  - Analyse der Bindungsart
  - Metriken
  - Grafiken und Tabellen
  - Anomalienanalyse

Testende Verfahren haben das Ziel, Fehler zu erkennen. Verifizierende Verfahren wollen die Korrektheit einer Systemkomponente beweisen. Analysierende Verfahren vermessen und/oder stellen bestimmte Eigenschaften von Systemkomponenten dar. Ziele

Dynamischer Test

Der dynamische Test umfaßt eine Vielzahl von Testverfahren, die alle folgende gemeinsame Merkmale besitzen:

Eigenschaften

- Das übersetzte, ausführbare Programm wird mit konkreten Eingabewerten versehen und ausgeführt.
- Das Programm kann in der realen Umgebung getestet werden.
- Es handelt sich um Stichprobenverfahren, d.h. die Korrektheit des getesteten Programms wird *nicht* bewiesen.

Herkunft der Testfälle

Wird die Vollständigkeit bzw. Eignung einer Menge von Testfällen anhand des Kontroll- oder Datenflusses des Programms abgeleitet, dann liegt ein dynamischer Strukturtest bzw. *White Box*-Test vor.

Beim Funktionstest, funktionalem Test bzw. *Black-Box*-Test wird die Spezifikation der Systemkomponenten benutzt, um Testfälle zu erstellen.

Disversifizierende Tests vergleichen die Ergebnisse verschiedener Programmversionen. Beispielsweise werden durch künstlich eingefügte Fehler aus einem Programm verschiedene Versionen erzeugt, die dann vergleichend getestet werden (siehe z.B. /Liggesmeyer 90, S. 164 ff./).

Statischer Test

Bei statischen Testverfahren wird die Systemkomponente nicht ausgeführt, sondern der Quellcode analysiert, um Fehler zu finden. Am häufigsten werden für den statischen Test manuelle Prüfmethoden wie Inspektionen, *Reviews* und *Walkthroughs* eingesetzt. Im Gegensatz zur Überprüfung von Dokumenten werden Quellprogramme oft »testfallorientiert« durchgegangen.

Hauptkapitel 3

Verifikation

Die Verifikation zeigt mit mathematischen Mitteln die Konsistenz zwischen der Spezifikation und der Implementation einer Systemkomponente.

Symbolische Ausführung

Bei der symbolischen Ausführung wird ein Quellprogramm mit allgemeinen symbolischen Eingabewerten durch einen Interpreter ausgeführt. Die symbolische Ausführung stellt einen Ansatz dar, den Stichprobencharakter des dynamischen Tests zu beseitigen.

Bindungsart

Ein wichtiges analytisches Verfahren stellt die Analyse der Bindungsart einer Systemkomponente dar. Ein funktionales Modul soll beispielsweise funktional gebunden sein. Eine funktionale Bindung liegt vor, wenn alle Elemente des Moduls an der Verwirklichung einer einzigen, abgeschlossenen Funktion beteiligt sind.

Metriken

Abschnitte 5.11.1 und 5.11.2

Metriken wie die zyklomatische Zahl oder die Halstead-Metriken erlauben es, Eigenschaften wie die strukturelle Komplexität, die Programmlänge oder den Grad der Kommentierung quantitativ zu ermitteln. Die Ergebnisse erlauben einen Quervergleich mit bisherigen Maßzahlen. Abweichungen von den Erfahrungswerten deuten auf eine Anomalie hin, sowohl im positiven als auch im negativen Sinne. Eine genauere Untersuchung ist dann angebracht.

Tabellen, Grafiken

Tabellen und Grafiken erlauben es, ein Programm unter speziellen Gesichtspunkten zu analysieren und die Ergebnisse in gut lesbarer und interpretierbarer Form darzustellen, z.B. *cross reference*-Listen, Variablenverwendungslisten usw.

Die gezielte Analyse von Anomalien, z.B. Datenflußanomalien, erfolgt durch Anomalienanalysen.

Anomalienanalyse

Abb. 5.2-1 zeigt eine detaillierte Klassifikation analytischer Verfahren. Die schwarz dargestellten Verfahren werden näher behandelt, da sie besonders bekannt, wirkungsvoll oder originell sind.

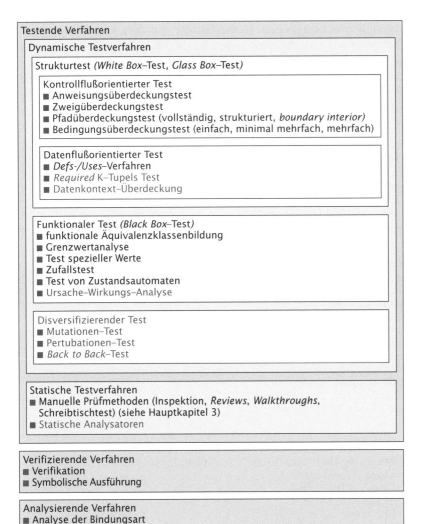

Testende Verfahren

Dynamische Testverfahren

Strukturtest (*White Box*-Test, *Glass Box*-Test)

Kontrollflußorientierter Test
- Anweisungsüberdeckungstest
- Zweigüberdeckungstest
- Pfadüberdeckungstest (vollständig, strukturiert, *boundary interior*)
- Bedingungsüberdeckungstest (einfach, minimal mehrfach, mehrfach)

Datenflußorientierter Test
- *Defs-/Uses*-Verfahren
- *Required* K-Tupels Test
- Datenkontext-Überdeckung

Funktionaler Test (*Black Box*-Test)
- funktionale Äquivalenzklassenbildung
- Grenzwertanalyse
- Test spezieller Werte
- Zufallstest
- Test von Zustandsautomaten
- Ursache-Wirkungs-Analyse

Disversifizierender Test
- Mutationen-Test
- Pertubationen-Test
- *Back to Back*-Test

Statische Testverfahren
- Manuelle Prüfmethoden (Inspektion, *Reviews*, *Walkthroughs*, Schreibtischtest) (siehe Hauptkapitel 3)
- Statische Analysatoren

Verifizierende Verfahren
- Verifikation
- Symbolische Ausführung

Analysierende Verfahren
- Analyse der Bindungsart
- Metriken
- Grafiken und Tabellen
- Anomalieanalyse

Legende: Blau dargestellte Verfahren werden im Buch *nicht* behandelt.

Abb. 5.2-1: Klassifikation analytischer Qualitätssicherungsverfahren (in Anlehnung an /Liggesmeyer 90, S. 28/)

Eine ausführliche Behandlung der meisten dieser Verfahren erfolgt in /Liggesmeyer 90/. Dort werden auch weitere Klassifikationskriterien angegeben.

5.3 Der Kontrollflußgraph

Die im folgenden dargestellten Verfahren werden – soweit sinnvoll – anhand *eines* Beispiels verdeutlicht, um einen einfachen, direkten Vergleich zu ermöglichen. Insbesondere die dynamischen Testverfahren werden anhand dieses durchgehenden Beispiels dargestellt. Die verwendete Beispielprozedur ist überschaubar und leicht verständlich. Die Konzentration auf die Funktionsweise der Testverfahren wird nicht durch Verständnisschwierigkeiten des Beispiels beeinträchtigt. Andererseits besitzt das Beispiel einige Eigenschaften, die sich zur Verdeutlichung der Funktionsweise der dargestellten Testverfahren eignen.

Besonders wichtige oder interessante Aspekte einzelner Testverfahren werden gegebenenfalls an zusätzlichen Beispielen verdeutlicht, die sich zur Demonstration gut eignen.

Beispiel

Als Beispiel wird eine C++-Prozedur mit folgender Funktionalität verwendet:

```
/* Programmname: ZaehleZchn (Spezifikation/Header)
Aufgabe:
Die Prozedur ZaehleZchn liest solange Zeichen von der Tastatur,
bis ein Zeichen erkannt wird, das kein Großbuchstabe ist, oder
Gesamtzahl den größten durch den Datentyp int darstellbaren Wert
INT_MAX erreicht.
Ist ein gelesenes Zeichen ein Großbuchstabe zwischen A und Z, dann
wird Gesamtzahl um eins erhöht. Ist der Großbuchstabe ein Vokal,
dann wird auch VokalAnzahl um eins erhöht.
Ein-/Ausgabeparameter sind Gesamtzahl und VokalAnzahl.
Randbedingung:
Das aufrufende Programm stellt sicher, daß Gesamtzahl stets größer
oder gleich VokalAnzahl ist.
*/

void ZaehleZchn(int &VokalAnzahl, int &Gesamtzahl);
// Programmname: ZaehleZchn (Implementierung)
#include "ZaehleZchn.h"
#include <LIMITS.H>
#include <iostream.h>
```

```
void ZaehleZchn(int &VokalAnzahl, int &Gesamtzahl)
{
  char Zchn;
  cin >> Zchn;
  while ((Zchn >= 'A') && (Zchn <= 'Z')
      && (Gesamtzahl < INT_MAX))
  {
      Gesamtzahl = Gesamtzahl + 1;
      if ((Zchn == 'A') || (Zchn == 'E') || (Zchn == 'I') ||
            (Zchn == 'O') || (Zchn == 'U'))
      {
            VokalAnzahl = VokalAnzahl + 1;
      }//end if
      cin >> Zchn;
  }//end while
}

void main()
{
  int AnzahlVokale = 0;
  int AnzahlZchn = 0;
  cout << "Programm ZaehleZchn" << endl;
  cout << "Zeichen bitte eingeben:" << endl;
  ZaehleZchn(AnzahlVokale, AnzahlZchn);
  cout << "Anzahl Vokale:  " << AnzahlVokale << endl;
  cout << "Anzahl Zeichen: " << AnzahlZchn << endl;
}
```

In Abhängigkeit des darzustellenden Testverfahrens wird die Spezifikation oder die Implementierung als Kontrollflußgraph oder in anderer Form verwendet.

Zur Verdeutlichung des Kontrollflusses in einem Programm eignen sich **Programmablaufpläne** (PAP) und Kontrollflußgraphen. Ein **Kontrollflußgraph** ist ein gerichteter Graph, der aus einer endlichen Menge von Knoten besteht. Jeder Kontrollflußgraph hat einen Startknoten und einen Endeknoten. Die Knoten sind durch gerichtete Kanten verbunden. Jeder Knoten stellt eine ausführbare Anweisung dar. Eine gerichtete Kante von einem Knoten i zu einem Knoten j beschreibt einen möglichen Kontrollfluß vom Knoten i zum Knoten j. Die gerichteten Kanten werden als **Zweige** bezeichnet. Eine abwechselnde Folge von Knoten und Kanten, die mit dem Startknoten beginnt und mit einem Endeknoten endet, heißt **Pfad**.

Kontrollflußgraph
Kapitel I 2.13

Zur Verdeutlichung von kontrollflußorientierten Testverfahren werden Kontrollflußgraphen verwendet, bei denen jeder Knoten eine ausführbare Anweisung darstellt (Abb. 5.3-1).

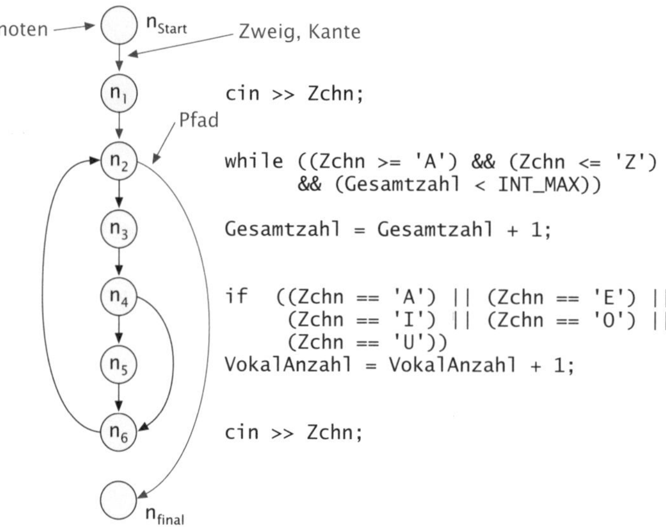

Abb. 5.3-1: Kontrollflußgraph – Standardform für kontrollflußorientierte Verfahren

5.4 Kontrollflußorientierte Strukturtestverfahren

Einordnung

Kontrollflußorientierte oder kontrollstrukturbezogene **Testverfahren** basieren auf der Kontrollstruktur des zu testenden Programms. Sie gehören daher zu den **Strukturtest**- oder ***White Box***-bzw. ***Glass Box*-Verfahren**, da die Struktur sichtbar sein muß, um den Test durchzuführen. Außerdem gehören sie zu den **dynamischen Testverfahren**, da das übersetzte Programm beim Testen ausgeführt wird. Es handelt sich um testende Verfahren, da anhand von einzelnen Testfällen die Fehlerfreiheit überprüft wird (Abb. 5.2-1).

Testziele

Bei kontrollflußorientierten Tests werden Strukturelemente wie Anweisungen, Zweige oder Bedingungen benutzt, um Testziele zu definieren. Abb. 5.4-1 gibt einen Überblick über diese Testverfahren und ihre Beziehungen zueinander.

Der Anweisungsüberdeckungstest, der Zweigüberdeckungstest und der Pfadüberdeckungstest sind die bekanntesten kontrollflußorientierten Testverfahren. Ihr Ziel ist es, mit einer Anzahl von Testfällen alle vorhandenen Anweisungen, Zweige bzw. Pfade auszuführen.

Der Pfadüberdeckungstest nimmt eine Sonderstellung ein. Er stellt das umfassendste kontrollflußorientierte Testverfahren dar, ist jedoch wegen der unpraktikabel hohen Pfadanzahl realer Programme nicht sinnvoll einsetzbar. Es gibt daher verschiedene Testverfahren, die sich dem Pfadüberdeckungstest annähern.

In den Abb. 5.4-3 bis 5.4-8 sind die wichtigsten Eigenschaften der einzelnen Testverfahren zusammengestellt. Beispiele und Quervergleiche werden im folgenden vorgestellt.

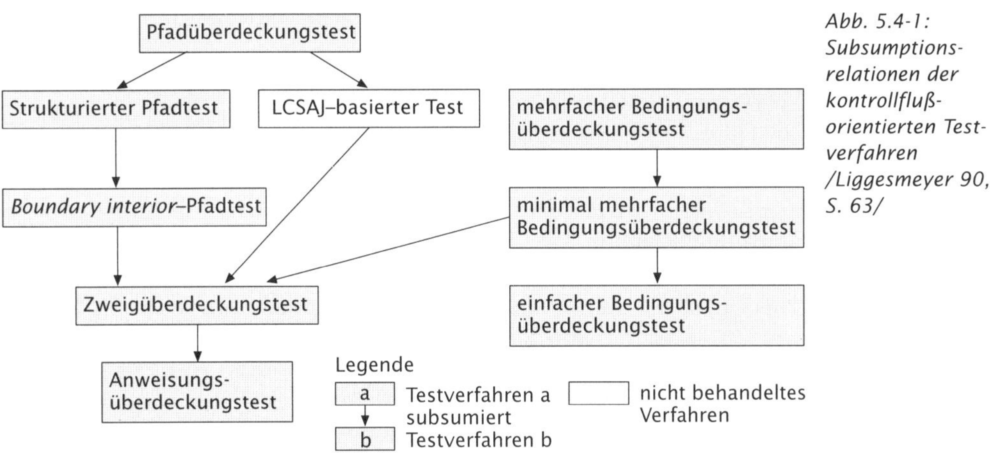

Abb. 5.4-1: Subsumptionsrelationen der kontrollflußorientierten Testverfahren /Liggesmeyer 90, S. 63/

5.4.1 Das Anweisungs- und das Zweigüberdeckungstestverfahren

Anweisungs- vs. Zweigüberdeckung

Der **Anweisungsüberdeckungstest**, auch **C_0-Test** genannt (C = *Coverage)*, verlangt die Ausführung aller Anweisungen, d.h. aller Knoten des Kontrollflußgraphen. Der **Zweigüberdeckungstest**, auch **C_1-Test** genannt, fordert »verschärfend« die Ausführung aller Zweige, d.h. aller Kanten des Kontrollflußgraphen.

Beispiel

Abb. 5.4-2 zeigt im Vergleich den Kontrollflußgraphen für die Anweisungs- und die Zweigüberdeckung.

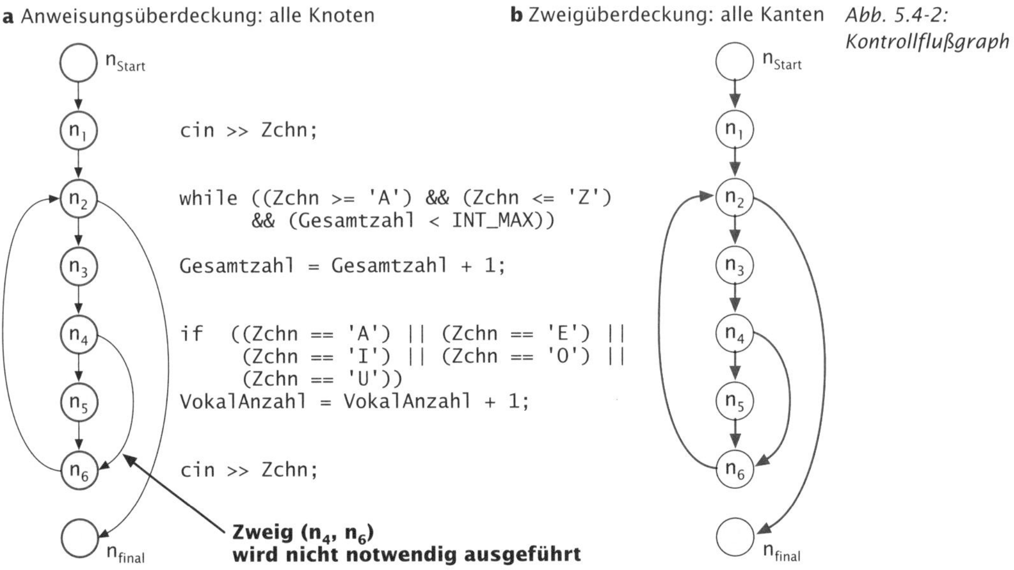

Abb. 5.4-2: Kontrollflußgraph

Alle Knoten können mit folgendem Testfall durchlaufen werden:

Aufruf von `ZaehleZchn` mit: `Gesamtzahl = 0`
Eingelesene Zeichen: `'A', '1'`
Durchlaufener Pfad: $(n_{start}, n_1, n_2, n_3, n_4, n_5, n_6, n_2, n_{final})$

Der Testpfad enthält alle Knoten. Er enthält aber nicht alle Kanten des Kontrollflußgraphen. Die Kante (n_4, n_6), die dem optionalen *else*-Teil der einfachen Verzweigung entspricht, ist nicht enthalten. Da der *else*-Teil in der einfachen Verzweigung des Beispiels nicht genutzt wird, ist ihm keine Anweisung zugeordnet, die durch die Anweisungsüberdeckung ausgeführt werden muß. Im Kontrollflußgraph existiert jedoch eine Kante, die einen Kontrollflußtransfer darstellt, der die Anweisung des *then*-Teils umgeht und die durchlaufen wird, falls die Verzweigungsbedingung den Wahrheitswert *false* ergibt.
Alle Kanten können mit folgendem Testfall durchlaufen werden:

Aufruf von `ZaehleZchn` mit: `Gesamtzahl = 0`
Eingelesene Zeichen: `'A', 'B', '1'`
Durchlaufener Pfad: $(n_{start}, n_1, n_2, n_3, n_4, n_5, n_6, n_2, n_3, n_4, n_6, n_2, n_{final})$

Der Testpfad enthält alle Kanten. Er enthält insbesondere die Kante (n_4, n_6), die durch die Anweisungsüberdeckung nicht notwendig aus-

Abb. 5.4-3: Der Anweisungsüberdeckungstest/C_0-Test

Einordnung
Einfaches, kontrollflußorientiertes Testverfahren, das auf den Anweisungen des zu testenden Quellprogramms basiert.

Ziel
Mindestens einmalige Ausführung aller Anweisungen des zu testenden Programms, d.h. die Ausführung aller *Knoten* des Kontrollflußgraphen.

Metrik

$$C_{Anweisung} = \frac{\text{Anzahl der ausgeführten Anweisungen}}{\text{Gesamtzahl der vorhandenen Anweisungen}}$$

Eigenschaften
- Eine 100 prozentige Anweisungsüberdeckung stellt sicher, daß im Prüfling keine Anweisungen existieren, die niemals ausgeführt wurden.
- Wesentliche Aspekte eines Programms werden nicht geprüft.
  Weder Kontrollstrukturen noch Datenabhängigkeiten zwischen Programmteilen werden berücksichtigt.
- Jede Anweisung wird in der Metrik gleichgewichtig gewertet.

Leistungsfähigkeit
Die Anweisungsüberdeckung besitzt – verglichen mit anderen kontrollflußorientierten Testverfahren – die geringste Fehleridentifizierungsquote mit 18 Prozent der enthaltenen Fehler /Girgis, Woodward 86/.

Bewertung
- *Notwendiges*, aber nicht hinreichendes Testkriterium.
- Nicht ausführbarer Code kann gefunden werden.
- Die Metrik quantifiziert die geleisteten Testaktivitäten.
- Als eigenständiges Testverfahren nicht geeignet, ist aber Bestandteil anderer Testverfahren, z.B. der Zweigüberdeckung (Abb. 5.4-4).

Abb. 5.4-4: Der Zweigüberdeckungstest/C_1-Test

Einordnung
Dynamisches, kontrollflußorientiertes Testverfahren, das auf den Zweigen des zu testenden Quellprogramms basiert. Die Anweisungsüberdeckung ist in der Zweigüberdeckung vollständig enthalten (Abb. 5.4-1).

Ziel
Ausführung aller Zweige des zu testenden Programms, d.h. Durchlaufen aller Kanten des Kontrollflußgraphen.

Metrik

$$C_{Zweig} = \frac{\text{Anzahl der ausgeführten Zweige}}{\text{Gesamtzahl der vorhandenen Zweige}}$$

Eigenschaften
- Durch eine 100prozentige Zweigüberdeckung wird sichergestellt, daß im Prüfling keine Zweige existieren, die niemals ausgeführt wurden.
- Weder die Kombination von Zweigen noch komplexe Bedingungen werden berücksichtigt.
- Schleifen werden nicht ausreichend getestet, da ein einzelner Durchlauf durch den Schleifenkörper von abweisenden Schleifen und eine Wiederholung von nichtabweisenden Schleifen für die Zweigüberdeckung hinreichend ist.
- Fehlende Zweige können nicht direkt entdeckt werden.

Werkzeugunterstützung
Ein Zweigüberdeckungswerkzeug muß folgende Eigenschaften besitzen:
- Analyse der Kontrollstruktur des Quellcodes, Lokalisierung der Zweige und Einfügen von Zählern in den Quellcode, die es gestatten, den Kontrollfluß zu verfolgen (Instrumentierung).
- Erweiterung einer einseitigen Auswahl (*then*-Teil) zu einer zweiseitigen Auswahl (*else*-Teil), um auch das Nichteintreten der Auswahlbedingung prüfen zu können.
- Die instrumentierte Version des Prüfling wird übersetzt und das erzeugte ablauffähige Programm mit Testdaten ausgeführt.
- Auswertung der während der Testläufe durch die Instrumentierung gesammelten Informationen und Anzeige nicht durchlaufener Zweige.
- Berechnung des erreichten Zweigüberdeckungsgrades.
- Selbständige Wiederholung von bereits durchgeführten Tests nach einer Fehlerkorrektur (Regressionstest).

Leistungsfähigkeit
- Die Fehleridentifikationsquote ist mit 34 Prozent um 16 Prozentpunkte besser als ein Anweisungsüberdeckungstest /Girgis, Woodward 86/. Es werden 79 Prozent der Kontrollflußfehler und 20 Prozent der Berechnungsfehler gefunden.
- Die Leistungsfähigkeit schwankt in einem weiten Bereich zwischen 25 Prozent, 50 bis 75 Prozent oder 67 bis 100 Prozent /Infotech Vol. 1 79/.
- Die Erfolgsquote der Zweigüberdeckung ist höher als bei der statischen Analyse /Gannon 79/.

Bewertung
- Gilt als *das* minimale Testkriterium.
- Nicht ausführbare Programmzweige können gefunden werden. Dies ist der Fall, wenn keine Testdaten erzeugt werden können, die die Ausführung eines bisher nicht durchlaufenen Zweiges bewirken.
- Die Anzahl der Schleifendurchläufe kann durch Betrachtung der Zählerstände der instrumentierten Zähler kontrolliert werden.
- Die Korrektheit des Kontrollflusses an den Verzweigungsstellen kann überprüft werden.
- Besonders oft durchlaufene Programmteile können erkannt und gezielt optimiert werden.
- Die Metrik quantifiziert die geleisteten Testaktivitäten.

geführt wird. Die Zweigüberdeckung wird auch als Entscheidungsüberdeckung bezeichnet, da jede Entscheidung die Wahrheitswerte *wahr* und *falsch* mindestens einmal annehmen muß. Das Durchlaufen aller Zweige führt zur Ausführung aller Anweisungen. Der Zweigüberdeckungstest subsumiert den Anweisungsüberdeckungstest.

Die Vorteile des Zweigüberdeckungstests gegenüber einem Anweisungsüberdeckungstest zeigt folgendes Beispiel.

Beispiel

Gegeben sei folgender Ausschnitt aus einem C++-Quellprogramm:

```
x = 1;
if (x >=1)
    x = x + 1;
```

Der Anweisungsüberdeckungstest fordert die Ausführung aller Anweisungen, also auch der Anweisung innerhalb des Auswahlkonstrukts. Das ist jedoch mit jedem Testfall zu erreichen, da die Entscheidung stets den Wahrheitswert *true* besitzt. Die Anweisungsüberdeckung prüft die Semantik des Auswahlkonstrukts nicht, da sie die grundsätzliche Eigenschaft einer Entscheidung, sowohl *false* als auch *true* werden zu können, nicht in jedem Fall testet. Für eine vollständige Anweisungsüberdeckung reicht in dem angegebenen Beispiel die Überprüfung des Wahrheitswertes *true*, da dem Wahrheitswert *false* keine Anweisungen zugeordnet sind. Möglicherweise ist in der Entscheidung die falsche Variable verwendet worden. Vielleicht wollte der Programmierer die Entscheidung (y >= 1) verwenden. Dieser Fehler würde mit dem Anweisungsüberdeckungstest nicht notwendig erkannt. Der Zweigüberdeckungstest, der für Entscheidungen fordert, daß sie beide Wahrheitswerte mindestens einmal besessen haben, wird diesen Fehler notwendig erkennen.

Nachteile

Der Zweigüberdeckungstest weist drei gravierende Schwächen auf:

- Er ist unzureichend für den Test von Schleifen.
- Er berücksichtigt nicht die Abhängigkeiten zwischen Zweigen, sondern betrachtet einzelne Zweige.
- Er ist unzureichend für den Test komplexer, d.h. zusammengesetzter Bedingungen.

Die ersten beiden Nachteile versuchen der Pfadüberdeckungstest und seine Varianten zu vermeiden (Abb. 5.4-6 bis 5.4-8). Der in Abb. 5.4-1 aufgeführte LCSAJ-basierte Test *(Linear Code Sequence And Jump)* wurde für Programme mit vielen Sprüngen entwickelt. Da moderne Programmiersprachen keine Sprünge erlauben, wird dieses Verfahren hier nicht behandelt.

Den letzten Nachteil beheben die Bedingungsüberdeckungstests mit ihren verschiedenen Ausprägungen (Abb. 5.4-9).

5.4.2 Die Pfadüberdeckungstestverfahren

Die Pfadüberdeckungstestverfahren wurden entwickelt, um Programme mit Wiederholungen bzw. Schleifen ausreichend testen zu können. Der **Pfadüberdeckungstest** fordert die Ausführung aller unterschiedlichen Pfade des zu testenden Programms (Abb. 5.4-5).

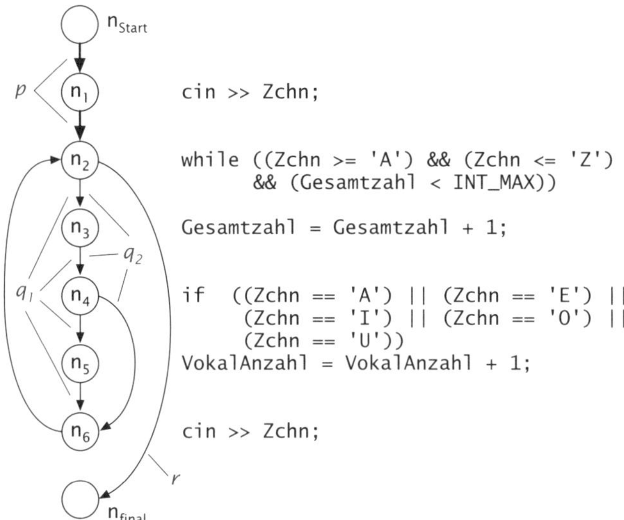

Abb. 5.4-5: Beispiel für die Pfadüberdeckung

Beispiel

Alle möglichen Pfade der Prozedur `ZaehleZchn` beginnen mit dem Subpfad $p = (n_{start}, n_1)$. Darauf folgen $k (k \geq 0)$ Subpfade q, gefolgt vom Subpfad $r = (n_2, n_{final})$. Jeder der k Subpfade q kann entweder die Form $(n_2, n_3, n_4, n_5, n_6)$ oder die Form (n_2, n_3, n_4, n_6) besitzen.
In `ZaehleZchn` ist die Anzahl der Schleifendurchläufe durch die maximale Differenz zwischen Gesamtzahl beim Prozeduraufruf und `INT_MAX` begrenzt.
Die Frage nach der Anzahl der Testpfade liefert ein überraschendes Ergebnis. Unter der Annahme, daß der größte Wert einer Variablen vom Typ `int` 2.147.483.647 beträgt, erhält man die unvorstellbar hohe Anzahl von $2^{2.147.483.647}$ -1 Testpfaden.

Um zu praktikablen Pfadüberdeckungstests zu gelangen, werden sowohl im *boundary interior*-Pfadtest (Abb. 5.4-7) als auch im strukturierten Pfadtest (Abb. 5.4-8) die Anzahl der Wiederholungen eingeschränkt.

Abb. 5.4-6: Der Pfadüberdeckungstest

Einordnung
Umfassenstes, dynamisches, kontrollflußorientiertes Testverfahren. Enthält die Verfahren »Strukturierter Pfadtest«, »*boundary interior*-Pfadtest«, »LCSAJ-basierter Test«, »Zweigüberdeckungstest« und »Anweisungsüberdeckungstest«, aber *nicht* die Bedingungsüberdeckung.

Ziel
Ausführung aller unterschiedlichen Pfade des zu testenden Programms. Ein Pfad p ist eine Sequenz von Knoten $(i, n_1, ..., n_m, j)$ des Kontrollflußgraphen mit dem Startknoten i und dem Endknoten j. Zwei Pfade sind nur dann identisch, falls die Sequenzen ihrer Knoten identisch sind.

Eigenschaften
- Die Pfadanzahl wächst bei Wiederholungsanweisungen, die keine feste Wiederholungszahl besitzen *(while, do)*, explosiv. Jede Wiederholung erzeugt mindestens einen neuen Pfad durch Hinzufügung des im Schleifenkörper vorhandenen Subpfads.
- Ein Teil der anhand des Kontrollflußgraphen konstruierbaren Pfade ist nicht ausführbar, da sich Bedingungen an Verzweigungen gegenseitig ausschließen. Dadurch ist es schwer, die Vollständigkeit des Tests zu beurteilen.

Beispiel
Siehe Abschnittstext.

Leistungsfähigkeit
- Ist das mächtigste kontrollstrukturorientierte Testverfahren.
- In einer vergleichenden Studie /Howden 78a, b, c/ hat der Pfadtest zur Erkennung von 18 von 28 Fehlern geführt. Dies ist eine um den Faktor drei höhere Erfolgsquote als die des Zweigüberdeckungstests und noch um fünfzig Prozent erfolgreicher als der strukturierte Pfadtest. Der Pfadtest besitzt unter den verglichenen Verfahren die höchste Erfolgsquote und wird nur durch den kombinierten Einsatz anderer Verfahren übertroffen.

Bewertung
- Besitzt aufgrund seiner sehr eingeschränkten Durchführbarkeit *keine* praktische Bedeutung.
- Gewinnt im Zusammenhang mit einigen fehlerorientierten Testansätzen an Bedeutung.

Abb. 5.4-7a: Der boundary interior-Pfadtest

Einordnung
Eingeschränkte, schwächere Version des Pfadüberdeckungstests (Abb. 5.4-6). Für schleifenfreie Programme ist er mit dem Pfadüberdeckungstest identisch.

Ziel
Es wird beim Test von Schleifen auf die Überprüfung von Pfaden verzichtet, die durch mehr als einmalige Schleifenwiederholung erzeugt werden.

Eigenschaften
Für jede Schleife des zu testenden Programms entstehen zwei Gruppen von Pfaden.
- Grenztest-Gruppe *(boundary tests):*
  Enthält alle Pfade, die die Schleife zwar betreten, sie jedoch nicht wiederholen. Es werden die Pfade ausgeführt, die unterschiedliche Pfade innerhalb des Schleifenkörpers verfolgen.
- Gruppe zum Test des Schleifeninneren *(interior tests):*
  Umfaßt alle Pfade, die mindestens eine Schleifenwiederholung enthalten. Die Testfälle verfolgen die unterschiedlichen Pfade während der ersten beiden Ausführungen des Schleifenkörpers.

Beispiel
Für den Test von ZaehleZchn werden folgende Testfälle benötigt (siehe Abb. 5.4-5):

1 Testfall für den Pfad außerhalb der Schleife:

a Aufruf mit Gesamtzahl = INT_MAX
Gesamtzahl = INT_MAX bewirkt die Nichtausführung des Schleifenkörpers.
Testpfad: n_{start}, n_1, n_2, n_{final}

2 Testfälle für den Grenztest:

a Aufruf mit Gesamtzahl = 0, Zchn = 'A', '1':
Zchn = 'A' bewirkt das Betreten des Schleifenkörpers und die Ausführung des *then*-Zweiges. Zchn = '1' verursacht das Verlassen der Schleife, die nicht wiederholt wird.
Testpfad: n_{start}, n_1, n_2, n_3, n_4, n_6, n_2, n_{final}

b Aufruf mit Gesamtzahl = 0, Zchn = 'B', '1':
Zchn = 'B' bewirkt das Betreten des Schleifenkörpers und die Nichtausführung des *then*-Zweiges. Zchn = '1' verursacht das Verlassen der Schleife.
Testpfad: n_{start}, n_1, n_2, n_3, n_4, n_6, n_2, n_{final}

Die angegebenen Testfälle sind hinreichend zur Erfüllung des Kriteriums für den Grenztest. Beide betreten die Schleife ohne sie zu wiederholen, und sie decken die im Schleifeninneren möglichen zwei Pfade ab.

3 Testfälle für den Schleifenkörper

a Zchn = 'E', 'I', 'N', '*':
Zchn = 'E' bewirkt das Betreten des Schleifenkörpers und die Ausführung des *then*-Zweiges.
Zchn = 'I' bewirkt die erste Wiederholung der Schleife und führt den *then*-Zweig aus.
Zchn = 'N' verursacht eine weitere Wiederholung der Schleife, die jedoch, wie alle Wiederholungen ab der zweiten, für den *boundary interior*-Pfadtest bedeutungslos ist.
Zchn = '*' beendet die Schleifenwiederholungen.
Testpfad: n_{start}, n_1, n_2, n_3, n_4, n_5, n_6, n_2, n_3, n_4, n_5, n_6, n_2, n_3, n_4, n_6, n_2, n_{final}

b Zchn = 'A', 'H', '!':
Zchn = 'A' bewirkt das Betreten des Schleifenkörpers und die Ausführung des *then*-Zweiges.
Zchn = 'H' bewirkt die erste Wiederholung der Schleife und führt den *then*-Zweig nicht aus.
Zchn = '!' bricht den Wiederholungsvorgang ab, was für *interior*-Tests nach der ersten Wiederholung gestattet ist.
Testpfad: n_{start}, n_1, n_2, n_3, n_4, n_5, n_6, n_2, n_3, n_4, n_6, n_2, n_{final}

c Zchn = 'H', 'A', '+':
Zchn = 'H' bewirkt das Betreten des Schleifenkörpers. Der *then*-Zweig wird nicht ausgeführt.
Zchn = 'A' bewirkt die erste Wiederholung der Schleife und führt den *then*-Zweig aus.
Zchn = '+' bricht den Wiederholungsvorgang ab.
Testpfad: n_{start}, n_1, n_2, n_3, n_4, n_6, n_2, n_3, n_4, n_5, n_6, n_2, n_{final}

d Zchn = 'X', 'X', ',':
Zchn = 'X' bewirkt das Betreten des Schleifenkörpers und die Nichtausführung des *then*-Zweiges.
Zchn = 'X' bewirkt die erste Wiederholung der Schleife und führt den *then*-Zweig nicht aus.
Zchn = ',' bricht den Wiederholungsvorgang ab.
Testpfad: n_{start}, n_1, n_2, n_3, n_4, n_6, n_2, n_3, n_4, n_6, n_2, n_{final}

Die vier Testfälle bewirken mindestens eine Schleifenwiederholung und verfolgen die vier möglichen Pfade während der zwei Ausführungen des Schleifenkörpers, die sich aus den Variationen der Wahrheitswerte der Bedingung im *if*-Konstrukt ergeben. Die aufgeführten sieben Testfälle sind hinreichend für den umfassenden Test der Schleife nach dem *boundary interior*-Kriterium.

Bewertung

- Erlaubt die gezielte Überprüfung von Schleifen.
- Im Gegensatz zum Pfadüberdeckungstest praktikabel.

Abb. 5.4-7b: Der boundary interior-Pfadtest

Abb. 5.4-8: Der strukturierte Pfadtest

Einordnung
Verallgemeinerung des *boundary interior*-Pfadtests (Abb. 5.4-7).

Ziel
Alle Pfade, die eine innerste Schleife – d.h. eine Schleife, die keine weiteren Schleifen enthält – nicht häufiger als k-mal durchlaufen, werden ausgeführt.

Eigenschaften
- Es werden alle Pfade P ausgeführt für die gilt:
  P enthält keinen Subpfad p, so daß P aus einem Subpfad q, gefolgt von mehr als k Wiederholungen des Subpfads p, gefolgt von einem Subpfad r, besteht.
- Es werden alle Pfade getestet, die maximal k Wiederholungen eines Subpfades enthalten.
- Derjenige strukturierte Pfadtest, der die Ausführung aller Pfade bis zur ersten Schleifenwiederholung fordert, ist identisch mit dem *boundary interior*-Pfadtest.
- Für schleifenfreie Programme ist der strukturierte Pfadtest identisch mit dem Pfadüberdeckungstest.

Leistungsfähigkeit
- Eine vergleichende Studie /Howden 78a, b, c/ anhand von sechs Programmen in Algol, Cobol, PL/I, Fortran und PL360 mit insgesamt 28 Fehlern hat für den strukturierten Pfadtest eine Quote von 12 entdeckten Fehlern ergeben. Dies ist gegenüber dem Zweigüberdeckungstest eine um den Faktor zwei höhere Erfolgsquote. 18 Fehler sind mit Hilfe des Pfadüberdeckungstests entdeckt worden.
- Der strukturierte Pfadtest besitzt durch den Test wichtiger Zweigkombinationen gegenüber dem Zweigüberdeckungstest eine höhere Erfolgsquote. Während der Zweigüberdeckungstest nur in einem der sechs Programme zur Entdeckung aller Fehler geführt hat, sind mit Hilfe des strukturierten Pfadtests alle Fehler in drei Programmen erkannt worden.
- Miller /Infotech Vol.1 79/ gibt für den strukturierten Pfadtest eine Erfolgsquote von 65 Prozent an.

Bewertung
- Erlaubt eine gezielte Überprüfung von Schleifen.
- Gegenüber dem Zweigüberdeckungstest werden zusätzlich Zweigkombinationen überprüft.
- Gegenüber dem *boundary interior*-Pfadtest aufwendiger.

5.4.3 Die Bedingungsüberdeckungstestverfahren

Enthält ein Programm zusammengesetzte und/oder hierarchisch gegliederte Bedingungen, dann ist ein Zweigüberdeckungstest nicht ausreichend.

Beispiel 1 Die Prozedur `ZaehleZchn` enthält zwei Bedingungen:

a `((Zchn >= 'A') && (Zchn >= 'Z') && (Gesamtzahl < INT_MAX)))`

und

b `((Zchn == 'A') || (Zchn == 'E') || (Zchn == 'I')`
`|| (Zchn == 'O') || (Zchn == 'U'))`

Bedingung **a** enthält drei atomare Bedingungen. Bedingung **b** enthält fünf atomare Bedingungen. Es ist direkt einsichtig, daß der Zweigüberdeckungstest diese Struktur der Bedingungen nicht geeignet beachtet.

Einordnung
Die Bedingungsüberdeckungstestverfahren benutzen die Bedingungen in den Wiederholungs- und Auswahlkonstrukten des zu testenden Programms zur Definition von Tests. Es gibt drei Ausprägungen:
- einfache Bedingungsüberdeckung,
- Mehrfach-Bedingungsüberdeckung,
- minimale Mehrfach-Bedingungsüberdeckung.

Ziel
Analyse und Überprüfungen der Bedingungen des zu testenden Programms.

Eigenschaften
- einfache Bedingungsüberdeckung:
  Überdeckung aller atomaren Bedingungen, d.h. aller Bedingungen, die keine untergeordneten Bedingungen enthalten. Die Evaluation aller atomarer Bedingungen muß mindestens einmal die Wahrheitswerte *true* und *false* ergeben.
- Mehrfach-Bedingungsüberdeckung:
  Es wird versucht, alle Variationen der atomaren Bedingungen zu bilden. Dies führt bei einer Bedingung, die aus n atomaren Bedingungen zusammengesetzt ist, aufgrund des binären Wertevorrates der booleschen Ausdrücke zu 2^n Variationsmöglichkeiten und zu einer entsprechend großen Anzahl von Testfällen pro Bedingung.
- minimale Mehrfach-Bedingungsüberdeckung:
  Jede Bedingung – ob atomar oder nicht – muß mindestens einmal *true* und einmal *false* sein /Infotech Vol.1 79/, /Balzert 85/.

Beispiele
Siehe Abschnittstext.

Bewertung
- einfache Bedingungsüberdeckung:
  Enthält weder die Zweig- noch die Anweisungsüberdeckung. Da beide minimale Testkriterien sind, ist eine alleinige einfache Bedingungüberdeckung nicht ausreichend.
- Mehrfach-Bedingungsüberdeckung:
  Enthält die Zweigüberdeckung, ist jedoch aufwendig zu realisieren und setzt die Identifikation von nicht möglichen Bedingungskombinationen voraus. Die Kombination von Bedingungen bietet zusätzliche Möglichkeiten zu Fehlererkennung. Ermöglicht aber keine direkte Entdeckung von Strukturfehlern in Bedingungen. Nicht jede nicht herstellbare Wahrheitswertekombination ist ein Fehler des Programms. Dadurch wird die Testbeurteilung erschwert.
- minimale Mehrfach-Bedingungsüberdeckung:
  Zusätzlich zum Zweigtest können invariante Bedingungen entdeckt werden. Sie enthält den Zweigtest. Sinnvolle Weiterentwicklung des Konzepts der Zweigüberdeckung.

Abb. 5.4-9: Bedingungsüberdeckungstestverfahren

einfache Bedingungsüberdeckung

Bei der einfachen **Bedingungsüberdeckung** (Abb. 5.4-9) müssen alle atomaren Bedingungen mindestens einmal *true* und *false* sein.

Beispiel 2

Tab. 5.4-1 zeigt die Testfälle für die einfache Bedingungsüberdeckung des Programms `ZaehleZchn`. Eine vollständige Überdeckung aller atomaren Bedingungen ist mit den angegebenen drei Testfällen möglich. Jeder Testfall bewirkt die Ausführung eines vollständigen Pfades vom Beginn bis zum Verlassen der Prozedur. Den Werten der Variablen `Zchn` und `Gesamtzahl` sind die Wahrheitswerte der atomaren Bedingungen zugeordnet, falls die Prozedurausführung zu einer Evaluation der Bedingungen führt. Jede Spalte enthält genau eine Eva-

Tab.5.4-1: Einfache Bedingungsüberdeckung – Testfälle

Variablen → (Testfälle)	1						2	3
Gesamtzahl	0	1	2	3	4	5	0	INT_Max
Zchn	'A'	'E'	'I'	'O'	'U'	'1'	'a'	'D'
Zchn >= 'A'	**T**	**T**	**T**	**T**	**T**	**F**	T	T
Zchn <= 'Z'	**T**	**T**	**T**	**T**	**T**	**T**	**F**	T
Gesamtzahl < INT_MAX	**T**	**T**	**T**	**T**	**T**	**T**	**T**	**F**
Zchn == 'A'	**T**	**F**	F	F	F	–	–	–
Zchn == 'E'	**F**	**T**	F	F	F	–	–	–
Zchn == 'I'	**F**	**F**	**T**	F	F	–	–	–
Zchn == 'O'	**F**	**F**	**F**	**T**	F	–	–	–
Zchn == 'U'	**F**	**F**	**F**	**F**	**T**	–	–	–

Testfälle — Variablenwerte

atomare Bedingungen — Wahrheitswerte der atomaren Bedingungen
T *(true)* – wahr F *(false)* – falsch – (nicht evaluiert)

luation der atomaren Bedingungen. Die Sequenz der Eingaben innerhalb eines Testfalls läuft von links nach rechts.
Tab. 5.4-1 enthält für jede atomare Bedingung eine Zeile. Jede *atomare Bedingung* muß mindestens einmal den Wahrheitswert *true* und mindestens einmal den Wahrheitswert *false* erhalten. Da jede Zeile beide Wahrheitswerte mindestens einmal enthält, ist mit den Testfällen nach Tab. 5.4-1 der einfache Bedingungsüberdeckungstest vollständig erfüllt.

Die atomaren Bedingungen von Bedingung **b** (Beispiel 1) werden durch Wahl der fünf großen Vokale für die Variable Zchn jeweils einmal *true* und viermal *false*. Die einfache Bedingungsüberdeckung ist erreicht. Jedoch wurde der Zweig (n_4, n_6) des Kontrollflußgraphen nicht durchlaufen: Der Wahrheitswert der Bedingung in der Verzweigung ergibt stets den Wahrheitswert *true*, so daß der *then*-Teil in jedem Fall ausgeführt wird.

Diese einfache Form der Bedingungsüberdeckung enthält also weder die Zweigüberdeckung noch die Anweisungsüberdeckung. Sie ist als alleiniges Testverfahren daher ungeeignet.

Mehrfach-Bedingungsüberdeckung

Der Mehrfach-Bedingungsüberdeckungstest (Abb. 5.4-9) versucht, alle Variationen der atomaren Bedingungen zu bilden.

Beispiel 3

Tab. 5.4-2 zeigt die möglichen und nicht möglichen Wahrheitswerte-Variationen der Bedingung **b** (Beispiel 1).
Wird der Variablen Zchn einer der fünf großen Vokale zugeordnet, so ist eine atomare Bedingung *true*, und die vier anderen atomaren Bedingungen besitzen den Wert *false*. Für jeden anderen Wert von Zchn besitzen alle atomaren Bedingungen den Wert *false*. Nur sechs der 32 denkbaren Variationsmöglichkeiten sind herstellbar. 26 Variationsmöglichkeiten sind nicht herstellbar.

Zchn	'A'	'E'	'I'	'O'	'U'	alle anderen Zeichen	?	?	?
Zchn == 'A'	T	F	F	F	F	F	T	...	T
Zchn == 'E'	F	T	F	F	F	F	T	...	T
Zchn == 'I'	F	F	T	F	F	F	F	...	T
Zchn == 'O'	F	F	F	T	F	F	F	...	T
Zchn == 'U'	F	F	F	F	T	F	F	...	T
Bedingung b	T	T	T	T	T	F	T	...	T

6 Variationen (prinzipiell herstellbar) — 26 Variationen (nicht herstellbar)

← 32 Variationen →

Wahrheitswerte der Bedingungen
T *(true)* – wahr F *(false)* – falsch

Tab. 5.4-2: Mehrfach-Bedingungsüberdeckung: Variationen

Problematisch ist, daß bestimmte Variationen nicht erreichbar sind. Im Beispiel kann ein Zeichen entweder einer der Vokale oder ein Konsonant sein. Es ist jedoch nicht möglich, daß in der Verzweigungsbedingung mehrere atomare Bedingungen *true* sind. Dies weist nicht auf einen Fehler in der Programmlogik hin, sondern ist nur natürlich im Sinne der Eigenschaften der in der Bedingung verwendeten Größen. Der Grund für die entstehenden Schwierigkeiten ist die Wahl eines Testkriteriums, das diese Eigenschaften nicht beachtet.

minimale Mehrfach-Bedingungsüberdeckung

Dieses Problem vermeidet die minimale Mehrfach-Bedingungsüberdeckung (Abb. 5.4-9). Jede Bedingung – ob atomar oder nicht – muß mindestens einmal *true* und *false* sein.

Da Bedingungen eine hierarchische Struktur besitzen können, ist es sinnvoll diese Struktur auch für den Test zu beachten. Neben der Überdeckung der atomaren Bedingungen ist auch die Überdeckung der nicht atomaren Bedingungen, einschließlich der Gesamtbedingung gefordert.

Diese Form der Bedingungsüberdeckung berücksichtigt die Struktur von Bedingungen erheblich besser als die bereits dargestellte einfache Bedingungsüberdeckung, da alle Schachtelungsebenen einer komplexen Bedingung gleichermaßen beachtet werden.

Beispiel 4

Tab. 5.4-3 zeigt die Testfälle und Wahrheitswerte des minimalen Mehrfach-Bedingungsüberdeckungstests bei vollständiger Evaluation der Teilbedingungen. Neben den atomaren Bedingungen sind nun auch die atomaren Bedingungen dargestellt. Sie müssen ebenfalls mindestens einmal den Wahrheitswert *true* und *false* erhalten.

Die Vorteile des minimalen Mehrfach-Bedingungsüberdeckungstests gegenüber dem Zweigüberdeckungstest bestehen in der zusätzlichen Möglichkeit zur Entdeckung von invarianten Bedingungen und insbesondere auch in der Ausführung von Zweigen mit sinnvoll gewählten Testdaten. Es müssen Repräsentanten aus jeder Gruppe von Daten gewählt werden, die von der Bedingung, die über die Ausführung des betrachteten Zweiges entscheidet, festgelegt werden. Im Beispiel 4 existieren, bezogen auf die Verzweigung, für einen Zweig

Tab. 5.4-3: Bedingungsüberdeckung – vollständige Evaluation der Bedingungen

Variablen ↳ Testfälle	1							2	3
Gesamtzahl	0	1	2	3	4	5	6	0	INT_MAX
Zchn	'A'	'E'	'I'	'O'	'U'	'B'	'1'	'a'	'D'
Zchn >= 'A'	T	T	T	T	T	T	F	T	T
Zchn <= 'Z'	T	T	T	T	T	T	T	F	T
Gesamtzahl < INT_MAX	T	T	T	T	T	T	T	T	F
Bedingung a	T	T	T	T	T	T	F	F	F
Zchn == 'A'	T	F	F	F	F	F	–	–	–
Zchn == 'E'	F	T	F	F	F	F	–	–	–
Zchn == 'I'	F	F	T	F	F	F	–	–	–
Zchn == 'O'	F	F	F	T	F	F	–	–	–
Zchn == 'U'	F	F	F	F	T	F	–	–	–
Bedingung b	T	T	T	T	T	F	–	–	–

fünf Gruppen von Daten bestehend aus den Elementen A, E, I, O und U und für den anderen Zweig eine Gruppe, die alle anderen an dieser Stelle möglichen Zeichen enthält. Der Bedingungsüberdeckungstest stellt sicher, daß mindestens ein Vertreter aus jeder dieser Gruppen als Testdatum genutzt wird. Diesen Aspekt berücksichtigt der Zweigüberdeckungstest nicht, da das Kriterium bereits mit einem Datum aus einer beliebigen Gruppe erfüllt ist, für die sich der betrachtete Zweig korrekt verhalten kann, während er auf Daten aus anderen Gruppen möglicherweise fehlerhaft reagiert.

Diese Form der Bedingungsüberdeckung scheint daher besonders geeignet. Durch die Forderung zur Überdeckung nicht atomarer Bedingungen enthält sie die Zweigüberdeckung. Durch die Betrachtung einzelner Bedingungen entsteht eine Weiterführung des Konzepts des Zweigüberdeckungstests.

5.4.4 Zur Auswahl geeigneter Testverfahren

Die kontrollflußorientierten Strukturtestverfahren bieten eine Palette von Testverfahren für funktionale Module, d.h. Prozeduren, Funktionen und Operationen an. Um eines dieser Testverfahren einsetzen zu können, muß der Quellcode, d.h. die Implementierung, zur Verfügung stehen. In Abhängigkeit von den Qualitätszielen und den Eigenschaften des zu testenden Programms ergibt sich das geeignete Testverfahren. Das Struktogramm der Abb. 5.4-10 gibt erste Anhaltspunkte für die Wahl des Testverfahrens in Abhängigkeit vom zu testenden Programm.

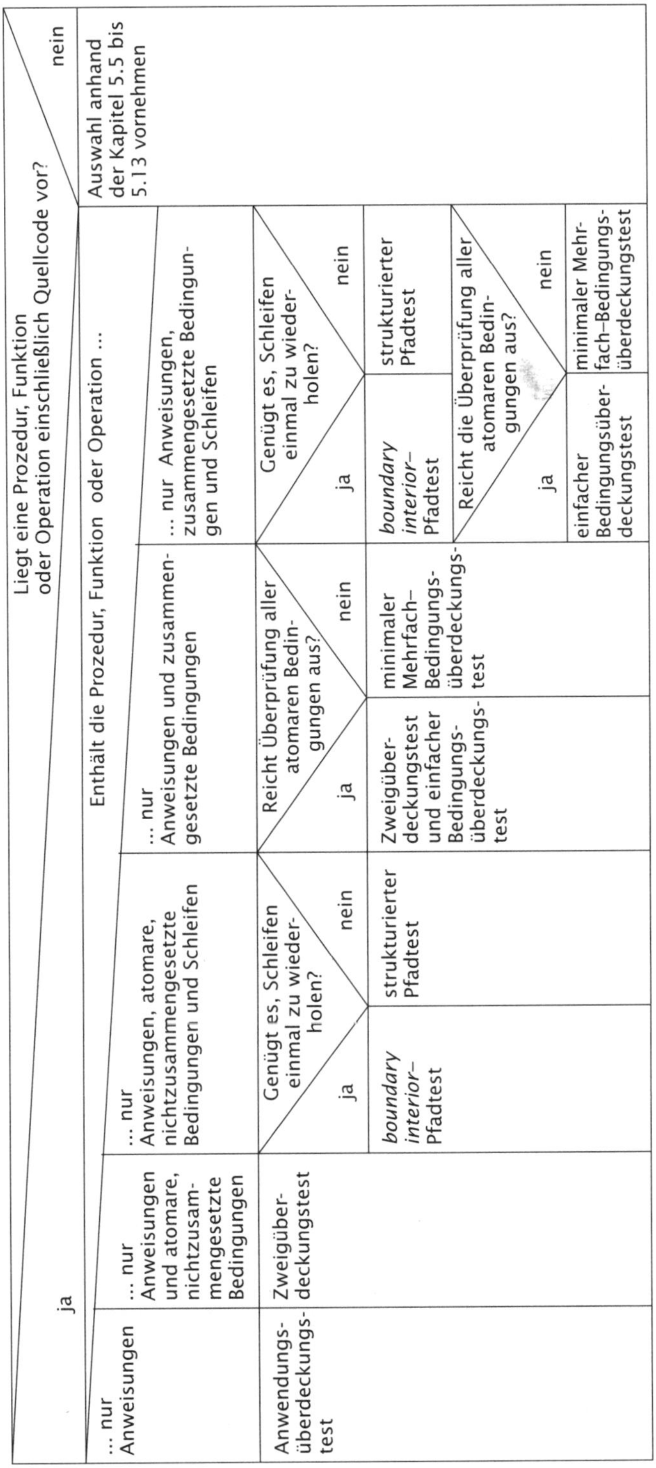

- Liegt eine Prozedur, Funktion oder Operation einschließlich Quellcode vor?
  - nein: Auswahl anhand der Kapitel 5.5 bis 5.13 vornehmen
  - ja: Enthält die Prozedur, Funktion oder Operation ...
    - ... nur Anweisungen: Anwendungsüberdeckungstest
    - ... nur Anweisungen und atomare, nichtzusammengesetzte Bedingungen: Zweigüberdeckungstest
    - ... nur Anweisungen, atomare, nichtzusammengesetzte Bedingungen und Schleifen: Genügt es, Schleifen einmal zu wiederholen?
      - ja: *boundary interior*–Pfadtest
      - nein: strukturierter Pfadtest
    - ... nur Anweisungen und zusammengesetzte Bedingungen: Reicht Überprüfung aller atomaren Bedingungen aus?
      - ja: Zweigüberdeckungstest und einfacher Bedingungsüberdeckungstest
      - nein: minimaler Mehrfach–Bedingungsüberdeckungstest
    - ... nur Anweisungen, zusammengesetzte Bedingungen und Schleifen: Genügt es, Schleifen einmal zu wiederholen?
      - ja: *boundary interior*–Pfadtest
      - nein: strukturierter Pfadtest
      - Reicht die Überprüfung aller atomaren Bedingungen aus?
        - ja: einfacher Bedingungsüberdeckungstest
        - nein: minimaler Mehrfach–Bedingungsüberdeckungstest

Abb. 5.4-10: Grobauswahl von kontrollfluß-orientierten Strukturtestverfahren

Die Metriken sowie das Expertensystem befinden sich auf der CD-ROM.

Um zu einer differenzierten, quantitativen Auswahl zu gelangen, hat /Liggesmeyer 93, S. 70 ff./ zehn Kontrollflußmetriken entwickelt. Er benutzt sie, um mit Hilfe eines Expertensystems geeignete Prüfstrategien vorzuschlagen.

Anweisungsüberdeckungstest →kontrollflußorientiertes Testverfahren, das die mindestens einmalige Ausführung aller Anweisungen des Quellprogramms fordert.

Bedingungsüberdeckungstest →kontrollflußorientiertes Testverfahren, das die Überdeckung der Teilbedingungen einer Entscheidung mit *true* und *false* fordert. Es gibt die Ausprägungen einfacher, minimal mehrfacher und mehrfacher Bedingungsüberdeckungstest.

C_0-Test →Anweisungsüberdeckungstest

C_1-Test →Zweigüberdeckungstest.

Dynamische Testverfahren Führen ein ausführbares, zu testendes Programm auf einem Computersystem aus.

Fehler Jede Abweichung der tatsächlichen Ausprägung eines Qualitätsmerkmals von der Soll-Ausprägung, jede Inkonsistenz zwischen der Spezifikation und Implementierung und jedes strukturelle Merkmal des Quellprogramms, das ein fehlerhaftes Verhalten verursacht.

***Glass Box*-Testverfahren** →Strukturtestverfahren.

Instrumentierung Modifikation eines zu testenden Programms zur Aufzeichnung von Informationen während des →dynamischen Tests. In der Regel wird das Programm um Zähler erweitert.

Kontrollflußgraph Gerichteter Graph $G = (N, E, n_{start}, n_{final})$. N ist die endliche Menge der Knoten. $E \subseteq N \times N$ ist die Menge der gerichteten Kanten, $n_{start} \in N$ ist der Startknoten, $n_{final} \in N$ der Endeknoten. Dient zur Darstellung der Kontrollstruktur von Programmen.

Kontrollflußorientierte Testverfahren →Strukturtestverfahren, die die Testfälle aus der Kontrollstruktur des Programms ableiten. Stützen sich auf den →Kontrollflußgraphen. Beispiele sind der →Zweigüberdeckungstest und der →Pfadüberdeckungstest.

Pfad Alternierende Sequenz von Knoten und gerichteten Kanten eines →Kontrollflußgraphen. Ein vollständiger Pfad beginnt mit dem Startknoten n_{start} und endet mit einem Endeknoten n_{final}.

Pfadüberdeckungstest →kontrollflußorientiertes Testverfahren, das die Ausführung aller unterschiedlichen vollständigen →Pfade eines Programms fordert. Abschwächungen dieses Kriterium führen zum strukturierten Pfadtest und zum *boundary interior*-Pfadtest.

Prüfling Systemkomponente, die überprüft werden soll.

Regressionstest Wiederholung der bereits durchgeführten Tests nach Änderungen des Programms. Er dient zur Überprüfung der korrekten Funktion eines Programms nach Modifikationen, z.B. Fehlerkorrekturen.

Strukturtestverfahren Erzeugen Testfälle aus dem Quellprogramm. Die innere Struktur des Programms muß daher bekannt sein. Beispiele sind →kontrollflußorientierte und datenflußorientierte Testverfahren.

Testdaten Stichprobe der möglichen Eingaben eines Programms, die für die Testdurchführung verwendet werden.

Testfall Satz von →Testdaten, der die vollständige Ausführung eines Pfads des zu testenden Programms verursacht.

Testling Programm, das getestet werden soll.

Testobjekt →Testling.

Testtreiber Testrahmen, der es ermöglicht den →Testling interaktiv aufzurufen.

Überdeckungsgrad Maß für den Grad der Vollständigkeit eines Tests bezogen auf ein bestimmtes Testverfahren.

***White Box*-Testverfahren** →Strukturtestverfahren.

Zweigüberdeckungstest →kontrollflußorientiertes Testverfahren, das die Überdeckung aller Zweige, d.h. aller Kanten des → Kontrollflußgraphen fordert.

Steht die Implementierung eines Programms zum Testen zur Verfügung, dann können Strukurtestverfahren, auch *White Box-* oder *Glass Box-*Testverfahren genannt, angewandt werden. Diese Verfahren gehören zu den dynamischen Testverfahren, da das übersetzte Programm auf einem Computersystem ausgeführt wird.

Besitzt das zu testende Programm viele Kontrollstrukturen, dann bieten sich kontrollflußorientierte Testverfahren an. In Abhängigkeit von der Art und Intensität der Kontrollstrukturen sowie dem Fehlerkriterium unterscheidet man folgende Verfahren:

- Anweisungsüberdeckungstest bzw. C_0-Test,
- Zweigüberdeckungstest bzw. C_1-Test (gilt als minimales Testkriterium),
- Pfadüberdeckungstest, bei dem Pfade des Kontrollflußgraphen überdeckt werden (verschiedene Ausprägungen),
- Bedingungsüberdeckungstest (verschiedene Ausprägungen).

Um in einem Programm zu sehen, wie der Kontrollfluß aussieht, kann man ein Programm als Kontrollflußgraph darstellen. Um festzustellen, welche Zweige bereits durchlaufen wurden, muß der Testling – auch Testobjekt oder Prüfling genannt – instrumentiert werden.

Der Überdeckungsgrad gibt an, wieviele Zweige bereits durchlaufen wurden. Wird nach Abschluß eines Tests das Programm geändert, dann kann mit den gespeicherten Testfällen ein Regressionstest durchgeführt werden.

Für Strukturtestverfahren werden die Testdaten aus der Programmstruktur abgeleitet. Wird eine Prozedur, Funktion oder Operation getestet, die ihre Daten über Parameter erhält, dann wird ein Testtreiber benötigt.

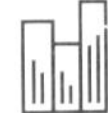
/Balzert 85/
Balzert H., *Systematischer Modultest im Software-Engineering-Environment-System PLASMA*, in: Elektronische Rechenanlagen, 27. Jahrgang, Heft 2/1985, S. 75–89

/Balzert, Balzert, Liggesmeyer 93/
Balzert Helmut, Balzert Heide, Liggesmeyer P., *Systematisches Testen mit Tensor*, Mannheim: BI-Wissenschaftsverlag 1993

/Gannon 79/
Gannon C., *Error Detection Using Path Testing and Static Analysis*, in: Computer, Vol.12, No.8, August 1979, pp. 26–31

/Girgis, Woodware 86/
Girgis M. R., Woodward M. R., *An Experimental Comparison of the Error Exposing Ability of Programm Testing Criteria*, in: Proceedings Workshop on Software Testing, Banff, July 1986, pp. 64–73

/Howden 78a/
Howden W. E., *An Evaluation of the Effectiveness of Symbolic Testing*, in: Software-Practice and Experience, Vol. 8, 1978, pp. 381–397

/Howden 78b/
Howden W. E., *Theoretical and Empirical Studies of Program Testing*, in: IEEE Transactions on Software Engineering, Vol. SE-4, No. 4, July 1978, pp. 293–298

/Howden 78c/
Howden W. E., *Theoretical and Empirical Studies of Program Testing*, in: Proceedings of the 3rd International Conference on Software Engineering, Atlanta, May 1978, pp. 235–243
/Infotech Vol.1 79/
Software Testing, Infotech State of the Art Report, Vol.1, Maidenhead 1979
/Liggesmeyer 90/
Liggesmeyer P., *Modultest und Modulverifikation – State of the Art*, Mannheim: BI-Wissenschaftsverlag 1990
/Liggesmeyer 93/
Liggesmeyer P., *Wissensbasierte Qualitätsassistenz zur Konstruktion von Prüfstrategien für Software-Komponenten*, Mannheim: BI-Wissenschaftsverlag 1993

Muß-Aufgabe *10 Minuten*

1 *Lernziel: Die definierten Begriffe und ihre Zusammenhänge erklären können.*
Ein Programm zur Ermittlung des ASCII-Zahlenwertes wurde geschrieben. Um es zu testen werden in einem Hauptprogramm Werte eingelesen und das Ergebnis ausgegeben. Das Programm sieht vereinfacht folgendermaßen aus:

```
int ermittleASCIICode(char Zeichen)
{
...
}

void main ()
{
...
cin >> EingabeZeichen;
cout << "Der ASCII-Zahlenwert von " << EingabeZeichen;
cout << "beträgt "<< ermittleASCIICode(EingabeZeichen);
...
}
```

Identifizieren Sie in diesem Beispiel das Testobjekt, den Testtreiber und die Testfälle. Erklären Sie kurz die jeweilige Aufgabe dieser Testbestandteile.

Muß-Aufgabe *35 Minuten*

2 *Lernziele: Ein Quellprogramm instrumentieren können. Ein Quellprogramm mit Testfällen ausführen können.*
Gegeben ist das folgende Programm. Es berechnet den größten gemeinsamen Teiler zweier Zahlen:

```
int berechneGGT(int ZahlA, int ZahlB)
{
  if (ZahlA > 0 && ZahlB > 0)
  {
   while (ZahlA != ZahlB)
   {
         while (ZahlA > ZahlB)
         {
             ZahlA -= ZahlB;
         }

         while (ZahlB > ZahlA)
         {
             ZahlB -= ZahlA;
         }
   }
  }
```

```
  else
    ZahlA = 0;

  return ZahlA;
}
```

Instrumentieren Sie dieses Programm mit Zählern für einen Zweigüberdeckungstest, übersetzen Sie das instrumentierte Programm und führen es mit Testfällen aus, bis eine 100-prozentige Zweigüberdeckung erreicht ist.

3 *Lernziel: Die Klassifikation analytischer Maßnahmen erklären können.* Muß-Aufgabe *10 Minuten*
Warum können dynamische und statische Testverfahren in einer Klassifikationsgruppe zusammengefaßt werden? Weshalb gehört die Verifikation nicht in diese Gruppe von Testverfahren?

4 *Lernziele: Die Zusammenhänge zwischen kontrollflußorientierten Testverfahren aufzeigen können. Die behandelten Testverfahren erklären können.* Muß-Aufgabe *15 Minuten*
Welche Gemeinsamkeiten bzw. Unterschiede bestehen zwischen einem strukturierten Pfadtest, einem mehrfachen Bedingungsüberdeckungstest und einem Zweigüberdeckungstest?

5 *Lernziele: Ein Quellprogramm in einen Kontrollflußgraphen mit der gewünschten Ausprägung umwandeln können. Aus einem Quellprogramm Testfälle so ableiten können, daß ein vorgegebenes Testkriterium erfüllt wird.* Muß-Aufgabe *30 Minuten*
Gegeben ist das folgende Programm. Es wandelt eine Binärzahl in eine Dezimalzahl. Die Stellen der Binärzahl werden invers eingelesen, d.h. die letzte Zahl zuerst, danach die vorletzte usw.

```
int wandleDezimalZahl()
{
    int Dezimalzahl = 0;
    int Potenzwert = 0;
    char Zchn;

    cin >> Zchn;
    while (((Zchn == '0') || (Zchn == '1'))
          && (Dezimalzahl < INT_MAX))
    {
          if (Zchn == '1')
                Dezimalzahl += pow (2, Potenzwert);

          Potenzwert++;
          cin >> Zchn;
    }
    return Dezimalzahl;

}
```

Wandeln Sie das Programm in einen Kontrollflußgraphen um.
Erstellen Sie Testfälle für
- den Anweisungsüberdeckungstest,
- den Zweigüberdeckungstest,
- den *boundary-interior* Pfadtest.

Muß-Aufgabe
5 Minuten

6 *Lernziel: Für ein zu testendes Programm das passende Testverfahren auswählen können.*
Wählen Sie anhand der Abb. 5.4-10 das optimale Testverfahren für das Programm `wandleDezimalZahl` (siehe Aufgabe 5) aus.

Kann-Aufgabe
30 Minuten

7 *Lernziele: Ein Quellprogramm in einen Kontrollflußgraphen mit der gewünschten Ausprägung umwandeln können. Aus einem Quellprogramm Testfälle so ableiten können, daß ein vorgegebenes Testkriterium erfüllt wird.*
Gegeben ist das folgende Programm. Es berechnet für nicht negative reelle Radikanden die reelle Quadratwurzel, die als Funktionswert zurückgeliefert wird. Werden negative Werte angegeben, so wird als Ergebnis der Wert 0 zurückgegeben.

```
float Wurzel(float Zahl)
{
    float Wert = 0.0;

    if (Zahl > 0)
    {
            Wert = 2.0;
            while (abs(Wert*Wert-Zahl) > 0.01)
            { Wert = Wert - ((Wert * Wert - Zahl) / (2.0*Wert));
            } //end while
    } //end if

    return Wert;
}
```

Wandeln Sie das Programm in einen Kontrollflußgraphen um.
Erstellen Sie Testfälle für
- den Anweisungsüberdeckungstest und
- den Zweigüberdeckungstest

Muß-Aufgabe
10 Minuten

8 *Lernziel: Kriterien aufzählen können, die die Auswahl von analytischen Maßnahmen beeinflussen.*
Sie sollen für ein Programm eine analytische Maßnahme zum Testen auswählen. Welche Fragen, bezogen auf das Programm, müssen gestellt werden, damit ein Verfahren ausgewählt werden kann.

5 Produktqualität – Komponenten (Testende Verfahren 2)

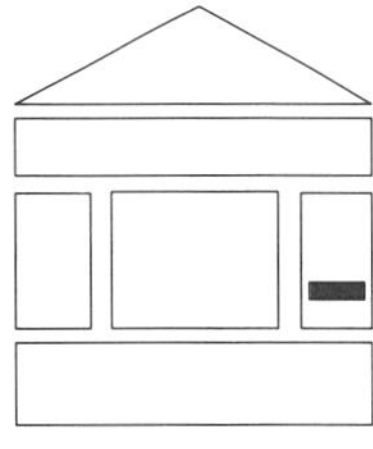

- Erklären können, wie datenflußorientierte Testverfahren und insbesondere die *Defs/Uses*-Verfahren arbeiten.
- Die prinzipielle Arbeitsweise funktionaler Testverfahren sowie die jeweilige Arbeitsweise der besprochenen Verfahren anhand von Beispielen erläutern können.
- Für ein Quellprogramm einen Kontrollflußgraphen in der Datenflußdarstellung herleiten können.
- Für einfache Beispiele Testfälle für gegebene *Defs/Uses*-Kriterien herleiten und begründen können.
- Anhand der gegebenen Spezifikation eines Programms Testfälle entsprechend den vorgestellten Testverfahren aufstellen können.
- Einen kombinierten Funktions- und Strukturtest durchführen können.

verstehen

anwenden

- Die Kapitel 5.1 bis 5.3 müssen bekannt sein.

Dr. Glenford J. Myers
*1946 in Saugerties, N.Y., USA; Wegbereiter des Software-Testens und des Strukturierten Entwurfs, 1979 Buch »*The Art of Software Testing*«, 2 Bücher zum strukturierten Entwurf (1975, 1978); Promotion in Informatik, Polytechnic Institute, New York; von 1968 bis 1981 bei IBM, von 1981 bis 1987 bei Intel, seit 1987 *Chief Executive Officer* der Firma RadiSys Corporation, die eingebettete Computerprodukte entwickelt.

Auf der beigefügten CD-ROM befinden sich ausgewählte Testwerkzeuge, die einen Teil der beschriebenen Verfahren unterstützen.

5.5 Datenflußorientierte Strukturtestverfahren

Einordnung

Die **datenflußorientierten Testverfahren** verwenden zur Erzeugung von Testfällen die Zugriffe auf Variablen. Da die Programmstruktur sichtbar sein muß, um den Datenfluß abzuleiten, gehören diese Testverfahren zu den **Strukturtestverfahren**. Da das übersetzte Programm beim Testen ausgeführt wird, gehören sie außerdem zu den **dynamischen Testverfahren**.

Testziele

Bei datenflußorientierten Testverfahren werden die Definition von Variablen sowie die lesenden und schreibenden Zugriffe auf Variablen sowohl in Anweisungen als auch in Bedingungen benutzt, um Testziele zu definieren. Abb. 5.5-1 gibt einen Überblick über diese Testverfahren und ihre Subsumptionsbeziehungen.

Einsatzbereich und Beschränkungen

Da datenflußorientierte Testverfahren im wesentlichen Datenbenutzungen testen, eignen sie sich besonders für den Test von Datenobjekt- und Datentypmodulen sowie Klassen. Weil es zu diesen Testverfahren aber nur wenige Testwerkzeuge gibt, werden im folgenden nur die *Defs/Uses*-Verfahren näher betrachtet und die anderen Verfahren lediglich erwähnt. Eine ausführliche Darstellung ist in /Liggesmeyer 90/ enthalten.

Abb. 5.5-1: Überblick über die datenfluß-orientierten Testverfahren

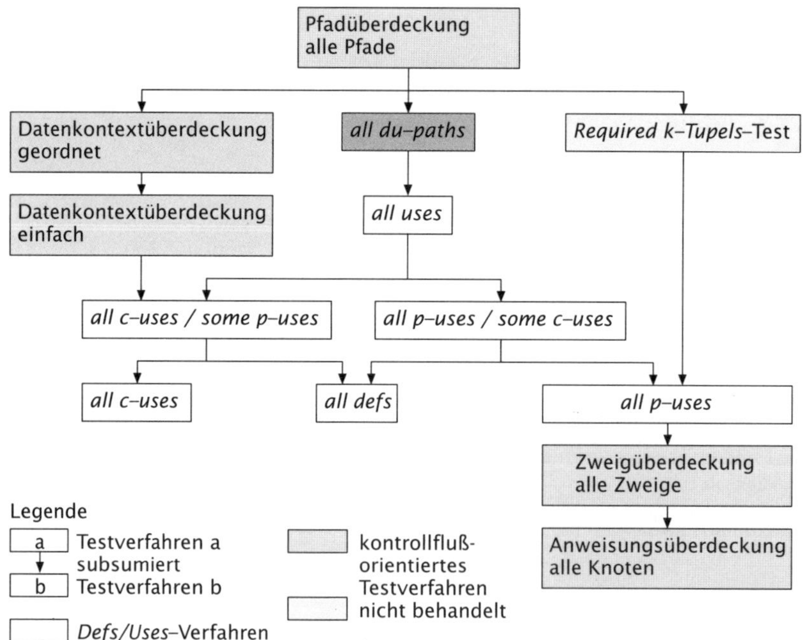

5.5.1 Die *Defs/Uses*-Verfahren

Testfälle werden bei den ***Defs/Uses*-Verfahren** auf der Basis von Variablenzugriffen durch *Defs/Uses*-Kriterien definiert. Diese Kriterien ordnen jeden Variablenzugriff in eine von drei Kategorien ein. Variablenzugriffe dienen entweder

Prinzip

3 Kategorien

- zur Wertzuweisung – auch Definition *(def)* genannt,
- zur Berechnung von Werten innerhalb eines Ausdrucks *(computational-use, c-use*, berechnende Benutzung) oder
- zur Bildung von Wahrheitswerten in Bedingungen bzw. Prädikaten *(predicate-use, p-use,* prädikative Benutzung).

Beispiel

Die Anweisung `y=x+1` enthält eine berechnende Referenz der Variablen `x` gefolgt von einer Wertzuweisung an die Variable `y`. Die Bedingung `if(x>5)...` enthält eine prädikative Referenz der Variablen `x`.

Kapitel 5.3

Zur Verdeutlichung der Arbeitsweise der Testverfahren bietet sich eine modifizierte Form des Kontrollflußgraphen an. Der wesentliche Unterschied zwischen der Datenflußdarstellung des Kontrollflußgraphen und der üblichen Grundform, die im Rahmen der kontrollflußorientierten Tests verwendet wird, ist die Zuordnung von Datenflußattributen zu den Knoten und Kanten und die Existenz der zusätzlichen Knoten n_{in} und n_{out} in der Datenflußdarstellung. Sie beschreiben einen Informationsimport und einen Informationsexport über Parameter oder globale Variablen (Abb. 5.5-2).

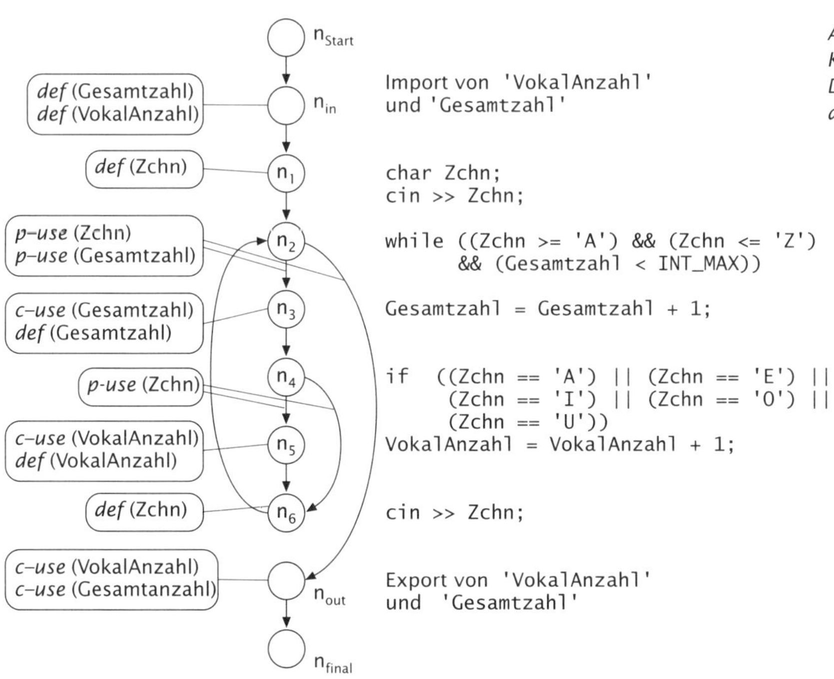

Abb. 5.5-2: Kontrollflußgraph – Datenflußdarstellung

Wertzuweisungen an Variablen und Benutzungen von Variablen in Ausdrücken sind ausschließlich in den Knoten des Kontrollflußgraphen möglich.

Da Bedingungen den Kontrollfluß des Programms bestimmen, werden sie mit den Kanten des Kontrollflußgraphen assoziiert. Ist die letzte Anweisung eines Knotens eine Kontrollstruktur mit der Bedingung $p(x_1,..,x_n)$, dann enthalten alle von diesem Knoten ausgehenden gerichteten Kanten prädikative Benutzungen von $x_1, ..., x_n$ (siehe Abb. 5.5-2).

Für die Analyse des Datenflusses ist es wichtig zu wissen, wo die Definition einer Variablen benutzt wird (siehe Abb. 5.5-3):

Benutzung einer Variablen

- Die Definition einer Variablen x in einem Knoten n_i *erreicht* eine berechnende Benutzung von x im Knoten n_j, wenn ein Pfad von n_i nach n_j im Graphen existiert, der keine weitere Definition von x enthält.

Definition einer Variablen

- Die Definition einer Variablen x in einem Knoten n_i *erreicht* eine prädikative Benutzung von x in der Kante (n_j, n_k), wenn ein Pfad von n_i nach (n_j, n_k) existiert, der keine weitere Definition von x enthält.

definitionsfreier Pfad

Ein Pfad $p = (n_1, ..., n_m)$, der keine Definition einer Variablen x in $n_1, .., n_m$ enthält, heißt *definitionsfrei* bezüglich x.

Die Knoten des Kontrollflußgraphen repräsentieren Programmblöcke.

lokale Benutzung

Eine Variablenbenutzung ist *lokal*, wenn der Benutzung der Variablen eine Definition im selben Block vorausgeht.

globale Benutzung

Eine *globale* Variablenbenutzung liegt vor, wenn die letzte vorangehende Variablendefinition außerhalb des Blocks erfolgte.

lokale Definition

Analog ist eine Variable *lokal* definiert, wenn auf die Definition eine lokale Benutzung erfolgt.

globale Definition

Die letzte Definition einer Variablen in einem Block heißt *global* und ist für Zugriffe in nachfolgenden Blöcken wichtig.

Definitionen, die nicht benutzt werden, weisen auf einen Programmfehler hin.

$def(n_i)$
$c\text{-}use(n_i)$
$p\text{-}use(n_i, n_j)$

Zur Verdeutlichung der Vorgehensweise der Testverfahren ist es notwendig, jedem Knoten n_i des Kontrollflußgraphen die Menge der in ihm global definierten Variablen ($def(n_i)$) und globalen berechnenden Zugriffe ($c\text{-}use(n_i)$) zuzuordnen. Jeder Kante (n_i, n_j) wird die Menge der Variablen zugeordnet, für die ein prädikativer Zugriff erfolgt ($p\text{-}use(n_i, n_j)$).

$dcu(x,n_i)$

Für einen Knoten n_i und eine Variable x mit $x \in def(n_i)$ ist $dcu(x,n_i)$ die Menge aller Knoten n_j, für die $x \in c\text{-}use(n_j)$ ist und für die ein definitionsfreier Pfad bezüglich x von Knoten n_i zum Knoten n_j existiert.

Die Menge *dpu(x,* n_i*)* ist die Menge aller Kanten *(*n_j*,* n_k*), für die* $x \in$ *p-use (*n_j*,* n_k*)* gilt und für die ein definitionsfreier Pfad bezüglich *x* von n_i nach *(*n_j*,* n_k*)* existiert.

dpu(x, n_i*)*

Auf dieser Basis können eine Reihe von datenflußorientierten Testverfahren (siehe Abb. 5.5-1) definiert werden:

all defs

- Das ***all defs*-Kriterium** verlangt, daß jede Definition *(all defs)* einer Variablen in einer Berechnung oder einer Bedingung benutzt wird. Daher muß für jeden Knoten n_i und jede Variable $x \in$ *def (*n_i*)* ein definitionsfreier Pfad bezüglich *x* und n_i zu einem Element von *dcu(x,* n_i*)* oder *dpu (x,* n_i*)* enthalten sein.
  Dieses Kriterium beinhaltet weder die Zweigüberdeckung noch die Anweisungsüberdeckung.

Beispiel

Das Beispielprogramm `MinMax` (Abb. 5.5-3) enthält in den Knoten n_{in} und n_2 Definitionen der Variablen `Min` und `Max`. Der Testpfad $(n_{start}, n_{in}, n_1, n_2, n_{out}, n_{final})$ testet das Programm im Sinne des *all defs*-Kriteriums hinreichend, da die Definitionen in Knoten n_{in} durch die Verwendung im Prädikat der Kante (n_1, n_2) und durch die Berechnung im Knoten n_2 getestet werden und die Definitionen in Knoten n_2 durch die Ausgabeanweisungen in Knoten n_{out} abgedeckt sind. Die Kante (n_i, n_{out}) wird nicht ausgeführt.

all p-uses

- Das ***all p-uses*-Kriterium** ist erfüllt, wenn jede Kombination einer Variablendefinition mit jeder prädikativen Variablenbenutzung, die diese Definition benutzt, getestet ist. Für jeden Knoten n_i und jede Variable $x \in$ *def (*n_i*)* muß bezüglich *x* ein definitionsfreier Pfad von n_f zu allen Elementen von *dpu (x,* n_i*)* existieren.
  Dieses Kriterium beinhaltet die Zweigüberdeckung.

Beispiel

Zur Erfüllung dieses Kriteriums müssen im Beispielprogramm `MinMax` (Abb. 5.5-3) die Pfade $(n_{start}, n_{in}, n_1, n_{out}, n_{final})$ und $(n_{start}, n_{in}, n_1, n_2, n_{out}, n_{final})$ durchlaufen werden, um die prädikativen Zugriffe der Kanten (n_1, n_2) und (n_i, n_{out}) zu testen.

all c-uses

- Das ***all c-uses*-Kriterium** fordert die Ausführung mindestens eines definitionsfreien Pfades bezüglich *x* von n_i zu allen Elementen von *dcu(x,* n_i*)* für jeden Knoten n_i und jede Variable $x \in$ *def (*n_i*)*.
  Dieses Kriterium enthält weder die Zweigüberdeckung noch die Anweisungsüberdeckung.

all c-uses/ some p-uses

- Das ***all c-uses/some p-uses*-Kriterium** ist erfüllt, wenn bezüglich jeder Definition einer Variablen alle berechnenden Variablenbenutzungen getestet werden. Existiert zu einer Definition kein berechnender Variablenzugriff, so muß sie in mindestens einem Pfadprädikat benutzt werden. Das Verfahren testet besonders gründlich Variablenzugriffe zur Berechnung.
  Für jeden Knoten n_i und jede Variable $x \in$ *def(*n_i*)* gibt es einen definitionsfreien Pfad bezüglich x von n_i zu jedem Element von

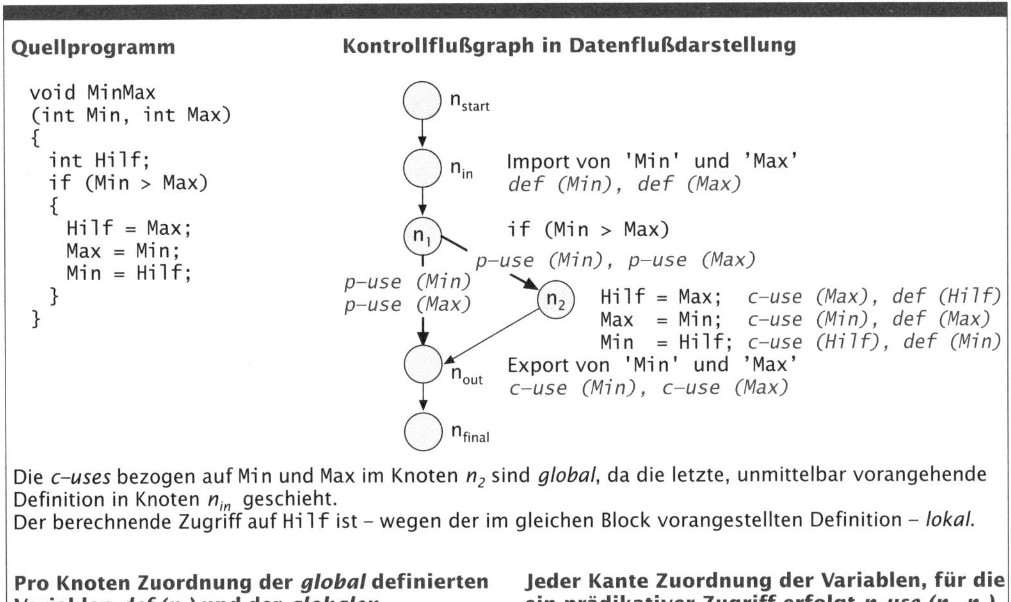
Quellprogramm
Kontrollflußgraph in Datenflußdarstellung
void MinMax
(int Min, int Max)
{
int Hilf;
if (Min > Max)
{
Hilf = Max;
Max = Min;
Min = Hilf;
}
}
n_start
n_in
Import von 'Min' und 'Max'
def (Min), def (Max)
n_1
if (Min > Max)
p-use (Min), p-use (Max)
p-use (Min)
p-use (Max)
n_2
Hilf = Max; c-use (Max), def (Hilf)
Max = Min; c-use (Min), def (Max)
Min = Hilf; c-use (Hilf), def (Min)
n_out
Export von 'Min' und 'Max'
c-use (Min), c-use (Max)
n_final

Die *c-uses* bezogen auf `Min` und `Max` im Knoten n_2 sind *global*, da die letzte, unmittelbar vorangehende Definition in Knoten n_{in} geschieht.
Der berechnende Zugriff auf `Hilf` ist – wegen der im gleichen Block vorangestellten Definition – *lokal*.

Pro Knoten Zuordnung der *global* definierten Variablen *def* (n_i) und der *globalen* berechnenden Zugriffe *c-use* (n_i)

Knoten n_i	*def* (n_i)	*c-use* (n_i)
n_{in}	{Min, Max}	{ }
n_1	{ }	{ }
n_2	{Min, Max}	{Min, Max}
n_{out}	{ }	{Min, Max}

Jeder Kante Zuordnung der Variablen, für die ein prädikativer Zugriff erfolgt *p-use* (n_i, n_j)

Kanten	*p-use*
(n_1, n_2)	{Min, Max}
(n_1, n_{out})	{Min, Max}

dcu* und *dpu

Variable x	Knoten n_i	*dcu* (x, n_i)	*dpu* (x, n_i)
Min	n_{in}	$\{n_2, n_{out}\}$	$\{(n_1, n_2), (n_1, n_{out})\}$
Min	n_2	$\{n_{out}\}$	{ }
Max	n_{in}	$\{n_2, n_{out}\}$	$\{(n_1, n_2), (n_1, n_{out})\}$
Max	n_2	$\{n_{out}\}$	{ }

Abb. 5.5-3: Beispiel MinMax zur Erläuterung datenflußorientierter Tests

$dcu(x, n_i)$ oder falls $dcu(x, n_i)$ leer ist, einen definitionsfreien Pfad bezüglich x von n_i zu einem Element von $dpu(x, n_i)$.
Das Kriterium enthält in der Regel nicht den Zweigüberdeckungstest, subsumiert aber das *all defs*-Kriterium und das *all c-uses*-Kriterium.

Beispiel: Für das Beispielprogramm `MinMax` (Abb. 5.5-3) müssen die Pfade $(n_{start}, n_{in}, n_1, n_2, n_{out}, n_{final})$ durchlaufen werden. Die Definitionen in Knoten n_{in} und n_2 machen den Test der berechnenden Zugriffe in Knoten n_2 und n_{out} notwendig.

- Das ***all p-uses/some c-uses*-Kriterium** fordert einen definitionsfreien Pfad von jeder Definition zu jedem prädikativen Zugriff und, falls nicht vorhanden, einen entsprechenden Pfad zu einem berechnenden Zugriff. Prädikative Variablenzugriffe werden durch diese Vorgehensweise besonders intensiv getestet.
  Dieses Kriterium subsumiert das *all p-uses*-Kriterium, das *all-defs*-Kriterium sowie den Zweigüberdeckungstest.

all p-uses/ some c-uses

Das Beispielprogramm `MinMax` (Abb. 5.5-3) ist durch Ausführung der Pfade $(n_{start}, n_{in}, n_1, n_{out}, n_{final})$ hinreichend getestet. Die Definitionen im Knoten n_{in} führen zum Test der prädikativen Zugriffe in den Zweigen (n_1, n_2) und (n_i, n_{out}). Zu den Definitionen in Knoten n_2 existiert kein prädikativer Zugriff. Aus diesem Grund wird der Test des berechnenden Zugriffs in Knoten n_{out} notwendig.

Beispiel

- Das ***all uses*-Kriterium** fordert, daß für alle Definitionen alle prädikativen und alle berechnenden Variablenzugriffe, die von einer Definition erreicht werden, getestet werden.
  Formal formuliert muß ein definitionsfreier Pfad bezüglich x von Knoten n_i zu allen Elementen von $dcu(x, n_i)$ und $dpu(x, n_i)$, für jeden Knoten n_i und jede Variable $x \in def(n_i)$, enthalten sein.

all uses

Leistungsfähigkeit

In der Studie von /Girgis, Woodward 86/ werden die Kriterien *all defs, all p-uses* und *all-c-uses* untereinander und mit anderen Testverfahren verglichen. Diese drei Verfahren identifizieren – unter Einbeziehung der Analyse der Datenflußanomalien – 70 Prozent der Programmfehler. Die untersuchten datenflußorientierten Verfahren unterscheiden sich folgendermaßen:

- Das *all c-uses*-Kriterium entdeckt 48 Prozent der Fehler und identifiziert insbesondere Berechnungsfehler.
- Das *all p-uses*-Kriterium identifiziert 34 Prozent der Fehler und entdeckt sicherer Kontrollflußfehler.
- Das *all defs*-Kriterium findet 21 Prozent der Fehler. Es erkennt keinen Kontrollflußfehler.

5.5.2 Weitere Verfahren

Der ***Required k-Tupels*-Test** fordert die Überdeckung von alternierenden Sequenzen aus Variablendefinitionen und Variablenbenutzungen. Durch Variation der Länge dieser Sequenzen entstehen mehrere Testverfahren. Der *Required k-Tupels*-Test ist eine Teilmenge der *Required Elements-Tests*, der genaugenommen keinen Test im eigentlichen Sinne darstellt, sondern einen Formalismus zur Beschreibung von Testverfahren bildet, mit dem sich alle strukturorientierten Verfahren beschreiben lassen.

Required k-Tupels-Test

Geforderte Elemente *(Required Elements)* haben die Form {S; F}. S ist die strukturelle Komponente, die festgelegt, welche Strukturelemente (Zweige, Anweisungen usw.) getestet werden sollen. F ist die funktionale Komponente, welche die Bedingungen beschreibt, die die Testfälle für S erfüllen müssen.

Das *Required k-Tupels*-Kriterium beschreibt eine Klasse von datenflußorientierten Testverfahren, die durch Variation von k – mit $k \geq 2$ – entstehen. Der *Required k+1-Tupels*-Test enthält den *Required k-Tupels*-Test.

Datenkontext-Überdeckung

Ein anderes datenflußorientiertes Testverfahren ist die **Datenkontext-Überdeckung**. Die **einfache Datenkontext-Überdeckung** verlangt, daß alle existierenden Möglichkeiten, den Programmvariablen Werte zuzuweisen, mindestens einmal geprüft werden. Kann der Wert, den eine Variable an einer bestimmten Stelle des Programms besitzt, an unterschiedlichen Stellen zugewiesen worden sein, so müssen alle diese unterschiedlichen Wertzuweisungen getestet werden. Die geordnete Datenkontext-Überdeckung verlangt zusätzlich zur Prüfung aller Möglichkeiten der Wertzuweisung die Beachtung der Zuweisungs-Reihenfolge.

Metriken

In /Liggesmeyer 93/ werden elf Datenflußmetriken beschrieben, die es erlauben, die Datenflußkomplexität eines Programms zu berechnen.

5.6 Funktionale Testverfahren

Einordnung

Bei den **funktionalen Testverfahren** – auch ***Black Box*-Testverfahren** genannt – werden die Testfälle aus der Programmspezifikation abgeleitet. Im Gegensatz zum Strukturtest wird die Programmstruktur nicht betrachtet – sie sollte für den Tester sogar unsichtbar sein. Der Testling sollte für den Tester mit Ausnahme der Spezifikation ein »schwarzer Kasten« sein.

Black Box

Die Begründung, ein Programm gegen seine Spezifikation zu testen, liegt darin, daß es unzureichend ist, ein Programm lediglich gegen sich selbst zu testen. Die Aufgabe eines Programms ist die Transformation von Eingaben in Ausgaben. Diese Funktionalität ist in der Spezifikation beschrieben.

Ziel

Ziel des funktionalen Tests ist eine möglichst umfassende – aber redundanzarme – Prüfung der spezifizierten Funktionalität. Für die vollständige Durchführung des Tests ist eine Überprüfung aller Programmfunktionen notwendig. Die Testfälle und Testdaten für den Funktionstest werden allein aus der jeweiligen Programmspezifikation abgeleitet.

Funktionsüberdeckung

Man kann in Analogie zu den strukturellen Überdeckungsmaßen von Funktionsüberdeckung sprechen.

Voraussetzung: Spezifikation

Zur Beurteilung der Vollständigkeit eines Funktionstests, der Korrektheit der erzeugten Ausgaben und zur Definition von Testfällen ist eine Programmspezifikation notwendig. Im Idealfall liegt sie in formaler Form vor. Üblicherweise existieren jedoch nur semiformale oder informale Spezifikationen, etwa in Form einer verbalen Programmbeschreibung, die eine gewisse Interpretierbarkeit besitzen können.

Aufgabe der Testplanung ist es, aus der Programmspezifikation Testfälle herzuleiten, mit denen das Programm getestet werden soll. Zu einem Testfall gehören sowohl die Eingabedaten in das Testobjekt als auch die erwarteten Ausgabedaten oder Ausgabereaktionen (Soll-Ergebnisse).

Die Hauptschwierigkeiten beim Funktionstest bestehen in der Ableitung der geeigneten Testfälle. Ein vollständiger Funktionstest ist im allgemeinen nicht durchführbar. Ziel einer Testplanung muß es daher sein, Testfälle so auszuwählen, daß die Wahrscheinlichkeit groß ist, Fehler zu finden.

Testfall-bestimmung

Für die Testfallbestimmung gibt es folgende wichtige Verfahren:
- Funktionale Äquivalenzklassenbildung,
- Grenzwertanalyse,
- Test spezieller Werte,
- Zufallstest,
- Test von Zustandsautomaten.

Auf alle diese Verfahren wird im folgenden näher eingegangen. Anschließend wird ein kombinierter Funktions- und Strukturtest vorgestellt.

5.6.1 Funktionale Äquivalenzklassenbildung

Die wichtigsten Eigenschaften der **funktionalen Äquivalenzklassenbildung** und die Art und Weise, wie Testfälle aus Äquivalenzklassen abgeleitet werden, sind in den Abb. 5.6-1 und 5.6-2 zusammengestellt. Im folgenden werden zwei umfangreichere Beispiele angegeben.

Beispiel 1a

Die Spezifikation des Programm `ZaehleZchn` lautet:

```
/* Programmname: ZaehleZchn (Spezifikation/Header)
Aufgabe:
Die Prozedur ZaehleZchn liest solange Zeichen von der Tastatur
(Eingabevariable Zchn, Typ char), bis ein Zeichen erkannt wird,
das kein Großbuchstabe ist, oder bis Gesamtzahl den größten durch
den Datentyp int darstellbaren Wert INT_MAX erreicht.
Ist ein gelesenes Zeichen ein Großbuchstabe zwischen A und Z,
dann wird Gesamtzahl um eins erhöht. Ist der Großbuchstabe ein
Vokal, dann  wird auch VokalAnzahl um eins erhöht.
Ein-/Ausgabeparamenter sind Gesamtzahl und VokalAnzahl.
```

Abb. 5.6-1: Funktionale Äquivalenzklassenbildung

Einordnung
Dynamisches, funktionales Testverfahren, das Tests aus der funktionalen Spezifikation eines Programms ableitet. Dies geschieht durch Bildung von Äquivalenzklassen.

Ziel
Die Definitionsbereiche der Eingabeparameter und die Wertebereiche der Ausgabeparameter werden in Äquivalenzklassen zerlegt. Es wird davon ausgegangen, daß ein Programm bei der Verarbeitung eines Repräsentanten aus einer Äquivalenzklasse so reagiert, wie bei allen anderen Werten aus dieser Äquivalenzklasse. Wenn das Programm mit dem repräsentativen Wert der Äquivalenzklasse fehlerfrei läuft, dann ist zu erwarten, daß es auch für andere Werte aus dieser Äquivalenzklasse korrekt funktioniert. Voraussetzung ist natürlich die sorgfältige Wahl der Äquivalenzklassen. Wegen der Heuristik der Äquivalenzklassenbildung kann nicht ausgeschlossen werden, daß die Klassenbildung überschneidungsfrei ist. Daher ist der Äquivalenzklassenbegriff nicht unbedingt im strengen Sinne der Mathematik zu verstehen.

Beispiel
```
void setzeMonat(short aktuellerMonat); //Eingabeparameter
//Es muß gelten: 1 <= aktuellerMonat <= 12
```
Eine gültige Äquivalenzklasse: `1 <= aktuellerMonat <= 12`
Zwei ungültige Äquivalenzklassen: `aktuellerMonat < 1, aktuellerMonat > 12`
Aus den Äquivalenzklassen abgeleitete Testfälle:
1 `aktuellerMonat = 5` (Repräsentant der Äquivalenzklasse)
2 `aktuellerMonat = -3`
3 `aktuellerMonat = 25`

Eigenschaften
- Basierend auf der Programmspezifikation werden **Äquivalenzklassen der Eingabewerte** gebildet. Dadurch wird sichergestellt, daß alle spezifizierten Funktionen mit Werten aus der ihnen zugeordneten Äquivalenzklasse getestet werden. Außerdem wird eine Beschränkung der Testfallanzahl erreicht.
- Aus den Ausgabewertebereichen können ebenfalls Äquivalenzklassen erstellt werden. Für diese **Äquivalenzklassen** müssen jedoch Eingaben gefunden werden, die die gewünschten Ausgabewerte erzeugen. Die Ausgabeäquivalenzklassen müssen praktisch in entsprechende Äquivalenzklassen von Eingabewerten umgeformt werden.
- Als Repräsentant für einen Testfall wird *irgendein* Element aus der Äquivalenzklasse ausgewählt.
- Regeln zur Äquivalenzklassenbildung sind in Abb. 5.6-2 zusammengestellt.

Bewertung
- Geeignetes Verfahren, um aus Spezifikationen – insbesondere aus Parameterein- und -ausgabespezifikationen – repräsentative Testfälle abzuleiten.
- Basis für die Grenzwertanalyse (siehe Abschnitt 5.6.2).
- Die Aufteilung in Äquivalenzklassen muß nicht mit der internen Programmstruktur übereinstimmen, so daß nicht auf jeden Repräsentanten gleich reagiert wird.
- Es werden einzelne Eingaben oder Ausgaben betrachtet. Beziehungen, Wechselwirkungen und Abhängigkeiten zwischen Werten werden nicht behandelt. Dazu werden Verfahren wie die Ursache-Wirkungs-Analyse benötigt.

```
Randbedingung:
Das aufrufende Programm stellt sicher, daß Gesamtzahl stets
größer oder gleich VokalAnzahl ist.
*/
void ZaehleZchn(int &VokalAnzahl, int &Gesamtzahl);
```
Anhand der Spezifikation sieht man, daß der Testling zwei E/A-Parameter und eine interaktive Eingabe besitzt. Die zwei E/A-Parameter `VokalAnzahl` und `Gesamtzahl` sind vom Datentyp `int`. Außerdem muß `Gesamtzahl` kleiner oder gleich `INT_MAX` sein. Als zusätzliche Randbedingung ist zu beachten, daß `VokalAnzahl <= Gesamtzahl` sein muß.

Bildung von Eingabeäquivalenzklassen

1 Falls eine Eingabebedingung einen zusammenhängenden Wertebereich spezifiziert, so sind eine gültige Äquivalenzklasse und zwei ungültige Äquivalenzklassen zu bilden.
Eingabebereich: 1 ≤ Tage ≤ 31 Tage
Eine gültige Äquivalenzklasse: 1 ≤ Tage ≤ 31
Zwei ungültige Äquivalenzklassen: Tage < 1, Tage > 31

2 Spezifiziert eine Eingabebedingung eine Anzahl von Werten, so sind eine gültige Äquivalenzklasse und zwei ungültige Äquivalenzklassen zu bilden.
Für ein Auto können zwischen einem und sechs Besitzer eingetragen sein.
Eine gültige Äquivalenzklasse:
- Ein Besitzer bis sechs Besitzer

Zwei ungültige Äquivalenzklassen:
- Kein Besitzer
- Mehr als sechs Besitzer

3 Falls eine Eingabebedingung eine Menge von Werten spezifiziert, die wahrscheinlich unterschiedlich behandelt werden, so ist für jeden Wert eine eigene gültige Äquivalenzklasse zu bilden. Für alle Werte mit Ausnahme der gültigen Werte ist eine ungültige Äquivalenzklasse zu bilden.
Tasteninstrumente: Klavier, Cembalo, Spinett, Orgel
Vier gültige Äquivalenzklassen: Klavier, Cembalo, Spinett, Orgel
Eine ungültige Äquivalenzklasse: z.B. Violine
Ist anzunehmen, daß jeder Fall unterschiedlich behandelt wird, dann ist für jeden Fall eine gültige Äquivalenzklasse zu bilden (Scheck, Ueberweisung, Bar) sowie eine ungültige (gemischte Zahlungsweise).

4 Falls eine Eingabebedingung eine Situation festlegt, die zwingend erfüllt sein muß, so sind eine gültige Äquivalenzklasse und eine ungültige zu bilden.
Das erste Zeichen muß ein Buchstabe sein.
Eine gültige Äquivalenzklasse: Das erste Zeichen ist ein Buchstabe.
Eine ungültige Äquivalenzklasse: Das erste Zeichen ist kein Buchstabe (z.B. Ziffer oder Sonderzeichen).

5 Ist anzunehmen, daß Elemente einer Äquivalenzklasse unterschiedlich behandelt werden, dann ist diese Äquivalenzklasse entsprechend aufzutrennen.

Bildung von Ausgabeäquivalenzklassen: Regeln 1 bis 5 gelten analog.

6 Spezifiziert eine Ausgabebedingung einen Wertebereich, in dem sich die Ausgaben befinden müssen, so sind alle Eingabewerte, die Ausgaben innerhalb des Wertebereichs erzeugen, einer gültigen Äquivalenzklasse zuzuordnen. Alle Eingaben, die Ausgaben unterhalb des spezifizierten Wertebereichs verursachen, werden einer ungültigen Äquivalenzklasse zugeordnet. Alle Eingaben, die Ausgaben oberhalb des spezifizierten Wertebereichs verursachen, werden einer anderen ungültigen Äquivalenzklasse zugeordnet.
Ausgabebereich: 1 ≤ Wert ≤ 99
Eine gültige Äquivalenzklasse:
Alle Eingaben, die Ausgaben zwischen 1 und 99 erzeugen
Zwei ungültige Äquivalenzklassen:
- Alle Eingaben, die Ausgaben kleiner als 1 erzeugen
- Alle Eingaben, die Ausgaben größer als 99 erzeugen

Quelle: nach /Myers 79/

Abb. 5.6-2: Regeln zur Äquivalenzklassenbildung

Daraus ergibt sich, daß sich das Programm für folgende Äquivalenzklassen unterschiedlich verhält:

1 `0 <= Gesamtzahl < INT_MAX`

2 `Gesamtzahl = INT_MAX`

Für `VokalAnzahl` ergibt sich folgende Äquivalenzklasse:

3 `0 <= VokalAnzahl < Gesamtzahl`

Die interaktive Eingabevariable `Zchn` ist vom Typ `char`, d.h. alle Zeichen sind zugelassen. Die Spezifikation sagt jedoch, daß sich das Programm für folgende Fälle offenbar unterschiedlich verhält:

4 Zchn ist kein Großbuchstabe (Zchn < 'A' oder Zchn > 'Z').
5 Zchn ist ein Großbuchstabe.
6 Zchn ist ein großer Vokal ('A', 'E', 'I', 'O', 'U').

Die Äquivalenzklasse 4 besteht im Zeichensatz aus zwei zusammenhängenden Teilen, die wahrscheinlich unterschiedlich behandelt werden:
4a Zchn < 'A' und
4b Zchn > 'Z'
Die Äquivalenzklasse **5** umfaßt den geordneten Bereich 'A' < Zchn < 'Z'.
Die Äquivalenzklasse **6** enthält nur die fünf Vokale. Da zu erwarten ist, daß sie von der Prozedur unterschiedlich behandelt werden und aufgrund der geringen Anzahl der Elemente bietet sich eine Aufteilung in fünf Äquivalenzklassen mit jeweils einem Element an.
Nach der Identifikation der Äquivalenzklassen können Repräsentanten ausgewählt und anschließend Testfälle zusammengestellt werden (Tab. 5.6-1 und 5.6-2).

Tab. 5.6-1. Äquivalenzklassen für ZaehleZchn

Eingaben	gültige Äquivalenzklassen
Gesamtzahl	**1** 0 ≤ Gesamtzahl < INT_MAX
	2 Gesamtzahl = INT_MAX
VokalAnzahl	**3** 0 ≤ VokalAnzahl ≤ Gesamtzahl
Zchn	**4a** Zchn < 'A'
	4b Zchn > 'Z'
	5 'A' ≤ Zchn ≤ 'Z'
	6a Zchn = 'A'
	6b Zchn = 'E'
	6c Zchn = 'I'
	6d Zchn = 'O'
	6e Zchn = 'U'

Tab. 5.6-2: Testfälle für ZaehleZchn

Testfall	1	2	3
getestete Äquivalenzklasse	1, 3, 5, 6a, 6b, 6c, 6d, 6e, 4a	1, 3, 4b	2, 3
Gesamtzahl	100	1	INT_MAX
VokalAnzahl	50	1	50
Zchn	'X', 'A', 'E', 'I', 'O', 'U', 'I'	'a'	–
Soll-Ergebnisse:			
Gesamtzahl	106	1	INT_MAX
VokalAnzahl	55	1	50

Für die Prozedur können *keine* ungültigen Äquivalenzklassen gebildet werden, da für die Variable *Zchn* alle möglichen Werte erlaubt sind. Die Variable *Gesamtzahl* darf ebenfalls alle durch ihren Datentyp darstellbaren Werte annehmen.

Die Äquivalenzklassen sind eindeutig zu numerieren. Für die Erzeugung von Testfällen aus den Äquivalenzklassen sind zwei Regeln zu beachten:

Regeln für Testfälle

- Die Testfälle für gültige Äquivalenzklassen werden durch Auswahl von Testdaten aus möglichst vielen gültigen Äquivalenzklassen gebildet. Dies reduziert die Testfälle für gültige Äquivalenzklassen auf ein Minimum.
- Die Testfälle für ungültige Äquivalenzklassen werden durch Auswahl eines Testdatums aus einer ungültigen Äquivalenzklasse gebildet. Es wird mit Werten kombiniert, die ausschließlich aus gültigen Äquivalenzklassen entnommen sind.
  Da für alle ungültigen Eingabewerte eine Fehlerbehandlung existieren muß, kann bei Eingabe eines fehlerhaften Wertes pro Testfall die Fehlerbehandlung nur durch dieses fehlerhafte Testdatum verursacht worden sein. Würden mehrere fehlerhafte Eingaben pro Testfall verwendet, so ist nicht transparent, welches fehlerhafte Testdatum die Fehlerbehandlung ausgelöst hat.

Der Programmierung geht die Entwurfsphase voraus, in der die Schnittstellen der Programme festgelegt und die Spezifikationen erstellt werden. Die Äquivalenzklassenbildung benötigt primär die Spezifikationen zur Bildung der Äquivalenzklassen. Die Schnittstellenbeschreibungen können aber ergänzende Informationen liefern. So enthalten sie oft bereits konkrete, in einer Programmiersprache abgefaßte Typvereinbarungen der Schnittstellenparameter.

5.6.2 Grenzwertanalyse

Die wichtigsten Eigenschaften der **Grenzwertanalyse** sind in Abb. 5.6-3 zusammengestellt. Das folgende Beispiel zeigt, wie sich gegenüber der Äquivalenzklassenbildung die Testfälle bei der Grenzwertanalyse ändern.

Beispiel 1 b

Für das Programm `ZaehleZchn` zeigt Tab. 5.6-3 die gewählten Testfälle. Das Kürzel U oder O hinter der Angabe der getesteten Äquivalenzklasse kennzeichnet einen Test der unteren bzw. oberen Grenze der angegebenen Äquivalenzklasse.
Tab. 5.6-3 enthält mindestens jeweils ein Testdatum von den Äquivalenzklassengrenzen. Sind für eine Äquivalenzklasse bereits alle Grenzen getestet, so ist die Auswahl eines Testdatums aus der Mitte der Äquivalenzklasse durchaus sinnvoll (z.B. 50 und 100 für `Gesamtzahl` in den Testfällen 3 bzw. 4).

5.6.3 Test spezieller Werte

Unter dem Oberbegriff »Test spezieller Werte« *(special values testing)* werden eine Reihe von Testverfahren zusammengefaßt, die für die

Abb. 5.6-3: Grenzwertanalyse

Einordnung
Dynamisches, funktionales Testverfahren, das Tests aus der funktionalen Spezifikation eines Programms ableitet. In der Regel basiert die Grenzwertanalyse auf der funktionalen Äquivalenzklassenbildung (Abb. 5.6-1). Sie gehört ebenfalls in die Kategorie »Test spezieller Werte« (Abschnitt 5.6.3).

Ziel
Erfahrungen haben gezeigt, daß Testfälle, die die Grenzwerte der Äquivalenzklassen abdecken oder in der unmittelbaren Umgebung dieser Grenzen liegen, besonders effektiv sind, d.h. besonders häufig Fehler aufdecken.
Bei der Grenzwertanalyse wird daher nicht *irgendein* Element aus der Äquivalenzklasse als Repräsentant ausgewählt, sondern ein oder mehrere Elemente werden ausgesucht, so daß jeder Rand der Äquivalenzklasse getestet wird. Die Annäherung an die Grenzen der Äquivalenzklasse kann sowohl vom gültigen als auch vom ungültigen Bereich aus durchgeführt werden.

Beispiel

```
void setzeMonat (short aktuellerMonat); //Eingabeparameter
//Es muß gelten: 1 <= aktuellerMonat <= 12
```

Eine gültige Äquivalenzklasse: 1 <= aktuellerMonat <= 12
Zwei ungültige Äquivalenzklassen: aktuellerMonat < 1, aktuellerMonat > 12
Abgeleitete Testfälle von den Grenzen der Äquivalenzklassen:
1 `aktuellerMonat` = 1 (untere Grenze)
2 `aktuellerMonat` = 12 (obere Grenze)
3 `aktuellerMonat` = 0 (obere Grenze der ungültigen Äquivalenzklasse)
4 `aktuellerMonat` = 13 (untere Grenze der ungültigen Äquivalenzklasse)

Eigenschaften
- Eine Grenzwertanalyse ist nur dann sinnvoll, wenn die Menge der Elemente, die in eine Äquivalenzklasse fallen, auf natürliche Weise geordnet werden kann.
- Bei der Bildung von Äquivalenzklassen können wichtige Typen von Testfällen übersehen werden. Durch die Grenzwertanalyse kann dieser Nachteil von Äquivalenzklassen teilweise reduziert werden.

Bewertung
- Fehlerbasiertes Kriterium, da ihr die Erfahrung, daß insbesondere Grenzbereiche häufig fehlerhaft verarbeitet werden, zugrundeliegt.
- Sinnvolle Erweiterung und Verbesserung der funktionalen Äquivalenzklassenbildung.

Eingabedaten selbst oder für von den Eingabedaten abhängige Aspekte bestimmte Eigenschaften fordern.

Ziel

Ziel dieser Testansätze ist es, aus der Erfahrung heraus fehlersensitive Testfälle aufzustellen. Die Grundidee ist, eine Liste möglicher Fehler oder Fehlersituationen aufzustellen und daraus Testfälle abzuleiten. Meist werden Spezialfälle zusammengestellt, die unter Umständen auch bei der Spezifikation übersehen wurden.

Tab. 5.6-3: Testfälle für ZaehleZchn nach einer Äquivalenzklassen- und Grenzwertanalyse

Testfall	1	2	3	4
getestete Äquivalenzklasse	1U, 3U, 5U, 6a, 6b, 6c, 6d, 6e, 5O, 4aO	1, 3O	1, 3U	1, 3, 4b
Gesamtzahl	0	INT_MAX	50	100
VokalAnzahl	0	INT_MAX	0	50
Zchn	'A', 'E', 'I', 'O', 'U', 'Z', '@'	–	–	'['
Soll-Ergebnisse:				
Gesamtzahl	6	INT_MAX	50	100
VokalAnzahl	5	INT_MAX	0	50

Daher ist genau genommen eine Unterordnung dieser Verfahren unter funktionale Testverfahren nicht richtig, da die Testfälle nicht unbedingt aus der Spezifikation abgeleitet werden. Auf der anderen Seite werden die Verfahren oft in Kombination mit anderen Teststrategien, z.B. der Äquivalenzklassenbildung, eingesetzt. Die Grenzwertanalyse gehört auch zur Gruppe »Test spezieller Werte«. Einordnung

Für die Auswahl von Testdaten sind viele Kriterien denkbar, die von bestimmten Fehlererwartungshaltungen bestimmt werden. Kriterien
Die bekanntesten Ansätze sind:

- die Grenzwertanalyse (Abschnitt 5.6.2),
- das *zero values*-Kriterium und
- das *distinct values*-Kriterium.

Das *zero values*-Kriterium fordert die Durchführung von Tests, die die Zuweisung des Wertes *Null* an Variablen, die in arithmetischen Ausdrücken verwendet werden, bewirkt. Das *distinct values*-Kriterium verlangt – wenn möglich – die Zuweisung unterschiedlicher Werte an Feldelemente und Eingabedaten, die miteinander in Beziehung stehen.

Beispiele für spezielle Testwerte sind: Beispiele

- Der Wert 0 als Eingabe- oder Ausgabewert zeigt oft eine fehlerhafte Situation an.
- Bei der Eingabe von Zeichenketten sind Sonderzeichen oder Steuerzeichen besonders sorgfältig zu behandeln.
- Bei der Tabellenverarbeitung stellen »kein Eintrag« und »ein Eintrag« oft Sonderfälle dar.

5.6.4 Zufallstest

Der **Zufallstest** ist ein Testverfahren, das aus dem Wertebereich der Eingabedaten zufällig Testfälle erzeugt.

Damit das Verfahren angewandt werden kann, müssen die Datentypen und die Datenstrukturen der Eingabedaten bekannt sein. Diese Informationen können entweder aus der Spezifikation oder der Implementierung des Prüflings entnommen werden. Voraussetzungen

Basierend auf dieser Information kann ein Werkzeug zur Unterstützung des Zufallstests realisiert werden, das entsprechende Testdaten generiert. Werkzeug

Dem Zufallstest liegt im Unterschied zu den anderen dargestellten Testverfahren keine deterministische Strategie zugrunde. Diese Eigenschaft scheint zunächst eine Schwäche zu sein. Bei näherer Betrachtung erweist sich gerade die Regellosigkeit der Testdatenerzeugung als Stärke, da Tester dazu neigen, bestimmte Testfälle zu erzeugen, die auch bei der Implementierung des Programms als naheliegend beachtet worden sind und für die sich das Programm folglich gutartig verhält. Die Gleichbehandlung aller Eingabedaten ohne Vorteil ergänzende Verfahren

Beachtung menschlicher Präferenzen bietet aus diesem Grunde eine Möglichkeit zur Entdeckung derartiger Fehler. Der Zufallstest stellt als alleiniges Testverfahren keines der minimalen Testkriterien sicher. Aus diesem Grund bietet er sich insbesondere als ergänzender Test zu anderen Verfahren an.

Der Zufallstest kann auch als unterlagertes Kriterium zu Verfahren wie äquivalenzklassenbildenden Strategien verwendet werden, indem innerhalb von Äquivalenzklassen Werte zufällig gewählt werden.

Abb. 5.6-4: Test von Zustandsautomaten

Einordnung
Dynamisches, funktionales Testverfahren, das Tests aus der in Form eines Zustandsautomaten vorliegenden Spezifikation eines Programms ableitet.

Ziel
Durch Testfälle Überdeckung aller Zustandsübergänge, d.h. das mindestens einmalige Durchlaufen aller Zustandsübergänge. Eine minimale Teststrategie ist die mindestens einmalige Abdeckung aller Zustände durch Testfälle.

Beispiel
Testfall 1:
bereit, *Karte eingeschoben*
→ wartet auf Geld,
Geld eingeworfen [reicht aus]
→ bereit
Testfall 2:
bereit, *Karte eingeschoben*
→ wartet auf Geld,
Geld eingeworfen [reicht nicht]
→ wartet auf Geld,
Geld eingeworfen [reicht aus]
→ bereit

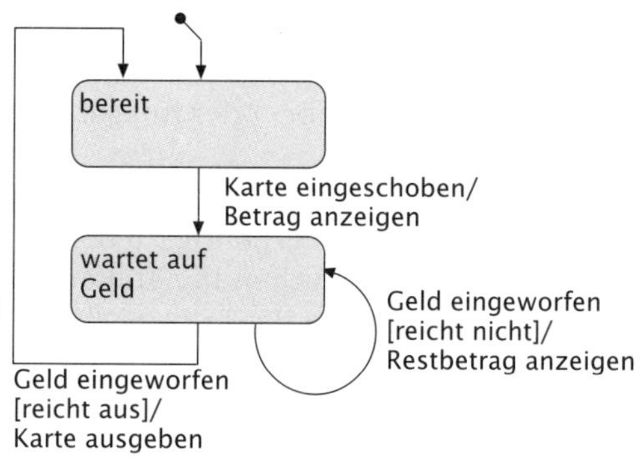

Mit diesen beiden Testfällen werden alle Zustandsübergänge abgedeckt.

Vorgehensweise
1 Definieren von Eingabesequenzen, die zum Startzustand zurückführen, wenn sie dort gestartet sind (bei zyklischen Automaten).
2 Für jeden Schritt in jeder Eingabesequenz den nächsten erwarteten Zustand, den erwarteten Zustandsübergang und die erwartete Ausgabe festlegen.

Eigenschaften
- Die Überdeckung aller Zustandsübergänge garantiert keinen vollständigen Test (analog wie bei der Zweigüberdeckung).
- Es gibt noch keine gesicherten Aussagen darüber, wann ein Zustandsautomat ausreichend getestet ist, d.h. das Testendekriterium ist noch unklar.
- Zum Nachvollziehen der Testsequenzen ist es erforderlich, das Programm vorher zu instrumentieren.

Bemerkung
Abschnitt I 2.16.6
- Geeignetes Testverfahren, wenn ein Zustandsautomat als Spezifikation vorliegt.
- Für das Testen von Klassen gut geeignet, wenn ein Objektlebenszyklus vorhanden ist.

5.6.5 Test von Zustandsautomaten

Ist das Verhalten eines Programms durch einen Zustandsautomaten spezifiziert, dann können Testfälle aus dem Zustandsautomaten abgeleitet werden. Die wichtigsten Eigenschaften beim **Test von Zustandsautomaten** sind in Abb. 5.6-4 aufgeführt. Im folgenden Beispiel wird gezeigt, wie anhand des Zustandsautomaten der Klasse Seminarveranstaltung diese Klasse getestet werden kann (Abb. 5.6-5).

Abschnitt I 2.18.6

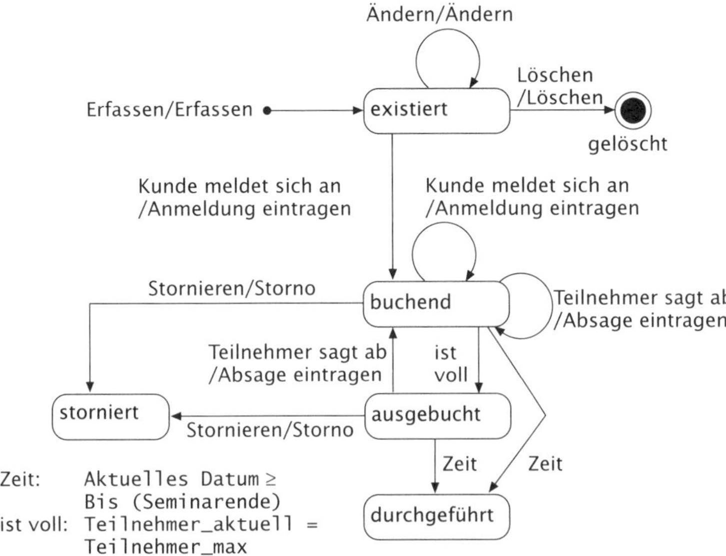

Abb. 5.6-5: Nicht-trivialer Lebenszyklus der Klasse Seminarveranstaltung

Beispiel

Mit neun Testfällen ist es möglich, alle Zustandsübergänge abzudekken (Tab. 5.6-4). Die erwarteten Ausgaben sind den Operationsspezifikationen zu entnehmen.

5.7 Kombinierter Funktions- und Strukturtest

Sowohl der Funktionstest als auch der Strukturtest besitzen Nachteile. Ein Testverfahren allein einzusetzen ist daher nicht ausreichend.

Nachteile Strukturtest

- Der Strukturtest ist *nicht* in der Lage, fehlende Funktionalitäten zu erkennen. Ist eine spezifizierte Funktion nicht implementiert, so wird dies bei Verwendung strukturorientierter Verfahren nicht notwendig erkannt. Allein der Vergleich der Implementierung mit der Spezifikation durch den Funktionstest erkennt derartige Fehler zuverlässig.
  Würde ein Programm allein mit dem Ziel getestet, z.B. eine vollständige Zweigüberdeckung zu erreichen, so entstehen oft triviale Testfälle, die zur Prüfung der Funktionalität ungeeignet sind.

Testfall	Eingabesequenz	nächster erwarteter Zustand	erwarteter Zustandsübergang	erwartete Ausgabe
1	a Erfassen b Ändern c Löschen	existiert existiert gelöscht	Erfassen Ändern Löschen	 – –
2	a Erfassen b Kunde meldet sich an	existiert buchend	 Anmeldung eintragen	 Anmeldebestätigung, Rechnung
3	Ausgangszustand: buchend a Kunde meldet sich an	 buchend	 Anmeldung eintragen	 Anmeldebestätigung, Rechnung
4	Ausgangszustand: buchend a Kunde meldet sich ab	 buchend	 Absage eintragen	 Abmeldebestätigung
5	Ausgangszustand: buchend a Kunde meldet sich an [Teilnehmer_aktuell = Teinehmer_max]	 ausgebucht	 ist voll	 Absage
6	Ausgangszustand: buchend a Stornieren	 storniert	 Storno	 Stornierungsmitteilung
7	Ausgangszustand: buchend a Aktuelles Datum ≥ Bis (Seminarende)	 durchgeführt	 Zeit	 –
8	Ausgangszustand: ausgebucht a Teilnehmer sagt ab	 buchend	 Absage eintragen	 Abmeldebestätigung
9	Ausgangszustand: ausgebucht a Aktuelles Datum ≥ Bis (Seminarende)	 durchgeführt	 Zeit	 –

Tab. 5.6-4: Testfälle für den Test des Zustandsautomaten der Klasse Seminarveranstaltung

Der Funktionstest erzeugt aufgrund seiner Orientierung an der Spezifikation aussagefähige Testfälle.

Nachteile Funktionstest

- Der Funktionstest ist *nicht* in der Lage, die konkrete Implementierung geeignet zu berücksichtigen. Die Spezifikation besitzt ein höheres Abstraktionsniveau als die Implementierung. Da die Testfälle allein aus der Spezifikation abgeleitet werden, erfüllt ein vollständiger Funktionstest in der Regel nicht die Minimalanforderungen einfacher Strukturtests. Untersuchungen zeigen, daß ein Funktionstest oft nur zu einer Zweigüberdeckungsrate von ca. 70 Prozent führt.

Es ist daher naheliegend, Funktions- und Strukturtestverfahren geeignet miteinander zu kombinieren. Die zu wählende Testmethodik sollte folgende Anforderungen erfüllen.

Anforderungen an Testmethodik

- Erfüllen von anerkannten Minimalkriterien
  - □ Ausführung aller Zweige (Zweigüberdeckungstest)
  - □ Test anhand der Spezifikation (Funktionstest)
- Erzeugung von Testdaten, die fehlersensitiv sind
- Erzeugung von Testdaten, die geeignet sind, das korrekte Funktionieren zu prüfen
- Wirtschaftlichkeit der Prüfung
- Systematik des Tests
- Nachvollziehbarkeit
- Operationalisierte Vorgehensweise

- ■ Verwendung eines geeigneten Werkzeugs
- □ Testprotokollierung
- □ Testmetrik
- □ Regressionstest

Ein Programmierer oder Tester hat folgende Anforderungen:

- Er möchte wissen, welche Teile seines Programms (Anweisungen, Zweige, Prozeduren, ...) durch einen Testfall ausgeführt werden und welche nicht. Sicht des Programmierers/Testers
- Er will wissen, welche Teile noch gar nicht ausgeführt wurden.
- Möglicherweise ist es auch wichtig zu ermitteln, welche Teile des Programms besonders oft durchlaufen werden, um an diesen Stellen gezielt Laufzeitoptimierungen durchzuführen.

Dies ist die strukturorientierte Perspektive, bei der man sich zunächst dafür interessiert, ob Testdaten den richtigen Weg im Programm durchlaufen, ob bestimmte Teile des Programms in bestimmten Situationen ausgeführt werden und die Anzahl der Ausführungen korrekt ist.

Eine andere Sicht ist an der Funktionalität orientiert. Hier steht die Überprüfung der vollständigen und korrekten Realisierung des gewünschten Funktions- und Leistungsumfangs im Vordergrund. Hier sollen folgende Fragen beantwortet werden:

- Sind alle Teilfunktionen der Spezifikation korrekt realisiert?
- Sind sie über den vorgesehenen Bereich realisiert?
- Werden Spezialfälle korrekt behandelt?

Eine weitere Sichtweise des Tests ist die des Managements. Hier stehen organisatorische Aspekte im Vordergrund, z.B.: Sicht des Managements

- Wie kontrolliert man den Fortschritt des Tests?
- Wie kann eine Abschätzung des Testaufwands bzw. des noch zu leistenden Testaufwands gebildet werden?
- Wer testet was und bis zu welchem Grad?
- Wie kann der *Grad des Tests* gemessen werden?

Folgende Testmethodik hat sich für den Test von Prozeduren, Funktionen und Operationen, die eine gewisse Kontrollflußkomplexität besitzen, bewährt. Voraussetzung ist die Verfügbarkeit eines geeigneten Testwerkzeugs sowie eine vorliegende Spezifikation und Implementierung (als Quellprogramm) des Testlings. Der Test besteht aus drei Schritten: Testmethodik Voraussetzung

1. Zuerst wird ein Funktionstest ausgeführt. 3 Schritte
2. Anschließend erfolgt ein Strukturtest, im einfachsten Fall ein Zweigüberdeckungstest.
3. Sind Fehler zu korrigieren, dann schließt sich ein Regressionstest an.

Im einzelnen sind folgende Schritte durchzuführen:

1 Funktionstest Funktionstest

a Testling mit dem Testwerkzeug instrumentieren. Dadurch wird erreicht, daß die Überdeckung im Hintergrund mitprotokolliert wird.

b Anhand der Programmspezifikation Äquivalenzklassen bilden, Grenzwerte ermitteln, Spezialfälle überlegen und die Testdaten zu Testfällen kombinieren. Die Implementierung wird nicht betrachtet!

c Testfälle mit dem instrumentierten Testling durchführen. Ist-Ergebnisse mit den vorher ermittelten Sollergebnissen vergleichen. Während der Testdurchführung werden die Überdeckungsrate und die Überdeckungsstatistik *nicht* betrachtet.

Ist der Test abgeschlossen, dann haben die Testfälle den Funktions- und Leistungsumfang sowie funktionsorientierte Sonderfälle systematisch geprüft.

Strukturtest

2 Strukturtest

a Die durch den Funktionstest erzielte Überdeckungsstatistik wird betrachtet und ausgewertet. Die Ursachen für nicht überdeckte Zweige oder Pfade oder Bedingungen sind zu ermitteln.
In der Regel wird es sich hier um Fehlerabfragen, programmtechnische und algorithmische Ursachen und Präzisierungen – die in der Spezifikation nicht vorhanden sind – handeln. Möglich sind aber auch prinzipiell nicht ausführbare (tote) Zweige, Pfade oder Bedingungen, z.B. durch Denk- oder Schreibfehler des Programmierers.

b Für die noch nicht durchlaufenen Zweige, Pfade oder Bedingungen sind nun Testfälle aufzustellen. Falls das nicht möglich ist, sind die Zweige oder Bedingungen zu entfernen.

c Für jeden aufgestellten Testfall wird ein Testlauf durchgeführt. Die durchlaufenen Zweige, Pfade oder Bedingungen werden betrachtet und anschließend wird der nächste Testfall eingegeben.

d Der Überdeckungstest wird beendet, wenn eine festgelegte Überdeckungsrate erreicht ist.

Regressionstest

3 Regressionstest

Wird in dem Testling ein Fehler korrigiert, dann wird nach der Korrektur mit den bisherigen Testfällen ein Regressionstest durchgeführt. Das Testwerkzeug führt die protokollierten Testfälle nochmals automatisch durch und nimmt einen Soll/Ist-Ergebnisvergleich vor.

Vergleich mit den Anforderungen

Die Managementanforderungen an eine Testmethodik werden durch das Testwerkzeug erfüllt. Es berechnet während des gesamten Tests die Überdeckungsrate. Dies ermöglicht die Kontrolle des Testfortschritts, die Abschätzung des Testaufwands im Vergleich zu früheren ähnlichen Projekten und die Definition von Standards, die als operationales Kriterium zur Aufgabenverteilung dienen können.

In der industriellen Praxis stellt sich hier die Frage, wie die Verantwortung zwischen Programmierer und Qualitätssicherung aufzuteilen ist.

Kapitel 2.2

Generell ist zu empfehlen, die Software-Entwicklung und die Qualitätssicherung organisatorisch und disziplinarisch zu trennen. Dem

Programmierer darf aber nicht die Verantwortung für die Qualität seines Programms abgenommen werden. Es reicht nicht, wenn der Programmierer sein Programm schreibt, fehlerfrei übersetzt und das Testen dann der Qualitätssicherung überläßt. Der Programmierer muß vielmehr dazu motiviert werden, einen definierten Aufwand in den Test des eigenen Programms zu investieren.

Bei den meisten Testverfahren ist es schwer, ein operationalisiertes Kriterium festzulegen, wann »genügend« getestet worden ist. Beim Überdeckungstest ist dieses Kriterium der Prozentsatz der erreichten Überdeckung. Ein praxisgerechtes Maß für die Zweigüberdeckung liegt zwischen 80 und 99 Prozent. Der Programmierer muß also durch das Testprotokoll nachweisen, daß es z.B. 95 Prozent aller Zweige durch Testfälle durchlaufen hat. Erst dann wechselt die Verantwortung für das Programm vom Programmierer zur Qualitätssicherungsabteilung.

Die Forderung, daß ein Programmierer sein eigenes Programm testet, hat einen großen Vorteil. Er führt sozusagen ein eigenes *»code review«* durch. Analysiert er sein Programm, um beispielsweise herauszufinden, warum ein Zweig bisher nicht durchlaufen wurde, dann findet er auch Programmfehler, die durch die beschriebene Testmethode gar nicht gefunden werden können. Dadurch wird ein Teil der Beschränkungen, die die Testmethoden Funktionstest und Strukturtest besitzen, wieder kompensiert.

Eine andere Frage ist damit noch nicht beantwortet. Warum soll der Programmierer sein Programm nicht vollständig testen, d.h. 100 Prozent Überdeckung erreichen?

Erfahrungen haben gezeigt, daß die letzten Prozente der Überdeckung bei einem Programm oft schwer und aufwendig zu erreichen sind. Im wesentlichen treten zwei Fälle auf:

- Die Testsituation ist schwer herstellbar.
  Viele Abfragen in Programmen dienen dazu, mögliche Fehler abzufangen. Spezielle Fehlersituationen sind daher oft schwierig herzustellen, z.B. Fehlerausgang, wenn Plattenkapazität nicht ausreichend.
- Testfälle sind schwer herleitbar.
  Die Analyse, welche Testdaten eingegeben werden müssen, um einen bestimmten Bereich zu durchlaufen, ist aufwendig.

Für beide Fälle ist eine selbständige Qualitätssicherungsabteilung im allgemeinen besser gerüstet. Da sie ständig Qualitätsüberprüfungen durchführt, verfügt sie beispielsweise über ein vielfältiges Spektrum an Testszenarios, um Testsituationen schnell herstellen zu können. Folgende Erfahrungen wurden gesammelt:

Erfahrungen

- Ohne den Einsatz von Testwerkzeugen sowie konstruktiver Voraussicht bezüglich Entwurf und Spezifikation ist eine systematische, effektive und ökonomische Überprüfung der Implementierung *nicht* möglich.

- Der Funktionstest muß bereits im Entwurf berücksichtigt werden, z.B. durch geeignete Beschreibung der Modulschnittstelle, so daß ohne Blick in das Programm die Testfälle hergeleitet werden können.
- Vor Durchführung des Funktionstests muß der Test sorgfältig vorbereitet und durchdacht werden; auch bei Einsatz eines interaktiven Werkzeuges genügt es nicht, sich einfach an den Bildschirm zu setzen.
- Auf einen zusätzlichen Strukturtest kann nicht verzichtet werden, jedoch kann er nach dem Funktionstest zielgerichtet durchgeführt werden.
- Bevor mit Integrationstests angefangen wird, muß auf jeden Fall jede Systemkomponente einem Einzeltest unterzogen worden sein, da sonst auftretende Fehler nicht eindeutig lokalisiert werden können.
- Die Benutzerakzeptanz durch den Tester ist nur erreichbar, wenn der Automatisierungsgrad möglichst hoch und die Werkzeuge komfortabel und einfach bedienbar sind.
- Die Testwerkzeuge müssen eingebettet sein in eine aufeinander abgestimmte Entwicklungssystematik. Das methodische Vorgehen muß in Form von Richtlinien erläutert und festgelegt werden. Die Qualitätssicherung muß durch Checklisten unterstützt werden.

Die hier vorgestellte Testmethodik und der Einsatz der Werkzeuge sind nur als erster Schritt anzusehen. Sie stellen aber einen wichtigen Schritt hin zum systematischen, überprüfbaren Testen und weg vom intuitiven, zufälligen Testen dar.

***Black Box*-Testverfahren** →Funktionale Testverfahren.

Datenflußorientierte Testverfahren Strukturtestverfahren, die die Testfälle aus dem Datenfluß ableiten. Die Zugriffe auf die verwendeten Variablen bilden den Datenfluß. Beispiele sind die →*Defs/Uses*-Verfahren.

***Defs/Uses*-Verfahren** →datenflußorientierte Testverfahren, bei denen die Variablenzugriffe in definierende, prädikativ benutzende und berechnend benutzende Zugriffe unterteilt werden.

Funktionale Äquivalenzklassenbildung →funktionales Testverfahren, das Testdaten aus gebildeten Äquivalenzklassen der Ein- und Ausgabebereiche der Programme ableitet. Eine Äquivalenzklasse ist eine Menge von Werten, die auf ein Programm eine gleichartige Wirkung ausüben. Es werden gültige und ungültige Äquivalenzklassen unterschieden.

Funktionale Testverfahren Dynamische Testverfahren, bei der die Testfälle aus der funktionalen Spezifikation des Testlings abgeleitet werden. Beispiele sind die →funktionale Äquivalenzklassenbildung und die →Grenzwertanalyse.

Grenzwertanalyse →funktionales Testverfahren und fehlerorientiertes Testverfahren, da es auf einer konkreten Fehlererwartungshaltung basiert. Die Testfälle werden in der Regel so gewählt, daß sie auf den Randbereichen von Äquivalenzklassen liegen (→funktionale Äquivalenzklassenbildung).

Test von Zustandsautomaten →funktionales Testverfahren, das eingesetzt wird, wenn als Programmspezifikation ein Zustandsautomat vorliegt. Anhand des Zustandsautomaten werden Testfälle abgeleitet.

Zufallstest →funktionales Testverfahren, das Testfälle zufallsgesteuert generiert.

Steht die Implementierung eines Programms zum Testen zur Verfügung, dann können Strukturtestverfahren eingesetzt werden. Strukturtestverfahren gliedern sich in zwei große Kategorien:

Strukturtest

- Kontrollflußorientierte Testverfahren, die eingesetzt werden, wenn der Testling hinreichend komplexe Kontrollstrukturen besitzt.
- Datenflußorientierte Testverfahren, die eingesetzt werden, wenn der Datenfluß des Testlings hinreichend komplex ist.

Wichtige datenflußorientierte Testverfahren sind die *Defs/Uses*-Verfahren, die es ermöglichen, Fehler von Datenbenutzungen zu finden.

Funktionaler Test

Steht nur die Spezifikation eines Programms zur Ableitung von Testfällen zur Verfügung, dann können funktionale Testverfahren verwendet werden. Da die Implementierung als »schwarzer Kasten« angesehen wird, bezeichnet man diese Testverfahren auch als *Black Box*-Verfahren. Wichtige funktionale Testverfahren sind:

- Funktionale Äquivalenzklassenbildung,
- Grenzwertanalyse,
- Test spezieller Werte,
- Zufallstest und
- Test von Zustandsautomaten.

Kombinierter Funktions- & Strukturtest

Da sowohl der Strukturtest als auch der funktionale Test Nachteile haben, empfiehlt sich ein kombinierter Funktions- und Strukturtest, der aus drei Schritten besteht:

1 Funktionstest (mit vorher instrumentiertem Testling)
2 Strukturtest
3 Regressionstest (wenn Fehler korrigiert werden)

Beschränkungen des dynamischen Tests

Sowohl der Strukturtest als auch der funktionale Test sind dynamische Testverfahren. Die Möglichkeiten, die das dynamische Testen bietet, drückt am besten folgender Satz von /Dijkstra 72, S. 6/ aus:

»Program testing can be used to show the presence of bugs, but never to show their absence!«

Durch dynamische Tests läßt sich nur das Vorhandensein von Fehlern beweisen. Selbst wenn alle durchgeführten Testfälle keine Fehler aufzeigen, ist damit nur bewiesen, daß das Programm genau diese Fälle richtig verarbeitet. Trotzdem ist es natürlich das Ziel des Testens, ein weitgehend fehlerfreies Produkt abzuliefern. Beim Anwenden des dynamischen Testens sollte man sich jedoch über die Vor- und Nachteile dieser Methode stets im klaren sein:

dynamische Tests

Vorteile

- ⊞ Das Verfahren ist experimentell, daher können Teile des Verfahrens auch durch Personen mit geringerer Qualifikation durchgeführt werden.
- ⊞ Als Nebeneffekt können oft noch andere Qualitätssicherungseigenschaften mit überprüft werden.
- ⊞ Die Werkzeuge zur Testunterstützung sind einfacher als die Werkzeuge für die Programmverifikation und das symbolische Testen.
- ⊞ Der Testaufwand ist durch Festlegung der Toleranzschwelle steuerbar.

- ⊞ Die Umgebung, in der das Produkt real laufen wird, kann berücksichtigt werden.

Nachteile

- ⊟ Die Korrektheit eines Programms kann durch Testen nicht bewiesen werden.
- ⊟ Das Vertrauen in das getestete Programm hängt von der Auswahl repräsentativer Testfälle, von der Überprüfung von Grenzwerten, von Testfällen mit guter Überdeckung und vielen anderen Randbedingungen ab, d.h. ein ungutes Gefühl bleibt immer zurück.
- ⊟ Nur beschränkte Zuverlässigkeit erreichbar.
- ⊟ Keine Trennung von Effekten des Prüflings und von Effekten der realen Umgebung.

Trotz der aufgeführten Nachteile des dynamischen Testens hat sich der kombinierte Funktions- und Strukturtest als ein sehr effektives und ökonomisches Testverfahren für den Test von Software-Komponenten erwiesen.

/Beizer 90/
Beizer B., *Software Testing Techniques*, New York: Van Nostrand Reinhold Company, Second Edition, 1990
Beizer gibt eine detaillierte Beschreibung der Modelle und Beschreibungsformalismen für den Test an (Entscheidungstabellen, boolesche Algebra, Zustandsautomaten usw.). Ein kurzer Überblick unterschiedlicher Testansätze ist enthalten.

/Liggesmeyer 90/
Liggesmeyer P., *Modultest und Modulverifikation – State of Art*, Mannheim: BI-Wissenschaftsverlag, 1990
Das Buch enthält eine vollständige, klassifizierende Beschreibung der Test-, Analyse- und Verifikationsverfahren. Die Verfahren werden im Detail anhand eines durchgehenden Beispiels erläutert und verglichen. Zu den Verfahren werden Werkzeuge angegeben und beschrieben. Weiterführende Literaturhinweise sind enthalten.

/Myers 79/
Myers G. J., *The Art of Software-Testing*, New York 1979
Der Autor beschreibt unterschiedliche Prüfansätze, Techniken und Werkzeugtypen. Besonders detailliert ist die funktionale Äquivalenzklassenbildung und ihre Anwendung dargestellt.

Zitierte Literatur

/Dijkstra 72/
Dijkstra E. W., *Notes on Structured Programming*, London: Academic Press, 1972, S. 1–82

/Girgis, Woodward 86/
Girgis M.R., Woodward M. R., *An Experimental Comparison of the Error Exposing Ability of Program Testing Criteria*, in: Proceedings Workshop on Software-Testing, Banff, July 1986, pp. 64–73

/Liggesmeyer 93/
Liggesmeyer P., *Wissensbasierte Qualitätsassistenz zur Konstruktion von Prüfstrategien für Software-Komponenten*, Mannheim: BI-Wissenschaftsverlag, 1993

1 *Lernziele: Erklären können, wie datenflußorientierte Testverfahren und insbesondere die Defs/Uses-Verfahren arbeiten. Für einfache Beispiele Testfälle für gegebene Defs/Uses-Kriterien herleiten und begründen können.* Muß-Aufgabe *120 Minuten*

Das Programm ZaehleZchn soll mit den *Defs/Uses*-Verfahren getestet werden. Geben Sie Testfälle und den Testpfad für das

a *all defs*-Kriterium,
b *all p-uses*-Kriterium,
c *all c-uses/some p-uses*-Kriterium,
d *all uses*-Kriterium

an. Beziehen Sie Ihre Referenzen bezüglich der Knoten aus Abb. 5.5-2. Erklären Sie durch eine Beschreibung Ihrer Lösungsschritte die *Defs/Uses*-Kriterien.

2 *Lernziel: Für ein Quellprogramm einen Kontrollflußgraphen in der Datenflußdarstellung herleiten können.* Muß-Aufgabe *20 Minuten*

Gegeben ist das folgende Programm. Es berechnet für nicht-negative reelle Radikanden die Quadratwurzel, die als Funktionswert zurückgeliefert wird. Werden negative Werte angegeben, so wird als Ergebnis der Wert 0 zurückgegeben.

```
float Wurzel(float Zahl)
{
    float Wert = 0.0;
       if (Zahl>0)
       {
          Wert = 2.0;
          while (abs(Wert * Wert - Zahl) > 0.01)
          {
             Wert = Wert - ((Wert * Wert - Zahl)/(2.0 * Wert));
          } //end while
       } //end if
    return Wert;
}
```

Wandeln Sie das Programm in einen Kontrollflußgraphen in der Datenflußdarstellung um.

3 *Lernziel: Die prinzipielle Arbeitsweise funktionaler Testverfahren sowie die jeweilige Arbeitsweise der besprochenen Verfahren anhand von Beispielen erläutern können.* Muß-Aufgabe *15 Minuten*

Das folgende Programm soll funktional getestet werden. Es berechnet den größten gemeinsamen Teiler zweier Zahlen die größer als Null sind:
`int berechneGGT (int ZahlA, int ZahlB);`
Der Rückgabewert des Programmes ist der größte gemeinsame Teiler von ZahlA und ZahlB. Folgende Testfälle werden angewandt:

a	ZahlA= 2	ZahlB= 4	**c**	ZahlA= 1	ZahlB= 1
	ZahlA= -2	ZahlB= 4		ZahlA= INT_MAX	ZahlB= INT_MAX
	ZahlA= 2	ZahlB= -4		ZahlA= 2	ZahlB= 0
	ZahlA= 2^{100}	ZahlB= 4		ZahlA= 0	ZahlB= 4
	ZahlA= 2	ZahlB= 2^{100}		ZahlA= INT_MAX+1	ZahlB= 2
				ZahlA= 2	ZahlB= INT_MAX+1
b	ZahlA= 0	ZahlB= 0			
			d	ZahlA= 2	ZahlB= 4
				ZahlA= 5	ZahlB= 7
				ZahlA= 12	ZahlB= 32
				ZahlA= 22	ZahlB= 456

Welche funktionalen Testverfahren wurden in den Beispielen a bis d verwendet? Wie kam die Auswahl der Testdaten zustande?

Muß-Aufgabe *25 Minuten*

4 *Lernziele: Anhand der gegebenen Spezifikation eines Programms Testfälle entsprechend den vorgestellten Testverfahren aufstellen können.*
Ein Programm zur Berechnung von Preisen soll getestet werden. Das Programm erfaßt die Artikelnummer, die Stückzahl und einen Rabatt. Die Artikelnummer ist eine 5-stellige Zahl. Die Stückzahl ist auf 10.000 begrenzt und muß mindestens gleich 1 sein. Der Rabatt liegt zwischen 0 und 100%. Stellen Sie alle Äquivalenzklassen auf. Bilden Sie Testfälle für die Grenzwertanalyse.

Muß-Aufgabe *120 Minuten*

5 *Lernziele: Einen kombinierten Funktions- und Strukturtest durchführen können.*
Gegeben ist folgendes Programm zur Berechnung der Art eines Dreiecks:

```
enum ArtT {Rechtwinklig, Ungleichseitig, Gleichschenklig, Gleichseitig,
KeinDreieck};
ArtT berechneDreieck(int Seite1, int Seite2, int Seite3)
{
   ArtT Art;
   int Quad1,Quad2,Quad3;

   if ((Seite1<=0)||(Seite2<=0)||(Seite3<=0))
      Art = KeinDreieck;
   else if ((Seite1+Seite2<=Seite3)||(Seite1+Seite3<=Seite2)
      ||(Seite2+Seite3<=Seite1))
      Art = KeinDreieck;
   else if ((Seite1==Seite2)&&(Seite2==Seite3))
      Art = Gleichseitig;
   else if ((Seite1==Seite2)||(Seite2==Seite3)||(Seite1==Seite3))
      Art = Gleichschenklig;
   else
   {
      Quad1 = Seite1*Seite1;
      Quad2 = Seite2*Seite2;
      Quad3 = Seite3*Seite3;
      if ((Quad1+Quad2==Quad3)||(Quad1+Quad3==Quad3)
         ||(Quad2+Quad3<=Quad1))
         Art = Rechtwinklig;
      else
         Art = Unleichseitig;
   }
   return Art;
};
```

Die Seitenlängen des Dreiecks werden eingelesen und der Typ (`Rechtwinklig`, `Ungleichseitig`, `Gleichschenklig`, `Gleichseitig`, `KeinDreieck`) wird zurückgegeben.
Führen Sie einen kombinierten Funktions- und Strukturtest nach der vorgestellten Methodik durch. Instrumentieren Sie den Testling ohne ein Testwerkzeug.

5 Produktqualität – Komponenten (Verifizierende Verfahren)

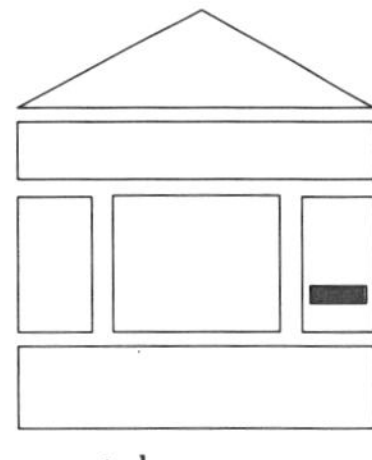

verstehen

- Das Konzept der Verifikation und des symbolischen Testens erklären und gegen testende Verfahren abgrenzen können.
- Eigenschaften einer Terminationsfunktion nennen und erläutern können.

anwenden

- Zusicherungen als boole'sche Ausdrücke schreiben können.
- Einfache Programme mit einer Anfangs- und Endebedingung spezifizieren können.
- Verifikationsregeln für die Zuweisung, die Sequenz, die ein- und zweiseitige Auswahl sowie die abweisende Wiederholung (einschließlich der Konsequenzregel) kennen und anwenden können.
- Eine Schleife aus einer gegebenen Invariante und Terminationsfunktion entwickeln können.
- Methoden zur Entwicklung einer Schleifeninvariante kennen und auf einfache Programme anwenden können.
- Die Implementierung einfacher, spezifizierter Programme verifizieren können.
- Für einfache Programme einen Ausführungsbaum erstellen können.

- Die Kapitel 5.1 und 5.2 müssen bekannt sein.

Prof. Charles A. R. Hoare
*1934; Wegbereiter des Verstehens von Programmen, wesentliche Beiträge zur nebenläufigen Programmierung; Studium an der Universität Oxford, England (MA), mehrjährige Industrietätigkeit, seit 1968 Professor für Informatik, heute an der Universität Oxford; 1980: ACM Turing Award.

5.8 Verifikation

Beim Testen wird für *einige* möglichst gut ausgewählte Testdaten das Programm ausgeführt und beobachtet, ob das gewünschte Ergebnis ermittelt wird. Da nicht *alle* möglichen Kombinationen von Eingabedaten getestet werden können, liefert das Testen keine Gewißheit über die Korrektheit des Programms für die noch nicht getesteten Eingabedaten.

Um diesen prinzipiellen Nachteil des Testens zu vermeiden, wurden Methoden entwickelt, um durch theoretische Analysen die **Korrektheit** eines Programms zu zeigen.

verifizieren = bewahrheiten, auf Stichhaltigkeit prüfen

Verifikation ist eine formal exakte Methode, um die Konsistenz zwischen der Programmspezifikation und der Programmimplementierung für *alle* in Frage kommenden Eingabedaten zu *beweisen*. Durch Verifizieren erreicht man daher eine wesentlich größere Sicherheit bezüglich der Fehlerfreiheit von Programmen als durch Testen.

Schon bei der Programmentwicklung müssen alle Korrektheitsargumente gesammelt werden, um später die Korrektheit des fertigen Programms garantieren zu können.

Die Verifikation beruht im wesentlichen auf Arbeiten von /Floyd 67/ und /Hoare 69/

Im folgenden wird anhand eines Beispiels zunächst eine intuitive Einführung in die Verifikation gegeben. Anschließend werden die einzelnen Bestandteile einer Verifikation detailliert betrachtet. Die Ausführungen in diesem Kapitel geben nur eine elementare Einführung in die Verifikation und sollen im wesentlichen die Grundideen vermitteln. Ausführlich wird die Verifikation z.B. in den Büchern /Apt, Olderog 94/, /Baber 90/, /Francez 92/ und /Futschek 89/ behandelt. Die Abschnitte 5.8.2 bis 5.8.6 orientieren sich an /Futschek 89/.

5.8.1 Intuitive Einführung

Die Idee der Verifikation wird zunächst an einem Beispiel demonstriert, bevor die einzelnen Konzepte genauer betrachtet werden.

Beispiel 1a

Es soll ein Programm geschrieben werden, das aus einer beliebigen reellen Zahl A und einer positiven ganzen Zahl B die Potenz A^B ermittelt. Ein Programm, das dieses Problem löst, ist dann korrekt, wenn folgende Beziehungen gelten:

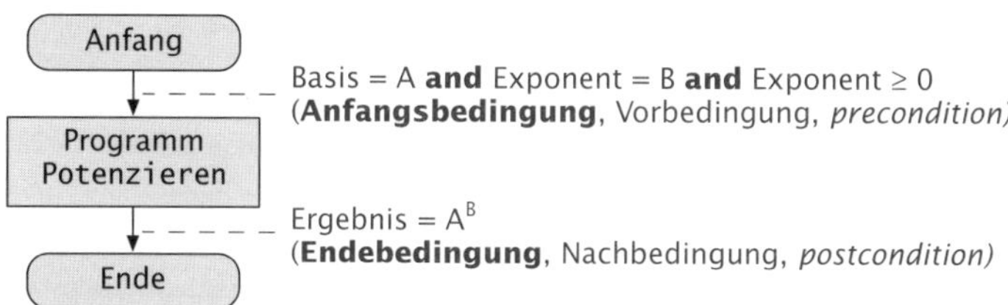

Alle zulässigen Eingabewerte für die Basis werden durch A, alle zulässigen Eingabewerte für den Exponenten werden durch B dargestellt – im Gegensatz zu testenden Verfahren werden keine konkreten Werte wie `Basis = 5` und `Exponent = 4` angenommen. Die angegebenen Beziehungen werden als **Zusicherungen** *(assertions)* bezeichnet.

Es wird nun ein Programm Potenzieren in Form eines Programmablaufplans angegeben, von dem gezeigt werden soll, daß es das Problem löst (Abb. 5.8-1). Kapitel I 2.13

Dieses Programm nutzt folgende mathematischen Beziehungen aus:

$Basis^{Exponent} = (Basis * Basis)^{Exponent/2}$ für geraden Exponenten und
$Basis^{Exponent} = Basis * Basis^{Exponent-1}$ für ungeraden Exponenten.

Derselbe Programmablaufplan ist in Abb. 5.8-2 nochmals angegeben, jedoch versehen mit Zusicherungen. Diese Kommentare beschreiben den Zustand des Programms an den einzelnen Stellen.

Die Anfangs- und Endebedingung kann sofort hingeschrieben werden. Nun sind alle Anweisungen und alle Pfade des Programmablaufplans durchzugehen und zu zeigen, daß man aus der Anfangsbedingung durch das Programm die Endebedingung erhält. Die Schlei-

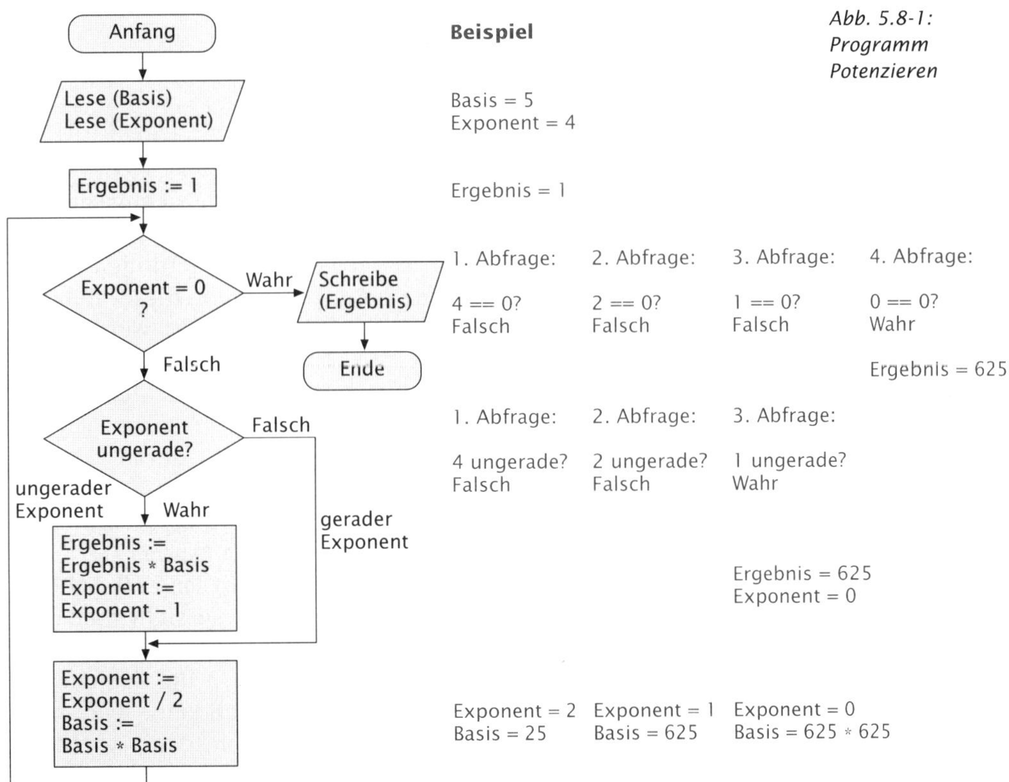

Abb. 5.8-1: Programm Potenzieren

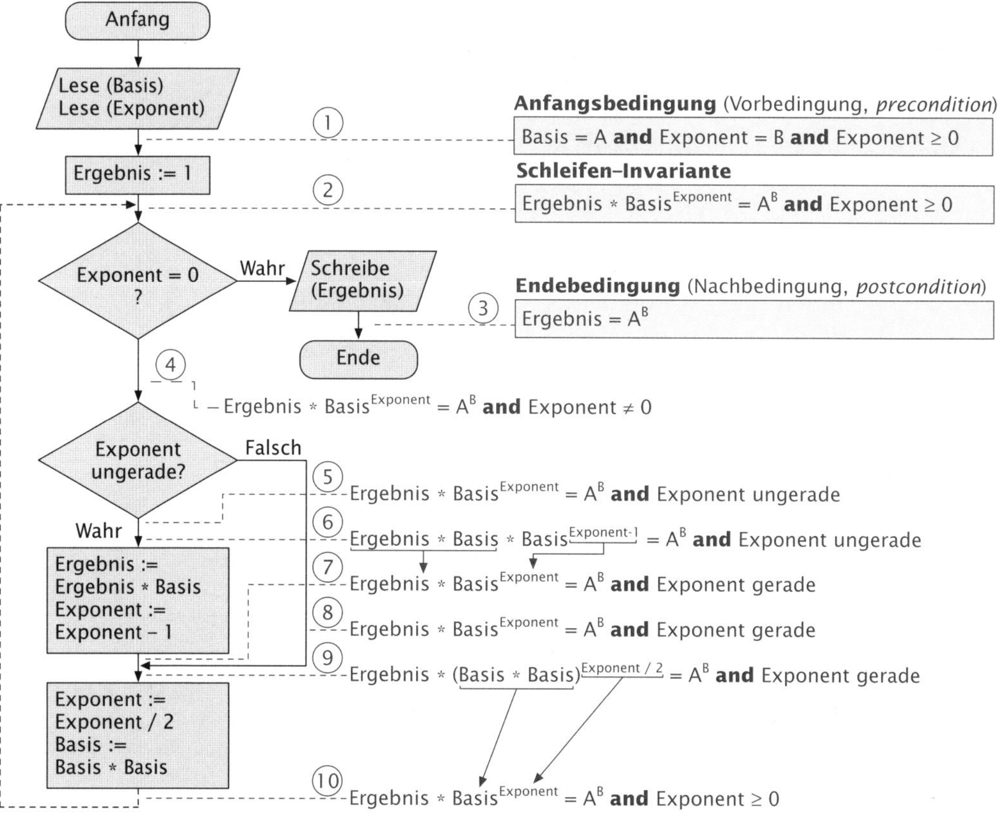

Abb. 5.8-2: Programm Potenzieren mit Zusicherungen

fe möge man sich vorläufig aufgeschnitten, d.h. ungeschlossen denken. Die an der Stelle **2** angegebene Zusicherung ist der Angelpunkt des ganzen Verfahrens. Sie muß zunächst intuitiv gefunden und in geeigneter Weise formuliert werden. Ausgehend von dieser Behauptung **2** können nun weitere Zusicherungen abgeleitet werden. Die Ausgangsbedingung **3** ergibt sich aus **2**, da `Exponent = 0` ist und $\texttt{Basis}^0 = 1$ gilt. **4** folgt unmittelbar aus **2**. Um **7** aus **5** abzuleiten, wird **5** in die äquivalente Form **6** umgeschrieben. Durch Ersetzen von `Ergebnis * Basis` durch `Ergebnis` und `Exponent - 1` durch `Exponent` ergibt sich dann **7**. Interessant ist, daß **7** und **8** an der Zusammenführungsstelle übereinstimmen. **7** bzw. **8** kann in **9** umgeformt werden ($(x \cdot x)^{y/2} = x^{2 \cdot y/2} = x^y$). Durch Ersetzen von `Exponent/2` durch `Exponent` und `Basis * Basis` durch `Basis` in **9** erhält man **10**. Schließt man nun die Rückwärtsschleife von **10** nach **2**, so sieht man, daß beide Zusicherungen übereinstimmen, d.h. die als Hypothese angenommene Zusicherung **2** bleibt bestehen. Würden die Zusicherungen **2** und **10** nicht identisch sein oder würde sich keine Beziehung zwischen beiden Zusicherungen herstellen lassen, dann wären die postulierten Zusicherungen falsch oder wenigstens untauglich.

Die Zusicherung **2** gilt also offenbar für den ersten Durchlauf der Schleife, da mit Ergebnis = 1, Basis = A und Exponent = B der Ausdruck Ergebnis * $Basis^{Exponent} = A^B$ wahr ist. Aufgrund des oben angegebenen Schlusses gilt die Zusicherung daher für den zweiten Durchlauf der Schleife sowie bei allen anderen Durchläufen. Eine solche Zusicherung an der Schnittstelle einer Schleife wird Schleifen-**Invariante** genannt, da diese Beziehung auch nach der wiederholten Ausführung der Wiederholungsanweisungen unverändert, d.h. invariant bleibt.
Damit ist bewiesen, daß dieses Programm das Ergebnis A^B liefert, wenn es das Ende erreicht. Daß das Programm nach endlich vielen Wiederholungen endet, d.h. terminiert, wurde nicht bewiesen. Dies muß gesondert gezeigt werden.

Der totale Korrektheitsbeweis eines Algorithmus besteht also aus zwei Teilen:

totale Korrektheit

a Beweis, daß das korrekte Ergebnis bei Termination geliefert wird.
b Beweis der Termination.

5.8.2 Zusicherungen

Zusicherungen *(assertions)* garantieren an bestimmten Stellen im Programm bestimmte Eigenschaften oder Zustände. Sie sind logische Aussagen über die Werte der Programmvariablen an den Stellen im Programm, an denen die jeweiligen Zusicherungen stehen.

Im Programm `Potenzieren` gilt an der Stelle **2** beispielsweise immer die Zusicherung:

Beispiel 1b

Ergebnis * $Basis^{Exponent} = A^B$ **and** Exponent ≥ 0

Nach dem Quadrieren einer reellen Zahl kann zugesichert werden, daß diese Zahl nicht negativ ist:

Beispiel 2

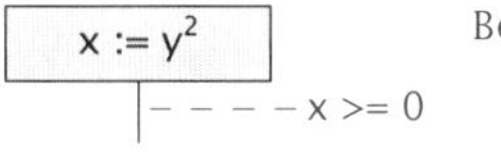

Es gibt mehrere Möglichkeiten, eine Zusicherung zu formulieren:

Zur Formulierung

- Umgangssprachlich, z.B. x ist nicht negativ, oder
- formal, z.B. $x \geq 0$.

Die formale Notation von Zusicherungen besteht aus boole'schen Ausdrücken mit Konstanten und Variablen mit Vergleichsoperatoren ($<, \leq, =, \neq, \geq, >$) und logischen Operatoren (**and**, **or**, **not**, $\Leftrightarrow$, $\Rightarrow$).

Zur Notation

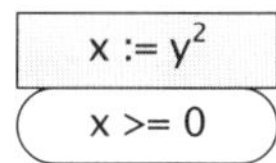

Drei Notationen lassen sich unterscheiden:

- Annotation durch gestrichelte Linien an einem Programmablaufplan (siehe Beispiele 1a und 2),
- Ergänzung von Struktogrammen durch Rechtecke mit abgerundeten Ecken /Futschek 89/ und

Kapitel I 2.13

- spezielle Kommentare oder Makros in Programmiersprachen, z.B. `assert (x > = 0); //Zusicherung ist ungültig, wenn x negativ ist.`

Beispiel 3 Ist vor der Zuweisung x := y^2 sichergestellt, daß y größer als 1 ist, dann kann man nach der Zuweisung zusichern, daß x größer als y ist. Nachher gilt auch y > 1.

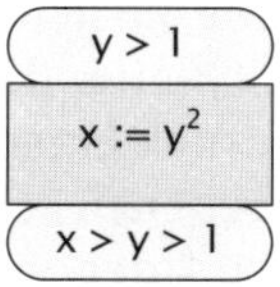

Zusicherungen können das Verstehen der Wirkung von Programmen erleichtern.

Beispiel 4 In dem Programm `Vertausche` (Abb. 5.8-3a) werden die Werte der Variablen a, b und c durch Vertauschungen so umgeordnet, daß am Schluß a ≤ b ≤ c gilt.
In diesem Programm ist schwierig zu erkennen, ob in allen Zweigen des Programms das richtige Ergebnis erzielt wird. Mit Hilfe von eingefügten Zusicherungen ist die Wirkung besser zu verstehen (Abb. 5.8-3b). Die einzelnen Zusicherungen gelten an den jeweiligen Stellen im Programm, unabhängig von den Anfangswerten der Variablen a, b und c.

Abb. 5.8-3: Das Programm Vertausche ohne und mit Zusicherungen

a ohne Zusicherungen

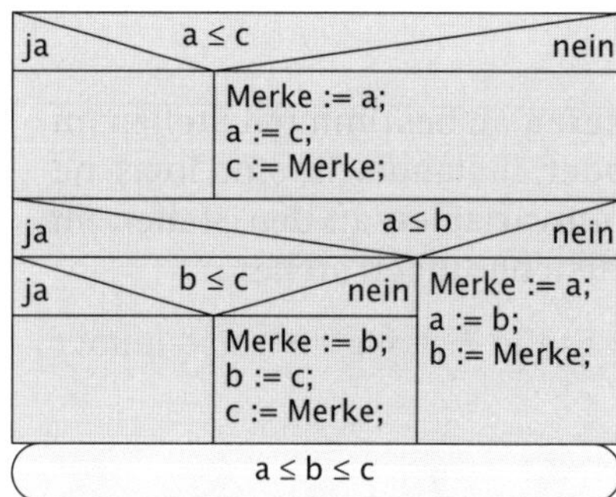

b mit Zusicherungen

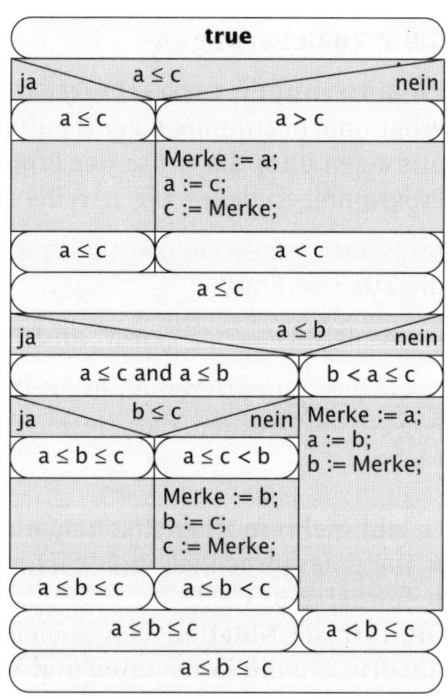

Während der Programmentwicklung sollte man Zusicherungen zunächst umgangssprachlich formulieren und dann erst formal hinschreiben.

Empfehlung Generell sollte man sich angewöhnen, in jedem **else**-Zweig einer Auswahlanweisung die gültige Bedingung hinzuschreiben, da man sich oft nicht darüber im klaren ist, wie die Negation der Bedingung aussieht.

Die Zusicherung **true** ist immer erfüllt. Sie schränkt den Wertebereich der Variablen in keinerlei Weise ein. Sie wird als erste Zusicherung (Anfangsbedingung) in einem Programm verwendet, wenn für die Werte der Variablen keinerlei Einschränkungen existieren.

5.8.3 Spezifizieren mit Anfangs- und Endebedingung

Die Wirkung eines Programms kann durch die beiden Zusicherungen Anfangsbedingung und Endebedingung spezifiziert werden.

precondition

Die **Anfangsbedingung (Vorbedingung, *precondition*)** gilt *vor* dem spezifizierten Programm und legt die zulässigen Werte der Variablen vor dem Ablauf des Programms fest.

postcondition

Die **Endebedingung (Nachbedingung, *postcondition*)** gilt *nach* dem spezifizierten Programm und legt die gewünschten Werte der Variablen und Beziehungen zwischen den Variablen nach dem Ablauf des Programms fest.

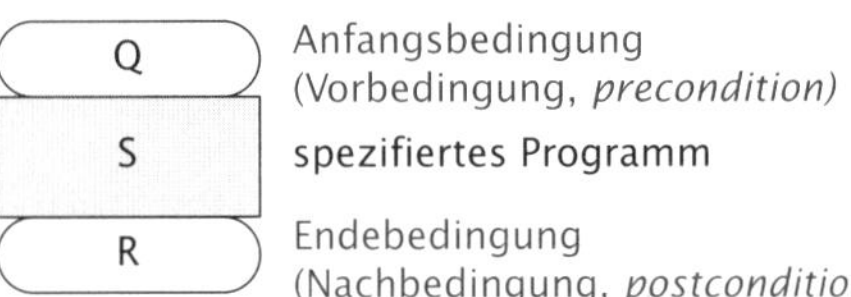

Notation

In einem linearen Programmtext setzt man die Anfangs- und Endebedingungen in geschweifte Klammern: {Q} S {R}.

Betrachtet man eine Spezifikation, ohne sich auf ein konkretes Programm S zu beziehen, dann schreibt man: {Q} . {R}.

Spezifikation als Vorgabe für die Implementierung

Ist ein Programm durch eine Anfangs- und eine Endebedingung spezifiziert, dann ist es die Aufgabe des Programmierers, ein Programm S zu schreiben. Jedesmal, wenn vor dem Programm die Anfangsbedingung Q erfüllt ist, muß das Programm terminieren und nach der Termination die Endebedingung R erfüllen.

Beispiel 5

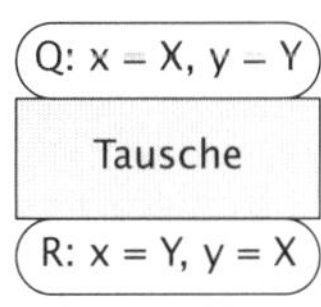

Es soll ein Programm Tausche geschrieben werden, das die Werte der zwei Variablen x und y vertauscht. Eine Spezifikation dieses Programms zeigt das Struktogramm in der Marginalspalte.
Für alle Werte von x und y gilt:
»Jedesmal, wenn vor dem Aufruf von Tausche x den Wert X und y den Wert Y hat, dann terminiert Tausche, und danach hat x den Wert Y und y den Wert X.«
X und Y stehen stellvertretend für beliebige Eingabewerte. Beim dynamischen Test wären X und Y konkrete Werte eines Testfalls. Da bei der Verifikation das Programm für alle Werte überprüft wird, werden sogenannte externe Variable verwendet, die alle Eingabewerte repräsentieren.

externe Variable

Mit Hilfe der **externen Variablen** kann man einen Zusammenhang zwischen den Werten der Variablen vor dem Programm und den Werten nach dem Programm herstellen, da die Werte der externen Variablen durch das Programm nicht verändert werden können. Externe Variable werden im folgenden immer in Großbuchstaben geschrieben.

mehrere Spezifikationsmöglichkeiten

In der Regel gibt es mehrere Möglichkeiten, ein Programm zu spezifizieren.

Beispiel 6

Es soll eine Variable x quadriert werden. Folgende zwei Spezifikationen sind gleichwertig, da sie die gleiche Klasse von Programmen spezifizieren:

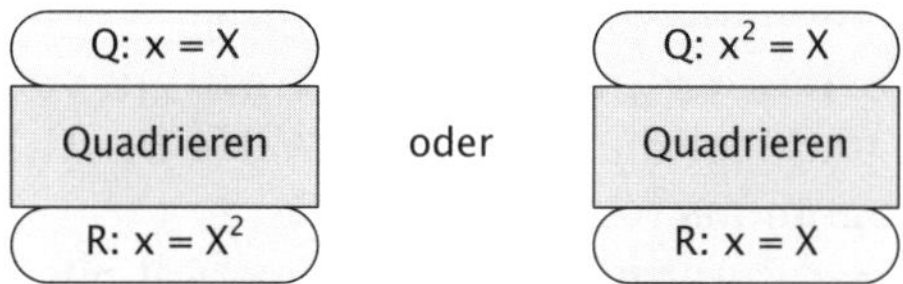

feste Variable

Variable, deren Werte im Programm nicht verändert werden sollen, werden als **feste Variable** bezeichnet und analog wie externe Variable mit Großbuchstaben geschrieben.

Beispiel 7a

Spezifikation **a**

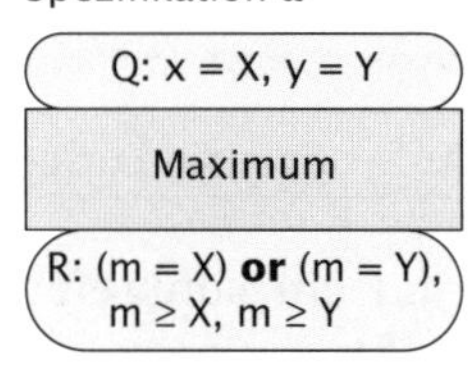

Spezifikation **b**

Q: true

Maximum

R: (m = X) **or** (m = Y), m ≥ X, m ≥ Y

X, Y fest

Das Programm `Maximum` soll den größeren Wert der Variablen x und y in der Variablen m ausgeben.
Bei der nebenstehenden Spezifikation **a** darf das Programm `Maximum` die Variablen x und y verändern. Sollen x und y unverändert bleiben, dann muß die Bedingung x = X, y = Y auch nach dem Programm gelten.
Da die Angabe der festen Variablen durch invariante Bedingungen der Form x = X und y = Y umständlich ist, werden in der Spezifikation **b** feste Variablen verwendet. Auf diese Weise werden externe Variable eingespart.

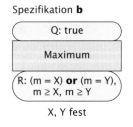

Ist eine Spezifikation so formuliert, daß es kein Programm gibt, das die Spezifikation erfüllt, dann ist sie widersprüchlich.

Beispiel 8

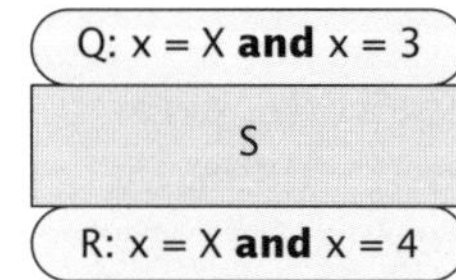

Die nebenstehende Spezifikation ist widersprüchlich, da die Variable x nicht gleichzeitig unverändert sein kann und vorher und hinterher verschiedene Werte annehmen kann.

unberechenbare Probleme

Schwieriger sind Widersprüche bei den sogenannten unberechenbaren Problemen zu erkennen. Diese Probleme sind so schwierig, daß es keine Programme gibt, die diese Probleme lösen.

Folgende Probleme sind nicht berechenbar; sie können daher auch nicht mit einem Programm allgemein gelöst werden:

- Feststellen, ob zwei Programme die gleiche Wirkung haben.
- Feststellen, ob ein beliebiges gegebenes Programm überhaupt terminiert.
- Feststellen, ob ein Programm eine Spezifikation erfüllt.
- Ein Programm zu einer Spezifikation generieren.
- Feststellen, ob zwei Spezifikationen die gleiche Klasse von Programmen festlegen.

Diese Aufgaben lassen sich nur in Einzelfällen für bestimmte Programme und Spezifikationen lösen, sind aber nicht für beliebige Programme und Spezifikationen algorithmisch lösbar.

Prof. Robert W. Floyd
*1936 in New York; Wegbereiter der Verifikation und des Verstehens von Programmen (1967); Erfinder verschiedener Algorithmen; Studium der Mathematik und Physik an der Universität Chicago (BA, BS); 1955–1965 verschiedene Industrietätigkeiten, seit 1965 Professor für Informatik, zuletzt an der Stanford-Universität (heute: emeritiert); 1978: ACM Turing Award, 1992: IEEE Computer Society Pioneer Award

Die obigen Beispiele zeigen, daß

- es unterschiedliche Spezifikationen gibt, die die gleiche Klasse von Programmen spezifizieren,
- es widersprüchliche Spezifikationen gibt, die kein Programm spezifizieren,
- Spezifikationen sorgfältig erstellt werden müssen, um genau die beabsichtigte Wirkung zu definieren und nicht mehr und nicht weniger.

5.8.4 Verifikationsregeln

Abschnitt I 2.13.2

Programme setzen sich aus linearen Kontrollstrukturen zusammen. Die Korrektheit eines Programms ergibt sich aufgrund der Korrektheit der Teilstrukturen. Dadurch kann ein komplexes Programm schrittweise durch korrektes Zusammensetzen aus einfacheren Strukturen verifiziert werden.

Es werden folgende **Verifikationsregeln** unterschieden:

Regeln

- Konsequenz-Regel,
- Zuweisungs-Axiom,
- Sequenz-Regel,
- **if**-Regel und
- **while**-Regel.

Diese Regeln können auch als axiomatisches Regelsystem zur Definition der Semantik der einzelnen Anweisungen interpretiert werden (axiomatische Semantik). Im folgenden werden die Regeln einzeln behandelt.

Konsequenz-Regel

Konsequenz-Regel

Die Konsequenz-Regel lautet:

Ist {Q'} S {R'} gegeben, dann kann jederzeit die Vorbedingung Q' durch eine »schärfere« Vorbedingung Q und die Nachbedingung R' durch eine »schwächere« Nachbedingung R ersetzt werden, so daß weiterhin {Q} S {R} gilt.

Beispiel 9 Gegeben sei ein Programm S, das die Spezifikation **a** (Abb. 5.8-4) erfüllt. Es stellt sich die Frage, ob S auch die Spezifikation **b** (Abb. 5.8.4) erfüllt.

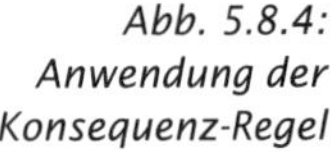

Abb. 5.8.4: Anwendung der Konsequenz-Regel

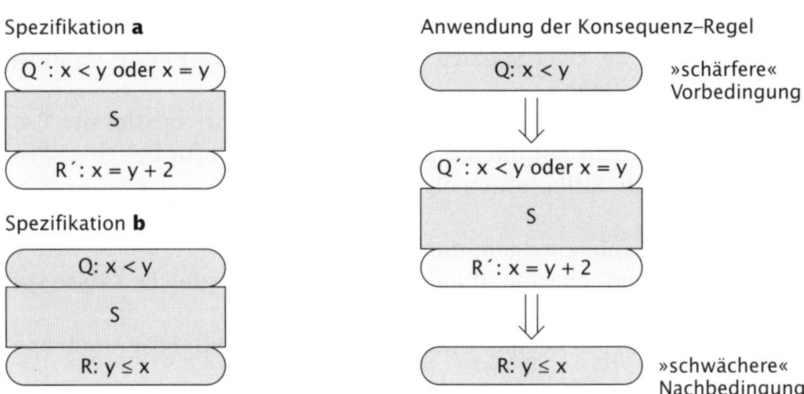

Die Antwort lautet ja, denn es gelten folgende Implikationen:
$x < y \Rightarrow x < y$ oder $x = y$ und $x = y + 2 \Rightarrow y \leq x$.

Implikation ⇒ Die Implikation ⇒ spielt bei vielen Verifikationsregeln eine wichtige Rolle. Folgende Formulierungen für Implikationen sind gleichwertig:

A ⇒ B	B wird von A impliziert
aus A folgt B	A ist hinreichend für B
B folgt aus A	B ist notwendig für A
wenn A gilt, dann gilt auch B	A ist schärfer als B
A impliziert B	B ist schwächer als A

Arbeitet man sich *vorwärts* durch ein Programm, dann darf man Bedingungen schwächen. Durch Hinzufügen eines beliebigen Terms mit *oder*-Verknüpfung oder durch Weglassen eines vorhandenen, *und*-verknüpften Terms schwächt man eine Bedingung.

Arbeitet man sich *rückwärts* durch ein Programm, dann darf man Bedingungen verschärfen. Eine Bedingung kann man dadurch verschärfen, daß man einen beliebigen Term durch *und*-Verknüpfung hinzufügt oder daß man einen vorhandenen *oder*-verknüpften Term wegläßt.

Notation für Regeln Verifikationsregeln werden oft in Form einer Schlußregel geschrieben:

$$\frac{\text{Voraussetzungen}}{\text{Schlußfolgerung}}$$

Der Strich hat folgende Bedeutung: Aus der Gültigkeit der Bedingungen (Voraussetzungen) über dem Strich folgt die Gültigkeit der Bedingung (Schlußfolgerung) unter dem Strich.

Die Konsequenz-Regel kann auch in Form einer Schlußregel beschrieben werden:

Konsequenz-Regel als Schlußregel

$$\frac{Q \Rightarrow Q',\ \{Q'\}\ S\ \{R'\},\ R' \Rightarrow R}{\{Q\}\ S\ \{R\}}$$

Die Konsequenz-Regel liest sich dann folgendermaßen:
Wenn die drei Bedingungen $Q \Rightarrow Q'$, $\{Q'\}$ S $\{R'\}$ und $R' \Rightarrow R$ erfüllt sind, dann gilt auch {Q} S {R}.

Zuweisungs-Axiom

Die Zuweisung x:= A verändert den Wert der Variablen x.

Zuweisungs-Axiom

Gilt eine Zusicherung Q(A) vor der Zuweisung x:= A, dann gilt danach R(x).

Beispiel 10a

Lautet die Vorbedingung Q(y + z = 10) und die Zuweisung x:= y + z, dann ergibt sich die Nachbedingung R(x = 10).

Da die Zuweisung atomar in der Programmstruktur ist, wird ihre Semantik durch ein Axiom definiert.
Das Zuweisungsaxiom lautet:
$\{R_A^x\}$ x:= A {R} wobei R_A^x bedeutet, daß alle x in R durch den Ausdruck A ersetzt sind.

Beispiel 10b

Der Ausdruck in der Zuweisung x:= y + z ist y + z. Wird in der Nachbedingung x = 10 das x durch den Ausdruck y + z ersetzt, dann ergibt sich daraus die Vorbedingung y + z = 10.

Das Axiom gibt damit auch an, wie aus einer gegebenen Nachbedingung R eine passende Vorbedingung ermittelt werden kann:
Es müssen alle Vorkommen der Variablen x in R durch den Ausdruck A ersetzt werden.

Ableitung einer Vor- aus einer Nachbedingung

Beispiele

a `{?} x:= x + 25 {x = 2y}`
Die Vorbedingung ergibt sich dadurch, daß in der Nachbedingung `x = 2y` alle `x` durch den Ausdruck `x + 25` ersetzt werden: `x + 25 = 2y`. Es ergibt sich die Vorbedingung `{2y = x + 25}`.
b `{?} Ergebnis:= Ergebnis * Basis`
{Ergebnis * $\text{Basis}^{\text{Exponent}}$ = A^B **and** Exponent gerade}
Das Einsetzen des Ausdrucks `Ergebnis * Basis` in die Nachbedingung ergibt folgende Vorbedingung:
{Ergebnis * Basis * $\text{Basis}^{\text{Exponent}}$ = A^B **and** Exponent gerade} oder vereinfacht:
{Ergebnis * $\text{Basis}^{\text{Exponent + 1}}$ = A^B **and** Exponent gerade}

Sequenz-Regel

Sequenz-Regel

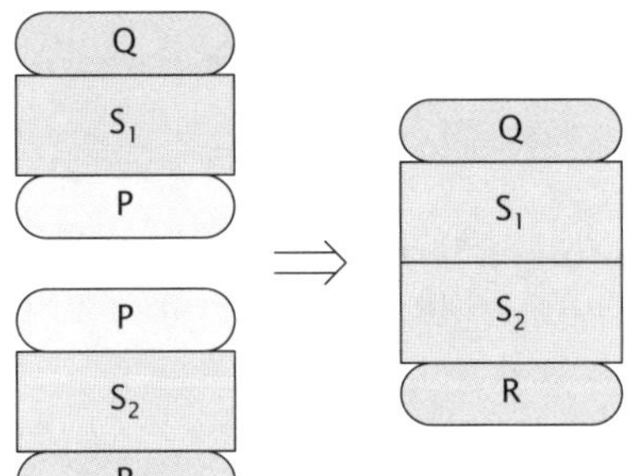

Zwei Programmstücke S_1 und S_2 können zu einem Programmstück S_1 ; S_2 zusammengesetzt werden, wenn die Nachbedingung von S_1 mit der Vorbedingung von S_2 identisch ist:

$$\frac{\{Q\}\ S_1\ \{P\},\ \{P\}\ S_2\ \{R\}}{\{Q\}\ S_1\ ;\ S_2\ \{R\}}$$

Mit Hilfe der Konsequenz-Regel kann die Sequenz-Regel verallgemeinert werden:

Sequenz-Regel I

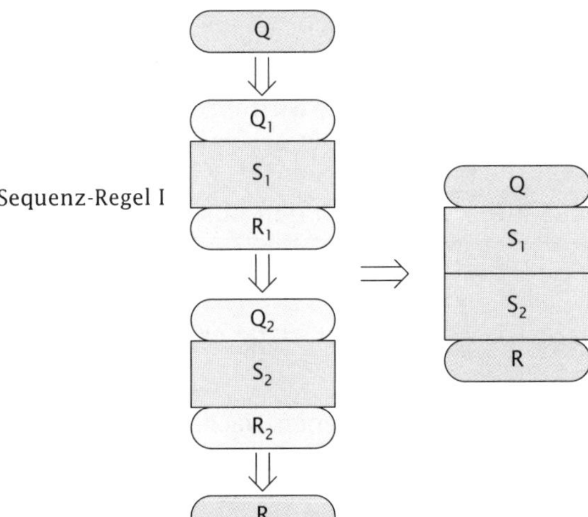

Die Nachbedingung von S_1 muß nicht mit der Vorbedingung von S_2 identisch sein. Es genügt, wenn die Nachbedingung von S_1 »schärfer« als die Vorbedingung von S_2 ist:

$$\frac{Q \Rightarrow Q_1,\ \{Q_1\}\ S_1\ \{R_1\},\ R_1 \Rightarrow Q_2,\ \{Q_2\}\ S_2\ \{R_2\},\ R_2 \Rightarrow R}{\{Q\}\ S_1;S_2\ \{R\}}$$

Werden mehrere Programmstücke zusammengesetzt, dann wird die Sequenz-Regel mehrmals angewandt.

if-Regel

if-Regel

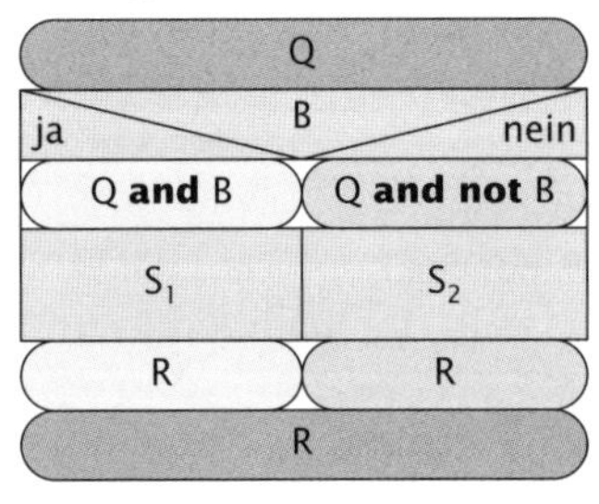

Die **if**-Regel gibt an, unter welchen Voraussetzungen zwei Programmstücke S_1 und S_2 und eine Bedingung B zu einer zweiseitigen Auswahl mit der Vorbedingung Q und der Nachbedingung R zusammengesetzt werden können:

$$\frac{\{Q\ \textbf{and}\ B\}\ S_1\ \{R\},\ \{Q\ \textbf{and not}\ B\}\ S_2\ \{R\}}{\{Q\}\ \textbf{if}\ B\ \textbf{then}\ S_1\ \textbf{else}\ S_2\ \{R\}}$$

Gelten {Q **and** B} S_1 {R} und {Q **and not** B} S_2 {R}, dann können die Programme S_1 und S_2 zu einer **if**-Anweisung {Q} **if** B **then** S_1 **else** S_2 {R} zusammengesetzt werden.

Beispiel 7b

Ein Programm S soll das Maximum der beiden festen Zahlen X und Y berechnen. Die Spezifikation lautet:
{Q : **true**} S {R : (m=X) or (m=Y), m≥X, m≥Y}
Das Maximum ist X oder Y. Das Maximum ist X, wenn X ≥ Y gilt, und Y, wenn **not** X ≥ Y gilt.
Es gelten also die folgenden Vor- und Nachbedingungen:

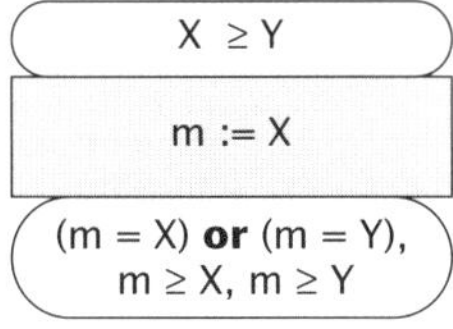

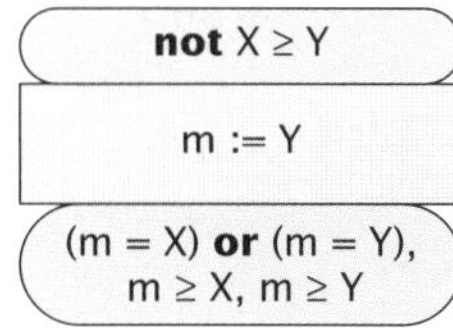

Wählt man als Bedingung B: X ≥ Y und als Vorbedingung Q : **true**, dann sind die Voraussetzungen der **if**-Regel erfüllt und die beiden Anweisungen können zu einer **if**-Anweisung zusammengesetzt werden (Abb. 5.8-5).

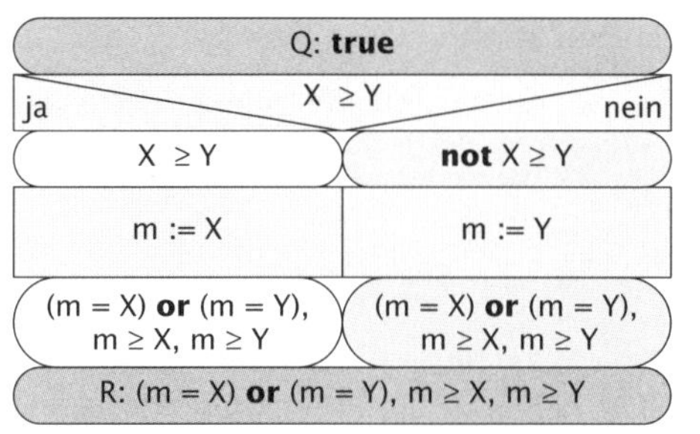

X, Y fest

*Abb. 5.8-5: Beispiel für die **if**-Regel*

while-Regel

while-Regel

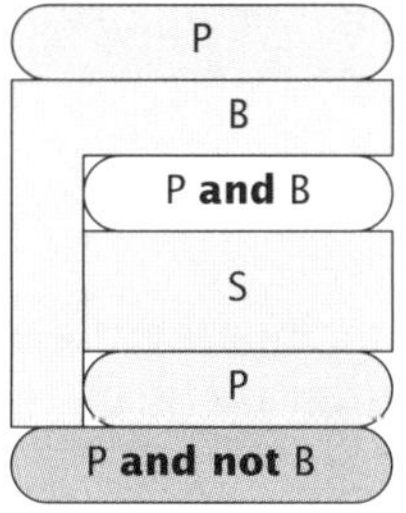

Bei einer abweisenden Wiederholung wird der Rumpf der Wiederholungsanweisung solange wiederholt, bis die Wiederholungsbedingung B nicht mehr erfüllt ist:
while B **do** S

Invariante

Für die Verifikation jeder Wiederholungsanweisung oder Schleife spielt eine invariante Zusicherung P, die sogenannte Invariante, eine entscheidende Rolle. Die **Invariante** gilt nach jedem Schleifendurchlauf und beschreibt dadurch das im dynamischen Ablauf Gleichbleibende. Die Invariante P muß jedesmal erfüllt sein, wenn die Wiederholungsbedingung B ausgewertet wird. Damit die Invariante P bei jedem Auswerten von B erfüllt ist, muß sie vor der Schleife und nach dem Schleifenrumpf gelten.
Es ergibt sich folgende **while**-Regel:

{P **and** B} S {P}

{P} **while** B **do** S {P **and not** B}

Diese Regel berücksichtigt nur die **partielle Korrektheit** der **while**-Schleife, da die Termination durch die Voraussetzungen dieser Regel nicht garantiert ist.

Zur Feststellung der totalen Korrektheit einer Schleife muß also noch die Termination der Schleife zusätzlich bewiesen werden (siehe unten).

Beispiel 11 Das in Abb. 5.8-6 dargestellte Programm berechnet die Fakultät.

*Abb. 5.8-6: Beispiel für die **while**-Regel*

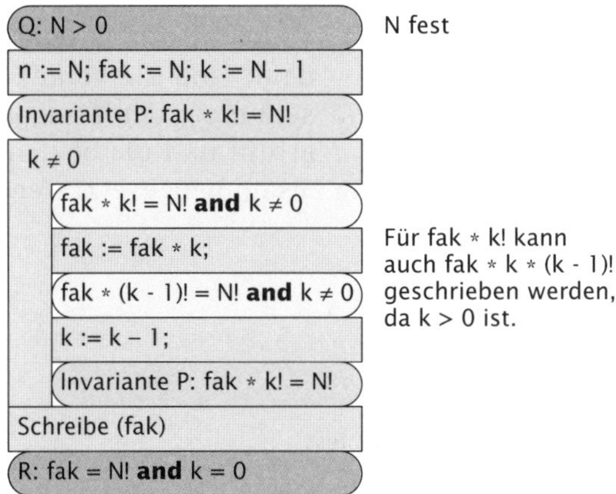
Q: N > 0
N fest
n := N; fak := N; k := N – 1
Invariante P: fak * k! = N!
k ≠ 0
fak * k! = N! and k ≠ 0
fak := fak * k;
fak * (k - 1)! = N! and k ≠ 0
k := k – 1;
Invariante P: fak * k! = N!
Schreibe (fak)
R: fak = N! and k = 0
Für fak * k! kann auch fak * k * (k - 1)! geschrieben werden, da k > 0 ist.

Die positive ganzzahlige Variable k wird bei jeder Wiederholung um 1 erniedrigt, so daß nach endlich vielen Schritten die Wiederholungsbedingung k ≠ 0 nicht mehr erfüllt ist. Damit ist die Korrektheit von `Fakultät` bewiesen. Zu beachten ist, daß die Anweisungen fak := fak * k und und k := k – 1 nicht vertauscht werden, da dann der Algorithmus nicht mehr korrekt ist.

5.8.5 Termination von Schleifen

Damit eine Schleife terminiert, darf die Wiederholungsbedingung B nach einer endlichen Anzahl von Schleifendurchläufen nicht mehr erfüllt sein.

Terminationsfunktion

Zur Prüfung der Termination führt man eine **Terminationsfunktion** t ein, die die Programmzustände auf ganze Zahlen abbildet. Der ganzzahlige Wert der Terminationsfunktion t muß bei jedem Schleifendurchlauf

1 um mindestens 1 kleiner werden und

2 stets positiv bleiben.

Existiert eine solche Terminationsfunktion, dann muß die Schleife zwangsläufig nach einer endlichen Anzahl von Durchläufen terminieren. Da sich der Wert der Terminationsfunktion ändert, wird sie auch **Variante** im Gegensatz zur Invariante genannt.

Q: X ≥ 0, Y > 0
q := 0; r := X
Inv P: X = q * Y + r, 0 ≤ r
r ≥ Y
P **and** r ≥ Y
S
P
R: X = q * Y + r, 0 ≤ r < Y

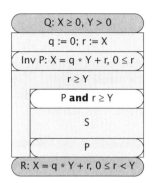

Es soll der ganzzahlige Quotient q = (X/Y) und der Rest r= (X mod Y) zweier ganzer Zahlen X und Y unter ausschließlicher Verwendung von Addition und Subtraktion berechnet werden. Beispiel 12a

In dem nebenstehenden Programmskelett fehlt nur noch der Schleifenrumpf. Dieses Programm ist aufgrund der **while**-Regel für alle Schleifenrümpfe S mit der Vorbedingung P **and** r ≥ Y und der Nachbedingung P partiell korrekt.

Es gibt sehr viele verschiedene Programmstücke, die diese Bedingungen erfüllen und für den Schleifenrumpf S eingesetzt werden können:

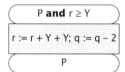

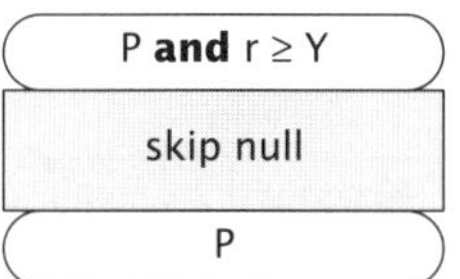

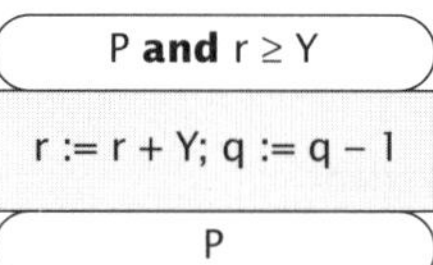

P **and** r ≥ Y
r := r + Y + Y; q := q – 2
P

Keiner dieser Schleifenrümpfe führt zur Termination des Gesamtprogramms, da keines der Programme einen Schritt näher zur Termination (Abbruchbedingung r < Y erfüllt) macht. Vor dem Schleifenrumpf gilt r ≥ Y und in endlicher Anzahl von Schleifendurchläufen soll r < Y erreicht werden, daher muß der Wert von r im Schleifenrumpf kleiner werden.

Die Aufgabe des Schleifenrumpfes ist also das »Verkleinern von r unter Invarianz von P«.

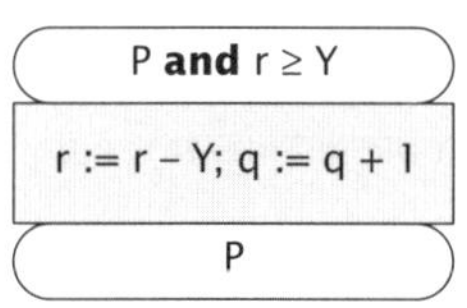

Wird r um Y verkleinert, muß q um 1 erhöht werden, damit P: X = q*Y + r **and** 0 ≤ r invariant bleibt. Der nebenstehende Schleifenrumpf führt nach endlicher Anzahl von Schritten zu einem Wert r < Y und damit zur Termination des Programms.

Der Wert von r wird in jedem Schritt um Y (laut Vorbedingung gilt Y > 0) kleiner, bleibt aber stets positiv (laut Invariante: 0 ≤ r). Daher muß das Programm terminieren. Vorbedingung

Die beiden Bedingungen, die die Terminationsfunktion erfüllen muß, können formal **exakt** formuliert werden.

1 {P **and** B **and** t = T} S {t<T}

2 P **and** B ⇒ t ≥ 0

Die erste Bedingung verwendet eine externe Variable T, um auszudrücken, daß t im Schleifenrumpf S kleiner wird. Die zweite Bedingung fordert, daß t vor jedem Ausführen des Schleifenrumpfes (P **and** B ist ja vor dem Schleifenrumpf erfüllt) nichtnegativ ist.

Die zweite Bedingung zeigt auch, daß die Invariante P bzw. die Wiederholungsbedingung B so gewählt werden muß, daß aus P **and** B die Bedingung $t \geq 0$ folgt.

Im Beispiel 12 der Ganzzahldivision mit Terminationsfunktion t:r ist $r \geq 0$ bereits Teil der Invarianten P: X = q*Y + r **and** $0 \leq r$.

In Abb. 5.8-7 sind nochmals die Punkte zusammengestellt, die bei der Verifikation einer abweisenden Schleife erfüllt sein müssen.

Abb. 5.8.7: Verifikation und Entwicklung der abweisenden Wiederholung

Bei gegebener Invariante P und Terminationsfunktion t muß eine **while**-Schleife die folgenden fünf Punkte erfüllen.

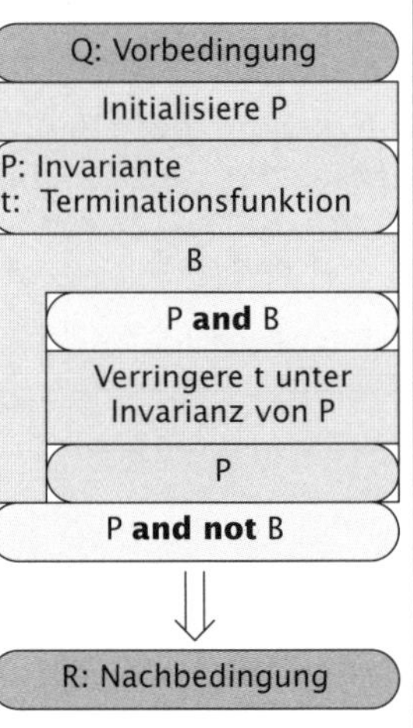

1 Die Invariante P gilt vor der Schleife.
Meist wird die Gültigkeit von P durch ein einfaches Programmstück zum Initialisieren von P erreicht:
{Q} Initialisiere P {P}
Gibt es keine Initialisierung, muß P direkt aus der Vorbedingung Q folgen (Konsequenz-Regel):
$Q \Rightarrow P$

2 Nach der Schleife gilt die Nachbedingung R.
P **and not** B $\Rightarrow$ R

3 P bleibt im Schleifenrumpf S invariant.
{P **and** B} S {P}

4 t wird bei jedem Ausführen des Schleifenrumpfes verringert.
{P **and** B **and** t = T} S {t < T}

5 t ist vor jedem Ausführen des Schleifenrumpfes nicht negativ.
P **and** B $\Rightarrow t \geq 0$

Die beiden ersten Punkte betreffen das Einbinden in die Spezifikation mit der Vorbedingung Q und der Nachbedingung R.
Der dritte Punkt garantiert die Invarianz von P im Schleifenrumpf. Die beiden letzten Punkte garantieren die Termination.
Punkt 3 und 4 werden üblicherweise getrennt verifiziert, können aber mit einer einzigen Bedingung formuliert werden:
3 und **4** {P **and** B **and** t} S {P **and** t < T}

Vorgehensweise, wenn P und t bekannt sind

Das Entwickeln einer Schleife besteht aus drei Teilaufgaben:

a Finde ein geeignetes Programmstück »Initialisiere P«, damit die Invariante P vor der Schleife gilt:
{Q} Initialisiere P {P}

b Finde eine geeignete Wiederholungsbedingung B, so daß nach der Schleife die gewünschte Nachbedingung R gilt:
P **and not** B $\Rightarrow$ R
Außerdem müssen die Invariante P und die Wiederholungsbedingung B so beschaffen sein, daß die Terminationsfunktion t vor dem Schleifenrumpf stets nichtnegativ ist, also
P **and** B $\Rightarrow t \geq 0$ gilt.

c Finde einen Schleifenrumpf S, der t verringert und P invariant läßt:
{P **and** B **and** t = T} S {P **and** t < T}.
Oft besteht der Schleifenrumpf wieder aus zwei Teilen. Der eine verringert die Terminationsfunktion, der andere stellt als Reaktion darauf die Gültigkeit der Invariante P wieder her.
S:»Verringere t«
»Stelle P wieder her«

Quelle: /Futschek 89, S. 75 ff./

5.8.6 Entwickeln von Schleifen

Invariante und Terminationsfunktion sind die beiden Schlüsselkonzepte zur Verifikation von Schleifen. In der Abb. 5.8-7 ist eine Vorgehensweise angegeben, um eine **while**-Schleife zu entwickeln, wenn die Invariante und die Terminationsfunktion bekannt sind.

Invariante unbekannt

Ist die Invariante nicht bekannt, dann wird sie in den meisten Fällen aus der Nachbedingung der Spezifikation abgeleitet.

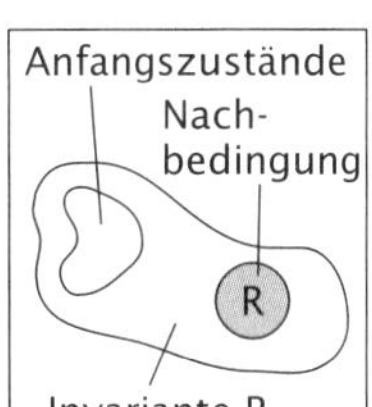

Die Invariante muß eine Verallgemeinerung (Abschwächung) der Nachbedingung sein, damit sie nicht nur am Ende der Schleife, sondern auch bei allen Zwischenschritten und insbesondere auch am Anfang der Schleife in den Anfangszuständen nach einer geeigenten Initialisierung gilt.

Zur Abschwächung der Nachbedingung R gibt es folgende Methoden:

- Weglassen einer Bedingung:
  R hat die Gestalt »A **and** B«. Die Invariante erhält man durch Weglassen einer der beiden Bedingungen A oder B. Wird zum Beispiel B weggelassen, wird A zur Invariante und B zur Abbruchbedingung.
- Konstante durch Variable ersetzen:
  Die Invariante erhält man dadurch, daß eine in R vorkommende Konstante durch eine Variable mit einem bestimmten Wertebereich ersetzt wird.
- Kombinieren von Vor- und Nachbedingungen:
  Bei manchen Spezifikationen muß sowohl die Vorbedingung Q als auch die Nachbedingung R zu einer Invariante P verallgemeinert werden. Jede der beiden Zusicherungen Q und R wird zu einem Spezialfall der Invariante P.

Die beiden ersten Methoden sind die wichtigsten Standardmethoden.

Beispiel 13: Weglassen einer Bedingung

Es soll die ganzzahlige Näherung der Quadratwurzel einer nichtnegativen ganzen Zahl A, die als fest angenommen wird, berechnet werden. Die Spezifikation lautet:

Q: $A \geq 0$

R: $x \geq 0$ **and** $x^2 \leq A < (x + 1)^2$

Die Nachbedingung R besteht aus den drei Bedingungen:

$x \geq 0$, $x^2 \leq A$ und $A < (x + 1)^2$

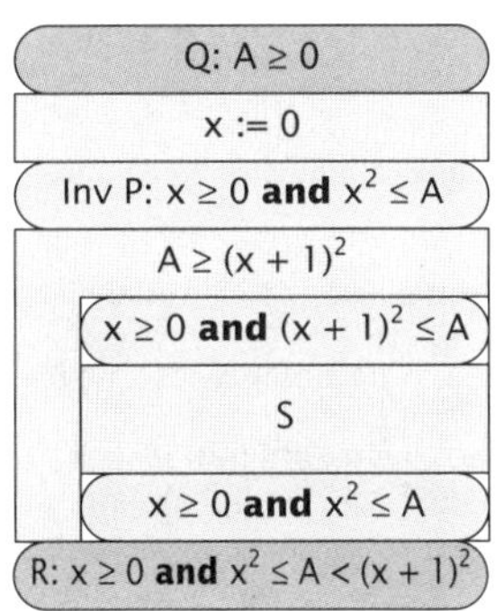

Eine davon, etwa die letzte, wird weggelassen. Dann erhält man als Invariante P: $x \geq 0$ **and** $x^2 \leq A$.

Die weggelassene Bedingung eignet sich hervorragend als Abbruchbedingung **not** B: $A < (x + 1)^2$. Es gilt dann P **and not** B $\Rightarrow$ R. Mit x := 0 findet sich eine einfache Initialisierung, so daß P vor der Schleife gilt. Im nebenstehenden Programmskelett muß jetzt nur noch ein geeigneter Schleifenrumpf S gefunden werden.

Zur Entwicklung des Rumpfes S benötigt man eine Terminationsfunktion. Diese ergibt sich aus dem Vergleich zwischen der Initialisierung x := 0 und der Abbruchbedingung $A < (x + 1)^2$. Man sieht, daß für $x \geq 0$ die Variable x größer werden muß. Für die streng monoton fallende und nach unten beschränkte Terminationsfunktion wählt man t: A – x, da t bei wachsendem x fallend ist und bei Invarianz von P nicht negativ wird.
Der Schleifenrumpf muß x vergrößern. Eine geeignete Anweisung zum Vergrößern von x ist:
S: x := x + 1.
Mit Hilfe des Zuweisungsaxioms erhält man die Gültigkeit von
$\{x \geq 0$ **and** $(x + 1)^2 \leq A\}$ x := x + 1 {P: $x \geq 0$ **and** $x^2 \leq A\}$
Somit ist x := x + 1 bereits ein geeigneter Schleifenrumpf, der sowohl t verringert als auch P invariant läßt.
In diesem Beispiel hätte man auch die Bedingung $x^2 \leq A$ von der Nachbedingung R weglassen können und damit eine andere Invariante und ein anderes Programm erhalten.

In Abb. 5.8-8 ist zusammengestellt, wie man durch Weglassen einer Bedingung eine Schleife entwickelt.

Abb. 5.8-8: Entwicklung einer Schleife durch Weglassen einer Bedingung

Methode
Gegeben sei eine Spezifikation {Q} . {R: A **and** B}. Die Nachbedingung R besteht aus mindestens zwei Bedingungen A und B.
1 Eine Invariante erhält man dadurch, daß man eine der Bedingungen wegläßt. Wird B weggelassen, erhält man A als Invariante P.
2 Die weggelassene Bedingung **not** B wird zur Abbruchbedingung.
3 Die Invariante muß durch ein Programmstück initialisiert werden:
{Q} Initialisiere P {P: A}
4 Es bleibt ein Schleifenrumpf S zu entwickeln mit der Spezifikation
{A **and** B} S {A}.
Im Schleifenrumpf muß außerdem ein Fortschritt in Richtung Termination (Bedingung B ist erfüllt) gemacht werden. Die Terminationsfunktion ergibt sich oft aus dem Vergleich der Initialisierung mit der Abbruchbedingung **not** B.
Diese vier Schritte genügen, denn P **and not** B $\Rightarrow$ R braucht nicht bewiesen zu werden, da bei dieser Methode P **and not** B stets mit R identisch ist.

Besteht die Nachbedingung aus mehreren Bedingungen, dann gilt:
- Es bleiben die Bedingungen in der Invarianten erhalten, die sich leicht initialisieren lassen.
- Es werden die Bedingungen weggelassen, die sich gut als Abbruchbedingung **not** B eignen.

Beispiel 12b
Die Nachbedingung R: $X = q * Y + r$ **and** $0 \leq r < Y$ bei der Ganzzahldivision wird dabei durch Weglassen der Bedingung $r < Y$ zur Invarianten
P: $X = q * Y + r$ **and** $0 \leq r$
$r < Y$ wird zur Abbruchbedingung und P kann dann leicht mit q := 0; r := X initialisiert werden.
Hätte man eine andere Bedingung weggelassen, wäre die Programmentwicklung schwieriger.
Wenn $0 \leq r$ weggelassen wird, könnte r zwar mit einer negativen Zahl initialisiert werden, aber es ist ungeklärt, mit welcher. Ebenso unklar ist die Frage der Initialisierung, wenn $X = q * Y + r$ weggelassen wird.
Daher kommt nur die vorgeschlagene erste Variante in Frage.

Quelle: /Futschek 89, S. 81 f./

Die Methode »Weglassen einer Bedingung« eignet sich in jenen Fällen gut, in denen keine zusätzliche neue Variable in der Schleife verwendet werden muß.

Konstante durch Variable ersetzen

Ist hingegen die Verwendung einer neuen Variablen (etwa einer Laufvariablen) notwendig, empfiehlt es sich, die Methode »Konstante durch Variable ersetzen« zu verwenden (Abb. 5.8-9).

Kombinieren von Vor- und Nachbedingungen

Die Nachbedingung wird oft deswegen für die Konstruktion von Invarianten herangezogen, weil sie meist die wesentlichen Endergebnisse beschreibt und die Vorbedingung nur einige Randbedingungen festhält, die zu Beginn gelten sollen. Bei manchen Problemen ist für die Invariante die Vorbedingung genauso wichtig wie die Nachbedingung. Insbesondere dann, wenn ein Anfangszustand schrittweise in einen Endzustand überführt werden soll und dabei immer weniger Eigenschaften des Anfangszustandes und immer mehr Eigenschaften des Endzustandes angenommen werden sollen.

Methode
Eine Nachbedingung R kann dadurch abgeschwächt werden, daß eine in R vorkommende Konstante durch eine neue Variable ersetzt wird.

1 Für die Konstruktion der Invarianten P ersetze eine Konstante, etwa N, in der Nachbedingung R durch eine neue Variable, etwa n, und füge einen Wertebereich für n hinzu. Die Konstante N muß selbstverständlich im Wertebereich von n vorkommen.
2 Die Abbruchbedingung **not** B der Schleife ist n = N. P **and not** B ⇒ R ist dann automatisch erfüllt.
3 Bestimme eine Initialisierung, so daß P vor der Schleife gilt.
{Q} Initialisiere P {P}
4 Finde einen Schleifenrumpf S mit
{P **and** B} S {P}
Die Terminationsfunktion ist häufig t: N – n, wenn n erhöht wird, und t: n, wenn n verringert wird.

Quelle: /Futschek 89, S. 87/

Abb. 5.8-9: Entwicklung einer Schleife durch Variablenersetzung

5.9 Symbolisches Testen

Symbolisches Testen liegt zwischen den Extremen konventionelles Testen und Programm-Verifikation und stellt einen Kompromiß zwischen beiden dar (siehe auch /Howden 78/).

Beim symbolischen Testen werden nicht spezielle Testwerte ausgewählt, sondern allen geforderten Eingaben werden symbolische Werte zugewiesen, analog wie bei der Verifikation.

Idee

Eine symbolische Ausführung, d.h. eine Programmausführung mit symbolischen Werten, läuft ab wie eine Programmausführung beim konventionellen Testen. Werte werden jedoch symbolisch berechnet. Dazu wird das Quellprogramm interpretiert. Daher kann man symbolisches Testen auch dem statischen Strukturtest zuordnen.

Beispiel 14a

```
#include <iostream.h>
void main()
// Berechnung einer Prämie aus Alter und Dienstjahren
{
  int Dienstjahre, Alter, Praemie;

  cout << "Dienstjahre: "; cin >> Dienstjahre;
  cout << "Alter: "; cin >> Alter;
  Praemie = 0;
  if (Dienstjahre > 5)
  {
     Praemie = 50 + 10 * Dienstjahre;
     if(Alter > 50) Praemie = Praemie + 100;
  }
  else if (Dienstjahre > 2) Praemie = 100;
  cout << "Praemie: " << Praemie << endl;
}
```

Symbolische Eingabewerte: `Dienstjahre = d; Alter = a;`
Symbolischer Ausgabewert: `Praemie = p;`

Ausführungsbaum

Wird ein Programm mit aktuellen Werten ausgeführt, dann kann der Wert einer Bedingung festgestellt werden (**true** oder **false**). Da bei der symbolischen Ausführung in den Bedingungsausdrücken symbolische und aktuelle Werte enthalten sind, kann oft nicht entschieden werden, ob die Bedingung wahr oder falsch ist. Die symbolische Bedingung wird daher als Prädikat formuliert, so daß gegebenenfalls sowohl in den Ja-Zweig als auch in den Nein-Zweig verzweigt wird. Dadurch entsteht ein Ausführungsbaum. Jeder Anweisung im Programm wird ein Knoten zugeordnet. Jeder Übergang zwischen den Anweisungen wird durch eine gerichtete Kante beschrieben.

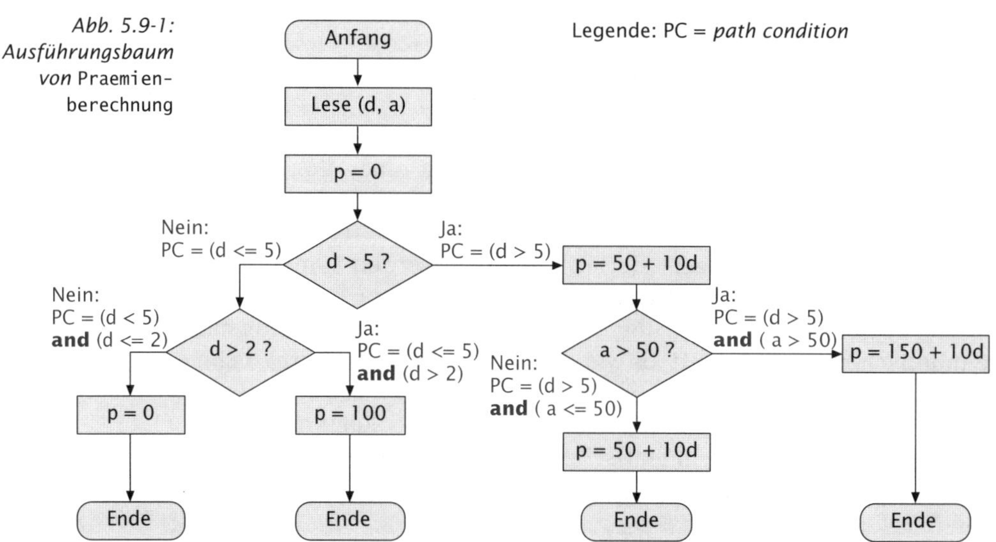

Abb. 5.9-1: Ausführungsbaum von Praemienberechnung

Von einer Verzweigung führen mehrere Kanten weg. An jede Kante wird die Bedingung notiert, die zum Eintritt in diesen Zweig führt *(Path Condition* PC).

Pfadbedingung

Die Abb. 5.9-1 zeigt den Ausführungsbaum des Programms Praemienberechnung. Es ergibt sich folgendes symbolisches Prädikatensystem:

Beispiel 14b

d <= 2	: p = 0	5 < d, a <= 50	: p = 50 + 10 d
2 < d <= 5	: p = 100	5 < d, a > 50	: p = 150 + 10 d

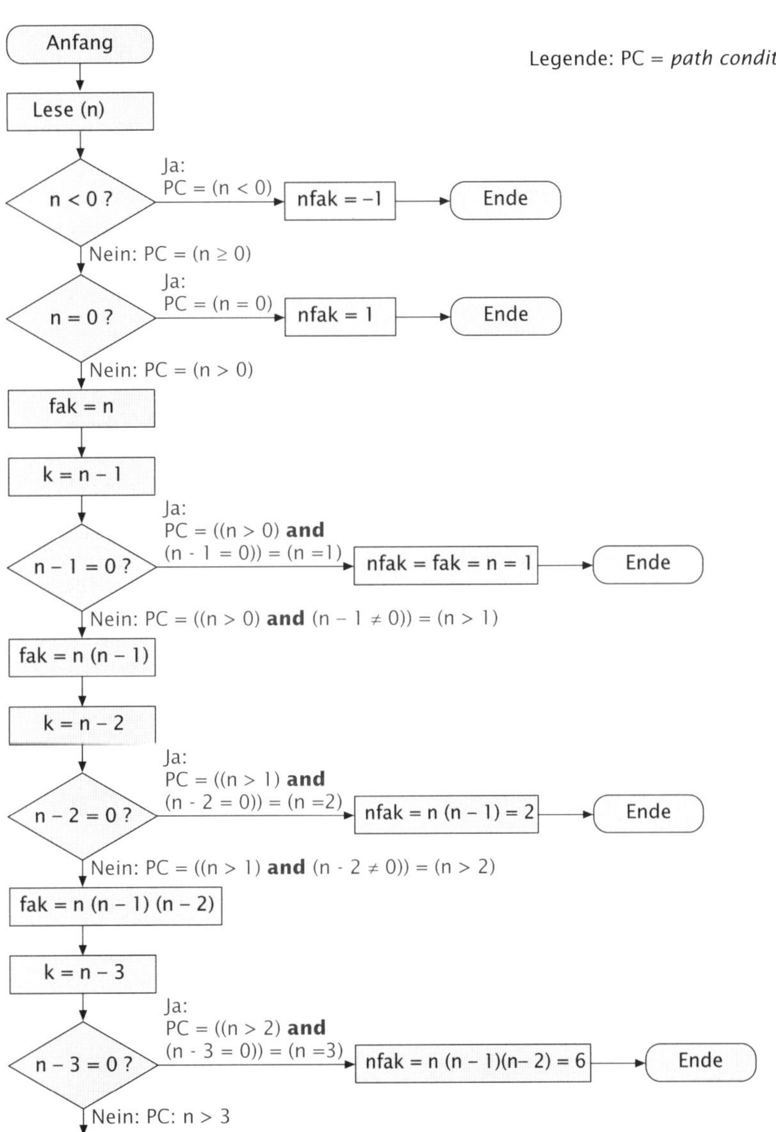

Abb. 5.9-2: Ausführungsbaum von Fakultät

Programm mit Schleifen

Enthält ein Programm Schleifen, dann entsteht im allgemeinen ein unendlicher Ausführungsbaum. Die Anzahl der Pfade wird dann entweder durch Festlegen einer bestimmten Iterationsanzahl willkürlich beschränkt, oder der Schleife wird, wie bei der Programmverifikation, eine induktive Invariante zugeordnet. In diesem Fall werden zwei Ausführungsbäume erzeugt, wovon der eine die Schleifeninvariante als Eintrittspunkt hat.

Beispiel 15

Den Ausführungsbaum eines Programms `Fakultät` (siehe auch Beispiel 11) zeigt Abb. 5.9-2. Es ergeben sich folgende Ergebnisse:

$n < 0$: nfak =–1	$n = 2$: nfak = 2
$n = 0$: nfak = 1	$n = 3$: nfak = 6
$n = 1$: nfak = 1	usw.

Damit die Pfadbedingungen nicht zu umfangreich werden, muß jeweils versucht werden, sie durch Umformungen zu vereinfachen.

Werkzeuge

Da das manuelle symbolische Ausführen eines Programms sehr aufwendig ist, wurden Werkzeuge zur automatischen Unterstützung entwickelt. Neben der symbolischen Ausführung können diese Werkzeuge logische Ausdrücke manipulieren, um z.B. Prädikate zu vereinfachen.

Anfangsbedingung →Vorbedingung
assertion →Zusicherung
Endebedingung →Nachbedingung
Invariante →Zusicherung, die innerhalb von Schleifen unabhängig von der Anzahl der Durchläufe immer gültig ist.
Korrektheit Die partielle Korrektheit eines Programms, d.h. die Konsistenz zwischen Spezifikation und Implementierung, kann durch →Verifikation gezeigt werden. Ist außerdem bewiesen, daß das Programm stets terminiert, dann ist die totale Korrektheit gezeigt.
Nachbedingung Teil der Spezifikation eines Programms oder Programmteils, der eine →Zusicherung nach Programmende beschreibt.
postcondition →Nachbedingung
precondition →Vorbedingung
Symbolisches Testen Ein Interpreter führt ein Quellprogramm mit allgemeinen symbolischen Eingabewerten aus.
Terminationsfunktion Dient zur Prüfung der Termination einer Schleife; muß bei jedem Schleifendurchlauf um mindestens eins kleiner werden und stets positiv bleiben.
Verifikation Formale Methode, die mit mathematischen Mitteln die Konsistenz zwischen der Spezifikation (→Vorbedingung, →Nachbedingung) eines Programms und seiner Implementierung für alle möglichen und erlaubten Eingaben beweist. Im Rahmen der Verifikation wird die partielle →Korrektheit eines Programms bewiesen.
Verifikationsregeln Beschreiben die Auswirkungen einzelner Programmkonstruktionen (Zuweisung, Sequenz, Auswahl, Wiederholung) auf →Zusicherungen bzw. geben an, wie Programmkonstruktionen kombiniert werden können.
Vorbedingung Teil der Spezifikation eines Programms oder Programmteils, der eine →Zusicherung vor Programmbeginn beschreibt.
Zusicherung Meist in Form eines boole'schen Ausdrucks beschriebene Eigenschaft oder beschriebener Zustand, der an einer bestimmten Stelle eines Programms immer gilt. Im Rahmen der →Verifikation kann das Eingangs- und Ausgangsverhalten eines Programms durch Anfangszusicherungen (→Vorbedingungen) und Endezusicherungen (→Nachbedingungen) spezifiziert werden.

Programme können überprüft werden durch

- Testende Verfahren,
- Verifizierende Verfahren und
- Analysierende Verfahren.

Testende und verifizierende Verfahren lassen sich durch folgende Eigenschaften charakterisieren:

- Testende Verfahren sind systematisch, detailliert, konkret und fallorientiert.
- Verifizierende Verfahren sind systematisch, allgemein, abstrakt, deduktiv und induktiv orientiert.

Testen vs. Verifikation

Testen liefert den konkreten Beweis, daß die Problemlösung fallweise korrekt ist. Programm-Verifikation liefert den abstrakten Beweis, daß die gesamte Problemlösung korrekt ist. Eine systematische Testfallermittlung stellt sicher, daß eine Vielfalt von Eingabearten berücksichtigt wird, während eine induktive Beweisführung Korrektheit über die isolierten Testfälle hinaus garantiert.

Testen lenkt die Aufmerksamkeit detailliert auf einige vollständige Berechnungen, während die Programm-Verifikation die Aufmerksamkeit auf allgemeine Eigenschaften von Zwischenzuständen von Berechnungen und die Relationen zwischen ihnen lenkt.

Die verifizierenden Verfahren gliedern sich in

- die Verifikation und
- das symbolische Testen.

Verifikation

Die Korrektheit eines Programms kann man mit der formalen Methode der Verifikation beweisen. Voraussetzung für die Verifikation ist, daß die Wirkung des Programms durch eine Spezifikation in Form einer Vorbedingung und einer Nachbedingung beschrieben ist.

Der Korrektheitsbeweis erfolgt dadurch, daß man zeigt, daß sich die Vorbedingung durch die Anweisungen des Programms in die Nachbedingung transformieren läßt.

Dazu ist es erforderlich, daß die Semantik jeder Programmkonstruktion der verwendeten Programmiersprache formal beschrieben ist. Verifikationsregeln geben dann an, wie die Vorbedingung *(precondition)* durch eine Programmkonstruktion, z.B. eine Zuweisung, eine Sequenz, eine Auswahl, eine Wiederholung in eine Nachbedingung *(postcondition)* gewandelt wird.

Anstelle von Vor- und Nachbedingungen spricht man von Zusicherungen *(assertions)*, wenn sie innerhalb eines Programms stehen.

Wiederholungen müssen auf partielle und totale Korrektheit überprüft werden. Partielle Korrektheit bedeutet, daß die Schleife die spezifizierten Vor- und Nachbedingungen erfüllt. Innerhalb einer Wiederholung muß eine Zusicherung – Invariante genannt – unabhängig von den Schleifendurchläufen immer gültig sein.

Die totale Korrektheit erfordert zusätzlich noch den Nachweis der Termination der Schleife. Zur Überprüfung der Termination führt man eine Terminationsfunktion ein.

Es gibt Standardmethoden, um eine Invariante aus der Nachbedingung und/oder der Vorbedingung abzuleiten. Umgekehrt kann man aus einer Invariante einen Schleifenrumpf entwickeln.

Bei kurzen und einfachen Programmen kann die Korrektheit mit Hilfe der Verifikation gezeigt werden, bei umfangreicheren Programmen steigen die Schwierigkeiten stark an. Man sollte sich jedoch immer bemühen, die Invarianten als Kommentar in einem Programm anzugeben, da sie ein wichtiges Element der Programm-Dokumentation darstellen und durch die Ermittlung von Invarianten bereits Fehler vermieden werden, die sonst nur durch aufwendiges Testen gefunden werden können.

Verifikation

Die Verifikation besitzt folgende Vor- und Nachteile:

Vorteile

- ⊞ Es kann allgemeingültig bewiesen werden, daß ein Programm entsprechend seiner (formalen) Spezifikation, d.h. seiner Vor- und Nachbedingungen, implementiert ist.
- ⊞ Ein vollständiger Korrektheitsbeweis ist möglich.

Nachteile

- ⊟ Für umfangreiche und komplexe Programme ist die Verifikation aufwendig und teilweise nicht möglich.
- ⊟ Die Aufbereitung der Programme für den Beweis erfordert eine hohe Qualifikation.
- ⊟ Die verwendete Programmiersprache muß eine formale Semantik besitzen, um den Effekt jeder Sprachkonstruktion zu spezifizieren.
- ⊟ Die Teile des Programms, für die Sprachkonstrukte keine formale Semantik besitzen, wie Gleitpunktarithmetik, externes Ein-/Ausgabe-Verhalten, *Interrupts*, müssen weiterhin getestet werden.
- ⊟ Maschineneigenschaften werden nicht berücksichtigt.
- ⊟ Die Verifikation verlangt eine bestimmte Spezifikationstechnik (Anfangs- und Endebedingungen).

symbolisches Testen

Beim symbolischen Testen wird das Quellprogramm mit symbolischen Werten durch einen Interpreter ausgeführt. Daraus ergeben sich folgende Vor- und Nachteile:

Vorteile

- ⊞ Eine formale Programmspezifikation ist nicht erforderlich.
- ⊞ Ermöglicht größeres Vertrauen in das symbolisch getestete Programm, da ein symbolischer Test eine Vielzahl konventioneller Testfälle abdeckt.
- ⊞ Gibt Hinweise für den Überdeckungsgrad von Testfällen für konventionelles Testen.
- ⊞ Unterstützt das Finden von Schleifen-Invarianten, wenn als Vorphase für die Programm-Verifikation verwendet.
- ⊞ Es werden besonders Fehlerarten entdeckt, bei denen für eine Teilmenge der Eingabe die Ergebnisse falsch berechnet werden.
- ⊞ Sinnvolle Ergänzung zu anderen Testmethoden.

Nachteile

- ⊟ Das Überprüfen der Testergebnisse ist schwieriger als beim konventionellen Testen.

- Die verwendete Programmiersprache muß formal definiert sein, damit ein symbolischer Interpreter arbeiten kann.
- Erfordert mehr Voraussetzungen als konventionelles Testen (Symbolischer Interpreter, Interpretation der Ergebnisse).
- Durch Umformungen während der symbolischen Ausführung (z.B. x + 1 + 1 zu x + 2) werden Maschineneigenschaften nicht geeignet berücksichtigt, z.B. Effekte der Gleitpunktarithmetik.
- Die Semantik der Sprachkonstrukte wird erweitert, was in manchen Fällen problematisch ist.
- Als alleinige Testmethode nicht ausreichend (Funktionaler Test fehlt).

Die oben aufgeführten Unterschiede zwischen testenden und verifizierenden Verfahren zeigen, daß sich die verschiedenen Verfahren ergänzen und daher auch zusammen angewandt werden sollten.

/Apt, Olderog 94/
Apt K.R., Olderog E.-R., *Programmverifikation – Sequentielle, parallele und verteilte Programme*, Berlin: Springer-Verlag 1994, 258 S.
Theoretisch orientierte Einführung in die Verifikation, die auch parallele und nichtdeterministische Programme berücksichtigt.

/Baber 90/
Baber R.L., *Fehlerfreie Programmierung für den Software-Zauberlehrling*, München: Oldenbourg Verlag 1990, 169 S.
Gute Einführung in die Verifikation mit vielen methodischen Hinweisen.

/Francez 92/
Francez N., *Program Verification*, Wokingham: Addison-Wesley, 1992, 312 S.
Sehr theoretisch orientierte Einführung in die Verifikation. Neben nichtdeterministischen Programmen werden auch nichtsequentielle und verteilte Programme behandelt.

/Futschek 89/
Futschek G., *Programmentwicklung und Verifikation*, Wien: Springer-Verlag 1989, 183 S.
Empfehlenswertes Lehrbuch, das systematisch in die Verifikationsmethodik einführt.

Zitierte Literatur

/Floyd 67/
Floyd R.W., *Assigning meanings to Programs*, in: Proceedings of the American Mathematical Society Symposium in Applied Mathematics, Vol. 19, 1967, pp. 19–32

/Hoare 69/
Hoare C.A.R., *An Axiomatic Basis for Computer Programming*, in: Communications of the ACM, Vol. 12, No. 10, October 1969, pp. 576–583

/Howden 78/
Howden W.E., *A survey of static analysis methods*, in: Software Testing and Validation Techniques, IEEE Catalog No. EHO 138–8, 1978

Muß-Aufgabe *20 Minuten*

1 *Lernziel: Das Konzept der Verifikation und des symbolischen Testens erklären und gegen testende Verfahren abgrenzen können.*

a Sie besitzen ein ausführbares Programm, aber nicht den Quellcode. Können Sie ein testendes Verfahren, Verifikation oder symbolisches Testen einsetzen?

b Sie wollen ein Programmodul testen, zu dem Sie den Quellcode besitzen. Der Code enthält stark geschachtelte Kontrollstrukturen. Vor allem werden zur Fallunterscheidung mehrfach geschachtelte **if**-Anweisungen eingesetzt. Erläutern Sie unter diesen Umständen die Vor- und Nachteile von Testverfahren, Verifikation und symbolischem Testen. Erläutern Sie außerdem die prinzipielle Vorgehensweise des jeweiligen Verfahrens.

c Ist nach erfolgreicher Verifikation eines Programms noch ein Test notwendig?

Muß-Aufgabe *10 Minuten*

2 *Lernziel: Eigenschaften einer Terminationsfunktion nennen und erläutern können.*

Gegeben sei ein Ausschnitt aus einem Programm, z.B. ein Modul. Dieses Modul enthält mehrere Schleifen.

a Wie gehen Sie vor, um die Schleifen zu verifizieren?

b Welche Rolle spielt die Terminationsfunktion in diesem Zusammenhang, und wie muß sie sich verhalten, damit die Schleifen erfolgreich verifiziert werden können?

Muß-Aufgabe *10 Minuten*

3 *Lernziel: Zusicherungen als boole'sche Ausdrücke schreiben können.*

Formulieren Sie folgende Zusicherungen als boole'sche Ausdrücke:

a Eine Zahl x ist negativ.

b Eine Zahl y ist durch 2 teilbar (Hinweis: Verwenden Sie entweder den int-Operator, der den ganzzahligen Wert eine Zahl zurückgibt, oder den Modulo-Operator **mod**, der den ganzzahligen Rest einer Division zurückgibt).

c Eine Zahl z ist nicht negativ und durch 3 teilbar.

d Nach einer Vertauschung sind zwei Zahlen x und y in aufsteigender Reihenfolge sortiert. Ferner gilt: x und y sind nicht negativ.

Muß-Aufgabe *20 Minuten*

4 *Lernziel: Einfache Programme mit einer Anfangs- und Endebedingung spezifizieren können.*

Spezifizieren Sie die Anfangs- und Endebedingung für folgende Programme:

a Ein Programm berechnet zu zwei Zahlen x und y den Mittelwert m = (x+y)/2.

b Ein Programm berechnet zu zwei Zahlen x und y den Mittelwert m = (x+y)/2, x und y bleiben dabei unverändert.

c Ein Programm, das die Wurzel einer nicht negativen Zahl x berechnet.

d Ein Programm, das die Fakultät einer natürlichen Zahl n berechnet.

Muß-Aufgabe *35 Minuten*

5 *Lernziel: Verifikationsregeln für die Zuweisung, die Sequenz, die ein- und zweiseitige Auswahl sowie die abweisende Wiederholung kennen (einschließlich der Konsequenzregel) und anwenden können.*

a Ein Programm habe die Spezifikation {Q'} S {R'} mit Q': $x \geq 0$ und R': $x = Y+5$. Geben Sie ein Beispiel für die Anwendung der Konsequenzregel, indem Sie eine entsprechende Spezifikation {Q} S {R} angeben. Würde auch $\{x = 7\}$ S $\{x \geq 12\}$ einer Anwendung der Konsequenzregel entsprechen?

b Wenden Sie das Zuweisungs-Axiom auf $\{z^2 + 4z = Y\}$ $x = z^2 + 4z$ {R} an. Wie lautet R?

c Leiten Sie mit Hilfe des Zuweisungs-Axioms eine passende Vorbedingung Q aus {Q} $x = x^2 + 2x + 25$ $\{x = 2y\}$ her.

d Lassen sich die zwei Programmstücke $\{x = X\}$ S_1 $\{x \geq 0\}$ und $\{x > 0\}$ S_2 $\{x = Y\}$ mit der Konsequenz-Regel zusammensetzen?

e Lassen sich die zwei Programmstücke {x = X} S_1 {x > 0} und {x ≥ 0} S_2 {x = Y} mit der Konsequenz-Regel zusammensetzen?

f Gegeben seien zwei Programmstücke:

```
// Programmstück 1              // Programmstück 2
// Q1: x = 0                    // Q2: x = 1
Ausgabe = "Null";               Ausgabe = "Eins";
```

Formulieren Sie {Q **and** B} S_1 {R}, {Q **and not** B} S_2 {R} und wenden Sie anschließend – wenn möglich – die **if**-Regel an. Formulieren Sie nun {Q} **if** B **then** S_1 **else** S_2 {R} als Programm.

g Bestimmen Sie P und B in der folgenden **while**-Schleife:

```
i = 10;
n = 0;
while (i >= 3) {n = n + 1; i = i - 1;}
```

6 *Lernziele: Eine Schleife aus einer gegebenen Invariante und Terminationsfunktion entwickeln können. Methoden zur Entwicklung einer Schleifeninvariante kennen und auf einfache Programme anwenden können.* Muß-Aufgabe *40 Minuten*

Betrachten Sie das Beispiel 13. Entwickeln Sie analog zu der dort vorgestellten Vorgehensweise eine Initialisierung und Schleife (formuliert in C++-Syntax), indem Sie in der Endebedingung R der Spezifikation {Q: A ≥ 0} . {R: x ≥ 0 and $x^2 \le A < (x+1)^2$} die Bedingung $x^2 \le A$ weglassen. Entwickeln Sie das C++-Programm so, daß x beginnend bei A unter Invarianz von x ≥ 0 and $A < (x+1)^2$ kleiner wird, bis auch $x^2 \le A$ gilt. Erstellen Sie ein erweitertes Struktogramm aus dem C++-Programm.

7 *Lernziel: Die Implementierung einfacher, spezifizierter Programme verifizieren können.* Muß-Aufgabe *40 Minuten*

Gegeben Sei das folgende einfache Programm in C++:

```
// Berechnung der Summe der ersten n natürlichen Zahlen.
#include <iostream.h>
void main()
{
   int i, n, Summe;
   cout << "n: "; cin >> n;
   if(n > 0)
   {
    // Beginnen Sie hier mit der Verifizierung
    Summe = 0;
    i = n;
    while(i > 0)
    {
            Summe = Summe + i;
            i = i - 1;
    }
    // Hier endet die Verifizierung
    cout << "Summe der ersten " << n << " Zahlen: " << Summe << endl;
   }
   else {cout << "n muß größer 0 sein." << endl;}
}
```

Die Anfangsbedingung ist offenbar Q: n > 0. Die Endebedingung lautet R: Summe = (n+1)*n/2 (Summe der ersten n natürlichen Zahlen).
Erstellen Sie ein erweitertes Struktogramm und verifizieren Sie den markierten Programmteil. Bestimmen Sie dabei insbesondere die Schleifeninvariante und die Schleifenabbruchbedingung.

Muß-Aufgabe *20 Minuten*

8 *Lernziel: Für einfache Programme einen Ausführungsbaum erstellen können.* Erstellen Sie einen Ausführungsbaum für die beiden folgenden Programme in C++. Bei dem zweiten Programm können Sie die Schleife nach 3 Durchläufen abbrechen.

```
// Programm 1
// Berechnung einer Versicherungsprämie // aus der Versicherungssumme

#include <iostream.h>

void main()
{  double Versicherungssumme, Praemie;

   cout << "Versicherungssumme: ";
   cin >> Versicherungssumme;

   Praemie = 0;
   if(Versicherungssumme <= 5000)
   { Praemie = Versicherungssumme * 16.8 / 1000.0;
   } else if(Versicherungssumme <= 10000)
   { Praemie = Versicherungssumme * 12.6 / 1000.0;
   } else
   { Praemie = Versicherungssumme * 8.4 / 1000.0;
   } cout << "Praemie: " << Praemie << endl;
}


// Programm 2
// Berechnung eines Produkts durch wiederholte Addition

#include <iostream.h>

void main()
{  int x, y, f;

   cout << „Erster Faktor: „;
   cin >> x;
   cout << „Zweiter Faktor: „;
   cin >> y;

   f = 0;
   if(y >= 0)
   { while(y > 0)
     {      f = f + x;
            y = y - 1;
     } cout << „Ergebnis: „ << f << endl;
   } else
   { cout << „Der zweite Faktor darf nicht negativ sein.“ << endl;
   }
}
```

5 Produktqualität – Komponenten (Analysierende Verfahren und OO-Testen)

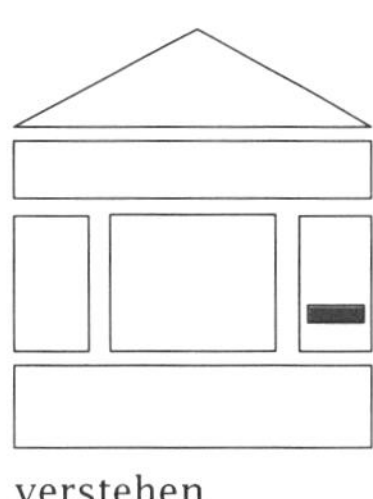

- Erklären können, was unter Bindung und Kopplung zu verstehen ist. *verstehen*
- Klassische und objektorientierte Metriken für Systemkomponenten beschreiben und in das Klassifikationsschema einordnen können.
- Testverfahren für das Testen objektorientierter Konzepte erläutern können.
- Für einfache Beispiele die zyklomatische Zahl und ausgewählte Halstead-Metriken berechnen können. *anwenden*
- Für einfache Programme eine Datenfluß-Anomalieanalyse vornehmen können.
- Klassen entsprechend den beschriebenen Verfahren testen können.
- Prüfen können, ob eine Funktion oder Prozedur funktional gebunden ist. *beurteilen*

- Zum Verständnis von Kapitel 5.13 müssen die Kapitel 5.2 bis 5.9 bekannt sein.

i

5.10 Analyse der Bindungsart

Die Struktur eines Software-Systems wird im wesentlichen durch die Bindung jeder Systemkomponente und die Kopplungen zwischen den Systemkomponenten untereinander bestimmt (Abb. 5.10-1).

Definitionen Bindung

Bindung *(cohesion)* ist ein qualitatives Maß für die Kompaktheit einer Systemkomponente. Es werden dazu die Beziehungen zwischen den Elementen einer Systemkomponente betrachtet. Es wird untersucht, wie eng die Elemente verbunden sind und wieviele Aufgaben in der Systemkomponente erledigt werden.

Das Gegenstück zur Bindung stellt die Kopplung dar.

Kopplung

Kopplung *(coupling)* ist ein qualitatives Maß für die Schnittstellen *zwischen* Systemkomponenten. Es werden der Kopplungsmechanismus, die Schnittstellenbreite und die Kommunikationsart betrachtet.

Struktur

Zur Ausprägung einer Struktur läßt sich folgende These aufstellen:

Ziel

- Die Struktur eines Systems ist um so ausgeprägter und die Modularität ist um so höher, je stärker die Bindungen der Systemkomponenten im Vergleich zu den Kopplungen zwischen den Systemkomponenten sind.

Je stärker die Ausprägung einer Struktur ist, desto geringer ist auch die Komplexität dieser Struktur. Geringe Komplexität bedeutet aber hoher Grad an Einfachheit, gute Verständlichkeit, leichte Einarbeitung.

Ziel

- Die Forderung nach Einfachheit wird erfüllt, wenn die Kopplungen minimiert *und* die Bindungen maximiert werden.

Für die Produktqualität einer Systemkomponente spielt daher die Bindung der Systemkomponente eine entscheidende Rolle, für die Produktqualität eines Software-Systems die Kopplung zwischen ihren Systemkomponenten. Im folgenden wird die Bindung einer Systemkomponente näher behandelt, auf die Kopplung wird in Kapitel 6.3 eingegangen.

Kapitel 6.3

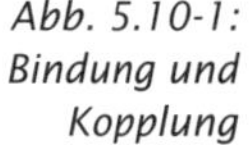

Abb. 5.10-1: Bindung und Kopplung

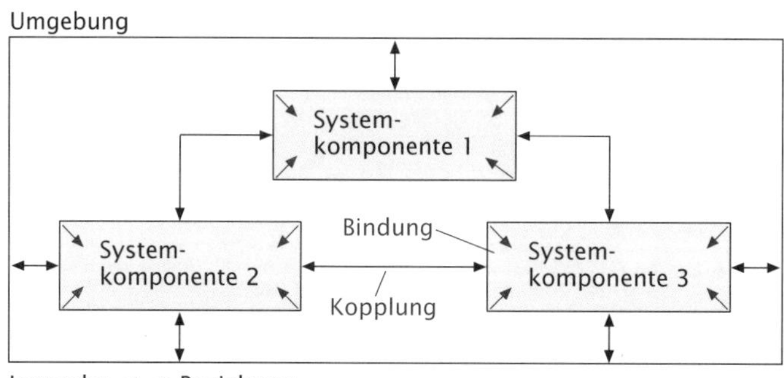

5.10.1 Bindung von Prozeduren und Funktionen

Eine gute Bindung liegt vor, wenn nur solche Elemente zu einer Einheit zusammengefaßt werden, die auch zusammengehören. Von /Stevens, Myers, Constantine 74/, /Myers 75/, /Page-Jones 80/, /Stevens 81/ und anderen wurde daher ein qualitatives Maß für die Kompaktheit einer Prozedur oder Funktion entwickelt.

Folgende Bindungsarten lassen sich unterscheiden /Stevens 81/: — Bindungsarten

1 zufällige Bindung — schwache Bindung
2 logische Bindung
3 zeitliche Bindung
4 prozedurale Bindung
5 kommunikative Bindung
6 sequentielle Bindung
7 funktionale Bindung — starke Bindung

Ziel ist es, eine funktionale Bindung zu erreichen. — Ziel

Eine **funktionale Bindung** liegt vor, wenn alle Elemente an der Verwirklichung einer einzigen, abgeschlossenen Funktion beteiligt sind. — funktionale Bindung

Das folgende Programm berechnet die Quadratwurzel: — Beispiel

```
float QW(float x)
{
  float y0, y1;
  int i;
  assert (x >= 0.0)
  y1 = 1.0;
  i = 1;
  for (;;)
  {
     y0 = y1;
     y1 = 0.5 * (y0 + x / y0);
     i++; assert (i <= 50);
     if (abs(y1 - y0) < 1e-6) return y1;
  }
}
```

Eine Analyse dieses Programms zeigt, daß alle Anweisungen nur dazu beitragen, aus dem Eingabewert die Quadratwurzel zu ermitteln. Es ist daher funktional gebunden.

Würde dieses Programm jetzt so erweitert, daß es noch eine Statistik über die Häufigkeit gleicher Quadratwurzelberechnungen erstellt, dann wäre es nicht mehr funktional gebunden, da es noch eine weitere Funktion ausführen würde.

Eine funktionale Bindung ermöglicht nicht nur die Realisierung primitiver Funktionen. Funktional gebundene Prozeduren liegen auch vor, wenn komplexe Funktionen realisiert werden. Zur Realisierung solcher komplexer Funktionen werden jedoch andere Prozeduren benutzt (importierte Prozeduren), die ebenfalls funktional gebunden sein sollten.

Kennzeichen

Eine funktionale Bindung besitzt folgende Kennzeichen:

- Alle Elemente tragen dazu bei, ein einzelnes, spezifisches Ziel zu erreichen.
- Es gibt keine überflüssigen Elemente.
- Die Aufgabe läßt sich mit genau einem Verb und genau einem Objekt vollständig beschreiben.
- Leichter Austausch gegen ein anderes Element, das denselben Zweck erfüllt.
- Hohe Kontextunabhängigkeit, d.h. einfache Beziehungen zur Umwelt.

Eine funktionale Bindung führt zu einer wesentlichen Verfestigung der internen Prozedurstruktur.

Vorteile

Eine funktionale Bindung bringt folgende Vorteile mit sich:

- ⊞ Hohe Kontextunabhängigkeit der Prozedur.
  (Die Bindungen befinden sich innerhalb einer Prozedur, nicht zwischen Prozeduren.)
- ⊞ Geringe Fehleranfälligkeit bei Änderungen.
- ⊞ Hoher Grad der Wiederverwendbarkeit, da weniger spezialisiert.
- ⊞ Leichte Erweiterbarkeit und Wartbarkeit, da sich Änderungen auf isolierte, kleine Teile beschränken.

Bestimmung der Bindung

Hauptkapitel 3

Die Bindungsart einer Prozedur läßt sich nicht automatisch ermitteln. Sie kann durch manuelle Prüfmethoden bestimmt werden (Entwurfs- und Codeüberprüfung).

Im Entwurf kann anhand der Aufgabenbeschreibung analysiert werden, welche Bindungsart wahrscheinlich vorliegt. Eine endgültige Entscheidung läßt sich jedoch erst anhand der Implementierung treffen.

5.10.2 Bindung von Datenabstraktionen und Klassen

Datenabstraktionen

Voraussetzung: funktional gebundene Operationen

Voraussetzung für eine Untersuchung der Bindung einer Datenabstraktion ist, daß alle Zugriffsoperationen funktional gebunden sind. Bevor die Bindung einer Datenabstraktion untersucht wird, sind daher zunächst alle Zugriffsoperationen für sich auf ihre Bindung hin zu prüfen.

informale Bindung

In /Myers 78, S. 36 ff./ wird für abstrakte Datenobjekte bereits eine **informale Bindung** *(informational strength)* gefordert. Eine informale Bindung ist vorhanden, wenn mehrere, in sich abgeschlossene, funktional gebundene Zugriffsoperationen, die zu einer Datenabstraktion gehören, auf einer **einzigen** Datenstruktur operieren.

Beispiel

Eine Datenabstraktion »Warteschlange« ist informal gebunden, wenn die Zugriffsoperationen »Einfügen« und »Entfernen« auf der

einzigen Datenstruktur »Warteschlangenspeicher« arbeiten. Zusätzlich ist jede Zugriffsoperation noch funktional gebunden.
Die informale Bindung wird zerstört, wenn z.B. mit den gleichen Zugriffsoperationen auf unterschiedliche Datenstrukturen zugegriffen werden kann und dennoch alles in einer Datenabstraktion verkapselt ist.

Abschnitt I 3.9.1

Folgende Merkmale kennzeichnen eine informale Bindung:

Merkmale

- Unterstützung des Geheimnisprinzips, da die Datenstruktur nur zu einer Datenabstraktion gehört.
- Änderungen der Datenstruktur tangieren nur eine Datenabstraktion.
- Es besteht die Gefahr, daß Zugriffsoperationen miteinander vermengt werden.
- Es muß darauf geachtet werden, daß jede Zugriffsoperation für sich implementiert wird.
- Alle Zugriffsoperationen führen Operationen auf derselben Datenstruktur aus.

Eine Differenzierung in fünf Bindungsarten nehmen /Embley, Woodfield 87, 88/ vor. Bei diesen Vorschlägen handelt es sich aber noch um Forschungsansätze.

Klassen

Die Bindungsarten von /Embley, Woodfield 87, 88/ wurden von /Eder, Kappel, Schrefl 95/ übernommen und modifiziert auf Klassen übertragen.

Abschnitt I 2.18.6
Tab. 2.18-3

Voraussetzung für eine Untersuchung der Klassenbindung ist, daß alle Operationen der Klasse funktional gebunden sind. Daher ist zunächst jede Operation auf ihre Bindung hin zu überprüfen.

vorbildliche Bindung

Eine vorbildliche Bindung *(model cohesion)* liegt vor, wenn eine Klasse ein einzelnes, semantisch bedeutungsvolles Konzept repräsentiert ohne Operationen zu enthalten, die an andere Klassen delegiert werden können und ohne verborgene Klassen zu enthalten.

In /Macro, Buxton 87/ wird eine Erweiterung der klassischen Bindungsarten von /Stevens 81/ um eine achte Bindungsart »abstrakte Bindung« vorgeschlagen. /Fenton 91/ schlägt dagegen eine separate Skala für »Datenbindungen« vor. In /Mingins, Durnota, Smith 93/ wird der Begriff Kohärenz geprägt und folgendermaßen definiert:

Eine Klasse ist kohärent, wenn die Operationen zusammenarbeiten, um eine einzige, identifizierbare Aufgabe auszuführen.

Vererbungsstrukturen

Neben der Bindung einzelner Klassen muß auch noch die Bindung von Vererbungsstrukturen untersucht werden. Es muß nicht nur die direkte Unterklassen-Oberklassen-Beziehung überprüft werden, sondern die gesamte Vererbungshierarchie.

Abschnitt I 2.18.6
Tab. 2.18-11

starke Bindung

Eine Vererbungs-Bindung ist stark, wenn es sich bei der Hierarchie um eine Gerneralisierungs-/Spezialisierungshierarchie im Sinne einer konzeptuellen Modellierung handelt.

schwache Bindung

Sie ist schwach, wenn die Vererbungshierarchie nur für *»code-sharing«* benutzt wird, und die Klassen sonst nichts miteinander zu tun haben.

Ziel

Das Ziel jeder neu definierten Unterklasse muß darin bestehen, ein einzelnes semantisches Konzept auszudrücken.

Forschung

Insgesamt befinden sich Vorschläge zu Bindungsarten für Datenabstraktionen und Klassen noch im Forschungsstadium. In /Berard 93, S. 72 ff./ werden auf 59 Seiten Vorschläge zur Bindung und Kopplung von Objekten unterbreitet. In /Schach 96/ wird bezweifelt, daß eine solche Spezialbehandlung für Objekte sinnvoll ist.

Für Entwurf & Definition

Historisch betrachtet hat man zunächst Kriterien für »gute« Programme entwickelt. Als sich das Hauptaugenmerk auf den Software-Entwurf verschoben hatte, versuchte man analog dazu Kriterien für einen »guten« Software-Entwurf aufzustellen. Es entstanden die Kriterien »Bindung« und »Kopplung«. Durch neue Konzepte für die Definition eines Produkts – insbesondere durch die Objektorientierte Analyse – sind diese Kriterien auch auf die Software-Definition anwendbar.

5.11 Metriken für Komponenten

Quantitative Aussagen über die Produktqualität einer Systemkomponente kann man mit Hilfe von **Metriken** ermitteln.

Der gegenwärtige Stand der Metrikforschung erlaubt es aber noch nicht, komplexe Eigenschaften wie z.B. die Bindungsart einer Systemkomponente zu berechnen. Produkt-Metriken liefern daher oft nur elementare Werte wie z.B. den Umfang des Produkts in Anzahl Programmzeilen.

In Abhängigkeit von der Sicht auf eine Systemkomponente können unterschiedliche Informationen interessant sein. Dies führt zur Definition entsprechend vieler unterschiedlicher Metriken.

Thomas J. McCabe *1941 in Central Falls, Anwendung der zyklomatischen Zahl auf die Software (1976), Entwicklung von Testverfahren; Studium der Mathematik, seit 1966 Mitarbeiter im *Department of Defense (National Security Agency)*, heute: Gründer und Präsident der Firma McCabe & Associates, Inc.

Jede Metrik quantifiziert nur einen begrenzten Bereich und erfaßt in keinem Fall ein Software-System als Ganzes.

Ein zuverlässiger Gesamteindruck bezüglich einer Systemkomponente kann nur durch die Auswertung einer Gruppe von Metriken gewonnen werden, die sorgfältig zusammengestellt werden muß. Häufig liefern Metriken erst im Vergleich mit Werten anderer bekannter Systemkomponenten eine verwertbare Aussage.

Metriken können nicht nur für implementierte Systemkomponenten gebildet werden, sondern – ebenso wie andere analytische Verfahren – bereits in den frühen Phasen einer Software-Entwicklung verwendet werden.

Die Metriken für Systemkomponenten lassen sich entsprechend Abb. 5.11-1 gliedern.

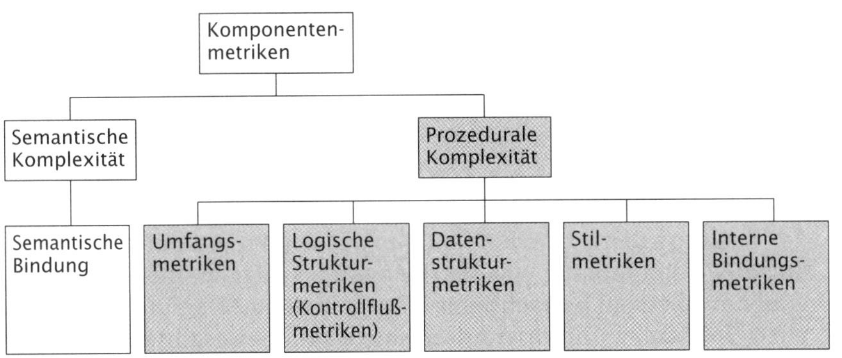

Abb. 5.11-1: Klassifikation von Metriken für Systemkomponenten (in Anlehnung an /Henderson-Sellers 96, S. 84/)

semantische Komplexität

Die **semantische Komplexität** einer Systemkomponente wird durch ihre semantische Bindung bestimmt. Damit ist die in Abschnitt 5.10 beschriebene Bindung gemeint, die sich durch Metriken nicht direkt messen läßt.

prozedurale Komplexität

Zur Messung der **prozeduralen Komplexität** gibt es fünf Gruppen von Metriken.

Umfangsmetriken Kapitel II 6.2

Die ersten Metriken, die entwickelt und eingesetzt wurden, waren Umfangsmetriken, die einfache, direkt verfügbare Informationen verwendet haben, wie Größe der Programmdatei, Anzahl der Programmzeilen, Anzahl der Funktionen.

Halstead-Metriken

Auf der textuellen Komplexität von Programmen beruhen die Umfangsmetriken sowie daraus abgeleitete Metriken von Halstead, die im nächsten Abschnitt näher vorgestellt werden.

Kapitel I 1.5 bis 1.7

Ebenfalls zu den Umfangsmetriken gehören die *Function Points*, die es erlauben, den Umfang verbaler Anforderungen zu ermitteln.

logische Strukturmetriken

Neben den Umfangsmetriken sind die logischen Strukturmetriken, die weitgehend auf dem Kontrollfluß eines Programms aufsetzen, am meisten verbreitet. Bekannt geworden ist die zyklomatische Zahl von McCabe, die in Abschnitt 5.11.2 vorgestellt wird.

McCabe-Metrik

Datenstrukturmetriken

Datenstrukturmetriken messen die Anzahl der Variablen, ihre Gültigkeit und Lebensdauer und prüfen, ob die Variablen referenziert werden /Conte, Dunsmore, Shen 86/.

Stilmetriken

Stilmetriken messen, ob Programme richtig eingerückt sind, und ob die Namenskonventionen eingehalten werden. Diese Metriken sind schwer objektiv zu messen.

Interne Bindungsmetriken

Interne Bindungsmetriken messen die syntaktische Bindung durch Prüfung des Codes jeder Systemkomponente. Bezogen auf ein System kann das Bindungsverhältnis wie folgt berechnet werden:

$$\text{Bindungsverhältnis} = \frac{\text{Anzahl der funktional gebundenen Komponenten}}{\text{Anzahl der Komponenten}}$$

Metriken für objektorientierte Software

In den letzten Jahren sind eine Vielzahl neuer oder modifizierter Produktmetriken für objektorientierte Systemkomponenten entwickelt worden. Sie werden nach dem gleichen Klassifikationsschema in Abschnitt 5.11.3 vorgestellt.

5.11.1 Die Halstead-Metriken

Zur Messung der textuellen Komplexität von Programmen hat /Halstead 77/ eine Anzahl von Metriken vorgeschlagen, die auf der Anzahl der in einem betrachteten Programm benutzten unterschiedlichen Operanden und Operatoren sowie auf der Gesamtzahl der vorhandenen Operanden und Operatoren basieren.

Operatoren

Als Operator wird jedes Symbol oder Schlüsselwort angesehen, das eine Aktion kennzeichnet, z.B. +, –, *, /, **while**, **if**, =, (,), {, } usw.

Operanden

Operanden sind alle Symbole, die Daten darstellen, z.B. Variable, Konstante, Sprungmarken usw.

Die Klassifikation der Operanden und Operatoren ist sprachabhängig und wurde von Halstead nicht eindeutig festgelegt.

Basisgrößen

Die Basisgrößen der Halstead-Metriken sind:

η_1: Anzahl der unterschiedlichen Operatoren
η_2: Anzahl der unterschiedlichen Operanden
N_1: Gesamtzahl der verwendeten Operatoren
N_2: Gesamtzahl der verwendeten Operanden
$\eta = \eta_1 + \eta_2$: Größe des Vokabulars
$N = N_1 + N_2$: Länge der Implementierung

Ausgehend von diesen Basismetriken hat Halstead weitere Metriken definiert, die unterschiedliche Eigenschaften eines Programms erfassen. Ein Beispiel für eine solche Metrik ist die Berechnung von D.

$$D = \frac{\eta_1 * N_2}{2\eta_2}$$: Schwierigkeit, ein Programm zu schreiben oder zu verstehen

D ist eine Funktion vom Vokabular und der Anzahl der Operanden. Der Quotient N_2/η_2 gibt die durchschnittliche Verwendung von Operanden an. D beschreibt den Aufwand zum Schreiben von Programmen, den Aufwand bei Code-*Reviews* und das Verstehen von Programmen bei Wartungsvorgängen.

Beispiel

Für das Programm `ZaehleZchn` (Kapitel 5.3) ergeben sich die in Tab. 5.11-1 aufgeführten Basisgrößen.

Tab. 5.11-1: Halstead-Metriken des Programms `ZaehleZchn`

Operatoren η_1	Anzahl Verwendungen N_1	Operanden η_2	Anzahl Verwendungen N_2
`void`	1	ZaehleZchn	1
`( )`	11	VokalAnzahl	3
`{ }`	3	Gesamtzahl	4
`int`	2	Zchn	10
,	1	'A'	2
`char`	1	'Z'	1
`cin`	2	1	2
»	2	'E'	1
`while`	1	'I'	1
≥	1	'O'	1
&&	2	'U'	1
≤	1		
<	1		
`INT_MAX`	1		
=	2		
+	2		
`if`	1		
==	5		
||	4		
;	5		
$\eta_1 = 20$	$N_1 = 49$	$\eta_2 = 11$	$N_2 = 27$

Aus den Basisgrößen lassen sich folgende Metriken berechnen:

$\eta = \eta_1 + \eta_2 = 31$ Größe des Vokabulars

$N = N_1 + N_2 = 76$ Länge der Implementierung

$D = 24{,}55$ Schwierigkeit zum Schreiben bzw. Verstehen

Bewertung

Die Metriken von Halstead besitzen folgende Vor- und Nachteile:

Vorteile

- ⊞ Einfach zu ermitteln und zu berechnen.
- ⊞ Für alle Programmiersprachen einsetzbar.
- ⊞ Gute Eignung der Metriken für die zu messenden Größen.

Nachteile

- ⊟ Es wird nur der Implementierungsaspekt betrachtet.
- ⊟ Es gibt Mehrdeutigkeiten im Meßansatz, z.B. bei den Klassifikationsregeln für Operanden und Operatoren.

5.11.2 Die McCabe-Metrik

Zur Messung der strukturellen Komplexität von Programmen hat /McCabe 76, 83a, b/ eine Metrik vorgeschlagen, die eine zyklomatische Zahl ermittelt. Die Basis für die Berechnung der zyklomatischen Zahl bildet der Kontrollflußgraph.

Kapitel 5.3

zyklomatische Zahl

Die **zyklomatische Zahl** V(G) eines Graphen G ist:

$V(G) = e - n + 2p$

mit e = Anzahl der Kanten des Kontrollflußgraphen,
n = Anzahl der Knoten,
p = Anzahl der verbundenen Komponenten.

Sequenz

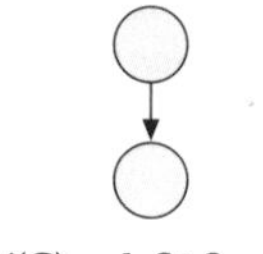

V(G) = 1-2+2 = 1

Eine verbundene Komponente ist ein einzelner Kontrollflußgraph. Der Kontrollflußgraph eines monolitischen Programms ohne Prozeduren oder Funktionen besteht demzufolge aus einer verbundenen Komponente. Besteht ein Programm aus mehreren Prozeduren, so wird jede Prozedur als Kontrollflußgraph dargestellt. Es existiert eine entsprechende Anzahl an verbundenen Komponenten. In der Marginalspalte ist die zyklomatische Komplexität einiger Kontrollstrukturen dargestellt.

Beispiel

Der Kontrollflußgraph für das Programm `ZaehleZchn` (Kapitel 5.3, Abb. 5.3-1) besitzt die zyklomatische Komplexität $V(G) = 9 - 8 + 2 = 3$

Auswahl

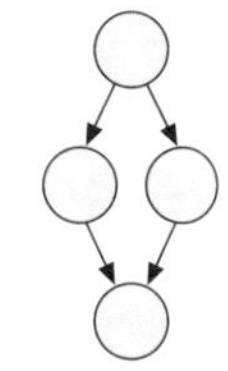

V(G) = 4-4+2 = 2

Abweisende Schleife

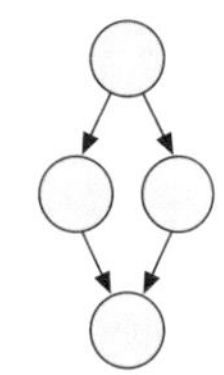

V(G) = 3-3+2 = 2

Besteht ein Kontrollflußgraph nur aus einer Komponente ($p = 1$), dann kann die zyklomatische Zahl allein durch Abzählen der Bedingungen im Programm ermittelt werden:
$V(G) = \pi + 1$ mit π = Anzahl der Bedingungen

Die zyklomatische Zahl ist immer um den Wert 1 größer als die Anzahl der Bedingungen.

Das Programm `ZaehleZchn` enthält zwei Bedingungen, besitzt also die zyklomatische Komplexität V(G) = 3. Der Komplexitätsanstieg, der durch zusammengesetzte Bedingungen entsteht, wird nicht berücksichtigt.

Bewertung

Die McCabe-Metrik besitzt folgende Vor- und Nachteile:

- ⊞ Einfach zu berechnen.
- ⊞ Geeignet, um über die Anzahl linear unabhängiger Programmpfade eine minimale Anzahl von Testfällen zu finden.
- ⊟ Unterschiedliche Programmerkmale werden zu stark vereinfacht.
- ⊟ Das Quellprogramm wird als zentrales Meßobjekt überbetont.
- ⊟ Es wird nur das Programmgerüst, aber nicht die Komplexität einzelner und verschachtelter Anweisungen berücksichtigt.

Aufgrund der Kritik an der zyklomatischen Zahl wurde die McCabe-Metrik von zahlreichen Autoren weiterentwickelt oder diente als Ausgangspunkt für weitere Metrikentwicklungen.

5.11.3 Metriken für objektorientierte Komponenten

Ausgehend von Metriken aus der »klassischen« Software-Entwicklung wurden in den letzten Jahren diese Metriken in unveränderter oder modifizierter Form auf die objektorientierte Software-Entwicklung übertragen. Fast alle Metriken beziehen sich auf den Bereich der objektorientierten Programmierung.

semantische Komplexität

Die semantische Komplexität einer objektorientierten Systemkomponente läßt sich bei dem gegenwärtigen Forschungsstand noch nicht messen.

prozedurale Komplexität

Umfangsmetriken

Betrachtet man bei der prozeduralen Komplexität die Umfangsmetriken, dann stellt sich die Frage, ob geerbte Operationen bei der Zeilenanzahl mitgezählt werden sollen oder nicht. Die Anwendung traditioneller Umfangsmetriken auf objektorientierte Komponenten hat ergeben, daß durch die Verwendung der Vererbung und des Polymorphismus die Zeilenanzahl sinkt.
Zusätzlich sind folgende Maße erforderlich:
- Breite und Höhe der Vererbungshierarchie(n),
- Anzahl der Klassen, die eine spezielle Operation erben,
- Anteil wiederverwendeter Komponenten,
- Anzahl der Objekt- und Klassenattribute,
- Anzahl der Objekt- und Klassenoperationen.

logische Strukturmetriken

Logische Strukturmetriken für objektorientierte Komponenten sind noch Gegenstand der Forschung. Die Anwendung der McCabe-Metrik ist nur eingeschränkt sinnvoll, da die Kontrollflußkomplexität von objektorientierten Operationen in der Regel nur gering ist. In vielen Operationen in Klassen ist V(G)=1, d.h. der minimale Wert. Daher ist die zyklomatische Zahl ein schlechter Diskriminator für die Komplexität einer Klasse.

Interne Bindungsmetriken

In /Chidamber, Kemerer 91/ wird für die interne Bindung eine Metrik LCOM *(Lack of Cohesion of Methods)* vorgeschlagen, die jedoch schlecht definiert ist und von mehreren Autoren modifiziert wurde (siehe unten).

Einen Überblick über Metriken für objektorientierte Komponenten geben Tab. 5.11-2 und Tab. 5.11-3.

empirische Ergebnisse

Von /Basili, Briand, Melo 96/ wurden die von /Chidamber, Kemerer 94/ vorgeschlagenen Metriken daraufhin untersucht, ob sie als Qualitätsindikatoren geeignet sind. Da die Metriken auf C++-Programme angewandt wurden, wurden sie für diesen Zweck leicht modifiziert (siehe unten). Es stellte sich heraus, daß von den sechs vorgeschlagenen Metriken fünf als Indikatoren für die Qualität einer Klasse gut geeignet sind. Als signifikant stellten sich folgende Metriken heraus:

- DIT *(Depth of Inheritence Tree):*
  Je größer der Wert von DIT ist, desto *größer* ist die Fehlerwahrscheinlichkeit (hohe Signifikanz).
  Metrik für C++: Anzahl der Vorfahren einer Klasse.
- NOC *(Number of Children of a Class):*
  Je größer der Wert von NOC ist, desto *geringer* ist die Fehlerwahrscheinlichkeit (hohe Signifikanz), mit Ausnahme von GUI-Klassen.
  Metrik für C++: Anzahl der direkten Nachfolger einer Klasse.
- RFC *(Response For a Class)* (siehe Kapitel 6.3):
  Je größer der Wert von RFC ist, desto *größer* ist die Fehlerwahrscheinlichkeit (hohe Signifikanz).

Kurzbeschreibung	Metrik	Autoren / Quelle
Attribute einer Klasse		
■ Anzahl der Objektattribute	|OV|, |NIC|	/Buth 91/, /Lorenz, Kidd 94/
■ Anzahl der Klassenattribute	|CV|, |NCV|	/Buth 91/, /Lorenz, Kidd 94/
■ Anzahl der Attribute	|NOA| = |NIC| + |NCV|	/Lorenz, Kidd 94/
■ Attributkomplexität einer Klasse	Σ R(i) mit R(i) = Wert jedes Attributs der Klasse (0: bool, int; 1: char usw.)	/Chen, Lu 93/
■ Gewichtete Attribute pro Klasse	$WAC = \sum_{i=1}^{n} c_i$ c_i = Komplexität des Attributs i	/Sharble, Cohen 93/
Operationen einer Klasse		
■ Anzahl der Objektoperationen	|M|	/Buth 91/
■ Anzahl der Klassenoperationen	|CM|	/Buth 91/
■ Anzahl aller gesendeten Botschaften	NOM = NEM + NAM *(number of message sends)*	/Lorenz, Kidd 94/
■ Durchschnittliche, maximale und minimale Anzahl Operationen der Klassen in einer Anwendung	$\text{AverMPC} = \frac{\text{Gesamtzahl der Operationen}}{\text{Gesamtzahl der Klassen}}$ MaxMPC, MinMPC	/Morris 89/
■ Summe der Operationskomplexitäten	$WMC = \sum_{i=1}^{n} c_i$ c_i = Komplexität der Operation i (z.B. McCabe-Metrik)	/Chidamber, Kemerer 93, 94/ /Li, Henry 93/
■ Operationskomplexität einer Klasse	Σ O(i) mit O(i) = Komplexität der Operation i (1–10: sehr gering, 61–80: sehr hoch)	/Chen, Lu 93/
■ Parameterkomplexität von Operationen	Σ P(i) mit P(i) = Wert jedes Parameters i in jeder Operation einer Klasse	/Chen, Lu 93/
■ Durchschnittliche Operationskomplexität	$\text{AMC} = \frac{\Sigma\, V(G) \text{ für jede Operation}}{\text{Operationsanzahl einer Anwendung}}$ V(G) = McCabe-Metrik	/Morris 89/
Bindung einer Klasse		
■ Anzahl der durch die Operationen einer Klasse gemeinsam benutzten Objektattribute	LCOM *(lack of cohesion in methods)*	/Chidamber, Kemerer 93, 94/
Attribute und Operationen einer Klasse		
■ Anzahl aller Attribute und Operationen	SIZE2 = NOA + NOM (ohne interne Operationen)	/Li, Henry 93/
	S_C = NOA + NOM (mit internen Operationen	/Henderson-Sellers 96/

Tab. 5.11-2: Metriken für objektorientierte Komponenten (Auswahl) geordnet nach Meßobjekten

Metrik für C++: Anzahl der C++-Funktionen, die direkt durch *Member*-Funktionen oder Operatoren einer C++-Klasse aufgerufen werden.

- WMC *(Weighted Methods per Class):*
  Je größer der Wert von WMC, desto *größer* ist die Fehlerwahrscheinlichkeit (signifikant).
  Metrik für C++: Anzahl aller *Member*-Funktionen und Operatoren, die in jeder Klasse definiert sind. Geerbte Funktionen und Operatoren werden nicht gezählt.
- CBO *(Coupling Between Object Classes)* (siehe Kapitel 6.3):
  Je größer der Wert von CBO, desto größer ist die Fehlerwahrscheinlichkeit (signifikant).

Kurzbeschreibung	Metrik	Autoren / Quelle
Tiefe und Breite der Vererbungsgraphen		
■ Tiefe der Vererbungsgraphen	VER = Max (Pfadlänge in einem Vererbungsbaum)	/Morris 89/ /Buth 91/
■ Tiefe jeder Klasse innerhalb des Vererbungsgraphen	DIT	/Chidamber, Kemerer 93, 94/
■ Breite des Vererbungsgraphen		/Buth 91/
■ Tiefe und Breite des Vererbungsgraphen		/Biemann 91/
Klassen in einem Vererbungsgraphen		
■ Anzahl der direkten Unterklassen in einer Klasse	NOC *(number of children)*	/Chidamber, Kemerer 93, 94/
■ Tiefe eines Knotens	Max = Länge eines Pfades von der Wurzel zum Knoten	/Buth 91/
■ Stellung einer Klasse im Vererbungsgraphen	Summe von Tiefe im Baum + Anzahl der Kinder + Anzahl der direkten Oberklassen + Anzahl der lokalen und geerbten Operationen	/Chen, Lu 93/
■ Anzahl der redefinierten Operationen	NORM	/Lorenz, Kidd 94/

Tab. 5.11-3: Metriken zur Vererbung (Auswahl)

Metrik für C++: Eine Klasse ist mit einer anderen Klasse gekoppelt, wenn sie ihre *Member*-Funktionen und/oder Instanzvariablen benutzt. CBO ist die Anzahl der Klassen, mit der eine Klasse gekoppelt ist.

Keine Signifikanz ergab sich für die Metrik LCOM *(Lack of Cohesion of Methods).* Die Metrik ist für C++ folgendermaßen definiert:

Anzahl der Paare von *Member*-Funktionen ohne gemeinsame Benutzung von Instanzvariablen minus die Anzahl der Paare von *Member*-Funktionen mit gemeinsamen benutzten Instanzvariablen. Die Metrik erhält den Wert Null, wenn die Subtraktion ein negatives Ergebnis ergibt.

Interessanterweise zeigen /Hitz, Montazeri 96/, daß die Metrik LCOM dem intuitiven Empfinden widerspricht und schlagen einen verbesserte Metrik vor.

Bewertung

Die vorgeschlagenen Metriken besitzen folgende Vor- und Nachteile:

Vorteile

- ⊞ Erste Ansätze zur Verbesserung objektorientierter Komponenten.
- ⊞ Breite Palette an Vorschlägen vorhanden.
- ⊞ Erste empirische Untersuchungen zeigen die Eignung einiger Metriken als Qualitätsindikatoren.

Nachteile

- ⊟ Die Ziele, für die die Metriken entwickelt wurden, sind in der Regel nicht angegeben. Insbesondere fehlt meist der Nachweis, daß die Metriken relevant für die Ziele sind.
- ⊟ Für dynamische Aspekte, z.B. Zustandsautomaten, gibt es noch keine Metriken.

- Bei den Operationen wird nicht unterschieden, ob es sich um Standardoperationen (erzeugen, lesen, schreiben, löschen) oder fachkonzeptspezifische Operationen handelt. Standardoperationen lassen sich generativ behandeln, während fachkonzeptspezifische Operationen immer »ausprogrammiert« werden müssen.
- Bei Operationen wird nicht berücksichtigt, inwieweit bei der Implementierung eigene, geerbte oder fremde Operationen aufgerufen werden.
- Metriken, die eine »gute« Vererbungsstruktur prüfen, gibt es noch nicht.
- Die heutigen Metriken vermessen noch zu sehr »einfache« Sachverhalte.
- Viele Metrikkonstrukteure haben kein ausreichendes Wissen über die Objektorientierung.

Abb. 5.12-1: Die Datenfluß-Anomalienanalyse

Einordnung
Statisches Analyseverfahren, das das zu überprüfende Quellprogramm analysiert.

Ziel
Aufdeckung von Datenfluß-Anomalien durch Analyse von Programmpfaden und Überprüfung auf Einhaltung sinnvoller Datenfluß–Sequenzen.

Eigenschaften
- Auf eine Variable x kann entlang eines Programmpfades wie folgt zugegriffen werden:
- □ x wird definiert (d), d.h. x erhält einen Wert, z.B. x := 5.
- □ x wird referenziert (r), d.h. x wird in einer Berechnung oder Bedingung benutzt.
- □ x wird undefiniert (u), d.h. der Wert von x wird zerstört, z.B. Zerstörung lokaler Variablen beim Verlassen einer Prozedur; am Programmbeginn sind alle Variablen undefiniert.
- □ x wird nicht benutzt (e = empty).
- Der Datenfluß einer Variablen durch einen Programmpfad kann durch eine Sequenz aus »definiert«, »referenziert« und »undefiniert« dargestellt werden.
- □ Die Sequenzen können Teile enthalten, die keinen Sinn ergeben: es liegt eine Datenflußanomalie vor.

Beispiele
- **r**dru
  Die Sequenz beginnt mit einer Referenz. Die Variable besitzt keinen definierten Wert, da sie zuvor nicht definiert wurde. Diese Anomalie besitzt den Typ **ur**.
- **dd**r**du**
  Die Sequenz beginnt mit zwei aufeinander folgenden Definitionen. Die erste besitzt keine Wirkung, da sie nicht benutzt wird. Diese Anomalie ist vom Typ **dd**. Die Sequenz endet mit **du**, d.h. der durch die Definition zugewiesene Wert wird nicht benutzt, da er ausschließlich zerstört wird.
- Ein weiteres Beispiel befindet sich im Kapiteltext.

Leistungsfähigkeit
- Es werden Wertzuweisungen an falsche Variablen, Anweisungen an unkorrekter Stelle und fehlende Anweisungen entdeckt /Girgis, Woodward 86/.

Bewertung
- ⊞ Sichere Entdeckung bestimmter Fehlertypen.
- ⊞ Geringer Aufwand im Vergleich zu dynamischen Testverfahren.
- ⊞ Direkte Fehlerlokalisierung.
- ⊞ Gut geeignet als Ergänzung zu anderen Verfahren.

- ⊟ Leistungsfähigkeit auf einen schmalen Fehlerbereich begrenzt.

Quelle: /Liggesmeyer 90, S. 231 ff./

5.12 Anomalieanalyse

Durch eine statische Analyse von Quellprogrammen können Programmanomalien wie Abweichungen vom Normalen und Regelwidrigkeiten, die auf Fehler hinweisen, erkannt werden.

Anomalien

Eine **Anomalie** ist jede Abweichung bestimmter Eigenschaften eines Programms von der korrekten Ausprägung dieser Eigenschaften. In einigen Fällen ist keine unmittelbare Fehlererkennung, jedoch eine Identifikation von Fehlersymptomen möglich.

Moderne Programmiersprachen erlauben durch konstruktive Sprachkonzepte statische Analysen durch die Compiler, z.B. Überprüfung aktueller mit formalen Parametern, Typkonformität usw.

Die Analyse von Datenfluß-Anomalien wird üblicherweise nicht von Compilern vorgenommen. Die Eigenschaften der **Datenfluß-Anomalienanalyse** sind in Abb. 5.12-1 zusammengestellt.

Beispiel

Das in Abb. 5.12-2 als Kontrollflußgraph dargestellte, fehlerhafte Programm MinMax wird mit Hilfe der Datenfluß-Anomalienanalyse untersucht.

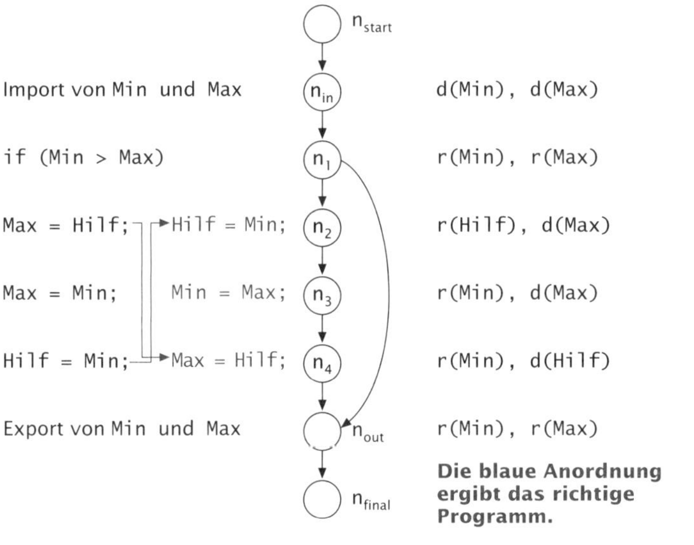

Abb. 5.12-2: Kontrollflußgraph zum Programm MinMax

Die Datenflüsse zu diesem Programm zeigt Tab. 5.12-1.

Tab. 5.12-1: Datenflüsse des Programms MinMax

Pfad / Variable	n_{start}	n_{in}	n_1	n_2	n_3	n_4	n_{out}	n_{final}	n_{start}	n_{in}	n_1	n_{out}	n_{final}
Min	u	d	r	e	r	r	r	u	u	d	r	r	u
Max	u	d	r	d	d	e	r	u	u	d	r	r	u
Hilf	u	e	e	r	e	d	e	u	u	e	e	e	u

Legende: u – *undefine* r – *reference* d – *define* e – *empty*

Für die Variablen Max und Hilf liegen Datenfluß-Anomalien vor. Die Sequenz udr**dd**ru für die Variable Max enthält zwei direkt aufeinan-

der folgende Definitionen – also eine Anomalie der Form **dd**. Die Sequenz **urdu** für *Hilf* beginnt mit einer **ur**-Anomalie – der Referenz einer undefinierten Variablen – und endet mit einer **du**-Anomalie – also einer Definition, die durch unmittelbar anschließende Zerstörung des Wertes unwirksam ist.
Nach Korrektur des Programmes (siehe blauer Text in Abb. 5.12-2) ergeben sich keine Datenfluß-Anomalien mehr.

5.13 Testen objektorientierter Komponenten

Einen Überblick über objektorientierte Testverfahren geben /Liggesmeyer, Rüppel 96/ und /Sneed 95/.

Systemkomponenten können – in Abhängigkeit von den verwendeten Entwicklungskonzepten –
- funktionale Module,
- Datenobjekt-Module,
- Datentyp-Module oder
- Klassen

sein.

Die in den Kapiteln 5.4 bis 5.12 dargestellten Überprüfungsverfahren für Systemkomponenten wurden im wesentlichen anhand funktionaler Module demonstriert. In diesem Kapitel soll insbesondere auf die Besonderheiten bei objektorientierten Komponenten eingegangen werden. Die meisten der hier angestellten Überlegungen gelten analog auch für Datentyp-Module und für Datenobjekt-Module – allerdings ohne die Besonderheiten der Vererbung.

Unterschiede

Die für die Überprüfung wichtigsten Unterschiede zu funktionalen Modulen sind folgende:

Datenkopplung der Operationen

- Die Operationen sind zwar funktional abhängig voneinander, stehen aber über den Zustand der gemeinsamen Objektattribute miteinander in Verbindung. Eine Operation kann einen Objektzustand hinterlassen, der das Verhalten der nachfolgenden Operation beeinflußt. Zum Argumentenbereich einer Operation gehören nicht nur ihre Eingangsparameter, sondern auch der Zustand ihres Objektes. Dadurch sind die Operationen einer Klasse über gemeinsame Daten gekoppelt.

einfache Kontrollstrukturen

- Die Kontrollstrukturen einzelner Operationen sind in der Regel wesentlich einfacher und weniger verschachtelt.

Wiederverwendbarkeit führt zu vielen Zuständen

- Da Klassen wiederverwendbar konzipiert sein sollen, ist der Einsatzzweck oft nicht bekannt. Solche Allgemeinheit führt zu einer Vielzahl möglicher Zustände, die nicht alle getestet werden können.

Vererbung schafft Abhängigkeiten

- Das Erben von Attributen und Operationen schafft neue Abhängigkeiten. Redundanz wird eliminiert auf Kosten der gegenseitigen Abhängigkeiten.

- Polymorphismus und dynamische Bindung erfordern neue Testverfahren. Der Polymorphismus verlangt den Test jeder möglichen Bindung. Es müssen daher die möglichen Bindungen im voraus spezifiziert werden.

Neue Tests durch Polymorphismus & dynamisches Binden

5.13.1 Testen von Klassen

Die kleinste, unabhängig prüfbare Einheit objektorientierter Systeme ist die Klasse. Da die Operationen einer Klasse durch gemeinsam verwendete Attribute und gegenseitige Benutzung stark voneinander abhängen, ist es nicht sinnvoll, sie unabhängig zu testen. Der Test hängt davon ab, welche Art von Klasse vorliegt. Es sind zu unterscheiden:

- normale Klassen,
- abstrakte Klassen,
- parametrisierte Klassen.

normale Klassen

Für normale Klassen ist folgender Testverlauf geeignet:

1 Erzeugung eines instrumentierten Objekts der zu testenden Klasse.

2 Nacheinander Überprüfung jeder einzelnen Operation für sich. Zuerst sollen diejenigen Operationen überprüft werden, die *nicht* zustandsverändernd sind. Da diese Operationen in der Regel sehr einfach aufgebaut sind, können sie leicht formal verifiziert werden. Anschließend werden die zustandsverändernden Operationen getestet.

Kapitel 5.8

a Durch Äquivalenzklassenbildung und Grenzwertanalyse werden aus den Parametern Testfälle abgeleitet. Das Objekt muß vorher in einem für diesen Testfall zulässigen Zustand versetzt werden. Dies geschieht entweder durch vorhergehende Testfälle oder eine gezielte Initialisierung vor jedem Testfall.

Kapitel 5.6

b Nach jeder Operationsausführung muß der neue Objektzustand geprüft und der oder die Ergebnisparameter mit den Sollwerten abgeglichen werden.

3 Test jeder Folge abhängiger Operationen in der gleichen Klasse. Dabei ist sicherzustellen, daß jede Objektausprägung simuliert wird. Alle potentiellen Verwendungen einer Operation sollten unter allen praktisch relevanten Bedingungen ausprobiert werden.

a Liegt ein Objektlebenszyklus für die Klasse vor, dann sollte ein Zustands- oder Zustandsübergangs-Überdeckungstest durchgeführt werden.

Abschnitt 5.6.5

4 Anhand der Instrumentierung ist zu überprüfen, wie die Testüberdeckung aussieht. Fehlende Überdeckungen sollten durch zusätzliche Testfälle abgedeckt werden.

Beispiel 1a
Abschnitt I 2.11.6

Es soll folgende manuell instrumentierte Klasse Konto einem Klassentest unterzogen werden:

```
#include <iostream.h>
#include <ctype.h>
#include <assert.h>

class Konto
{
  protected:// Attribute
  int Kontonr;
  float Kontostand;
  // Instrumentierung
  static int opKonto, opBuchen, opGetKontostand;
  public:
  Konto(const int Nummer, const float ersteZahlung)
  {
     assert(Nummer >= 0 && Nummer <= 999999);
     assert(ersteZahlung >= 1.0f && ersteZahlung <=
     1000000.0f);
     Kontonr = Nummer;
     Kontostand = ersteZahlung;
     // Zähler für die Instrumentierung erhöhen
     opKonto++;
  }
  virtual void buchen(const float Betrag)
  {
     assert(Betrag > -1e12f && Betrag < 1e12f);
     Kontostand += Betrag;
     opBuchen++;
  }
  float getKontostand() const
  {
     opGetKontostand++;
     return Kontostand;
  }
};
```

Folgender manuell erstellter Testtreiber ermöglicht es, alle Operationen aufzurufen:

```
#include "konto.h"

int Konto::opKonto = 0;
int Konto::opBuchen = 0;
int Konto::opGetKontostand = 0;

int main(int, char **)
{
  // Der Testtreiber erlaubt das Erzeugen eines neuen Objektes.
  // Dieses Objekt kann anschließend modifiziert werden
  (Operation
  // buchen), und der Kontostand kann ausgelesen werden.
```

```
  bool ende = false;
  Konto *zKonto = NULL;
  while (!ende)
  {
     // Wenn kein Konto mehr existiert, werden die Werte
     // für ein neues Konto abgefragt.
     if (!zKonto)
     {
           int Kontonr; float ersteZahlung;
           cout << "Erzeugen eines neuen Kontos" << endl;
           cout << "Kontonummer:   " << flush;
           cin >> Kontonr;
           cout << "Anfangsbetrag: " << flush;
           cin >> ersteZahlung;
           zKonto = new Konto(Kontonr, ersteZahlung);
     }
     // Jetzt abfragen, was der Benutzer will
     char Kommando;
     cout << "(n)eues Objekt, (b)uchen, (g)etKontostand,
     (e)nde" << endl;
     cin >> Kommando;
     switch (tolower(Kommando))
     {
           case 'n':
                 delete zKonto;
                 zKonto = NULL;
                 break;
           case 'e':
                 ende = true;
                 break;
           case 'b':
                 {
                       float betrag;
                       cout << "Betrag : " << flush;
                       cin >> betrag;
                       zKonto->buchen(betrag);
                 }
                 break;
           case 'g':
                 cout << "Aktueller Kontostand: "
                 << zKonto- >getKontostand() << endl;
                 break;
           default:
                 cout << "Unbekanntes Kommando" << endl;

     }
  }
  return 0;
} // main()
```

Mit Hilfe der Äquivalenzklassenbildung ergeben sich für die Operationen folgende Äquivalenzklassen:

Eingabe	gültige Äquivalenzklassen	ungültige Äquivalenzklassen
Konstruktor Konto ■ Nummer ■ ersteZahlung	**1** $0 \leq$ Nummer ≤ 999999 **4** $1.0 \leq$ ersteZahlung ≤ 100000.0	**2** Nummer < 0 **3** Nummer > 999999 **5** ersteZahlung < 1.0 **6** ersteZahlung > 100000.0
buchen ■ Betrag	**7** $-10^{12} \leq$ Betrag $\leq 10^{12}$	**8** Betrag $< -10^{12}$ **9** Betrag $> 10^{12}$
getKontostand()	Keine Eingabe, daher keine Eingabe-Äquivalenzklasse vorhanden	

Aus den Äquivalenzklassen ergeben sich nach einer Grenzwertanalyse folgende Testfälle für Konto:

Testfälle	A	B	C	D	E	F
getestete Äquivalenzklassen	**1**U, **4**U	**1**O, **4**O	**2**O, **4**U	**3**U, **4**O	**5**O, **1**U	**6**U, **1**O
Konto ■ Nummer ■ ersteZahlung	0 1.0	999999 100000.0	–1 1.0	1000000 100000.0	0 0.9	999999 100000.1
Anschließende Ausführung von getKontostand	1.0	100000.0	Fehler	Fehler	Fehler	Fehler

U = Untere Grenze der Äquivalenzklasse O = Obere Grenze der Äquivalenzklasse

Die Testfälle für die Operation buchen lauten:

Testfälle	G	H	I	J
getestete Äquivalenzklassen	**7**U	**7**O	**8**O	**9**U
buchen ■ Betrag	Betrag $= -10^{12}$	Betrag $= 10^{12}$	Betrag $= -10^{12}-1$	Betrag $= 10^{12}+1$
Ergebnis (Überprüfung durch Aufruf von getKontostand)	Kontostand -10^{12}	Kontostand + 10^{12}	Fehler	Fehler

Das Ergebnis für den Testfall C lautet:

```
Erzeugen eines neuen Kontos
Kontonummer:   -1
Anfangsbetrag: 1
Assertion failed: Nummer >= 0 && Nummer <= 999999, file
konto.cpp, line 21

abnormal program termination
```

Abhängige Operationen sind nicht vorhanden. Nach Durchführung der Testfälle zeigt die Instrumentierung, daß alle Anweisungen zu 100 Prozent überdeckt wurden.

Für einen Klassentest wird eine Testumgebung benötigt, die aus einem Testtreiber, einem Botschaften-Generator, einem Botschaften-Auswerter, einem Objektzustands-Initialisator, einem Objektzustands-Auswerter und einem Testmonitor besteht. Der Testtreiber simuliert die vererbten Attribute und Operationen und stößt die ausgewählte Operation in der zu testenden Klasse an. Der Botschaften-Generator generiert die Eingabeparameter. Der Objektzustands-Initialisator versetzt das Objekt in den gewünschten Vorzustand. Nach der Objektveränderung durch die Operationsausführung wird der veränderte Objektzustand durch den Objektzustands-Auswerter bestätigt und die Ergebnisparameter durch den Botschaften-Auswerter gegen die spezifizierten Nachbedingungen abgeglichen. Der Testmonitor registriert und protokolliert die Ausführungsfolgen der Operationen. Testumgebung

Neben einem umfangreichen Testrahmen ist eine ausführliche Klassen-, Attribut- und Operationsspezifikation Voraussetzung. Voraussetzung

/Firesmith 94/ unterscheidet vier Teststufen für Klassen: Vier Teststufen

- Exemplartest *(instance testing)*
  Es werden repräsentative Objekte ausgewählt, die erzeugt werden müssen.
- Kontexttest *(context testing)*
  Es werden alle Objekte in allen möglichen bzw. in allen praktisch relevanten Zusammenhängen getestet, d.h. Empfang aller Botschaften, Auslösung aller Ausnahmebedingungen, Erprobung aller potentiellen dynamischen Bindungen.
- Vollständigkeitstest *(completeness testing)*
  Überdeckung aller Operationen, aller Operationsketten und aller Anweisungen sowie Veränderung aller Objekte und aller Attribute.
- Zustandsmodelltest *(state model testing)*
  Alle relevanten Zustände aller betreffenden Objekte werden erzeugt, und alle Zustandsübergänge werden ausgeführt.

Um die Abhängigkeiten zwischen den Operationen einer Klasse zu beschreiben, kann auch die »algebraische Spezifikation« verwendet werden, die für abstrakte Datenobjekte entwickelt wurde. Daraus können Aufruffolgen für Operationen abgeleitet werden. algebraische Spezifikation Abschnitt I 3.9.2

Beim Testen abstrakter Klassen ist folgendes zu berücksichtigen: abstrakte Klassen

- Aus der abstrakten Klasse muß eine konkrete Klasse gemacht werden.

- Bei der Realisierung von Implementierungen für abstrakte Operationen ist – falls möglich – die leere Implementierung zu wählen. Sonst ist eine Implementierung vorzunehmen, die so einfach wie möglich ist, aber die Spezifikation erfüllt.

parametrisierte Klassen

Bei parametrisierten Klassen kann folgendermaßen vorgegangen werden:

- Zunächst ist eine möglichst einfache konkrete Klasse zu erzeugen, z.B. `IntKeller` aus der `Klasse Keller`.
- Die Parameter sollen so gewählt werden, daß der Test möglichst einfach wird.

5.13.2 Testen von Unterklassen

Unterklassen

Die Vererbung muß beim Testen besonders beachtet werden. Beim Test von Unterklassen sind daher folgende Gesichtspunkte zu berücksichtigen.

- Alle Testfälle, die sich auf geerbte und *nicht* redefinierte Operationen der Oberklasse beziehen, müssen beim Test von Unterklassen erneut durchgeführt werden. Jede Unterklasse definiert einen neuen Kontext, der zu einem fehlerhaften Verhalten von geerbten Operationen führen kann.
- Für alle redefinierten Operationen sind vollständig neue, strukturelle wie funktionale Testfälle zu erstellen. Da eine redefinierte Operation eine neue Implementierung besitzt, sind neue strukturelle Testfälle erforderlich. Neue funktionale Testfälle sind nötig, da die Testfälle der Oberklasse für redefinierte Operationen nicht wiederverwendet werden können, weil Vererbung als reiner Implementierungsmechanismus verstanden werden kann.
- Ist die Vererbung eine »saubere« Generalisierungs-/Spezialisierungshierarchie, dann können die Testfälle der Oberklasse von redefinierten Operationen für den Test der Unterklasse wiederverwendet werden. Es müssen nur Testfälle hinzugefügt werden, die sich auf die geänderte Funktionalität einer redefinierten Operation beziehen. Tab. 5.13-1 zeigt, welche Testfälle beim Test von Unterklassen wiederverwendet werden können. Durch einen Regressionstest kann ein großer Nutzen erzielt werden, da in drei Fällen die Testfälle der Oberklasse beim Test ihrer Unterklassen verwendet werden können.

Tab. 5.13-1: Testfälle beim Test von Unterklassen /Harrold, McGregor, Fitzpatrick 92/

Art der Operationen	Strukturelle Testfälle	Funktionale Testfälle
Geerbte Operationen	Testfälle der Oberklasse ausführen	Testfälle der Oberklasse ausführen
Redefinierte Operationen	Neue Testfälle erstellen und ausführen	Alte Testfälle ergänzen und ausführen
Neue Operationen	Neue Testfälle erstellen und ausführen	Neue Testfälle erstellen und ausführen

Die Klasse Konto wird um eine manuell instrumentierte Unterklasse Sparkonto erweitert: Beispiel 1b

```
#include <iostream.h>
#include <ctype.h>
#include <assert.h>
#include "konto.h"

class Sparkonto: public Konto
{
  protected:
     static int opBuchen;
  public:
  Sparkonto(const int Nummer, const float ersteZahlung):
     Konto(Nummer, ersteZahlung) {}

  void buchen(const float Betrag)
  {
     opBuchen++;
     assert(Kontostand + Betrag >= 0.0f);
     if (Kontostand + Betrag >= 0.0f)
          Konto::buchen(Betrag);
  }
};

int Sparkonto::opBuchen = 0;

int main(int, char **)
{
  bool ende = false;
  Konto *zKonto = NULL;
  while (!ende)
  {
     if (!zKonto)
     {
          char art;
          int Kontonr;
          float ersteZahlung;
          cout << "Erzeugen eines neuen Kontos" << endl;
          cout << "(S)parkonto oder normales (K)onto? "
          << flush;
          cin >> art;
          cout << "Kontonummer:   " << flush;
          cin >> Kontonr;
          cout << "Anfangsbetrag: " << flush;
          cin >> ersteZahlung;
          if (tolower(art) == 'k')
               zKonto = new Konto(Kontonr, ersteZahlung);
          else
               zKonto = new Sparkonto(Kontonr,
                    ersteZahlung);
     }
     //... Rest des Testtreibers wie in Beispiel 1a
  }
  return 0;
} // main()
```

Da der Konstruktor unverändert übernommen wird, können die Testfälle A bis F für den Test der Unterklasse unverändert übernommen werden.
Weil es sich bei der Vererbungsstruktur um eine »saubere« Generalisierungs-/Spezialisierungshierarchie handelt, können die Testfälle für buchen wiederverwendet werden. Sie müssen jedoch modifiziert werden, um die speziellere Funktionalität von buchen abzudecken.
Um auf einem definierten Stand aufsetzen zu können, wird ein Objekt mit `Nummer = 0 und ersteZahlung = 1.0` erzeugt. Für buchen ergeben sich dann folgende Äquivalenzklassen:

Eingabe	gültige Äquivalenzklasse	ungültige Äquivalenzklassen
■ Betrag	**1** $-1.0 \leq$ Betrag $\leq 10^{12}-1.0$	**2** Betrag < -1.0 **3** Betrag $> 10^{12}-1.0$

Daraus ergeben sich folgende Testfälle:

Testfälle	G	H	I	J
getestete Äquivalenzklassen	**1**U	**1**O	**2**O	**3**U
buchen ■ Betrag	-1.0	$10^{12}-1.0$	-1.1	$10^{12}-0.9$
Ergebnis	0.0	0.0	Fehler	Fehler

Reaktion des Programms auf Testfall **I**:

```
Erzeugen eines neuen Kontos
(S)parkonto oder normales (K)onto? s
Kontonummer:   0
Anfangsbetrag: 1
(n)eues Objekt, (b)uchen, (g)etKontostand, (e)nde
b
Betrag : -1.1
Assertion failed: Kontostand + Betrag >= 0.0f, file konto2.cpp,
line 56
abnormal program termination
```

Bindung Gibt an, wie stark die Elemente einer Systemkomponente interagieren (→funktionale Bindung).
cohesion →Bindung
coupling →Kopplung
Datenfluß-Anomalieanalyse Statisches Analyseverfahren zur Entdeckung von Datenflußfehlern im Quellprogramm. Zur Entdeckung von fehlerhaften Zugriffssequenzen auf Variablen werden Variablenzugriffe nach definierendem und referenzierendem Zugriff klassifiziert.
funktionale Bindung Alle Elemente einer Prozedur oder Funktion tragen dazu bei, eine einzige, in sich abgeschlossene Aufgabe zu erledigen. Engste Art der →Bindung bei prozeduralen Systemkomponenten.

Kopplung Gibt an, wie die Schnittstellen zwischen Systemkomponenten aussehen. Es werden der Kopplungsmechanismus, die Schnittstellenbreite und die Kommunikationsart betrachtet. Bei prozeduralen Systemen ist eine schmale Datenkopplung das Ziel, wo Prozeduren aufgerufen werden und über explizite Parameter kommunizieren.

zyklomatische Zahl Metrik zur Berechnung der Komplexität von Kontrollflußgraphen. Sie gibt die Anzahl der linear unabhängigen Pfade eines Kontrollflußgraphen an. Vorgeschlagen von McCabe.

qualitative Bewertung

Die »Güte« eines Software-Systems wird durch zwei Maße bestimmt:

- Bindung *(cohesion)* jeder Systemkomponente
- Kopplungen *(coupling)* zwischen den Systemkomponenten

Ziel

Minimierte Kopplungen *und* maximierte Bindungen führen zu »guten«, strukturierten und einfachen Software-Systemen.

Die Bindungs- und Kopplungsarten hängen davon ab, welche Systemkomponenten vorliegen. Systemkomponenten können sein:

- Prozeduren, Funktionen, Operationen
- Abstrakte Datenobjekte, abstrakte Datentypen (ADT)
- Klassen

Für Prozeduren und Funktionen ist eine funktionale Bindung anzustreben, bei der alle Elemente an der Verwirklichung einer einzigen, abgeschlossenen Aufgabe beteiligt sind. Für Datenabstraktionen und Klassen gibt es verschiedene Vorschläge für Bindungsarten.

quantitative Bewertung: Metriken

Wünschenswert ist nicht nur eine qualitative Bewertung der »Güte« einer Software-Komponente, sondern auch ihre quantitative Bewertung durch Maßzahlen. Mit Hilfe von Metriken werden quantitative Bewertungen versucht. Die klassischen Metriken von McCabe (zyklomatische Zahl) und Halstead vermessen insbesondere die Kontrollkomplexität von Prozeduren und Funktionen. Neuere Ansätze befassen sich mit der Vermessung objektorientierter Komponenten.

Generell sind Metriken sinnvolle Hilfsmittel zur Gewinnung quantitativer Aussagen über Software. Sie müssen jedoch stets kritisch hinterfragt werden. Eine Universalmetrik gibt es nicht. Zeigen Metriken starke Abweichungen von üblichen Durchschnittswerten, dann kann dies ein Indiz für eine fehlerhafte Software sein. Möglicherweise besitzt aber auch das mit der Software zu lösende Problem ein vom Durchschnitt abweichendes Profil, so daß die Werte von Metriken für jeden Einzelfall neu zu bewerten sind.

Metriken sind nicht geeignet, direkt Fehler zu entdecken. Die Berechnung von Metriken ist kein Ersatz für eine statische Fehleranalyse, für den dynamischen Test oder die Programmverifikation.

Anomalieanalyse

Eine statische Analyse des Quellprogramms hilft oft, Anomalien zu entdecken. Insbesondere die Datenfluß-Anomalieanalyse erlaubt es, fehlerhafte Zugriffssequenzen auf Variablen zu identifizieren.

Testen von OO-Komponenten

Für das Testen von objektorientierten Komponenten können die »klassischen« Test- und Überprüfungsverfahren eingesetzt werden.

Allerdings sind einige Besonderheiten der Objektorientierung zu berücksichtigen. Die Zweig- und Pfadüberdeckung spielen keine oder eine untergeordnete Rolle. Ein Klassentest sollte – wenn möglich – zustandsbasiert durchgeführt werden. Außerdem unterscheidet sich das Testverfahren in Abhängigkeit von der Klassenart: normale Klassen, abstrakte Klassen, parametrisierte Klassen, Unterklassen.

/Fenton 91/
Fenton N.E., *Software Metrics – A Rigorous Approach,* London: Chapman & Hall 1991, 337 S.
Standardwerk zur Software-Meßtechnik, behandelt werden klassische Produktmetriken sowie Prozeßmetriken.

/Henderson-Sellers 96/
Henderson-Sellers B., *Object-Oriented Metrics – Measures of Complexity,* Upper Saddle River: Prentice Hall PTR, 1996, 234 S.
Einführung in Metriken, Überblick über traditionelle und objektorientierte Produktmetriken. Sehr zu empfehlen.

/Lorenz, Kidd 94/
Lorenz M., Kidd J., *Object-Oriented Software Metrics – A Practical Guide,* Englewood Cliffs: Prentice Hall 1994, 146 S.
Es werden Prozeß- und Produktmetriken vorgestellt, die im wesentlichen anhand von Smalltalk-Projekten überprüft wurden.

/Conte, Dunsmore, Shan 86/
Conte S.D., Dunsmore H.E., Shan V.Y., *Software Engineering Metrics and Models,* Menlo Park: Benjamin/Cummings Publishing Company 1986, 396 S.
Gibt eine Einführung in Software-Metriken und einen detaillierten Überblick über klassische Produktmetriken sowie Prozeßmetriken.

/Jones 91/
Jones C., *Applied Software Measurement – Assuring Productivity and Quality,* New York: McGraw-Hill, 493 S.
Ausführlicher Überblick über Prozeßmetriken und klassische Produktmetriken.

Zitierte Literatur

/Basili, Briand, Melo 96/
Basili V.R., Briand L.C., Melo W.L., *A Validation of Object-Oriented Design Metrics as Quality Indicators,* in: IEEE Transactions on Software Engineering, Oct. 1996, pp. 751–761

/Berard 93/
Berard E.V., *Essays on Object-Oriented Software Engineering,* Volume I, Englewood Cliffs: Prentice Hall 1993

/Bieman 91/
Bieman J.M., *Deriving Measures of Software Reuse in Object Oriented Systems,* Technical Report CS-91-112, Colorado State University, Fort Collins, Juli 91

/Buth 91/
Buth A., *Softwaremetriken für objekt-orientierte Programmiersprachen,* Arbeitspapiere der GMD 545, Sankt Augustin, Juni 1991

/Chen, Lu 93/
Chen J.Y., Lu J.F., *A new metric for object-oriented design,* in: Information and Software Technology, Vol. 35, No. 4, 1993, S. 232–240

/Chidamber, Kemerer 91/
Chidamber S. R., Kemerer C. F., *Towards a metric suite for object-oriented design,* in: Proc. OOPSLA '91, Sigplan Notices, 26(11), 1991, pp. 197–211

/Chidamber, Kemerer 93/
Chidamber S.R., Kemerer C.F., *A Metric Suite for Object Oriented Design*, CISR Working Paper No. 149, M.I.T. Sloan School of Management, Februar 1993

/Chidamber, Kemerer 94/
Chidamber S.R., Kemerer C.F., *A Metrics Suite for Object-Oriented Design*, in: IEEE Transactions on Software Engineering, June 1994, pp. 476–493

/Conte, Dunsmore, Shen 86/
Conte S.D., Dunsmore H.E., Shen V.Y., *Software Engineering Metrics and Models*, Menlo Park: Benjamin/Cummings 1986

/Eder, Kappel, Schrefl 95/
Eder J., Kappel G., Schrefl M., *Coupling and Cohesion in Object-Oriented Systems*, Institut für Informatik, Universität Klagenfurt, persönliche Kommunikation

/Embley, Woodfield 87/
Embley D.W., Woodfield S.N., *Cohesion and Coupling for Abstract Data Types*, in: 6th International Phonix Conference on Computers and Communications, in: IEEE Computer Society Press, 1987, pp. 292–334

/Embley, Woodfield 88/
Embley D.W., Woodfield S.N., *Assessing the Quality of Abstract Data Types Written in Ada*, in: International Conference on Software Engineering, IEEE Computer Society Press, 1988, pp. 144–153

/Firesmith 94/
Firesmith D., *Testing Object-oriented Software*, in: Proceedings of OOP '94, München, S. 69–99

/Girgis, Woodward 86/
Girgis M.R., Woodward M.R., *An Experimental Comparison of the Error Exposing Ability of Program Testing Criteria*, in: Proceedings Workshop on Software Testing, Banff, July 1986, pp. 64–73

/Halstead 77/
Halstead M.H., *Elements of Software Science*, New York: 1977, North-Holland

/Harrold, McGregor, Fitzpatrick 92/
Harrold M.J., McGregor D.J., Fitzpatrick K.J., *Incremental Testing of Object-Oriented Class Structures*, in: Proc. 14th International Conference on Software Engineering 1992

/Hitz, Montazeri 96/
Hitz M., Montazeri B., *Chidamber and Kemerer's Metrics Suite: A Measurement Theory Perspective*, in: IEEE Transactions on Software Engineering, April 1996, pp. 267–271

/Li, Henry 93/
Li W., Henry S., *Object Oriented Metrics that Predict Maintainability*, in: Journal of System Software, pp. 111–122, New York 1993

/Liggesmeyer 90/
Liggesmeyer P., *Modultest und Modulverifikation*, Mannheim: B.I.-Wissenschaftsverlag 1990

/Liggesmeyer, Rüppel 96/
Liggesmeyer P., Rüppel P., *Die Prüfung von objektorientierten Systemen*, in: OBJEKTspektrum, 6/96, S. 68–78

/Macro, Buxton 87/
Macro A., Buxton J., *The Craft of Software Engineering*, Reading: Addison-Wesley 1987

/McCabe 76/
McCabe T.J., *A Complexity Measure*, in: IEEE Transactions on Software-Engineering, Vol. SE-2, No. 4, December 1976, pp. 308–320

/McCabe 83a/
McCabe T.J., *A Complexity Measure*, in: McCabe T.J., Structured Testing, IEEE Computer Society Press 1983, pp. 3–15

/McCabe 83b/
McCabe T.J., *A Testing Methodology Using the McCabe Complexity Measure*, in: McCabe T.J., Structured Testing, IEEE Computer Society Press 1983, pp. 19–47

/Mingins, Durnota, Smith 93/
Mingins C., Durnota B., Smith G., *Collection and analysis of software metrics from the Eiffel class hierarchy*, in: TOOLS 11, Englewood Cliffs: Prentice-Hall 1993, pp. 427–435

/Morris 89/
Morris K.L., *Metrics for Object-Oriented Software Development Environments*, Master's Thesis, M.I.T. Sloan School of Management, 1989

/Myers 75/
Myers G.J., *Reliable Software Through Composite Design*, New York: Van Nostrand Reinholt Company 1975

/Myers 78/
Myers G.J., *Composite/Structured Design*, New York: Van Nostrand Reinholt Company 1978

/Page-Jones 80/
Page-Jones M., *The Practical Guide to Structured Systems Design*, New York: Yourdon Press 1980

/Schach 96/
Schach S.R., *The cohesion and coupling of objects*, in: JOOP, Jan. 1996, pp. 48–50

/Sharble, Cohen 93/
Sharble R.C., Cohen S.S., *The Object-Oriented Brewery: A Comparison of Two Object-Oriented Development Methods*, in: Software Engineering Notes, S. 60–73, Vol. 18, No. 2, 1993

/Sneed 95/
Sneed H.M., *Objektorientiertes Testen*, in: Informatik Spektrum, 18(1995), S. 6–12

/Stevens 81/
Stevens W.P., *Using Structured Design*, New York: John Wiley & Sons, 1981

/Stevens, Myers, Constantine 74/
Stevens W.P., Myers G.J., Constantine L.L., *Structured Design*, in: IBM Systems Journal, Number 2, 1974, pp. 115–139

Muß-Aufgabe *15 Minuten*

1 *Lernziel: Für einfache Beispiele die zyklomatische Zahl und ausgewählte Halstead-Metriken berechnen können.*
In Abb. 5.13-1 sind drei Kontrollflußgraphen dargestellt. Berechnen Sie für alle Graphen die zyklomatische Zahl $V(G_i)$. Vergleichen Sie das Ergebnis mit Ihrem intuitiven Eindruck von der Komplexität der Graphen.

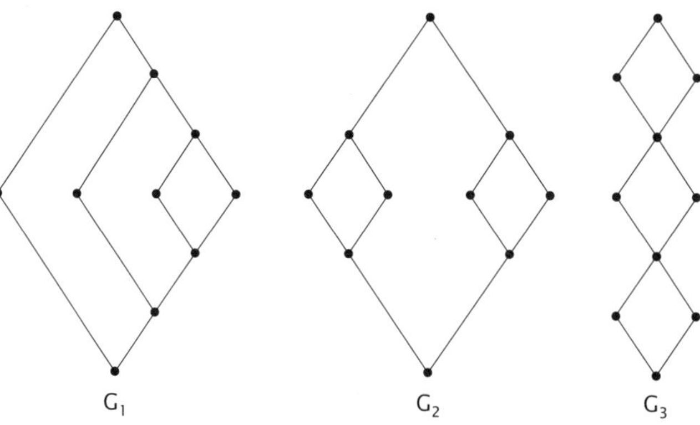

Abb. 5.13-1: Beispiel dreier Kontrollfluß-graphen

2 *Lernziel: Prüfen können, ob eine Funktion oder Prozedur funktional gebunden ist.* Kann-Aufgabe *15 Minuten*
Betrachten Sie die nachfolgend dargestellte C-Funktion. Entscheiden Sie, ob in diesem Beispiel eine funktionale Bindung vorliegt oder nicht.

```
int divisionDurchNull = 0;

double dividiere(const double zaehler, const double nenner)
{
    if (nenner == 0.0)
    {
          divisionDurchNull++;
          return 0.0;
    }
    return zaehler / nenner;
}
```

3 *Lernziel: Für einfache Beispiele die zyklomatische Zahl- und ausgewählte Halstead-Metriken berechnen können.* Muß-Aufgabe *20 Minuten*
Berechnen Sie die Größen η_1, η_2, N_1 und N_2 für das folgende C-Programm:

```
char *FindeZchn(char * Suchmenge, const char Element)
{
    char *Zeiger;
    for (Zeiger = Suchmenge; *Zeiger; Zeiger++)
          if (*Zeiger == Element)
                return Zeiger;
    return NULL;
}
```

4 *Lernziel: Erklären können, was unter Bindung und Kopplung zu verstehen ist.* Muß-Aufgabe *5 Minuten*
Welche der nachfolgenden Aussagen sind zutreffend?
a Bindung ist das Zusammenfügen von Objektdateien zu einem Programm.
b Bindung ist ein qualitatives Maß für die Schnittstellen zwischen Systemkomponenten.
c Zur Bestimmung der Kopplung werden u.a. die Schnittstellenbreite und die Kommunikationsart betrachtet.
d Bindung ist ein qualitatives Maß für die Kompaktheit einer Systemkomponente.
e Ein Programm wird um so einfacher, je geringer die Kopplungen und Bindungen werden.

5 *Lernziel: Testverfahren für das Testen objektorientierter Konzepte erläutern können.* Muß-Aufgabe *10 Minuten*
a Welche verschiedenen Arten von Klassen müssen beim Testen von Klassen bzw. Objekten berücksichtigt werden?
b Was ist insbesondere zu beachten, wenn eine abstrakte Klasse getestet werden soll?

Muß-Aufgabe
10 Minuten

6 *Lernziel: Klassische und objektorientierte Metriken für Systemkomponenten beschreiben und in das Klassifikationsschema einordnen können.*

a Was bedeuten die Symbole η_1 und η_2? Wie werden diese Werte bestimmt? Wie nennt man die darauf basierenden Metriken?

b Was versteht man unter der zyklomatischen Zahl?

c Nennen Sie die Ihnen bekannten Metriken, die aus dem Einsatz der Vererbung hergeleitet werden können.

Muß-Aufgabe
15 Minuten

7 *Lernziel: Für einfache Programme eine Datenfluß-Anomalieanalyse vornehmen können.*

Betrachten Sie das nachfolgende C-Programm.

```
void test()
{
    int j;
    int i = 0;
    for (i = 0; i < 10; i++)
        j++;
}
```

a Erstellen Sie einen Kontrollflußgraphen für das Programm.

b Stellen Sie die Datenflüsse tabellarisch zusammen. Welche Anomalien lassen sich auf diese Weise feststellen?

Muß-Aufgabe
15 Minuten

8 *Lernziel: Klassen entsprechend den beschriebenen Verfahren testen können.*

Gegeben ist die C++-Implementierung der Klasse Person. Der Name einer Person muß zwischen 2 und 20 Zeichen lang sein; die Postleitzahl ist eine fünfstellige positive ganze Zahl.

```
#include <string>

class Person
{
    protected:
    string name;
    int PLZ;
    public:
    Person(const string &n, const int p)
    {
        name = n;
        PLZ = p;
    }
    const string & getName() const
    {
        return name;
    }
};
```

a Instrumentieren Sie diese Klasse manuell.

b Stellen Sie gültige und ungültige Äquivalenzklassen für den Konstruktor auf. Ermitteln Sie mit Hilfe der Grenzwertanalyse Testfälle für den Konstruktor.

c Erstellen Sie einen Testtreiber analog zu dem in Abschnitt 5.13 vorgestellten Treiber.

6 Produktqualität – Systeme (Integrationstest)

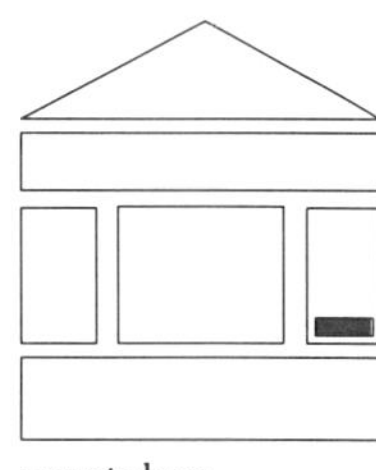
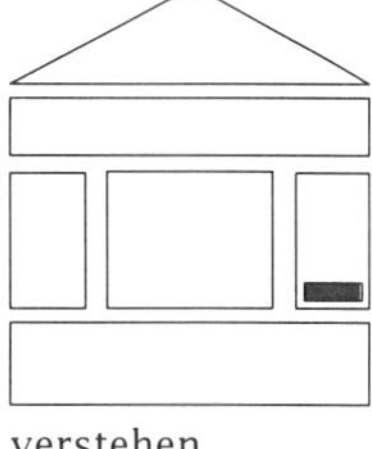

- Die Integrationstestverfahren klassifizieren können.
- Die behandelten Integrationstestverfahren erklären können. verstehen
- Die behandelten Integrationsstrategien mit ihren Vor- und Nachteilen und Voraussetzungen erläutern können.
- Darstellen können, nach welchen Kriterien die Kopplung zwischen Prozeduren und Funktionen beurteilt werden kann.
- Für gegebene Szenarios geeignete Integrationsstrategien auswählen können. anwenden
- Für einfache Beispiele Integrationstests durchführen können.
- Prüfen können, ob zwischen Prozeduren und Funktionen eine schmale Datenkopplung vorliegt.

☑

- Die Kenntnis des Hauptkapitels 5 ist zum Verstehen des Kapitels 6.2 notwendig.
- Das Kapitel 5.10 »Analyse der Bindungsart« ist für das Verständnis des Kapitels 6.3 erforderlich.

i

6.1 Einführung und Überblick

Die Produktqualität eines Software-Produkts wird durch die Produktqualität jeder Systemkomponente und die Beziehungen zwischen den Systemkomponenten bestimmt.

Konstruktion
Lehrbuch der Software-Technik, Band 1 Analyse

Analog wie bei den Systemkomponenten wird die Qualität der Beziehungen zwischen den Komponenten durch konstruktive Maßnahmen während der Entwicklung bestimmt.

Durch analytische Maßnahmen muß dann überprüft werden, ob die konstruktiven Maßnahmen richtig angewandt wurden.

Voraussetzung
Hauptkapitel 5

Voraussetzung für eine Überprüfung der Beziehungen zwischen den Systemkomponenten ist eine vorhergehende Überprüfung jeder einzelnen Systemkomponente für sich.

Die Überprüfung der Produktqualität eines Software-Systems erfolgt, zeitlich nacheinander, in drei Teststufen:

Teststufen

- Integrationstest,
- Systemtest und
- Abnahmetest.

Bei diesen Tests können Testverfahren für den Komponententest teilweise oder in modifizierter Form übernommen werden. Außerdem sind zusätzliche, neue Verfahren erforderlich, insbesondere beim System- und Abnahmetest.

Integrationstest
»white box«

Der Integrationstest ist vergleichbar mit einem Strukturtest, da die Systemkomponenten und ihre Beziehungen untereinander beim Test sichtbar sind. Die Auswahl der Testverfahren hängt daher auch davon ab, ob es sich bei den Systemkomponenten um funktionale Module, Datenabstraktions-Module oder Klassen handelt. Außerdem wird die Integrationsstrategie dadurch beeinflußt.

System- und Abnahmetest
»black box«

Beim System- und Abnahmetest wird das Software-System als Ganzes getestet, d.h. das Innere ist nicht sichtbar *(»black box«)*. Daher kann die interne Systemstruktur von den Testverfahren nicht berücksichtigt werden.

Im folgenden Kapitel wird zunächst der Integrationstest behandelt. Da die Kopplungen zwischen Systemkomponenten eine wichtige Rolle spielen – analog zu den Bindungen der Systemkomponenten – wird die Analyse der Kopplungsart in einem eigenen Kapitel dargestellt. Mit Metriken versucht man nicht nur Systemkomponenten zu vermessen, sondern auch Kopplungen zwischen Systemkomponenten und ganzen Systemen. In Kapitel 6.4 werden solche Metriken vorgestellt.

In den anschließenden Kapiteln werden der Systemtest und der Abnahmetest behandelt. In Kapitel 6.7 werden Produktzertifikate vorgestellt. Abschließend wird auf die Testplanung, -durchführung und -dokumentation eingegangen.

6.2 Der Integrationstest

Aufgabe des **Integrationstests** ist es, das fehlerfreie Zusammenwirken von Systemkomponenten zu überprüfen. Auf den Integrationstest folgt der Systemtest, wobei das System als Einheit betrachtet wird, d.h. die interne Struktur ist nicht sichtbar. Aufgabe

Voraussetzung ist, daß jede in den Integrationstest einbezogene Systemkomponente für sich bereits überprüft wurde. Schrittweise werden zu bereits integrierten und auf fehlerfreie Zusammenarbeit überprüften Systemkomponenten neue Systemkomponenten hinzugefügt und mit der Prüfung fortgefahren, bis das System komplett integriert ist. Voraussetzung

In Abhängigkeit vom Vorgehensmodell und der verwendeten Entwicklungsmethode gibt es unterschiedliche Integrationsstrategien, die in Abschnitt 6.2.1 behandelt werden. Integrationsstrategien

Der Integrationstest läßt sich folgendermaßen klassifizieren: Klassifikation

- ■ Dynamischer Integrationstest Kapitel 5.2
- □ Strukturorientierter Integrationstest
- △ Kontrollflußorientierter Integrationstest
- △ Datenflußorientierter Integrationstest
- □ Funktionaler Integrationstest
- □ Wertbezogener Integrationstest
- ■ Statischer Integrationstest
- □ Analyse der Kopplungsart
- □ Metriken
- □ Syntaxüberprüfung der Schnittstellen
- □ Anomalienanalyse
- ■ Verifikation

Auf diese Verfahren wird in Abschnitt 6.2.2 eingegangen. Die Besonderheiten beim Integrationstest objektorientierter Systemkomponenten werden in Abschnitt 6.2.3 behandelt.

Die Einbindung des Integrationstests in ein Vorgehensmodell zeigt besonders deutlich das V-Modell. Abschnitt II 3.3.2

6.2.1 Integrationsstrategien

Nach der Fertigstellung und der Überprüfung einzelner Systemkomponenten erfolgt nach einer **Integrationsstrategie** die Integration zum Gesamtsystem. Einen Überblick über übliche Integrationsstrategien gibt Abb. 6.2-1.

Generell hat die Wahl der Integrationsstrategie einen großen Einfluß auf die Zahl der erforderlichen Testtreiber und Platzhalter.

Ein **Testtreiber *(driver)*** wird benötigt, um eine Systemkomponente zu testen, deren Dienst nicht direkt von der Benutzungsoberfläche aufgerufen und mit Parametern versorgt werden kann. Testtreiber

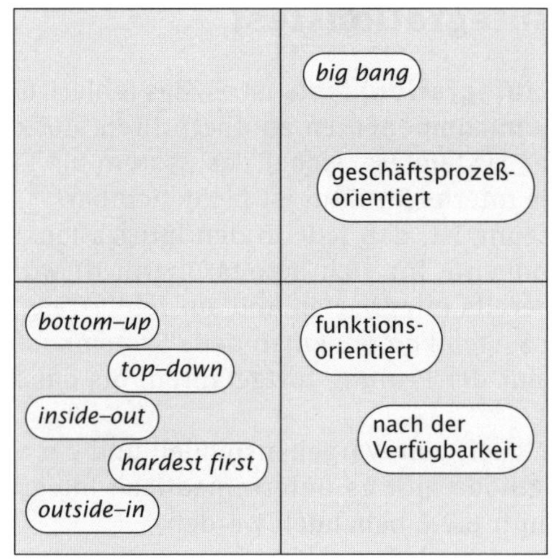

Abb. 6.2-1: Überblick über Integrationsstrategien (in Anlehnung an /Pagel, Six 94, S. 488/)

Platzhalter

Platzhalter *(dummies, stubs)* werden benötigt, wenn eine zu testende Systemkomponente andere Systemkomponenten aufruft, die zwar spezifiziert, aber noch nicht implementiert sind oder aus anderen Gründen nicht für den Test benutzt werden sollen. Platzhalter simulieren die nicht verwendeten Komponenten. Sie bieten eine interaktive Schnittstelle oder simulieren die verlangten Funktionen bzw. Zugriffsoperationen und bilden die Semantik nach, aber mit eingeschränktem Leistungs- und Typumfang.

Testtreiber sind im allgemeinen leichter zu realisieren als Platzhalter.

Beispiel

Zur Simulation einer Systemkomponente, die z.B. eine Inventurliste ausdruckt, genügt ein Platzhalter, der die Daten ohne Formataufbereitung ausdruckt (eingeschränkter Leistungsumfang). Die Datenhaltung erfolgt z.B. noch im Arbeitsspeicher und nicht auf externen Speichern, statt der Datenübertragung ist nur eine lokale Ein-/Ausgabe möglich usw.

Es genügt im allgemeinen nicht, daß ein Platzhalter nur zurückmeldet, daß er aufgerufen wurde oder daß er einen fest einprogrammierten Ergebniswert zurückliefert.

Beispiel

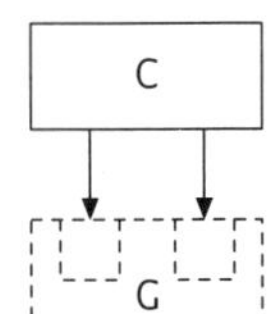

Die Systemkomponente C soll alle Sätze einer Datei lesen und nach der Weiterverarbeitung jeden gelesenen Satz löschen. Die Systemkomponente G repräsentiert einen abstrakten Datentyp mit den Zugriffsoperatoren `LeseNaechstenSatz` und `LoescheSatz`.
Zur Simulation dieser Zugriffsoperatoren genügt es nun nicht, bei `LeseNaechstenSatz` stets einen festen Satz zurückzuliefern und bei `LoescheSatz` die Aufrufmeldung abzusetzen.

Folgende Testfälle können dann nicht überprüft werden:
- Wie reagiert die Systemkomponente C, wenn `LeseNaechstenSatz` keinen Satz zurückliefert?
- Wie reagiert die Systemkomponente C, wenn das Löschen eines Satzes nicht möglich ist?

Bei **nicht-inkrementellen Integrationsstrategien** werden alle oder eine größere Anzahl von Systemkomponenten gleichzeitig integriert. nicht-inkrementelle Strategie

⊞ Diese Strategien haben den Vorteil, daß keine Testtreiber und Platzhalter benötigt werden. Vorteil

Dem stehen folgende Nachteile gegenüber:

⊟ Alle Systemkomponenten müssen fertiggestellt und überprüft sein, bevor die Integration erfolgen kann. Nachteile

⊟ Fehler sind schwer zu lokalisieren, da viele Komponenten zusammenwirken.

⊟ Eine Testüberdeckung ist schwierig sicherzustellen, da geeignete Testfälle schwer zu konstruieren sind.

Wegen dieser Nachteile ist diese Strategie für umfangreiche Systeme nicht geeignet.

Bei **inkrementellen Integrationsstrategien** werden die Systemkomponenten einzeln oder in sehr kleinen Gruppen integriert. inkrementelle Strategie

Dies bringt folgende Vorteile mit sich:

⊞ Systemkomponenten können integriert werden, sobald sie fertiggestellt und überprüft sind. Vorteile

⊞ Testfälle sind leicht konstruierbar und die Testüberdeckung ist überprüfbar, da jeweils nur eine oder wenige Systemkomponenten integriert werden.

⊟ Nachteilig ist, daß unter Umständen viele Testtreiber und/oder Platzhalter benötigt werden. Nachteil

Bei den **testzielorientierten Integrationsstrategien** werden, ausgehend von den Testzielen, Testfälle erstellt. Für die Überprüfung der Testfälle werden dann die jeweils benötigten Systemkomponenten »zusammenmontiert«. Ein Testziel kann beispielsweise sein, fertiggestellte Systemkomponenten so schnell wie möglich zu integrieren. testzielorientierte Strategie

Vorgehensorientierte Integrationsstrategien leiten die Integrationsreihenfolge aus der Systemarchitektur ab. vorgehensorientierte Strategie

Bei der ***big bang*-Integration** werden alle Systemkomponenten eines Systems oder Subsystems gleichzeitig integriert. *big bang*

Der Integrationstest läuft dabei »unstrukturiert« und unsystematisch ab. Die Fehlersuche und die Konstruktion von Testfällen sind schwierig.

Bei der **geschäftsprozeßorientierten Integration** werden jeweils diejenigen Systemkomponenten integriert, die von einem Geschäftsprozeß betroffen sind, z.B. Abwicklung eines Kundenauftrags von der Aquisition über den Auftrag, die Auslieferung bis hin zur Bezahlung. geschäftsprozeßorientiert Kapitel V 1.3

funktionsorientiert

Bei der **funktionsorientierten Integration** werden funktionale Testfälle spezifiziert und überprüft. Die betroffenen Systemkomponenten werden schrittweise integriert und getestet.

nach Verfügbarkeit

Bei der **Integration nach Verfügbarkeit** werden Systemkomponenten und Subsysteme sofort nach Abschluß ihrer Überprüfung integriert. Der Integrationsprozeß wird durch die Implementierungsreihenfolge determiniert.

vorgehensorientiert

Die vorgehensorientierten Integrationsstrategien hängen von der Vorgehensweise im Entwurf und von der Software-Architektur ab.

Kapitel I 3.1

In Abhängigkeit von der Entwicklungsmethode lassen sich folgende grundlegende Software-Architekturen unterscheiden.

- Kapitel I 3.8 Baumstruktur (strukturierter Entwurf, *structured design)*
- Kapitel I 3.9 Schichtenstruktur, unter Umständen mit Enthaltenseins-Baum (modularer Entwurf, *modular design)*
- Kapitel I 3.10 Schichtenstruktur, unter Umständen baumartige Schichtenstruktur (objektorientierter Entwurf, *object-oriented design)*

top-down

Bei der ***top-down*-Integration** müssen zuerst die in der Baumhierarchie oder der Schichtenstruktur am weitesten oben stehenden Systemkomponenten für sich überprüft werden. Danach werden sie schrittweise integriert. Da die Systemkomponenten auf Dienstleistungen anderer Systemkomponenten zugreifen, müssen die Leistungen dieser Komponenten durch Platzhalter simuliert werden. Bei einer objektorientierten Schichtenarchitektur beginnt die Integration also bei der Benutzungsoberfläche und den Komponenten der Anwendung, die direkt mit dieser kommunizieren.

Bewertung

Vorteile

- ⊞ Es entsteht frühzeitig ein Simulationsmodell, das aus der Sicht des Benutzers bereits einen Teil der Funktionen des endgültigen Systems ausführt. Das Simulationsmodell läßt sich noch ändern und verbessern. Alternativen können ausprobiert werden.
- ⊞ Gezielte Prüfung der Fehlerbehandlung bei fehlerhaften Rückgabewerten unterlagerter Dienste ist möglich, da die Rückgabewerte durch Platzhalter eingegeben werden.
- ⊞ Eine Verzahnung von Entwurf und Implementierung ist möglich. Zunächst wird die oberste Schicht entworfen. Während die Komponenten dieser Schicht implementiert und mit Platzhaltern getestet werden, wird die nächste Schicht entworfen usw.

Nachteile

- ⊟ Es werden Platzhalter benötigt, die aufwendig und schwierig zu erstellen sind.
- ⊟ Mit zunehmender Integrationstiefe wird die Erzeugung bestimmter Testsituationen in tiefer angeordneten Komponenten schwieriger.
- ⊟ Das Zusammenwirken von zu prüfender Software, Systemsoftware und Hardware wird spät geprüft.

Bei der ***bottom-up*-Integration** werden zunächst die Systemkomponenten implementiert und getestet, die keine Dienste anderer Komponenten benötigen. Bei einer Baumstruktur sind dies die Blätter des Baums. Bei einer Schichtenstruktur sind dies die Komponenten der untersten Schicht. Anschließend werden die nächsthöheren Komponenten, d.h. die Komponenten, die die Basiskomponenten in Anspruch nehmen, implementiert, jeweils mit den aufgerufenen Basiskomponenten integriert und zusammen getestet. Dies wird solange fortgesetzt, bis der *»top«* erreicht ist. Die Reihenfolge sollte stets so gewählt werden, daß die nächsthöhere Systemkomponente erst dann integriert wird, wenn alle von ihr benutzten Komponenten bereits existieren. *bottom-up*

Bewertung

Vorteile

- ⊞ Es sind keine Platzhalter erforderlich.
- ⊞ Testbedingungen sind leichter herstellbar.
- ⊞ Testergebnisse können leichter interpretiert werden.
- ⊞ Da die Testdateneingaben über Treiber erfolgen, ist keine komplexe Zurückrechnung der Eingaben erforderlich.
- ⊞ Bewußte Fehleingaben zur Prüfung von Fehlerbehandlungen sind leicht möglich.
- ⊞ Das Zusammenwirken zwischen zu prüfender Software, Systemsoftware und Hardware wird früh geprüft.

Nachteile

- ⊟ Es sind Testtreiber erforderlich.
- ⊟ Ein lauffähiges Gesamtsystem ist erst am Ende der Integration verfügbar. Fehler in der Produktdefinition werden daher erst spät gefunden und können zu umfangreichen Änderungen führen.
- ⊟ Eine gezielte Überprüfung der Fehlerbehandlung bei fehlerhaften Rückgabewerten unterlagerter Komponenten ist kaum möglich, da die realen Komponenten benutzt werden.

Um die Nachteile der *top-down-* und der *bottom-up*-Integration zumindest teilweise zu vermeiden, wurde die ***outside-in*-Strategie** entwickelt. Bei dieser Strategie wird gleichzeitig auf der höchsten und der niedrigsten Schicht mit der Integration begonnen und in beiden Richtungen aufeinander zugearbeitet. *outside-in*

Ausgangspunkt bei der ***inside-out*-Integration** sind die Systemkomponenten mittlerer Architekturschichten: Es werden nach und nach sowohl Komponenten höherer als auch tieferer Schichten hinzugefügt, bis das System oder Subsystem vollständig integriert ist. Da diese Strategie eher die Nachteile der *top-down-* und der *bottom-up*-Strategie vereinigt, sollte sie höchstens in Verbindung mit einer *hardest first*-Strategie eingesetzt werden. *inside-out*

Bei der ***hardest first*-Strategie** werden zuerst die kritischen, d.h. die besonders kompliziert zu testenden oder potentiell fehlerbehafteten, Komponenten integriert. Bei jedem weiteren Integrationsschritt *hardest first* werden die kritischen Komponenten indirekt mit überprüft, so daß sie die am besten getesteten Komponenten des Systems sind.

In Abhängigkeit von der jeweiligen Situation können auch verschiedene Strategien kombiniert werden.

6.2.2 Integrationsverfahren

Die Prüfverfahren des Integrationstests dienen zur Überprüfung der Schnittstellen und des Zusammenwirkens über Schnittstellen. Sie dienen nicht zur Überprüfung des Funktionierens einzelner Komponenten.

Schnittstelle

Der Begriff Schnittstelle umfaßt in diesem Kontext:

- Aufruf von Operationen, Funktionen und Prozeduren mit und ohne Parameterübergabe.
- Verwendung von globalen Variablen oder Dateien.
- Benutzung von global vereinbarten Konstanten und Typen.

Der Integrationstest wird unter verschiedenen Aspekten durchgeführt /Spillner 92a/:

dynamischer Integrationstest

Beim **dynamischen Integrationstest** werden die übersetzten, ausführbaren Systemkomponenten mit konkreten Eingabewerten versehen und ausgeführt. Die Komponenten werden in der Entwicklungsumgebung getestet. Es handelt sich um Stichprobenverfahren, d.h. die Korrektheit der getesteten Komponenten wird *nicht* bewiesen. Die integrierten Komponenten müssen instrumentiert sein.

Die Testfälle werden so ausgewählt, daß sie ausschließlich in der Integrationsphase nachweisbare Fehler aufzeigen.

strukturorientiert

Beim **strukturorientierten Integrationstest** können der Kontrollfluß oder der Datenfluß Grundlage für die Ermittlung von Testfällen sein.

kontrollfluß-orientiert

Beim **kontrollflußorientierten Integrationstest** werden die unterschiedlichen Aufrufbeziehungen, d.h. die Verwendungen von Exporten und Importen, zwischen Systemkomponenten betrachtet. Mögliche Überdeckungskriterien sind:

Überdeckungs-kriterien

- Jede exportierte Operation muß von jeder importierenden Systemkomponente mindestens einmal aufgerufen werden.
- Alle Aufrufstellen von importierten Operationen sind mindestens einmal auszuführen.
- Es werden alle im System vorhandenen Aufrufstellen von importierten Operationen betrachtet. Auszuführen sind alle möglichen Reihenfolgen der Aufrufe, wobei Beschränkungen bei Aufrufen in Schleifen festgelegt werden. Für die möglichen Kombinationen von Schnittstellenaufrufen in einem System werden unterschiedliche Abstufungen an den Integrationstest definiert.

datenfluß-orientiert

Beim **datenflußorientierten Integrationstest** werden die Programmstellen, an denen importierte Operationen aufgerufen werden, genauer betrachtet. Zu prüfen sind

- der Datenfluß über Parameter oder globale Variable vor Aufruf einer importierten Operation und nach Eintritt in die Operation und
- der Datenfluß vor Austritt aus der importierten Operation und nach Rückkehr zum Aufrufer.

Die Testziele für den datenflußorientierten Komponententest werden auf die Schnittstellenproblematik beim Integrationstest übertragen.

Kapitel 5.5

Für den Test der Schnittstellen lassen sich folgende Forderungen aufstellen, die zwischen dem Aufruf einer importierten Operation und nach dem Eintritt in die Operation erfüllt sein sollen:

- Jede mögliche Definition eines Parameters oder einer globalen Variablen in der aufrufenden Komponente soll innerhalb der aufgerufenen Operation mindestens einmal lesend verwendet werden (ohne Unterscheidung zwischen der Verwendung in einer Berechnung oder einer Bedingung).
- Jede Definition eines Parameters oder einer globalen Variable in der aufrufenden Systemkomponente soll innerhalb der aufgerufenen Operation für jede mögliche berechnende Verwendung herangezogen werden. Kommen keine berechnenden Verwendungen vor, dann sollen die Verwendungen in Bedingungen aufgeführt werden.

funktional

Beim **funktionalen Integrationstest** werden die spezifizierte Funktionalität der einzelnen Systemkomponenten und ihr korrektes Zusammenwirken geprüft. Abweichungen von der erwarteten Funktionalität liegen vor, wenn die Operation

- zu wenig Funktionalität liefert, d.h. der Aufrufer eine Teilfunktion erwartet, die nicht bereitgestellt wird,
- zu viel Funktionalität liefert, d.h. eine unerwartete Teilfunktion ausgeführt wird, oder
- eine falsche Funktionalität liefert.

Solche Fehler sind oft auf ungenaue und mißverständliche Spezifikationen zurückzuführen. Beim Komponententest werden solche Fehler oft nicht erkannt, da bei der Entwicklung eines Platzhalters oft die mißverstandene Spezifikation zugrunde gelegt wird und das Fehlverhalten nicht auftritt. Alle Systemkomponenten müssen daher prüfen, ob jede aufgerufene externe Operation Abweichungen zur erwarteten Funktionalität aufweist.

wertbezogen

Beim **wertbezogenen Integrationstest** werden die Schnittstellen mit möglichst extremen Werten der Parameter und der globalen Variablen »beschickt«. Dies entspricht der **Grenzwertanalyse** und dem **Test spezieller Werte** beim Komponententest.

Abschnitte 5.6.2 und 5.6.3

Wird beim Komponententest eine Schnittstelle durch einen Platzhalter repräsentiert, dann werden nur die Hauptfunktionen der simulierten Komponente, und auch diese nur rudimentär, vom Platzhalter zur Verfügung gestellt. Die volle Funktionalität kann erst bei der Integration der an der Schnittstelle beteiligten Komponenten getestet werden. Oft bewirken die Extremwerte der Parameter und globalen Variablen, daß Sonderfälle zur Ausführung kommen, die beim Komponententest nicht berücksichtigt werden.

statischer Integrationstest

Beim **statischen Integrationstest** erfolgt eine Analyse des Quellprogramms der beteiligten Komponenten. Die Abhängigkeit zwischen zwei Systemkomponenten wird im wesentlichen durch ihre Kopplungsart bestimmt. Welche Kopplungsarten es gibt und wie sie analysiert werden können, wird in Kapitel 6.3 behandelt. Metriken können ebenfalls mit Hilfe einer statischen Analyse berechnet werden. Sie werden in Kapitel 6.4 vorgestellt.

Syntaxüberprüfung der Schnittstellen

Neben der semantischen Überprüfung der Kompatibilität von Schnittstellen muß auch die syntaktische Kompatibilität überprüft werden. Die meisten modernen Programmiersprachen erlauben durch Einführung von Redundanz die automatische Überprüfung der Übereinstimmung von Schnittstellendeklarationen und ihrer Verwendung.

Anomalieanalyse
Kapitel 5.12

Für die Verwendung von Schnittstellenparametern können analoge Regeln definiert werden wie für Variablenbenutzungen innerhalb der Komponenten. Eine Verletzung dieser Regeln ist eine **Datenflußanomalie** zwischen Komponenten.

Eine statische Analyse ermöglicht es auch, verdeckte Abhängigkeiten zwischen zwei Komponenten aufzuzeigen, z.B. wenn eine externe Variable gemeinsam genutzt wird.

Verifikation
Abschnitt 5.8.2

Die Zusicherungen der **Verifikation** können benutzt werden, um durch Vor- und Nachbedingungen die Parameterbereiche und Abhängigkeiten zwischen Parametern zu spezifizieren. Beim Integrationstest können diese Zusicherungen dann ausgewertet werden.

Anwendung verschiedener Verfahren

Die verschiedenen Integrationsverfahren erlauben es, den Integrationstest aufzuteilen und mit unterschiedlichen Zielsetzungen durchzuführen. Dadurch steigt die Wahrscheinlichkeit, unterschiedliche Fehler nachzuweisen. Außerdem sind dadurch die einzelnen Überprüfungen überschaubar, handhabbar und vom Aufwand kalkulierbar. Anhand der verschiedenen Metriken kann der Umfang des Integrationstests festgelegt werden, z.B. wenn die Schnittstellen des Testobjekts ausreichend getestet sind.

Wie konkrete Testfälle ermittelt werden, ist z.B. in /Harrold, Soffa 91/ und /Spillner 92b, c/ beschrieben.

6.2.3 Integration objektorientierter Systeme

Ziel

Ziel des objektorientierten Integrationstests ist es, das korrekte Zusammenwirken von dienstanbietenden und dienstnutzenden Objekten unterschiedlicher Klassen zu überprüfen, die nicht in einer Vererbungsbeziehung stehen.

Kapitel 5.13

Die Integration einzelner Operationen einer Klasse sowie ihrer Oberklassen ist Aufgabe des Klassentests. Allerdings muß der Integrationstest die Vererbung und Polymorphie berücksichtigen.

Beim Integrationstest objektorientierter Systeme ist zunächst die Integration von Einzelklassen zu betrachten. Werden von diesen Einzelklassen später Unterklassen abgeleitet, dann lassen sich für die Interpretation dieser Unterklassen folgende Fälle unterscheiden /Overbeck 96/, /Liggesmeyer, Rüppel 96/:

Einzelklassen

- Integration von dienstanbietenden Unterklassen
- Integration von dienstnutzenden Unterklassen
- Integration von dienstanbietenden und dienstnutzenden Unterklassen

Unterklassen

Auf die verschiedenen Fälle wird im folgenden näher eingegangen.

Integration von Einzelklassen

Voraussetzung für eine Integration ist die erfolgreiche Überprüfung der zu integrierenden Klasse. Für den Integrationstest können die im Abschnitt 6.2.2 aufgeführten Testverfahren verwendet werden.

Einzelklassen

In Abb. 6.2-2 ist eine Klasse `Dienstanbieter` mit zugehörigem Zustandsautomaten angegeben. Ein Objekt `n` einer Klasse `Dienstnutzer` schickt zwei Botschaftssequenzen an ein Objekt `a` der Klasse `Dienstanbieter`. Die Botschaftssequenz O1, O3 ist entsprechend dem Zustandsautomaten *nicht* erlaubt, da es vom Zustand 2, in dem sich das Objekt nach der Operation O1 befindet, keinen Zustandsübergang gibt, der von der Operation O3 ausgelöst wird. Die Botschaftssequenz O1, O2 (0) ist nach dem Zustandsautomaten erlaubt, jedoch verstößt der Parameterwert gegen die Vorbedingung der Operation O2, die $x > 0$ fordert.

Beispiel

Der Dienstnutzer hält sich also nicht an die Spezifikation des Dienstanbieters. Seine Aufrufe sind fehlerhaft.

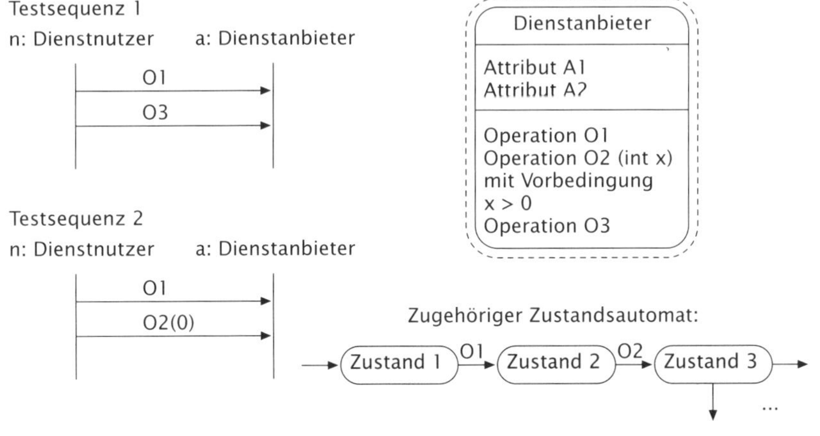

Abb. 6.2-2: Beispiel für die Integration einer Einzelklasse

Für die Erzeugung der Testfälle können sowohl funktionale als auch strukturelle Testverfahren benutzt werden. Mit Hilfe von funktionalen Verfahren sollten die Ausgabe-Äquivalenzklassen des Dienstnutzers und die Eingabe-Äquivalenzklasse des Dienstanbieters erzeugt werden, um sie mit Testfällen abzudecken. Als Verfahren kann die funktionale Äquivalenzklassenbildung eingesetzt werden.

Abschnitt 5.6.1

Strukturelle Testverfahren, wie z.B. der Zweigüberdeckungstest, können zur Kontrolle der Vollständigkeit verwendet werden.

Abschnitt 5.4.1

Um die korrekte Übergabe und Interpretation der Ergebnisse zu überprüfen, ist eine Überdeckung der Spezifikationen des Dienstnutzers und des Dienstanbieters sinnvoll. Es sind Testfälle zu erzeugen, die die unterschiedlichen vom Dienstanbieter erzeugbaren Ergebniswerte (Ausgabe-Äquivalenzklassen) sowie die unterschiedlichen vom Dienstnutzer verarbeitbaren Ergebniswerte (Eingabe-Äquivalenzklassen) überdecken.

Beispiel 1a

Die zwei Klassen Konto und Kunde sollen integriert werden:

Abschnitt 5.13.1

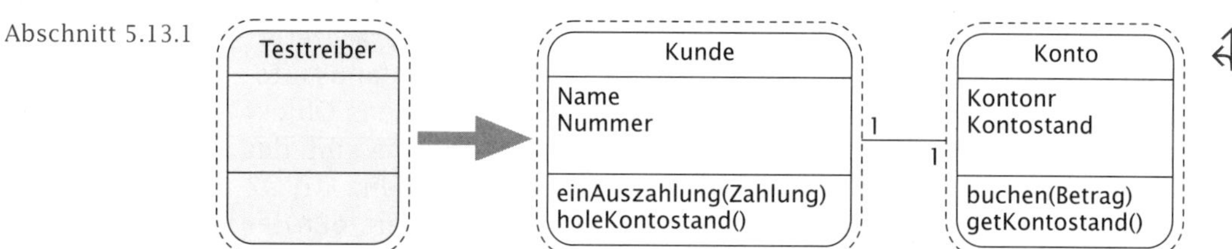

Der vollständige Quellcode einschließlich des Testtreibers sowie der lauffähige Testtreiber befinden sich auf der CD-ROM.
Die Klasse Kunde sieht folgendermaßen aus:

```
class Kunde
{
protected:
   // Attribute
   string Name;
   int Nummer;
   Konto *einKonto;
   // Instrumentierung
   static int opKunde, opEinAuszahlung, opHoleKontostand,
   opKundeDestruktor;

public:
   Kunde(const string Name, const int Nummer, const float
   ersteZahlung)
   {
       assert(Nummer >= 0 && Nummer <= 9999999);
       assert(ersteZahlung >= 1.0f && ersteZahlung <=1000000.0f);
       this->Name = Name;
       this->Nummer = Nummer;
       // Kunden- und Kontonummer sind gleich zu setzen.
```

```
        einKonto = new Konto (Nummer, ersteZahlung);
        opKunde++;
    }

    ~Kunde()
    {
        delete einKonto;
        opKundeDestruktor++;
    }

    void einAuszahlung(const float Zahlung)
    {
        assert(Zahlung > -1e12f && Zahlung < 1e12f);
        einKonto->buchen(Zahlung);
        opEinAuszahlung++;
    }

    float holeKontostand() const
    {
        opHoleKontostand++;
        return einKonto->getKontostand();
    }
};
```

Annahme: Jeder Kunde hat nur ein Konto, Kundennummer und Kontonummer sind identisch. Die Kundennummern sind zulässig, wenn sie größer gleich 0 und kleiner gleich 9999999 sind. In der Klasse Konto sind nur Kontonummern bis 999999 zulässig.
Für die erste Zahlung bei der Erstellung eines neuen Kunden gilt der gleiche Bereich wie bei der Klasse Konto ($1.0 \leq$ ersteZahlung $\leq$ 1000000.0). Für die Operation buchen (Betrag) gilt, daß die Äquivalenz-Eingabeklasse $-10^{12} <$ Betrag $< 10^{12}$ ist. Dies deckt sich mit der Ausgabe-Äquivalenzklasse der Operation einAuszahlung(Zahlung).

Die gültigen Ausgabe-Äquivalenzklassen für Kunden in Bezug auf Konto sind demnach:

1 $0 \leq$ Kundennummer ≤ 999999
2 $1.0 \leq$ ersteZahlung ≤ 1000000.0
3 $-10^{12} <$ Zahlung $< 10^{12}$

Die entsprechenden Eingabe-Äquivalenzklassen für Konto sind:

1 $0 \leq$ Kontonummer ≤ 999999
2 $1.0 \leq$ ersteZahlung ≤ 1000000.0
3 $-10^{12} <$ Betrag $< 10^{12}$

Die ungültige Ausgabe-Äquivalenzklasse für Kunden in Bezug auf Konto ist:

4 $1000000 \leq$ Kundennummer ≤ 9999999

Dies ist der Fall, da die Kundennummern größer als die Kontonummern sein können.

Testfälle	A	B
getestete Ausgabe Äquivalenz-klassen	**1, 2, 3**	**2, 3, 4**
■ Kundennummer ■ erste Zahlung ■ Zahlung	0 1.0 100	9999999 1000000.0 100

Mittels des Treibers kann festgestellt werden, ob der Ist-Kontostand dem jeweiligen Soll-Kontostand entspricht.
Der Testfall A wird von dem Testprogramm akzeptiert. Der Testfall B meldet die Bereichsüberschreitung der Kontonummer bei der Erzeugung des Konto-Objektes (Abfrage im Konstruktor):

```
Assertion failed: Nummer >= 0 && Nummer <= 999999, file kunde1.cpp,
line 23.
```

Es ist daher notwendig, die Fälle, in denen die Kundennummern größer als die erlaubten Kontonummern sind, abzufangen und speziell zu behandeln.

Integration von dienstanbietenden Unterklassen

dienstanbietende Unterklasse

Angenommen, der Dienstnutzer verwendet Dienste einer Unterklasse und hat vorher die Dienste einer Oberklasse dieser Unterklasse in Anspruch genommen.

Abschnitt 5.13.2

Liegt eine solche Situation vor, dann vereinfacht sich der Integrationstest dieser Unterklasse. Voraussetzung ist, daß der Dienstnutzer und der Dienstanbieter für sich bereits getestet sind. Dabei muß der Dienstanbieter einen Test für Unterklassen bestanden haben.

Der Dienstnutzer kann Operationen der Unterklasse und geerbte Operationen der Oberklasse aufrufen.

- Zur Überprüfung der Korrektheit der Aufrufe von geerbten Operationen der Unterklasse sind *keine* zusätzlichen Testfälle erforderlich, da dieser Fall bereits durch den Integrationstest der Oberklasse(n) mit dem Dienstnutzer abgedeckt ist.
- Für redefinierte Operationen, für die sich lediglich die Implementierung geändert hat, sind ebenfalls *keine* zusätzlichen Testfälle erforderlich, da die Schnittstelle identisch geblieben ist und dieser Fall ebenfalls bereits abgedeckt ist.

zusätzliche Testfälle

- Ändert sich die Schnittstelle – also die Spezifikation – einer redefinierten Operation, dann sind zusätzliche Testfälle notwendig. Ist die Vorbedingung der in der Unterklasse neu definierten Operation spezieller als die Vorbedingung der Operation, die redefiniert wird, dann muß eine neue Zusicherung definiert werden, die diese Situation abfängt. Alle Testfälle aus dem Integrationstest der Oberklasse müssen wiederholt werden.

Auf Fehler kann folgendermaßen reagiert werden:
- Modifikation des Dienstnutzers, so daß nur korrekte Aufrufe erfolgen.
- Modifikation des Dienstnutzers, so daß keine redefinierten Operationen aufgerufen werden.
- Modifikation der redefinierten Operation, so daß alle Aufrufe des Dienstnutzers korrekt verarbeitet werden können.

■ Wird die Vorbedingung durch die Redefinition der Operation schwächer, dann sind keine zusätzlichen Testfälle erforderlich, da dieser Fall bereits beim Test der Oberklasse(n) abgedeckt ist. Hier bringt die Vererbung Vorteile für den Integrationstest.

■ Die Überprüfung der korrekten Übergabe und Interpretation der Ergebnisse geschieht wie beim Integrationstest von Einzelklassen. Zusätzliche Testfälle kommen für die Überdeckung spezieller Nachbedingungen hinzu, wenn sie beim Test der Oberklasse nicht hinreichend abgedeckt worden sind.

Die Klasse `Konto` erhält eine Unterklasse `Sparkonto`: Beispiel 1b

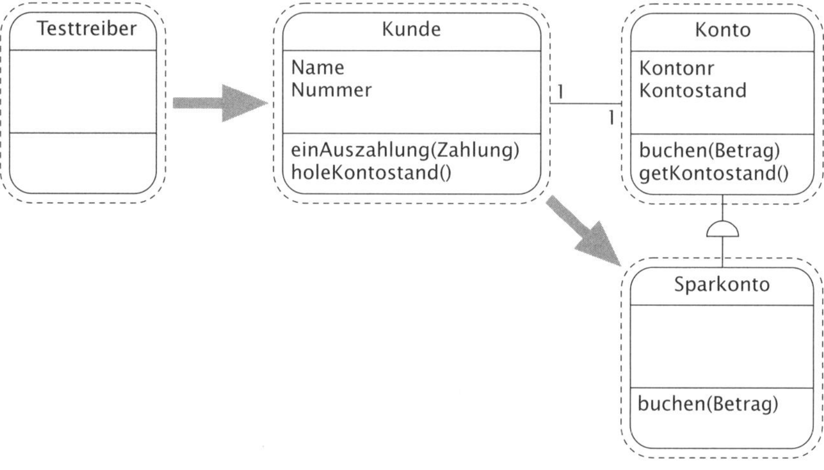

Der vollständige Quellcode einschließlich des Testtreibers sowie der lauffähige Testtreiber befinden sich auf der CD-ROM.

Die Klasse `Sparkonto` sieht folgendermaßen aus:

```
class Sparkonto: public Konto
{
  protected:
  static int opBuchen, opSparkonto;
  public:
  Sparkonto(const int Nummer, const float ersteZahlung):
      Konto(Nummer, ersteZahlung)
      {
        opSparkonto++; cout << "Ein Sparkonto wurde erzeugt!"
        << endl;
      }
```

```
    void buchen(const float Betrag)
    {
        opBuchen++;
        assert(Kontostand + Betrag >= 0.0f);
        if (Kontostand + Betrag >= 0.0f)
            Konto::buchen(Betrag);
        cout << "Buchung wurde auf einem Sparkonto vorgenommen!"
        << endl;
    }
};
```

Abschnitt 5.13.2 Der Test der Unterklasse Sparkonto im Zusammenhang mit ihrer Oberklasse Konto wurde in Abschnitt 5.13.2 durchgeführt.
In der Unterklasse Sparkonto wird die Operation buchen redefiniert. Die Vorbedingung der redefinierten Operation lautet
assert (Kontostand + Betrag > = 0.0) und ist damit spezieller als die geerbte Operation, die keine Vorbedingung besitzt, d.h. assert (true).
Alle Testfälle aus dem Integrationstest der Oberklasse müssen wiederholt werden. Zusätzlich muß überprüft werden, ob der Polymorphismus richtig ausgeführt wurde.
Es gelten zunächst die gleichen Überlegungen wie zu Beispiel 1a. Das Wiederholen der Testfälle aus dem Beispiel 1a bedeutet, daß hier bei der Wahl der Kontoart »s« für Sparkonto gewählt werden muß.
Für die Operation buchen(Betrag) gilt für den Fall, daß ein Sparkonto vorliegt, daß Kontostand+Betrag ≥ 0 sein muß. Die Ausgabe-Äquivalenzklasse der Operation einAuszahlung(Zahlung) berücksichtigt diese Einschränkung nicht. Für die Testfälle wird vom Kontostand = 1 ausgegangen. Dieser Betrag läßt sich mittels des Treibers setzen und überprüfen.

Die gültigen Ausgabe-Äquivalenzklassen für Kunden mit einem Sparkonto sind demnach:
1 0 ≤ Kundennummer ≤ 999999
2 1 ≤ ersteZahlung ≤ 1000000
3 –1 ≤ Zahlung < 10^{12}, mit Kontostand = 1

Die entsprechenden Eingabe-Äquivalenzklassen für ein Sparkonto sind:
1 0 ≤ Kontonummer ≤ 999999
2 1.0 ≤ ersteZahlung ≤ 1000000.0
3 –1 < Betrag < 10^{12}, mit Kontostand = 1

Die ungültigen Ausgabe-Äquivalenzklassen für Kunden in Bezug auf Sparkonten sind:
4 999999 < Kundennummer ≤ 9999999
5 -10^{12} < Zahlung < -1, mit Kontostand = 1

Testfälle	A	B	C
getestete Ausgabe-Äquivalenz-klassen	**1, 2, 3**	**2, 3, 4**	**1, 2, 3**
■ Kundennummer ■ erste Zahlung ■ Zahlung Kontostrand = 1) ■ Kontoart	0 1 100 s	9999999 1000000 100 s	5 1 –2 s

Mittels des Treibers kann festgestellt werden, ob der Ist-Kontostand dem jeweiligen Soll-Kontostand entspricht.
Der Testfall **A** wird von dem Testprogramm akzeptiert. Der Testfall **B** meldet die bereits aus Beispiel 1a bekannte Bereichsüberschreitung der Kontonummer bei der Erzeugung des Konto-Objektes (Abfrage im Konstruktor):

```
Assertion failed: Nummer >= 0 && Nummer <= 999999, file kunde2.cpp,
line 23.
```

Der Testfall **C** meldet sich mit einem Fehler bei der Zusicherung der Operation buchen(Betrag):

```
Assertion failed: Kontostand + Betrag >= 0.0f, file kunde2.cpp,
line 98.
```

Es empfiehlt sich, hier den Dienstnutzer so zu modifizieren, daß diese fehlerhaften Aufrufe rechtzeitig abgefangen werden.

Die Klassen in dem Beispiel sind so instrumentiert, daß ausgegeben wird, ob ein Konto bzw. ein Sparkonto erzeugt (hier wird wegen der Vererbung zusätzlich ein Konto erzeugt!) oder ob auf einem Konto oder Sparkonto gebucht wird. Hierdurch wird das Funktionieren des Polymorphismus überprüft.

Integration von dienstnutzenden Unterklassen

Der Dienstnutzer ist eine Unterklasse, die von einer Oberklasse abgeleitet wurde. Von dieser Unterklasse wird eine Einzelklasse benutzt.

dienstnutzende Unterklasse

Liegt eine solche Situation vor, dann vereinfacht sich der Integrationstest dieser Unterklasse. Voraussetzung ist, daß der Dienstanbieter und der Dienstbenutzer jeweils für sich überprüft wurden.  Dabei muß der Dienstnutzer einen Test für Unterklassen bestanden haben.

Abschnitt 5.13.2

- Die Überprüfung der Korrektheit der Aufrufe erfordert *keine* zusätzlichen Testfälle für *nicht* redefinierte Operationen des Dienstnutzers.
- Vollständig neue Testfälle sind für re- und neudefinierte Operationen der dienstnutzenden Unterklasse erforderlich.
- Wird die Vorbedingung durch die Redefinition der Operation stärker, dann sind keine zusätzlichen Testfälle erforderlich.

Integration von dienstanbietenden und dienstnutzenden Unterklassen

dienstanbietende & -nutzende Unterklasse

Dienstnutzer und Dienstanbieter sind abgeleitete Unterklassen, wobei bereits ein Integrationstest ihrer Oberklassen erfolgte.

Der Integrationstest für diese Situation entspricht den beiden vorigen Fällen. Gegebenenfalls sind zusätzliche Testfälle für Wechselbeziehungen zwischen der dienstanbietenden und der dienstnutzenden Unterklasse erforderlich.

Testen von Sequenzen

Testen von Sequenzen

In /Jorgensen, Erickson 94/ wird vorgeschlagen, im Rahmen des Integrationstests zwei Arten von Sequenzen zu testen:

- Operationen/Botschaften-Pfade
  Bei diesen Pfaden handelt es sich um eine Sequenz von Operationsausführungen, die durch Botschaften miteinander verbunden sind. Ein solcher Pfad beginnt mit einer Operation und endet, wenn eine Operation keine weiteren Botschaften sendet.
- Atomare System-Funktionen (ASF)
  Bei diesen Sequenzen handelt es sich um ein Eingabeergebnis, gefolgt von einer Menge von Operationen/Botschaften-Pfaden, abgeschlossen durch ein Ausgabeergebnis. Solche Funktionen sind elementare Funktionen, die auf der Systemebene sichtbar sind. Diese Sequenzen sind vergleichbar mit den Eingabe-Ausgabe-Antwortzeiten in der Methode SA/RT.

Abschnitt I 2.20.4

6.3 Analyse der Kopplungsart

Ziel

Die Struktur eines Systems ist um so ausgeprägter und die Modularität ist um so höher, je stärker die Bindungen der Systemkomponenten im Vergleich zu den **Kopplungen** *(cohesions)* zwischen den Systemkomponenten sind.

Kapitel 5.10

Die Analyse der Bindungsart jeder Systemkomponente erfolgt bei der Überprüfung der Komponenten. Für die Produktqualität des Software-Systems ist zusätzlich die Kopplungsart wesentlich.

Analog zu den Bindungsarten von Systemkomponenten wurden auch Kopplungsarten zwischen Komponenten aufgestellt, die in den folgenden beiden Abschnitten vorgestellt werden.

6.3.1 Kopplung zwischen Prozeduren und Funktionen

Jede Prozedur und Funktion – im folgenden kurz Prozedur genannt – kommuniziert mit ihrer Umwelt. Prozeduren werden von anderen Prozeduren aufgerufen bzw. in Anspruch genommen. Umgekehrt verwenden Prozeduren andere Prozeduren, um ihre eigenen Dienstleistungen zu erledigen. Jede Kommunikation führt zu Abhängigkeiten, Verbindungen und Kopplungen zwischen den Prozeduren, die miteinander kommunizieren.

Die Kontextunabhängigkeit einer Prozedur ist um so höher, je geringer ihre Kopplung mit anderen Prozeduren ist. Um eine Prozedur zu verstehen oder zu verändern, müssen die Wirkungen der benutzten Prozeduren klar sein. Umgekehrt muß man zum Verständnis einer Prozedur nicht wissen, wer diese Prozedur benutzt.

Ziel ist es, die Kopplungen zwischen Prozeduren zu minimieren. Untersuchungen von /Stevens, Myers, Constantine 74/, /Myers 75/, /Page-Jones 80/ und /Stevens 81/ haben gezeigt, daß sich Prozedurkopplungen aus folgenden Komponenten zusammensetzen:

Ziel

a Kopplungsmechanismus,
b Schnittstellenbreite,
c Kommunikationsart.

Um eine Kopplung zu minimieren, muß die jeweils schwächste Kopplungsart jeder Komponente angestrebt werden. Zusätzlich kommt die Forderung hinzu, daß die Kopplung so klar und verständlich wie möglich sein soll, um die Einarbeitung, Übersichtlichkeit und Wartung zu erleichtern.

a Kopplungsmechanismus

Es gibt drei mögliche Mechanismen, um Prozeduren miteinander zu koppeln:

- Aufruf (CALL, Prozedur-, Funktionsaufruf),
- Verzweigung (PERFORM),
- externe Verbindung.

Der einfachste, verständlichste und flexibelste Kopplungsmechanismus ist der **Aufruf** mit Übergabe von expliziten Parametern über Parameterlisten.

Aufruf

Arbeitet man mit Programmiersprachen, die keinen Aufrufmechanismus mit Parameterkonzept kennen, dann können auch andere Mechanismen verwendet werden, die jedoch die Kopplungsstärke erhöhen.

Bei der **Verzweigung** (z.B. PERFORM-Anweisung in Cobol) wird praktisch durch ein »goto« in eine andere Prozedur verzweigt und nach dessen Ausführung hinter die Aufrufstelle zurückgesprungen. Daten werden nicht über explizite Parameter an den gerufenen Modul übergeben, sondern über gemeinsame Datenbereiche (COMMON-Kopplung). Auf die Probleme gemeinsam benutzter Datenbereiche wird bei **b** eingegangen.

Verzweigung

Wird das Geheimnisprinzip nicht eingehalten, d.h. sind die lokalen Variablen einer Prozedur nach außen sichtbar und zugreifbar, dann kann eine Kopplung auch über eine **externe Datenverbindung** bestehen. Eine externe Verbindung liegt vor, wenn eine Prozedur direkt auf ein Datenelement oder eine Anweisung innerhalb einer anderen Prozedur zugreift (Inhaltskopplung).

externe Datenverbindung

Beispiel

Eine Prozedur greift direkt auf die Variable Zinssatz_in_Prozent der Prozedur Zinsen_berechnen zu. Wird nun die Implementierung der Prozedur Zinsen_berechnen geändert, dann existiert die Variable Zinssatz_in_Prozent vielleicht nicht mehr. Diese Änderung würde dann zu einem Fehler bei der direkt zugreifenden Prozedur führen.

Eine externe Verbindung stellt die komplexeste, verwirrendste und fehleranfälligste Kopplungsart dar und sollte daher immer vermieden werden.

b Schnittstellenbreite

Die Breite einer Schnittstelle wird bestimmt durch

- die Anzahl der Parameter und
- den Datentyp der Parameterelemente (elementarer Typ, strukturierter Typ).

Eine Prozedurkopplung wird um so geringer, je weniger Parameter vorhanden sind *und* je mehr Parameterelemente elementare Typen sind.

Anzahl Parameter

Je weniger Daten also eine Schnittstelle passieren, desto geringer ist die Kopplungsstärke. Der Umfang der Daten bezieht sich dabei auf die Breite der Schnittstelle, d.h. auf die Anzahl der Parameter, und *nicht* auf die Intensität des Datenaustausches während der Laufzeit, d.h. wie oft eine Prozedur aufgerufen wird.

Datenstrukturkopplung

Durch das **Bündeln von Parametern** (Datenstrukturkopplung) sinkt zwar die Anzahl der Parameter, die Kopplungsstärke wird aber nicht verringert, sondern eher erhöht, da die Verständlichkeit der Schnittstelle beeinträchtigt wird. Man erhält zusätzlich einen künstlichen Datentyp, in dem mehrere nicht zusammengehörende Daten zufällig gebündelt werden.

Beispiel

Eine Funktion Zins besitzt folgende Parameterliste:

```
float Zins (float K, float P, int Datum1, int Datum2)
```

Jeder der vier Eingabeparameter hat eine unterschiedliche Bedeutung. Der engste Zusammenhang besteht zwischen Datum1 und Datum2. Aus Gründen der Verständlichkeit ist es jedoch auch hier angebracht, beide Größen für sich zu übergeben.

Würde man alle Eingabeparameter zu einem strukturierten Datentyp zusammenfassen, dann würde folgende Schnittstelle entstehen:

```
float Zins (alles AlleDaten)
        struct alles { float K, P;
                       int Datum1, Datum2;
                     };
```

Damit die rufende Prozedur auf K zugreifen kann, muß dann geschrieben werden: AlleDaten.K

Wie das Beispiel zeigt, wird durch das Bündeln von Parametern der Aufwand für den Komponentenanwender größer, da er die künstliche Struktur wieder entpacken muß.

Allgemein kann dies jedoch nur im Kontext und aus der Sicht des Aufrufers beurteilt werden, da man nur dort sieht, welche Informationen der Aufrufer zu welchem Zweck verwendet.

Im allgemeinen ist jedoch anzustreben, eine maximale Anzahl von Einzelelementen zu übergeben, da dadurch die Verständlichkeit erhöht wird.

Ausgenommen von dieser Regel sind homogene Datenreihungen, bei denen jedes Element die gleiche Art von Informationen trägt *(arrays)*, d.h. zusammengehörende Daten sollten als ein Parameter übergeben werden.

Je mehr Daten zu einer Struktur künstlich zusammengefaßt und übergeben werden, desto änderungs*un*freundlicher, unverständlicher und schlechter wartbar wird eine Prozedur. Insbesondere wird durch die Übergabe komplexer Datenstrukturen, die wahrscheinlich weitgehend mit internen Datenstrukturen identisch sind, das Geheimnisprinzip unterlaufen. Abschnitt IV 1.1.5

Obwohl klar ist, daß Daten über Schnittstellen ausgetauscht werden müssen, wird die Kopplung um so schwächer, je schmaler die Schnittstelle ist.

Erfahrungen haben gezeigt, daß die Parameteranzahl selten die Zahl zehn übersteigt.

Oft – insbesondere bei Verwendung älterer Programmiersprachen – werden Daten über gemeinsam benutzte Datenbereiche *(shared data area*, COMMON-Bereich) übergeben.

In Fortran können gemeinsam benutzte Datenbereiche durch die COMMON-Vereinbarung definiert werden. In Cobol wird im allgemeinen die gesamte LINKAGE SECTION von allen gerufenen Prozeduren geteilt. Auch das Hereinkopieren von Datenvereinbarungen der DATA DIVISION, z.B. Aufbau des Stammsatzes, in alle Prozeduren bewirkt dasselbe.

Gemeinsam benutzte Datenbereiche erhöhen jedoch drastisch die Kopplungsstärke und Fehleranfälligkeit. Weitere Probleme entstehen in einer asynchronen Umgebung. In eingeschränkter Form gelten die aufgeführten Nachteile auch bei der gemeinsamen Verwendung globaler Variablen.

Generell sollten daher *keine* gemeinsam benutzten Datenbereiche und *keine* globalen Variablen verwendet werden.

c Kommunikationsart

Die Kommunikation kann auf zwei Arten geschehen:

- über Daten,
- über Steuerinformation (Kontrollinformation).

Ziel

Die einfachste Kommunikationsart liegt vor, wenn *reine* Daten übergeben werden.

Datenkopplung

Eine solche **Datenkopplung** ist für das Funktionieren eines Systems notwendig, aber auch ausreichend.

Wenn ein Parameter verwendet wird, um der anderen Prozedur mitzuteilen, **was** sie tun soll, dann handelt es sich um Steuerinformationen. Die Übergabe von Steuerinformationen in Form von Daten ist jedoch nicht erforderlich. Durch eine solche Kommunikationsart werden die Verbindungen zwischen Prozeduren erhöht, da die Prozedur, die auf eine andere zugreift, einige Kenntnisse über das »Innere« der anderen Prozedur besitzt.

Steuerungskopplung

Die sogenannte **Steuerungskopplung** involviert die rufende Prozedur in die Steuerung der gerufenen Prozedur. Das widerspricht dem Geheimnisprinzip.

Durch eine geeignete Systemstruktur kann die Übergabe von Steuerinformation vermieden werden. Wenn ein Steuerungsparameter von der gerufenen an die aufrufende Prozedur übergeben wird (Rückkehrparameter), dann handelt es sich um eine Umkehr der Autoritäten.

Oft ist es schwierig, zwischen reinen Daten und Steuerdaten zu unterscheiden. Boole'sche Parameter kennzeichnen nicht unbedingt Steuerdaten (z.B. männlich/weiblich) und umgekehrt. Außerdem müssen Zustandsmeldedaten deutlich von Steuerdaten unterschieden werden.

Beispiel

Eine Prozedur liest Sätze aus der Kundenstammdatei.
Rückmeldung 1:

```
"(Du mußt die) Fehlermeldung 'Kundenstammsatz nicht gefunden'
drucken"
```

Rückmeldung 2:

```
"(Ich habe den) Kundenstammsatz nicht gefunden".
```

Im ersten Fall handelt es sich um eine Steuerinformation, im zweiten Fall um eine Zustandsmeldung, da die rufende Prozedur selbst entscheiden kann, ob sie den Fehler umgehen kann. Vielleicht liegt auch gar kein Fehler vor. Vielleicht wollte die rufende Prozedur nur prüfen, ob ein Satz vorhanden ist.

Die Beschreibung des Parameters und sein Name geben oft Anhaltspunkte über die Parameterart. Datenparameter werden durch Substantive, Zustandsmeldeparameter durch Adjektive und Steuerungsparameter durch Verben beschrieben.

Eine besonders unübersichtliche, änderungsunfreundliche Steuerungskopplung liegt vor, wenn verschiedenen Wertebereichen eines Parameters unterschiedliche Bedeutung zugeordnet wird.

positive Zahl	=	Betrag in Pfennigen	Beispiele
negative Zahl	=	Lastenkontonummern	
Personalnummer	<	1000 Arbeiter, sonst Angestellter	

Die Kopplungsstärke zwischen Prozeduren ist am geringsten, d.h. die Wechselwirkungen zwischen Prozeduren werden minimiert, wenn alle Prozeduren durch **schmale Datenkopplungen** verknüpft werden. Die einfachste Verbindung ist jene, die einen Aufruf benutzt, um eine minimale Anzahl von Datenparametern auf die verständlichste Weise zu übertragen. Die Stärke einer Kopplung wird jeweils paarweise zwischen einzelnen Prozeduren bestimmt. Ziel

Eine **schmale Datenkopplung** bringt folgende Vorteile mit sich: Vorteile

- ⊞ größtmögliche Kontextunabhängigkeit der Prozeduren,
- ⊞ hohe Änderungsfreundlichkeit der Prozeduren, da Änderungen an einer Prozedur nur geringe Auswirkungen auf andere Prozeduren haben,
- ⊞ hoher Grad der Wiederverwendbarkeit,
- ⊞ leichte Erweiterbarkeit und Wartbarkeit,
- ⊞ gute Verständlichkeit der Schnittstellen,
- ⊞ geringe Gefahr der Fehlerfortpflanzung.

Folgende Voraussetzungen müssen erfüllt sein, damit die schmale Datenkopplung erfolgreich angewandt werden kann. Voraussetzungen

- Prozedurkopplungen werden nur durch **Aufruf** anderer Prozeduren hergestellt.
- Die eigentliche Kommunikation erfolgt nur über **explizite Parameter.**
- Globale Größen oder gemeinsam benutzte Datenbereiche gibt es nicht.
- Das Geheimnisprinzip wird eingehalten.

Die Interna einer jeden Prozedur sind für den Anwender unsichtbar, so daß er keine Annahmen z.B. über die interne Kontrollstruktur machen kann. Außerdem kann auf interne Größen kein Bezug genommen werden.

Werden diese Voraussetzungen eingehalten, dann kann sich die Überprüfung der Prozedurkopplung auf die Fragen Überprüfung

- »Liegt eine reine Datenkopplung vor?« und
- »Handelt es sich um eine schmale Schnittstelle?«

konzentrieren. Beide Fragen können nur durch manuelle Prüfmethoden beantwortet werden (Entwurfs- und Codeüberprüfung). Hauptkapitel 4

Ist eine Prozedur durch eine Steuerungskopplung mit anderen Prozeduren gekoppelt, dann muß die Systemstruktur überprüft werden. Insbesondere muß nachgesehen werden, ob alle betroffenen Prozeduren funktional gebunden sind. Abschnitt 5.10.1

Ist die Schnittstelle breit, dann deutet dies ebenfalls auf eine ungeeignete Systemstruktur hin.

6.3.2 Kopplung zwischen Datenabstraktionen und Klassen

Forschungsansätze

Die Klassifizierung von Kopplungsarten zwischen Datenabstraktionen und Klassen befindet sich noch im Forschungsstadium.

Datenabstraktionen

In /Embley, Woodfield 88/ werden für Datenabstraktionen die Kopplungsarten

- keine Kopplung *(nil),*
- Export-Kopplung *(export),*
- offene Kopplung *(overt),*
- versteckte Kopplung *(covert)* und
- heimliche Kopplung *(surreptitions)*

unterschieden.

Export-Kopplung

Zwischen zwei Datenabstraktionen A_1 und A_2 liegt eine Export-Kopplung vor, wenn A_1 nur die explizit exportierten Domänen und Operationen von A_2 benutzt. Ein Domäne ist dabei eine Menge von Werten.

Klassen & Objekte

Für objektorientierte Systeme wird in /Wild 91/ eine Schnittstellen-Kopplung *(interface coupling)* zwischen Objekten definiert.

Schnittstellenkopplung

Eine Schnittstellen-Kopplung liegt vor, wenn ein Objekt ein anderes spezifisches Objekt referenziert und das Ursprungsobjekt nur ein oder mehrere Elemente, die in der öffentlichen Schnittstelle des spezifischen Objekts enthalten sind, direkt referenziert. Neben Operationen können auch Konstanten, Variablen, exportierbare Definitionen und Ausnahmen auf der öffentlichen Schnittstelle vorhanden sein. Die Schnittstellen-Kopplung ist die schwächste Form der Objekt-Kopplung.

In /Berard 93, S. 95 ff./ wird die Schnittstellen-Kopplung noch weiter differenziert.

driver →Testtreiber
dummy →Platzhalter
Integrationsstrategie Zeitliche Reihenfolge, in der fertiggestellte und überprüfte Systemkomponenten zu einem Gesamtsystem integriert werden. Es werden inkrementelle und nicht-inkrementelle sowie vorgehensorientierte und testzielorientierte Strategien unterschieden.
Integrationstest Nach der Implementierung einzelner Systemkomponenten erfolgt nach einer →Integrationsstrategie eine Integration zum Gesamtsystem. Der Integrationstest ist eine Testaktivität, die begleitend zur Integration das korrekte Zusammenarbeiten der einzelnen Systemkomponenten überprüft.
Platzhalter Werden beim →Integrationstest benötigt, um noch nicht implementierte Systemkomponenten zu simulieren.
stub →Platzhalter
Testtreiber Stellt einen Testrahmen zur Verfügung, der den interaktiven Aufruf der zu testenden Dienste einer Systemkomponente ermöglicht.

Integration

Nach der Fertigstellung und Überprüfung einzelner oder aller Systemkomponenten eines Systems müssen diese zum Gesamtsystem integriert werden.

Strategie

Die zeitliche Reihenfolge der Integration wird durch eine Integrationsstrategie festgelegt.

Testverfahren

Parallel zur Integration der einzelnen Komponenten erfolgt der Integrationstest, der weitgehend modifizierte Überprüfungsverfahren für die Systemkomponenten verwendet. Der Schwerpunkt der Integrationstests bezieht sich auf die Schnittstellen zwischen den Systemkomponenten. Greifen Systemkomponenten über Schnittstellen auf andere Systemkomponenten zu, die noch nicht implementiert sind, dann müssen diese Schnittstellen durch Platzhalter, auch *dummies* oder *stubs* genannt, simuliert werden. Besitzen zu integrierende Systemkomponenten keine Schnittstelle zur Benutzungsoberfläche, dann werden Testtreiber *(drivers)* benötigt, um sie zu testen.

Kopplung

Die »Güte« oder Qualität eines Software-Systems hängt sowohl von der »Güte« der Systemkomponenten als auch von der »Güte« der Beziehungen zwischen den Systemkomponenten ab. Die Beziehungen zwischen den Komponenten lassen sich durch qualitative Kopplungskriterien klassifizieren. Jedes Software-System benötigt ein Minimum an Kopplung zwischen seinen Komponenten, sonst kann es seine Aufgabe nicht erfüllen. Ziel der Entwicklung muß es sein, zusätzliche und unnötige Kopplung zu vermeiden bzw. zu eleminieren.

Zitierte Literatur

/Berard 93/
Berard E. V., *Essays on Object-Oriented Software-Engineering*, Volume I, Englewood Cliffs: Prentice Hall 1993

/Embley, Woodfield 88/
Embley D. W., Woodfield S. N., *Assessing the Quality of Abstract Data Types Written in Ada,* in: International Conference on Software Engineering, IEEE Computer Society Press, 1988, pp. 144–153

/Harrold, Soffa 91/
Harrold M. J., Soffa M. L., *Selection and Using Data for Integration Testing*, in: IEEE Software, March 1991, pp. 58–65

/Jorgensen, Erickson 94/
Jorgensen P. C., Erickson C., *Object-Oriented Integration Testing*, in: Communications of the ACM, Sept. 1994, pp. 30–38

/Liggesmeyer, Rüppel 96/
Liggesmeyer P., Rüppel P., *Die Prüfung von objektorientierten Systemen*, in: OBJEKTspektrum, 6/96, S. 68–78

/Myers 75/
Myers G. J., *Reliable Software Through Composite Design*, New York: Van Nostrand Reinholt Company 1974

/Overbeck 96/
Overbeck J., *Objektorientiertes Testen und Wiederverwendbarkeit*, in: Test, Analyse und Verifikation von Software, GMD-Bericht Nr. 260, Oldenbourg Verlag, 1996

/Page-Jones 80/
Page-Jones M., *The Practical Guide to Structured Systems Design*, New York: Yourdon Press 1980

/Pagel, Six 94/
Pagel B.-U., Six H.-W., *Software Engineering – Band 1: Die Phasen der Softwareentwicklung*, Bonn: Addison-Wesley 1994

/Spillner 92a/
Spillner A., *Integrationstest*, in: Das aktuelle Schlagwort, Informatik-Spektrum, 15, 1992, S. 293–294

/Spillner 92b/
Spillner A., *Testmethoden und Testdatengewinnung für den Integrationstest modularer Softwaresysteme*, in: Testen. Analysieren und Verifizieren von Software, Informatik aktuell, Berlin: Springer-Verlag 1992, S. 91–101

/Spillner 92c/
Spillner A., *Integrationstest großer Softwaresysteme*, in: Theorie und Praxis der Wirtschaftsinformatik, HDM, Heft 166, Wiesbaden: Forkel-Verlag 1992

/Stevens 81/
Stevens W. P., *Using Structured Design*, New York: John Wiley & Sons, 1981

/Stevens, Myers, Constantine 74/
Stevens W. P., Myers G. J., Constantine L. L., *Structured Design*, in: IBM Systems Journal, Number 2, 1974, pp. 115–139

/Wild 91/
Wild F. H., *Managing Class Coupling: Apply the Principles of Structured Design to Object-Oriented Programming*, in: Unix Review, Oct. 1991, pp. 44–47

Muß-Aufgabe *25 Minuten*

1 *Lernziel: Die behandelten Integrationsstrategien mit ihren Vor- und Nachteilen und Voraussetzungen erläutern können.*
Ordnen Sie die vorgestellten Integrationsstrategien den Kategorien »inkrementell« und »nicht inkrementell« zu.
Erläutern Sie unter Einbeziehung der Vor- und Nachteile diese beiden Integrationsstrategien. Gehen Sie anschließend in gleicher Weise auf die eingeordneten Strategien ein.

Muß-Aufgabe *10 Minuten*

2 *Lernziel: Die Integrationstestverfahren klassifizieren können.*
Ordnen Sie die folgenden Begriffe hierarchisch in einer Grafik an:
- wertbezogener Integrationstest
- strukturorientierter Integrationstest
- statischer Integrationstest
- kontrollflußorientierter Integrationstest
- dynamischer Integrationstest
- Integrationstest
- datenflußorientierter Integrationstest
- funktionaler Integrationstest

Muß-Aufgabe *15 Minuten*

3 *Lernziel: Die behandelten Integrationstestverfahren erklären können.*
Geben Sie für die geschilderten Szenarien an, welche Integrationstestverfahren angewendet werden können. Begründen Sie Ihre Wahl.

a Einem Qualitätssicherer wird ein lauffähiger instrumentierter Objektcode zum Testen gegeben, in dem Klassen integriert wurden. Das dazugehörige Pflichtenheft erhält er ebenfalls.

b Dem Chef einer Qualitätssicherungsabteilung reichen die Integrationstests am lauffähigen Objektcode nicht aus. Seine Mitarbeiter sollen die Integration mehrerer Klassen zusätzlich anhand des Quellcodes testen.

4 *Lernziel: Für gegebene Szenarios geeignete Integrationsstrategien auswählen können.*

Muß-Aufgabe
10 Minuten

Geben Sie an, welche Integrationsstrategie in den aufgeführten Situationen angewendet werden sollte.

a Ein Kunde legt viel Wert auf die Benutzungsschnittstelle. Er möchte deren Gestaltung mitbestimmen. In der geplanten Endphase des Projektes ist er jedoch voraussichtlich aufgrund einer Auslandstätigkeit verhindert.

b Ein Projekt soll sehr schnell realisiert werden. Daher arbeiten viele Entwickler parallel an diesem Projekt.

c Für eine Produktionsanlage ist ein neues, kompliziertes Simulationsmodell entwickelt worden. Es ist noch unklar, ob sich die Anlage durch das neue Modell besser regeln läßt als durch das alte. Ist dies der Fall, soll die komplette Steuerungssoftware erneuert werden.

5 *Lernziel: Für einfache Beispiele Integrationstests durchführen können.*

Muß-Aufgabe
30 Minuten

Situation 1

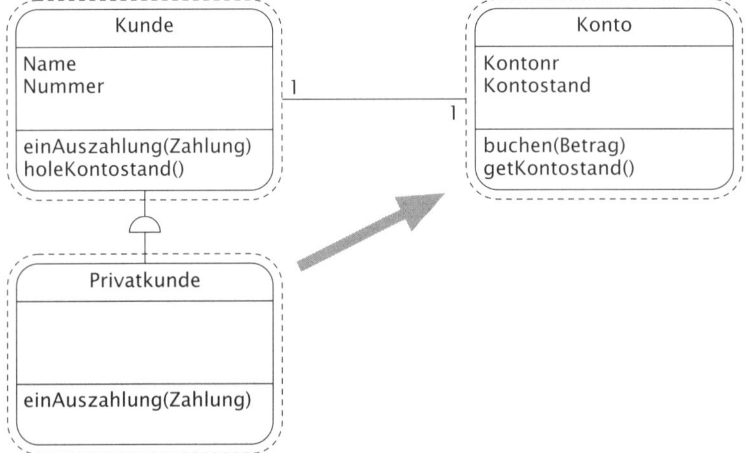

Situation 2

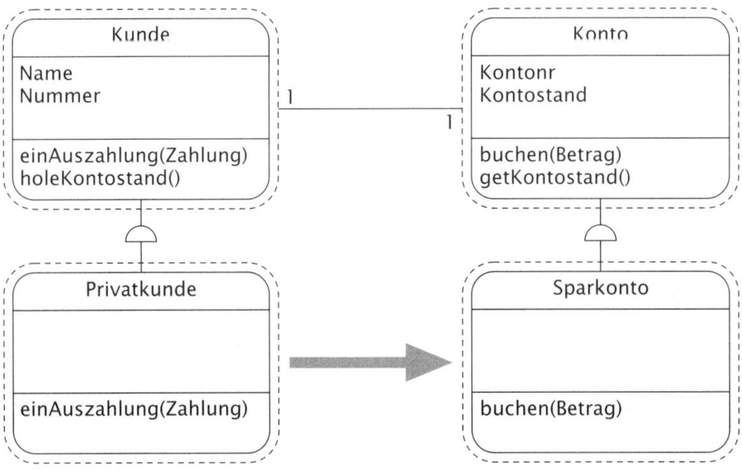

Gehen Sie für diese Aufgabe davon aus, daß die Klassen Kunde und Konto vollständig integriert sind.
Diese Klassen entsprechen den Klassen aus den Beispielen 1a und 1b.
In der Situation 1 wird die Klasse Privatkunde hinzugefügt.
Für Privatkunden gilt, daß sie maximal 5 Millionen DM auf einmal einzahlen dürfen und ihre Kundennummer siebenstellig ist. Auszahlungen sind für Privatkunden auf 2 Millionen DM beschränkt.

a Welcher Integrationsfall liegt hier vor? Welche Voraussetzung muß hierbei erfüllt sein, um diese Integration durchzuführen?
b Welche neuen Vorbedingungen ergeben sich für Privatkunden? Wo werden diese gemäß der Implementierungsbeispiele 1a und 1b angebracht?
c Welche zusätzlichen Testfälle sind für diese Integration notwendig?

In der Situation 2 gelten die gleichen Ausgangsbedingungen wie in der Situation 1. Es sollen die Klassen Privatkunde und Sparkonto (s. Beispiel 1b) integriert werden.

d Welcher Integrationsfall liegt hier vor? Welche Voraussetzungen müssen für die Integrationsdurchführung erfüllt sein?
e Welche zusätzlichen Testfälle sind für die Integration notwendig?

Muß-Aufgabe *15 Minuten*

6 *Lernziel: Darstellen können, nach welchen Kriterien die Kopplung zwischen Prozeduren und Funktionen beurteilt werden kann.*
In einer Prozedur zur Steuerung eines Roboters steht folgende Programmzeile:

```
bewegeGreifer(xPosition, yPosition, zPosition, Geschwindigkeit);
```

Analysieren Sie die Kopplungsart. Geben Sie auch die weiteren Möglichkeiten bei Kopplungen zwischen Prozeduren und Funktionen, die durch diese Zeile nicht abgedeckt werden, an.

Muß-Aufgabe *15 Minuten*

7 *Lernziel: Prüfen können, ob zwischen Prozeduren und Funktionen eine schmale Datenkopplung vorliegt.*
Analysieren Sie den Ausschnitt aus einem Bankverwaltungsprogramm zur Berechnung von Zinsen. Geben Sie an, was einer schmalen Datenkopplung widerspricht.

```
typedef Konto     {string Inhabername;
                   int Nummer;
                   date Eroeffnungsdatum;
                   date letzteZinsberechnung;
                   float Kontostand;};
float aktuellerZinssatz;
date aktuellesDatum;
float Zinsen;
void berechneZinsen (Konto K)
{
   ...
   Zinsen = ...
};
```

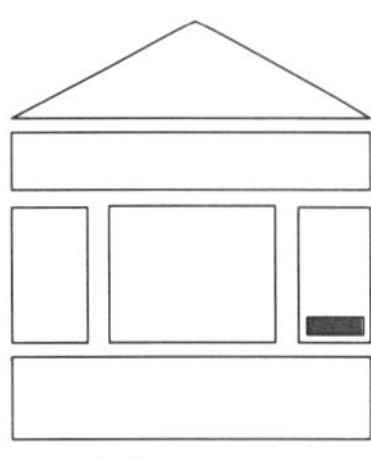

6 Produktqualität – Systeme (System- und Abnahmetest)

verstehen

- Klassische und objektorientierte Metriken für Systeme und die Kopplung zwischen Systemkomponenten beschreiben können.
- Aufgaben, Prüfziele und Testverfahren für den System- und den Abnahmetest allgemein und an Beispielen erklären können.
- Anhand der ISO 12119 darstellen können, was ein Produktzertifikat ist.
- Den vorgestellten Testprozeß mit seinen Dokumenten erläutern können.

anwenden

- Eine Produktbeschreibung erstellen können, die die Anforderungen der ISO 12119 erfüllt.
- Anhand von Beispielen die beschriebenen Testdokumente erstellen können.

Quelle: DIE ZEIT 30.8.96

6.4 Metriken für Systeme

Kapitel 5.11

Analog wie für Systemkomponenten versucht man, ganze Systeme mit Hilfe von Metriken zu vermessen. Die Metriken für Systeme lassen sich entsprechend Abb. 6.4-1 gliedern.

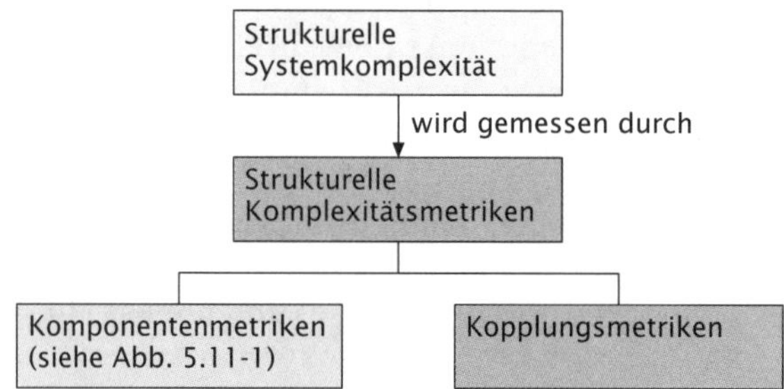

Abb. 6.4-1: Klassifikation von Metriken für Systeme (in Anlehnung an /Henderson-Sellers 96, S. 84/)

Komplexität zwischen Systemkomponenten

Traditionell wird die Komplexität zwischen Systemkomponenten durch die Kopplung in Form von Prozeduraufrufen oder den Botschaftenfluß ausgedrückt.

Ein einfaches Maß für die Kopplung zwischen Systemkomponenten stellt die *fan-in/fan-out*-Metrik von /Henry, Kafura 81/ dar. *Fan-in* ist dabei die Anzahl der Systemkomponenten, von denen die Kontrolle in eine Systemkomponente hinein erfolgt, z.B. durch Aufrufe der Systemkomponente. *Fan-out* mißt die Anzahl der von einer Systemkomponente benutzten anderen Systemkomponenten plus die Anzahl der Datenstrukturen, die durch die betrachtete Systemkomponente aktualisiert werden.

Diese Metrik kann in den Entwicklungsphasen Definition, Entwurf und Implementierung berechnet werden.

Eine Reihe von Autoren stützt sich nur auf das *fan-out*-Maß und die Verteilung zwischen den Systemkomponenten. Sie halten das *fan-in*-Maß für nicht evident für die Komplexität zwischen Systemkomponenten. Von /Card, Glass 90/ wird folgende Metrik C_I für die Komplexität zwischen Komponenten vorgeschlagen, wenn n Komponenten vorhanden sind:

$$\bar{C}_I \equiv \frac{C_I}{n} = \frac{\sum^n (\text{fan-out})^2}{n}$$

Gesamtkomplexität

Einige Autoren kombinieren mehrere Metriken, um daraus eine Gesamtkomplexität eines Systems zu ermitteln. Andere Autoren stehen auf dem Standpunkt, daß eine einzelne Zahl nicht alle Aspekte berücksichtigen kann, um eine Gesamtkomplexität wiederzugeben.

/Card, Glass 90/ berechnen eine Gesamtkomplexität C_S aus der Komplexität zwischen den Komponenten C_I und der Komponentenkomplexität C_M, wobei C_M beispielsweise die zyklomatische Zahl sein kann:

$C_S = C_I + C_M$

Um ein besser vergleichbares Maß zu erhalten, wird folgende Normalisierung vorgeschlagen:

$\bar{C}_s = \frac{C_s}{n}$ wobei n die Anzahl der Systemkomponenten im System ist.

Einen Überblick über Metriken für objektorientierte Systeme gibt Tab. 6.4-1 (siehe auch Tab. 5.11-2 und Tab. 5.11-3).

Tab. 6.4-1: Metriken für objekt-orientierte Systeme (Auswahl)

Kurzbeschreibung	Metrik	Autoren/Quelle
Kopplung zwischen zwei Klassen (siehe Abb.6.3-1)		
■ Anzahl der Klassen, mit der eine Klasse gekoppelt ist (Kopplung = in einer Klasse werden Operationen bzw. Attribute einer anderen Klasse benutzt)	CBO *(Coupling Between Objects) (fan-out)*	/Chidamber, Kemerer 91, 93, 94/
■ Anzahl der abstrakten Datentypen, die in einer Klasse definiert sind, d.h. der nichtelementaren Attribute	DAC *(Data Abstraction Coupling)*	/Li, Henry 93/
■ Anzahl der externen Aufrufe, die in einer Klasse enthalten sind	MPC *(Message-Passing Coupling)*	/Li, Henry 93/, /Lorenz, Kidd 94/
■ Anzahl der eigenen Operationen der Klasse plus Anzahl der internen und externen Aufrufe	RFC *(Response For a Class)*	/Chidamber, Kemerer 91/
■ Anzahl der Parameter pro Operation und im Klassendurchschnitt	PPM *(Parameter per Method)*	/Lorenz, Kidd 94/
■ Anzahl überflüssiger oder unbenutzter Parameter	NOT *(Number Of Tramps)*	/Sharble, Cohen 93/
■ Bewertung rekursiver und verketteter Botschaften	VOD *(Violation of the Law of Demeter)*	/Sharble, Cohen 93/

Besonderheiten

Bei objektorientierten Systemen müssen einige Besonderheiten beachtet werden: Klassen können durch Vererbungsgraphen gekoppelt sein, Objekte durch Assoziationen und Aggregationen sowie temporäre Botschaftswege.

Vererbung

Die Vererbung kann unter zwei Gesichtspunkten betrachtet werden:
- Vererbung wird als Kopplung betrachtet. Eine gute Vererbungsstruktur besitzt eine enge Kopplung. Dies widerspricht dem Entwurfsprinzip, daß eine Kopplung möglichst lose sein sollte.
- Vererbung wird als Bindung betrachtet. Eine gute Vererbungsstruktur besitzt eine hohe Bindung.

Da die zweite Alternative von den Zielen her einer Bindung entspricht, wird hier von dieser Alternative ausgegangen. Dementsprechend sind die Vererbungsmetriken bei objektorientierten Komponenten aufgeführt (Tab. 5.11-3).

Abschnitt 5.11.3

Kopplungskriterien

Für die Kopplung (ohne Berücksichtigung der Vererbung) zwischen Klassen können verschiedene Kriterien berücksichtigt werden (Abb. 6.4-2):

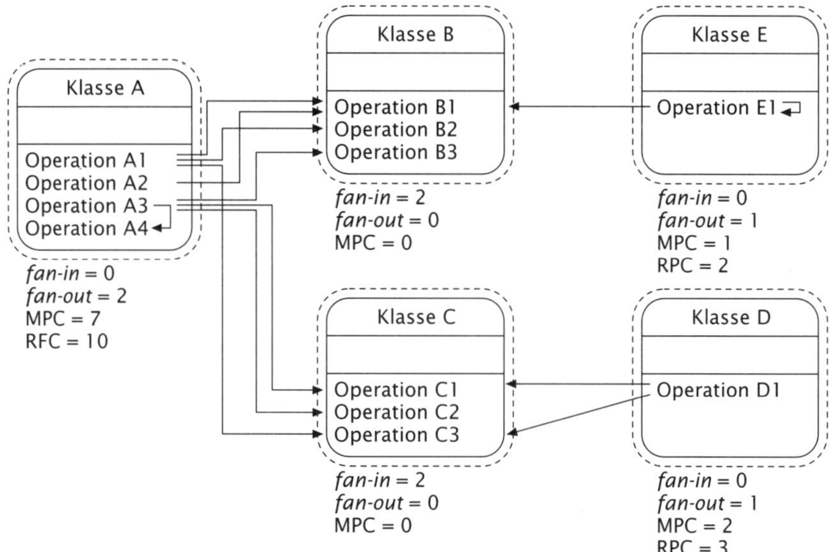

Abb. 6.4-2: Beispiel für einige Metrikberechnungen

MPC = Anzahl der externen Aufrufe, die in einer Klasse enthalten sind
RFC = |RS| mit RS = $M_i \cup R_i$
wobei M_i = Menge aller Operationen in der Klasse
R_i = Menge aller Operationen, die durch $M_i = \{R_{ij}\}$ aufgerufen werden.
Im Beispiel für Klasse A:
RS = {Operation A1, Operation A2, Operation A3, Operation A4} ∪
{Operation B1, Operation B2, Operation C3} ∪
{Operation B1} ∪
{Operation A4, Operation B3, Operation C1, Operation C2}

Anzahl

- Anzahl der Kopplungen
  - Anzahl der Assoziationen, die zwischen jeweils zwei Klassen bestehen.
  - Anzahl der Aggregationen, die zwischen jeweils zwei Klassen bestehen.
  - Anzahl der Klassen, die von einer Klasse benutzt werden, d.h. Operationen der Klasse benutzen Operationen bzw. Attribute anderer Klassen *(fan-out*, CBO)
  - Anzahl der Klassen, die die betrachtete Klasse benutzen *(fan-in).*

Stärke

- Stärke der Kopplungen
  - Anzahl der externen Aufrufe, die in den Operationen einer Klasse enthalten sind (MPC). Jeder Aufruf wird extra gezählt, während beim *fan-out* die Verbindung zwischen zwei Klassen nur einmal gezählt wird. Wenn zwei verschiedene Operationen einer Klasse A dieselbe Operation einer Klasse B aufrufen, dann ist MPC = 2.
  - Anzahl der eigenen Operationen der Klasse plus Anzahl der internen und externen Aufrufe von den eigenen Operationen aus (RFC).
  - Anzahl der Parameter pro Operation und im Klassendurchschnitt (PPM).

Der Einsatz der Metriken für objektorientierte Systeme hat zu folgenden qualitativen Erkenntnissen geführt /Henderson-Sellers 96/: Erkenntnisse

- Wünschenswert ist ein geringer *fan-out*-Wert, da ein hoher *fan-out*-Wert angibt, daß eine Klasse viele andere Klassen benötigt, um ihre Aufgabe zu erfüllen.
- Hohe *fan-in*-Werte deuten auf eine gute Struktur hin und eine hohe Wiederverwendung.
- Es ist nicht möglich, über ein gesamtes System hinweg einen hohen *fan-in*- und einen geringen *fan-out*-Wert zu erhalten, da die Summe gleich bleiben muß.
- Es sollten relativ wenige Objekte als Parameter in Operationen übergeben werden.
- Vererbung und Polymorphismus sind neu in objektorientierten Systemen. Beide Konzepte reduzieren die Werte der traditionellen Standardmetriken.
- Die Vererbung erhöht die Komplexität, insbesondere in der Wartung.
- Zusätzlich wird die Komplexität erhöht durch tiefe Vererbungshierarchien, die Redefinition von Operationen und die Aufhebung des Geheimnisprinzips in Vererbungshierarchien.

Bewertung

Die vorgeschlagenen Metriken besitzen folgende Vor- und Nachteile:

- ⊞ Die Metriken vermitteln ein »Gefühl« für die vielfältigen Faktoren, die die Komplexität eines Systems und die Komplexität zwischen Systemkomponenten bestimmen. Vorteile
- ⊞ Die objektorientierten Metriken zeigen deutlich die Unterschiede zu »traditionellen« Systemen auf.
- ⊞ Die Metriken geben Hilfestellung bei der Qualitätssicherung von Systemen.
- ⊟ Es ist problematisch, die Gesamtkomplexität eines Systems durch *einen* Wert zu charakterisieren. Nachteile
- ⊟ Es werden in der Regel nur einfache Sachverhalte gezählt. Der empirische Nachweis, daß damit bestimmte Qualitätsmerkmale gemessen werden, ist in der Regel (noch) nicht erbracht. Abschnitt 5.11.3
- ⊟ Viele Metriken sind schlecht definiert und meßtheoretisch unzureichend spezifiziert.
- ⊟ Mögliche Metriken für die objektorientierte Analyse und den objektorientierten Entwurf fehlen noch (z.B. Assoziationen, Aggregationen).

Auf Grundlage der heute bekannten Metriken für objektorientierte Systeme und Komponenten wird in /Henderson-Sellers 96, S. 157 ff./ ein Satz von Metriken für den praktischen Einsatz vorgeschlagen, der in Abb. 6.4-3 wiedergegeben ist.

Abb. 6.4-3: Metrikauswahl für den praktischen Einsatz für OO-Systeme

Innerhalb einer Klasse
n = Anzahl öffentlicher Operationen
m = Anzahl öffentlicher Attribute
TMS = *total method size*
NOM = *number of methods*
r = Anzahl privater Operationen
s = Anzahl privater Attribute
NOA = *number of attributs*

Für jede Klasse wird gezählt oder berechnet:
- Eine Verteilung von V(G) (n + r Werte) (zyklomatische Zahl, Abschnitt 5.11.2)
- Ein Mittelwert für V(G)
- Ein Durchschnittswert für V(G)
- Eine Standardabweichung für V(G)
- Summe von V(G) für eine Klasse (Eine Interpretation der WMC-Metrik)

Jede Operation kann ebenfalls durch ihren Umfang charakterisiert werden. Das ergibt n + r Werte:
- Eine Verteilung des Operationsumfangs (n + r Werte)
- Ein Mittelwert für den Operationsumfang
- Einen Durchschnittswert für den Operationsumfang
- Eine Standardabweichung für den Operationsumfang
- Summe aller Operationsumfänge, abgekürzt TMS

Für jede Klasse sollte außerdem gezählt werden:
- Anzahl aller Operationen (öffentlich, privat, in C++: *protected)* = NOM
- Anzahl aller Attribute = NOA

Mit Hilfe dieser Werte kann die Klassengröße S_c berechnet werden als:
- Gewichtete Berechnung des Operations- und Attributumfangs = NOA + TMS
- Ungewichtete Berechnung des Operations- und Attributumfangs = NOA + NOM

Spezifikation einer Klasse
- Anzahl der schreibenden Operationen c_i in der i-ten Klasse
- Anzahl der lesenden Operationen q_i in der i-ten Klasse

Alternativ kann die Anzahl mit der Parameteranzahl gewichtet werden:
- Anzahl der gewichteten, schreibenden Operationen: $c_i' = (c + \sum_{j=1}^{c} C_{arglist\ j})_i$
- Anzahl der gewichteten, lesenden Operationen: $q_i' = (q + \sum_{k=1}^{q} C_{arglist\ k})_i$ wobei $C_{arglist\ j}$ die Kardinalität der Parameterliste für die j–te Operation ist.

Beispiel:
Schreibende Operation (arglist) i = 1..c
Lesende Operation (arglist): returntype j = 1..q

Systemebene ohne Beziehungen
- Anzahl Klassen in einem System C_S
- Mittelwert für die Anzahl der schreibenden Operationen:
- Standardabweichung für c_i
- Mittelwert für die Anzahl der lesenden Operationen:
- Standardabweichung für q_i

Alternativ Berechnung der Werte für gewichtete Operationen.
- Durchschnittliche Klassengröße = sowie Standardabweichung und Verteilung von S_{c_i}
- Durchschnittliche Anzahl der Operationen pro Klasse = sowie Standardabweichung und Verteilung von NOM_i *(number of methods)*

Beziehungen auf Systemebene ohne Vererbung
- Anzahl der eigenen Operationen jeder Klasse plus Anzahl der internen und externen Aufrufe = RFC *(response for a class)*

Vererbung
- Tiefe jeder Klasse in der Vererbungshierarchie = DIT *(depth of inheritance tree)*
- Maximale und mittlere Tiefe des Vererbungsbaums
- Anzahl der direkten Unterklassen jeder Klasse = NOC_i *(number of children)*
- Durchschnittswert von NOC für den gesamten Baum
- Standardabweichung und Verteilung für den gesamten Baum
- Anzahl der Oberklassen/Anzahl aller Klassen = u (Wiederverwendung)
- Anzahl der Unterklassen/Anzahl der Oberklassen = s (Spezialisierung)

Quelle: /Henderson-Sellers 96, S. 157ff./

6.5 Der Systemtest

Sind alle Systemkomponenten nach einer Integrationsstrategie zu einem Gesamtsystem integriert und einem Integrationstest unterzogen worden, dann folgt anschließend der Systemtest.

System ist *»black box«*

Im Unterschied zum Integrationstest ist beim Systemtest nur das »Äußere« des Systems sichtbar, d.h. die Benutzungsoberfläche und andere externe Schnittstellen des Systems z.B. hin zu technischen Prozessen.

reale Umgebung ohne Auftraggeber

Der **Systemtest** ist der abschließende Test der Software-Entwickler und Qualitätssicherer in der realen Umgebung (Systemsoftware, Hardware, Bedienungsumfeld, technische Anlage) – ohne den Auftraggeber. Unterscheidet sich die Entwicklungsumgebung von der Einsatz- oder Zielumgebung, dann muß das System vor Beginn des Systemtests auf die Zielumgebung portiert werden.

Kapitel I 2.1 bis 2.4

Basis für den Systemtest ist die Produktdefinition, bestehend aus Pflichtenheft, Produkt-Modell (z.B. OOA-Modell), Konzept der Benutzungsoberfläche und Benutzerhandbuch. Im Pflichtenheft sollten sowohl die Qualitätsziele für das Produkt als auch Testszenarien und Testfälle festgelegt sein.

Auf der Grundlage dieser Vorgaben und Unterlagen werden Testfälle übernommen, ergänzt und/oder neu erstellt.

Prüfziele

In Abb. 6.5-1 sind die Prüfziele eines Systemtests zusammengestellt. In Abhängigkeit von den gewählten Prüfzielen besteht der Systemtest aus verschiedenen Teiltests. Die wichtigsten Tests werden im folgenden kurz vorgestellt. Generell sind alle in der Produktdefinition geforderten Qualitätsziele in ihrer jeweiligen Ausprägung beim Systemtest auf Einhaltung zu überprüfen.

Alle geforderten Qualitätsziele prüfen

Abschnitt II 3.3.2

Die Einbindung des Systemtests in ein Vorgehensmodell zeigt besonders deutlich das V-Modell.

Der Funktionstest

Funktionstest

Durch den Funktionstest wird überprüft, ob alle in der Produktdefinition geforderten Funktionen vorhanden und wie vorgesehen realisiert sind. Aus dem Pflichtenheft werden die Testsequenzen übernommen und/oder mit funktionalen Testverfahren systematisch und vollständig hergeleitet.

Liegt ein Produktmodell, z.B. in Form eines OOA-Modells vor, dann können aus diesem Modell die externen Operationen, d.h. die Operationen, die aus Benutzersicht aufrufbar sind, entnommen werden. Ist bei der Produktdefinition bereits das Konzept der Benutzungsoberfläche erstellt worden, dann können auch daraus die möglichen Funktionen für den Funktionstest ermittelt werden.

In /Poston 94/ ist beschrieben, wie man aus einem OOA-Modell automatisch Testfälle ableiten kann.

Abb. 6.5-1: Prüfziele eines Systemtests

- **Vollständigkeit**
  Es ist zu überprüfen, ob das System alle funktionalen und nicht funktionalen Anforderungen aus dem Pflichtenheft erfüllt. Die funktionalen Anforderungen werden durch einen **Funktionstest** überprüft.
- **Volumen**
  Das System ist mit umfangreichen Datenmengen zu testen **(Massentest)**. Die Größe von Dateien oder Datenbanken kann eine potentielle Schwachstelle sein.
- **Zeit**
  Bei starker Systembelastung ist zu prüfen, ob die geforderten Antwortzeiten und Durchsatzraten eingehalten werden **(Zeittest)**.
- **Zuverlässigkeit**
  Das System ist über längere Zeit hinweg unter Spitzenbelastungen, die allerdings im geforderten Bereich liegen, zu testen **(Lasttest)**. Der Betrieb erfolgt sozusagen im »grünen« Bereich.
- **Fehlertoleranz, Robustheit**
  Das System wird unter Überlast, d.h. im »roten« Bereich **(Streßtest)** getestet. Beispielsweise wird ein Plattenausfall simuliert oder der Arbeitsspeicher wird reduziert.
- **Benutzbarkeit**
  Es wird die Verständlichkeit, Erlernbarkeit und Bedienbarkeit aus der Sicht des Endbenutzers getestet **(Benutzbarkeitstest, *usability test*)**. Zu prüfen ist, ob das System von der spezifizierten Benutzergruppe bedient werden kann, ob die richtige Fachterminologie verwendet wird, ob die gewählten Metaphern stimmen usw.
- **Sicherheit**
  Datenschutzmechanismen wie Paßwörter und Datensicherheitsüberprüfungen durch das System bzw. durch die umgebende Organisation sind zu überprüfen **(Sicherheitstest)**.
- **Interoperabilität**
  Muß das System entsprechend den Anforderungen mit anderen Systemen zusammenarbeiten, dann muß die Zusammenarbeit einschließlich der Kompatibilität der Schnittstellen und der Daten geprüft werden **(Interoperabilitätstest)**.
- **Konfiguration**
  Ist das System für unterschiedliche Hardware-/Software-Plattformen und Konfigurationen geeignet, dann sind die verschiedenen Möglichkeiten zu überprüfen **(Konfigurationstest)**.
- **Dokumentation**
  Vorhandensein, Güte und Angemessenheit der Benutzer- und Wartungsdokumentation ist zu prüfen **(Dokumentenprüfung)**.

Quellen: /DIN ISO 9126/, /Wallmüller 90, S. 194/

Beispiel 1a
Anhang A, Band 1

Für den Funktionstest der Fallstudie »Seminarorganisation« können aus dem Pflichtenheft die definierten Produktfunktionen /F10/ bis /F250W/ direkt verwendet werden, ebenfalls die als »Globale Testfälle« aufgeführten Funktionssequenzen /T10/ bis /T40/.

Abschnitt I 2.18.6, Abb. 2.18-47

Aus dem OOA-Modell der Seminarorganisation kann man die Operationen, d.h. die Funktionen, entnehmen, z.B. Anmelden, Abmelden, Bestätigung, Mitteilung, Rechnung, TN-Liste erstellen, TN-Urkunde erstellen, Abmeldung eintragen, Absage eintragen, Stornieren, Drukke Adresse, Serienbrief erstellen, Mitteilung drucken. Außerdem sind diese Operationen noch untergliedert in Objektoperationen und Klassenoperationen. Bei Klassenoperationen kann geprüft werden, ob sie auf mehrere Objekte oder auf Klassenattribute wirken.

Abschnitt I 2.22.12, I 2.23.7, I 2.24.2

Aus dem Konzept der Benutzungsoberfläche und dem Benutzungshandbuch lassen sich sehr genau die definierten Funktionen ablesen und insbesondere die Vollständigkeit der Funktionen beim Systemtest überprüfen.

Die Investitionen in eine gute Produktdefinition zahlen sich beim Systemtest aus.

Der Leistungstest

Leistungstest

Unter dem Oberbegriff Leistungstest kann man den Massentest, den Zeittest, den Lasttest und den Streßtest unterordnen. Allgemein dient der Leistungstest der Überprüfung des in der Produktdefinition festgelegten Leistungsverhaltens.

Massentest

Beim **Massentest** werden die verarbeitbaren Datenmengen, beim **Zeittest** die Einhaltung von Zeitrestriktionen getestet.

Beispiel 1b

Im Pflichtenheft der Seminarorganisation wird gefordert, daß maximal 50.000 Teilnehmer/Interessenten und maximal 10.000 Seminare verwaltet werden können /L 20/. Zum Test ist es erforderlich, 50.000 Teilnehmer und 10.000 Seminare einzugeben.

Testdatengenerator oder echte Daten

Es ist klar, daß solche Massendaten nicht manuell erfaßt werden können. Entweder man besitzt oder entwickelt einen Testdatengenerator, der diese Massendaten erzeugt und dabei ein praxisgerechtes Datenprofil einhält, oder man übernimmt reale Daten vom Auftraggeber oder von Pilotkunden und konvertiert sie in das benötigte Format.

Import-schnittstelle

Es ist auch nicht sinnvoll und ökonomisch, diese Massendaten über eine grafische Benutzungsoberfläche einzugeben. Das zu testende System benötigt dafür eine geeignete Importschnittstelle, die Daten aus Dateien übernehmen kann.

normales Verhalten

Ist das System mit den Daten bis an die Grenze der Kapazitätsauslastung »gefüttert«, dann muß es bei der Ausführung von Funktionssequenzen ein normales Verhalten zeigen.

Beispiel 1c

Die Anforderung /L30/ »5 Prozent aller Kunden sind erfahrungsgemäß im Zahlungsverzug« muß ebenfalls geeignet getestet werden.
Wird ein Testdatengenerator eingesetzt, dann muß er ein Datenprofil erzeugen, das bis zu fünf Prozent Kunden im Zahlungsverzug enthält.

Zeittest

Beim Zeittest müssen die spezifizierten Zeitanforderungen überprüft werden. Solche Zeitanforderungen können sich auf das Antwortzeitverhalten der Benutzungsoberfläche aber auch auf die zeitkritischen Teile eines Echtzeitsystems beziehen.

Beispiel 1d

Die Anforderung /L10/ gibt an, daß die Funktionen /F 230/ und /F 240/ nicht länger als 15 Sekunden Interaktionszeit benötigen dürfen. Alle anderen Reaktionszeiten müssen unter zwei Sekunden liegen.
Entsprechende Anfragen sind zu formulieren und die Zeiten zu messen. Dabei sollten die maximal erlaubten Datenvolumen zugrunde gelegt werden (50.000 Teilnehmer, 10.000 Seminare).

Lasttest

Der **Lasttest** hat das Ziel, das System im erlaubten Grenzbereich auf Zuverlässigkeit zu testen. Wurde der Massen- und Zeittest bereits im erlaubten Grenzbereich durchgeführt, dann ist für diese Prüfziele der Lasttest bereits enthalten.

Beim Lasttest ist das Normalverhalten auch für folgende Situationen zu prüfen:

- Ausfall von Hardware- und Softwarekomponenten, mit denen das System kommuniziert, z.B. ausgefallene Sensoren, Nichtverfügbarkeit eines benötigten anderen Softwaresystems.
- Mehrbenutzerbetrieb mit der maximal geforderten, gleichzeitigen Benutzeranzahl.
- Eintreffen ungewöhnlicher oder widersprüchlicher Daten, z.B. über Importschnittstellen.

Beispiel 1e

Für die Seminarorganisation werden zwei Produktschnittstellen gefordert. Eine Kopie der erstellten Rechnungen wird in einer Datei abgelegt, auf die die Buchhaltung über eine bereitgestellte Funktion Zugriff hat. Zahlungsverzüge werden von der Buchhaltung über eine bereitgestellte Funktion eingetragen.
Im Lasttest zu überprüfen ist, was passiert, wenn die Dateien nicht vorhanden sind und wenn sie sehr groß werden, z.B. dadurch, daß die Buchhaltung die Rechnungsdaten nicht abruft. Erhält der Benutzer einen Hinweis über diese Situation?

Streßtest

Beim **Streßtest** werden die definierten Grenzen des Systems bewußt überschritten. Folgende Fragen sind zu prüfen:

- Wie ist das Leistungsverhalten bei Überlast?
- Geht das System nach Rückgang der Überlast wieder in den Normalbereich zurück?

Eine Überlast kann beispielsweise durch Entzug von Ressourcen hergestellt werden.

Beispiel 1f

Überlast bei der Seminarorganisation bedeutet beispielsweise, daß das Volumen beträchtlich überschritten wird (z.B. 100.000 Teilnehmer, 50.000 Seminare). Wie ändert sich das Antwortzeitverhalten? Kann mit dem System überhaupt noch gearbeitet werden?

Der Benutzbarkeitstest *(usability test)*

Benutzbarkeitstest

Die Benutzbarkeit eines Software-Systems entscheidet heute oft über die Akzeptanz durch den Endbenutzer. Wie aufwendig die Überprüfung der Benutzbarkeit ist, hängt von den Vorarbeiten in der Produktdefinition ab. Sind im Pflichtenheft die Anforderungen an die Benutzungsschnittstelle aufgeführt, dann sind diese Anforderungen am fertigen System zu überprüfen. Enthält die Produktdefinition bereits das Konzept der Benutzungsoberfläche – im Idealfall als lauffähigen Prototypen – dann muß nur auf Übereinstimmung mit dem fertigen System geprüft werden.

Fehlen solche Vorarbeiten, dann kann ein Benutzbarkeitstest sehr aufwendig werden. In Abschnitt IV 2.3 »Evaluationsverfahren für CASE« werden Verfahren angegeben, die besonders zur Überprüfung von Benutzungsoberflächen geeignet sind. In /Nielsen, Mack 94/ sind Inspektions- und Testverfahren zur Prüfung der Benutzbarkeit zusammengestellt. Abschnitt IV 2.3

Im Pflichtenheft sind sechs Anforderungen /B 10/ bis /B 60/ angegeben, die beim Systemtest überprüft werden müssen. Die Anforderungen /B 40/ bis /B 60/ fordern, daß zwei verschiedene Rollen einstellbar sind: die Rolle des Kundensachbearbeiters und des Seminarsachbearbeiters. Beispiel 1g
Es ist zu prüfen, ob diese Rollen verwaltbar sind und ob die geforderten Zugriffsrechte bzw. -verbote eingegeben werden können.
Da für das Konzept der Benutzungsoberfläche ein UIMS *(user interface management system)* verwendet wurde und die Oberfläche direkt für das endgültige System übernommen wurde, ist die Übereinstimmung zwischen Anforderung und Realisierung sichergestellt. Kapitel I 3.2

Der Sicherheitstest

Geforderte Sicherheitsmaßnahmen sind zu überprüfen. Sicherheitstest

Die in der Seminarorganisation geforderte Rollenvergabe mit daran gebundenen Zugriffsrechten bzw. -verboten sind folgendermaßen zu überprüfen: Beispiel 1h
- Sind die Paßwörter verschlüsselt gespeichert?
- Werden die eingestellten Zugriffsrechte und -verbote überprüft und gemeldet?
- Werden die Paßwörter unsichtbar erfaßt?
- Ist eine Mindestlänge der Paßwörter vorgeschrieben?
- Kann der Benutzer sein Paßwort selbst ändern?

Der Interoperabilitätstest

Heutige Software-Systeme sind in der Regel keine *»stand alone«*-Systeme, sondern arbeiten mit anderen Systemen zusammen. Diese Zusammenarbeit muß beim Systemtest überprüft werden. Das bedeutet, daß alle benötigten Systeme ebenfalls in der realen Umgebung installiert sind und mit Testfällen der Datenaustausch und die Zusammenarbeit getestet werden. Interoperabilitätstest

Wird das Software-System in einer Standardumgebung eingesetzt, z.B. *Windows*-Umgebung, dann sind auch Standardmechanismen wie die Datenübergabe über die Zwischenablage zu überprüfen.

Die Seminarorganisation muß mit einem Buchhaltungssystem zusammenarbeiten, wobei davon ausgegangen wird, daß das Buchhaltungssystem sich auf einem anderen Computersystem befindet und die Computersysteme miteinander vernetzt sind. Diese Test- Beispiel 1i situation muß hergestellt werden und durch Testfälle ist das korrekte Zusammenarbeiten der beiden Systeme zu überprüfen.

Der Systemtest beinhaltet oft noch einen Installations- und Wiederinbetriebnahmetest.

Installationstest

Beim **Installationstest** wird geprüft, ob das System mit den Installationsbeschreibungen, z.B. im Benutzerhandbuch, installiert und in Betrieb genommen werden kann.

Wiederinbetriebnahmetest

Der **Wiederinbetriebnahmetest** prüft, ob nach einer Unterbrechung oder einem Zusammenbruch des Basissystems das System mit den vorliegenden Beschreibungen wieder in Betrieb genommen werden kann und ob dann noch alle Daten verfügbar sind.

prozeduraler Systemtest = objektorientierter Systemtest

Da beim Systemtest das System als *»black box«* angesehen wird, gibt es auch keinen Unterschied zwischen dem Testen prozeduraler oder objektorientierter Systeme.

Regressionstest

Bei allen aufgeführten Testverfahren ist darauf zu achten, daß **Regressionstests** durchgeführt werden können. Die ausgeführten Testfälle werden gespeichert und können nach Fehlerkorrekturen – aber auch für den Auftraggeber beim Abnahmetest oder bei der Wartung – wiederholt werden.

Abschnitt II 3.3.4

Wird eine evolutionäre oder inkrementelle Software-Entwicklung vorgenommen, dann werden die aufgezeichneten Testfälle der Vorversion mit automatischen Soll-/Ist-Ergebnisvergleich nochmals durchgeführt.

6.6 Der Abnahmetest

Kapitel I 5.1

Der **Abnahmetest** *(acceptance test)* ist eine besondere Ausprägung des Systemtests, bei dem das System getestet wird

- unter Beobachtung, Mitwirkung oder Federführung des Auftraggebers,
- in der realen Einsatzumgebung beim Auftraggeber und
- unter Umständen mit echten Daten des Auftraggebers.

Auch beim Abnahmetest wird das System gegen die Produktdefinition geprüft. Der Auftraggeber kann die Testfälle des Systemtests für den Abnahmetest übernehmen und/oder modifizieren und/oder eigene Testszenarien durchführen.

typische Testfälle

In der Regel konzentriert sich der Auftraggeber auf den Test des Systems unter normalen Betriebsbedingungen. Die Testfälle weisen meistens folgende Charakteristika auf /Wallmüller 90/:

- Abnahmekriterien aus der Produktdefinition,
- Teilmengen der Testfälle aus dem Systemtest,
- Testfälle für die Verarbeitung der Geschäftsvorgänge einer typischen Zeitperiode (z.B. Tag, Monat, Jahr) oder einer Abrechnungsperiode,

- Testfälle für Dauertests mit dem Ziel, einen permanenten Betrieb über eine größere Zeitspanne zu prüfen.

Wie der Abnahmetest erfolgen soll, sollte bereits im Auftrag festgelegt sein. In der Regel wird aber ein Teil »freies« Testen vereinbart, d.h. der Auftraggeber kann nach eigenen Testverfahren, mit eigenen Testdaten und eigenen Testszenarien das System überprüfen. Die beim Systemtest aufgeführten Testverfahren werden im allgemeinen aber auch beim Abnahmetest eingesetzt.

Kapitel IV 2.3

Aus der Sicht des Auftraggebers ist die Abnahme eine spezielle Form der Evaluation eines Software-Systems. Die für diesen Zweck eingesetzten Evaluationsverfahren können auch beim Abnahmetest verwendet werden.

Empfehlungen für den Auftraggeber

Beim Abnahmetest sollten aus Sicht des Auftraggebers folgende Punkte beachtet werden /Frühauf, Ludewig, Sandmayr 88, 95/:

Kapitel II 6.3

- Das zu prüfende System muß unter Konfigurationskontrolle stehen.
- Der erste Testschritt besteht aus dem Erzeugen des zu testenden Systems aus den Quellprogrammen unter Konfigurationsverwaltung. War das System schon generiert, dann beginnt der Test mit dem Löschen aller Objektdateien.
- Von dem neu generierten System wird die Prüfsumme berechnet und eine Kopie extern gesichert. Dadurch kann am Schluß der Abnahme überprüft werden, ob immer noch das gleiche System getestet wird wie zu Beginn der Abnahme.
- Die Abnahme wird nach der vereinbarten Testvorschrift durchgeführt.
- Das Benutzerhandbuch wird in die Tests einbezogen. Zumindest alle dort enthaltenen Beispiele müssen ausgeführt werden.
- Am Ende jedes Testabschnitts oder Tages werden die gefundenen Probleme in einem Protokoll festgehalten.
- Am Ende jedes Testabschnitts oder Tages wird freies Testen durchgeführt. Diese Testfälle sind zu dokumentieren, um im Fehlerfall die Testfälle reproduzieren zu können.
- Die Abnahme endet mit einer Schlußsitzung, in der die Fehler in den Protokollen gewichtet werden. Sind die Fehler tolerierbar oder können sie nachgebessert werden, dann erfolgt die Abnahme des Systems durch den Auftraggeber.

Abnahme

Bei größeren Systemen unterscheiden /Frühauf, Ludewig, Sandmayr 88/ noch folgende Abnahmearten:

größere Systeme

- Werkabnahme
  Eine Werkabnahme erfolgt in einer speziell für diesen Test bereitgestellten Testumgebung. Es werden alle Testfälle, die für die Abnahme vorgesehen sind, ausgeführt. Der Aufwand für die Testumgebung ist nur dann gerechtfertigt, wenn das System weit ent-

fernt installiert werden muß oder wenn Fehler beim Abnahmetest den Betriebsablauf stark stören.

- Abnahme
  Eine Abnahme in der realen Umgebung ist unverzichtbar. Notfalls müssen geeignete Vorkehrungen getroffen werden, damit der laufende Betrieb möglichst wenig gestört wird. Es werden auch die Tests durchgeführt, auf die bei der Werkabnahme wegen zu großer Kosten für die Simulation der realen Umgebung verzichtet wurde. In der Regel wird die Dauer des Lasttests gegenüber der Werkabnahme wesentlich erhöht.
- Betriebsabnahme
  Nach der Abnahme geht man in den Versuchsbetrieb über und befindet sich damit in der Garantiephase. Vor der endgültigen Inbetriebnahme wird auf die Wiederholung von Tests häufig verzichtet, wenn alle gemeldeten Fehler behoben sind.

Systeme für den anonymen Markt

Handelt es sich bei dem abzunehmenden System um ein Produkt für den anonymen Markt, dann gibt es nur einen internen Auftraggeber, z.B. die Marketingabteilung oder den Produktmanager. In einem solchen Fall nimmt der interne Auftraggeber das Produkt ab. Da bei Systemen für den anonymen Markt die Prüfziele Fehlertoleranz, Benutzbarkeit, Konfiguration und Interoperabilität wegen der Einsatzbereiche eine größere Bedeutung besitzen, werden diese Systeme in der Regel einem Alpha- und/oder Beta-Test unterzogen.

Alpha-Test

Beim **Alpha-Test** wird das System in der Zielumgebung des Herstellers durch Anwender erprobt.

Beta-Test

Beim **Beta-Test** wird das System bei ausgewählten »Pilot«-Kunden in deren eigener Umgebung zur Probenutzung zur Verfügung gestellt. Auftretende Probleme und Fehler werden protokolliert. Sind größere Änderungen durchzuführen, dann kann nach den Regressionstests der Beta-Test bei Bedarf (Beta2-Test) wiederholt werden. Die Pilotkunden erhalten beim späteren Kauf des Produkts in der Regel einen Preisnachlaß.

Restfehler

Auch nach erfolgreichem Abnahmetest befinden sich im System noch Fehler, sowohl bekannte als auch unbekannte. Die Abnahme durch den Auftraggeber stellt immer einen Kompromiß zwischen optimalen (hier: fehlerfreies Produkt) und dem akzeptablen Ergebnis (hier: Produkt mit tolerierbaren Fehlern) dar.

6.7 Das Produktzertifikat

Hauptkapitel 4

Die Produktqualität eines Software-Systems ist das Ergebnis der Prozeßqualität. Die Prozeßqualität kann durch Prozeß- und Systemzertifikate nachgewiesen werden, z.B. durch das ISO 9000-Systemzertifikat.

Endkunde

Für den Endkunden, der ein Produkt im Markt erwerben will, ist ein Produktzertifikat, das bestimmte Qualitätseigenschaften garantiert, nützlicher und aussagekräftiger, als zu wissen, daß der Hersteller ein Systemzertifikat besitzt.

Hersteller

Auf der anderen Seite ist es für den Hersteller eines Software-Produktes von der Produktvermarktung her ebenfalls wünschenswert, durch ein Produktzertifikat dem Kunden zu zeigen, daß bestimmte Qualitätseigenschaften eingehalten werden.

Um diesen Wünschen Rechnung zu tragen, erstellte die Gütegemeinschaft Software (GGS) 1985 eine Richtlinie zur einheitlichen Prüfung von Software-Produkten.

DIN ISO/IEC 12119

In überarbeiteter Form wurde diese Richtlinie als DIN 66285 übernommen. Eine weitere Überarbeitung wurde 1994 als internationale Norm ISO 12119 herausgegeben, die auch als deutsche Norm DIN ISO/IEC 12119 gültig ist. Besteht ein Produkt (in Deutschland) die festgelegten Prüfungen, dann wird ihm das RAL-Gütezeichen Software verliehen. Der Hersteller darf das Produkt dann mit dem RAL-Gütezeichen und dem DIN-Prüf- und Überwachungszeichen versehen (siehe Marginalspalte).

Die ISO 12119 ist eine reine Produktnorm und stellt daher keine direkten Anforderungen an den Entwicklungsprozeß und an konstruktive oder analytische Maßnahmen während der Entwicklung der Software. Sie bezieht sich nur auf die Endprüfung. In der ISO 12119 sind Qualitätsanforderungen (früher Gütebedingungen) und Prüfbestimmungen zur Prüfung der Erfüllung dieser Anforderungen enthalten.

Zu prüfende Produktteile

Die Qualitätsanforderungen beziehen sich auf folgende Produktteile:

- Produktbeschreibung zur Information des Kunden vor dem Kauf,
- Dokumentation,
- Programme und Daten.

Abschnitt 1.2
Tab. 1.2-1

Die Qualitätsanforderungen beziehen sich auf die in DIN ISO 9126 definierten Qualitätsmerkmale. Nicht berücksichtigt werden unterstützende Dienstleistungen wie Beratung, Schulung oder Wartung. Einen detailierten Überblick über ISO 12119 gibt Abb. 6.7-1.

Systemtest

Bei der Prüfung von Programmen und Daten handelt es sich um einen gründlichen Systemtest, der in allen in der Produktbeschreibung angegebenen Software- und Hardwarekonfigurationen durchgeführt werden muß.

Bewertung

Im Gegensatz zu ISO 9000 ist ISO 12119 eine Produktnorm mit allen damit verbundenen Vor- und Nachteilen:

Vorteile

- ⊞ Dokumentiert gegenüber dem Kunden die ihn eigentlich interessierende Produktqualität, während die ISO 9000 über die Produktqualität nur wenig aussagt.

Abb. 6.7-1a: Überblick über die DIN ISO/ IEC 12119

Software-Erzeugnisse: Qualitätsanforderungen und Prüfbestimmungen

■ **Qualitätsanforderungen**

□ **Produktbeschreibung**

Jedes Software-Erzeugnis (= Software-Produkt) muß eine Produktbeschreibung besitzen, die festlegt, was das Erzeugnis ist. Die Produktbeschreibung soll dem Benutzer oder potentiellen Käufer helfen, die Eignung des Erzeugnisses für ihn zu beurteilen und als eine Prüfgrundlage dienen.

△ Allgemeine Anforderungen an den Inhalt

Die Produktbeschreibung sollte ausreichend verständlich, vollständig, übersichtlich und in sich widerspruchsfrei sein.

△ Bezeichnungen und Angaben

Die Produktbeschreibung muß eine eindeutige Dokumentbezeichnung tragen. Sie muß das Erzeugnis bezeichnen (mindestens Name, Versionsbezeichnung oder Datum), einen Lieferanten nennen und die Arbeitsaufgabe bezeichnen, die mit dem Erzeugnis ausgeführt werden kann. Das Mindestsystem (Hardware, Software und ihre Konfiguration), das für das Produkt benötigt wird, ist mit Herstellernamen und Typen zu bezeichnen. Die Angabe »ab Version x« ist *nicht* erlaubt. Notwendige Schnittstellen oder Produkte sind anzugeben. Jeder physische Bestandteil der Lieferung ist zu bezeichnen. Es ist anzugeben, ob der Benutzer das Produkt selbst installieren kann oder nicht und ob Unterstützung bei der Anwendung sowie eine Wartung angeboten wird oder nicht.

△ Angaben zur Funktionalität

Es muß ein Überblick über die vom Benutzer aufrufbaren Funktionen, die benötigten Daten und die gebotenen Leistungen gegeben werden. Produktspezifische Grenzwerte sind anzugeben, z.B. maximale Anzahl von Sätzen in Dateien. Verhindert das Produkt einen unerlaubten Zugang zu Programm und Daten, dann ist dies anzugeben.

△ Angaben zur Zuverlässigkeit

Angaben zur Datensicherung müssen gemacht werden, außerdem weitere Produkteigenschaften, die die Funktionsfähigkeit sichern, z.B. Plausibilitätsprüfungen bei Eingaben.

Abschnitt I 2.22.9 Tab. 2.22-8

△ Angaben zur Benutzbarkeit

Die Art der Benutzungsschnittstelle, die vorausgesetzten Kenntnisse, die Anpassungsmöglichkeiten an die Benutzerbedürfnisse, der Schutz gegen Verletzung des Urheberrechts (Kopierschutz, programmiertes Ablaufdatum usw.) und die Effizienz der Benutzung sowie Benutzerbefragungen sind zu nennen bzw. können genannt werden.

△ Angaben zur Effizienz

Angaben über das zeitliche Verhalten wie Antwortzeiten und Durchsatz für festgelegte Funktionen unter festgelegten Bedingungen sind möglich.

Die Produktbeschreibung darf außerdem Angaben zur Änderbarkeit und Übertragbarkeit enthalten.

□ **Benutzerdokumentation**

Sie muß vollständig, richtig, widerspruchsfrei, verständlich und übersichtlich sein.

Akkreditierung ist die Anerkennung und Ermächtigung einer Prüfstelle zur Durchführung von Prüfungen für ein bestimmtes Prüfgebiet.

⊞ Die Zertifizierung wird durch eine unabhängige, akkreditierte Zertifizierungsstelle vorgenommen.

⊞ Kann auch als Grundlage für die Abnahme von Individualsoftware verwendet werden.

Nachteile

⊟ Mängel, die während des Entwicklungsprozesses entstehen, können höchstens nachträglich entdeckt, aber nicht verhütet werden.

⊟ Es entsteht ein erheblicher Prüfaufwand, selbst für kleine Produkte. Für komplexe Produkte ist eine Endprüfung entsprechend der Norm aus Aufwandsgründen meistens nicht durchführbar.

Auf dem Markt konnte sich diese Norm bisher nicht durchsetzen.

Software-Erzeugnisse: Qualitätsanforderungen und Prüfbestimmungen

■ **Qualitätsanforderungen**

□ **Programme und Daten**

△ Funktionalität

Ist eine Benutzerinstallierung vorgesehen, dann muß das Produkt anhand der Installationsanleitung auf jedem angegebenen Mindestsystem erfolgreich zu installieren sein. Eine erfolgreiche Installierung muß erkennbar sein, z.B. durch Selbstprüffunktionen mit entsprechenden Meldungen.

Alle in der Produktbeschreibung oder der Benutzerdokumentation angegebenen Funktionen müssen tatsächlich ausführbar sein, mit den beschriebenen Leistungen, Merkmalen und Daten und innerhalb der angegebenen Grenzwerte. Die Funktionen müssen fachlich richtig ausgeführt werden.

Die Programme und Daten müssen in sich und mit Produktbeschreibung und Benutzerdokumentation widerspruchsfrei sein. Jede Benennung sollte überall dieselbe Bedeutung haben. Die Benutzungsoberfläche sollte einheitlich aufgebaut sein.

△ Zuverlässigkeit

Das System aus Hardware, vorausgesetzter Software und den zum Erzeugnis gehörenden Programmen darf in keinen unbeherrschbaren Zustand geraten. Daten dürfen nicht verfälscht werden und nicht verloren gehen. Diese Anforderung muß auch erfüllt sein

- bei Belastung bis zu den angegebenen Grenzwerten,
- bei Versuchen, angegebene Grenzwerte zu überschreiten,
- bei fehlerhafter Eingabe durch den Benutzer oder durch andere in der Produktbeschreibung genannte Programme,
- wenn ausdrückliche Anweisungen in der Benutzerdokumentation verletzt werden.

△ Benutzbarkeit

Das Produkt muß verständlich, übersichtlich und steuerbar sein (siehe DIN-Norm 66234, Teil 8, Grundsätze ergonomischer Dialoggestaltung).

Zur Effizienz, Änderbarkeit und Übertragbarkeit gibt es keine Forderungen. Enthält die Produktbeschreibung aber Angaben dazu, dann muß das Produkt sie erfüllen.

■ **Prüfbestimmungen**

Die Prüfbestimmungen beschreiben eine ausgedehnte Funktionsprüfung (*black-box*-Test). Das Erzeugnis wird nur auf den Mindestsystemen geprüft. Die ergonomische Evaluierung bleibt außer Betracht, eine Anleitung dazu gibt DIN 66234 Bildschirmarbeitsplätze. Die Prüfbestimmungen sind vor allem für Prüfungen durch Dritte gemäß einem Zertifizierungsschema gedacht. Während der Entwicklung kann eine Strukturprüfung billiger und wirksamer sein. Die Prüfziele sind aus den Qualitätsanforderungen (siehe oben) abzuleiten (Vollständigkeit, Widerspruchsfreiheit usw.) und müssen diese alle berücksichtigen.

Alle Anforderungen an die Produktbeschreibung und die Benutzerdokumentation (siehe oben) müssen geprüft werden.

Die Programme müssen in allen Systemen (Hardware, Software und ihre Konfiguration) geprüft werden, die in der Produktbeschreibung genannt werden. Prüffälle werden aus der Produktbeschreibung und der Benutzerdokumentation abgeleitet. Beispiele in der Benutzerdokumentation sind als Prüffälle zu benutzen. Die Prüfung darf sich aber nicht auf diese Beispiele beschränken.

Die Prüffälle müssen alle in Produktbeschreibung und Benutzerdokumentation beschriebenen Funktionen überdecken, und sie müssen für die Arbeitsaufgabe repräsentative Kombinationen von Funktionen berücksichtigen. Angegebene Grenzfälle sind zu prüfen. Eingaben oder Befehlsfolgen, die als verboten deklariert sind, müssen in die Prüfung einbezogen werden.

Abb. 6.7-1b: Überblick über die DIN ISO/ IEC 12119

Abschnitt I 2.22.9
Tab. 2.22-8

6.8 Testprozeß und -dokumentation

Im Rahmen der übergeordneten Qualitätssicherung mit Qualitätsplanung, Qualitätslenkung und Qualitätsprüfung müssen Tests und Überprüfungen systematisch durchgeführt und geeignet dokumentiert werden.

Kapitel 2.1 und 2.3

Testprozeß

Der Testprozeß sollte mindestens aus drei Schritten bestehen:

- Testplanung,
- Testdurchführung und
- Testkontrolle.

Dokumente

Den ersten beiden Schritten sind folgende Dokumente zugeordnet:

- Testplan und Testvorschrift,
- Testbericht.

Testplan

Tests müssen geplant werden. Der **Testplan** bildet die Voraussetzungen für die Steuerung und Kontrolle der Testvorbereitung und Testdurchführung. Er ist Teil des Projektplans und enthält die zeitliche und personelle Einplanung der Testaktivitäten.

Testvorschrift

Die Testvorschrift ist das Dokument, in dem die ausgewählten Testfälle festgehalten sind. Sie legt fest, wie die Tests durchzuführen sind, sowohl die Arbeiten zur Vorbereitung der Testumgebung als auch für die Ausführung der Testfälle in der gewählten Reihenfolge.

Testabschnitt

Testsequenz

Alle Testfälle, die mit einer Testumgebung ausgeführt werden können, sollten zu einem Testabschnitt zusammengefaßt werden. Die Testfälle eines Testabschnitts werden zu Testsequenzen geordnet. Jeder Testfall einer Testsequenz kann die Bedingungen für den nachfolgenden Testfall schaffen. Testsequenzen können auch nach dem Testzweck gebildet werden.

Beispiel 1j

Beim Test des Produkts »Seminarorganisation« werden alle Testfälle, die auf der leeren Datenbasis arbeiten, zu einem Testabschnitt zusammengefaßt. Testfälle, die auf dieser leeren Datenbasis zu Fehlern führen sollten, wie Suchen eines Datensatzes, Löschen eines Eintrags usw., bilden eine Testsequenz.
Eine weitere Testsequenz wird aus den Testfällen gebildet, die den ersten Eintrag in der sonst leeren Datenbasis manipulieren.

In Abb. 6.8-1 ist das mögliche Inhaltsverzeichnis einer Testvorschrift wiedergegeben.

Testfälle einer Testsequenz sollten – wenn möglich – tabellarisch spezifiziert werden. Die Testvorschrift sollte so gestaltet werden, daß sie gleichzeitig als Testprotokoll verwendet werden kann. Hierzu muß zu jedem Testfall das vom Testobjekt tatsächlich gelieferte Ergebnis notiert und der Testbefund abgehakt und mit einer Unterschrift versehen werden können. In den Testfall-Tabellen sollten hierfür Spalten vorgesehen werden.

Testbericht

Der Testbericht besteht aus /Frühauf, Ludewig, Sandmayr 95, S. 80 ff./:

- der Testzusammenfassung (Abb. 6.8-2),
- dem Testprotokoll,
- der Liste der Problemmeldungen und
- der Liste der Software-Einheiten.

1 Einleitung
1.1 Zweck des Tests
1.2 Testumfang
1.3 Referenzierte Unterlagen

2 Testumgebung
2.1 Überblick
2.2 Test-Software und -Hardware
2.3 Testdaten, Testdatenbanken
2.4 Personalbedarf

3 Abnahmekriterien
3.1 Kriterien für Erfolg und Abbruch
3.2 Kriterien für Unterbrechungen
3.3 Voraussetzungen für Wiederaufnahme

4 Testabschnitt 1
4.1 Einleitung
4.1.1 Zweck, Referenz zur Spezifikation
4.1.2 Getestete Software-Einheiten
4.1.3 Vorbereitungsarbeiten für den Testabschnitt
4.1.4 Aufräumarbeiten nach dem Testabschnitt
4.2 Testsequenz 1-1
4.2.1 Testfall 1-1-1
Eingabe, Anweisung, Soll-Ausgabe, Raum für Ist-Ausgabe und Befund
4.2.2 Testfall 1-1-2
4.3 Testsequenz 1-2
:
4.n Ergebnis des Abschnitts 1

5 Testabschnitt 2
:

Quelle: /Frühauf, Ludewig, Sandmayr 95, S. 79/

Abb. 6.8-1: Inhaltsverzeichnis einer Testvorschrift

Das Testprotokoll ist nur dann ein eigenständiges Dokument, wenn die Testvorschrift nicht so gestaltet wurde, daß sie die Testergebnisse aufnehmen kann.

Die Liste der Problemmeldungen enthält zu jedem gefundenen Fehler eine Problemmeldung.

Die Liste der Software-Einheiten enthält alle dem Test unterworfenen Software-Einheiten mit ihrer eindeutigen Kennzeichnung. Dadurch können Testfälle am gleichen Testobjekt im Falle von Fehlern wiederholt werden.

ANSI/IEEE-Normen

Für die Testdokumentation gibt es mehrere ANSI/IEEE-Normen, die für Software für kritische Anwendungen gedacht sind. Dementsprechend sind sie umfangreich und teilweise kompliziert. Folgende Normen beziehen sich auf die Testdokumentation:

- ANSI/IEEE Std 829-1983
  Software Test Documentation (bestätigt 1991)
- ANSI/IEEE Std 1008-1987
  Standard for Software Unit Testing
- ANSI/IEEE Std 1012-1986
  Standard Verification and Validation Plans

***Abb. 6.8-2:* Beispiel für eine Testzusammenfassung**

Testzusammenfassung

Test Nr.: Arbeitspaket Nr.:
Testbeginn (Datum und Zeit):
Testende (Datum und Zeit): Test Dauer:

Gegenstand und Zweck des Tests

Projekt / Produkt: Release Nr.:
Geliefert von:

- □ Einzeltest
- □ Systemtest
- □ Integrationstest
- □ Abnahmetest

Testvorschrift

Nummer/Version | Titel

Empfehlung

- □ akzeptieren (keine Wiederholung des Tests)
- □ wie es ist
- □ nur kleine Fehler
- □ nicht akzeptieren (Wiederholung des Tests)
- □ einige Funktionsfehler
- □ einige fatale Fehler
- □ Test nicht beendet

Zusammenfassung

Beilagen

- □ Liste der getesteten Software-Einheiten
- □ Liste der Problemmeldungen
- □ andere:

Testteam

Name (Leiter) | Datum | Visum

Quelle: /Frühauf, Ludewig, Sandmayr 95, S. 81/

Die Tab. 6.8-1 zeigt den Zusammenhang zwischen den von den ANSI/IEEE-Normen geforderten Dokumenten und den hier vorgeschlagenen.

Tab. 6.8-1: Übersicht über die ANSI/IEEE-Dokumente

ANSI/IEEE-Dokument	Im Buch verwendete Dokumente
Test Plan	Testplan
Test Design Specification	Testvorschrift
Test Case Specifikation	Testvorschrift
Test Procedures Specification	Testvorschrift
Test Item Transmittal Report	Testbericht (Liste der Software-Einheiten)
Test Log	Testbericht (Testprotokoll)
Test Incident Report	Testbericht (Liste der Problemmeldungen)
Test Summary Report	Testbericht (Testzusammenfassung)

Abnahmetest Systemtest des Auftraggebers (Beobachtung, Mitwirkung oder Federführung), ob das System in der realen Einsatzumgebung und mit echten Daten die Anforderungen der Produktdefinition erfüllt.

Beta-Test Erprobung eines Systems für den anonymen Markt bei ausgewählten Pilotkunden in deren Einsatzumgebung, um Fehler zu finden und zu beheben, bevor das System für die Markteinführung freigegeben wird.

Systemtest Abschließender Test des voll integrierten Gesamtsystems in der Zielumgebung (Hardware, Systemsoftware) durch die Enwickler und Qualitätssicherer – ohne den Auftraggeber – gegen die Produktdefinition. Die wichtigsten Testverfahren sind der Funktions-, Leistungs- und Benutzbarkeitstest.

Eine quantitative Bewertung von Software-Systemen wird durch den Einsatz von Metriken versucht. Metriken

Strukturelle Komplexitätsmetriken kombinieren Komponentenmetriken und Kopplungsmetriken, um zu einer Gesamtbewertung eines Systems zu gelangen. Nach dem heutigen Forschungsstand ist es jedoch fraglich, ob sich die Komplexität eines Systems durch eine Zahl oder wenige Zahlen charakterisieren läßt. Systemmetriken

Die Metriken, die den Kopplungsgrad zwischen den Systemkomponenten ermitteln, berücksichtigen als Kriterien sowohl die Anzahl als auch die Stärke der Kopplungen. Kopplungsgrad

Nach erfolgreich durchgeführten Überprüfungen der einzelnen Systemkomponenten und der Integration der einzelnen Komponenten – begleitet durch einen Integrationstest – wird eine Software-Entwicklung abgeschlossen durch

- einen Systemtest und
- einen Abnahmetest *(acceptance test).*

Beide Tests finden in der Zielumgebung des Systems statt und prüfen das System gegen die Anforderungen, die in der Produktdefinition festgelegt sind. Gemeinsamkeiten

Die wichtigsten Testverfahren für beide Tests sind:

- der Funktionstest,
- der Leistungstest, bestehend aus Massen-, Zeit-, Last- und Streßtest, und
- der Benutzbarkeitstest *(usability test).*

Der Systemtest wird ohne den Auftraggeber, der Abnahmetest mit dem Auftraggeber in dessen Einsatzumgebung und dessen Daten durchgeführt. Unterschiede

Bei Systemen, die für den anonymen Markt entwickelt werden, erfolgt vor der Markteinführung oft noch ein Alpha-Test beim Hersteller oder ein Beta-Test bei Pilotkunden. Alpha-Test Beta-Test

Sowohl für einen potentiellen Kunden, der ein Produkt auf dem Markt erwerben will, als auch für den Hersteller eines Produktes für den anonymen Markt, ist ein Produktzertifikat interessant, das dem Produkt gewisse Qualitätseigenschaften bescheinigt. Produktzertifikat

ISO 12119

Erfüllt ein Produkt die Norm DIN ISO/IEC 12119 – sie fordert einen grundsätzlichen Systemtest – dann kann eine Zertifizierungsstelle, die das Produkt geprüft hat, das RAL-Gütezeichen für Software und das DIN-Prüf- und Überwachungszeichen für das Produkt vergeben.

Testprozeß

Die im Laufe einer Software-Entwicklung durchzuführenden Tests müssen im Rahmen der übergeordneten Qualitätssicherung geplant, durchgeführt und kontrolliert werden. Minimal sind folgende Dokumente zu erstellen:

- ■ Testplan,
- ■ Testvorschrift,
- ■ Testbericht mit
- □ Testzusammenfassung,
- □ Testprotokoll,
- □ Liste der Problemmeldungen,
- □ Liste der getesteten Software-Einheiten.

/Henderson-Sellers 96/
Henderson-Sellers B., *Object-Oriented Metrics – Measures of Comlexity*, Upper Saddle River: Prentice Hall PTR, 1996, 234 Seiten
Einführung in Metriken, Überblick über traditionelle und objektorientierte Produktmetriken. Sehr zu empfehlen.

/Kneuper, Sollmann 95/
Kneuper R., Sollmann F., *Normen zum Qualitätsmanagement bei der Softwareentwicklung*, in: Informatik-Spektrum 18, 1995, S. 314–323
Sehr guter Überblick über Qualitätsnormen.

Zitierte Literatur

/Card, Glass 90/
Card D. N., Glass R. L., *Measuring Software Design Quality*, Englewood Cliffs: Prentice Hall 1990

/Chidamber, Kemerer 91/
Chidamber S., Kemerer C., *Towards a metric suite for object-oriented design*, in: Proceedings OOPSLA '91, Sigplan Notices, 26/11), 1991, pp. 197–211

/Chidamber, Kemerer 93/
Chidamber S. R., Kemerer C. F., *A Metric Suite for Object Oriented Design*, CISR Working Paper No. 149, M.I.T. Sloan School of Management, Februar 1993

/Chidamber, Kemerer 94/
Chidamber S. R., Kemerer C. F., *A Metrics Suite for Object-Oriented Design*, in: IEEE Transactions on Software Engineering, June 1994, pp. 476–493

/DIN ISO 9126/
Informationstechnik – Beurteilen von Softwareprodukten, Qualitätsmerkmale und Leitfaden zu deren Verwendung, 30.9.91

/Frühauf, Ludewig, Sandmayr 88/
Frühauf K., Ludewig J., Sandmayr H., *Software-Projektmanagement und -Qualitätssicherung*, Stuttgart: Teubner Verlag 1988

/Frühauf, Ludewig, Sandmayr 95/
Frühauf K., Ludewig J., Sandmayr H., *Software-Prüfung – Eine Anleitung zum Test und zur Inspektion*, Stuttgart: Teubner Verlag 1995

/Henry, Kafura 81/
Henry S., Kafura D., *Software structure metrics bases on information flow*, in: IEEE Transaction on Software Engineering, 7(5), 1981, pp. 510–518

/Li, Henry 93/
Li W., Henry S., *Object Oriented Metrics that Predict Maintainability*, in: Journal of System Software, S. 111-122, New York 1993
/Lorenz, Kidd 94/
Lorenz M., Kidd J., *Object-Oriented Software Metrics*, Englewood Cliffs: Prentice Hall 1994
/Nielsen, Mack 94/
Nielsen J., Mack R. L. (Eds), *Usability Inspection Methods*, New York: John Wiley & Sons 1994
/Poston 94/
Poston R. M., *Automated Testing from Object Models*, in: Communications of the ACM, Sept. 1994, pp. 48–58
/Sharble, Cohen 93/
Sharble R. C., Cohen S. S., *The Object-Oriented Brewery: A Comparison of Two Object-Oriented Development Methods*, in: Software Engineering Notes, S. 60–73, Vol. 13, No. 2, 1993
/Wallmüller 90/
Wallmüller E., *Software-Qualitätssicherung in der Praxis*, München: Hanser Verlag 1990

1 *Lernziel: Klassische und objektorientierte Metriken für Systeme und die Kopplung zwischen Systemkomponenten beschreiben können.*
Der Systemanalytiker einer Firma hat eine Klassendiagramm erstellt. Ein weiterer Mitarbeiter hat in dieses Diagramm eingetragen, welche Operationen von welchen Operationen aufgerufen werden. Ihre Aufgabe besteht darin, für diese Firma sämtliche Metriken zu ermitteln, die sich aus diesem Diagramm bestimmen lassen. Geben Sie die Metriken und Ihre Bedeutungen an.

Muß-Aufgabe
25 Minuten

2 *Lernziel: Aufgaben, Prüfziele und Testverfahren für den System- und Abnahmetest allgemein und an Beispielen erklären können.*

a Nennen Sie kurz die Aufgaben von System- und Abnahmetest.
b Welchen Prüfzielen und Testverfahren entsprechen die Tests zu den folgenden Produktanforderungen? Erklären Sie diese.

- Bei einer Lagerverwaltung soll ein Bestand von einer Million Teile verwaltet werden können.
- Der schreibende Zugriff auf die Personaldaten darf ausschließlich durch die Personalabteilung erfolgen.
- Die Anworten des Systems, auf die Anfrage, ob eine Buchhandlung ein spezielles Buch vorrätig hat, darf maximal eine Sekunde dauern.

Muß-Aufgabe
15 Minuten

3 *Lernziel: Anhand der ISO 12119 darstellen können, was ein Produktzertifikat ist.*
Schauen Sie sich den Überblick über die DIN ISO/IEC 12119 in den Abbildungen 6.7-1a und 6.7-1b an.
Was wird dargestellt? Was ist demnach ein Produktzertifikat und wozu dient es?

Muß-Aufgabe
10 Minuten

4 *Lernziel: Eine Produktbeschreibung erstellen können, die die Anforderungen der ISO 12119 erfüllt.*

Erstellen Sie eine Produktbeschreibung für das Produkt »Seminarorganisation« (Band 1, Anhang A), die den Anforderungen der ISO 12119 entspricht.

Muß-Aufgabe
40 Minuten

Muß-Aufgabe
10 Minuten

5 *Lernziel: Den vorgestellten Testprozeß mit seinen Dokumenten erläutern können.*

a Aus welchen Schritten sollte der Testprozeß mindestens bestehen?
b Welche Dokumente werden hierfür erstellt und was beinhalten sie?

Muß-Aufgabe
80 Minuten

6 *Lernziel: Anhand von Beispielen die beschriebenen Testdokumente erstellen können.*

Erstellen Sie für den *Teach*-Roboter V 1.3 (Anhang B, Band 1) eine Testvorschrift zur Überprüfung, ob durch die Steuerkommandos die richtigen Gelenke angesprochen werden.

IV Querschnitte und Ausblicke

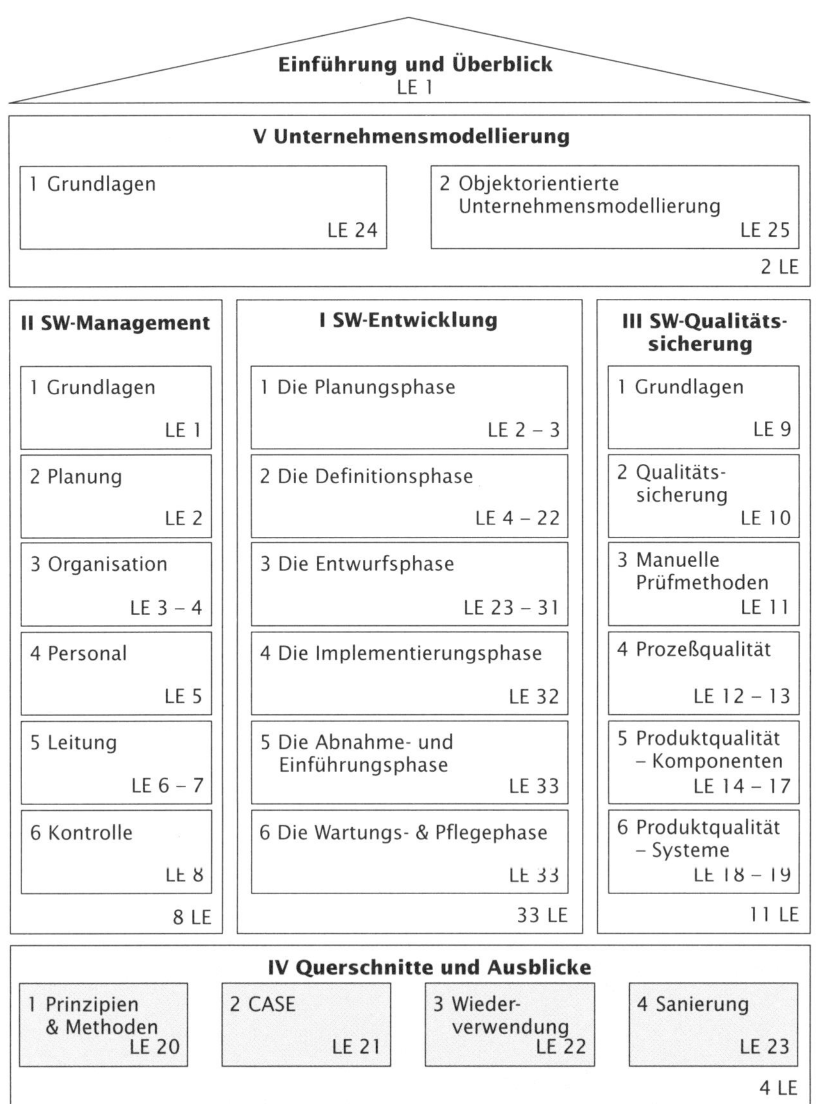

Legende: LE = Lehreinheit (für jeweils 1 Unterrichtsdoppelstunde)

1 Prinzipien und Methoden

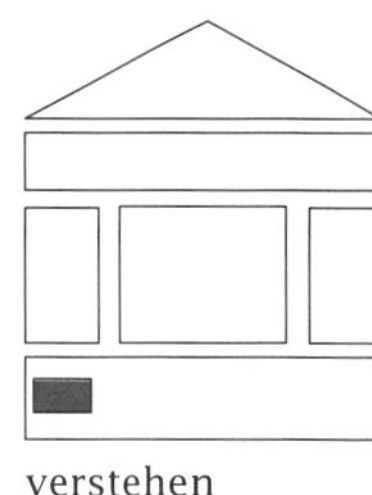

- Die aufgeführten Prinzipien definieren, ihre Abhängigkeiten darstellen und ihre Vorteile aufzählen können. verstehen
- Die aufgeführten Methoden definieren, ihre Abhängigkeiten darstellen und ihre Vorteile aufzählen können.
- Die aufgeführten Prinzipien und Methoden anhand von Beispielen aus der Software-Technik erklären können.
- Relevante Ordnungsrelationen und ihre Eigenschaften anhand von Beispielen aus der Software-Technik erläutern können.
- Konzepte und Methoden anhand ihres Abstraktionsgrades und ihrer Struktur bzw. Hierarchie klassifizieren können. anwenden
- Die verschiedenen Ausprägungen des Geheimnisprinzips anhand von Beispielen erläutern können.
- Die Unterschiede zwischen Modulen, Verkapselung und Geheimnisprinzip erläutern können.
- Gegebene Szenarien daraufhin beurteilen können, welche Prinzipien und Methoden eingesetzt werden bzw. gegen welche Prinzipien und Methoden verstoßen wird. beurteilen
- Beurteilen können, ob gegebene Systemkomponenten oder Subsysteme den Modulkriterien entsprechen.
- Konzepte und Methoden daraufhin überprüfen können, ob sie die Lokalität und Verbalisierung unterstützen.
- Spezialisierte Methoden daraufhin analysieren können, inwieweit sie allgemeine Methoden, und wenn ja welche, beinhalten.

√

- Die Kapitel I 2.2 »Was muß definiert werden« und I 3.1 »Entwurf – Einführung und Überblick« müssen bekannt sein.
- Zum tieferen Verständnis sollten die Kapitel I 2.6 bis 2.20, I 3.8 bis 3.10 und II 2.2 bis 2.7 bekannt sein.

i

1 Prinzipien und Methoden

Die Software-Technik ist gekennzeichnet durch eine hohe Innovationsgeschwindigkeit. Insbesondere im Bereich der Methoden und Werkzeuge vergeht kaum eine Woche oder ein Monat, in dem nicht neue Methoden und neue Werkzeuge angekündigt werden. In dem rasanten Wandel fällt es schwer, das »Konstante«, das »Übergeordnete« zu erkennen.

Im folgenden werden einige Prinzipien und Methoden vorgestellt, die eine gewisse »Allgemeingültigkeit« für die Software-Technik besitzen. Sie gelten auch in vielen anderen Disziplinen. Anhand von Beispielen wird ihre Relevanz und »Gültigkeit« für die Software-Technik gezeigt.

1.1 Prinzipien

Prinzip

Prinzipien sind Grundsätze, die man seinem Handeln zugrunde legt. Prinzipien sind allgemeingültig, abstrakt, allgemeinster Art. Sie bilden eine theoretische Grundlage. Prinzipien werden aus der Erfahrung und Erkenntnis hergeleitet und durch sie bestätigt.
Folgende Prinzipien werden vorgestellt:

- Prinzip der Abstraktion,
- Prinzip der Strukturierung,
- Prinzip der Hierarchisierung,
- Prinzip der Modularisierung,
- Geheimnisprinzip,
- Prinzip der Lokalität,
- Prinzip der Verbalisierung.

Alle diese Prinzipien spielen für den Software-Entwicklungsprozeß, insbesondere für die Definition, den Entwurf und die Implementierung, eine wichtige Rolle. Aber auch in den Bereichen Software-Management und Software-Qualitätssicherung finden diese Prinzipien ihre Anwendung, oft in etwas modifizierter Form. Es gibt noch weitere Prinzipien, die aber meist nur spezielle Anwendungsbereiche abdecken. Sie sind in den entsprechenden Kapiteln aufgeführt.

Der Wirkungsbereich der einzelnen Prinzipien wird anhand des Systembegriffs erläutert.

System

Ein **System** ist ein Ausschnitt aus der realen oder gedanklichen Welt, bestehend aus Systemkomponenten bzw. Subsystemen, die untereinander in verschiedenen Beziehungen stehen.

Systeme können in allgemeiner Form durch Graphen dargestellt werden. Ein Graph stellt die Systemkomponenten bzw. Subsysteme durch (markierte) Knoten(punkte) und die Beziehungen (Relationen) durch verbindende (benannte) Linien (Kanten) dar.

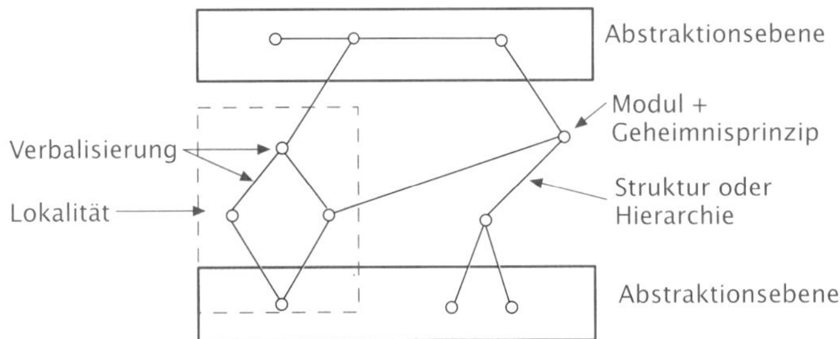

Abb. 1.1-1: Prinzipien und ihr Wirkungsbereich

Abb. 1.1-1 zeigt ein Beispiel einer solchen grafischen Systemdarstellung und den Wirkungsbereich der einzelnen Prinzipien.

Die Kontextabhängigkeit und der innere Aufbau einer Systemkomponente geben den Grad der Modularisierung an. Systemkomponenten, die sich auf demselben Abstraktionsniveau befinden, können zu Abstraktionsebenen zusammengefaßt werden.

Das Prinzip der Lokalität sorgt dafür, daß alle benötigten Informationen, die für eine Sichtweise oder für einen Zweck benötigt werden, lokal, d. h. räumlich nahe angeordnet sind. Gute Verbalisierung sorgt für die prägnante und fachlich geeignete Benennung von Systemkomponenten und Beziehungen.

Die Eigenschaften der Beziehungen bzw. Relationen zwischen den Systemkomponenten bestimmen die Struktur oder Hierarchie des Systems (Abb. 1.1-2 und Abb. 1.1-3).

1.1.1 Prinzip der Abstraktion

Die Abstraktion ist eine der wichtigsten Prinzipien der Software-Technik.

Abstraktion

Unter **Abstraktion** versteht man Verallgemeinerung, das Absehen vom Besonderen und Einzelnen, das Loslösen vom Dinglichen. Abstraktion ist das Gegenteil von Konkretisierung.

Abstrahieren

Unter **Abstrahieren** versteht man dementsprechend das Abgehen vom Konkreten, das Herausheben des Wesentlichen aus dem Zufälligen, das Beiseite lassen von Unwesentlichem, das Erkennen gleicher Merkmale.

Abstrakt

Abstrakt bedeutet also *nicht* gegenständlich, *nicht* konkret, *nicht* anschaulich, begrifflich verallgemeinert, theoretisch.

Modellbildung

Oft spricht man anstelle von Abstraktion auch von **Modellbildung**. Durch das Abstrahieren vom Konkreten macht man ein Modell der realen Welt, d.h. das Modell repräsentiert die reale Welt durch sein charakteristisches Verhalten.

Literaturhinweis: Abstraktion und Modellierung werden ausführlich in /Inhetveen, Luft 83/ und /Luft 84/ behandelt.

Abstraktion und Konkretisierung sind nicht absolut, sondern relativ, d.h. es gibt mehr oder weniger Abstraktion und Konkretisierung. Daher wird der Begriff **Abstraktionsebenen** benutzt, um Abstufungen der Abstraktion zu bezeichnen.

Abb. 1.1-2: (mathematische) Relationen und ihre Eigenschaften

Die Eigenschaften der Relationen zwischen Systemkomponenten führen zu einer bestimmten Struktur oder Hierarchie eines Systems.

Definitionen
Das **kartesische Produkt** AxB zweier Mengen A, B besteht aus allen geordneten Paaren (a,b) mit $a \in A$ und $b \in B$.
Jede Teilmenge $R \subseteq AxB$ heißt (zweistellige, binäre) Relation von A nach B, im Falle $R \subseteq AxA$ (zweistellige, binäre) Relation in A. Ist $(a,b) \in R$, so schreibt man auch aRb.

Zuordnungen
Zweistellige Relationen in A können gedeutet werden als Zuordnungen:
Elementen aus A werden nach einer definierten Vorschrift (Ordnungsrelation "<=", Gleichheitsrelation "=", Enthalten sein-Relation "$\subseteq$" im Mengensystem) Elemente aus A zugeordnet. Elementpaare sind in der Relation, wenn sie dieser Vorschrift genügen.

Eigenschaften
Es sei R eine Relation in A. Dann heißt R
- **reflexiv**, wenn für alle $a \in A$ aRa gilt,
- **irreflexiv**, wenn für alle $a \in A$ aRa *nicht* gilt,
- **symmetrisch**, wenn für alle $a, b \in A$ mit aRb folgt, daß auch bRa gilt,
- **asymmetrisch**, wenn für alle $a, b \in A$ mit aRb folgt, daß bRa *nicht* gilt,
- **identitiv**, wenn für alle $a, b \in A$ mit aRb und bRa folgt, daß a=b gilt,
- **transitiv**, wenn für alle $a, b,c \in A$ mit aRb und bRc folgt, daß (auch) aRc gilt,
- **konnex** (linear), wenn für alle $a, b \in A$ folgt, daß aRb oder bRa (oder beides) gilt.

Transitivität und Irreflexivität implizieren Asymmetrie. Die Eigenschaften der **Transitivität** liegen allen Ordnungsstrukturen zugrunde.

Graphen
Die Relationen aus obiger Definition lassen sich eindeutig und anschaulich durch **gerichtete Graphen** darstellen.

Ein **gerichteter Graph** G = (V, E) besteht aus einer Menge von Knoten $V = \{v_1, v_2, v_3, ...\}$ und einer Menge von Kanten $E = \{e_1, e_2, e_3, ...\}$.

Die Zuordnung einer Relation $R \subseteq AxA$ zu einem gerichteten Graphen G = (V, E) geschieht derart, daß alle $a \in A$ Knoten V in G werden und die Knoten v_1, v_2, die je zwei Elemente $a, b \in A$ mit aRb entsprechen, durch eine (gerichtete) Kante (Pfeil) e von v_1 nach v_2 verbunden werden. Dabei wird oft vereinbart, daß die sich aus der Transitivität einer Relation ergebenden Pfeile unterdrückt werden. Anstelle G = (V, E) schreibt man deshalb auch G = (V, R).

v_1 nennt man den Ausgangsknoten, v_2 den Zielknoten der Kante e. Unter Ordnungsaspekten heißt v_1 (direkter) **Vorgänger** von v_2 und v_2 (direkter) **Nachfolger** von v_1. Eine Folge von Knoten (v_1, v_2, ... v_n) heißt nun Pfad der Länge n, wenn es eine (gerichtete) Kante von v_i nach v_{i+1} für i = 1,..., n-1 gibt.
v_0 kann dann von v_1 aus erreicht werden.
Ein **Zyklus** (Schleife) ist ein Pfad (v_1, ... v_n) für den $v_1 = v_n$ gilt. Insbesondere ist (v_1, v_1) ein Zyklus der Länge 1. Schleifenfreie Graphen heißen **azyklisch.**
Die Zahl der Kanten, die in einem Knoten enden, heißt **Eingangsgrad**, die Zahl der Kanten, die aus einem Knoten entspringen, heißt **Ausgangsgrad**.

Gerichtete Graphen können **geordnet** werden, indem man die Elemente der Relation wie folgt anordnet:
((a_1Ra_2), (a_1Ra_3), ..., (a_1Ra_n), (a_2Ra_3)...)

Durch gerichtete Graphen können beliebige Strukturen dargestellt werden.
Durch die Einschränkung der den gerichteten Graphen zugrundeliegenden Relationen auf Ordnungsrelationen erhält man für Software-Systeme relevante und geeignete Strukturen oder Hierarchien.

v1 e1 e3 e2 v2 v3 e4

Teilfunktions-Relation

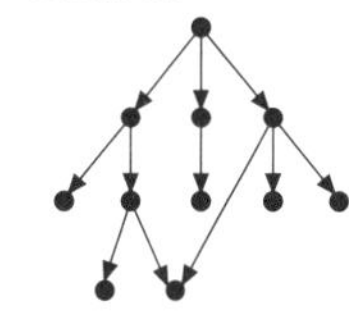

PASCAL-Prozedur-/Funktionsaufrufe (ohne Hauptprogramm und *forward*-Deklarationen)

Gerichteter azyklischer Graph mit partieller Ordnung
Eine **transitive** und **irreflexive** Relation R in einer Menge A heißt **partielle Ordnung über A.**
Es gilt:
Eine partielle Ordnung ist asymmetrisch. Wenn R partielle Ordnung über A ist, so ist G = (V, R) eine gerichteter azyklischer Graph.
Rekursive Strukturen können nicht beschrieben werden:
Die Irreflexivität verbietet direkte Rekursion, die zusammen mit der Transitivität herleitbare Asymmetrie indirekte Rekursion. Im Gegensatz zu Baumhierarchien (siehe unten) kann der Eingangsgrad von Knoten größer als 1 sein, d.h. es können von unterschiedlichen Zweigen Relationen zu einem Objekt bestehen.

Gerichteter Graph mit reflexiver partieller Ordnung
Eine **transitive, reflexive** und **identitive** Relation R in einer Menge A heißt **reflexive partielle Ordnung über A.**

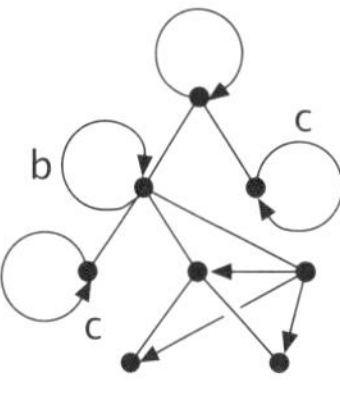

Gerichteter Graph mit linearer Ordnung
Eine **transitive, reflexive, identitive** und **konnexe** Ordnung R über A heißt **lineare Ordnung** von A.

Gerichteter Graph mit strikter Ordnung
Eine **transitive** und **asymmetrische** Relation über A heißt **strikte Ordnung** über A.

lineare Ordnung strikte Ordnung

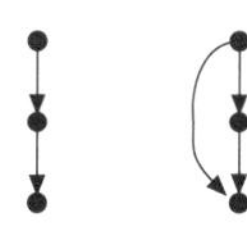

Gerichteter Baum
Ein (gerichteter) **Baum** ist ein gerichteter Graph G = (A, R) mit (genau) einem speziellen Knoten w ∈ A, der sog. **Wurzel,** mit den folgenden Eigenschaften:
1 w hat Eingangsgrad 0, d.h. keine Kante endet in w,
2 alle anderen Knoten haben den Eingangsgrad 1, d.h. in ihnen endet genau eine Kante,
3 jeder Knoten kann von w aus erreicht werden.

Ein Baum ist demnach azyklisch; der Pfad von w zu einem anderen Knoten ist eindeutig bestimmt.
Bei einer Baumstruktur haben alle Systemkomponenten einen eindeutigen **Abstand** von der Wurzel. Der Abstand ist dabei die Länge des minimalen Pfades.

partielle Ordnung
Transitivität
Irreflexivität
Asymmetrie
strikte Ordnung

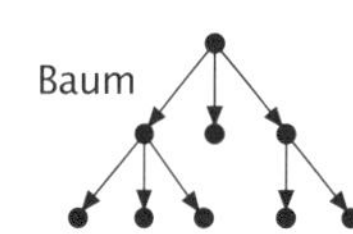

Ordnungsrelationen im Überblick
- **partielle Ordnung:** transitiv, irreflexiv, asymmetrisch.
- **reflexiv partielle Ordnung:** transitiv, reflexiv, identitiv.
- **vollständige Ordnung:** transitiv, reflexiv, konnex (nicht relevant).
- **lineare Ordnung:** transitiv, reflexiv, identitiv, konnex.
- **strikte Ordnung:** transitiv, asymmetrisch.

Hierarchie vs. Struktur
Gerichtete Graphen erzeugen Hierarchien, ungerichtete und/oder gerichtete Graphen erzeugen Strukturen.

Abb. 1.1-3: relevante Ordnungsrelationen

Schwierigkeiten entstehen oft dadurch, daß nicht die geeigneten Abstraktionen gefunden werden. Man sollte sich darüber im Klaren sein, daß das Abstrahieren eine äußerst anspruchsvolle Tätigkeit ist, denn es ist meist sehr schwierig, aus vielen konkreten Tatsachen das Wesentliche zu isolieren.

Bei der Software-Entwicklung findet ein ständiges Wechselspiel zwischen »Abstrahieren« und »Konkretisieren« statt.

Beispiel

Am Anfang einer Software-Produktentwicklung steht in der Regel ein Abstraktionsprozeß (Abb. 1.1-4).

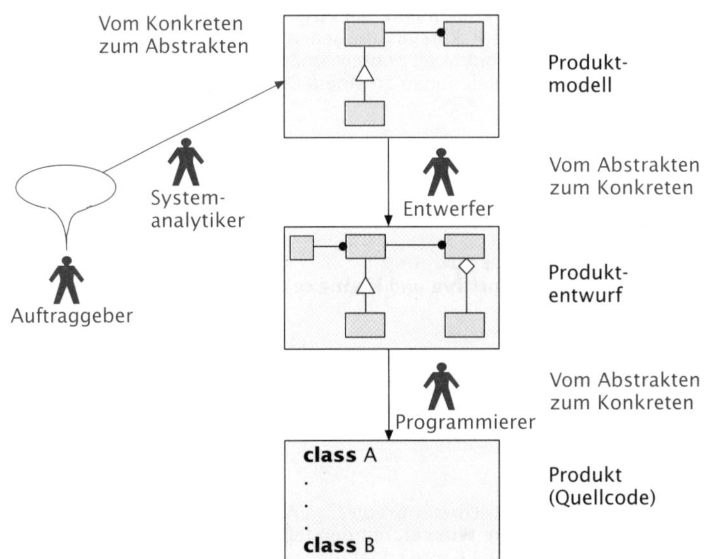

Abb. 1.1-4: »Vom Konkreten zum Abstrakten« und »Vom Abstrakten zum Konkreten« in der Software-Entwicklung

Kapitel I 2.1

Die Auftraggeber- bzw. Kundenwünsche müssen ermittelt, analysiert und in Form einer abstrakten Beschreibung modelliert werden. Die Anforderungen an ein neues Produkt sind dabei meist unvollständig, zum Teil widersprüchlich, oft fallbezogen und bestehen aus einer Vielzahl von konkreten Details. Der Systemanalytiker muß »intellektuell« in der Lage sein, richtig zu abstrahieren, um vom »Konkreten« zum »Abstrakten« zu gelangen.

Abschnitt II 4.1.2

Werden Mitarbeiter für diese Tätigkeit eingesetzt, die diese Fähigkeit nicht besitzen, dann liegt der weiteren Entwicklung ein falsches oder ungeeignetes Modell zugrunde.

Ist ein Produktmodell erstellt worden, dann ist dieses der Ausgangspunkt für die »Konkretisierungen« im weiteren Software-Entwicklungsprozeß. Im Entwurf und der Implementierung wird das ursprüngliche Produktmodell bis auf die Ebene der verwendeten Programmiersprache konkretisiert. Vom Entwerfer und Programmierer wird daher die Fähigkeit erwartet, vom »Abstrakten« zum »Konkreten« hin zu denken.

Da viele Mitarbeiter nicht gleich gut »Vom Konkreten zum Abstrakten« und »Vom Abstrakten zum Konkreten« denken können, ist eine Mitarbeiterspezialisierung für diese unterschiedlichen Tätigkeiten zu empfehlen.

Abschnitt II 4.1.2

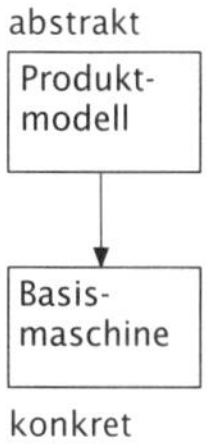

Nach Erstellung des Produktmodells besteht also die Aufgabe der Software-Entwicklung darin, die Kluft zwischen dem abstrakten Produktmodell und der konkreten Basismaschine durch die schrittweise Konkretisierung des Produktmodells zu überbrücken. Die Basismaschine repräsentiert in der Regel die vom Betriebssystem und der verwendeten Programmiersprache bzw. deren Laufzeitsystem bereitgestellte Funktionalität.

abstrakt
Produktmodell
↓
Basismaschine
konkret

In /Wendt 93/ wird der Unterschied zwischen **Vergröberung** und **Abstraktion** herausgearbeitet, der mir bedenkenswert erscheint.

Vergröberung vs. Abstraktion

Bei **vergröberten** Systemdarstellungen geht es darum, alle Details wegzulassen, die für ein intuitives Grobverständnis nicht gebraucht werden. Aussagen, die in der vergröberten Systemdarstellung gemacht werden, müssen nicht unbedingt auf das konkrete System exakt zutreffen. Beim Übergang von einer vergröberten Systemdarstellung zum konkreten System findet eine Präzisierung statt, d. h. daß bereits gemachte Aussagen teilweise wieder revidiert werden.

Demgegenüber muß beim Übergang von einer **abstrahierten** Systemdarstellung zum konkreten System eine Detaillierung vorgenommen werden, d.h. es werden weitere Aussagen hinzugebracht, ohne bereits gemachte Aussagen zu revidieren. Alles was in einer abstrahierten Systemdarstellung ausgesagt wird, trifft ohne Abstriche auf das konkrete System zu.

Nach Ansicht von /Wendt 93/ sind komplexe Systeme ohne intensive Verwendung vergröberter Systemdarstellungen nicht beherrschbar.

Bezogen auf die Möglichkeiten des *»Reengineering«* bedeutet dies, daß aus vorhandenen Systembeschreibungen, insbesondere aus Quellcode, nicht automatisch Vergröberungen erzeugt werden können.

Hauptkapitel 4

Die heutigen Konzepte und Methoden der Software-Entwicklung konzentrieren sich auf die Abstraktion.

Beispiel

Vergröberung:
Im OOA-Modell besteht zwischen zwei Klassen keine Beziehung; im OOD-Modell wird bei der Präzisierung eine Beziehung ergänzt.
Abstraktion:
Im OOA-Modell enthält eine Klasse das Attribut Geburtsdatum. Im OOD-Modell wird das abgeleitete Attribut Alter hinzugefügt.

Betrachtet man die in der Software-Entwicklung verwendeten Konzepte aus historischer Sicht, dann stellt man fest, daß neue Konzepte Sachverhalte stärker und mehrdimensional abstrahieren.

Bei Software-Entwicklungen spielen folgende Dimensionen bzw. Sichten eine wesentliche Rolle:

Kapitel I 2.2
- Daten,
- Funktionen,
- Dynamik,
- Benutzungsoberfläche.

Die folgenden Konzepte erlauben nur eine eindimensionale Modellierung bzw. Abstraktion:

- Funktions-Baum,
- Datenflußdiagramm,
- *Data Dictionary*,
- Jackson-Diagramm,
- *Entity-Relationship*-Modell,
- Kontroll-Strukturen,
- Zustands-Automaten,
- Petri-Netz,
- Interaktions-Strukturen,
- Regeln.

Innerhalb dieser Konzepte gibt es nochmals Unterschiede im Abstraktionsgrad. Während z.B. ein Funktions-Baum und ein Datenflußdiagramm Sachverhalte nur »schwach« abstrahieren, ist ein *Entity-Relationship*-Modell eine »starke« Abstraktion.

Eine zweidimensionale Modellbildung wird in folgenden Konzepten ermöglicht:

- Strukturierte Analyse (Daten und Funktionen).
- *Real time*-Erweiterung der strukturierten Analyse (Funktionen und Dynamik).
- Klassen-Diagramme (Daten und Funktionen).

Die ersten beiden Konzepte führen zu einer »schwachen« Abstraktion, das letzte Konzept zu einer »starken« Abstraktion.

Drei verschiedene Dimensionen berücksichtigt das Konzept

- Objektorientierte Analyse (Daten, Funktionen, Dynamik).

Es führt zu einer »starken« Abstraktion.

Die Ermittlung geeigneter Abstraktionen ist um so leichter, je weniger Dimensionen berücksichtigt werden müssen, und je schwächer das zugrundeliegende Konzept abstrahiert. Der Einsatz neuer Konzepte erfordert daher höhere Abstraktionsfähigkeiten von den Mitarbeitern.

Eine analoge Entwicklung läßt sich beim Software-Entwurf feststellen:

- funktionale Abstraktion (eindimensional, »schwache« Abstraktion),
- Datenabstraktion mit Datenobjekten (zweidimensional, »schwache« Abstraktion«),
- Datenabstraktion mit abstrakten Datentypen (zweidimensional, »starke« Abstraktion),
- Klassen (zweidimensional, »starke« Abstraktion).

Anhand der beiden letzten Konzepte läßt sich zeigen, daß das, was »abstrakt« ist, unterschiedlich sein kann (Abb. 1.1-5).

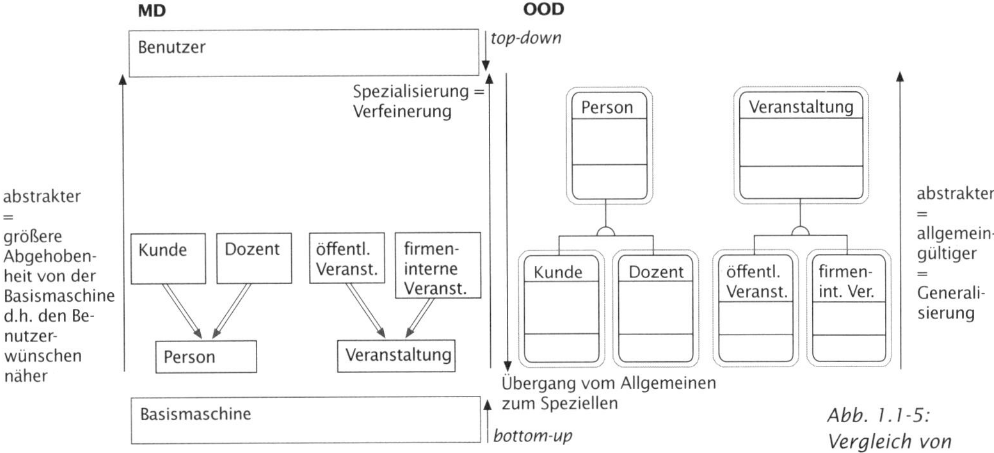

Abb. 1.1-5: Vergleich von allgemeiner Benutzbarkeit und Generalisierung

Bei einer Datenabstraktion mit abstrakten Datentypen bedeutet in der Software-Architektur »abstrakter« gleich »größere Abgehobenheit von der Basismaschine«. »Abstrakter« ist aber gleichzusetzen mit »Den Benutzerwünschen näher«. Beim objektorientierten Entwurf bedeutet »abstrakter« aber »allgemeingültiger«. »Abstrahieren« bedeutet »Generalisieren«.

In /Hesse et al. 94/ werden für die Software-Entwicklung prinzipiell folgende drei Abstraktionsebenen unterschieden:

- die Exemplar-Ebene,
- die Typ-Ebene und
- die Meta-Ebene, genauer gesagt die Meta-Typen-Ebene.

Auf der **Exemplar-Ebene** werden menschliche Handlungen, spezifische Ereignisse, konkrete Sachverhalte in ihren Beziehungen und/oder zeitlichen Abläufen beschrieben. Passive Elemente, auf die Bezug genommen wird, sind konkrete Gegenstände, Personen oder begriffliche Artefakte wie »Haus Nr. 25«, »Guido Neumann« oder »Konto 2324«. Beziehungen verbinden diese miteinander, z. B. »Guido Neumann wohnt in Haus Nr. 25« oder »Guido Neumann besitzt Konto 2324«. Aktive Elemente sind einmalige, konkrete Handlungen, Aktivitäten, das Eintreten von Ereignissen wie »Guido Neumann zieht in Haus Nr. 25 ein«, »Guido Neumann eröffnet Konto 2324«.

Die **Typ-Ebene** erlaubt generalisierende Aussagen über Elemente der Exemplar-Ebene. Die passiven Elemente sind Typen von Gegenständen, Personen oder begrifflichen Artefakten wie »Haus«, »Kunde«, »Konto«. Die Klassifizierung gleichwertiger Beziehungen führt zu Beziehungstypen wie »Kunde besitzt Konto«. Durch die standardisierte Beschreibung von Handlungen, Aktivitäten oder des Eintretens von Ereignissen wie »Konto eröffnen«, entstehen aktive Elemente der Typ-Ebene.

Artefakt = Kunsterzeugnis; das durch menschliches Können Geschaffene

Die **Meta-Ebene** entsteht durch die Zusammenfassung gleichartiger Elemente der Typ-Ebene. Die passiven Elemente »Haus«, »Kunde« und »Konto« werden unter dem Begriff »Klasse« subsumiert, »Attribute« fassen unstrukturierte passive Elemente, »Operationen« aktive Elemente zusammen. Die Elemente der **Meta-Ebene** dienen hauptsächlich zur Begriffsbildung auf der Typ-Ebene. Außerdem ist die Meta-Ebene für die Werkzeugunterstützung relevant. Viele Software-Werkzeuge arbeiten intern mit einem Meta-Modell.

Beispiel
Kapitel I 2.18

Alle drei Ebenen findet man in der objektorientierten Welt: Objekt-Diagramm (Exemplar-Ebene), Klassen-Diagramm (Typ-Ebene), Meta-Modell (Meta-Ebene) (Abb. 1.1-6).

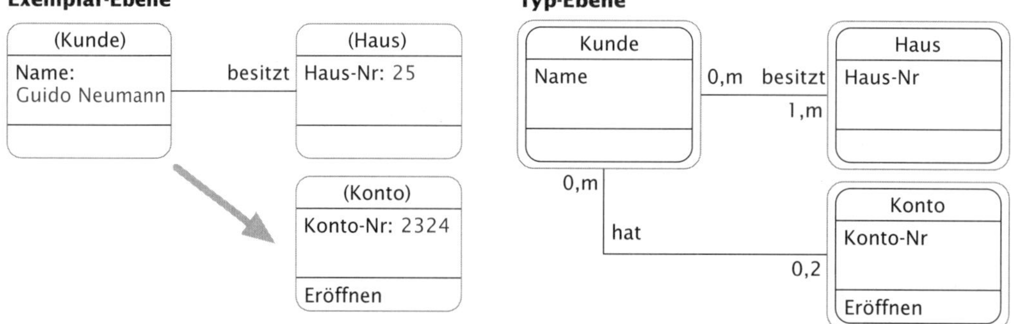

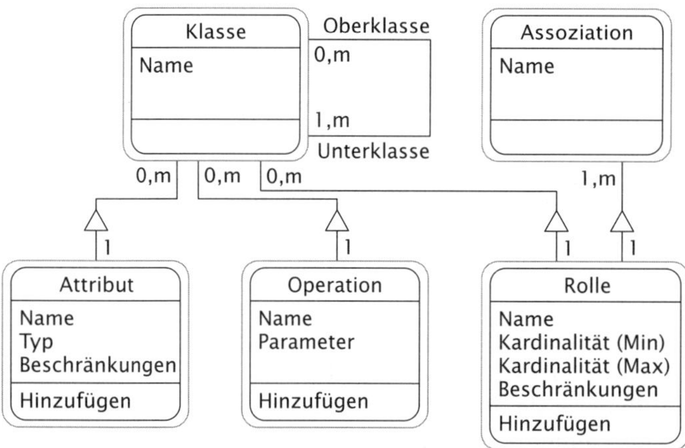

Abb. 1.1-6: Beispiele für objektorientierte Abstraktionsebenen

Entsprechend diesen drei Abstraktionsebenen läßt sich feststellen, daß neue Konzepte meist auf der Typ-Ebene anzusiedeln sind und daher »stärker« abstrahieren als Konzepte auf der Exemplar-Ebene.

Zur Notation

Für »Abstraktionen« gibt es in der Regel keine eigenständige Notation. Das verwendete Konzept, z.B. Klassen, die damit verbundene(n) Notation(en), z.B. Coad/Yourdon-Notation, und der Einsatz in der jeweiligen Entwicklungsphase geben indirekt das Abstraktionsniveau an. Zur Darstellung von Abstraktionsebenen bzw. -schichten wird oft pro Ebene ein Rechteck verwendet. Die Rechtecke sind getrennt durch Pfeile übereinander angeordnet, wobei das am höchsten oben angeordnete Rechteck die »abstrakteste« Schicht darstellt. Es ergibt sich eine lineare Ordnung (Abb. 1.1-3).

Zur Notation

Vorteile

Die Anwendung des Prinzips der Abstraktion bringt folgende Vorteile:

- Erkennen, Ordnen, Klassifizieren, Gewichten von wesentlichen Merkmalen.
- Erkennen allgemeiner Charakteristika (bildet Voraussetzung für Allgemeingültigkeit).
- Trennen des Wesentlichen vom Unwesentlichen.

1.1.2 Prinzip der Strukturierung

Das Prinzip der Strukturierung hat sowohl für das fertige Software-Produkt als auch für den Entwicklungs- und Qualitätssicherungsprozeß eine große Bedeutung. Produkten und Prozessen soll eine geeignete Struktur aufgeprägt werden.

Struktur

Eine **Struktur** gibt die Anordnung der Teile eines Ganzen zueinander an.

Definitionen

Etwas weitergehender ist folgende Definition:

Eine **Struktur** ist ein Gefüge, das aus Teilen besteht, die wechselseitig voneinander abhängen.

Im wissenschaftlichen Bereich findet man folgende Definitionen (Brockhaus):

Eine **Struktur** ist ein (durch Relationen beschreibbares) Beziehungsgefüge und dessen Eigenschaften.

Eine **Struktur** ist ein nach Regeln aus Elementen zu einer komplexen Ganzheit aufgebautes Ordnungsgefüge.

Die folgende Definition berücksichtigt implizit die Abstraktion:

Unter der **Struktur** eines Systems versteht man die reduzierte Darstellung des Systems, die den Charakter des Ganzen offenbart. Losgelöst vom untergeordneten Detail beinhaltet die Struktur die wesentlichen Merkmale des Ganzen /Kopetz 76, S. 39/.

Zur Notation

Strukturen können in allgemeiner Form durch Graphen dargestellt werden (Abb. 1.1-2 und Abb. 1.1-3). Die Semantik der Relation zwischen den Systemkomponenten bestimmt die Form der Struktur bzw.

des Graphen. In Tab. 1.1-1 sind für eine Anzahl von Konzepten die Semantik der Relation und die sich daraus ergebende Form der Struktur angegeben.

Interessant ist, daß – bis auf das *Entity-Relationship*-Modell – immer gerichtete Strukturen vorliegen.

Strukturen lassen sich noch nach der Zeitspanne, in der sie existieren, klassifizieren. Drei verschiedene Zeitspannen lassen sich unterscheiden:

- statische Struktur (Dokumentationsstruktur)
- dynamische Struktur (Laufzeitstruktur)
- organisatorische Struktur (Entwicklungsstruktur)

statische Struktur

Eine **statische Struktur** liegt vor, wenn eine Struktur ab einem Zeitpunkt vollständig vorliegt und erhalten bleibt. Die statische Struktur dokumentiert einen Sachverhalt. Bei den in Tab. 1.1-1 aufgeführten Strukturen handelt es sich, bis auf Konfiguration, um statische Strukturen.

dynamische Struktur

Entsteht während der Laufzeit eines Systems eine Struktur, dann liegt eine **dynamische Struktur** vor.

Beispiel

Durch rekursive Aufrufe entsteht während der Laufzeit eine dynamische Schachtelungsstruktur.

organisatorische Struktur

Eine **organisatorische Struktur** entsteht während einer Software-Entwicklung und existiert oft bis zur Fertigstellung des Produkts, in manchen Fällen während des gesamten Lebenszyklus des Produkts. Kennzeichnend für eine organisatorische Struktur ist, daß sie nicht

Konzept	Semantik der Relation	Anzahl unterschiedlicher Systemkomponenten-Typen	Form der Struktur
Datenfluß-Diagramm	Daten fließen von A nach B	4 (DFD in SA)	gerichteter Graph
Entity-Relationship-Modell	Zwischen A und B besteht eine Assoziation	2	ungerichteter Graph
Programmablaufplan (PAP)	Auf A folgt zeitlich B	5	gerichteter Graph (irreflexiv, transitiv)
Zustandsautomat	Von Zustand A wird in Zustand B übergegangen	1	gerichteter Graph
Petri-Netz	Transition	2	gerichteter Graph
Netzplan (Kapitel II 2.3)	Auf A folgt zeitlich B	1	gerichteter, azyklischer Graph
Konfiguration (Kapitel II 6.3)	Auf A folgt zeitlich B	1	gerichteter, azyklischer Graph
Entwicklungs-Prozeß-Modell (Kapitel II 3.3)	Tätigkeit A erzeugt Teilprodukt B, Teilprodukt B wird verwendet von Tätigkeit C	2	gerichteter Graph

Tab. 1.1-1: Konzepte der Software-Technik und ihre Strukturen

»auf einen Schlag« da ist, sondern mit Fortschreiten der Entwicklung »wächst«.

Beispiel

Eine Konfigurationsstruktur eines Software-Produkts entsteht während der Software-Entwicklung und setzt sich fort in der Wartungs- und Pflegephase. Die entstehende Struktur kann nicht von vornherein vollständig festgelegt werden; sie ist nicht vorhersehbar.

Beispiel

Für die Projektorganisation wird von /Baker 72, S. 72/ folgendes Vorgehen beschrieben:
»The general approach would be to begin a project with a single high-level team to do overall system design and nucleus development. After the nucleus is functioning, programmers on the original team could become chief programmers on teams developing major subsystems. ... The process could be repeated at lower levels if necessary.«
Diese Vorgehensweise impliziert eine gerichtete Baumstruktur.
Die Relation lautet: v_i **delegiert Aufgaben an** v_j.
Die Struktur kann nicht von vornherein festgelegt werden, da sich erst während der Entwicklung die Anzahl der Subsysteme ergibt, die wiederum die Anzahl der Teams determiniert.

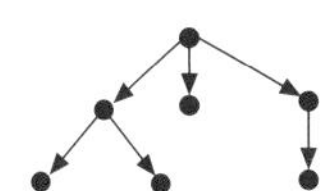

Vorteile

Die Anwendung des Prinzips der Strukturierung bringt folgende Vorteile:

- Erhöhung der Verständlichkeit,
- Verbesserung der Wartbarkeit,
- Erleichterung der Einarbeitung in ein fremdes Software-Produkt,
- Beherrschbarkeit der Komplexität eines Systems.

1.1.3 Prinzip der Hierarchisierung

Nach /Simon 62/ verfügen viele in der Natur vorkommende komplexe Systeme über eine **hierarchische Struktur**. Unabhängig davon, ob es sich dabei um ein Ordnungsprinzip der Natur an sich handelt oder ob sie nur der menschlichen Erkenntnis der Natur entspringt, bietet sich eine solche Struktur offenbar auch als geeignetes Mittel für den Aufbau von künstlichen Systemen an.

Der Begriff Hierarchie stammt aus der katholischen Kirche, wird heute aber in fast allen Lebens- und Wissenschaftsbereichen verwendet. Eine **Hierarchie** bezeichnet eine Rangordnung, eine Abstufung sowie eine Über- und Unterordnung.

Hierarchie

Ein System besitzt eine **Hierarchie**, wenn seine Elemente nach einer Rangordnung angeordnet sind. Elemente gleicher Rangordnung stehen auf derselben Stufe, sie bilden eine Ebene bzw. Schicht der Hierarchie.

Hierarchie vs. Struktur

Genau betrachtet läßt sich das Prinzip der Hierarchisierung dem Prinzip der Strukturierung unterordnen. Eine Hierarchie läßt sich nach denselben Kategorien klassifizieren wie eine Struktur. Die Semantik der Relation muß jedoch immer eine Rangfolge beinhalten.

Da hierarchische Systeme in der Software-Technik eine große Bedeutung besitzen, wird das Prinzip der Hierarchisierung hier als eigenständiges Prinzip aufgeführt, obwohl es ein Spezialfall des Prinzips der Strukturierung ist.

Zur Notation

Hierarchien werden analog zu Strukturen dargestellt. Die Kanten müssen jedoch immer gerichtet sein. In der Regel sollten übergeordnete Elemente auch über den untergeordneten Elementen gezeichnet werden.

In Tab. 1.1-2 sind für eine Anzahl von Konzepten und Methoden die Semantik der Relation und die sich daraus ergebende Hierarchieform angegeben. Wie die Tabelle zeigt, überlagern sich bei Methoden mehrere Strukturen und/oder Hierarchien.

Analog zu Strukturen lassen sich auch statische, dynamische und organisatorische Hierarchien unterscheiden.

Tab. 1.1-2: Konzepte/Methoden der Software-Technik und ihre Hierarchien

Konzept/Methode	Semantik der Relation	Anzahl unterschiedlicher Systemkomponenten-Typen	Hierarchieform
Funktions-Baum	A besteht aus B, A ruft B auf	1	gerichteter Baum
Jackson-Diagramm	A besteht aus B	3	gerichteter Baum
Klassen-Diagramm	A vererbt an B	2	azyklisches Netz
Entscheidungsbaum	A wird vor B entschieden	1	gerichteter Baum
Strukturierte Analyse (SA)			
– Datenfluß-Diagramm	Daten fließen von A nach B	4	gerichteter Graph
– DFD-Hierarchie	Funktion A wird durch Diagramm B verfeinert	2	gerichteter Baum
Objektorientierte Analyse (OOA), Entwurf (OOD)			
– Assoziation	Zwischen A und B besteht eine Assoziation	2	ungerichteter Graph
– Aggregation	A besteht aus B, C ...	2	gerichtetes Netz
– Vererbung	A vererbt an B	2	azyklisches Netz
– Subsysteme	A faßt B, C ... zusammen	2	azyklisches Netz
Strukturierter Entwurf (SD)	A ruft B auf	1	azyklisches Netz
Modularer Entwurf (MD)			
– Aufruf	A ruft B auf	2 (3)	azyklisches Netz
– Import, Benutzbarkeit	A importiert B	2 (3)	azyklisches Netz
– Enthaltensein	A enthält B	2 (3)	gerichteter Baum
Aufbauorganisation			
– funktions-/marktorientiert	A leitet B	1	gerichteter Baum
– Matrix	C untersteht A und B	1	azyklisches Netz

Die Vorteile der Strukturierung gelten auch für die Hierarchisierung. Eine Hierarchie schränkt jedoch stärker ein als eine Struktur. Das hat sowohl Nachteile als auch gewünschte Vorteile. Der Hauptnachteil liegt in der Beschränkung auf definierte, gerichtete Strukturen. Dieser Nachteil ist zugleich auch der größte Vorteil. Er verhindert nämlich chaotische Strukturen.

1.1.4 Prinzip der Modularisierung

Das Prinzip der Modularisierung wird insbesondere in Ingenieurdisziplinen angewandt. Ein Computersystem oder Fernsehgerät wird aus Modulen aufgebaut, wobei jedes Modul eine weitgehend abgeschlossene Bau- oder Funktionsgruppe darstellt. Im Fehlerfall wird das komplette Modul gegen ein fehlerfreies ausgetauscht. Um dies zu ermöglichen, muß das Modul eine festgelegte Schnittstelle zu den anderen Modulen des Gerätes besitzen. Alle Informationen müssen über diese Schnittstelle laufen. Dieses Beispiel zeigt bereits einige Eigenschaften von Modulen.

In der Software-Technik werden die Begriffe Modularität und Modul entweder in einem sehr weiten Sinne oder in einem sehr engen Sinne definiert.

In diesem Abschnitt wird nur eine weitgefaßte Begriffsbestimmung gegeben, auf den Modulbegriff im engeren Sinne wird im Kapitel I 3.9 »Modularer Entwurf« eingegangen.

Beispiel

Dokumente – insbesondere Referenz- und Benutzerhandbücher – sollen modular aufgebaut sein. Wird z.B. eine Funktion in einem Software-Produkt geändert, dann soll es möglich sein, die zugehörige Funktionsbeschreibung im Referenzhandbuch gegen die neue auszutauschen. Solche partiellen Änderungen dürfen jedoch nicht dazu führen, daß das gesamte Referenzhandbuch gegen ein neues ersetzt werden muß. Beim partiellen Austauschen von Teilen müssen die Seitennumerierung und die Bezüge konsistent bleiben.
Modularität von Dokumenten zeigt sich daher in folgenden Eigenschaften:
- Kapitel- oder abschnittsweise Seitenzählung z.B. Kapitel 2/Seite 5. Die Seitenzählung basiert jeweils auf dem Kapitelanfang. Bei Erweiterung eines Kapitels muß nicht das ganze Dokument neu numeriert werden. Alle Abbildungsnummern werden jeweils kapitelweise durchgezählt.
- Die Bezüge auf andere Kapitel sollten möglichst gering sein, d.h. in den einzelnen Kapiteln sollten weitgehend abgeschlossene Themen behandelt werden.
- Die Kapitel dürfen nicht umfangreich sein, sonst geht der Vorteil der Modularität wieder verloren.

- Wünschenswert ist ein Referenzverzeichnis am Ende jedes Kapitels, damit auf einen Blick sichtbar ist, auf welche anderen Kapitel Bezug genommen wird.

Bildlich gesehen ist jedes Kapitel in sich abgeschlossen (Abb. 1.1-7). Die Bezüge zu anderen Kapiteln sind reduziert und leicht lokalisierbar. Bei Referenzhandbüchern ist oft sogar eine seitenweise Modularität möglich.

Abb. 1.1-7: Dokument-Module

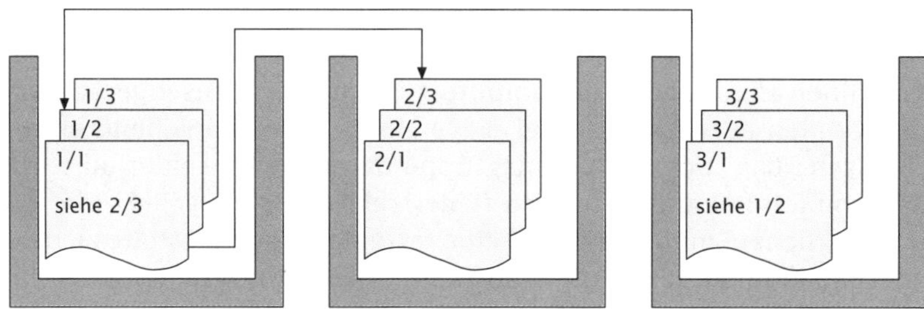

Ein anderes Beispiel, bei dem durch eine Methode bereits von vornherein Modularität gegeben ist, ist die strukturierte Analyse (SA).

Beispiel

Der Kern der strukturierten Analyse besteht aus einer Baumhierarchie von Datenflußdiagrammen. Jedes Datenflußdiagramm soll maximal eine DIN A4-Seite umfassen. Die Bezüge zwischen den Datenflußdiagrammen werden über Einträge in das *Data Dictionary* hergestellt.

Modularisierung

Modul

Modularisierung bezeichnet die Konzeption von Modulen beim Software-Entwicklungsprozeß. Ein **Modul im weiteren Sinne** ist durch folgende Eigenschaften gekennzeichnet:

- Darstellung einer funktionalen Einheit oder einer semantisch zusammengehörenden Funktionsgruppe.
- Weitgehende Kontextunabhängigkeit, d.h. ein Modul ist in sich abgeschlossen. Die Kontextunabhängigkeit beinhaltet, daß ein Modul von der Modulumgebung weitgehend unabhängig entwickelbar, prüfbar, wartbar und verständlich ist.
- Definierte Schnittstelle für Externbezüge. Die externen Bezüge eines Moduls sollten klar erkennbar und möglichst in einer Schnittstellenbeschreibung zusammengefaßt sein.
- Im qualitativen und quantitativen Umfang handlich, überschaubar und verständlich.

Unter »funktionaler Einheit« ist zu verstehen, daß in einem Modul zusammengehörende Dinge vereinigt sein sollen.

Beispiel

Werden in einem Benutzerhandbuch z.B. die Benutzungsoberfläche und die Druckausgaben in einem Kapitel zusammengefaßt beschrieben, dann muß bei Änderung der Druckausgaben auch die Beschreibung der Benutzungsoberfläche ausgetauscht werden. Benutzungsoberfläche und Druckausgaben stehen in keinem so engen semantischen Zusammenhang, daß sie sinnvoll in einem Dokument-Modul zusammengefaßt werden sollten.

Die Kontextunabhängigkeit bedeutet, daß z.B. die Funktion »Suchen und Ersetzen eines Textes« in einem Textbearbeitungssystem unabhängig von der Funktion »Löschen eines Zeichens, eines Wortes, einer Zeile, eines Absatzes, eines Textbausteines« beschrieben ist und verstanden werden kann.

Betrachtet man die Konzepte und Methoden der Software-Entwicklung, dann findet man Modularität bei Systemkomponenten (Modularität im Kleinen) und/oder Subsystemen (Modularität im Großen).

Modularität im Großen

Modularität im Großen wird durch folgende Konzepte/Methoden unterstützt:
- Hierarchische Zustandsautomaten (Harel-Automat),
- hierarchische Petri-Netze,
- hierarchische Netzpläne,
- Subsysteme in der objektorientierten Analyse und im objektorientierten Entwurf,
- Hierarchie von Datenfluß-Diagrammen in der strukturierten Analyse.

Modularität im Kleinen

Modularität im Kleinen wird durch folgende Konzepte/Methoden unterstützt:
- Klassen,
- Datenabstraktion,
- Prozeduren/Funktionen,
- Entscheidungstabellen-Verbunde.

Die Konzepte und Methoden ermöglichen eine Modularisierung, sie erzwingen sie in der Regel nicht.

Zusammenhang mit Abstraktion

Modularität im Großen ist eng verknüpft mit dem Prinzip der Abstraktion, da die Modularisierung gleichzeitig das Bilden von Abstraktionsebenen erfordert.

Zur Notation

Zur Kennzeichnung eines Moduls gibt es keine einheitliche Notation. Sie ergibt sich implizit durch die jeweils verwendete Notation für Systemkomponenten und Subsysteme.

Abschnitt II 3.2.4

Das Prinzip der Modularisierung gilt nicht nur in der Software-Entwicklung, sondern ist auch bei der Gestaltung der Aufbauorganisation eines Unternehmens zu berücksichtigen. In Abhängigkeit von der Art der Interdependenzen zwischen Arbeitsabläufen ergibt sich eine »modulare« Aufbauorganisation.

Vorteile

Die Anwendung des Prinzips der Modularisierung bringt folgende Vorteile:

⊞ Hohe Änderungsfreundlichkeit (leichter Austausch und leichte Erweiterbarkeit),

- Verbesserung der Wartbarkeit (leichte Lokalisierung, Kontextunabhängigkeit),
- Erleichterung der Standardisierung,
- Erleichterung der Arbeitsorganisation und Arbeitsplanung,
- Verbesserung der Überprüfbarkeit.

1.1.5 Geheimnisprinzip

Geheimnisprinzip

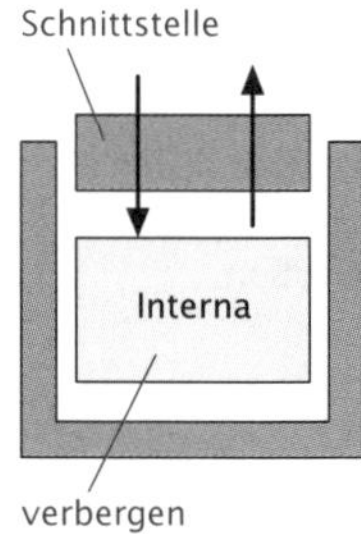

Das **Geheimnisprinzip *(information hiding)*** /Parnas 71/ stellt eine »Verschärfung« des Prinzips der Modularisierung dar. Das Geheimnisprinzip bedeutet, daß für den Anwender bzw. Benutzer einer Systemkomponente oder eines Subsystems die Interna der Systemkomponente bzw. des Subsystems verborgen, d.h. nicht sichtbar sind.

Sinnvoll kann das Geheimnisprinzip nur in Verbindung mit der Modularisierung angewandt werden. Ein Modul soll kontextunabhängig sein und über eine definierte Schnittstelle mit der Umwelt kommunizieren. Die Anwendung des Geheimnisprinzips bedeutet dann, daß nur diese definierte Schnittstelle von außen sichtbar ist.

Das Geheimnisprinzip kann auch aus einer anderen Sicht definiert werden: Überflüssige Angaben, die zur Erledigung einer Aufgabe *nicht* benötigt werden, dürfen auch nicht sichtbar sein.

Historisch betrachtet entstand das Geheimnisprinzip im Rahmen des Software-Entwurfs und der Software-Implementierung. Sowohl von Funktionen und Prozeduren als auch von abstrakten Datenobjekten und abstrakten Datentypen sollen nur die Schnittstellen für den Anwender sichtbar sein.

Verkapselung

Im Zusammenhang mit abstrakten Datenobjekten, abstrakten Datentypen und Klassen entstanden die Begriffe **Verkapselung** *(encapsulation)*, Einkapselung bzw. Datenkapsel. Verkapselung bedeutet, daß zusammengehörende Attribute bzw. Daten und Operationen in einer Einheit zusammengefaßt sind. Die Verkapselung stellt also eine spezielle Form eines Moduls dar. Die Einhaltung des Geheimnisprinzips bei einer Verkapselung bedeutet, daß die Attribute bzw. Daten und die Realisierung der Operationen außerhalb der Verkapselung nicht sichtbar sind. Das Geheimnisprinzip »verschärft« also eine Verkapselung.

liberale Ausprägung des Geheimnisprinzips

Es gibt zwei verschiedene Ausprägungen des Geheimnisprinzips. In seiner liberalen Form bedeutet es, daß alle Interna einer Systemkomponente oder eines Subsystems für den Anwender zwar physisch sichtbar sind, daß aber CASE-Systeme oder Compiler unerlaubte Zugriffe auf Interna erkennen und als Fehler melden. Selbst wenn unerlaubte Zugriffe erkannt werden können, kann der Anwender doch die Interna sehen und dadurch vielleicht dieses Wissen implizit bei der Anwendung dieser Systemkomponente oder dieses Subsystems mitverwenden.

Solche impliziten Annahmen, die sich aus Kenntnissen der Interna ergeben, beeinflussen jedoch die Änderungsfreundlichkeit einer Systemkomponente oder eines Subsystems. Sollen die Interna einer Systemkomponente z.B. aus Effizienzgründen geändert werden, ohne daß die Schnittstelle davon betroffen ist, dann darf der Anwender davon nichts merken.

Diese Nachteile vermeidet man bei der strengen Anwendung des Geheimnisprinzips. Außer der definierten Schnittstelle sind sämtliche Interna für den Anwender völlig unsichtbar, d.h. beide Teile sind auch textuell völlig getrennt. Dies gilt beispielsweise für Pakete, Prozeduren und Funktionen in der Programmiersprache ADA. Das wiederum bedeutet, daß die Spezifikationen einer Systemkomponente bzw. eines Subsystems exakt und vollständig das Verhalten beschreiben muß. Das kann sehr schwierig sein. In der Programmiersprache JAVA ist die physische Trennung von Spezifikation und Implementierung *nicht* mehr vorhanden.

strenge Ausprägung des Geheimnisprinzips

In der objektorientierten Welt wird das Geheimnisprinzip in verschiedenen Ausprägungen verwendet.

OO-Welt

In einer Klasse kann auf die Attribute nur über die Operationen zugegriffen werden. Der Systemanalytiker konzipiert eine Klasse einschließlich ihrer Attribute und sieht sie natürlich auch. Das Vererbungskonzept ermöglicht es, daß Unterklassen die Attribute der Oberklassen sehen. Wenn ein Objekt einer Unterklasse direkt auf die Attribute eines Objekts der Oberklasse zugreift, dann ist das Geheimnisprinzip verletzt. Es hängt von der verwendeten Programmiersprache ab, inwieweit das Geheimnisprinzip »durchlöchert« werden kann.

Die Programmiersprache C++ erlaubt es, das Geheimnisprinzip
- streng, durch das *private*-Konzept,
- liberal, durch das *protected*-Konzept (innerhalb der Vererbungshierarchie kann auf die Attribute der Oberklassen direkt zugegriffen werden),
- überhaupt nicht, durch das *public*-Konzept (auf die Attribute kann frei zugegriffen werden), oder
- beschränkt, durch das *friend*-Konzept (für bestimmte Klassen oder Operationen ist der Attributzugriff möglich),

anzuwenden.

Die strenge Anwendung des Geheimnisprinzips führt in einigen Fällen zu Konflikten.

Konflikte

Daten, die in objektorientierten Datenbanken gespeichert sind, will man in vielen Fällen mittels Prädikaten über Teile ihres Wertes (» ... **where** Umsatz > 5000«) selektieren. Objektorientierte Datenbanksysteme erfordern daher eine differenzierte Anwendung des Geheimnisprinzips.

Abschnitt I 3.4.4

ODBS

Eine strikte Einhaltung ist für verändernde Zugriffe erforderlich. Lesende Zugriffe sollten direkt möglich sein. Ein Teil des Objektwertes kann streng gekapselt werden und den eigentlichen Zustand repräsentieren. Ein anderer Teil kann zur Darstellung frei zugänglicher Eigenschaften verwendet werden.

Vorteile

Die Anwendung des Geheimnisprinzips bringt folgende Vorteile mit sich:

- ⊞ Die Anwendung einer Systemkomponente oder eines Subsystems wird zuverlässiger, da nur über die definierte Schnittstelle kommuniziert werden kann.
- ⊞ Der Anwender einer Systemkomponente oder eines Subsystems wird nicht mit unnötigen Informationen belastet.
- ⊞ Die Datenkonsistenz interner Daten kann besser sichergestellt werden, da direkte, unkontrollierbare Manipulationen nicht möglich sind.

Nachteile

Als Nachteile ergeben sich:

- ⊟ Die Anwendungsschnittstelle muß vollständig und exakt beschrieben werden.
- ⊟ In einigen Fällen kann das Geheimnisprinzip auch »hinderlich« sein, z.B. beim deklarativen Zugriff auf gespeicherte Daten.

Generell sollte so viel wie möglich vom Geheimnisprinzip Gebrauch gemacht werden. Eine »Aufweichung« des Geheimnisprinzips sollte auf Sonderfälle beschränkt bleiben. Das Geheimnisprinzip sollte immer im Zusammenhang mit dem Prinzip der Modularisierung verwendet werden.

1.1.6 Prinzip der Lokalität

Zum Verstehen komplexer Probleme ist es notwendig, sich zu einem Zeitpunkt nur mit einer kleinen Anzahl von Eigenschaften zu beschäftigen, von denen man meint, daß sie wesentlich für den gegenwärtigen Gesichtspunkt sind. Von der konstruktiven Seite her ist es daher wichtig, alle relevanten Informationen für wichtige Gesichtspunkte lokal, d.h. an einem Platz, zur Verfügung zu stellen.

Durch gute Lokalität kann das Zusammensuchen benötigter Informationen, z.B. das Blättern auf verschiedenen Seiten eines Dokuments, das Suchen referenzierter globaler Objekte, vermieden werden.

Lokalität

Optimale **Lokalität** liegt vor, wenn zur Lösung eines Problems (z.B. Vorgaben für die Implementierung) oder zum Einarbeiten in einen Bereich (z.B. Fehlersuche in einem Modul) alle benötigten Informationen auf *einer* Seite zu finden sind /Weinberg 71, S. 229/. Das bedeutet andererseits, daß *nicht* benötigte Informationen *nicht* vorhanden sind.

Viele Konzepte, Methoden und Programmiersprachen unterstützen von vornherein eine gute Lokalität, andere erschweren Lokalität.

Beispiele

- Entscheidungstabellen (ET) sind sehr kompakt und besitzen eine optimale Lokalität. Durch ET-Verbunde kann das Prinzip der Lokalität auch bei umfangreichen Tabellen eingehalten werden.
- Hierarchische Zustandsautomaten nach Harel erlauben pro Hierarchieebene eine lokale Sicht auf zusammengehörende Details.
- Hierarchische Petri-Netze liefern pro Hierarchieebene alle Informationen, die für bestimmte Gesichtspunkte nötig sind.
- Die strukturierte Analyse (SA) erlaubt durch hierarchisch angeordnete Datenflußdiagramme eine lokale Zusammenfassung von Informationen. Der Zusammenhang zwischen den Datenflüssen benachbarter Datenflußdiagramme sowie der Aufbau des Speichers müssen jedoch aus dem *Data Dictionary* »herausgesucht« werden. An dieser Stelle wird das Prinzip der Lokalität durchbrochen.
- Die Methode SA/RT *(structural analysis/real time analysis)* unterstützt neben den SA-Konzepten eine lokale Anordnung der Prozeßsteuerung in Form von CSpec-Seiten. Der Bezug zwischen Flußdiagrammen und CSpec-Beschreibungen ist auf den Flußdiagrammen durch eine Balkennotation deutlich angegeben.
- Die objektorientierte Analyse (OOA) erlaubt durch Subsystembildung eine Zusammenfassung von Klassen zu einer Einheit nach bestimmten Gesichtspunkten. Dadurch wird das Lesen und Verstehen eines Klassen-Diagrammes wesentlich erleichtert.
- Beim modularen Entwurf befinden sich die wesentlichen Informationen zum Verständnis eines Moduls lokal angeordnet. Oft werden die Importbeziehungen aber nicht explizit angegeben, so daß sie erst – oft mühselig – ermittelt werden müssen.
- In der objektorientierten Welt wird das Verständnis einer Klasse erschwert, wenn sich die Klasse in einer Vererbungsbeziehung befindet. Informationen müssen entlang der Vererbungsbeziehungen zusammengesucht werden, um eine Klasse zu verstehen.
- In der Sprache Ada sind Paketspezifikationen und Paketimplementation jeweils lokal zusammenhängend beschrieben.
- Da in der Sprache C++ eine Schachtelung von Funktionen und Prozeduren nicht möglich ist, sind auch lokale Hilfsfunktionen und -prozeduren global angeordnet und sichtbar. Dadurch wird der Überblick und die Einarbeitung erschwert, da nicht benötigte Informationen sichtbar sind und wahrgenommen werden.
- In der Sprache Pascal befinden sich am Anfang eines Programms alle globalen Typ- und Datenvereinbarungen, anschließend folgen alle Prozedurvereinbarungen, und erst am Ende folgen die Anweisungen des Hauptprogramms. Will man sich nun in die Funktionsweise des Hauptprogramms einarbeiten, dann muß man den Anweisungsteil am Ende des Listings und den Vereinbarungsteil am Anfang des Listings nebeneinanderlegen. Noch schwieriger sind Vereinbarungs- und zugehöriger Anweisungsteil bei Prozeduren

zu finden, wenn sich in dieser Prozedur mehrere eingeschachtelte Prozeduren befinden.

- In der Sprache Modula-2 wird in der Schnittstellenbeschreibung von Modulen nur der Name von Funktionen angegeben, aber nicht die Parameterliste der Funktionen. Um eine Funktion aufrufen zu können, muß daher in der Implementierung die Funktionsvereinbarung mit den Parametern gesucht werden.

Im Bereich der Implementierung hat das Lokalitätsprinzip zu folgender These geführt:

Eine Gruppe von ungefähr 30 Anweisungen ist die oberste Grenze, was beim ersten Lesen eines Listings einer Systemkomponente, eines Moduls oder einer Prozedur, Funktion bzw. Operation bewältigt werden kann.

Zur Notation

Zur Kennzeichnung der Lokalität gibt es keine eigene Notation. Konzepte, Methoden und Programmiersprachen unterstützen meist implizit das Prinzip der Lokalität.

Die Beachtung des Prinzips der Lokalität bringt folgende Vorteile:

Vorteile

- ⊞ Ermöglicht die schnelle Einarbeitung.
- ⊞ Fördert die Verständlichkeit und Lesbarkeit.
- ⊞ Erleichtert die Wartung und Pflege.

Nachteile

- ⊟ Nachteilig ist, daß die Lokalität das Geheimnisprinzip erschwert.

1.1.7 Prinzip der Verbalisierung

Abschnitt I 4.2.1

Verbalisierung bedeutet, Gedanken und Vorstellungen in Worten auszudrücken und damit ins Bewußtsein zu bringen.

Dieses Prinzip wird schon lange für die Programmierung propagiert. Es hat heute jedoch eine wesentlich umfassendere Bedeutung. Insbesondere in den frühen Phasen der Software-Entwicklung kommt der Verbalisierung eine herausragende Bedeutung zu.

Die in der Definitionsphase gewählten Begriffe, Klassifizierungen und Namen beeinflussen alle weiteren Phasen in ihrer Begrifflichkeit. Diese Erkenntnis hat dazu geführt, daß viele Konzepte und Methoden, die in der Definitionsphase eingesetzt werden, explizite Vorschriften und Regeln für die Namensgebung aufführen. Die Überprüfung der Einhaltung ist Aufgabe der Qualitätssicherung.

Zitat

»Da der Computer keine Anschauungssemantik kennt, kann er auch nicht dazu benutzt werden sicherzustellen, daß bei der Wahl von Namen für Module, Funktionen, Typen oder Variablen zweckmäßige anschauungssemantische Bezüge hergestellt werden. Je komplexer die Systeme werden, um so undurchschaubarer wird der Namenswirrwarr, wenn den Entwicklern die Namenswahl freigestellt bleibt, d.h. wenn die Sicherstellung anschauungssemantischer Bezüge nicht bewußt als Engineering-Aufgabe wahrgenommen wird. Man bedenke, daß in der oben erwähnten Software in einer Million Zeilen C-

Quellcode insgesamt rund 29 000 Namen vereinbart werden mußten« /Wendt 93, S. 36/.

Eine gute Verbalisierung kann erreicht werden durch:

- aussagekräftige, mnemonische Namensgebung,
- geeignete Kommentare und
- selbstdokumentierende Konzepte, Methoden und Sprachen.

Tab. 1.1-3 zeigt einige Beispiele für explizite Regeln zur Namensgebung in den frühen Phasen einer Software-Entwicklung. In Abschnitt

OOA (objektorientierte Analyse) ■ Der Klassenname soll – ein Substantiv im Singular sein, – so konkret wie möglich gewählt werden, – dasselbe ausdrücken, wie die Gesamtheit der Attribute und/oder Operationen, – nicht die Rolle beschreiben, die diese Klasse in einer Beziehung zu einer anderen Klasse spielt.	***Tab. 1.1-3: Beispiele für Verbalisierungsregeln***
■ Ein Attributname soll – eindeutig und verständlich im Kontext der Klasse sein, – den Namen der Klasse nicht wiederholen (Ausnahmen sind feststehende Begriffe), – bei strukturierten Attributen der Gesamtheit der Komponenten entsprechen. ■ Der Name einer Operation ist so zu wählen, daß er – ein Verb enthält, – dasselbe aussagt, wie die Spezifikation der Operation, – den Klassennamen nicht wiederholt (Ausnahme: feststehende Begriffe), – die funktionale Bindung der Operation bestätigt. Das Verb kann bei reinen Abfrage-Operationen durch ein »?« ersetzt werden.	Abschnitt I 4.2.1
SA (strukturierte Analyse) ■ Ein Datenflußname – besteht aus einem Substantiv oder einem Adjektiv und einem Substantiv, – enthält niemals ein Verb, – ist so zu wählen, daß er nicht nur die Daten, die fließen, beschreibt, sondern etwas darüber aussagt, was über die Daten bekannt ist, z.B. geprüfte Kundennummer. Seichte Namen wie *Daten, Informationen* sind zu vermeiden. ■ Ein Funktions- bzw. Prozeßname – besteht aus einem einzigen starken Aktionsverb gefolgt von einem einzigen konkreten Objekt (z.B. erstelle Adreßaufkleber) oder einem konkreten Substantiv gefolgt von einem starken Aktionsverb (z.B. Adreßaufkleber erstellen), – repräsentiert die Aktion. Seichte Namen wie *verarbeite, bediene* sind zu vermeiden.	Kapitel I 2.7, Abschnitt I 2.19.8
Unternehmensmodellierung ■ Als Name eines Geschäftsprozesses sollte – die Gerundiumform eines Verbs, z.B. Verkaufen, oder – ein Substantiv gefolgt von einem Verb, z.B. Verkauf durchführen, oder – der Anfangs- und Endpunkt des Prozesses, z.B. Interessent bis Auftrag, gewählt werden.	Kapitel V 1.3
Benutzungsoberfläche ■ Die Aufgaben müssen mit den Fachbegriffen beschrieben werden, die der Benutzer kennt. ■ Die für seine fachliche Arbeitstätigkeit relevanten Aufgabenbereiche und die dafür im Software-System vorgesehenen Anwendungen muß der Benutzer ohne Schwierigkeiten identifizieren können.	Abschnitt I 2.2.1.2

Kapitel I 4.6

I 4.2.1 sind Regeln und Beispiele für die Implementierungsphase angegeben. In Abhängigkeit von der jeweils verwendeten Programmiersprache sind spezielle Regeln erforderlich, z.B. für C++.

Wichtig ist, daß die Werkzeuge die Konzepte und Methoden unterstützen, bzw. die Compiler für die Programmiersprachen sowohl lange Namen als auch die geeignete Strukturierung von Namen erlauben.

Im Zusammenhang mit der Verbalisierung ist auch der Grad der Selbstdokumentation einer Programmiersprache, eines Konzepts oder einer Methode nicht zu unterschätzen. Bei den Programmiersprachen spielen insbesondere die Schlüsselwörter und die Möglichkeiten der Programmstrukturierung eine Rolle. Die Programmiersprache Ada gilt hierbei als vorbildlich, C++ als das Gegenteil.

Abschnitt 1.1.6

Bei Konzepten und Methoden kommt es darauf an, daß die gewählten grafischen und textuellen Notationen intuitiv verständlich sind. Die jeweils relevanten Informationen müssen sichtbar, die unnötigen unsichtbar sein.

Beispiel

Abschnitt I 2.11.10

Für die Darstellung von Klassen-Diagrammen in der objektorientierten Welt gibt es unterschiedliche Notationen. Weitgehend anerkannt ist, daß die Darstellung einer Klasse den Klassennamen, die Attributnamen und die Operationsnamen enthalten sollte, wobei wahlweise die beiden letzten ausgeblendet werden können. Einige Notationen erlauben aber nur die Angabe des Klassennamens. Einige Werkzeuge zeigen bei der Druckausgabe ebenfalls nur den Klassennamen an, obwohl Attribute und Operationen eingegeben wurden. Werkzeuge schränken oft auch die Länge der Namen ein oder erzwingen eine bestimmte Syntax für die Namen.

Das Prinzip der Verbalisierung wird durch solche Einschränkungen teilweise »unterlaufen« bzw. die Einhaltung des Prinzips erschwert.

Vorteile

Die Einhaltung des Prinzips der Verbalisierung bringt folgende Vorteile mit sich:

- Leichte Einarbeitung in fremde Modelle, Architekturen, Programme bzw. Wiedereinarbeitung in eigene Dokumente.
- Erleichterung der Qualitätssicherung, der Wartung und Pflege.
- Verbesserte Lesbarkeit der erstellten Dokumente.

1.1.8 Abhängigkeiten zwischen den Prinzipien

Viele der aufgeführten Prinzipien erscheinen trivial. Die Schwierigkeit ihrer Anwendung besteht jedoch darin, daß sie wechselseitig miteinander verwoben sind und sich zum Teil gegenseitig voraussetzen. Außerdem läßt sich keine kausale Kette herleiten, die besagt, in welcher Reihenfolge die Prinzipien anzuwenden sind. In Abb. 1.1-8 wird versucht, die gegenseitigen Abhängigkeiten der Prinzipien darzustellen.

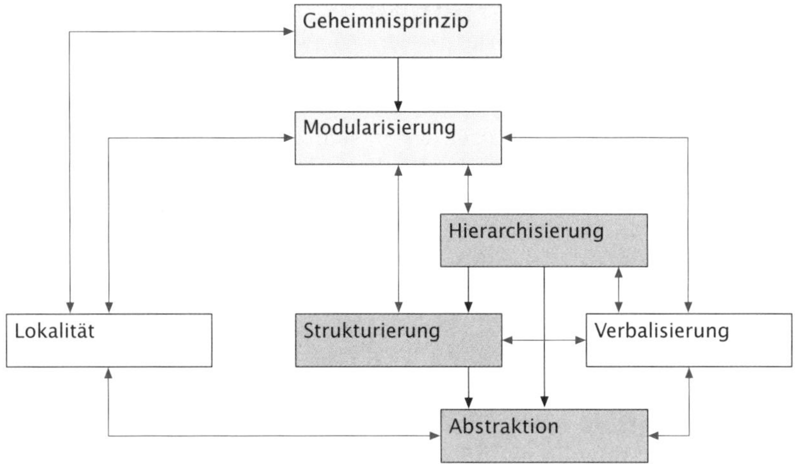

Abb. 1.1-8: Abhängigkeiten zwischen den Prinzipien

Bevor ein System strukturiert werden kann, muß der Abstraktionsprozeß abgeschlossen sein. Eine Hierarchiebildung prägt einer Struktur eine Rangordnung auf. Daher sind Strukturierung und Abstraktion Voraussetzungen für die Hierarchisierung.

Eine Modulbildung setzt entweder eine Strukturierung oder eine Hierarchisierung voraus. Es kann aber auch zunächst eine Modularisierung erfolgen, die dann zu einer impliziten oder expliziten Strukturierung oder Hierarchisierung führt. Daher ist hier eine wechselseitige Abhängigkeit angegeben.

Das Geheimnisprinzip ist eine »Verschärfung« des Modularisierungsprinzips, daher ist die Modularisierung die Voraussetzung für das Geheimnisprinzip.

Das Lokalitätsprinzip steht in Wechselwirkung mit der Modularisierung und der Abstraktion. Beide Prinzipien sind erforderlich, um die notwendigen Informationen zu einem Gesichtspunkt (bestimmt durch die Abstraktion) lokal anzuordnen (möglich durch die Modulbildung). Durch das Geheimnisprinzip kann dann noch gesteuert werden, daß nicht relevante Informationen auch nicht sichtbar sind.

Das Prinzip der Verbalisierung hat die meisten Wechselwirkungen zu anderen Prinzipien. Für Abstraktionsebenen, Strukturen, Hierarchien und Module müssen geeignete Namen gewählt werden. Bei der Namensgebung stellt man umgekehrt wieder fest, ob die Strukturen, Hierarchien, Abstraktionen und Module richtig gewählt wurden.

1.2 Allgemeine Methoden

Kapitel I »Was ist Software-Technik«

Methoden sind planmäßig angewandte, begründete Vorgehensweisen zur Erreichung von festgelegten Zielen (im allgemeinen im Rahmen festgelegter Prinzipien). Es lassen sich zwei allgemeine, d.h. fachunabhängige, Methoden unterscheiden:

- Die *top-down*-Methode und
- die *bottom-up*-Methode.

Abschnitt 1.1.1

Beide Methoden orientieren sich vorwiegend an dem Begriffspaar »abstrakt/konkret«, d.h. sie stehen in enger Beziehung zu dem Prinzip der Abstraktion.

top-down

Bei einer ***top-down*-Methode** wird vom Abstrakten zum Konkreten vorgegangen bzw. vom Allgemeinen zum Speziellen.

bottom-up

Bei einer ***bottom-up*-Methode** wird vom Konkreten zum Abstrakten bzw. vom Speziellen zum Allgemeinen vorgegangen.

Abschnitt I »Warum es schwierig ist, ein Lehrbuch zu konzipieren und zu schreiben«

Analog zu diesen Methoden sind die deduktive und induktive Vorgehensweise in der Didaktik. Bei der deduktiven Vorgehensweise wird aus dem Allgemeinen der Einzelfall bzw. das Besondere hergeleitet. Bei der induktiven Vorgehensweise wird vom Speziellen zum Allgemeinen hingeführt: Ausgangspunkt können mehrere Beispiele sein, aus denen dann auf eine allgemeine Regel geschlossen wird.

Wendet man die *top-down-* bzw. *bottom-up*-Methode in der Software-Technik an, dann ist jeweils festzulegen, was unter »*top*« und »*bottom*« zu verstehen ist. Einige Beispiele sind in Tab. 1.2-1 zusammengestellt. Unter »Art« ist die jeweils vorherrschende Methode angegeben.

Einige Methoden der Software-Technik orientieren sich *nicht* an den Begriffspaaren »abstrakt/konkret« bzw. »allgemein/speziell«, sondern an dem Begriffspaar »außen/innen«.

outside-in

Bei einer ***outside-in*-Methode** wird zunächst die Umwelt eines Systems modelliert und davon ausgehend die Systeminterna.

inside-out

Bei einer ***inside-out*-Methode** werden zunächst die Systeminterna und dann die Schnittstellen zur Umwelt eines Systems modelliert. Tab. 1.2-2 zeigt einige Beispiele für diese Methoden aus dem Bereich der Software-Technik. Charakteristisch für diese Methoden ist, daß die Modellierung, zumindest beim ersten Vorgehensschritt, auf derselben Abstraktionsebene stattfindet. Bei einer *top-down-* bzw. *bottom-up*-Methode werden im Gegensatz dazu bereits im ersten Vorgehensschritt verschiedene Abstraktionsebenen modelliert.

Alle vier Methoden sind in Abb. 1.2-1 dargestellt. In der Praxis werden die Methoden nicht in »Reinform« angewandt. Oft wird abwechselnd »*top-down*« und »*bottom-up*« vorgegangen, wobei darauf zu achten ist, daß man sich in der Mitte trifft. Außerdem ist es möglich, auch in der Mitte zu beginnen und dann von der Mitte *bottom-up* zum »*top*« hin und *top-down* zum »*bottom*« hin zu entwickeln *(middle-out)*. Analog kann dies auch bei *outside-in* und *inside-out* durchgeführt werden. Der abwechselnde Einsatz konträrer Methoden wird auch als »Jo-Jo-Methode« bezeichnet. Jo-Jo

Wie die Tab. 1.2-1 und 1.2-2 zeigen, überwiegen in der Software-Technik die *top-down*-Methode und die *outside-in*-Methode. Einige

Methode	Art	*»top«*	*»bottom«*
Software-Entwicklung			
■ Modellierung von Daten □ *Data-Dictionary* (I 2.8) □ Syntax-Diagramm (I 2.8) □ Jackson-Diagramm (I 2.9)	*top-down*	abstrakte, strukturierte Daten	Datenelemente oder selbst definierendes Datum
■ Modellierung von Funktionen □ Funktionsbaum (I 2.6)	*top-down*	abstrakte, strukturierte Funktionen	elementare Funktionen
■ Modellierung von Zuständen □ Hierarchische Zustandsautomaten (I 2.16.5)	*top-down*	Oberzustand	Unterzustand
■ Modellierung eines Petri-Netzes □ Hierarchische Petri-Netze (I 2.17.5)	*top-down*	Kanäle und Instanzen	Stellen und Transitionen
■ OOA-Modellierung (I 2.18)	*bottom-up*	Subsysteme	Klassen und ihre Beziehungen
■ SA-Modellierung (I 2.19)	*top-down*	Kontext-Diagramm	MiniSpecs
■ SA/RT-Modellierung (I 2.20)	*top-down*	Kontext-Diagramm	PSpecs, CSpecs
■ Identifizieren von Klassen (I 2.18.6)	*top-down/ bottom-up*	Klassen	Attribute, Operationen
■ Modularer Entwurf (I 3.9)	*top-down/ bottom-up*	systemferne, benutzernahe Dienste (funktionale Module)	systemnahe Basisdienste (Datenabstraktionsmodule)
■ Objektorientierte Analyse/ Entwurf (I 3.10)	*top-down/ bottom-up*	allgemeingültige Klassen	spezielle/spezialisierte Klassen
■ Schrittweise Verfeinerung (I 4.3)	*top-down*	abstrakte Daten und Anweisungen	Daten und Anweisungen in der gewählten Programmiersprache
Software-Management			
■ Planung □ Netzpläne/Gantt-Diagramme (II 2.4)	*top-down/ bottom-up*	abstrakter Vorgang	detaillierter Vorgang
Software-Qualitätssicherung			
■ Komponenten- und Integrationstest (III 5, 6)	*top-down/ bottom-up*	systemferne, benutzernahe Dienste	systemnahe Basisdienste

Tab. 1.2-1: Beispiele für top-down- und bottom-up-Methoden in der Software-Technik

Methode	Art	»outside«	»inside«
Software-Entwicklung			
■ Modellierung von Datenflüssen			
□ Datenfluß-Diagramm (I 2.7) □ SA-Modellierung (I 2.19)	*outside-in*	Schnittstellen des Systems zur Umwelt (Informationsquellen/-senken)	Datenflüsse, Funktionen und Speicher im System
■ Modellierung eines Petri-Netzes (I 2.17.8)	*outside-in*	Schnittstellen des Sytems zur Umwelt (Erzeugen und Löschen von Objekten)	Stellen und Transitionen
■ Modellierung zeitbasierter Vorgänge □ Interaktions-Diagramme (I 2.12)	*outside-in*	Benutzeraktionen/ externe Ereignisse	Botschaften zwischen Klassen bzw. Objekten
Software-Qualitätssicherung			
■ Komponententest			
□ Funktions- und Strukturtest (III 5)	*outside-in*	Schnittstelle	Datenstrukturen und Algorithmen
□ Integrationstest (III 6)	*outside-in* *inside-out*	höchste Schicht	niedrigste Schicht
Unternehmensmodellierung			
■ Objektorientierte Unternehmensmodellierung (V 2.2)	*outside-in*	Akteure, die mit dem Unternehmen kommunizieren	Unternehmen als System

***Tab. 1.2-2:* Beispiele für outside-in- und inside-out-Methoden in der Software-Technik**

Methoden kombinieren diese beiden Methoden zu einer *ouside-in/ top-down*-Methode (Abb. 1.2-1), so z.B. die SA-Modellierung und die Modellierung hierarchischer Petri-Netze.

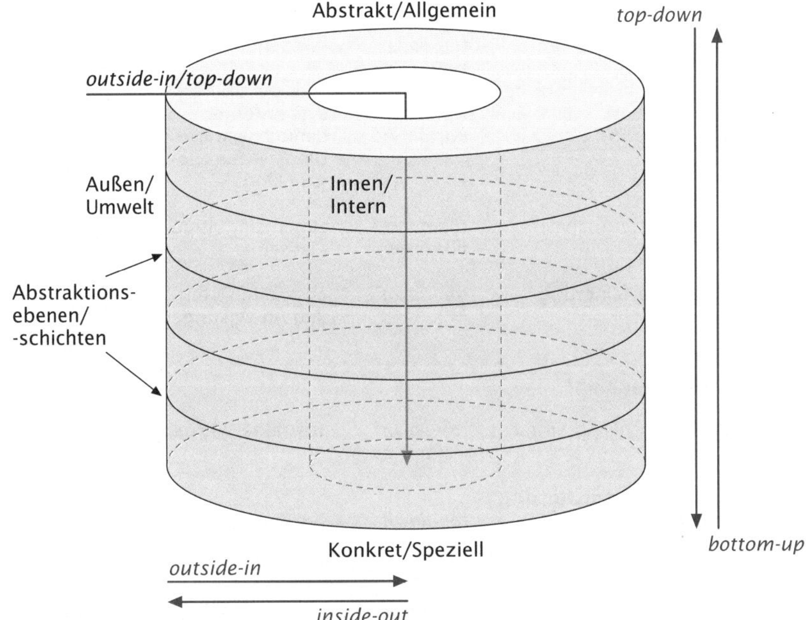

Abb. 1.2-1: Veranschaulichung der allgemeinen Methoden

Die Abb. 1.2-1 verdeutlicht auch einen Nachteil der SA-Modellierung. SA erlaubt es nicht, die Umwelt zu verfeinern, sondern nur die Interna. Schnittstellen können in jedem Datenflußdiagramm nur wiederholt, aber nicht weiter aufgeteilt werden.

Die Anwendung der *top-down-* bzw. *bottom-up*-Methode ist in der Software-Technik immer mit der Bildung von Abstraktionsebenen bzw. -schichten verbunden.

Alle vier Methoden haben Vor- und Nachteile:

***top-down*-Methode**

- ⊞ Konzentration auf das Wesentliche möglich, keine »Überschwemmung« mit Details. Vorteile
- ⊞ Strukturelle Zusammenhänge werden leichter erkannt.
- ⊟ Es wird ein hohes Abstraktionsvermögen benötigt. Nachteile
- ⊟ Entscheidungen werden u.U. vor sich hergeschoben, d.h. unbequeme Entscheidungen werden an tiefere Ebenen weitergereicht.
- ⊟ Der *»top«* ist oft nicht eindeutig zu bestimmen.

***bottom-up*-Methode**

- ⊞ Es ist eine konkrete Ausgangsbasis vorhanden. Vorteile
- ⊞ Eine Begrenzung auf konkrete Teilgebiete ist möglich.
- ⊞ Wiederverwendbarkeit wird unterstützt.
- ⊟ Übergeordnete Strukturen werden durch Details überdeckt. Nachteile
- ⊟ Es muß eine breite Basis gelegt werden, um das Ziel sicher zu erreichen.

***outside-in*-Methode**

- ⊞ Konzentration auf die Umwelt bzw. den Kontext und die Schnittstellen des Systems. Vorteile
- ⊞ Beziehungen zur Außenwelt werden nicht übersehen.
- ⊟ Die Außenwelt lenkt von den internen Problemen ab. Nachteile
- ⊟ Die Wiederverwendbarkeit wird erschwert.

***inside-out*-Methode**

- ⊞ Strukturüberlegungen stehen im Mittelpunkt. Vorteil
- ⊟ Gefahr, daß Anforderungen der Umwelt übersehen oder zu spät erkannt werden. Nachteil

Die in den Tab. 1.2-1 und 1.2-2 aufgeführten Beispiele zeigen, daß sich die Mehrzahl der Methoden der Software-Technik entsprechend den aufgeführten allgemeinen Methoden klassifizieren lassen. Die Anwendung dieser allgemeinen Methoden sollte nicht dogmatisch, sondern tendenziell gesehen werden.

Bei der Neuentwicklung von Software-Produkten sollten die *top-down-* und/oder die *outside-in*-Methoden bevorzugt werden. In den seltensten Fällen betritt man bei einer Software-Entwicklung jedoch absolutes Neuland. Insbesondere wenn man die Möglichkeiten der Wiederverwendbarkeit intensiv ausnutzen will, ist es zumindest teilweise sinnvoll, *bottom-up* und/oder *inside-out* vorzugehen.

Unabhängig von den oben vorgestellten, unterschiedlichen Methoden, muß eine gute Software-Entwicklungsmethode folgende Eigenschaften besitzen:

■ Das entwicklungsorientierte Vorgehen muß berücksichtigt werden. Die einzelnen Teile eines Software-Produktes entstehen nicht von heute auf morgen, sondern zeitlich hintereinander und/oder parallel. Eine Methode muß diesen Aspekt berücksichtigen. Eine Methode, die davon ausgeht, daß zu einem Zeitpunkt alle Erkenntnisse und Informationen vorhanden sind, ist nicht entwicklungsadäquat.

Beispiel Verwendet man für eine entwicklungsorientierte Methode PASCAL als Beschreibungssprache für Problemlösungen, dann stößt man auf Schwierigkeiten, da PASCAL keine entwicklungsorientierte Beschreibung erlaubt. Die PASCAL-Philosophie geht davon aus, daß vor dem ersten Compilerlauf das vollständige Programm einschließlich aller Prozeduren vorhanden ist. Beginnt man in PASCAL zunächst das Hauptprogramm zu schreiben, dann müssen später geschriebene Prozeduren jeweils zwischen bereits vorhandene Vereinbarungs- und Anweisungsteile eingeschoben werden, d.h. vorhandene Beschreibungseinheiten werden durch neue, zeitlich spätere Beschreibungseinheiten textuell ständig verändert. Die Beschreibungsstuktur von PASCAL unterstützt also keine entwicklungsorientierte Methodik.

■ Die Reihenfolge der Entwicklungsentscheidungen wird berücksichtigt.
Der Software-Entwicklungsprozeß erfordert ständig das Treffen von Entscheidungen. Mit jeder Entscheidung, die gefällt wird, wird der weitere Entwicklungsspielraum eingeengt. Eine gute Methodik zeichnet sich nun dadurch aus, daß sie Entscheidungen nur zu den Zeitpunkten verlangt, zu denen sie auch aus sachlicher Sicht sinnvoll überhaupt möglich sind. Das bedeutet auch, daß Entscheidungen, die erst spät getroffen werden können, von der Methodik auch erst zu einem späten Zeitpunkt gefordert werden.

Beispiel Oft wird bereits zu einem sehr frühen Entwurfszeitpunkt von der Methode her die Festlegung auf Wiederholungs- und Auswahlstrukturen verlangt. Solche Entscheidungen können aufgrund noch nicht vorhandener Informationen nicht begründet getroffen werden. Außerdem verlagern sie zu einem frühen Zeitpunkt den Schwerpunkt der Überlegungen auf Implementierungsdetails.

In /Jackson 76/ werden an eine »solide Methode« folgende Anforderungen gestellt:

■ Sie baut *nicht* auf die Intuition des Entwicklers.
■ Sie beruht auf durchdachten Prinzipien.
■ Sie ist lehrbar.
■ Sie ist in der Anwendung unabhängig vom jeweiligen Anwender.
■ Sie ist einfach und leicht zu verstehen.

Abstraktion 1 Sicht auf ein Problem, bei dem die wesentlichen Informationen herausgezogen werden, die für einen speziellen Zweck relevant sind, und die restlichen Informationen ignoriert werden. **2** Der Prozeß, um eine Abstraktion zu bilden.

***bottom-up*-Methode** Vorgehensweise, bei der mit der hierarchisch tiefsten Systemkomponente begonnen und anschließend zu den höheren Ebenen fortgeschritten wird.

Geheimnisprinzip Die Interna einer Systemkomponente bzw. eines Subsystems sind von außerhalb *nicht* sichtbar, d.h. nur explizit über Schnittstellen bereitgestellte Informationen sind sichtbar.

Hierarchie Eine →Struktur, deren Systemkomponenten in einer Rangfolge entsprechend festgelegten Regeln angeordnet sind.

information hiding →Geheimnisprinzip

***inside-out*-Methode** Vorgehensweise, bei der zunächst die Interna eines Systems betrachtet und modelliert werden und erst anschließend die Umwelt bzw. der Kontext des Systems.

Lokalität Alle für einen Gesichtspunkt relevanten Informationen befinden sich räumlich zusammenhängend angeordnet auf einer oder wenigen Seiten. Für den Gesichtspunkt irrelevante Informationen sind *nicht* vorhanden.

Modul im weiteren Sinne Weitgehend kontextunabhängige, prinzipiell austauschbare funktionale Einheit oder semantisch zusammengehörende Funktionsgruppe innerhalb eines Gesamtsystems.

***outside-in*-Methode** Vorgehensweise, bei der zunächst die Umwelt bzw. der Kontext eines Systems betrachtet und modelliert wird und erst anschließend die Interna des Systems.

Struktur Reduzierte Darstellung eines Systems, die den Charakter des Ganzen offenbart unter Verzicht auf untergeordnete Details (→Abstraktion).

***top-down*-Methode** Vorgehensweise, bei der mit der hierarchisch höchsten Systemkomponente begonnen und anschließend zu den tieferen Ebenen fortgeschritten wird.

Verbalisierung Gedanken und Vorstellungen in Worten ausdrücken und damit ins Bewußtsein bringen. In der Software-Technik bedeutet dies, aussagekräftige Namen und geeignete Kommentare zu wählen und selbstdokumentierende Konzepte, Methoden und Sprachen einzusetzen.

Allgemeine Prinzipien und Methoden verbinden die verschiedenen Bereiche und Phasen der Software-Technik. Eines der wichtigsten Prinzipien der Software-Technik ist das Prinzip der Abstraktion. Zwischen den Polen »konkret« und »abstrakt« werden Abstraktionsebenen gebildet. Es entstehen unterschiedlich abstrakte Modelle der realen Welt. Prinzipiell lassen sich drei Abstraktionsebenen unterscheiden:

- die Exemplar-Ebene,
- die Typ-Ebene und
- die Meta-Ebene.

Neue Konzepte und Methoden der Software-Technik erlauben zunehmend eine Abstraktion auf der Typ-Ebene, zum Teil ergänzt um die Exemplar-Ebene. Außerdem wird zunehmend eine mehrdimensionale Abstraktion unterstützt.

Sowohl Software-Systeme als auch Software-Entwicklungsprozesse werden strukturiert oder hierarchisch gegliedert. Strukturen lassen sich klassifizieren durch

- die Semantik der Relation zwischen den Systemkomponenten,
- die Form der Struktur,

- die Anzahl unterschiedlicher Systemkomponenten-Typen, und
- die Zeitspanne, in der die Struktur existiert (statisch, dynamisch, organisatorisch).

Einen Spezialfall der Struktur stellt die Hierarchie dar. Zwischen den Systemkomponenten einer Hierarchie besteht immer eine Rangordnung, d.h. eine Über-/Untergeordneten-Beziehung. Hierarchien lassen sich wie Strukturen klassifizieren. Neue Konzepte und Methoden der Software-Technik verwenden Strukturen *und* Hierarchien.

Ein Modul ist eine Systemkomponente bzw. ein Subsystem mit folgenden Eigenschaften:

- Bereitstellung einer Funktion oder semantisch zusammengehörender Funktionen.
- Weitgehend kontextunabhängig.
- Definierte Schnittstellen.
- Handlich, überschaubar, verständlich.

Man kann Modularität im Großen (bezogen auf Subsysteme) und Modularität im Kleinen (bezogen auf Systemkomponenten) unterscheiden. Eng verbunden mit dem Modulprinzip ist das Geheimnisprinzip *(information hiding)*. Während das Modulprinzip es ermöglicht, daß der Anwender eines Moduls die Modulinterna sieht – und damit dieses Wissen zumindest implizit verwenden kann – verbirgt das Geheimnisprinzip die Modulinterna. Die Verständlichkeit, Lesbarkeit und Einarbeitung in ein Software-Produkt wird durch die Prinzipien Lokalität und Verbalisierung wesentlich unterstützt.

Zwischen den aufgeführten Prinzipien gibt es Wechselwirkungen und Voraussetzungen, die beachtet werden müssen.

In der Software-Technik werden im wesentlichen vier allgemeine Methoden angewandt:

- *top-down*-Methode,
- *outside-in*-Methode,
- *bottom-up*-Methode,
- *inside-out*-Methode.

Einige Verfahren verwenden die ersten beiden Methoden in Kombination. Die *bottom-up*-Methode gewinnt durch die Wiederverwendung eine größere Bedeutung.

/Baker 72/
Baker F. T., *Chief programmer team management of production programming*, in: IBM Systems Jounal, No.1, 1972, S. 56–73

/Hesse et al. 94/
Hesse W., Barkow G., Braun H., Kitthaus H.-B., Scheschonk G., *Terminologie der Softwaretechnik – Ein Begriffssystem für die Analyse und Modellierung von Anwendungssystemen, Teil 1: Begriffssystematik und Grundbegriffe*, in: Informatik-Spektrum (1994) 17: 39–47

/Inhetveen, Luft 83/
Inhetveen R., Luft A. L., *Abstraktion, Idealisierung und Modellierung bei der Spezifikation, Konstruktion und Verifikation von Software-Systemen*, in: Angewandte Informatik 12/83, S. 541–548

/Jackson 76/
Jackson M.A., *Data Structure as a Basis for Program Design*, in: Structured Programming, Infotech State of the Art Report, Maidenhead/Berkshire: Infotech International 1976
/Kopetz 76/
Kopetz H., *Software-Zuverlässigkeit*, München-Wien 1976
/Luft 84/
Luft A. L., *Zur Bedeutung von Modellen und Modellierungs-Schritten in der Softwaretechnik*, in: Angewandte Informatik 5/84, S. 189–196
/Parnas 71/
Parnas D. L., *Information Distribution Aspects of Desing Methodology*, in: Proceedings Information Processing 71, Amsterdam: North-Holland 1972, S. 339–344
/Simon 62/
Simon H.A., *The Architecture of Complexity*, Proceedings of the American Philosophical Society, Philadelphia, Vol. 106, 1962, pp. 467–482
/Weinberg 71/
Weinberg G. U., *The Psychology of Computer Programming*, New York: Van Nostrand Reinhold Company, 1971
/Wendt 93/
Wendt S., *Defizite im Software Engineering*, in: Informatik-Spektrum, Febr. 1993, S. 34–38

1 *Lernziel: Die aufgeführten Prinzipien definieren, ihre Abhängigkeiten darstellen und ihre Vorteile aufzählen können.*
Listen Sie in einer Tabelle alle vorgestellten Prinzipien auf. Geben Sie zu jedem Prinzip eine stichwortartige Beschreibung und eine Aufzählung der Vorteile. Führen Sie für jedes Prinzip auf, welches Prinzip vorausgesetzt wird und mit welchen Prinzipien eine Wechselwirkung besteht.

Muß-Aufgabe
40 Minuten

2 *Lernziel: Die aufgeführten Methoden definieren, ihre Abhängigkeiten darstellen und ihre Vorteile aufzählen können.*
Listen Sie in einer Tabelle alle vorgestellten Methoden auf. Geben Sie zu jeder Methode eine kurze Definition und eine Aufzählung der Vor- und Nachteile. Skizzieren Sie den Zusammenhang der Methoden im Schichtenmodell.

Muß-Aufgabe
25 Minuten

3 *Lernziel: Die aufgeführten Prinzipien und Methoden anhand von Beispielen aus der Software-Technik erklären können.*
Geben Sie für jedes der aufgeführten Prinzipien und Methoden ein Beispiel aus der Software-Technik an.

Muß-Aufgabe
30 Minuten

4 *Lernziel: Relevante Ordnungsrelationen und ihre Eigenschaften anhand von Beispielen aus der Software-Technik erläutern können.*
Benennen Sie die fünf für die Software-Technik relevanten Ordnungsrelationen mit ihren Eigenschaften und erläutern Sie diese anhand eines Beispiels aus der Software-Technik.

Muß-Aufgabe
10 Minuten

5 *Lernziel: Konzepte und Methoden anhand ihres Abstraktionsgrades (Anzahl Dimensionen, Exemplar-Ebene, Typ-Ebene) und ihrer Struktur bzw. Hierarchie klassifizieren können.*
Geben Sie zu folgenden Konzepten bzw. Methoden jeweils den Abstraktionsgrad (Dimensionsanzahl, Ebene), die Anzahl der Systemkomponententypen sowie die Form der Struktur bzw. Hierarchie an: ER-Modell, Zustandsautomat, Klassen-Diagramm, Entscheidungsbaum, SA-Datenfluß-Diagramm, OOA-Assoziation.

Muß-Aufgabe
10 Minuten

Muß-Aufgabe *15 Minuten*

6 *Lernziel: Die verschiedenen Ausprägungen des Geheimnisprinzips anhand von Beispielen erläutern können.*
Welche verschiedenen Ausprägungen des Geheimnisprinzips kennen Sie? Erläutern Sie diese anhand von Beispielen.

Muß-Aufgabe *10 Minuten*

7 *Lernziel: Die Unterschiede zwischen Modulen, Verkapselung und Geheimnisprinzip erläutern können.*
Was versteht man in der Software-Technik unter einem Modul im weiteren Sinne? Wie wird dieser Begriff durch den Begriff der Verkapselung eingeschränkt? Wie schränkt das Geheimnisprinzip diesen Begriff weiter ein?

Muß-Aufgabe *15 Minuten*

8 *Lernziel: Gegebene Szenarien daraufhin beurteilen können, welche Prinzipien und Methoden eingesetzt bzw. gegen welche Prinzipien und Methoden verstoßen wird.*
Gegeben sei folgender Ausschnitt aus einem C++-Programm:

```
int Potenz_berechnen(int basis, int exponent)
{
  // Berechnung der Potenz einer Zahl, Potenz = basis hoch exponent.
  // Voraussetzung: Die Wertebereiche sind auf Gültigkeit überprüft.
  int potenz = basis;
  for (i = 2; i < = exponent; i++)
  {
   potenz = Multiplikation_durchführen(basis, potenz);
  }

  return potenz;
}
```

Welche Prinzipien und Methoden werden an welcher Stelle eingesetzt, gegen welche wird an welcher Stelle verstoßen, welche sind nicht zu beurteilen?

Muß-Aufgabe *10 Minuten*

9 *Lernziel: Beurteilen können, ob gegebene Systemkomponenten oder Subsysteme den Modulkriterien entsprechen.*
Gegeben sei folgender Ausschnitt aus einem C++-Programm:

```
int zaehler;
int basis, exponent;

int Potenz_berechnen()
{
  // Berechnung der Potenz einer Zahl, Potenz = basis hoch exponent.
  // Voraussetzung: Die Wertebereiche sind auf Gültigkeit überprüft.
  int potenz = basis;
  for (zaehler = 2; zaehler < = exponent; zaehler++)
  {
   potenz = Multiplikation_durchführen(basis, potenz);
  }

  return potenz;
}
```

Erfüllt dieser Ausschnitt die Modulkriterien? Prüfen Sie tabellarisch alle Ihnen bekannten Kriterien.

Weitere Aufgaben befinden sich auf der beiliegenden CD-ROM. 

2 CASE

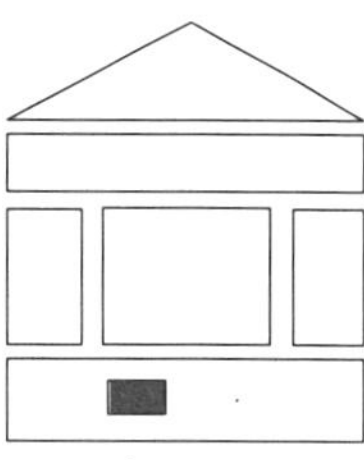

- Die Begriffe CASE, CASE-Werkzeug, CASE-Plattform, CASE-Umgebung, SEU, NIST/ECMA-Referenzmodell und ihre Synonyme kennen sowie die Zusammenhänge zwischen ihnen erklären können. verstehen
- CASE-Werkzeuge den vorgestellten Werkzeugkategorien zuordnen können.
- Die allgemeinen Anforderungen an CASE-Plattformen und CASE-Umgebungen aufzählen und erklären können.
- Für gegebene Szenarien Ziele für den CASE-Einsatz aufstellen und geeignete Werkzeuge auswählen können. anwenden
- Für gegebene Szenarien einen firmenspezifischen Kriterienkatalog unter Berücksichtigung der aufgeführten Kategorien für eine CASE-Umgebung aufstellen können.
- Für gegebene Szenarien entscheiden können, ob *Forward Engineering*, *Reverse Engineering*, *Reengineering* oder *Round Trip Engineering* geeignet ist und welche Werkzeuge dazu benötigt werden. beurteilen
- Prüfen können, ob ein CASE-Werkzeug die aufgeführten allgemeinen Anforderungen erfüllt.

Hinweis: Auf die Einführung von CASE in Unternehmen wird in Kapitel II 5.5 »Einführung von Innovationen« ausführlich eingegangen. Kapitel II 5.5

Die CD-ROM zu Band 1 dieses Buches enthält eine Vielzahl von CASE-Werkzeugen. Die CD-ROM zu diesem Band enthält ein *Repository* sowie einige ausgewählte CASE-Werkzeuge.

2.1 Grundlagen

2.1.1 Was ist CASE?

CASE

Der Begriff CASE wurde in Anlehnung an die bereits älteren Begriffe CAD, CAE usw. gebildet, wobei CA für *Computer Aided* steht. Manchmal wird CA auch als *Computer Assisted* interpretiert.

CASE steht für ***C**omputer **A**ided **S**oftware **E**ngineering* und drückt aus, daß eine professionelle Software-Erstellung ohne Computerunterstützung nicht mehr möglich ist.

CASE befaßt sich daher mit allen computerunterstützten Hilfsmitteln, die dazu beitragen, die Software-Produktivität und die Software-Qualität zu verbessern sowie das Software-Management zu erleichtern. Die computerunterstützten Hilfsmittel lassen sich gliedern in

- CASE-Werkzeuge (CASE-*tools)* und
- CASE-Plattformen (CASE-*platforms).*

Beide zusammen ergeben CASE-Umgebungen (CASE-*environments).*

Umgebungen

CASE-Werkzeuge sind alle Software-Produkte, die zumindest einzelne bei der Erstellung von Software benötigte Funktionen bzw. Dienstleistungen anbieten (siehe auch /Kelter 91, S. 215/).

Eine **CASE-Plattform**, auch **CASE-Rahmen** (CASE-*framework)* genannt, stellt Basisdienstleistungen wie eine allgemeine Benutzungsschnittstelle, ein ***Repository*** für die Datenverwaltung und einen Nachrichtendienst *(message service)* zur Verfügung.

Repository heißt übersetzt Behälter, Gefäß, Verwahrungsort, Lager. Dieser Begriff wird heute oft für die Datenhaltungskomponente einer CASE-Umgebung verwendet.

In die CASE-Plattform können einzelne CASE-Werkzeuge integriert werden. Da die CASE-Plattform Basisdienstleistungen zur Verfügung stellt, werden die einzelnen CASE-Werkzeuge von diesen Dienstleistungen entlastet, d.h. sie müssen diese Dienstleistungen nicht selbst noch einmal anbieten.

Eine **CASE-Umgebung**, auch Software-Entwicklungsumgebung **(SEU)** genannt, besteht, zumindest konzeptionell, aus einer CASE-Plattform und mehreren darin integrierten CASE-Werkzeugen. Sie ist eine organisatorische und computerunterstützte Arbeitsumgebung, die möglichst viele Tätigkeiten der Software-Erstellung (Entwicklung, Qualitätssicherung, Management) integriert unterstützt.

ECMA: *European Computer Manufacturers Association*; Zusammenschluß europäischer Computerfirmen mit dem Ziel, Standards zu erarbeiten

Abb. 2.1-1 zeigt das **NIST/ECMA-Referenzmodell** für die Architektur einer CASE-Umgebung (siehe hierzu /NIST 91/, /ECMA 90/, /Wasserman 90/, /Chen, Norman 92/), oft auch **»Toaster«-Modell** genannt.

Das Referenzmodell beschreibt ein Architekturgerüst bzw. einen Architekturrahmen, der dazu dienen soll, CASE-Umgebungen zu diskutieren, zu vergleichen und einander gegenüberzustellen. Es soll einen erweiterungsfähigen Rahmen bilden, anhand dessen Standardisierungen entwickelt werden können. In dem Referenzmodell werden einzelne Dienstleistungen *(services)* zu Gruppen zusammengefaßt. Die einzelnen Dienstleistungsgruppen werden im folgenden kurz beschrieben.

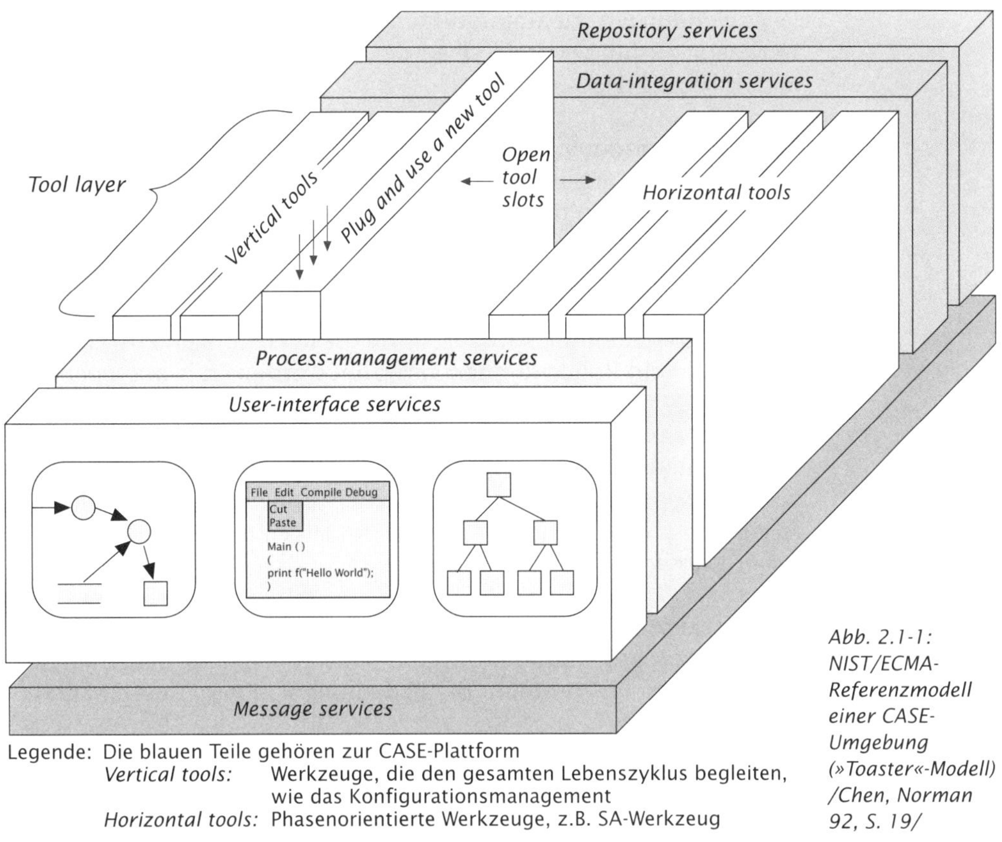

Legende: Die blauen Teile gehören zur CASE-Plattform
Vertical tools: Werkzeuge, die den gesamten Lebenszyklus begleiten, wie das Konfigurationsmanagement
Horizontal tools: Phasenorientierte Werkzeuge, z.B. SA-Werkzeug

Abb. 2.1-1: NIST/ECMA-Referenzmodell einer CASE-Umgebung (»Toaster«-Modell) /Chen, Norman 92, S. 19/

Repository services

Aufgabe des *Repository* ist es, Entitäten oder Objekte und ihre gegenseitigen Beziehungen zu verwalten. Die Ausführung und Steuerung von Prozessen wird ebenso unterstützt wie die physikalische Verteilung der Daten und Prozesse (bei verteilten Systemen).

Data-integration services

Diese Dienstleistungen stellen ein höheres semantisches Niveau für die Handhabung der Daten im *Repository* zur Verfügung. Zu den Dienstleistungen gehören die Versions- und Konfigurationsverwaltung sowie der Datenaustausch mit anderen CASE-Umgebungen. Außerdem können Metadaten, d.h. Daten über Daten verwaltet werden *(Data Dictionary*, Katalog, Schema-Definition sind andere Bezeichnungen für solche Daten).

Kapitel II 6.3

Werkzeuge *(tools)*

Ein Werkzeug ist ein Stück Software, das nicht Teil der CASE-Plattform ist, und das Dienstleistungen der Plattform in Anspruch nimmt. Werkzeuge erweitern die allgemeinen Dienstleistungen, um spezielle Anwendungen zu unterstützen. Im Referenzmodell dienen die Werkzeug-»Schlitze« *(tool slots)* dazu, diese Werkzeuge aufzunehmen (Abb. 2.1-1).

Process-management services
Die Dienstleistungen der Prozeß-Verwaltung erlauben es dem Software-Ingenieur, auf der Ebene von zu erledigenden Aufgaben mit der CASE-Umgebung zu kommunizieren. Aufrufsequenzen einzelner Werkzeuge können zusammengefaßt werden. Aufgaben können definiert und ausgeführt werden. Informationen über Benutzer und Rollen im Software-Erstellungsprozeß sowie die Beziehungen zwischen den Benutzern und Rollen können verwaltet werden *(role management).*

Message services
Diese Dienstleistungen erlauben die Kommunikation zwischen Werkzeugen *(tool-to-tool)*, zwischen Dienstleistungen der CASE-Umgebung *(service-to-service)* und zwischen Werkzeugen und Dienstleistungen *(tool-to-service).*

User-interface services
Die Benutzungsschnittstelle erlaubt eine konsistente Bedienung der CASE-Umgebung. Sie trennt die Bedienung von der Funktionalität.

Sicherheit
Das Sicherheitsmodell basiert auf dem Konzept der Sicherheitsinformation. Sicherheitsdienstleistungen stellen die Informationen zur Verfügung, erfassen sie und werten sie aus. Dieses Modell erlaubt verschiedene Sicherheitsbereiche und ihre Verwaltung in einem offenen, verteilten System.

Verwaltung und Konfiguration der CASE-Plattform
Eine CASE-Umgebung muß sorgfältig verwaltet werden. Insbesondere muß es möglich sein, die Konfiguration an sich ändernde Bedürfnisse der jeweiligen Software-Entwicklung anzupassen.

2.1.2 CASE-Werkzeugkategorien

CASE-Werkzeuge lassen sich zu **Werkzeugkategorien** zusammenfassen, je nachdem welche Schwerpunkte die Werkzeuge oder Werkzeugkombinationen bieten (Abb. 2.1-2).

upper-CASE

Werkzeuge, die die ersten Phasen einer Software-Entwicklung (Planung, Definition, Entwurf) unterstützen, werden als *upper-* oder *front end*-CASE-Werkzeuge bezeichnet.

lower-CASE

Werkzeuge, die die späten Phasen (Implementierung, Abnahme & Einführung, Wartung & Pflege) unterstützen, werden *lower-* oder *back end*-CASE-Werkzeuge genannt.

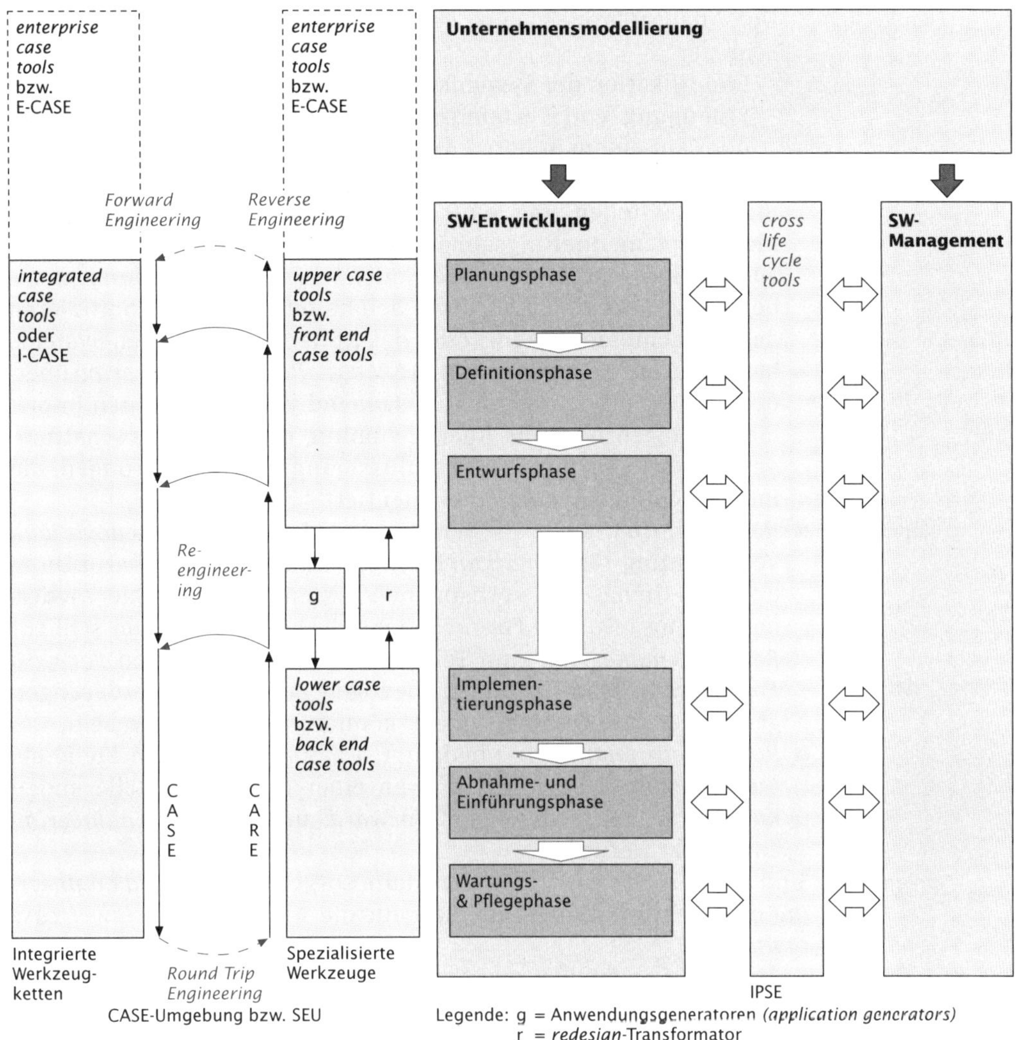

Abb. 2.1-2: CASE-Werkzeugkategorien

Werkzeugketten, die die frühen *und* späten Phasen abdecken, nennt man auch **I-CASE**-Werkzeuge (I für *integrated).*

Phasenübergreifende Werkzeuge, die den gesamten Lebenszyklus eines Software-Produktes begleiten, bezeichnet man als *cross life cycle tools* oder *vertical tools.*

Eine Software-Entwicklung kann auf verschiedene Arten durchgeführt werden:

- Beim *Forward Engineering* ist das fertige Software-System das Ergebnis des Entwicklungsprozesses.
- Beim *Reverse Engineering* ist das vorhandene Software-System der Ausgangspunkt der Analyse.

Hauptkapitel 4

Kapitel 4.2

Der Analyse-Prozeß beim *Reverse Engineering* umfaßt folgende Schritte:

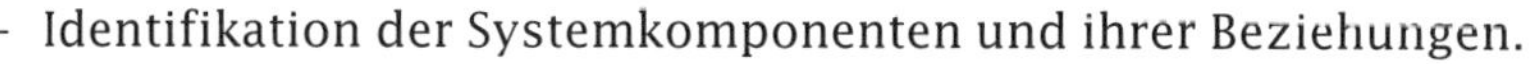

- Identifikation der Systemkomponenten und ihrer Beziehungen.
- Erzeugung von Systemdarstellungen in einer anderen Form oder auf einem höheren Abstraktionsniveau.

Zum *Reverse Engineering* gehört das Extrahieren von Konstrukten und das Erstellen oder Synthetisieren von Abstraktionen, die weniger implementierungsabhängig sind. *Reverse Engineering* kann auf jedem Abstraktionsniveau oder in jeder Entwicklungsphase beginnen. *Reverse Engineering* beinhaltet *nicht* das Modifizieren des betrachteten Systems oder das Kreieren eines neuen Systems basierend auf dem betrachteten System. *Reverse Engineering* überdeckt einen breiten Bereich: Ausgehend von vorhandenen Implementierungen über die Rückgewinnung oder Wiedererschaffung des Entwurfs bis hin zur Entschlüsselung der Anforderungen, die im betrachteten System implementiert sind.

Kapitel 4.2

- *Reengineering*, auch als Renovierung, Erneuerung *(Renovation)*, Verbesserung *(Reclamation)* bezeichnet, umfaßt die Überprüfung und den Umbau des vorhandenen Systems, so daß eine Wiederherstellung in neuer Form erreicht wird. *Reengineering* schließt *Reverse Engineering* zum Teil ein und wird gefolgt von *Forward Engineering*. Modifikationen, bezogen auf neue Anforderungen gegenüber dem Originalsystem, können eingeschlossen sein.
- *Round Trip Engineering* bedeutet, an einer beliebigen Stelle als Ausgangspunkt beginnen und an einer beliebigen Stelle enden können, wobei in der Regel *Forward-* und *Reverse Engineering* eingesetzt werden.

Generatoren

Sind *upper case tools* vorhanden, dann sorgt beim *Forward Engineering* oft ein Anwendungsgenerator für die Anbindung an *lower case tools*.

redesign

Beim *Reverse Engineering* verbindet oft ein *redesign tool* die *lower case tools* mit den *upper case tools*.

enterprise case tools

Für die Modellierung der Unternehmensebene werden *enterprise case tools* eingesetzt, die oft eine Erweiterung von I-CASE oder *upper case tools* sind. Teilweise spricht man dann auch von E-CASE *(enterprise* CASE).

CARE

Sind CASE-Werkzeuge auf das *Reverse Engineering* spezialisiert, dann spricht man bisweilen auch von CARE-Werkzeugen *(computer aided reverse engineering* bzw. *reengineering)*.

IPSE

Ist eine CASE-Umgebung auf die Unterstützung des Software-Managements spezialisiert, dann heißt sie auch IPSE *(integrated project support environment)*.

2.1.3 Ziele von CASE

Die globalen Ziele des Einsatzes von CASE sind

- die Erhöhung der Produktivität,
- die Verbesserung der Qualität und
- die Erleichterung des Software-Managements.

Diese Ziele lassen sich weiter untergliedern in:

- Technische Ziele Kapitel II 1.6
  - Generatoren einsetzen, um Arbeitsschritte zu eliminieren.
  - Methoden einsetzen, die Konsistenz- und Redundanzüberprüfungen ermöglichen.
  - Qualität der Dokumentation verbessern.
  - Wiederverwendbarkeit erleichtern. Hauptkapitel 3
  - Verwalten von Konfigurationen und Änderungen.
  - Hinweise auf mögliche Schwachstellen (Metriken).
- Wirtschaftliche Ziele
  - Effektivität erhöhen.
  - Produkte schneller entwickeln.
  - Qualität erhöhen.
  - Wartungsaufwand reduzieren.
  - Personenabhängigkeit verringern.
  - Änderungen noch kurz vor Markteinführung ermöglichen.
- Organisatorische Ziele
  - Unterstützung des gewählten Prozeß-Modells. Kapitel II 3.3
  - Verbesserung der Entwicklungsmethoden und -verfahren.
  - Erhöhung der Standardisierung.
  - Jederzeitige Information über den Soll- und Ist-Zustand.
  - Flexible Anpassung an geänderte Rahmenbedingungen.

Generelles Ziel von CASE muß es sein, den Entwickler nicht mit zusätzlichen Tätigkeiten zu belasten, sondern ihm Routinearbeiten so weit wie möglich abzunehmen. Der Software-Entwickler soll sich auf die kreativen Aspekte seiner Tätigkeit konzentrieren. Besonders betont werden soll, daß CASE nicht dazu führen darf, daß Software-Erstellung in »Software-Bürokratie« ausartet. Der Verwaltungsaufwand muß geringer sein, als wenn man Software ohne CASE erstellt.

Das heißt, der Nutzen von CASE muß für den Benutzer täglich erfahrbar sein. Kapitel II 1.3

Oft werden die oben aufgeführten Ziele nicht erreicht, da falsche Zielvorstellungen für den CASE-Einsatz vorhanden sind. CASE löst nicht die Probleme einer Software-Erstellung.

Was kann CASE nicht leisten?

Ein guter Software-Ingenieur wird mit CASE schneller bessere Software erstellen. Ein schlechter Software-Ingenieur wird mit CASE in kürzerer Zeit noch mehr schlechte Software erstellen. Der Einsatz von CASE ist notwendig, aber nicht hinreichend für eine Software-Entwicklung.

Kapitel II 4.1 und II 5.2 bis 5.4

Entscheidend sind die Qualifikation, Motivation und Kreativität der Mitarbeiter sowie der Einsatz der richtigen Methoden. Es ist daher ein Fehler zu glauben, eine Verbesserung der Software-Erstellung ist erst möglich, wenn man CASE eingeführt hat. Viel wichtiger ist die Einführung geeigneter Methoden und das Training der Mitarbeiter in diesen Methoden.

Kapitel II 5.3 und 5.4

Die ersten Lösungsansätze – sowohl in der Systemanalyse als auch im Entwurf und in der Implementierung – sollten im Team am *Flip Chart* oder an der Pinwand erarbeitet werden. Erst wenn verschiedene Lösungsansätze erarbeitet, gegenübergestellt und bewertet wurden und nachdem einer ausgewählt wurde, beginnt der Einsatz der gewählten CASE-Umgebung.

Um die Ziele von CASE zu erreichen, müssen

- die CASE-Werkzeuge,
- die CASE-Plattform und
- die CASE-Umgebung

allgemeine Anforderungen erfüllen. Neben den allgemeinen Anforderungen müssen zusätzliche firmenspezifische Anforderungen erfüllt sein, wenn CASE-Umgebungen für den Einsatz in einem Unternehmen ausgewählt werden. Im folgenden werden zunächst die allgemeinen Anforderungen behandelt.

2.1.4 Allgemeine Anforderungen an CASE-Werkzeuge

Für ein einzelnes CASE-Werkzeug sind folgende allgemeine Anforderungen wesentlich:

1 Weitgehend »methodentreue« Unterstützung.
2 Bereitstellung der notwendigen Basisfunktionalität.
3 Bereitstellung effizienzsteigernder Funktionen.
4 Bereitstellung qualitätssteigernder Funktionen.
5 Übernahme von Hilfs- und Routinearbeiten.
6 Intuitive Bedienung.
7 Bereitstellung von Export-/Importschnittstellen.
8 Integrierbarkeit in CASE-Plattformen.

1 Weitgehend »methodentreue« Unterstützung

Methoden und CASE

Im allgemeinen werden heute CASE-Werkzeuge angeboten, die bestimmte Software-Methoden unterstützen, z.B. die Methoden SA und OOA oder die Testmethode Zweigüberdeckung.

Methoden sind oft in Büchern oder Artikeln beschrieben. Werkzeuge unterstützen diese Methoden dann mehr oder weniger gut. In der Regel ist es so, daß die Werkzeuge die Methoden auf der einen Seite einengen und gleichzeitig auf der anderen Seite liberaler sind.

Die »Einengung« hängt oft damit zusammen, daß bestimmte methodische Konzepte schwierig zu implementieren sind und daher oft weggelassen werden, wenn man auch ohne sie auskommen kann.

Die Methode SA nach DeMarco erlaubt verschiedene Pfeilarten und Linienverzweigungen in DFDs. Meist werden nur die Basisarten unterstützt.

Beispiel
Kapitel I 2.19

Die »Liberalität« ist ebenfalls oft von der Implementierung abhängig. Umfangreiche und aufwendige Überprüfungen werden weggelassen, obwohl die entsprechende Methode solche Prüfungen vorschreibt oder ermöglicht.

Obwohl viele Werkzeuge die Erstellung von Entscheidungstabellen – zumindest als Teilkomponente – unterstützen, erhält der Entwickler meist keine Hilfe bei der Überprüfung auf Gleichheit, Ausschluß, Einschluß und Überschneidung von Regeln.

Beispiel
Kapitel I 2.14

Bei der Auswahl von CASE-Werkzeugen ist daher darauf zu achten, daß sie die ausgewählten Methoden nicht zu stark verfälschen. Der unterstützte »Methodendialekt« muß noch die ursprüngliche Methode ausreichend abbilden. Da CASE-Werkzeuge einen standardisierenden Einfluß haben, wird von den Entwicklern nur noch das benutzt, was die CASE-Werkzeuge anbieten.

2 Bereitstellung der notwendigen Basisfunktionalität

Mit einem CASE-Werkzeug müssen die Produkte bzw. Teilprodukte, die die entsprechende Methode fordert, prinzipiell erstellbar sein, d.h. die notwendige Basisfunktionalität muß zur Verfügung stehen. Erfordert eine Methode die Durchführung bestimmter Aktivitäten, dann muß dies analog möglich sein.

Als Methode in der Systemanalyse werde OOA *(object oriented analysis)* eingesetzt. Das entsprechende CASE-Werkzeug muß es ermöglichen,
- ein Klassendiagramm,
- Objektlebenszyklen,
- Interaktionsdiagramme und
- textuelle Spezifikationen

zu erstellen.
Dafür müssen Grafik- und Texteditoren zur Verfügung gestellt werden, damit diese Teilprodukte erzeugt werden können.

Beispiel 1a
Kapitel I 2.18

Für die Qualitätssicherung von Software-Komponenten ist ein Zweigüberdeckungstest vorgeschrieben. Das entsprechende CASE-Werkzeug muß
- das Testobjekt instrumentieren,
- die durchlaufenen Zweige protokollieren,
- den Testüberdeckungsgrad anzeigen und
- einen Regressionstest durchführen

können.

Beispiel

3 Bereitstellung effizienzsteigernder Funktionen

Die Basisfunktionalität eines Werkzeugs sagt nichts darüber aus, wie effektiv die geforderten Teilprodukte erstellt oder notwendige Tätigkeiten durchgeführt werden können. Der produktive Einsatz wird verbessert durch

- Spezialfunktionen, z.B. Zoomfunktionen zur schnelleren Orientierung und Navigation,
- Makrorekorder zum Aufzeichnen von häufig benötigten Befehlsfolgen,
- Speicherung des aktuellen Arbeitszustandes und automatisches Wiederherstellen bei neuer Sitzung,
- automatische Erstellung von Inhaltsverzeichnissen und Querverweisen,
- die automatische Übernahme von bereits vorhandenen Informationen.

Beispiel 1b

Ein OOA-CASE-Werkzeug erlaubt eine effiziente Erstellung und Bearbeitung von OOA-Modellen durch

- automatisierte Übernahme von bereits vorhandenen Teilmodellen,
- halbautomatisches oder automatisches Layout,
- automatisches Mitverschieben aller Verbindungslinien beim Verschieben eines Symbols,
- Einstellung verschiedener Arbeitsmodi, z.B. Erzeugung von Klassensymbolen per Mausklick oder Erfassung vollständiger Klassenbeschreibungen (erster Mausklick Klassenname, zweiter Mausklick Attributname, dritter Mausklick Operationsname),
- Schnelleingabe textueller Informationen (ohne jeweils neue Fenster zu öffnen, z.B. bei Attributen und Operationen).

4 Bereitstellung qualitätssteigernder Funktionen

Fallstudien haben gezeigt, daß CASE-Werkzeuge ungefähr 50 Prozent der erforderlichen Qualitätsüberprüfungen durchführen können. Die anderen 50 Prozent müssen durch *reviews* überprüft werden, da insbesondere die Semantik heute von Werkzeugen nicht überprüft werden kann.

Hauptkapitel III 3

Daher sollten CASE-Werkzeuge alle Überprüfungen, die möglich sind, auch durchführen, da noch genügend manuelle Überprüfungen nötig sind. Außerdem sollten zur Vorbereitung manueller Überprüfungen statistische Daten über das Produkt zur Verfügung gestellt werden, z.B. durch Metrikwerte.

Um die Qualität zu verbessern, müssen CASE-Werkzeuge

- erstellte Teilprodukte oder Produkte laufend oder auf Anforderung anhand von definierten Qualitätszielen (z.B. Konsistenz, Redundanzfreiheit, Vollständigkeit) überprüfen,

- geeignete Qualitätssicherungsprotokolle erstellen (Fehler, Warnungen, Hinweise),
- auf mögliche Schwachstellen anhand von Metriken hinweisen,
- fehlerhafte Eingaben verhindern, aber unvollständige Eingaben zulassen.

Ein OOA-CASE-Werkzeug sollte

Beispiel 1c

- auf Verletzungen methodischer Regeln hinweisen (z.B. mehr als vierstufige Vererbung),
- die Konsistenz zwischen Klassen-Diagramm, Objektlebenszyklen, Interaktions-Diagrammen und textuellen Spezifikationen überprüfen,
- fehlerhafte Eingaben verhindern (z.B. nicht erlaubte Kardinalitätsangaben).

5 Übernahme von Hilfs- und Routinearbeiten

Software-Assistenten

Wünschenswert ist eine Produktivitätssteigerung durch CASE-Werkzeuge, die dem Software-Entwickler »Hilfsarbeiten« ganz oder teilweise abnehmen (Eliminieren von Arbeitsschritten). CASE-Werkzeuge, die überwiegend solche »Hilfsarbeiten« erledigen, bezeichnet man als Software-Assistenten. Umfangreiche Forschungsarbeiten haben in speziellen Teilbereichen der Software-Entwicklung bereits zu solchen Software-Assistenten geführt.

Beispiel

Ein Software-Qualitätsassistent schlägt eine Prüfstrategie für eine Software-Komponente vor. Der Prüfer gibt Prüfziele vor. Der Qualitätsassistent vermißt die Komponente, berechnet Metriken und wertet eine Wissensbasis über Prüfverfahren aus, um eine Prüfstrategie zu konstruieren /Liggesmeyer 93/.

Beispiel 1d

Ein OOA-CASE-Werkzeug prüft ein erstelltes Klassendiagramm daraufhin, ob und welche OOA-Muster in ihm enthalten sind. Dabei greift es auf eine Bibliothek mit OOA-Mustern zurück. Entspricht ein OOA-Muster ungefähr einem Ausschnitt aus dem Klassendiagramm, dann weist das Werkzeug den Entwickler darauf hin.

6 Intuitive Bedienung

Die Akzeptanz eines CASE-Werkzeugs hängt wesentlich von seiner intuitiven Bedienung ab. Bei Kenntnis der durch das Werkzeug unterstützten Methode sollte eine Bedienung weitgehend ohne Benutzerhandbuch oder umfangreiche Schulungen möglich sein – abgesehen von Spezialfunktionen. Vergleicht man beispielsweise ein allgemeines Zeichenprogramm mit einem Grafikeditor, z.B. für OOA, dann muß der Grafikeditor einfacher und effektiver zu bedienen sein. Der Grund liegt darin, daß ein OOA-Editor auf einer begrenzten Symbolmenge (Klassen, abstrakte Klassen) und einer begrenzten Anzahl von Beziehungen arbeitet (Vererbung, Assoziation, Aggregation).

Heutigen CASE-Werkzeugen fehlt oft die intuitive Bedienbarkeit, da offenbar eine sorgfältige Arbeitsanalyse eines Software-Ingenieurs nicht erfolgte.

Beispiel Die Erstellung einer Klasse mit Attributen und Operationen wird in verschiedenen CASE-Werkzeugen unterschiedlich durchgeführt. Folgende Feststellungen lassen sich treffen:

- Bei allen Werkzeugen sind zu viele Vorarbeiten zu erledigen, bevor man mit der eigentlichen Arbeit beginnen kann.
- Kein Werkzeug erlaubt es, Klassen ohne Eingabe eines Klassennamens zu erzeugen (keine Voreinstellung von Klassennamen wie Klasse 1, Klasse 2 usw.) (in Anwendungen der Bürokommunikation heute Standard).
- Die Bedienung ist nicht konsistent.
- Es fehlen *undo/redo*-Funktionen.
- Kontextsensitive Hilfe ist nicht vorhanden.
- Doppelklicks sind nicht bei allen Werkzeugen möglich.
- Notizbuch-Fenster werden nicht verwendet.

Die Herstellung einer Aggregation mit Rollennamen und Kardinalitätsangaben kann ebenfalls auf verschiedene Art und Weise durchgeführt werden. Es läßt sich folgendes feststellen:

- Analyseentscheidungen werden oft vorweggenommen. Standardmäßig werden Kardinalitäten angezeigt, die dann aufwendig geändert werden müssen. Durch diese Voreinstellungen werden Entscheidungen suggeriert, die oft noch nicht getroffen wurden.
- Eine Wandlung einer Aggregation in eine Assoziation und umgekehrt ist nicht möglich, obwohl dies im Laufe einer Analyse oft vorkommt.
- Anhand der vorgeschriebenen Bedienungsreihenfolge ist oft nicht klar, ob die erste selektierte Klasse Aggregat- oder Teilklasse ist (analoges gilt für die Vererbung).

Generell ist festzustellen, daß

- eine Individualisierung der Benutzungsoberfläche noch nicht oder noch nicht ausreichend möglich ist,
- Farbe noch zu wenig eingesetzt wird.

7 Bereitstellung von Export-/Importschnittstellen

Damit ein CASE-Werkzeug überhaupt mit anderen CASE-Werkzeugen bzw. mit einer CASE-Plattform kommunizieren kann, muß es über definierte Export-/Importschnittstellen verfügen.

Technisch lassen sich drei verschiedene Möglichkeiten unterscheiden:

- Definierte Datenaustauschformate.
- Veröffentlichung von Klassen des Metamodells.
- Offenlegung der Speicherstruktur des CASE-Werkzeugs.

Definierte Datenaustauschformate

In der funktionalen Welt verwendet man für den Export und Import Datenaustauschformate, die entweder standardisiert oder proprietär sind. Im CASE-Bereich gibt es bis heute nur einige wenige Datenaustauschformate.

Am einfachsten zu realisieren und am meisten ausgereift ist das dateibasierte CDIF *(CASE* ***D****ata* ***I****nterchange* ***F****ormat)* /EIA 91/. Dieses Format hat sich aber *nicht* auf breiter Front durchgesetzt. Teilweise wird es dazu benutzt, bei einem Werkzeugwechsel die kompletten Daten aus dem »alten« Werkzeug in das »neue« Werkzeug zu übertragen.

Im Juni 1996 wurde der erste Entwurf des *Metadata Council*, die *Metadata Interchange Specification*, verabschiedet. Es muß sich noch zeigen, ob sich dieses Format als Standard durchsetzt.

Veröffentlichung von Klassen des Metamodells

In der objektorientierten Welt werden in der Regel Teile des Metamodells veröffentlicht. Durch den Aufruf von Leseoperationen veröffentlichter Klassen können Daten gelesen, durch den Aufruf von Schreiboperationen können Daten geschrieben werden.

Der Datenaustausch kann durch den OLE-Mechanismus oder das Schreiben eines Visual Basic- oder Java-Programms erfolgen. Ein fest definiertes »Bus«-Format ist nicht mehr erforderlich.

Abschnitt I 2.21.6

Beispiel

Im Bürobereich findet man dieses Verfahren im *Office 97*-Paket von Microsoft angewandt. Jede Teilanwendung, z.B. *Word*, veröffentlicht 10 bis 15 Klassen *(type library)*. Die *»Bus-Pipeline«* wird durch eine *»Type-Pipeline«* ersetzt.

Offenlegung der Speicherstruktur des CASE-Werkzeugs

In Ausnahmefällen kann die Speicherstruktur des CASE-Werkzeugs offengelegt werden. Andere Werkzeuge manipulieren dann direkt die gespeicherten Daten.

8 Integrierbarkeit in CASE-Plattformen

Ein CASE-Werkzeug sollte in eine oder mehrere CASE-Plattformen integrierbar sein. Gegenüber definierten Export-/Importschnittstellen ist diese Anforderung wesentlich weitergehend.

Das CASE-Werkzeug muß mehrere Schnittstellen befriedigen, über ein internes Modell seiner Datenspeicherung verfügen und abtrennbare Dienstleistungen besitzen, die die CASE-Plattform zentral abwickelt, z.B. die Benutzerverwaltung. Um diese Anforderungen zu erfüllen, sollte das CASE-Werkzeug mindestens eine Drei-Schichten-Architektur besitzen (Abb. 2.1-3).

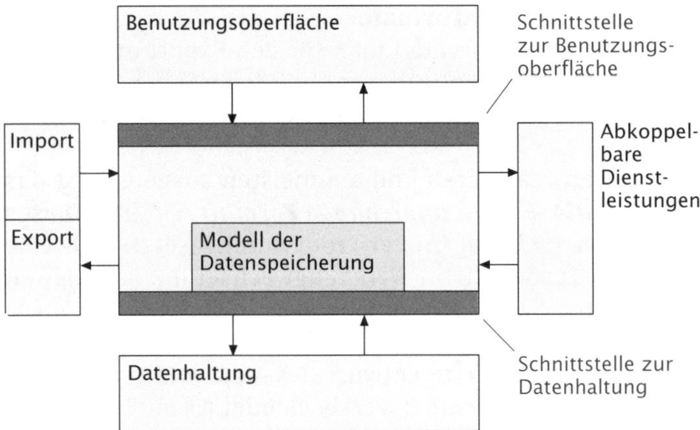

Abb. 2.1-3: Notwendige Architektur eines CASE-Werkzeugs

In /Wasserman 90/ werden fünf Arten der Integration eines CASE-Werkzeugs identifiziert: Integration

- in eine CASE-Plattform,
- in eine Benutzungsoberfläche,
- der Daten,
- der Steuerung und
- in den Entwicklungs-Prozeß.

/Thomas, Nejmeh 92/ haben diese Integrationsarten näher definiert und als Relationen dargestellt. Abb. 2.1-4 skizziert diese Relationen und ihre Eigenschaften. Dabei sind jeweils die verschiedenen Integrationssichten zu beachten:

Die Sicht

- des CASE-Benutzers,
- des Werkzeug-Evaluators,
- des Werkzeug-Entwicklers und
- des CASE-Plattform-Entwicklers.

Integration bedeutet, daß Dinge als Teile eines kohärenten Ganzen funktionieren. Die Ziele der verschiedenen Integrationsarten lauten:

- Oberflächen-Integration:
  Verbesserung der Effizienz und Effektivität der Werkzeugbedienung innerhalb einer CASE-Umgebung durch Reduktion der kognitiven Belastung.
- Daten-Integration:
  Sicherstellung, daß alle Informationen in der CASE-Umgebung als ein konsistentes Ganzes verwaltet werden.
- Steuerungs-Integration:
  Flexible Kombination von Umgebungsfunktionen in Abhängigkeit von Entwicklungspräferenzen und getrieben durch den unterliegenden Prozeß, den die CASE-Umgebung unterstützt.

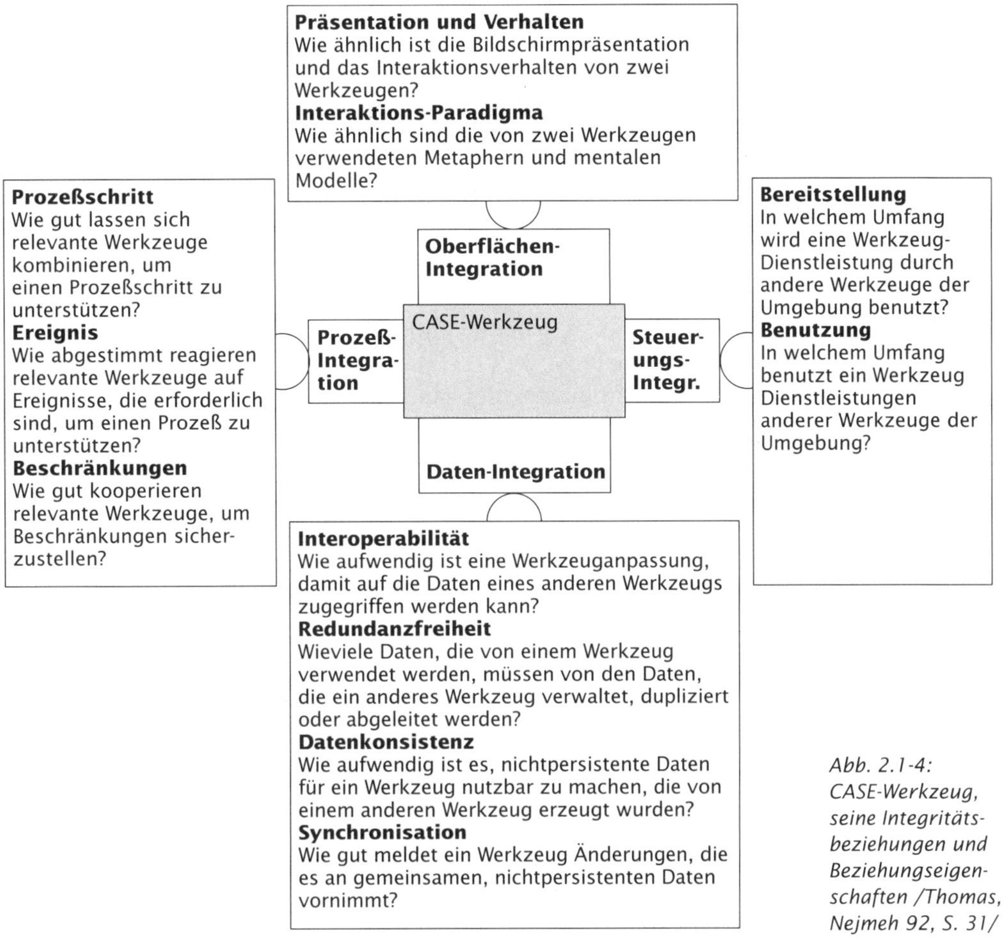

Präsentation und Verhalten
Wie ähnlich ist die Bildschirmpräsentation und das Interaktionsverhalten von zwei Werkzeugen?
Interaktions-Paradigma
Wie ähnlich sind die von zwei Werkzeugen verwendeten Metaphern und mentalen Modelle?

Prozeßschritt
Wie gut lassen sich relevante Werkzeuge kombinieren, um einen Prozeßschritt zu unterstützen?
Ereignis
Wie abgestimmt reagieren relevante Werkzeuge auf Ereignisse, die erforderlich sind, um einen Prozeß zu unterstützen?
Beschränkungen
Wie gut kooperieren relevante Werkzeuge, um Beschränkungen sicherzustellen?

Oberflächen-Integration

Prozeß-Integration

CASE-Werkzeug

Steuerungs-Integr.

Daten-Integration

Bereitstellung
In welchem Umfang wird eine Werkzeug-Dienstleistung durch andere Werkzeuge der Umgebung benutzt?
Benutzung
In welchem Umfang benutzt ein Werkzeug Dienstleistungen anderer Werkzeuge der Umgebung?

Interoperabilität
Wie aufwendig ist eine Werkzeuganpassung, damit auf die Daten eines anderen Werkzeugs zugegriffen werden kann?
Redundanzfreiheit
Wieviele Daten, die von einem Werkzeug verwendet werden, müssen von den Daten, die ein anderes Werkzeug verwaltet, dupliziert oder abgeleitet werden?
Datenkonsistenz
Wie aufwendig ist es, nichtpersistente Daten für ein Werkzeug nutzbar zu machen, die von einem anderen Werkzeug erzeugt wurden?
Synchronisation
Wie gut meldet ein Werkzeug Änderungen, die es an gemeinsamen, nichtpersistenten Daten vornimmt?

Abb. 2.1-4: CASE-Werkzeug, seine Integritätsbeziehungen und Beziehungseigenschaften /Thomas, Nejmeh 92, S. 31/

- Prozeß-Integration:
  Sicherstellung, daß die Werkzeuge effektiv zusammenarbeiten, um einen definierten Prozeß zu unterstützen.

Beispiele

Daten-Integration (Interoperabilität):
Ein Entwurfswerkzeug erzeugt Daten in einem bestimmten Format. Diese Daten müssen von einem anderen Werkzeug weiterverarbeitet werden. Dieses Werkzeug erwartet die Daten aber in einem anderen Format. Um die Daten für das zweite Werkzeug zur Verfügung zu stellen, muß ein Konversionsprogramm ausgeführt werden. Aus der Sicht eines Plattform-Entwicklers sind beide Werkzeuge nicht gut integriert. Muß der Benutzer das Konversionsprogramm selbst noch starten, dann ist die Integration aus Benutzersicht ebenfalls unzureichend.
Steuerungs-Integration (Bereitstellung):
Ein Projektmanagement-Werkzeug verlangt vom Benutzer eine kurze

Beschreibung der Projektaufgaben. Daher benötigt ein solches Werkzeug eine Editor-Dienstleistung, um textuelle Eingaben vornehmen zu können. Ein Editier-Werkzeug sollte eine solche Leistung für das Projektmanagement-Werkzeug zur Verfügung stellen.
Prozeß-Integration (Ereignis):
Ein Modul-Test verlangt folgende Voraussetzungen:
- Der Modul muß vollständig implementiert sein (z.B. einwandfreier Lauf durch das Unix-Lint-Werkzeug).
- Der Modul muß sich im Konfigurations-Managementsystem befinden.
- Es muß Personal verfügbar sein.

Die Meldung, daß alle drei Ereignisse erfüllt sind, ist eine Vorbedingung für die Einplanung des Modul-Tests. Alle Werkzeuge sind gut integriert, wenn sie die Ereignisse generieren, die notwendig sind, um die Vorbedingungen des Modul-Tests zu erfüllen.
Prozeß-Integration (Beschränkungen):
Eine Prozeß-Beschränkung bestehe darin, daß dieselbe Person nicht dasselbe Modul implementieren und testen darf. Das Werkzeug für die Ressourcen-Zuordnung meldet dem Konfigurations-Werkzeug, daß dieselbe Person nicht das von ihr implementierte Modul »auschecken« darf.

Kapitel II 6

Vergleicht man die aufgestellten und skizzierten Anforderungen an CASE-Werkzeuge mit heute im Markt befindlichen Werkzeugen, dann lassen sich folgende Feststellungen treffen:

1 Qualitativ betrachtet bieten die CASE-Werkzeuge eine befriedigende bis sehr gute »methodentreue« Unterstützung.

2 Die notwendige Basisfunktionalität ist bei fast allen Werkzeugen vorhanden.

3 Effizienzsteigernde Funktionen sind bei den einzelnen Werkzeugen sehr unterschiedlich ausgeprägt. Generell stecken in diesem Bereich aber noch viele »unentdeckte« Produktivitätsreserven.

4 Qualitätssteigernde Funktionen sind generell noch nicht ausreichend vorhanden.

5 Hilfs- und Routinearbeiten werden generell noch nicht ausreichend von den Werkzeugen übernommen.

6 Eine voll befriedigende, intuitive Bedienung ist heute nur bei wenigen Werkzeugen gegeben.

7 Exportschnittstellen, insbesondere hin zu Standardtextsystemen, sind heute weitgehend vorhanden, Importschnittstellen weniger häufig anzutreffen.

8 Die Integrierbarkeit in CASE-Plattformen ist – falls überhaupt – nur in herstellereigene gegeben, sonst so gut wie gar nicht anzutreffen.

2.1.5 Allgemeine Anforderungen an CASE-Plattformen

Eine professionelle Software-Erstellung läßt sich nicht durch den Einsatz von einzelnen CASE-Werkzeugen erreichen. Daher sollte CASE immer auf einer CASE-Plattform basieren.

Die Trennung zwischen CASE-Plattform und CASE-Werkzeugen ist heute im Markt meist nicht transparent. Viele Anbieter bieten keine »leere« CASE-Plattform an, d.h. eine Plattform ohne CASE-Werkzeuge. Meist wird eine Plattform mit einem oder mehreren CASE-Werkzeugen zusammen als eine Einheit verkauft.

Von den Anforderungen her ist es aber wesentlich, zwischen allgemeinen Anforderungen an eine CASE-Plattform und allgemeinen Anforderungen an ein CASE-Werkzeug zu unterscheiden. Bei der Auswahl einer CASE-Umgebung sollten beide Aspekte ebenfalls getrennt geprüft werden.

Basis-anforderungen

Die Basisanforderungen an eine CASE-Plattform lauten:

1 Integrationsfähigkeit von CASE-Werkzeugen
2 Offenheit von CASE-Plattformen
3 Multiprojekt- und Interprojekt-Fähigkeit

Zusatz-anforderungen

Neben diesen drei Basisanforderungen gibt es noch drei weitere Anforderungen:

4 Intuitive Bedienung
5 Portabilität
6 Dienstleistungen der CASE-Plattform

Wie bei CASE-Werkzeugen ist auch bei CASE-Plattformen eine intuitive Bedienung für die Akzeptanz entscheidend.

Da die Software-Produkte heute länger »leben« als Hardware-Produkte, soll eine CASE-Plattform leicht an geänderte Hardware- und Software-Komponenten sowie -Konfigurationen anpaßbar sein.

Alle Maschinenabhängigkeiten sollen daher in leicht änderbaren Modulen bzw. Klassen isoliert sein. Diese Anforderung ist besonders aus ökonomischen Gründen wichtig, da CASE-Plattformen teure und langfristige Investitionen darstellen.

Die in die CASE-Plattform integrierten Dienstleistungen bestimmen wesentlich ihre Leistungsfähigkeit. Großen Einfluß auf die Leistungsfähigkeit hat das zugrundeliegende *Repository* und die darauf aufsetzenden Dienstleistungen wie Mitarbeiter-, Rechte-, Versions-, Konfigurations- und Projektverwaltung. Fehlende Dienstleistungen solcher Art müssen durch CASE-Werkzeuge ersetzt werden.

Die oben aufgeführten Basisanforderungen werden im folgenden genauer beschrieben.

1 Integrationsfähigkeit von CASE-Werkzeugen

Die Qualität einer CASE-Plattform wird ganz wesentlich dadurch bestimmt, wie aufwendig es ist, CASE-Werkzeuge zu integrieren, um dadurch eine CASE-Umgebung zu erhalten.

Welche Integrationsarten relevant sind und auf welche Eigenschaften es dabei ankommt, wurde bereits bei CASE-Werkzeugen beschrieben (Abb. 2.1-4). Aus dem Blickwinkel einer CASE-Plattform kommt es nun darauf an, in welcher Tiefe ein Werkzeug integriert werden kann.

Daten-Integration

Bei der Daten-Integration lassen sich drei Grade unterscheiden /Rammig, Steinmüller 92/:

- *black box*-Integration,
- *grey box*-Integration und
- *white box*-Integration.

Abb. 2.1-5:* *Stufen der Daten-Integration

***black-box*-Integration:** schwächster Integrationsgrad

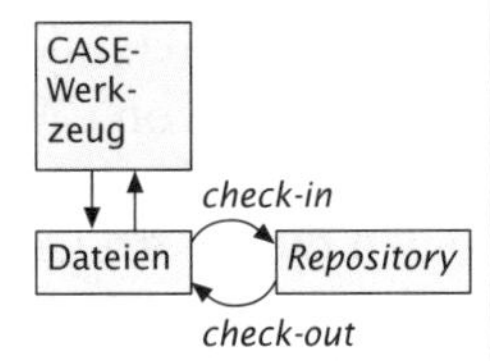

■ Das CASE-Werkzeug arbeitet weiterhin isoliert auf seinen eigenen Datenstrukturen, mit denselben Dateizugriffen wie im nicht-integrierten Fall.
■ Durch eine *check-in/check-out*-Technik werden vor der Werkzeugaktivierung die benötigten Daten aus dem Plattform-*Repository* in Dateien bereitgestellt (Abschnitt II 6.3.2).
■ Nach der Deaktivierung des Werkzeugs werden die geänderten Dateien in das *Repository* übertragen.
⊞ Es sind keine Kenntnisse über Interna des Werkzeugs erforderlich, d.h. es ist auch kein Quelltext erforderlich.
⊞ Da alle Daten von werkzeugübergreifender Bedeutung unter der Kontrolle des *Repository* stehen, können die Dienste des *Repository* in Anspruch genommen werden.

***grey-box*-Integration:** mittlerer Integrationsgrad

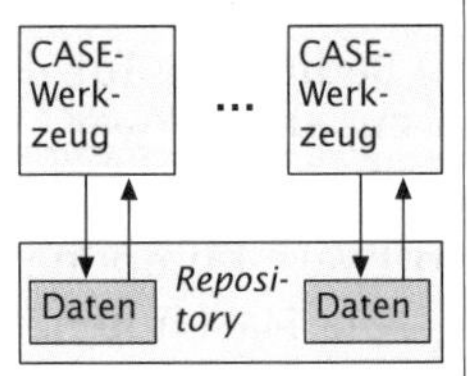

■ Die Dateizugriffe eines Werkzeugs werden durch die Inanspruchnahme von *Repository*-Diensten ersetzt.
⊞ Interoperabilität zwischen Werkzeugen wird möglich.
⊞ Unterstützung der Datenintegrität möglich.
⊟ Der Quelltext des zu integrierenden Werkzeugs wird im allgemeinen benötigt, da die Zugriffe auf externe Daten manipuliert werden müssen. Im Idealfall sind diese Zugriffe in einem Modul verkapselt. Nur dieses muß ausgetauscht werden.
⊞ Die essentiellen Bestandteile der eigentlichen Werkzeug-Implementierung müssen nicht offengelegt werden.

***white-box*-Integration:** stärkster Integrationsgrad (ideale Lösung)

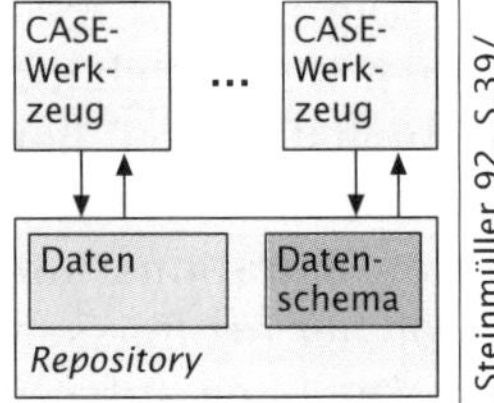

■ Für alle verwendeten Werkzeuge und für den Prozeßablauf wird ein einheitliches konzeptionales Datenschema feiner Granularität definiert. Auf dieses Datenschema setzen über die Zugriffsdienste des *Repository* alle Werkzeuge auf, die keine privaten Daten mehr halten.
⊞ Durch Zugriffssteuerungsmechanismen können verschiedene Werkzeuge simultan und kooperierend auf gemeinsame Datenbestände zugreifen, ohne daß größere Datenbestände für einen Benutzer exklusiv reserviert werden müssen.
⊞ Sehr effiziente und enge Kommunikation zwischen Werkzeugen, ohne daß Datenbestände kopiert und transformiert werden müssen.
⊞ Die Konsistenz von Daten ist einfach zu gewährleisten, Datenintegrität und Datensicherheit sind leichter sicherzustellen.
⊟ Der Quelltext des Werkzeugs muß zur Verfügung stehen. Gibt es Abweichungen im Datenschema, muß das Werkzeug tiefgreifend geändert werden.

Quelle: /Rammig, Steinmüller 92, S.39/

Die Unterschiede sind in Abb. 2.1-5 dargestellt. Die technisch ideale Lösung ist die *white box*-Integration. Sie ist langfristig anzustreben. Sie wird sich aber auf neuentwickelte Werkzeuge beschränken und auch nur dann Erfolg haben, wenn Normen für konzeptionelle Schemata und dazugehörige *Repository*-Schnittstellen geschaffen werden.

Für ein ***Repository***, oft auch Enzyklopädie genannt, gibt es mehrere technische Realisierungsmöglichkeiten:

- Verwendung eines »flachen« Dateisystems (in der Regel Verwendung des Dateisystems, das das zugrundeliegende Betriebssystem zur Verfügung stellt).
- Einsatz eines Datenbanksystems:
  - relational,
  - objektorientiert,
  - spezialisiert objektorientiert.

In der Praxis werden heute entweder relationale Datenbanken kombiniert mit einem »flachen« Dateisystem eingesetzt oder objektorientierte Datenbanken. Der Trend geht eindeutig hin zu objektorientierten Datenbanksystemen, oft noch spezialisiert für CASE-Plattformen.

In Abb. 2.1-6 sind Anforderungen an ein *Repository* zusammengestellt. Die Anforderungen gehen wesentlich über die Anforderungen an eine Datenbank hinaus. Als Standardisierungsansätze für *Repositories* sind zu nennen:
IRDS *(information resource dictionary system)* /IRDS 90/ und
PCTE *(portable common tool environment)* /PCTE 90/, /Wakeman, Jowett 93/.

2 Offenheit von CASE-Plattformen

Offenheit einer CASE-Plattform bedeutet, daß

- die CASE-Plattform über definierte Export-/Import-Schnittstellen verfügt, um Daten an externe Werkzeuge weiterzugeben oder Daten zur Weiterverarbeitung zu importieren,
- Drittanbieter und Käufer einer CASE-Plattform in die Lage versetzt werden, eigene CASE-Werkzeuge in die Plattform einzubetten und/ oder vorhandene Werkzeuge zu entfernen.
- sie an sich ändernde Bedürfnisse individuell und einfach anpaßbar ist.

Um diese Ziele zu erreichen, muß die CASE-Plattform transparent sein, d.h. die externen und internen Schnittstellen sowie das Metamodell des *Repositories* müssen definiert und veröffentlicht sein.

Viele CASE-Umgebungen besitzen keine eigenen Projektmanagement-Werkzeuge. Auf dem Markt gibt es aber schon lange singuläre Werkzeuge für diesen Bereich, z.B. Werkzeuge für die Netzplantechnik. Um manuelle Zwischenarbeiten zu vermeiden – mit den damit Beispiel

***Abb. 2.1-6:* Anforderungen an ein Repository**

Funktionale Anforderungen

- Verwaltung aller Informationen, die im Entwicklungs- und Wartungsprozeß von Software relevant sind z.B. Daten für CASE-Werkzeuge, Entwurfs-Dokumente, Quellcodes, Generierungsanweisungen.
- Verwaltung von Metadaten.
- Metadaten und Software-Komponenten werden in unterschiedlichen historischen Versionen und parallelen Varianten verwaltet.
- Verwaltung der Beziehungen zwischen Software-Komponenten und Metadaten untereinander.
- Verwaltung von Informationen über verschiedene Konfigurationen von Software-Systemen, also verschiedenen Aggregierungen von Versionen der Software-Komponenten.
- Steuerung von Prozessen zur Entwicklung und Wartung.
- Unterstützung der Wiederverwendbarkeit von Software, z.B. durch geeignete Klassifizierung und entsprechende Funktionen zum Wiederauffinden der Komponenten bzw. Bausteine.

Nichtfunktionale Anforderungen

- Intuitive Benutzungsoberfläche.
- Programmierschnittstellen zu den klassischen Programmiersprachen und zu OLE.
- Unterstützung verschiedener Austauschformate (zum Datenaustausch zwischen *Repositories* verschiedener Hersteller, zwischen vorhandenen *Data Dictionaries* und *Repositories* sowie zwischen *Repositories* und Werkzeugen mit eigener Datenverwaltung).
- Abfragemöglichkeiten (Schnittstellen zu Standard-SQL, SQL3 und OQL erforderlich).
- Einfache Integration dateibasierter Werkzeuge (Büroprodukte, Programmierumgebungen).
- Skalierbarkeit (Einsatzmöglichkeit vom Einbenutzerbetrieb im Offline-Modus bis hin zu sehr großen Datenmengen).
- Flexible *check-in/check-out*-Möglichkeiten.
- Mehrbenutzerunterstützung und hohe Verfügbarkeit.
- Verfügbarkeit eines Basis-Informationsmodells mit flexiblen Erweiterungsmöglichkeiten (werkzeugspezifische Erweiterungen und kundenspezifischen Anpassungen).

Quellen: /Merbeth 96/, /Chen, Norman 92/

verbundenen Fehlerquellen – sind geeignete Exportschnittstellen notwendig, um Entwicklungsdaten direkt an Projektmanagement-Werkzeuge weitergeben zu können.

Im Markt sind heute einige CASE-Umgebungen vertreten, die völlig geschlossen sind. Sie verfügen weder über Import- noch Exportschnittstellen. Außerdem ist die Architektur nicht transparent und interne Schnittstellen sind nicht veröffentlicht. Die CASE-Werkzeuge dieser Umgebungen sind hoch integriert, aber vollständig proprietär einschließlich der verwendeten Programmiersprachen. Solche CASE-Umgebungen stellen eine riskante Investition dar. Verschwindet der Hersteller vom Markt, dann muß die gesamte damit entwickelte Software neu geschrieben werden.

Offenheit und Integrationsfähigkeit sind teilweise gegensätzliche Ziele. In einem geschlossenem System können Komponenten leichter integriert werden, da keine allgemein gültigen Schnittstellen beachtet bzw. angeboten werden müssen.

3 Multiprojekt- und Interprojekt-Fähigkeit

Eine CASE-Plattform soll in der Lage sein, mehrere Projekte, d.h. Software-Entwicklungen, die parallel oder zeitlich versetzt abgewickelt werden, zu verwalten. Das bedeutet gleichzeitig, daß viele Mitarbeiter – zugeordnet zu Projekten – von der CASE-Plattform verwaltet werden müssen. Viele Mitarbeiter bedeutet, daß von verschiedenen Arbeitsplätzen aus am gleichen Projekt gearbeitet wird. Wünschenswert ist, daß die CASE-Plattform sowohl LAN- als auch WAN-fähig ist.

LAN = *Local Area Network*

WAN = *Wide Area Network*

Interprojekt-Fähigkeit bedeutet, daß Informationen, die nicht projektspezifisch, sondern projektübergreifend sind, separat verwaltet werden können.

Beispiel

Alle fertiggestellten Teilprodukte aller Projekte werden in einem Produktarchiv abgelegt, auf das alle Mitarbeiter aller Projekte jederzeit Zugriff haben, um nachzusehen, ob Teilprodukte wiederverwendet werden können.

Technisch gesehen können diese Anforderungen auf verschiedene Art und Weise realisiert werden. Eine Möglichkeit besteht darin, das *Repository* zentral zu führen. Alle Zugriffe gehen über dieses zentrale *Repository*. Der Vorteil besteht darin, daß alle Mitarbeiter jederzeit auf aktuelle Daten zugreifen und Inkonsistenzen nicht auftreten. Der Nachteil ist, daß ein zentraler *Server* benötigt wird und daß der Zugriff darauf zum Engpaß werden kann.

Der alternative Ansatz besteht in einem verteilten *Repository*. Es ist dezentral auf mehreren *Servern (Client-Server*-Ansatz) verteilt. Vorteilhaft ist, daß die Zugriffszeiten kurz sind und die Daten meist in lokaler Nähe zum Entwicklungsteam gespeichert werden. Probleme treten beim Konsolidieren mehrerer Teil-*Repositories* auf.

Verbunden mit der Multiprojekt- und Interprojekt-Fähigkeit ist die Forderung nach einer hohen Leistung und Ausfallsicherheit.

Vergleicht man die aufgestellten und skizzierten Anforderungen an CASE-Plattformen mit heute im Markt befindlichen Plattformen, dann lassen sich folgende Feststellungen treffen:

1 Eine herstellerübergreifende CASE-Plattform mit *white box*-Integration, die alle Gebiete der Software-Erstellung abdeckt, gibt es *nicht*.
Dieses Ziel wurde mit der *AD/Cycle*-Architektur (AD = *application development)* der Firma IBM verfolgt /Mercurio et al. 90/. Das 1989 von IBM vorgestellte Konzept beinhaltet ein *Repository*, basierend auf einer relationalen Datenbank /Matthews, Mc Gee 90/, /Sagawa 90/, das aus einem umfassenden Metamodell der Software-Erstellung bestehen sollte. Die Komplexität eines solchen Modells wurde unterschätzt. Es wurde nie fertiggestellt.

Der zentralistische, alles umfassende Ansatz von IBM ist gescheitert. Eine Ursache liegt auch im mangelndem Willen verschiedener Hersteller, die Semantik ihrer Konzepte auszutauschen. Ein umfassendes Metamodell besteht aus 500 bis 1000 Entitätstypen. Mehrere Hersteller sind nicht zur Kooperation bereit.

2 Herstellerbezogene CASE-Plattformen mit *white box*-Integration, die Teilbereiche der Software-Entwicklung abdecken, sind im Markt vorhanden.
Einzelne Hersteller haben insbesondere für den *upper-case*-Bereich Metamodelle entwickelt (siehe z.B. /Wenner 91/) und die eigenen CASE-Werkzeuge in eine CASE-Plattform eingebettet.
CASE-Werkzeuge anderer Hersteller können meist nur über eine *black box*-Integration eingebettet werden. Der Aufruf fremder Werkzeuge ist teilweise über die Benutzungsschnittstelle der CASE-Plattform möglich, das *check in/check out* erfolgt, ohne daß der Benutzer es merkt.

3 Viele Hersteller bieten nur »*standalone*«-CASE-Werkzeuge an. Es bleibt Aufgabe des Käufers, die von ihm benutzten »*standalone*«-CASE-Werkzeuge mehr oder weniger zu integrieren.
Wichtig ist in einem solchen Fall, daß jedes Werkzeug für sich in der Lage ist, Versionen und Konfigurationen zu verwalten.

4 Einige Hersteller bieten nur CASE-Plattformen an. Die zugrundeliegenden *Repositories* werden zu offenen *Repositories*.
Erfahrungen mit *Repositories* haben gezeigt, daß die Pflege aufwendig ist. Sie überdecken nur einen kleinen Entwicklungsbereich und entsprechen für diesen Bereich einem *Data Warehouse*.

Das in Abb. 2.1-1 dargestellte NISTA/ECMA-Referenzmodell zeigt bereits die Grundkonzepte einer Plattform-Architektur. Detaillierte Ausführungen zu diesem Thema befinden sich in /Kelter 93/ und /Rammig, Steinmüller 92/. Ein objektorientierter und wissensbasierter Ansatz für eine Werkzeugintegration im Rahmen einer CASE-Plattform ist in /Hsieh, Gilham 94/ beschrieben.

2.1.6 Allgemeine Anforderungen an CASE-Umgebungen

CASE-Umgebungen sollten folgende Anforderungen erfüllen:

1 Vollständigkeit,

2 inkrementeller Einsatz.

Zwischen CASE-Plattform und CASE-Werkzeugen gibt es ein gewisses Wechselspiel. Eine CASE-Plattform kann ein Minimum an Basisdienstleistungen zur Verfügung stellen, z.B. nur Datenhaltung und Mensch-Computer-Schnittstelle. Eine andere CASE-Plattform kann umfangreiche Basisdienstleistungen wie Versions- und Konfigurationsverwaltung enthalten. Zur Beurteilung der Gesamtfunktionalität muß man daher die CASE-Umgebung als Einheit betrachten.

1 Vollständigkeit

Die in einer CASE-Umgebung enthaltenen Werkzeuge bestimmen die Funktionalität der CASE-Umgebung und damit das Anwendungs- und Einsatzspektrum. Da die bei einer Software-Erstellung anfallenden Tätigkeiten vom Typ der zu entwicklenden Software und vom Prozeß- bzw. Vorgehensmodell abhängt, sollten zwei Tätigkeitsgruppen unterschieden werden /Kelter 91/:

- Tätigkeiten, die bei fast allen Prozeßmodellen auftreten: Projektverwaltung, Prozeßsteuerung, Dokumentation, Textverarbeitung, Berichtserstellung, Wiederverwendung von Komponenten, elektronische Post und andere Bürotätigkeiten.
- Prozeßmodell-spezifische Tätigkeiten, z. B. editieren, prüfen, transformieren, generieren, übersetzen usw. von konkreten Systembeschreibungen bzw. Dokumenten.

Eine CASE-Umgebung ist **vollständig**, wenn sie *alle* allgemein auftretenden Tätigkeiten und *alle* prozeßmodell-spezifischen Tätigkeiten mit semantisch integrierten Hilfsmitteln unterstützt. Semantische Integration bedeutet, daß die Hilfsmittel inhaltlich aufeinander bezogen und abgestimmt sind. vollständig

Eine CASE-Umgebung ist **partiell vollständig**, wenn sie einen Teilbereich der Software-Erstellung mit semantisch integrierten Hilfsmitteln unterstützt, z.B. die frühen Phasen einer Software-Entwicklung. partiell vollständig

Wird eine CASE-Plattform nicht separat angeboten, dann ist es besonders wichtig, welche CASE-Werkzeuge der Hersteller lauffähig auf seiner Plattform anbietet und ob dieses Spektrum als ausreichend vollständig für den vorgesehenen Einsatzzweck anzusehen ist.

2 Inkrementeller Einsatz

Eine CASE-Umgebung sollte nicht auf einmal in einem Unternehmen eingeführt werden. Aus der Einführung von Innovationen weiß man, daß eine Innovation inkrementell eingeführt werden sollte, um die Akzeptanz in der Zielgruppe zu erhöhen. Kapitel II 5.5

Für eine CASE-Umgebung bedeutet dies, daß mit geringer, aber sinnvoller Funktionalität begonnen werden kann. Nach und nach können dann weitere Werkzeuge hinzugenommen werden.

Heute verfügbare CASE-Umgebungen lassen sich nach ihren Schwerpunkten klassifizieren (Abb. 2.1-7).

Vergleicht man die Anforderungen an CASE-Umgebungen mit heute im Markt befindlichen Umgebungen, dann lassen sich folgende Feststellungen treffen:

1. Die überwiegende Mehrzahl der verfügbaren CASE-Umgebungen ist nur partiell vollständig und *nicht* inkrementell einführbar.
2. Viele Anwender stellen sich aus folgenden Werkzeuggruppen eine eigene, nicht integrierte CASE-Umgebung zusammen:

- Konfigurationsverwaltung
- Schnelle Anwendungsentwicklung (RAD, *rapid application development)*
- Analyse-/Entwurfs-Modellierung
- Programmierung
- Testen

Aus jeder Gruppe wird ein Werkzeug bzw. eine Werkzeugkette ausgewählt. Dieses »pragmatische« Verfahren hat folgende Vor- und Nachteile:

Vorteile
- ⊞ Nicht von einem Hersteller abhängig.
- ⊞ Flexibler Austausch einzelner Werkzeuge bzw. Werkzeugketten je nach Bedarf.

Abb. 2.1-7: Klassifizierung von CASE-Umgebungen

Methodenorientierte CASE-Umgebungen
- In diese Klasse fällt die Mehrheit der am Markt befindlichen und in der Praxis benutzten CASE-Umgebungen.
- Schwerpunkt: kaufmännisch/administrative Anwendungen.
- Unterstützung der frühen Entwicklungsphasen mit Übergängen zur Implementierung durch Anschluß an mehrere Programmiersprachen.
- Enthalten textuelle und grafische Editor-, Analyse- und Transformationswerkzeuge.
- Arbeiten zum Teil mit mehreren Sichten.
- Setzen auf allgemeinen Plattformen auf.

Sprachbezogene CASE-Umgebungen
- Herkunft: Forschungs- und Industrielabors
- Monolinguale, d.h. ausschließlich auf eine Programmiersprache abgestützte Umgebungen.
- Typische Beispiele: Interlisp- und Smalltalk-Umgebung (interpreterorientiert), Ada-Umgebung (compilerorientiert).
- Enge Integration der einzelnen Werkzeuge.

Administrative CASE-Umgebungen
- Herkunft: Industrie- und Forschungslabors
- Unterstützung einzelner Aspekte wie Konfigurations- oder Revisionsverwaltung bzw. Prozeßverwaltung mit fest eingefrorenen Modellen.

Werkzeugkästen (keine CASE-Umgebungen im definierten Sinne)
- Vereinen unterschiedliche Dinge, z.B. Basisdienste, administrative Dienste, anwendungsspezifische Hilfsmittel, wie Scanner-, Parsergenerator.
- Typisches Beispiel: Unix PWB *(programming work bench)*
- Zielsetzung: einfache Kombinierbarkeit und Anwendungsunabhängigkeit.
- Interne Architektur: Dateien zur Speicherung, *Pipes* zur Koordination, Dateien/*Pipes* zur Integration und Kopplung.

Strukturorientierte CASE-Umgebungen
- Herkunft: Universitäten
- Typische Beispiele: Gandalf, Mentor, IPSEN.
- Werkzeuge nutzen die zugrundeliegende Struktur der Dokumente (kontextfreie und/oder kontextsensitive Syntax).
- Eng zusammenarbeitende Editor-, Analyse-, Transformations- und Ausführungswerkzeuge.
- Interne Modelle: attributierte Bäume oder Graphen.

Meta-CASE-Umgebungen
- Herkunft: Universitäten
- CASE-Umgebungen zum Bau von CASE-Umgebungen.
- Typische Beispiele: CPS, PSG, Mentor, IPSEN.
- Technische Modelle: Beschreibung der internen Wirkung von Werkzeugen, die Strukturierung zugrundeliegender Daten und ihrer Zusammenhänge usw.

Quelle: /Nagl 93/

- Auf Konfigurationsebene geringe Granularität.
- Rückkopplungen auf Analyse und Entwurf werden oft nicht vorgenommen, so daß inkonsistente Dokumente entstehen.

Nachteile

2.1.7 CASE – heute und morgen

Die heutige Situation von CASE ist nicht einheitlich, was zum Teil auch mit den sehr unterschiedlichen Anforderungen der verschiedenen Anwender zusammenhängt.

Folgende generelle Aussagen sind jedoch möglich:

Allgemeine Aussagen

- Methoden und CASE
  - Es hat sich die Erkenntnis durchgesetzt, daß Analyse und Entwurf Bestandteile jeder Software-Entwicklung sind.
  - Es hat sich die Erkenntnis durchgesetzt, daß Sprachen der 4. Generation für eine Software-Entwicklung im allgemeinen *nicht* ausreichen.
  - Konfigurationsmanagement hat eine höhere Bedeutung gewonnen.
  - Qualitätssicherung hat an Stellenwert zugenommen.
  - Prozeßmodelle sind wichtiger geworden.
  - CASE-Umgebungen unterstützen die objektorientierte Software-Entwicklung.
  - Das *Forward Engineering* wird ergänzt durch das *Reverse Engineering*, das *Reengineering*, das *Round Trip Engineering* und das *Enterprise Engineering.*
- CASE-Werkzeuge/-Plattformen/-Umgebungen
  - Die CASE-Werkzeuge sind »reifer« geworden, d.h. ihre Qualität hat sich verbessert.
  - Die Bedienung ist einfacher geworden, aber noch nicht intuitiv und individualisierbar genug.
  - CASE-Werkzeuge sind preiswerter geworden.
  - CASE-Werkzeuge und -Plattformen sind zunehmend objektorientiert implementiert. Dadurch gibt es bessere Möglichkeiten für den Export und Import durch die Veröffentlichung eines Teils des Metamodells.
  - Es wird mehr Code generiert, aber gemessen an den prinzipiellen Möglichkeiten noch nicht genug.
  - Die Standardisierung von Schnittstellen, Metamodellen und Plattformen ist *nicht* wesentlich vorangekommen bzw. stagniert.
  - Die Realisierung einer vollständigen CASE-Umgebung, die alle Tätigkeiten der Software-Erstellung abdeckt, ist gescheitert.
  - CASE-Werkzeuge und -Umgebungen unterstützen heute vorwiegend kaufmännisch/administrative und technische Anwendungen. Echtzeit-Anwendungen und Multimedia-Anwendungen werden nur punktuell unterstützt.

Trends

Wahrscheinliche Trends in der CASE-Entwicklung lassen sich in einige Thesen zusammenfassen:

- Software-Anwendungssysteme werden in Zukunft weniger umfangreich sein als heute.

Für CASE ergeben sich daraus folgende Konsequenzen:

- □ CASE-Werkzeuge und -Umgebungen können ebenfalls »kleiner« sein als heute.
- □ Ein »kleines« Anwendungssystem wird nur von wenigen Mitarbeitern erstellt, daher nimmt die Bedeutung der Mitarbeiterkoordination ab.
- □ Da eine Anwendung aus vielen kleinen Teilen besteht, muß CASE das Schnittstellenmanagement unterstützen.

- Software-Anwendungssysteme werden in Zukunft internet- und intranetfähig sein.

Für CASE ergibt sich daraus folgende Konsequenz:

- □ Die Internet- und Intranet-Konzepte, -Methoden und -Sprachen müssen unterstützt werden, z.B. HTML-Generierung, Java-Unterstützung usw.

- CASE-Werkzeuge bestehen aus kleinen, kooperierenden, internet- und intranet-fähigen Komponenten (siehe z.B. /Microtool 96/).

Für CASE ergeben sich daraus folgende Konsequenzen:

- □ Eine CASE-Umgebung besteht aus einzelnen, eigenständigen Komponenten.
- □ Jedes CASE-Werkzeug besitzt seine eigene Datenhaltung.
- □ Jedes CASE-Werkzeug besitzt nur eine partielle Referenz auf andere Werkzeuge.
- □ Der Anwender kann das für ihn jeweils beste CASE-Werkzeug auswählen.

2.2 Zur Auswahl von CASE-Umgebungen

Bei der Auswahl von CASE-Umgebungen spielen drei Gesichtspunkte eine zentrale Rolle:

1 Allgemeine Anforderungen,
2 Firmenspezifische Anforderungen,
3 Derzeitiges Marktangebot.

Abb. 2.2-1 zeigt die Einflüsse dieser Anforderungen auf den Auswahlprozeß.

allgemeine Anforderungen

Die allgemeinen Anforderungen an eine CASE-Umgebung ergeben sich aus dem *Stand der Technik* und sind weitgehend unabhängig von firmenspezifischen Anforderungen. Sie werden in den Abschnitten 2.1.4 bis 2.1.6 behandelt.

firmenspezifische Anforderungen

Bei den firmenspezifischen Anforderungen geht es darum, welche besonderen Anforderungen sich aus der eigenen Firmensituation für eine CASE-Umgebung ergeben. Die firmenspezifischen Anforderun-

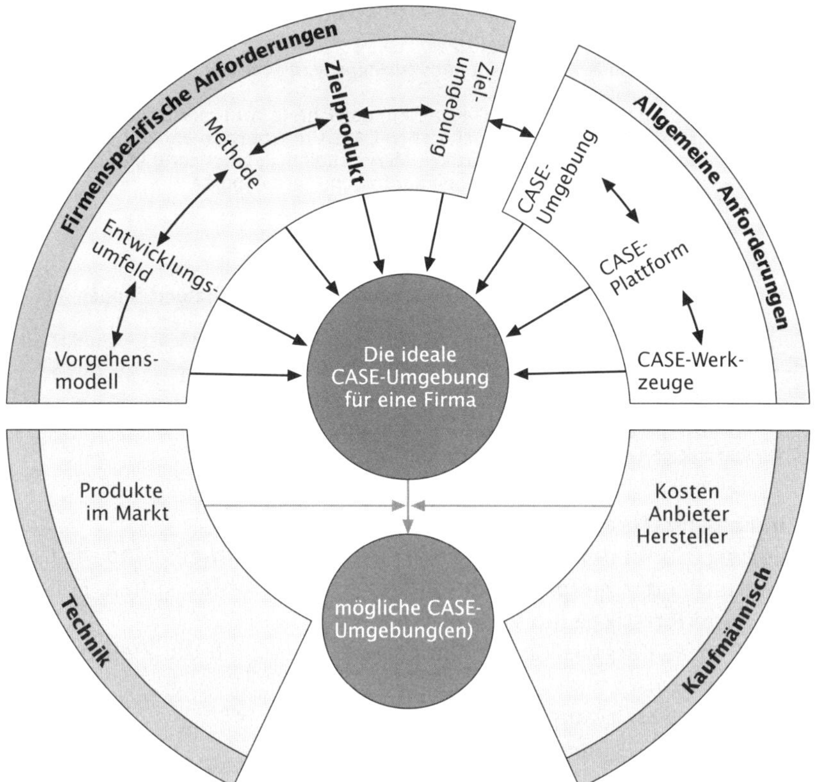

Abb. 2.2-1: Bestimmende Faktoren der CASE-Auswahl

gen lassen sich in folgende Kategorien gliedern, die sich gegenseitig beeinflussen:

- Charakteristika der Zielprodukte
- Zu unterstützende Zielumgebung
- Zu unterstützende Methoden
- Zu unterstützendes Vorgehensmodell
- Entwicklungsumfeld

Aus den allgemeinen und den firmenspezifischen Anforderungen ergibt sich ein Kriterienkatalog für eine ideale, firmenspezifische CASE-Umgebung.

Marktangebot

Diese ideale CASE-Umgebung muß nun verglichen werden mit den im Markt angebotenen CASE-Umgebungen. Das Marktangebot sollte unter zwei Gesichtspunkten betrachtet werden:

- Technische Aspekte der CASE-Umgebung.
- Kaufmännische Aspekte der CASE-Umgebung.

Bei der Auswahl einer CASE-Umgebung empfiehlt sich die in Abb. 2.2-2 dargestellte Vorgehensweise. Dabei gehört die Aufstellung eines Kriterienkatalogs zu den schwierigsten Aufgaben.

Im folgenden werden die firmenspezifischen Anforderungen näher betrachtet.

***Abb. 2.2-2:* Vorgehensweise zur Auswahl einer CASE-Umgebung**

Zehn Schritte bis zur Entscheidung

1 Aufstellung eines Kriterienkatalogs (firmenspezifische und allgemeine Anforderungen).
2 Gewichtung der Kriterien (KO-Kriterien, gewichtete Wunschkriterien).
3 Vorauswahl der im Markt angebotenen CASE-Umgebungen anhand von Veröffentlichungen (Bücher, Artikel, Marktstudien, Testberichte) unter Berücksichtigung technischer und kaufmännischer Aspekte.
4 Bildung von drei Gruppen:
a Ausgeschiedene Umgebungen (KO-Kriterien),
b engere Wahl,
c offene Fragen.
5 Versand eines Fragebogens an die Anbieter der beiden letzten Gruppen (4b, 4c) und Auswertung des Fragebogens.
6 Quervergleich der drei bis fünf CASE-Umgebungen mit der höchsten Punktzahl.
7 Evaluation der ausgewählten CASE-Umgebungen anhand einer anwendungs- und projekttypischen Fallstudie.
8 Besuch des Anbieters oder Herstellers sowie von Referenzinstallationen.
9 Testinstallation einer oder mehrerer CASE-Umgebungen.
10 Endgültige Entscheidung und Einführung.

Charakteristika der Zielprodukte

Ausgangspunkt der firmenspezifischen Anforderungen sind die Charakteristika der Zielprodukte, die hergestellt werden sollen. Folgende Charakteristika sind wesentlich:

- In welche Kategorie oder Kategorien lassen sich die Zielprodukte einordnen:
  - □ kaufmännisch/administrativ
  - □ technisch-wissenschaftlich
  - □ Echtzeit
  - □ Mensch-Computer-Interaktion
- Werden die Zielprodukte
  - □ vollständig neu erstellt
  - □ teilweise neu erstellt
  - □ nur gewartet und gepflegt
- Welchen Umfang haben die Zielprodukte in LOC *(lines of code)* (minimal, durchschnittlich, maximal)

Diese Kriterien beeinflussen die Auswahl der geeigneten Methoden.

Zu unterstützende Zielumgebung

Die zu entwickelnden Produkte werden für eine definierte Zielumgebung entwickelt. Die auszuwählende CASE-Umgebung muß die definierte Zielumgebung bzw. die definierten Zielumgebungen möglichst gut unterstützen. Das bedeutet aber nicht, daß die Entwicklungsumgebung identisch sein muß mit der Zielumgebung.
Folgende Gesichtspunkte sind zu berücksichtigen:

- Hardwareplattform (PC, *Workstation, Host)*
- Betriebssysteme
- Datenbanken/Dateisysteme
- Bildschirm (Größe, Grafik, Farbe)
- Zeigeinstrument (Maus usw.)

- Architektur
- Vernetzung
- Vorhandene Fenstersysteme
- Verwendete Programmiersprache

Zu unterstützende Methoden

Aus den Charakteristika des oder der Zielprodukte ergeben sich die wesentlichen Parameter für die Bestimmung der geeigneten Methoden. Die firmenspezifischen Anforderungen lassen sich anhand der Abb. 2.2-3 verdeutlichen.

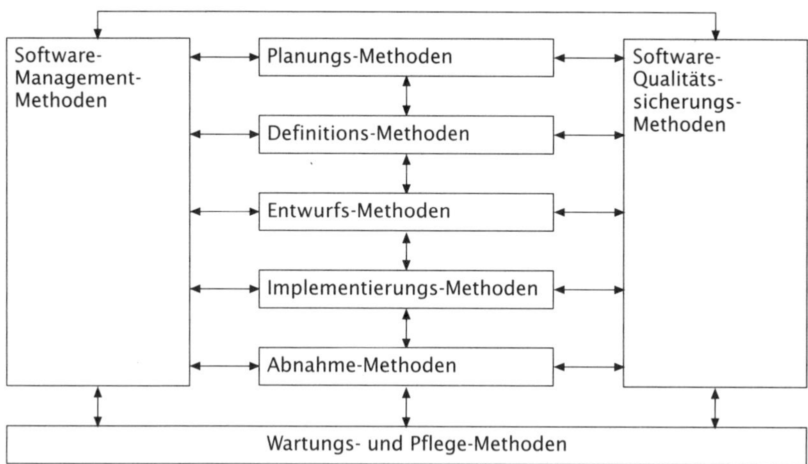

Abb. 2.2-3: Methodenidentifizierung

Diese Abbildung zeigt, für welche Teilbereiche jeweils Methoden für die eigene Firma identifiziert und ausgewählt werden müssen. Die Pfeile geben an, daß bei der Identifizierung festgelegt werden muß, welche Daten von der Umgebung bereitgestellt werden müssen und welche Daten an die Umgebung zu liefern sind.

Voraussetzung für die Methodenidentifizierung ist die Aufstellung eines firmenspezifischen Vorgehensmodells. Beispielsweise muß im Vorgehensmodell festgelegt werden, ob es eine Planungsphase gibt und welche Tätigkeiten dort durchgeführt werden sollen.

Die Auswahl der für eine Firma geeigneten Methoden erfordert eine eigene Methodik. Die Methodenauswahl muß auf jeden Fall der CASE-Auswahl vorausgehen. Wichtig ist ebenfalls, daß das Training und die Einführung der Methoden *vor* der CASE-Einführung erfolgt. Kapitel I 2.2

Oft werden entscheidende Fehler bei der Methodenauswahl und -einführung gemacht, die dann den CASE-Umgebungen angelastet werden. Wurden für die gesamte Software-Erstellung geeignete Methoden ausgewählt, dann sind die in Abb. 2.2-4 zusammengestellten Fragen zu beantworten.

Passen die Methoden zusammen?
Kann eine Methode die Ergebnisse der anderen verwenden?
eispielsweise kann ein Produktmodell mit OOA als Ausgangsbasis für OOD verwendet werden. Eine ER-Modellierung kann asis für einen relationalen Datenbankentwurf sein.
Liegt den Methoden das gleiche Paradigma zugrunde?
um Beispiel verwenden objektorientierte Methoden in den Phasen Definition, Entwurf und Implementierung die gleichen onzepte: Klassen, Objekte, Vererbung.
Welches sind die zentralen Methoden?
Es sind solche Methoden als zentral zu kennzeichnen, von denen man sich die größte Verbesserung verspricht. Zentrale Methoden führen zu KO-Kriterien bei der CASE-Auswahl.
,t beispielsweise die ER-Modellierung zentral, dann scheiden alle CASE-Umgebungen aus, die die ER-Modellierung nicht der nur mangelhaft unterstützen.
Gibt es alternative Methoden, die dieselbe Mächtigkeit besitzen?
Ein Teil der Methoden wurde von verschiedenen Autoren im Laufe der Zeit weiterentwickelt. Es entstanden verschiedene Varianten, die sich aber zu einer Methodenklasse zusammenfassen lassen.
eispiele für Methodenklassen sind:
SA-Methoden (DeMarco, Gane/Sarson, McMenamin/Palmer, SSADM, Merise),
SA/RT-Methoden (Hatley/Pirbhai, Ward/Mellor),
ER-Methoden (Chen, Bachman, Vetter, Flavin, Shlaer/Mellor),
OOA-Methoden (Coad/Yourdon, Rumbaugh et. al., Booch, UML).
Hat man sich für eine Methode entschieden und gehört sie zu einer Methodenklasse, dann kann u.U. auch eine andere Methode derselben Methodenklasse gewählt werden, wenn eine CASE-Umgebung nur diese unterstützt.
Will man aber aus bestimmten Gründen eine bestimmte Methode mit genau ihren Ausprägungen, dann muß die zu evaluierende CASE-Umgebung genau auf diese Methode hin im Detail überprüft werden.
Handelt es sich bei den Methoden um Industriestandards?
Gibt es Normen und Standards für die Methode?
Gibt es allgemein verfügbare Bücher über die Methode?
Wie verbreitet ist die Methode weltweit, insbesondere in den USA?
Gibt es mehrere CASE-Hersteller, die die Methode unterstützen?
Es verstärkt sich der Trend hin zur Anwendung von internationalen Industriestandards.
Das hat mehrere Gründe:
Die Ausbildung der Mitarbeiter wird vereinfacht.
Viele Berufsanfänger mit dem Studienschwerpunkt Software-Technik kennen die Methoden bereits.
Man ist nicht von einem Hersteller abhängig.
Man partizipiert an der Weiterentwicklung der Methoden.
Industriestandard bedeutet, daß die entsprechende Methode in der Industrie weit verbreitet ist bzw. überwiegend eingesetzt wird. Normen und Standards gibt es vor allem im Gebiet der Programmiersprachen (ANSI C++, ANSI SQL, Ada).
Wichtig ist der amerikanische Markt. Software-Methoden stammen überwiegend aus den USA. Daher sollte man sich bei der Methodenauswahl an der Akzeptanz und Verbreitung in den USA orientieren.
Der erfolgreiche Einsatz einer Methode durch die eigenen Mitarbeiter hängt wesentlich von der Verfügbarkeit geeigneter Bücher, Seminare, Trainings ab.
Der Gegenpol zur Verwendung internationaler Industriestandards besteht im Einsatz herstellerspezifischer Methoden.
Die Nachteile davon sind:
Hohe Abhängigkeit vom Hersteller.
Methodenschulung nur vom Hersteller.
Alle Mitarbeiter müssen neu in dieser speziellen Methode geschult werden (Kosten- und Zeitfaktor).
Nur begrenzter Erfahrungsaustausch möglich.
Hohes Risiko, da nicht sicher ist, ob der Hersteller über Jahre hinweg in der Lage ist, die internationalen Methodenfortschritte in seine eigene Methode einzubringen.
Wie groß ist der Innovationsgrad der Methoden?
Bezogen auf die in der Firma gegenwärtig eingesetzten Methoden
Bezogen auf das Qualifikationsniveau der Mitarbeiter
Bezogen auf den Stand der Methodenforschung
Die ausgewählten Methoden müssen für die Mitarbeiter erlernbar und beherrschbar sein. Sie dürfen aber auch nicht veraltet sein.
Meist wird das Qualifikationsniveau der Mitarbeiter überschätzt. Daher sollte man vorsichtig sein mit der Einführung von Methoden, die gerade erst »erfunden« wurden.
Die Auswahl bewährter Methoden reduziert das Risiko, beschränkt aber auf der anderen Seite die Chancen.
Man muß daher sorgfältig abwägen, welche Strategie man verfolgen will.
Bezogen auf den Stand der Methodenforschung ist zu prüfen, ob die ausgewählten Methoden zukunftsorientiert sind. Kann beispielsweise auf einer ausgewählten Methode aufgebaut werden, um später einen leichten Umstieg auf neue Methoden zu haben.
:ispiel: Das ER-Modell ist eine gute Grundlage für OOA-Methoden.

Abb. 2.2-4: Überprüfung der Methodenauswahl

Die Methoden, die nach Überprüfung der aufgeführten fünf Fragen noch übrig bleiben, müssen detailliert spezifiziert werden.

Beispiel

Will man ein Unternehmensdatenmodell entwickeln, dann reicht es nicht, die ER-Methode zu fordern. Zusätzlich zum ER-Modell müssen noch folgende Erweiterungen unterstützt werden (Semantische Datenmodellierung):
- Generalisierungs-/Spezialisierungshierarchie,
- Vererbung,
- Assoziative Entitätsmengen,
- Aggregathierarchie.

Wichtig für die CASE-Auswahl ist noch, daß es nicht darauf ankommt, ob eine CASE-Umgebung möglichst viele Methoden bereitstellt. Wesentlich ist, daß die ausgewählten Methoden möglichst optimal unterstützt werden. Man sollte nicht gezwungen werden, nicht benötigte Methoden mitzukaufen.

Zu unterstützendes Vorgehensmodell

Kapitel II 3.3

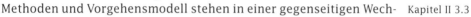

Methoden und Vorgehensmodell stehen in einer gegenseitigen Wechselwirkung. Basiert beispielsweise das Vorgehensmodell weitgehend auf einer Prototypen-Entwicklung, dann müssen die Methoden und Werkzeuge dies entsprechend unterstützen. Außerdem ist es wichtig, ob es eine organisatorisch eigenständige Qualitätssicherung gibt oder nicht. Die verschiedenen Vorgehensmodelle sind in Kapitel II 3.3 beschrieben. Das gewählte Vorgehensmodell muß durch die CASE-Plattform unterstützt werden.

Entwicklungsumfeld

Wichtig für die Auswahl einer CASE-Umgebung ist das Entwicklungsumfeld, in dem die CASE-Umgebung eingesetzt werden soll. Es bestimmt ganz wesentlich, welche Anforderungen eine CASE-Umgebung insbesondere im Bereich der Produkt- und Projektverwaltung leisten muß. Projekte mit mehreren hundert Mitarbeiterjahren und regional verteilten Entwicklungsteams benötigen eine andere Unterstützung durch eine CASE-Umgebung als Projekte mit drei bis fünf Mitarbeitern. Die Fragen zum Entwicklungsumfeld sind in Abb. 2.2-5 zusammengestellt.

In Abhängigkeit von der Beantwortung dieser Fragen ergeben sich Implikationen für die Entwicklungshardware und -systemsoftware. Sind beispielsweise die Mitarbeiter an einem Projekt räumlich in LAN-Entfernung untergebracht, dann kann eine LAN-vernetzte Entwicklungshardware mit zentralem *Server* verwendet werden.

Die Fragen geben ebenfalls Hinweise auf das zu erwartende Mengengerüst, das von der CASE-Umgebung bewältigt werden muß.

Abb. 2.2-5: Ermittlung des Entwicklungsumfelds

Projektbezogene Fragen

1 Wieviele Mitarbeiter müssen minimal, durchschnittlich und maximal von der CASE-Umgebung verwaltet werden? Bei der maximalen Anzahl sollte die geplante Zuwachsrate der nächsten fünf Jahre berücksichtigt werden. Ist die Anzahl der Mitarbeiter größer fünf, dann sollte eine projektbezogene Mitarbeiterverwaltung vorhanden sein.

2 Wieviele Projekte werden minimal, durchschnittlich und maximal zeitlich parallel oder überlappend auf der CASE-Umgebung abgewickelt? Werden mehrere Projekte abgewickelt, dann muß Multiprojektfähigkeit gegeben sein.

3 Wieviele Mitarbeiter gehören minimal, durchschnittlich und maximal zu einem Projektteam?

4 Wieviele Rollen werden in einem Projekt unterschieden (z.B. Systemanalytiker, Entwerfer, Implementator, Projektleiter, Qualitätssicherer) und müssen mit unterschiedlichen Rechten verwaltet werden? Gibt es mehr als drei Rollen, dann sollte eine porojektbezogene Rollenverwaltung vorhanden sein.

5 Wie lang ist die minimale, durchschnittliche und maximale Projektlaufzeit in Monaten?

6 Sind die Mitarbeiter an einem Projekt räumlich nahe (LAN-Entfernung) oder fern?

Prozeßbezogene Fragen

7 Welche und wieviel Ablauffolgen bezogen auf einzelne Rollen müssen von der CASE-Umgebung verwaltet werden (Werkzeugketten)?
Beispielsweise gibt es die Rolle Systemanalytiker. Diese Rolle muß in der CASE-Umgebung einzurichten sein. Sie muß dem Systemanalytiker den Zugriff auf die Werkzeuge Textsystem, OOA-Werkzeug, GUI-Werkzeug erlauben.

Produktbezogene Fragen

8 Wird das fertige Produkt an mehrere Kunden verkauft? (→Versionsverwaltung)

9 Wird das fertige Produkt bei verschiedenen Kunden in unterschiedlichen Varianten eingesetzt? (→Konfigurationsverwaltung)

10 In welchen zeitlichen Abständen entstehen neue Produktversionen? (→Versionsverwaltung)

Produktübergreifende Fragen

11 Muß auf die Informationen abgeschlossener Projekte, parallel laufender Projekte oder zeitlich überlappender Projekte permanent/zeitweise/gar nicht zugegriffen werden? (→zentrale Archive)

12 Wird ein zentrales Produktarchiv für die Wiederverwendbarkeit benötigt?

13 Sind die parallel oder zeitlich überlappend arbeitenden Teams räumlich nahe (LAN)?
Ist das nicht der Fall, dann stellt sich die Frage, wo man projektübergreifende Archive räumlich anordnet.
Von der Beantwortung der Frage **11** hängt es ab, wie die Verbindung der einzelnen Teams zu Zentralarchiven hergestellt werden kann.

Derzeitiges Marktangebot

Das Marktangebot muß unter technischen und kaufmännischen Gesichtspunkten betrachtet werden. Die aufgestellte Kriterienliste definiert die technischen Anforderungen. Das Marktangebot muß gegen diese Anforderungen geprüft werden.

Die kaufmännischen Aspekte betreffen den Hersteller, den oder die Anbieter sowie die Kosten und Vertragsbedingungen. Kriterien zu diesen Punkten sind in Abb. 2.2-6 zusammengestellt.

***Abb. 2.2-6:* Kriterien zur Beurteilung des Marktangebots**

Hersteller
Basisdaten
■ Name/Adresse/Gründungsjahr
■ Gesellschaftsform/Kapitaleigner/Geschäftsführer
■ Kategorie (HW+SW-Hersteller/SW-Hersteller/Nur CASE-Hersteller)
■ Vertrieb (nur über Distributoren/nur selbst/beides)
■ Anzahl Mitarbeiter insgesamt/in der CASE-Entwicklung
■ CASE-Hersteller seit ...
■ Umsatz der Firma insgesamt/Umsatz im CASE-Bereich
■ Anzahl der hergestellten unterschiedlichen CASE-Produkte
Schlußfolgerungen
■ Anwendereinfluß auf die Weiterentwicklung
■ Entwicklungsperspektiven
■ Wie wird das langfristige Überleben des Herstellers eingeschätzt? (Grad des Risikos)

Anbieter
Basisdaten
■ Name/Adresse/Gründungsjahr
■ Gesellschaftsform/Kapitaleigner/Geschäftsführer
■ Kategorie (Hersteller/SW-Haus/System-Haus/Universität/sonstiges)
■ Anzahl der Mitarbeiter insgesamt/im CASE-Vertrieb/im CASE-Support
■ CASE-Anbieter seit ...
■ CASE-Vertrieb in Deutschland/Europa/USA/sonstiges
■ Umsatz der Firma insgesamt/Umsatz im CASE-Bereich
■ Anzahl der vertriebenen, unterschiedlichen CASE-Produkte (alle von einem Hersteller?)
■ Gibt es eine Benutzergruppe für die vertriebenen CASE-Produkte? (wenn ja, Adresse des Sprechers)
■ Geschäftsstellen (wo, räumliche Nähe)
Schlußfolgerungen
■ Know-how des Anbieters
□ Erfahrungen des Anbieters
□ Kompetenz der Ansprechpartner
■ Unterstützung bei der Einführung
□ Schulungsangebot
□ Beratungsangebot
□ Sind Erfahrungen aus ähnlichen Projekten vorhanden?
■ Wartung & Pflege
□ Support-Kapazitäten
□ Support-Nähe
■ Wie wird das langfristige Überleben des Anbieters eingeschätzt? (Gibt es alternative Anbieter?)

Verfügbarkeit, Kosten, Vertragsbedingungen
Verfügbarkeit
■ Sind die gewünschten Werkzeuge sofort verfügbar? (Lieferzeit, Installationszeit)
■ Wann sind welche angekündigten Werkzeuge verfügbar? (Stehen Vorabversionen zum Test zur Verfügung?)

Kosten
■ Investitionskosten/einmalige Kosten
□ Hardware-Kosten
□ Software-Kosten
△ Einfachlizenzen oder Netzlizenzen
△ Mengenrabatte
□ Anpassungskosten
□ Nebenkosten
△ Einführungsunterstützung
△ Anwenderschulung
△ Systembetreuerschulung
□ Sonstige einmalige Kosten
■ Betriebskosten/laufende Kosten
□ Wartung
□ Beratung
□ Personalkosten
■ Testinstallation

Vertragsbedingungen
■ Garantie
■ Lieferbedingungen
■ Zahlungsbedingungen

2.3 Evaluationsverfahren für CASE

Sind nach einem CASE-Auswahlverfahren mehrere CASE-Umgebungen in der engeren Wahl, dann sollte durch eine detaillierte Evaluation die beste CASE-Umgebung ermittelt werden.

Die Evaluation einer CASE-Umgebung stellt einen Sonderfall einer Evaluation eines Software-Anwendungssystems dar. **Evaluation** bezeichnet allgemein den Prozeß der Untersuchung und Beurteilung. Abb. 2.3-1 zeigt die verschiedenen Anlässe für die Evaluation von Software.

Abb. 2.3-1: Anlässe für eine Evaluation /Englisch 93, S. 14/

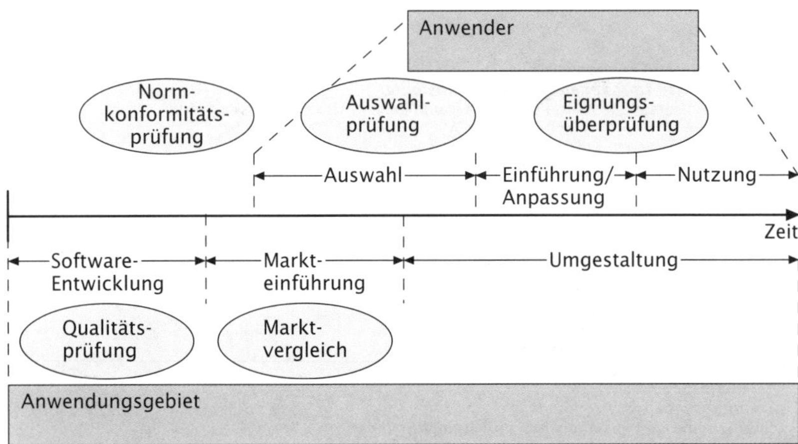

Die Eignung eines Produkts für ein Anwendungsgebiet wird bei Qualitätsüberprüfungen und Marktvergleichen beurteilt. Bei Auswahl- und Eignungsprüfungen untersuchen die Anwender bzw. Benutzer, ob spezielle Anforderungen ihrer Anwendung erfüllt werden. Durch Nonkonformitätsprüfungen wird festgestellt, ob bestimmte Mindestanforderungen eingehalten werden.

Bei jedem Anwendungssystem sind folgende Bereiche zu evaluieren, jeweils unter Berücksichtigung des geplanten Einsatzzwecks:

- Funktionalität
  - Bereitstellung der notwendigen Basisfunktionalität
  - Bereitstellung effizienzsteigernder Funktionen
  - Bereitstellung qualitätssteigernder Funktionen
  - Übernahme von Hilfs- und Routinearbeiten
  - Bereitstellung von Export-/Importschnittstellen
- Benutzungsoberfläche (Kap. I 2.21 bis 2.23)
- Qualität (Hauptkap. III 1 und 2)

CASE-Evaluation

Bezogen auf eine CASE-Evaluation handelt es sich um eine Auswahl- und Eignungsüberprüfung unter Berücksichtigung der firmenspezifischen und allgemeinen Anforderungen.

Die systematische Durchführung eines Marktvergleichs von CASE-Werkzeugen wird in /Herzwurm, Hierholzer, Kunz 95/ beschrieben.

Eine Auswahl von Standardsoftware, dargestellt am Beispiel von Programmen für das Projektmanagement, wird in /Kolisch, Hempel 96/ dargestellt.

Es gibt verschiedene Evaluationsmethoden /Oppermann et al. 92, S. 10 ff/. Sie lassen sich in Befragungen, experimentelle und leitfadenorientierte Methoden gliedern (Abb. 2.3-2).

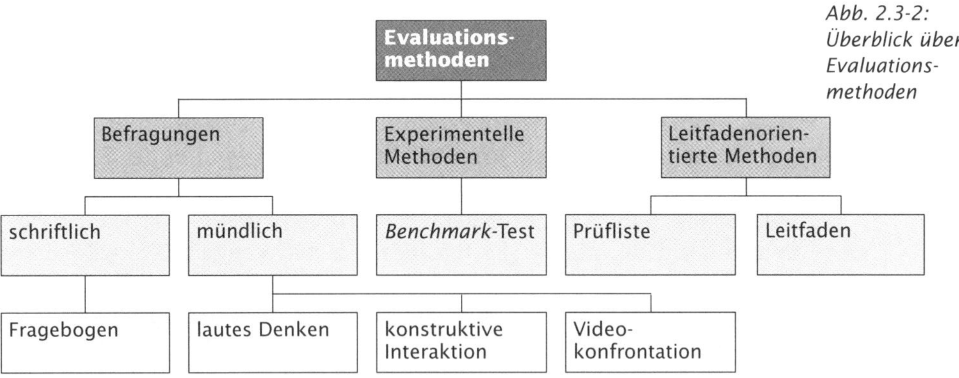

Abb. 2.3-2: Überblick über Evaluationsmethoden

Befragungen

Bei **Befragungen** (Interviews oder Fragebogen) werden dem Benutzer eines Software-Produkts Fragen über bestimmte Produkteigenschaften gestellt. Er beantwortet die Fragen aufgrund der Erfahrungen, die er selbst mit dem Produkt gemacht hat. Eine systematische Erfahrungsgrundlage kann durch die Bearbeitung einer vorgegebenen Standardaufgabe geschaffen werden.

Zu untersuchen ist, ob ein Evaluator die Befragung mit Benutzern durchführt oder ob er sich selbst befragt (Durchführungsprotokoll).

Als Ergebnis von Befragungen erhält man »weiche Daten« wie beispielsweise »das System ist bequem zu bedienen«, aber keine »harten Daten« wie »Antwortzeiten, Fehlerraten«. Befragungen sind *nicht* aufwendig und universell einsetzbar. Auch unstrukturierte Probleme können eingekreist werden. Mögliche Übertreibungen des Befragten und Manipulationen des Interviewers können nachteilig sein. Hinzu kommt, daß Befragungen von den Befragten nicht besonders geschätzt werden.

Die Befragung kann schriftlich oder mündlich erfolgen.

schriftlich

Schriftliche Befragungen haben den Nachteil, daß der Benutzer unter Umständen seine Eindrücke nicht präzise formulieren kann.

mündlich

Bei der mündlichen Befragung haben sich drei Verfahren als sinnvoll erwiesen:

- Bei der **Methode des lauten Denkens** kommentiert der Benutzer seine jeweiligen Arbeitsschritte, Handlungsalternativen und Probleme.

  Nachteilig ist, daß der Benutzer durch die Kombination von Arbeit mit dem Produkt und gleichzeitiger Kommentierung in Schwierigkeiten gerät und durch Faszination oder Überlastung das laute Denken einstellt.

- Bei der **konstruktiven Interaktion** bearbeiten zwei Benutzer gemeinsam eine Aufgabe und »erzählen« sich gegenseitig, was sie jeweils tun bzw. zu tun gedenken.
- Bei der **Videokonfrontation** wird die Arbeit des Benutzers mit dem Produkt gefilmt. Anschließend wird ihm die Aufzeichnung vorgespielt, und er soll seine Verhaltensweise erläutern.

experimentelle Methoden

Bei **experimentellen Methoden** wird der Benutzer mehr oder weniger ganzheitlich und mehr oder weniger verdeckt beobachtet. Beim »*Benchmark*-Test« werden Produkte anhand von standardisierten Aufgaben im Vergleich untersucht. Der vergleichende Charakter kennzeichnet die »*Benchmark*-Tests«. Es ergeben sich keine absoluten Aussagen über ein Produkt, sondern verschiedene Produkte werden anhand definierter Kriterien auf einer Rangskala angeordnet. Die Planung solcher Experimente ist schwierig, da abhängige und unabhängige Variablen sowie die Untersuchungsumgebung festgelegt werden müssen.

leitfadenorientierte Methoden

Bei **leitfadenorientierten Prüfverfahren** wird ein Produkt durch einen **Experten** geprüft. Er orientiert sich dabei – anders als der Benutzer bei Befragungen – weniger an einer Aufgabe mit dem zu evaluierenden Produkt, sondern an fachspezifischen Fragestellungen. Experten benutzen Prüflisten oder Leitfäden.

Prüflisten

Prüflisten unterscheiden sich hinsichtlich ihrer Operationalisierung, ihrer Präzision und ihrer Kontextbedingungen bezüglich der Prüfung. Prüflisten überlassen es dem Prüfer, wie er mit dem zu prüfenden Produkt umgeht, um zu Antworten auf die Prüffragen zu kommen.

Leitfäden

Leitfäden enthalten neben den Prüflisten Verfahrensvorschriften für die Durchführung der Evaluation.

Beispiele

- Die in den Kapiteln 2.1 und 2.2 angegebenen Fragelisten zu CASE-Anforderungen und zur CASE-Auswahl sind Prüflisten. Es wird nicht angegeben, wie man die Antworten ermittelt.
- Bei der VDI-Richtlinie 5005 »Software-Ergonomie in der Bürokommunikation« (Abschnitte I 2.21.2, I 2.22.9) handelt es sich ebenfalls um Prüflisten.
- Der software-ergonomische Leitfaden EVADIS II /Oppermann et al. 92/ enthält eine genaue Durchführungsvorschrift für die Anwendung von Prüffragen (Abb. 2.3-3).

In manchen Situationen ist es sinnvoll, ein eigenes Evaluationsverfahren zu entwickeln. In /Englisch 93/ wird gezeigt, wie Evaluationsverfahren methodisch entwickelt werden können.

Ein allgemein anerkanntes, systematisches Verfahren zur Evaluation von CASE-Werkzeugen und CASE-Umgebungen gibt es nicht. Zu beachten ist außerdem, daß sich die Evaluation eines CASE-Werk-

Ziel
»Der Leitfaden ermöglicht eine software-ergonomische Evaluation, die ohne Versuchspersonen durchgeführt werden kann. Er unterstellt als Anwender einen *Software-Ergonomen,* der ein grundlegendes Wissen um software-technische Eigenschaften wie auch um software-ergonomische Eigenschaften besitzt. Kenntnisse der zu testenden Software sind ebenfalls erforderlich, um mit dem jeweiligen Produkt arbeiten zu können. Das Verfahren zielt auf *objektivierbare Eigenschaften* der zu prüfenden Software ab. Die Prüffragen des Verfahrens beinhalten daher eindeutig beantwortbare Eigenschaften der zu testenden Schnittstelle. Die Analyse anhand des EVADIS II-Leitfadens in seiner jetzigen Fassung ermöglicht eine *Beschreibung* und *Bewertung* der software-ergonomischen Qualitäten einer Software.«

Methodenkombination

Methoden	Benutzerbefragung	vereinfachte Arbeitsanalyse	methodengeleitetes Expertenurteil (Methodenschwerpunkt)
Evaluations-schwerpunkte	Benutzer	Aufgaben (Organisation)	Software
	Ziel: Erfassen von Benutzereigenschaften Werkzeug: standardisierter Fragebogen Ort: Arbeitsplatz	Ziele: Bewertung, Erstellen von Prüfaufgaben Werkzeug: Leitfaden zur Erstellung der Prüfaufgaben Ort: Arbeitsplatz	Ziel: Bewertung der ergonomischen Qualität Werkzeug: Prüffragen-sammlung Ort: Arbeitsplatz, Prüfstelle, Entwickler

Beispiel einer Prüffrage
Kriterium 04: Übersichtlichkeit **Prüffragen-Nr.:**112.04.20
Komponente 112: Hervorhebungen (optische Signale/Farben, akustische Signale)
Gruppe 2: Am Ende eines Programms/Moduls, gegebenenfalls unter Zuhilfenahme des Handbuches, prüfen

Prüffrage:
Werden optische/akustische Signale zur Veranschaulichung von Prozessen (z.B. Öffnungsvorgang eines Dokumentes; Ausführung einer umfangreichen Auswertung; mehrfaches Kopieren eines Dokumentes) eingesetzt?

Antwortvorgaben
( ) Bewegtbilder (z.B. Laufbalken, Animationen) ( ) Zahlenwerte (z.B. Prozentangaben)
( ) Symbol/Ikone (z.B. Uhr) ( ) akustische Signale
( ) keine

Kommentar: (Hilft bei der Interpretation und Bewertung der Prüffragen und der abgegebenen Antworten)
Zur Veranschaulichung von Prozessen bzw. zur Verdeutlichung der Prozeßdauer sollen möglichst bildhafte Darstellungen gewählt werden; insbesondere Bewegtbilder vermitteln eindrucksvoll nachvollziehbare Einsichten in den Ablauf von Prozessen. Gleichzeitig erhält der Benutzer eine Rückmeldung, daß der von ihm initiierte Prozeß tatsächlich ausgeführt wird.

Bewertung:
Note: zwischen 1 und 5 **Kriteriumsgewichtung:** hoch-mittel-gering

Begründung:

Notiz: Der Evaluator kann hier Besonderheiten notieren.

Quelle: /Oppermanr et al. 92/

Abb. 2.3-3: Beispiel aus dem Leitfaden EVADIS II

zeugs wesentlich von der Evaluation einer CASE-Umgebung unterscheidet.

Eine aus fünf Schritten bestehende Methode zur Auswahl und Evaluation von CASE-Werkzeugen wird in /Mosley 92/ beschrieben. Ein Evaluationsrahmen für Software-Systeme, der verschiedene Perspektiven berücksichtigt, wird in /Boloix, Robillard 95/ skizziert.

Ein Rahmenwerk zur umfassenden Evaluation neuer Software-Technologien wird in /Brown, Wallnau 96/ vorgestellt. Am Beispiel von CORBA *(Common Object Request Broker Architecture)* wird die Anwendung des Rahmenwerks demonstriert.

Kapitel I 3.7

Eine CASE-Evaluation besitzt folgende Besonderheiten:

- Die Benutzer sind Software-Experten (fest umrissene Zielgruppe).
- Die Funktionalität ist gegen die gewählten Methoden zu evaluieren.
- Es sind CASE-Werkzeuge, CASE-Plattformen und deren Zusammenspiel zu prüfen.

Bewährt hat sich folgendes Verfahren:

- Erstellen einer Standardaufgabe, die alle wichtigen Aspekte der jeweiligen Methode abdeckt.
- Durchführen der Standardaufgabe mit den in der engeren Wahl befindlichen CASE-Werkzeugen.
- Bei der Durchführung der einzelnen Schritte jeweils prüfen, ob die Basisfunktionalität vorhanden ist und welche effizienzsteigernden Funktionen angewandt werden können.

Definition von Projektszenarien → Standardprojekte

Neben einer Standardaufgabe zur Methodenüberprüfung sollte eine weitere projektspezifische Aufgabe konzipiert werden, die die übliche Entwicklungsumwelt, bezogen auf die Anzahl der beteiligten Mitarbeiter usw., widerspiegelt. Es ist dann diese Entwicklungsumwelt mit der CASE-Umgebung zu evaluieren.

2.4 Kosten/Nutzen von CASE

Kapitel II 1.4

Der Nutzen von CASE unter den Gesichtspunkten der Produktivitäts- und Qualitätssteigerung wurde bereits in Kapitel II 1.4 angesprochen.

Generell ist es schwierig, den Nutzen von CASE exakt zu quantifizieren. Es gibt zu viele Faktoren, die den Nutzen beeinflussen. Eine Vielzahl von empirischen Untersuchungen hat zu widersprüchlichen Ergebnissen geführt. Die meisten Untersuchungen zeigen, daß die Qualität der entwickelten Software durch den CASE-Einsatz mehr positiv als negativ beeinflußt wird. Dasselbe gilt in geringerem Maße für die Produktivität.

In /Herzwurm, Hierholzer, Kunz 93/ wird folgendes berichtet:

- Trotz anfänglicher Akzeptanzprobleme findet mit CASE eine Konsolidierung der betrieblichen Software-Entwicklung statt.
- CASE bietet ein deutliches Produktivitätssteigerungspotential.
- Der Produktivitätszuwachs liegt zwischen 30 und 600 Prozent.
- Die Qualität des Entwicklungsprozesses und der Software-Produkte verbessert sich spürbar.

Der aktuelle Einsatz von CASE ist geringer, als man erwartet. /Klemerer 92/ berichtet, daß ein Jahr nach der CASE-Einführung
- 70 Prozent der CASE-Werkzeuge keinmal benutzt wurden,
- 25 Prozent nur durch eine Gruppe eingesetzt wurden,
- 5 Prozent flächendeckend, aber nicht bis zur Auslastung verwendet wurden.

Um die Ursache für diese Situation zu ermitteln, hat /Iivari 96/ empirisch untersucht, welche Faktoren auf welche Weise die CASE-Benutzung beeinflussen (Abb. 2.4-1). Abschnitt II 5.5.2

Die Untersuchung führte zu folgenden Ergebnissen:
- Management-Unterstützung und relativer Vorteil der Innovation verstärken die CASE-Benutzung am meisten.
- Falls die Benutzung von CASE-Werkzeugen freigestellt bleibt, beeinflußt dies die CASE-Benutzung *extrem negativ*.
- Die CASE-Benutzung hat großen Einfluß auf die CASE-Effektivität, sowohl auf die Qualität als auch auf die Produktivität.

Daraus ergeben sich folgende Schlußfolgerungen: Nutzen
- Werden CASE-Werkzeuge intensiv benutzt, dann erhöht sich die Produktivität und Qualität der Software-Entwicklung.
- Beruht der CASE-Einsatz auf Freiwilligkeit, dann sinkt die CASE-Benutzung.

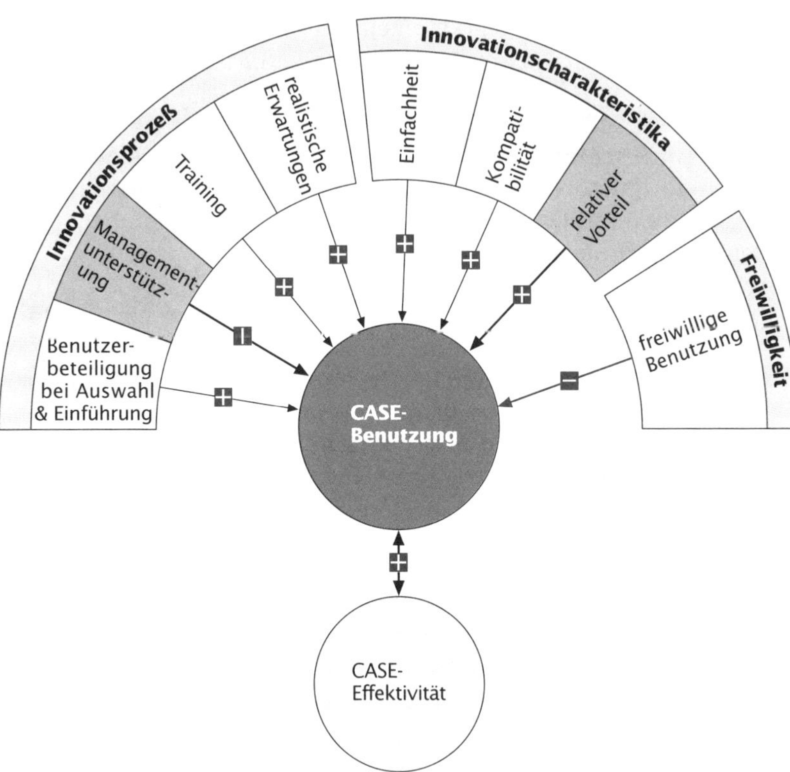

Abb. 2.4-1: Einflußfaktoren auf die CASE-Benutzung /Iivari 96, S. 95/

Um Produktivität und Qualität zu erhöhen, muß das Management den CASE-Einsatz also unterstützen und die Benutzung zur Pflicht machen.

Kosten

Dem Nutzen von CASE stehen folgende Kosten gegenüber:

- Auswahl- und Evaluationskosten für die CASE-Umgebung bzw. die CASE-Werkzeuge.
  Diese Kosten können sehr hoch werden. Daher ist ein gangbarer Weg zwischen Risikominimierung und Evaluationsgenauigkeit zu finden.
- Anschaffungskosten für die CASE-Umgebung bzw. die CASE-Werkzeuge.
  Erfreulicherweise sind die Anschaffungskosten in den letzten Jahren deutlich gesunken. Das früher übliche Kostenverhältnis von 1:10:100 für ein PC-:*Workstation*-:*Mainframe*-Werkzeug bei gleicher Funktionalität gilt heute nicht mehr. Die Programmierumgebungen einschließlich Compiler werden immer umfassender und beinhalten teilweise bereits *upper*-CASE-Werkzeuge. Die Preise bewegen sich auf den Bereich von Büro-Software zu.
  Der Wettbewerb zwischen den CASE-Anbietern – in Deutschland schwankt die Zahl um die 60 herum – ist hart und bietet dem CASE-Käufer daher Verhandlungsspielraum. Neben etablierten Anbietern gibt es immer wieder neue Anbieter, die mit innovativen Produkten in den Markt gehen.
- Installationsaufwand für die CASE-Umgebung bzw. die CASE-Werkzeuge.
  In Abhängigkeit vom Umfang und der Komplexität ist dieser Aufwand unterschiedlich. Jedoch ist auch hier festzustellen, daß durch geeignete Voreinstellungen und eine durch Software-Assistenten unterstützte Installation der Aufwand gegenüber früher deutlich gesunken ist.
- Erlernen der Bedienung.
  Ein Software-Entwickler muß jedes CASE-Werkzeug nach eintägigem Training bedienen können, sonst entspricht die Benutzungsoberfläche nicht dem Stand der Technik. Gesondert zu betrachten ist das Training der Methode, die ein CASE-Werkzeug unterstützt. Für dieses Training wird in der Regel – natürlich in Abhängigkeit von der Qualifikation der Entwickler – wesentlich mehr Zeit benötigt. Dieser Aufwand darf aber nicht zu den Kosten von CASE hinzuaddiert werden.
- Wartungskosten für die CASE-Umgebung bzw. die CASE-Werkzeuge.
  Da die Anschaffungskosten sinken, reduzieren sich dementsprechend auch die Wartungskosten.

Trennt man die Methodeneinführung und die CASE-Einführung, dann überwiegt der Nutzen von CASE heute deutlich die Kosten von CASE.

Aber: CASE ist nicht das »Allheilmittel«, sondern eine notwendige, aber nicht hinreichende Voraussetzung für erfolgreiche Software-Entwicklungen.

CASE ***C**omputer **A**ided **S**oftware **E**ngineering*, Software-Produkte, genannt Software-Werkzeuge (→CASE-Werkzeug, →CASE-Umgebung), die die Erstellung von Software unterstützen.

CASE-Plattform (CASE-*platform)* Software-Produkt, das allgemeine Basisdienstleistungen wie Benutzungsschnittstelle und Datenhaltung zur Verfügung stellt und damit →CASE-Werkzeuge von diesen Dienstleistungen entlastet. In eine CASE-Plattform können →CASE-Werkzeuge integriert werden (→CASE-Umgebung).

CASE-Rahmen (CASE-*framework)* →CASE-Plattform.

CASE-Umgebung Software-Entwicklungsumgebung, die konzeptionell aus einer →CASE-Plattform und mehreren darin integrierten →CASE-Werkzeugen besteht.

CASE-Werkzeug (CASE-*tool)* Software-Produkt, das eine oder mehrere Aufgaben unterstützt, die üblicherweise und speziell im Rahmen einer Software-Erstellung erledigt werden müssen, z.B. Erfassen, Verwalten und Simulieren von Petri-Netzen.

Evaluation sach- und fachgerechte Bewertung, z.B. zum Zweck der Überprüfung der Eignung eines in Erprobung befindlichen Software-Produkts.

Repository Datenhaltungskomponente einer →CASE-Umgebung.

SEU Software-Entwicklungsumgebung (→CASE-Umgebung).

Eine professionelle Erstellung von Software ist ohne Computerunterstützung nicht möglich. Unter dem allgemeinen Begriff CASE faßt man sowohl CASE-Werkzeuge, die einzelne Tätigkeiten der Software-Erstellung unterstützen, als auch CASE-Umgebungen, auch SEU genannt, zusammen, die mehrere Tätigkeiten der Software-Erstellung integriert unterstützen.

Die Architektur einer CASE-Umgebung besteht aus einer CASE-Plattform, auch CASE-Rahmen genannt, und mehreren darin integrierten CASE-Werkzeugen, die ausgetauscht werden können. Die CASE-Plattform stellt Basisdienstleistungen zur Verfügung und verwendet zur Datenhaltung oft ein *Repository*. Als Referenzarchitektur dient das NIST/ECMA-»Toaster«-Modell.

In Abhängigkeit von den unterstützten Software-Tätigkeiten unterscheidet man:

- *upper-* oder *front end*-CASE-Werkzeuge,
- *lower-* oder *back end*-CASE-Werkzeuge,
- I-CASE-Werkzeuge (I = *integrated),*
- E-CASE-Werkzeuge (E = *enterprise),*
- CARE-Werkzeuge *(Computer Aided Reverse Engineering* bzw. *Reengineering)* und
- *cross life cycle tools* bzw. *vertical tools.*

Der Einsatz dieser verschiedenen Werkzeuge hängt von der jeweiligen Art der Software-Entwicklung ab. Man unterscheidet:

- *Forward Engineering,*
- *Reverse Engineering,*

- *Reengineering (Renovation, Reclamation)* und
- *Round Trip Engineering.*

Mit dem Einsatz von CASE werden globale, technische, wirtschaftliche und organisatorische Ziele verfolgt. Um diese Ziele zu erreichen, müssen die CASE-Werkzeuge, -Plattformen und -Umgebungen sowohl allgemeine als auch firmenspezifische Ziele erfüllen.

CASE-Werkzeuge

CASE-Werkzeuge sollen folgende allgemeine Anforderungen erfüllen:

1 Weitgehend »methodentreue« Unterstützung,
2 Bereitstellung der notwendigen Basisfunktionalität,
3 Bereitstellung effizienzsteigernder Funktionen,
4 Bereitstellung qualitätssteigernder Funktionen,
5 Übernahme von Hilfs- und Routinearbeiten,
6 Intuitive Bedienung,
7 Bereitstellung von Export-/Importschnittstellen,
8 Integrierbarkeit in CASE-Plattformen.

CASE-Plattformen

CASE-Plattformen sollen folgende drei Basisanforderungen erfüllen:
1 Integrationsfähigkeit von CASE-Werkzeugen,
2 Offenheit,
3 Multiprojekt- und Interprojekt-Fähigkeit.
Neben diesen drei Basisanforderungen gibt es noch drei weitere Anforderungen:
4 Intuitive Bedienung,
5 Portabilität,
6 Anbieten von Dienstleistungen.

CASE-Umgebungen

Für CASE-Umgebungen soll gelten:
1 Vollständigkeit,
2 inkrementeller Einsatz.

CASE-Auswahl

Bei der Auswahl von CASE-Umgebungen spielen drei Gesichtspunkte eine zentrale Rolle:
1 Allgemeine Anforderungen,
2 firmenspezifische Anforderungen,
3 derzeitiges Marktangebot.

Die firmenspezifischen Anforderungen lassen sich in folgende Kategorien gliedern.

- Charakteristika der Zielprodukte,
- zu unterstützende Zielumgebung,
- zu unterstützende Methoden,
- zu unterstützendes Vorgehensmodell,
- Entwicklungsumgebung.

Aus den allgemeinen und den firmenspezifischen Anforderungen ergibt sich ein Kriterienkatalog für eine ideale, firmenspezifische CASE-Umgebung. Diese ideale CASE-Umgebung muß mit den im Markt angebotenen CASE-Umgebungen verglichen werden.

Kriterienkatalog

Sind nach einem CASE-Auswahlverfahren mehrere CASE-Umgebungen bzw. CASE-Werkzeuge in der engeren Wahl, dann ist durch eine detaillierte Evaluation die beste Umgebung bzw. das beste Werkzeug zu ermitteln.

Evolution

Qualitativ wurde in vielen empirischen Studien der Nutzen des CASE-Einsatzes folgendermaßen eingeschätzt:

Nutzen

- Die Qualität der entwickelten Software steigt.
- Die Produktivität des Entwicklungsprozesses erhöht sich, ist aber geringer als der Qualitätszuwachs.

Die CASE-Effektivität (Qualität und Produktivität) steigt mit der CASE-Benutzung. Die CASE-Benutzung wiederum ist signifikant abhängig von

- der Unterstützung durch das Management,
- dem relativen Vorteil gegenüber der bisherigen Situation und
- der Verpflichtung, CASE einzusetzen.

Dem Nutzen stehen folgende Kosten gegenüber:

Kosten

- Auswahl- und Evaluationskosten,
- Anschaffungskosten,
- Installationsaufwand,
- Erlernen der Bedienung und
- Wartungskosten.

In der Regel übersteigt heute der Nutzen von CASE die notwendigen Kosten.

/Boloix, Robillard 95/
Boloix G., Robillard P. N., *A Software System Evaluation Framework*, in: Computer, Dec. 1995, pp. 17–26

/Brown, Wallnau 96/
Brown A. W., Wallnau K. C., *A Framework for Evaluating Software Technology*, in: IEEE Software, Sept. 1996, pp. 39–49

/Chen, Norman 92/
Chen M., Norman R.J., *A Framework for Integrated CASE*, in: IEEE Software, March 1992, pp. 18–22

/ECMA 90/
A Reference Model for Frameworks of Computer Aided Software Engineering Environments, Technical Report TR/55, European Computer Manufacturers Association, 111 Rue du Rhône, CH-1204 Genf

/EIA 91/
CDIF-Framework for Modeling and Extensibility, EIA/IS-81, Electronic Industries Assoc., Washington D.C., 1991

/Englisch 93/
Englisch J., *Ergonomie von Software-Produkten – Methodische Entwicklung von Evaluationsverfahren*, Mannheim: BI-Wissenschaftsverlag, 1993

/Herzwurm, Hierholzer, Kunz 93/
Herzwurm G., Hierholzer A., Kunz M., *Produktivität stieg um bis zu 600 Prozent – Uni Köln: CASE-Tools auf dem Prüfstand*, in: Computer Zeitung, 11.11.1993

/Herzwurm, Hierholzer, Kunz 95/
Herzwurm G., Hierholzer A., Kunz M., *Ergebnisse einer Evaluierung von CASE-Tools*, in: Wirtschaftsinformatik 37 (1995) 3, S. 231–241

/Hsieh, Gilham 94/
Hsieh D., Gilham F. M., *A novel approach toward object-oriented knowledge-based software integration within a CASE framework*, in: JOOP, Sept. 1994, pp 25–31

/Iivari 96/
Iivari J., *Why Are CASE Tools Not Used?*, in: Communications of the ACM, Oct. 1996, pp. 94–103

/IRDS 90/
Information Resource Dictionary System (IRDS) Framework, ISO/IEC 10027, 1990

/Kelter 91/
Kelter U., *CASE*, in: Informatik-Spektrum, Das aktuelle Schlagwort, 14, 1991, S. 215–220

/Kelter 93/
Kelter U., *Integrationsrahmen für Software-Entwicklungsumgebungen*, in: Informatik-Spektrum (1993) 16, S. 281–285

/Kemerer 92/
Kemerer C. F., *How the learning curve affects CASE tool adaption*, in: IEEE Software 9, 3 (1992), pp. 23–28

/Kolisch, Hempel 96/
Kolisch R., Hempel K., *Auswahl von Standardsoftware, dargestellt am Beispiel von Programmen für das Projektmanagement*, in: Wirtschaftsinformatik 38 (1996) 4, S. 399–410

/Liggesmeyer 93/
Liggesmeyer P., *Wissensbasierte Qualitätsassistenz zur Konstruktion von Prüfstrategien für Software-Komponenten*, Mannheim: BI-Wissenschaftsverlag 1993

/Matthews, McGee 90/
Matthews R.W., McGee W.C., *Data modelling for software development*, in: IBM Systems Journal, Vol. 29, No. 2, 1990, pp. 228–234

/Merbeth 96/
Merbeth G., *Mehr als eine Datenbank – Repository: Schlüsseltechnologie künftiger Software-Entwicklung?*, in: FOCUS 5 vom 20.9.1996, S. 14–15 (Beilage zur Computerwoche)

/Mercurio et al. 90/
Mercurio V.J., Meyers B.F., Misbet A.M., Radin G., *AD/Cycle strategy and architecture*, in: IBM Systems Journal, Vol. 29, No. 2, 1990, pp. 170–188

/Microtool 96/
Microtool, *Eine bedarfsgerechte SEU aus Komponenten – die Architekturlösung von microTool*, microTool GmbH, Berlin, Sept. 1996

/Mosley 92/
Mosley V., *How to Assess Tools Efficiently and Quantitatively*, in: IEEE Software, May 1992, pp. 29–32

/Nagl 93/
Nagl M., *Software-Entwicklungsumgebungen: Einordnung und zukünftige Entwicklungslinien*, in: Informatik-Spektrum (1993) 16, S. 273–280

/NIST 91/
Reference Model for Frameworks of Software Engineering Environments, Draft Version 1.5, Nat'l Inst. Standards and Technology, Gaithersburg 1991

/Oppermann et al. 92/
Oppermann R., Murchner B., Reiterer H., Koch M., *Software-ergonomische Evaluation – Der Leitfaden EVADIS II*, Berlin, Walter de Gruyter, 1992

/PCTE 90/
Portable Common Tool Environment – Abstract Specification (Standard ECMA-149), Geneva: European Computer Manufacturers Association, 1990

/Rammig, Steinmüller 92/
Rammig F.J., Steinmüller B., *Frameworks und Entwurfsumgebungen*, in: Informatik-Spektrum, 15, 1992, S. 33–43

/Sagawa 90/
Sagawa J.M., *Repository Manager technology*, in: IBM Systems Journal, Vol. 29, No. 2, 1990, pp. 209–227

/Thomas, Nejmeh 92/
Thomas I., Nejmeh B.A., *Definitions of Tool Integration for Environments*, in: IEEE Software, March 1992, pp. 29–35

/Wakeman, Jowett 93/
Wakeman L., Jowett J., *PCTE the Standard for Open Repositories*, Englewood Cliffs: Prentice Hall, 1993

/Wasserman 90/
Wasserman A.I., *Tool Integration in Software Engineering Environments*, in: Software Engineering Environments, Fred Long (ed.), Berlin: Springer-Verlag, 1990, pp. 137–149

/Wenner 91/
Wenner T., *Datenbankunterstützung für CASE-Entwicklungsumgebungen*, in: Wirtschaftsinformatik, Februar 1991, S. 33–39

1 *Prüfen können, ob ein CASE-Werkzeug die aufgeführten allgemeinen Anforderungen erfüllt.*
Betrachten Sie ein Ihnen bekanntes oder ein auf der CD-ROM zu Band 1 enthaltenes CASE-Werkzeug und überprüfen Sie, ob es die allgemeinen Anforderungen an ein CASE-Werkzeug erfüllt.

Kann-Aufgabe
120 Minuten

2 *Die Begriffe CASE, CASE-Werkzeug, CASE-Plattform, CASE-Umgebung, SEU, NIST/ECMA-Referenzmodell und ihre Synonyme kennen sowie die Zusammenhänge zwischen ihnen erklären können.*

a Beschreiben Sie den Unterschied zwischen einem CASE-Werkzeug und einer CASE-Plattform.

b Wie läßt sich in diesem Zusammenhang der Begriff CASE-Umgebung definieren? Nennen Sie einen deutschen Begriff für CASE-Umgebung.

Muß-Aufgabe
10 Minuten

3 *Die Begriffe CASE, CASE-Werkzeug, CASE-Plattform, CASE-Umgebung, SEU, NIST/ECMA-Referenzmodell und ihre Synonyme kennen sowie die Zusammenhänge zwischen ihnen erklären können.*
Aus welchen Dienstleistungsgruppen setzt sich eine dem NIST/ECMA-Referenzmodell entsprechende CASE-Umgebung zusammen?

Kann-Aufgabe
10 Minuten

4 *CASE-Werkzeuge den vorgestellten Werkzeugkategorien zuordnen können.*
Ordnen Sie die Ihnen bekannten CASE-Werkzeuge in die Kategorien *upper*-CASE, *lower*-CASE und I-CASE ein.

Muß-Aufgabe
15 Minuten

Muß-Aufgabe *15 Minuten*

5 *Für gegebene Szenarien entscheiden können, ob* Forward Engineering, Reverse Engineering, Reengineering *oder* Round Trip Engineering *geeignet ist und welche Werkzeuge dazu benötigt werden.*
Im folgenden werden Ihnen vier Szenarien vorgestellt. Entscheiden Sie jeweils, ob zur Lösung des Problems *Forward Engineering, Reverse Engineering, Reengineering* oder *Round Trip Engineering* geeignet ist. Begründen Sie Ihre Entscheidung!

a Ein sehr altes in Cobol geschriebenes Software-System, zu dem nur noch der Quellcode existiert, soll objektorientiert neu erstellt werden.

b Ausgehend von einem Pflichtenheft soll ein Software-System erstellt werden.

c Eine nur noch als ausführbare Datei (ohne Quellcode und Dokumente) vorhandene Anwendung soll funktional erweitert werden.

d Von einem im Markt vorhandenen Textverarbeitungssystem soll ein OOA-Modell erstellt werden, um Anhaltspunkte für ein mögliches Konkurrenzprodukt zu erhalten.

Muß-Aufgabe *10 Minuten*

6 *Die allgemeinen Anforderungen an CASE-Plattformen und CASE-Umgebungen aufzählen und erklären können.*

a Beschreiben Sie die allgemeinen Anforderungen an eine CASE-Plattform.

b Beschreiben Sie die allgemeinen Anforderungen an ein CASE-Werkzeug.

Muß-Aufgabe *30 Minuten*

7 *Für gegebene Szenarien einen firmenspezifischen Kriterienkatalog unter Berücksichtigung der aufgeführten Kategorien für eine CASE-Umgebung aufstellen können.*

a Welche Gesichtspunkte spielen bei der Auswahl von CASE-Umgebungen eine wichtige Rolle?

b Die Firma TeachSoft stellt ein Programm zur Organisation von Seminaren und Schulungen her. Die Anwendung läuft auf *Windows 95* und *Windows NT*. Für die Zukunft ist eine Portierung auf andere Plattformen nicht geplant, kann aber auch nicht ausgeschlossen werden.
Das System ist in C++ geschrieben (130.000 LOC) und wurde vor der Implementierung objektorientiert mit der Methode nach Rumbaugh modelliert. Bei TeachSoft handelt es sich um ein mittelständisches Unternehmen (15 Software-Entwickler). Die Entwicklung ist nach dem Prototypen-Modell organisiert. Alle eingesetzten Software-Werkzeuge müssen unter *Windows NT* laufen und mit einem zentralen *Repository* arbeiten. Das Unternehmen legt großen Wert auf die Offenheit ihrer Werkzeuge.
Stellen Sie für dieses Unternehmen einen firmenspezifischen Kriterienkatalog für die Auswahl einer CASE-Umgebung zusammen.

3 Wiederverwendung

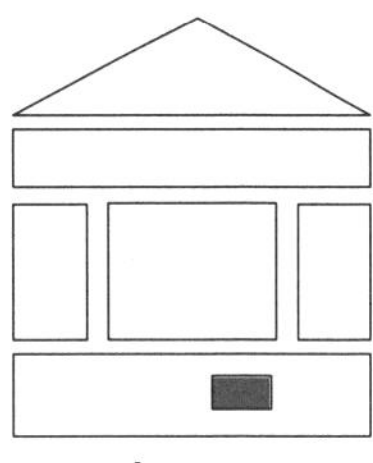

- Die verschiedenen Arten und Typen der Wiederverwendung erklären können.
- Die Wiederverwendbarkeits-Charakteristika der verschiedenen technischen Konzepte erläutern können.
- Durchzuführende organisatorische Maßnahmen darstellen können.
- Einflußfaktoren beschreiben können, von denen der Erfolg der Wiederverwendung abhängt.
- Anhand von Beispielen die Wiederverwendbarkeit einer Software-Komponente, auch im Vergleich zu anderen Komponenten, beurteilen können.

verstehen

beurteilen

- Die Kenntnis des Kapitels I 3.10 »Objektorientierter Entwurf« erleichtert das Verständnis des Kapitels 3.3.

»Golden Rule of Reuseability: Before you can reuse something, you need to
1 *find it,*
2 *know what it does,*
3 *know how to reuse it.«*
W. Tracz, in: SIGSOFT 10/88

i

3.1 Zur Problematik

Bei jeder Software-Entwicklung wird in der Regel das »Rad« mehrmals neu erfunden. Damit erlaubt sich die Software-Industrie einen Luxus, der auf Dauer nicht bezahlt werden kann.

Zitat

»Die Wiederverwendbarkeit von Produktkonzepten, von Produkten, aber auch von Verfahrensweisen ist das zentrale technologische Konzept in den hochentwickelten westlichen Industrien. Mit der Wiederverwendung wird sowohl eine Kostensenkung als auch eine Qualitätsverbesserung der Produkte angestrebt.« /Weber 92, S. 76/.

Zitat

Betrachtet man heutige Vorgehensmodelle, dann kann man folgendes feststellen: »Es gibt üblicherweise in keiner Phase des gesamten Software-Entwicklungsprojektes einen Punkt, an dem eine Studie über die Verfügbarkeit von direkt verwendbaren Komponenten unternommen wird. Darüber hinaus wird zu allem Überfluß in jedem neuen Software-Entwicklungsprojekt die Unzulänglichkeit existierender Werkzeuge festgestellt und die Notwendigkeit für ein neues, besseres Werkzeug zur Entwicklung des Zielsystems entdeckt und in vielen Fällen auch tatsächlich entwickelt.

Diese Vorgehensweise, bei der darauf verzichtet wird, existierende Produkte als Komponenten zu verwenden und für jedes Produkt und jede zu entwickelnde Komponente die Marktchancen vor ihrer Entwicklung abzuschätzen, ist – so kann man es wohl sagen – industrielle Steinzeit.« /Weber 92, S. 75f./.

große Fertigungstiefe

Als Konsequenz der Nicht-Wiederverwendung ergibt sich in der Software-Industrie eine große Fertigungstiefe. /Weber 92, S. 75/ vergleicht die Situation mit der Automobilindustrie:

Vergleich Zitat

»Man stelle sich vor, ein Autohersteller würde bei der Entwicklung eines neuen Fahrzeugs feststellen, daß der Entwurf dieses Fahrzeuges auch den Entwurf eines neuen Getriebes notwendig macht. Man stelle sich weiter vor, daß jener Automobilbauer dieses Getriebe auch selbst produzieren möchte und dazu bereit ist, sowohl das Getriebegehäuse als auch alle Wellen und Zahnräder, die ein solches Getriebe konstituieren, herzustellen. Es würde uns sicher alle verwundern, wenn jener Automobilhersteller auch darauf bestehen würde, die Lager zur Lagerung von Wellen im Gehäuse des Getriebes selbst zu produzieren, obwohl solche Lager für vielerlei Zwecke und in den unterschiedlichsten Abmessungen als käufliche Produkte verfügbar sind. Wir würden es für vollends absurd halten, wenn der bewußte Automobilhersteller darüber hinaus auch darauf bestehen würde, die Gußrohlinge für das Gehäuse des Getriebes und die im Gehäuse des Getriebes befindlichen Zahnräder selbst zu gießen und spanabhebend zu verformen. Wir würden es mit Sicherheit für unvorstellbar halten, wenn jener Automobilhersteller im nächsten Schritt entscheiden würde, auch die Maschinen zur spanabhebenden Verformung von Wellen, Zahnrädern und Gehäusen selbst zu produzieren.

Diese für die Herstellung von anderen Industriegütern für unvorstellbar gehaltene Vorgehensweise ist in der Softwareentwicklung hingegen gang und gäbe.«

Ziele

An der Wiederverwendung wird in der Software-Industrie kein Weg vorbeigehen. Nur durch Wiederverwendung lassen sich

- die Produktivität signifikant erhöhen,
- die Qualität der Produkte verbessern,
- die Entwicklungszeit verkürzen,
- die Kosten reduzieren.

3.2 Wiederverwendbarkeit und Wiederverwendung

Um Software wiederverwenden zu können, muß wiederverwendbare Software vorhanden sein.

Wiederverwendbarkeit

Wiederverwendung

Das Erstellen und Bereitstellen wiederverwendbarer Software wird als **Wiederverwendbarkeit *(reuseability)*** bezeichnet. Den Einsatz wiederverwendbarer Software nennt man **Wiederverwendung *(reuse)***. Hochgradig wiederverwendbare Software-Komponenten erleichtern die Wiederverwendung dieser Komponenten.

Voraussetzung

Um eine gute Wiederverwendbarkeit und Wiederverwendung zu erzielen, müssen

- Technik,
- Organisation und
- Management

optimal zusammenwirken.

Generell kann man zwischen einer geplanten und einer ungeplanten Wiederverwendung unterscheiden (Abb. 3.2-1).

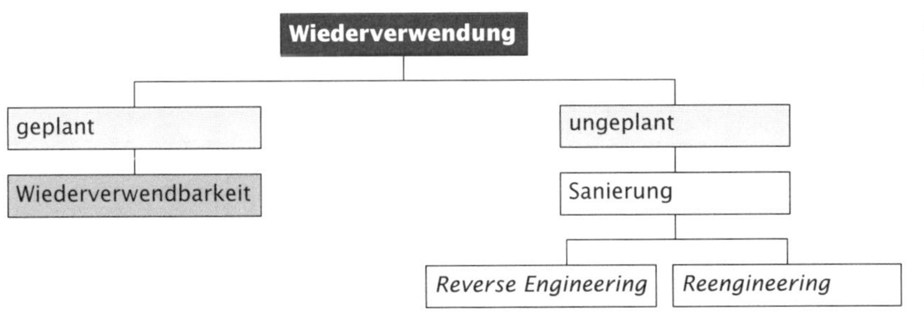

Abb. 3.2-1: Arten der Wiederverwendung

ungeplante Wiederverwendung

Heute üblich ist die ungeplante Wiederverwendung. Vorhandene Software-Systeme müssen aufgrund von geänderten Hardware- und Systemsoftware-Plattformen und/oder zusätzlichen Produktanforderungen neu erstellt werden. Die ursprünglichen Systeme waren aber nicht so konzipiert, daß sie später in anderen Kontexten wiederverwendet werden sollen. Daher muß man mit Methoden des *Reverse Engineering*, des *Reengineering* und der Sanierung versuchen, Software-Komponenten für die Wiederverwendung zu identifizieren und aufzubereiten. Die ungeplante Wiederverwendung wird im Hauptkapitel 4 ausführlich behandelt.

Hauptkapitel 4

geplante Wiederverwendung

Bei der geplanten Wiederverwendung geht es darum, Software-Komponenten im weitesten Sinne von vornherein so zu konzipieren, daß sie später gut wiederverwendet werden können. Eine spätere gute Wiederverwendbarkeit bedeutet, daß die Software-Komponenten

Anforderungen an Wiederverwendbarkeit

- einen hohen Allgemeinheitsgrad besitzen,
- qualitativ hochwertig sind,
- gut dokumentiert sind.

Unter Software-Komponente wird hier jedes explizite, physikalisch vorhandene Arbeitsergebnis verstanden, das im Software-Entwicklungs- oder Wartungsprozeß erstellt wurde. Anders ausgedrückt: Jedes Arbeitsergebnis, das eine Problemlösung für spätere Projekte leicht verfügbar macht, ist ein guter Kandidat für die Wiederverwendung.

Typen der Wiederverwendung

Es lassen sich vier Typen der Wiederverwendung unterscheiden (Abb. 3.2-2):

- Wiederverwendung bei Versionsentwicklung,
- Wiederverwendung bei Variantenentwicklung,
- Intraproduktorientierte Wiederverwendung,
- Interproduktorientierte Wiederverwendung.

Die Wiederverwendung bei der Versions- und Variantenentwicklung ist heute bereits gut erschlossen, insbesondere wenn objektorientierte Techniken eingesetzt werden.

Demgegenüber findet bisher kaum eine Wiederverwendung bei der Intraprodukt- und Interproduktentwicklung statt.

Ebenen

Eine wichtige Rolle spielt außerdem, was wiederverwendet werden soll, bzw. was wiederverwendbar zur Verfügung gestellt werden

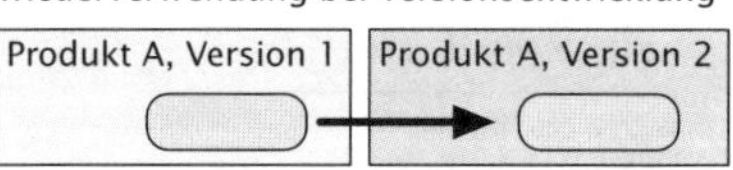

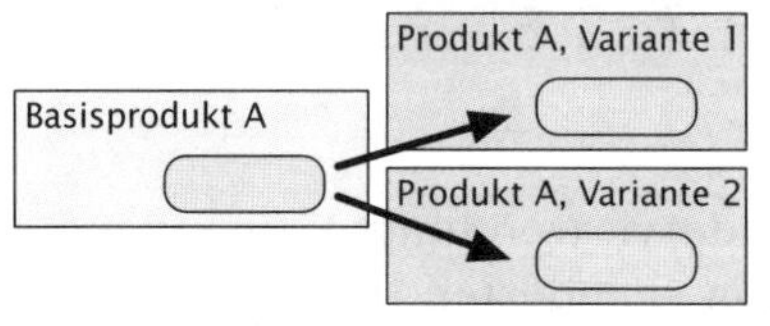

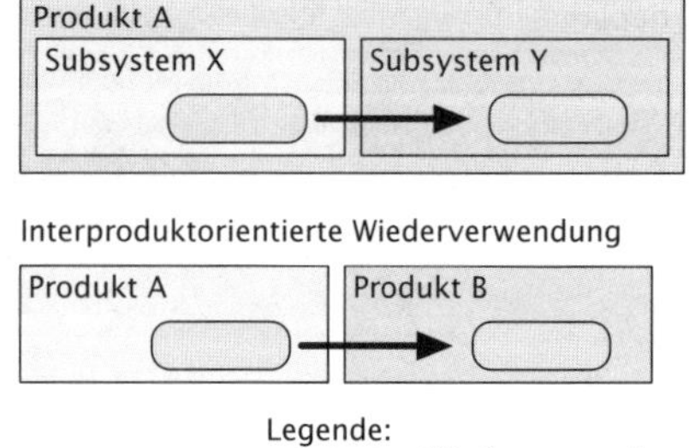

Abb. 3.2-2: Wiederverwendungstypen /Lausecker 93/

soll. Es lassen sich folgende Ebenen der Wiederverwendbarkeit unterscheiden:

- Produkt-Definition
- Produkt-Entwurf
- Produkt-Implementierung

Kapitel II 3.3
Abb. 3.3-17

Heute betrachtet man vorwiegend noch die Wiederverwendung von Quellcode-Komponenten.

Anwendungsbereich

Weiterhin differenziert man die Wiederverwendung entsprechend dem Anwendungsbereich nach

- vertikaler Wiederverwendung und
- horizontaler Wiederverwendung.

Eine vertikale Wiederverwendung findet im gleichen Anwendungsbereich bzw. in der gleichen Anwendungsdomäne statt (siehe Kapitel 3.4).

Das Ziel der horizontalen Wiederverwendung ist eine Verwendung in verschiedenen Anwendungsbereichen. Beispiele hierfür sind wissenschaftliche Unterprogramm-Bibliotheken und Bibliotheken mit Fundamentalklassen.

Art der Wiederverwendung

Entsprechend der Art der Wiederverwendung unterscheidet man

- *white-box*-Wiederverwendung und
- *black-box*-Wiederverwendung.

Bei der *white-box*-Wiederverwendung werden die Komponenten vom Wiederverwender modifiziert, adaptiert und neu getestet. Im Gegensatz dazu werden bei der *black-box*-Wiederverwendung die Komponenten nicht geändert.

Die verschiedenen Aspekte der Wiederverwendbarkeit und Wiederverwendung zeigen bereits, daß eine Einführung und Nutzung im täglichen Projektgeschehen eine Reihe von Maßnahmen erfordert.

Im folgenden werden der technische, organisatorische und der Managementaspekt einzeln betrachtet. Anschließend wird die Kosten/Nutzen-Seite und die Einführung behandelt.

Es wird dabei immer von einer geplanten Wiederverwendung ausgegangen. Zwischen den Begriffen Wiederverwendung und Wiederverwendbarkeit wird nicht unterschieden, außer es wird besonders betont.

3.3 Technik

Der Gedanke der Wiederverwendung ist in der Software-Technik nicht neu. Schon frühzeitig hat man versucht, durch eine funktionale Abstraktion häufig benötigte Funktionen in Funktionsbibliotheken abzulegen bzw. als Standardfunktionen im Computer zur Verfügung zu stellen, z.B. die Quadratwurzelfunktion.

Software-Komponenten besitzen einen unterschiedlichen Grad der Wiederverwendbarkeit in Abhängigkeit von ihrem Abstraktionsniveau.

Folgende Abstraktionsniveaus können unterschieden werden:

I 3.1.4 und I 3.10.7
- funktionale Abstraktion (Funktionen, Prozeduren, Makros),
- Datenabstraktion (abstrakte Datenobjekte und abstrakte Datentypen),
- Klassen mit Vererbung und Polymorphismus.

Zusätzlich können alle drei Abstraktionen auch noch generisch sein (außer abstrakten Datenobjekten).

funktionale Abstraktion

Die funktionale Abstraktion besitzt für die Wiederverwendbarkeit folgende Charakteristika:

Vorteil
- ⊞ Gut geeignet für einige ausgewählte Anwendungsbereiche wie mathematische Bibliotheken.

Nachteile
- ⊟ Abstraktionsniveau ist zu gering.
- ⊟ Funktionaler Blickwinkel ist nicht allgemein genug.
- ⊟ Trennung von Wert bzw. Zustand und seiner Bearbeitung.
- ⊟ Parametermechanismus ist zu unflexibel.
- ⊟ Generische, funktionale Abstraktion wird nur von wenigen Programmiersprachen unterstützt, z.B. Ada.

Datenabstraktion

In der Datenabstraktion werden Attribute und Operationen zu einer Einheit zusammengefaßt (Kapselung und Geheimnisprinzip), so daß ein Nachteil der funktionalen Abstraktion aufgehoben ist. Dies führt zu folgenden Wiederverwendbarkeits-Charakteristika:

Vorteile
- ⊞ Gut geeignet für viele Anwendungsgebiete, insbesondere auch für fundamentale Datenstrukturen wie Keller, Warteschlange, Liste usw.
- ⊞ Durch Typparametrisierung ist ein hoher Allgemeinheitsgrad und eine gute Anpaßbarkeit möglich.
- ⊞ Leicht verständlich.

Nachteile
- ⊟ Nur anwendbar bei streng typisierten Sprachen.
- ⊟ Nicht so allgemein wie die Vererbung.

Trotz der Nachteile hat die Datenabstraktion, insbesondere bei generischen abstrakten Datentypen, zu umfangreichen Wiederverwendbarkeitsbibliotheken geführt. Bekannt geworden ist z.B. die Ada-Bibliothek von /Booch 87/, die fundamentale Datentypen wie Listen, Keller, Warteschlangen usw. zur Verfügung stellt. Viele Klassenbibliotheken benutzen ebenfalls keine Vererbung, sondern verwenden nur die Möglichkeiten generischer Klassenkonzepte.

Abschnitt 3.10.2

Klassen

Technisch gesehen bieten heute objektorientierte Komponenten die besten Möglichkeiten, eine hohe Wiederverwendbarkeit zu erreichen. Es kommt jedoch darauf an, diese Möglichkeiten richtig zu nutzen. Ein falscher Einsatz kann zum Gegenteil führen.

Aus Wiederverwendbarkeitssicht besitzen Klassen – oder allgemeiner objektorientierte Komponenten – folgende Charakteristika:

Vorteile
- ⊞ Vererbung erlaubt Spezialisierung durch *black-box*-Wiederverwendung, d.h. die Originalklasse muß nicht geändert werden.
- ⊞ Der Anteil neuen Codes ist minimal, wenn zusätzliche Eigenschaften hinzugefügt werden.

Nachteile

- Bei objektorientierten Systemen wird die systeminhärente Komplexität zum großen Teil auf die Dynamik des Systems, also auf die Kommunikation zwischen den Objekten verlagert. Polymorphismus, dynamisches Binden und redefinierte Operationen treten an die Stelle von umfangreichen Auswahlanweisungen. Dadurch ist das System anhand des Quellcodes schwerer zu verstehen. Der Dokumentation kommt daher eine gesteigerte Bedeutung zu.
- Führt zu unübersichtlichen Vererbungshierarchien, wenn die Vererbung über viele Ebenen geht.

Bibliotheken wiederverwendbarer Klassen setzen sich in der objektorientierten Welt durch – zur Zeit aber nur für Fundamental-Klassen *(foundation class libraries)*.

Abschnitt I 3.10.2

Offensichtlich hat auch das Klassenkonzept Grenzen, die die intensive Wiederverwendung von Geschäftsklassen, wie Kunde, Konto, Auftrag usw. bisher verhindern.

Um die Wiederverwendbarkeit größerer Einheiten zu ermöglichen, wurden folgende Konzepte entwickelt:

- Rahmen *(frameworks)*,
- Analyse- und Entwurfsmuster *(patterns)* und
- Halbfabrikate *(componentware)*.

Abschnitt I 3.10.2
Abschnitte I 2.18.5 und I 3.10.4
Abschnitt I 3.10.3

Diese Konzepte ermöglichen es zunehmend, nicht nur einzelne Komponenten, sondern Teilsysteme und Referenzarchitekturen wiederzuverwenden.

3.4 Organisation

Wiederverwendung erreicht man nicht automatisch mit dem Einsatz einer geeigneten Technik, sondern sie muß organisiert werden. Die Organisation muß folgende Bereiche umfassen:

- Aufbau, Einrichtung und Betrieb eines Wiederverwendbarkeitsarchivs
- Evolutionäre Verbesserung der Wiederverwendung
- Einbettung der Wiederverwendung in das Prozeßmodell

Wiederverwendbarkeitsarchiv

Wiederverwendung scheitert heute oft daran, daß bereits vorhandene Komponenten nicht schnell, sicher und bequem wiedergefunden werden können. Folgendes Szenario verdeutlicht das Problem:

Beispiel

Ein Software-Entwickler möchte Software wiederverwenden. Er fragt seine Kollegen, ob sie entsprechende Software bereits entwickelt haben bzw. ob sie Mitarbeiter kennen, die ähnliche Probleme bereits gelöst haben. Ein Mitarbeiter erinnert sich daran, vor zwei Jahren in einem anderen Projekt bereits ein ähnliches Teilproblem gelöst zu haben. Er gibt dem Kollegen den Hinweis, auf einer Bandsicherung des damaligen Projekts eine bestimmte Datei zu suchen. Der wiederverwendungswillige Mitarbeiter macht sich auf den Weg, die entsprechende Bandsicherung im Archiv zu besorgen. Nach längerem Suchen findet er auf der Sicherung auch eine Datei ähnlichen Namens. Leider ist außer dem kommentierten Quellcode keine weitere Dokumentation vorhanden. Bei dem Versuch, den Quellcode zu übersetzen, stellt er fest, daß die damals verwendete Compilerversion nicht mehr aufzutreiben ist. Deprimiert wendet er sich einer eigenen Problemlösung zu; das Rad wird neu erfunden.

Dieses Szenario macht deutlich, daß eine Grundvoraussetzung für eine Wiederverwendung ein projektübergreifendes, leicht zugängliches Wiederverwendbarkeits-Archiv ist.

Jeder Mitarbeiter muß jederzeit von seinem Arbeitsplatz über Netz auf ein entsprechendes Archiv zugreifen können (Abb. 3.4-1).
Ein Wiederverwendbarkeits-Archiv kann

- ein eigenständiges Archiv sein, mit oder ohne Anbindung an eine CASE-Umgebung, oder
- integriert in eine wiederverwendungsorientierte CASE-Umgebung.

Abschnitt 2.1.5

Soll auf Hunderte oder Tausende von wiederverwendbaren Bausteinen von verschiedenen Projekten aus zugegriffen werden, dann genügen nicht die üblichen Archivfunktionen wie Suche nach Namen

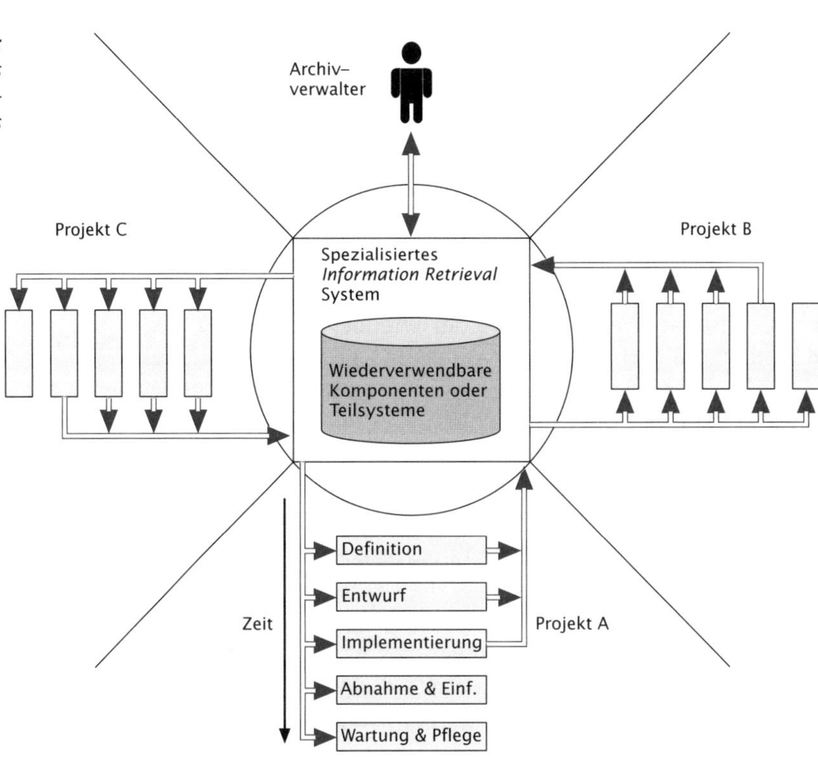

Abb. 3.4-1: Konzept eines Wiederverwendbarkeitarchivs

und *»Browsing«*. Auch eine Suche nach Textmustern aus Textdokumenten ist nicht geeignet, da die Trefferquote nicht hoch genug ist. Damit man in einem Archiv gezielt etwas wiederfindet, muß man vorher konstruktiv etwas tun. Die wiederverwendbaren Komponenten und Teilsysteme müssen geeignet klassifiziert werden.

Klassifikation

In der Forschung wurden inzwischen eine ganze Reihe von Klassifikationssystemen für die Ablage und die Suche wiederverwendbarer Komponenten entwickelt. Ein wichtiges Verfahren ist die Facettenklassifikation von /Prieto-Diaz, Freeman 87/. Um eine hohe Treffsicherheit und Effizienz beim Wiederauffinden zu erreichen, sind aber mehrere Klassifikations- und Suchtechniken nötig. Solche ergänzenden Verfahren sind z.B. die Attribut- und Schlüsselwortklassifikation. Ein guter Überblick über Klassifikationssysteme wird in /Zendler 95/ gegeben.

Archivverwaltung

Eine Archivverwaltung muß folgende Dienste zur Verfügung stellen:
- Aufbauen der Klassifikationssysteme,
- Klassifizieren und Wiederauffinden der Komponenten und Teilsysteme,
- Export von Komponenten in andere Verwaltungssysteme und Import aus anderen Systemen in das eigene Archiv,
- Berichte über die Klassifizierungssysteme und über die Komponenten mit ihren Klassifikationen.

Um den Suchaufwand zu reduzieren, sollten in dem Wiederverwendbarkeits-Archiv nicht nur Verweise auf die Quellen, sondern die Quellen selbst enthalten sein. Wird beispielsweise ein OOA-Modell gefunden, dann muß unmittelbar auch das grafische OOA-Modell zugreifbar sein.

Wiederverwendungsorientierte CASE-Umgebungen mit integriertem Wiederverwendbarkeits-Archiv müssen zusätzliche Anforderungen erfüllen /Lindner 96/:
- Wird eine Komponente als *black-box* wiederverwendet, dann ist zwischen der Komponente und der nutzenden Anwendung eine Beziehung der Art »nutzt« zu verwalten. Dadurch können Änderungen an der Originalkomponente der nutzenden Anwendungen mitgeteilt werden.
- Wird eine Komponente als *white-box* wiederverwendet, dann muß zusätzlich jede der nutzenden Anwendungen ihre eigene Version aus der Originalkomponente ableiten und weiterentwickeln können. Außerdem benötigt die nutzende Anwendung die Testumgebung der Komponente, wie Testrahmen, Testfälle, Testprotokolle usw.
- Unterstützung der Montage von Anwendungen aus Komponenten.
- Online-Verwaltung aller Ergebnisse aller Werkzeuge während des gesamten Entwicklungszyklus. Sie alle müssen mit ihren Beziehungen untereinander manipuliert werden können.

- Konfigurations- und Änderungsverwaltung der wiederverwendbaren Komponenten.

Ausführlich wird dieses Thema in /Henninger 97/ behandelt.

Evolutionäre Verbesserung der Wiederverwendung

Kapitel III 4.3

In Analogie zum CMM *(capability maturity model)* werden in /Rezagholi 95a, b/ fünf Reifegradstufen für die Wiederverwendung definiert, um die Wiederverwendung systematisch auf- und auszubauen. Außerdem soll es einem Unternehmen ermöglicht werden, den eigenen Ist-Zustand bezüglich Wiederverwendung zu ermitteln.

Folgende Reifegradstufen werden unterschieden:

Ad hoc-Wiederverwendung

- Stufe 1: Ad hoc-Wiederverwendung
  Die Wiederverwendung auf dieser Stufe findet unsystematisch statt, d.h. gelegentlich, in Abhängigkeit von der Arbeitsweise der Projektmitarbeiter, unkoordiniert und in der Regel undokumentiert.
  Ad hoc-Wiederverwendung bedeutet in der Regel: kopieren, anpassen und auseinanderlaufen lassen. Eine gemeinsame Versionsführung mit dem Original findet nicht statt. Wartung und Fehlerbehebung erfolgen mehrfach. Ein großer Teil heutiger Wiederverwendung läuft sicher in dieser Weise ab. Das ist aber immer noch besser, als überhaupt keine Wiederverwendung. Eine solche Wiederverwendung ist einfach und besitzt einen kurzfristigen Nutzen. Dieser Nutzen wird wieder aufgehoben, wenn sich zu viele nicht dokumentierte Kopien unkontrolliert verbreiten und die Software unwartbar machen.

Wiederverwendung verfügbarer Software

- Stufe 2: Wiederverwendung verfügbarer Software
  Die Wiederverwendung von extern und intern verfügbarer Software wird durch Umsetzung geeigneter Maßnahmen systematisiert. Es werden die Grundlagen für die Entwicklung wiederverwendbarer Komponenten geschaffen.
  Um diese Ziele zu erreichen, muß verfügbare und wiederverwendbare Software gesammelt und strukturiert dokumentiert werden. Diese Dokumentation vereinfacht das Identifizieren relevanter Software. Systemteile, die unterschiedlicher Änderungshäufigkeit unterliegen, werden lokalisiert, damit die Varianten und Versionen entsprechender Systeme effizienter entwickelt werden können. Durch einen verfahrensbasierten Zukauf von im Markt verfügbarer Software wird die Software-Entwicklung gezielt unterstützt. Durch die Erstellung von modular aufgebauten Software-Systemen wird die Grundlage für die Wiederverwendung von Komponenten dieser Systeme geschaffen. Marktübliche und interne Standards werden eingehalten, um portable Systeme zu erhalten.

Entwicklung für Wiederverwendung

- Stufe 3: Entwicklung für Wiederverwendung
  Die Software-Entwicklung orientiert sich an Anwendungsdomänen bzw. -bereichen. Es wird eine geeignete Infrastruktur für die wiederverwendungsorientierte Entwicklung aufgebaut.

Software-Komponenten werden *nicht* im Hinblick auf ihren Einsatz in *einem* Produkt, sondern auf ihre künftigen Verwendungsmöglichkeiten innerhalb aller Produkte der betreffenden Anwendungsdomäne erstellt.
Software-Komponenten mit Wiederverwendungspotential werden als inkrementell erweiterbare Halbfabrikate erstellt. Die Funktionalität dieser Software kann ohne Eingriff in den bestehenden Quellcode ausgebaut werden. Inkrementell erweiterbare Software erleichtert die Erstellung von Versionen und Varianten dieser Software.
Die Erstellung von Halbfabrikaten kann projektunabhängig in einer für diese Aufgabe eingerichteten Stelle oder abgetrennt von anwendungsspezifischen Projektarbeiten geschehen.
Halbfabrikate werden auf der Grundlage einer Analyse der **Anwendungsdomäne** erstellt. Eine solche Analyse soll Hinweise darauf geben, welche Teilprodukte sich in verschiedenen Systemen gleichen und damit für eine Erstellung als wiederverwendbare Komponenten in Frage kommen. Ziel ist ein Domänenmodell, das eine generelle und damit wiederverwendbare Architektur für die Produkte der untersuchten Anwendungsdomäne darstellt.

Anwendungsdomäne

Weitere notwendige Aktivitäten auf dieser Stufe sind:
- Einrichtung eines Wiederverwendbarkeits-Archivs,
- Durchführung einer wiederverwendungsspezifischen Aus- und Weiterbildung,
- Schaffung einer entsprechenden innerbetrieblichen Kommunikationsstruktur *(Bulletin Boards* usw.),
- Bereitstellung von Richtlinien für standardisierte Auswahl, Bewertung und Anpassung von Komponenten.

■ Stufe 4: Verwendung von Domänenmodellen und statistische Steuerung des Prozesses

Domänenmodelle, statistische Prozeßsteuerung

Bei der Entwicklung von Anwendungen werden Domänenmodelle verwendet. Die Steuerung der wiederverwendungsorientierten Software-Entwicklung wird auf eine statistische Basis gestellt.
Für jede wohldefinierte Anwendungsdomäne wird ein Modell bereitgestellt. Es soll eine generelle und damit wiederverwendbare Architektur für die Produkte der untersuchten Anwendungsdomäne beschreiben /Tracz 92/. Eine Analyse der jeweiligen Domäne schafft daher – vor allem auf der *know-how*-Ebene – die Voraussetzungen, die für eine effektive Integration der Wiederverwendung in den Software-Entwicklungsprozeß notwendig sind. Jedes Domänenmodell besteht aus einer Architektur und einer Menge integrierter Komponenten, den Halbfabrikaten aus eigenem und kommerziell verfügbarem Bestand. Der Schwerpunkt der Software-Entwicklung liegt in der Modellierung von Anwendungen und nicht in der Programmierung. Anwendungen entstehen durch das Montieren von Halbfabrikaten. Der Anwendungsentwickler entwickelt nur die anwendungsspezifischen Teile.

Folgende Aktivitäten sind auf dieser Stufe außerdem durchzuführen:
- Ein Komponentenkreislauf für die Entwicklung, Zertifizierung und Benutzung von Komponenten wird installiert.
- Wiederverwendbarkeitsorientierte CASE-Umgebungen werden eingerichtet.
- Der Projektverlauf wird durch Kennzahlen, die aus Messungen ermittelt werden, und Kosten/Nutzen-Modellen statistisch gesteuert.

Organisationsweite Wiederverwendung

- Stufe 5: Organisationsweite Ausrichtung auf Wiederverwendung
Die Aktivitäten aller Unternehmensbereiche (Vertrieb, Marketing, Rechnungswesen usw.) sind vollständig auf Wiederverwendung ausgerichtet.
Anwendungen werden wie in Stufe 4 durch Montage von bereits vorhandenen, weitgehend standardisierten Halbfabrikaten erstellt. Neu ist, daß auch nicht softwareentwickelnde Unternehmensbereiche wiederverwendungsorientiert handeln. Die Verkaufsaktivitäten, von der Verhandlung mit Kunden und der Erstellung des Angebots bis hin zur Lieferung und Wartung, werden unter Berücksichtigung verfügbarer Komponenten ausgeübt.
Jede Software-Komponente wird als Vermögenswert des Unternehmens betrachtet. Die Höhe der Vermögenswerte sowie die Lebenszykluslänge dieser Komponenten finden Eingang sowohl in die Entscheidungen der Software-Erstellung als auch in die strategischen Entscheidungen des Unternehmens.

Eine ähnliche Stufeneinteilung ist in /Kauba 97/ angegeben. Zusätzlich wird noch geschätzt, wie hoch die prozentuale Wiederverwendung auf jeder Stufe ist (Abb. 3.4-2).

Abb. 3.4-2: Wiederverwendungsstufen /Kauba 97/

Stufe	Wiederverwendung in Prozent	Anforderungen
5 Bereichsbezogene Wiederverwendung	80 – 100%	Bereichsanalysen und -architekturen
4 Konsequente Wiederverwendung	50 – 70%	Bibliotheken, Prozesse, Metriken, Training
3 Planbare Wiederverwendung	30 – 40%	Zustimmung und Unterstützung vom Management, Motivationsprogramme, Bibliotheken
2 Ausschlachten von Altanwendungen	10 – 50%	Glück und Wartungsprobleme
1 Keine oder ad hoc-Wiederverwendung	< 20%	Keine organisatorischen Änderungen

Aufgrund von Praxiserfahrungen im Banken- und Versicherungsbereich schlagen /Biffl, Futschek, Brem 95/ ein dreistufiges Reifegradmodell vor:

- Stufe I: Wartbarkeit – Wiederverwendung innerhalb eines einzelnen Projekts
- Stufe II: Ausgewogenheit – Wiederverwendung innerhalb ähnlicher Projekte
- Stufe III: Standardisierung – Grundlage für bereichsübergreifende Wiederverwendung.

Weitere Reifegradmodelle wurden von /Koltun, Hudson 91/ und /Davis 93/ vorgeschlagen.

Wiederverwendungsorientiertes Prozeßmodell

Eine notwendige Voraussetzung für die Etablierung der Wiederverwendung ist ein wiederverwendungsorientiertes Prozeßmodell. In Abschnitt II 3.3.5 wird ein objektorientiertes Prozeßmodell detailliert vorgestellt und beschrieben. Wesentlich ist, daß in allen Entwicklungsphasen sowohl nach geeigneten Komponenten gesucht als auch neue wiederwendbare Komponenten klassifiziert und im Archiv abgelegt werden.

Abschnitt II 3.3.5

Wiederverwendbare Komponenten können in der Definitions-, Entwurfs- und Implementierungsphase eingesetzt werden. Sie können intern erstellt oder extern zugekauft sein. Eine ständige Beobachtung des Softwaremarktes im Hinblick auf wiederverwendbare Komponenten ist erforderlich. Beim Kauf von Komponenten müssen folgende Tätigkeiten durchgeführt werden:

Abschnitt II 3.3.5
Abb. 3.3-17

- Auflistung der heutigen und zukünftigen Anforderungen an die eigenen Anwendungen,
- Prüfen, ob die Komponenten ausreichend parametrisiert sind, um sie an wechselnde Erfordernisse anpassen zu können.
- Ermitteln, ob mit CASE- und *Reengineering*-Werkzeugen die Komponenten evaluiert, angepaßt und gewartet werden können.
- Rechtliche Aspekte der Nutzung der Komponenten klären.

3.5 Management

Wenn heute ein Software-Manager die Aufgabe erhält, mit seinem Team ein Software-Produkt zu entwickeln, dann lautet für ihn die Kernfrage:

»Wie löse ich das Problem mit meinen Ressourcen?«

Wandel der Managementtätigkeiten

Im Jahr 2000 – so eine Prognose – stellt sich für das Software-Management die Frage anders:

»Wo hat bereits jemand ein ähnliches Problem gelöst, und wie bekomme ich die Problemlösung?«

Die Sicherstellung der Wiederverwendung von Komponenten (auf den verschiedensten Abstraktionsniveaus) wird in Zukunft zu einer Haupttätigkeit des Managements.

Viele vertreten die Meinung, daß Wiederverwendbarkeit heute kein primär technisches Problem darstellt, sondern ein Organisations- und Managementproblem ist. Wer sich heute dazu entscheidet, mit der Wiederverwendung von Software zu beginnen, kann morgen damit anfangen.

Wiederverwendbarkeitskultur

Neben der Bereitstellung einer geeigneten organisatorischen Umgebung besteht die Aufgabe des Software-Managements vor allem darin, eine Wiederverwendbarkeits-Kultur zu etablieren.

Beispiel

Folgendes Szenario verdeutlicht das Problem: Ein Mitarbeiter entwickelt eine Software-Komponente im Rahmen eines Projekts. Während der Entwicklung hat er einige Ideen, wie er die Komponente verallgemeinern könnte, damit sie in anderen Kontexten besser eingesetzt werden kann. Da er jedoch unter hohem Termindruck steht, entwickelt er nur eine projektspezifische Lösung.

Wie das Szenario zeigt, fehlt in fast allen Software-Unternehmen der Anreiz für Mitarbeiter, allgemeinere Lösungen zu entwickeln.

Belohnungssysteme

Das Management ist daher gefordert, Belohnungssysteme für die Bereitstellung wiederverwendbarer Komponenten auf der einen Seite und für die Wiederverwendung dieser Komponenten auf der anderen Seite zu entwickeln.

Beispiel

Die japanische Firma Nippon Novel zahlt jedem Software-Ingenieur fünf Cent pro Codezeile, wenn er eine Komponente in das Wiederverwendbarkeitsarchiv einbringt oder eine Komponente wiederverwendet. Der Entwickler einer wiederverwendbaren Komponente erhält für jede Wiederverwendung zusätzlich einen Cent pro Codezeile /Frakes, Isoda 94/.

Folgende Fragen müssen vom Management beantwortet werden /Tempel 96/:

- Wer zahlt für die Entwicklung einer wiederverwendbaren Komponente?
- Wer übernimmt die Wartungsverpflichtung?
- Was gewinnt derjenige, der eine wiederverwendbare Komponente zur Verfügung stellt?

Derjenige, der eine wiederverwendbare Komponente zur Verfügung stellt, dafür aber nur zusätzliche Verpflichtungen und keinen persönlichen Nutzen erntet, wird keinen besonderen Anreiz haben.

3.6 Kosten/Nutzen der Wiederverwendung

Zu dem Kosten/Nutzenverhältnis der Wiederverwendung gibt es sowohl qualitative als auch quantitative Aussagen und Untersuchungen.

Basierend auf Beobachtungen von /Lanergan, Grasso 84/ bei der Firma Raytheon hat Ted Biggerstaff die »Formel 3« aufgestellt /Biggerstaff 94/:

qualitative Aussagen Faustregeln

»Formel 3«

- Software muß *dreimal entwickelt* werden, bevor sie wirklich wiederverwendbar entwickelt werden kann.
- Bevor die »Früchte der Wiederverwendung geerntet« werden können, muß Software *dreimal wiederverwendet* werden.

Andere Autoren bestätigen diese Faustregeln, z.B. /Tracz 95/, /Wentzel 94/, /Jones 94/. Der *break-even*-Punkt liegt bei etwa drei Wiederverwendungen einer gezielt für die Wiederverwendung entwickelten Komponente, d.h. nach dreimaliger Wiederverwendung können die um 30 bis 50 Prozent höheren Entwicklungskosten wieder hereingespielt werden.

30-50% höhere Entwicklungskosten

In /Levine 93/ werden 60 Prozent höhere Erstellungskosten angegeben, die sich wie folgt aufteilen:

- 25 Prozent für zusätzliche Verallgemeinerung (z.B. Parametrisierung, Entwurf, *review)*,
- 15 Prozent für zusätzliche Dokumentation,
- 10 Prozent für zusätzliches Testen und
- 5 Prozent Mehraufwand für Archivablage und Wartung.

Die Auswirkungen der Wiederverwendung auf die Gesamtproduktivität werden z.B. in /Jones 86/ (Tab. 3.6-1) und /Love 88/ (Tab. 3.6-2) untersucht.

	Wiederverwendungsrate		
	0%	25%	50%
Gesamtzeit in MM	81,5	45	32
Anzahl Mitarbeiter	8	6	5
Kosten je Zeile	40,75	22,5	16
Zeilen pro MM	165	263	370
Ersparnis	0%	45%	61%

Legende: MM = Mitarbeitermonate
Es wurden drei reale Anwendungen mit 10.000 Zeilen COBOL-Code untersucht.

Tab. 3.6-1: Wiederverwendung und Gesamtproduktivität /Jones 86/

	Wiederverwendungsrate				
	0%	10%	30%	50%	80%
Gesamtzeit in MM	200	176	131	89	33
Ersparnis	0%	12%	34%	56%	84%

Legende: MM = Mitarbeitermonate
Es wurden Objective-C-Programme mit 20.000 - 30.000 Zeilen untersucht.

Tab. 3.6-2: Wiederverwendung und Gesamtproduktivität /Love 88/

In einer detaillierten Studie unter Einsatz von Metriken und Simulationen hat /Henderson-Sellers 93/ das Kosten/Nutzen-Verhältnis des Einsatzes von Klassenbibliotheken untersucht. Alle Simulationen zeigen, daß der Bibliotheksbestand sich gravierend auf die Kosten/ Nutzen-Relation auswirkt. Wenn am Anfang keine Bibliotheksklassen verfügbar sind, dann wird die Kosten/Nutzen-Relation erst für das dritte Projekt größer als Null.

Wächst die Größe einer Bibliothek, beginnend mit zehn Klassen, kontinuierlich, und sind die Entwicklungskosten für wiederverwendbare Klassen doppelt so hoch wie für projektspezifische Klassen, dann überwiegt der Nutzen nach dem Ende des sechsten Projekts.

Auch der potentielle Wiederverwender hat einen höheren Aufwand. Er muß eine Komponente suchen, finden, verstehen, installieren, testen, parametrisieren und integrieren. Dabei kann sich herausstellen, daß die gewählte Komponente doch nicht geeignet ist. Dieser Aufwand kann sich dennoch lohnen, da Entwickler den Aufwand für eine Eigenentwicklung oft stark unterschätzen, da sie die Komplexität nicht erkennen.

Japanische Erfahrungen

Daß Wiederverwendung nicht primär eine Frage der Technik ist, zeigen Ergebnisse japanischer Unternehmen. Seit Ende der 80er Jahre haben japanische Firmen beim Aufbau ihrer CASE-Umgebungen der Wiederverwendung eine hohe Priorität gegeben. Durch straffe Organisation und strikte Einhaltung von Methoden wurden folgende Ergebnisse erzielt /Matsumoto 82/, /Prieto-Diaz 91:

- Die Firma NEC berichtet von einer 6,7fachen Produktivitätssteigerung und einer 2,8fachen Qualitätsverbesserung im Bereich betriebswirtschaftlicher Anwendungen durch Identifikation und Standardisierung von 32 logischen Schablonen und 130 gemeinsamen Algorithmen sowie die strikte Anwendung ihrer CASE-Umgebung.
- Die Firma Fujitsu erreichte nach Aufbau eines Wiederverwendbarkeitsarchivs auf der Basis von früher entwickelten Vermittlungssystemen eine Termintreue von 70 Prozent, während früher nur 20 Prozent der Projekte termingerecht abgeschlossen werden konnten.

Amerikanische Erfahrungen

Auch amerikanische Firmen haben schon frühzeitig auf Wiederverwendung gesetzt:

- Der Firma Raytheon gelang es bereits Ende der 70er Jahre, durch Analyse und überarbeitetem Entwurf von 5000 im Einsatz befindlichen COBOL-Programmen eine 50-prozentige Produktionssteigerung in einem Zeitraum von sechs Jahren zu erzielen. In neuen Systemen wurden dabei durchschnittlich 60 Prozent Code wiederverwendet.
- Eine unabhängige amerikanische Studie berichtet von über 70 Prozent kürzeren Lieferzeiten durch Wiederverwendung /QSM 94/.
- Die Firma Hewlett-Packard hat zwei Wiederverwendungs-Projekte ausgewertet /Lim 94/ und kam zu folgenden Ergebnissen:

- Projekt 1: Fehlerreduktion: 51 Prozent, Produktivitätssteigerung: 57 Prozent,
- Projekt 2: Fehlerreduktion: 24 Prozent, Produktivitätssteigerung: 40 Prozent, Reduktion der Entwicklungszeit: 42 Prozent.

Um zu quantitativen Kosten/Nutzen-Überlegungen zu gelangen, muß jede wiederverwendbare Software-Komponente als betrieblicher Vermögenswert *(asset)* angesehen werden. Dann kann die Wiederverwendung wie jede andere finanzielle Investition kalkuliert werden. Eine Investitionsrelation für die Wiederverwendung geben /Barnes, Bollinger 91, S. 15/ an (Abb. 3.6-1).

quantitative Aussagen

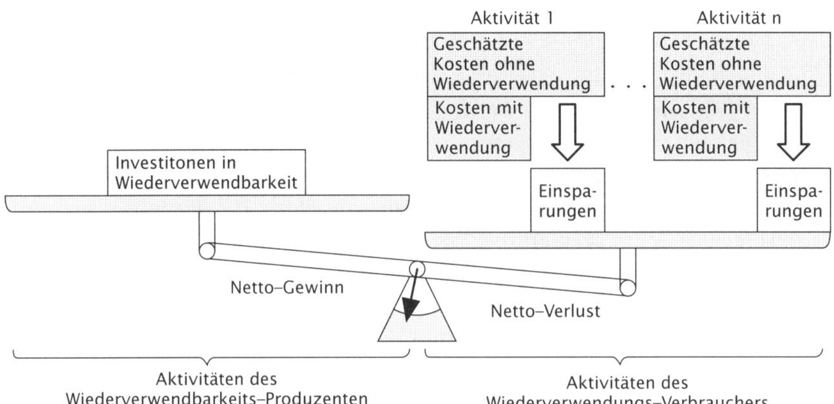

Abb. 3.6-1: Kosten-/Nutzen-Relation der Wiederverwendung /Barnes, Bollinger 91, S. 15/

Die linke Seite der Waage repräsentiert alle Investitionen, die getätigt werden, um die Wiederverwendbarkeit zu erhöhen. Bei diesen Investitionen handelt es sich um die Kosten für die nötigen Verallgemeinerungen. Kosten für die Wiederverwendbarkeit sollten nicht mit den Kosten für gute Wartbarkeit vermengt werden. Kosten, die für eine gute Wartbarkeit ausgegeben werden, sind integrierter Teil der Produktkosten, da sie nötig sind, um ein auslieferbares Produkt zu erhalten.

Die rechte Seite der Waage repräsentiert die Kosteneinsparungen, die als Ergebnis der früheren Investitionen entstehen. Für jede Aktivität, die etwas wiederverwendet, werden zunächst die Kosten geschätzt, die ohne Wiederverwendung entstehen würden. Diese geschätzten Kosten werden mit den Kosten verglichen, die mit Wiederverwendung anfallen. Die Differenz ergibt die Einsparung.

Die gesamten Einsparungen ergeben sich aus einer Schätzung aller sich ergebenden Einsparungen, selbst wenn die entsprechenden Aktivitäten erst in der Zukunft anfallen.

Eine Investition in die Wiederverwendung ist kosteneffektiv, wenn

$$K < N \qquad 1$$

wobei K die Gesamtkosten für die Investition sind und N die Einsparungen darstellen.

Der Nutzen N ist folgendermaßen definiert:

$$N = \sum_{i=1}^{k} n_i = \sum_{i=1}^{k} (o_i - m_i) \qquad 2$$

wobei n_i die Einsparungen für die Aktivität i sind, o_i die geschätzten Kosten für die Aktivität i ohne Wiederverwendung und m_i die Kosten für i mit Wiederverwendung. k ist die Anzahl der Aktivitäten, die durch die entsprechende Investition tangiert sind.

Die Kosten/Nutzen-Relation, auch *Return-On-Investment*-Relation genannt, ergibt sich zu:

$$R = \frac{N}{K} \qquad 3$$

Wenn R kleiner als 1 ist, dann gibt es einen Verlust. Ist R wesentlich größer als 1, dann verspricht die Investition einen guten Gewinn. Die Kosten/Nutzen-Relation zeigt, daß eine Investition sich am meisten auszahlt, wenn sie sich auf hochwertige Produkte bezieht.

Um die Wiederverwendung kosteneffektiv zu machen, muß R möglichst groß werden.

Drei mögliche Strategien bieten sich dazu an:

- Anteil der Wiederverwendung erhöhen,
- Durchschnittliche Kosten der Wiederverwendung reduzieren,
- Investitionskosten, die nötig sind, um einen Wiederverwendbarkeitsnutzen zu erzielen, reduzieren.

Metriken

Metriken zum Messen verschiedener Aspekte der Wiederverwendung lassen sich in sechs Kategorien einteilen /Frakes, Terry 96/:

- Metriken zur Kosten/Nutzen-Analyse,
- Metriken zur Einordnung in ein Reifegradmodell,
- Metriken zum Grad der Wiederverwendung,
- Metriken zur Berechnung der Wiederverwendungshindernisse,
- Metriken zur Schätzung der Wiederverwendbarkeit einer Komponente,
- Metriken zur Benutzung des Wiederverwendbarkeitsarchivs.

Eine Metrik zur Kosten/Nutzen-Analyse ist oben bereits aufgeführt (Formeln 1 bis 3). Neben dieser Metrik gibt es noch einige weitere, die ähnlich aufgebaut sind. Metriken zur Einordnung in ein Reifegradmodell sind im strengen Sinne keine Metriken. Es handelt sich vielmehr um Merkmale, die einer Organisationseinheit helfen, den momentanen Reifegrad festzustellen. Metriken zum Grad der Wiederverwendung werden benutzt, um den prozentualen Wiederverwendungsanteil zu schätzen und seine Entwicklung über die Zeit zu verfolgen. Im allgemeinen ist eine solche Metrik folgendermaßen aufgebaut:

$$\frac{\text{Anteil wiederverwendeter Komponenten}}{\text{Gesamtanzahl der Komponenten}}$$

Metriken zur Berechnung der Wiederverwendungshindernisse ermitteln die Mißerfolgsfaktoren beim Versuch, Komponenten wiederzuverwenden. Mißerfolgsfaktoren sind:
- Anzahl Versuche, eine Komponente wiederzuverwenden,
- Komponente existiert nicht,
- Komponente ist nicht verfügbar,
- Komponente wurde nicht gefunden,
- Komponente wurde nicht verstanden,
- Komponente ist nicht gültig,
- Komponente kann nicht integriert werden.

Jedem Mißerfolgsfaktor sind Mißerfolgsursachen zugeordnet.

Dem Faktor »Anzahl Versuche, eine Komponente wiederzuverwenden« sind z.B. folgende Ursachen zugeordnet:
- Ressourcenbeschränkungen,
- kein Anreiz für die Wiederverwendung,
- fehlende Ausbildung.

Um eine solche Metrik zu verwenden, sammelt eine Organisation Daten über Mißerfolgsfaktoren und -ursachen und benutzt diese Informationen, um die Wiederverwendungsaktivitäten zu verbessern.

Metriken zur Schätzung der Wiederverwendbarkeit einer Komponente messen Attribute einer Komponente, die Indikatoren für ihre potentielle Wiederverwendbarkeit sind. Schwierigkeiten entstehen dadurch, daß manche Attribute vom Typ der wiederverwendbaren Komponente und der Programmiersprache abhängen.

Für eine hohe *black-box*-Wiederverwendbarkeit von Ada-Komponenten sind beispielsweise folgende Attribute gute Indikatoren:
- Weniger Aufrufe pro Quellcodezeile,
- Weniger Ein-/Ausgabe-Parameter pro Quellcodezeile,
- Weniger Lese-/Schreibanweisungen pro Zeile,
- Mehr Kommentare im Verhältnis zum Code,
- Mehr Hilfsfunktionen pro Quellcodezeile,
- Weniger Quellcodezeilen.

Metriken zur Benutzung des Wiederverwendbarkeitsarchivs berücksichtigen u.a. folgende Kriterien:
- Güte des Klassifikationsschemas (Kosten, Sucheffektivität, Verständlichkeit)
- Güte der Komponenten (Anzahl der Wiederverwendungen innerhalb von drei Monaten, Beurteilungen über wiederverwendete Komponenten)
- Benutzung des Wiederverwendbarkeitsarchivs (Systemverfügbarkeit, Anzahl der Benutzer, ausgeführte Archivfunktionen, Anzahl verfügbarer Komponenten usw.).

3.7 Einführung der Wiederverwendung

Kapitel II 5.6

Bei der Einführung der Wiederverwendung handelt es sich um eine typische Innovationseinführung mit allen damit verbundenen Merkmalen. Diese sind in Kapitel II 5.6 ausführlich behandelt. Im folgenden wird daher nur auf wiederverwendungsspezifische Charakteristika eingegangen.

Reifegradmodell

1 Jahr, um 20% Wiederverwendung zu erreichen

Orientiert man sich an einem Reifegradmodell der Wiederverwendung, dann besteht die erste Aufgabe darin, die Ist-Stufe zu ermitteln. Anschließend ist dann eine Planung aufzustellen, wie man schrittweise die jeweils nächste Stufe erreicht. Wie bei allen Innovationseinführungen ist es wichtig, realistische und meßbare Ziele zu definieren. Einen Wiederverwendungsgrad von 20 Prozent zu erreichen, dauert erfahrungsgemäß mindestens ein Jahr /Tracz 95/.

Erfahrungen haben gezeigt /Kauba 97/, daß die Anforderungen an wiederverwendbare Komponenten – zumindest am Anfang – nicht zu hoch sein dürfen. Dürfen in ein Wiederverwendbarkeitsarchiv nur gut getestete, tatsächlich einsatzfertige Komponenten, dann trauen sich die Entwickler nicht, ihre Software anzubieten. Eine Lösung besteht darin, das Archiv zu teilen in geprüfte Komponenten und bereitgestellte, aber noch zu überprüfende und zu komplettierende Komponenten.

Die Einführung von Wiederverwendung ist mit Investitionen und einer Reihe von Veränderungen im Unternehmen verbunden. Wesentlich für die Akzeptanz der Wiederverwendung ist daher ein überzeugtes Management, das Wiederverwendung als Mittel zur Erreichung der allgemeinen Unternehmensziele betrachtet. Um zu einer dauerhaften Praktizierung der Wiederverwendung zu gelangen, muß es in die Unternehmenskultur einfließen und täglich geübt werden.

Wandel der Tätigkeit

Vorausschauend mit den betroffenen Mitarbeitern zu diskutieren, ist ein Wandel der Entwicklungstätigkeit /Kauba 96, 97/: Vom schrei-

Tab. 3.7-1: Potentielle Hindernisse bei der Einführung der Wiederverwendung /Kauba 97/

ökonomisch	**organisatorisch**
▪ fehlendes *Commitment* ▪ unklare Geschäftsstrategie ▪ Investitionshöhe ▪ Aufwandsgeschäft ▪ fehlende Nutzungs- und Verwertungsrechte	▪ im Prozeß nicht vorgesehen ▪ Verantwortung nicht zugewiesen ▪ fehlender Katalysator ▪ fehlende Infrastruktur
soziologisch	**technisch**
▪ *Not-invented-here*-Syndrom ▪ Widerstand gegen Veränderungen ▪ Existenzängste »*Re-Use* ist ein Job-Killer« ▪ Selbstverständnis des Entwicklers/ geändertes Rollenbild	▪ fehlende Erfahrung mit praktischen Anwendungen ▪ mangelndes *Know-how* ▪ Schwächen im *Software-Engineering*-Prozeß ▪ fehlende *Tools*

benden Entwickler zum lesenden, evaluierenden und kreativ komponierenden Software-Architekten.

Außerdem zeigen Entwickler deutliche Ressentiments gegen Software, die sie nicht selbst entwickelt haben. Sie befürchten eine schlechtere Qualität und fühlen sich in ihrem kreativen Selbstverständnis getroffen.

Abneigung gegen fremde Software

Eine Liste potentieller Hindernisse enthält Tab. 3.7-1. Diese Hindernisse sollten vor oder begleitend zur Einführung beseitigt werden.

reuse →Wiederverwendung

reuseability →Wiederverwendbarkeit

Wiederverwendbarkeit Software-Komponenten und -Teilsysteme werden mit dem Ziel entwickelt und in einem Archiv bereitgestellt, um in anderen Software-Systemen unverändert oder modifiziert einsetzbar zu sein (→Wiederverwendung).

Wiederverwendung Unveränderte oder modifizierte Verwendung bereits vorhandener, eigener oder zugekaufter Software-Komponenten oder -Teilsysteme in neuen Software-Systemen (→Wiederverwendbarkeit)

Die Wettbewerbsfähigkeit von Software-Herstellern wird in der nahen Zukunft ganz wesentlich von ihrer Fähigkeit abhängen, den Aufwand für die Neu- und Weiterentwicklung durch massive Wiederverwendung *(reuse)* gekaufter und eigener Software-Komponenten und -Teilsysteme stark zu reduzieren. Komplementär zur Wiederverwendung wird die Fähigkeit verlangt, Wiederverwendbarkeit *(reuseability)* sicherzustellen, d.h. eigene Komponenten so zu entwickeln, daß sie später gut wiederverwendet werden können.

Wiederverwendung

Wiederverwendbarkeit

Als Faustregel gilt, daß der Entwicklungsaufwand für wiederverwendbare Komponenten zwischen 30 und 50 Prozent höher ist als für anwendungsspezifische Komponenten. Dieser Mehraufwand rentiert sich nur, wenn die Komponente mindestens dreimal wiederverwendet wird.

Faustregel

Unabhängig von den Zielen der Wiederverwendung (Produktivitäts- und Qualitätsverbesserung, kürzere Lieferzeiten und verbesserte Termintreue) erfordert eine erfolgreiche Wiederverwendung technische, organisatorische und Managementmaßnahmen.

Die Technik stellt heute folgende Konzepte zur Verfügung, um die Wiederverwendung zu unterstützen:

Technik

- funktionale Abstraktion,
- Datenabstraktion,
- Klassen,
- Rahmen *(frameworks)*,
- Analyse- und Entwurfsmuster *(patterns)*,
- Halbfabrikate *(componentware)*.

Für eine effiziente Wiederverwendung ist die Objektorientierung weder notwendig noch hinreichend. Japanische Unternehmen haben durch konsequente Anwendung von strukturierten Methoden und CASE-Umgebungen hohe Wiederverwendbarkeitsraten erzielt.

Organisation

Die technischen Möglichkeiten müssen in einen geeigneten organisatorischen Wiederverwendbarkeitsrahmen eingepaßt werden. Wichtig sind folgende organisatorische Maßnahmen:

- Aufbau, Einrichtung und Betrieb eines Wiederverwendbarkeitsarchivs, eigenständig, angebunden oder integriert in eine CASE-Umgebung.
- Evolutionäre Verbesserung der Wiederverwendung im Rahmen oder orientiert an einem Reifegradmodell der Wiederverwendung.
- Einbettung der Wiederverwendung in das Prozeßmodell.

Anwendungsdomäne

Die Wiederverwendbarkeit von Komponenten wird insbesondere dadurch erhöht, daß sie für eine Anwendungsdomäne entwickelt werden und *nicht* für eine spezielle Anwendung innerhalb dieser Domäne. Dies setzt eine sorgfältige Analyse der jeweiligen Domäne voraus.

Management

Eine der wichtigsten Managementaufgaben besteht darin, eine Wiederverwendbarkeits-Kultur zu etablieren. Dazu gehören auch geeignete Anreizsysteme, um sowohl die Erstellung wiederverwendbarer Komponenten als auch ihre Nutzung zu fördern.

Kosten/Nutzen

Es gibt eine ganze Reihe von Berichten, die den Erfolg durch die Wiederverwendung belegen. Kosten/Nutzen-Modelle zeigen, welche Faktoren den Erfolg beeinflussen.

Metriken

Für verschiedene Aspekte der Wiederverwendung gibt es Vorschläge für Metriken, deren Evaluation aber noch aussteht.

Innovationseinführung

Bei der Einführung der Wiederverwendung in einem Unternehmen handelt es sich um einen Technologietransfer, der sorgfältig geplant und durchgeführt werden muß. Mit den Mitarbeitern sind vor allem zwei Themen zu diskutieren:

- Vorbehalte gegen den Einsatz fremder Software,
- Wandel der Arbeitstätigkeit hin zum lesenden, evaluierenden und kreativ montierenden Software-Architekten.

Aussagen

Zusammenfassend lassen sich zur Wiederverwendung folgende Aussagen machen:

- Es gibt noch eine ganze Reihe von ungelösten Problemen, wie Klassifizierung von Komponenten, Software-Copyright, Standards. Der Wettbewerb erzwingt aber die Wiederverwendung, auch wenn noch nicht alle Probleme 100prozentig gelöst sind.
- Wiederverwendung bekommt man nicht geschenkt.
- Wiederverwendung ist eine permanente Aufgabe und erfordert eine langandauernde Anstrengung.
- Mit kleinen Schritten anfangen.
- Das Entwicklungsmotto muß lauten: »Wir erfinden das Rad nur einmal!«
- Wiederverwendung muß als strategische Aufgabe des Unternehmens verstanden und durchgesetzt werden.

- Software muß als **Investitionsgut** angesehen werden und nicht als ein »Einmal-Produkt«.

Es stellt sich nicht die Frage, ob Wiederverwendung nötig ist, sondern ab wann man sie nutzen will.

Zitierte Literatur

/Barnes, Bollinger 91/
Barnes B.H., Bollinger T.B., *Making Reuse Cost-Effective*, in: IEEE Software, Jan. 1991, pp. 13–24

/Biffl, Futschek, Brem 95/
Biffl S., Futschek G., Brem C., *Ein Modell zur stufenweisen Umsetzung von Software-Wiederverwendung in der Praxis*, in: Informatik-Forschung und Entwicklung, 10, 1995, S. 197–213

/Biggerstaff 94/
Biggerstaff T.J., *Is Technology a Second Order Term in Reuse's Success Equation?*, in: Proceedings of Third International Conference on Software Reuse, Nov. 1994

/Booch 87/
Booch G., *Software Components with Ada*, Meneo Park: Benjamin/Cummings 1987

/Davis 93/
Davis T., *The reuse capability model: a basis for improving an organisation's reuse capability*, in: Proceedings of the Second International Workshop on Software Reusability, Herndon 1993

/Frakes, Isoda 94/
Frakes W. B., Isoda S., *Success Factors of Systematic Reuse*, in: IEEE Software, Sept. 1994, pp. 15–19

/Frakes, Terry 96/
Frakes W., Terry C., *Software Reuse: Metrics and Models*, in: ACM Computing Surveys, June 1996, pp. 415–435

/Henderson-Sellers 93/
Henderson-Sellers B., *The economics of reusing library classes*, in: JOOP, July-August 1993, S. 43–50

/Henninger 97/
Henninger S., *An Evolutionary Approach to Constructing Effective Software Reuse Repositories*, in: ACM Transaction on Software Engineering and Methodology, April 1997, pp. 111–140

/Jones 86/
Jones C., *The Impact Of Reusable Modules and Functions*, in: Programming Productivity, Mc Grow-Hill 1986, pp. 151–160, 204–210

/Jones 94/
Jones T.C., *Economics of Software Reuse*, in: IEEE Computer, Juli 1994

/Kauba 96/
Kauba E., *Wiederverwendung als Gesamtkonzept – Organisation, Methoden, Werkzeuge*, in: Objectspektrum 1/96, S. 20–27

/Kauba 97/
Kauba, E., *Software-Re-Use ist eine Frage guter Organisation*, in: Computerwoche 2/97, S. 13–14

/Koltun, Hudson 91/
Koltun P., Hudson A., *A reuse maturity model*, in: Fourth Annual Workshop on Software Reuse, Herndon 1991

/Lanergan, Grasso 84/
Lanergan R.G., Grasso C.A., *Software Engineering with Reusable Design and Code*, in: IEEE Transactions on Software Engineering, Sept. 1984

/Lausecker 93/
Lausecker H., *Ein Programm zur Forcierung der Wiederverwendung in einem großen Unternehmen*, in: Konferenzunterlagen Re-Use, I.I.R. Konferenz 8.-9. Sept. 1993, Frankfurt: I.I.R. GmbH & Co.

/Levine 93/
Levine T., *Reusable Software Components*, in: ACM Ada Letters, Jul./Aug. 1993, pp. 23–28

/Lim 94/
Lim W.C., *Effects of Reuse on Quality, Produktivity and Economics*, in: IEEE Software, Sept. 1994, pp. 23–29

/Lindner 96/
Lindner U., *Massive Wiederverwendung: Konzepte, Techniken und Organisation*, in: OBJEKTspektrum, 1/96, S. 10–17

/Love 88/
Love T., *The Economic of Reuse*, in: 33 rd IEEE COMPCON 88, San Francisco, Febr./March 1988, pp. 238–241

/Matsumoto 82/
Matsumoto M., *SEA/I: Systems Engineer's Arms for Industrialized Production and Support of Application Programs*, in: Proceedings of 6th International Conference on Software Engineering, Tokio, September 1982

/Prieto-Diaz 91/
Prieto-Diaz R., *Making Software Reuse Work: An Implementation Model*, in: ACM SIGSOFT Software Engineering Notes, Juli 1991, pp. 61–68

/Prieto-Diaz, Freeman 87/
Prieto-Diaz R., Freeman P., *Classifying Software for Reusability*, in: IEEE Software, Jan. 1987, pp. 6–16

/QSM 94/
QSM Associates, *Independent Research Study of Software Reuse*, Technical Report, Sept. 1994

/Rezagholi 95a/
Rezagholi M., *Management der Wiederverwendung in der Softwareentwicklung*, in: Wirtschaftsinformatik, 37 (1995), S. 221–230

/Rezagholi 95b/
Rezagholi M., *Programm zur schrittweisen Ausrichtung der Softwareerstellung auf Wiederverwendung*, in: Softwaretechnik-Trends, Nov. 1995, S. 38–43

/Tempel 96/
Tempel H.G., *Technische Randbedingungen sind besser denn je*, in: Computerwoche – FOCUS, 20.9.1996, S. 30–31

/Tracz 92/
Tracz W., *Domain Analysis Working Group Report – First International Workshop on Software Reusability*, in: ACM SIGSOFT Software Engineering Notes 17 (1992), pp. 27–34

/Tracz 95/
Tracz W., *Confession of a Used-Program Salesman: Lessons Learned*, in: Proceedings of the Symposium on Software Reusability SSR'95, Seattle, Washington, April 1995

/Weber 92/
Weber H., *Die Software-Krise und ihre Macher*, Berlin: Springer-Verlag 1992

/Wentzel 94/
Wentzel C.K., *Software Reuse, Facts and Myths*, in: Proceedings of 16th Annual International Conference on Software Engineering, Mai 1994

/Zendler 95/
Zendler A., *Konzepte, Erfahrungen und Werkzeuge zur Software-Wiederverwendung*, Marburg: Tectum-Verlag, 1995

1 *Lernziel: Die verschiedenen Arten und Typen der Wiederverwendung erklären können.*

Muß-Aufgabe
15 Minuten

a In einem Unternehmen existiert ein altes Cobol-Programm zur Gehaltsabrechnung. Im Rahmen der Datumsumstellung auf das Jahr 2000 hat sich die Geschäftsleitung entschlossen, ein neues Programm zur Gehaltsabrechnung erstellen zu lassen. Hierbei sollen alte Berechnungsroutinen sowie verschiedene Ablaufsteuerungen soweit wie möglich wiederverwendet werden. Welche Art der Wiederverwendung wird eingesetzt? Welche Methoden können hierzu verwendet werden?

b Welche andere Art der Wiederverwendung kennen Sie? Was hätte geschehen müssen, damit diese Art nun eingesetzt werden könnte?

c Bei einer Unternehmensübernahme erwirbt das übernehmende Unternehmen die Rechte an einer Textverarbeitung, die in der Version 6.0 vorliegt. Es soll eine neue Version 7.0 mit erweitertem Funktionsumfang sowie überarbeiteter Benutzungsoberfläche erstellt werden. Welcher Typ der Wiederverwendung kann und sollte hier zum Einsatz gelangen?

d Die unter **c** angesprochene Textverarbeitung soll zusätzlich in einer weniger komplexen Form mit anderer Oberfläche in einem *Browser* integriert vermarktet werden. Welcher Typ der Wiederverwendung kann und sollte hier zum Einsatz gelangen?

e Welche weiteren Typen der Wiederverwendung kennen Sie? Was ist zu deren Verbreitung zu sagen?

2 *Lernziel: Die Wiederverwendbarkeits-Charakteristika der verschiedenen technischen Konzepte erläutern können.*

Muß-Aufgabe
20 Minuten

a Welches technische Konzept der Wiederverwendbarkeit repräsentiert eine mathematische Funktionsbibliothek in Ada? Welche Probleme wirft dieses Konzept auf?

b Welches technische Konzept der Wiederverwendbarkeit repräsentiert eine Sammlung verschiedener Datenstrukturen (z.B. Liste, Schlange, Keller usw.)? Welche Probleme wirft dieses Konzept auf?

c Welches technische Konzept der Wiederverwendbarkeit repräsentiert eine Klassenbibliothek in C++? Welche Probleme werden gelöst, wo liegen die Grenzen?

d Welche Konzepte zur Wiederverwendung größerer Einheiten kennen Sie?

3 *Lernziel: Durchzuführende organisatorische Maßnahmen darstellen können.*

Muß-Aufgabe
30 Minuten

In Ihrem Unternehmen wurde bislang das Konzept der Wiederverwendbarkeit vollkommen ignoriert. Nun haben Sie von enormen Einsparmöglichkeiten durch Wiederverwendung gehört und wollen diese Vorteile nutzen. Welche organisatorischen Maßnahmen müssen Sie ergreifen, um Wiederverwendung umfassend und erfolgreich einzuführen?

4 *Lernziel: Einflußfaktoren beschreiben können, von denen der Erfolg der Wiederverwendung abhängt.*

Muß-Aufgabe
20 Minuten

Bei der Einführung von Wiederverwendung in Ihrem Unternehmen stoßen Sie auf Probleme.

a Welche möglichen Faktoren für einen Mißerfolg der Wiederverwendung von Komponenten fallen Ihnen ein?

b Welche Ziele halten Sie innerhalb eines Jahres für realistisch?

c Welche Voraussetzung für die Akzeptanz und Ausübung der Wiederverwendung (Bereitstellung und Nutzung) halten Sie für wichtig?

Muß-Aufgabe
30 Minuten

5 *Lernziel: Anhand von Beispielen die Wiederverwendbarkeit einer Software-Komponente, auch im Vergleich zu anderen Komponenten, beurteilen können.*
Vergleichen Sie die beiden folgenden C++-Funktionen, die beide die Quadratwurzel berechnen. Bewerten Sie die beiden Funktionen dahingehend, welche besser wiederverwendbar ist. Zählen Sie Punkte auf, aus welchem Grund dies so ist.

```
// C++-Funktion 1
void wrzb(int x)
{
   int i;
   i = 0;
   while ((i * i) < x) i++;
   cout << "liegt zwischen " << i-1 << " und " << i << endl;
}


// C++-Funktion 2
int Quadratwurzel(const int Zahl)
{
   /*Quadratwurzel(int Zahl) berechnet die groesste ganze Zahl, die qua-
   driert kleiner oder gleich der übergebenen Zahl ist. Für die Quadrat-
   wurzel von Zahl gilt somit: Wurzel^2 <= Zahl < (Wurzel+1)^2.
   Wird eine Zahl kleiner 0 uebergeben, so gibt Quadratwurzel -1 zurueck,
   da die Wurzel einer negativen Zahl nicht reell definiert ist.

   Autor: Helmut Balzert, Datum: 21.08.1997, Version: 1.0 */

   /* Eingabeparameter: int Zahl - die Zahl, zu der die Quadratwurzel
   berechnet werden soll.
   Rueckgabeparameter: int - die Quadratwurzel. -1 im Fehlerfall
   (negative Zahl) */

   // Zahl < 0: Fehlerwert zurueckgeben
   if(Zahl < 0) return -1;

   // Wurzel mit 0 initialisieren.
   // Dies arbeitet auch schon für Zahl = 0 korrekt.
   int Wurzel = 0;

   // Solange hochzaehlen, bis die Wurzel erreicht ist.
   while ((Wurzel * Wurzel) < Zahl) Wurzel = Wurzel + 1;

   return Wurzel;
}
```

Weitere Aufgaben befinden sich auf der beiliegenden CD-ROM. 

4 Sanierung

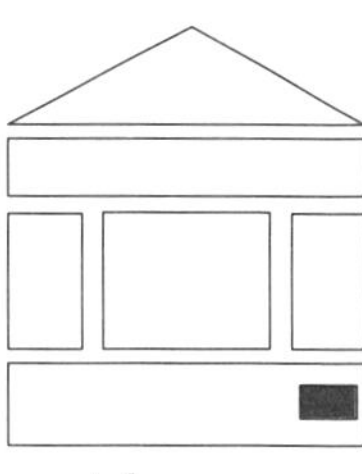

- Die Problematik von Software-Altsystemen darstellen können.
- Die unterschiedlichen Sanierungskonzepte, ihre Terminologie und ihre Zusammenhänge erläutern können.
- Das Verpacken von Altsystemen skizzieren können.
- Verfahren aufzählen und erklären können, die das Verstehen eines Altsystems ermöglichen.
- Darstellen können, welche Kriterien die Wirtschaftlichkeit einer Sanierung beeinflussen.
- Möglichkeiten und Grenzen von CARE-Werkzeugen schildern können.
- Vorgegebene Beispiele daraufhin analysieren können, welche Sanierungsaktivität durchgeführt wurde.

verstehen

anwenden

- Zum Verstehen des Abschnitts 4.3.1 muß das Kapitel I 3.7 »Verteilte objektorientierte Anwendungen« bekannt sein.

i

Auf der beigefügten CD-ROM befinden sich einige CARE-Werkzeuge.

4.1 Zur Problematik

Die Software-Technik befaßt sich auch heute noch vorwiegend mit Konzepten, Methoden und Werkzeugen zur Neuentwicklung von Software. In der Praxis fängt man aber nur ganz selten neu und von vorne an. Die Regel ist heute, daß Software-Systeme bereits im Einsatz sind. Auf der Grundlage dieser Systeme sind Anpassungen, Änderungen und Weiterentwicklungen vorzunehmen. Dabei ist zu berücksichtigen, daß diese Systeme sich in Abhängigkeit von ihrem »Alter« und ihrer Entstehungsgeschichte in einem sehr unterschiedlichen Zustand befinden können.

Probleme

Die Problematik dieser Software-Altlasten wird durch folgende Fakten /Sneed 92a/, /Stahlknecht, Drasdo 95/ deutlich:

- Die Wartungskosten eines durchschnittlichen Anwenderunternehmens liegen zwischen 50 und 75 Prozent des gesamten DV-Budgets. Die Verteilung dieses Aufwandes zeigt Abb. 4.1-1.

Abb. 4.1-1: Verteilung des Wartungsaufwands /Sneed 92a, S. 18/

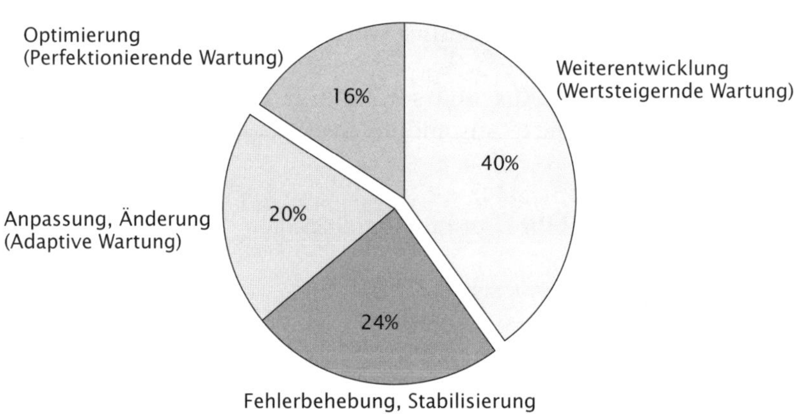

- 75.000 Anwendungen laufen auf Großcomputern, davon sind mehr als 80 Prozent in Cobol programmiert. Mehr als drei Viertel dieser Programme sind unstrukturiert, monolithisch und vor 1980 entstanden.
- Nur 30 Prozent der alten Programme sind individueller, problemspezifischer Natur, der Rest ist softwaretechnisch identisch und ließe sich mit entsprechenden Standards abdecken.
- Ein typischer Anwender in den USA hat durchschnittlich 2.200 Programme mit 1,15 Millionen Anweisungen, die 40 bis 50 Anwendungen abdecken. Ein Wartungsprogrammierer ist für ca. 32.000 Codezeilen verantwortlich.
- Ein typisches Programm in den USA ist meistens in Cobol entwikkelt, lebt fünf bis sieben Jahre und enthält 700 Anweisungen, wovon 10 Prozent Sprünge sind. 50 Prozent dieser Programme sind Dialogprogramme, 50 Prozent Stapelprogramme.

- Ein Programm, das ein hierarchisches oder netzwerkorientiertes Datenbanksystem benutzt, wird jährlich zwischen 10- und 20mal angepaßt, d.h. ein- bis zweimal im Monat.
- Deutsche Cobol-Programme sind zu 80 Prozent monolithisch, zu 77 Prozent unstrukturiert und enthalten zu 93 Prozent überflüssige, redundant gehaltene Daten, die aus Unwissen oder Unsicherheit bezüglich ihrer tatsächlichen Bedeutung und Inhalte nicht gelöscht werden.
- Ein Cobol-Programmierer verwaltet ca. 1.100 *Data-Division*-Anweisungen, 2.000 *Procedure-Division*-Anweisungen und 270 Sprung-Anweisungen. Jede dritte Anweisung verwendet eine numerische Konstante oder ein Literal, d.h. die Datenwerte sind *hardcoded*. Die Ein-/Ausgabeanweisungen und die Datenbankzugriffe sind im prozeduralen Teil verstreut, so daß eine Wiederverwendung in einer anderen Umgebung nicht möglich ist.
- Die Komplexität eines unstrukturierten Programms erhöht sich nach einer Korrektur um 4 Prozent, nach einer Änderung um 17 Prozent und nach einer Erweiterung um 26 Prozent.
- Ein Wartungsprogrammierer benötigt 47 Prozent seiner Zeit für die Programmanalyse, 15 Prozent für die Programmierung, 28 Prozent für den Test und 9 Prozent für die Dokumentation.
- Die Wartungskosten je geänderte Programmzeile sind bei kleinen Änderungen am höchsten, da Kosten und Zeit für Programmanalyse und Test pro Wartungsauftrag nicht von der Anzahl der zu ändernden Programmzeilen abhängen. Bei der *US Air Force* kostet die Änderung einer einzelnen Quellcodezeile zwischen 2.500 und 3.000 Dollar (1990).

4.2 Konzepte und ihre Terminologie

Software-Altsysteme *(legacy systems)* bilden den Ausgangspunkt für vielfältige Verbesserungsmaßnahmen. In Abhängigkeit von der Art der Maßnahmen haben sich unterschiedliche Begriffe eingebürgert, die in Abb. 4.2-1 dargestellt sind.

- ***Forward Engineering***, d.h. Vorwärts-Entwicklung, stellt den normalen Entwicklungsablauf bei der Neuentwicklung von Software-Systemen dar. Ausgehend von den spezifizierten Produktanforderungen wird ein Produktentwurf mit einer Architektur erstellt, auf deren Grundlage anschließend die Implementierung des Produkts erfolgt (rechte Seite der Abb. 4.2-1).
- ***Reverse Engineering***, d.h. Rückwärts-Entwicklung bzw. umgekehrte Entwicklung, stammt ursprünglich aus dem Bereich der Analyse von Hardware-Systemen. Dabei wird versucht, aus einem fertigen Produkt, z.B. einem Prozessor oder einem Schaltkreis, die Produktspezifikation abzuleiten. Bei Software-Systemen bedeutet *Reverse*

Reverse Engineering

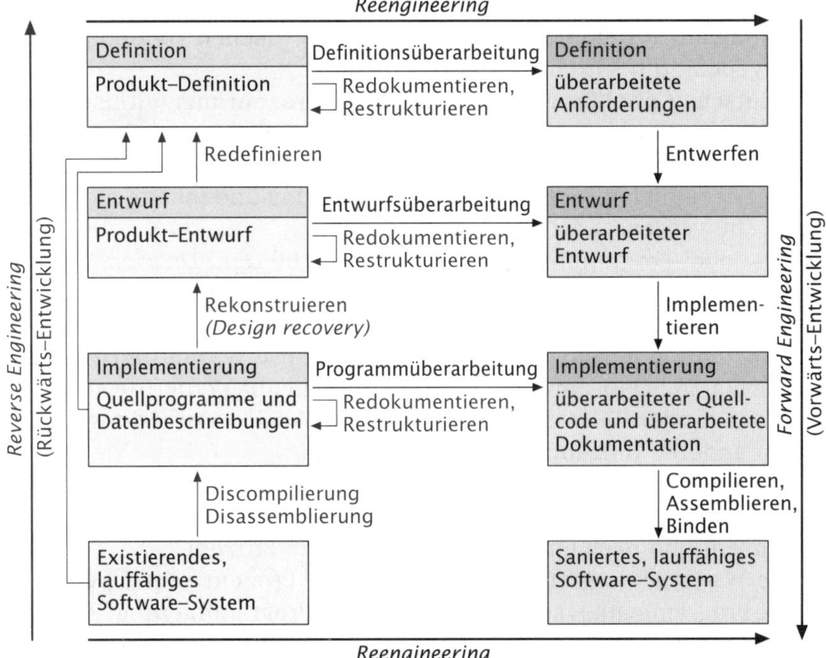

Abb. 4.2-1: Zur Terminologie der Software-Sanierung

Engineering die manuelle und/oder werkzeuggestützte Analyse des lauffähigen Systems oder des Quellcodes (unter Umständen nach einer Decompilierung bzw. Deassemblierung) zur Ableitung der Systembeschreibung auf höheren Abstraktionsebenen oder der Verbesserung von Systembeschreibungen auf der jeweils gleichen Abstraktionsebene.

- Rekonstruieren *(Design Recovery)* ist der Versuch, aus vorliegendem Quellcode, existierenden Entwurfsdokumenten (wenn verfügbar), persönlichen Erfahrungen und allgemeinem Wissen über die Anwendungsdomäne eine Systemarchitektur wiederzugewinnen. Die Rekonstruktion des Software-Entwurfs ist heute eine aufwendige, teure und kreative Tätigkeit. Durch ausschließlich automatische Analyse des Quellcodes läßt sich die Software-Architektur nicht ermitteln.
- Redefinieren ist der Versuch, aus dem unter Umständen rekonstruierten Entwurf und/oder dem Quellcode und/oder dem laufenden System eine Produkt-Definition wiederzugewinnen. Diese Aufgabe ist in der Regel einfacher zu erledigen als eine Rekonstruktion, da das *»black box«*-Verhalten des Systems zu redefinieren ist, während beim Rekonstruieren das System als *»white box«* zu beschreiben ist. In der Literatur wird Redefinieren oft unter Rekonstruieren subsumiert, was aber von den Aufgaben her nicht gerechtfertigt ist.

- ☐ Redokumentieren *(Redocumentation)* ist die Erstellung oder Revision einer semantisch äquivalenten Repräsentation innerhalb desselben Abstraktionsniveaus. Die neuen Dokumente enthalten in der Regel alternative Sichten, die dem Entwickler helfen, das System besser zu verstehen. Die Redokumentation ist die einfachste und älteste Form des *Reverse Engineering.*

Beispiele

- Um die Verschachtelung der Kontrollstrukturen besser zu überblicken, wird mit Hilfe eines Struktogramm-Generators von einem Quellprogramm ein Struktogramm erzeugt.
- Die Programmdokumentation wird um mit einem Werkzeug gemessene Metrikwerte ergänzt.

- ☐ Restrukturieren *(restructuring)* ist die Transformation von einer Darstellungsform in eine andere auf demselben relativen Abstraktionsniveau, wobei das externe Verhalten des Systems (Funktionalität und Semantik) erhalten bleibt.

Beispiele

- Ein unstrukturiertes Programm mit Sprunganweisungen wird in ein strukturiertes Programm ohne Sprunganweisungen transformiert.
- Ein nichtnormalisiertes Datenbankschema wird in ein normalisiertes Datenbankschema transformiert, das die ersten drei Normalformen erfüllt.

Restrukturierung ist oft eine Form der perfektionierenden Wartung (Abb. 4.1-1), um den physikalischen Zustand des Altsystems bezogen auf bevorzugte Standards zu verbessern. Oft umfaßt die Restrukturierung auch die Anpassung des Altsystems an neue Umgebungsbedingungen, die keine Veränderungen auf höheren Abstraktionsniveaus zur Folge haben.

Hauptaufgabe

Hauptaufgabe des *Reverse Engineering* ist es, die Dokumente, die man heute bei einer Neuentwicklung als Standard erstellt, bei einem Altsystem nachträglich wiederzugewinnen, wenn sie verloren gegangen bzw. unvollständig sind, oder auf der Grundlage vorhandener Informationen neu zu erstellen. Ziel dieser Aktivitäten ist es, das Verständnis des Altsystems und damit auch seine Qualität zu verbessern, um die Wartung zu erleichtern und die Weiterentwicklung und Wiederverwendung in anderen Systemen zu ermöglichen. Durch das *Reverse Engineering* wird das Altsystem in seiner Funktionalität und Semantik selbst nicht verändert. Die Ergebnisse des *Reverse Engineering* bilden in der Regel die Voraussetzung für ein anschließendes *Reengineering.*

Reengineering

- ■ ***Reengineering***, auch Renovierung *(Renovation)* oder *Reclamation* genannt, umfaßt alle Aktivitäten zur Änderung von Software-Altsystemen, um sie in einer neuen Form wieder implementieren zu können. Neue Form bedeutet, daß bestimmte Qualitätsmerkmale und Standards eingehalten, neue funktionale und nichtfunktionale

Anforderungen ergänzt und gegebenenfalls auf eine neue Hardware- und/oder Systemplattform gewechselt wird. *Reengineering* kann auf einer oder mehreren Ebenen stattfinden.

□ Programmüberarbeitung dient dazu, die Quellprogramme so zu überarbeiten, daß sie der neuen Form entsprechen.

Beispiele

- Aus einem Programm werden alle Ein-/Ausgabeanweisungen entfernt, und es wird so umstrukturiert, daß es ereignisgesteuert seine Aufgaben erledigt und den Informationsaustausch über Parameterlisten erledigt.
- Ein Programm wird von Pascal auf C++ umgestellt und um Ausnahmeanweisungen ergänzt.

□ Entwurfsüberarbeitung dient dazu, die Architektur des Altsystems an die neue Form anzupassen.

Beispiele

- Die »*mainframe*«-Architektur wird in eine *Client/Server*-Architektur geändert.
- Die Zugriffsschicht auf eine relationale Datenbank wird in eine Zugriffsschicht für den Zugriff auf eine objektorientierte Datenbank transformiert.
- Die Benutzungsoberfläche wird von *Windows* auf HTML und Java umgestellt.

□ Definitionsüberarbeitung dient dazu, die Produkt-Definition des Altsystems an die neue Form anzupassen.

Beispiel

- Das *Entity Relationship*-Modell wird in ein OOA-Modell transformiert und um Operationen ergänzt.

Kapitel 3.2

Ein Ziel des *Reengineering* kann auch darin bestehen, Komponenten des Altsystems für neue und/oder andere Systeme wiederverwendbar zu machen. Aus einer ungeplanten Wiederverwendung wird dann eine geplante Wiederverwendbarkeit hergestellt. Im Anschluß an ein *Reengineering* sind oft noch *Forward Engineering*-Aktivitäten durchzuführen.

Sanierung

Sanieren = gesund werden, wirtschaftlich wieder leistungsfähig werden, zeitgemäße Verhältnisse schaffen

- **Sanierung** eines Altsystems umfaßt alle notwendigen *Reverse Engineering*-, *Reengineering*- und *Forward Engineering*-Maßnahmen, um ein saniertes, lauffähiges System zu erhalten, das definierte neue Ziele erfüllt. Der Begriff Sanierung wird hier als Oberbegriff verwendet. In der Literatur wird er von einigen Autoren mit *Reengineering* gleichgesetzt. Insgesamt sind die Konzepte in der Literatur noch unterschiedlich definiert und gegenseitig abgegrenzt. Die Terminologie wird u.a. in folgender Literatur behandelt: /Sneed 92a/, /Chikofsky, Cross 90/, /Arnold 92/, /Yu 91/, /Löwe 95/, /Biggerstaff 89/, /Stahlknecht, Drasdo 95/.

4.3 Technik

Um die verschiedenen Konzepte der Sanierung zu realisieren, hat die Software-Technik verschiedene Verfahren entwickelt, die sich in folgende Kategorien gliedern lassen:

Kategorien

- Verpacken *(wrapping)* von Altsystemen,
- Verstehen von Altsystemen und
- Verbessern von Altsystemen.

Oft ist eine klare Zuordnung der Verfahren zum *Reverse Engineering* und *Reengineering* nicht möglich, da die Verfahren oft beide Bereiche abdecken. Das Verpacken und Verbessern von Altsystemen wird in den nächsten beiden Abschnitten genauer behandelt.

Verbessern von Altsystemen

Hat man mit Hilfe des *Reverse Engineering* ein ausreichendes Verständnis und eine angemessene Dokumentation der jeweiligen Abstraktionsebene erreicht, dann kann auf dieser Grundlage das Altsystem verbessert werden.

Die Art und Weise der notwendigen Überarbeitungen und der einzusetzenden Methoden hängt sehr stark von den Sanierungszielen ab.

Abschnitt II 5.6.9

Ein Beispiel für eine Migrationsstrategie, um von einem Altsystem zu einem objektorientierten System zu gelangen, ist in Abschnitt II 5.6.9 angegeben.

Soll dagegen ein Altsystem nur in eine neue Programmiersprache konvertiert werden, ohne daß sich die Systemarchitektur ändert, dann genügt es, die Programme in die neue Sprache zu transformieren.

4.3.1 Verpacken von Altsystemen

Im Rahmen der zunehmenden objektorientierten Software-Entwicklung ist in den letzten Jahren das Verfahren des Verpackens *(wrapping)* bzw. Verkapselns von Altsoftware entstanden.

Sanierung, Migration

Dieses Verfahren ist sowohl für die Sanierung von Altsoftware als auch zum Migrieren in die objektorientierte Welt geeignet.

Grundidee

Die Grundidee besteht darin, die Altsoftware insgesamt, Teilsysteme oder Teilkomponenten davon durch eine Software-Schicht nach außen hin so zu verpacken, daß eine objektorientierte Benutzung möglich ist. Der Anwender merkt nicht, daß sich hinter der »Verpackung« ein Altsystem befindet. In Abhängigkeit vom Zustand des Altsystems und der gewünschten Nutzung sind Sanierungsmaßnahmen notwendig, um einen **Verpacker *(wrapper)*** zu realisieren.

Im Rahmen einer Migrationsstrategie können Altsysteme oder Teile davon zunächst verpackt werden, um sie dann nach und nach durch Neuimplementierungen zu ersetzen, ohne daß das aufrufende System diese Änderung bemerkt.

In Abb. 4.3-1 wird die grundsätzliche Technik des Verpackens vorgestellt.

Abb. 4.3-1: Verpacken von Altsoftware (wrapping)

Um Altsoftware von objektorientierten Systemen aus aufrufen zu können, wird sie mit einer objektorientierten Zugriffsschicht umgeben. Die Art der Verpackung hängt vom Anwendungszweck ab. Es lassen sich mehrere Verpackungsarten unterscheiden.

- Ein **objektorientierter Verpacker** *(object-oriented wrapper)* ist ein Objekt, das eine Altsoftware verkapselt und die funktionale Schnittstelle in eine objektorientierte Schnittstelle transformiert.

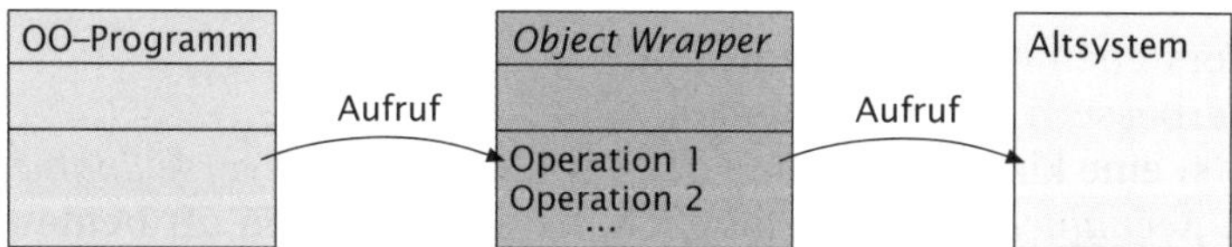

Der Verpacker wird als Klasse realisiert. Andere Programme können das Altsystem benutzen, indem sie ein Objekt der Verpacker-Klasse erzeugen. Die funktionale Schnittstelle und die Datenstrukturen des Altsystems werden vor den aufrufenden Programmen verborgen. Die Verpacker-Klasse dient als Transformator bzw. Übersetzer sowohl für die Botschaften als auch für die Datenstrukturen.

- □ Einsatzbereich: Das Altsystem ist *Server* in einer *Client/Server*-Umgebung.
- □ Beispiel: Ein objektorientiertes GUI-Programm ruft als *Client* das Altsystem auf, das als *Server* dient.

- Ein **prozeduraler Verpacker** *(procedural wrapper)* ermöglicht es einem in Cobol geschriebenen Altsystem ein objektorientiertes Programm anzuwenden. Dazu wird vom Altsystem der passende *entry point* im prozeduralen Verpacker aufgerufen. Die Aufruf-Schnittstelle und die Datenstrukturen der objektorientierten Anwendung werden vor dem Altsystem verborgen. Das Altsystem sieht eine funktionale Schnittstelle, die aussieht wie ein anderes Unterprogramm im System.

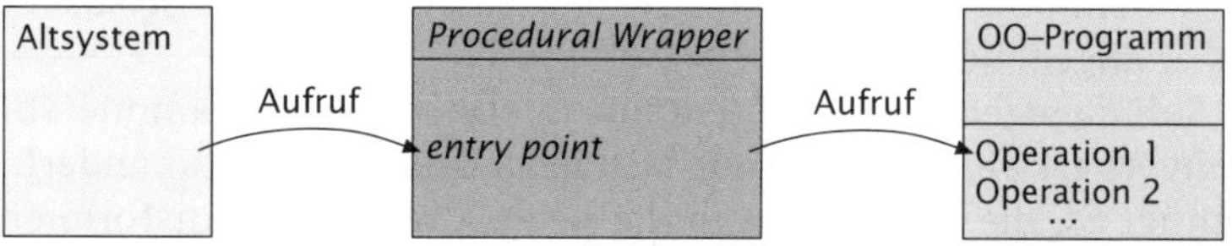

- □ Einsatzbereich: Das Altsystem muß das Hauptprogramm oder der *Client* bleiben, vorhandene Funktionen müssen aber geändert oder neue Funktionen müssen dazugefügt werden. Diese Funktionen sind Unterprogramme oder *Server* für das Altsystem. Die Funktionen können oft als Klassen modelliert werden.

Für umfangreiche Anwendungen kann ein kombinierter Verpacker eingesetzt werden. In /Flint 97/ werden konkrete Programmbeispiele für diese Verpackungsarten angegeben, wenn das Altsystem in Cobol implementiert ist. Die hier beschriebenen *wrapper* führen nur zu minimalen Änderungen des Altsystems.
Der Einsatz von Verpackern, führt zu folgenden Vorteilen:

- ⊞ Minimale Änderung des Codes der Altsystems.
- ⊞ Neue Teile können objektorientiert geschrieben werden.
- ⊞ Objektorientierte Programme können von einer beliebigen Anzahl von Altsystemen wiederverwendet werden.
- ⊞ Altsysteme finden ihren Weg in neue Anwendungen.

Quelle: /Flint 97/

Konventionelle Altsysteme lassen sich auf sechs verschiedenen Ebenen verpacken /Mattison 94/, /Sneed 96/:

Verpackungsebenen

- Prozeßebene,
- Transaktionsebene,
- Programmebene,
- Modulebene,
- Prozedurebene und
- Dateiebene.

Auf der Prozeßebene wird ein Stapelprogramm auf dem Großcomputer gestartet, nachdem die Bewegungsdateien für die Eingabe bereitgestellt wurden. Das Ergebnis sind eine oder mehrere Ausgabedateien.

Auf der Transaktionsebene wird eine *Online*-CICS- oder IMS-Transaktion angestoßen. Die dafür benötigten Eingabemasken und gelieferten Ausgabemasken werden durch entsprechende Datenströme ersetzt.

CICS = *Customer Information and Control System*
IMS = *Information Management System*

Auf der Programmebene wird ein einzelnes Stapel- oder *Online*-Programm gestartet, und seine Eingabedaten werden bereitgestellt. Die Ausgabedaten werden abgefangen und an das nutzende Programm weitergeleitet.

Auf der Modulebene wird das Unterprogramm mit den benötigten Eingabeparametern aufgerufen.

Auf der Prozedurebene wird eine abgeschlossene interne Prozedur innerhalb eines Moduls des Altsystems aufgerufen, nachdem seine globalen Daten versorgt wurden.

Auf der Dateiebene wird über eine spezielle Zugriffsschicht auf eine Datei bzw. eine Datenbank des Altsystems zugegriffen.

Für jede Ebene der Verpackung gibt es eine andere Implementierungsmethode (siehe z.B. /Sneed 96/).

Verteilte Anwendungen

Werden neue Software-Anwendungen in einem Unternehmen als verteilte objektorientierte Systeme, z.B. als *Client/Server*-Architekturen, angelegt, dann können Altsysteme geeignet integriert und nach und nach abgelöst werden. In Abb. 4.3-2 wird eine Migrationsstrategie dargestellt, bei der Altsysteme schrittweise durch neue Komponenten ersetzt werden.

Kapitel I 3.7

4.3.2 Verstehen von Altsystemen

Voraussetzung für ein *Reengineering* ist in der Regel ein Verstehen des Altsystems. Verstehen setzt wiederum voraus, nicht vorhandenes oder bruchstückhaftes Wissen über dieses Altsystem zu gewinnen, zu bewahren oder zu erweitern.
Prinzipiell gibt es drei Möglichkeiten:

- Verstehen des Altsystems als *black box.*
- Verstehen des Altsystems als *white box.*
- Mischformen der ersten beiden Möglichkeiten.

black box - Verstehen

Nach meinen eigenen Erfahrungen ist die erste Möglichkeit in vielen Fällen ausreichend, um in kurzer Zeit mit relativ geringem Aufwand ein OOA-Modell eines Altsystems zu erstellen. Die Methode ist in Abb. 4.3-3 dargestellt. Nur bei fehlenden Informationen ist auf bestimmte »innere« Teile des Altsystems zurückzugreifen.

white box - Verstehen

Redokumentation

Restrukturierung

Viele Anstrengungen werden heute unternommen, um das »innere« Verhalten eines Altsystems zu verstehen. In Abb. 4.3-4 sind die Verfahren zur Redokumentation und Restrukturierung auf Implementierungsebene zusammengestellt. In Abhängigkeit von den vorhan-

Abb. 4.3-2: Migration durch Verpacken und schrittweises Ablösen des Altsystems

Nach Erstellung eines OOA-Modells unter Berücksichtigung fachlicher Konzepte des Altsystems werden Subsysteme identifiziert und als sogenannte Geschäftsobjekte *(business objects)* zusammengefaßt. Ein Geschäftsobjekt beschreibt jeweils einen zentralen Anwendungsbereich eines Unternehmens. Geschäftsobjekte sind vollständige Systemkomponenten, die neben der Verarbeitungslogik auch die Präsentation und die Datenhaltung beinhalten. Die Funktionalität wird für den Anwender durch eine Schnittstelle zur Verfügung gestellt. Geschäftsobjekte kommunizieren z.B. über einen *Object Request Broker* (ORB) nach dem CORBA-Standard.

- Bei der Neuentwicklung einer verteilten Anwendung werden die Geschäftsobjekte nicht implementiert, sondern es werden nur ihre Schnittstellen beschrieben, z.B. mit der *Interface Definition Language* (IDL). In den fast leeren Geschäftsobjekten erfolgt nur der Aufruf der entsprechenden Komponenten des Altsystems.

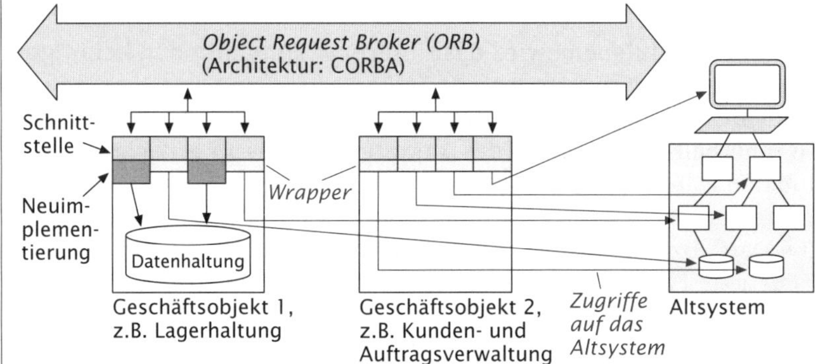

- Auf das Altsystem kann an drei Stellen zugegriffen werden:
  - Aufruf einzelner Funktionen (Problem: Altsystem ist modular aufgebaut)
  - Simulation von Benutzerein-/ausgaben über die Bildschirmschnittstelle (Problem: ungeeignet für die Übertragung großer Datenmengen)
  - Zugriff auf die Datenbanktabellen (Problem: Die Funktionalität für die Operation auf den Daten muß neu implementiert werden)
- Laufen die verteilten Anwendungen unter Verwendung der verpackten Altsystem-Teile, dann können schrittweise die Geschäftsobjekte neu implementiert werden und der Zugriff auf das Altsystem kann abgeschaltet werden. Ist sichergestellt, daß die Altanwendung aus keinem Geschäftsobjekt mehr aufgerufen wird, dann kann sie ganz »entsorgt« werden.

Quellen: /Taylor 93/, /Hoffmann, Scharf 96/, /Sneed 96/

denen Dokumenten kann auch auf der Entwurfs- und Definitionsebene eine Redokumentation und Restrukturierung vorgenommen werden, insbesondere wenn neue CASE-Systeme zur Verfügung stehen. (Hauptkapitel 2)

Beispiele

- Ein vorliegendes *Entity Relationsship*-Diagramm wird in ein OOA-Diagramm transformiert, um eine bessere Vergleichbarkeit mit Neuentwicklungen zu haben. (Kapitel I 2.10 und 2.18)
- Ein vorliegender Modulentwurf wird in ein Schichtenmodell transformiert, um die Verständlichkeit zu verbessern und die Abhängigkeiten zu verdeutlichen. (Kapitel I 3.9)

Rekonstruktion Redefinition

Schwieriger als das Verständnis auf der jeweils gleichen Ebene zu verbessern ist es, vom Verständnis einer Ebene das Verständnis einer höheren Ebene zu erreichen, wenn dort entsprechende Dokumente fehlen bzw. niemals erstellt wurden.

Ziel ist es, von einem dialogorientierten Altsystem ein OOA-Modell zu erstellen, das das fachliche Konzept des Altsystems widerspiegelt.

■ *Reverse Engineering*

1 Anhand des Benutzerhandbuches und/oder der Bedienungsoberfläche des laufenden Altsystems werden Klassen mit Attributen und Operationen identifiziert.

2 Anhand der Dialogführung (beschrieben im Benutzerhandbuch oder verfolgt am laufenden System) werden die Assoziationen zwischen den im Schritt 1 identifizierten Klassen ermittelt.

3 Je nach Bedarf können bei fehlenden Attributspezifikationen und Unklarheiten bei den Assoziationen anhand von Datenbanktabellen (als Dokumente oder durch Zugriff auf die Datenbank oder Dateien des Altsystems) zusätzliche Informationen gewonnen werden *(white box*-Anteil).

4 Enthalten identifizierte Operationen vermutlich komplexe algorithmische Anteile, dann sollte der entsprechende Programmausschnitt im Altsystem lokalisiert und als Pseudocode auf OOA-Ebene dokumentiert werden *(white box*-Anteil).

5 Das entstandene OOA-Modell ist entsprechend den OOA-Qualitätskriterien zu überarbeiten. Insbesondere sind Vererbungsstrukturen zu identifizieren. Anschließend ist das Modell anhand des laufenden Altsystems zu überprüfen und eventuell zu korrigieren.

■ *Reengineering*

6 Das entstandene OOA-Modell ist zu verbessern und Restriktionen des Altsystems sind zu beseitigen. Notwendige Umstrukturierungen sind vorzunehmen. Beispiele: Erfahrungen haben gezeigt, daß Altsysteme oft Restriktionen bei den Kardinalitäten besitzen, z.B. eine Obergrenze von 3, die fachlich nicht gerechtfertigt ist und oft durch die veraltete Implementierungstechnik verursacht wurde. Durch eine fehlende Modellierung der Altsysteme ergeben sich manchmal unnötige Assoziationen, die z.B. durch Ergänzung einer Koordinationsklasse reduziert werden können.

7 Das OOA-Modell wird entsprechend neuen Anforderungen erweitert, ergänzt und modifiziert.

■ *Forward Engineering*

8 Ausgehend vom OOA-Modell wird ein neues System entwickelt.

Vorteile dieser Methodik:

+ Ausgehend vom ermittelten, erweiterten und geänderten OOA-Modell hat man für die Neuentwicklung keine Restriktionen.
+ Irrelevante Informationen über die Interna des Altsystems werden nicht erhoben.
+ Generative Verfahren erlauben es, aus einem OOA-Modell schnell eine neue Anwendung zu erzeugen.

Abb. 4.3-3: Verstehen eines Altsystems als black box

Abschnitt I 2.18.5

Redefinition des Datenmodells

Eine Reihe von Vorschlägen gibt es, um aus einer Datei- bzw. Datenbankstruktur zu einem *Entity Relationship*-Modell zu gelangen (Abb. 4.3-5).

Rekonstruktion der Systemstruktur

Abschnitt I 3.8.2

Abschnitt I 3.8.4

Ist das Altsystem in einer prozeduralen Programmiersprache implementiert, dann kann durch die Analyse der Aufrufbeziehungen ein Strukturdiagramm *(structure chart)* erstellt werden. Auf der Grundlage von Strukturdiagrammen kann versucht werden, Datenfluß-diagramme (DFDs) im Sinne der strukturierten Analyse (SA) abzuleiten (siehe /Stahlknecht, Drasdo 95, S. 167 f./). Strukturdiagramme und Datenflußdiagramme lassen sich zwar automatisch erstellen, die Verständlichkeit muß aber durch manuelles Hinzufügen zusätzlicher Informationen nachträglich erhöht werden. Es ist immer zu beachten, daß aus einem Programm, das ohne Entwurfskonzept erstellt

Abb. 4.3-4: ***Redokumentation und Restrukturierung von Programmen***

■ **Redokumentation**

□ Statische Analyse

Durch statische Analysen werden der Aufbau und die Struktur eines Quellprogramms untersucht. Folgende Analysearten werden unterschieden:

△ **Lexikalische Analyse:** Ermittlung der im Quellprogramm enthaltenen Sprachelemente, z.B. Anzahl und Schachtelungstiefe von Verzweigungen und Schleifen.

△ **Syntaktische Analyse:** Prüfung der grammatikalischen Struktur des Quellprogramms, z.B. durch einen statischen Analysator.

△ **Semantische Analyse:** Ermittlung von Aussagen über die Bedeutung der einzelnen Sprachelemente, z.B. Typverträglichkeit von Operanden und Operationen.

Kapitel III 5.12

△ **Datenflußanalyse:** Aufdeckung von Datenflußanomalien.

△ **Strukturanalyse:** Aufdeckung von Strukturanomalien, z.B. Entdeckung von »totem Code«, unerlaubte Schleifenkonstruktionen.

△ **Wirkungsanalyse** *(impact analysis):* Auswirkungen von Änderungen eines Programmteils auf andere Komponenten.

△ **Querverweis-Analyse** *(cross reference analysis):* Erstellung von Verwendungnachweisen für die einzelnen Programmelemente.

Kapitel III 5.4

□ Dynamische Analyse

Untersuchung des Programmverhaltens zur Laufzeit.

□ Komplexitätsanalyse

Kapitel III 5.11

Mit Hilfe von Metriken werden Maßzahlen zu statischen Eigenschaften der Programme berechnet, z.B. Komplexität, Verständlichkeit, Wartbarkeit eines Programms. Die Maße dienen als Indikatoren für die Sanierungsbedürftigkeit.

■ **Restrukturierung**

□ Reformatierung

Das Layout des Quellprogramms wird optisch aufbereitet *(pretty printing).* Als Nebeneffekt ergibt sich eine Standardisierung des Druckbildes, das eine Einarbeitung in das Programm für fremde Personen erleichtert.

□ Code-Restrukturierung

Kapitel I 2.13

Transformation eines unstrukturierten Programms in ein Programm, das nur lineare Kontrollstrukturen enthält (Entfernung von Sprüngen).

Die Code-Restrukturierung ist umstritten. Es gibt Praxisberichte, die über schnellere und fehlerfreiere Wartung von restrukturierten Programmen berichten. Eine vollautomatische Restrukturierung besitzt aber folgende Probleme:

- Die Kommentare des Originalprogramms werden unsinnig oder bedeutungslos.
- Durch das Einfügen neuer Variablen und das Duplizieren von Codeteilen wird das Programm vergrößert.
- Es besteht die Gefahr, daß unbekannte und bedeutungslose Namen eingefügt werden.
- War der Wartungsprogrammierer mit dem unstrukturierten Programm vertraut, dann kann das restrukturierte Programm zu Verständnisproblemen führen.

□ Modularisierung

Ein vorhandenes monolithisches Programm wird in mehrere Teile (Module) zerlegt. Der Nutzen ist wie bei der Code-Restrukturierung umstritten.

□ Datenstandardisierung (Datenrestrukturierung)

Homonym = gleicher Name, der für verschiedene Zwecke verwendet wird; Synonym = unterschiedlicher Name, der für denselben Zweck eingesetzt wird

Standardisierung der Datei-, Feld- und Variablennamen, z.B. Identifizierung von Homonymen und Synonymen sowie Namensänderungen, um Namenskonventionen einzuhalten.

Quelle: /Stahlknecht, Drasdo 95/

wurde, nicht automatisch ein wohlstrukturierter Entwurf abgeleitet werden kann.

wissensbasierte Techniken

Um das Verstehen von Altsystemen zu verbessern, werden auch wissensbasierte Techniken eingesetzt. Beispielsweise ist es möglich durch eine Funktionsanalyse und eine semantische Analyse von Programmen den zugrundeliegenden Algorithmus zu ermitteln, z.B. *Bubble Sort* (siehe z.B. /Harandi, Ning 90/, /Bergmann 90/).

Kapitel I 2.15

Ziel

Aus dem Quellprogramm, den Datenbeschreibungen (z.B. in DDL) und dem Zugriff auf die relationale Datenbank des Altsystems ein logisches Schema und anschließend ein konzeptionelles Schema (in Form eines ER- oder OOA-Modells) abzuleiten.

Probleme

- Beim *Forward Engineering* gehen bei jedem Transformationsschritt vom konzeptionellen Schema über das logische Schema bis zum Implementierungsschema Informationen verloren. Diese Informationen müssen bei einem inversen Schritt manuell hinzugefügt werden.
- Vielfach wurden technisch veraltete Dateisysteme auf relationale Datenbanken portiert, ohne eine Rekonstruktion vorzunehmen.
- Das Implementierungsschema besitzt oft ausgeprägte Datenredundanzen, um Leistungsanforderungen einzuhalten, d.h. es kann nicht von normalisierten Datenstrukturen ausgegangen werden.
- Namenskonventionen bezogen auf Tabellen, Attribute, Primärschlüssel usw. wurden nicht eingehalten, speziell bei Fremdschlüssel-Primärschlüssel-Referenzen. Es wurden Homonyme und Synonyme verwendet.

Kapitel I 3.5, I 2.10

Redefinitions-Methode

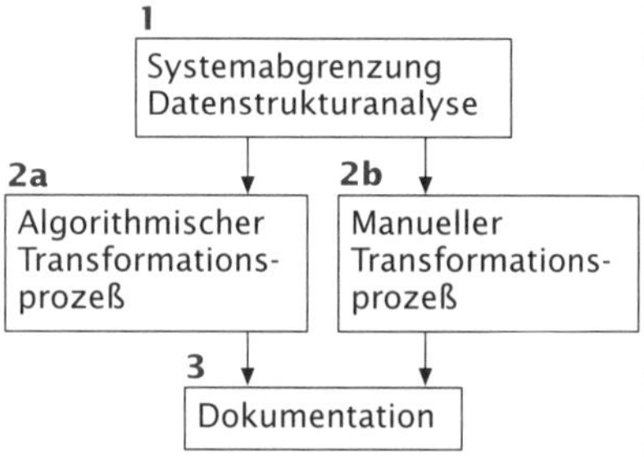

1 Systemabgrenzung Datenstrukturanalyse
2a Algorithmischer Transformationsprozeß
2b Manueller Transformationsprozeß
3 Dokumentation

1 Nach einer **Systemabgrenzung**, (Welche Module des Systems sollen in die Analyse einbezogen werden?) erfolgt eine **Datenstrukturanalyse**. Dazu wird eine Datenstrukturtabelle erstellt, die zu jeder Relation deren textuelle Beschreibung, Attribute und Schlüssel enthält. Anhand dieser Tabelle werden folgende Fragen beantwortet:
  - Welche Relationen sind für das konzeptionelle Schema relevant?
  - Wie ist der Normalisierungsgrad der Relation?

2a Liegen normalisierte Relationen (mindestens dritte Normalform) vor, oder läßt sich das Schema entsprechend normalisieren, dann kann eine **algorithmische Transformation** durchgeführt werden. Dazu eignet sich z.B. das Verfahren von /Chia, Barron, Storey 94/.

Kapitel I 3.5.5

2b Sind keine normalisierten Relationen vorhanden, dann erfolgt eine manuelle Transformation, die auf einer syntaktischen Analyse der Relationen beruhen:
Regel 1: Jede Relation, die durch ein Attribut als Schlüsselattribut eindeutig identifiziert wird, wird zu einer Entitätsmenge.
Regel 2: Jede Relation, deren zusammengesetztes Schlüsselattribut aus Schlüsselattributen von Entitätsmengen besteht, wird als Assoziation zwischen den entsprechenden Entitätsmengen eingetragen.
Es entstehen Teildiagramme, die in ein Gesamtdiagramm integriert werden.

3 Die Ergebnisse der Schritte 1 und 2 werden zusammengefaßt. Wird ein ER-Modell erstellt, dann besteht das konzeptionelle Schema aus folgenden Elementen: ER-Diagramm, Attributlisten einschließlich Typ und verbale Beschreibungen.

Quellen: / Sauter 95/, /Stahlknecht, Drasdo 95/

Abb. 4.3-5: Redefinition des Datenmodells relationaler Datenbanken

4.4 Kosten/Nutzen der Sanierung

Die Kosten/Nutzenbetrachtung bei der Sanierung von Altsystemen muß immer bezogen werden auf die verschiedenen Möglichkeiten. In der Regel stehen folgende Möglichkeiten zur Auswahl:

Vier Möglichkeiten

- Weiterführung der korrektiven und adaptiven Wartung (siehe Abb. 4.1-1),
- Sanierung,

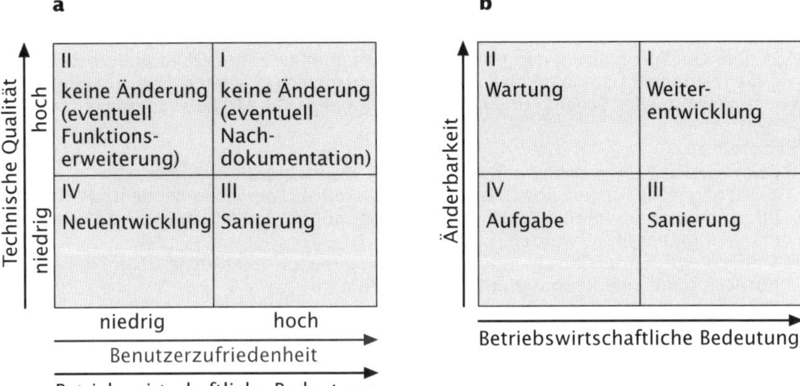

*Abb. 4.4-1: Portfolio-Analyse der Altsysteme (**a** in Anlehnung an /Sneed 92a, 95/, **b** nach /Jacobson, Lindström 91/)*

- Neuentwicklung,
- Einsatz einer Standardsoftware.

Einen ersten Anhaltspunkt für eine mögliche Sanierung gibt eine Portfolio-Analyse (Abb. 4.4-1). Sie ist eine Methode zur Entscheidungsfindung und soll hier helfen, die Altsysteme auszuwählen, die am meisten sanierungsbedürftig sind. Alle Altsysteme werden nach zwei Kategorien bewertet,

- der technischen Qualität und
- der Benutzerzufriedenheit /Sneed 92a/ oder der betriebswirtschaftlichen Bedeutung /Sneed 95/.

Für die Messung der betriebswirtschaftlichen Bedeutung eines Altsystems oder Teilen eines Altsystems schlägt /Sneed 95/ folgende Kriterien vor:

- Marktwert,
- Wertschöpfung und
- Informationsbeitrag.

Altsysteme, die sich im Quadranten II befinden, haben einen relativ hohen technischen Stand, aber eine geringe wirtschaftliche Bedeutung bzw. eine geringe Benutzerzufriedenheit. Sie werden so gelassen wie sie sind, eventuell kommt eine Funktionserweiterung in Betracht *(Reengineering)*.

Altsysteme im Quadranten IV haben einen niedrigen technischen Stand und eine geringe wirtschaftliche Bedeutung bzw. eine geringe Benutzerzufriedenheit. Sie sollten im Laufe der Zeit abgelöst werden.

Altsysteme im Quadranten I haben eine gute technische Qualität und sind von hoher Bedeutung für das Unternehmen bzw. die Benutzer sind mit dem System zufrieden. Diese Systeme kommen höchstens für eine Nachdokumentation bzw. ein *Reverse Engineering* in Betracht.

Die Altsysteme im Quadranten III kommen für eine Sanierung in Frage. Sie sind von hoher betriebswirtschaftlicher Bedeutung bzw.

die Benutzer sind mit ihnen zufrieden, sie haben jedoch eine schlechte technische Qualität. Deshalb verursachen sie zu hohe Kosten. Daher muß es das Ziel sein, diese Altsysteme auf einen höheren technischen Stand zu bringen, um ihren Wert zu bewahren und gleichzeitig ihre Kosten zu senken.

/Jacobson, Lindström 91/ verwenden für die Portfolio-Analyse die Parameter »Änderbarkeit des Altsystems« und »Betriebswirtschaftliche Bedeutung«. Die Konsequenzen entsprechend der Einordnung zeigt Abb. 4.4-1b.

Steht der Bedarf für eine Sanierung fest, müssen als nächstes die Kosten ermittelt werden, um eine Kosten/Nutzen-Analyse vornehmen zu können. Sind die Sanierungskosten zu hoch und ist das Risiko zu groß, dann scheidet die Sanierung als Möglichkeit aus.

Kosten/Nutzen-Analysen

In /Sneed 92a, S. 124 ff./ werden Kosten/Nutzen-Analysen von Sanierung und Neuentwicklung gegenübergestellt. Es werden drei Ursachen für eine Sanierung unterschieden:

- Das Altsystem ist technisch überholt und muß ersetzt werden.
- Das Altsystem hat schwerwiegende technische Mängel, die die Wartung erschweren und die Leistung beeinträchtigen.
- Das Altsystem sollte überarbeitet werden, um die Wartungskosten zu reduzieren und die technische Qualität zu verbessern.

Altsystem technisch überholt

Sind die Funktionen des technisch überholten Altsystems noch stabil, und ist nur die Implementierung nicht mehr haltbar, dann empfiehlt sich ein *Reengineering*. Sind jedoch die Funktionalität und/oder die Benutzungsoberfläche veraltet, dann wird eine Neuentwicklung sinnvoller sein, außer es fehlen die Kapazitäten für eine Neuentwicklung.

Die Entscheidungsfindung kann nach folgender Formel erfolgen:

$$\text{Sani-Nutzen} = (\text{Alt-Wert} - [\text{Sani-Kosten} * \text{Sani-Risiken}]) - (\text{Neu-Wert} - [\text{Entw-Kosten} * \text{Entw-Risiken}]) \quad 1$$

In dieser Formel wird der Wert einer neu entwickelten Software – abzüglich der Kosten und Risiken einer Neuentwicklung – dem Wert der bestehenden Software – abzüglich der Kosten und Risiken der Sanierung – gegenübergestellt.

Ist der erwartete Wert einer neuen Software relativ hoch im Verhältnis zu den Kosten und Risiken, dann wird Sani-Nutzen < 0, d.h. eine Sanierung ist nicht zu empfehlen. Das gleiche trifft zu, wenn der Wert des Altsystems relativ gering ist.

Gibt es keine wesentliche Funktionserweiterung zur bisherigen Funktionalität, dann wird die Sanierung zu einer wirtschaftlichen Alternative, da die Kosten und die Risiken einer Sanierung eindeutig niedriger als die einer Neuentwicklung sind.

Oft ist es nicht nötig, das gesamte Altsystem abzulösen. Dann kann die Nutzwertanalyse auf Teilsysteme bezogen werden.

Altsystem hat technische Mängel

Hat das Altsystem technische Mängel, dann gibt es drei Möglichkeiten:
- Neues System entwickeln,
- altes System sanieren,
- altes System weiter warten.

Der Nutzen einer Sanierung ergibt sich aus dem Unterschied zwischen den Wartungskosten des alten Systems, des sanierten Systems und des geplanten Systems:

Sani-Nutzen = (Alte-Wart-Kosten – Sani-Wart-Risiken) 2
+ (Alt-Wert – [Sani-Kosten * Sani-Risiken])
– (Neu-Wert – [Entw-Kosten * Entw-Risiken])

Ist der Unterschied zwischen den bestehenden Wartungskosten und den Wartungskosten für das sanierte System gering, oder sind die Sanierungskosten zu hoch, dann ist es wirtschaftlicher, beim alten System zu bleiben.

Lassen sich die Wartungskosten durch die Sanierung wesentlich verringern, und sind die Sanierungskosten relativ gering, dann ist es wirtschaftlicher, das System zu sanieren, vorausgesetzt, eine Neuentwicklung ist nicht noch wirtschaftlicher. Die Wirtschaftlichkeit einer Neuentwicklung hängt vom Mehrwert eines neuen Systems sowie von seinen Kosten und Risiken ab (Abb. 4.4-2).

Altsystem verursacht hohe Wartungskosten

Legen die hohen Wartungskosten und die technische Qualität des Altsystems eine Überarbeitung nahe, dann besteht kein akuter Handlungsbedarf. Die Lage ist nicht kritisch, aber ärgerlich. In dieser Si-

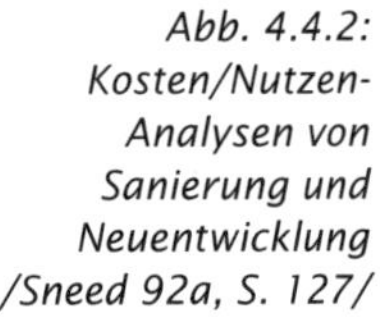
Abb. 4.4.2: Kosten/Nutzen-Analysen von Sanierung und Neuentwicklung /Sneed 92a, S. 127/

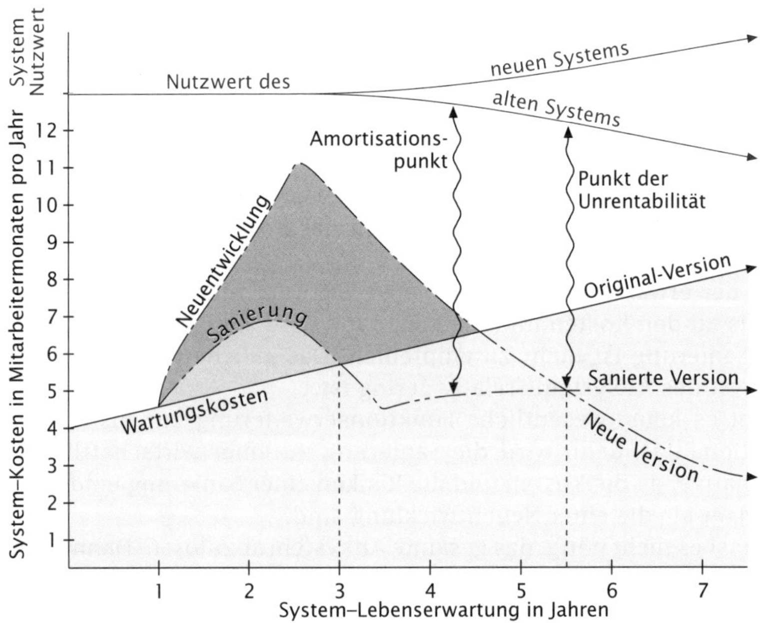

tuation gelten die Empfehlungen von /Figliolo 89/, der den Nutzen einer Sanierung folgendermaßen definiert:

Nutzen einer Sanierung

- Niedrigere Wartungskosten durch ersparten Aufwand pro Wartungsauftrag.
- Niedrigere Wartungskosten durch die Ablösung von höher qualifiziertem Personal durch jüngeres, weniger qualifiziertes Personal.
- Niedrigere Produktionskosten durch eine Reduzierung der Systemabbrüche.
- Niedrigere Produktionskosten durch Ersparnisse in der Ausbildung neuer Mitarbeiter.
- Niedrigere Verluste wegen *»missed opportunities«* durch Freisetzung gebundener Kapazitäten für neue Aufgaben.

Zusammengenommen ergeben diese Ersparnisse den Nutzen einer Software-Sanierung, falls das alte System weder veraltet noch technisch mangelhaft ist:

$$\text{Sani-Nutzen} = (\text{Jährliche Kostenersparnis durch Sanierung}) - (\text{Sani-Kosten} * \text{Sani-Risiken}) \qquad 3$$

Ist die jährliche Kostenersparnis höher als die Sanierungskosten, dann lohnt sich eine Sanierung, auch wenn kein akuter Handlungsbedarf besteht.

Risikofaktor

In den Formeln 1 bis 3 dient ein Risikofaktor dazu, die geschätzten Kosten zu gewichten. Der niedrigste Wert ist 1, der höchste 3, d.h. bei hohem Risiko können die Kosten maximal verdreifacht werden. Eine Untersuchung der Schweizerischen Bankgesellschaft (zitiert nach /Sneed 92a, S. 128 f./) kam zu folgenden Ergebnissen:

- Risiken: Das Risiko einer Neuentwicklung ist 2 bis 3 mal höher als das einer Sanierung unter der Voraussetzung, daß die Datenstrukturen unverändert bleiben.
- Kosten: Die Kosten einer Sanierung betragen normalerweise nur 1/4 der Kosten einer Neuentwicklung.
- Konversion: Die Sanierung ist immer dann eine günstige Alternative, wenn Funktionalität und Informationsstruktur der Software konstant bleiben. Dies trifft hauptsächlich auf Konversionen zu, bei denen Anwendungen von einer technischen Umgebung in eine andere übertragen werden.

Zeitpunkt

Wesentlich für den Erfolg einer Sanierung ist auch die Wahl des richtigen Zeitpunkts /Sneed 92b/. Eine günstige Gelegenheit liegt vor, wenn

- die Wartungsmitarbeiter ausscheiden oder versetzt werden,
- das System in eine andere technische Umgebung konvertiert wird,
- das System funktional überarbeitet wird.

Beispiele für Kosten einer Sanierung, für eine Sanierungsschätzung und für die Kosten von Konversionsprojekten sind in /Sneed 92b/ angegeben.

4.5 CARE-Werkzeuge

Hauptkapitel 2

Forward Engineering ist ohne CASE-Werkzeuge nicht möglich. Analog gilt für die Sanierung, insbesondere für das *Reverse Engineering*, daß Werkzeuge notwendig, aber nicht hinreichend sind.

CARE

Werkzeuge für das *Reverse Engineering* und das *Reengineering* werden oft als **CARE**-Werkzeuge *(**c**omputer **a**ided **r**everse **e**ngineering* bzw. ***r**e**e**ngineering)* bezeichnet. Wie eine moderne CARE-Umgebung aussehen kann, ist in Abb. 4.5-1 dargestellt.

Abb. 4.5-1: Beispiel einer CARE-Umgebung /Witschurke 95/

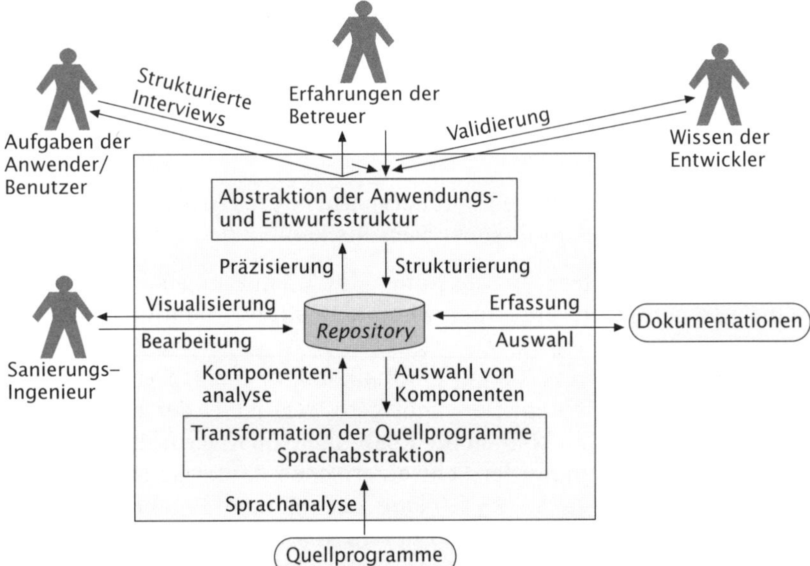

Mehrere Untersuchungen zu CARE /Stahlknecht, Drasdo 95/, /Lehner 95/, /Sneed 92b/ erlauben folgende Aussagen:

Aussagen

- CARE-Werkzeuge für die Reformatierung und Nachdokumentation sind sehr umfassend und hilfreich für die weitere Wartung.
- Der Nutzen von Werkzeugen zur Code-Restrukturierung und zur Modularisierung muß noch nachgewiesen werden.
- Eine vollautomatische Programmsanierung mit Rekonstruktion und Redefinition ist gegenwärtig nur eingeschränkt möglich. Automatisch erzeugte Ergebnisse müssen manuell vervollständigt werden.
- CARE-Werkzeuge müssen in eine CASE-Umgebung integriert oder an sie anbindbar sein.
- Mit der Unterstützung von CARE-Werkzeugen läßt sich die Lebenszeit von Altsystemen so verlängern, daß sie nicht vorzeitig »entsorgt« werden müssen.
- Durch den gezielten Einsatz von CARE-Werkzeugen kann der Wartungsaufwand um etwa 20 bis 25 Prozent verringert werden.

- Durch verbesserte CARE-Werkzeuge konnte die Anzahl der restrukturierten, redokumentierten und konvertierten Anweisungen pro Entwickler und pro Tag von 70 Anweisungen (1983) über 350 Anweisungen (1986) auf 2000 Anweisungen (1990) gesteigert werden (30fache Steigerung).
- Die Verbreitung und Anwendung von CARE-Werkzeugen entsprechen nicht ihrer Leistungsfähigkeit. Gründe für die Stagnation liegen in den relativ hohen Kosten, fehlenden Schnittstellen sowie einer Vorliebe für Neuentwicklung und Standardsoftware.
- Die Weiterentwicklung der Werkzeuge bezogen auf den Funktionsumfang und den Bedienungskomfort hält sich in Grenzen.
- Das Angebot für die Sprachen C und C++ steigt.

CARE *(computer aided reengineering* bzw. *reverse engineering)* Werkzeuge zur Unterstützung der →Sanierung.
Forward Engineering Vorgehensweise, um ein neues Software-System zu entwickeln.
legacy systems →Software-Altsysteme
Reengineering Alle Aktivitäten zur Änderung von →Software-Altsystemen, um sie entsprechend vorgegebenen Zielsetzungen zu überarbeiten. Vorausgehen muß in der Regel ein →*Reverse Engineering*.
Reverse Engineering Zum →*Forward Engineering* inverse Vorgehensweise, mit der versucht wird, ein →Software-Altsystem anhand des laufenden Systems und der vorhandenen Unterlagen zu verstehen. Fehlende Informationen, Dokumente und Modelle werden durch manuelle und/oder automatische Analysen (→CARE) abgeleitet. Das Altsystem wird in seiner Funktionalität und Semantik nicht verändert.
Sanierung Herstellung der wirtschaftlichen, fachlichen und/oder softwaretechnischen Leistungsfähigkeit eines →Software-Altsystems durch eine geeignete Kombination von →*Reverse Engineering*-, →*Reengineering*- und →*Forward Engineering*-Maßnahmen.
Software-Altsysteme Software-Systeme, die aus dem Blickwinkel der Gegenwart, mit veralteten Software-Methoden und -Konzepten entwickelt wurden, und ohne eine →Sanierung für den vorgesehenen Einsatzzweck und die vorgesehene Einsatzumgebung nicht oder nicht mehr wirtschaftlich und/oder fachlich verwendet werden können.
Verpacker *(wrapper)* Ein Programm, das eine Schnittstelle für ein Programm zur Verfügung stellt, um diesem Programm den Zugriff auf die Funktionalität eines anderen Programms zu ermöglichen. Das Verpacker-Programm stellt eine Übersetzung zwischen den Aufrufformaten des rufenden Programms (oft ein objektorientiertes Programm) und des gerufenen Programms (oft ein Altsystem) sowie zwischen den Datenstrukturen zur Verfügung.
wrapper →Verpacker.

Nicht weiterentwickelte Software stirbt, wenn sich die Realität, die sie abbildet, verändert. Da sich die betriebliche und technische Umwelt ständig ändert, ist unbewegliche oder statische Software zum Sterben verurteilt.

Da es immer leichter ist, etwas Vorhandenes besser zu gestalten, als etwas völlig Neues zu schaffen, ist eine Sanierung von Software-Altsystemen *(legacy systems)* immer als eine Möglichkeit im Vergleich zu einer Neuentwicklung oder einer Standardsoftware zu prüfen.

Kosten/Nutzen-Analyse

Um eine Kosten/Nutzen-Analyse durchführen zu können, sollte man wissen
- was die derzeitige Wartung kostet,
- wie hoch die gegenwärtige Wartungsproduktivität ist,
- wo die Wartungsprobleme liegen,
- was die Sanierung kosten wird,
- wieviel durch die Sanierung eingespart werden kann und
- ab wann sich die Kosten der Sanierung amortisieren.

Folgende Kriterien können zur Entscheidungshilfe dienen /NBS 83/: Eine Sanierung kommt in Frage wenn

Sanierungskriterien

1 das Altsystem häufig wegen Fehlern außer Betrieb ist,
2 der Code älter als 7 Jahre ist,
3 die Programmstruktur bzw. die Ablauflogik ein gewisses Maß an Komplexität überschreitet,
4 die Programme für ein älteres Computersystem geschrieben wurden,
5 die Programme emuliert werden,
6 einzelne Module zu groß geworden sind,
7 der Ressourcenbedarf – Computerzeit und Speicherkapazität – zu groß wird,
8 festeingebaute Parameter bzw. Konstanten umgestoßen werden,
9 die Ausbildung der Wartungsmitarbeiter zu teuer wird,
10 die technische Dokumentation unbrauchbar geworden ist,
11 die Anforderungsdefinition mangelhaft, unvollständig oder inkonsistent ist.

Treffen mehrere der aufgeführten Kriterien zu, dann ist entweder eine Sanierung oder sogar eine Neuentwicklung erforderlich.

Die Alternative Sanierung ist nur attraktiv, wenn das Altsystem noch mindestens drei Jahre zu leben hat und der Sanierungsaufwand nicht mehr als 50 Prozent des Neuentwicklungsaufwands beträgt /Sneed 92a, S. 114/. Kommt eine Sanierung in Betracht, dann müssen geeignete *Reverse Engineering-*, *Reengineering-* und *Forward Engineering-*Maßnahmen ausgewählt werden, um die definierten Sanierungsziele zu erreichen.

Software-Sanierung ist ein Transformationsprozeß mit vielen Durchgängen. Sanierungsprojekte sind in der Durchführung diffiziler als Neuentwicklungen, aber einfacher zu leiten, da die Funktionalität und Systemstruktur des Altsystems weitgehend bekannt sind. Software-Sanierung benötigt einen intensiven CARE-Werkzeugeinsatz, um als wirtschaftliche Möglichkeit in Betracht zu kommen.

wrapping

Insbesondere im Rahmen einer Migrationsstrategie bietet sich als weitere Möglichkeit an, durch Verpacker-Software *(wrapper)* Altsysteme bzw. Teilsysteme und Komponenten davon zu verpacken, so daß sie durch neue Systeme genutzt und nach und nach abgelöst werden können.

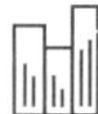

/Arnold 92/
Arnold R. S., *Software Reengineering*, IEEE Computer Society Press 1992
/Bergmann 90/
Bergmann J., *Reverse Software-Engineering*, in: KI 1/90, S. 52–58
/Biggerstaff 89/
Biggerstaff T.J., *Design Recovery for Maintenance and Reuse*, in: Computer, July 1989, pp. 36–48
/Chia, Barron, Storey 94/
Chia R.H.L., Barron T.M., Storey Vic., *Reverse Engineering of relational databases: Extraction of an EER model from a relational database*, in: Data & Knowledge Engineering 12 (1994), pp. 107–141
/Chikofsky, Cross 90/
Chikofsky E.J., Cross J.H., *Reverse Engineering and Design Recovery: A Taxonomy*, in: IEEE Software, Jan. 1990, pp. 13–17
/Figliolo 89/
Figliolo R., *Benefits of Software Reengineering*, in: Proc. of Software Maintenance Association Conference, Atlanta, Mai 1989
/Flint 97/
Flint E.S., *The COBOL jigsaw puzzle: Fitting object-oriented and legacy applications together*, in: IBM Systems Journal, Vol. 36, No 1, 1997, pp. 49–65
/Harandi, Ning 90/
Harandi M.T., Ning J.Q., *Knowledge-Based Program Analysis*, in: IEEE Software, Jan. 1990, pp. 74–81
/Hoffmann, Scharf 96/
Hoffmann F., Scharf T., *Sanfter Übergang der zahlreichen Altsysteme in die neue objektorientierte Welt*, in: Object Focus, 2/96, S. 8–14
/Jacobson, Lindström 91/
Jacobson I., Lindström F., *Re-engineering of old systems to an object-oriented architecture*, in: OOPSLA '91, pp. 340–350
/Lehner 95/
Lehner F., *GOTO ende2 – Computer-Aided-Reengineering-Tools*, in: iX 6/1995, S. 40–45
/Löwe 95/
Löwe M., *Reengineering – Softwaretechnik mit Zukunft?*, in: iX 6/1995, S. 34
/Mattison 94/
Mattison R., *The Object-oriented Enterprise*, New York: Mc Graw-Hill, pp. 351–372
/NBS 83/
US National Bureau of Standards, *Guidance on Software Maintenance*, Special Pub. Nr. 500-106, Washington D.C., 1983
/Sauter 95/
Sauter C., *Ein Ansatz für das Reverse Engineering relationaler Datenbanken*, in: Wirtschaftsinformatik 37(1995), S. 242–250
/Sneed 92a/
Sneed H., *Softwaresanierung*, Köln: Rudolf Müller Verlag 1992
/Sneed 92b/
Sneed H., *Wann Software-Sanierung wirtschaftlich ist*, in: online 3/92, S. 71–75
/Sneed 95/
Sneed H., *Die Ist-Analyse zeigt den Nutzen*, in: Computerwoche Extra, 17. Febr. 1995, S. 18–24
/Sneed 96/
Sneed H., *Die Einbindung alter Host-Software in eine Client/Server-Architektur*, in: OBJEKTspektrum 4/96, S. 36–43
/Stahlknecht, Drasdo 95/
Stahlknecht P., Drasdo A., *Methoden und Werkzeuge der Programmsanierung*, in: Wirtschaftsinformatik, 37(1995), S. 160–174

/Taylor 93/
Taylor D., *Objects in Action*, Addison-Wesley 1993
/Witschurke 95/
Witschurke R., *Verständnisvoll – Interaktives Reverse Engineering*, in: iX 6/1995, S. 48–52
/Yu 91/
Yu D., *A View On Three R's (3 Rs): Reuse, Re-engineering, and Reverse-engineering*, in: ACM SIGSOFT Software Engineering Notes, July 1991, p. 69

Muß-Aufgabe *15 Minuten*

1 *Lernziel: Die Problematik von Software-Altsystemen darstellen können.*
Als bekannter Entwickler und Berater werden Sie von einem großen Unternehmen um Rat gebeten. Sie sollen sich das Lohnabrechnungs- und Buchungssystem der Firma anschauen und Vorschläge zur Sanierung unterbreiten. Mit welchen Erwartungen (oder auch Befürchtungen) gehen Sie an die Arbeit? Wenn Sie das Unternehmen bitten sollte, einzuschätzen, wie aufwendig Änderungen an dem bestehenden Programm (als Alternative zu einer Sanierung) sein werden, welche groben Schätzungen fallen Ihnen hierzu ein?

Muß-Aufgabe *30 Minuten*

2 *Lernziel: Die unterschiedlichen Sanierungskonzepte, ihre Terminologie und ihre Zusammenhänge erläutern können.*
Sie sind Software-Entwickler. Einer Ihrer besten Kunden bittet Sie, sich seine Lagerverwaltung genauer anzusehen. Da das Programm in letzter Zeit immer häufiger abstürzt, denkt er an eine Sanierung. Allerdings weiß er nicht genau, was unter diesem Begriff verstanden wird.

a Wie erklären Sie ihm den Begriff Sanierung?

b Aus welchen Arten von Maßnahmen setzt sich eine vollständige Sanierung zusammen?

c Zu dem Programm zur Lagerverwaltung sind folgende Bestandteile verfügbar: der Quellcode (Cobol) sowie eine handschriftliche Funktionsliste mit stichwortartiger Beschreibung, was diese Funktionen tun. Eine Dokumentation ist nur rudimentär vorhanden. Sie hingegen kennen solche Situationen und verfügen über einige selbstentwickelte hochspezialisierte Cobol-Werkzeuge. Welche Tätigkeiten könnten diese Werkzeuge ausführen? Welche Schritte können Sie zur vollständigen Sanierung unternehmen?

Muß-Aufgabe *20 Minuten*

3 *Lernziel: Das Verpacken von Altsystemen skizzieren können.*
Ein in Pascal programmierter Editor soll objektorientiert verpackt werden. Welche Bestandteile des Programms können Sie verpacken? Betrachten Sie hierzu die folgenden Programmkomponenten und geben Sie an, auf welcher Ebene und auf welche Weise eine Verpackung dieser Komponente möglich ist.

a Eine Prozedur des Editors zählt die Wörter im Dokument.

b An einer Stelle im Programm muß eine Liste aller Dateien angezeigt werden. Im wesentlichen entspricht die gewünschte Funktionalität der des Betriebssystem-Befehls »dir«.

c Der Dateizugriff im Editor erfolgt über ein sehr rudimentäres Dateisystem.

d Ein Unterprogramm liest ein Zeichen von der Tastatur.

4 *Lernziel: Verfahren aufzählen und erklären können, die das Verstehen eines Altsystems ermöglichen.*

Muß-Aufgabe *20 Minuten*

Gegeben sei ein Programm, das offenbar ohne vorhergehende Analyse- oder Entwurfsphase programmiert wurde. Es berechnet die Einkommensteuer anhand vorliegender Eingabedaten wie Einkommen, Werbungskosten usw. Die Variablennamen sind unverständliche Abkürzungen, die Struktur des Programms ist durch abgekürzten Programmierstil, unglücklich gewählte Zeilenumbrüche und mangelhafte Dokumentation bis zur Unkenntlichkeit verschleiert.

a Welche Verfahren kennen Sie, um das Altsystem in seiner Arbeitsweise zu verstehen?

b Welche Sicht des Programms verstehen Sie dann (vorausgesetzt, Sie hatten Erfolg)?

c Welche andere Programmsicht wäre alternativ zum Verstehen möglich?

d Welche zusätzlichen Aufgaben fielen Ihnen dann bei der Sanierung zu?

5 *Lernziel: Darstellen können, welche Kriterien die Wirtschaftlichkeit einer Sanierung beeinflussen.*

Muß-Aufgabe *20 Minuten*

Beurteilen Sie bei den folgenden Beispielen, ob das Altsystem bei fortlaufender Wartung weiterbenutzt werden soll, ob sich eine Sanierung lohnt, oder ob ein neues System entwickelt werden sollte.

a Ein Programm zur Steuerberechnung arbeitet stabil, es treten aber immer wieder an unvorhersehbaren Stellen Berechnungsfehler auf. Die Benutzungsoberfläche ist nicht mehr auf dem neuesten Stand, aber viele Benutzer sagen übereinstimmend, das Programm sei leicht bedienbar.

b Ein Buchhaltungsprogramm arbeitet rechentechnisch einwandfrei. Die Bedienung ist schwerfällig und undurchschaubar.

c Ein Programm zur Lagerverwaltung hat eine passable Benutzungsoberfläche. Allerdings arbeitet es häufig extrem langsam, so daß der Anwender in Ruhe »einen Kaffee trinken« kann. Außerdem führen gelegentlich Programmabstürze zu Datenverlusten. Eigentlich ist kein Anwender mehr mit dem Programm zufrieden.

d Ein Programmierwerkzeug ist nur über Tastatur zu bedienen. Die verwendeten Befehle sind kryptisch und schwer zu merken. Trotzdem schwören ein paar alteingesessene Programmierer auf das System wegen seiner absoluten Stabilität und unschlagbaren Geschwindigkeit.

e Ein Datenbanksystem ist sehr komplex und zeigt gelegentlich Ausfallerscheinungen, die aber noch nie zu einem Datenverlust geführt haben. Die Ausfallerscheinungen führen allerdings ständig zu hohen Wartungskosten.

f Bei einer Unternehmensübernahme wechselt eine Textverarbeitung den Besitzer. Das neue Entwicklerteam soll die Benutzungsoberfläche dem Stand der Technik anpassen, die Funktionalität erweitern und das System zusätzlich auf ein anderes Betriebssystem portieren.

6 *Lernziel: Möglichkeiten und Grenzen von CARE-Werkzeugen schildern können.*

Muß-Aufgabe *20 Minuten*

Sie verfügen über den Cobol-Quellcode einer Lohnbuchhaltung. Welche CARE-Werkzeuge (vorausgesetzt, diese sind im Markt verfügbar) könnten Sie für welchen Zweck einsetzen? Welche Schritte müssen Sie von Hand vornehmen? Dem Einsatz welcher CARE-Werkzeuge würden Sie kritisch gegenüberstehen? Mit welchen Kosten, welchem Nutzen und welchen Problemen rechnen Sie?

Muß-Aufgabe *30 Minuten*

7 *Lernziel: Vorgegebene Beispiele daraufhin analysieren können, welche Sanierungsaktivität durchgeführt wurde.*

Geben Sie bei den folgenden Szenarien jeweils an, welche Sanierungsaktivitäten durchgeführt wurden.

a Ein Sanierungsteam hat aus einer Bibliotheksverwaltung das Datenbankschema einschließlich ER-Modell rekonstruiert. Anschließend wurde daraus ein OOA-Modell erstellt.

b Aus einem Steuerberechnungsprogramm in C wurden alle Funktionen verwendet. Das verwendende neue Steuerberechnungsprogramm wurde in C++ erstellt, die Funktionen werden innerhalb der Klassen aufgerufen.

c Ein Programmierer hat in einem alten Pascal-Programm zur Datenbankverwaltung von Videocassetten einen verschollen geglaubten Sortieralgorithmus entdeckt. Um ihn zu verstehen, läßt er von einem Generator das Struktogramm erzeugen. Anschließend ändert er die Variablennamen und fügt Dokumentation ein. Nun verwendet er den von dem Struktogramm-Generator erzeugten C++-Code in seinem neuen Programm zur Videocassettenverwaltung.

d Eine Cobol-Gehaltsabrechnung scheitert an der Umstellung auf das Jahr 2000. Ein Sanierungsteam benutzt einen Struktogramm-Generator, um die Berechnungen analysieren zu können. Der Code wird in C++ nachgeschrieben und in eine vollständig neue Anwendungsumgebung eingepaßt. Die vorhandene Dokumentation wird um zusätzliche Dokumentation erweitert. Diese zusätzliche Dokumentation wird unter anderem durch Zuhilfenahme einiger Metriken aus dem verwendeten Code erstellt.

V Unternehmensmodellierung oder Was kommt vor der Software-Technik?

Legende: LE = Lehreinheit (für jeweils 1 Unterrichtsdoppelstunde)

1 Grundlagen

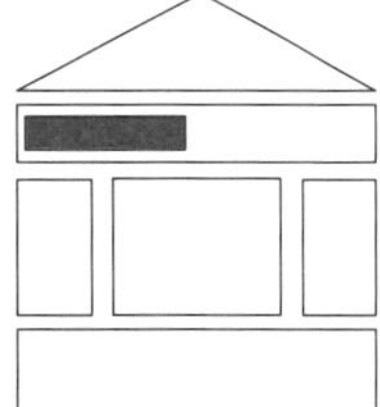

verstehen

- Den Begriff Unternehmensmodellierung kennen und erläutern können.
- Die Unterschiede zwischen evolutionärer und revolutionärer Umgestaltung darstellen können.
- Aufzeigen können, welche Faktoren zu neuen Anforderungen an Unternehmen führen.
- Den Begriff *Business Reengineering* erklären können.
- Die Definition eines Geschäftsprozesses kennen und erläutern können.
- Merkmale neu gestalteter Geschäftsprozesse sowie Gütekriterien für Geschäftsprozesse nennen und erklären können.
- Aufzählen und erläutern können, nach welchen Kriterien Prozesse für die Umgestaltung ausgewählt werden.
- Darstellen können, welche Vorstellungen es über ein modernes Unternehmen gibt.
- Schildern können, welche Rolle die Informations- und Kommunikationstechnik in einem modernen Unternehmen einnimmt.
- Die behandelten Gestaltungs- und Bewertungskriterien zur Persönlichkeitsförderlichkeit und Zumutbarkeit aufzählen und beschreiben können.
- Blickwinkel und Konzepte nennen und erklären können, um ein Unternehmen zu modellieren.
- Einen gegebenen Geschäftsprozeß auf die typischen Merkmale neugestalteter Geschäftsprozesse und auf die Einhaltung von Gütekriterien hin untersuchen können.
- Anhand der aufgeführten Checkliste prüfen können, ob eine Arbeitstätigkeit an einem Computersystem ergonomisch gestaltet ist.

James Martin, Wegbereiter der Unternehmensmodellierung, 19 Jahre bei IBM, heute: Vorsitzender der James Martin Associates, einer Beratungsfirma, und von KnowledgeWare, einem CASE-Hersteller. Autor vieler Bücher, u.a. *Information Engineering* (3 Bände).

1.1 Einführung und Überblick

Blickwinkel: Produkt

Blickwinkel: Unternehmen

Blickwinkel: Arbeitsplatz

In der Software-Technik wird in der Regel davon ausgegangen, daß einzelne Software-Produkte erstellt werden. Dementsprechend ist der Blickwinkel auf jeweils ein Software-Produkt ausgerichtet. Ein anderer Blickwinkel ist erforderlich, wenn ein Unternehmen oder wesentliche Teile eines Unternehmens als Gesamtheit betrachtet werden. Zwischen den Betrachtungsebenen Software-Produkt und Unternehmen gibt es noch die Arbeitsplatzebene (Abb. 1.1-1).

Da die Entscheidungen, die auf der Unternehmens- und der Arbeitsplatzebene getroffen werden, gravierende Auswirkungen auf die Software-Produktebene haben können, sind die Methoden, die im Vorfeld der eigentlichen Softwareentwicklung angewandt werden, auch für den Software-Ingenieur relevant.

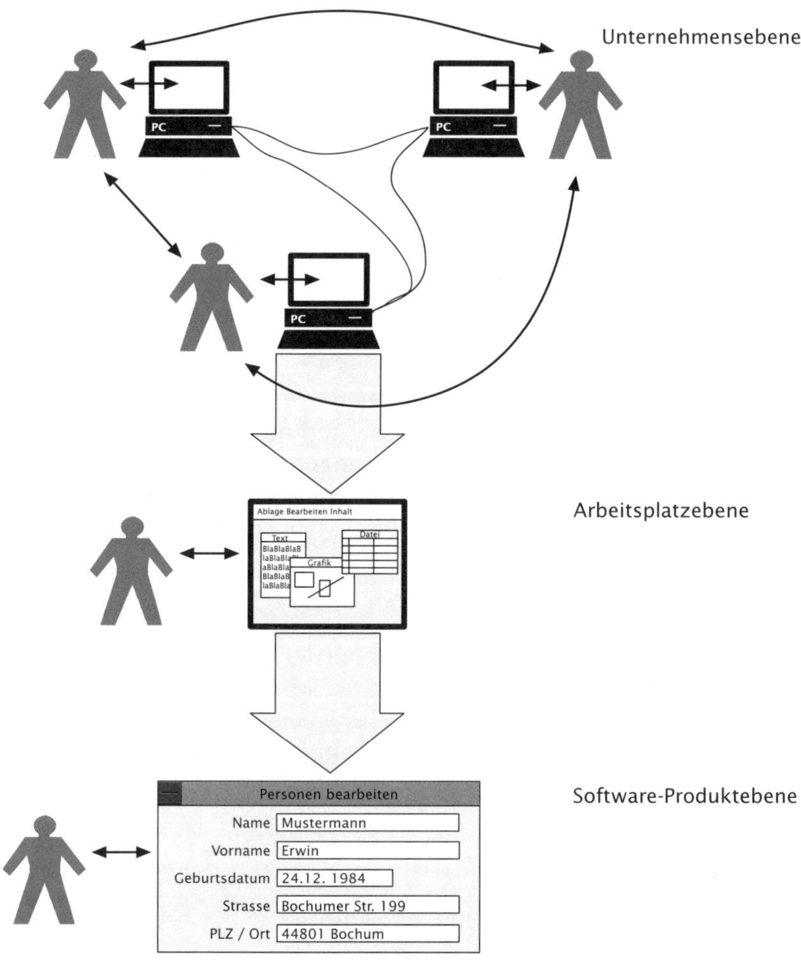

Abb. 1.1-1: Betrachtungsebenen vor der Software-Produkt-Ebene

Umgekehrt gibt es in der Betriebswirtschaft eine Entwicklung, die das Ziel hat, ein Unternehmen ingenieurmäßig zu gestalten. Im Englischen haben sich dafür die Begriffe *»Enterprise Engineering«* und *»Business Engineering«* eingebürgert.

Unternehmens-gestaltung

»Business engineering is a set of techniques a company uses to design its business according to specific goals. ... In short, business engineering seeks to organize a commercial undertaking in a competitive way. At first glance, this does not seem to be anything new. Entrepreneurs have always tried to position themselves competitively. However, today's definition incorporates what is perhaps a new way of thinking – viewing the construction of an enterprise as an engineering activity. We see companies or businesses as something that can be formed, designed or redesigned according to engineering principles.« /Jacobson, Ericsson, Jacobson 94, S. 2 f./

Business Engineering

Ziel ist es also, ein Unternehmen analog wie ein Produkt ingenieurmäßig so zu gestalten, daß es den Anforderungen der Kunden entspricht und sich im Wettbewerb behaupten kann. Neu ist der ingenieurmäßige Ansatz. Durch systematischen Einsatz von Prinzipien, Methoden, Konzepten, Notationen und Werkzeugen soll das Unternehmen modelliert und gestaltet werden.

Ingenieurmäßiger Ansatz

Für den englischen Begriff *Business Engineering* verwende ich in diesem Buch den deutschen Begriff **Unternehmensmodellierung,** auch wenn er nicht genau die englische Bedeutung ausdrückt. Treffsicherer wäre die Übersetzung »Unternehmens-Technik«, was aber befremdlich klingt und mißverstanden werden kann.

Unternehmens-modellierung

Da ein Unternehmen heute ohne Informations- und Kommunikationstechnik nicht bestehen kann, spielt letztendlich die Software eine entscheidende Rolle bei der Realisierung eines Unternehmensmodells. Damit ist dann wieder der Software-Ingenieur mit seinem »Handwerkszeug« gefragt.

»Businesses are highly complex and in most cases have never been ›engineered‹; they have grown in an ad hoc fashion like a fungus growth. To engineer corporations their procedures need to be charted, or modeled. Only when complex procedures are modeled with clarity can they be rebuilt in an optimal fashion. The models may be built by IT professionals but they should be understood and owned by the business people.« (James Martin in /Jacobson, Ericsson, Jacobson 94, S. V/)

IT = *Information Technology*

Wird ein Unternehmen neu gegründet, dann kann es sozusagen »auf der grünen Wiese« neu gestaltet werden. In der Regel besteht aber die Aufgabe darin, existierende Unternehmen so umzugestalten, daß sie ihre Aufgaben optimal erfüllen können. Eine solche Umgestaltung kann revolutionären oder evolutionären Charakter haben.

Neugestaltung vs. Umgestaltung

Revolutionär vs. evolutionär

In ihrem Buch *»Business Reengineering«* fordern die Autoren Hammer und Champy /Hammer, Champy 93/ eine radikale Umgestaltung von Unternehmen:

Business Reengineering

»Business Reengineering bedeutet, alte Systeme im Unternehmen über Bord zu werfen und von vorne zu beginnen. Dazu muß man praktisch bei Null anfangen und sich bessere Vorgehensweisen zur Erledigung der Arbeit ausdenken.... ›Business Reengineering‹ ist genaugenommen ›fundamentales Überdenken und radikales Redesign von Unternehmen oder wesentlichen Unternehmensprozessen. Das Resultat sind Verbesserungen um Größenordnungen in entscheidenden, heute wichtigen und meßbaren Leistungsgrößen in den Bereichen Kosten, Qualität, Service und Zeit‹.« /Hammer, Champy 94, S. 47 f./

Die geforderten revolutionären Veränderungen werden damit begründet, daß die heutige Informations- und Kommunikationstechnik in der Lage ist, benötigte Informationen zu jeder Zeit im gewünschten Umfang am geforderten Arbeitsplatz zur Verfügung zu stellen. Da die meisten Unternehmen diese technischen Möglichkeiten noch nicht nutzen oder nur auf die veraltete Organisation »aufpfropfen«, sind radikale Änderungen erforderlich.

»The management structures and work procedures of most enterprises were designed before modern technology. The procedures need radically reinventing and the management structures need replacing. The jobs of most people need to be fundamentally redesigned so that people add more value in an age of computers and technology.«
(James Martin in /Jacobson, Ericsson, Jacobson 94, S. V/)

Kapitel III 4.2

Business Improvement

Im Gegensatz zum revolutionären Ansatz versucht der von Japan beeinflußte evolutionäre Ansatz ein Unternehmen schrittweise zu verbessern. *Total Quality Management* (TQM) ist eine solche Philosophie.

Die Unterschiede zwischen dem revolutionären und dem evolutionären Ansatz zeigt Tab. 1.1-1.

Über einen längeren Zeitraum betrachtet, müssen beide Ansätze verwendet werden. Nach einer revolutionären Umgestaltung folgen mehrere evolutionäre Verbesserungen, bis wieder eine revolutionäre Veränderung erforderlich ist usw.

Tab. 1.1-1: Unterschiede zwischen evolutionärer und revolutionärer Umgestaltung

	Evolutionäre Umgestaltung *(Business Improvement)*	Revolutionäre Umgestaltung *(Business Reengineering)*
Änderungen	inkrementell	radikal
Ausgangspunkt	vorhandene Prozesse	Neuanfang
Änderungshäufigkeit	einmalig/kontinuierlich	einmalig
Benötigte Zeit	kurzfristig	langfristig
Beteiligte	Mitarbeiter	Geschäftsführung, Mitarbeiter
Typischer Geltungsbereich	eng, innerhalb von Funktionen	breit, über Funktionen hinweg
Risiko	gering	hoch
Ermöglicht durch...	statistische Kontrolle	Informationstechnik
Art der Änderung	kulturell	kulturell/strukturell

1.2 Anforderungen an ein Unternehmen

Nach /Hammer, Champy 94, S. 30 ff./ gibt es drei Faktoren, die neue Anforderungen an ein Unternehmen auslösen:

- Kunden,
- Wettbewerb,
- Wandel.

Diese drei Faktoren oder Kräfte wirken einzeln als auch zusammen. Sie sind nicht neu, unterscheiden sich in ihren Eigenschaften aber deutlich von den Eigenschaften in der Vergangenheit. Die Veränderungen lassen sich zu drei Aussagen bündeln:

- Die Kunden übernehmen das Kommando.
- Der Wettbewerb wird intensiver.
- Der permanente Wandel wird zur Konstante.

Kunden

Seit den frühen achtziger Jahren wird der Verkäufermarkt durch einen Käufermarkt abgelöst. Der Kunde sagt dem Lieferanten, was er will, wann er es will, wie er es will und was er zu zahlen bereit ist. *Den* Kunden – ob Endverbraucher oder Unternehmen – gibt es nicht mehr, es gibt nur noch *diesen* Kunden. Dieser fordert Sach- und Dienstleistungen, die auf seine individuellen Bedürfnisse zugeschnitten sind. Für ein Unternehmen bedeutet dies, daß jeder einzelne Kunde zählt.

Wettbewerb

Durch die heutigen globalen Märkte ist kein Unternehmen mehr »abgeschottet«. Es muß sich dem globalen Wettbewerb stellen. Es reicht nicht mehr, ein anständiges Produkt zu einem guten Preis zu besitzen. Auf unterschiedlichen Märkten werden ähnliche Produkte anders verkauft: in einem Markt über den Preis, in einem anderen über die Produktvielfalt oder die Qualität oder den Service.

Wandel

»Nichts ist so konstant wie die Veränderung«. Diese Aussage gilt heute verstärkt in unserer Welt. Der Wandel beschleunigt sich noch. Produktlebenszyklen dauern nicht mehr Jahre, sondern nur noch Monate. Während früher eine Computergeneration zwei bis drei Jahre Bestand hatte, folgt heute im halbjährlichen Rhythmus die nächste Generation. Parallel zur Verkürzung der Lebenszyklen verkürzt sich auch die Zeit, die für die Produktentwicklung und -einführung zur Verfügung steht. Heutige Unternehmen müssen sich daher schnell bewegen, sonst stagnieren sie.

Konsequenzen

Aus diesen Veränderungen ergeben sich für ein Unternehmen folgende Konsequenzen:

- Kunden, Wettbewerb und Wandel verlangen Flexibilität und schnelle Reaktionsfähigkeit.
- Da Produkte häufig nur eine kurze Lebensdauer haben, sind nicht die Produkte für den langfristigen Unternehmenserfolg entscheidend, sondern die Verfahren, mit denen sie hergestellt werden.

Der Unterschied zwischen guten und schlechten Unternehmen besteht darin, daß die guten Unternehmen ihre Arbeit besser erledigen.

Unternehmen müssen sich so organisieren, daß sie dem ständigen Wandel gewachsen sind: Kundenanforderungen müssen erfüllt werden, der zunehmende Wettbewerb muß berücksichtigt werden, die internen Prozesse müssen verbessert, die Produkte müssen modifiziert, der Service verbessert werden, die Mitarbeiter müssen Ziele haben und die Möglichkeit, diese durch Kreativität in einem vorgegebenen Rahmen zu erreichen. Der Rahmen ist durch die Konzentration auf kundenorientierte Geschäftsprozesse gegeben.

1.3 Geschäftsprozesse und ihre Eigenschaften

Hauptkapitel II 3

Traditionell besteht ein Unternehmen aus einer Aufbau- und einer Ablauforganisation. Die Aufbauorganisation stellt die statische Struktur des Unternehmens dar, während die Ablauforganisation die dynamischen Abläufe – Geschäftsprozesse genannt – festlegt.

Geschäftsprozeß

Ein **Geschäftsprozeß** – auch Unternehmensprozeß oder *Business Process* genannt – besteht aus einer Anzahl von unternehmensinternen Aktivitäten, die durchgeführt werden, um die Wünsche eines Kunden zu befriedigen. Eine detailliertere Definition enthält Tab. 1.3-1.

Aufgabe

Jeder Geschäftsprozeß hat die Aufgabe, jedem Kunden die richtige Sach- oder die richtige Dienstleistung anzubieten und zwar mit adäquaten Merkmalen, bezogen auf die Kosten, die Langlebigkeit, den Service und die Qualität. Der Kundenbegriff ist weit auszulegen. Es kann sich um einen einzelnen Kunden handeln, aber auch um einen anderen Prozeß in der Umgebung des Unternehmens, z. B. einen Partner oder einen Unterauftragnehmer.

Beschreibung

Während die Aufbauorganisation eines Unternehmens durch Organigramme dokumentiert ist, sind die Geschäftsprozesse bzw. Abläufe normalerweise unsichtbar und weder beschrieben noch mit einem Namen versehen. Es wird daher vorgeschlagen, Geschäftsprozesse zu benennen. Als Name sollte die Gerundiumform eines Verbs, ein Substantiv gefolgt von einem Verb oder der Anfangs- und Endpunkt des Prozesses gewählt werden.

Beispiele

Gerundium: Fertigen
Substantiv – Verb: Fertigung durchführen
Anfang – Ende: Von Beschaffung bis Auslieferung

Gerundium: Verkaufen
Substantiv – Verb: Verkauf durchführen
Anfang – Ende: Interessent bis Auftrag

Tab. 1.3-1: ***Geschäftsprozeß***

Definition
Ein Geschäftsprozeß besteht aus einer Sequenz von Transaktionen in einem Unternehmen, dessen Aufgabe es ist, ein Ergebnis mit einem meßbaren Wert für einen individuellen Akteur (Person, z.B. Kunde; Ding, z.B. Softwaresystem) des Unternehmens zu erbringen.

Erläuterung
Geschäftsprozeß: Typischer Fluß von Ereignissen durch das Unternehmen.
Es gibt viele mögliche Ereignisabläufe. Normalerweise werden Gruppen von Ereignisabläufen zu einer Geschäftsprozeß-Klasse zusammengefaßt. Wenn ein Prozeß identifiziert und beschrieben wird, dann ist eine Prozeß-Klasse gemeint.
Individueller Akteur: Ausgangspunkt von Geschäftsprozessen sind individuelle Akteure. Um geeignete Akteure zu identifizieren, sollten zwei bis drei Personen benannt werden, die in Frage kommen, z.B. Produktbenutzer, Produktkäufer, Produktevaluator.

Akteur = handelnde Person, an einem bestimmten Geschehen Beteiligter

In einem Unternehmen: Das Unternehmen stellt die Geschäftsprozesse zur Verfügung. Die Akteure kommunizieren mit diesen Geschäftsprozessen.
Ein meßbarer Wert: Ein Geschäftsprozeß muß dem Akteur helfen, eine Aufgabe auszuführen, die einen identifizierbaren Wert besitzt. Beantragt der Kunde einer Bank einen Kredit, dann hat dies für den Kunden einen Wert.
Transaktion: Atomare Menge von Aktivitäten, die entweder vollständig ausgeführt werden oder überhaupt nicht. Eine Transaktion wird durch einen Stimulus eines Akteurs an das Unternehmen ausgelöst oder durch das Erreichen eines Zeitpunkts. Eine Transaktion besteht aus einer Menge von Aktionen, Entscheidungen und Übertragungen von Stimuli zum anstoßenden Akteur oder zu anderen Akteuren.

Stimulus = Reiz, der eine Reaktion auslöst

Benennung
Der Name für einen Geschäftsprozeß sollte ausdrücken, was passiert, wenn ein Exemplar des Geschäftsprozesses ausgeführt wird. Der Name sollte daher eine Aktivität ausdrücken, z. B. durch die Gerundium-Form eines Verbs (Verkaufen) oder ein Substantiv, gefolgt von einem Verb (Verkauf durchführen) oder durch den Anfangs- und Endpunkt des Prozesses (Von Anfrage bis Auftrag).
Synonyme Bezeichnungen
Unternehmensprozeß, *business process, business use case*
Notation (Jacobson)
Oval; detaillierte Beschreibung durch strukturierten Text, Interaktionsdiagramme oder Zustandsautomaten

Quelle: In Anlehnung an /Jacobson, Ericsson, Jacobson 94, S. 104 ff./

Gerundium: Auftragsabwicklung
Substantiv – Verb: Auftrag abwickeln
Anfang – Ende: Von Auftrag bis Zahlung

Gerundium: Kundendienstausführung
Substantiv – Verb: Kundendienst durchführen
Anfang – Ende: Anfrage bis Problemlösung

Vorteile

Im Gegensatz zu einer Aufbauorganisation können von einem Prozeß die Kosten, die Zeit, das Ergebnis, die Qualität und die Kundenzufriedenheit gemessen werden.

»A process is a specific ordering of work activities across time and place, with a beginning, an end, and clearly identified inputs and outputs: a structure of action.« /Davenport 93/

Bei der Ausgabe kann es sich sowohl um Produkte als auch um Dienstleistungen handeln.

Ein kundenorientierter Prozeß hat das Ziel, die Wünsche eines individuellen Kunden zu erfüllen, nicht die Wünsche aller Kunden.

Die typischen Merkmale eines neugestalteten Geschäftsprozesses sind in Tab. 1.3-2 aufgeführt. Sie zeigt außerdem, welche Veränderungen von einem herkömmlichen Prozeß zu einem kundenorientierten, optimierten Prozeß vorgenommen werden. Gütekriterien für Geschäftsprozesse sind in Tab. 1.3-3 zusammengestellt.

Hat man in einem Unternehmen die existierenden Geschäftsprozesse beschrieben und analysiert, dann stellt sich die Frage, welche Geschäftsprozesse mit erster Priorität umgestaltet werden sollen. Tab. 1.3-4 enthält wichtige Kriterien, die helfen, eine Auswahl vorzunehmen.

1.4 Wie sieht ein modernes Unternehmen aus?

Um ein Unternehmen umzugestalten, muß bekannt sein, wie ein modernes Unternehmen aussieht. Eine globale Aussage lautet: »Ein modernes Unternehmen besitzt optimierte, kundenorientierte Geschäftsprozesse«. In /Hammer, Champy 94, S. 90 ff./ wird diese Aussage konkretisiert, und es werden die Konsequenzen aufgezeigt. Im folgenden werden diese Konsequenzen kurz skizziert.

- Organisatorische Einheiten verändern sich – Prozeßteams anstelle von Fachabteilungen

Eine Gruppe von Mitarbeitern, zusammengefaßt in Prozeßteams, führt zusammen einen Geschäftsprozeß vollständig durch. Diese Prozeßteams ersetzen die alte funktionsorientierte Organisationsstruktur.

Prozeßteams können unterschiedlich aussehen. In Verfahrensteams *(case teams)* arbeiten Mitarbeiter mit unterschiedlichen Fähigkeiten zusammen, um sich wiederholende Routinearbeiten zu erledigen, z.B. Anschluß eines Telefonkunden an das Fernmeldenetz. Die Mitglieder eines solchen Teams arbeiten im allgemeinen dauerhaft zusammen. Projektteams *(virtual teams)* lösen einmalige Aufgaben. Sie werden aufgelöst, wenn die Aufgabe erledigt ist.

- Arbeitsstellen ändern sich – multidimensionale Berufsbilder ersetzen einfache Aufgaben

Alle Mitglieder eines Prozeßteams tragen die Verantwortung für den gesamten Prozeß und erledigen nicht nur einen kleinen Arbeitsschritt. Sie setzen eine breitere Palette ihrer Fähigkeiten ein und besitzen einen besseren Gesamtüberblick. Die Grenzen zwischen den Zuständigkeiten verwischen sich. Jeder Mitarbeiter ist zumindest in groben Zügen mit allen Prozeßschritten vertraut und wird selbst mehrere Arbeitsvorgänge durchführen.

Tab. 1.3-2: Typische Merkmale neugestalteter Geschäftsprozesse

- **Mehrere Positionen werden zusammengefaßt**
  Herkömmliche Geschäftsprozesse sind oft segmentiert und werden durch verschiedene Personen oder Gruppen bearbeitet. Wird ein Geschäftsprozeß an einem einzigen integrierten Arbeitsplatz bearbeitet – oder bei komplexen Prozessen an wenigen Arbeitsplätzen – dann entfallen Übernahmeprozeduren und Medienbrüche. Daraus resultierende Fehler und Nacharbeiten nehmen ab und die Verwaltungsgemeinkosten sinken.
- **Mitarbeiter fällen Entscheidungen**
  Entscheidungen werden vertikal komprimiert, d.h. Mitarbeiter treffen selbständig Entscheidungen, wo sie früher Vorgesetzte fragen mußten.
- **Die einzelnen Prozeßschritte werden in eine natürliche Reihenfolge gebracht**
  Prozeßschritte werden »entlinearisiert«. Die Reihenfolge der Prozeßschritte orientiert sich an der Frage »Was muß auf einen bestimmten Schritt folgen?« Dadurch können viele Arbeitsvorgänge gleichzeitig erledigt werden.
- **Es gibt mehrere Prozeßvarianten**
  Ein Geschäftsprozeß besitzt mehrere Varianten, die jeweils auf die Anforderungen unterschiedlicher Märkte, Situationen und Informationen zugeschnitten sind. Beispielsweise ist eine Bestellung unter 100 DM anders zu behandeln als über 10.000 DM. Das bedeutet das Ende der Standardisierung.
- **Die Arbeit wird dort erledigt, wo es am sinnvollsten ist**
  Arbeit wird über organisatorische Grenzen hinweg neu verteilt, um die Prozeßleistung insgesamt zu verbessern. Ein Prozeß kann ganz oder teilweise auf den Prozeßkunden verlagert werden, um Übergabeprozeduren zu eleminieren und Gemeinkosten zu senken. Beispielsweise werden Beschaffungen unter 500 DM von jeder Organisationseinheit selbst durchgeführt. Manchmal ist es effizienter, wenn der Lieferant seinen Kunden den Prozeß ganz oder teilweise abnimmt (Systemlieferant).
- **Weniger Überwachungs- und Kontrollbedarf**
  Kontrolle erfolgt nur in dem Maße, wie dies wirtschaftlich sinnvoll ist. Pauschale oder nachträgliche Kontrollen lösen starre Überprüfungen ab.
- **Abstimmungsarbeiten reduzieren sich auf ein Minimum**
  Die Abgleichung etwaiger Unstimmigkeiten wird auf ein Mindestmaß gesenkt. Dies ist wegen der verringerten Anzahl externer Kontaktpunkte im Geschäftsprozeß möglich.
- **Der Verfahrensmanager *(Casemanager)* als einzige Anlaufstelle**
  Der Verfahrensmanager dient als Puffer zwischen einem komplexen Geschäftsprozeß und dem Kunden. Gegenüber dem Kunden verhält er sich so, als wäre er für die Durchführung des gesamten Prozesses verantwortlich, auch wenn dies in Wirklichkeit nicht der Fall ist. Er ist ein selbstverantwortlich handelnder Kundenservicerepräsentant.
- **Eine Mischung aus Zentralisierung und Dezentralisierung**
  Die Informations- und Kommunikationstechnik erlaubt es Unternehmen so zu arbeiten, als seien ihre individuellen Geschäftseinheiten völlig autonom. Auf der anderen Seite können weiterhin die Vorteile der Zentralisierung genutzt werden, z.B. durch Zugriff auf eine Unternehmensdatenbank.

Quelle: /Hammer, Champy 94, S. 71 ff./

Da die zu erledigenden Arbeiten vollständiger und abgeschlossener sind, steigt auch die Arbeitszufriedenheit. Allerdings wird die Arbeit auch anspruchsvoller und schwieriger.

Tab. 1.3-3: Gütekriterien für Geschäftsprozesse

Anzahl der Geschäftsprozesse
- /Rockhart, Short 88/ haben nur drei Geschäftsprozesse identifiziert:
  - Entwicklung neuer Produkte,
  - Ausliefern von Produkten an Kunden,
  - Verwaltung der Kundenbeziehungen.
- Je umfangreicher einzelne Geschäftsprozesse sind, desto einfacher ist der Blick auf das Unternehmen. Nachteilig ist, daß jeder Geschäftsprozeß sehr abstrakt und seine Korrektheit schwierig nachzuprüfen ist.
- Die meisten Unternehmen können mit ungefähr 15 Kern-Geschäftsprozessen beschrieben werden.

Gütekriterien
- Ein Geschäftsprozeß muß klar und einfach zu verstehen sein. Erhält das Unternehmen einen Stimulus, dann muß klar sein, welcher Geschäftsprozeß ausgeführt wird.
- Es sollten sowenig Mitarbeiter wie möglich an der Ausführung eines Geschäftsprozesses beteiligt sein.
- Die Schnittstelle zum Kunden sollte so unkompliziert wie möglich sein.
- Alle Schritte innerhalb eines Geschäftsprozesses sollten, wo möglich, zum erhöhten Wert für den Kunden beitragen.
- Die Mitarbeiter, die Aufgaben innerhalb eines Geschäftsprozesses ausführen, haben die volle Verantwortung. Sie stellen daher sicher, daß alle Probleme gelöst werden, so daß die Arbeit effektiv fortgesetzt werden kann. Sie haben die Vollmacht, eigenständig Entscheidungen zu treffen.
- Ein Geschäftsprozeß sollte leicht an unterschiedliche Restriktionen anpaßbar sein. Er kann in mehreren Varianten existieren.

Quelle: /Jacobson, Ericsson, Jacobson 94, S. 172 ff./

- Die Rolle der Mitarbeiter verändert sich – Vollmachten *(empowerment)* ersetzen die Kontrolle

Erhält ein Prozeßteam die Verantwortung für einen vollständigen Geschäftsprozeß, dann müssen die Teammitglieder auch bevollmächtigt sein, die bei der Erfüllung dieser Aufgaben notwendigen Entscheidungen zu treffen. Sie entscheiden, wie und wann welche Arbeitsvorgänge zu erledigen sind, unter Berücksichtigung von Unternehmensvorgaben wie Termine, Qualitätsvorgaben usw.

- Die Vorbereitung auf die Aufgabe verändert sich – Aus- und Weiterbildung statt Anlernen

Es werden Mitarbeiter benötigt, die begreifen, was zu ihrer Aufgabenstellung gehört und dies dann tun. Die Mitarbeiter müssen selbst einen angemessenen Rahmen abstecken. Um sich dem wandelnden Umfeld anzupassen, ist ständige, lebenslange Weiterbildung erforderlich.

- Konzentration auf meßbare Leistungsgrößen und Veränderung der Vergütungsgrundlage nach Ergebnissen, nicht nach Tätigkeiten

Sind Mitarbeiter für Geschäftsprozesse verantwortlich, dann kann ihre Leistung gemessen werden. Sie können dann auf der Grundlage des von ihnen erzeugten Werts bezahlt werden. Dieser Wert ist meßbar, denn Prozeßteams stellen Produkte oder Dienstleistungen her.

Tab. 1.3-4: Welche Prozesse für die Umgestaltung auswählen?

Drei Kriterien

- Fehlfunktionen: Welche Prozesse stecken in den größten Schwierigkeiten?
- Prozeßbedeutung: Welche Prozesse wirken sich am stärksten auf die Kunden des Unternehmens aus?
- Machbarkeit und Erfolgschancen: Welche Prozesse eignen sich z.Z. am besten für eine erfolgreiche Umgestaltung?

Fehlfunktionen

- Symptom: Ausufernder Informationsaustausch, redundante Daten und Mehrfacheingabe
  Ursache: Willkürliche Fragmentierung eines natürlichen Prozesses
  Ziel: Funktionsübergreifende Integration, d.h. Organisationseinheiten sind so zu konzipieren, daß sie fertige Produkte übergeben.
- Symptom: Lagerbestände, Puffer und andere Reserven
  Ursache: Überschüsse im System zum Ausgleich von Unsicherheiten
  Ziel: Lieferanten und Kunden ermöglichen, den Umfang und den zeitlichen Ablauf ihrer jeweiligen Tätigkeiten gemeinsam zu planen.
- Symptom: Hohes Maß an Überwachung und Kontrolle im Vergleich zur Wertschöpfung
  Ursache: Fragmentierung
  Ziel: Funktionsübergreifende Integration
- Symptom: Nacharbeiten und Iterationen
  Ursache: Unzureichende Rückkopplung in Ablaufketten
  Ziel: Fehler und Unstimmigkeiten beseitigen, die Nacharbeiten erfordern.
- Symptom: Komplexität, Ausnahmen und Sonderfälle
  Ursache: Überfrachtung ursprünglich einfacher Prozesse
  Ziel: Ursprünglichen, einfachen Prozeß wiederherstellen, neue Prozesse für Ausnahmesituationen schaffen. Frühzeitige Entscheidungspunkte schaffen, von denen aus die Arbeit auf mehrere einfache Prozesse verteilt werden kann.

Prozeßbedeutung

Bedeutung oder Auswirkung der Prozesse auf externe Kunden.

Machbarkeit und Erfolgschancen

- Weitverzweigte, umfangreiche Prozesse (viele Organisationseinheiten sind daran beteiligt) erfordern umfangreiche Umgestaltungen mit entsprechenden Risiken.
- Hohe Kosten, z.B. für ein neues Informationssystem, reduzieren die Erfolgschancen.
- Das Engagement des Prozeßverantwortlichen bestimmt den Erfolg.

Weitere Kriterien

- Ist ein Prozeß für die strategische Ausrichtung entscheidend?
- Beeinflußt der Prozeß besonders stark die Kundenzufriedenheit?
- Liegt das Leistungsniveau bei einem Prozeß wesentlich unter dem Spitzenreiter der Branche?
- Ist ohne Umgestaltung kein größerer Nutzen aus dem Prozeß zu ziehen?
- Ist der Prozeß antiquiert?

Quelle: /Hammer, Champy 93, S. 158 ff./

- Beförderungskriterien ändern sich – Fähigkeiten zählen, nicht die Leistung

Eine gute Arbeitsleistung kann durch eine Prämie angemessen belohnt werden. Eine Beförderung in eine andere Position hängt jedoch von den Fähigkeiten und nicht von der Leistung des Mitarbeiters ab. Ein guter Software-Ingenieur muß kein guter Software-Manager sein. Durch eine Beförderung erhält das Unternehmen u. U. einen schlechten Software-Manager und verliert einen guten Software-Ingenieur.

- Wertvorstellungen ändern sich – Produktivität statt Positionsabsicherung

Mitarbeiter müssen davon überzeugt sein, daß sie für ihre Kunden arbeiten und nicht für ihre Vorgesetzten. Diese Wertvorstellungen müssen durch das Vergütungssystem unterstützt werden. Prämien müssen beispielsweise von Messungen der Kundenzufriedenheit abhängen. Die Glaubenssätze der Mitarbeiter sollten sich in etwa wie folgt anhören:

Glaubenssätze

- »Nur die Kunden zahlen unsere Gehälter: Ich muß alles tun, um sie zufriedenzustellen.
- Jede Position im Unternehmen ist wesentlich und wichtig: Mein Beitrag bewirkt etwas.
- Bloße Anwesenheit ist keine Leistung: Ich werde für den Wert bezahlt, den ich erzeuge.
- Der Schwarze Peter bleibt an mir hängen: Ich muß die Verantwortung für Probleme auf mich nehmen und sie lösen.
- Ich bin Mitglied eines Teams: Wir gewinnen oder scheitern gemeinsam.
- Niemand weiß, was der morgige Tag bringen wird: Stetiges Lernen ist Teil meiner Arbeit.« /a.a.O., S. 104/

- Manager verändern sich – Betreuer *(coach)* statt Aufseher

Prozeßteams benötigen einen Betreuer, den sie um Ratschläge bitten können und der ihnen bei der Lösung von Problemen hilft. Ein Betreuer nimmt nicht *am Spiel* teil, ist aber in greifbarer Nähe, damit er sein Team bei der Arbeit unterstützen kann. Aufgabe des Betreuers ist es, die Mitarbeiter und ihre Fähigkeiten zu fördern, so daß sie in der Lage sind, wertschöpfende Prozesse eigenverantwortlich durchzuführen.

- Organisationsstrukturen ändern sich – eine flache Organisation löst die Hierarchie ab

Ein Prozeßteam ist auch für das Prozeßmanagement zuständig, d.h. Entscheidungen und ressortübergreifende Fragen werden vom Team im Rahmen seiner normalen Tätigkeit getroffen und beantwortet. Die Mitarbeiter kommunizieren je nach Bedarf mit jedem im Unternehmen. Dadurch entfallen klassische Managementaufgaben. Daher kann ein Manager als Betreuer auch bis zu dreißig Mitarbeiter unterstützen.

- Verantwortliche Manager verändern sich – die Führungspersönlichkeit ersetzt den Punktezähler

Durch flachere Organisationen erhält die Unternehmensleitung wieder Kontakt zu den Kunden und den wertschöpfenden Mitarbeitern. Die Geschäftsführung ist für die Geschäftsprozesse verantwortlich, hat aber keine direkte Kontrolle über die Projektteams oder Prozeßbeauftragten. Diese arbeiten mehr oder weniger autonom unter der Anleitung ihres Betreuers. Die Unternehmensleitung stellt sicher, daß die Prozesse so konzipiert sind, daß die Mitarbeiter die erforderlichen Aufgaben erfüllen können und vom Leistungsbewertungs- und Vergütungssystem des Unternehmens geeignet motiviert werden.

In /Jacobson, Ericsson, Jacobson 94, S. 9 ff./ werden zur Organisation eines modernen Unternehmens noch weitere Ausführungen gemacht, die im folgenden kurz dargestellt werden. Abb. 1.4-1 zeigt das Organigramm eines solchen Unternehmens. Jedem Kunden steht ein Prozeßausführer gegenüber. Dieser stellt die Verbindung zum Kunden her. Ein Prozeßteam-Leiter ist für ein Team von Prozeßausführern verantwortlich. Er stellt Mitarbeiter mit den benötigten Fähigkeiten ein und organisiert das Team. Die Tätigkeiten werden entsprechend den jeweiligen Kundenanforderungen durchgeführt. Von einem Prozeß kann es mehrere »Instanzen« geben, die parallel ausgeführt werden. Für jede »Instanz« ist ein Prozeßausführer oder der Prozeßteam-Leiter verantwortlich. Prozeßteam-Leiter berichten an einen Prozeßverantwortlichen *(process owner)*, der ein Manager ist. Dieser definiert den Prozeß, setzt und überwacht die Prozeßziele.

Beispiel

In der Fallstudie »Seminarorganisation« lautet ein Prozeß »Verkaufen: Von Interessent bis Seminarbuchung«. Meldet sich ein Interessent zu einer Veranstaltung an, dann wickelt ein Verkaufssachbearbeiter als Prozeßausführer diese Instanz des Prozesses ab. Ist der Vorgang beendet, dann kümmert sich der Sachbearbeiter um den nächsten Interessenten. Der Verkaufsprozeß wiederholt sich. Die Firma Teachware kann die Aufgabenverteilung zwischen mehreren Verkaufssachbearbeitern unterschiedlich koordinieren. Beispielsweise

Abb. 1.4-1: Organisation eines modernen Unternehmens

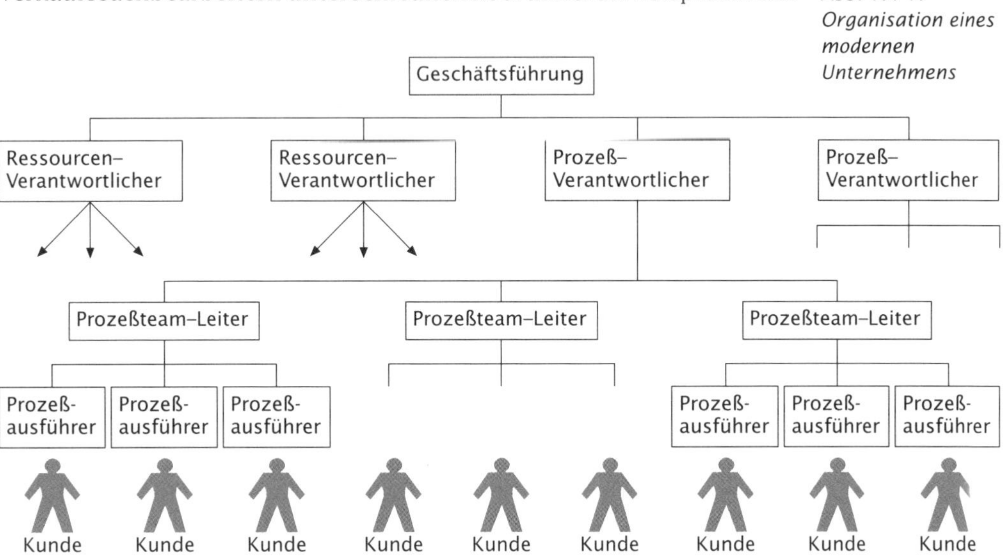

kann ein Verkaufssachbearbeiter für Firmen zuständig sein, einer für Privatkunden. Ein Verkaufskoordinator kann aber auch an allen Verkaufsvorgängen beteiligt sein.

Der Prozeßteam-Leiter einigt sich mit dem Prozeßverantwortlichen über die Kosten, die der Prozeß verursachen darf. Das Geld, das das Management bereitstellt, verwendet der Prozeßteam-Leiter, um benötigte Ressourcen (Mitarbeiter, Hardware, Software) intern oder extern zu beschaffen.

Die Geschäftsführung ist für die Koordinierung der verschiedenen Geschäftsprozesse zuständig. Die Schnittstellen müssen zusammenpassen, und es muß sichergestellt sein, daß dieselben Aufgaben nicht an mehreren Stellen im Unternehmen ausgeführt werden.

Die Mitarbeiter werden entsprechend ihren Kompetenzen zu Kompetenzgebieten zusammengefaßt. Für jedes Kompetenzgebiet ist ein Ressourcen-Verantwortlicher zuständig.
Ein Ressourcen-Verantwortlicher
- ist verantwortlich für seine Mitarbeiter,
- koordiniert die Ressourcenanforderungen der Prozeßteam-Leiter für das gesamte Kompetenzgebiet,
- entwickelt Ressourcen, um die Anforderungen der Prozeßteam-Leiter zu erfüllen,
- sorgt für das Training und die Personalentwicklung,
- stellt sicher, daß jeder Mitarbeiter das Gehalt erhält, das seinen Aufgaben entspricht.

Ein Ressourcen-Verantwortlicher hat Mitarbeiter aber kein Geld, ein Prozeßverantwortlicher hat Geld aber keine Mitarbeiter. Eine der wichtigsten Aufgaben eines Ressourcen-Verantwortlichen besteht darin, mit den Prozeß-Verantwortlichen zu verhandeln und die Fähigkeiten seiner Mitarbeiter zu verkaufen, um Geld zu erhalten, das seine Kosten (Gehälter usw.) abdeckt. Der Ressourcen-Verantwortliche kann die richtigen Mitarbeiter den richtigen Prozeß-Verantwortlichen anbieten. Sowohl die Ressourcen-Verantwortlichen als auch die Prozeß-Verantwortlichen berichten direkt an die Geschäftsleitung.

Ziel der neuen Organisation ist es, daß alle dazu beitragen, die Wünsche der Kunden zu erfüllen. Jeder Mitarbeiter ist ein »kleiner Unternehmer«. Jeder Mitarbeiter hat eine Vorstellung von dem Ziel des gesamten Teams und dem Weg, wie dieses Ziel erreicht werden kann.

1.5 Die Rolle der Informations- und Kommunikationstechnik

Ein modernes Unternehmen, wie es zum Beispiel im letzten Kapitel beschrieben wurde, ist ohne den massiven Einsatz der heutigen Informations- und Kommunikationstechnik nicht realisierbar. Die heutige Informations- und Kommunikationstechnik erlaubt es, mit alten Regeln zu brechen, die bisher Grundlage der Aufbau- und Ablauforganisation eines Unternehmens waren.

In /Hammer, Champy 94, S. 122 ff./ sind solche »alten Regeln« aufgeführt. Außerdem wird angegeben, durch welche Technik diese Regeln »destabilisiert« werden und welche »neuen Regeln« jetzt gelten. Diese Ausführungen sind in Tab. 1.5-1 zusammengefaßt dargestellt.

Durch technische Fortschritte werden Regeln, die heute noch unumstößlich gelten, in Zukunft durch neue Regeln abgelöst. Für ein Unternehmen ist es daher wichtig, die Nutzung moderner Technik zu einer seiner Kernkompetenzen zu machen, damit es im ständigen

Tab. 1.5-1: Änderungen durch heutige Informations- und Kommunikationstechniken /Hammer, Champy 94, S. 122 ff./

Alte Regel	Destabilisierende Technik	Neue Regel
■ Informationen sind zu einem bestimmten Zeitpunkt immer nur an einem Ort verfügbar	■ Gemeinsam genutzte Datenbanken	■ Informationen können gleichzeitig an beliebig vielen Orten genutzt werden
■ Nur Experten können komplexe Arbeiten übernehmen	■ Expertensysteme	■ Ein Generalist kann die Arbeit eines Experten erledigen
■ Unternehmen müssen zwischen Zentralisation und Dezentralisation wählen	■ Telekommunikationsnetzwerke	■ Unternehmen können gleichzeitig die Vorteile der Zentralisation und der Dezentralisation ausschöpfen
■ Manager fällen alle Entscheidungen	■ Werkzeuge der Entscheidungsunterstützung	■ Die Entscheidungsfindung gehört zur Aufgabenstellung jedes einzelnen Mitarbeiters
■ Außendienstmitarbeiter brauchen Büros, um Informationen empfangen, aufbewahren, abrufen und übertragen zu können	■ Drahtlose Datenkommunikation und tragbare Computer	■ Außendienstmitarbeiter können Informationen an jedem beliebigen Ort absenden und empfangen
■ Der persönliche Kontakt zu einem potentiellen Käufer ist durch nichts zu übertreffen	■ Teleshopping, Multimedia, Internet, *e-mail*	■ Der beste Kontakt zu einem potentiellen Käufer ist der effektive Kontakt
■ Wer suchet, der findet!	■ Automatische Identifizierungs- und Nachforschungstechnik (z.B. Positionsmeldung von LKWs)	■ Das Gesuchte meldet, wo es ist
■ Pläne werden in regelmäßigen Abständen überarbeitet	■ Schnelle Computer	■ Pläne werden unmittelbar überarbeitet

technischen Wandel bestehen kann. Innerhalb der Informationstechnik spielt die Software die zentrale Rolle.

Hat man für ein Unternehmen neue Geschäftsprozesse gestaltet, dann stellt sich die Frage, welcher Teil der Geschäftsprozesse durch Anwendungssoftware erledigt werden kann. Es muß klar definiert werden, welche Tätigkeiten der Mensch und welche Tätigkeiten das Computersystem, genauer gesagt die Anwendungssoftware, durchführt.

Nachdem eine Aufgabenverteilung vorgenommen worden ist, liegt fest, welche Tätigkeiten durch Mitarbeiter erledigt werden. Anschließend müssen die für den Menschen verbliebenen Tätigkeiten unter Berücksichtigung der Geschäftsprozesse zu Arbeitsplätzen zusammengefaßt werden. Pro Arbeitsplatz müssen die Tätigkeiten so beschaffen sein, daß eine ergonomische Arbeit für den Mitarbeiter an diesem Arbeitsplatz möglich ist.

Dieser mitarbeiterzentrierte, arbeitsplatzorientierte Blickwinkel wird oft übersehen oder in seiner Bedeutung zu gering geschätzt. Im nächsten Kapitel werden daher die wichtigsten Kriterien aufgeführt, die die Arbeitswissenschaft für ergonomische Arbeitsplätze aufgestellt hat.

1.6 Kriterien für ergonomische Arbeitsplätze

Die Arbeitswissenschaft hat vier globale Bewertungskriterien für die Gestaltung menschlicher Arbeitstätigkeiten aufgestellt:

1 Schädigungsfreiheit
2 Beeinträchtigungslosigkeit
3 Zumutbarkeit
4 Persönlichkeitsförderlichkeit

Literaturhinweis: /Spinas, Troy, Ulich 83/

Diese Gestaltungsziele sind hierarchisch angeordnet. Bevor die nächsthöhere Ebene erreicht werden kann, müssen die Mindestanforderungen der nächstniedrigeren Ebene erfüllt sein.

zu 1 Physische und psychologische *Schädigungen* sind objektiv feststellbar und müssen in der Regel behandelt werden.

Beispiel 1a

Ein ergonomisch ungünstiger Stuhl an einem Datenerfassungsplatz führt durch eine dauernde Zwangskörperhaltung zu degenerativ-rheumatischen Erkrankungen.
Durch eine ergonomisch optimale Gestaltung von Arbeitsplatz, Arbeitsmitteln und Arbeitsumgebung sowie organisatorische Maßnahmen wie geeignete Pausenregelungen und Mischarbeitstätigkeiten können solche Schäden vermieden werden.

zu 2 Psychosoziale *Beeinträchtigungen* sind meist subjektiv feststellbar. Bestehen sie über einen längeren Zeitraum, dann können psychosomatische Schädigungen entstehen.

Die soziale Isolation bei dauernder Tätigkeit in der Datenerfassung kann zu Depressionen führen. Beispiel 1b

zu 3 Bei der **Zumutbarkeit** handelt es sich um ein Gestaltungsziel, das von gesellschaftlichen Normen und Werten bezogen auf die Qualifikation und das Anspruchsniveau der Mitarbeiter abhängt. Zumutbarkeit

Infolge besserer Schul- und Berufsausbildung sowie gestiegener Ansprüche sind inhaltlich einförmige Arbeitstätigkeiten immer weniger zumutbar. Beispiel

zu 4 Die Persönlichkeitsentwicklung des erwachsenen Menschen vollzieht sich weitgehend in der Auseinandersetzung mit seiner Arbeitstätigkeit. Das Gestaltungsziel **Persönlichkeitsförderlichkeit** bezieht sich daher auf die Möglichkeiten, die eine Arbeitstätigkeit dem Menschen zur Entfaltung und Weiterentwicklung seiner Persönlichkeit bietet. Persönlichkeitsförderlichkeit

Ein Sachbearbeiter erstellt Auswertungen aus Datenbanken. Da das Datenbanksystem eine Endbenutzersprache zur Verfügung stellt, kann sich der Sachbearbeiter autonom neue Auswertungen selbst erstellen und gestalten. Beispiel

Für Arbeitstätigkeiten, bei denen Software als Arbeitsmittel eingesetzt wird, sind die Gestaltungskriterien Zumutbarkeit und Persönlichkeitsförderlichkeit relevant. Diese Gestaltungsziele können durch die geeignete Konstruktion des Arbeitssystems und seine organisatorische Einbettung realisiert werden (Abb. 1.6-1). Bei der Gestaltung des Arbeitssystems spielen folgende Komponenten eine Rolle (Abb. 1.6-1):

- Der Mitarbeiter erledigt durch seine Arbeitstätigkeit eine Arbeitsaufgabe unter Verwendung von Arbeitsmitteln und unter Berücksichtigung der Kommunikation/Kooperation mit seiner Arbeitsumwelt.

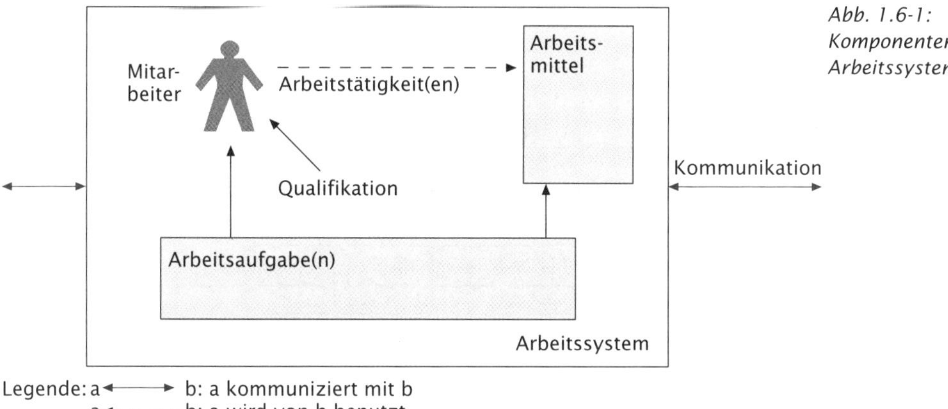

Abb. 1.6-1: Komponenten eines Arbeitssystems

- Die Art der Tätigkeit wird wesentlich durch die zu erledigende Aufgabe bestimmt, die ihrerseits wiederum als Ergebnis der Arbeitsteilung und des Arbeitsmitteleinsatzes in der jeweiligen Organisation definiert ist.
- Außerdem spielt die vorhandene Qualifikation des Mitarbeiters eine Rolle.

Die dynamischen Aspekte einer Arbeitstätigkeit sind in Abb. 1.6-2 dargestellt. Diese Aspekte beziehen sich auf Arbeitstätigkeiten, die auf ein fest vorgegebenes Endziel ausgerichtet sind, das durch schrittweise Annäherung über Teilziele erreicht wird. Wie eine Arbeitsaufgabe durch den Arbeitenden zeitlich und vom Arbeitsverfahren her abgewickelt wird, gehört zur individuellen Arbeitsorganisation.

Neben der Gestaltung des Arbeitsplatzes spielt die organisatorische Einbettung eine wesentliche Rolle. Einen wesentlichen Einfluß auf den einzelnen Arbeitsplatz hat die durch Arbeitsteilung entstehende Aufgabenverteilung auf die einzelnen Arbeitsplätze. Der durch die Arbeitsorganisation festgelegte Arbeitsablauf bestimmt den Umfang, die Art und die Richtung der Kommunikation und Kooperation zwischen Arbeitsplätzen.

Werden am Arbeitsplatz Arbeitsmittel eingesetzt, so wird die Arbeitstätigkeit weiterhin durch die Arbeitsteilung Mensch-Arbeitsmittel und der Arbeitsmittel untereinander bestimmt. Handelt es sich bei dem Arbeitsmittel um ein Computersystem, dann ergeben sich folgende Besonderheiten (siehe auch Abb. 1.6-1):

Abb. 1.6-2: Zeitliche Abwicklung einer Arbeitsaufgabe

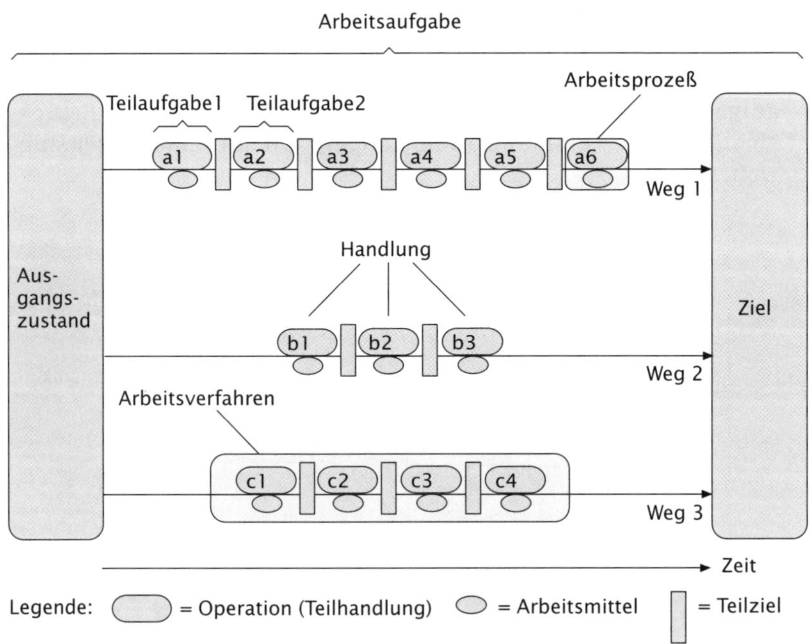

- Nicht nur der Benutzer kommuniziert und kooperiert mit seiner Umwelt, sondern auch das Computersystem mit anderen Computersystemen.
- Hinzu kommt, daß ein Computersystem gegenüber einem traditionellen Arbeitsmittel eine neue Qualität hinsichtlich seiner Möglichkeiten darstellt.

Neben der Anwendungssoftware-Gestaltung hat auch die Gestaltung der Benutzungsoberfläche Einfluß auf die Arbeitstätigkeit des Benutzers.

Gestaltungsziele der Arbeitswissenschaft können also durch sehr unterschiedliche Maßnahmen realisiert werden, je nachdem welche Situationen vorliegen und welche Ressourcen eingesetzt werden können.

Im folgenden werden die globalen Gestaltungsziele Zumutbarkeit und Persönlichkeitsförderlichkeit in Teilziele gegliedert. Die Teilziele werden in allgemeiner Form für ein Arbeitssystem formuliert. Die Beispiele sind so gewählt, daß sie das Teilziel verdeutlichen, wenn große Teile der Arbeitsaufgabe durch Software erledigt werden. Die Reihenfolge der Teilziele ist entsprechend der zu berücksichtigenden Prioritäten bei der Arbeitsgestaltung gewählt.

Zumutbarkeit

Die Zumutbarkeit läßt sich in drei Teilziele gliedern:

1 Anforderungsvielfalt
2 Transparenz
3 Arbeitstempospielraum

zu 1 Anforderungsvielfalt

Anforderungsvielfalt

Dem Mitarbeiter wird bei seiner Tätigkeit eine Vielfalt von Anforderungen aus mehreren, verschiedenen körperlichen und geistigen Anforderungsbereichen abwechselnd abverlangt.

Die geistigen Anforderungen sollen zeitweise auch kreative Aktivitäten ermöglichen. Zur Bearbeitung einer Aufgabe sollen verschiedene Fähigkeiten, Fertigkeiten und Kenntnisse notwendig sein.

Durch Anforderungsvielfalt wird Monotonie und Demotivation vermieden. Die Anforderungsvielfalt hängt stark von der Arbeitsaufgabe ab, so daß für die Gestaltung der Software nur ein beschränkter Gestaltungsspielraum zur Verfügung steht.

Beispiele

- Die Korrektur eines Textes mit einem Text-Verarbeitungssystem verlangt vom Benutzer eine Vielzahl unterschiedlicher geistiger Tätigkeiten. Er muß planen, in welcher Reihenfolge er die Korrekturen vornehmen will (Durchgehen des Textes von vorne nach hinten; zuerst die globalen Layoutkorrekturen, dann die lokalen Fehlerkorrekturen usw.), welche Funktionen er für die Korrektur verwenden will (oft gibt es mehrere Möglichkeiten) usw.
- Nach der Durchführung der Korrektur muß anschließend das Ergebnis auf Korrektheit überprüft werden.

- Im Gegensatz zu der abwechslungsreichen Textkorrektur steht die Tätigkeit, die handgeschriebenen Texte und Daten auf Bank-Überweisungsformularen in ein Computersystem einzugeben.

Transparenz

zu 2 Transparenz

Eine Arbeitsaufgabe ist transparent oder durchschaubar, wenn sie einen klar definierten Anfang und Abschluß hat, der Arbeitsablauf und das Endergebnis der Tätigkeit gut sichtbar sind, das Arbeitsobjekt sich erkennbar verändert und die Arbeitsaufgabe durch den Mitarbeiter in den Arbeitszusammenhang eingeordnet werden kann sowie in ihrem Sinn und Zweck überschaubar ist.

Transparenz fördert Qualifikation, Motivation und die Qualität der Arbeitsergebnisse. Der Mitarbeiter erkennt bei transparenten Arbeitsaufgaben besser den Bedeutungsgehalt und den Stellenwert seiner Tätigkeit im betrieblichen Arbeitsablauf. Tätigkeiten, deren Sinn und Zweck für den Mitarbeiter nicht erkennbar sind, werden zwangsläufig nur unvollständig ausgeführt. Bezogen auf Software läßt sich Transparenz folgendermaßen definieren:

Die Software ist so aufgebaut, daß der Benutzer sie versteht und durchschaut. Die Funktionen der Software besitzen einen klar definierten Anfang und Abschluß. Der Ablauf und das Ergebnis einer Funktion sind gut sichtbar, die Veränderungen an dem Objekt (z.B. Text bei einem Text-Verarbeitungssystem), auf das die Funktion wirkt (z.B. Einfügen eines Wortes in den Text), sind erkennbar und die Funktion ist in den Arbeitszusammenhang einordenbar (z.B. Korrigieren eines Briefes).

Beispiele

- Eine Einführung in die entsprechende Software, z.B. durch ein Tutorium, stellt die Struktur, den Aufbau, die Funktion und den Ablauf des Programms dar, so daß der Benutzer einen systematischen Überblick bekommt.
- Eine Statusanzeige auf dem Bildschirm beschreibt den jeweiligen Zustand innerhalb des Programms, z.B. Angabe der gerade aktiven Funktion.
- In einem Meldungsbereich wird jeweils angezeigt, welche Funktionen als nächstes vom Benutzer gewählt werden können.

Arbeitstempospielraum

zu 3 Arbeitstempospielraum

Arbeitstempospielraum ermöglicht es dem Mitarbeiter, innerhalb gewisser Grenzen sein Arbeitstempo selbst zu bestimmen.

Aktivität und Ermüdung schwanken bei jedem Menschen über den Tagesverlauf. Ist das Arbeitstempo in möglichst großem Rahmen selbst bestimmbar, dann kann sich der Mitarbeiter selbst gut anpassen. Bei vorgegebenem Arbeitstempo kann der Arbeitsverlauf für den Mitarbeiter entweder zu langsam (Unterforderung, Verärgerung) oder zu schnell (Überforderungsstreß, hoher Konzentrationsaufwand) sein.

Auf Eingabeanforderungen eines Programms muß der Benutzer nicht sofort reagieren. Ausgaben auf dem Bildschirm bleiben solange sichtbar, bis der Benutzer von sich aus durch Tastendruck die nächste Bildschirmseite anfordert.

Beispiel

Die Persönlichkeitsförderlichkeit läßt sich in zehn Teilziele gliedern:

Persönlichkeitsförderlichkeit

4 Nutzung vorhandener Qualifikationen
5 Ausreichende Aktivitätsmöglichkeiten
6 Ganzheitlichkeit
7 Autonomie
8 Möglichkeiten zur Verfahrenswahl
9 Möglichkeiten zur Entwicklung persönlicher Arbeitsstile
10 Lern- und Entwicklungsmöglichkeiten
11 Möglichkeiten zur schöpferischen Weiter- und Neuentwicklung von Arbeitsverfahren
12 Möglichkeiten/Erfordernisse zur fachlichen Interaktion
13 Arbeitsökonomie

zu 4 Nutzung vorhandener Qualifikationen

Nutzung von Qualifikationen

Die Arbeitsaufgabe erlaubt dem Mitarbeiter, seine vorhandenen Qualifikationen – erworben durch Aus- und Weiterbildung und berufliche Erfahrung – zu nutzen. Diese Qualifikationen sollen nicht nur in Ausschnitten, sondern in ihrer Breite und Tiefe – und nicht nur sporadisch – in der Aufgabenbearbeitung eingesetzt werden können.

Können bei der Arbeit vorhandene Qualifikationen genutzt werden, dann erhöht dies die Akzeptanz und Arbeitszufriedenheit, da z.B. auch Unsicherheiten und Angstgefühle vermieden oder reduziert werden. Um vorhandene Qualifikationen zu nutzen, gibt es verschiedene Möglichkeiten:

- Die Arbeitsgestaltung erfolgt so, daß ein definiertes Qualifikationsniveau zur Durchführung der Tätigkeiten erforderlich ist. Die Realisierung dieser Möglichkeit kann zu zwei Problemen führen:
  - Die Arbeit läßt sich für die definierte Qualifikation nicht konstruieren.
  - Es finden sich keine Mitarbeiter, die die erforderliche Qualifikation besitzen.
- Die Arbeitsgestaltung erfolgt so, daß verschiedene Arbeitssysteme mit unterschiedlichen Qualifikationsanforderungen entstehen (Prinzip der differentiellen Arbeitsgestaltung).
- Die Arbeitsgestaltung erfolgt so, daß das Arbeitssystem individuell – in einem bestimmten Rahmen – an die Qualifikationen des Mitarbeiters angepaßt werden kann. Diese Anpassung kann erfolgen durch
  - den Arbeitseinrichter,
  - den Mitarbeiter selbst oder
  - das Arbeitsmittel.

Für die Software-Gestaltung bedeutet dies folgendes:

Die Software stellt Anwendungs- und Bedienungsalternativen oder Adaptionsmechanismen zur Verfügung, so daß der Benutzer seine vorhandenen Qualifikationen nutzen kann.

Beispiel

Ein Benutzer hat eine hohe Schreibgeschwindigkeit bei der Texteingabe. Der normal vorgesehene Eingabepuffer reicht nicht immer aus. Er wird daher vergrößert, um auch extrem schnelle Eingaben sicher puffern zu können.

Aktivitätsmöglichkeiten

zu 5 Ausreichende Aktivitätsmöglichkeiten

Der Mitarbeiter kann und muß ausreichende eigene Aktivitäten und Initiativen bei der Erledigung seiner Aufgaben einbringen.

Aufgaben müssen so gestaltet sein, daß sie vom Mitarbeiter aktive Initiative erfordern. Tätigkeiten, die ein reines Reagieren auf Signale einer Maschine oder eines Computersystems erfordern, sind zu vermeiden. Derartige Aufgaben (z.B. Anlagenüberwachung, getaktete Montageaufgaben, bestimmte Formen der Qualitätskontrolle) führen zu qualifikatorischer Unterforderung bei gleichzeitiger Überforderung durch die Notwendigkeit, wach bzw. aktiv bleiben zu müssen.

Um zielgerichtet in einen Arbeitsablauf eingreifen zu können, muß ein ausreichendes Aktivierungsniveau vorhanden sein. Wird eine Reaktion nur selten gefordert, dann kommt es zu Fehlleistungen.

Beispiele

- Der Benutzer kann laufende Anwendungen unterbrechen und anschließend auch wiederaufsetzen. Seine Aktionen werden mit Vorrang behandelt.
- Die Benutzungsoberfläche erwartet generell, daß die Bedienungsinitiative vom Benutzer ausgeht; Voreinstellungen müssen explizit bestätigt werden.

Ganzheitlichkeit

zu 6 Ganzheitlichkeit

Eine Arbeitsaufgabe ist ganzheitlich, wenn planende, durchführende und das Ergebnis kontrollierende Teilaufgaben enthalten sind.

Durch die Ganzheitlichkeit wird für den Mitarbeiter die Arbeit anschaulicher (»roter Faden: man weiß, was man und wozu man etwas gemacht hat«). Damit wird die Arbeit auch besser erlernbar und veränderbar. Außerdem erhält der Mitarbeiter Rückmeldungen über den Arbeitsfortschritt aus der Tätigkeit selbst, was für die Zielerreichung eine wichtige Rolle spielt.

Ganzheitlichkeit ist u.a. auch die Voraussetzung für die Übernahme eigener Verantwortung.

Beispiel

Ein Text-Verarbeitungssystem zeigt bei der Einstellung der Erfassungsart »Blocksatz« und »Seitenumbruch« alle eingegebenen Texte direkt im Blocksatz an und macht sichtbar, wo ein Seitenwechsel stattfindet. Durch das WYSIWYG-Prinzip *»What you see is what you get«* hat der Anwender die Möglichkeit, seine Eingabe vom Layout her sofort zu überprüfen.

zu 7 Autonomie (Handlungsspielraum)

Autonomie

Die Aufgabe gestattet es dem Mitarbeiter – innerhalb des vorgegebenen Rahmens – seine Tätigkeit in weitgehender Eigenverantwortung und Eigenkontrolle in zeitlicher, inhaltlicher und/oder formaler Hinsicht selbständig zu gestalten und räumt ihm einen ausreichenden Umfang der Entscheidungskompetenz ein.

Durch die Arbeitsorganisation wird vorgegeben, welche inhaltliche und formale Entscheidungskompetenz der Mitarbeiter besitzt. Dieser Rahmen kann durch die Software nicht verändert werden, jedoch darf die Software keine zusätzlichen Beschränkungen bedingen. Die Autonomie der Bedienung der Anwendungssoftware wird durch die Arbeitsorganisation im allgemeinen nicht tangiert.

Beispiele

- In der Fallstudie »Seminarorganisation« wird von der Arbeitsorganisation vorgegeben, auf welche Daten der Kundensachbearbeiter und auf welche Daten der Seminarsachbearbeiter schreibend oder lesend zugreifen darf. Diese Vorgaben müssen durch die Software eingehalten werden.
  Wird bei der Seminarbuchung durch einen Kunden festgestellt, daß er noch im Zahlungsverzug ist, dann soll der Kundensachbearbeiter autonom entscheiden, ob er die Buchung akzeptiert oder nicht. Die Software darf ihm seine Entscheidung nicht abnehmen.
- Ein Anwender benötigt für seine Tätigkeit einmal am Tag von einem räumlich entfernt sitzenden Kollegen fachliche Informationen. Bisher hat er diese Informationen telefonisch eingeholt. In der Regel war sein Kollege jedoch auf Anhieb nicht zu erreichen. Mit seinem Kollegen vereinbart er daher, daß er die Informationen mit elektronischer Post an ihn sendet, sobald sie vorliegen.

zu 8 Möglichkeiten zur Verfahrenswahl

Möglichkeiten zur Verfahrenswahl

Die Arbeitswege, -mittel und -operationen sowie die Reihenfolge zur Erledigung einer Arbeitsaufgabe können vom Mitarbeiter innerhalb eines vorgegebenen Verfahrensrahmens frei gewählt werden.

Können Arbeitsverfahren individuell gewählt werden, dann kann damit eine Anpassung an die eigenen Fähigkeiten, Fertigkeiten und Vorlieben vorgenommen werden. Außerdem können eigene Strategien zur Aufgabenlösung entwickelt werden.

Beispiele

- ■ Ein Mitarbeiter muß Kalkulationen durchführen. Es stehen drei verschiedene Tabellenkalkulationsprogramme zur Verfügung, die sich in ihrer Funktionalität, aber nicht in ihrer Kommunikationsfähigkeit mit anderen Programmen unterscheiden. Der Mitarbeiter wählt jeweils das Tabellenkalkulationsprogramm, das für seine momentane Kalkulationsaufgabe am besten geeignet ist.

- Ein Text-Verarbeitungssystem erlaubt es dem Benutzer, zwischen mehreren Erfassungsvarianten und -kombinationen zu wählen:
  - Flattersatz rechtsbündig oder linksbündig,
  - Blocksatz mit automatischer Silbentrennung oder mit Silbentrennungsvorschlägen,
  - mit Überprüfung der Groß- und Kleinschreibung,
  - mit Überprüfung von Fachwörtern,
  - mit Überprüfung der Rechtschreibung,
  - mit Überprüfung von Postleitzahl/Wohnort.

persönlicher Arbeitsstil

zu 9 Möglichkeiten zur Entwicklung persönlicher Arbeitsstile

Der Mitarbeiter kann bei seiner Tätigkeit und allen damit direkt oder indirekt zusammenhängenden Aktivitäten eine persönliche Arbeitsweise entwickeln und anwenden.

Ein persönlicher Arbeitsstil ist Kennzeichen einer Persönlichkeit und fördert ganz wesentlich die Arbeitszufriedenheit und Motivation.

Beispiel

Ein Vertriebsmitarbeiter möchte morgens beim Einschalten des Computersystems in einem Fenster die im elektronischen Briefkasten eingegangene Post in Form eines Inhaltsverzeichnisses (Absender, Betreff) angezeigt haben. In einem anderen Fenster soll der Umsatz des vorangegangenen Tages in Relation zum entsprechenden Vormonatstag in Histogrammform dargestellt werden. In einem weiteren Fenster ist der aktuelle Tagesterminplan anzuzeigen. Diese tägliche Voreinstellung hat der Benutzer dem Anwendungssystem mitgeteilt.

Der Mitarbeiter soll also die Möglichkeit haben, von ihm benutzte Software an seine individuellen Wünsche und Bedürfnisse anzupassen.

Lern- und Entwicklungsmöglichkeiten

zu 10 Lern- und Entwicklungsmöglichkeiten

Lern- und Entwicklungsmöglichkeiten erlauben dem Mitarbeiter, bei der Aufgabenerledigung neues hinzuzulernen und seine Fähigkeiten und Fertigkeiten weiter zu entwickeln.

Arbeitstätigkeiten, die Entwicklungs- und Qualifizierungsmöglichkeiten erlauben, üben einen positiven Einfluß auf die Motivation der Mitarbeiter aus. Die Arbeitsaufgabe sollte daher Lernmöglichkeiten beinhalten, die Entwicklungsmöglichkeiten und berufliche Zukunftsperspektiven für den Mitarbeiter erkennen lassen.

Beispiel

Ein Datenbanksystem erlaubt dem Benutzer, eigene Anfragen an das Datenbanksystem zu formulieren.

zu 11 Möglichkeiten zur schöpferischen Weiter- und Neuentwicklung von Arbeitsverfahren

Schöpferische Weiter- oder Neuentwicklung

Das Arbeitsverfahren zur Erledigung einer Aufgabe kann vom Mitarbeiter schöpferisch weiter- oder neuentwickelt und angewandt werden.

Das Entwickeln und Einsetzen von individuellen Strategien bildet einen wichtigen Bestandteil der Qualifizierung.

Beispiel

Das von einem Manager benutzte Kalenderprogramm hat eine nicht ausreichende Funktionalität. Der Manager wünscht pro Monat getrennt aufsummiert die Anzahl der Tage, die er auf Dienstreise, im Urlaub oder krank war. Da das Kalenderprogramm eine Endbenutzersprache zur Verfügung stellt, kann die Funktionalität entsprechend ergänzt werden.

zu 12 Möglichkeiten/Erfordernisse zur fachlichen Interaktion

Möglichkeiten/ Erfordernisse zur fachlichen Interaktion

Die fachliche Interaktion gibt an, welche fachliche Kommunikation oder Kooperation dem Mitarbeiter ermöglicht oder vom Mitarbeiter verlangt wird, um eine Aufgabe zu erledigen. Fachliche Interaktion ist hier der Überbegriff für verschiedene Formen der fachlichen Zusammenarbeit, um eine Aufgabe zu erledigen. Fachliche Kommunikation bedeutet, daß der Mitarbeiter zur Erledigung seiner Aufgabe mit anderen kommunizieren muß, z.B. um benötigte Informationen zu erhalten. Demgegenüber erfordert fachliche Kooperation die eigene Mitarbeit zusammen mit anderen an einer umfassenderen Aufgabe.

Ziel jeder Arbeitsgestaltung muß es sein, in gewissem Umfang soziale Interaktion zwischen Mitarbeitern zu ermöglichen. Soziale Interaktion kann aber nicht gestaltet werden.

Von der Arbeitsgestaltung her ist es aber möglich, fachliche Interaktion zu erzwingen (ein Mitarbeiter benötigt die Ergebnisse eines anderen) oder zu ermöglichen. Es muß jedoch darauf geachtet werden, daß erzwungene Interaktion nicht zu einer wesentlichen Reduktion der Autonomie des einzelnen führt.

Software kann hier nur unterstützend wirken und die fachliche Interaktion technisch ermöglichen.

Beispiel

Ein Textsystem erlaubt das gemeinsame Erstellen eines Dokumentes durch mehrere, räumlich verteilte Personen.

zu 13 Arbeitsökonomie

Arbeitsökonomie

Die zur Verfügung stehenden Arbeitsmittel erlauben es dem Mitarbeiter, mit dem geringstmöglichen Aufwand an Arbeitstätigkeiten ein vorgegebenes Ziel zu erreichen.

Akzeptanz hängt davon ab, daß Arbeitstätigkeiten unter Einsatz neuer Arbeitsmittel nicht aufwendiger sein dürfen als mit traditionellen Arbeitsmitteln.

Beispiele

- Ein Textprogramm zeigt nach Eingabe der Postleitzahl automatisch den Ort an, ohne daß ihn der Anwender eingeben muß.
- Ein Telefonprogramm wählt automatisch den Teilnehmer an, wenn ein eindeutiges Kürzel des Teilnehmers eingegeben wird.
- Ein Textsystem generiert bei einem Geschäftsbrief das Brieflayout automatisch.
- Ein Dokumentationssystem erstellt automatisch das Inhalts- und Stichwortverzeichnis. Bei Einfügen einer neuen Abbildung werden automatisch alle nachfolgenden Abbildungsnummern umnumeriert.
- Ein Anwendungssystem erlaubt eine Bedienung über Menüs und über Kommandos.
- Häufige Bedienungsfolgen können Funktionstasten zugeordnet werden, so daß sie auf Knopfdruck ablaufen.
- Ein aktives Hilfesystem macht Bedienungsvorschläge, die nach Akzeptanz durch den Benutzer dann automatisch ausgeführt werden.

Die aufgeführten Gestaltungsziele sind nicht unabhängig voneinander und überlappen sich teilweise. Sie zeigen jedoch die verschiedenen Gestaltungsdimensionen auf, die bei der Gestaltung von Arbeit allgemein und insbesondere bei der Gestaltung des Arbeitsmittels Software zu berücksichtigen sind. Abb. 1.6-3 zeigt eine Checkliste, die diese Gestaltungsziele nochmals prägnant zusammenfaßt.

Abb. 1.6-3a: Checkliste: Ergonomische Gestaltung von Arbeitsplätzen

Grundsatz: Die Arbeitstätigkeiten sind für den Mitarbeiter zumutbar und fördern seine Persönlichkeit.

Zumutbarkeit

Anforderungsvielfalt

1 Schaffung einer interessanten, abwechslungsreichen Arbeitsaufgabe, die eine Vielfalt von Anforderungen aus mehreren, verschiedenen geistigen Anforderungsbereichen abwechselnd abverlangt. Extreme Formen der Arbeitsteilung (Spezialisierung) sind zu vermeiden.

Transparenz

2 Übertragung einer in sich geschlossenen, sinnvollen Aufgabe an den Mitarbeiter, die einen klar definierten Anfang und Abschluß hat. Der Arbeitsfortschritt und das Endergebnis der Tätigkeit sind gut sichtbar. Das Arbeitsobjekt verändert sich erkennbar und die Arbeitsaufgabe ist in den Arbeitszusammenhang einordenbar.

Arbeitstempo

3 Der Mitarbeiter kann sein Arbeitstempo innerhalb gewisser Grenzen selbst bestimmen, wodurch Zeitdruck, Hektik und Streß vermindert werden.

Abb. 1.6-3b: Checkliste

Persönlichkeitsförderlichkeit	
4 Die Arbeitsaufgabe soll dem Mitarbeiter die Nutzung seiner Kenntnisse und Fähigkeiten ermöglichen. Sie soll realistische Anforderungen an sein Können stellen. Zu leichte, monotone Tätigkeiten können zu Unterforderung, Langeweile und Desinteresse führen, zu schwierige Aufgaben zu Überforderung und Streß.	Nutzung von Qualifikationen
5 Die Erledigung der Arbeitsaufgabe erlaubt dem Mitarbeiter und erfordert von ihm ausreichende eigene Aktivitäten und Initiativen. Dadurch wird das Gefühl der Fremdbestimmtheit und Fremdsteuerung reduziert und die Eigenverantwortung erhöht.	Aktivitätsmöglichkeiten
6 Die Aufgabe erfordert planende, vorbereitende, ausführende und kontrollierende Teiltätigkeiten.	Ganzheitlichkeit
7 Die Einräumung einer gewissen Autonomie gestattet es dem Mitarbeiter, in Eigenverantwortung und Eigenkontrolle seine Tätigkeit in zeitlicher, inhaltlicher und/oder formaler Hinsicht weitgehend selbständig zu gestalten und in ausreichendem Umfang Entscheidungen selbst zu treffen. Das Selbstachtungsgefühl des Mitarbeiters wird dadurch erhöht, und seine Motivation wird verbessert.	Autonomie
8 Für die Erledigung der Arbeitsaufgabe sollte nicht ein einziges Arbeitsverfahren vorgeschrieben sein. Freiheitsgrade bei der Aufgabenerledigung, bezogen auf Wege, Mittel, Operationen, ermöglichen es dem Mitarbeiter, eigene Handlungsstrategien zu entwickeln.	Verfahrenswahl
9 Der Mitarbeiter kann bei der Aufgabenerledigung und den damit direkt oder indirekt zusammenhängenden Aktivitäten seinen persönlichen Arbeitsstil entwickeln und anwenden.	persönlicher Arbeitsstil
10 Bei seiner Tätigkeit kann der Mitarbeiter neues hinzulernen und seine Fähigkeiten und Fertigkeiten weiterentwickeln. Durch diese Lernpotentiale eröffnen sich unter Umständen berufliche Entwicklungsmöglichkeiten.	Lern- und Entwicklungsmöglichkeiten
11 Die Arbeitstätigkeit erlaubt die schöpferische Weiter- oder Neuentwicklung der Arbeitsverfahren, auch über den vorgegebenen Gestaltungsrahmen hinaus.	schöpferische Weiter- oder Neuentwicklung
12 Soziale Interaktion soll durch geeignete Kooperations- und Kommunikationserfordernisse und geeignete räumliche Gestaltung unterstützt werden, ohne starke Abhängigkeitsverhältnisse zu schaffen.	soziale Interaktion
13 Die einzusetzenden Arbeitsmittel sind so beschaffen, daß der Mitarbeiter mit dem geringstmöglichen Aufwand an Arbeitstätigkeiten ein vorgegebenes Ziel erreichen kann.	Arbeitsökonomie
Arbeitsteilung Mensch – Computersystem	
14 Arbeitsplatzübergreifend ist festzulegen, welche Aufgabenteile in welchem Umfang vom Computersystem erledigt werden sollen. Das Computersystem soll den Menschen von routinehaften Tätigkeitsanteilen entlasten. Planung mit Entscheidungsfindung sowie kreative Aufgaben mit Problemlösungscharakter sollten dem Menschen zugeordnet werden.	Mensch <—> Computersystem
15 Es sollten Mischtätigkeiten geschaffen werden, die eine vernünftige Mischung von Bildschirmarbeit und Nicht-Bildschirmarbeit darstellen.	Mischarbeit
16 Die Aufgabenteilung – unter Berücksichtigung der vom Computersystem durchzuführenden Aufgaben – soll so erfolgen, daß für jeden Arbeitsplatz ein hinreichendes Minimum der Gestaltungsziele 1 bis 13 erreichbar ist.	

1.7 Was muß modelliert werden?

Die Aufbau- und Ablauforganisation eines Unternehmens muß durch geeignete Konzepte und Notationen modelliert werden können. Es lassen sich vier wesentliche Blickwinkel unterscheiden (Abb. 1.7-1):

- Daten,
- Funktionen,
- Geschäftsprozesse und
- Arbeitsplätze.

Kapitel I 2.2, Abb. 2.2-1

Jedem Blickwinkel sind Konzepte zugeordnet, die heute zur Modellierung dieser Blickwinkel verwendet werden.

Kapitel I 2.17, I 2.10, I 2.6

Am häufigsten werden heute in Deutschland Petri-Netze verwendet, um Geschäftsprozesse zu modellieren. Daten werden meistens mit Hilfe des *Entity-Relationship*-Konzepts dargestellt. Die Aufbauorganisation spiegelt oft die Funktionen des Unternehmens wider. Sie wird in Form von Organigrammen beschrieben.

Wie die verschiedenen Sichten miteinander verknüpft und auf Konsistenz überprüft werden, ist unterschiedlich. Neu ist die Anwendung objektorientierter Konzepte zur Unternehmensmodellierung. Im Hauptkapitel 2 werden entsprechende Konzepte und mögliche Methoden vorgestellt. Wie bei der objektorientierten Analyse werden auch bei der objektorientierten Unternehmensmodellierung Daten, Funktionen und Geschäftsprozesse von vornherein integriert modelliert.

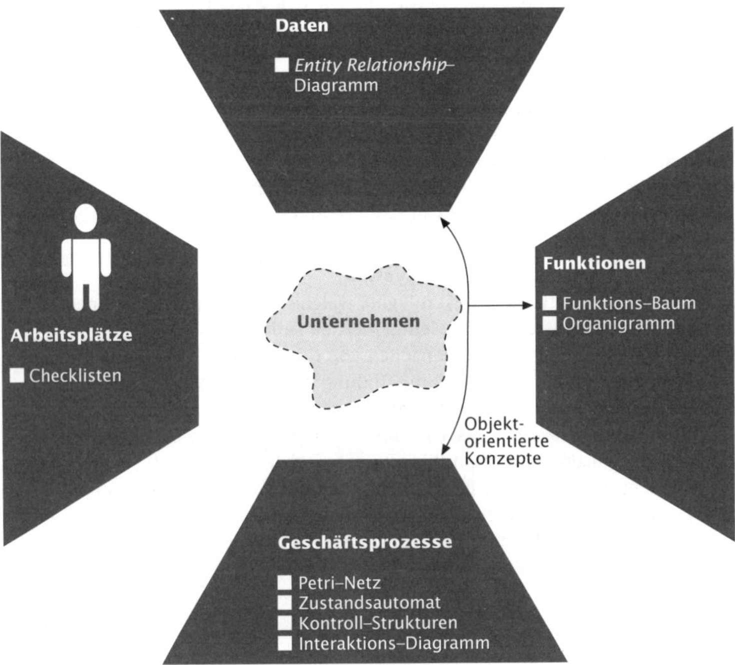

Abb. 1.7-1: Blickwinkel auf ein Unternehmen

Etwas isoliert steht der Blickwinkel Arbeitsplatz dar. Zwar hat die Arbeitswissenschaft Kriterien für ergonomische Arbeitsplätze entwickelt. Konzepte und Notationen haben jedoch weder Einfluß auf die Unternehmensmodellierung noch auf die Software-Technik gefunden.

An die Konzepte und Notationen zur Unternehmensmodellierung ist insbesondere die Anforderung der guten Verständlichkeit zu stellen. Die Mitarbeiter im Unternehmen müssen die Modellierung nachvollziehen können. Außerdem muß das Unternehmensmodell leicht änderbar sein, damit es an die wandelnden Anforderungen schnell angepaßt werden kann.

Da ein großer Teil des Unternehmensmodells durch Anwendungssoftware realisiert werden muß, müssen die Konzepte und Notationen kompatibel zu Konzepten und Notationen der Software-Entwicklung sein, so daß kein Bruch zwischen dem Unternehmensmodell und den objektorientierten Analysemodellen der Anwendungssoftware entsteht.

Business Engineering →Unternehmensmodellierung

Business Process →Geschäftsprozeß

Business (Process) Reengineering revolutionäre Umgestaltung eines Unternehmens durch radikale Veränderung der →Geschäftsprozesse hin zu kundenorientierten, optimierten Geschäftsprozessen

Enterprise Engineering →Unternehmensmodellierung

Geschäftsprozeß Aktivitäten in einem Unternehmen, die dazu dienen, einem Kunden eine für ihn meßbare Leistung zu erbringen. Alle Geschäftsprozesse zusammen bilden die Ablauforganisation eines Unternehmens.

Persönlichkeitsförderlichkeit Gestaltungsziel der Arbeitswissenschaft; die zu erledigenden Aufgaben sollen zur Entfaltung und Weiterentwicklung der Persönlichkeit des Mitarbeiters beitragen.

Unternehmensmodellierung Ingenieurmäßige Gestaltung der Aufbau- und Ablauforganisation eines Unternehmens, so daß eine hohe Kundenzufriedenheit entsteht und sich das Unternehmen im Wettbewerb behaupten kann.

Unternehmensprozeß →Geschäftsprozeß

Zumutbarkeit Gestaltungsziel der Arbeitswissenschaft; die zu erledigenden Aufgaben müssen für den Mitarbeiter bezogen auf seine Qualifikation und sein Anspruchsniveau sowie bezogen auf gesellschaftliche Normen zumutbar sein.

Anwendungssoftware steht im betrieblichen Umfeld nicht für sich allein. Sie wird im Rahmen eines Arbeitssystems von einem Mitarbeiter bei der Lösung seiner Aufgaben als Arbeitsmittel eingesetzt. Die Aufgaben müssen unter Berücksichtigung der Arbeitsteilung zwischen Mensch und Software so gestaltet sein, daß die Arbeitstätigkeiten für den Mitarbeiter zumutbar sind und seine Persönlichkeit fördern

Aber auch der einzelne Arbeitsplatz steht nicht für sich allein, sondern muß im Rahmen der insgesamt zu erledigenden Geschäftsprozesse im Unternehmen eine definierte, mit anderen Arbeitsplätzen abgestimmte Aufgabe zugeordnet bekommen.

Dazu ist es erforderlich, ausgehend von den Zielen und Aufgaben eines Unternehmens, eine Unternehmensmodellierung vorzunehmen. Die Begriffe *Business Engineering* und *Enterprise Engineering* drükken aus, daß es heute als eine Ingenieurtätigkeit angesehen wird, die Aufbau- und Ablauforganisation eines Unternehmens zu gestalten.

Als besonders wichtig hat sich die Beschreibung und Optimierung der Geschäftsprozesse (Unternehmensprozesse, *business processes)* erwiesen.

Ein Geschäftsprozeß soll folgenden Gütekriterien genügen:

- Klar und einfach zu verstehen.
- Ausführung eines Geschäftsprozesses durch möglichst wenig Mitarbeiter.
- Einfache Schnittstelle zum Kunden.
- Jeder Geschäftsprozeß-Schritt soll zum erhöhten Wert für den Kunden beitragen.
- Die ausführenden Mitarbeiter haben die volle Verantwortung für den Prozeß.
- Er kann in mehreren Varianten existieren.

Business (Process) Reengineering ist der revolutionäre Veränderungsprozeß in einem Unternehmen, der nötig ist, um traditionelle Geschäftsprozesse so umzugestalten, daß sie die obigen Kriterien erfüllen.

/Champy 95/

Champy J., *Reengineering Management – The Mandate for New Leadership*, New York: Harper Business 1995, 212 Seiten

Der Autor beschreibt, welche Änderungen im Management nötig sind, um *Reengineering* durchzuführen.

/Hammer, Champy 93/

Hammer M., Champy I., *Reengineering the Corporation: A Manifesto for Business Revolution*, New York: Harper Collins 1993

Wegweisendes Buch zum Thema *Business Reengineering.* Sehr zu empfehlen.

/Hammer, Champy 94/

Hammer, M., Champy J., *Business Reengineering – Die Radikalkur für das Unternehmen*, Frankfurt: Campus-Verlag 1994, 288 Seiten

deutsche Übersetzung von /Hammer, Champy 93/

/Hammer, Stanton 94/

Hammer M., Stanton S.A., *The Reengineering Revolution – A Handbook*, New York: Harper Business 1994, 336 Seiten

In diesem Buch berichten die Autoren über ihre Erfahrungen mit dem *Reengineering.* Es werden häufig gemachte Fehler aufgezeigt und Erfolgskriterien aufgestellt. Fallstudien verdeutlichen die beschriebenen Konzepte.

/Spinas, Troy, Ulich 83/

Spinas P., Troy N., Ulich E., *Leitfaden zur Einführung und Gestaltung von Arbeit mit Bildschirmsystemen*, München: CW-Publikationen 1983, 116 Seiten

Kurzgefaßter, praxisorientierter Leitfaden mit vier Checklisten zur Einführung und Gestaltung von Bildschirmarbeit: Enthält auch hardware-ergonomische Kriterien (allerdings vorwiegend auf alphanumerische Bildschirme bezogen) sowie Kriterien für die Arbeitsplatzgestaltung. Ganzheitliche Berücksichtigung aller relevanten Gestaltungsbereiche. Sehr zu empfehlen.

Zitierte Literatur

/Davenport 93/
Davenport T. H., *Process Innovation, Reengineering Work through Information Technology*, Boston: Harvard Business School Press, 1993

/Jacobson, Ericsson, Jacobson 94/
Jacobson I., Ericsson M., Jacobson A., *The Object Advantage – Business Process Reengineering with Object Technology*, Wokingham: Addison-Wesley 1994

1 *Lernziel: Die Unterschiede zwischen evolutionärer und revolutionärer Umgestaltung darstellen können.*
Erläutern Sie die grundsätzlichen Unterschiede zwischen dem Ansatz des *Business Reengineering* und des *Total Quality Management*.

Muß-Aufgabe
10 Minuten

2 *Lernziel: Aufzeigen können, welche Faktoren zu neuen Anforderungen an Unternehmen führen.*
Welche wesentlichen Faktoren kennen Sie, durch die neue Anforderungen an ein Unternehmen ausgelöst werden?

Muß-Aufgabe
3 Minuten

3 *Lernziel: Die Definition eines Geschäftsprozesses kennen und erläutern können.*
Woraus besteht ein Geschäftsprozeß? Nennen Sie ein Beispiel für einen Geschäftsprozeß und finden Sie einen adäquaten Namen für diesen Prozeß.

Muß-Aufgabe
5 Minuten

4 *Lernziel: Aufzählen und erläutern können, nach welchen Kriterien Prozesse für die Umgestaltung ausgewählt werden können.*
Erläutern Sie die drei wichtigsten Kriterien für die Prozesse, die einer Umgestaltung unterworfen werden sollten. An welchen Merkmalen erkennt man diese Prozesse?

Muß-Aufgabe
10 Minuten

5 *Lernziel: Darstellen können, welche Vorstellungen es über ein modernes Unternehmen gibt.*
Erläutern Sie die Hierarchieebenen in einem modernen Unternehmen.

Muß-Aufgabe
10 Minuten

6 *Lernziel: Schildern können, welche Rolle die Informations- und Kommunikationstechnik in einem modernen Unternehmen einnimmt.*
Im folgenden sind neue Techniken aufgeführt, die Regeln, nach denen Unternehmen aufgebaut sind, verändern können.
Erläutern Sie kurz, welche Auswirkungen die jeweilige Technik hat.

a Drahtlose Datenkommunikation und tragbare Computer
b Telekommunikationsnetzwerke
c Gemeinsam genutzte Datenbanken
d Expertensysteme

Muß-Aufgabe
10 Minuten

7 *Lernziel: Die behandelten Gestaltungs- und Bewertungskriterien zur Persönlichkeitsförderung und Zumutbarkeit aufzählen und beschreiben können.*

a Nennen Sie die vier globalen Bewertungskriterien für die Gestaltung menschlicher Tätigkeiten in hierarchischer Reihenfolge.
b In welche Teilziele lassen sich diese letzten beiden Kriterien gliedern? Bringen Sie diese Teilziele in eine nach Prioritäten geordneten Reihenfolge.

Muß-Aufgabe
15 Minuten

Muß-Aufgabe *30 Minuten*

8 *Lernziel: Anhand der aufgeführten Checkliste prüfen, ob eine Arbeitstätigkeit an einem Computersystem ergonomisch gestaltet ist.*

Im folgenden wird die Arbeitssituation eines Software-Entwicklers in einem großen Unternehmen geschildert. Prüfen Sie anhand der in Abb. 1.6-3 dargestellten Checkliste, inwieweit der Arbeitsplatz ergonomisch gestaltet ist.

Machen Sie zu den Punkten, die Ihrer Ansicht nach nicht der gewünschten Ergonomie entsprechen, Verbesserungsvorschläge. Bei Punkten, zu denen in der Schilderung keine Aussage gemacht wird, legen Sie bitte dar, wie die Arbeitsumgebung gestaltet werden sollte.

Der Software-Entwickler M. erhält als Vorgabe für die zu entwickelnde Software OOD-Modelle, in denen das Produkt detailliert beschrieben ist. Die implementierungsspezifischen Details kann M. selbst entscheiden. Es ist ihm jedoch nahegelegt, möglichst auf vorhandene Klassenbibliotheken zurückzugreifen. Die Entwicklungsumgebung und -Sprache sind vorgegeben. Die eingesetzte Umgebung kann jedoch an die individuelle Arbeitsweise angepaßt werden.

Für die Dokumentation und die anfallende Korrespondenz kann der Entwickler auf ein Textverarbeitungssystem seiner Wahl zurückgreifen. Es muß lediglich ein standardisiertes Dateiformat beherrschen. Der Entwickler M. ist auf die Implementierung des Teiles aus dem OOD-Modell spezialisiert, der die Kopplung der Anwendung an das (vorgegebene) Datenbanksystem realisiert. Diesen Teil der Anwendung entwickelt er komplett.

Muß-Aufgabe *25 Minuten*

9 *Lernziel: Einen gegebenen Geschäftsprozeß auf die typischen Merkmale neugestalteter Geschäftsprozesse und auf die Einhaltung von Gütekriterien hin untersuchen können.*

Im folgenden ist der Geschäftsprozeß, der für eine Bestellung von Software oder Hardware in einem Großunternehmen zu durchlaufen ist, beschrieben. Untersuchen Sie diesen Prozeß auf die typischen Merkmale neugestalteter Geschäftsprozesse (Tab. 1.3-2). Prüfen Sie auch, ob die in Tab. 1.3-3 dargestellten Gütekriterien erfüllt sind.

Name des Prozesses: Beschaffung

Wenn ein Mitarbeiter Hard- oder Software beschaffen will, geht er wie folgt vor: Bis zu einem Wert von 1000 DM kann er direkt telefonisch oder schriftlich bestellen. Beträgt der Wert des zu beschaffenden Gegenstands zwischen 1000 DM und 5000 DM, müssen zunächst drei Angebote von verschiedenen Anbietern eingeholt werden. Die Bestellung muß schriftlich erfolgen, wobei der Vorgesetzte die Bestellung abzeichnen muß. Bei einem Wert über 5000 DM muß die Abteilung »zentrale Beschaffung« eingeschaltet werden. Hier wird im Einzelfall entschieden, ob die Ware ausgeschrieben oder auf normalem Weg beschafft wird. Nachdem die Ware geliefert worden ist, muß die Rechnung grundsätzlich dem nächsten Vorgesetzten vorgelegt werden, der sie abzeichnet. Erst dann kann die Rechnung zur Bezahlung an die »zentrale Beschaffung« weitergegeben werden. Hier wird nochmals geprüft, ob der beschriebene Prozeß korrekt durchgeführt wurde.

2 Objektorientierte Unternehmensmodellierung

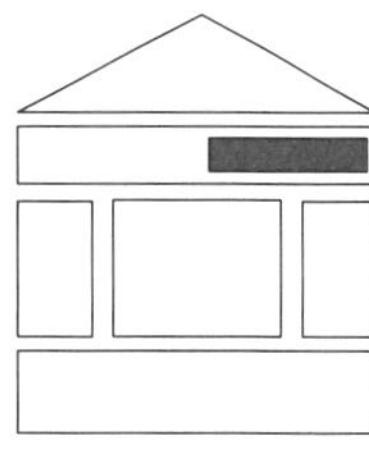

- Aufzählen und erklären können, in welcher Reihenfolge eine objektorientierte Unternehmensmodellierung erfolgt, welche Tätigkeiten durchzuführen sind und welche Ergebnisdokumente entstehen. — verstehen
- Die zur objektorientierten Unternehmensmodellierung verwendeten Konzepte und Notationen erläutern können.
- Für vorgegebene Beschreibungen von Unternehmen eine Unternehmensvision aufstellen können. — anwenden
- Für vorgegebene Beschreibungen von Unternehmen ein objektorientiertes Unternehmensmodell erstellen können.
- Unternehmensmodelle und Geschäftsprozesse anforderungsgerecht strukturieren können.
- Ein gegebenes objektorientiertes Unternehmensmodell unter Zuhilfenahme von Checklisten analysieren und auf Qualität überprüfen können. — beurteilen

- Das Hauptkapitel 1 »Grundlagen« sollte bekannt sein, insbesondere Kapitel 1.3 »Geschäftsprozesse und ihre Eigenschaften«.

i

2.1 Überblick über die Methode

Vorbemerkung

Ein Unternehmen mit Hilfe von objektorientierten Konzepten zu modellieren ist neu. Bisher gibt es nur wenige Ansätze dazu. Die folgenden Ausführungen orientieren sich in der Methode und der Notation an /Jacobson, Ericsson, Jacobson 94/, ergänzt, modifiziert und erweitert anhand eigener Erfahrungen.

Dr. Ivar Jacobson, *1939 in Ystad, Schweden, Wegbereiter der objektorientierten Software-Entwicklung *(use case driven approach)* und Unternehmensmodellierung; führte 1987 die Interaktions-Diagramme in die objektorientierte Software-Entwicklung ein; Gründer der Firma Objectory (1987), die 1995 mit der Firma Rational fusionierte; seit 1995 *Vice President of Business Engineering* bei Rational, Santa Clara, USA.

Für die Unternehmensmodellierung werden die in Kap. I 2.18 beschriebenen OOA-Konzepte verwendet, z.T. aber in abstrahierter Form. Außerdem ist der Betrachtungswinkel anders. Bei einem OOA-Modell wird ein Software-Produkt modelliert, bei einem Unternehmensmodell ein Unternehmen.

Ausgangspunkt für die Umgestaltung oder Neugestaltung eines Unternehmens ist eine dokumentierte Unternehmensvision. Da in der Regel die Basis für eine Umgestaltung ein existierendes Unternehmen ist, entwickelt sich eine Unternehmensvision in Wechselwirkung mit der Analyse des existierenden Unternehmens.
Ein existierendes Unternehmen wird beschrieben durch

- seine Umwelt,
- seine Geschäftsprozesse aus externer Sicht,
- seine Geschäftsprozesse aus interner Sicht einschließlich benötigter Objekte.

Die Analyse dieser Beschreibungen führt zusammen mit der Unternehmensvision zu Zielen für die Um- oder Neugestaltung der Geschäftsprozesse.

Auf der Grundlage der Unternehmensvision, der Ziele für die zu ändernden Geschäftsprozesse und den allgemeinen Gütekriterien für Geschäftsprozesse (Tab. 1.3-2, 1.3-3, Kapitel 1.3) wird das neue Unternehmen gestaltet und modelliert.
Das neue Unternehmensmodell besteht aus

- der externen Sicht auf das Unternehmen,
- den Geschäftsprozessen aus externer Sicht,
- den Geschäftsprozessen aus interner Sicht einschließlich benötigter Objekte.

Anschließend werden die Geschäftsprozesse aus interner Sicht daraufhin analysiert, welche Teilprozesse durch Mitarbeiter und welche Teilprozesse durch Anwendungs-Software erledigt werden sollen. Im Rahmen dieser Aufgabenteilung wird ebenfalls festgelegt, welche Objekte durch die Mitarbeiter und welche Objekte durch die Anwendungs-Software verwaltet werden sollen.

Es ergibt sich als Ergebnis ein Unternehmensmodell, in das Anwendungs-Software als Subsysteme eingebettet sind. Dadurch ergibt sich ein direkter Übergang von dem Unternehmensmodell zu einem oder mehreren OOA-Modellen für die Anwendungs-Software.

Abb. 2.1-1 verdeutlicht diese Vorgehensweise. Bei der Analyse des bestehenden Unternehmens ist darauf zu achten, daß man sich auf die Prozesse mit der größten Wertschöpfung konzentriert und sich nicht in Details verliert.

In dem folgenden Kapitel wird die skizzierte Vorgehensweise näher beschrieben und anhand der Fallstudie »Seminarorganisation« verdeutlicht. Es wird davon ausgegangen, daß in der Firma Teachware (Fallstudie Seminarorganisation) bereits ein Anwendungs-System SemOrg vorhanden ist, dessen Funktionalität im Pflichtenheft im Anhang A von Band 1 dieses Buches beschrieben ist. Außerdem befindet sich das Pflichtenheft auf der diesem Buch beiliegenden CD-ROM.

Anhang I A

2.2 Analyse des bestehenden Unternehmens

Umwelt des Unternehmens

Ein guter Ausgangspunkt für die Analyse eines bestehenden Unternehmens ist die Beschreibung seiner Umwelt. Das Unternehmen wird als »schwarzer Kasten« angesehen.

1 Akteure identifizieren & beschreiben
2 Datenflüsse identifizieren

Zuerst werden Akteure identifiziert und beschrieben, die mit dem Unternehmen kommunizieren. Anschließend können noch die Datenflüsse zwischen den Akteuren und dem Unternehmen identifiziert werden. Ein Akteur ist jemand, der an einem Geschehen aktiv und unmittelbar beteiligt ist. Dabei kann es sich um Menschen, aber auch um andere Systeme, insbesondere Computersysteme handeln.

Beispiel

Abb. 2.2-1 zeigt die Umwelt der Firma Teachware in der Fallstudie Seminarorganisation.

Die Akteure lassen sich folgendermaßen beschreiben:

Kunde: Mitarbeiter einer Firma oder Privatperson, der an Dienstleistungen interessiert ist oder ein Seminar bzw. Training bucht und besucht.

Firma: Mitarbeiter einer Firma, der für die Aus- und Weiterbildung von Mitarbeitern zuständig ist und sich über die Dienstleistungen informiert oder Mitarbeiter zu öffentlichen Veranstaltungen schickt oder firmeninterne Veranstaltungen bucht.

Kooperationspartner: Andere Seminarveranstalter, mit denen in Kooperation Veranstaltungen durchgeführt werden.

Dozent: Führt als freier Mitarbeiter ein oder mehrere angebotene Veranstaltungen durch.

Hotel: Mitarbeiter eines Hotels, der für die Vergabe von Schulungsräumen zuständig ist (Bankettabteilung).

Abb. 2.1-1: Methode zur objektorientierten Unternehmensmodellierung

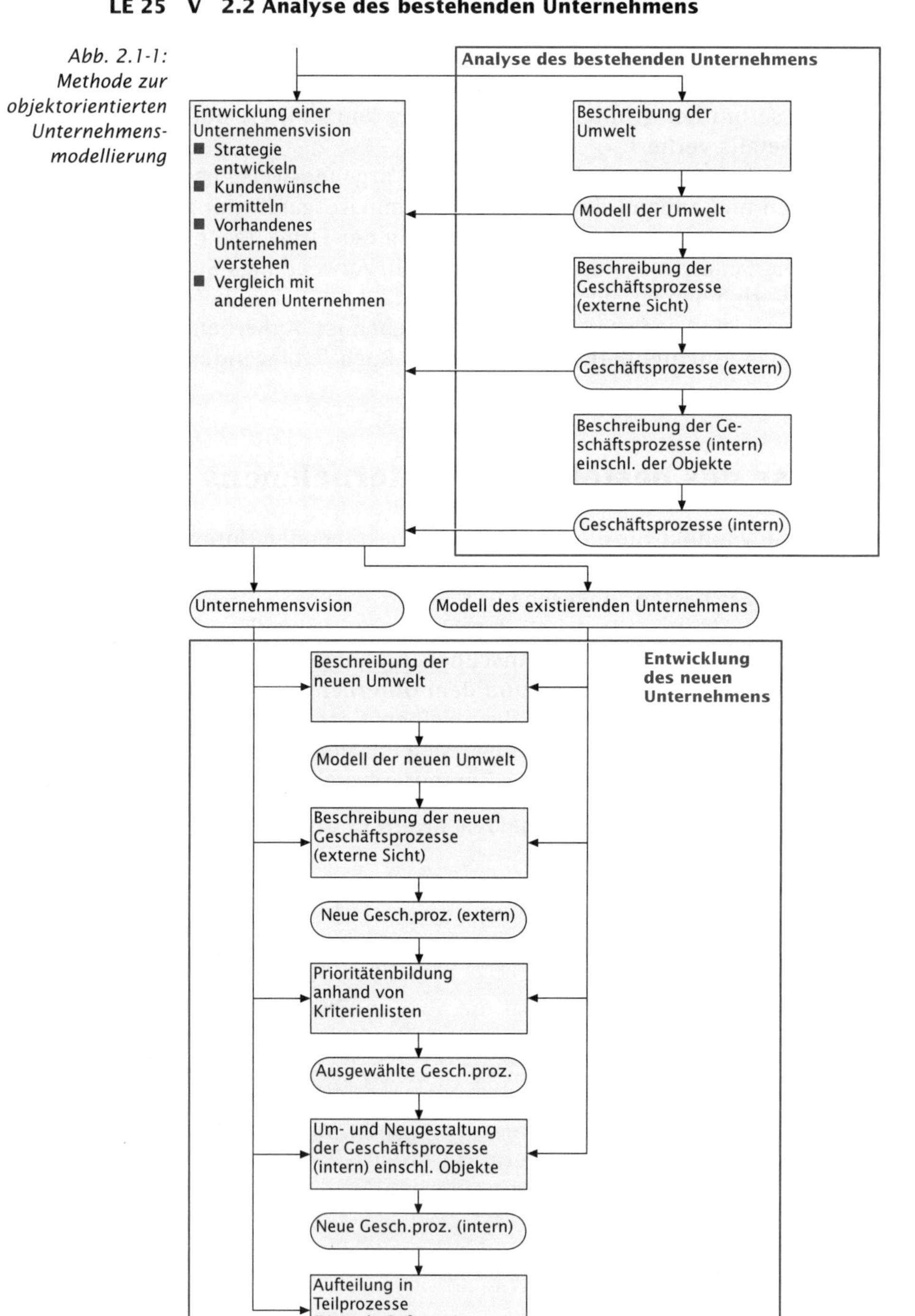

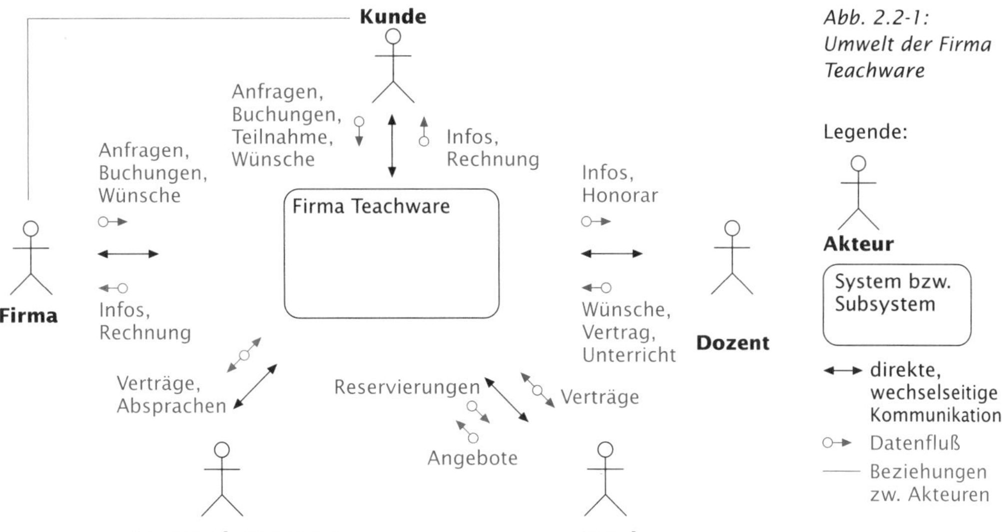

Abb. 2.2-1: Umwelt der Firma Teachware

Zur Beschreibung der Umwelt sind auch die Kontextdiagramme der strukturierten Analyse geeignet. Kapitel I 2.19

3 externe Geschäftsvorgänge identifizieren & benennen

Ausgehend von den Akteuren und ihren Datenflüssen sind Geschäftsvorgänge zu identifizieren und zu benennen. Für die Benennung sind die in Kapitel 1.3 bzw. Tab. 1.3-1 angegebenen Regeln zu beachten. Es hat sich bewährt, zumindest bei der ersten Benennung, sowohl die Gerundium-Form eines Verbs als auch den Anfangs- und Endpunkt des Prozesses anzugeben.

Für jeden Akteur ist die Frage zu stellen: »Welche Dienstleistungen und Produkte nimmt er von dem Unternehmen in Anspruch oder welche Dienstleistungen und Produkte liefert er dem Unternehmen?«

Übersichtsdiagramm erstellen

Alle Geschäftsprozesse und Akteure sind in einem Übersichtsdiagramm darzustellen, das eine Verfeinerung des Umweltdiagramms darstellt (Abb. 2.2-2).

externe Geschäftsprozesse beschreiben

Nach der Erstellung des Übersichtsdiagramms ist jeder Geschäftsprozeß aus externer Sicht zu beschreiben.
Zu jedem Geschäftsprozeß sind folgende Angaben zu machen:

- Name des Geschäftsprozesses
- Akteur
- Eingabeinformationen vom Akteur
- Ergebnisse des Geschäftsprozesses für den Akteur (Produkt, Dienstleistung)
- Aktivitäten des Geschäftsprozesses (gegliedert in Schritte, die durch Großbuchstaben gekennzeichnet werden)
- Bemerkungen, wenn erforderlich

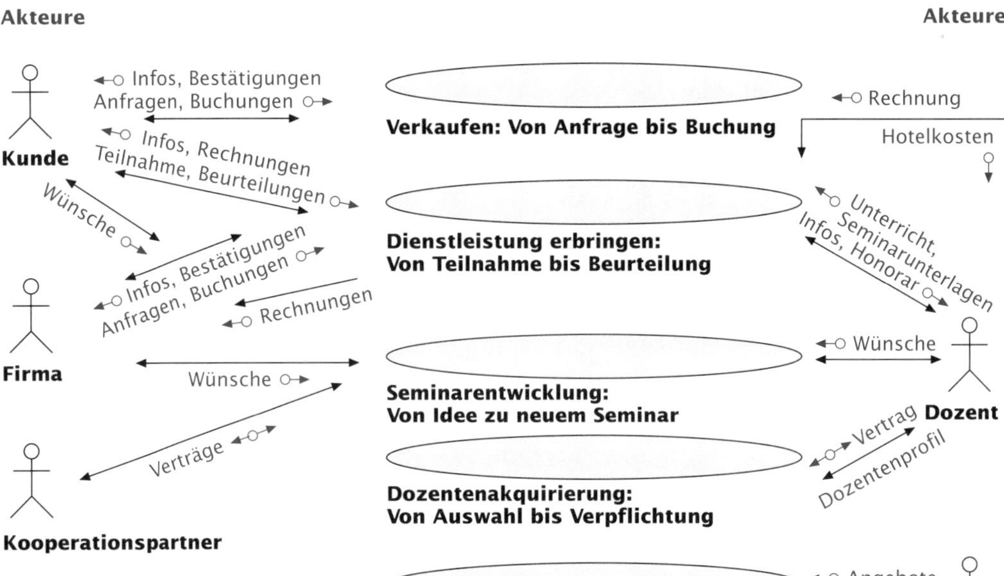

Abb. 2.2-2: Geschäftsprozesse der Fa. Teachware aus externer Sicht

Beschreibung der Geschäftsprozesse aus externer Sicht:

Beispiel

Verkaufen: Von Anfrage bis Buchung
Akteure: Kunde, Firma
Eingaben: Anfrage, Buchungen
Ausgaben: Infos, Buchungsbestätigungen
Dieser Prozeß gliedert sich in zwei Teilprozesse:

Informieren: Von Anfrage bis Auskunft
Eingaben: Informationswunsch, Katalogwunsch
Ausgaben: Auskunft (Seminare, Veranstaltungen), Katalog
A Ein Kunde oder eine Firma kann eine spezielle Auskunft über das Dienstleistungsangebot wünschen oder einen Seminarkatalog zugesandt bekommen.

Buchen: Von Anmeldung bis Buchung
Eingaben: Anmeldung
Ausgaben: Anmeldebestätigung
B Ein Kunde oder eine Firma meldet sich oder Mitarbeiter zu einer Veranstaltung an (öffentliche Veranstaltung).
C Eine Firma kann auch eine firmeninterne Veranstaltung buchen. Dabei kann das Seminarprogramm auf die individuellen Firmenwünsche zugeschnitten werden.

Dienstleistung erbringen: Von Teilnahme bis Beurteilung
Akteure: Kunde, Firma, Dozent, Hotel
Eingaben: Kunde nimmt an Veranstaltung teil, Dozent erteilt Unterricht, Beurteilung (von Kunde)
Ausgaben: Rechnung (an Kunde oder Firma), Infos (an alle), Honorar (an Dozent), Hotelkosten (Hotel)
A Ein gebuchter Kunde nimmt an der gebuchten Veranstaltung teil und beurteilt sie am Schluß der Veranstaltung.
Bemerkungen:
Ungefähr 3 Prozent der gebuchten Kunden erscheinen nicht zur gebuchten Veranstaltung und bezahlen die versandte Rechnung nicht. Aus Kulanzgründen wird in 50 Prozent aller Fälle auf ein Mahnverfahren verzichtet.

Seminarentwicklung: Von Idee zu neuem Seminar
Akteure: Kunde, Firma, Dozent, Kooperationspartner
Eingaben: Wünsche
Ausgaben: Verträge (zum Kooperationspartner)
A Aufgrund von Kunden-, Firmen- und Dozentenanregungen werden neue Seminare konzipiert bzw. vorhandene Seminare weiterentwickelt oder gestrichen.
B Für bestimmte Seminare werden Kooperationspartner gesucht.

Dozentenakquirierung: Von Auswahl bis Verpflichtung
Akteure: Dozent
Eingaben: Dozentenprofil
Ausgaben: Verträge
A Für neue oder vorhandene Seminare neue Dozenten suchen und als freie Mitarbeiter verpflichten.

Veranstaltungsplanung: Von Terminierung bis Reservierung
Akteure: Hotel
Eingaben: Angebote
Ausgaben: Verträge, Reservierungen
A Für alle Veranstaltungen Termine festlegen, Hotels auswählen und Räume reservieren.

4 Geschäftsprozesse aus interner Sicht beschreiben

Nachdem das existierende Unternehmen aus externer Sicht beschrieben ist, wird jetzt die interne Sicht eingenommen. Es wird skizziert, wie die Geschäftsprozesse intern im Unternehmen abgewickelt werden. Zur Beschreibung der internen Abwicklung werden folgende Objekttypen identifiziert und verwendet:

- Kommunikations-Objekte *(Interface objects)*
  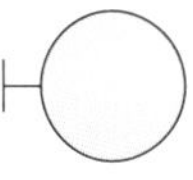
  Kommunikations-Objekte bilden die Schnittstelle eines Unternehmens zu seiner Umgebung. Sie kommunizieren mit den Akteuren und führen Aufgaben aus. Ein Verkäufer ist ein Beispiel für

ein Kommunikations-Objekt. Ein Kommunikationsobjekt kann an mehreren Geschäftsprozessen beteiligt sein. Oft ist das Objekt für die Koordination im Geschäftsprozeß verantwortlich – insbesondere für die Teile, die im direkten Kontakt mit den Kunden stehen. Jeder individuelle Kunde sollte mit möglichst wenig Kommunikations-Objekten Kontakt haben, um die Kommunikation so einfach wie möglich zu gestalten.

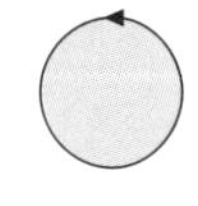

- Steuerungs-Objekte *(Control objects)*
  Steuerungs-Objekte führen Aufgaben im Unternehmen aus, ähnlich wie Kommunikations-Objekte. Der Unterschied besteht darin, daß diese Aufgaben keinen direkten Kontakt zur Unternehmensumgebung erfordern. Steuerungs-Objekte erledigen beispielsweise spezielle Aufgaben, die ohne direkten Kontakt zum Kunden ausgeführt werden. Die Bezeichnung Steuerungs-Objekte wurde gewählt, weil ein solches Objekt aktiv ist und den Geschäftsprozeß steuert oder daran beteiligt ist. Beispiele für Steuerungs-Objekte sind Produktentwickler und Projektleiter.

Persistent = anhaltend, dauernd

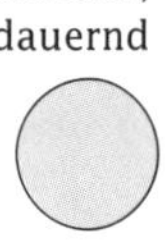

- Persistente Objekte *(Entity objects)*
  Persistente Objekte repräsentieren Produkte und Dinge, mit denen im Unternehmen »hantiert« wird. Ein persistentes Objekt wird im allgemeinen in mehreren Geschäftsprozessen verwendet. Anders als Kommunikations- und Steuerungs-Objekte werden persistente Objekte durch Dinge oder Informationen realisiert, nicht durch menschliche oder mechanische Ressourcen. Beispiele sind Produkte, Rechnungen, Bestellungen.

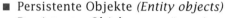

Um darzustellen, wie ein spezieller Geschäftsprozeß durch Objekte ausgeführt wird, können Sichten auf die Objekte, die an dem Geschäftsprozeß beteiligt sind, skizziert werden. Diese Sichten zeigen, wie die Objekte zusammenarbeiten, um einen Geschäftsprozeß zu realisieren.

Eine Sicht der beteiligten Objekte für einen Geschäftsprozeß hat das Ziel, die Dynamik in dem Objektmodell darzustellen. Daher zeigt diese Sicht die notwendige Kommunikation zwischen den Objekten, um den Geschäftsprozeß auszuführen. Um klarzustellen, wie und wodurch ein Geschäftsprozeß ausgelöst wird, sollten die beteiligten Akteure und ihre Kommunikationsbeziehungen zu Kommunikations-Objekten mit beschrieben werden.

Jedes Objekt ist in der Regel an mehreren Geschäftsprozessen beteiligt. Alle Sichten zusammen ergeben die unterschiedlichen Rollen, die ein Objekt in dem Unternehmensmodell hat.

Anders ausgedrückt kann man sagen, daß jeder Geschäftsprozeß, in dem ein Objekt beteiligt ist, auch Verantwortung für dieses Objekt trägt.

Die Kommunikation zwischen Objekten sowie zwischen Objekten und Akteuren wird durch Pfeile dargestellt. Ist die Kommunikation wechselseitig, dann erhält der Pfeil zwei Spitzen.

Die aus externer Sicht bereits beschriebenen Geschäftsprozesse sind zusätzlich noch einmal aus interner Sicht zu dokumentieren. Dabei sind die beteiligten Objekte zu berücksichtigen. Die Beschreibungsstruktur sollte, wenn möglich, beibehalten werden.

Statische Sicht

Die statischen Beziehungen zwischen Objekten bzw. Klassen werden am besten in einer globalen Sicht des Objektmodells beschrieben. Hierzu werden die Konzepte Assoziation, Aggregation und Vererbung verwendet.

Subsysteme

Große Unternehmen müssen in kleinere Einheiten – Subsysteme – unterteilt werden, bevor sie im Detail beschrieben werden. Subsysteme können wieder in Subsysteme untergliedert werden. Ein Subsystem enthält funktional zusammengehörende Objekte und/oder Subsysteme. Subsysteme können außerdem dazu verwendet werden, um Objekte zu einer Einheit zusammenzufassen, für die eine Person verantwortlich ist oder sein sollte. Ein Geschäftsprozeß kann mehrere Subsysteme tangieren.

Beispiel

Beschreibung der Geschäftsprozesse aus interner Sicht:

Verkaufen: Von Anfrage bis Buchung
Akteure: Kunde, Firma
Eingaben: Anfragen, Buchungen
Ausgaben: Infos, Buchungsbestätigungen

Informieren: Von Anfrage bis Auskunft
Eingaben: Informationswunsch, Katalogwunsch
Ausgaben: Auskunft (Seminare, Veranstaltungen), Katalog
A Ein Kunde oder eine Firma wendet sich schriftlich oder telefonisch mit einer Anfrage an die Fa. Teachware.
B Ein *Kundensachbearbeiter* bearbeitet die Anfrage, indem er die Kunden- bzw. Firmendaten erfaßt (falls noch nicht vorhanden) und mit Hilfe des Anwendungssystems SemOrg auf die Informationen über Seminare, Veranstaltungen, Dozenten und die aktuelle Buchungssituation zugreift (z.B. um festzustellen, ob eine Veranstaltung noch freie Plätze hat). Er erteilt die Auskunft und versendet evtl. den Katalog. Entschließt sich der Kunde oder die Firma zu einer Buchung, dann weiter bei **C.**

Buchen: Von Anmeldung bis Buchung
Eingaben: Anmeldung
Ausgaben: Anmeldebestätigung

C Ein Kunde meldet sich zu einer Veranstaltung an bzw. eine Firma meldet Mitarbeiter an (öffentliche Veranstaltung). Ein *Kundensachbearbeiter* führt die Buchung durch. Dazu werden die Kundendaten und die Firmendaten (wenn kein Privatkunde) erfaßt (wenn nicht bereits vorhanden), und es wird geprüft, ob die Veranstaltung noch frei ist.

D Der Kunde bzw. die Firma erhält vom *Kundensachbearbeiter* eine Anmeldebestätigung.

E Bei firmeninternen Veranstaltungen kann das Seminarprogramm auf die individuellen Firmenwünsche zugeschnitten werden. Die Möglichkeiten erörtert der *Seminarsachbearbeiter* mit der anfragenden Firma.

F Wünscht eine Firma eine interne Veranstaltung, dann trägt der Seminarsachbearbeiter eine neue Veranstaltung ein und nimmt Kontakt mit den potentiellen Dozenten auf.

Abb. 2.2-3 zeigt die grafische Darstellung des Geschäftsprozesses »Verkaufen«.

Dienstleistung erbringen: Von Teilnahme bis Beurteilung

Akteure: Kunde, Firma, Dozent, Hotel

Eingaben: Kunde nimmt an Veranstaltung teil, Dozent erteilt Unterricht, Beurteilung (von Kunde)

Ausgaben: Rechnung (an Kunde oder Firma), Infos (an alle), Honorar (an Dozent), Hotelkosten (an Hotel), Teilnehmerurkunden (an Kunden)

Abb. 2.2-3: Geschäftsprozeß »Verkaufen«

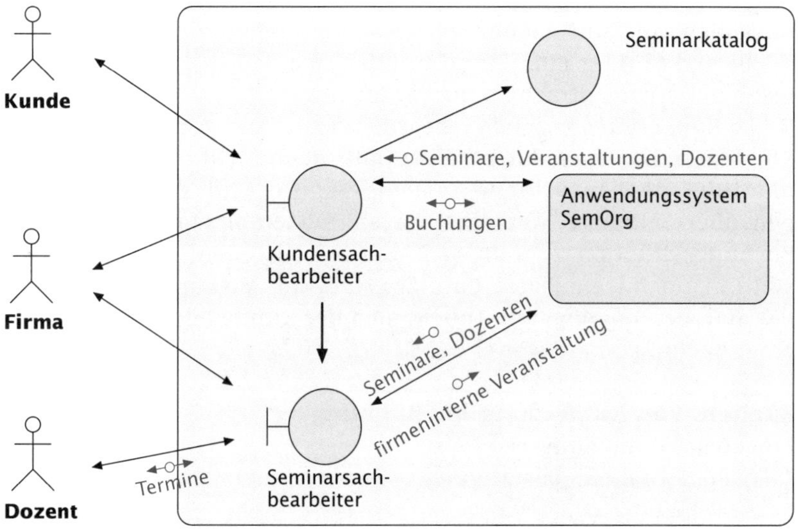

A Der Dozent erhält ca. eine Woche vor der Veranstaltung von dem *Veranstaltungsbetreuer* eine Teilnehmerliste zugesandt.
B Der *Veranstaltungsbetreuer* begrüßt den Dozenten und die Kunden bei der Veranstaltung, prüft, ob die Kunden für die Veranstaltung angemeldet sind (anhand der Teilnehmerliste) und verteilt die Seminarunterlagen, Teilnehmerlisten und Beurteilungsbögen.
C Der *Veranstaltungsbetreuer* übergibt dem Dozenten die Teilnehmerurkunden.
D Am Ende der Veranstaltung verteilt der Dozent die Teilnehmerurkunden, sammelt die Beurteilungsbögen ein und sendet sie an den *Veranstaltungsbetreuer.*
E Der *Veranstaltungsbetreuer* gibt in das Anwendungssystem SemOrg ein, daß die Veranstaltung durchgeführt wurde.
F Daraufhin übergibt SemOrg an das Anwendungssystem Buchhaltung die Rechnungsdatensätze sowie die Zahlungsanweisungen für das Dozentenhonorar und die Hotelrechnung. Das Anwendungssystem Buchhaltung wickelt über einen *Buchhalter* das Zahlungswesen ab.
Abb. 2.2-4 zeigt die grafische Darstellung des Geschäftsprozesses »Dienstleistung erbringen«.
Hinweis: Der Buchhalter ist hier als Steuerungs-Objekt modelliert, da er im Normalfall keinen direkten Kontakt zur Umwelt hat.

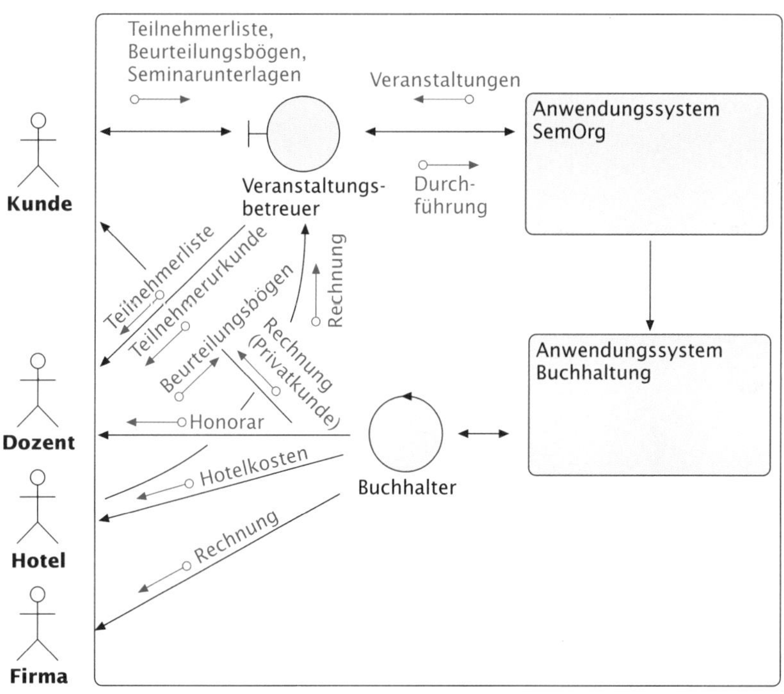

Abb. 2.2-4: Geschäftsprozeß »Dienstleistung erbringen«

Seminarentwicklung: Von Idee zu neuem Seminar
Akteure: Kunde, Firma, Dozent, Kooperationspartner
Eingaben: Wünsche
Ausgaben: Verträge (zum Kooperationspartner)

A Aufgrund der *Beurteilungen* von Veranstaltungen legt der *Seminarsachbearbeiter* für jeden *Seminartyp* eine Positiv/Negativ-Liste an.

B *Veranstaltungen* mit einer hohen Teilnehmerzahl und einer guten *Beurteilung* werden kurzfristig (in drei bis sechs Monaten) neu angeboten.

C Aufgrund von Kunden-, Firmen- und Dozentenanregungen (Wünsche) sowie der Analyse des Wettbewerbs und der technischen Entwicklung werden vom *Seminarsachbearbeiter* neue Seminare konzipiert bzw. vorhandene Seminare weiterentwickelt oder gestrichen. Neue Seminare werden in das Anwendungssystem SemOrg eingetragen, ebenso werden Änderungen vorhandener Seminare vorgenommen.

D Für bestimmte Seminare werden Kooperationspartner gesucht.

Abb. 2.2-5 zeigt den Geschäftsprozeß »Seminarentwicklung« in grafischer Darstellung.

Bemerkungen:

Die Veranstaltungs-Beurteilungen liegen nur als Papierdokumente vor. Die Positiv/Negativ-Liste wird per Hand erstellt. Ausgewertete Veranstaltungs-Beurteilungen werden *nicht* im Computersystem erfaßt.

Abb. 2.2-5: Geschäftsprozeß »Seminarentwicklung«

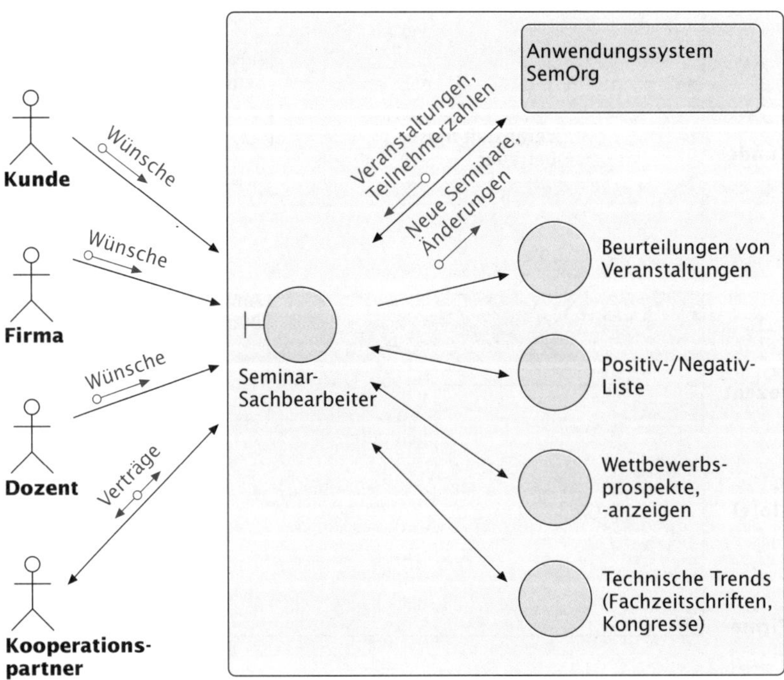

Dozentenakquirierung: Von Auswahl bis Verpflichtung
Akteure: Dozent
Eingaben: Dozentenprofil
Ausgaben: Verträge
A Für neue oder vorhandene Seminare werden vom *Seminarsachbearbeiter* neue Dozenten gesucht.
B Bei der Suche werden Dozenten, die bei anderen Seminarveranstaltern tätig sind, und Autoren, die zum gesuchten Thema Artikel geschrieben haben, berücksichtigt.
C Neu gewonnene Dozenten erhalten einen Vertrag und werden in das Anwendungssystem SemOrg eingetragen.
Abb. 2.2-6 veranschaulicht den Geschäftsprozeß »Dozentenakquirierung«.

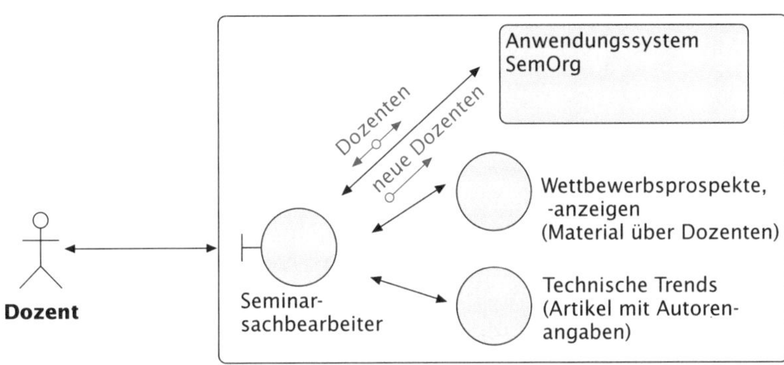

Abb. 2.2-6: Geschäftsprozeß »Dozentenakquirierung«

Veranstaltungsplanung: Von Terminierung bis Reservierung
Akteure: Hotel
Eingaben: Angebote
Ausgaben: Verträge, Reservierungen
A Ein *Seminarsachbearbeiter* legt für alle geplanten Veranstaltungen Termine fest, wählt anhand vorliegender oder einzuholender Angebote Hotels aus und reserviert geeignete Räume.
B Bei der Hotelauswahl berücksichtigt der Sachbearbeiter die Beurteilungen der Veranstaltungen bezüglich Hotelzufriedenheit.
Abb. 2.2-7 zeigt den Geschäftsprozeß »Veranstaltungsplanung«.

Objekte & Subsysteme beschreiben

Parallel zur Beschreibung der Geschäftsprozesse aus interner Sicht werden alle identifizierten Objekte und Subsysteme beschrieben.

Beispiel

Kommunikations-Objekte
Kundensachbearbeiter:
Beteiligt an den Geschäftsprozessen: Verkaufen (Informieren, Buchen)
Verantwortlich für die Kommunikation mit Kunden und Firmen einschließlich der Auskunftserteilung und Buchung.

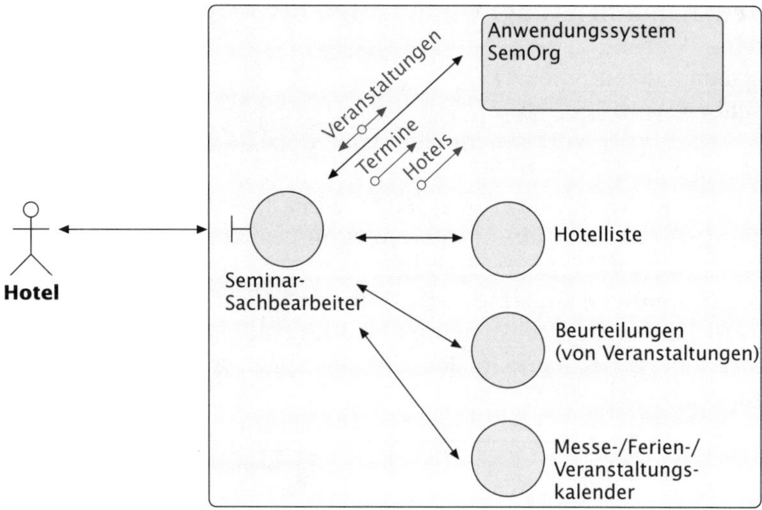

Abb. 2.2-7: Geschäftsprozeß »Veranstaltungsplanung«

Veranstaltungsbetreuer:
Beteiligt an den Geschäftsprozessen: Dienstleistung erbringen
Betreut die Teilnehmer (Kunden) und Dozenten einer Veranstaltung. Nach Durchführung einer Veranstaltung veranlaßt er die Rechnungsstellung an die Teilnehmer und die Bezahlung der Dozentenhonorare und Hotelrechnungen durch die Buchhaltung.
Seminarsachbearbeiter:
Beteiligt an den Geschäftsprozessen: Seminarentwicklung, Dozentenakquirierung, Veranstaltungsplanung
Verantwortlich für die Kommunikation mit Dozenten, Hotels und Kooperationspartnern.

Steuerungs-Objekte
Buchhalter:
Beteiligt an den Geschäftsprozessen: Dienstleistung erbringen
Mit Hilfe des Anwendungssystems Buchhaltung ist der Buchhalter verantwortlich für die Erstellung (Kundenrechnung, Firmenrechnung) und Begleichung von Rechnungen (Dozenten-, Hotelrechnungen) sowie für die Überwachung der Zahlungsfristen und der Durchführung des Mahnwesens.

Persistente Objekte
Beurteilungen (von Veranstaltungen):
Erstellt von: Teilnehmern (Kunden) an Veranstaltungen
Benutzt von: Seminarsachbearbeiter
Enthält Beurteilungen der Teilnehmer über die Veranstaltung, die Dozenten und das Hotel

Positiv/Negativ-Liste:
Erstellt von: Seminarsachbearbeiter
Benutzt von: Seminarsachbearbeiter
Enthält positive und negative Kommentare zu einzelnen Veranstaltungen, basiert im wesentlichen auf den Beurteilungen.
Wettbewerbsprospekte, -anzeigen:
Erstellt von: Wettbewerb
Benutzt von: Seminarsachbearbeiter
Enthalten Informationen über Veranstaltungen, Dozenten und Konditionen.
Technische Trends (Fachzeitschriften, Kongresse):
Erstellt von: diverse Ersteller
Benutzt von: Seminarsachbearbeiter
Enthält Informationen über aktuelle technische Trends und Themen.
Hotelliste:
Erstellt von: Seminarsachbearbeiter
Benutzt von: Seminarsachbearbeiter
Enthält alle Hotels mit Konditionen, die bisher gebucht wurden, sowie potentielle Hotels.
Kalender (Messen, Ferien, Veranstaltungen):
Erstellt von: diverse Ersteller
Benutzt von: Seminarsachbearbeiter
Enthält relevante Termine, die bei der Veranstaltungsplanung berücksichtigt werden müssen.

Subsysteme
Anwendungssystem SemOrg:
Benutzt von: Kundensachbearbeiter, Seminarsachbearbeiter, Veranstaltungsbetreuer, Subsystem Buchhaltung
Beteiligt in den Geschäftsprozessen: alle
Stellt Informationen zur Verfügung über Kunden, Firmen, Seminare, Veranstaltungen, Dozenten, Buchungen
Anwendungssystem Buchhaltung:
Benutzt von: Buchhalter
Beteiligt in den Geschäftsprozessen: Dienstleistung erbringen
Stellt Informationen zur Verfügung über bezahlte Rechnungen, offene Rechnungen, Verbindlichkeiten

Die Vorgehensweise bei der Modellierung des bestehenden Unternehmens ist in Abb. 2.2-8 nochmals zusammengefaßt dargestellt. Das Modell ist nun auf Vollständigkeit, Konsistenz und Fehlerfreiheit hin zu untersuchen (Abb. 2.2-9).

- Umwelt des Unternehmens beschreiben
- Akteure identifizieren und beschreiben (verbaler Text)
- Datenflüsse identifizieren und benennen
- Umweltdiagramm erstellen

Umweltdiagramm

D1
Unternehmen
D2
A1

A1: Beschreibung

Geschäftsprozesse aus externer Sicht beschreiben
Geschäftsprozesse aus der Sicht der Akteure identifizieren und benennen
Übersichtsdiagramm erstellen (Verfeinerung des Umweltdiagramms)

Übersichtsdiagramm

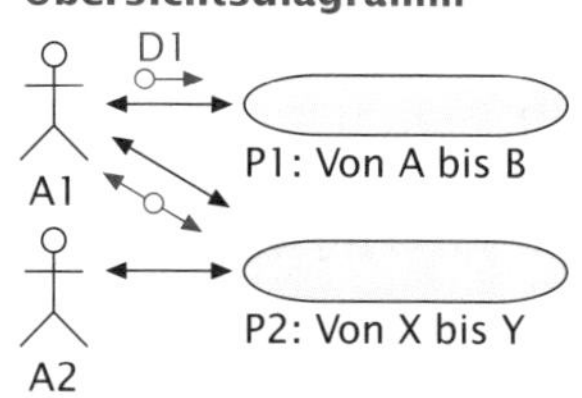

Jeden Geschäftsprozeß durch strukturierten Text beschreiben
Name des Prozesses
Akteure
Eingabeinformationen von den Akteuren
Ergebnisse für die Akteure
Aktivitäten des Geschäftsprozesses
Bemerkungen

Geschäftsprozeß (extern)
P1: Von A bis B
Akteure: A1
Eingaben: D1
Ausgaben: D2
A Aktivität 1
B Aktivität 2
Bemerkungen ...

Jeden Geschäftsprozeß aus interner Sicht beschreiben
Kommunikations-Objekte identifizieren
Steuerungs-Objekte identifizieren
Persistente Objekte identifizieren
Subsysteme identifizieren (z.B. vorhandene Anwendungssoftware)
Kommunikation zwischen Objekten, Akteuren und Subsystemen durch Pfeile darstellen (Prozeßdiagramm)
Datenflüsse identifizieren und an die Pfeile antragen
Beschreibung durch strukturierten Text (angelehnt an Beschreibung aus externer Sicht) mit Bezug auf die identifizierten Objekte und Subsysteme

Geschäftsprozeß (intern)
Prozeßdiagramm

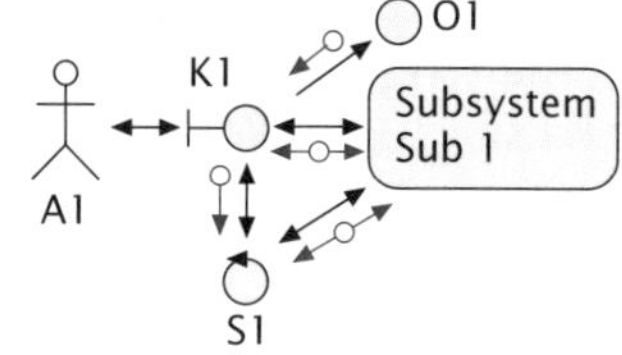

P1: Von A bis B
Akteure: A1
Eingaben: D1
Ausgaben: D2
A K1 bedient A1, greift auf O1 und Sub1 zu
B K1 infomiert S1, der auf Sub1 zugreift

Identifizierte Objekte und Subsysteme textuell beschreiben
Beteiligt an den Geschäftsprozessen (bei Kommunikations-Objekten, Steuerungs-Objekten und Subsystemen)
Erstellt von (bei persistenten Objekten)
Benutzt von (bei persistenten Objekten und Subsystemen)

Spezielle Sichten modellieren (wenn für Verständnis erforderlich)
Eventuell Interaktions-Diagramme erstellen (siehe I 2.19)

K1:
Beteiligt an: P1, P2
S1:
Beteiligt an: P1
O1:
Erstellt von: P1
Benutzt von: P1
Sub1:
Beteiligt an: P1, P2
Benutzt von: K1, S1

Abb. 2.2-8: Modellierung eines Unternehmens

1 Die Anzahl der Geschäftsprozesse muß kleiner als 15 sein, sonst Geschäftsprozesse stärker abstrahieren oder sich auf die Kern-Geschäftsprozesse konzentrieren.
2 Jeder Akteur muß in mindestens einem Geschäftsprozeß auftauchen (Prüfung anhand des Übersichtsdiagramms).
3 Jedes Objekt und Subsystem muß an mindestens einem Geschäftsprozeß beteiligt sein (Prüfung anhand der Prozeßdiagramme).
4 Für jede interne Geschäftsprozeßbeschreibung muß gelten:
a Alle Ein- und Ausgaben müssen im strukturierten Text referenziert sein.
b Alle Akteure müssen im strukturierten Text aufgeführt sein.
c Alle im Prozeßdiagramm aufgeführten Objekte und Subsysteme müssen im strukturierten Text referenziert werden.
5 Ein Steuerungs-Objekt darf in der Regel keinen Kontakt zu Akteuren haben.

Abb. 2.2.-9: Checkliste zur Qualitätsüberprüfung eines Unternehmensmodells

Anhand der vorgenommenen Modellierung des existierenden Unternehmens können nun Analysen vorgenommen werden. Für die Analysen können die Tab. 1.3-2 bis 1.3-4 und 1.5-1 als Checklisten verwendet werden. Abb. 2.2-10 gibt eine Zusammenfassung der Analysefragen.

Kapitel 1.3

Externe Sicht

Sich auf den Standpunkt jedes Akteurs stellen und folgende Fragen beantworten:
1 Mit wievielen Kommunikations-Objekten habe ich es zu tun? Zu prüfen ist, ob sich diese Anzahl reduzieren läßt.
2 Kann das Kommunikations-Objekt mir zusätzliche Aufgaben abnehmen? Wenn ja, welche?
3 Kann ich Aufgaben des Kommunikations-Objekts besser selbst ausführen? Wenn ja, welche?

Interne Sicht

Folgende Fragen sind zu beantworten:
1 Gibt es Probleme bei der Abwicklung bestimmter Geschäftsprozesse? Sind die Geschäftsprozesse richtig?
2 Kann ein Geschäftsprozeß durch Variantenbildung vereinfacht werden?
3 Werden gleiche oder ähnliche Teilprozesse im Unternehmen doppelt ausgeführt?
4 Werden gleiche oder ähnliche Informationen (persistente Objekte) im Unternehmen doppelt verwaltet?
5 Werden zwischen Geschäftsprozessen »unfertige« Teilprodukte übergeben?
6 Wird ein Geschäftsprozeß durch einen oder durch mehrere Mitarbeiter ausgeführt?
7 Ist ein Mitarbeiter an vielen Geschäftsprozessen beteiligt?
8 Welche Teile von Geschäftsprozessen können automatisiert werden?
9 Welche persistenten Objekte können sinnvollerweise (Kosten/Nutzen) computerunterstützt verwaltet werden?

Umgestaltungsprioritäten nach folgender Checkliste festlegen:
- Welche Prozesse für die Umgestaltung auswählen? (Tab. 1.3-4)

Zur Umgestaltung folgende Checklisten durchgehen:
- Typische Merkmale neugestalteter Geschäftsprozesse (Tab. 1.3-2)
- Gütekriterien für Geschäftsprozesse (Tab. 1.3-3)
- Änderungen durch heutige Informations- und Kommunikationstechniken (Tab. 1.5-1)

Abb. 2.2-10: Checkliste zur Analyse eines Unternehmensmodells

Beispiel Eine Analyse der Fa. Teachware führt zu folgenden Erkenntnissen:

- Ein Kunde hat es mit den Kommunikations-Objekten Kundensachbearbeiter (wenn nur Anfrage) und Veranstaltungsbetreuer (wenn Buchung) sowie dem Steuerungsobjekt Buchhalter (wenn im Zahlungsverzug) zu tun.

Denkbare Alternativen:

- Alle drei Objekte werden zu einem Kommunikations-Objekt Kundenbetreuer zusammengefaßt.
- Alle Rechnungen, Mahnungen usw. werden nicht vom Buchhalter, sondern vom Kundensachbearbeiter an den Kunden weitergegeben.
- Kundensachbearbeiter und Veranstaltungsbetreuer werden zusammengefaßt.
- Eine Firma hat es mit den Kommunikations-Objekten Kundensachbearbeiter und Seminarsachbearbeiter zu tun (nur bei firmeninternen Veranstaltungen).
- Ein Kooperationspartner kommuniziert mit dem Seminarsachbearbeiter.
- Ein Dozent kommuniziert mit dem Seminarsachbearbeiter und dem Veranstaltungsbetreuer.
- Ein Hotel kommuniziert mit dem Seminarsachbearbeiter und dem Veranstaltungsbetreuer (vor Ort).

Welche Aufgaben können verlagert werden?

- Der Auskunfts- und Buchungsprozeß könnte zusätzlich z.B. über Internet (WWW oder *e-mail)* zum Kunden hin verlagert werden (einschließlich Einsicht in den Seminarkatalog bzw. das Überspielen des Seminarkatalogs).

Aus interner Sicht ergeben sich folgende Feststellungen:

- Der Seminarsachbearbeiter erledigt viele Tätigkeiten manuell und greift außerdem auf Unterlagen und Informationen zu, die nicht in einem Anwendungssystem gespeichert sind.
- Die Informationen, die das Anwendungssystem SemOrg dem Seminarsachbearbeiter liefert, ist nicht ausreichend (Statistiken über Veranstaltungsausbuchung, Trends usw.).
- Es gibt Probleme bei dem Geschäftsprozeß *Dienstleistung erbringen.* Gebuchte Kunden erscheinen nicht zur Veranstaltung und weigern sich anschließend zu bezahlen.

2.3 Entwicklung einer Unternehmensvision

Parallel zur Beschreibung und Analyse des bestehenden Unternehmens wird eine Unternehmensvision erstellt. Erkenntnisse über das existierende Unternehmen werden bei der Unternehmensvision berücksichtigt. Umgekehrt beeinflussen die Zielvorstellungen die Analyse des bestehenden Unternehmens.

Eine Unternehmensvision soll beschreiben, wie das Unternehmen in Zukunft aussehen soll. Sie soll drei Schlüsseleigenschaften beinhalten /Hammer, Champy 93, S. 200/:
- Sie soll sich auf operative Aspekte konzentrieren.
- Sie soll meßbare Zielvorgaben und Bewertungsgrößen enthalten.
- Sie soll die Grundlagen des Wettbewerbs in der betreffenden Branche verändern.

Beispiele

Die Paketverteilfirma *Federal Express* formulierte in ihrer Anfangszeit folgende Vision: »Wir liefern das Paket am nächsten Morgen bis 10.30 Uhr aus«. Der operative Aspekt lautet »Wir liefern das Paket aus«, die meßbare Zielvorgabe ist »Wir liefern bis 10.30 Uhr aus«. Die Wettbewerbsgrundlagen wurden verändert. Aus langen, unvorhersehbaren Lieferzeiten wurde eine garantierte Auslieferung am nächsten Morgen /Hammer, Champy 93, S. 200/.
Die heutigen Ziele von Paketverteilfirmen lauten: »Wir können innerhalb von 5 Minuten feststellen, wo sich ein Paket zur Zeit befindet« oder »Der Kunde kann per Internet jederzeit den Standort des Pakets verfolgen«.

Vorgehensweise

Folgende Schritte sollten durchgeführt werden, um eine Unternehmensvision zu erstellen:
- Strategie entwickeln
- Kundenwünsche ermitteln
- Vorhandenes Unternehmen verstehen
- Vergleich mit anderen Unternehmen

Im folgenden werden diese Schritte näher skizziert.

Strategie entwickeln

Eine Unternehmensstrategie soll die langfristigen Unternehmensziele festlegen. Die Geschäftsprozesse sind dann nach diesen Zielen auszurichten.
Eine gute Strategie soll folgende Kriterien erfüllen:
- Sie soll nicht ausschließlich finanzielle Ziele enthalten. Finanzielle Ziele sind für Mitarbeiter nicht konkret genug. Es ist nicht offensichtlich, wie sie erreicht werden können.
- Die Effekte einer Strategie sollen meßbar sein. Beispielsweise kann die Verkürzung der Entwicklungszeit gemessen werden.
- Die Strategie soll sich auf begrenzte und realistische Ziele konzentrieren.
- Die Strategie soll alle Mitarbeiter motivieren, die gewünschten Ziele zu erreichen.

Beispiel

Die Unternehmensstrategie der Fa. Teachware lautet.
/S1/ Wir wollen unseren Kunden helfen, ihr Wissen auf ausgewählten Gebieten der Software-Technik ständig auf dem neuesten Stand zu halten.

/S2/ Wir wollen unsere Kunden auf neue, innovative Entwicklungen in der Software-Technik aufmerksam machen.
/S3/ Wir wollen unsere Kunden befähigen, ihre Arbeit mit neuesten Methoden und Werkzeugen professionell zu erledigen.
/S4/ Wir wollen unseren Kunden ein effektives, möglichst individuelles Lernen in einer komfortablen Umgebung ermöglichen, Unterricht von fachlich und didaktisch hochqualifizierten Dozenten.

Aus der Unternehmensstrategie ergeben sich folgende Dienstleistungen der Fa. Teachware:
/D1/ Überblicksseminare zu innovativen Themen der Software-Technik, die die Kunden auf neue Entwicklungen aufmerksam machen. /S1/, /S2/
/D2/ Trainingseinheiten, die dem Kunden eine Methode oder ein Methodenbündel so vermitteln, daß er sie anschließend direkt in seiner Arbeit einsetzen kann. /S3/
/D3/ Überblicksseminare und Trainings werden auch firmenintern angeboten, um auf die speziellen Wünsche eines Firmenkunden einzugehen. /S3/, /S4/

Aus der Unternehmensstrategie und den Dienstleistungen ergeben sich folgende operative Ziele:
/Z1/ In den nächsten fünf Jahren soll die Trainingszeit durch Einsatz von multimedialem *Computer based Training* pro Jahr um 10 Prozent verkürzt werden. /S4/, /D2/
/Z2/ In den nächsten drei Jahren sind die Kundenbeurteilungen im Durchschnitt aller Veranstaltungen von der Note 2,0 über 1,8 auf die Note 1,6 anzuheben. /S4/, /D1/, /D2/, /D3/
/Z3/ Jedes Jahr ist mindestens ein neues Überblicksseminar zu planen und durchzuführen. /S1/, /S2/, /D1/
/Z4/ Dozenten sind wie Kunden zu behandeln. Sehr gute Dozenten (Beurteilung besser als 1,6) erhalten ein Geschenk der Fa. Teachware. Der Anteil der sehr guten Dozenten ist in den nächsten drei Jahren um jeweils 10 Prozent zu erhöhen. /S4/

Kundenwünsche ermitteln

Anregungen und Verbesserungsvorschläge für ein Unternehmen stammen oft von den Kunden des Unternehmens.

Daher sollten die heutigen und zukünftigen Erwartungen der Kunden erhoben – z.B. durch spontane oder systematische Interviews – analysiert und quantifiziert werden. Die Ergebnisse zeigen, wie die Produkt- und Dienstleistungspalette erweitert und verbessert werden kann. Interviews zeigen auch, welche Geschäftsprozesse am dringendsten verbessert werden müssen.

Eine systematische, schriftliche Befragung aller Kunden (Interessenten und Teilnehmer) der Fa. Teachware der letzten drei Jahre hat zu folgenden Hauptvorschlägen geführt: Beispiel

/V1/ Da die Telefone der Kundensachbearbeiter oft besetzt sind, wird ein elektronisches Auskunfts- und Buchungssystem gewünscht (z.B. über Internet).

/V2/ Die Kunden wünschen sich jeweils denselben Kundensachbearbeiter als Ansprechpartner.

Daraus werden folgende operative Ziele abgeleitet:

/Z5/ Im nächsten Jahr ist der Schulungskatalog elektronisch zugänglich zu machen, in zwei Jahren können Auskünfte über Seminare, Veranstaltungen und Dozenten elektronisch abgefragt werden, in drei Jahren ist auch eine elektronische Buchung von Veranstaltungen möglich.

/Z6/ Das Anwendungssystem SemOrg muß so erweitert werden, daß bei jedem Kunden der betreuende Kundensachbearbeiter vermerkt wird. Außerdem ist bei Veranstaltungen zu vermerken, wer der Veranstaltungsbetreuer war.

Vorhandenes Unternehmen verstehen

Um die Vision für ein neues Unternehmen zu erhalten, muß man das vorhandene Unternehmen gut kennen und verstehen. Hilfreich sind hier die Analyseergebnisse des existierenden Unternehmens.

Die Analyse der Firma Teachware hat ergeben, daß der Geschäftsprozeß *Dienstleistung erbringen* zu Problemen führt. Gebuchte Kunden erscheinen nicht zur Veranstaltung und weigern sich anschließend zu bezahlen. Bei Nichterscheinen muß der volle Betrag bezahlt werden, wenn die Buchung nicht vier Wochen vor der Veranstaltung rückgängig gemacht wurde. Beispiel

Um dieses Problem zu lösen, werden die Geschäftsprozesse *Verkaufen* und *Dienstleistung erbringen* folgendermaßen geändert:

- Mit der Anmeldebestätigung wird gleichzeitig die Rechnung versandt, d.h. die Rechnungserstellung wird dem Geschäftsprozeß *Verkaufen* zugeordnet. Nur wer die Rechnung bezahlt hat, kann an der Veranstaltung teilnehmen.
- Wird eine Veranstaltung von der Fa. Teachware storniert, dann werden die bezahlten Beträge zurücküberwiesen.

Vergleich mit anderen Unternehmen

Wünschenswert ist ein Vergleich des eigenen Unternehmens mit anderen Unternehmen *(Benchmarking)*. Ziel ist es zu überprüfen, ob die eigenen Prozeßziele die der anderen Unternehmen übertreffen. Es sollten Vergleichsunternehmen ausgesucht werden, die

- eine gute Reputation besitzen,
- durchgehend zufriedene Kunden haben,

- qualitativ hochwertige Produkte oder Dienstleistungen hervorbringen,
- anerkannte Führer auf ihrem Gebiet sind,
- an einem Vergleich interessiert sind.

Bei den Unternehmen kann es sich entweder um Wettbewerbsunternehmen handeln oder um Unternehmen in anderen Branchen, die aber ähnliche Geschäftsprozesse benutzen. Ziel ist es, sich mit außergewöhnlich guten Unternehmen zu vergleichen, so daß man von ihnen lernen kann.

Beispiel Im übertragenen Sinne bezieht sich der Vergleich auch auf Produkte. Eine Firma, die grafische CASE-Produkte herstellt, muß sich nicht nur an den besten grafischen CASE-Produkten des Wettbewerbs orientieren. Der Grafikeditor eines solchen CASE-Produkts muß dem Vergleich mit dem besten Zeichenprogramm standhalten.

Beispiel Die Fa. Teachware kann sich beispielsweise mit dem besten Kongreßveranstalter vergleichen oder mit dem besten Trainingsinstitut für Fremdsprachen. Ein Fremdspracheninstitut setzt beispielsweise bereits multimediale Trainingsprogramme ein.

In den verschiedenen Schritten wurden bereits wichtige Teile der Unternehmensvision erarbeitet. Die Unternehmensvision kann nun noch um folgende Teile ergänzt werden:

- Identifizierung der neuen oder geänderten Geschäftsprozesse.
- Auf hohem Abstraktionsniveau einen Überblick über die zukünftigen Geschäftsprozesse geben mit Angabe der Unterschiede zu den bisherigen Prozessen. Für jeden Geschäftsprozeß sollten die Akteure, die Eingaben, die Aktivitäten und die Ergebnisse aufgeführt werden.

Die Beschreibungen sollten die Unternehmensziele enthalten und angeben, wie sie durch die neuen Prozesse erreicht werden sollen.

- Für jeden Prozeß sind meßbare Eigenschaften festzulegen (Kosten, Qualität, Entwicklungszeit, Kundenzufriedenheit).
- Spezifizierung, durch welche Techniken (Informations- und Kommunikationstechnik) die Prozesse unterstützt werden sollen.
- Beschreibung vorstellbarer zukünftiger Szenarien.
- Liste der kritischen Erfolgsfaktoren.

Kapitel II 5.5

- Liste der Risiken, die erkannt und richtig behandelt werden müssen. 

Ein Teil dieser Aufgaben kann auch erst bei der Modellierung des neuen Unternehmens erledigt werden.

Beispiel Die Unternehmensvision der Fa. Teachware wird noch um folgende Teile ergänzt:

- Zum Geschäftsprozeß *Verkaufen* wird die Rechnungserstellung einschließlich Inkasso bei den gebuchten Kunden hinzugefügt und aus dem Geschäftsprozeß *Dienstleistung erbringen* entfernt.

Ein neuer Geschäftsprozeß wird als Teilprozeß von Verkaufen benötigt, wenn Teachware eine Veranstaltung storniert und bereits bezahlte Rechnungen gutgeschrieben werden müssen.

Es gibt folgende neue Geschäftsprozesse:

- elektronische Auskunft über Seminarkatalog
- elektronische Auskunft über Dienstleistungsangebot
- elektronische Buchung
- Multimediale CBT-Einheiten *(Computer Based Training)* in Auftrag geben

Eine Unternehmensvision sollte durch ein kleines Team entwikkelt werden, das aus Mitgliedern der Firma und aus Repräsentanten wichtiger Kunden besteht. Die Mitglieder der Firma sollten einen guten, bereichsübergreifenden Überblick über die Geschäftsprozesse haben.

2.4 Modellierung des neuen Unternehmens

Die formulierte Unternehmensvision und das Modell des existierenden Unternehmens bilden die Eingangsdokumente für die Modellierung des neuen Unternehmens. Folgende Schritte sind zur Modellierung des neuen Unternehmens erforderlich:

- Beschreibung der neuen Umwelt
- Beschreibung der neuen und geänderten Geschäftsprozesse aus externer Sicht
- Prioritätenbildung anhand von Kriterienlisten
- Um- und Neugestaltung der Geschäftsprozesse einschließlich der Objekte aus interner Sicht
- Aufteilung der Teilprozesse auf Mensch und Software

Das neue Unternehmen Teachware zeigt Abb. 2.4-1. Als neuer Akteur kommt der CBT-Entwickler hinzu: Beispiel

CBT-Entwickler:
Firma, die im Auftrag multimediale *Computer Based Trainings*-Einheiten entwickelt.

Neue Geschäftsprozesse aus externer Sicht

Elektronische Auskunft über Seminarkatalog
Akteure: Kunde, Firma
Eingaben: Anfragen
Ausgaben: Infos aus dem Seminarkatalog
A Ein Kunde oder eine Firma kann über Internet den Seminarkatalog durchblättern.
Ziel: Realisierung innerhalb eines Jahres /Z5/

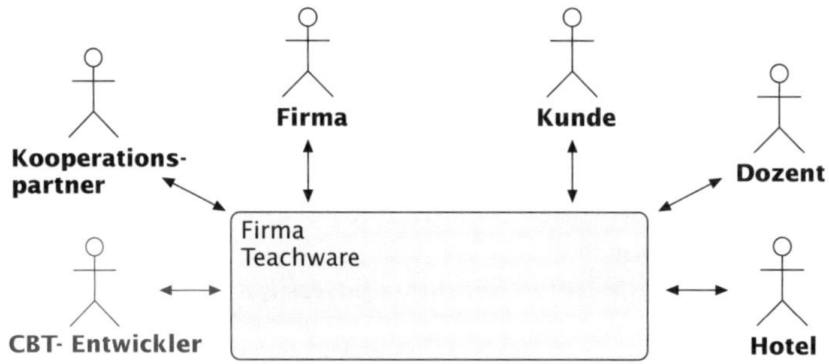

Abb. 2.4-1: Neue Umwelt der Fa. Teachware

Elektronische Auskunft über Dienstleistungsangebot
Akteure: Kunde, Firma
Eingaben: Anfragen
Ausgaben: Infos über Seminare, Veranstaltungen und Dozenten
A Ein Kunde oder eine Firma kann über Internet auf Seminare, Veranstaltungen und Dozenten zugreifen.
Ziel: Realisierung innerhalb von zwei Jahren /Z5/

Elektronische Buchung
Akteure: Kunde, Firma
Eingaben: Buchung
Ausgaben: Bestätigung, Rechnung
A Ein Kunde oder eine Firma kann über Internet Veranstaltungen buchen.
Ziel: Realisierung innerhalb von drei Jahren /Z5/

Multimediale CBT-Einheiten in Auftrag geben
Akteure: CBT-Entwickler
Eingaben: CBT-Paket
Ausgaben: Entwicklungsauftrag
A Ein CBT-Entwickler erhält den Auftrag, für ein Seminar ein CBT-Paket zu entwickeln.
Ziel: In den nächsten fünf Jahren soll die Trainingszeit durch Einsatz von multimedialen CBT-Paketen pro Jahr um 10 Prozent verkürzt werden /Z1/.

Geänderte Geschäftsprozesse aus externer Sicht

Verkaufen: Von Anfrage bis Buchung
Buchen: Von Anmeldung bis Buchung
Akteure: Kunde, Firma
Eingaben: Anmeldung
Ausgaben: Anmeldebestätigung, Rechnung
C Ein Kunde meldet sich zu einer Veranstaltung an bzw. eine Firma meldet Mitarbeiter an (öffentliche Veranstaltung). Ein *Kundensach-*

bearbeiter führt die Buchung durch. Dazu werden die Kundendaten und die Firmendaten (wenn kein Privatkunde) erfaßt (wenn nicht bereits vorhanden), und es wird geprüft, ob die Veranstaltung noch frei ist.
D Der Kunde bzw. die Firma erhält vom Kundensachbearbeiter eine Anmeldebestätigung **und eine Rechnung.**
E unverändert
F unverändert

Stornieren: Von Info bis Beitragsrückerstattung
Akteure: Kunde
Eingaben: Storno (einer Veranstaltung)
Ausgaben: Infos (alle gebuchten Teilnehmer), Beitragsrückerstattung (an alle Teilnehmer, die ihre Rechnung bereits bezahlt haben)
A Ein *Kundensachbearbeiter* storniert eine Veranstaltung (Dozent verhindert, zu geringe Teilnehmerzahl usw.)
B Alle Teilnehmer erhalten eine Info (u. U. mit Ersatzangebot)
C Alle bereits bezahlten Rechnungen werden zurückerstattet, außer wenn ein gleichwertiges Ersatzangebot angenommen wird.

Anhand der Kriterien in Tab. 1.3-4 werden folgende Prioritäten für die externen Prozesse festgelegt:
- Der neue Geschäftsprozeß *Multimediale CBT-Einheiten in Auftrag geben* hat höchste Priorität, da er sich am stärksten auf die Kunden auswirkt und die längste Zeit zur Realisierung benötigt.
- Der geänderte Geschäftsprozeß *Von Anfrage bis Buchung* erhält die zweite Priorität, da er die Probleme im Geschäftsprozeß *Dienstleistung erbringen* beseitigt.
- Der neue Geschäftsprozeß *Elektronische Auskunft über Seminarkatalog* erhält die dritte Priorität, da er gute Erfolgschancen besitzt und der Fa. Teachware ein innovatives Image verleiht.

Die Analyse des existierenden Unternehmens hat ergeben, daß der Seminarsachbearbeiter die meisten unterschiedlichen Geschäftsprozesse abwickelt. Er wird durch das vorhandene Anwendungssystem SemOrg nur minimal unterstützt. Viele Informationen werden manuell erstellt, verwaltet und ausgewertet. Die Unternehmensziele /Z2/ bis /Z4/ sind nur zu erreichen, wenn die Unterstützung des Seminarsachbearbeiters insbesondere bezüglich statistischer Auswertungen verbessert wird. Daher erhält die Unterstützung des Seminarsachbearbeiters ebenfalls die höchste Priorität.
Eine Analyse der vom Seminarsachbearbeiter verwendeten, bisher manuell geführten, persistenten Objekte zeigt, welche Objekte in welchem Umfang computergestützt verwaltet werden können:

- Beurteilungen (von Veranstaltungen)
  Können vollständig computergestützt verwaltet werden. Die Dateneingabe kann durch den Veranstaltungsbetreuer erfolgen, der zusätzlich eigene Kommentare ergänzen kann.
- Positiv/Negativ-Liste
  Kann automatisch aus den Beurteilungen abgeleitet werden. Voraussetzung: Positive und negative Punkte werden bei den Beurteilungen entsprechend erfaßt.
- Wettbewerbsprospekte, -anzeigen
  Werden weiterhin manuell geführt. Der Seminarsachbearbeiter erhält jedoch die Möglichkeit, Ideen für Dozenten, Veranstaltungen, Wettbewerbsinformationen in SemOrg zu notieren. Dazu werden neue Attribute benötigt.
- Technische Trends (Fachzeitschriften, Kongresse)
  Werden weiterhin manuell geführt. Der Seminarsachbearbeiter erhält jedoch die Möglichkeit, Ideen für neue Seminare usw. in SemOrg zu notieren. Dazu werden neue Attribute benötigt.
- Hotelliste
  Kann vollständig computergestützt verwaltet werden.
- Kalender (Messen, Ferien, Veranstaltungen)
  Kann vollständig computergestützt verwaltet werden.

Um die Prozesse Seminarentwicklung, Dozentenakquirierung und Veranstaltungsplanung besser durchführen zu können, muß der Seminarsachbearbeiter statistische Auswertungen vornehmen können. Es muß in Zusammenarbeit mit dem Seminarsachbearbeiter geklärt werden, welche Statistiken benötigt werden, ob sie persistent gespeichert werden sollen und ob ungeplante Abfragen möglich sein müssen. Die geänderten Abläufe zeigt Abb. 2.4-2.

Aus der Modellierung des neuen Unternehmens Teachware ergeben sich folgende Aufgaben:

- Auswahl eines CBT-Anbieters und Vergabe eines Auftrags zur Erstellung multimedialer Lerneinheiten. Diese Aufgabe ist vom Seminarsachbearbeiter zu erledigen.
- Erstellung eines Lastenheftes (Abb. 2.4.3), in dem die geänderten und neuen Aufgaben für die Software beschrieben werden. Anschließend ist dann zu prüfen, ob das vorhandene Softwaresystem SemOrg erweitert werden kann und ob Standardsoftware (z. B. Tabellenkalkulation) alle oder Teile der neuen Aufgaben erledigen kann.

Damit ist der Übergang zur normalen Software-Entwicklung hergestellt. Auf der Basis des Lastenheftes kann nun eine Weiterentwicklung eines vorhandenen Anwendungssystems oder eine Neuentwicklung beauftragt oder durchgeführt werden.

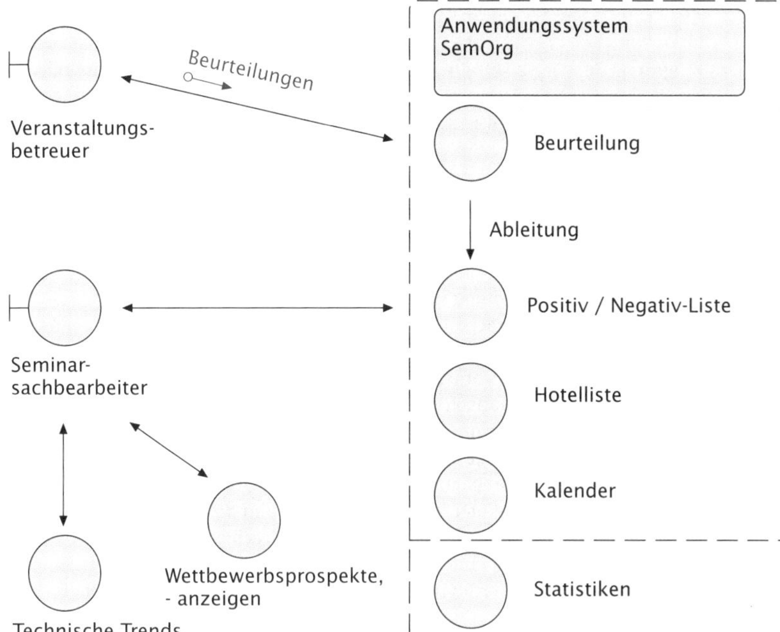

Abb. 2.4-2: Neue Abläufe für den Seminarsachbearbeiter und den Veranstaltungsbetreuer

2.5 Strukturierung von Geschäftsprozessen und Unternehmensmodellen

Umfangreiche Geschäftsprozesse und Unternehmensmodelle sollten geeignet strukturiert werden, um übersichtlich und lesbar zu sein. Geschäftsprozesse können auf zwei Arten strukturiert werden:

- Durch die Erweiterungs-Beziehung *(extends association)* oder die
- Benutzt-Beziehung *(uses association).*

Beide Beziehungen sind statisch.

Die Erweiterungs-Beziehung

Enthält ein Geschäftsprozeß viele Alternativen, Optionen und Ausnahmen, die nur unter bestimmten Bedingungen ausgeführt werden, dann ist der Geschäftsprozeß schwer verständlich.

Um einen Geschäftsprozeß »schlanker« zu machen, ist es daher sinnvoll, einige dieser Teilflüsse herauszuziehen und als eigenen Geschäftsprozeß anzusehen. Diese neuen Geschäftsprozesse »erweitern« den ursprünglichen Geschäftsprozeß in den Fällen, in denen die geforderten Bedingungen erfüllt sind.

Abb. 2.4-3a: Lastenheft SemOrg 2

1 Zielbestimmung

Das Programm SemOrg 2 soll die Leistungen des vorhandenen Anwendungssystems SemOrg so erweitern, daß das neu modellierte Unternehmen Teachware optimal unterstützt wird.

2 Produkteinsatz

Das Produkt dient zur Kunden- und Seminarverwaltung der Firma Teachware sowie zur Unterstützung der Seminarplanung. Zielgruppe des Produktes sind die Mitarbeiter der Firma Teachware.

3 Produktfunktionen

/LF10/ Für die Seminarplanung werden geeignete Statistiken benötigt, z.B. Beurteilungen über alle Seminartypen, Veranstaltungen und Dozenten hinweg, Auslastungsquote der Veranstaltungen usw.

/LF20/ Wird eine Buchung vorgenommen, dann wird mit der Anmeldebestätigung automatisch die Rechnung versandt.

/LF30/ Wird eine Veranstaltung von der Fa. Teachware storniert (Dozent verhindert, zu geringe Teilnehmerzahl usw.), dann sollen alle Teilnehmer eine entsprechende Information erhalten. Wenn möglich, erhalten die Teilnehmer ein Ersatzangebot und die Möglichkeit, eine bezahlte Rechnung als Guthaben bei der Fa. Teachware führen zu lassen. Wünscht der Kunde eine Rückzahlung, dann ist dies durchzuführen.

/LF40/ Ein Kunde kann über Internet auf Seminare, Veranstaltungen und Dozenten lesend zugreifen. Die Zugriffe sind zu protokollieren.

/LF50/ Ein Kunde kann über Internet Buchungen vornehmen.

4 Produktdaten/Produktklassen

/LD10/ Die Beurteilungen der Seminarteilnehmer sind zu speichern. Es ist festzustellen, zu welcher Veranstaltung die Beurteilungen gehören. Hat der Seminarteilnehmer seinen Namen angegeben, dann ist der Bezug zu dem Teilnehmer ebenfalls zu speichern.

/LD20/ Der Veranstaltungsbetreuer kann eine eigene Beurteilung abgeben. Der Bezug zum Veranstaltungsbetreuer ist zu speichern.

/LD30/ Aus den Beurteilungen der Seminarteilnehmer /LD10/ ist jeweils eine Positiv/Negativ-Liste, bezogen auf die Veranstaltung, den Seminartyp, den Dozenten und das Hotel automatisch abzuleiten.

/LD40/ Relevante Daten über Hotels sind zu speichern.

/LD50/ Um Wettbewerbsinformationen, technische Trends und neue Ideen zu verwalten, ist SemOrg um geeignete Attribute in den Klassen Dozent, Seminartyp und Veranstaltungen zu erweitern.

/LD60/ Ein Kalender ist zur Verfügung zu stellen. Es müssen eigene Einträge möglich sein, wie Messen, Ferien, Veranstaltungen.

/LD70/ Ein Seminarkatalog für die Veranstaltungen eines Jahres ist elektronisch zur Verfügung zu stellen. Er soll automatisch aus den vorhandenen Informationen zusammengestellt werden. Er kann automatisch aktualisiert werden. Ein Kunde kann den Katalog elektronisch durchblättern (über Internet). Ein Kunde kann keine Veränderungen am Katalog vornehmen (Schreibschutz).

/LD80/ Für die Funktionen /LF30/ bis /LF50/ sind zusätzlich benötigte Attribute anzulegen.

5 Produktleistungen

/LL10/ Es müssen max. 50.000 Beurteilungen, 10.000 Positiv/Negativ-Listen und 1.000 Hotels verwaltet werden können.

/LL20/ Statistische Auswertungen /LF10/ sollen nicht länger als max. 15 Sekunden dauern.

6 Qualitätsanforderungen

Produktqualität	sehr gut	gut	normal	nicht relevant
Funktionalität		X		
Zuverlässigkeit			X	
Benutzbarkeit		X		
Effizienz		X		
Änderbarkeit		X		
Übertragbarkeit			X	

7 Ergänzungen

- Die Beurteilungen der Seminarteilnehmer werden durch den Veranstaltungsbetreuer erfaßt /LD10/, /LD20/.
- Der Seminarsachbearbeiter benutzt folgende Produktdaten: Positiv/Negativ-Liste /LD30/, Hotels /LD40/, Kalender /LD60/, Seminarkatalog /LD70/.
- Für den elektronischen Zugriff über Internet sind geeignete Standardprodukte zu kaufen und zu integrieren.
- Für die statistischen Auswertungen /LF10/ ist zu prüfen, ob ein geeignetes Tabellenkalkulationsprogramm im Markt verfügbar ist.
- Für den Kalender /LD60/ ist zu prüfen, ob ein geeignetes Kalenderprogramm im Markt verfügbar ist.

Abb. 2.4-3b: Lastenheft SemOrg 2

Eine Erweiterungs-Beziehung zwischen einem Geschäftsprozeß A und einem Geschäftsprozeß B bedeutet, daß von dem Prozeß A in den Prozeß B verzweigt wird, wenn gegebene Bedingungen erfüllt sind. Ist der Prozeß B beendet, wird in den Prozeß A zurückgekehrt. In der Beschreibung von B sollte angegeben werden, wo B in den Prozeß A eingesetzt wird, um ihn zu erweitern.

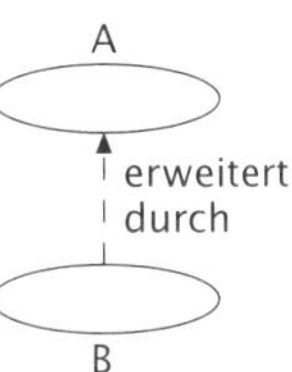

Wichtig ist, daß der Prozeß, der erweitert wird (hier A), der ursprüngliche und fundamentale Prozeß ist. Die Erweiterung wird vorgenommen, um die Komplexität des ursprünglichen Prozesses zu reduzieren.

Beispiel

Der Geschäftsprozeß *Verkaufen* (Von Anfrage bis Buchung) läßt sich durch Erweiterungen besser strukturieren (Abb. 2.5-1).

Die Erweiterungs-Beziehung wird also benutzt, um Erweiterungen eigentlich vollständiger Grundprozesse zu modellieren.
Die Erweiterungen lassen sich vier Typen zuordnen:

1 Zeigen von Bedingungsteilen eines Geschäftsprozesses (Abb. 2.5-1: Es kann entweder eine öffentliche oder eine firmeninterne Veranstaltung gebucht werden)

2 Komplexe und/oder alternative Prozesse expliziter modellieren (Abb. 2.5-1: Informieren, Elektronische Auskunft über Seminarkatalog und Elektronische Auskunft über Dienstleistungsangebot sind alternative Prozesse)

3 Modellierung von Unterprozessen, die nur in bestimmten Fällen ausgeführt werden (Abb. 2.5-1: Stornieren wird nur in Sonderfällen ausgeführt)

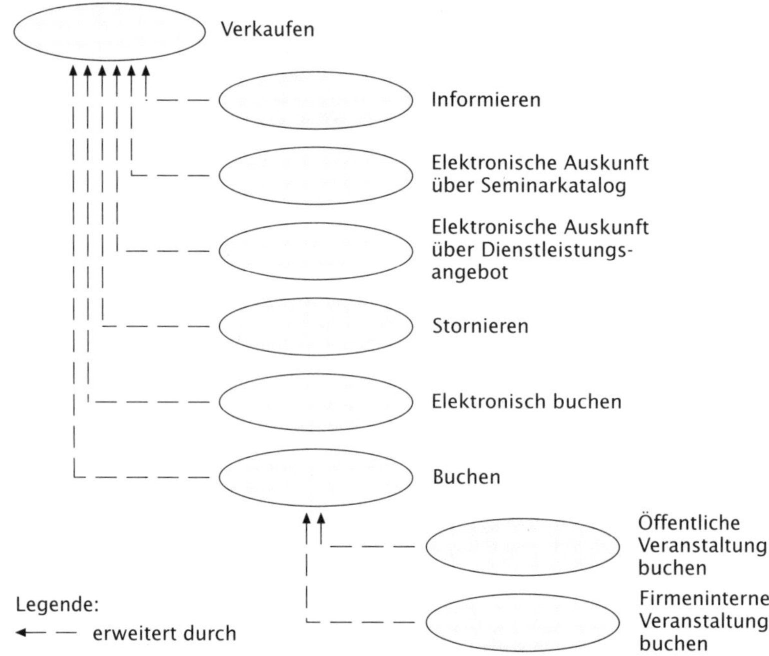

Abb. 2.5-1: Strukturierung des Prozesses Verkaufen

4 Modellierung von Einfügungen verschiedener Unterprozesse in jeder Kombination. Jeder Unterprozeß wird als eigener Geschäftsprozeß angesehen (Abb. 2.5-1: Die verschiedenen Unterprozesse können – mit Ausnahme von Stornieren – in jeder Kombination auftreten).

Die Benutzt-Beziehung

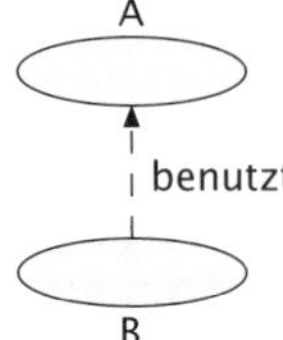

Oft kommt es vor, daß einige Geschäftsprozesse die gleichen Unterprozesse besitzen. Um einen solchen Unterprozeß nicht doppelt zu beschreiben, wird er als selbständiger Prozeß modelliert. Dieser Unterprozeß kann dann von mehreren Prozessen benutzt werden. Ein Unterprozeß entspricht einem Unterprogramm in einer Programmiersprache.

Beispiel — Der Geschäftsprozeß »Stornieren« kann erweitert werden. Zwei dieser Unterprozesse benutzen gemeinsam den Geschäftsprozeß »Beitragsrückerstattung« (Abb. 2.5-2).

Unterschiede — Den Unterschied zwischen beiden Beziehungen zeigt Abb. 2.5-3. Der Prozeß »Verkaufen« **a** startet. Der Kunde weiß im voraus nicht, ob er ein Standardprodukt oder eine Sonderanfertigung kaufen will. Hat der Verkäufer dies herausgefunden, dann initiiert er den Geschäftsprozeß »Standardprodukt verkaufen« oder »Sonderanfertigung verkaufen«. Bei der Ausführung eines Teilprozesses muß

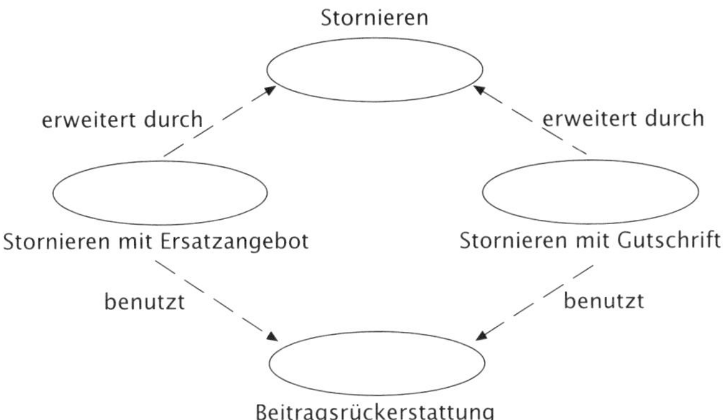

Abb. 2.5-2: Strukturierung des Prozesses Stornieren

nicht berücksichtigt werden, daß beide Teilprozesse u.U. gemeinsame Teile besitzen.

Anders sieht die Situation bei der Benutzt-Beziehung aus. Es wird davon ausgegangen, daß beide Teilprozesse gemeinsame Teile besitzen, z. B. Erstellung von Rechnungen. Um zu vermeiden, daß die gemeinsamen Teile doppelt beschrieben werden, wurde der »abstrakte« Geschäftsprozeß »Allgemeiner Verkauf« erzeugt. Der Vorteil dieses Ansatzes liegt darin, daß Änderungen an den gemeinsamen Teilen keine Auswirkungen auf die Teilprozesse haben. Der Nachteil dieses Ansatzes liegt darin, daß der Kunde im voraus wissen muß, ob er ein Standardprodukt oder eine Sonderanfertigung kaufen will.

Neben der Strukturierung von Geschäftsprozessen können auch Unternehmensmodelle weiter untergliedert werden.
Unternehmensmodelle können durch

- Subsysteme *(subsystems)* und
- Geschäftsbereiche *(business system areas)*

strukturiert werden.

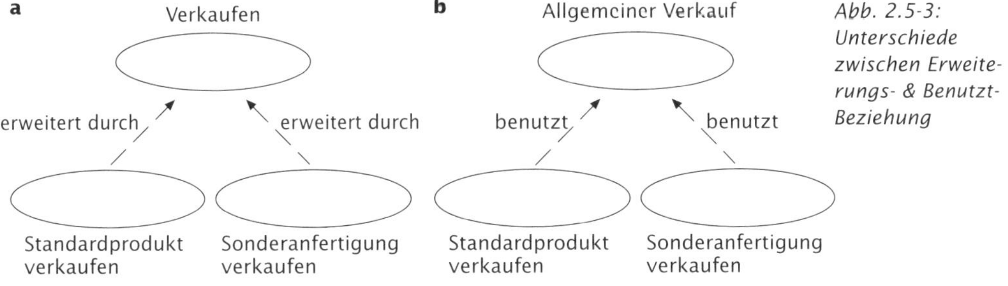

Abb. 2.5-3: Unterschiede zwischen Erweiterungs- & Benutzt-Beziehung

Strukturierung durch Subsysteme

Ein Subsystem faßt funktional zusammengehörende Objekte und/ oder Subsysteme zu einer Einheit zusammen. Ein Objekt oder ein Subsystem kann nur einem Subsystem zugeordnet werden.

Ein Subsystem kann auch dazu verwendet werden, um alle Objekte zusammenzufassen, für die eine Person verantwortlich ist.

Um zu zeigen, welche Subsysteme voneinander abhängig sind, wird eine Abhängigkeits-Beziehung *(depends on)* verwendet. Wenn ein Objekt in einem Subsystem A eine Beziehung zu einem Objekt im Subsystem B hat, dann ist das Subsystem A abhängig vom Subsystem B.

Beispiel

Das Unternehmen Teachware besitzt die Subsysteme SemOrg und Tabellenkalkulation. Die Objekte der Tabellenkalkulation erhalten ihre Informationen von den Objekten des Subsystems SemOrg (Abb. 2.5-4).

Abb. 2.5-4: Subsysteme und ihre Abhängigkeiten

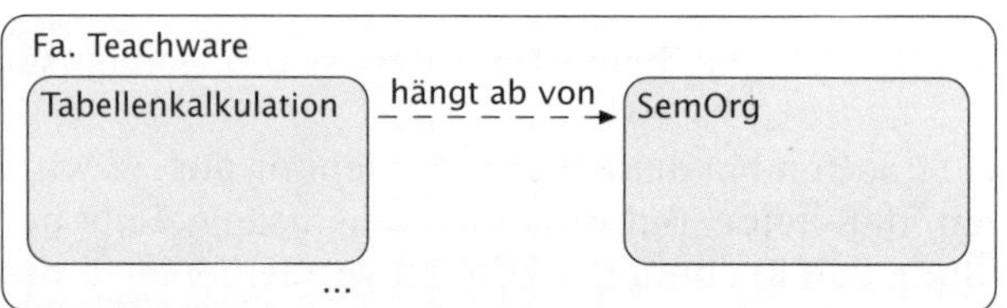

Unterschied Subsystem vs. Geschäftsprozeß

Der Unterschied zwischen einem Subsystem und einem Geschäftsprozeß besteht darin, daß in einem Subsystem die Objekte bezogen auf ihre Funktionen gruppiert sind. Demgegenüber sind in einem Geschäftsprozeß die Objekte zusammengefaßt, die zur Erledigung eines Geschäftsprozesses benötigt werden.

Ein Objekt kann daher zu mehreren Geschäftsprozessen, aber nur zu einem Subsystem gehören. Umgekehrt kann ein Geschäftsprozeß von Objekten verschiedener Subsysteme ausgeführt werden, d.h. ein Geschäftsprozeß kann durch mehrere Subsysteme »laufen«.

Strukturierung durch Geschäftsbereiche

Für große Unternehmen oder Unternehmen mit verschiedenen Geschäftsbereichen oder Unternehmen, die geographisch verteilt sind, können Geschäftsbereiche und Sub-Geschäftsprozesse modelliert werden.

Beispiel

Die Fa. Teachware expandiert. Neben Seminaren veranstaltet sie auch Kongresse und Tagungen. Dieser neue Geschäftsbereich wird als ein separates *»profit center«* geführt. Neu aufgebaut wird ebenfalls ein Geschäftsbereich Beratung. Abb. 2.5-5 zeigt, wie eine Aufteilung der Geschäftsprozesse auf die Geschäftsbereiche beschrieben werden kann.

Die Geschäftsprozesse sind in Sub-Geschäftsprozesse unterteilt (in Abb. 2.5-5 ist nur ein Teil der Geschäftsprozesse dargestellt). Jeder Sub-Geschäftsprozeß ist Teil eines übergeordneten Geschäfts-

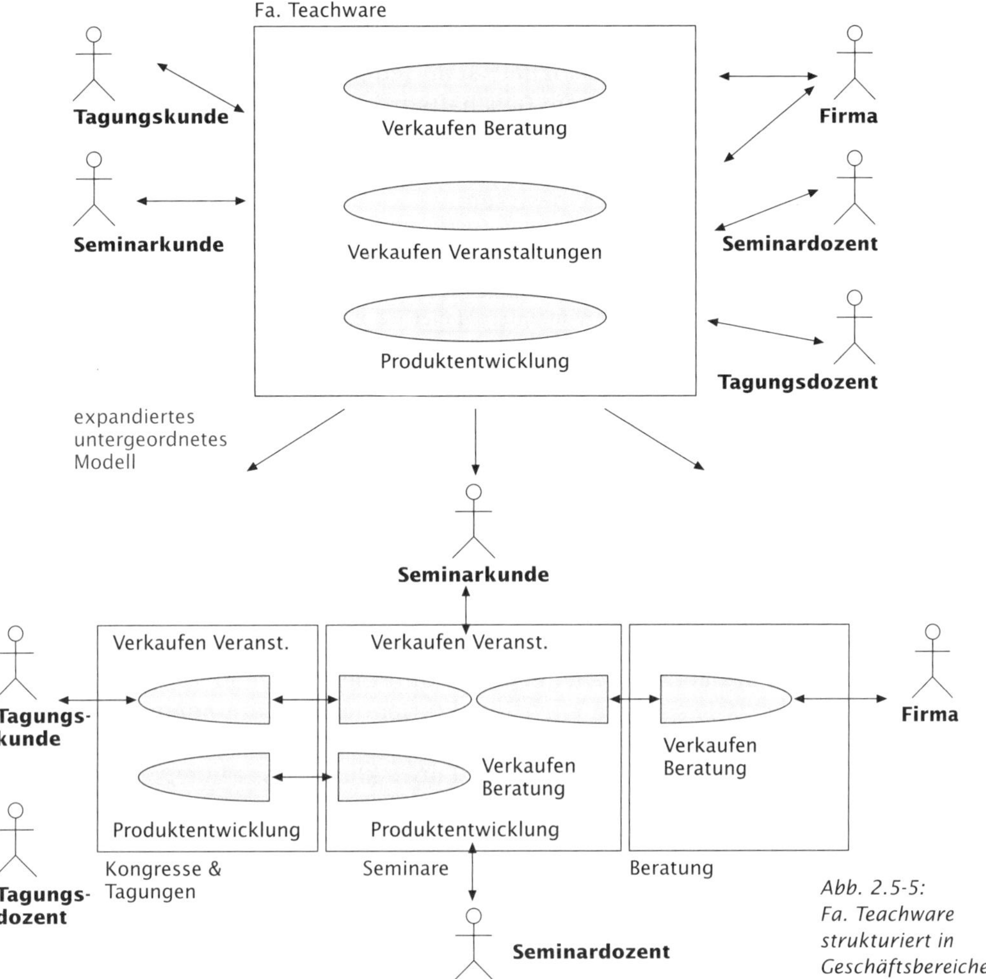

Abb. 2.5-5: Fa. Teachware strukturiert in Geschäftsbereiche

prozesses. Ein Geschäftsprozeß kann auch vollstandig einem Geschäftsbereich zugeordnet werden, ohne aufgeteilt zu werden.

Aus der Sicht der Akteure ist das untergeordnete Modell äquivalent zum übergeordneten Modell. Der Geschäftsbereich »Kongresse & Tagungen« verhält sich zum Tagungskunden äquivalent wie das übergeordnete Modell der Fa. Teachware. Jeder Akteur im übergeordneten Modell korrespondiert genau zu einem Akteur im untergeordneten Modell.

Jeder Geschäftsprozeß im übergeordneten Modell korrespondiert zu einer Menge von Sub-Prozessen in den Geschäftsbereichen.

In diesem Beispiel wird angenommen, daß die verschiedenen Geschäftsbereiche zusammen die gleiche Kundengruppe bedienen.

Sub-Prozesse sind über Kommunikations-Assoziationen miteinander verbunden.

Ein Sub-Prozeß muß nicht mit jedem anderen Sub-Prozeß verbunden sein, aber jeder Sub-Prozeß muß mit mindestens einem anderen Sub-Prozeß assoziiert sein. Jeder Akteur, der im übergeordneten Modell mit einem Geschäftsprozeß kommuniziert, ist im allgemeinen nur mit einem Sub-Prozeß assoziiert.

Jeder Geschäftsbereich wird für sich modelliert und kann eigene Geschäftsprozesse besitzen.

Akteure Menschen oder Systeme, insbesondere Computersysteme, die als externe Beteiligte mit einem Unternehmen kommunizieren und Daten austauschen.
Control objects →Steuerungs-Objekte
Entity objects →Persistente Objekte
Interface objects →Kommunikations-Objekte
Kommunikations-Objekte Mitarbeiter eines Unternehmens, die mit den → Akteuren direkt kommunizieren und an der Erledigung von einem oder mehreren Geschäftsprozessen beteiligt sind.
Persistente Objekte Produkte, Dinge und Informationen, die in Geschäftsprozessen benötigt, erzeugt, benutzt und verändert werden.
Steuerungs-Objekte Mitarbeiter eines Unternehmens, die nicht direkt mit → Akteuren kommunizieren, sondern intern Geschäftsprozesse steuern oder abwickeln.

Das Ziel einer Unternehmensmodellierung besteht darin, die wesentlichen Geschäftsvorgänge, Daten, Tätigkeiten und Arbeitsplätze eines Unternehmens zu beschreiben. Es kann sowohl ein existierendes als auch ein geplantes Unternehmen modelliert werden.

Das Besondere einer objektorientierten Unternehmensmodellierung besteht darin, daß die identifizierten Objekte im Rahmen einer objektorientierten Software-Entwicklung unverändert oder modifiziert weiterverwendet werden können.

Soll ein Unternehmen neu gestaltet werden, dann wird eine Unternehmensvision entwickelt und parallel dazu das vorhandene Unternehmen modelliert und analysiert.

Ein objektorientiertes Unternehmensmodell besteht aus verschiedenen Diagrammen und textuellen Beschreibungen:

1 Ein **Umweltdiagramm** beschreibt die Umwelt des existierenden oder geplanten Unternehmens aus externer Sicht. Akteure und ihre Datenflüsse mit dem Unternehmen werden identifiziert.

2 In einem **Übersichtsdiagramm** werden die Geschäftsprozesse aus externer Sicht dargestellt.

3 Jeder **Geschäftsprozeß** wird durch einen strukturierten Text beschrieben (externe Sicht).

4 Für jeden Geschäftsprozeß wird ein **Prozeßdiagramm** entwickelt, das das Zusammenwirken von Akteuren, Kommunikations-Objekten *(interface objects)*, Steuerungs-Objekten *(control objects)*, persistenten Objekten *(entity objects)* und Subsystemen zeigt. Zusätzlich erfolgt eine verbale Beschreibung (analog **3**) mit Bezug zu den Objekten und Subsystemen.

5 Alle identifizierten **Objekte** und **Subsysteme** werden textuell beschrieben.

6 **Spezielle Sichten** können zusätzlich modelliert werden. Als Beschreibungsmittel können dazu auch **Interaktions-Diagramme, Zustandsautomaten,** Aggregation, Assoziation und Vererbung verwendet werden.

7 Umfangreiche Unternehmensmodelle können durch hierarchisch angeordnete Subsysteme und Aufteilung in Geschäftsbereiche strukturiert werden.

8 Geschäftsprozesse können durch Erweiterungs- und Benutzt-Beziehungen sowie durch Aufteilung in Sub-Geschäftsprozesse, die verschiedenen Geschäftsbereichen zugeordnet sind, strukturiert werden.

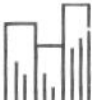

/Hammer, Champy 93/
Hammer M., Champy I., *Reengineering the Corporation: A Manifesto for Business Revolution*, New York: Harper Collins 1993.

/Jacobson, Ericsson, Jacobson 94/
Jacobson I., Ericsson M., Jacobson A., *The Object Advantage – Business Process Reengineering With Object Technology*, Wokingham, England: Addison-Wesley 1994.

1 *Lernziel: Aufzählen und erklären können, in welcher Reihenfolge eine objektorientierte Unternehmensmodellierung erfolgt, welche Tätigkeiten durchzuführen sind und welche Ergebnisdokumente entstehen.* — Muß-Aufgabe *15 Minuten*

a Geben Sie die bei der Unternehmensmodellierung durchzuführenden Tätigkeiten in korrekter zeitlicher Abfolge an.

b Das gesamte Unternehmensmodell setzt sich u. a. aus folgenden Komponenten zusammen:
- **a** Akteure
- **b** Datenflüsse
- **c** Interaktions-Diagramme
- **d** Kommunikationswege
- **e** Aktivitäten
- **f** Geschäftsprozesse
- **g** Kommunikations-Objekte
- **h** Steuerungs-Objekte
- **i** Persistente Objekte
- **j** Subsysteme

Ordnen Sie diese Komponenten den in **a** identifizierten Tätigkeiten zu. Mehrfachnennungen sind erlaubt.

c Welche grafischen Darstellungsformen gibt es für die in **a** identifizierten Tätigkeiten?

2 *Lernziel: Die zur objektorientierten Unternehmensmodellierung verwendeten Konzepte und Notationen erläutern können.* — Muß-Aufgabe *5 Minuten*

Geben Sie die in Übersichts- und Prozeßdiagrammen verwendeten Symbole für folgende Begriffe an.
- **a** Akteur
- **b** Geschäftsprozeß
- **c** Persistentes Objekt
- **d** Steuerungs-Objekt
- **e** Kommunikations-Objekt
- **f** Subsystem
- **g** Datenfluß

Muß-Aufgabe *15 Minuten*

3 *Lernziel: Ein gegebenes objektorientiertes Unternehmensmodell unter Zuhilfenahme von Checklisten analysieren und auf Qualität überprüfen können.*
Das Unternehmen Hardy & Co. vertreibt Computerzubehör. Der Geschäftsführer hat für das Unternehmen das unten aufgeführte Übersichtsdiagramm zur Beschreibung der Geschäftsprozesse aus externer Sicht aufgestellt. Analysieren Sie das vorgegebene Diagramm und identifizieren Sie gegebenenfalls gemachte Fehler.

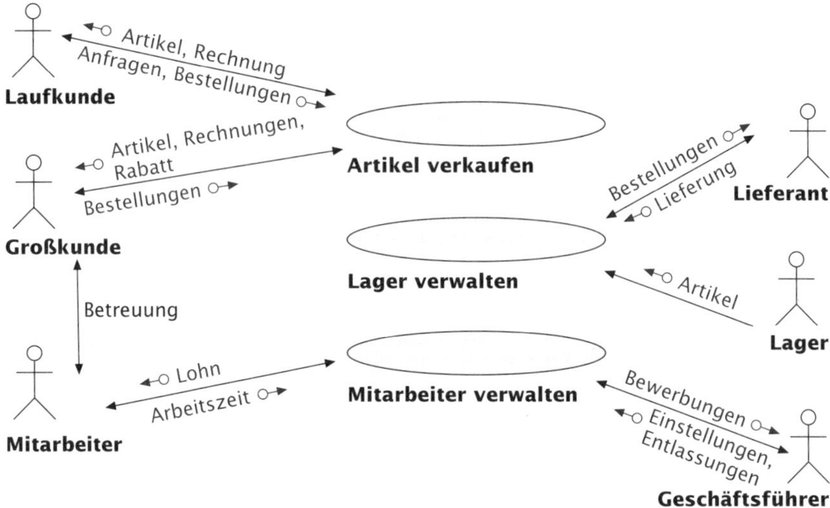

Muß-Aufgabe *45 Minuten*

4 *Lernziel: Für vorgegebene Beschreibungen von Unternehmen ein objektorientiertes Unternehmensmodell erstellen können.*
Eine Abteilungsbibliothek läßt sich wie folgt beschreiben:

- In einer Abteilungsbibliothek werden Bücher, Zeitschriften, Software und andere Medien einer Abteilung verwaltet. Man unterscheidet Medien, die ausleihbar sind, und Medien, die zum Präsenzbestand gehören.
- Die Zentralbibliothek ist der Abteilungsbibliothek übergeordnet. Jedes Jahr muß der neue Bestand in Form von Katalogkarten der Abteilungsbibliotheken an die Zentralbibliothek geliefert werden.
- Vorschläge für Neuerwerbungen können sowohl von den Mitgliedern der Abteilung als auch von Bibliotheksmitarbeitern gemacht werden. Neue Medien werden bei verschiedenen Büchereien bestellt.
- Medien der Abteilungsbibliothek können nur von Mitgliedern der Abteilung ausgeliehen werden. Die Leihfrist beträgt zwei Wochen. Der Ausleiher muß dazu ein Formular mit seinem Namen, Telefon-Nr. und den entliehenen Büchern ausfüllen. Er kann die Leihfrist telefonisch verlängern.
- Beschädigte Bücher werden bei einer Inventur aussortiert und dem Buchbinder zur Reparatur geschickt.
- Einmal pro Woche werden die Formulare mit den ausgeliehenen Büchern auf die Einhaltung der Leihfrist kontrolliert. Ist die Leihfrist um mehr als eine Woche überschritten, wird eine Mahnung verschickt. Ist die Leihfrist um mehr als drei Wochen überschritten worden, darf der Bibliotheksbenutzer ein Jahr lang keine Bücher mehr ausleihen.

a Beschreiben Sie die Umwelt der Abteilungsbibliothek.
b Identifizieren Sie Geschäftsprozesse aus externer Sicht und stellen Sie diese sowohl in einem Übersichts-Diagramm als auch textuell dar.

Namens- und Organisationsindex

G

H

I

J

K

L

M

Z

Sachindex

K

L

M

T

Z

Hinweis:
Auf der beigefügten CD-ROM befindet sich alphabetisch sortiert das Gesamtglossar mit Verweisen zu den Lehreinheiten. Dieses Glossar kann ausgedruckt werden.

Diese CD-ROM SWT 2 (V1.0) (für Windows 95/NT) enthält * Infos (I) * Demos (D) * begrenzte Vollversionen (B) * Vollversionen (V) * zeitlich beschränkte Vollversionen (Z) * Shareware (S) * zur Software-Erstellung

Werkzeuge für das Software-Management
Projektplanung
MS Project (Z)

Konfigurationsmanagement
CVS, enthält RCS (V) * StarTeam (B) * Visual Source Safe (Z)

Prozeßverwaltung
Process Engineer (I) * in-Step (Z, B) * Prozeß-Mentor (B)

Werkzeuge für die Qualitätssicherung
Prozeßqualität
BootCheck (B) * Q-LIVE (I) * SQA-Suite (D)

Produktqualität
McCabe Visual ToolSet (D) * MemCheck (Z) * Purify (I) * QUASAR (B) * TESTSCOPE (D für Solaris) * Visual Quantify (I)

Werkzeuge zur Unternehmensmodellierung
INCOME (D) * Innovator 6.0 (B)

Werkzeuge zur Sanierung von Altsystemen
Rational Rose (B) *SNIFF+ (B für Linux) * Source Navigator (B für Linux, Solaris und NT) * Together/ Professional (B)

CASE
Enabler (B) * JDK (V) * CDK (Beta-Version, V) * Component Manager (B) * GNU C++-Compiler (V) * Select Enterprise (B)

Computer Based Training/Präsentationen
ObjectLab (D)

Fallstudien
HIWI-Verwaltung * Seminarorganisation * Teach-Roboter

Elektronische Bücher
Lehreinheit 1 aus Band 1 des Lehrbuchs der Software-Technik * Lösungen zu allen Aufgaben * Gesamtglossar * Artikel zu JANUS/JADE * Unified Modeling Language (UML) (V1.1)

Als Zugabe
Acrobat Viewer (V) * Excel Viewer (V) * Fit am Computer (V) * Internet Explorer 4.0 (V) * Powerpoint Viewer (V) * Word Viewer (V) * WinZip (S)

Eine aktuelle Liste mit Korrekturen und Informationen zum Buch und zur CD-ROM sowie neue oder aktualisierte Werkzeuge finden Sie unter

`http://www.swt.ruhr-uni-bochum.de/buchswt2.html`